面 向 21 世 纪 课 程 教 材
Textbook Series for 21st Century

普通高等教育“十四五”规划教材
普通高等学校动物医学类专业系列教材

兽医内科学

第 2 版

黄克和 主编

U0219360

中国农业大学出版社
·北京·

内容简介

兽医内科学主要是从器官系统的角度研究动物内部器官疾病的病因、发生、发展、临床症状、转归、诊断和防治等的一门综合性临床学科，既是兽医临床学科的主干学科之一，也是其他临床学科的基础。本书是在面向21世纪课程教材《兽医内科学》(王小龙主编)基础上修订完成的。

本书内容既包括动物器官系统疾病，如消化器官病、循环器官病、血液及造血器官病、泌尿器官病、神经器官病、内分泌器官病等，也包括以病因命名的动物营养代谢病和中毒病等，在编写过程中特别强化了小动物疾病的内容。

本书具有内容新、范围广、实践性强、体现临床兽医学特色等特点，可作为高等农业院校兽医专业必修课程用书，同时也可作为临床兽医师的参考书，同时适合参加国家执业兽医师资格考试者参考使用。

图书在版编目(CIP)数据

兽医内科学/黄克和主编.—2版.—北京：中国农业大学出版社，2019.11(2022.10重印)
ISBN 978-7-5655-2275-8

Ⅰ.①兽…　Ⅱ.①黄…　Ⅲ.①兽医学-内科学-高等学校-教材　Ⅳ.①S856

中国版本图书馆CIP数据核字(2019)第213702号

书　名　兽医内科学　第2版
作　者　黄克和　主编

策划编辑　张　程　潘晓丽　　　**责任编辑**　潘晓丽
封面设计　郑　川
出版发行　中国农业大学出版社
社　址　北京市海淀区圆明园西路2号　　　**邮政编码**　100193
电　话　发行部 010-62733489,1190　　　**读者服务部** 010-62732336
编辑部 010-62732617,2618　　　**出 版 部** 010-62733440
网　址　http://www.caupress.cn　　　**E-mail** cbsszs@cau.edu.cn
经　销　新华书店
印　刷　北京时代华都印刷有限公司
版　次　2020年1月第2版　　2022年10月第2次印刷
规　格　210 mm×285 mm　16开本　25.25印张　760千字
定　价　79.00元

图书如有质量问题本社发行部负责调换

第2版编审人员

主　编　黄克和

副主编　张乃生　夏兆飞　吴金节　孙卫东

编　者　（以姓氏笔画排序）

王　凯（佛山科学技术学院）
龙　淼（沈阳农业大学）
任志华（四川农业大学）
向瑞平（河南牧业经济学院）
刘建柱（山东农业大学）
孙卫东（南京农业大学）
李锦春（安徽农业大学）
吴金节（安徽农业大学）
汪恩强（河北农业大学）
张乃生（吉林大学）
张剑柄（内蒙古农业大学）
陈　甫（青岛农业大学）
陈兴祥（南京农业大学）
周东海（华中农业大学）
胡倩倩（安徽科技学院）
贺鹏飞（内蒙古农业大学）
袁　燕（扬州大学）
夏兆飞（中国农业大学）
黄克和（南京农业大学）
蒋加进（金陵科技学院）
谭　勋（浙江大学）
潘家强（华南农业大学）
潘翠玲（南京农业大学）

主　审　王小龙（南京农业大学）
王建华（西北农林科技大学）

第 1 版编审人员

主　　编　王小龙　南京农业大学

副 主 编　石发庆　东北农业大学

张德群　安徽农业大学

张才骏　青海大学

唐兆新　华南农业大学

郭定宗　华中农业大学

邵良平　福建农林大学

编写人员　(按姓氏笔画为序)

王小龙　南京农业大学

王　哲　中国人民解放军军需大学

王　凯　佛山科学技术学院

王捍东　扬州大学

石发庆　东北农业大学

孙卫东　南京农业大学

向瑞平　郑州牧业工程高等专科学校

(华南农业大学博士后)

张才骏　青海大学

张乃生　中国人民解放军军需大学

张德群　安徽农业大学

何宝祥　广西大学

李家奎　华中农业大学

李锦春　安徽农业大学

汪恩强　河北农业大学

邵良平　福建农林大学

杨保收　内蒙古农业大学

唐兆新　华南农业大学

夏兆飞　中国农业大学

郭定宗　华中农业大学

谭　勋　山东农业大学

审　　稿　林藩平　福建农林大学　教授

李庆怀　中国农业大学　教授

第2版前言

兽医内科学(Veterinary Internal Medicine)主要是从器官系统的角度研究动物内部器官疾病的一门综合性临床学科,既是兽医临床学科的主干学科之一,也是其他临床学科课程的基础。兽医内科学的主要内容,既包括器官系统疾病,也包括以病因命名的营养代谢病和中毒病等。随着畜牧业现代化、规模化和集约化的发展,畜禽营养代谢病、中毒病以及一些与免疫力下降和应激相关疾病的发病率显著增加,给养殖业带来严重的危害,正逐渐成为本学科研究的热点。随着我国人民生活水平的不断提高,宠物饲养数量不断增加,宠物老龄化以及传染病逐渐得到控制,犬、猫等宠物内科疾病的诊疗又逐渐成为人们关注的新领域,成为本学科研究的另一个热点内容。

我国老一辈兽医内科学家王小龙教授主编的面向21世纪课程教材《兽医内科学》于2004年由中国农业大学出版社出版以来,深受广大读者欢迎,多年来此书在教学、科研和兽医临床工作中发挥了重要作用。15年过去了,各方面的情况都发生了很大的变化,我们迫切地感到第1版教材的内容需要更新和调整。为此,在中国农业大学出版社和王小龙教授的支持下,我们组织了国内有关高校的23位既有一定的学术知名度,又有丰富的教学和临床经验的老师在第1版的基础上共同修订此书。

在编写过程中,我们注意吸收国内外新理论和新技术,尽可能多地反映当今兽医内科学方面的最新成就。同时,密切结合我国实际,面向兽医临床,力求体现先进性、系统性、实用性、完整性和创新性的统一。与第1版相比,我们基本上保持了原书的框架,删除了一些不常见的疾病,增加了一些新的疾病,在每一个疾病中补充了一些新内容,在每一章节中增加了内容提要和复习思考题。在编写过程中,强化了动物中毒性疾病、动物营养代谢性疾病、小动物疾病,以及消化、呼吸系统的重要疾病的内容,以适应当前教学、科研和临床诊疗的需要。由于纸质版篇幅有限,本书一些非重点内容以二维码形式呈现。

本书适合动物医学专业或相关专业本科生使用,也可作为畜牧兽医教学、科研人员和临床工作者的参考书,同时也适合参加国家执业兽医师资格考试者参考使用。

我们深深地感谢王小龙教授和王建华教授在对本书逐章逐节进行审阅的过程中所提出的十分中肯和建设性的意见。

由于我们的水平有限,编写时间仓促,虽做了很多努力,本书一定还有很多缺点、错误和不足之处,恳请同行和读者批评指正。

黄克和

2019年1月

第1版序

改革开放20多年来，我国畜牧生产获得了突飞猛进的发展。特别是我国加入WTO之后，不仅肉蛋类畜产品产量均已跃居世界的首位，而且畜产品的安全质量亦日益提高。这与我国广大畜牧兽医工作者在控制重大疫病(其中既包括传染性疾病，也包括非传染性群发性疾病)方面的努力和成就不无关系。他们兢兢业业、卓有成效地工作，为我国跃居为世界畜牧业大国提供了坚实的基础。进入21世纪，畜牧业生产已经越来越显示出其成为我国农村重要的支柱产业之一的地位，随着畜牧业集约化程度不断提高，在畜禽传染病日益受到控制的条件下，群发性、多病因的内科病逐渐显示出其对养殖业所造成的危害，日益受到人们的关注。中国农业大学出版社的领导、编审人员组织了南京农业大学、中国农业大学、安徽农业大学、东北农业大学、华南农业大学、华中农业大学、福建农林大学、解放军军需大学等20位专家教授学习和继承我国老一辈的科学家的学术成就，同心协力，团结奋斗，各献其长，经过两年多的努力，撰写完成了这本被教育部列为"面向21世纪课程教材项目"的《兽医内科学》。

本教材编写组的组成是按照老、中、青三结合的原则，邀请国内一批兽医内科学专家，尤其是一批崭露头角、才华横溢的年轻专家组成编写班子。该教材编写过程中，除了遵循扩大知识视野，活跃学术思想，能更多地反映科技最新成就的原则之外，还充分注意结合我国畜牧业在大农业中比例明显提高的生产实际情况，注意我国加入WTO后所面对的世界畜牧业生产情况，关注未来畜牧业的发展趋向。因此，这本教材在内容编排上，既注意按照兽医临床诊断疾病的过程为序，又注意增添一些常见多发病的种类和内容，并力图以此区别于国内其他几本《兽医内科学》书籍。此外，这本教材在内容选取上和问题的切入角度上力求"创新"和"学科交叉"，刻意追求新的目标，即学生通过本教材的学习，在发现问题、分析问题和解决问题的能力上有所提高，使本书真正成为学生的良师益友。

我们深信，本书的出版将对于提高兽医科技水平，保障畜禽健康，增加畜牧业生产效益做出应有的贡献。

蔡宝祥

2003年9月

目 录

第一篇 概 论

第二篇 常见症状的病理和鉴别诊断

第三篇 器官系统疾病

第五篇 中 毒 病

第六篇　免疫及遗传性疾病

第七篇 其他疾病

第一篇

概　论

第一章　兽医内科学概述

【内容提要】本章主要介绍兽医内科学的概念与主要内容，兽医内科学的学习与研究方法以及发展史。要求重点掌握兽医内科学的概念和主要内容，特别是要懂得如何学好兽医内科学。

第一节　兽医内科学的概念与主要内容

兽医内科学（Veterinary Internal Medicine）主要是从器官系统的角度研究动物内部器官疾病的病因、发生、发展、临床症状、转归、诊断和防治等的一门综合性兽医临床学科。兽医内科学既是兽医临床学科的主干学科之一，也是其他临床学科的基础。

兽医内科学的主要内容，既包括器官系统疾病，如消化器官病、循环器官病、血液及造血器官病、泌尿器官病、神经器官病、内分泌器官病等，也包括以病因命名的营养代谢病、中毒病和遗传病等。随着畜牧业现代化、规模化和集约化的发展，动物群体性疾病和多病因性疾病以及一些与免疫力下降和应激相关的疾病，特别是畜禽营养代谢病和中毒病发病率显著增加，给畜牧业生产带来严重的危害，正逐渐成为本学科研究的热点。近年来，国内对奶牛的能量代谢病、猪的免疫应激、肉鸡腹水综合征、禽痛风、动物硒不足与缺乏症等已进行了较深入的研究并取得了可喜的成果。随着我国人民生活水平不断提高，宠物饲养数量不断增加，宠物老龄化以及传染病逐渐得到控制，犬、猫等宠物内科疾病的诊疗又逐渐成为人们关注的新领域，成为本学科研究的另一个热点内容。

第二节　兽医内科学的学习与研究方法

兽医内科学，具有较强的实践性、理论性、病因和症状的多样性以及疾病发生发展的基本规律性等特点。因此学习与研究兽医内科学，首先必须坚持科学的认识论，立足于临床实践，防治常见病，研究疑难病，探索新出现的疾病及其他重大实践和理论问题，使兽医内科学在认识论的科学理论和方法指导下，不断实践，不断认识，不断总结，以保证其不断发展与提高。其次，必须应用分子生物学、细胞生物学、生物化学、现代电子技术与信息技术等先进科学理论和技术方法研究兽医内科学，才能实现在崭新角度和更深层面上，阐明发病机制，弄清临床病理学特点，解释症状间的内在联系，进而明确疾病的演变规律，促进兽医内科学进入新的发展阶段。第三，兽医内科学是建立在畜禽解剖学、动物生理学、动物生物化学、动物病理学、兽医药理学与毒理学、动物生产学、动物营养学、家畜传染病学、家畜寄生虫病学以及家畜卫生学等学科基础上的临床学科，每一疾病的内容无不渗透着上述相关学科的基础理论知识，因此学习与研究兽医内科学，必须密切联系并能熟练地应用相关专业基础理论和技术方法，只有如此才能理解疾病的发生发展规律，描述临床症状和病理变化，制定治疗与预防措施，并及时吸纳相关学科的新理论与新技术，才能保证兽医内科学得以不断充实、更新与提高。

第三节　兽医内科学的发展史

兽医内科学，是前人在与畜禽疾病长期斗争的实践中逐步形成发展起来的。中国是一个历史悠久的农业大国，也是世界上栽培植物，豢养动物，医药卫生的重要起源中心之一，因此我国的兽医内科学源远流长，成就辉煌，在古代曾位居世界前列。

一、兽医内科学的起源与发展历史

早在西周时已经出现专职医疗家畜的兽医，在王室中兽医隶属于医师之下，与食医、疾医、疡医平行，兽医掌疗兽病，疗兽疡，虽不分内外科，但其在医疗实践中强调，内科病以五味、五谷、五药疗其病，显然已有兽医内科学的萌芽。春秋战国时期的《晏子春秋》说："大暑而疾驰，甚者马死，薄者马伤。"当时已认识到暑热和疾驰使两阳相并，轻则令马中暑和黑汗，重者则导致马匹死亡。晏婴不是兽医，而是用防治马病作譬谕一个邦国的治理，但从另一个侧面反映当时确已有精于中暑等内科病的优秀马医。汉代对马痉挛性腹痛病的辨证论治和方药选用上已达相当水平，如《流沙坠简》《居延汉简》中记载：马伤水症是由于饮冷水过多而引起的一种腹痛起卧症，并已知用止腹痛、整肠理气的药草来治疗，而此时已出现了专治牛病的牛医。马属动物最常见的内科病如肠便秘，在晋代已应用"以手内(纳)大孔(肛门)，探却粪，大效；探法：剪却指甲，以油涂手，恐损破马肠"，此乃是直肠触诊和掏结，打碎结粪以治粪结症的最早记载。

隋唐五代时期，畜牧业生产欣欣向荣，促进了兽医实践和兽医教育的发展，又以唐代的马政建设最出色，当时中央设太仆寺，机构庞大，仅从业的兽医即达六百余人，从隋朝开始设立兽医学博士于太仆寺中，用以培养高级兽医师。《隋书·百官志》："太仆寺又有兽医博士员一百二十人"，《旧唐书》记载，神龙年间(公元 705—707 年)太仆寺中有兽医六百人，兽医博士四人，教育生徒百人。生指贡生，即各地选送至中央培训人员；徒即随师学艺的人；博士学生，以相传授，这是世界上最早的兽医教学机构，世界上其他国家的兽医高等教育在 18 世纪开始设立，较我国迟一千余年。唐代司马李石编著的《安骥集》，是一部兽医学经典著作，也是我国的珍贵的兽医学遗产，书中充分反映了现代兽医内科学领域的马属动物疝痛病(三十六起卧病源图歌)，马、牛、猪的食道阻塞(草噎)，牛瘤胃臌气、瘤胃积食(肚胀症病)，动物胃肠炎(腹泻)，肝炎(肝黄症)等。

宋朝开始建立兽医院，宋真宗景德四年(公元 1007 年)，设置牧养上下监，以疗京城诸坊病马，以后又规定(公元 1036 年)"凡收养病马……取病浅者送上监，深者送下监，分十糟医疗之"；设立兽医专用药房，在群牧司内设药蜜库，"掌受糖蜜药物，供马医之用"。兽医专著出版有十三种之多，如《贾枕医牛经》《贾朴牛书》《疗驼经》等。这时期，本草学有较大发展，出版专著多部；另外，金朝的《黄帝八十一问》、元代的《痊骥通玄论》，也是重要的兽医学著作，书中对马便秘、牛肠便秘、马肠炎、心脏疾病、肝脏疾病等进行了论述。

明清时期，我国兽医学发展达到了新高峰，先后出版的兽医学著作有：《元亨疗马集》《牛经大全》《牛经切要》《猪经大全》《相牛心镜要览》《活兽慈丹》等，其研究对象除马病之外，还广泛地涉及黄牛病、水牛病、猪病、羊病、犬病；就其学科领域除重点研究兽医内科病、外科病、传染病、寄生虫病的实践与理论问题外，在马体解剖、生理、病理等方面，也有了显著进展。由于这一时期兽医学术整体水平的提高，推动兽医内科病的防治研究进入了新阶段，如《元亨疗马集》对小肠便秘和大肠便秘的病因及其治疗；冷痛起卧症的病因、症状与治疗；牛百叶干的发病及治疗；心黄症的症状、诊断、脉象、口色等症候特征及预后判定标准；应用脉象与口色诊断肝脏疾病等均有了更合理的解释和辨证原则。再如《牛经大全》《猪经大全》中，论述了牛食道阻塞可因阻塞部位和阻塞程度不同而有不同类型，提出了牛因过食生豆类、红花草、有毒植物而致发的肚胀的不同疗法；对牛百叶干与肠便秘的病因、病症、病机的描述更为准确，治疗方法也更为有效；开始出现牛肺脏疾病的专门记载，对因寒冷刺激引起的咳嗽、支气管肺炎等肺脏疾病的病因、疾病类型、不同的治疗方剂有了详细描述；对血尿症、砂石淋症的病因与治疗有初步认识和临床实践。在猪的常见内科病症如呕吐症、大便秘结、泻痢稀粪症、黄膘症、尿血症、咳喘症、食毒草症等，总结了很多防治经验。

二、兽医内科学的沿革以及现代兽医内科学的形成与发展

我国早期兽医内科病的防治理论与实践有着辉煌历史，并取得了位居世界前列的学术成就，由于历史的局限性，当时并未建立起真正意义上的《兽医内科学》。晚清年间，由于清王朝腐败无能，列强侵略，战乱灾荒，畜牧业生产衰退不振，制约了兽医内科学的发展。

此后随着先后开办的北洋马医学堂、清华学校、南通学院、中央大学等高等学校，高等兽医教育和近代兽医内科学学科开始建立，并先后有《兽医内科学提要》(崔步瀛)、《马氏内科诊断学》(罗清生译)、《家畜内科学》(贾清汉)等兽医内科学专著出版。然而，在新中国成立前的几十年期间，由于日本的入侵及长期战乱的影响，我国兽医内科学的发展缓慢，与发达国家的差距逐渐拉大。

1949 年，中华人民共和国的诞生，给兽医内科学的发展带来了曙光，各大区和省市农学院相继开设兽医专业，兽医内科学学科建设有了长足进步，出版的兽医内科学著作有：《家畜普通病学》，罗清生著(1950)；《农畜常见内科病》，陈振旅著(1951)；《波氏兽医内科诊断(英)》，波得著、殷震等译(1953)；《家

畜内科学》(上、下册)，胡体拉等著，盛彤笙译(1964)；《家畜内科学》(上、下册)，倪有煌著(1985)。

20世纪70年代末，我国进入改革开放新时代，现代兽医内科学开始了快速发展的新阶段。在学科建设上，现在已建立起本科生、硕士生、博士生系列化的高等兽医内科学教学体系，为兽医事业输送了大批不同层次的专门技术人才。在学科体系上，更新、改造了以器官疾病为主体的传统兽医内科学，逐渐拓展并形成了以器官系统疾病、营养代谢病、中毒病、免疫与遗传性疾病等为主要骨干内容的现代兽医内科学新学科体系。随着科学技术的发展，科研成果和临床经验的不断积累，通过加强与相关学科间的交叉与渗透，对本学科领域里的某些内容进行重新整合，又形成了某些新的学科，如家畜中毒病学、动物营养代谢病学、兽医临床病理学、动物遗传与免疫病学，现代兽医内科学在研究层次上不断深入，从个体发展到群体，从组织器官发展到细胞分子水平，从表型研究发展到基因蛋白水平，继而到表观遗传修饰水平，使兽医内科学能够在更广的范围和更深的层次上，研究与解决兽医实践中出现的一系列理论和技术问题。在学术研究上，新中国成立后尤其是改革开放以来，由于广大兽医临床技术人员、科学研究人员以及高校师生的共同努力，一些高新技术得到了广泛应用，先后在牛黑斑病甘薯中毒、栎树叶中毒、霉稻草中毒、白苏中毒、钼中毒、羊萱草根中毒、疯草中毒、猪亚硝酸盐中毒、马霉玉米中毒、马肠便秘、奶牛酮病、牛血红蛋白尿病、牛尿石症、反刍动物胃肠弛缓、硒缺乏症、铜缺乏症、钴缺乏症、禽腹水综合征、禽痛风、牛、羊能量代谢病等疾病的研究上，取得一系列新成就、新进展，有些成果接近或达到国际先进水平，这些新理论与新技术方法，不仅促进了畜牧业发展，而且丰富、充实和更新了兽医内科学，推动了学科的不断发展。

［附］ 在临床诊疗中如何使用本教材

希望读者能通过对本教材的学习尽可能多地得到帮助。为此建议学生或其他读者按照附图中所要求的程序操作，以求把书本知识与临床实践有机地结合起来，尽可能在临床实践中建立起符合客观实际的诊断结论和行之有效的治疗方案。

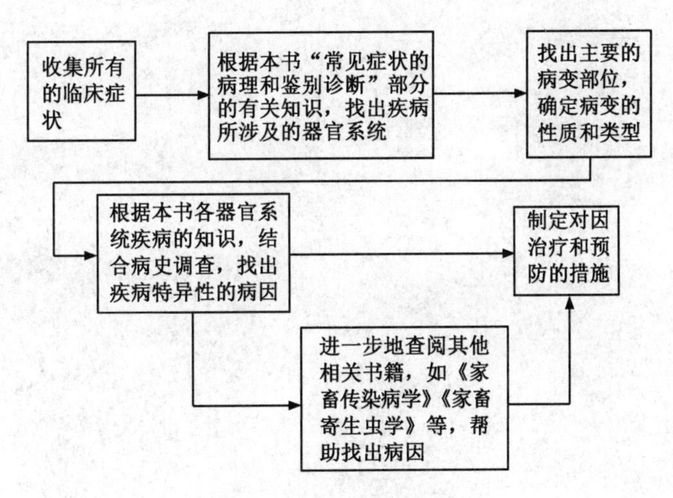

附图　临床诊疗程序操作

按照附图程序操作，长此以往，反复实践，临床工作者将有望使自己变为有独立思考能力和真正能解决生产问题的兽医临床专家。

为帮助学生或其他读者理解上述过程，举例说明如下：

一头1周龄小公牛突然发生呼吸困难、发热、食欲不振，胸部听诊有异常呼吸音，流鼻液。

第一步：患牛的主要症状是呼吸困难，在"常见症状的病理和鉴别诊断"部分中找到有关"呼吸困难"的章节。

第二步：在"呼吸困难"章节阅读中，将帮助和引导你去考虑患牛的呼吸困难是呼吸系统疾患还是心脏疾患或其他疾患所致。

第三步：通过参考上述章节，假如确定是呼吸系统的问题，通过临床检查收集证据，进一步确定病理损害部位是否在肺部。

第四步：查阅本书有关肺部疾病部分的描述，再根据临床检查及其他检查所见，判断损伤的部位是属于一般炎症还是肺炎。

第五步：假如怀疑该患牛罹患肺炎，通过查阅本教材或其他相关书籍，将所有的有关牛的各种肺炎一一列出，从中找出与你所诊治的病牛最为相似的一种或几种肺炎。

假如怀疑为巴氏杆菌所引起的肺炎，则可通过有关索引，找到有关牛巴氏杆菌病症的描述，将其与患牛的临床表现仔细地相比对，看其是否相符合。也可根据当时实际情况决定是否还要采取某些补充诊断措施，以帮助你确定诊断。一旦确定诊断，可根据本教材或其他相关书籍的治疗方案适时地采用综合防治措施，以抢救患牛。

第六步：不要忘记继续阅读本教材第四章第三节"肺脏疾病"中论述或者其他书籍有关巴氏杆菌病的论述，及时采取阻止该病向畜群中其他动物蔓延的措施。

（黄克和）

复习思考题

1. 试述兽医内科学的概念与研究内容。
2. 如何学好兽医内科学？
3. 兽医内科学是怎么发展起来的？

第二篇

常见症状的病理和鉴别诊断

第二章　常见症状的病理和鉴别诊断

【内容提要】症状(Symptom)是疾病过程中病畜(禽)所表现的异常临床表现，兽医诊疗中常通过临床检查发现。症状学(Symptomatology)是从症状角度研究疾病现象与本质的一门学科，包括症状的识别、出现原因及机理、临床表现及其鉴别诊断等。症状诊断学是根据动物临床表现，特别是主要症状进行诊断的一门学科。症状不能直接反映疾病的本质，但常作为提示诊断的出发点和构成诊断的根据。在某种疾病过程中，某些症状可能同时或相继出现，这种症状间的相互组合称为征候群或综合征(Syndrome)。通过不同的征候群，可以对各系统中不同器官疾病进行定位诊断，或对疾病的基本性质进行判断。

兽医专业学生进入临床医学的学习，首先从症状学开始，症状学可以说是把学生由对疾病无知导向对疾病有知的敲门砖。动物疾病中临床表现的症状多样，同一疾病可有不同的症状，不同的疾病又可有某些相同的症状。因此，在疾病诊断过程中，必须结合临床所有资料进行综合分析，首先要从疾病症状发生的原因入手，掌握发生同一症状的各种原因，提出相似的可能发生的疾病，再分析患病动物的病因类型，最后确立疾病诊断，切忌在临床中单凭某一个或几个症状而作出错误的诊断。

本章仅对临床上较为常见的部分疾病症状加以阐述，介绍常见症状的发生原因、临床表现、发生机理及相应鉴别诊断方法等，以理论为指导，以实用为主旨，使读者在处理异病同症或同病异症的疾病时，可以形成合理的诊断思路，并启发临床工作者对实验室检验项目进行正确的选择。

第一节　毒血症(Toxemia)

毒血症是由于毒素或毒性物质进入血液循环所引起的全身中毒反应。从理论上来说，诊断毒血症必须证明毒素已在血流中出现。但在很多情况下，没有证据表明毒素可能的来源，而这些毒素又很难被鉴定或分离出来。所以在临床中，以下描述的症状一旦出现，就可以对毒血症建立诊断。

二维码 2-1
毒血症发生原因

【原因】具体见二维码 2-1。

【机理】细菌产生的内毒素是强大的致热源，通常可引起组织血液灌流量减少，发生弥漫性血管内凝血和全身性施瓦茨曼反应，即伴有坏死的一种严重出血性疾病，导致严重的休克等。大肠杆菌性内毒素中毒的典型表现有血液浓缩，中性粒细胞减少，低血糖症和流产等；沙门氏菌性内毒素中毒亦可引起一系列症状，如发热和消化道停滞等；假单胞菌属内毒素中毒的特征病变为弥漫性血管内凝血。霉形体病发生时，有一部分的毒性作用是由毒素中的半乳糖类引起的，其具有很强的局部作用，可引起肺泡小管和肺血管壁出血，导致肺动脉压升高，体动脉压降低，进而出现肺水肿和毛细血管血栓，形成临床上胸膜肺炎的典型病变。内毒素性毒血症所致的全身性反应，可通过注射或其他路径给予纯化的毒素而实验性地诱发出来。在自然发生的病例中，毒素所致的影响包括细菌性毒素的自身作用和机体组织对细菌毒素作用发生的应答反应，炎性应激所致的“毒血症”可影响碳水化合物、氮、微量元素和激素的代谢以及这些物质在体内的分布等。这些病理变化可能在疾病高峰期对患畜有利，但它们会导致上述物质的缺乏，需要随后予以补充。

对碳水化合物代谢的影响：血糖降低，其降低的程度和速度依毒血症的严重性而异；肝糖原消失及组织葡萄糖耐量降低，因此补充葡萄糖时不能被迅速利用。由于组织血流量减少和组织进行无氧代谢，血液中的丙酮酸盐和乳酸水平升高；从已知的马属动物内毒素性休克的病理变化推断，乳酸的聚积与患病动物出现精神不振、存活率降低等现象存在重要联系。

对蛋白质代谢的影响：毒血症发生时组织崩解增加，血液非蛋白氮水平升高；而机体内抗体的产生则导致血清总蛋白的升高。血液中氨基酸的相对比例发生改变，血浆蛋白的电泳图谱也会发生改变，球蛋白增多，而白蛋白减少。

对矿物质代谢的影响：毒血症常引起矿物质元素代谢的负平衡，包括低铁血症和低锌血症，但血铜增加，同时血浆铜蓝蛋白也增加。

对组织的影响：毒血症所致病变是如何产生的目前仍不是很清楚，但已观察到当传染性因子刺激吞噬细胞时，它会释放出一种物质；此类传染性因子还能够影响内分泌腺和酶系统，特别是内分泌腺体中的垂体前叶和肾上腺以及肝脏内的酶系统。此外，患畜的肝实质和肾实质的损伤也很明显。

对全身各系统的影响：低血糖症、高乳酸血症、血液 pH 降低等共同作用，会影响组织酶系统，使实质器官发生退行性变化，降低大部分组织的功能活性。心肌收缩力减弱，输出量降低，心脏对刺激的反应性降低。有的病例，毛细血管壁受到损害，引起有效循环血量减少，与心输出量减少一起导致血压降低，最后发展为循环衰竭。组织中血液灌流量减少，动物口腔黏膜呈现暗红色。肝功能降低，肾小管和肾小球受损，引起血浆非蛋白氮水平升高和出现蛋白尿。消化道功能及胃肠运动性下降，食欲降低，经常出现便秘。同时，骨骼肌紧张性也会降低，通过机体衰弱以及后期发生倒地不起症状而得以表现。除了一些特殊的毒素如破伤风毒素、肉毒毒素对神经系统造成特异性的影响之外，毒素还造成一般性的功能性精神抑制，表现为沉郁，精神不振以致最后昏迷。造血系统的变化包括红细胞生成减少，白细胞数量增加，发生增加的白细胞的类型与毒血症的类型和严重程度有关；白细胞数也可能会减少，但经常与病毒或外源性物质（如放射性物质）引起的白细胞生成组织发育不良联系在一起。内毒素性中毒所引起的大部分病理生理学效应都已通过实验得以复制，很少量的内毒素也会对肠道病造成严重的影响，特别是在马。一些毒素会产生继发性影响，即第一次感染后，动物发生了变态反应，当第二次感染后就会发生过敏反应，如出血性紫癜。

【临床表现】大部分非特异性毒血症的临床表现基本相似，仅随中毒过程的快慢和中毒严重程度不同而表现程度上的差异。抑郁、精神不振、离群独处、厌食、生长速度降低、生产力下降和消瘦等是毒血症的特征性症状。此外，患病动物脉搏弱而快但很规则；心率增加，心音强度降低，可能伴有血液性杂音；经常发生便秘；可能会有蛋白尿。细菌感染或组织崩解所致的大部分毒血症均会发热，而代谢性毒血症则不表现发热。后期肌肉松弛、倒地不起直至虚脱，最后伴随着昏迷或痉挛而死亡。

若毒素形成的速度或进入血液循环的速度足够快，致使其毒性作用充分显现而迅速出现心血管症状，可导致“毒素性”或“败血性”休克。患畜外周血管严重扩张，血压降低，黏膜苍白，体温下降，心动过速，脉搏细小，肌肉松弛。这些症状在第二十一章第一节“过敏性休克”中有专门论述。这种症状通常与革兰氏阴性菌，特别是大肠杆菌感染所致的菌血症或败血症有关。

【临床病理学】通过繁杂的程序对特异性外毒素进行分离鉴定并确定其来源是可能的；而对于循环血液中非特异性的内毒素，可通过一种生物学技术对其进行鉴定和分类，但对这种试验的可信性仍存有争议。患病动物会表现出低血糖，血液非蛋白氮值升高，血清总蛋白升高，电泳检查球蛋白显著增加。发生再生障碍性贫血，白细胞增多和蛋白尿。单胃动物会发生与人类的糖尿病相似的葡萄糖耐量曲线变化，并且用胰岛素进行治疗时效果不明显，在反刍动物这种变化的重要性尚不得而知。

【鉴别诊断】毒血症的临床诊断主要是依靠上面所描述的症状，这种做法显然是不得已而为之，因为兽医师往往很难通过实施复杂的程序分离出毒素或确定其来源。此外，由于砷等金属元素的亚急性中毒往往对机体大部分酶系统有抑制作用，临床中容易将毒血症与金属中毒相混淆。在这种情况下，要想做出明确的诊断，就必须对环境毒源进行检查，明确每一种中毒的特异性症状，了解食物构成情况，同时也要对肠内容物和组织进行检查。毒血症是一种复杂的症候群，在许多原发性疾病的过程中都会出现，它所起的作用主要是继发性的，需要认真和适宜的治疗。

病原菌及其毒性代谢产物向全身播散引起全身感染症状，常有发热，可伴有全身不适、肌肉酸痛、食欲下降、呕吐、腹泻、抑郁、烦躁、贫血、肝脾大，严重者可出现中毒性心肌炎、弥散性血管内凝血（Disseminated Intravascular Coagulation，DIC）、急性肾衰等。而全身感染临床上常分为毒血症、菌血症、败血症、脓毒血症、内毒素血症几种感染类型。

菌血症指病原菌由局部侵入血流，但未在血流中生长繁殖，只是短暂的通过血循环途径到达体内适宜部位后再进行繁殖而致病，例如伤寒早期有菌血症期。

败血症病原菌侵入血流后在其中大量生长繁殖，产生毒性代谢产物，引起严重的全身性中毒症状，例如高热、皮肤和黏膜瘀斑、肝脾肿大等。鼠疫杆菌、炭疽杆菌等可引起败血症。

脓毒血症指化脓性细菌侵入血流后在其中大量繁殖，并通过血流扩散至机体其他组织或器官，产生新的化脓性病灶。例如金黄色葡萄球菌的脓毒血症，常导致多发性肝脓肿、皮下脓肿和肾脓肿等。

内毒素血症指革兰氏阴性病原菌侵入血流并在其中大量繁殖，崩解、释放出大量内毒素致病的一种感染类型。

（任志华）

第二节　败血症(Septicemia)

病原微生物在血液内大量繁殖和产生毒素，造成全身广泛性出血和组织损伤的病理过程称为败血症。败血症不同于菌血症，前者是指患畜血流中的病原微生物存在于整个疾病过程之中，并且与疾病过程中所出现的症状相关；而后者则指那些病原微生物仅一时性地存在于血流之中，且不引起动物产生临床症状。

【原因】具体见二维码 2-2。

二维码 2-2
败血症发生原因

【机理】病菌常通过皮肤、黏膜的损伤或手术创伤进入动物体内，在侵入处引起局部感染而表现炎症变化。当病菌的致病力强、感染量大，而机体的防御反应不足且治疗不及时时，病菌可在机体内大量增殖，炎症扩散至淋巴管和血管，引起局部淋巴管炎、血管炎和淋巴结炎。此时病菌就经淋巴和血液不断向全身扩散。随着机体抵抗力的进一步降低，病菌在血液内大量繁殖和产生毒素（菌血症和毒血症），全身器官组织受到损害，物质代谢和生理机能紊乱，免疫功能破坏，病畜出现严重的全身症状，即败血症。细菌感染引起的局部炎症是造成败血症的基础，败血症则是局部炎症全身化的结果。如果病原是化脓性细菌，则先在感染局部引起化脓性炎症，然后病菌扩散至全身其他部位，出现多发性的转移性化脓灶，这种由化脓菌感染导致的全身性感染，称为脓血症或脓毒败血症。

【病理发生】败血症病理变化主要表现在两个方面，其一是由病原微生物侵入部位出现明显的炎症，并迅速散布至全身，产生的内毒素和外毒素造成严重的毒血症和严重的发热，有时病变在许多器官局灶化并造成严重损害，但患病动物尚能在毒血症的条件下存活。其二是病原微生物可直接损害血管内皮细胞，并引起组织出血。在病毒血症发生过程中基本原理是相似的，其区别在于毒素不是由病毒所产生的，患畜所产生的全身症状是由病毒所杀死的组织细胞的产物所为。败血性疾病通常会发生血管内弥散性溶血，特别是在疾病的末期更是如此。这种病理变化始于血管完整性的部分损伤，它通常由于存在于循环血液中的异物所引起，例如细菌的细胞壁，抗原抗体的复合物和内毒素，随着血小板的黏附作用，形成血小板性栓塞。一旦血液凝固发生后，当一些凝血因子和血小板消耗殆尽，使高血凝状态转变为低血凝状态，此时，被激活的纤维蛋白溶解系统可能成为出血性渗出性素质的主要原因。

全身性病理变化，由于病畜的肌肉变性和尸体早期即出现腐败，往往尸僵不全或完全不出现，血液凝固不良。全身皮肤、黏膜、浆膜、肾上腺及其他内脏器官发生广泛出血和渗出，出现瘀点和瘀斑。浆膜腔内有数量不等的积液，有时发生浆液纤维素性心包炎、胸膜炎及腹膜炎。全身淋巴结肿大、充血或出血，表现急性淋巴结炎的变化。脾常肿大，质地松软易碎，切面脾组织容易刮落，称作败血脾。显微镜下淋巴滤泡增生，显著充血、出血和炎性细胞浸润。肝、肾、心肌等实质器官发生颗粒变性和脂肪变性以至局灶性坏死。肺瘀血，水肿，有时有支气管肺炎。中枢神经系统眼观上不见明显变化，有时有脑膜炎，显微镜下脑实质水肿，神经细胞变性，有时可见局灶性充血、出血和白细胞浸润。在脓毒败血症时，其特征为全身有多发性化脓灶，常见于肾、心、肝、脾等器官，显微镜下可见化脓性栓塞性炎症。

【临床表现】主要为发病急骤，发热，体温不规则（弛张热）或持续高热，无食欲，黏膜下和皮下出血，多为瘀点状，偶尔也呈瘀斑状。出血斑最为常见的部位是眼结膜下、口腔黏膜和阴户黏膜；在关节、心脏瓣膜、脑膜、眼或其他的局部器官所出现的症状通常是由这些局部器官感染所引起。偶尔出现黄疸，进行性贫血，白细胞总数和中性粒细胞增多。有些病原体感染引起的败血症，白细胞总数可能不增加，甚至减少。发生败血症的病畜如抢救不及时，结局多为死亡。

【临床病理学】在患畜呈现高热期间，从其血液中可分离和培养出致病菌，或以其血液接种易感动物可使动物感染。血液学检查时可出现的白细胞增多症或白细胞减少症都有助于疾病的诊断；患畜白细胞反应的种类及程度对疾病预后的判断有重要参考意义。消耗性凝血病可以通过血小板计数值的减少，凝血酶原活性和纤维蛋白原数值的降低以及产生纤维蛋白降解物等指标的变化来予以诊断。除了由毒血症或体温过高所引起的变化之外，多个被牵累的患病器官可能有浆膜下或黏膜下出血和栓塞性病灶，但这些变化通常可为特异性病原引起的病变所掩盖。

（任志华）

第三节 猝死(Sudden Death)

猝死是一种俗称，指的是动物生前未呈现任何可作为诊断依据的症状而突然死亡，通常由于意外事故或休克而发生，急性心脏病也可引起。有些猝死的动物，即使经过尸体剖检诊断也很困难，多数是因为缺乏临床症状和流行病学调查方面的资料。因此在遇到动物发生猝死现象时，宜将可能发生猝死的疾病一一列出，逐一进行排查，针对其中可能性较大的病因作进一步的实验室检查和其他方面的检查，为动物猝死的诊断提供依据。

二维码 2-3
猝死发生原因

【原因】见二维码 2-3。

【临床表现】猝死发生前可无任何先兆，部分动物在猝死前数分钟至数天可出现心前区痛，并伴有呼吸困难、心悸、疲乏感等，或有心绞痛加重。有些病畜有室性早搏或急性心肌梗塞症状。猝死发生时，即出现神志不清和抽搐，呼吸迅速减慢、变浅，乃至停止，紫绀明显，心音消失，脉搏不能触及，瞳孔散大，对光反应消失。有些动物在睡眠中死去，死前可能发出异常鼾声或惊叫声，也可能无任何动静。

【鉴别诊断】仔细地调查病史，将有可能揭示饲料及其来源所出现的问题，调查饲料是否暴露于有毒物质中或饲料是否经过有毒物质的处理，将有利于对疾病的诊断。仔细对周围环境进行调查研究，寻找致病微生物，但要注意保护检查者自身安全。检查者在潮湿的厩舍中检查宜穿上橡皮靴。

仔细检查被检动物是否存在生前挣扎痕迹，鼻孔是否有分泌物，天然孔有无不凝固血液流出，有无臌胀或黏膜苍白等现象，有无被烧伤的标记或痕迹，有无因强力保定引起的碰伤痕迹。更要多注意前额部，触诊观察其是否有骨折和破损现象，要保证在比较理想的尸体剖检场所进行剖检，死后剖检要由有专长的病理学家来操作和完成，其所作的报告和结论较具有权威性和公正性。

对于可疑病料的采集，最好是一式两份，其中一份是为将来对检验结论可能会持有反对意见者准备的，以便重检。对病料作微生物学检查时必须按照操作程序严格地进行，尤其是初步抹片检查见到革兰氏阳性杆菌时，必须将炭疽杆菌与枯草杆菌的诊断区别开来。对怀疑由中毒所致的猝死动物，可将其胃肠内容物作相应的毒物检验。

肉鸡猝死综合征的诊断通常可以依据如下几点：发病死亡的鸡一般是该鸡群中生长发育较快、个体较大的肉鸡；患鸡生前不呈现任何明显的症状，通常在食槽附近突然倒地两脚朝天，双羽扑打几次而死去；剖检时可见到胃肠内容物比较充满。

（任志华）

第四节 免疫功能低下(Immune Deficiency)

免疫功能低下是一种动物对病原微生物的易感性显著增加的病理特征。动物机体免疫力与自身的免疫系统密切相关，通常机体免疫功能低下的发生与体液免疫和细胞免疫能力的下降相关。

【原因】见二维码 2-4。

二维码 2-4
免疫功能低下发生原因

综上所述，动物的免疫力低下，尤其是非遗传性的免疫抑制通常与下列因素有关：①病毒引发的免疫抑制；②应激导致的免疫抑制；③某些霉菌毒素低剂量长期作用；④重要的营养物质的缺乏，如维生素 A，维生素 C，维生素 E，β-胡萝卜素，硒，铬等缺乏所致的免疫抑制；⑤药物性与治疗性免疫抑制；⑥寄生虫或癌症所致的免疫抑制。

【临床表现】免疫功能低下的动物常表现为：生后6周内就发生感染，对反复的或持续的抗感染治疗效果很差，对少量病原微生物的感染表现出很高的易感性，机体易发生肿瘤或病原微生物的持续感染，即使注射弱毒苗亦能导致全身性的感染和疾患等。

【临床病理学】免疫功能低下的动物通常会由于淋巴细胞减少或是中性粒细胞减少而引起白细胞计数值的降低，有的还与血小板数量减少有关。

（任志华）

第五节　过敏反应和过敏性休克（Anaphylaxis and Anaphylactic Shock）

过敏反应是指机体对某些抗原物质产生的免疫病理反应程度超过正常范围，是一种由抗原抗体反应引起的急性疾病。反应剧烈时则可引起过敏性休克。

【原因】见二维码2-5。

二维码2-5　过敏性反应和过敏性休克发生原因

【机理】过敏反应是抗原与循环于全身的或与细胞相结合的抗体相作用的一种结果。引起该反应的抗原种类很多，有异种血液、昆虫毒液、花粉、寄生虫抗原和疫苗，以及某些食物如蘑菇、鱼贝类、牛乳、鸡蛋等异种蛋白质，还有青霉素、链霉素、阿司匹林等半抗原类物质，它们能与体内蛋白质结合形成变应原。此外还有尘埃、油漆等一些性质不明的物质。在人和犬，一种特异性的抗体IgE已被鉴定出来，它对某些固定组织的巨细胞具有特殊的亲和力。巨细胞在组织中的分布能部分地解释为什么某些器官成为某种动物过敏反应的靶器官。亲同种细胞的抗体在动物中已被检出，但是这类过敏反应所涉及的抗体种类尚未完全鉴定清楚。过敏反应的抗体能够通过初乳传递。抗原抗体反应发生在与某些固定组织的巨细胞、嗜碱性粒细胞、中性粒细胞等细胞相接触时或相接近时激活上述细胞的活性，释放出具有药物活性的物质，以介导过敏反应，这些物质包括生物胺类，如组织胺、5-羟色胺、儿茶酚胺、血管多肽如激肽、阳离子蛋白质、过敏反应素、血管活性酯类如前列腺素、减缓过敏反应物质以及其他一些物质，动物过敏反应介导物的种类和重要性已在一些严重的试验性诱发的过敏反应中得到研究。对所有的动物而言，过敏反应均是一个复杂的涉及介导物作用的过程。通过精确地阐明过敏反应发生类型的复杂性，其药物动力学动态变化的过程将得到解释。

【临床表现】过敏反应的牛最初症状包括突然发生严重的呼吸困难、肌肉震颤、不安。某些病例有显著的流涎，而其他的一些病例有中度的臌气，还有一些则有腹泻。在输血后的第一个症状经常是嗳气，还常有荨麻疹，血管神经性水肿和鼻炎。肌肉严重震颤，体温上升至40.5℃。如果疾病的后期已有严重的呼吸困难，肺水肿和肺气肿，胸部听诊则可闻增强的水泡爆裂样啰音。在绝大多数存活的病例，如果已发生了肺气肿，尽管症状在24 h内已经减弱，但其呼吸困难却可能要持续一段时间。在自然病例，静脉注射反应素后反应可延迟15～20 min发生，在实验性病例注射反应素后，严重的反应可在2 min内出现，死亡则可在7～10 min内发生。临床症状包括虚脱、呼吸困难、乱冲乱撞、眼球震颤、发绀、咳嗽、从鼻孔流出泡沫样分泌物，幸免者将在2 h内完全康复。绵羊、猪表现出急性呼吸困难；马除此症状外，还常有蹄叶炎和血管神经性肺水肿。蹄叶炎也偶见于反刍动物。自然情况下发生的马过敏性休克表现为严重的呼吸困难和呼吸窘迫、仰卧和痉挛；死亡时间短的只需5 min，通常需要1 h。试验性诱发的过敏反应通常是致死性的，但其死亡经过时间不至于如此之短。在注射反应素后30 min内患马呈现不安，心跳疾速，发绀和呼吸困难；继而眼结膜血管充血，肠蠕动增加，水泻，全身出汗，被毛逆立，幸免者可在2 h内康复，重症者通常在注射后24 h死亡。猪实验性诱发过敏性休克可能在几分钟之内发生死亡，约在数分钟内产生全身性休克；在2 min内为严重期，死亡通常于5～10 min内发生。

幼年牛和绵羊的急性过敏反应的尸体剖检能见到的变化多局限于肺脏，形成肺水肿和肺血管充血。成年牛有肺水肿和肺气肿，但没有肺血管充血的现象。在犊牛缓慢型试验性诱发的过敏反应中，真胃和小肠出现充血和水肿。猪和绵羊剖检时存在肺气肿，至后期出现明显的肺血管充血。过敏反应的马呈现肺气肿和肺广泛性点状出血，并伴有大肠壁的大面积水肿和血管外出血，也可能同时有皮下水肿和蹄叶炎。

【临床病理学】临床病理学检查时，发现患畜血液中组织胺水平可能升高也可能不升高。至于患畜的嗜酸性粒细胞计数变化，其可借鉴的资料很少。虽然用于诊断的特殊致敏原的检查工作很少有人做，但将其作为调查研究的工具是很有必要的。关于牛、马即刻发生的过敏反应期间所出现的一些显著的变化能否作为诊断依据还难以确定。一般患畜还有 PCV 值升高，血钾浓度升高和中性粒细胞减少等变化。

【诊断】假如异体蛋白性物质在数小时之前注射于突然发病的动物，过敏反应的诊断则是无疑的。但是在通过口服进入机体的情况下，也可能产生过敏反应。当出现前面所提及的一些特征性的症状时也能提示对过敏反应的诊断或怀疑，当采取相应治疗措施后得以奏效则更能证明诊断。急性肺炎可能与过敏反应相混淆，但急性肺炎通常有毒血症，肺部的病理变化较明显，而且多分布在腹侧部分，而过敏反应患畜肺部病理变化分布在整个肺脏。

（任志华）

第六节 黄疸 (Jaundice/Icterus)

黄疸是由于高胆红素血症引起的全身皮肤、巩膜和黏膜等组织黄染的现象。当血清胆红素浓度超过 15 mg/L 时，从临床生化角度上来看可被认定为黄疸；当血清胆红素浓度超过 20 mg/L 时，动物可视黏膜、巩膜和皮肤均呈现黄色，通常称其为临床型黄疸。

【原因】高胆红素血症的发生通常是由于胆红素在肝脏或肾脏中产生的速度大于其被排出的速度所致。胆红素是血红素的代谢产物，主要来源于红细胞的血红蛋白，此外也来源于肌红蛋白和细胞色素酶。黄疸发生的原因通常可分为：肝前性、肝性、肝后性三大类。

二维码 2-6
黄疸发生机理

【机理】见二维码 2-6。

【临床表现】引起动物黄疸的原因不同，既往病史则有所不同。某些病例症状表现较为显著，有的却不然。患畜通常表现倦怠，虚弱和运动耐受性差。皮肤颜色改变，尿液颜色变深。细心的畜主能发现患畜腹壁中部、巩膜、可视黏膜黄染。尿液呈深黄色，是由于尿液中胆红素排出量增加，或者出现血红蛋白尿所致。出现无胆汁粪便，指粪便颜色呈灰白色或白陶土样，是因粪便缺乏胆红素代谢物所致。胆汁排泄完全阻断是肝后性黄疸的特征。其现症常为黄疸，大多数呈黄疸的犬、牛、马等，能从可视黏膜和巩膜的颜色上清晰地反映出来。猫的早期黄疸可在软腭上反映出，颜色苍白。肝前性黄疸多由溶血引起，故在出现黄疸的同时，可视黏膜呈苍白色，因此患畜还出现与贫血相关的一些症状，如心搏加快、衰弱、脉搏微弱等。

【诊断】临床血液学检查尤其是红细胞计数、红细胞压积检查、血浆的颜色将更有助于对黄疸的确诊。严重的贫血又伴有黄疸的出现表示有溶血的存在，属肝前性黄疸。严重溶血往往会出现再生性贫血的反应，如循环血液中网织红细胞、有核红细胞增多，出现异形红细胞症、红细胞大小不一症、再生性白细胞增多症、血小板增大症，自体凝集现象和球形细胞增多症将进一步说明免疫介导性溶血性贫血的存在。临床生化检查及其他检查，如血清总胆红素量的检查可以证明黄疸是否存在及黄疸的严重程度。对小动物而言直接和间接胆红素的测定较少进行，因为上述两种胆红素常有相互重叠的现象，妨碍对高胆红素血症的进一步鉴别。测定血清酶的活性将有助于鉴别肝性黄疸和肝后性黄疸。但若仅凭一些酶的测定欲鉴别肝内性和肝后性胆汁郁滞仍是很困难的。兽医工作者常常用胆酸的测定来鉴别多种肝脏疾病，但是对有明显黄疸患畜而言，这种方法亦有其局限性，因为这种患畜的胆酸排泄径路和胆红素的排泄径路同样地受到了损害。

尿液检查可以帮助确证黄疸的存在。对犬而言，尿液中有少量的胆红素存在属正常现象，但是大量的胆红素存在，尤其是量少且浓稠尿液中有多量胆红素时就可表示有黄疸的存在。在猫，尿液中出现胆红素总是异常现象，它表示有胆汁淤滞和黄疸。血红蛋白尿表示有血管内溶血的现象。由溶血引起的肝前性黄疸不能仅根据较少的检验数据予以确诊，进一步的确诊包括是否有与有毒物质接触的病史，如亚甲蓝、洋葱、铜、锌和铅等可能引起犬的溶血；而丙二醇，苯佐卡因和醋氯酚常使猫患病。溶血常继发于红细胞抵抗力下降和血流切变力增加之时，此时，血液凝固性能的系列检测结果有助于排除弥散性血管内凝血(DIC)，克诺特氏(Knott's)试验和心丝虫成虫抗原酶联免疫吸附试验有助于排除与心丝虫病有关的溶血。通过临床检查，其中包括血清学检查可排除犬、猫的巴通体和犬巴贝西虫所致的溶血。免疫介导原因所致的溶血检查包括直接抗球蛋白(Coomb's)试验，抗细胞核抗体试验，红斑性狼疮试验等。如果上述试验均为阴性，红细胞的结构或功能方面的先天性缺陷则应予以考虑。

肝内性和肝后性黄疸的鉴别诊断依赖于对胆道系统结构的检查。如果检出胆道被阻塞或者渗漏则可诊断为肝后性黄疸。胆道系统结构各部分的检查常用腹部超声检查法，如果胆囊增大或胆道扩张则提示存在肝外性胆道阻塞。超声检查还可检查胰中是否有块状物的形成以及与胆道阻塞相关的胰腺炎。在偶然的情况下，胆道肿瘤、胆结石或胆汁浓缩团块物可成为肝后性黄疸的原因。如果不具备超声检查的条件，应进行胆道造影或施行剖腹检查以确定是否有胆道的阻塞。与腹膜炎相关的胆道破裂可以通过病史、临床症状得以鉴别，然而腹腔穿刺对于确证胆汁性腹膜炎则是一种有用的方法。肝内性胆汁淤滞所致的黄疸既可由影响肝细胞胆汁代谢的全身性疾病所引起，也可由原发性肝病所引起，其中细菌性败血病和猫的甲状腺功能亢进就是两个实例，为进一步确证，可以作血液的细菌培养或病猫血清中甲状腺素浓度测定，同时再对其进行临床病史调查。至于原发性肝病的诊断则依赖于对患畜肝脏活体采样，以作组织病理学检查。

临床上确诊黄疸并不困难，应在充足的自然光线下检查皮肤和黏膜，绝大多数动物皮肤覆盖被毛或沉着色素，不易辨认，主要应检查眼结膜和巩膜。在确定黄疸的基础上根据血液生化、尿液检查和临床症状，结合辅助检查，确定黄疸的病因和性质。

（任志华）

第七节　发绀（Cyanosis）

发绀是由于循环血液中还原血红蛋白或称去氧血红蛋白或变性血红蛋白增多所引起的，皮肤或黏膜呈现不同程度紫红色或蓝紫色的一种症状。当血中还原血红蛋白含量超过 50 g/L，或者血中高铁血红蛋白含量达到 30 g/L 时即可出现发绀症状。因此，发绀是机体缺氧的典型表现，当动脉血液中氧饱和度低于 90%时，即可出现发绀。

二维码 2-7
发绀原因

【原因】见二维码 2-7。

【机理】

（1）血液中还原血红蛋白增多：①血液氧不足：主要是呼吸机能障碍所致，影响了氧气的吸入和二氧化碳的排出，肺氧合作用不足，致使循环血液中还原血红蛋白含量增多而出现发绀。常见于上呼吸道高度狭窄（如喉炎、气管炎、支气管痉挛等）发生吸入性呼吸困难或肺部疾病（如肺炎、肺气肿、肺水肿、胸膜炎等）使肺脏的有效呼吸面积减少，均可引起动脉血氧饱和度降低。②循环机能不全：主要是机体血液循环障碍，血液流动过于缓慢，血液经过毛细血管的时间延长，从单位容量血液弥散到组织的氧量较多，静脉血氧含量降低，导致动-静脉氧含量差大于正常。但是由于血流缓慢，单位时间内流过毛细血管的血量减少，所以弥散到组织、细胞的氧量减少，导致组织缺氧。这种发绀称为外周性发绀，主要见于创伤性心包炎、严重的感染性疾病、肠变位、心力衰竭及休克等。

（2）血液中存在异常血红蛋白衍生物：①变性血红蛋白含量增加：主要是某些化学物质或饲料中毒时正常的氧合血红蛋白转化为高铁血红蛋白，失去携带氧的能力，导致外周血液中氧分压不足，出现发绀。常见于亚硝酸盐中毒。②硫化血红蛋白血症：主要由某些药物和化学物质引起，如使用硝酸钾、亚硝酸钠等含氮化合物、磺胺类、非那西丁等芳香族氨基化合物后，也可引起发绀。③遗传性高铁血红蛋白血症：又称先天性辅酶Ⅰ高铁血红蛋白还原酶缺乏症，由红细胞内还原型二磷酸吡啶核苷高铁血红蛋白还原酶活性极度降低或缺乏，使高铁血红蛋白还原成亚铁血红蛋白的过程受阻引起。目前仅见于犬，呈家族性发生。

【临床表现】主要临床表现为可视黏膜和皮肤呈蓝紫色或青紫色；急性感染性疾病时伴随体温升高，休克时体温降低；根据发病原因的不同，动物可能伴有呼吸困难、衰竭或意识障碍、心音变化、肺区扩大或听诊异常、血液色泽异常等症状。

【临床病理学】发绀症状与血中血红蛋白含量有密切的关系。当血红蛋白含量正常时，若动脉血氧饱和度小于 85%，则可视黏膜已呈现发绀表现；在红细胞增多症的动物，动脉血氧饱和度虽大于 85%，仍会出现发绀症状；相反，在重度贫血的动物（血红蛋白含量小于 60 g/L），即使动脉血氧饱和度明显降低，发绀表现仍不明显。

【诊断】

1. 病史和体格检查

首先对动物进行皮肤检查，由于动物的皮肤上被覆浓厚的被毛，绝大多数还有大量色素沉着，皮肤检查发绀仅适用于被毛稀少且呈白色的猪、羊、犬和猫,其他动物则比较困难。可视黏膜,尤其是眼结膜是观察发绀症状的最佳部位。口黏膜以及母畜的阴道黏膜的毛细血管丰富,色素较少,也是发绀症状表现比较明显的部位。此外,了解有无肺部疾患(肺炎、肺气肿)或异物吸入的病史;发绀出现的时间,如自幼即有发绀,表示大多数为先天性心脏病;有无和上述药物和致病饲料接触的病史(如牛饲喂富含亚硝酸盐和硝酸盐的返销菜,猪饲喂重施氮肥经过堆积发热的叶菜类饲料);病后期的患畜出现发绀常伴有濒死前其他症状;心力衰竭或呼吸系统疾患出现发绀时,多显现出呼吸困难;局部发绀可能伴有静脉怒张和局部水肿的现象;心肺和喉部的检查,注意观察有无肺部实变或肺气肿的体征。

2. 实验室检查

①血象检查:将呈现暗褐色或巧克力色的静脉血液置于玻管内振摇,使其充分地与空气接触后仍不能改变其颜色,而正常动物静脉血在空气中震动后将会与氧结合而变为红色或鲜红色。红细胞压积测定对于提示全身性(中央性)发绀具有重要的意义。在兽医临床实践中,先天性心脏病性发绀常常伴有由于低氧血症引起的红细胞增多症。②胸部X射线检查:由于任何全身性发绀总是与心脏和肺脏的异常有关,用X射线检查心脏的大小和/或形状有无异常,肺脏实质有无异常可提供重要的诊断依据。③动脉血血气分析:动脉血的血气分析结果常能为发绀的确切诊断提供有价值的依据。如何确定是全身性或末梢性发绀,可借助于氧分压的测定。氧分压降低(低氧血症)通常发生在各种原因引起的全身性发绀,而末梢性发绀则氧分压正常。低氧血症还可通过动脉血二氧化碳分压测定作出进一步的区分,当肺泡性通气量不足时总会使二氧化碳分压升高,呈现出呼吸性酸中毒。大多数患畜通过加强呼吸通气作出代偿,使二氧化碳分压仍保持正常。④心电图检查:大多数心脏病引起的发绀常伴有肺动脉高压,通过心电图检查则可清晰地反映出这种发绀的本质。

(任志华)

第八节 体重的改变 (Alterations in Body Weight)

体重变化是指体重下降或体重增加两种情况。动物在正常的饲养条件下,在短时间内体重迅速发生变化,是由于机体代谢和营养消耗多于或少于能量摄入。在一定时间内监测体重的变化可反映机体的营养状态。动物的营养状态与食物的摄入、消化、吸收和代谢等因素密切相关,认识体重或营养状态的变化可作为鉴定动物健康或疾病程度的标准之一。虽然在兽医学领域,动物体重的变化应依据体重系列测量或标准体重图,这种改变几乎总是主观推测而不是客观的。当评价动物体重变化时,应考虑到体表形态、骨骼结构和遗传特性。体重下降或增加是指根据系列测量和标准体重图来判定体重小于或大于标准体重的10%。

一、体重下降

体重下降是指动物在较短时间内体重明显降低。

二维码 2-8
体重下降原因

【原因】见二维码 2-8。

【临床表现】①厌食:见于多种传染性疾病、炎症、肿瘤、中毒、神经性或代谢性障碍。厌食可包括假性厌食(如牙齿疾病、颞下颌肌炎)、原发性厌食(中枢神经功能障碍)、继发性厌食(代谢性或中毒性)、应激环境因素(长途运输、气温过高、犬猫有新的家庭成员)等。②营养不良:这类体重下降应通过详细调查饲料成分,以发现饲料质量、类型、饲料添加剂的变化。③胃肠道症状:除厌食之外,还可见返流或呕吐、腹泻等。④食欲不减少、贪食而体重下降:主要由于过多营养消耗、代谢旺盛,见于甲状腺功能亢进、妊娠、泌乳、慢性传染病、生长过快、剧烈的活动、肿瘤等,以及糖尿病、肾病等。

【诊断】①病史调查:详细询问动物的临床症状表现,如腹泻、咳嗽、多尿。体重急速下降5%~10%则十分明显,重要的是定量确定体重下降程度,并区别是原发性还是继发性的体重变化。②临床检查:确定临床上的症状,如吞咽动作异常、有无腹泻、腹围大小、瘤胃蠕动、有无厌食、心脏和肺部异常表现以及动物的饥饿状态等。③饲料分析:检查饲料气味、营养成分及其适口性,比较动物饲料摄入量与动物的营养需要量,在考虑环境因素的前提下,饲料成分和性状不变,要充分分析原发病的病因。④实验室检查:包括血液、尿液和粪便的检查。针对不同的动物、品种差异,有目的地进行血、尿、粪的常规分析,为临床诊断提供参考依据。⑤特殊诊断:根据病史调查和临床检查确定引起体重下降的原因，在血液生化、尿液分析、粪便检查后，确定是否进行胸腹部X线检查、甲状腺素浓度检查等。

二、体重增加

体重增加是指动物在短时间内明显上升。

【原因】见二维码2-9。

二维码 2-9
体重增加原因

【临床表现】①腹水或外周水肿：见于低蛋白血症（肝脏疾病、肾病、肠病）、心脏疾病（充血性心力衰竭、右心衰竭）、传染性或炎性腹部疾病（犬传染性腹膜炎、脓性腹膜炎、胰腺炎）、肝病（肝硬化、门脉栓塞）。②肌肉肥大：见于活动和能量的增加、内分泌障碍如胰腺瘤、肢端肥大症、药物治疗。③内脏巨大：见于某些内分泌障碍，如肾上腺机能亢进和肢端肥大症。肾上腺机能亢进的犬猫表现肝巨大、脂肪重新分布，临床表现多饮、多尿和皮肤症状；肢端肥大症的猫常继发于糖尿病。

【诊断】检查时应注意鉴别和诊断腹水、水肿、肌肉肥大、内脏巨大等，同时应注意体温、脉搏和皮肤的检查以提供引起体重增加的临床资料。根据不同的病因调查和临床表现进行综合分析判断，确定原发性疾病，进行必要的血液学检查和内分泌功能的检查，以便进一步确诊。

（任志华）

第九节　体温的改变 (Alterations in Body Temperature)

正常动物在体温调节中枢的调控下，机体的产热和散热保持着动态平衡，将体温稳定在较狭窄的正常范围内；但体温也不是绝对恒定的，存在昼夜温差，大多数变化在1℃左右。当体温调节功能发生障碍，如产热多于散热，体温超出正常范围并出现热候时，即称为发热。在大多数情况下发热是机体防御疾病的反应。但在某些病理状态下，机体由于散热超过产热则发生体温低下。一般来说，渐进性体温低下会引起渐进性的器官功能抑制。

一、体温低下(Hypothermia)

【原因】见二维码2-10。

二维码 2-10
体温低下原因

【临床表现】主要表现为体温下降。伴有败血症时，机体可能丧失防卫机能。严重的体温低下（<30℃）表现肌肉活动减少和反射能力下降，血容量减少和心功能下降，导致低氧血症、酸中毒、心律不齐。新生动物常出现低糖血症和钾代谢紊乱。体温低下的动物发生休克时，特别是新生动物，严重肠壁缺氧会导致严重的腹泻，黏膜脱落和肠道梭菌生长。

【诊断】除测量体温外，应观察动物的表现，分析发病原因。由于体温低下的原因、程度和持续时间不同，应进行全面的血液学分析、生化和凝血参数的检查，以确定在严重或长期体温低下时的器官功能障碍状态及其异常特征。

二、体温过高(Hyperthermia)

体温过高是由于产热增加和吸热过多，或散热障碍引起的体温升高的现象，若在动物体温临界点可调节范围之内，则无热候。中暑是临床最常见的体温过高现象。

【原因】见二维码2-11。

二维码 2-11
体温过高原因

【临床表现】体温升高是主要诊断依据，大多情况下通过测量直肠温度获得第一手资料，温度可高达42℃，甚至43.5℃，呼吸、心率增加，脉搏细弱。早期饮欲增加，动物寻找阴凉处或躺在水中。当体温高达41℃时，呼吸困难，呼吸变浅而不规则，脉搏急速变弱，动物先表现安静，但很快表现反应迟钝，并伴有衰竭、痉挛、昏迷。当体温达到41.5～42℃时，大多数动物会死亡。

【诊断】根据临床症状、体温变化结合环境的变化及病史分析，不难作出诊断。但应注意与败血症、毒血症等疾病相鉴别。

三、发热

发热是体温过高的一种特殊类型，真正的发热是体温调节临界点的改变，临界点提高，升高体温到一个新的临界点发生的适当的生理反应。发热与体温过高的区别在于，发热的体温增加不仅仅是到一个新的体温临界点，而且还出现热候。

【原因】常见的病因主要包括细菌或病毒性肺炎、胸膜肺炎、胃肠道寄生虫感染、肠炎、沙门氏菌病、马驹轮状病毒性腹泻、内毒素血症、脓毒败血症、子宫炎、腹膜炎、乳腺炎、心内膜炎，肿瘤病如淋巴肉瘤、牛白血病等，药物源性发热，非感染性因素如各种类型肝炎、呼吸道内异物、急性肾衰竭、烧伤以及反刍动物的产后血红蛋白尿等。

【机理】外源性致热源或抗原进入机体，通过激发内源性致热源的释放引起发热反应，内源性致热源在肺脏、肝脏和脾脏通过吞噬细胞贮存和释放，淋巴细胞不产生内源性致热源，但可通过分泌淋巴因子产生发热反应，某些肿瘤细胞也可产生和分泌内源性致热源。许多已知的刺激内源性致热源的因素包括病毒、革兰氏阳性菌、革兰氏阴性菌内毒素、真菌、某些类固醇、抗原抗体复合物、某些无机化合物以及引起迟发型过敏反应的抗原。

【临床表现】突然发生，持续性发热，食欲不振或厌食，精神沉郁，不愿活动，淋巴细胞总数明显增加，体温增加根据不同病因表现不同的热型。

【诊断】根据临床症状和临床检查即可进行诊断，关键是确定病因。不同种属和不同年龄的动物可表现不同的临床症状，临床检查时要注意心血管系统、呼吸系统和消化系统的检查，结合热型的变化和血液学分析做出诊断。

（任志华）

第十节　全身性器官系统疾病所致的眼部异常变化（Ocular Manifestations of Systemic Disease）

眼部有丰富的血管和淋巴组织，犬、猫眼的异常变化不仅反映眼部本身性疾病，而且也常见于许多其他器官系统的疾病，包括代谢性疾病、传染病、寄生虫病、食物或药品过敏或中毒等因素所致的皮肤、心、血管、肾、肝、脑部等组织器官疾病等。掌握眼病的检查技术和治疗原则具有特殊的临床意义。

【原因】见二维码 2-12。

【诊断】眼部检查技术和眼的正常状况是眼结构变化评价的基础，在判定眼部是否出现异常时，要与内部组织器官疾病联系起来，常需进行血液、尿液和放射学检查。品种和遗传倾向也可为判定原发或继发性眼病提供有价值的资料。

二维码 2-12
导致眼病原因

炎症和出血是组织器官性疾病的重要特征。眼周组织的炎症表明免疫介导或感染皮肤病，炎症发生于色素层，反映内部组织器官疾病。与创伤无关的出血应充分考虑凝血功能不良、高血压和肿瘤病。

（向瑞平）

第十一节　虚弱与晕厥（Weakness and Syncope）

虚弱（Weakness）临床分为几种类型，如倦怠无力、疲劳、全身肌肉虚弱、晕厥、癫痫发作和意识状态的改变。倦怠无力和疲劳是指缺乏能量。其他近义词包括昏睡、不愿活动等。这种状态需要与意识状态的改变相区别，如昏迷、木僵以及嗜眠症。

全身性肌肉虚弱或软弱无力，是指力量的丧失，可以是持续性的或在反复肌肉收缩以后发生。软弱无力发展成为不全麻痹、运动性瘫痪、感觉丧失、共济失调。

晕厥（Syncope）是指一种伴有突然衰竭、暂时性意识丧失和全身性虚弱的临床综合征，其原因是能量物质、氧气或葡萄糖不足，引起的脑部代谢功能障碍。猫的早期晕厥临床症状不易发现，一旦发现临床症状，疾病已进入晚期。相反，小型宠物犬的早期临床症状特别明显，但大型犬早期临床症状表现不明显，直到晚期才明显。

二维码 2-13
晕厥与虚弱原因

【原因】见二维码 2-13。

【诊断】根据病史分析、临床症状以及用药情况，结合实验室检查结果进行诊断。

（1）病史分析。确定症状发生时间和持续时间，结合现症状，尽可能获取家族病史资料，是否用过药物治疗，了解药物的副作用。

（2）临床检查。应详细检查心血管系统和神经系统，如心率、心杂音、心电图，神经反射、运动功能、感觉异常等，以便发现疾病的原因，例如呼出气味表明尿毒症或糖尿病，难闻的口腔气味表明口腔、牙齿、咽部和食道损伤。贫血、发绀、黄疸和静脉回流的黏膜变化表明心脏、贫血等疾病。淋巴结增大表明淋巴肉瘤或与肿瘤和败血症有关的局部淋巴结肿大。心肺听诊确定心音节律不齐、心杂音和异常呼吸音。发热是犬猫虚弱的常见病因。

(3)实验室检查。血细胞计数、血糖测定、血尿素氮或血清肌酐测定、血电解质分析、血浆二氧化碳水平测定。必要时进行全面的血液生化分析,甲状腺功能检查,胸腹部X线检查,以及心电图检查等,特殊情况下还需进行特殊的实验室检查。

(向瑞平)

第十二节　作为全身性疾病信号的皮肤异常(The Skin as a Senor of Internal Medical Disorders)

皮肤病变是兽医临床实践中的难题之一,主要是由于不同的病因所导致的皮肤病变具有相似的临床症状。正确的诊断和治疗需要通过详细的临床检查和病史分析以及必要的实验室检查。皮肤本身的疾病很多,许多疾病在病程中可伴随着多种皮肤病变。皮肤的病变和反应有的是局部的,有的是全身性的。皮肤状态的变化在临床上常可作为全身性和局部性疾病诊断的信号和参考。皮肤病变除颜色改变外,亦可发生湿度、弹性的改变以及出现皮疹、出血点、发绀、水肿等。皮肤病变的检查一般通过视诊观察,必要时配合触诊及特殊的实验室和仪器检查等。

【临床表现】

(1)遗传性疾病。

①先天性皮肤缺陷(先天性上皮发育不全)、先天性秃毛症、遗传性皮肤病,这类疾病在出生时出现或稍后出现。显然此类动物不宜留作种用。

②皮肌炎:主要见于犬。皮肤的变化主要为皮肤黏膜连接处、前肢、耳尖和尾部结痂、溃疡、水疱和脱毛,肌肉的变化为颞肌和咬肌萎缩,临床上皮肤病变和肌肉症状同时发生或单一出现。

③周期性中性粒细胞减少症:主要发生于犬。常见口腔和唇部溃疡,甚至发生严重的坏死性口炎。

④酶缺乏症:如黏多糖病(贮积病)是由于芳基硫酸酯酶B或α-L-艾杜糖苷酸酶缺乏导致黏多糖在不同组织中蓄积。本病仅在猫有报道。病猫表现脸平、小耳、角膜混浊。偶尔出现皮肤结节、跛行、胸部凹陷,在6周时症状明显。酪氨酸血症,青年犬表现角膜混浊、蹄垫和鼻部溃疡和腹部红斑大水疱。

(2)免疫功能异常。变应性皮炎(昆虫叮咬、接触性和饲料性)、红斑狼疮、药物反应、疱疹样皮炎、血小板减少性紫癜等。

(3)内分泌功能障碍。肾上腺功能减退、肾上腺皮质功能亢进、生长激素异常、性腺激素反应综合征。主要出现脱毛但无瘙痒的症状。这类疾病是呈现皮肤症状的常见疾病。

①甲状腺功能减退:皮肤症状表现全身或局部脱毛、脂溢性皮炎、色素沉着过多、增厚浮肿、容易碰伤、干燥且易脱毛。继发脓皮病和/或皮肤病、外耳炎。常见瘙痒,特别在发生脓皮病或脂溢性皮炎时。

②肾上腺皮质功能亢进:皮肤损伤主要表现脱毛(通常在躯干,偶尔发生在面部)、色素沉着过多、脂溢性皮炎、脓皮病,易感染皮肤真菌病或螨病,继发免疫抑制、皮肤变薄、粉刺、容易碰伤和皮肤钙沉着。在发生脓皮病、螨病和钙沉着部位瘙痒。

③性激素异常:约1/3患睾丸足细胞瘤的犬发生脱毛和雌性化,精原细胞瘤可出现同样症状。其他性激素分泌异常比较少见,如睾酮或雌激素反应性脱毛。

④生长激素依赖综合征:主要表现脱毛和脓皮病及色素沉着过多。

⑤糖尿病:糖尿病发生皮肤损伤者较少,可出现脱毛、脓皮病、皮肤变薄,继发螨病和黄瘤病。据报道溃疡性皮肤病与糖尿病有关。在蹄垫出现红斑、结痂和脱毛。

⑥食物过敏:犬的临床表现主要是瘙痒、丘疹和红斑,但也可发生耳炎、蹄部真皮炎和脂溢性皮炎。猫主要是脸、头和颈部瘙痒。

(4)营养失调。维生素A、维生素B、维生素C、维生素D缺乏,锌缺乏等。

①锌缺乏性皮肤病:这种疾病出现两种综合征,一种是皮肤黏膜连接处、面部、蹄垫和腹部出现结痂、鳞屑、红斑和脱毛,但并不都是双侧性的,瘙痒也有不同。另一种是由于补充过高钙的饲料引起,在头、躯干、末端和蹄垫出现鳞屑和角化不全,以及精神沉郁、发热和厌食等。

②维生素A缺乏性皮肤病:主要表现脂溢性皮炎症状。

③脂肪组织炎:主要由于维生素E缺乏和抗氧化功能障碍引起。感染猫常表现精神沉郁、发热、厌食,皮肤或腹部触诊出现疼痛反应,皮下和腹部脂肪

增厚或凸凹不平。

(5)皮肤肿瘤。嗜铬细胞瘤、皮肤纤维瘤、纤维肉瘤、脂肪瘤、皮肤乳头状瘤、肥大细胞瘤、淋巴肉瘤、鳞状细胞瘤、黑色素瘤等。

(6)细菌和病毒感染。局部感染见于皮肌炎、葡萄球菌脓皮病,金黄色葡萄球菌、溶血性和非溶血性链球菌、大肠杆菌感染等疾病。呈现皮肤症状的常见传染病如口蹄疫、猪瘟、猪丹毒、猪肺疫、狂犬病、伪狂犬病、猪水疱病、猪水肿病、皮肤鼻疽、皮肤结核、恶性水肿、坏死杆菌病、放线菌病。犬、猫常发生葡萄球菌感染,葡萄球菌性脓皮病是猫第二类常见的皮肤病。常认为是自发性的,兽医应排除疾病病因,如过敏(食物、蚤)、内分泌疾病(甲状腺功能减退、肾上腺皮质功能亢进)和其他免疫抑制的情况,如肿瘤、注射可的松或抗肿瘤药。犬布氏杆菌病,感染这类细菌偶尔发生阴囊水肿和皮炎,并继发睾丸炎和肉芽脓肿性皮炎。

(7)真菌感染。分支孢菌感染引起皮肤结节和化脓性损伤。其他真菌如原壁菌和暗色丝状菌病也可引起皮肤病变。深部或全身性真菌病,如皮炎芽生菌、荚膜组织胞浆菌、荚膜隐球菌和球孢子菌可感染许多器官。皮肤损伤的差异很大,如结节、脱毛、脓皮病。

(8)寄生虫侵袭。

①螨病:青年犬感染螨病认为是一种特异性 T 淋巴细胞缺陷引起的,老龄犬螨病的感染应考虑与肾上腺皮质功能亢进、糖尿病和内部的肿瘤有关。

②利什曼病(Leishmaniasis):皮肤损伤明显,脱毛、红斑、耳及黏膜皮肤连接处溃疡。这些犬常伴发高蛋白血症、高球蛋白血症、非反应性贫血和蛋白尿。确诊主要从皮肤、脾脏、肝脏、骨髓或滑膜液中分离微生物。也可进行细胞培养。治疗通常采用静脉注射锑化合物。

③立克次体病:埃利希氏体病引起黏膜和皮肤的瘀斑,这些疾病也可引起末梢部水肿。

④心丝虫病:发生水肿说明感染严重。

⑤肠道线虫和绦虫:钩虫、鞭虫、蛔虫和绦虫可引起皮肤疾病。钩虫引起感染皮肤炎性疹块和丘疹。肠道寄生虫感染出现瘙痒、丘疹、红斑和脂溢性皮炎症状。抗蠕虫药治疗疗效显著。犬巴贝西虫病有时出现皮肤水肿、瘀斑、红斑和荨麻疹。

(9)其他系统疾病。

①肝脏疾病:人类肝胆疾病常引起皮肤瘙痒和其他临床症状,但小动物发生者相对较少。偶尔猫胆管肝炎和其他肝脏疾病发生皮肤瘙痒。

②胰腺疾病:较少发生,在伴有红斑的严重胰腺炎时,皮下脂肪坏死,认为与感染的胰腺释放高浓度的脂肪酶有关。

③肾脏疾病:尿毒症引起口腔溃疡,同时存在肾脏衰竭症状。

④铊中毒:动物急性铊中毒在 4～5 h 内引起死亡,慢性铊中毒病程可持续 3～6 周。在腋窝、耳和生殖器、后腹部、爪和皮肤黏膜连接处出现脱毛、红斑、结痂甚至溃疡。尿液检查铊元素进行确诊。

【诊断】评价动物的全身状态,通过触诊检查病变是局部还是全身,损伤部位的分布,范围大小,形态的变化,皮肤的干湿度以及病变部位的性状等。诊断技术包括皮肤刮片,表皮细胞培养及组织病理学检查,细菌、真菌培养等,以及必要的实验室检查,确定病因,治疗原发病。

(向瑞平)

第十三节 临床血液学和生化指标对疾病综合征的诊断意义(Clinical Haematological and Biochemistry Values as a Guide to Disease Syndromes)

一、血液细胞象变化

中性粒细胞增多:多发生在细菌感染引起的病理过程中。生理状态下如运动、缺氧、兴奋、妊娠也可出现中性粒细胞增多。在病理状态下如糖皮质激素增多或应用糖皮质激素、炎症早期及炎症形成,如慢性肺炎、胸膜炎、慢性腹膜炎、腹部脓肿或其他内部器官脓肿、慢性创伤性网胃腹膜炎、慢性子宫炎、肝脏脓肿、肠炎、细菌引起的心内膜炎、慢性肝炎等,出现中性粒细胞增多,也可发生于某些化学制剂或药物的中毒。

中性粒细胞减少:通常发生在细菌性败血症、胃肠疾病、子宫炎和乳腺炎引起的内毒素血症,某些病毒性疾病及过敏也可引起中性粒细胞减少。在急性细菌感染和内毒素血症时,因中性粒细胞需要增加引起中性粒细胞减少,各种病毒性疾病、辐射及癌症化疗时引起中性粒细胞生成减少,猫的白血病病毒等可引起粒细胞无效生成。

单核细胞增多:可见于中性粒细胞增多的情况,

包括健康状态下的生理性反应及对皮质类固醇的反应。主要发生于慢性炎症、内部出血、溶血性疾病、化脓、肉芽肿、免疫介导性疾病。至于单核细胞减少并无显著的临床意义。

淋巴细胞增多：生理条件下如运动等因素引起的肾上腺素活性增加及某些疫苗注射后暂时性淋巴细胞增多。主要见于病理状态下如慢性感染和淋巴肉瘤。

淋巴细胞减少：见于糖皮质激素分泌增多，如肾上腺皮质功能亢进、外科手术、休克、外伤、冷热刺激以及外源性糖皮质激素治疗等；化疗、辐射、长期皮质激素治疗及先天性 T 细胞免疫缺乏。在牛地方性流产、犬冠状病毒感染、犬瘟热、犬细小病毒病、内毒素血症、马疱疹病毒感染、马流感、猫泛白细胞减少症、犬传染性肝炎、霉形体感染、羊蓝舌病等，血液都可出现淋巴细胞减少。

嗜酸性粒细胞增多：见于过敏反应、寄生虫感染、嗜酸细胞性小肠结肠炎、犬、猫嗜酸细胞性肉芽肿、犬猫嗜酸细胞性肺炎、犬的葡萄球菌性皮炎、嗜酸细胞性粒细胞白血病、巨细胞白血病。

嗜酸性粒细胞减少：见于皮质激素分泌增多，如内源性肾上腺皮质功能亢进和应激引起的炎症以及应用皮质激素类药物治疗时。

二、血清酶活性异常

碱性磷酸酶（ALP）活性增高：见于胆管阻塞、糖皮质激素和扑米酮、苯巴比妥药物的诱导、青年动物骨骼生长、甲状旁腺功能亢进、肿瘤（乳腺瘤、血管肉瘤）及急性中毒性肝损伤。

淀粉酶（AMY）和脂肪酶（LPS）活性增加：主要见于犬猫的胰腺腺泡细胞损伤，如胰腺炎或胰腺癌，在牛和马，AMY 不可用于诊断胰腺炎或其他疾病。在犬肾血流量减少或肾功能下降可引起 AMY 和 LPS 活性升高。犬的肝癌和用地塞米松治疗后也可见 LPS 活性升高。

天冬氨酸氨基转移酶（AST）活性增加：肌肉损伤、红细胞溶血、肝脏疾病（线粒体损伤时）。在牛和马，AST 增加是肝细胞损伤的一般标志酶，但肌肉损伤、溶血也引起血清 AST 活性增加，AST 虽可作为犬和猫肝细胞损伤的指示酶，但并不像 ALT 具有组织特异性，因此并无诊断意义。

丙氨酸氨基转移酶（ALT）活性增加：见于肝细胞损伤、肝细胞再生和肌肉损伤（轻微增加）。犬和猫在发生肝细胞损伤和严重的肌肉疾病时，ALT 增加是主要标志酶。但在牛和马肝细胞中含量少，不能作为肝细胞损伤有用的诊断指标。

肌酸激酶（CK）活性增加：CK 增高见于肌炎（感染、免疫介导性红斑狼疮）、内分泌（甲状腺功能减退、肾上腺皮质功能亢进）和营养性因素、肌肉损伤（长时间运动、肌肉内注射）、低热、心肌病。也可发生于神经组织损伤的疾病。

乳酸脱氢酶（LDH）活性增加：作为各种动物肝细胞损伤的标志酶，也见于红细胞溶血、肌肉和其他细胞坏死。

三、血清蛋白质浓度变化

高蛋白血症：见于血液浓缩（腹泻、呕吐、肾脏浓缩功能障碍、出汗、呼吸及血管渗透性增加）、炎性疾病（细菌、病毒、真菌及原虫感染、坏死）、肿瘤、免疫介导疾病、B 淋巴细胞瘤。

低蛋白血症：见于血中蛋白产生减少（肠道吸收不良、消化功能障碍、营养不良和慢性肝脏疾病）、损失增加（有慢性蛋白尿的肾脏疾病、外部出血、皮肤损伤和失血）以及高球蛋白血症和腹腔积液的补偿过程中。

低球蛋白血症：见于新生动物缺乏初乳、失血、失蛋白性肾病和肠病以及联合免疫缺陷。

高球蛋白血症：见于浆细胞性骨髓瘤、埃利希氏体病、淋巴肉瘤、犬传染性腹膜炎、慢性细菌感染、寄生虫病、肿瘤、免疫介导性疾病和脱水。

低纤维蛋白原血症：见于严重肝脏疾病、弥漫性血管内凝血和先天性纤维蛋白原缺乏症。

高纤维蛋白原血症：见于炎性疾病。

四、矿物质离子浓度及其他生化指标的变化

高钙血症：见于高白蛋白血症、恶性肿瘤的高钙、原发性甲状旁腺功能亢进、肾上腺皮质功能减退、维生素 D 过多症、肾脏疾病、严重低热等。

低钙血症：见于低白蛋白血症、原发性甲状旁腺功能减退、继发肾性甲状旁腺功能亢进、原发性肾脏疾病、坏死性胰腺炎、肠道吸收障碍、牛的生产瘫痪、猪的草酸盐中毒等。

高磷酸盐血症：见于肾小球滤过率降低、处于生长期的动物、维生素 D 过多症、骨骼疾病（骨瘤）、软组织外伤、肾小球滤过率正常但甲状旁腺功能减退、猫甲状腺功能亢进。

低磷酸盐血症：见于伴有酮血症的糖尿病、恶性肿瘤的高钙血症、原发性甲状旁腺功能亢进、维生素 D 过少、呼吸性碱中毒、吸收不良或饥饿、牛产后血

红蛋白尿、糖尿病使用胰岛素后和低热。

低钠血症：见于胃肠道内容物丢失（呕吐、腹泻）、充血性心力衰竭（水肿）、肾上腺皮质功能减退、利尿药的使用、不适当应用抗利尿激素、低渗溶液的输液、腹膜炎、胰腺炎、糖尿病、肾脏疾病。

高钠血症：见于失水增加（发热、高温环境、高热）、通过胃肠道丢失体液（呕吐、腹泻）、肾脏衰竭、糖尿病（使用胰岛素后）、盐摄入增加或静脉输液。

低钾血症：见于胃肠道内容物丢失（呕吐、腹泻）、碳酸氢盐和利尿药治疗、醛固酮过多症、急性肾衰竭、肾小管性酸中毒、慢性肾衰竭（猫）、胰岛素治疗、碱中毒。

高钾血症：见于肾上腺皮质功能减退、肾衰竭、继发于休克的弥漫性细胞死亡、代谢性酸中毒、糖尿病性酮性酸中毒、凝固血液分离过慢、不适量的氯化钾输液。

高胆红素血症：见于肝胆疾病、溶血性贫血、胆固醇过高。

低胆固醇血症：见于消化吸收不良、肝脏衰竭、胰腺的内分泌功能不足、失蛋白性肾病、饥饿（严重恶病质）。

高胆固醇血症：见于采食后、甲状腺功能减退、糖尿病、肾上腺皮质功能减退、肾病综合征、肝外胆道阻塞、高脂血症、猫高乳糜微粒血症、猫先天性脂蛋白酯酶缺乏、高脂肪日粮。

高糖血症：见于糖尿病、糖皮质激素增加（应激、肾上腺皮质功能亢进、应用糖皮质激素或 ACTH 治疗）、急性胰腺炎、生长激素增加、药物诱导（噻嗪类利尿药、吗啡、葡萄糖静脉输液）。

低糖血症：见于分离血清过慢、肝脏疾病、高胰岛素血症、胰腺外肿瘤、内毒素血症或脓毒败血症、内分泌功能低下、药物诱导（外源性胰岛素）、饥饿。

尿素氮和肌酐增高：见于脱水、心血管疾病、休克、高蛋白日粮、出血进入胃肠道（仅尿素氮升高）、尿道阻塞。

尿素氮降低：见于日粮蛋白质限制和严重多尿。

肌酐增加：见于严重的恶病质。

（向瑞平）

第十四节　末梢水肿
（Peripheral Edema）

水肿（Edema）是指组织间隙有过多的液体积聚使组织肿胀，而末梢水肿（Peripheral Edema）是指在外周间质组织蓄积大量体液。末梢水肿即皮下水肿，一般发生在胸腹下和体位下部，四肢末梢水肿。水肿本身不是一种疾病，而是疾病的一个症状。

二维码 2-14
末梢水肿发生
原因与病理

【原因与病理】见二维码 2-14。

【临床表现】动物发生水肿前组织间隙积聚液体明显增加，发生水肿时体重增加，无其他特异症状，根据水肿发生的严重程度和发生的部位。临床检查时应注意确定是否体腔积液、皮下积液以及体腔和皮下同时发生积液，胸部听诊和叩诊检查确定是否发生胸腔积液。通过视诊和触诊检查皮下水肿。当发生皮下水肿时，以指压组织后发生凹陷，称压陷性水肿（Pitting Edema）。

动物全身性水肿主要检查心脏、肾脏、肝脏、胃肠道疾病。某些器官功能障碍如咳嗽、不耐运动、呕吐或腹泻、多尿等临床症状有利于诊断。

由心脏疾病引起的水肿多伴有心杂音、奔马律、颈静脉怒张、心律不齐等心脏疾病的症状。腹部检查腹水、腹围大小，肝脏和肾脏大小和形态，肠管蠕动音。

非炎性水肿无热无痛，皮肤柔软完整，而炎性水肿常导致局部发热、疼痛、渗出、发红甚至溃疡。一后肢或一前肢或两前肢水肿一般由于静脉或淋巴管阻塞，应对肢体触诊和听诊，如两后肢发生水肿而没有腹水发生则应做直肠检查和详细腹部触诊。

【诊断】诊断目的常需要确定末梢水肿的病因，包括临床病理、心电图、中心静脉压、X 线检查、超声检查、心血管造影和探针检查。末梢水肿必须确定是否发生低蛋白血症。由于血清白蛋白决定大部分血浆胶体渗透压，测定白蛋白浓度十分重要。伴有尿白蛋白损失的肾脏疾病导致低血清白蛋白和正常的球蛋白。伴有白蛋白产生减少的肝脏疾病导致低血清白蛋白和正常或升高的球蛋白。由于胃肠蛋白损失导致白、球蛋白均降低。在肾脏或胃肠疾病引起的低蛋白血症时，没有血管充盈现象，在水肿发生之前出现血清白蛋白和球蛋白含量下降。BSP 试验和凝血酶原时间试验可以作为肝功能障碍的诊断指征。怀疑胃肠道出血进行粪便潜血试验加以证明。血清球蛋白明显下降主要见于体外慢性出血，主要经过尿和粪便。如腹水存在，应检查腹水确定病原。当存在腹水和全身性末梢水肿，在鉴别诊断中应考虑心脏病。应用 ECG 和胸部 X 线检查可确定心脏肥大，心脏肥大时中心静脉压升高是由于右心衰竭。正常状态下犬猫的中心静脉压(CVP)为5 cm水柱,在大多数右心衰竭病例,CVP在8～15 cm水柱,严重病例可高达20～30 cm水柱,超过30 cm水柱则表明静脉回流受阻而不是右心衰竭。心脏疾病,特别是右心衰竭或阻塞,可应用超声诊断,通过超声诊断可确定三尖瓣严重缺损。

(向瑞平)

第十五节　器官疾病所致的行为变化(Behavioral Signs of Organic Disease)

大多数动物患病或受伤后会出现行为变化,如昏睡或难以接近。在许多疾病出现的行为改变、问题或症状常常难以适当定义,也不需要对每一个动物用同样的含义。有些人将猫正常发情表现看作痴呆,有些人将脑部肿瘤引起的极端行为失常看成正常衰老。

在正常环境下,动物的行为改变常由畜主或临床检查人员确定。诊断的目的是确定行为的改变是由某些器官疾病还是非器官的精神状态所引起或两者兼而有之。

一、非常见的器官病变引起的行为改变

攻击行为:竞争、恐惧、疼痛。

害怕:遇到雷暴、枪声、消防车警笛、其他动物或特殊人群。

狂叫:非真正的运动功能亢进。

破坏性行为:撕咬、抓、挖。

不适当的排粪和排便:划定领地、猫喷洒尿液和顺从。

性行为异常:爬跨异常、缺乏性欲。

母性行为异常:烦躁、假孕、食子和冷淡。

捕食行为:反感,食粪癖,异食癖,厌食,咀嚼木头,犬、猫采食青草或植物。

自残行为:撕咬自己的肢蹄、尾巴,狂叫。

应激反应:自残行为、吸吮腹部、摇头、抓脸面等。

二、常见器官疾病的异常行为

转圈运动、无目的徘徊、头抵墙角、定向功能障碍、不能认识主人或熟悉的物体、精神沉郁或昏睡、躲避、癫痫、突然食欲增加或丧失、突然频繁排尿、随意排粪、无原因颤抖、耳聋、冲撞物体。

行为特点与环境和治疗的关系以及查询当前疾病是诊断的关键步骤。根据临床特征至少要进行神经学检查。必要时要进行血液、血清学和其他检验。

一般来说,对异常行为不仅要进行全身和神经系统检查,而且要进行必要的病史和环境情况的调查。必须把症状的病因分成真正的非器官行为和器官行为疾病,将脑、脊髓和外周神经疾病或器官疾病与环境因素综合考虑。

三、行为特征的类型

(1)攻击性行为。攻击行为是一种常见的行为特征,但很少是由于器官疾病引起的。对犬、猫的初步诊断时,要详细描述行为特征。攻击行为的对象是什么,在什么样的环境下发生,持续时间多长以及引发的因素是什么,动物在攻击时是原地还是不断后退。动物的自残行为表现为舔、咬、抓和摩擦身体局部,同时临床检查人员应确定涉及的身体部位,自残程度,环境应激和畜主的存在,跛行或突然吼叫以及病史。

(2)恐惧、定向功能障碍和昏睡。动物表现躲避、畏惧,惊恐或反应力下降,定向功能障碍,昏睡时应注意疼痛的原因,进行全身疾病的检查。同时注意动物的听觉和对光的敏感程度,每次发作的频率和持续时间,多数脑部疾病都能导致这种非特异性症状。

(3)性情改变。性情的改变如友善、攻击性、孤独或喜群居、易怒等。这些特征发生的频率以及产生过程对鉴别局部和弥漫性中枢神经系统疾病和代谢性疾病尤其重要。

(4)排尿和排粪习惯的改变。动物在睡眠时滴尿或排粪(雌性激素失调),是否寻找一个适当的地方放松自己(多尿或尿频),是否尽力靠近某一地点,是否在畜主面前、家具旁或当时的任何地方排泄,动物做出排粪姿势是否排粪。排泄在一个固定地点或在癫痫发作后排泄,在附近的邻居是否有动物,如果是这样,什么时候发生或他们是否患病。

(5)重复行为。仰头嘶叫,摇头、摆尾,间歇性转圈,回顾腹部,摩擦面部和吸吮腹部的动作与环境和家庭情绪的改变有一定的相关性。这些主要见于非器官性疾病。动物可对畜主的情绪变化产生快速反应,甚至畜主可能没有注意到。

(6)踱步和圆圈运动。踱步和不停地圆圈运动可能是急性或渐进性行为活动,并伴有神经功能障

碍症状(意识本体感觉丧失,头部倾斜和晕厥)。也可能发生于弥漫性退行性中枢神经系统疾病或局部脑损伤,如肿瘤、中风或脑炎。非烦躁地无目的地嘶叫可能由类似疾病或耳聋引起。

(7)严重的定向功能障碍或癔症。完全脱离它们的环境、失去方向感或癔症,通过器官疾病或病史调查可以确诊。

四、畜主关系

除了解动物行为改变的病史外,必须重视诊断的其他方面包括与畜主的关系。对畜主的描述和意见应给予重视,即使后来证明是不准确的。临床兽医不应低估应激或其他因素的改变对行为改变的影响。例如,应激可以增加癫痫发作的频率、加重结肠炎、导致多饮、多尿以及破坏和攻击行为等。

攻击性行为的发生通常出现动物威胁特征,如动物瞳孔放大以及紧张不眨眼的凝视,这也可能是癫痫样发作的表现,即使畜主说明动物攻击行为过后表现友好,也应注意癫痫样发作。

畜主倾向于解释大多数的伤残、咬尾、间歇性转圈是对疼痛或瘙痒的反应。对于动物主人来说,他们难以接受一只幼犬会由于焦虑或紧张而咬自己的爪子或尾巴,一只小猫会因为应激而舔自己的毛,甚至导致大量毛掉光,一些动物甚至会突然跳起攻击或凝视身体的某部位,似乎受到惊吓。严重自残的大多数病例不是器官疾病。

五、特殊疾病

脑肿瘤和中枢神经系统网状细胞增多:通常是一个缓慢过程,从性情呆板,无目的持续踱步,转圈和对家人不认识,一直到昏睡、迟钝和癫痫。症状可能是持续的,用糖皮质激素治疗会有所好转。攻击性行为并不常见。癫痫可以导致中度的发作症状,如恐惧,定向功能障碍,踱步,口渴、饥饿,不认识主人,沉郁以及退缩。

(向瑞平)

第十六节 厌食与贪食 (Anorexia and Polyphagia)

厌食(Anorexia)是指动物食欲减退,摄食减少或拒食,甚至发生明显的营养衰竭。不同的病因可导致完全和部分厌食,有的病例表现对食物有兴趣或饥饿但不能摄取足够的食物,有的对食物的刺激完全失去反应。

贪食(Polyphagia)是指动物食欲旺盛并过量摄取食物,这种现象在某些生理条件下是正常反应,如泌乳、妊娠、极度寒冷和剧烈运动等,但过度的贪食会导致肥胖,也见于应用抗惊厥药、糖皮质激素、甲地孕酮及少见的下丘脑损伤的病例。贪食还见于机体试图补偿某些疾病引起的体重下降,如糖尿病、甲状腺功能亢进。

二维码 2-15
厌食与贪食原因

【原因】见二维码 2-15。

【临床表现和诊断】厌食和贪食的临床表现较为明显。厌食和贪食不是疾病的特异性症状,必须进行详细的病史调查以确定病因;另一方面,贪食是一种特殊症状,可能是生理的也可能是病理的。但病因分析又十分困难,因涉及的病因复杂多样,临床上主要注意以下几个方面:

持续时间和程度:厌食或贪食的持续时间和程度有助于确定疾病的严重程度。

日粮改变:日粮质量的变化或由于日粮缺乏适口性可引起厌食,而可口的食物则可引起贪食。

环境应激:许多动物在精神应激时发生暂时性厌食,如运输、更换新的动物及新的主人等。贪食可由寒冷应激或竞抢食物引起。

体重变化:突然迅速的体重下降表明疾病严重,贪食引起体重增加下降或不变,也可见于更换可口的日粮、应用药物诱导,偶尔见于下丘脑损伤。伴随体重下降的贪食通常与消化吸收不良或内分泌失调有关,如糖尿病和甲状腺功能亢进。

发热、脱水、贫血和黄疸可作为与厌食有关疾病的症状。临床检查包括头颈、胸腔、腹腔和神经等部位。仔细检查头颈,观察口腔、牙齿和颈部损伤引起的咀嚼疼痛或吞咽困难;胸腔进行听诊和触诊,心肺疾病常导致严重的厌食;肝肿大和腹部膨胀同时发生,医源性肾上腺机能亢进与贪食有关,可明显发现腹部肠襻疼痛、异物、团块和肠壁增厚,涉及脾脏、肾脏和膀胱的疼痛要加以鉴别;神经系统检查有助于提示引起厌食的中枢神经系统的疾病。在进行临床检查的同时,根据需要进行血液细胞计数和血清化学检查,包括肝脏和肾脏功能及电解质检查。尿液分析则可评价肾脏疾病的状态。还可进行粪便寄生虫检验、特异性内分泌检验和某些传染病检验，都有利于诊断的建立。

（向瑞平）

第十七节　流涎（Salivation）

流涎是由于诸多病理因素引起的唾液分泌增加或唾液吞咽障碍致使其在口腔中积蓄并从口内大量流出的现象。

【原因】见二维码 2-16。

二维码 2-16
流涎原因

【临床表现与诊断】患畜的唾液由口角或下唇不自主地流出，有时流出的唾液稀薄呈浆液性，有时黏稠呈牵缕样，有时则混有饲料残渣。对伴有流涎症状的一些传染病常通过流行病学调查、病原学、血清学检查以及一些特征性症状表现得以证实。如放线菌病患牛，局部软组织和骨组织肿胀，逐渐增大变硬，破溃后流脓，可形成一个或数个瘘管，并有咀嚼和吞咽障碍以及流涎的症状；口蹄疫常见于牛、猪等偶蹄兽，除流涎外口腔和指（趾）间均见有水疱和烂斑；牛瘟俗称"烂肠瘟"，以黏膜，特别是消化道黏膜卡他性、出血性、纤维素性和坏死性炎症为特征；牛病毒性腹泻主要表现为口腔及消化道黏膜糜烂、溃疡和腹泻为特征；恶性卡他热的患牛，多有与绵羊同舍或同牧的病史，高热不退，并以口、鼻、眼黏膜炎症为特征；牛的流行热是以高热、呼吸困难、流泪、流涎、流鼻液以及四肢关节疼痛等为常见症状，部分病牛卧地不起，种公牛常有皮下气肿等症状；猪水疱病的病猪口腔、蹄部、鼻端、母猪乳头周围均有水疱，该病康复猪血清或高免血清有良好保护作用；水疱性口炎可发生在马、牛、猪和其他一些动物，主要表现为口腔黏膜，偶尔在蹄部和趾间皮肤上出现水疱，流出唾液呈泡沫样；蓝舌病多发生于绵羊，也见于牛，患畜发热、流涎、流鼻液和口鼻黏膜溃烂；狂犬病患畜易于惊恐，体温升高，眼神凶恶，具有攻击性，吞咽肌麻痹而大量流涎，吠声嘶哑，可能与声带不全麻痹有关；破伤风患畜除流涎外，口腔不能自如地张开，身体僵硬甚至可呈木马状，对于轻微的刺激，患畜有剧烈的全身性痉挛，重症者头颈后仰，呈角弓反张状，第三眼睑外翻；单纯性口炎患畜口温增高，口腔黏膜潮红，有烂斑，咀嚼障碍；与舌损伤、口腔肿瘤、牙齿疾病有关的流涎在口腔检查时分别可见到舌的伤斑、肿瘤的瘤体、牙齿磨灭不整；腮腺炎患畜除流涎外，腮腺局部检查时有肿、痛现象，破溃后还可从腮腺部流出唾液与脓汁；下颌骨骨折，除流涎外，还有局部疼痛、肿胀，有时可闻骨断端相互摩擦音和有骨片移位感；多发于犬的颌关节脱位除流涎外，还可见患犬口腔张大，下颌下垂，不能采食和咀嚼；有机磷农药中毒、亚硝酸盐中毒、铅中毒等除了均可从患畜与毒物有接触史得以提示之外，还可从各种毒物特有的中毒症状得以鉴别，如有机磷农药中毒除流涎外，常有瞳孔缩小、肠音亢进、腹泻、骨骼肌震颤、血浆或全血胆碱酯酶活性降低等症状；亚硝酸盐中毒常有呼吸困难、全身发绀、血液呈酱油色、凝固不良等特征；铅中毒的患牛除流涎外，还有哞叫和神经症状发生；有机氯农药中毒患牛常呈后退动作，面部肌肉痉挛，常有皱鼻眨眼动作。

（向瑞平）

第十八节　呕吐、返流和咽下障碍（Vomiting, Regurgitation and Dysphagia）

一、呕吐（Vomiting）

呕吐是不自主地将胃内或偶尔将小肠部分内容物经食管从口和/或鼻腔排出体外的现象。呕吐，在绝大多数动物属于病理现象，但由于胃和食管的解剖生理特点和呕吐中枢感受性不同，犬、猫容易发生呕吐，猪和反刍动物次之，马属动物极少发生。

【原因】见二维码 2-17。

二维码 2-17
呕吐原因

【临床表现和诊断】呕吐持续时间及系统检查：呕吐是急性还是慢性，现症、病史及用药和治疗情况，特别是非类固醇抗炎药物和红霉素、四环素、强心苷等的用药情况。对慢性病例，初期并无明显的临床症状而后出现急性呕吐，炎性肠道疾病常出现类似症状，同时对于各种病例，应详细了解食物的类型、疫苗注射情况、旅行和环境的变化。

呕吐与采食的时间关系：正常情况下，采食后胃的正常排空时间为7～10 h，采食后立即呕吐，见于饲料质量问题、食物不耐受、过食、应激或兴奋、胃炎等；采食后6～7 h呕吐出未消化或部分消化的食物，通常见于胃排空机能障碍或胃肠道阻塞；胃运动减弱常在采食后12～18 h或更长时间出现呕吐，并呈现周期性的临床特点。

呕吐物的性状：要注意呕吐物的颜色，呕吐物中有胆汁见于炎性肠综合征、胆汁回流综合征、原发或继发胃运动减弱、肠内异物及胰腺炎。呕吐物带有少量陈旧性血液见于胃溃疡、慢性胃炎或肿瘤。大量血凝块或咖啡色呕吐物常标志胃黏膜损伤或出血性溃疡。

喷射状呕吐：所谓喷射状呕吐指呕吐物被用力排出并喷射一定的距离，见于胃及邻近胃的小肠阻塞等疾病，如异物、幽门息肉或幽门肿瘤、幽门肥大，但临床上并不常见。

间歇性慢性呕吐：间歇性慢性呕吐是临床上常见症状之一，常与采食时间无关，呕吐内容物的性状变化很大且呕吐呈周期性发生，并伴发其他症状，如腹泻、昏睡、食欲不振、腹部不适和流涎等，当出现这一系列症状时，应重点考虑慢性胃炎、肠道炎性疾病、过敏性肠炎综合征、胃排空机能障碍，并进行类症鉴别诊断，做出确诊需要进行胃和肠道黏膜活检。一般来说，全身性疾病或代谢疾病引起的急性或慢性呕吐与采食时间和呕吐内容物性状无直接关系。

呕吐的检查主要包括：临床症状、急性(3～4 d)或慢性、呕吐的频率和程度(轻度、中度或重度)、呕吐物的物理检查。必要时，进行血细胞计数、血液生化分析、尿液分析和粪便检验等。为了进一步分析临床检查结果，可通过X线透视或摄影、B超检查、内窥镜检查综合分析，进行确诊。

黏膜检查可判定失血、脱水、败血症、休克和黄疸，猫的黄疸通过硬腭检查，口腔检查是否有异物，猫的口腔检查尤为重要，在某些病例适当使用镇静药物以便检查，呕吐时颈部软组织触诊检查甲状腺，判定甲状腺机能是否亢进。心脏听诊检查发现代谢性疾病引起的心音或心律的异常变化，如肾上腺机能亢进表现心动徐缓和股动脉弱脉，伴发休克的传染性肠炎表现心动过速和弱脉，胃扩张-扭转综合征表现心动过速、弱脉和脉搏缺失。

仔细检查腹部疼痛反应，弥漫性疼痛见于胃肠道溃疡、腹膜炎或严重肠炎，局部疼痛见于胰腺炎、异物、肾盂肾炎、肝脏疾病、肠道炎性疾病的局部炎症。其他腹部检查包括器官的大小，如肝肿大、肾脏大小、胃肠扩张的程度以及肠音的变化，在腹膜炎时肠音常常消失，而急性炎性时肠音增强。

直肠检查主要检查肠黏膜的状态，观察是否有带有血液或黏膜的粪便、黑粪及异物的存在，同时采集粪便作寄生虫检查。当怀疑胃肠道出血或确诊时，详细的直肠检查尤为重要。

二、返流(Regurgitation)

返流是指采食的食物被动逆行到食道括约肌的近端，常发生在采食的食物到达胃之前。主要由于食道功能障碍引起，在反刍动物则为生理的反刍现象。虽然反刍动物的返流是正常的生理现象，但过多的返流则是疾病的征候。返流是许多疾病的一种临床症状，不是原发性疾病。巨大食管即蠕动迟缓扩张的食管，是导致犬返流症状最常见的原因之一。严重的返流导致吸入性肺炎和慢性消耗性疾病。返流主要发生于犬、猫，大动物则极为少见。

二维码 2-18
返流原因

【原因】见二维码2-18。

【临床表现】返流常被畜主认为是呕吐，在临床检查时应注意加以鉴别，确定原发性疾病以及返流与采食的时间关系。

咳嗽和呼吸困难：继发于返流的咳嗽或呼吸困难，伴有巨大食管的病例应首先进行X线检查，判定是否发生吸入性肺炎，同时应做详细的问诊和胸部X线检查以确定肺炎是否为原发性的，猫先天性巨大食管常伴发咳嗽和流鼻液。

虚弱：与返流有关的虚弱或衰竭见于全身性疾病，如重症肌无力、肾上腺机能低下和多发性肌炎，这些疾病都可引起食道运动障碍或巨大食管症。在重症肌无力病例中，返流发生在肌肉虚弱临床症状之前，而犬的重症肌无力并不表现虚弱。

体重下降：伴有返流的体重下降表明摄入的营养不能满足机体需要，主要是由于采食量下降或转入到胃的内容物减少。

采食后窘迫：采食后(几秒或几分钟)迅速发生不安或窘迫，表现为头颈伸展、频繁吞咽，发生返流表明食管狭窄，而这一症状往往伴发旺盛的食欲。

食欲旺盛：发生返流同时又具有旺盛的食欲表明饥饿，常见于食管阻塞和巨大食管症。

物理检查：胸部听诊有返流的吸入性肺炎，伴有捻发音，发生肺炎的病例出现脓性鼻液。检查内容包括虚弱(重症肌无力)和心动徐缓(肾上腺机能低下)、肌肉疼痛(多发性肌炎),症状还包括全身性疾病引起的关节疼痛、跛行、舌炎及其他症状(红斑狼疮)。

【诊断】在返流的诊断中,X线检查是第一步,也是最重要的一步,结合钡剂进行确诊。同时根据临床发生特点并结合血液细胞学和血液生化检查、CPK和尿液分析等作为辅助诊断。怀疑其他疾病可进行特殊试验,如肾上腺机能低下进行ACTH刺激试验,红斑狼疮进行抗原抗体检查、重症肌无力进行血清AchR抗体检查等。

三、咽下障碍(Dysphagia)

咽下障碍是指咀嚼和吞咽异常,与口腔、唇、咽、食道、腭及咀嚼肌的疾病以及中枢神经或外周神经的损伤导致这些部位功能异常有关。

【原因】见二维码2-19。

【临床表现】引起咽下障碍的临床症状包括急性作呕、吞咽次数增加、流涎、旺盛的食欲(由于饥饿)、偶见食欲不振和咳嗽。咽下障碍和返流常同时发生,特别是食管近端机能障碍时。

二维码2-19
咽下障碍原因

【诊断】详细的病史调查和临床检查是必要的,颈胸部X线检查可观察食管状态。必要时应用钡剂造影检查。

(向瑞平)

第十九节　腹泻(Diarrhea)

腹泻指排粪次数增多,粪质稀薄,或带有黏液、脓血、脱落的黏膜或未消化的饲料。主要是机体肠黏膜分泌旺盛、肠道运动机能亢进以及消化与吸收障碍的结果。腹泻是许多因素引起动物胃肠道发生病变的表现。严重的腹泻,排粪失禁,粪便呈水样,易造成机体迅速脱水。

【原因】见二维码2-20。

【机理】正常消化道吸收功能任何环节异常或缺损以及肠道受到破坏时均可产生腹泻,但每一种腹泻均非单一发病机制,常有多种机制的共同参与,如各种病原体引起的肠道感染之后,常有一段时间的吸收不良,这是由于肠道黏膜修复过程中,隐窝细胞代偿性增生,以补充受损的绒毛细胞,但其功能尚不成熟,缺乏消化酶及吸收功能之故。按腹泻的病理发生可将其分为渗出性、渗透性、分泌性和肠管运动机能异常性4类。

二维码2-20
腹泻原因

1. 渗出性腹泻

渗出性腹泻又称炎症性腹泻,是各种致病因子产生的炎症、溃疡,使肠黏膜完整性遭受破坏,造成大量渗出并刺激肠壁而引起的腹泻。粪便中可查到红细胞和白细胞,伴有腹部或全身性炎症反应,如发热、疲乏等。渗出性腹泻病因很多,大致可分为感染性渗出性腹泻和非感染性渗出性腹泻。感染性渗出性腹泻由各种感染引起,病毒性如轮状病毒、细小病毒等、细菌性如痢疾杆菌、大肠杆菌等,寄生虫性如类圆线虫、毛线虫、肠道蠕虫等,其他感染如组织胞浆菌、隐球菌等。非感染性渗出性腹泻由肠道肿瘤如结肠直肠癌、小肠淋巴瘤等,血管原因如缺血性肠病、肠系膜静脉血栓形成、维生素缺乏如烟酸缺乏、恶性贫血以及中毒如砷中毒等引起。

感染性渗出性腹泻时,病原体侵入上皮细胞及黏膜下层,并在其中生长繁殖,释放内毒素或水解酶,破坏肠壁引起炎症反应。

2. 渗透性腹泻

由于肠腔内不能吸收的溶质增加或肠道吸收功能障碍,引起肠腔渗透压增加,滞留大量水分而产生的腹泻,称为渗透性腹泻。致发渗透性腹泻的病因较多,如消化功能不全(慢性胰腺炎、胰腺癌、胃切除、胰腺切除等),胆盐不足(严重肝脏疾病、长期胆道阻塞、细菌大量繁殖、回肠疾病等),肠黏膜异常(双糖酶缺乏,肠激酶缺乏等),其他因素(球虫感染、隐孢子虫感染),肠黏膜瘀血(充血性心力衰竭、肝静脉阻塞等),药物(硫酸镁、硫酸钠)。

由吸收功能障碍所致的渗透性腹泻以糖类吸收不良较为常见,但脂肪和蛋白质消化吸收不良也是渗透性腹泻的重要原因。肠黏膜病变、胆盐不足、感染常与脂肪泻有关。发生特点为粪便量增加、禁食后腹泻好转、粪便酸度增加。

3. 分泌性腹泻

由于胃肠道水和电解质分泌过多,或吸收减少,分泌量超过吸收量所引起的腹泻,称为分泌性腹泻。正常肠道水电解质的分泌以隐窝上皮细胞为主,而吸收则以绒毛上皮细胞为主,当其分泌功能增强、吸收功能减弱,或两者并存时肠道水与电解质净分泌增加，产生分泌性腹泻。常见病因包括肠毒素性(体外产生，如金黄色葡萄球菌、产气荚膜梭状芽孢杆菌；体内产生，如霍乱弧菌、产毒素性大肠杆菌、肺炎杆菌等)，内源性促分泌物(血管活性肠肽、胃泌素、5-羟色胺、前列腺素、降钙素等)，导泻剂(外源性泻剂，如酚酞、番泻叶、大黄、芦荟、蓖麻油，短链脂肪酸等)及其他原因如药物(胆碱能药物、前列腺素 E、胆碱酯酶抑制剂)、食物过敏及变态反应性肠炎，砷、有机磷及重金属中毒等。

肠毒素性分泌性腹泻是由于各种产毒素性细菌进入肠腔后，产生不耐热肠毒素，与上皮细胞神经节苷脂结合，其 A 亚单位进入细胞，激活细胞内腺苷酸环化酶，使细胞内 cAMP 增加，通过其第二信使作用引起细胞分泌功能亢进而腹泻。血管活性肠肽，胃泌素，5-羟色胺，前列腺素等内源性促分泌物质与肠上皮细胞结合后，促使细胞内质网释放 Ca^{2+}，而导致细胞分泌功能亢进；大肠杆菌耐热肠毒素则可能通过细胞 cGMP 为第二信使引起腹泻。酚酞等导泻剂则先引起肠道前列腺素增加，最终产生腹泻。

分泌性腹泻的临床特征：粪便量多，呈水样，无红细胞和白细胞，其 pH 近中性或偏碱性，禁食后腹泻仍持续存在，须待分泌物消除后，腹泻才会停止。

4. 肠管运动异常性腹泻

胃肠道运动影响肠腔内水和电解质及食物与肠黏膜上皮细胞接触时间，进而影响这些物质的吸收。肠管运动功能亢进时，肠内容物通过肠道时间缩短，肠内未经正常消化的滞留物增加引起腹泻；肠管运动减弱或停滞时，可因细菌过度生长而发生腹泻。肠管运动受神经、活性介质等调节，凡其中之一异常，均可导致腹泻。肠管运动异常性腹泻原因复杂，诊断较为困难。如产生促动力激素或介质疾病，为肠壁反射性刺激如胆盐增加、感染性腹泻、肠痉挛等及肠神经兴奋性改变，如药物新斯的明、乙酰胆碱、甲状腺素等。

【临床表现】全面系统的临床症状检查能为判定腹泻的原因和严重程度提供有价值的资料，如判断腹泻发生的部位、为急性抑或慢性、为原发性或继发性及其与所用药物的关系，如能发现严重疾病的警示性症状如发热、腹部疼痛、严重脱水和血样粪便，有助于进行快速诊断，以便提出最佳的治疗措施。

一般检查应注意小肠疾病明显影响体液、电解质和营养平衡，水样腹泻导致脱水和电解质减少，表现精神沉郁、消瘦和营养不良。与小肠性腹泻有关的发热表明黏膜损伤严重，而大肠性腹泻的动物则活泼、状态良好。

详细的腹部触诊检查应注意有否疼痛、机体损伤和肠系膜淋巴结病。腹部疼痛的动物表现气喘、精神沉郁、背腰拱起，积液的肠道表明肠管炎症或肠梗阻。肠襻增厚可能是肿瘤细胞或炎性细胞浸润的结果。通过直肠检查可判定直肠积粪、直肠狭窄及肛门疾病。

此外，尚应注意以下几个方面。

(1)腹泻持续时间。腹泻的持续时间有助于鉴别诊断单纯性腹泻和慢性腹泻。

(2)环境因素。动物所处的环境可以确定发生传染性和寄生虫性疾病的可能性，处于应激环境下的动物也可能发生腹泻。

(3)日粮。近期日粮性质和日粮种类的改变对评价腹泻是极为重要的。

(4)粪便的特征。带有未消化的食物、脂肪小滴或黑色的稀软水样粪便提示可能是小肠疾病，带黏液或有时伴有鲜血的半固体粪便提示是大肠疾病。

(5)粪便的量。小肠性腹泻粪便量增加，而大肠性腹泻粪便量可能增加或正常。

(6)排粪频率。小肠疾病可能排粪次数增加，但大肠疾病伴有排粪次数增加的同时，常伴有黏液和血液。

(7)整体状态。小肠疾病的动物常表现营养水平低下，主要由于厌食、呕吐、水和电解质平衡失调，动物表现被毛粗乱、昏睡和体重下降。而大肠疾病通常能维持正常的营养状态。

(8)里急后重或排粪困难。里急后重或排粪困难是大肠疾病的特征，应考虑盲肠、直肠和肛门的炎症及阻塞。

(9)呕吐。带有呕吐的腹泻主要反映小肠疾病，少数情况下也应考虑结肠炎伴发的呕吐。

【诊断】可根据临床表现、流行病学特点、实验室检查，对腹泻病畜进行病因学分类，如要进行确诊必须进行血液学检查、粪便检查、X 线摄片、细菌培养，必要时进行胃肠功能试验和肠管的大体剖检及组织病理学检查。

(1)病史。年龄与性别，起因和病程，急性腹泻多数由感染引起，应注意询问流行病史、粪便性状。

(2)伴随症状。急性腹泻伴发高热者，以细菌性可能性较大，慢性腹泻伴发腹痛时，要注意腹痛的性质与部位。慢性腹泻伴发发热、贫血、消瘦者，应考虑肠结核，肠淋巴瘤等，伴有体重下降，但无发热者，提示吸收不良、甲状腺功能亢进、肠道肿瘤、肠道慢性炎症。

(3)临床检查。对腹泻病例应作全面体检。急性腹泻有严重脱水症状,应考虑食物中毒性感染。

(4)实验室检查和特殊检查。

①粪便检查:应注意大便量、外观、性状,有无食物残渣、黏液、血和脓液。显微镜检查应注意红细胞和白细胞、虫卵、原虫、食物残渣。感染性腹泻还应施行粪便病原学检查。粪便检查标本应尽量新鲜,避免尿液或其他物质的污染。粪便检查可清楚地提示肠道病变性质及部位。如粪便量多而无渗出物,则患病主要部位可能在小肠,量少是远段结肠及直肠疾病;新鲜粪便标本含脓细胞或黏液,表明末段结肠炎病变。粪便含血是重要临床表现,其外观鲜红,出血可能来自远段结肠;粪便色黑或紫酱油色,出血可能来自上消化道,如胃及小肠。

粪便中致病菌的分离培养是诊断细菌性肠道感染的重要方法,必须在疾病早期,应用抗菌药物之前留取粪便,分离细菌。粪便培养时,标本应立即接种,多次培养,选择不同类型的培养基,进行药物敏感实验,确定抗菌药物的类型。

②血液检查:腹泻患畜应进行血常规、电解质、血气分析等检查。急性感染性腹泻,有外周血白细胞升高,肠道寄生虫病时可有嗜酸性粒细胞增加。

③X线检查:胃肠道X线检查可以发现胃肠道肿瘤,观察胃肠道黏膜形态、小肠分泌吸收及胃肠动力。据病情需要,可选择腹部平片、胃肠钡餐,钡剂灌肠等检查。

(任志华)

第二十节　便秘、里急后重和排便困难(Constipation,Tenesmus and Dyschezia)

便秘(Constipation)是各种动物尤其犬、猫的一种常见症状。由于某种因素致使肠蠕动机能障碍,肠内容物不能及时后送而滞留于肠腔的某部(主要在结肠和部分直肠),其水分进一步被吸收,内容物变得干涸形成了肠便秘。犬、猫对便秘都有较强耐受性,有的动物肠便秘虽已发生数天,但临床上并未有明显症状。便秘时间愈久,在治疗上也愈加困难,严重的可发生自体中毒或继发其他疾病而使病情恶化。多数动物肠便秘为一过性的,也有个别动物肠便秘反复发作,其原因尚不清楚,治疗效果也不理想。

里急后重(Tenesmus)是指动物不断做排粪动作,但无粪便排出或仅排出少量黏液的行为,其发生与消化道和泌尿道疾病有关。便秘、阻塞或炎性疾病均可引起消化道源性的里急后重,阻塞发生的原因包括肠道的解剖结构、蠕动和括约肌的功能异常以及粪便坚硬或含有异物。局部炎性疾病多有非特异炎症、局部感染、创伤和肿瘤等原因。膀胱炎、尿道炎、尿道阻塞、阴道炎、肿瘤以及怀孕等则可引起泌尿道源性的里急后重。

排便困难(Dyschezia)是指粪便排出困难和/或排便时疼痛,发生原因与里急后重基本相同。

【原因】见二维码2-21。

二维码 2-21
便秘、里急后重和排便困难原因

【临床表现】便秘动物常试图排便,但排不出来。初期在精神、食欲方面多无变化,久而久之会出现食欲不振,直至食欲废绝。患病动物常因腹痛而鸣叫、不安,有的出现呕吐。直肠便秘时,进行肛门指检,常可触到干硬粪便,或触诊腹部发现直肠内有长串粪块。有的动物可见腹围膨大,肠胀气。结肠便秘时,由于不完全阻塞,可能发生积粪性腹泻,即褐色水样粪液包裹干涸粪团而排出。小型犬猫通过腹部触诊,常能触摸到粪结块。马属动物便秘,又称肠阻塞,多数出现起卧不安和疝痛症状,直肠检查可摸到粪块。

【诊断】根据病史和临床症状,结合肛门内指检或直肠检查和腹部触诊,易于做出诊断。有条件的地方通过X射线照片,清晰可见肠管扩张状态,其中含有致密粪块或骨头等异物阴影。

(任志华)

第二十一节　呼吸困难、呼吸迫促或呼吸窘迫(Dyspnea,Respiratory Distress or Tachypnea)

呼吸困难在人类医学是指难以呼吸的感觉。动物呼吸困难是一种主观现象,难以进行准确的定义。为了应用呼吸困难这一术语,有必要进行客观描述。呼吸困难是根据呼吸速率、节律和特征所表现的不适当呼吸的程度。根据呼吸困难的原因和程度表现为费力、阵发和持续性几种类型。

呼吸迫促即呼吸急促是指动物呼吸速率增加。呼吸窘迫是指动物呼吸费力。

重要的是要鉴别与呼吸困难有关的呼吸迫促和正常生理活动的呼吸迫促，如正常气喘、运动、高热和烦躁等。

二维码 2-22
呼吸困难原因

【原因】见二维码 2-22。

【机理】呼吸困难的原因主要是体内氧缺乏，二氧化碳和各种氧化不全产物积聚于血液内并循环于脑而使呼吸中枢受到刺激，高度呼吸困难称为气喘。①呼吸系统疾病：呼吸困难是呼吸系统疾病的一个重要症状，主要是呼吸系统疾病引起肺通气和肺换气功能障碍，导致动脉血氧分压低于正常范围和二氧化碳在体内潴留，常见于上呼吸道狭窄和阻塞、肺脏疾病、胸廓活动障碍性疾病。②腹压增大性疾病：由于腹压增加，压迫膈肌向前移动，直接影响呼吸运动。见于瘤胃积食、瘤胃臌气、胃扩张、肠臌气、腹水等。③心血管系统疾病：各种原因引起的心力衰竭最终导致肺充血、瘀血和肺泡弹性降低，见于心肌炎、心脏肥大、心脏扩张、心脏瓣膜病、渗出性心包炎等。④中毒性疾病：分为内源性中毒和外源性中毒。内源性中毒主要是各种原因引起机体的代谢性酸中毒，血液中二氧化碳含量升高，pH 下降，直接刺激呼吸中枢，导致呼吸次数增加，肺脏的通气量和换气量增大，见于反刍动物瘤胃酸中毒、酮病、尿毒症等。外源性中毒是某些化学物质影响机体血红蛋白携带氧的能力或抑制某些细胞酶的活性，破坏了组织的氧化过程，造成机体缺氧，常见于亚硝酸盐中毒、氢氰酸中毒。此外，有机磷中毒、安妥中毒、敌百虫中毒、氨中毒等疾病发生时，呼吸道分泌物增多，支气管痉挛，因肺水肿而出现呼吸困难。⑤血液疾病：严重贫血、大出血导致红细胞和血红蛋白含量减少，血液氧含量降低，呼吸加速、心率加快。⑥中枢神经系统疾病：许多脑病过程中，颅内压增高，大脑供血减少，同时炎症产物刺激呼吸中枢，引起呼吸困难。见于脑膜炎、脑出血、脑肿瘤、脑外伤等。⑦发热：体温升高时由于致热物质和血液中的毒素对呼吸中枢的刺激，使呼吸频速，严重者发生呼吸困难，常见于严重的急性感染性疾病。

【临床表现】临床上一般将呼吸困难分为吸气性呼吸困难、呼气性呼吸困难和混合性呼吸困难 3 种。①吸气性呼吸困难（Inspiratory Dyspnea）：指呼吸时吸气动作困难。特点为吸气延长，动物头颈伸直，鼻孔高度开张，甚至张口呼吸，并可听到明显的呼吸狭窄音。此时呼气并不发生困难，呼吸次数不但不增加，反而减少。见于上呼吸道狭窄或阻塞性疾病。②呼气性呼吸困难（Expiratory Dyspnea）：指肺泡内的气体呼出困难。特点为呼气时间延长，辅助呼气肌参与活动，呼气动作吃力，腹部有明显的起伏现象，有时出现两次连续性的呼气动作（称为两段呼吸）。在高度呼气困难时，可沿肋骨弓出现深而明显的凹陷，即所谓的“喘沟”或“喘线”，此时动物腹胁部肌肉明显收缩，肷窝变平，背拱起，甚至肛门突出。在呼气困难时，吸气仍正常，呼吸频率可能增加或减少。多见于细支气管炎、细支气管痉挛、肺气肿、肺水肿等。③混合性呼吸困难（Mixed Dyspnea）：指吸气和呼气同时发生困难，呼吸频率增加。见于肺脏疾病、贫血、心力衰竭、胃肠臌气、中毒、中枢神经系统疾病和急性感染性疾病等。

要注意与某些品种和年龄有关特殊原因的呼吸困难，如短头犬和短脸猫发生的短头综合征，在老龄小型犬发生的气管衰竭和某些大型犬的喉瘫痪。地理位置和环境对于诊断真菌感染型疾病十分重要，如组织胞浆菌病、芽生菌病、球孢子菌病和恶丝虫病。在外伤和传染性疾病诊断时应考虑环境因素，免疫程序和病史调查。当诊断动物目前疾病状态时，病史的调查和免疫程序有助于确定呼吸困难的病因、呼吸困难的持续性和渐进性、治疗的效果及机体其他器官疾病。

呼吸困难时应观察异常鼻液、有无其他损伤和呼吸类型的变化。尽可能确定呼吸困难是吸气性、呼气性或混合性，或是阻塞性和限制性呼吸困难。听诊检查正常呼吸音和异常呼吸音，如捻发音和喘鸣音以及心音的变化。如上呼吸道阻塞时可通过喉部和气管的触诊进行确诊。

【诊断】根据检查，某些呼吸困难或呼吸迫促的病因较为明显。如根据病史和临床检查呼吸困难病因不明，通常采用以下程序确定病因。

①呼吸速率和节律。②呼吸类型变化：吸气性或呼气性或混合性，限制性或阻塞性或两种同时存在。③呼吸音变化：正常或异常呼吸音如捻发音和喘鸣音。④咳嗽的有无及咳嗽的性质。

鼻腔疾病在进行鼻镜检查和鼻组织活检之前应用 X 线投照进行早期确诊。当发生咽喉阻塞时，在检查前必须麻醉，采用吸气、呼气和下呼吸道投照。在X线投照确定呼吸道疾病和肺实质疾病时，如咳嗽存在要进行经气管吸引术，对抽出物进行细胞学检查，同时进行厌氧和需氧微生物培养。在气管或支气管疾病时，特别是阻塞性疾病，进行内窥镜检查。

如存在胸膜腔积液时，进行胸腔穿刺和穿刺液分析。如为渗出液，需要进行厌氧和需氧培养（猫传染性腹膜炎例外）。如为漏出液，要反复进行X线检查，区别心脏疾病，膈疝或异物。在此种情况下最好应用超声检查。必要时结合钡剂造影检查。

肺实质疾病的诊断如应用上述方法不能确诊，可应用肺组织活检进行诊断，特别对肿瘤更有帮助。如呼吸速率和深度增加，没有阻塞或其他支气管肺部疾病，可进行血清总二氧化碳、碳酸氢根浓度，血液生化分析，尿液分析和动脉血血气分析确定代谢性酸中毒。

对呼吸运动降低，特别是呼吸速率下降，首先应排除医源性因素，如巴比妥酸盐过量。应进行神经系统的检查，发现引起呼吸中枢抑制的脑部疾病或引起换气障碍的脊椎和外周神经疾病。在中枢神经系统疾病适当进行脑脊髓液分析，如神经疾病是颅外性疾病，必须鉴别上运动神经元和下运动神经元疾病，必要时进行X线投照。如肌肉迟缓，可能是下运动神经元疾病，如重症肌无力、肉毒梭菌毒素中毒、多神经根神经炎或肌病。下运动神经元疾病有呼吸迫促的症状。

（任志华）

第二十二节　咳嗽
（Coughing）

咳嗽是强烈的呼气运动，它的形成是由于呼吸道分泌物、病灶及外来因素刺激呼吸道和胸膜，通过神经反射，而使咳嗽中枢发生兴奋，引起的咳嗽，并将呼吸道中的异物和分泌物咳出，以保持呼吸道清爽、洁净和畅通，维持正常的呼吸功能。因此，咳嗽是机体的一种反射性保护动作。

二维码 2-23
咳嗽原因

【原因】见二维码 2-23。

【机理】①微生物感染：各种微生物引起呼吸道的非传染性或传染性炎症过程是咳嗽发生的最常见病因。②寄生虫感染：常见猪、羊的肺线虫病，牛、羊肺棘球蚴病等。③物理和化学因素：环境空气中的刺激性烟雾、有害气体对上呼吸道黏膜的直接刺激，如畜舍中的氨气、二氧化碳、硫化氢等气体含量过多，饲草料中尘土等。也见于吸入过冷或过热的空气及各种化学药品的刺激。④吸入变应原：常见的致敏原有花粉、饲草料中的霉菌孢子等，吸入呼吸道后引起过敏性炎症，出现咳嗽。

【临床表现】咳嗽是呼吸器官疾病最常见的症状。检查时要注意其频率、性质、强度及疼痛等。

（1）频率。单纯性咳嗽称为单咳。咳嗽的次数多并呈持续状态称咳嗽发作或痉挛性咳嗽。见于呼吸道黏膜受到强烈的刺激，特别见于喉炎、气管炎、慢性肺泡气肿、胸膜炎、吸入性肺炎等。慢性呼吸道疾病可引起经常性咳嗽，有的达数周或数月，甚至数年之久。犬、猫等小动物，在咳嗽之后，常出现恶心或发生呕吐。

（2）强度。咳嗽的强度与呼吸肌的收缩和肺脏的弹性成正比，临床上一般将咳嗽强度分为强咳和弱咳两种。①强咳：特征为咳嗽发生时声音强大而有力，见于上呼吸道炎症或异物刺激，表明肺脏组织弹性良好。②弱咳：咳嗽弱而无力，声音嘶哑，主要是细支气管和肺脏患病时所发出的咳嗽。见于各种肺炎、肺气肿等，表明肺组织弹性降低。另外，也见于某些疼痛性疾病，如胸膜炎、胸膜粘连、严重的喉炎等。当机体全身极度衰弱、声带麻痹时，咳嗽极为低弱，甚至几乎无声。

（3）性质。一般分为干咳和湿咳两种。①干咳：特征为干而短的咳嗽，声音清脆。主要是由于呼吸道的分泌物少，或在仅有少量黏稠的分泌物时出现。见于气管异物、胸膜炎、上呼吸道炎症的初期、肺结核等。②湿咳：特征为咳嗽的声音钝浊、湿而长，并将分泌物咳出体外。表明呼吸道有大量稀薄的分泌物，见于喉炎、咽炎、气管炎、支气管炎、肺炎、肺脓肿、肺坏疽等。

（4）疼痛。咳嗽时动物伴有疼痛或痛苦的表现。特征是动物咳嗽时头颈前伸、摇头不安，有时出现前肢刨地和呻吟等疼痛反应。见于胸膜炎、喉水肿、吸入性肺炎、呼吸道纤维素性和溃疡性炎症等。

在各种肺炎或传染病引起的呼吸道感染的过程中，可伴有不同程度的发热；若伴有呼吸困难，常见于慢性支气管炎、肺炎、肺脓肿、肺坏疽等；家畜咳嗽时，一般无痰液咳出，但是呼吸道的分泌物能通过鼻液流出体外，以咳嗽为主并有少量浆液性或黏液性鼻液，可见鼻、喉和支气管的卡他性炎症。

【诊断】咳嗽的一般检查包括既往病史和目前的治疗情况、用药剂量和方法，全面进行物理检查和颈胸部X线检查。同时注意检查心音和肺部异常呼吸音，对喉部、气管和胸部进行适当触诊。必要时，应用血细胞计数、粪便悬浮检查和心恶丝虫检查。特殊情况下进行血液生化分析、心电图检查、支气管冲洗、细菌培养、支气管镜检查及血气分析等。

如眼鼻分泌物增多的年轻猫应首先考虑细菌、病毒、寄生虫引起的传染性疾病，伴有咳嗽而没有眼鼻分泌物的老龄猫可能是类气喘综合征。中老龄的小型犬可能是慢性肺阻塞性疾病，而中老龄大型犬常是充血性心肌病或肺炎。

咳嗽的性质：检查咳嗽是如何发生的，是湿性还是干性，是原发还是继发。夜间咳嗽与心脏病、精神性和气管衰竭有关，也可能是由各种原因引起的肺水肿，心性咳嗽初期主要在夜间，后期逐渐发展为昼夜咳嗽，肺炎初期表现为白天剧烈咳嗽。在传染性、寄生虫性及肿瘤等疾病的初期，最常见在白天咳嗽。急性咳嗽常见于呼吸器官的急性炎症，慢性咳嗽见于慢性气管炎和支气管炎、慢性阻塞性肺病、肺结核、猪和羊的肺线虫病、肺棘球蚴病。

咳嗽伴有干呕：临床上咳嗽常伴有干呕，见于在心源性疾病、气管炎、支气管炎及肺通道的非传染性疾病的早期，心源性咳嗽具有原发病症状并进一步发展为肺水肿，咳出的液体呈粉红色或带有血液。在这些疾病的早期，仅有少量白色或清亮的黏痰。

与咳嗽有关的环境因素：由于环境污染，城市饲养的动物常发生慢性呼吸道疾病，乡村饲养的动物常由于寒冷环境和空气中的尘埃易感肺炎、呼吸异物和与青草有关的过敏。室内饲养的动物比室外饲养的动物感染心恶丝虫的可能性小，而与寄生虫中间宿主接触的犬猫有较高的感染率。室内饲养或与其他动物隔离饲养的猫很少感染上呼吸道病毒和寄生虫病。潮湿的环境是呼吸道疾病的一个因素，同样，饲养在干燥地区也易发生咳嗽，吸入有毒气体和烟雾也倾向发生咳嗽。

（任志华）

第二十三节　流产(Abortion)

流产是母畜妊娠期的一种症状，通常是指孕畜妊娠中断，胎儿过早地从母体排出。

【原因】见二维码2-24。

二维码 2-24

流产原因

【临床表现】流产可以是散发性的，亦可是群发性的。流产可以发生在妊娠的不同阶段。流产胎儿个体较大时易于被发现，而个体较小、特别是被掩埋于较厚的垫草之中时，则不容易被发现。有时流产的母畜阴户外尚悬挂着部分胎膜或者从阴道中排出恶露，还有的从乳腺排出液体。在现代集约化肉牛群管理过程中，或在小母牛或干奶牛群管理中，流产牛在放牧时多数不愿接近管理人员，仅能见到的症状是重新发情，直肠检查时才能发现是空怀。有人指出在牛群中死胎率为3%～4%时仍属于正常现象。牛群流产发病率超过5%时才能被认为是异常。

根据流产胎儿的日龄、形态和外部变化的不同，可将其分为隐性流产、小产、早产、干胎、胎儿腐败和胎儿浸溶等6种类型：

(1)隐性流产。隐性流产又叫胚胎消失或吸收。胚胎形成1～1.5个月后死亡，组织液化被母体吸收，临床未见排出胎儿或排出后未被发现，多在母牛重新发情时发现，其后果是屡配不孕、返情推迟、妊娠率降低、产仔数减少。

(2)小产。小产即排出死胎。胎儿已成形，多数母牛无临床症状，只有当流产儿较大，或排出受阻时，或已经停乳时，乳牛表现出乳房增大，站立不安，检查阴道见子宫颈口稍开张，子宫内混有褐色不洁的黏液。

(3)早产。早产即排出不足月的活胎。流产前2～3 d，母牛乳房胀大，阴门稍为肿胀，并向外排出清亮或淡红色黏液，流产儿体小、软弱，有的会吸吮，有的无吸吮能力，会吸吮、能吃奶者并精心护理，仍有成活的可能。

(4)胎儿干尸化。胎儿死后停留于子宫内，因子宫颈口闭锁，未经细菌、微生物感染，死胎组织水分及胎水被吸收，体积缩小，呈干尸化。发生干尸化的母牛，随着妊娠期的延长，黄体作用的消失而再发情时，将胎儿向外排出才被发现；有的母牛腹部不随妊期延长而增大；怀孕现象逐渐消退，也不发情；有的怀孕期满，到分娩期而不见产犊，经检查才被发现。直肠检查见子宫膨大，内容物坚硬，似为圆球，无弹性，无胎动、胎水、子叶和波动。卵巢有黄体，子宫中动脉无怀孕脉搏；猪较多见，部分胎儿干尸化因不影响其他胎儿发育，则无须处理。

(5)胎儿腐败。胎儿死亡，腐败菌经子宫侵入胎儿，引起胎儿组织发生腐败分解，异常分解产物硫化氢、二氧化碳、氨等气体，潴留于胎儿皮下、肌间、胸腔、腹腔和肠管内，使体积迅速增大，阴道检查见内积有污褐色不洁液体，具腐臭味，子宫颈开张，胎儿嵌入产道内，触摸胎儿，被毛极易脱落，有捻发音。有些母牛有精神沉郁，食欲减退，体温升高等症状。

(6)胎儿浸溶。胎儿死亡经非腐败性细菌感染，胎儿软组织分解变为液体流出，骨骼留于子宫内。病牛精神沉郁，体温升高，食欲减退或废绝，消瘦，腹泻，努责，从阴门流出乌褐色黏稠液体，具腐臭味，内含碎小骨片，黏液黏附于尾根及坐骨结节上。阴道检查见子宫颈开张，阴道黏膜暗红色，内积有褐红色黏液、骨碎片或脓液。直肠检查：子宫颈粗大，子宫壁厚，可触摸到潴留在子宫内的骨片，捏挤可感觉到骨片摩擦音；猪发生胎儿浸溶时，体温升高，不食，喜卧，心跳、呼吸加快，阴门中流出棕黄色黏性液体。

【诊断】对特定病原所引起的流产需要实验室检查。通常对畜群中 1/4～1/3 的流产病例进行调查研究后才能做出诊断意见。当然，如果对畜群中 5 例流产病例按照程序合理调查研究，而且在病因相同的情况下，亦可得出诊断意见。

有关畜群流产的诊断程序包括：病史调查；患畜一般检查；胎儿和胎盘的检查；供实验室检查用的样品的收集；各种检查完成后对流产现象的解释。

原因调查：假如畜群中有较多的流产病例出现，原因调查有助于了解流产时妊娠日龄及畜群或母畜患病的其他征兆。

由于有些流产的原因对繁殖性能及繁殖的其他阶段同样发生影响，因而对不孕症其他异常表现的检查也是很有意义的，例如是否常有死胎及新生畜衰弱现象，是否有胎衣滞留和子宫内膜炎。注射疫苗过程的细节亦应注意，由于存在免疫失败的可能性，注射疫苗不能与畜体获得免疫力等同起来。

畜群中是否曾从外地购入家畜，特别是新引进种公畜的细节必须认真了解，这对于确定一些传染病的诊断具有重要的价值。当若干例流产发生后，应注意分析流产母畜在畜群中年龄的分布特点及按管理要求分群的各群家畜中流产的分布特点。这有利于揭示管理上存在的一些问题。尤其注意头胎母畜，它们对某些传染病特别易感。同时还应注意畜群是采用人工授精还是自然交配，倘若是自然交配，则应考虑遗传性疾病或性传播性疾病。

应调查流产畜群的营养是否平衡，这可能将揭示长期的营养缺乏问题，或者揭示与流产胎儿妊娠日龄相关的胎儿发育的不同阶段的营养变化问题。检查所用的精饲料和青饲料的质量，还应包括真菌对于青干草、牧草、青贮或谷类饲料污染状况的调查。

青贮料的化学分析可作为日粮合理配合的依据之一，根据分析的结果还可提示有效的发酵状况，这些发酵状况还可能影响多种病原微生物如李氏杆菌、地衣(苔藓)杆菌等的生存条件。任何与季节相关的群发性流产有利于揭示与其相关的一些管理因素中存在的问题。

一般检查可提示母牛流产的一些可能性原因，但不能做出特异性诊断。

胎儿与胎盘的检查包括测量胎儿从头到臀部的长度，估计胎儿的月龄，观察死亡胎儿的新鲜程度及其重量等项目。用测量臀部至头部距离来估测月龄的公式是：

$$x=2.5(y+2.1)$$

其中，x 为妊娠日龄，y 为头到臀部的长度(单位为 cm)。

通常由临床兽医完成流产胎儿的死后剖检及胎盘的检查，同时进行样品采集。这时的检查通常不能提供做出特异性诊断的依据，但却能有力地提示可能存在的一些特异性原因。见二维码 2-25。

二维码 2-25
牛流产胎儿死后剖检及胎盘检查

(李锦春)

第二十四节　红尿
(Urine of Red Colour)

红尿是指动物在病理或异常条件下排出红色的尿液。根据其发生原因可分为血尿、血红蛋白尿、肌红蛋白尿、卟啉尿和药物性红尿等。在临床上牛、马、羊、猪和犬均可发生。

【原因】见二维码 2-26。

【诊断】鉴别诊断流程发现动物排红尿，可以按照图 2-24-1 首先进行鉴别诊断，判断红尿的性质。二维码 2-27 为潜血试验过程。

二维码 2-26
红尿原因

二维码 2-27
潜血试验过程

鉴别诊断：初步确定红尿的性质后进一步诊断确定病因。

单纯性真性血尿定位诊断确定红尿为真性血尿后，可以根据尿液哪一段有血判断出血部位。尿液全段均红提示肾脏出血（包括肾前性出血，即出血性素质病引起的出血；肾性出血即肾脏本身出血，肾区触痛、尿液中有肾上皮细胞和管型）；尿液末段红提示膀胱出血（尿液中有膀胱上皮细胞、磷酸铵镁结晶，膀胱触痛，排尿异常）；尿液头段红提示尿道出血（尿频、尿痛）。如表 2-24-1 所示。

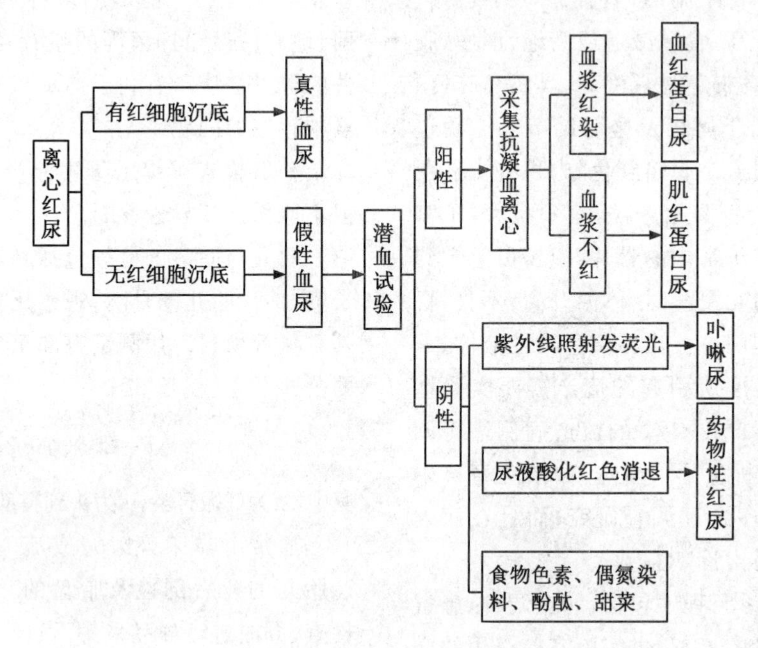

图 2-24-1 红尿的鉴别诊断

表 2-24-1 血尿定位诊断线索

尿流观察	三杯试验	膀胱冲洗	尿渣镜检	泌尿系症状	提示部位
全程血尿	三杯均红	红-淡红-红	肾上皮细胞 各种管型	肾区触痛 少尿	肾性血尿
终末血尿	末杯深红	红-红-红	膀胱上皮细胞 磷酸铵镁结晶	膀胱触痛 排尿异常	膀胱血尿
初始血尿	首杯深红	不红	脓细胞	尿频尿痛 刺激症状	尿道血尿

引自《动物群体病症状鉴别诊断学》，李毓义，张乃生主编，2003。

血红蛋白尿：水牛血红蛋白尿尿液色如酱油样，其他动物可呈红色。患畜呈现不同程度的贫血、缺氧。由细菌、病毒和某些血液寄生虫所致的血红蛋白尿还常伴有发热及其他全身性症状，而营养代谢病和中毒病所致的血红蛋白尿则不呈现发热的症状。在巴贝斯虫侵袭的患畜还能在血涂片的红细胞中见到虫体。钩端螺旋体和梭菌所致的血红蛋白尿亦分别能从患畜脏器中分离发现病原微生物。犊牛水中毒所致的血红蛋白尿则有过量饮水后不久发病的病史。牛产后血红蛋白尿常有低磷酸盐血症的特征，应用 NaH_2PO_4 治疗有明显的疗效。慢性铜中毒所致血红蛋白尿患畜常有长期与铜制剂接触的生活史。

肌红蛋白尿见于长期逸居且过量饲喂优质而富含谷物饲料的家畜，在重度使役时突然发病，患畜运动障碍，后肢从运动不灵活至负重困难，最后完全不能负重。患畜血清中磷酸肌酸激酶（CPK）和天门冬氨酸氨基移位酶（AST）活性明显增加。与硒缺乏有关的马的地方性肌红蛋白尿和周龄犊牛的肌红蛋白尿除了血硒水平下降之外，血清的磷酸肌酸激酶和天门冬氨酸氨基移位酶活性明显升高。

卟啉尿：排卟啉尿的患畜除尿液呈葡萄酒色外，牙齿、骨骼常呈淡红色或褐色，尿中卟啉含量可增至5.0～10.0 g/L。

药物性红尿往往有投用使尿液变成红色的药物（如酚噻嗪、安替比林、大黄、芦荟）的病史。

其他食物色素、偶氮染料、酚酞和甜菜也会出现红尿，潜血试验阴性。

（李锦春）

第二十五节　红细胞增多症（Polycythemia）

红细胞增多症是一种以红细胞计数及与其相关的参数如血红蛋白浓度、红细胞压积等增高为特征的综合征。这些参数增高可能会、也可能不会与全身红细胞总数相关联。红细胞增多症可分为相对性和绝对性红细胞增多症两大类，前者是以红细胞总量正常为特征，后者则是以红细胞总量增加为特征的。

【原因】见二维码 2-28。

二维码 2-28　红细胞增多症原因

【临床表现】当调查病史时，患畜常有倦怠，不愿行动，咳嗽，呼吸困难，血尿，幼畜生长发育不良，双侧性鼻出血，有在高海拔地区生活过等的既往史。现症检查时患畜具有全身充血的现象（或有无发绀），有的病畜有心脏杂音，肥胖，肺部有粗粝的呼吸音、脾肿大、体表有瘀斑，小动物腹部触诊时在肾脏部位可触及肿块。之所以呈现上述既往病史和现症是由于红细胞增多症发生时，血液黏滞度增加，血容量增大，影响到患畜心血管系统，特别是影响到氧气运送到组织的功能，继而又进一步刺激促红细胞生成素的释放，容易促成局部血栓的生成；血容量增加造成血管，特别是脑部静脉过度充盈，因而在临床上患病的人会表现出眩晕、头痛、耳鸣等症状，这些症状在动物则可能与倦怠、食欲不振、不安、不愿行动等状况有关。静脉过度充盈可能与频频的双侧性鼻出血有关，心脏杂音可能与慢性先天性心脏病有关。

【诊断】红细胞计数、红细胞压积和血红蛋白测定分别大于 1.0×10^{13} 个/L，0.65 L/L 和 220 g/L 则可诊断为红细胞增多症，如果受检患畜的血浆蛋白水平正常，又无脱水现象，患畜表现平静则可排除相对性红细胞增多症。胸部 X 线检查可帮助发现慢性支气管炎或肺气肿，超声心电图检查可帮助鉴定心脏缺损，腹部超声波检查有助于肾脏肿瘤的发现。如果有条件可做促红细胞生成素水平检查，这有助于对绝对性继发性红细胞增多症的诊断。在那些有红细胞增多症的患犬或患猫，其促红细胞生成素水平升高，但又无严重的心肺疾病存在，则可诊断为一种不适度促红细胞生成素产生增多性红细胞增多症。如前所述，由于骨髓细胞增生性疾病所致的红细胞增多症其促红细胞生成素的水平降低或甚至不能被检出。

（李锦春）

第二十六节　贫血（Anemia）

贫血指外周血液中单位容积内红细胞数（RBC）、血红蛋白（Hb）浓度及红细胞压积（PCV）低于正常值，产生以运氧能力降低、血容量减少为主要特征的临床综合征。

贫血可按红细胞形态、骨髓再生反应和致病因素分类。

1. 形态学分类

按红细胞平均容积（MCV）分为：正细胞性贫血（MCV 正常）、大细胞性贫血和小细胞性贫血；按红细胞平均血红蛋白浓度（MCHC）分为：正色素性贫血（MCHC 正常）和低色素性贫血。按平均红细胞容积（MCV）、红细胞平均血红蛋白浓度（MCHC）和红细胞着染情况、大小分布，可将贫血分为 6 型（表 2-26-1）。

表 2-26-1　贫血形态学分类

分类	MCHC 正常	MCHC 减少
MCV 正常	正细胞正色素型	正细胞低色素型
MCV 增加	大细胞正色素型	大细胞低色素型
MCV 减少	小细胞正色素型	小细胞低色素型

形态学分类能为病因诊断指示方向，对营养性贫血的病因探索最有价值：

①凡障碍核酸合成的病因，多引起大细胞正色素性贫血，即真性巨幼红细胞性贫血；

②凡障碍血红素或血红蛋白合成的病因，多引起小细胞低色素性贫血；

③其他多种病因，均引起正细胞正色素性贫血；

④在失血性和溶血性贫血的一定阶段，由于再生反应活跃，未成熟细胞（个体多较大）涌入血液，亦可暂时呈大细胞正色素或低色素性贫血，即短暂性非巨幼红细胞性贫血。

贫血病病因过筛检验如图 2-26-1 所示。

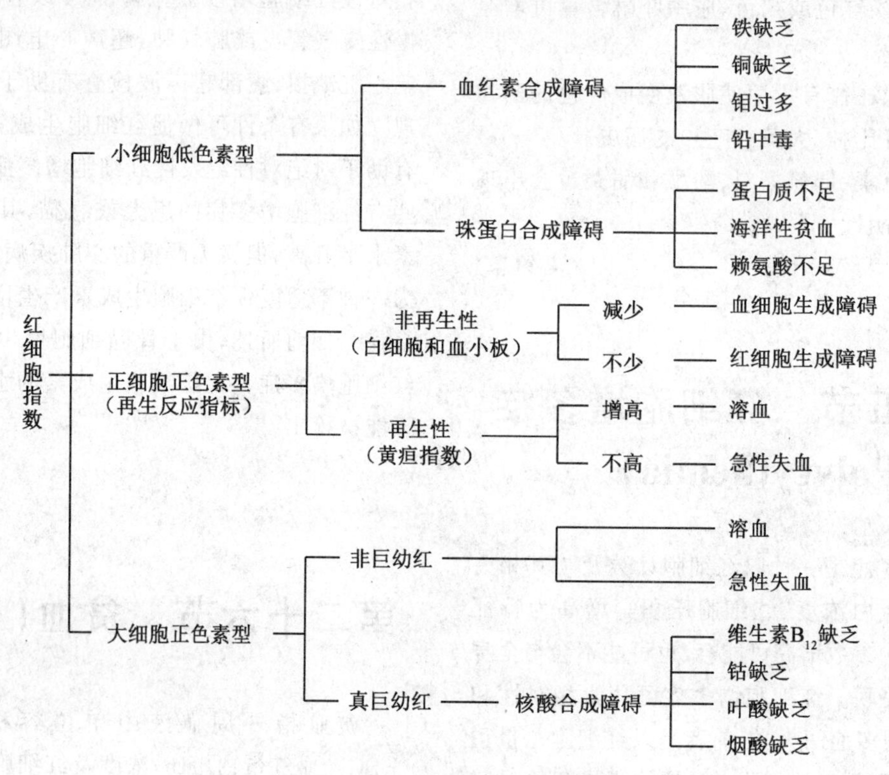

图 2-26-1 贫血病病因过筛检验

（引自《高等农业院校兽医专业实习指南》，李锦春主编，2016）

2. 再生反应分类

按骨髓能否对贫血状态作出再生反应，可分为再生性贫血和非再生性贫血。

再生性贫血的标志是：各种未成熟红细胞（多染性红细胞、网织红细胞、有核红细胞）在循环血液内出现或增多；骨髓红系细胞增生活跃，而幼粒细胞对幼红细胞的比率（粒红比）降低。

非再生性贫血的标志是：循环血液内看不到未成熟红细胞；骨髓红系细胞减少而粒红比增高，或三系（红系、粒系、巨核系）细胞均减少。

贫血的再生反应分类，同样能为贫血的病因诊断指示方向，对正细胞正色素型贫血的病因诊断，特别是再生障碍性贫血（再障）的确认最有价值。再生性贫血，指示造成贫血的病理过程在骨髓外，属失血性或溶血性病因；非再生性贫血，指示造成贫血的病理过程在骨髓内，属再生障碍性病因。

3. 病因及发病机理分类

各种病因致发贫血的机理，可概括为两个方面：循环血液中的红细胞损耗过多（红细胞的丢失和崩解）或补充不足（造血物质缺乏和造血机能减退）。因此，贫血可按病因和发病机理分为四类，即失（出）血性贫血、溶血性贫血、营养性贫血和再生障碍性贫血。

有关贫血的其他分类方法、病因、症状、诊断和治疗等请参阅本书第六章第一节中“贫血”的相关内容。

（李锦春）

第二十七节　血液凝固障碍（Disorders of Hemostasis）

血液凝固是由血管、血小板和凝血因子相互作用，使可溶性纤维蛋白原转变成不溶性的纤维蛋白，从而形成血栓的一种阻止出血的过程。而血液凝固障碍是因血管、血小板或凝血因子的异常，影响了上述凝血过程的正常进行，患畜在临床上表现为自发性出血，轻微外伤后出血不止，俗称为出血性疾病，其实它是兽医临床上的一种常见病征。

【原因】血液凝固障碍的病因大致分为3类，即血小板障碍、血管异常、凝血和纤溶异常，具体见二维码2-29。

二维码 2-29
血液凝固障碍原因

【诊断】病史调查，对于出血性疾病诊断往往能提供有价值的线索。如果结合临床症状，采用表2-27-2用的几种实验室检查，基本能满足诊断的需要。

表 2-27-2　出血性疾病的诊断

检查项目	血小板异常		血管异常	凝血因子异常		
	血小板减少	血小板不减少		外源性	内源性	循环抗凝血素纤维蛋白原缺乏
血小板计数(BPC)	↓	—	—	—	—	—
出血时间	↑	↑	—或↑	—或↑	—或↑	—或↑
毛细血管脆性	↑	↑或—	↑	—	—	—
血块退缩力	↓	↓	—	—	—	—或↓
凝血酶原时间(PT)	—	—	—	↑	—	↑
部分凝血酶原时间(APTT)	—	—	—	—	↑	—或↑
疾病	血小板减少症	血小板功能异常	血管性紫癜	Ⅱ因子缺乏 Ⅴ因子缺乏 Ⅶ因子缺乏 Ⅹ因子缺乏	血友病	纤维蛋白原缺乏症

注："—"表示正常；"↑"表示延长或增加；"↓"表示减少或降低。

（李锦春）

第二十八节　脱毛（Alopecia）

脱毛是指动物的被毛从皮肤上异常脱落的现象，它既可是局灶性的，也可是全身性的；既可是被毛部分断裂，也可是整根被毛彻底脱落。

【原因】脱毛病因由于分类方法的不同，常用的分类方法是以毛的生成障碍或已生成的被毛受到损害而脱落的情况来区分：

毛囊不能生成被毛纤维常见于以下几种情况：遗传性稀毛症，呈对称性脱毛；垂体前叶发育不良所致的犊牛秃毛症；由于母畜碘缺乏所致仔畜先天性甲状腺功能不足，从而形成的先天性仔猪秃毛症；由于母畜受病毒感染，如牛病毒性腹泻而使仔畜发生先天性脱毛症；外周神经受到损害可引起神经性脱毛症；毛囊感染常引起脱毛；深部皮肤外伤，损伤毛囊后，愈合时可导致斑痕性无毛症。

已形成的被毛纤维脱落常见于以下几种情况：皮肤真菌病；营养代谢性脱毛；损伤性脱毛；此外还见于铊中毒或某些树叶中毒（Tree Leucaena Leucocephala）。

另外，也有学者按表2-28-1分类方法阐述其病因，见二维码2-30。

二维码 2-30
动物脱毛病因及其机理

【临床表现】动物脱毛的症状，常常在发病年龄、品种、病史、毛色、脱毛的部位、脱毛的速度及是否出现瘙痒等方面表现各不相同，这些不同的表现，对于提示脱毛的原因将是很有价值的。①年龄:幼龄动物脱毛通常与感染,皮肤寄生虫病,皮肤遗传性疾病有关。②毛色:某些毛为红色和蓝色品种的犬易发生脱毛。③病史:先天性脱毛多发生在一岁以内动物,某些毛囊的疾病多发生在已充分发育的动物。④脱毛的速度:突然脱毛反映出动物处于急性应激性时期,它可引起处于生长末期阶段的被毛的脱落,其特点是对称性与弥散性;慢性脱毛多半是与内分泌平衡失调相关。如新生仔猪碘缺乏症时,由于甲状腺机能不足可引起脱毛(图 2-28-1)。内分泌性脱毛,呈两侧对称性,无皮肤损伤及瘙痒症状。⑤脱毛的部位、面积及形状:首先出现脱毛的身体部位常能提示某些疾病,例如首先出现在尾部的脱毛通常与早期的甲状腺功能不足或其他内分泌功能异常相关。营养性脱毛多呈全身性,成片被毛折断或脱落。真菌感染性脱毛呈圆形、不规则或泛发性脱毛,皮肤病变可为局限性、多灶性或全身性;病

图 2-28-1　新生仔猪碘缺乏症,皮肤脱毛、增厚,甲状腺肿大

变区有不同程度的鳞屑,残留的毛为毛茬或折断的毛;伴有皮肤损伤,瘙痒,可检出真菌。体表寄生虫性脱毛从局部逐渐扩散到全身,伴有皮肤损伤,瘙痒,可检出寄生虫虫体。炎症性脱毛多呈局灶性,局部皮肤发热、发红、肿胀、疼痛。⑥瘙痒性皮肤病常导致轻度至中度局灶性或弥散性脱毛,见本书“瘙痒”一节。

【诊断】皮肤病诊断最基本的方法是皮肤刮取物检查、拔毛检查和真菌培养。皮肤的活体采样检查可以找到脱毛发生原因,诸如毛囊发育不良、内分泌平衡失调、寄生虫或者是传染性病原等。此外,皮肤活检还可提供毛囊病理变化的时期及其完整性,帮助临床兽医提供被毛再生的可能性方面的信息。如果脱毛动物有瘙痒的病史或症状,对患畜宜进行某些特异性的引起瘙痒疾病的检查,详见本书“瘙痒”一节。

假如脱毛与动物的瘙痒无关,可进行血液学检查以诊断引起脱毛的全身性疾病。凡见到慢性或复发性皮肤病时必须要作全身性的健康检查。一些特异性内分泌学检测可用于与脱毛有关的内分泌性疾病的诊断,如应用促甲状腺激素的刺激,应用促肾上腺皮质激素的刺激或是应用低剂量强的松龙抑制试验均可对内分泌的功能进行检查。测定性激素的浓度无多大实际价值,非繁殖用的家畜多半用外科去势的办法进行治疗性诊断。脱毛病理发生如图 2-28-2 所示。

脱毛诊断要点如表 2-28-2 所示。

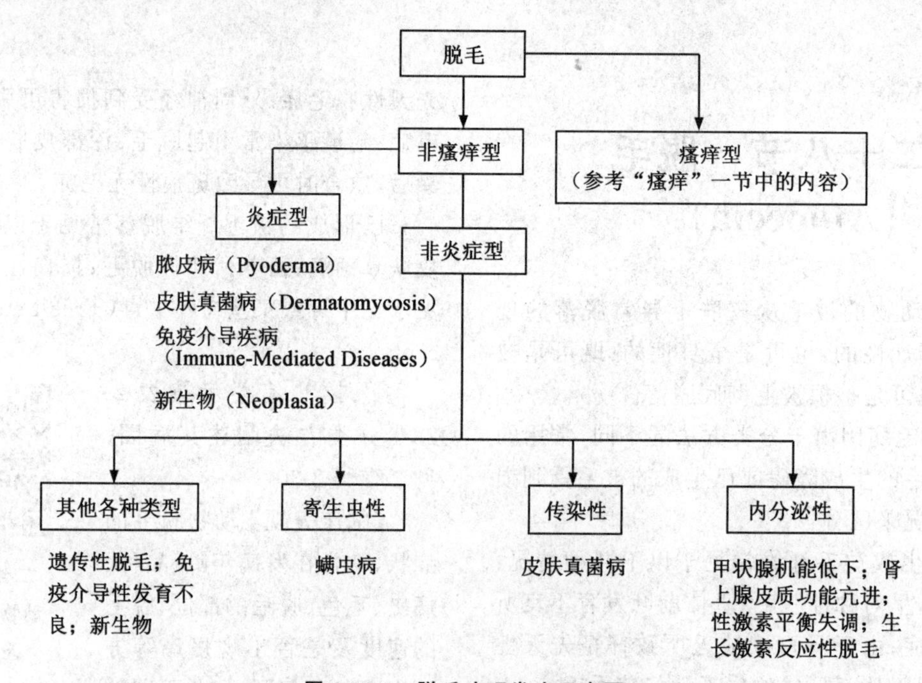

图 2-28-2　脱毛病理发生示意图

表 2-28-2　脱毛诊断要点

类别	原因	诊断要点
内分泌失调性脱毛	间质细胞瘤	对称性脱毛、头部色素沉着、雌性化、精神沉郁、嗜睡
	甲状腺功能低下	犬、猫对称性脱毛、嗜睡、不耐运动、皮肤增厚并形成皱襞。碘缺乏的仔猪和羔羊全身无毛，犊牛则全身或部分脱毛
	肾上腺皮质机能亢进(库兴氏综合征)	对称性脱毛、色素沉着、腹部下垂、皮肤菲薄、多食多饮多尿，皮肤表面有钙化，见于高龄犬
	卵巢囊肿	躯干背部慢性对称性脱毛、皮肤增厚、色素过度沉着。母犬持续发情但拒绝交配
	雌激素过剩症	对称性脱毛、色素沉着、子宫异常出血、外阴部肿胀、脂溢性皮炎、乳头肿大
	垂体性侏儒症	患犬体小，股内侧、喉头、颈部等摩擦部位脱毛。1岁左右时则全身脱毛，且有色素沉着和大量鳞屑，背部有时呈层状皱襞
真菌性脱毛		患部断毛、掉毛或呈现圆形脱毛区，有时呈不规则状。慢性感染病患处皮肤表面伴有鳞屑或红斑状隆起，有的结痂化脓，可先用伍氏灯检查，部分小孢子菌病灶发荧光苹果绿色。其他更少见的种属，如 *T. schoenlenii* 和 *M. audouinii* 也可能发出荧光色。伍氏灯检查阴性不能排除真菌性皮肤病，需进一步在患部刮片、拔毛镜检，见到真菌孢子或被菌丝和节孢子侵害的毛干即可确认。如前两种方法均未检查出真菌，就应当进一步做真菌培养
寄生虫性脱毛	疥螨病	患部剧痒、湿疹、脱毛、皮肤增厚。于病、健交界处刮片镜检，可看到疥螨成虫、幼虫和卵
	蠕形螨病	病处皮肤有小的局限性潮红和鳞屑，由界限不明显、无瘙痒的脱毛逐渐扩大为斑状，局部色素沉着，皮肤增厚，多伴有化脓感染，于病变处刮片镜检可看到成螨、幼年螨虫和卵
	跳蚤	剧痒、脱毛，患部皮肤有粟粒大结痂，可见到跳蚤和(或)其煤焦油状粪便
	虱病	瘙痒、不安，啃咬和摩擦患部引起皮肤损伤，脱毛，继发湿疹、丘疹、水泡、脓疱等，可见到虱子或被毛上附着的虱卵
	毛囊虫	头部和口唇周围脱毛、湿疹、皮肤增厚、脓皮症、慢性顽固性皮炎
营养不良性脱毛	锌缺乏	皮肤瘙痒、皮屑增多、掉毛、蹄部皮肤皲裂经久不愈，骨短粗，关节僵硬，公畜性抑制，母畜性紊乱及不育、早产、流产，补锌后1～3周迅速好转
	维生素 B_2 缺乏	食欲不振或废绝，局部或全身脱毛，皮炎，呕吐，腹泻，腿弯曲强直，步态僵硬，角膜炎，晶状体浑浊，新生仔猪有的无毛，有的畸形、衰弱，一般在48 h内死亡
代谢性脱毛		见于脂肪酸缺乏所致的脂溢性皮炎
瘢痕性脱毛		见于X射线照射、烧伤或外伤等
先天性秃毛症		由遗传因素引起的犬，出生不久在额、头颈、下腹、股骨部无毛，几年后整个躯体脱毛，仅四肢、头、尾有毛甚至全身无毛
中毒性脱毛	汞中毒	皮肤瘙痒、增厚、脱毛。结合典型的汞中毒临床症状、病理变化和汞接触史，可初诊。进一步可采集样品进行汞含量测定
	铊中毒	病变出现于皮肤黏膜交界处和躯干摩擦部位。皮肤多发红斑性皮炎，出现脱毛、痂皮、溃疡。同时有消化道及肾脏中毒的症状
原因不明的脱毛		见于成年小型狮子犬。开始耳部长毛突然脱毛，左右对称，几个月后呈圆形脱毛，多数病犬在3～4个月内被毛可自然再生

（李锦春）

第二十九节 瘙痒(Pruritus)

瘙痒是指患畜自身皮肤上的一种主观的痒感觉，动物通过擦痒以缓解或解除由某种刺激所致的皮肤上的不适感觉。临床兽医既可通过观察患畜擦痒行为，也可通过观察体表上显著的红斑、表皮的脱落、皮肤上的癣斑斑块、体表擦伤的伤口或者是脱毛等临床表现认定瘙痒症状的存在。在临床上动物瘙痒动作常表现为对患部皮肤处的舌舐、啃咬、摩擦，使患部敏感、脱毛，甚至使患畜个性改变，出现忍耐性降低，行为具有攻击性等。瘙痒性皮肤疾患由于是动物自身不断造成的损伤，因而使其成为临床治疗中最棘手的综合征之一。

【原因】见二维码 2-31。

【病理发生】见二维码 2-32。

二维码 2-31
瘙痒原因

二维码 2-32
瘙痒病理发生

【诊断】患畜基本情况、病史、体检、实验室检查、药物疗效观察等资料对于建立诊断均十分重要。有时，详尽的病史与品种、年龄、性别等相关的引发瘙痒的知识，与体检相比较时能为最后诊断的确立提供更重要的提示，这是因为许多瘙痒的皮肤病都会引起自身瘙痒性的损伤，就肉眼检查而言，它们的确十分相像，临床上的确难以区别。

病畜的基本情况如年龄可提供重要的诊断线索和作为鉴别诊断的依据。幼犬常发生的皮肤病有蚤源性变态反应性皮炎、痒病、伴有脓皮病或不伴有脓皮病的犬毛囊蠕螨病、肠道寄生虫所致的过敏反应等。与此相似的多见于幼猫的蚤源性变应性皮炎、猫的痂螨属螨病、猫耳癞螨病等。而特异性反应、食物变应性反应、脓皮病和鳞屑样脱皮病(如皮肤角化缺陷症)多见于成年动物。又如动物的品种越来越显示出与某些皮肤病有密切的相关性，甚至有些皮肤病，具有品种特异性。一些小型品种的犬正在不断增加特异性反应，我国的一种小型犬似乎对特异性反应、食物变应性反应、脓皮病、蠕螨病等就特别容易感染。性别与皮肤病的发生之间的关系较小，但也有个别情况下瘙痒与性激素分泌失调相关。

病史包括一般病史和特殊病史。①一般病史：如食物的种类和组成、动物所处的环境、动物的用途、对动物皮肤保健状态(洗澡是否过于频繁)、近来是否有暴露于有害物质之中的历史、家中其他动物是否有皮肤病、在同一环境中的其他动物或人类是否存在瘙痒的现象、动物所处的环境是否有痒病或伪狂犬病流行、马和犬是否存在绦虫病的病史、动物是否存在黄疸症状等。这些资料对于鉴别诊断都具有重要的价值。其中犬和猪的食物过敏现象远远多于人们以前的认识，只不过它常与其他的诸如蚤源性变应性皮炎、特异反应性皮炎、变应性皮肤病同时发生而已。脂类缺乏的日粮通常会加剧犬的脂溢性皮炎，并引起动物的瘙痒。传染性疾病，外寄生虫性皮肤病都是通过与特定环境接触而感染。一些较为少见的外寄生虫病也见于任其自由活动的动物，至于猫的痒病只局限在某个地域发生。与其他动物接触的病史可强烈建议外寄生虫(脂螨除外)或真菌性皮肤病。动物传染性疾病常见的有跳蚤，姬螯螨病，疥螨和皮肤真菌病，少见的有耳螨属和猫痘病毒。宠物体表有瘙痒性丘疹样红斑表示有犬和猫的痒病或螨病的存在。畜主出现红斑性损伤，有可能表示宠物体表存在真菌病。犬猫之间有一些共患的诸如蚤源性变应性皮炎之类的外寄生虫病，虽然在犬发生得更多，其实这些病原多来源于自身并未受到感染的猫。②特殊病史：每个病例与现有症状相关的特异性病史都有重要的参考价值。例如，皮肤原始的损伤部位及发生与发展的情况、瘙痒的严重程度、季节性变化、对治疗的反应等。掌握与皮肤最初发生损害部位有关的知识将有助于诊断的建立。例如，犬的痒病往往起始于耳廓的边缘；迅速发生的瘙痒症更多地怀疑蚤原性过敏性皮炎、犬或猫的痒病、攫螨病、恙螨病和药物过敏等疾病。隐匿性发生瘙痒更大程度上说明是属于特异反应性皮肤病、食物过敏、脓皮病、马拉色霉菌(糠疹癣菌)皮炎和脂溢性皮炎。瘙痒的强度：绝大多数动物在诊疗室内通常不表现出瘙痒的症状，但是犬、猫的痒病和犬的跳蚤性皮炎则属例外。至于瘙痒的频率和瘙痒的强度可从畜主提供的情况而得知，通常是看只有畜主在场时患畜每小时瘙痒(包括抓痒、啃咬或舌舐)的次数。发病季节：变应性皮肤病或者蚤源性过敏性皮炎在世界各地均有明显的季节性。马拉色霉菌性皮炎多发生在湿度高的季节；周而复始发生却无季节特点表明是一种与其他环境改变相关的接触性皮炎；精神性(心因性)瘙痒的发生是可被预料的，例如当患畜接近某种装置时就发生。食物性变态反应可以持续地发生，除非改变日粮症状才可消失。已用药物疗效：对于先前应用的药物，特别是可的松类和抗生素类有无反应乃是十分有用的信息。尽管过敏性疾病对皮质固醇类药物有不同程度的反应，但是皮质固醇类对食物性变态反应的疗效又不如对其他变应性反应或蚤源性过敏反应好。对抗生素治疗有效，表明该病例类似于脓皮病。

对于家畜任何一种皮肤病的诊断，全面的体检是必不可少的。皮肤病可继发于某些内科病。具有瘙痒症状的动物进行检查时，皮肤、黏膜和它们相连接处、口腔、耳、生殖道以及淋巴结等的检查是备受重视的。临床兽医应该注意观察患畜一般的行为举止以及瘙痒的一些病史及症状。瘙痒时的一些客观症状包括擦痒、被毛无光泽、断裂和脱落等。瘙痒发生时的原发性损伤，可能见到也可能见不到，如果见到诸如丘疹、脓疱、斑点等原发性病变，将有助于诊断的建立，假如同时存在脱毛的现象将为诊断提供更有价值的线索。一旦发生自我损伤经常会引起红斑、擦伤、苔藓化样病变和脱毛等，从而使原发性病变消失，不利于诊断的建立。外寄生虫病、脓皮病、皮脂溢是比较常见的瘙痒性皮肤病，它们的原发性病理损害是一致的。与此相反，变应性疾病和食物过敏性疾病所致原发性的皮肤损害是很少见到的。瘙痒动物皮肤病变的分布情况以及主要病灶所处的位置将具有重要的诊断价值。有些疾病常发生于特定部位，尤其在疾病发生早期。例如，犬跳蚤过敏性皮炎主要发生在后躯，尤其是腰背部。相反的，犬异位性皮炎的特性是面部、耳朵、肢体远端和/或腹部的瘙痒。疥螨在初期常发生于耳部、肘部和跗部。犬浅表脓皮病最常发生于腹部腹侧、大腿内侧或躯体远端。猫的瘙痒常表现为过度理毛，并可能导致全身性的自体损伤性脱毛。有些猫会悄悄地进行梳毛，而使得主人没发现它们把毛发都梳落了。显微镜检查毛干部可帮助确定其毛发是自然掉落的或是被舔落的。

鉴别诊断：图 2-29-1 为鉴别诊断程序示意图。

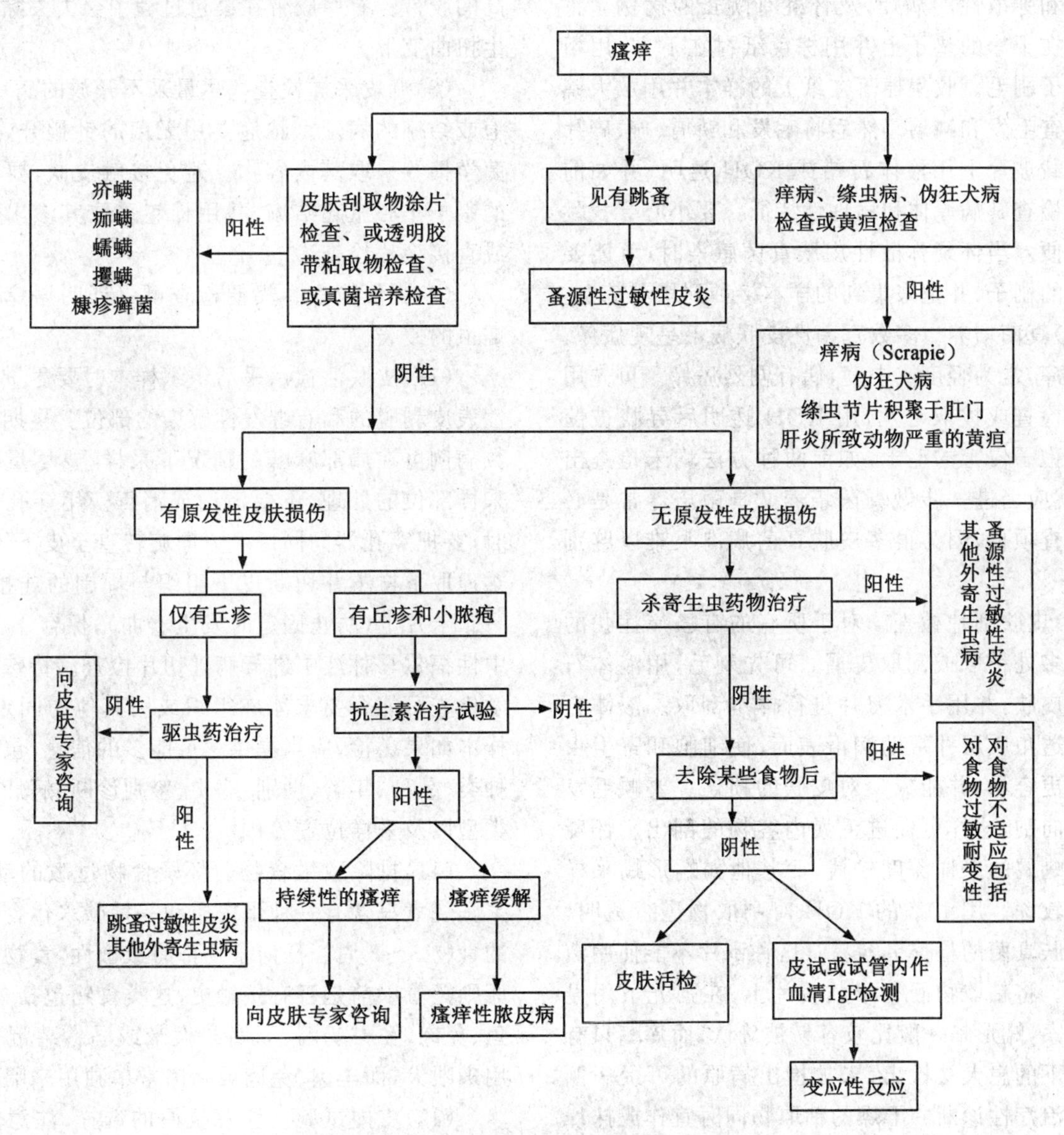

图 2-29-1　动物瘙痒鉴别诊断程序的示意图

关于具体诊断方法的简述：

(1)伍氏灯检查。多数真菌性皮肤病不呈现瘙痒，如有瘙痒，常为轻度或中度，偶有剧烈瘙痒。可先用伍氏灯检查，部分自然发病的小孢子菌病灶在该光源下能发出荧光苹果绿色。其他更少见的种属，如 *T. schoenlenii* 和 *M. audouinii* 也可能发出荧光色。伍氏灯检查阴性不能排除真菌性皮肤病。

(2)拔毛。这是一项非常简单有效但常被忽视的技术。用拔毛镊子夹住毛发拔下放在载玻片上，用液体石蜡或10%～20%的KOH透明(如有厚的鳞屑和痂时)。这种方法对检查毛发的结构和生长期，有无毛囊管型、卵或寄生虫黏着，皮肤真菌和蠕形螨非常有用。可用于一些不适合其他采样方法的部位，如眼周。

(3)刷毛。适用于采集掉落毛发和痂皮。适用于浅表和弥散性的病灶，及怀疑有跳蚤的病例。将动物放在干净的垫子上并用棕色纸衬在下方，用粗齿的梳子刷毛。收集掉落在纸上的样本并用放大镜分别检查毛发和鳞屑。然后将毛发和鳞屑、痂、碎片转移到载玻片上用液体石蜡或KOH透明，并如前所述般检查其病原体和病理性特征。要小心寻找跳蚤的粪便。当怀疑弥散性皮肤真菌感染时，可能要用灭菌的刷子，并把采集到的样本接种到培养基上。

(4)真菌培养。多数真菌性皮肤病不呈现瘙痒，如有瘙痒，常为轻度或中度，偶有剧烈瘙痒。可先用伍氏灯检查或拔取毛发，用KOH透明后寻找被菌丝和节孢子侵害的毛干，如前两种方法均未检查出真菌，就应当进一步做真菌培养。真菌培养常是必做的检查项目，因为很多皮肤真菌病肉眼难以鉴别清楚。

(5)皮肤刮片检查。对于所有的有瘙痒症状的动物宜多处粘取或刮取皮屑。可先剃毛，用液体石蜡润湿皮肤，并用手术刀片进行样本刮取。液体石蜡可穿透角质层并帮助润滑表面，使细胞和寄生虫的刮出更容易，并能减少对皮肤的损伤。要顺毛发生长方向刮，这样可促进毛囊内容物的刮出。怀疑为姬螯螨属的采样深度较浅，而其他如蠕形螨采样深度则较深。用10%的KOH对刮取物进行透明，可使皮肤真菌的检查更容易。这种刮片不能使用液体石蜡。将粘取物洒布于载玻片上，在强光下用显微镜观察，蠕形螨一般比较容易被确认，而痒螨只有50%以下的患犬被检出，未被检出病原的可疑病例需要做治疗性诊断。干燥的粘取物同时宜作成抹片以检查其是否存在真菌感染。不要在一张片子上放太多样本。解读几张样本量较小的片子比解读一张有大量样本的片子要快而有效，而且后者会使病原体或其他病理性特征变得不明显。

(6)抹片检查。小脓疱和渗出物可直接用载玻片触片或用棉棒擦拭制成抹片，并用Diff-Quik快速染色法染色，作显微镜检查，观察细菌、活性中性粒细胞和真菌等。

(7)透明胶带粘取物的检查。透明胶带可用于采集表皮剥离的细胞和毛发，并可直接检查或用Diff-Quik染色后检查。透明胶带粘取物的检查可以证实攫螨和真菌感染诊断的可靠性。用于显微镜检查时，胶带的黏着面朝下放在玻片上。检查细胞、细菌、真菌时，油滴在胶带表面用光学显微镜油镜检查。这个方法可用于在非镇静或麻醉状态下较难采样的部位，如眼周、指(趾)间和唇部。这种方法的细胞学质量与玻片相同。选择透明的，黏度适中或较高的胶带。有些胶带在染色过程中会失去黏性或发生扭曲变形。

(8)痂皮采样检查。尽量采不开放的病灶，如脓疱或结痂的病灶。脓疱要用无菌的针挑开，并用细菌学棉签采取其内容物。避免接触皮肤，要用无菌的镊子小心掀起结痂，并用棉签采取其渗出物培养或直接涂片检查。

(9)粪便检查。粪便检查可以证明瘙痒幼畜有蠕虫的侵袭。

(10)皮肤活检。采活组织样本时要尽量避免慢性表皮剥脱的和有继发性感染的部位。早期病灶多数病例可在局部麻醉的情况下采样，要尽量减少对采样部位的处理，不要清洗或消毒。用穿孔器采样时，要把穿孔器向同一个方向旋转直至皮下组织，轻柔地取下样本并切断皮下组织与周围的连接，放在一张卡片上(防止固定时发生卷曲)，保存于10%的中性福尔马林液中进行病理切片检查。特殊的组织学检查可能会要求冰冻组织或用其他的固定方法。样本如果送检，应当提供尽可能多的信息，包括动物种类、品种、年龄、性别、病史、鉴别诊断、病灶分布和类型以及采样位置等。

(11)排除致敏食物。怀疑食物过敏的动物，宜家庭烧煮只含有一种蛋白质和一种碳水化合物来源的食物3～8周。任何食物都有致敏性，食物选择的原则是看以前是否有接触史，这类食物包括羊肉、白鱼、兔肉、乡村奶酪、豆腐与大米或马铃薯混合食物用来喂犬，而羊肉、兔肉或猪肉常单独用来喂猫。

(12)皮内试验。注意抗原的选择，注意方法的可重复性及解释结果的科学性。

(13)酶联免疫吸附试验。这是一种变应性疾病的体外诊断的方法。在实际运用中所遇到的问题包括抗原的选择，分组试验，结果的可重复性及标准化等问题。

(14)环境控制试验。一旦怀疑动物罹患过敏性接触性皮炎，可将患畜饲养在另一个环境条件截然不同的、用清水彻底冲洗过的房舍内达 10 d 之久。

(15)斑片试验(Patch Testing)。将可疑变应原接种在皮肤，以刺激延迟性过敏反应的发生，以作为诊断的一个参考。

(16)试验性治疗。对于疑似犬痒病或是蚤源性过敏性瘙痒可用杀寄生虫药进行试验性治疗。应该记住，蚤源性过敏性皮炎是世界各地区犬、猫最常见的皮肤瘙痒的原因。鉴于犬的脓皮病可呈现为多种形态，对于一些难以做出诊断的瘙痒性的、有浅表结痂块的丘疹性皮肤病，可应用抗生素治疗。对于可的松类药物治疗反应良好者，提示这类皮肤病可能像变应性疾病，但是可的松类药物治疗对浅表性脓皮病也有一定的效果。

二维码 2-33
瘙痒性皮肤病的病灶特点和分布

瘙痒症状皮肤病的病灶特点和分布见表 2-29-1，具体见二维码 2-33。

（李锦春）

第三十节　肿块和淋巴结病 (Lumps and Lymphadenopathy)

新生物、脓肿、囊肿、血肿、肉芽肿和过大的纤维瘢痕组织是兽医临床上最为多见的肿块。临床兽医遇到这些肿块时，需要回答的主要问题是什么是最好的治疗方案。然而，要解决这一问题则又取决于对肿块发生原因的阐明及性质的确定。

【原因】见二维码 2-34。

【诊断】可用多种办法诊断肿块性质，其中病史调查和体检、X 射线检查、超声波检查、细胞学检查、组织病理学检查等都是非常有用的诊断方法。

二维码 2-34
肿块和淋巴结病原因

病史调查和体检　收集病史能够避免误诊。当兽医遇到肿块时迫切需要了解的信息包括：发现肿块的时间有多久？其形状和颜色是否发生了改变？肿块是否有痛感？畜主如能回答这类问题，对临床兽医来说则是十分有价值的。

在超声波应用的时代，电子计算机配备在 X 光机、核磁成像、自动血液化学分析仪等设备上，提供了最为令人满意的诊断效果。当电子计算机解释心电图变化时，临床体检的地位似乎黯然失色了，因而对一些病例建立诊断时，临床检查反而经常被忽视。其实，系统器官完整的临床检查不但能帮助诊断疾病，而且能防止治疗上的错误。在用外科手术办法去除新生物时，若事前不对淋巴结作触诊检查，可能会导致治疗不彻底的后果。具体地说，术前不搞清楚肿块波及的范围，就可能导致高昂的花费及不必要的手术过程，并且治疗效果差，当然这与肿块主要结构未被去除直接相关。临床兽医对肿块进行检查时，首先要找到原发性肿块，检查其质地是否均匀一致？其大小如何？是否有感染？是坚硬的还是柔软的？肿块是否与皮肤、皮下组织或深部组织相连？肿块是能移动还是紧密地连接在与其相连的组织上？这种与肿块相连组织是什么组织？肿块是否在相应淋巴结范围之内？这些均宜做记录，以备将来作对照时用。

实验室诊断　能为肿块的诊断提供更多依据的办法包括：放射学检查、超声波检查、细胞学和组织学检查等。在决定对患畜进行外科切除手术之前务必对动物整体情况进行全面的检查，例如血常规、血液生化及尿常规检查等。如果发现动物有肝脏或肾脏衰竭方面的问题，其治疗方案务必作出相应的改变。

放射线学检查　常用于评价原发性肿块。如果是恶性肿瘤的话，还可检测其是否存在转移性。原发性肿块放射学检查可帮助临床兽医确定是否有不为 X 射线穿透的物体存在，也有助于判断该肿块是否蔓延到骨骼、胸腔或腹腔内。腹腔放射学检查对确定腹腔肿块的位置是很有帮助的。胸部 X 射线检查对于确定大多数胸腔内肿瘤和判断肺实质具有转移性病灶的疾病是十分重要的，任何外科手术实施之前，必须先进行肺实质的检查，X 射线检查常采用背腹部和左右侧位 3 个角度的检查，无论左侧位或右侧位，在肺上部转移性病灶比较容易看出来，这是因为这部分肺区气体比较充满，充满气体的肺组织与水样密度肿块之间反差较大。基于镇静剂或麻醉剂有可能抑制呼吸，拍胸片时最好事前不要用这类药物。在发生淋巴结病时，胸腔和腹腔检查是很必要的，因为这有助于观察在相关区域内的淋巴结。

要获得高质量的X射线检查结果,受检动物事前必须作相应的处理,例如为了使消化道内不能存在大量的食糜,检查前必须禁食或灌肠,以免消化道内的食糜与腹腔内器官结构相混淆。为了更好地确定肿块的部位,胸腹腔图像或泌尿道图像与肿块的反差务必要显现出来。

超声波检查 可用于确定肿块是囊肿还是实质性肿块。囊肿或脓肿中经常见到的是絮状物或纤维样物,容易判断。肝脏实质的超声检查有助于揭示具有转移性肿块的疾病。

细胞学检查 此法应用于所有肿块的检查,因为这种方法既快,又无危险,而且检查费用低廉。尤其有价值的是此法能快速解释肿块性质,通常可由临床兽医自己直接完成。为慎重起见,有时要去请教细胞病理学家。一般来说,炎症反应过程中,肿块中常含有中性粒细胞、嗜酸性粒细胞或吞噬细胞,而且常常能见到致病微生物,特别是组织胞浆菌、芽生菌、隐球菌和球孢子虫等。新生物中通常含有同一类型的细胞,但它们大小不一,所处的发育阶段不一。癌肿中通常有呈圆形或角形的细胞,它们常集合成块状,肉瘤通常有呈纺锤形的,单个散在的细胞。正常的淋巴结中含有75%～90%的小淋巴细胞。发生炎症反应的淋巴结中通常会呈现含有小淋巴细胞、前淋巴细胞、淋巴母细胞、浆细胞和吞噬细胞等的混合型细胞相。淋巴肉瘤在抹片中呈现出以淋巴母细胞为主的细胞相为特征。转移型的新生物会使淋巴结发炎,并以呈现肿瘤细胞为特征。任何样品都能进行细胞学检查。如果肿块有液体流出,挤压肿块后可进行涂片镜检。在进行此类检查时,必须牢记的是污染现象是经常存在的。炎症性细胞在肿瘤中也是存在的。用细针头穿刺吸取内容物进行检查常常可提供比较可靠的疾病过程的信息,通常用20号或更细的针头连接于10 mL或更大容量的注射器上以负压吸取样品。采样区应事前把毛分开,并予以清洁处理,如果动物被毛很厚,则应予以修剪。如果肿块位于胸腔或腹腔内,相关部位的被毛必须剃剪,皮肤亦应作外科处理后再切开。当肿块的性质属无移动性时,用针刺入,并连接在注射器上吸出穿刺组织块。针头应该对肿块的不同部位穿刺采样,但须当心,不要将针尖穿透肿块或结节。一般说来,病灶的周边可取得最理想的样本,而不宜在坏死的中心部位采集软化的样品。样品在针头内被采集后,将注射器与针头分离,在注射器内吸满空气后,再将针头与注射器接上,推动注射器内芯将样品吹于载玻片上,将其制成均匀的抹片,空气中自然干燥后用罗曼诺夫斯基-姬姆萨法染色。胸腹腔内或肺内肿块的细胞学检查可用细针头吸取,在腹腔内肿块样品被吸取前,肿块宜推至腹腔侧壁,以免伤及腹腔内其他器官和组织结构。宜在穿刺前应用镇静剂,以免针头在腹腔内移动时伤及其他脏器。在利用X射线确定肺脏肿块位置的基础上,可以对肺脏肿块进行穿刺,事前将被毛剃去,皮肤施行术前外科处理,一旦针头刺入,迅速吸取被检物,注射器容量宜选用20 mL以上,以形成较大的负压便于样品的吸出。利用细针头穿刺几乎没有多大负面作用,即令在具有丰富血管的组织中,也不至于引起明显的出血。对于那些诸如脓肿之类的囊肿在穿刺时宜当心,在穿刺过程中要尽量避免将细菌或其他不明确的病原菌引入体腔而引起并发症。施行胸腔内穿刺肿块易引起并发症,事前应对动物作仔细的观察。如果说穿刺不向侧方移动的话,并发症发生的可能性将限制在最小范围之内。

组织病理学检查 将用福尔马林固定后的组织块进行组织病理学检查,对于确定肿块诊断有重要的作用。正确地采集样品并对组织块作适当处理之后,连同详尽而且正确的病史及肿块检查情况,呈送到相关实验室作病理组织学检查。

活体采样可以用多种仪器设备进行,也可以用手术刀在病理组织的边缘切取。如果肿块很小则可将其全部切除。如果肿块的类型和性质不同,只采取一个小组织块样品时应考虑其代表性的问题,送检时尽可能取多类型的样品。淋巴结病可切除淋巴结。临床上常遇到由于活体采样的样品不理想而不能给出正确诊断结论。手术后的病理组织样品宜连同伤口边缘的正常组织一道送检,以便确定病理组织是否完全被切除。活体采样必须十分当心,通常以锐利的刀具采集,电烙器具忌应用。如果样品中有大量血液或渗出液,宜用生理盐水淋洗,注意组织样品绝不能用自来水淋洗,因为自来水是低渗的,它可引起细胞的溶解。组织样品宜尽快地固定,常规染色的固定液为10%福尔马林中性缓冲液。为达到良好的固定效果,固定液容积至少10倍于组织块的体积。鉴于福尔马林每24 h可向组织内渗透深度达3～4 mm,为了保证组织在自溶之前得到固定,组织块厚度不能大于5 mm。因为大块样品中心部位不可能被固定,因此常将它们切成很薄的小片。有时为了保留肿块一侧原来的形状和结构,只能从另一侧将其切取下来。用外科手术法切除肿块而获取活体采样的样品之前对各种参考意见务必慎重考虑。其决定性因素在于是否将活体检查结果作依据以改变治疗措施。如果是为了改变治疗措施，用外科手术法活体采样之前宜向畜主郑重声明。组织病理学检查的费用较之肿块的外科切除术要少得多。辅助性治疗对于某些肿块，如由传染源引起的肉芽肿以及某些恶性肿瘤都是有好处的，如果一时尚不能确诊，也只能推荐应用这些辅助性治疗。

腹腔中肿块的活体采样可应用特殊活检器械或通过外科手术将整个肿块摘除。经常有肿瘤细胞扩散至腹部其他部位的可能性，因此最好将整个肿瘤全部摘除，脾脏上的肿块容易摘除。对于那些在腹腔内不易移动的肿块或是可能通过推挤将其固定在体壁的某一侧的肿块可用活检器械直接穿刺；有时候也可在腹腔内窥镜或超声波的帮助和指引下得以完成；还有的可以通过切开腹腔来完成，依病例实际情况而定。腹腔内窥镜的优点在于快和创口很小，并且能见到腹腔内部器官的结构，其缺点是不易对肿块作治疗性手术切除，而且依然存在使肿瘤细胞扩散的可能性。

以超声图像引导活体采样的优点在于无须造成外科创口即可完成，仅仅只要作麻醉性止痛或局部麻醉而已。尽管这种活体采样不能直接在肉眼可见情况下进行，但可在活体采样器械和器官同时显示的条件下精确地采样，但不可能切除小肿块。

对肿块进行诊断的临床检查程序见图 2-30-1（二维码 2-35）。

剖腹术在许多情况下为人们乐于采用的方法，因为它既可进行活体采样，又可将肿块直接切除掉，还有一个优点是无须特殊的仪器设备，而且其手术过程亦为大多数临床兽医所熟悉，还能对腹腔中其他组织器官顺便地进行检查。

临床检查的目的是对各类肿块、淋巴结病等做出正确的诊断，据此可为畜主提供最理想的治疗病畜的方案。为了达到这一目的，必须充分利用一切可以利用的资源和手段，包括病史调查、临床体检、某些特殊的检查、细胞学检查、组织病理学检查等。所有这些检查结果应该进行综合考虑。必须记住一点，其中任何一项检查结论都存在着不正确的可能性，因为临床兽医平时经常是过于看重组织病理学检查的结果，假如病理学家的解释与其他项目检查结论不相吻合时，对病理学家的结论则应慎重考虑，因为它仅仅是多种信息来源之一而已。

对肿块进行穿刺检查时的诊断程序如图 2-30-2 所示（二维码 2-36）。

二维码 2-35
对肿块进行诊断的
临床检查程序图

二维码 2-36
对肿块进行穿刺检查
的诊断程序图

（李锦春）

第三十一节　疼痛(Pain)

疼痛的概念纯粹是主观概念，是指一种有害的刺激损伤组织引起的感觉。这些刺激包括外伤、化学、机械、炎症、缺血和冷热等。虽然动物不能口头表述疼痛，但可以通过生理状态及行为的变化显示疼痛的存在，如心率和血压异常、出汗、呼吸急促、鸣叫、哀鸣、特殊肢蹄的运步错乱、不愿运动、或正常行为的改变。但各种动物甚至同一种属的动物对相同的刺激也可表现不同的反应，有些动物特别是经过训练的动物甚至可耐受较强的疼痛刺激而不表现临床症状。

【原因和病理发生】见二维码 2-37。

二维码 2-37
疼痛原因和病理发生

【诊断】

病史调查　①问清发病时间与发病的经过，对腹痛的诊断很有意义。如胃肠破裂，发病急剧，死亡较快；对于肠阻塞，发病较慢，病程较长。②如呕吐先于腹泻，可能是饲喂不当或吞食异物、毒物而引起；如呕吐出现于腹泻之后，多表示腹腔、内脏的疾病引起胃肠道反射；肠梗阻呕吐多在腹痛之后。③腹痛表现。持续性腹痛表示腹部有炎症性疾病；阵发性腹痛多表示腹腔脏器有梗阻或痉挛性疾病。④排粪和排尿。了解排粪的次数、数量及粪便的干、稀、软、硬等情况。如肠痉挛排稀粪，无恶臭，粪中不含黏液、脓汁；急性胃肠炎排出恶臭的混有脓血的稀粪或呈水样；肠梗阻时可能排粪停止；不排尿可能为膀胱结石、尿道阻塞或膀胱破裂等。⑤舌象。在腹痛诊疗中要注意辨别危症。研究发现，舌象变化与犬的腹痛有一定的同步性，其变化程度与腹痛的剧烈程度息息相关，可作为确认腹痛的可靠依据。舌象变化主要包括：

a. 颜色。一般为青紫色。中医理论认为,痛属肝,肝色青,故腹痛时舌多呈青紫色,现代医学认为是血液变化所致。b. 质地。腹痛时,舌体的质地一般较平时为硬、牵拉困难。c. 舌面纵纹。舌面出现的纵纹是剧烈腹痛的典型反映。

临床检查和实验室检查 四肢和关节的检查:检查患病肢蹄,应在运动或休息状态下分别进行,以确定疼痛的部位、单肢或多肢,有时要注意有的虽然涉及肢蹄但症状不明显。触诊肢蹄,轻轻活动每一个关节,一岁以下的犬则可能是骨软骨炎,局部肿胀温热则可能是蜂窝织炎、脓肿或软骨炎。如肥胖的中年犬拖拽着两后肢,可能为骨盆骨折。骨或关节疼痛往往会引起跛行。如果跛行从一个肢体转移到另一个肢体,可能为多发性关节炎、全身性肌炎以及影响多关节的退行性关节病。当首次站起来时动物感到疼痛而不愿移动,但随着活动疼痛减轻,可能是退行性关节病,退行性关节病病程长,症状有时会缓解,常见于中老年、特别是肥胖的小动物。关节炎通常会导致发烧、不愿动,有"如履薄冰"的外观,轮跛,通过对患肢 X 光摄片一般能够得到诊断。如果 X 光片正常或有关节积液,可以通过细胞学检查和关节液需氧/厌氧培养,确定是否由于关节疾病导致疼痛。这些检查还可以帮助区分免疫介导、退行性和感染性的关节炎。

头颈部检查 首先打开口腔,如疼痛存在则应仔细触诊是否为颞下颌关节疾病、颞下颌关节骨折或脱臼、眼球后脓肿、牙病、口腔异物。在咬肌疾病的急性期咀嚼肌肿胀,慢性则萎缩。血清和肌肉活检切片可以检测抗咀嚼肌 2M 型蛋白。在耳朵周围触诊并评估可能扩散到中耳的外耳炎。头颈部不愿活动或难低头则为颈部问题,从左至右、从上到下轻轻横向触诊颈椎每个椎体的侧面,存在疼痛则应进一步检查确定病变部位,如果怀疑外伤或寰枢椎脱位避免触碰患病部位。

脊柱和胸腹部检查 患畜不愿上下活动则可能是脊柱损伤。患病小动物不愿意上下楼梯,可能是肌肉骨骼或脊柱出现了问题。2～3 岁以上的腊肠犬有不可定位的疼痛更可能患有椎间盘疾病而不是腹内疾病。背部拱起或腹部肌肉收缩应寻找腹部或胸腰段疾病。当小动物被抱起时大叫,疼痛可能来源于脊柱和腹部。脊椎疼痛触诊棘突背侧,从腰骶部逐渐移向颈椎末端。右前腹部疼痛提示胰腺炎。除肾肿瘤外,腹部肿瘤不太可能造成疼痛。患隐睾病的狗急性腹痛,触诊腹部有硬的肿块,可能是睾丸扭转导致睾丸缺血所致。靠近背侧肋骨和腰下区域疼痛提示肾或脊柱疼痛。

皮肤、肌肉检查 观察皮肤是否正常,有无肿胀、外伤、炎症等,必要情况下对肿包进行穿刺。肌肉疼痛表现为不愿移动或轻轻触及肌肉时发出叫声。受影响的肌肉可能会萎缩,肥大或肿胀。肌酸激酶(CK)是从肌肉释放的酶。如果血清肌酸激酶升高,应该怀疑肌炎或肌病。然而,CK 浓度正常不能排除肌肉疼痛。

神经功能检查 有助于确定末梢、脊柱或头颅的疾病。应用上下运动神经原支配的器官判定损伤的部位。

如果疼痛不能定位即检查血象、血液生化指标、尿液和肌酸激酶。胰腺炎可能出现缺氧,呕吐,发烧,腹部疼痛,白细胞升高,血清中脂肪酶和淀粉酶升高,犬和猫胰腺炎快速检测试剂(SNAP,CPL 和 FPL)检测阳性。猫的胰腺炎特别难以诊断。脑膜炎是很痛苦的,常使患者不愿移动,脑脊液中蛋白浓度和白细胞数量增加。如果颈椎、脊柱或不可定位的疼痛未得到诊断,则可以进行脊柱成像以寻找椎间盘突出症,肿瘤病变,脊柱微小的骨折/脱位,椎管狭窄和水肿。

二维码 2-38
小动物疼痛鉴别诊断图

小动物疼痛的鉴别诊断如图 2-31-1 所示(二维码 2-38)。

(李锦春)

第三十二节 共济失调、不全性麻痹(轻瘫)和麻痹(Ataxia, Paresis and Paralysis)

一、共济失调(Ataxia)

正常而协调的运动依靠正常的肌肉紧张性和健全的神经系统调控。共济失调是指在肌肉紧张性正常的情况下发生的运动协调障碍,不包括肢体轻度瘫痪时出现的协调障碍、眼肌麻痹所致的随意运动偏斜、视觉障碍所致的随意运动困难以及大脑病变引起的失用症。

动物正常步态的特点是准确、协调和平稳。共济失调时,由于运动协调障碍,动物在站立时不能维持躯体平衡和正常姿势,运动时则出现躯体摇晃,出现交叉或广踏步态。

【原因】见二维码 2-39。

二维码 2-39
共济失调原因

【临床表现】深感觉障碍性共济失调的临床症状具有以下主要特点：①由于外周神经和脊髓病损所引起的共济失调主要表现为四肢共济失调，一般没有头和眼的病征。②病畜虚弱，肌肉应答的强度、力量和耐力均减弱。严重的虚弱可掩盖运动失调症状。③本体反应缺失。④遮蔽病畜眼睛时共济失调明显加重。⑤根据发生运动失调的肢体以及脊髓的病征（反射减弱和疼痛等）可对损伤的脊髓进行定位诊断。

外周前庭性共济失调的临床症状具有以下主要特点：①非对称性共济失调伴有明显的平衡障碍。②定向力缺失。③头向病侧倾斜。④病理性眼球震颤，眼震的方向常向着患侧。人为地将病畜头部做上下、左右摆动时可发现眼的震颤与头的摆动无关。⑤病畜在行走时向患侧漂移、转圈乃至跌倒。⑥本体反应一般正常。⑦某些病例出现面神经和交感神经功能障碍。⑧耳镜检查常可发现中耳和内耳病变。

中枢前庭性共济失调的临床症状：与外周前庭性共济失调相似，患病动物同样具有头倾斜、原地转圈和病理性眼球震颤等症状，但中枢前庭损害所引起的平衡障碍一般较轻。两者所发生眼球震颤的表现亦不一样，外周前庭损伤时眼球震颤是水平和旋转的，而中枢前庭损伤时眼球震颤常是垂直性的，并随着头位置的改变而频频变换方向。中枢前庭性共济失调常伴有脑神经异常，可能发生意识障碍和轻瘫。

小脑性共济失调的临床症状：这一类型的运动障碍一般呈对称性，病畜在站立时躯体摇晃不稳，四肢叉开呈广踏姿势，头部震颤。行走时运步辨距不良，多为辨距过度，跨步过大，步态笨拙蹒跚，不能直线前进，常偏向患侧，共济失调的程度可因转圈或转弯而加重。患畜肌肉张力降低，肢体出现意向性震颤。小脑性共济失调一般不伴有感觉障碍，运动失调不因闭眼而加重，缺乏恐吓反应，亦不伴发轻瘫，体位反应一般正常。小脑性共济失调与前庭性共济失调的区别在于前者罕见头倾斜和转圈，眼球震颤亦不常见，偶尔可见眼球快速而不规则地颤动。

【诊断】根据平衡障碍、步态异常和眼球震颤等临床症状可做出诊断。不同原因引起的共济失调在步态异常的表现（单侧或双侧、对称性或非对称性）和程度上不同，应注意进行鉴别。进行仰姿位检查可判断病畜的平衡和体位反应是否正常。此外，还应注意观察患病动物有无头部病征（倾斜、震颤等）、有无病理性眼球震颤、遮蔽眼睛后共济失调有无加重等，必要时进行脑脊液穿刺检查以及颅部 CT 或 X 光检查。

二、麻痹（Paralysis）

运动包括两种类型，一种是非随意运动，是对刺激做出的自发性运动，这种反应是稳定不变的，如牵张反射。另一种是随意运动，又称“自主运动”，是指意识支配下受大脑皮层运动区直接控制的躯体运动。麻痹（Paralysis）又称瘫痪，是指随意运动功能减弱或丧失，是神经系统疾病常见的症状。当皮层运动区和上运动神经元径路、脊髓、周围神经、神经肌肉接头或骨骼肌本身受到损害时，便会引起瘫痪。

按照神经系统发生损害的解剖学部位分类，可分为中枢性瘫痪和外周性瘫痪；按照瘫痪发生的程度分类，可分为完全性瘫痪和不完全性瘫痪，后者亦称为轻瘫（Paresis）；按照瘫痪的累及部位分类，可分为单瘫、偏瘫、截瘫和四肢瘫。

【原因】见二维码 2-40。

二维码 2-40
麻痹发生原因

【诊断】

(1)首先明确患畜的运动障碍是否由瘫痪引起，进而根据病史、临床症状、实验室检查以及特殊检查（X 光检查，肌电图检查等）结果，与其他可引起运动障碍的疾病加以鉴别。

(2)确定瘫痪的范围和程度，通过临床检查确定是单瘫、偏瘫、截瘫或四肢瘫，并判定是不完全性瘫痪（轻瘫）还是完全性瘫痪（瘫痪）。轻瘫时患肢运动功能减弱，负重或运步困难，容易摔倒，但在人工辅助下尚有一定活动能力。瘫痪时则患肢运动能力完全消失。

(3)根据瘫痪波及的范围、肌张力的改变、肌肉是否萎缩以及是否有病理反射等病征，区别上运动神经元或下运动神经元损害引起的瘫痪。

（谭勋）

第三十三节 震颤或颤抖 (Trembling or Shivering)

震颤或颤抖(Trembling or Shivering)是肌肉的一种不自主的、有节律的抖动,是由肌肉反复收缩和舒张所引起。

生理性震颤 震颤的幅度小而速度快,多在静止时出现。主要发生于寒冷、恐惧和过度疲劳等情况下。一旦引起震颤的原因去除,抖动也随之消失。

病理性震颤 主要见于中毒性疾病、代谢性疾病(高钾血症、低钙血症、低糖血症是发生震颤的主要代谢性疾病)、小脑疾病(包括先天性和后天性脑病,常伴发过度伸展和共济失调)和神经节疾病。

老年性震颤 老年犬偶尔发生震颤或颤抖,常常在运动或站立时症状加剧,在休息时症状减轻或消失。可见于单肢或四肢,有些动物表现虚弱,缺乏其他的神经症状,其病因学和病理机制尚不清楚。虚弱的犬可能有潜在的肌肉骨骼疾病和神经性疾病,发生于单肢的犬应考虑外周神经或神经节受到周围组织的压迫,两后肢震颤可发生于脊髓损伤,四肢震颤可发生于全身性神经肌肉疾病与损伤相关的脑干疾病。老年动物震颤也可能与低糖血症和低钙血症有关,但应与自发性肌肉收缩疾病相鉴别。患病犬颤抖本身不会引起明显的临床功能障碍,用于治疗人类颤抖的有效药物(如心得安和扑米酮等)在治疗老年犬上有一定的作用。

药物或毒素引起的颤抖 某些引起颤抖的药物或毒素也可导致肌肉自发性收缩,应用消毒剂六氯酚洗浴或食入六氯酚后中毒可引起意向性颤抖,猫特别敏感,有些犬在中毒一周内可自行康复,有的会出现神经症状甚至死亡。有机磷杀虫剂倍硫磷可引起典型的颤抖,活动时症状加重,有些表现精神沉郁,有些除颤抖外,表现正常。氟哌利多和枸橼酸芬太尼联合应用作为镇静剂可引起犬颤抖,特别是肌肉自发性收缩明显,在1～3周内康复。

小脑性颤抖 小脑疾病是犬、猫颤抖的最常见病因,特别是头颤抖,也可发生于四肢,小脑性颤抖应与其他原因引起的颤抖相区别。

(谭勋)

第三十四节 意识状态的改变:昏迷和木僵 (Altered States of Consciousness: Coma and Stupor)

正常意识包括意识内容(如精神状态、记忆能力、个性以及对周围环境的反应性和机敏性等)和醒觉水平。畜体通过各种感受器接受感觉冲动,经各传导束传递到丘脑,再沿着脑干的特异性和非特异性上行投射系统,投射到大脑皮质的感觉区,使大脑皮质处于醒觉状态,并保持清醒的意识、产生各种意识内容。投射系统径路和大脑皮质病变均可引起意识障碍。

意识障碍按其程度可分为沉郁、定向力障碍、木僵和昏迷。沉郁是指家畜对周围环境的刺激反应迟钝,神态淡漠,常处于嗜睡状态,但仍具有按正常方式做出反应的能力。精神沉郁是疾病最常见的一种临床表现。定向力障碍是指意识模糊,虽然能对周围环境做出反应,但反应的方式不适当。昏迷(Coma)和木僵(Stupor)是家畜大脑、间脑和/或脑干功能障碍而引起意识高度抑制的一种临床表现,见于重度脑病和其他引起脑功能紊乱的重度疾病,通常是病情危重的信号。昏迷是指动物完全失去意识,对各种刺激无反应,但仍可有反射活动,例如强力刺激脚趾可引起屈曲反射,但不会引起行为反应(例如叫喊、啃咬或扭转头部等)。在深昏迷中,所有脑干反射与肌伸张反射全部消失。木僵与昏迷的临床表现相似,但强烈的、反复的疼痛刺激能使其有短暂的醒转,当除去刺激后又陷入原先的无反应状态。

二维码 2-41
昏迷和木僵原因

【原因】见二维码 2-41。

【诊断】

(1)了解病史。内容包括:①昏迷的经过。突然发生昏迷多与颅部外伤,脑内出血和梗塞、损害脑实质的急性感染或中毒、中暑等有关,慢性进行性昏迷则多与代谢性或肿瘤性疾病有关。②昏迷前的环境及与药物或毒物的接触史。③伴发症状。有无高热、抽搐、偏瘫或四肢瘫痪等。

(2)临床检查。除必要的一般检查外(如检查体温、呼吸、脉搏),应重点检查神经系统功能。①观察有无非对称性、局灶性或侧位性症状。局灶性或侧位性症状常反映脑的器质性病变。其中急性进行性症状见于颅部外伤、脑水肿等病；急性非进行性症状见于脑出血和梗塞；慢性进行性症状见于脑的肿瘤；出现非局灶性或侧位性症状，但缺乏脑膜刺激症状，通常见于代谢性或中毒性脑病、休克和脑的畸形。②观察有无脑膜刺激症状。脑膜刺激征见于脑和脑膜的炎症以及蛛网膜下出血，脑的血管炎多见于病毒感染，而脑膜炎则多由细菌或真菌感染引起。③瞳孔检查。检查瞳孔的大小、位置和对光反应。脑干不同平面受损影响到瞳孔的大小，间脑和脑桥的损伤可引起瞳孔缩小，对光反射减弱到消失；发生中脑水平的病损时，瞳孔呈中等大小，对光反射消失；代谢性脑病时，瞳孔呈中等大小或变小，对光反射和眼球运动持续存在。昏迷病畜如瞳孔逐渐散大则提示预后不良。④眼的活动检查。检查有无生理性或病理性的眼球震颤。病理损伤在大脑水平一般不引起病理性眼球震颤；间脑和中脑的器质性病变一般不引起自发性病理性眼球震颤，但可能出现体位性病理性眼球震颤及全眼肌麻痹；脑桥的病变可引起自发性病理性眼球震颤、体位性病理性眼球震颤以及异常的生理性眼球震颤。⑤姿势和肌张力检查。上运动神经元性昏迷常引起肌张力增强。如果损伤累及前部中脑，则病畜在未受刺激时保持姿势正常，一旦受到刺激则出现短暂的角弓反张，即头后仰伸展以及四肢极度强直性伸展。当病损累及脑桥和前庭器时，肌紧张力降低。⑥血气分析。代谢性酸中毒（糖尿病昏迷，肾病末期）、肺过度通气（肝昏迷、肺性脑病、败血症）均引起呼吸性碱中毒，血液中二氧化碳分压升高，导致昏迷；呼吸性酸中毒（药物中毒、呼吸麻痹）和代谢性碱中毒（家畜罕见）时则引起换气不足，导致缺氧性昏迷。大脑损害的家畜一般呼吸正常，脑干损害的家畜则出现不规则的呼吸。

(3)实验室检查。血液生化检查对确诊或排除代谢性疾病极为重要，脑脊液检查则有助于诊断或排除原发性中枢神经系统疾病。

（谭勋）

第三十五节　癫痫样发作(Seizure)

癫痫样发作（Seizure）是指由于脑神经元突然、过度地重复放电，导致短暂的大脑功能障碍的一种慢性疾病，临床表现为短暂的感觉障碍、肢体抽搐、意识丧失、行为障碍或自主神经功能异常。癫痫不是一个独立的疾病，而是一组疾病或综合征。

【原因】见二维码 2-42。

二维码 2-42
癫痫原因

【临床表现】癫痫样发作具有突然性、暂时性和反复性 3 个特点，按临床症状可分为大发作、小发作和局限性发作 3 种类型。

大发作：是最常见的一种发作类型。原发性癫痫的大发作可分为 3 个阶段，即先兆期、发作期和发作后期。先兆期动物表现烦躁不安、摇头、吠叫、躲藏暗处等，仅持续数秒或数分钟，一般不被人所注意；发作期患畜意识丧失，突然倒地，肌肉强直，角弓反张，继之出现阵发性痉挛，四肢呈游泳样运动，瞳孔散大，流涎，粪尿失禁，牙关紧闭，呼吸暂停，口吐白沫，一般持续数秒或数分钟。癫痫发作的时间间隔长短不一，有的一天发作多次，有的数天、数月或更长时间发作一次。在间歇期一般无异常表现。

小发作：动物罕见。通常无先兆症状，只出现短暂的晕厥或轻微的行为改变。

局限性发作：仅限于身体的某一部分发生肌肉痉挛，如面部或某一肢体。

【诊断】根据意识丧失、强直性或阵发性肌肉痉挛短暂发作等异常表现可做出诊断，探明病因则需要进行全面系统的检查。需要注意的是，不是所有癫痫都能找出病因，在现有的检查条件和诊断水平下，有些癫痫病例难以从脑部及全身发现病变或代谢异常，这一类癫痫称为原发性癫痫。

（谭勋）

第三十六节　肥胖(Obesity)

肥胖（Obesity）是指脂肪在体内过度沉积以致对机体健康造成危害的疾病状态。目前尚缺乏判定动物肥胖的可靠标准，一般认为，犬和猫的体重超过理想体重的 15%为超重（Overweight），超过 30%则为肥胖。

肥胖可导致骨科疾病、糖尿病、心肺疾病、泌尿系统疾病、繁殖障碍、皮肤病、肿瘤等疾病的发病风险升高，并容易出现麻醉并发症。

【原因】肥胖是一种多因子疾病。引起肥胖的主要机制是能量摄入大于能量消耗，致使过度的能量在体内蓄积，从而引起脂肪堆积。下列因素可导致肥胖发生：

1. 去势

去势是促进犬、猫肥胖的主要原因。性激素尤其是雌激素对采食、能量消耗和脂肪沉积发挥重要影响，去势后机体的基础代谢率下降，致使体脂消耗减少。

2. 疾病

甲状腺机能减退可引起机体代谢降低、活动减少，促进肥胖发生；肾上腺皮质功能亢进时，由于皮质酮分泌增加，导致动物食欲增加；肥胖可诱发骨关节炎，后者反过来使动物活动意愿减弱，从而引起肥胖。

3. 品种

肥胖与品种有关，比如拉布拉多犬和金毛犬就较其他品种的犬更容易发生肥胖。

4. 运动不足

缺乏运动不仅可引起犬、猫肥胖，而且可使肥胖相关性疾病发病风险升高。

5. 主人的影响

研究发现，如果犬的主人肥胖，则该犬发生肥胖的可能性升高。但猫的肥胖与主人的肥胖无相关性。

（谭勋）

第三十七节 犬、猫急性视力丧失 (Acute Vision Loss in Canine and Feline)

急性视力丧失(Acute Vision Loss)又称突发性失明(Sudden Blindness)，指单眼或双眼视力迅速下降，以致骤然丧失视力。双眼突发性失明所致行为改变较为明显，表现为易与静止物体发生碰撞，或在熟悉的房间中突然失去方向感而乱跑乱撞。

急性视力丧失的发生机制复杂，由视网膜、视神经和视觉中枢构成的复杂视觉通路中的任何环节发生障碍均可导致突发性失明。

【原因】

(1)视神经炎。病毒(如猫传染性腹膜炎病毒)、原虫(如弓形虫)、真菌(如隐球菌)感染可引起视神经炎，导致单侧或双侧眼睛失明。

(2)高血压。血压升高可引起视网膜血管损伤，导致视网膜出血或因液体渗出而水肿，甚至导致视网膜剥离并引发突然失明。

(3)视网膜退行性病变。视网膜退行性病变可引起感光细胞数量进行性减少，最终导致失明。视网膜退行性病变呈慢性经过，失明症状在视网膜退行性病变的终末期才能表现出来，但由于这一过程不容易被发现，通常会被宠物主人描述为突发性失明。

(4)中枢神经系统疾病。脑部创伤、脑组织炎症和脑部肿瘤等中枢神经系统疾病可引起视觉中枢功能障碍，从而引起继发性急性视力丧失。

(5)晶状体疾病。晶状体是眼球屈光系统的重要组成部分，其作用是将光线聚焦到视网膜上。白内障和晶状体脱位(Lens Dislocation)等病理改变可引起视力下降，但通常不引起完全失明。

【诊断】首先，通过眼科检查明确犬、猫是否真正失明。高血压是引起急性视力丧失的常见原因，对于确诊为失明的病例，应进一步测量血压，并通过血液学和血液生化检查以确定是否存在其他原发性疾病(如肾病)。如果怀疑存在中枢神经系统疾病(如肿瘤)，应进行脑部 CT 或磁共振成像(MRI)检查。

（谭勋）

复习思考题

1. 什么是毒血症？它是如何发生的？怎样诊断和治疗毒血症？

2. 什么是败血症？它是如何发生的？怎样诊断和治疗败血症？

3. 什么是猝死？猝死发生的原因有哪些？

4. 什么是免疫功能低下？它是如何发生的？怎样对免疫功能低下进行防治？

5. 什么是过敏反应？它是如何发生的？怎样诊断和治疗过敏反应？

6. 什么是黄疸？它是如何发生的？怎样鉴别诊断不同种类黄疸？

7. 什么是发绀？它是如何发生的？怎样诊断和治疗发绀？

8. 体重下降和体重增加分别是什么原因导

致的？

9. 体温的变化包括哪些情况？病因分别有哪些？

10. 怎样对动物体温变化做出相应的诊断治疗？

11. 犬、猫眼部的异常变化见于哪些全身器官系统疾病？

12. 什么是虚弱和晕厥？见于哪些原因？

13. 哪些全身性疾病会发生皮肤的异常变化？

14. 血液学指标和生化指标有何临床诊断意义？

15. 什么是末梢水肿？它是如何发生的？

16. 器官疾病会引起哪些行为变化？

17. 什么是厌食和贪食？它们是如何发生的？

18. 流涎的主要原因是什么？

19. 什么是呕吐、返流和咽下障碍？见于哪些原因？

20. 腹泻发生的病因及机理有哪些？动物发生腹泻时如何进行鉴别诊断及治疗？

21. 便秘、里急后重和排便困难分别指什么？它们是怎样发生的？

22. 呼吸困难、呼吸迫促或呼吸窘迫分别指什么？它们是怎样发生的？

23. 引起咳嗽发生的原因有哪些？

24. 流产有哪些原因和临床表现？

25. 什么是红尿？如何鉴别诊断？

26. 什么是红细胞增多症？它是如何发生的？

27. 什么是贫血？如何分型？

28. 什么是血液凝固障碍？它是如何发生的？

29. 脱毛的病因和机理是什么？

30. 如何对瘙痒进行鉴别诊断？什么是肿块？如何进行鉴别诊断？

31. 什么是疼痛？如何进行鉴别诊断？

32. 什么是共济失调、不全性麻痹和麻痹？

33. 如何鉴别昏迷和木僵？

第三篇

器官系统疾病

第三章　消化系统疾病

【内容提要】消化系统疾病,包括口腔及相关器官疾病,食道疾病,胃及肠道疾病,反刍动物前胃疾病,肝脏病,胰脏病及腹膜疾病等,多发于各种动物,对养殖业危害严重,是兽医内科学教学及临床防治的重点之一。

引起消化系统疾病的原因很多。概括起来,其原发性疾病的病因,主要是饲养管理不当,环境气候的影响等;继发性疾病主要见于某些肠道细菌、病毒感染,寄生虫侵袭,中毒病,营养物质缺乏与代谢紊乱,也见于循环系统、神经系统、内分泌系统及免疫系统疾病的经过中。

关于病理发生,各种病有不同的发生、发展规律,并具有各自的病理变化特点,但就主要的胃肠疾病而言,其病理演变过程中主要表现为消化、吸收、分泌与排泄的功能障碍,这是本系统疾病病理发生中的基本病理过程。因此,在学习过程中要学会"由个别到一般,再由一般到个别"的分析方法,善于从诸多个别疾病的病理特点中,概括出其基本规律,并用其规律指导每个病的学习。如在学习肠炎时,首先要掌握如下基本病理过程:肠壁出现炎症,肠黏膜通透性升高,过量体液从血液经肠黏膜漏到肠腔,在肠黏膜吸收不良时则发生漏出性腹泻;因肠道炎症,肠吸收机能与消化液分泌机能障碍,肠道内营养物质消化、吸收不完全,肠腔内渗透压升高,导致渗透性腹泻。肠分泌过多和肠内渗透作用增强,又促进了腹泻过程的发生与发展。由于腹泻,引起机体脱水、酸碱和电解质平衡失调,再则肠内环境改变,肠道菌群紊乱,常继发病毒或细菌感染,最后则导致自体中毒与休克。掌握这一病理过程后,重点是要注意与其他腹泻性疾病如霉菌性肠炎、马属动物急性盲结肠炎、黏液膜性肠炎等进行比较和综合,概括出共同规律。可以发现,虽然它们病因有些不同,病理过程与特点各有差异,但腹泻、脱水、酸碱中毒等是其共同的病理过程。在学习过程中若如此,则能触类旁通,举一反三。

临床症状,主要表现为消化障碍、流涎,单胃动物常有呕吐、腹痛、腹泻、便秘和少便、腹胀、脱水等。需要强调的是,因消化道病理损害的部位与性质不同;就某疾病而言,因患病动物种类、个体、病程或病情不同,其临床表现均有差异。在学习尤其在临床实践过程中,要注意应用动物生理学、病理学等相关学科的基础理论知识,分析产生症状的病理学基础,阐明症状间的彼此关系,论证胃肠功能损害的部位及性质,建立诊断,并据此提出防治原则与措施。

(吴金节)

第一节　口腔及相关器官的疾病

口炎(Stomatitis)

口炎是口腔黏膜炎症的统称,包括舌炎、腭炎和齿龈炎。按炎症性质分为卡他性、水疱性、纤维素性、溃疡性、霉菌性和蜂窝织性等类型。各种动物均可发生。

【病因】病因有两类,原发性因素有机械性、温热性和化学性损伤。

继发性因素包括:某些传染病如口蹄疫、坏死杆菌病、放线菌病、牛黏膜病、牛恶性卡他热、牛流行热、水泡性口炎、蓝舌病、鸡新城疫、犬瘟热、乳头状念珠菌、奋森螺旋体病、羊痘等;某些霉菌病如念珠菌所引起的霉菌性口炎;某些中毒病如砷、汞、铅中毒等(中毒性口炎);附近炎症蔓延(咽、喉、腺)、急性胃卡他;某些营养物质如维生素A、维生素B_2、维生素C、烟酸、锌等缺乏,佝偻病、尿毒症也会继发口炎。

【临床表现】卡他性口炎主要表现口腔黏膜潮红、增温、肿胀和疼痛;其他类型口炎,除具有卡他性口炎的基本症状外,还有各自的特征性症状,传染性口炎伴有发热等全身症状。

(1)卡他性口炎：泡沫性流涎、采食、咀嚼障碍、口腔黏膜潮红、增温、肿胀和疼痛。

(2)水疱性口炎：体温稍高，在唇内、舌面及舌周、颊部、腭部、齿龈的黏膜上有散在或密集的透明水疱，破溃后形成鲜红色浅表烂斑；口腔疼痛，食欲减退。

(3)溃疡性口炎：除具有卡他性口炎的基本症状外，还有溃疡灶，溃疡面覆盖着暗褐色痂样物。口腔散发腐败恶臭，流涎并混有血丝；通常食欲废绝，消瘦，伴有体温升高，严重的可形成败血症。

(4)真菌性口炎：口腔黏膜上有灰白色略为隆起的斑点，灰色乃至黄色假膜，周围有红晕，剥离假膜，现出鲜红烂斑。

【诊断】

(1)诊断要点。口腔黏膜变化，采食咀嚼障碍，口温升高，流涎。

(2)鉴别诊断。

①依据口腔黏膜上的具体病变确定口炎的类型。

②依据全身症状及病因，确定是原发性还是继发性。

【治疗】除去致病原因，如除去异物、牙石或拔除病齿，传染性口炎重点治疗原发病，并及时隔离，严格检疫。给予柔软饲料和清凉饮水，草食兽给予营养丰富的优质青干草及青绿饲料，犬、猫可给予牛奶、粥、肉汤、菜汁、鸡蛋等；为增强患犬抗病力和促进口腔黏膜损伤及溃疡愈合，应补充维生素A、维生素B、维生素C等。如患犬口腔或牙齿疼痛无法采食时，可选用宠物康复期处方食品，饲喂少量即能满足患犬营养需求。用1%食盐或明矾、2%～3%硼酸、0.01% 溴化杜米芬含漱液、0.2%聚乙烯吡酮碘含漱液、0.01%利凡诺液等消毒、收敛液冲洗口腔，口腔恶臭时用0.1%高锰酸钾或0.5%过氧化氢液洗口，流涎明显的犬，可服用颠茄片或阿托品片，也可用硫酸阿托品0.5～1 mg肌肉注射。清洗后，根据口炎的性质选择西瓜霜、碘酊、龙胆紫、复方碘甘油或硼酸甘油、氟美松软膏、制霉菌素软膏、5%硝酸银溶液、1%磺胺甘油混悬液等涂布。病情严重的要及时应用抑菌消炎等全身疗法。血针刺通关、玉堂、颈脉等穴。朴硝、白矾各等份研磨，涂舌上，适用于舌体肿胀而无糜烂者。黄檗、儿茶、枯矾，共研末涂于舌上，适用于舌体糜烂者。

【预防】合理调配饲料，防止尖锐异物、有毒植物或刺激性化学物质混于饲料中；不喂发霉变质的草料；服用带刺激性或腐蚀性药物时，一定要定期检查口腔；牙齿不齐时应及时修整。

犬、猫牙齿疾病(Dental Diseases in Canine and Feline)

犬、猫牙齿疾病是指牙周病、齿龈增生、牙髓疾病、龋齿、牙齿发育异常及牙结石等疾病的统称。

牙周病是由于牙周组织受细菌感染而致发的炎症过程，一般分为齿龈炎和牙周炎两种。牙周炎表现口臭、流涎、有食欲但只能吃软质或流质食物，偶尔碰及牙齿发生剧烈疼痛；齿龈红肿、变软，牙齿松动，挤压齿龈流出脓性分泌物(齿槽脓肿)或血液。治疗首先要除去病因，将牙垢、牙石彻底消除；用盐水冲洗牙龈，涂以碘甘油(1∶3)或0.2%氧化锌；肌肉注射广谱抗生素和复合维生素B；进食过少时静脉注射补充营养，给以软质或流质食物，采食后冲洗口腔。

齿龈炎以齿龈充血和肿胀为特征，在齿颈周围齿龈边缘，有一鲜红狭窄带，非常脆弱易出血，严重时发生溃疡，齿龈萎缩，齿根大半露出，转为慢性时齿龈肥大。治疗首先除去病因，洗口后涂以碘甘油，注射抗生素、维生素 K_1、复合维生素B。肥大的齿龈如病变不太广泛可以切除。

龋齿是指牙齿腐烂，多发生于臼齿颈部，最初是釉质和齿质表面发生变化，以后逐渐向深部发展，当釉质被破坏时，牙齿表面粗糙，称为一度龋齿；随着龋齿的发展，逐渐形成黑褐色空洞(未与齿髓腔相通)，称为二度龋齿；再向深发展，龋齿腔与齿髓腔相通时，称为三度龋齿，此时可继发齿髓炎与齿槽脓肿。一度龋齿可用20%硝酸银溶液涂擦龋齿面。二度龋齿应彻底清除病变后，充填固齿粉。三度龋齿应拔除。

牙髓疾病包括牙髓充血、牙髓炎、牙根化脓。牙髓充血起因于牙齿的损伤，若长时间的充血、压迫，会出现坏死。治疗主要是减少刺激，清除坏死组织，再用抗菌消毒制剂。牙髓炎是牙髓发生不可逆的肿胀、脓肿及组织坏死，患齿呈红褐色或黑灰色，剧痛；牙根化脓是牙髓疾患在牙根部形成空洞性坏死。治疗以消炎与修复牙齿为原则。

牙齿发育异常包括牙齿错位交合、釉质发育不良和永久性色斑。错位，一般是当乳齿未脱落而永久齿又长出且位于乳齿侧旁时，未吸收的乳齿牙根会使正在长出的永久齿发生倾斜，导致牙齿异位；或由于颌与牙床相对大小不等，如颌过小而致使颌内牙齿拥挤而出现错位。治疗早期可拔除遗留的乳齿或选择性地去掉个别永久齿。釉质发育不良和永久性色斑，是在釉质发育期间，牙齿内的一些化学物质的活动和沉积致使釉质出现永久性的损害。若牙冠的结构与质地正常可不予治疗；若釉质出现凹窝或不规则，可施行填补术或牙壳保护术。

牙结石主要是由于食物残渣或/和细菌分泌物沉积附着在牙齿周围的一种症状；口腔细菌在此繁殖，引起发炎，这样进一步加剧了食物在牙周的沉积，时间久了，即形成牙结石。结石的存在，刺激牙龈，造成牙龈炎，严重即引起牙周疾病。症状表现：病初对犬猫的影响不大，主要表现采食小心，不敢或不愿吃食过硬或过热的食物，喜欢吃食柔软或流质食物。严重病例表现为口臭、流涎，有食欲，但不敢采食，或在采食过程中突然停止；或抽搐或痉挛，有的转圈或摔倒，抗拒检查。打开口腔检查，可以发现病犬或病猫牙齿有黄色或黄褐色结石附着在牙齿上，一般臼齿多发。发病初期，轻轻触及患牙即表现明显的疼痛，当牙齿松动时，疼痛减轻。牙龈容易出血。如感染化脓，轻轻挤压，即可排出脓汁。治疗时，首先除去病因，消毒口腔，在全身麻醉的情况下，彻底清除牙垢和牙石。拔去严重松动的牙齿或病齿，充分止血，盐水冲洗，清理口腔，用碘甘油、1%龙胆紫药水等消毒口腔。在清洗或消毒口腔过程中，应让患犬或患猫的头部低于后躯。其次控制感染，抗菌消炎，选用广谱抗生素如阿莫西林、罗红霉素、棒林等口服，也可口服甲硝唑、增效联磺或甲环素等药物。肌肉注射或静脉注射可以选用广谱青霉素（如氨苄青霉素）或头孢菌素，也可以应用喹诺酮类药物肌肉注射。在抗菌消炎过程中也可以配合皮质类固醇药物进行治疗。另外进行支持疗法，清理牙石以后仍然不敢进食，或进食很少者，应静脉输注葡萄糖、复方氨基酸、三磷酸腺苷、辅酶A等，并口服或肌注复合维生素B等制剂。也可以给予犬猫用浓缩营养膏或专用处方罐头，或自制的稀软的流质食物。

唾液腺炎（Sialadenitis）

唾液腺炎是腮腺、颌下腺和舌下腺炎症的统称。各种动物均可发生，以马、牛、猪多发。

【病因】原发性病因主要是饲料芒刺或尖锐异物的损伤；继发性唾液腺炎，多见于口炎、咽炎、马腺疫及流行性腮腺炎等病的经过中。

【临床表现】主要表现流涎；头颈伸展（两侧性）或歪斜（一侧性）；采食、咀嚼困难以致吞咽障碍；腺体局部红、肿、热、痛等。腮腺炎时，单侧或双侧耳后方温热、肿胀、疼痛，口臭难闻。颌下腺炎时，下颌骨角内后侧温热、肿胀、疼痛，触压舌尖旁侧、口腔底壁的颌下腺管，有脓液流出或有鹅卵大波动性肿块（炎性舌下囊肿）。舌下腺炎时，触诊口腔底部和颌下间隙肿胀、增热、疼痛，腺叶突出于舌下两侧黏膜表面，最后化脓并溃烂。

【治疗】主要是局部消炎，用50%酒精温敷或涂布鱼石脂软膏；有脓肿时，可切开后用0.1%高锰酸钾或3%过氧化氢液冲洗；必要时配合抗生素治疗。

（吴金节）

第二节 咽与食管疾病 (Diseases of the Pharynx and Esophagus)

咽炎（Pharyngitis）

咽炎是咽黏膜、软腭、扁桃体（淋巴滤泡）及其深层组织炎症的总称。按病程分为急性型和慢性型；按炎症性质，分为卡他性、蜂窝织性和格鲁布性等类型。在临床上，它可能是一种原发性疾病，但更常见的是作为一种临床症状，出现在马腺疫、牛口蹄疫、猪瘟、犬瘟热等疾病的经过中。

【病因】原发性病因，主要是饲料中的芒刺、异物等机械性刺激，饲料与饮水过冷过热或混有酸碱等化学药品的温热性和化学性刺激，受寒、感冒、过劳或长途运输时，机体防卫能力减弱，链球菌、大肠杆菌、巴氏杆菌、坏死杆菌等条件致病菌内在感染而引发本病。继发性咽炎，常伴随于邻近器官的炎性疾病如口炎、食管炎、喉炎以及流感、马腺疫、犬瘟热、猪瘟、猪和马的咽炭疽、口腔坏死杆菌病、巴氏杆菌病、牛恶性卡他热等传染病。

【临床表现】主要临床特征：咽部肿痛；头颈伸展，转动不灵活；触诊咽部敏感；吞咽障碍和口鼻流涎。

一般病畜畏忌采食，勉强采食时，咀嚼缓慢；吞咽时，摇头缩颈，骚动不安，甚至呻吟，或将食团吐出。由于软腭肿胀和机能障碍，在吞咽时常有部分食物或饮水从鼻腔逆出，使两侧鼻孔常被混有食物和唾液的鼻液所污染。

口腔内常积聚多量黏稠的唾液，呈牵丝状流出，或在开口时涌出。猪、犬、猫出现呕吐或干呕；咽腔检查可见软腭和扁桃体高度潮红、肿胀，附着脓性或膜状覆盖物。沿第一颈椎两侧横突下缘向下颌间隙后侧舌根部向上作咽部触诊，病畜表现疼痛不安并有痛性咳嗽。

严重病例，尤其是蜂窝织性和格鲁布性咽炎，或是继发细菌感染，伴有发热，脉搏、呼吸增数，咽区及颌下淋巴结肿大；炎症蔓延到喉部，呼吸促迫，咳嗽频繁，咽黏膜上和鼻孔内有脓性分泌物。

慢性咽炎，病程缓长，症状轻微，咽部触诊疼痛反应不明显。

【诊断】临床上容易诊断，其依据是头颈伸展，口鼻流涎，吞咽障碍，触压咽部疼痛，视诊咽部黏膜潮红、肿胀等。需与下列类症鉴别。

(1)咽腔内异物也出现吞咽困难，口鼻流涎等症状，但本病呈突然发生，咽腔检查或X线透视可见有异物。以牛和犬常见。

(2)咽腔肿瘤其特点是咽部无炎症变化，病程缓慢，吞咽障碍渐增重，触压喉部不敏感，咽内肿块。常呼吸困难，喉狭窄呼吸音。

(3)腮腺炎多发于一侧，局部肿胀明显，头向健侧倾斜，触诊咽部无疼痛现象，也无食糜从鼻孔逆出和流鼻液现象。

(4)喉卡他虽有流鼻液、咳嗽等症状，但吞咽无异常。马喉囊卡他，多发于一侧，局部肿胀，触诊时于同侧流出鼻液，无流涎和疼痛表现。

(5)食管阻塞有吞咽障碍、口鼻流涎症状，但咽部触诊无疼痛，多为突然发生，反刍动物易继发瘤胃臌气。

【治疗】治疗原则，加强护理，抗菌消炎。对吞咽困难的病畜，要及时补糖输液，维持其营养；尚能采食的给予柔软易消化饲料，肉食动物喂食米粥、肉汤、牛奶等；疑似传染病的应及时隔离观察与治疗。严禁经口投药。

药物治疗，应根据咽炎类型和病情的不同，选择合适的治疗方法，才能达到预期效果。病的初期，咽部先冷敷后热敷，每天3～4次，每次20～30 min。也可用樟脑酒精或鱼石脂软膏、止痛消炎膏涂布，或用复方醋酸铅散(醋酸铅10 g，明矾5 g，薄荷脑1 g，白陶土80 g)做成膏剂外敷。小动物可用碘甘油或鞣酸甘油直接涂布咽黏膜。必要时，可用3%食盐水喷雾吸入，有良好效果。牛、猪咽炎，可用异种动物血清，牛20～30 mL，猪5～10 mL，或用脱脂乳亦可，皮下或肌肉注射。

病情重剧的用10%水杨酸钠液，牛、马100 mL，猪、羊、犬10～20 mL静脉注射，或用普鲁卡因青霉素G，牛、马200万～300万IU，驹、犊、猪、羊、犬40～80万IU，肌肉注射，每天一次。蜂窝织性咽炎宜早用土霉素，牛、马2～4 g，猪、羊、犬0.5～1 g，用生理盐水或葡萄糖液作溶媒，分上下午2次静脉注射。若出现呼吸困难并有窒息现象时，用封闭疗法进行急救，有一定效果，用0.25%普鲁卡因液，牛50 mL，猪20 mL；青霉素，牛100万IU，猪40万IU；混合后作咽喉部封闭。或用20%磺胺嘧啶钠液50 mL，10%水杨酸钠液100 mL，分别静脉注射，每日2次。紧急时行气管切开术。

【预防】搞好饲养管理，避免饲喂霉败、冰冻的饲料；保持圈舍清洁、干燥；防止动物受寒感冒、过劳；及时治疗咽部附近器官的炎症，防止炎症蔓延；用胃管投药时，避免损伤咽黏膜。

咽堵塞(Pharyngeal Obstruction)

咽堵塞是由异物、咽部病理性组织等，占位于咽腔，使咽腔口径缩小而导致梗阻的一种疾病。

【病因】有两类，一是因采食过急或采食时受惊吓，使大块硬物如骨头、玉米棒、甘薯或马铃薯、成团的金属丝、塑料绳等滞留咽腔；二是咽腔部位出现病理性肿胀而导致堵塞，如牛结核病、放线杆菌病、马腺疫病时，咽后淋巴结肿大，或牛与猪的咽壁、软腭中淋巴组织的弥漫性肿大等均可引发本病。

【临床表现】主要表现吞咽和呼吸障碍；由于吞咽困难，病畜饥饿欲食，或将食团从口中咳出，饮水一般可咽下；吸气性呼吸困难是最先发现的症状，吸气时发出鼾声，呼气延长，腹部显著用力；如系炎症肿胀或肿瘤坏死时，呼出气体有恶臭味。

【诊断】应进行咽部视诊和触诊，对咽部明显的病理肿胀，可进行抽取物的细胞学检查和培养，对实体团块和肿大的淋巴结要进行活组织检查。类症鉴别，咽炎虽有吞咽困难，但咽部疼痛明显，常伴有全身症状，无明显的呼吸障碍；咽麻痹有吞咽障碍，但不出现呼吸障碍，咽部无堵塞物；食道阻塞时虽伴有食物和唾液的回流，但咽腔无形态与机能的病理变化，也不出现吸气性呼吸困难。

【治疗】异物堵塞可通过口腔摘除之，因其他疾病继发的，除局部作常规处理外，关键要治疗原发病。

咽麻痹(Pharyngeal Paralysis)

咽麻痹是支配咽活动的脑神经和/或延髓中枢受侵害所致的吞咽机能丧失，按损害的神经部位不同，分末梢性和中枢性两类。

【病因】末梢性咽麻痹多因颅底骨骨折的损伤、炎症或局部的血肿、脓肿、肿瘤等，致使舌神经和迷走神经咽支受到损害或压迫而引发本病；中枢性麻痹，常因脑病引起，如脑炎、脑脊髓炎、脑挫伤、肉毒中毒、狂犬病等经过中，导致吞咽中枢所在的延脑发生病理变化而出现咽麻痹。

【临床表现】主要表现饥饿，饮食贪婪，又不见吞咽动作，食物与饮水立即从口腔和鼻腔逆出；不断流涎；从外部触压咽部无疼痛反应，不出现吞咽动作，咽内触诊其肌肉不紧缩，吞咽反射完全丧失；继发性咽麻痹有明显的原发病症状，原发性的一般无全身反应，但随病程延长，因机体脱水或缺乏营养而迅速消瘦。

【诊断】表现不能吞咽，咽部无疼痛，吞咽反射消失等临床特征；结合咽腔视诊即可建立诊断。

【治疗】末梢性咽麻痹应查明并除去病因，然后实施对症治疗；中枢性咽麻痹，尚无有效疗法。

食道炎(Esophagitis)

食道炎是食道黏膜及其深层组织的炎性疾病。发生于各种动物，以马、牛、猪多见。

【病因】原发性食道炎多因机械性刺激，如粗硬的饲草、尖锐的异物、粗暴的胃管探诊；温热性刺激，如过热的饲料饮水；化学性刺激，如氨水、盐酸、酒石酸锑钾等腐蚀性物质等，直接损伤食道黏膜引起炎症，并常伴有口腔和咽腔的炎症过程。继发性食道炎，常见于食道狭窄和阻塞、咽炎和胃炎、马胃蝇幼虫和鸽毛滴虫重度侵袭，以及口蹄疫、坏死杆菌病、牛黏膜病、牛恶性卡他热等疾病。另外，胃内容物长期返流入食道也可并发食道炎，有些动物全身麻醉时食道下括约肌松弛，食道的正常蠕动受到抑制，也会发生胃内容物返流入食道(返流性食道炎)。如果某些药物(特别是强力霉素)在食道内存留而无法被清除也可导致食道炎，这在猫很常见。裂孔疝的动物也可发生反流性食道炎。

【临床表现】轻度流涎，咽下困难并伴有头颈不断伸曲，神情紧张，马常有前肢刨地等疼痛反应；病情重剧的不能吞咽，在试图吞咽时随之发生回流和咳嗽，并伴有痛性的嗳气运动和颈部与腹部肌肉的用力收缩；外部触诊或必要时探诊食道，可发现某一段或全段敏感，并诱发呕吐动作，从口鼻逆出混有黏液、血块及伪膜的唾液和食糜；颈段食道穿孔，常继发蜂窝织炎，颈沟部局部疼痛、肿胀，触诊有捻发音，最终形成食管瘘，或筋膜面浸润而引发压迫性食道狭窄和毒血症；胸段食道穿孔，多继发坏死性纵隔炎、胸膜炎甚至脓毒败血症；牛病毒性腹泻、恶性卡他热等疾病经过中，食道主要出现糜烂、溃疡等病理损害，无明显的食道炎症状。

【治疗】首先禁食 2～3 d，并静脉注射葡萄糖和复方氯化钠液，以补充营养和电解质；病初冷敷后热敷，促进消炎；内服少量消毒和收敛剂如 0.1%高锰酸钾液或 0.5%～1%鞣酸液；疼痛不安时，可皮下注射安乃近，或用水合氯醛灌肠；全身用磺胺与抗生素疗法，控制感染；颈部食道穿孔可手术修补，胸部食道坏死穿孔无有效疗法。犬返流性食道炎使用抗酸药和 H_2 受体拮抗剂(西咪替丁，5 mg/kg；雷尼替丁，2 mg/kg，每天 2 次)，降低胃内酸度，促进食道黏膜的愈合。严重病例用奥美拉唑(0.75 mg/kg，每天 1 次)。硫糖铝溶液也非常有益。还可以给予西沙比利(0.5 mg/kg，每天 3 次)以增加食道下括约肌的压力。严重病例可进行胃造口插管饲喂，以便使食道保持安静加快痊愈。危重患犬应当在麻醉前预防性给予 H_2 受体拮抗剂。

(吴金节)

食道憩室(Esophageal Diverticulum)

食管憩室是指发生在食管壁的囊性扩张性塌陷，常发生在颈部食道远端至胸腔入口处或胸腔段食道远端至隔膜前。偶发于犬、猫、马和牛等动物。

【病因】常分为先天性憩室和后天性憩室。先天性憩室通常由于食管壁先天性薄壁、异常的气管分隔加之不健康的饮食造成消化道负担过重所致；获得性的食道憩室又可分为内压性憩室和牵拉性憩室两种，前者多由食道管腔内压升高或深部食道炎症导致黏膜疝的形成所引起，这种类型的憩室由上皮细胞和结缔组织构成；后者常由靠近胸腔入口处的食道近端处炎症所致，所产生的纤维组织可向外收缩和牵拉食管壁而形成囊状结构，该类型憩室分 4 层：黏膜层、黏膜下层、肌肉层和浆膜层。

【临床表现】当憩室尚小时几乎不表现出临床症状。当憩室足够大时，所摄入的食物可在此囊状结构处滞留，引发摄食后的呼吸困难、干呕及厌食等。X线检查有时可在食道形成憩室处见到充满空气或食物的团块；造影剂能很好地显现食道中的囊状结构；食道内窥镜检测能验证X线检查的结果，同时可发现潜在的食道炎、食道狭窄或其他异常。

【防治】因有许多症状和并发症，故以外科治疗为主。憩室甚小、症状轻微或动物年老体弱，可采用保守治疗。动物以进食无刺激的流质为主，且饭后由主人协助保持至少30 min的直立姿势，减少食物在憩室内蓄积，同时减少运动，以静养为主，同时服用缓解呼吸困难的药物，预防炎症、肺水肿和吸入性肺炎。当憩室大至无法通过保守法进行缓解时，则考虑行手术对憩室进行横断和切除，根据憩室的位置，选择仰卧或侧卧保定，切口通常经胸部横侧切开的手术通路；术后应监测有无食道炎或吸入性肺炎的发生。手术过程中若胸腔没有污染且食道吻合较好，则手术治疗一般预后良好。

（黄克和）

食道阻塞（Esophageal Obstruction）

食道阻塞是由于吞咽的食物或异物过于粗大和/或咽下机能障碍，导致食道梗阻的一种疾病。发生于各种动物，以牛、马和犬较为常见。按阻塞程度，分为完全阻塞和不完全阻塞；按其部位，分为咽部食道阻塞、颈部食道阻塞和胸部食道阻塞。

【病因】引起本病的堵塞物，常见的有甘薯、马铃薯、甜菜、萝卜等块根块茎饲料，及棉籽饼、豆饼、花生饼块，谷秆、稻草、干花生秧、甘薯藤等粗硬饲料；软骨及骨头、木块、棉线团、布块等异物。原发性阻塞，多发生在饥饿、抢食、采食时受惊等应激状态下，因匆忙吞咽而阻塞于食道。继发性阻塞，常伴发于异嗜癖、脑部肿瘤以及食管的炎症、狭窄、扩张、痉挛、麻痹、憩室等疾病。

【临床表现】临床病例多呈急性过程，病畜突然停止采食，不安，用力吞咽，随之食物回流，口腔和鼻腔大量流涎；低头伸颈，不断徘徊，频频出现吞咽动作，常随颈项挛缩和咳嗽，饮水与唾液从口鼻喷涌而出；反刍动物常迅速发生瘤胃臌气，张口伸舌，呼吸困难；马则用力吞咽与干呕，不断起卧，骚动不安；犬则不停用前肢搔抓颈部。颈部食道阻塞，见有局限膨隆，能摸到阻塞物，压之病畜敏感疼痛；也常见到牛的胸部食道阻塞，缺乏颈部食道阻塞的上述视诊、触诊变化，其特点是瘤胃穿刺排气、病情缓解后，不久又发生急性瘤胃臌气，胃管探诊可感知阻塞物。

【诊断】①突然起病；②口鼻流涎；③伴有吞咽及逆呕动作的咽下障碍；④食道检查有异物存在：a. 颈部食道阻塞视诊和触诊颈段食道发现有局限性坚固肿胀，胃管探诊食道颈部受阻；胸部食道阻塞视诊和触诊颈段食道结果呈阴性，胃管探诊食道胸部受阻。b. 消化道内镜检查，不仅可以确定阻塞部位和阻塞物性质，还可以在直视下用附属器械把阻塞物取出。c. X光直接摄片（适用于骨头、金属等高密度异物）；X光钡餐造影摄片（适用于缺乏自然对比的食物和异物）。

鉴别诊断：①食道狭窄：病程慢；饮水及液状食物能通过食道，细导管通过；X线检查可发现食道狭窄部位。由于常继发狭窄部前方的食道扩张或食道阻塞（呈灌肠状），因此，与食道阻塞的鉴别要点实际上只有一个，即食道狭窄呈慢性经过。②食道炎：痛性咽下障碍；触诊或探诊食道时，病畜敏感疼痛；流涎量不太大，其中往往含有黏液、血液和坏死组织等炎性产物。③食道痉挛：病情呈阵发性和一过性；病情发作时，触诊食道如硬索状，探诊时胃管不能通过；缓解期吞咽正常而且用解痉药效果确实。④食道麻痹：探诊时胃管插入无阻力；无逆呕动作；往往伴有咽麻痹和舌麻痹。⑤食道憩室：病情呈缓慢经过；胃管探诊时，有时通过有时受阻；该病常继发食道阻塞。⑥牛瘤胃臌气：瘤胃蠕动音减弱或消失；经消胀排气处理后易治愈；有前胃弛缓的病史或有采食青绿饲料的生活史。⑦胃扩张：呼吸困难、呕吐、疝痛症状，呕吐物酸臭，而食管阻塞口鼻逆出物不具酸味，且无疝痛症状。

【治疗】治疗原则：排除异物、疏通食道、补液补碱。

在反刍动物继发瘤胃臌气时，首先应作瘤胃穿刺排气，缓解呼吸困难，控制病情，然后再行治疗。为镇痛与缓解食道痉挛，用水合氯醛，牛、马10～25 g/次，羊、猪2～4 g/次，犬0.3～1 g/次，配成1%～5%浓度灌肠，然后用0.5%～1%普鲁卡因液10 mL，混合少许植物油或液体石蜡灌入食道；在缓解痉挛、润滑管腔的基础上，依据阻塞部位和堵塞物性状，选用以下方法疏通食道：①上推法：阻塞物部位靠上，则将阻塞物推向咽部，将手伸入咽内取出。②下送法：阻塞物部位靠下，则用胃管抵住阻塞物向下推送至胃内。③通噎法：把马缰绳短拴在左前肢系凹部，尽量使头低垂，驱赶上坡，往返2～3次。如果先灌入少量植物油，鼻吹芸薹散（芸薹子、瓜蒂、胡椒、皂角各等份、麝香少许，研为细末)，更能增进其效果。④打气法：将胃管插入食道，装上胶皮球，吸出食管内的唾液和食糜，灌入少量植物油或温水。其外端连上打气筒，颈部勒上绳子以防气体回流，然后适量打气，边打边推，但打气不要过多，推送不宜过猛，以防食道破裂。⑤打水法：将胃管抵于阻塞物上，用灌肠器急速打水数下或用水反复冲洗，适用于粒状饲料长串阻塞。⑥注射药物：a. 灌油后注射毛果芸香碱或新斯的明促进肌肉收缩和分泌，3～4 h见效。b. 猪，食道内灌注油，盐酸阿扑吗啡催吐。⑦犬食道被骨头等卡住，则在全身麻醉状态下用长柄镊在内窥镜下取出异物。⑧手术疗法：上述方法无效时，切开食管壁，取出大而坚固的阻塞物或刺伤了食管壁的尖锐异物，术后3 d禁食禁水，用抗生素抗菌消炎，每天静脉补充10％葡萄糖和复方氯化钠，5～7 d后饲喂流质和柔软食物直至能正常饮食。

笔者曾经目睹老兽医用木棒击打食道中阻塞的大土豆，效果很好，具体做法是牛右侧卧，颈下垫一木头，助手保定好牛后，用木棒击打数下颈部土豆阻塞隆起部位，然后令牛站起，再用胃管将击碎的土豆推送入胃内。这种方法是否适用于所有块根类阻塞，有待实践验证。

病程较长者，应注意消炎、强心、输糖补液或营养液灌肠，维持机体营养，增进治疗效果。疏通食道后应用抗菌药物防治食管炎，并给予流质饲料或柔软易消化的饲料。

【预防】加强饲养管理，定时饲喂、防止饥饿；过于饥饿时，应在喂草后再喂料，少喂勤添；饼粕类饲料水泡后按量给予；块根、块茎饲料切碎后再喂；堆放马铃薯、甘薯、萝卜、苹果、梨的地方，避免让家畜接近；全身麻醉手术后，在食管机能尚未完全恢复前，不急于喂食。动物口流涎和口鼻流涎的鉴别诊断思路如图3-2-1所示。

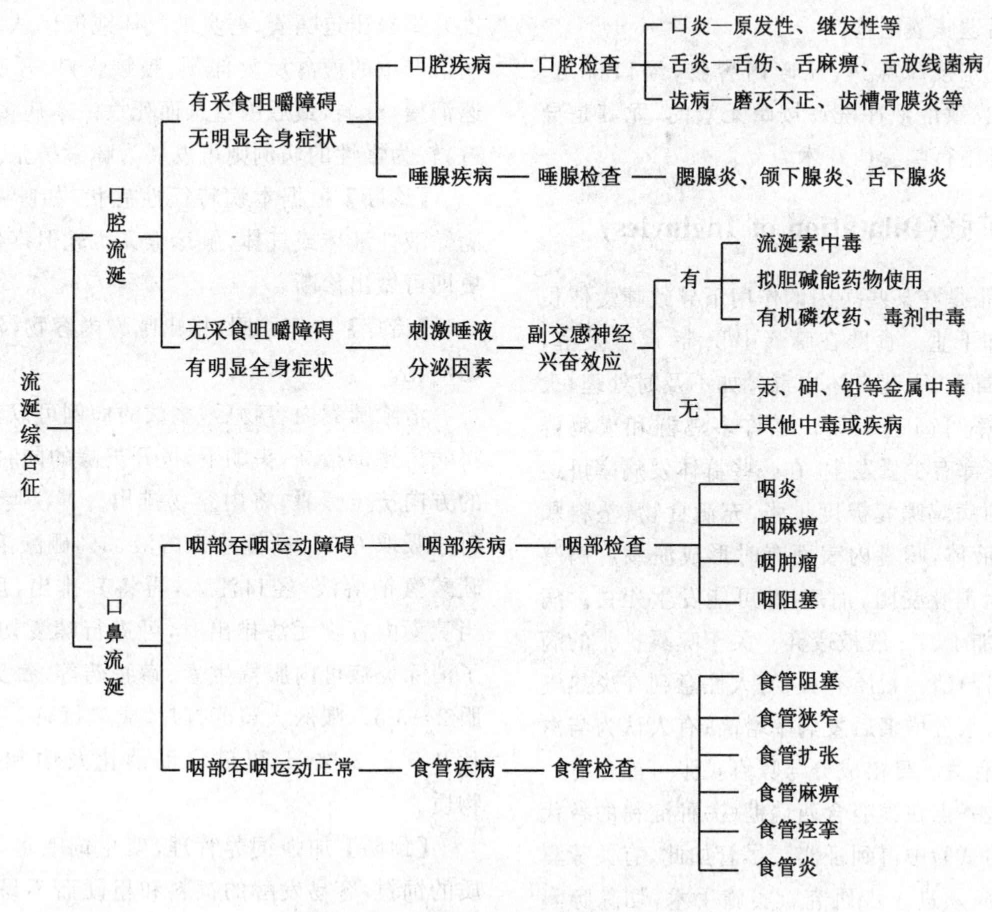

图3-2-1　流涎综合征症状鉴别诊断思路

(引自《动物普通病学》，张乃生，李毓义主编，2011年)

(吴金节)

第三节 嗉囊疾病

嗉囊阻塞(Obstruction of Ingluvies)

嗉囊阻塞又称硬嗉症,是由于嗉囊的蠕动机能减弱所致的嗉囊内食物停滞。本病多发于鸡。

【病因】主要包括长期饲喂糊状饲料,或寄生虫重度侵袭所致的嗉囊弛缓;维生素、矿物质元素缺乏,或砾石缺乏造成的异嗜癖,导致食入不易消化的食物或异物;过量啄食高粱、豌豆等干燥谷粒饲料,胡萝卜、马铃薯等块根茎饲料,拌有糠麸的干草,或大量吞食柔韧的水生植物。

【临床表现】表现为食欲废绝,喙频频开张,流恶臭黏液,嗉囊胀大,触之黏硬或坚硬。大多数病例于数日内死于窒息,或自体中毒,或嗉囊破裂。少数转为慢性,后遗嗉囊下垂。

【治疗】先按摩嗉囊,压碎内容物,经口排出。然后用消毒收敛溶液冲洗。按摩无效的,尤其是异物性阻塞,可施行嗉囊切开术。

嗉囊扩张(Dilatation of Ingluvies)

嗉囊扩张是在某些病因的作用下导致嗉囊体积增大、松弛和下垂。食糜在嗉囊中积滞,腐败发酵,并可能产生毒素,引起自体中毒。如不及时处理,火鸡群的死亡率可高达25%。在许多鸡群和火鸡群中,嗉囊扩张都有少量发生,在一些群体发病率可达5%。严重的病鸡嗉囊极度扩张,充满食物、垫料颗粒和酸臭的液体,嗉囊内表面有时形成溃疡。病鸡继续采食,但消化受阻,消瘦,并可能发生死亡。病鸡的胴体在加工时一般被废弃。关于嗉囊扩张的病因,有人提出与遗传素质有关;有人注意到在炎热气候,火鸡摄入水分增多后发病率增高;有人认为与禽只缺乏运动有关。日粮成分与嗉囊扩张可能也有一定的关系,这一点在饲喂含西瑞糖(一种淀粉的替代物)的日粮的试验中得到证实。尽管如此,有关嗉囊扩张的病因尚须进一步研究。实施手术,切除嗉囊的扩张部分和口服或肌注适量的抗生素预防手术后感染,多数的病例可以获得康复。

嗉囊卡他(Ingluvitis)

嗉囊卡他又称软嗉病,是嗉囊黏膜的炎症性疾病。常见于鸡、火鸡、鸽子等。不论是成年禽还是幼雏均可发生。

【病因】原发性病因主要由于采食发霉变质的饲料或易发酵的饲料,如霉变种子、霉败鱼粉、腐肉、霉败酒糟;采食其他的异物,如烂布团、细绳、塑料碎片、化肥、污水和不易消化的杂草。这些饲料或异物在嗉囊中不易或不能被消化,并在嗉囊中停滞时间过长,腐败发酵并产生大量气体,使嗉囊胀满,引起本病,误食过酸、过碱的腐蚀性物质也可引起本病。继发性病因多见于:①某些中毒病,如瞿麦,磷、砷、食盐及汞的化合物等中毒。②某些寄生虫病,如鸡胃虫病、毛滴虫病等。③某些传染病,如白色念珠菌感染(鹅口疮)、鸡新城疫等。④某些营养代谢病,如维生素缺乏症等。

【临床表现】表现为精神沉郁,两翼下垂,头向下,鸡冠呈紫色,从喙或鼻孔排出污黄色的浆液性或黏液性的液体。食欲消失。嗉囊胀大、柔软,而且温度升高。压迫嗉囊,恶臭的气体或液体从口腔排出。病情严重的病禽反复伸颈、频频张口、呼吸困难,迅速消瘦,衰弱,最后因窒息而死亡。本病多呈急性经过,转为慢性的病例则可发展为嗉囊扩张。

【诊断】根据本病特征性症状,如嗉囊胀大,充满黏液性液体或气体,触诊嗉囊柔软但疼痛,结合病史即可做出诊断。

【治疗】治疗原则,排出嗉囊内容物,消炎,健胃助消化。

清除嗉囊内容物后,多数的病例可以获得康复。将病禽尾部抬高,头朝下,拨开鸡喙的同时轻轻向喙的方向挤压嗉囊,将内容物排出。冲洗嗉囊可用注射器吸取0.1%高锰酸钾溶液、3%硼酸溶液或5%碳酸氢钠溶液,经口注入,再将其排出,反复几次。当嗉囊内容物无法排出时,可进行嗉囊切开术。为了消除炎症可内服抗生素、磺胺药等,每天2次,连服2～3 d。喂服大黄苏打片,成鸡每只1/3片,酵母片0.5 g,2次/d,以健胃助消化及中和胃中酸性物质。

【预防】加强饲养管理,禁止饲喂霉烂、腐败变质的饲料,容易发酵的饲料和粗硬而不易消化的饲料;防止各种毒物中毒;注意禽舍保暖和防潮,保证饮水清洁。

(吴金节)

第四节　反刍动物胃脏疾病

前胃弛缓(Atony of Forestomach)

前胃弛缓是指瘤胃、网胃、瓣胃神经肌肉装置感受性降低，平滑肌自动运动性减弱，内容物运转缓慢，微生物区系失调，产生大量发酵和腐败的物质，引起食欲减退、反刍障碍、前胃运动减弱甚至停止，乃至全身机能紊乱的一种反刍动物消化障碍综合征。该综合征主要发生于舍饲的牛、羊，尤其是奶牛和肉牛。

【病因】

1. 原发性前胃弛缓

原发性前胃弛缓又称单纯性消化不良，多取急性病程，预后良好。其病因主要是饲养与管理不当。

(1)饲养不当。几乎所有能改变瘤胃环境的食物性因素均可引起单纯性消化不良。常见的有：①精饲料(如谷物)喂量过多，或突然摄入过量的适口性好的饲料(如青贮玉米)；②摄入过量不易消化的粗饲料，如龙糠、秕壳、半干的山芋藤、紫云英、豆秸等；③饲喂霉败变质的青草、青贮饲料、酒糟、豆渣、山芋渣、豆饼、菜籽饼等饲料或冻结饲料；④饲料突然发生改变，日粮中突然加入不适量的尿素或使牛群转向茂盛的禾谷类草地；⑤误食塑料袋、化纤布或分娩后的母牛食入胎衣均可引起单纯性消化不良；⑥在严冬早春，水冷草枯，牛、羊被迫食入大量的秸秆、垫草或灌木，或者日粮配合不当，矿物质和维生素缺乏，特别是缺钙时，血钙水平低，致使神经-体液调节机能紊乱，引起单纯性消化不良。

(2)管理不当。伴有饲养不当时，更易促进单纯性消化不良的发生。常见的有：①由放牧迅速转变为舍饲或舍饲突然转为放牧；②使役与休闲不均，受寒，圈舍阴暗、潮湿；③经常更换饲养员和调换圈舍或牛床，都会破坏前胃正常消化反射，造成前胃机能紊乱，导致单纯性消化不良的发生；④由于严寒、酷暑、饥饿、疲劳、断乳、离群、恐惧、感染与中毒等因素或手术、创伤、剧烈疼痛的影响，引起应激反应，而发生单纯性消化不良。

2. 继发性前胃弛缓

继发性前胃弛缓，又称症状性消化不良，多取亚急性或慢性病程，预后不良者居多。其病病情复杂，可出现于各系统和各类疾病的病程中。

(1)消化系统疾病。口、舌、咽、食管等上部消化道疾病以及创伤性网胃腹膜炎、肝脓肿等肝胆、腹膜疾病的经过中。

(2)营养代谢病。如牛生产瘫痪、酮血病、骨软症、运输搐搦、泌乳搐搦、青草搐搦、低磷酸盐血症性产后血红蛋白尿病、低钾血症、硫胺素缺乏症以及锌、硒、铜、钴等微量元素缺乏症。

(3)中毒性疾病。如霉稻草中毒、黄曲霉毒素中毒、棉籽饼中毒、亚硝酸盐中毒、酒糟中毒、生豆粕中毒等饲料中毒；有机氯、五氯酚钠等农药中毒。

(4)传染性疾病。如流感、黏膜病、结核、副结核、牛肺疫、布氏杆菌病等。

(5)寄生虫性疾病。如前后盘吸虫病、肝片吸虫病、细颈囊尾蚴病、泰勒焦虫病、锥虫病等。

(6)医源性因素。在兽医临床上，由于用药不当，如长期大量服用抗生素或磺胺类等抗菌药物，使瘤胃内正常微生物区系受到破坏，而发生消化不良，造成医源性前胃弛缓。

【发病机理】反刍动物消化生理的最大特点是纤维素的微生物酵解和挥发性脂肪酸的吸收。纤维素酵解的主要场所在前胃，尤其是瘤胃。瘤胃内进行的纤维素消化，主要靠乳酸生成菌群和乳酸分解菌群等微生物区系的发酵分解以及大、中、小三型纤毛虫的机械作用来完成。而微生物区系和纤毛虫的活力，需要前胃内环境尤其是酸碱环境保持相对稳定。纤维素酵解的终末产物是乙酸、丙酸、丁酸等挥发性脂肪酸(Volatile Fatty Acid，VFA)。这些挥发性脂肪酸经胃肠壁的跨膜吸收，必须通过肉毒酰辅酶A和碳酸氢根(HCO_3^-)的共同作用。食物反刍和充分混合唾液对反刍动物之所以至关重要，就因为反刍动物唾液的分泌量特大(奶牛每天可达60 L)。唾液内所含的大量水分和碳酸氢钠，能使前胃内环境特别是酸碱环境保持相对稳定，从而保证微生物的消化和对挥发性脂肪酸的吸收功能。

反刍动物胃肠道内食物的正常运转，不论是搅拌运动还是推进后送运动，都需要两个基本条件。一是包括食管沟、瘤网孔、贲门、幽门、回盲口等关卡在内的整个胃肠道的通畅；二是胃肠平滑肌和括约肌固有的自律运动性。而决定食物能否正常运转的这两大因素，都是由胃肠神经机制(交感与副交感)、体液机制(肠神经肽、血钙、血钾)以及肠道内环境，尤其是酸碱环境刺激，通过内脏-内脏反射进行调控的。因此，前胃弛缓可按主要发病环节分为5种病理类型：酸碱性前胃弛缓、神经性前胃弛缓、肌源性前胃弛缓、离子性前胃弛缓和反射性前胃弛缓。

(1)酸碱性前胃弛缓。前胃内容物的酸碱度对前胃平滑肌固有的自律运动性和纤毛虫的活力有直接影响。前胃内容物的酸碱度稳定在 pH 6.5～7.0 的范围内时,前胃平滑肌的自律运动性和纤毛虫的活力正常。如果超出此范围,则前胃平滑肌自律运动性减弱,纤毛虫活力降低,而发生前胃弛缓。过食谷类等高糖饲料,常引起酸性前胃弛缓;过食高蛋白或高氮饲料,常引起碱性前胃弛缓。

(2)神经性前胃弛缓。损伤迷走神经腹支和胸支所引发的迷走神经性消化不良是典型例证。应激性前胃弛缓亦属此类。

(3)肌源性前胃弛缓。包括瘤胃、网胃、瓣胃的溃疡、出血和坏死性炎症所引发的前胃弛缓。

(4)离子性前胃弛缓。血钙过低或血钾过低所引发的前胃弛缓:生产瘫痪、泌乳搐搦、运输搐搦、妊娠后期。

(5)反射性前胃弛缓。如创伤性网胃炎、瓣胃秘结、真胃变位、真胃阻塞、肠便秘等胃肠疾病经过中,通过内脏-内脏反射的抑制作用而继发症状性前胃弛缓。

前胃弛缓,由于瘤胃内容物不能正常运化,胃肠内环境尤其酸碱环境进一步发生改变,蛋白质腐解形成组胺、酰胺等有毒物质,损伤肝脏功能,进而引起酸血症和毒血症。腐败和酵解产物还强烈刺激前胃、真胃乃至小肠,发生炎性变化,使病情急剧发展和恶化。

【临床表现】前胃弛缓按其病程,可分为急性和慢性两种类型。

(1)急性型。病畜食欲减退或废绝;反刍减少、短促、无力,时而嗳气并带酸臭味;瘤胃收缩的力量弱、次数少,瓣胃蠕动音亦稀弱;瘤胃内容物充满,触诊背囊感到黏硬(生面团样),腹囊则比较稀软(粥状);奶牛和奶山羊泌乳量下降。原发性病例,体温、脉搏、呼吸等生命体征多无明显异常,血液生化指标亦无明显改变,经过 2～3 d,只要饲养管理条件得到改善,给予一般的健胃促反刍处理即可康复。继发性病例,除上述前胃弛缓的基本症状而外,还显现相关原发病的症状,相应的血液生化指标亦有明显改变,一般性健胃促反刍处置多不见效,病情复杂而重剧,病程 1 周左右,预后慎重。

(2)慢性型。通常由急性型前胃弛缓转变而来。病畜食欲不定,有时减退或废绝;常常虚嚼、磨牙,发生异嗜,舔砖、吃土或采食被粪尿污染的褥草、污物;反刍不规则,短促、无力或停止;嗳气减少、嗳出的气体带臭味。病情弛张,时而好转,时而恶化,日渐消瘦;被毛干枯、无光泽,皮肤干燥、弹性减退;精神不振,体质虚弱;瘤胃蠕动音减弱或消失,内容物黏硬或稀软,瘤胃轻度臌胀;多数病例,网胃与瓣胃蠕动音微弱;腹部听诊,肠蠕动音微弱;病畜便秘,粪便干硬、呈暗褐色,附着黏液;有时腹泻,粪便呈糊状,腥臭,或者腹泻与便秘相交替;老牛病重时,呈现贫血、眼球下陷、卧地不起等衰竭体征,常有死亡。

【临床病理学】对前胃弛缓的病畜,可进行血液生化检验和瘤胃液性状检验。

血液生化检验项目,主要包括酮体、钙、钾的定量,用以区分牛酮病和绵羊妊娠毒血症所表现的前胃弛缓(酮体性消化不良)以及低钙和低钾血症所造成的前胃弛缓(离子性消化不良)。瘤胃液性状检验项目,主要包括酸碱度,纤毛虫的数目、大小、活力,沉降活性试验以及纤维素消化试验。

(1)瘤胃液酸碱度。吸取瘤胃液用 pH 试纸直接测定。健康牛羊瘤胃液 pH 为 6.5～7.0。前胃弛缓时,多数降低至 pH 6.0 以下(酸性消化不良),少数升高至 pH 7.0 以上(碱性消化不良)。

(2)纤毛虫数目、大小及活力。健康牛、羊瘤胃内容物每毫升纤毛虫数平均约为 100 万个,大、中、小纤毛虫各占一定比例,且都具有相当的活力。前胃弛缓时,不论是酸性消化不良还是碱性消化不良,纤毛虫尤其大型和中型纤毛虫的数目显著减少,纤毛虫存活率亦大大降低。

(3)沉降活性试验。瘤胃内环境尤其酸碱环境的改变,不仅影响纤毛虫的数目和活力以及胃壁平滑肌的自律运动性,而且还影响纤维素酵解所依赖的瘤胃微生物区系的活性。沉降活性试验就是检测瘤胃内微生物区系活性的一种最简便的方法。方法是吸取瘤胃液,滤去粗粒,将滤液静置于体温下的玻璃筒内,记录微粒物质的漂浮时间。健康牛、羊的瘤胃液多在 3～9 min 之间漂浮。患单纯性消化不良时,会发生微粒物质沉淀(表示微生物菌群严重无活力)或飘浮时间延长(不很严重)。

(4)纤维素消化试验。检测瘤胃液内微生物区系活性的又一方法是将棉线一端拴在一小金属球上,悬于盛有瘤胃液的容器中,进行厌氧温浴,观察棉线被消化断离而金属球脱落的时间。若这一消化时间超过 30 h,表明瘤胃液微生物区系对纤维素酵解的活性降低。

【病理变化】瘤胃胀满,黏膜潮红,有出血斑。瓣胃容积增大甚至可达正常时的 3 倍;瓣叶间内容物干燥,形同胶合板状,其上覆盖脱落的黏膜,有时还有瓣叶的坏死组织。有的病例瓣胃叶片组织坏死、溃疡和穿孔,局限性或弥漫性腹膜炎以及全身败血症等变化。

【诊断】前胃弛缓的诊断可按下列程序逐步展开。

(1)是不是前胃弛缓,依据十分明确,包括食欲减退,反刍障碍以及前胃(主要是瘤胃和瓣胃)运动减弱,奶牛和奶山羊泌乳量突然下降。

(2)是原发性前胃弛缓还是继发性前胃弛缓,主要依据是疾病经过和全身状态,若仅表现前胃弛缓的基本症状,而全身状态相对良好,体温、脉搏、呼吸等生命体征无大的改变,且在改善饲养管理并给予一般健胃促反刍处理后48～72 h内即趋向康复的,为原发性前胃弛缓;而在改善饲养管理并给予常规健胃促反刍处置数日后,病情仍继续恶化的,则为继发性前胃弛缓。再依据瘤胃液pH、总酸度、挥发性脂肪酸含量以及纤毛虫数目、大小、活力和漂浮沉降时间等瘤胃液性状检验结果,确定是酸性前胃弛缓还是碱性前胃弛缓,有针对性地实施治疗。血液生化检验项目,主要包括酮体、钙、钾的定量,用以区分奶牛酮病和绵羊妊娠病所表现的酮体性前胃弛缓以及低钙和低钾血症所造成的离子性前胃弛缓。

(3)决定原发病是消化系统疾病还是群发性疾病,主要依据是流行病学和临床表现。凡单个零散发生,且主要表现消化病症的,要考虑各种消化系统疾病,如瘤胃食滞、瘤胃炎、创伤性网胃腹膜炎、瓣胃秘结、瓣胃炎、真胃阻塞、真胃变位、真胃溃疡、真胃炎、盲肠弛缓和扩张以及肝脓肿、迷走神经性消化不良等,可进一步依据各自的典型症状、特征性检验结果,分层逐步地加以鉴别和论证。凡群体成批发病的,要着重考虑各类群发性疾病,包括各种传染病、寄生虫病、中毒病和营养代谢病。可依据有无传染性、有无相关虫体大量寄生、有无相关毒物接触史以及酮体、血钙、血钾等相关病原学和病理学检验结果,按类、分层次、逐步加以鉴别和论证。

【治疗】治疗原则是去除病因,加强护理,清理胃肠,改善瘤胃内环境,增强前胃机能,防止脱水和自体中毒。

(1)去除病因。改善饲养与管理,立即停止饲喂霉败变质的饲料(草)。

(2)加强护理。病初在给予充足的清洁饮水的前提下禁食1～2 d,再饲喂适量的易消化的青草或优质干草。轻症病例可在1～2 d内自愈。

(3)清理胃肠。为了促进胃肠内容物的运转与排除,可用硫酸钠(或硫酸镁)300～500 g,鱼石脂20 g,酒精50 mL,温水6 000～10 000 mL,一次内服;或用液体石蜡1 000～3 000 mL、苦味酊20～30 mL,一次内服。对于采食多量的精饲料而症状又比较重的病牛,可采用洗胃的方法,排除瘤胃内容物,洗胃后应向瘤胃内接种健康牛的瘤胃液。重症病例应先强心、补液,后洗胃。

(4)改善瘤胃内环境。应用缓冲剂的目的是调节瘤胃内容物的pH,改善瘤胃内环境,恢复正常微生物区系,增进前胃功能。在应用前,必须测定瘤胃内容物的pH,然后再选用缓冲剂。当瘤胃内容物pH降低时,宜用碳酸盐缓冲剂(Carbonate Buffer Mixture, CBM):碳酸钠50 g,碳酸氢钠350～420 g,氯化钠100 g,氯化钾100～140 g,常水10 L,牛一次内服,每天1次,可连用数次;也可应用氢氧化镁(或氢氧化铝)200～300 g,碳酸氢钠50 g,常水适量,牛一次内服。当瘤胃内容物pH升高时,宜用醋酸盐缓冲剂(Acetate Buffer Mixture,ABM):醋酸钠130 g,冰醋酸30 mL,常水10 L,牛一次内服,每天1次,可连用数次;也可应用稀醋酸(牛30～100 mL,羊5～10 mL)或常醋(牛300～1 000 mL,羊50～100 mL),加常水适量,一次内服。必要时,给病牛投服从健康牛口中取得的反刍食团或灌服健康牛瘤胃液4～8 L,进行接种。采取健康牛的瘤胃液的方法是先用胃管给健康牛灌服生理盐水10 L、酒精50 mL,然后以虹吸引流的方法取出瘤胃液。

(5)增强前胃机能。应用"促反刍液"(5%葡萄糖生理盐水注射液500～1 000 mL,10%氯化钠注射液100～200 mL,5%氯化钙注射液200～300 mL,20%苯甲酸钠咖啡因注射液10 mL)一次静脉注射,并肌肉注射维生素B_1。因过敏性因素或应激反应所致的前胃弛缓,在应用"促反刍液"的同时,肌肉注射2%盐酸苯海拉明注射液10 mL。对洗胃后的病畜可静脉注射10%氯化钠注射液150～300 mL、20%苯甲酸钠咖啡因注射液10 mL,每天1～2次。酒石酸锑钾(吐酒石),宜用小剂量,牛每次2～4 g,加水1 000～2 000 mL内服,每天1次,连用3次。此外,还可皮下注射新斯的明(牛10～20 mg,羊2～5 mg)或毛果芸香碱(牛30～100 mg,羊5～10 mg),但对于病情重剧,心脏衰弱,老龄和妊娠母牛则禁止应用,以防虚脱和流产。

(6)防止脱水和自体中毒。当病畜呈现轻度脱水和自体中毒时,应用25%葡萄糖注射液500～1 000 mL,40%乌洛托品注射液20～50 mL,20%安钠咖注射液10～20 mL,静脉注射;并用胰岛素100～200 IU,皮下注射。此外还可用樟脑酒精注射液(或撒乌安注射液)100～200 mL,静脉注射;并配合应用抗生素药物。

(7)中兽医治疗。根据辨证施治原则,对脾胃虚弱,水革迟细,消化不良的牛,着重健脾和胃,补中益气,宜用加味四君子汤灌服,每天1剂,连服2～3剂;对体壮实,口温偏高,口津黏滑,粪干,尿短的病牛,应清泻胃火,宜用加味大承气汤或大戟散灌服每天1剂,连服数剂;对久病虚弱,气血双亏的病牛,应补中益气,养气益血为主,宜用加味八珍散灌服,每天1剂,连服数剂;对口色淡白,耳鼻俱冷,口流清涎,水泻的病牛,应温中散寒、补脾燥湿,宜用加味厚朴温中汤灌服,每天1剂,连服数剂。此外还可取舌底、脾俞、百合、关元俞等穴位进行针灸。

而对于继发性前胃弛缓,应着重治疗原发病,并配合上述前胃弛缓的相关治疗,促进病情好转。如伴发臌胀的病牛(羊),可灌服鱼石脂、松节油等制酵剂;伴发瓣胃阻塞时,应向瓣胃内注射液体石蜡300～500 mL或10%硫酸钠2 000～3 000 mL,必要时,采取瓣胃冲洗疗法,即施行瘤胃切开术,用胃管插入网-瓣孔,冲洗瓣胃。

【预防】注意饲料的选择、保管,防止霉败变质;奶牛和奶羊、肉牛和肉羊应依据饲养标准合理配制日粮,不可随意增加饲料用量或突然变更饲料;严格饲喂制度;耕牛应注意适度使役和休闲;圈舍须保持安静,避免寒流、酷暑、奇异声音、光线等不良应激性刺激;注意圈舍的卫生和通风、保暖,做好预防接种工作。

瘤胃积食(Impaction of Rumen)

瘤胃积食又称急性瘤胃扩张,中兽医叫宿草不转或瘤胃食滞。是反刍动物采食了大量难以消化的粗硬饲料或易臌胀的饲料,在瘤胃内堆积,使瘤胃体积增大,后送障碍,胃壁扩张,使瘤胃运动和消化机能障碍,形成脱水和毒血症的一种疾病。牛、羊均可发病,其中以老龄体弱的舍饲牛多见,发病率占前胃疾病的12%～18%。

【病因】

1.原发性瘤胃积食

多因贪食,致使瘤胃接纳过多所致。①贪食了大量适口性好且易于臌胀的青草、苜蓿、紫云英(红花草)、甘薯、胡萝卜、马铃薯等青绿饲料或块茎、块根类饲料;②由放牧突然变为舍饲,特别是饥饿时采食过量的谷草、稻草、豆秸、花生藤、甘薯蔓、羊草乃至棉花秸秆等含粗纤维多的饲料,缺乏饮水,难以消化,而引起积食;③过食豆饼、花生饼、棉籽饼以及酒糟、豆渣等糟粕类饲料;④采食过量谷物饲料如玉米、小麦、燕麦、大麦、豌豆等,大量饮水,饲料膨胀而引起积食;⑤长期舍饲的牛羊,运动不足,神经反应性降低,一旦变化饲料,易贪食致病;⑥耕牛也有因采食后立即犁田、耙地或使役后立即饲喂而影响消化功能,或产后、长途运输等因素诱发此病。

2.继发性瘤胃积食

多因胃肠疾病等引起的瘤胃内容物后送障碍所致。①胃肠疾病,如前胃弛缓、真胃及瓣胃疾病、创伤性网胃腹膜炎、迷走神经性消化不良等;②其他疾病或因素,如黑斑病甘薯中毒,受到饲养管理过程中各种不利因素的刺激而产生应激反应等也能引起瘤胃积食。

【发病机理】瘤胃是反刍动物纤维素微生物酵解的主要场所。纤维素的正常酵解、酵解产物挥发性脂肪酸的跨膜转运以及瘤胃平滑肌所固有的自律性运动,无不依赖于瘤胃内环境尤其酸碱环境的相对稳定。瘤胃内的酸碱环境通常波动于pH 6.5～7.0的范围内。由于采食大量的饲料,使瘤胃内容物大量增加,刺激瘤胃的感受器,使其兴奋性升高,蠕动增强,产生腹痛,久之就会由兴奋转为抑制,瘤胃蠕动减弱,内容物逐渐积聚,积聚的食物内部可发生腐败发酵,造成瘤胃内酸碱环境的改变。不论是在过食谷类、块根块茎类高糖饲料酵解过程中乳酸等酸性产物增多,使酸度降低到pH 6.0以下(酸过多性瘤胃积食),还是在过食豆类、尿素等高氮饲料腐败过程中胺类等碱性产物增多,使碱度增高到pH 7.5以上(碱过多性瘤胃积食),都会使纤维素酵解菌群的活性和纤毛虫的活力降低,瘤胃平滑肌的自律性运动减弱以至消失,而发生本病。

瘤胃内容物的正常后送,不仅依赖于瘤胃平滑肌的自律性运动,而且还依赖于后送通道的畅通。在瓣胃阻塞、真胃变位、真胃阻塞、肠便秘等胃肠疾病过程中,由于交感神经兴奋性增高,使网瓣孔、贲门、幽门、回盲口、盲结口等关卡的括约肌失弛缓,或通过内脏-内脏反射,使瘤胃平滑肌的自动运动性受到抑制,以致瘤胃内容物后送发生障碍,而引起继发性瘤胃积食。

【临床表现】常在采食后数小时内发病,病畜初期神情不安,目光呆滞,拱背站立,回头顾腹或后肢踢腹,间或不断起卧,常有呻吟;食欲废绝,反刍停止,空嚼,磨牙,摆尾,流涎,嗳气,有时作呕或呕吐,时而努责。开始时排粪次数增加,但粪便量并不多,以后排粪次数减少,粪便变干,后期坚硬呈饼状,有些病例排淡灰色带恶臭的软粪。瘤胃早期听诊时蠕动次数增加，但随着病程的延长，则蠕动音减弱或消失；触诊瘤胃，病畜不安，有的病例内容物坚实或黏硬，有的病例柔软呈粥状；腹部膨胀，肷窝部或稍显突出，瘤胃穿刺时可排出少量气体或带有腐败酸臭气味混有泡沫的液体；腹部听诊，肠音微弱或沉衰。

晚期病例，病情恶化，奶牛、奶山羊泌乳量明显减少或停止。腹部胀满，瘤胃积液，呼吸促迫，心动亢进，脉搏疾速，皮温不整，四肢下部、角根和耳冰凉，全身肌颤，眼球下陷，黏膜发绀，运动失调乃至卧地不起，陷入昏迷，最后因脱水和自体中毒而死亡。

病程的发展取决于积滞内容物的性质和数量。轻症病例，应激因素引起的，常于短时间内康复；一般病例，及时治疗 3～5 d 后亦可痊愈；继发性瘤胃食滞，病程较长，持续 7 d 以上的，瘤胃高度弛缓，陷入弛缓性麻痹状态，往往预后不良。

【病理变化】瘤胃极度扩张，其内含有气体和大量腐败内容物，胃黏膜潮红，有散在出血点；瓣胃叶片坏死；各实质器官瘀血。

【诊断】依据腹围增大，肷窝部瘤胃内容物黏硬或柔软，呼吸困难、黏膜发绀、肚腹疼痛等症状可做出初步诊断。依据过食或其他胃肠疾病的病史，可确定其为原发性或继发性瘤胃积食。依据瘤胃内容物 pH 的测定，可确定其为酸过多性或碱过多性瘤胃积食。此外，应与前胃弛缓、急性瘤胃臌气、创伤性网胃炎，真胃阻塞、黑斑病甘薯中毒进行鉴别诊断。①前胃弛缓虽有食欲减退，反刍减少，触诊瘤胃内容物呈面团样或粥状，但无肚腹疼痛表现，全身症状轻微或无症状。②急性瘤胃臌气时肚腹臌胀，肷窝突出，且病情发展急剧，呼吸高度困难，伴有窒息危象，触诊瘤胃壁紧张而有弹性，叩诊呈鼓音或金属性鼓音，泡沫性瘤胃臌气尤甚。③创伤性网胃炎时病畜精神沉郁，头颈伸展，姿势异常，不喜欢运动，触诊网胃区表现疼痛，伴有周期性瘤胃臌气，应用拟胆碱类药物则病情加剧。④真胃阻塞时瘤胃积液，下腹部膨隆，而肷窝不平满，直肠检查或右下腹部真胃区冲击式触诊，感有黏硬的真胃内容物，病牛表现疼痛。⑤黑斑病甘薯中毒多为群体大批发生，急性肺气肿以至间质性肺气肿等气喘综合征非常突出，常伴有皮下气肿，必要时作霉烂甘薯饲喂发病试验，以免误诊。

【治疗】治疗原则是增强瘤胃蠕动功能，消食化积，制止发酵，调整与改善瘤胃内生物学环境，防止脱水与自体中毒。

(1)增强瘤胃蠕动功能。病初，禁食 1～2 d，施行瘤胃按摩，每次 5～10 min，隔 30 min 1 次，或先灌服大量温水，然后按摩；或用酵母粉 500～1 000 g(或神曲 400 g，食母生 200 片，红糖 500 g)，常水 3～5 L，每天 2 次分服。在瘤胃内容物软化后，神曲、食母生用量减半，为防止发酵过盛，产酸过多，可服用适量的人工盐(或内服土霉素，间隔 12 h，投药 1 次)。

(2)清肠消导。牛可用硫酸镁(或硫酸钠)300～500 g，液体石蜡(或植物油)500～1 000 mL，鱼石脂 15～20 g，酒精 50～100 mL，常水 6～10 L，1 次内服。投服泻剂后，用毛果芸香碱 0.05～0.2 g，或新斯的明 0.01～0.02 g 等拟胆碱类药物皮下注射，同时配合用 1%盐酸普鲁卡因注射液 80～100 mL，分注于双侧胸膜外封闭穴位以阻断胸腰段交感神经干的兴奋传导，每天 1～2 次，以兴奋前胃神经，促进瘤胃内容物运化。或先用 1%食盐水冲洗瘤胃，再输注促反刍液，即 10%氯化钙液 100 mL，10%氯化钠液 100～200 mL，20%安钠咖注射液 10～20 mL，静脉注射，以改善胃肠蠕动，促进反刍。若治疗如不见效，应进行瘤胃切开术，取出其中的内容物。

(3)调整与改善瘤胃内生物学环境。碳酸盐缓冲合剂(或先用碳酸氢钠 30～50 g，常水适量，内服，每天 2 次，再用 5%碳酸氢钠注射液 300～500 mL 或 11.2%乳酸钠注射液 200～300 mL，静脉注射)灌服，适用于酸过多性瘤胃积食；醋酸盐缓冲合剂(或用稀盐酸 15～40 mL 或食醋 200～300 mL，加水后内服，并静脉注射复方氯化钠注射液 1 000～2 000 mL)灌服，适用于碱过多性瘤胃积食。反复洗涤瘤胃后，应接种健牛的瘤胃液。

(4)防止脱水与自体中毒。及时用 5%葡萄糖生理盐水 2 000～3 000 mL，20%安钠咖注射液 10～20 mL，5%维生素 C 注射液 10～20 mL，静脉注射，每天 2 次，以纠正脱水。用 5%硫胺素注射液 40～60 mL(或 1%呋喃硫胺注射液 20 mL)，静脉注射，以促进丙酮酸氧化脱羧，缓解酸血症。

(5)中兽医疗法。治以健脾开胃，消食行气，泻下为主。牛用加味大承气汤，服用 1～3 剂，过食者加青皮、莱菔子各 60 g；胃热者加知母、生地各 45 g，麦冬 30 g；脾胃虚弱者加党参、黄芪各 60 g，神曲、山楂各 30 g，去芒硝、大黄、枳实、厚朴均减至 30 g。也可在瘤胃内容物已排空而食欲尚未恢复时，用大蒜酊、木鳖酊、龙胆末等健胃剂。

药物治疗如不见效，应即进行瘤胃切开术，取出其中的内容物，同时摘出网胃内的金属异物并接种健牛的瘤胃液(方法和数量参见前胃弛缓的治疗)。

继发性瘤胃积食，应及时治疗原发病。

【预防】加强饲养管理，防止突然变换饲料或过食；奶牛、奶山羊、肉牛和肉羊按日粮标准饲喂；耕牛不要劳役过度；避免外界各种不良因素的影响和刺激。

瘤胃臌气（Ruminal Tympany or Bloat in Ruminant）

瘤胃臌气也叫瘤胃臌胀，是因支配前胃神经的反应性降低，收缩力减弱，反刍动物采食的过量容易发酵的饲料在瘤胃微生物的作用下，迅速发酵，产生大量的气体，引起瘤胃和网胃急剧膨胀，呈气体与瘤胃内容物混合的持久泡沫型和呈气体与食物分开的游离气体型的一种疾病。临床上以呼吸极度困难，反刍、嗳气障碍和腹围急剧增大为特征。本病多发生于牛和绵羊，山羊少见，夏季放牧的牛、羊可能成群发生，病死率可达30%。

【病因】

（1）原发性瘤胃臌气。常常是反刍动物直接饱食容易发酵的饲草、饲料后而引起。①泡沫性瘤胃臌胀是由于反刍动物采食了大量含蛋白质、皂苷、果胶等物质的豆科牧草，如新鲜的苜蓿、豌豆藤、红三叶草、苕子蔓叶、花生蔓叶、草木樨、紫云英等生成稳定的泡沫所致；或者喂饲较多量的磨细的谷物性饲料，如玉米粉、小麦粉等也能引起泡沫性臌气。②非泡沫性瘤胃臌胀又称游离气体性瘤胃臌胀，主要是采食了产生一般性气体的牧草，如幼嫩多汁的青草、沼泽地区的水草、湖滩的芦苗等或采食带有露水、雨水或堆积发热的青草，腐败变质的草料，冻的马铃薯、萝卜，品质不良的青贮饲料，酒糟等，有毒植物（如毒芹、毛茛科有毒植物）或桃、李、杏、梅等富含苷类毒物的幼枝嫩叶等，均能在短时间内迅速发酵产生大量的气体而引起发病。

（2）继发性瘤胃臌气。见于由食道阻塞和麻痹，瓣胃阻塞，真胃阻塞、变位、溃疡，创伤性网胃炎，纵隔淋巴结肿大（结核病）、肿瘤、结石、毛球病、食道痉挛、迷走神经胸支或腹支受损，等引起的瘤胃的机能减弱，嗳气机能障碍，瘤胃内气体排除障碍所致。

【发病机理】健康的反刍动物的瘤胃内容物，在发酵和消化过程中产生的气体中CO_2占66%、CH_4占26%、N_2和H_2占7%、H_2S占0.1%、O_2占0.9%等。牛采食后每小时可产生20 L气体，4 h后每小时产气5～10 L，正常情况下，这些气体是由纤毛虫、鞭毛虫、根足虫和某些生产多糖黏液的细菌参与瘤胃代谢所形成，这些气体除覆盖于瘤胃内容物表面外，其余大部分通过反刍、咀嚼和嗳气排出，而另一小部分气体并随同瘤胃内容物经皱胃进入肠道和血液被吸收，从而保持着产气与排气的动态平衡。但在病理情况下，由于采食了多量易发酵的饲料，经瘤胃发酵生成大量的气体，这些气体既不能通过嗳气排出，又不能随同内容物通过消化道排出和吸收，因而导致瘤胃的急剧扩张和臌气。瘤胃臌气按性质分为泡沫性和非泡沫性臌气。

（1）泡沫性瘤胃臌气。泡沫的形成主要取决于瘤胃液的表面张力、黏稠度和泡沫表面的吸附性能等三种胶体化学因素的作用。其形成机制一般与下列四个基本因素有关：①有相当数量的可溶性蛋白存在易发酵的饲料，特别是豆科植物，含有多量的蛋白质、皂苷、果胶等物质，都可产生气泡，其中核糖RNA（rRNA）18S更具有形成泡沫的特性。②瘤胃的pH下降瘤胃内容物发酵过程所产生的有机酸（特别是柠檬酸、丙二酸、琥珀酸等非挥发性酸）使瘤胃液pH下降至5.2～6.0时，泡沫的稳定性显著增高。③有大量的气体生成现在已知在豆科植物引起的臌气中，叶的细胞质蛋白是主要的起泡因素。也有人认为气体生成与瘤胃产生黏滞性物质的细菌增多有关，细菌产气可使泡沫形成，此外起初瘤胃臌气可引起瘤胃兴奋而运动，而运动过强又可加剧瘤胃内容物的起泡。④有足够数量的阳离子与膜表面的蛋白质分子结合。但对于舍饲育肥牛瘤胃臌气体中泡沫的成因尚未肯定，一般认为是在给牛喂饲高碳水化合物食物时，由某些产黏液的瘤胃细菌在1～2个月内增殖到能引起臌气的足够数量，或者是产生的黏液吸收了小颗粒性磨碎饲料发酵产生的气体。

（2）非泡沫性瘤胃臌气。起因于瘤胃内碳酸氢盐、发酵过程产生的大量游离CO_2和CH_4以及饲料中所含氰苷和脱氢黄体酮化合物（类似维生素PP），降低了前胃神经的兴奋性，并对瘤胃收缩有抑制作用。

【临床表现】

（1）原发性瘤胃臌气。发病快而且急，可在采食易发酵饲料过程中或采食后15 min内产生臌气，病畜初期表现兴奋不安，回头顾腹，吼叫等特有症状；腹围明显增大，左肷部凸起，严重时可突出脊背，按压时腹壁紧张而有弹性，叩诊呈鼓音，下部触诊，内容物不硬，腹痛明显，后肢踢腹，频频起卧，甚至打滚；饮食欲废绝，反刍、嗳气停止，起初瘤胃蠕动增强，但很快就减弱甚至消失；泡沫性臌气的病牛常有泡沫状唾液从口腔逆出或喷出，瘤胃穿刺时只能断断续续地排出少量气体，同时瘤胃液随着胃壁收缩向上涌出，放气困难；呼吸高度困难，严重时张口呼吸，舌伸出，流涎和头颈伸展，眼球震颤、凸出；呼吸加快达 68～80 次/min，脉搏细弱、增数达 100～120 次/min，而体温一般正常；结膜先充血而后发绀，颈静脉及浅表静脉怒张。病牛后期精神沉郁，耳根、肷部、肘后有明显出汗，不断排尿，病至末期，病畜运动失调，行走摇摆，站立不稳，倒卧不起，不断呻吟，最终因窒息和心脏麻痹而死亡。

(2)继发性瘤胃臌气。大多数发病缓慢，病牛食欲减少，左腹部臌胀，触诊腹部紧张但较原发性低，通常臌气呈周期性，经一定时间而反复发作，有时呈现不规则的间歇，发作时呼吸困难，间歇时呼吸困难又转为平静，瘤胃蠕动一般减弱，反刍、嗳气减少，轻症时可能正常，重症时则完全停止，病程可达几周甚至数月，发生便秘或下痢，逐渐消瘦、衰弱。但继发于食道阻塞或食道痉挛的病例，则发病快而急。

急性瘤胃臌气病程急促，如不及时抢救，可在数小时内窒息死亡。轻症病例，若治疗及时可迅速痊愈。但有的病例，经过治疗消胀后又复发，则预后可疑。慢性瘤胃臌气，病程可持续数周至数月，由于原发病不同，预后不一，如继发于前胃弛缓者，原发病治愈后，慢性臌气也随之消失；若继发于创伤性网胃腹膜炎、腹腔脏器粘连、肿瘤等疾病者，则久治不愈，预后不良。

【病理变化】病畜死后立即剖检的病例，见瘤胃壁过度紧张，充满大量的气体及含有泡沫的内容物；死后数小时剖检的病例，瘤胃内容物泡沫消失，有的有皮下出现气肿，有的病例偶见瘤胃或膈肌破裂。瘤胃腹囊黏膜有出血斑，角化上皮脱落；头颈部淋巴结、心外膜充血和出血；肺脏充血，颈部气管充血和出血；肝脏和脾脏呈贫血状，浆膜下出血。

【诊断】原发性瘤胃臌气需根据采食大量易发酵性饲料的病史，病情急剧，腹部臌胀，左肷窝凸出，叩诊呈鼓音，血液循环障碍，呼吸极度困难，结膜发绀等不难做出初步诊断。继发性瘤胃臌气的特征为周期性的或间隔时间不规则的反复臌气，故诊断也不难，但病因不容易确定，必须进行详细的临床检查，分析才可做出诊断。

插入胃管是区别泡沫性臌气与非泡沫性臌气的有效方法。此外瘤胃穿刺亦可作为鉴别的方法，瘤胃穿刺时只能断断续续从导管针内排出少量气体，针孔常被堵塞，排气困难的为泡沫性臌气；而非泡沫性臌气则排气顺畅，臌胀明显减轻。

此外，还应与炭疽、中暑、食道阻塞、单纯性消化不良、创伤性网胃心包炎、某些毒草、蛇毒中毒等疾病进行鉴别诊断。

【治疗】治疗原则是及时排出气体，理气消胀，健胃消导，强心补液。

(1)及时排出气体。轻症病例，使病畜立于斜坡上，保持前高后低姿势，不断牵引其舌或在木棒上涂煤油或菜籽油后给病畜衔在口内，同时按摩瘤胃，促进气体排出。若通过上述处理，效果不显著时，可用松节油 20～30 mL，鱼石脂 10～20 g，酒精 30～50 mL，温水适量，牛一次内服，或者内服 8%氧化镁溶液(600～1 500 mL)或生石灰水(1 000～3 000 mL 上清液)，具有止酵消胀作用。也可灌服胡麻油合剂：胡麻油(或清油)500 mL，芳香氨醑 40 mL，松节油 30 mL，樟脑醑 30 mL，常水适量，成年牛一次灌服(羊 30～50 mL)。严重病例，当有窒息危险时，首先应实行胃管放气或用套管针穿刺放气(值得注意的是，放气速度不宜过快，以防止血液重新分配后引起大脑缺血而发生昏迷)。非泡沫性臌胀放气后，为防止内容物发酵，除了运用上述方法外，还可从套管针向瘤胃内注入稀盐酸(牛 10～30 mL，羊 2～5 mL，加水适量)，或 0.25%普鲁卡因溶液 50～100 mL，青霉素 200 万～500 万 IU，以达到制酵的目的。

(2)理气消胀。泡沫性臌胀，以灭沫消胀为目的，宜内服表面活性药物，如二甲基硅油(牛 2～4 g，羊 0.5～1 g)，消胀片(每片含二甲基硅油 25 mg，氢氧化铝 40 mg；牛 100～150 片/次，羊 25～50 片/次)。也可用松节油 30～40 mL(羊 3～10 mL)，液体石蜡 500～1 000 mL(羊 30～100 mL)，常水适量，一次内服，或者用菜籽油(豆油、棉籽油、花生油)300～500 mL(羊 30～50 mL)，温水 500～1 000 mL(羊 50～100 mL)制成油乳剂，1 次内服。民间用油脚料或奶油(牛、骆驼 400～500 g，羊 50～100 g)灭沫消胀。当药物治疗效果不显著时，应立即施行瘤胃切开术，取出其内容物。

(3)健胃消导。调节瘤胃内容物 pH 可用 2%～3%碳酸氢钠溶液洗胃或灌服。排除胃内容物，可用盐类或油类泻剂，如硫酸镁、硫酸钠 400～500 g，加水 8 000～10 000 mL 内服，或用石蜡油 500～1 000 mL 内服。兴奋副交感神经、促进瘤胃蠕动，有利于反刍和嗳气，可皮下注射必要时可用毛果芸香碱 20～50 mg 或新斯的明 10～20 mg 皮下注射。在排除瘤胃气体或瘤胃手术后，采取健康牛的瘤胃液 3～6 L 进行接种。

(4)强心补液。在治疗过程中，应注意全身机能状态、及时强心补液，提高治疗效果。

(5)中兽医疗法。治以行气消胀，通便止痛为主。牛用消胀散，加清油 300 mL，大蒜 60 g(捣碎)，水冲服。也可用木香顺气散：木香 30 g，厚朴、陈皮各 10 g，枳壳、藿香各 20 g，乌药、小茴香、青果(去皮)、丁香各 15 g，共为末，加清油 300 mL，水冲服。也可取脾俞、百会、苏气、山根、耳尖、舌阴、顺气等穴针灸。

继发性瘤胃臌气，除应用上述疗法，缓解臌胀症状外，还必须治疗原发病。

【预防】应着重搞好饲养管理。由舍饲转为放牧时，最初几天在出牧前先喂一些干草后再出牧，并且还应限制放牧时间及采食量；在饲喂易发酵的青绿饲料时，应先饲喂干草，然后再饲喂青绿饲料；尽量少喂堆积发酵或被雨露浸湿的青草；管理好畜群，不让牛、羊进入到苕子地、苜蓿地暴食幼嫩多汁豆科植物；不到雨后或有露水、下霜的草地上放牧。舍饲育肥动物全价日粮中应至少含有 10%～15%的铡短的粗料(长度大于 2.5 cm)，粗料最好是禾谷类稿秆或青干草。对于奶牛还可用油和聚乙烯等阻断异分子的聚合物每天喷洒草地或制成制剂每日灌服两次，对放牧肉牛的预防方法是在危险期间内，每天喂一些加入表面活化剂的干草，将不引起臌气的粗饲料至少以 10%的含量掺入谷物日粮中以及不饲喂磨细的谷物，这种方法已经取得了较好的效果。此外，应注意采食后不要立即饮水，也可在放牧中备用一些预防器械，如套管针等，以备及早处理病情。

瘤胃上皮角化不全
(Ruminal Parakeratosis)

瘤胃上皮角化不全是指瘤胃黏膜重层扁平上皮细胞的角化不全，残核鳞状角化上皮细胞过多地堆积，以致发生瘤胃黏膜乳头硬化、增厚等病变的一种疾病。本病多发生于犊牛，育肥期肉牛及绵羊，成年公、母牛都可发生，发病率可达 40%。

【病因】多因饲喂精料(尤其是谷类类精料)过多，粉碎过细，或用其制成颗粒肥育牛、羊，易引起瘤胃角化不全；青绿饲料不足，维生素 A 缺乏，有加热处理的含有大量精料的苜蓿颗粒饲料等可使瘤胃黏膜受到损伤，而引起上皮角化不全；反复投服广谱抗生素也可诱发本病。

【发病机理】正常的瘤胃黏膜被覆重层扁平角化上皮细胞，其最外角化层上皮细胞为无核扁平细胞。当食物里精料过多而粗饲料太少，易造成瘤胃内容物中挥发性脂肪酸产生过多、过快，瘤胃内 pH 下降(低于 6.0)，而粗饲料的不足又使瘤胃的兴奋性降低，唾液分泌受到反射性抑制，瘤胃内的酸度得不到调节与缓冲，致使瘤胃黏膜受到酸的作用而发生损伤，而过细无刺激性的饲料又不能促进上皮细胞的角化过程，从而导致瘤胃上皮角化不全。

【临床表现】本病无明显的特征性临床症状，故不引起人们的注意，病初仅有食欲不振，瘤胃蠕动减弱，喜食干草，秸秆等粗饲料，异嗜、舔食自体或同群的牛，并呈现前胃弛缓、瘤胃臌胀、瘤胃 pH 下降(至 6.0 以下)等。当病情进一步发展，病畜的食欲时好时差，进行性消瘦、虚弱，被毛粗糙、无光泽，有的病牛呈现顽固性消化不良。奶牛(羊)泌乳性能下降、乳脂率降低。

【病理变化】病死动物的瘤胃黏膜上有食糜样附着物(由细菌菌落、植物纤维和饲料碎片沉积于累积层次过多的角化鳞状上皮细胞之间形成)，用水冲洗不易脱落，冲洗后检查有角化不全的乳头区，其中乳头变硬呈褐黑色，无乳头区的黏膜(背前盲囊)常有多发性角化不全的病灶，每个病灶都有黑褐色的痂块。

【诊断】本病生前不易诊断，只有通过瘤胃切开探查术或瘤胃内窥镜检查等途径建立诊断，但多数是在死后剖检时才能确诊。

【治疗】治疗原则是去除病因，改善瘤胃内环境。

(1)去除病因。治疗本病的关键是控制精料的饲喂量，给予一些容易消化的、干牧草，作物秸秆等。

(2)改善瘤胃内环境。改善瘤胃内容物性状，特别是纠正调节瘤胃内 pH，可内服碳酸氢钠，使 pH 恢复到 6.35 以上。也可应用健康牛瘤胃液(2～5 L)进行胃管投服(即移植疗法)。同时配合维生素 A 治疗。

【预防】首先要改善饲养方法，如限制精料的饲喂量，多喂粗料及青干草等，如奶牛每 100 kg 体重粗料量不应少于 1.5 kg。肉用牛群由育成期过渡到肥育期，由粗料改饲精料的过程，应经过 2～3 周的缓慢过渡。不要将饲草囿侧切过短(2.5 cm 以下)，不要将精料粉得太细或将其加工调制成颗粒料。其次是加强管理工作，如注意牛舍、放牧草场以及运动场地的清洁卫生，从饲料中和牛群活动场地范围内清除一切可损伤瘤胃黏膜的尖锐异物，尤其是金属异物。平时，注意调整瘤胃液的 pH，为此可投服碳酸氢钠粉剂(以占精料的 3%～7.5%为宜)，也可在饲料中添加一定量的醋酸钠粉剂饲喂，并补饲必需量的维生素 A 制剂。

反刍动物急性碳水化合物过食症
(Acute Carbohydrate Engorgement of Ruminants)

反刍动物急性碳水化合物过食症又叫急性瘤胃酸中毒(Acute Rumen Acidosis)、中毒性消化不良等，是由于反刍动物采食了过多容易发酵、富含碳水化合物的饲料，在瘤胃内发酵产生大量乳酸而引起的以前胃机能障碍，瘤胃微生物群落活性降低为特征的一种疾病，临床上以严重的毒血症、脱水、瘤胃蠕动停止、精神沉郁、食欲下降、瘤胃pH下降和血浆二氧化碳结合力降低，虚弱、卧地不起、神志昏迷和高的死亡率等为特征。农场和肉牛饲养场肥育期的牛群，因过食谷物而发病，发病率可达10%～50%，我国耕牛、奶牛、肉牛乃至犊牛、奶山羊都有本病的发生，可造成大的经济损失。

【病因】主要是过量食入(饲喂)富含碳水化合物的谷物饲料，如大麦、小麦、玉米、水稻、高粱以及含糖量高块根、块茎类饲料，如甜菜、萝卜、马铃薯及其副产品，尤其是加工成粉状的饲料，淀粉充分暴露出来，被反刍动物采食后在瘤胃微生物区系的作用下，极易发酵产生大量的乳酸而引起本病。饲喂酸度过高的青贮玉米或质量低劣的青贮饲料、糖渣等也是常见的原因。

其次是饲养管理的因素，饲料的突然改变，尤其是平时以饲喂牧草为主，没有一个由粗饲料向高精饲料逐渐变换的过程，而是突然改喂含较多碳水化合物的谷类的饲料，农村散养舍饲的牛最常见的原因是在母牛生产前后，畜主会突然添加大量的谷类精料，尤其是玉米粉、小麦粉、大麦粉、高粱粉等而引起该病。另外，气候骤变，动物处于应激状态，消化机能紊乱，如此时不注意饲养方法，草料任其采食，在奶牛、山羊、肉牛容易引起本病。

【发病机理】本病的实质是乳酸酸中毒或*D*-乳酸酸中毒。*L*,*D*-乳酸在瘤胃内急剧生成、大量蓄积和吸收是其发病基础。除乳酸而外，可能还与其他一些有毒物质有关，主要包括组胺、酪胺、色胺等有毒胺类以及乙醇、细菌内毒素和一些尚未确定的有毒物质。

随着瘤胃内乳酸生成和分解过程的阐明，瘤胃酸中毒发生发展的大体环节已基本明朗。反刍动物突然超量摄取高碳水化合物类精料，特别是其中含较多可溶性糖和蛋白质时，最初经纤毛虫和细菌的作用，在瘤胃内急剧发酵产生多量挥发性脂肪酸，糖分解流量猛增，微生物细胞内还原当量[H^+]升高，瘤胃内pH开始下降，氢气浓度亦由1.35 μmol激增到14.7 μmol。此时，一些微生物如肽链球菌和丙酸杆菌等首先转产，由主要生成乙酸和丙酸转为主要生成乳酸，瘤胃内的pH下降到6左右；接着，牛链球菌和乳酸杆菌开始大量增殖，加上瘤胃内游离淀粉酶的活性增强，乳酸的生成有增无减；多量可溶性糖和蛋白分解产物氨基酸或肽类的存在，则更助长乳酸的生成；当瘤胃液pH下降到5或其以下时，不仅消化纤维素的纤毛虫和细菌归于死亡，牛链球菌的活力也显著减退，几乎变为单一的乳酸杆菌增殖，碳水化合物基质绝大部分被酵解为乳酸；与此同时，那些活性最适酸碱度为pH 6.0～6.5的乳酸分解菌亦相继失去活力，唯独依靠艾氏巨型球菌分解乳酸，而且乳酸的这一分解过程还由于高浓度糖和肽的存在而受到抑制，以致乳酸的去路发生障碍。结果，一方面乳酸生成增多，一方面乳酸分解减少，这就造成瘤胃内乳酸的蓄积。正常饲喂时，瘤胃内的乳酸作为中间产物，其量甚微，约为10 mmol/L；瘤胃酸中毒时，瘤胃内乳酸含量可增加10～20倍或更多，超过150 mmol/L，甚至高达240 mmol/L。乳酸的解离常数(p*K*)为3.7，而挥发性脂肪酸为4.6。因此，乳酸的蓄积势必使瘤胃内的氢离子浓度显著增高，pH显著降低。当pH≤5时，则引起唾液分泌和瘤胃的蠕动抑制，因而中和酸的唾液分泌减少，pH继续降低，同时由于蠕动减弱不能把瘤胃内容物推向第三胃，以致引起酸性很强的内容物长期停滞在瘤胃内，瘤胃上皮必然受到损害，结果引起炎症和出血，以致使绒毛脱落，有些资料将这种炎症称为化学性瘤胃炎。瘤胃的pH低有利于毛霉、根霉和犁头霉等真菌的生长，这些真菌繁殖和侵袭瘤胃的血管，引起血栓和梗塞，也可直接扩散到肝脏，严重的还引起细菌性瘤胃炎，给坏死杆菌和化脓性棒状杆菌等进入血液创造侵入途径，这些细菌进入血液后可引起肝脓肿、腹膜炎等。蓄积的乳酸还能增高瘤胃内容物的渗透压，使大量液体回渗，而造成瘤胃内容物稀软、脓血症和机体脱水。

瘤胃内生成的大量乳酸，大部分经胃壁直接吸收，小部分后送肠道而被吸收。吸收入血的大量乳酸，导致乳酸血症，特别是*D*-乳酸血症，大量消耗血液碱储，血浆CO_2结合力极度降低，血浆pH可由正常的7.35～7.45降到7.00。血液pH的下降，可使血压降低(或许还有内毒素和组织胺的作用)，组织供血给氧不足，葡萄糖无氧酵解，产生更多的乳酸，以致陷入严重的全身性乳酸酸中毒。同理，进入肠道的乳酸和剩余的可溶性糖，还可使肠道菌群发生紊乱，肠道内酸度和渗透压升高，造成肠壁特别是盲肠和小肠的出血乃至坏死，而发生肌源性肠弛缓和液递性肠弛缓。

【临床表现】反刍动物急性瘤胃酸中毒的临床症状和疾病经过，因病型而不同。

(1)最急性型。精神高度沉郁，极度虚弱，侧卧而不能站立，双目失明，瞳孔散大。体温低下(36.5～38.0℃)。重度脱水(体重的8%～12%)。腹部显著膨胀，瘤胃停滞，内容物稀软或水样，瘤胃液 pH 低于5.0，可至 pH 4.0，无纤毛虫存活。循环衰竭，心率110～130次/min，微血管再充盈时间显著延长(超过5 s，以至10 s)，通常于起病暴发后的短时间(3～5 h)内突然死亡，死亡的直接原因概属内毒素休克。

(2)急性型。食欲废绝，精神沉郁，瞳孔轻度散大，反应迟钝。消化道症状典型，磨牙空嚼不反刍，瘤胃膨满不运动，一般触诊感回弹性，冲击式触诊听震荡音，瘤胃液的 pH 在5.0～6.0之间，无存活的纤毛虫。排稀软酸臭粪便，有的排粪停止。脱水体征明显，中度脱水(体重的8%～10%)，眼窝凹陷，血液黏滞，尿少色浓或无尿。全身症状重剧，体温正常、微热或低下(38.5～39.5℃，有的37.0～38.5℃)。脉搏细弱(百次上下/mim)，结膜暗红，微血管再充盈时间延长(3～5 s)。后期出现明显的神经症状，步态蹒跚或卧地不起，头颈侧屈(似生产瘫痪)或后仰(角弓反张)，昏睡乃至昏迷。若不予救治，多在24 h内外死亡。

(3)亚急性型。食欲减退或废绝，瞳孔正常，精神委顿，能行走而无共济失调。轻度脱水(体重的4%～6%)。全身症状明显，体温正常(38.5～39℃)，结膜潮红，脉搏加快(80次上下/min)，微血管再充盈时间轻度延长(2～3 s)。瘤胃中等度充满，收缩无力，触诊感生面团样或稀软的瘤胃内容物，瘤胃液 pH 介于5.5和6.5之间，有一些活动的纤毛虫。常继发或伴发蹄叶炎和瘤胃炎而使病情恶化，病程24～96 h不等。

(4)轻微型。呈消化不良体征，表现食欲减退，反刍无力或停止，瘤胃运动减弱，稍显膨满，触诊内容物呈捏粉样硬度，瘤胃液 pH 6.5～7.0，纤毛虫活力几乎正常。脱水体征不显，全身症状轻微。数日间腹泻，粪便灰黄稀软或水样，混有一定量的黏液。多能自愈。

【临床病理学】血浆 CO_2 结合力可降到20%以下，PCV可高达50%～60%，并伴有血压下降，血气酸碱分析，血液 pH 有正常的7.35～7.45下降到7.0以下，血乳酸增多为4.44～8.88 mmol/L(40～80 mg/dL)，其中出现 *D*-乳酸1.11～3.33 mmol/L(10～30 mg/dL)；碱储(正常时血液碳酸氢根离子为22～27 mmol/L)降低；血清钙水平降低，由正常的2.3～3.25 mmol/L降低至1.5～2.0 mmol/L。瘤胃内容物稀粥状或液状，pH 5.5～4.0，乳酸含量高达50～150 mmol/L，瘤胃液检查无纤毛虫，正常瘤胃中的革兰氏阴性细菌丛被革兰氏阳性细菌丛所取代；尿液量少，色暗，比重高，pH 5.0左右；粪便亦呈酸性，pH 6.5～5.0不等。

【病理变化】在24～48 h内死亡的急性病例，瘤胃及网胃内容物稀薄如粥样，并有酸臭味，下半部角化的上皮脱落，呈现斑块状。许多病例有皱胃炎和肠炎，血液浓稠；持续3～4 d的病例，网胃和瘤胃壁可能发生坏疽，呈现斑块状，坏疽区胃壁厚度可能比正常增加3～4倍，出现一种高出于周围正常区域之上的表面呈软的黑色的黏膜，通过浆膜表面可见外观呈暗红色，增厚区质地很脆，刀切时如胶冻样。病理组织学检查，有真菌菌丝体浸润和严重的出血性坏死，病程较长的病例(72 h以上或更长)在神经系统中有髓鞘脱落。

【诊断】根据有过食碳水化合物的病史，结合临床表现，严重脱水，瘤胃内有多量的液体，瘤胃 pH 降低，血液二氧化碳结合力降低，碱储下降，卧地不起、具有蹄叶炎和神经症状，尿液 pH 降低等进行综合分析，不难做出诊断。但必须与瘤胃积食、皱胃阻塞和变位、急性弥漫性腹膜炎、生产瘫痪、酮病、肝昏迷、奶牛妊娠毒血症等进行鉴别。

【治疗】治疗原则是彻底清除有毒的瘤胃内容物，及时纠正脱水和酸中毒，逐步恢复胃肠功能。除个别散发病例外，反刍动物的过食性乳酸酸中毒常在畜群中暴发，应对畜群进行普遍检查，依据病程类型和病情的轻重，分别采取下列措施，逐头实施急救治疗。

(1)瘤胃冲洗。国内外当前都推荐作为首要的急救措施，尤其适用于急性型病畜。方法是用双胃管(国外常用)或内径25～30 mm的粗胶管(国内常用)经口插入瘤胃，排除液状内容物，然后用1%食盐水或碳酸氢钠水或自来水管水或1∶5石灰水反复冲洗，直至瘤胃内容物无酸臭味而呈中性或弱碱性为止。该法疗效卓著，常立竿见影。

(2)补液补碱。5%碳酸氢钠液3～6 L，葡萄糖盐水2～4 L，给牛一次静脉输注。先超速输注30 min，以后平速输注。对危重病畜，应首先采用此项措施抢救。

(3)灌服制酸药和缓冲剂。氢氧化镁或氧化镁或碳酸氢钠或碳酸盐缓冲合剂(干燥碳酸钠 50 g,碳酸氢钠 420 g,氯化钠 100 g,氯化钾 40 g)250～750 g,常水 5～10 L,牛一次灌服。单用此措施,只对轻症及某些亚急性型病畜有效。

(4)瘤胃切开。彻底冲洗或清除内容物,然后加入少量碎干草。此法耗资费时,且对瘤胃内容物 pH 4.0～4.5 的危重病牛疗效不佳。

【预防】本病预防的关键是饲养管理,在饲喂高碳水化合物饲料时要有一个逐渐适应的过程,注意饲料的选择与调配,不能随意增加碳水化合物精料的用量,同时也要注意补充一定的矿物质(如钙、磷、钾、钠等)及必需微量元素以及维生素等。在育肥动物饲养高谷物饲料的初期,适当加一些干草等,使之逐渐过渡适应;一种预防酸中毒的较新方法是将已经适应高碳水化合物饲料的动物瘤胃液移植给尚未适应的动物,可使其迅速适应高水平谷物饲料提高消化功能。

瘤胃碱中毒(Rumen Alkalosis)

瘤胃碱中毒是由于过食富含蛋白质饲料或其他含氮物质(尿素、胺盐),瘤胃内形成并吸收大量游离氨所造成的一种急性消化不良-氨中毒综合征。其临床特征包括瘤胃消化紊乱、内容物碱化、游离氨增多、高氨血症、多尿、脱水以及惊恐、肌颤、痉挛以至抽搐等神经兴奋性增高的症状和短急的病程。该综合征可发生于各种反刍动物,多见于奶牛、育肥牛和奶山羊。

【病因】突然大量饲喂富含蛋白质的饲料,如黄豆、豆饼、花生饼、棉籽饼、亚麻籽饼、鱼粉、脱脂牛乳、豆科牧草,而可溶性碳水化合物饲料不足,粗纤维饲料缺乏。

在饲喂变质饲料、矿物质缺乏、饲养卫生条件不良等情况下,舐吮粪便污染的墙壁和地面,采食腐败的槽底残饲,多量微生物群落进入瘤胃,腐败过程加剧,生成大量胺类及游离氨。尿素等非蛋白氮添加剂喂量过大或饲喂不当。尿素的添加量,应控制在全部饲料干物质总量的 1%以下或精饲料量的 3%以下,即日粮中的配合量以成年牛 200～300 g,羊 20～30 g 为宜,且必须逐步增加达到此限量。如成年牛初次突然在日粮中添加尿素 100 g,可致中毒。而逐步增加时,即使尿素添加量每天多达 400 g 亦未必见有毒性反应。山羊的尿素适用量、中毒量和致死量非常接近。如体重 15 kg 的山羊,每日加喂尿素 25 g(1.7 g/kg),无异常反应;加喂 30 g(2.0 g/kg)出现中毒症状;加喂 35～45 g(2.5～3.0 g/kg)则中毒致死。

误食硝酸铵、硫酸铵以及氨水等氮质化肥或施用这些氮肥的田水,是造成瘤胃碱中毒的又一常见原因。牛、羊等各种反刍动物的铵盐中毒量为 0.3～0.5 g/kg,最小致死量为 0.5～1.5 g/kg。

曾有牛、羊因偷吃大量人尿而中毒死亡的。人尿中约含有 3%左右的尿素,人尿中毒实质上是尿素中毒,或尿素所致的瘤胃碱中毒和高氨血症。

【发病机理】瘤胃微生物,包括各种常在菌和纤毛虫,具备水解各种含氮物的能力,并能利用非蛋白氮化合物所提供的氨连同瘤胃内的碳水化合物合成氨基酸和蛋白质。正常状态下,饲料中的蛋白质连同瘤胃微生物进入真胃,其中的可溶性蛋白质和微生物的体蛋白被分解为氨基酸,经小肠吸收。在瘤胃正常蛋白质水解过程中未被微生物利用的游离氨,为数有限,经瘤胃上皮弥散吸收入血,由肝脏转变为尿素,部分随尿排出体外,部分由瘤胃和网胃黏膜分泌进入瘤网胃,反复为微生物所利用,不致造成伤害。

在瘤胃内腐败过程旺盛或高蛋白质饲喂时,饲料中的大量可溶性蛋白质和死亡微生物的体蛋白,在瘤胃内分解形成氨基酸,并通过脱氨基作用,转变为酮酸和游离氨。当尿素等非蛋白氮化合物突然过量添加或误食中毒时,特别是在可溶性糖类饲料和粗纤维饲料缺乏的情况下,所释出的氮质超过了瘤胃微生物合成体蛋白的能力,尿素即在脲酶的作用下水解为游离氨和水。

瘤网胃内的游离氨,不论来源于尿素、铵盐还是蛋白饲料,其毒性作用主要取决于氨的含量和瘤胃内容物的酸碱度。因为唯独游离氨即非离子氨才能通过瘤胃上皮弥散吸收进入门脉血液。而游离氨的生成速度及数量,与瘤胃内环境的酸碱度密切相关。游离氨对离子铵的比值,pH 8.4 时为 1/10,很容易发生中毒;pH 6.4 时为 1/1 000,中毒与否取决于瘤胃内的游离氨总量;pH 4.4 时为 1/1 000 000,根本不可能发生中毒。瘤胃内的酸碱度,主要与日粮的构成、含氮物的存在形式以及饥饱状态有关。尿素可使瘤胃内的 pH 增高。铵盐对瘤胃内 pH 的影响取决于酸根;弱酸铵盐,如碳酸铵可使 pH 升高,而强酸铵盐如硫酸铵和硝酸铵则可使 pH 降低。蛋白质饲料对瘤胃内 pH 的影响,取决于所含可溶性蛋白和可溶性糖的比值;可溶性蛋白居多的,pH 增高,而可溶性糖居多的,pH减低。大多数干草和秸秆,可使pH升高,而青贮可使pH降低。饥饿或禁饲,可使瘤胃内的pH增加到6.5~7.2或更高。

摄取各种含氮物之后,瘤胃内氨含量达到峰值的时间很不一致。铵盐最快,只需几分钟;尿素为1 h之内;高蛋白饲料为1~4 h;秸秆类饲草最慢,为4~12 h。给动物饲喂高蛋白日粮或含大量尿素、铵盐等非蛋白氮化合物添加剂的饲料之后,氨(pH 8.8)在瘤胃内大量形成,使pH显著提高(>7.5),纤毛虫和有益微生物的数量减少甚而完全消失,游离氨急剧增多,不能完全为微生物所利用,大量吸收入血,超过肝脏合成尿素的能力,导致高氨血症。当血中氨浓度达到0.587~2.348 mmol/L(1~4 mg/dL)时,即刺激脑膜充血,使中枢神经兴奋性增高,出现临床症状,发生中毒。

黄豆等富含蛋白质饲料所致的瘤胃碱中毒与尿素、铵盐、氨水等非蛋白氮化合物中毒,在病的发生发展过程上有同有异,不尽一致。

过食黄豆所致的瘤胃碱中毒,是一个由酸血症转入以高氨血症(氨中毒)为主的代谢性碱中毒的全过程;血氨浓度与黄豆的给予量呈正相关;血液pH先降低(7.13)后升高(7.86);血浆CO_2结合力先降低(12.03 mmol/L)而后升高(22.76 mmol/L);血乳酸先升高(2.07 mmol/L),后降低(1.23 mmol/L)。

尿素等非蛋白氮添加剂中毒,则导致瘤胃碱中毒、高氨血症、乳酸血症和高钾血症;瘤胃内容物碱化,pH超过7.5,有的高达8.0~9.5,游离氨含量超过46.96 mmol/L(80 mg/dL);血氨含量高达1.174~3.522 mmol/L(2~6 mg/dL),死亡的直接原因是高钾血症所致的心性休克和呼吸停止。

【临床表现】瘤胃碱中毒的临床表现,取决于其病因类型(蛋白氮抑或非蛋白氮)、氮质摄入量、氨尤其游离氨生成的数量和速度、个体耐受性以及肝脏的解毒功能。

(1)高蛋白日粮所致的瘤胃碱中毒。采食后数小时至十几小时出现症状。主要表现胃肠症状和神经症状。病畜鼻镜干燥,结膜潮红,眼窝下陷,不同程度脱水。食欲废绝,反刍停止,瘤胃运动消失,由口腔散发出腐败臭味,常伴有轻度臌气,瘤胃冲击式触诊感液体震荡音,排粥状软粪或恶臭稀粪。初期兴奋性增高,出现肌颤或肌肉痉挛,后期转为精神沉郁、昏睡以致昏迷。

(2)尿素所致的瘤胃碱中毒。通常在采食过量尿素之后的20~60 min(牛)或30~90 min(绵羊)起病显症。病畜反刍和瘤胃运动停止,瘤胃臌胀,呻吟不安,表现腹痛。很快出现各种神经症状:兴奋、狂躁,头抵墙壁,攻击人畜,呈脑膜充血症状;耳、鼻、唇肌挛缩,眼球震颤,四肢肌颤,步态踉跄,直至全身痉挛呈角弓反张姿势;以后则转为沉郁、昏睡、失明。初期多尿,很快转为少尿或无尿。有些病畜,尤其重症后期,出现心力衰竭和肺充血、肺水肿症状,表现呼吸用力,脉搏疾速,体温升高,自口、鼻流出泡沫状液体,于短时间内死于窒息。

(3)铵盐和氨水所致的瘤胃碱中毒。通常于采食铵盐或喝进氨水之后的数分钟之内发病。主要表现整个消化道尤其上部消化道的炎性刺激症状,大多于短时间内死于肺水肿和心力衰竭。

检验所见主要包括瘤胃内容物碱化,水样稀薄、黏稠泡沫状,具腐臭味或氨臭味,pH增高,可达8.0~9.5;葡萄糖发酵试验产气增多,亚硝酸盐还原试验明显延迟。血液pH降低(可达pH 7.0)或升高(可达pH 7.5);高氨血症(可达1 mg/dL以上);血清钙、镁含量降低;谷草转氨酶、γ-谷氨酰转肽酶活性增高。尿液pH升高(可达pH 8.0以上);尿渣内可见大量磷酸铵镁结晶。

【诊断】瘤胃碱中毒症状典型,结合病史,辅以瘤胃内容物、血液的酸碱度测定和氨测定,容易确诊。

【治疗】要点在于制止游离氨的生成和吸收,纠正脱水和高钾血症,调整瘤胃和血液的pH。

对尿素等非蛋白氮化合物所致的瘤胃碱中毒,最有效的急救措施是,尽快向瘤胃内灌入40 L冷水和4 L 5%醋酸溶液或醋酸盐缓冲合剂。

对高蛋白日粮所致的瘤胃碱中毒,最有效而实用的急救措施是用冷水反复洗胃,然后向瘤胃内注入健牛瘤胃液2 L或更多,以加快瘤胃功能的恢复。并持续数日肌肉注射硫胺素制剂,以预防瘤胃内微生物死亡和延缓病程所引起的维生素B_1缺乏症(脑皮质软化)。

静脉注射大量葡萄糖盐水,以纠正脱水,缓解酸、碱血症和高钾血症。

【预防】正确使用含氮添加物;注意合理的日粮构成,多采用易消化的糖类饲料和粗纤维饲料;定期清理饲槽内的饲料残渣,保证牛羊自由舐吮食盐;妥善保管氨水、铵盐等化肥;禁止饮用刚施氮肥的田水和泄流的沟水。

(孙卫东)

创伤性网胃腹膜炎
（Traumatic Reticuloperitonitis）

创伤性网胃腹膜炎又称创伤性消化不良，俗称"铁器病"。是由于尖锐金属异物混杂在饲料内，被误食后进入网胃，穿过胃壁刺损腹膜，导致网胃和腹膜损伤及炎症的一种疾病。本病多发于舍饲的耕牛、奶牛和肉牛，2岁以上的耕牛和奶牛尤为常见。其他反刍动物，如山羊、绵羊乃至骆驼亦有发生，但较为少见。

【病因】耕牛多因缺少饲养管理制度，随意舍饲和放牧所致。牛在采食时，不依靠唇采食，不能用唇辨别混于饲料中的金属异物，而是迅速用舌卷食饲料，常将混有碎铁丝、铁钉、钢笔尖、回形针、大头钉、缝针、发卡、废弃的小剪刀、指甲剪、铅笔刀和碎铁片等的饲草或饲料囫囵吞下，造成本病的发生。奶牛主要因饲料加工粗放，饲养粗心大意，对饲料中的金属异物的检查和处理不细致而引起。在饲草、饲料中的金属异物最常见的是饲料粉碎机与铡草机上的铁钉，其他如碎铁丝、铁钉、缝针、别针、注射针头、发卡及各种有关的尖锐金属异物等。根据文献资料，牛吞下的金属异物中，碎金属丝占43.6%，铁钉占41.9%，缝针占9.1%，发卡占5.4%。

牛误食的金属异物多数落入网胃底，是否发病，不仅主要取决于异物的形状、硬度、直径、长度、尖锐性，而且还与腹内压的急剧变化有关，如瘤胃食滞、瘤胃臌气、重剧劳役，或妊娠、分娩及奔跑、跳沟、滑倒、手术保定等情况下，腹内压急剧升高，网胃强烈收缩，可促进本病发生。

【发病机理】牛的口腔对不能消化的异物辨别能力比较迟钝（口腔黏膜的敏感性、舌背和颊部的角质化乳头等结构），同时牛的吃食习惯（容易囫囵吞枣）和网胃解剖生理特征，都与吞食异物、导致网胃创伤有密切关系。被吞咽的异物可停留在上部食道，造成食道部分阻塞和创伤，或停留于食道沟内，引起逆呕。但大多数病例，直接到达瘤胃或网胃，通常沉积在网胃底部，当网胃收缩时，由于前后壁加压式地紧密接触，乃导致胃壁穿孔。由于异物尖锐程度、存置部位及其与胃壁之间呈现的角度不同，所以创伤的性质大体上分为穿孔型、壁间型和叶间型。在异物对向胃壁之间越接近于90°角就越容易导致胃壁穿孔，越接近于0°或180°角（即与胃壁呈同一水平面），穿刺胃壁的机会就越少。穿孔型必然伴有腹膜炎，最初常呈局部性，以后痊愈或发展为弥漫性。重度感染则呈急性死亡或转为慢性。也可继发膈肌脓肿或膈肌薄弱及破裂，形成膈疝。若穿刺到脾、肝、肺等器官，也可引起这些器官的炎症或脓肿，最常继发的是创伤性心包炎。异物往往暂时性地保留在脓肿或瘘管之内。随异物穿刺方向而定，还可向两侧胸壁穿刺，以致形成胸壁脓肿。

壁间型：引起前胃弛缓，或损伤网胃前壁的迷走神经支，导致迷走神经性消化不良或壁间脓肿，若异物被结缔组织所包围，则形成硬结。

叶间型：损害是极其轻微的，叶间穿孔时无出血，临床上缺乏可见病症，有时则牢固地刺入蜂窝状小槽中。这种情况由于异物暂时被固定而不能任意游走，可减少向其他重要器官转移的危险性。

穿孔型：在病理上有典型变化，呈发热、前腹区疼痛、消化扰乱及特征性的血象变化。由于异物的游走性及其所产生的不良后果，可导致全身性脓毒症和败血症。

【临床表现】典型的病例主要表现消化扰乱，通常呈现前胃弛缓，食欲减退，有时异嗜，瘤胃运动减弱，反刍缓慢，不断嗳气，常呈周期性瘤胃臌气。肠蠕动音减弱，有时发生顽固性便秘，后期下痢，粪有恶臭。奶牛（羊）的泌乳量减少。网胃和腹膜的疼痛，病牛四肢集拢于腹下，肘外展，肘肌震颤，或突然起卧不安，用力压迫胸椎棘突和剑状软骨时，或网胃区叩诊时病牛畏惧、回避、退让、呻吟或抵抗等，以及包括体温、血象变化在内的全身反应。随着病情的逐渐发展，久治不愈，还呈现出下列各种临床症状。

（1）站立姿势。多数病例拱背站立，头颈伸展，眼睑半闭，两肘外展，保持前高后低姿势，呆立而不愿移动。

（2）运动异常。病牛动作缓慢，迫使运动时，畏惧上下坡、跨沟或急转弯；在砖石、水泥路面上行走，止步不前，神情忧郁。

（3）起卧姿势。有些病例，经常躺卧，起卧时极为小心，肘部肌肉颤动，时而呻吟或磨牙。有的呈犬坐姿态，成为表明膈肌被刺损的一种示病症状。

（4）网胃敏感区检查。网胃敏感区，指的是鬐甲部皮肤即第6～8对脊神经上支分布的区域。用双手将鬐甲部皮肤紧捏成皱襞，病牛即因感疼痛而凹腰。

（5）异常动作。有的病例反刍、咀嚼、吞咽动作异常。反刍时先将食团吃力地逆呕到口腔，小心咀嚼；吞咽时伸头缩颈，颜貌忧苦，食团进入食管后，作片刻停顿再继续下咽。整个吞咽动作显得不太顺畅，极不自然。这种现象常见于金属异物刺入网胃前壁，或在食管沟内嵌留时。这样的病牛若用拟胆碱制剂皮下注射，则疼痛不安加剧，上述反刍、咀嚼、吞咽动作异常更为明显。

(6)全身症状。当呈急性经过时，病牛精神较差，表情忧郁，体温在穿孔后第1～3天升高1℃以上，达39.5～40℃，以后可维持正常，或变成慢性，不食和消瘦。若异物再度转移导致新的穿刺伤时，体温又可能升高，出现鼻镜干燥，眼结膜充血，流泪，颈静脉怒张等。有全身明显反应时，呈现寒战，呼吸浅表急促，呼吸数30～50次/min；脉搏疾速，可达100～120次/min，脉性细硬，乳牛突出的症状是在病的一开始泌乳量就显著下降。当伴有急性弥漫性腹膜炎时，上述全身症状表现得更加明显。

该病的病程随异物形成创伤的程度而异。有些病例，由于结缔组织增生或异物被包埋，形成瘢痕而自愈。多数病例呈现慢性前胃弛缓、周期性瘤胃臌气，迟迟不能治愈。重剧病例，伴发穿孔性腹膜炎，病情发展急剧，往往于数天内死亡。有的可能继发肝脓肿、脾脓肿、膈脓肿乃至局限性或弥漫性腹膜炎，造成腹腔脏器广泛粘连，陷入长期消化不良，逐渐消瘦，生产性能降低，最后淘汰。

【病理变化】剖检时可见网胃内存在着或多或少的金属异物，如钉、针或铁丝等，刺进网骨皱襞上，或刺入胃壁中，局部黏膜有炎性反应。但多数病例网胃背面的前壁或后壁浆膜上有瘢痕或瘘管，乃至一个或数个扁平硬块，其中包埋着铁钉或销钉，周围结缔组织增生，形成脓腔或干酪腔。有的因网胃壁穿孔，形成局限性或弥漫性腹膜炎。腹腔有少量或大量渗出的纤维蛋白，致使部分或全部脏器互相粘连，膈、肝、脾上形成一个或数个脓肿。在慢性病例，有的可见网胃同邻近器官形成瘘管。

【诊断】通过临床症状，网胃区的叩诊与强压触诊检查，金属探测器检查可做出初步诊断。而症状不明显的病例则需要辅以实验室检查和X射线检查才能确诊。

(1)X射线检查可确定金属异物损伤网胃壁的部位和性质。根据X射线影像、临床其他检查结果，可确定是否进行手术及手术方法，并做出较准确的预后。

(2)金属异物探测器检查可查明网胃内金属异物存在的情况，但须将探测的结果结合病情分析才具有实际意义，是因为不少耕牛与舍饲牛的网胃内虽然存有金属异物，但无临床症状。

(3)实验室检查：血液学变化往往是典型的，对诊断和预后有重要参考意义。典型的病例，第1天白细胞总数每立方毫米就可增高至8 000～12 000，持续增高12～24 h后白细胞总数每立方毫米可高达14 000，其中中性白细胞由正常的30%～35%增高至50%～70%，而淋巴细胞则由正常的40%～70%降低至30%～45%，淋巴细胞与中性白细胞比率呈现倒置（由正常的1.7：1.0反转为1.0：1.7）。重症病例，伴有明显的中性白细胞核左移现象，以及出现中毒性白细胞（细胞质的空泡形成，不正常的着色，细胞膜的破裂，核脱出，核不规则等），甚至在早期，就可见到白细胞的核脱出现象。在慢性病例，白细胞水平有一个很长时间不能恢复到正常，并且单核细胞持久地升高达5%～9%，而缺乏嗜酸性白细胞这一点颇有诊断意义。伴发急性弥漫性腹膜炎时，白细胞总数显著减少，甚至低于4×10^9/L，而幼稚型和杆状核的绝对数比分叶核还高，呈退化性左移，表明病情重剧。感染应激的病例，淋巴细胞减少至25%～30%，病情更为严重。腹腔穿刺液呈浆液-纤维蛋白性，能在15～20 min内凝固，Rivalta反应呈阳性。

【治疗】治疗原则是及时摘除异物，抗菌消炎，加速创伤愈合，恢复胃肠功能。

治疗方法有两种，即保守法和手术疗法。

(1)保守疗法。①将病牛站立在一种站台上，使病牛前驱升高，以减低腹腔网胃承受的压力，促使异物由胃壁上退回到胃内，即所谓“站台疗法”。站台是将牛床前方垫高，使病牛前肢提高至15～20 cm，同时用青霉素300万U与链霉素5 g，以0.5%普鲁卡因溶液作溶媒肌肉注射或用磺胺二甲嘧啶，按每千克体重0.15 g剂量内服，每天1次，连续3～5 d。并且在临床症状出现后24 h以内就开始治疗，经治疗后48～72 h内若病畜开始采食、反刍，可获得较高的痊愈率，但有少数病例仍可能复发。②用磁铁棒（如由铅、钴、镍合金制成，长5.7～6.4 cm，宽1.3～2.5 cm）经口投至网胃，吸取金属异物；同时肌肉或腹腔内注射青霉素300万～500万U，链霉素5 g（腹腔内注射，须混于橄榄油中），可有50%的痊愈率，但约有10%的病例可能复发。③暂时减轻瘤胃和网胃的压力，如投服油类泻剂，并随后投服制酵剂（如鱼石脂15 g，酒精40 mL，加水至50 mL），每天2～3次。此外，对伴有弥漫性腹膜炎的病例，若能早期确诊，及时应用广谱抗生素（如盐酸土霉素2～3 g，或四环素3～4 g，生理盐水4 L，腹腔注入，每天1次，连续3次）进行治疗，往往可获得良好的疗效。

(2)手术疗法。是目前治疗本病的一种比较确实的办法。一种是瘤胃切开术,另一种是网胃切开术,采用前者较多。但对大型的牛,常不能达到检查网胃的目的,这时以采用后者为宜。

网胃手术时动物取站立保定,用2根皮带垂直地分别在胸骨区和髋骨区固定在保定栏上。用3%普鲁卡因溶液10 mL,分别在第8、9、10肋骨前缘略高于切口,进行肋间神经封闭麻醉。手术是从左侧第9肋骨中部软组织中(在肋软骨接合处向上不超过10 cm处)向下作一切口至肋软骨一部分。先切开皮肤,顺序是皮下结缔组织、具有皮肌的浅筋膜、深筋膜,在肋骨上端部分是胸部腹侧筋膜,到骨肋下端部分则是腹外斜肌,最后切至骨膜(用剪刀),并沿肋骨内侧剥离骨膜。在切口上部膈肌附着点之下方锯断肋骨,而其下部则保留部分软骨。然后靠近肋骨后缘切开骨膜并打开腹腔,此时务必防止损伤膈肌。为了防止瘤胃或网胃内容物流入腹腔,若打开瘤胃,事先须将瘤胃壁缝合在腹壁创周围的皮肤上;若打开网胃,事先须将网胃内容物引出。经探查后,切口用二层缝合(第一道为全层缝合,第二道为浆膜-肌层缝合),最后缝合腹壁创。常可达到第一期愈合。

选择手术疗法时,先研究病牛术前体温和血象变化情况,再考虑术中及术后可能发生哪些问题。据报道(Carroll & Robinson,1958),从乳牛200例的体温和血象变化情况(表3-4-1),分析它们对手术可能会出现的4种预后。

表3-4-1　手术预后的可能情况

临床诊断	体温/℃	中性白细胞/%	淋巴细胞/%	单核细胞/%	嗜酸性白细胞/%	嗜碱性白细胞/%
正常乳牛	38.6	33	62	2	3	0
早期伴有腹膜炎	39.4～41.7	68	29	1	2	0
伴有局部性腹膜炎及粘连	38.8～40.0	57	38	2	3	0
伴有广泛粘连	38.6～38.8	46	45	6	3	0
创伤性腹膜炎	40.5～41.6	71	15	9	5	0

第一种病例,手术危险性小;第二种手术性危险性不大;第三种手术危险性最大;第四种手术很少有希望。

但须注意,在手术疗法时,当取出异物之后和缝合瘤胃之前,须用金属探测器作一次补充检查,确定为阴性结果才能缝合。此外,在没有确诊之前,不宜用瘤胃兴奋剂。

慢性病例,可能由于异物已被包埋于网胃壁内,必须采用手术疗法。穿孔后的急性局部性腹膜炎,结合持续的抗生素的应用,手术疗法的痊愈率也比较高。然而有一部分病例,由于转为慢性弥漫性腹膜炎,虽然外表上似乎是健康的,但实际上已极大地丧失了生产性能或使役性能。

【预防】主要是杜绝饲料(草)中混入金属等异物,特别是收割饲草时更应注意检查。奶牛、肉牛饲养场和种牛繁殖场,可应用电磁筛、磁性吸引器、水池洗涤等方式清除混杂在饲料中的金属等异物。饲养场内设置废品回收箱,常将废铜铁等金属物品收集起来。宣传群众,不可随地乱扔碎铁丝、铁钉、缝针及其他各种金属物。有人成功地应用一种"笼磁铁"(磁铁环)通过食道投入已达1岁牛的胃网内,能吸附铁器异物,放置6～7年后更换一次。新建饲养场应远离工矿区、仓库和作坊,乡镇、农村牛房均应离开铁匠铺、木工房及修配车间。必要时定期应用金属探测器检查牛群,并应用金属异物摘除器从瘤胃和网胃中摘除异物。

创伤性脾炎和肝炎
(Traumatic Splenitis and Hepatitis)

见二维码3-1。

二维码3-1
创伤性脾炎和肝炎

迷走神经性消化不良(Vagus Indigestion)

迷走神经性消化不良是指支配前胃和皱胃的迷走神经腹支受到机械性或物理性损伤,引起前胃和皱胃发生不同程度的麻痹和弛缓,致使瘤胃功能障碍、瘤胃内容物转运迟滞,发生瘤胃臌气,消化障碍和排泄糊状粪便等为特征的综合征。本病多见于牛,绵羊偶有发生。

【原因】多数病例是由创伤性网胃腹膜炎引起,原因是炎性组织和瘢痕组织使分布于网胃前壁的迷走神经腹支受到损伤;有些病例虽然迷走神经未受到损伤、侵害,却因瘤胃和皱胃发生粘连或因前胃与皱胃受到物理性损伤,影响食道沟的反射机能,从而引起消化不良;在迷走神经牵张感受器所在处的网胃内侧壁有硬结生长时,可直接影响食道沟的正常反射作用,也有的因迷走神经的胸支受到肺结核或淋巴肿瘤的侵害或影响,导致本病的发生;此外,瘤胃和网胃的放线菌病、膈疝,绵羊肉孢子虫病、细颈囊尾蚴病,亦可引起迷走神经性消化不良。

【临床病理学】凡是创伤性网胃腹膜炎引起的,中性白细胞明显增加,且核左移,单核细胞增加。皱胃扩张和阻塞的病例有不同程度的低血氯、低血钾性的碱中毒。

【临床表现】迷走神经性消化不良是一种临床综合征,通常分为以下3种类型。①瘤胃弛缓型:常见于母牛妊娠后期乃至产犊后。病牛食欲、反刍减退,肚腹臌胀,消化不良,瘤胃收缩减弱或消失,应用泻药和润滑药物、副交感神经兴奋药物等治疗无明显效果,迅速消瘦,体质虚弱,病的末期营养衰竭,卧地不起,陷于虚脱状态。②瘤胃臌胀型:病的发生与妊娠和分娩无关,临床主要特征是瘤胃运动增强,充满气体,肚腹臌胀。在食欲减少、消化障碍、迅速消瘦的情况下,瘤胃的收缩仍然有力,蠕动持续不断,粪便少或正常,呈糊状,心率减慢,有时可出现收缩期杂音,瘤胃臌胀消失时心脏杂音也随之消失,用常规治疗,久治不愈。③阻塞型:多数病例常在妊娠后期发生,病牛厌食,消化机能障碍,粪便排泄减少,呈糊状,直到后期,肚腹不胀大,无全身反应。末期心脏衰弱,脉搏急速,尤其引人注意的是皱胃阻塞,右下腹部鼓起,直肠检查时,可摸到充满而坚实的皱胃,瘤胃收缩力完全丧失,陷入高度弛缓,大量积液,终因营养衰竭而死亡。上述3种主要类型可能会联合发生。

【诊断】根据前胃和皱胃的高度弛缓和麻痹,对刺激的感受性降低,食欲、反刍减弱或消失,呈现消化障碍,伴发前胃弛缓、皱胃阻塞、瓣胃秘结,应用拟胆碱类药物治疗无效,久治不愈等主要病症,可做出初步诊断。但临床上需与创伤性网胃腹膜炎、瘤胃臌气、皱胃阻塞、瓣胃秘结以及母牛产后皱胃变位等疾病进行鉴别诊断。

【治疗】瘤胃弛缓型和幽门阻塞通常用手术疗法,但临床疗效往往不佳;应用石蜡油1 000～3 000 mL排除胃内容物及软化内容物,疏通胃肠,效果也不理想;对妊娠母牛在临产前输液、平衡电解质或用地塞米松引产等,也许有一定效果;瘤胃臌胀型采用瘤胃切开,取出内容物,可逐渐恢复。

膈疝(Diaphragmatic Hernia)

膈疝是由于膈的完整性破坏,使腹腔器官进入胸腔,在牛常见网胃通过膈的破裂口进入胸腔,可引起慢性瘤胃臌气、厌食和心脏变位。临床上绝大多数病例的发生是由于创伤性网胃腹膜炎、创伤性心包炎病程中尖锐异物直接划破膈肌或炎症引起膈膜变弱、强度变小容易损伤而引起,也有因其他机械性因素如跌倒、挤压、碰撞、冲击等引起,个别还有先天性的膈肌有穿孔。呼吸困难是膈疝的主要临床症状,多突然发生,并且有日渐严重的趋向,腹式呼吸明显,吸气急促,瘤胃持续发生中度或轻度臌气,食欲好坏不定,体况明显下降,磨牙,体温不升高,胸腔下部听诊时许多牛可在心脏部位出现网胃蠕动音,特别是整个网胃进入胸腔时,并且每次网胃收缩时可能干扰呼吸和出现疼痛症状,心脏听诊可听到收缩期杂音,心音强度改变表明心脏变位(一般被网胃压向前方或左方)。病畜通常在臌气开始后3～4周死于虚弱。本病诊断应与迷走神经性消化不良、食道阻塞等鉴别。本病基本无治疗价值,有人曾尝试用手术治疗,但都未能成功,对瘤胃臌气,按照常规治疗方法无效,采用前高后低的姿势可使症状缓解。但最终以死亡告终,因此应当尽快淘汰。

瓣胃阻塞(Impaction of Omasum)

瓣胃阻塞又称瓣胃秘结,中兽医称为“百叶干”。是指因前胃弛缓,瓣胃收缩力减弱,瓣胃内容物滞留,水分被吸收而干涸,导致瓣胃阻塞、扩张的一种疾病。本病多发于耕牛,奶牛也较常见。

【原因】

(1)原发性瓣胃阻塞。耕牛常因使役过度,饲养粗放,长期饲喂干草,特别是粗纤维坚韧的甘薯蔓、花生秧、豆秸、青干草、红茅草,以及豆荚、龙糠等,或用铡得过短的上述草料饲喂，往往促进本病发生。奶牛多因长期饲喂麸糠、粉渣、酒糟或含有泥沙的饲料，或受到外界不良因素的刺激，惊恐不安，导致本病的发生。正常饲养的牛，突然变换饲料，或由放牧转为舍饲，饲料质量过差，缺乏蛋白质、维生素及某些必需的微量元素，如铜、铁、钴、硒等；或饲养制度不规范，饲喂后缺乏饮水，运动不足，消化不良，也能诱发本病。

(2)继发性瓣胃阻塞。常继发于前胃弛缓，瘤胃积食，皱胃(真胃)阻塞、变位或溃疡，创伤性网胃腹膜炎，腹腔脏器粘连，生产瘫痪，牛产后血红蛋白尿病，牛黑斑病甘薯中毒，牛恶性卡他热，急性肝炎，血液原虫病等。

【发病机理】上述原因导致瓣胃阻塞时，瓣胃的收缩力降低，其内容物停滞，使瓣胃受到机械性刺激和压迫而过度扩张。同时因内容物腐败分解形成大量有毒物质，引起瓣胃壁发炎和坏死，神经肌肉装置受到破坏，胃壁平滑肌麻痹，形成肌原性瓣胃弛缓；有毒物质被吸收，还可引起自体中毒和脱水。瓣胃内容物酸碱度的改变，造成酸过多性或碱过多性瓣胃阻塞。患病动物晚期的尿液呈酸性，比重高，含大量蛋白、尿蓝母及尿酸盐；微血管再充盈时间延长。

【临床表现】疾病初期，精神迟钝，时而呻吟，奶牛泌乳量下降。食欲不振或减退，便秘，粪便干燥呈饼状、色暗，瘤胃轻度臌气，瓣胃蠕动音微弱或消失。于右侧腹壁(第7～9肋间的中央)触诊瓣胃区，病牛退让、不安；叩诊瓣胃，浊音区扩大。

随着病程的进展，全身症状逐渐加重，病畜鼻镜干燥、龟裂，虚嚼、磨牙，精神沉郁，反应减退，食欲、反刍消失。呼吸浅快，心搏亢进，脉搏可达80～100次/min，瘤胃收缩力减弱。直肠检查时肛门括约肌痉挛性收缩，直肠内空虚，有黏液和少量暗褐色粪便。用15～18 cm的长穿刺针，于右侧第9肋间与肩关节水平线相交点进行瓣胃穿刺，进针时感到有较大的阻力。

疾病后期，精神极度沉郁，体温上升至40℃左右，呼吸急促，脉搏增至100～140次/min，脉搏节律不齐。食欲废绝，排粪停止，或排出少量黑褐色粥状粪便，附着黏液，味恶臭。尿量减少、呈黄色或无尿。最后出现皮温不整，末梢部冷凉，结膜发绀，眼球塌陷，卧地不起，以致死亡。

本病轻症病例，病程较缓，经及时治疗，1～2周多可痊愈；重剧病例，经过3～5 d，卧地不起，陷入昏迷状态，预后不良。

【诊断】主要依据食欲不振或废绝，瘤胃蠕动减弱，瓣胃蠕动音低沉或消失，触诊瓣胃敏感性增高，排粪迟滞甚至停止等，可做出初步诊断。酸碱性瓣胃阻塞的鉴别，可依据瘤胃内容物pH测定结果进行推断。必要时可进行剖腹探查，以便确诊。

【治疗】治疗原则是增强前胃运动功能，软化瓣胃内容物、促进瓣胃内容物排出，改善瓣胃内环境，防止脱水和自体中毒，加强护理。

(1)增强前胃运动功能。疾病初期，可服泻剂，如硫酸镁或硫酸钠(400～500 g，水8～10 L)或液体石蜡(或植物油)1 000～2 000 mL，一次内服；用10%氯化钠溶液100～200 mL，安钠咖注射液10～20 mL，静脉注射，以增强前胃神经兴奋性，促进前胃内容物运转与排出。氨甲酰胆碱、新斯的明、盐酸毛果芸香碱等拟胆碱药，应依据病情选择应用，妊娠母牛及心肺功能不全、体质弱的病牛忌用。

(2)软化瓣胃内容物、促进瓣胃内容物排出。可用10%硫酸钠溶液2 000～3 000 mL，液体石蜡(或甘油)300～500 mL，普鲁卡因2 g，盐酸土霉素3～5 g(或氨苄青霉素3 g)，一次瓣胃内注入；或者在确诊后施行瘤胃切开术，用胃管插入网—瓣孔，冲洗瓣胃，效果较好。

(3)改善瓣胃内环境。依据酸碱性胃肠弛缓发病论假说所研制的碳酸盐缓冲合剂(CBM)和醋酸盐缓冲合剂(ABM)分别适用于酸、碱性瓣胃阻塞，已取得较满意的疗效。

(4)防止脱水和自体中毒。用撒乌安注射液100～200 mL或樟脑酒精注射液200～300 mL，静脉注射。伴发肠炎或败血症时，可用氢化可的松0.2～0.5 g，生理盐水40～100 mL，静脉注射，同时用庆大霉素，链霉素等抗生素，并及时输糖补液，缓解病情。

(5)中兽医疗法。治以养阴润胃、清热通便为主，宜用藜芦润肠汤：藜芦、常山、二丑、川芎各60 g，当归60～100 g，水煎后加滑石90 g，石蜡油1 000 mL，蜂蜜250 g，一次内服。

(6)加强护理。在治疗中，耕牛应停止使役，充分饮水，给予青绿饲料，有利于恢复健康。

【预防】避免长期应用混有泥沙的糠麸、糟粕饲料喂养；注意适当减少坚韧粗硬的纤维饲料；铡草喂牛，也不宜铡得过短(长度大于2.5 cm)；注意补充蛋白质与矿物质饲料；平时加强运动，给予充足的饮水。

皱胃变位(Abomasal Displacement)

皱胃变位即皱胃解剖学位置发生改变的疾病，

有两种类型。

皱胃左方变位(Left Displacement of Abomasum, LDA),是指皱胃由腹中线偏右的正常位置,经瘤胃腹囊与腹腔底壁间潜在空隙移位于腹腔左壁与瘤胃之间的位置改变(图 3-4-1),系临床常见病型。

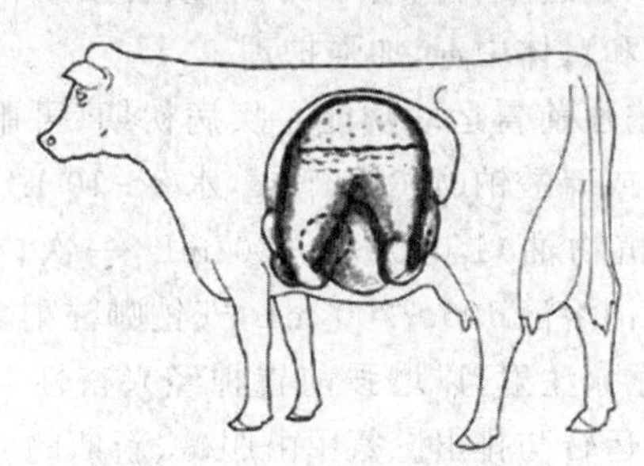

图 3-4-1 牛皱胃左方变位

皱胃右方变位(Right Displacement of Abomasum, RDA)及其继发的皱胃扭转(Abomasal Torsion, AT)是皱胃在右侧腹腔内各种位置改变的总称(图 3-4-2)。有 4 种病理类型。皱胃后方变位,又称皱胃扩张,是指皱胃因弛缓、膨胀而离开腹底壁正常位置,作顺时针方向偏转约 90°,移位至瓣胃后方、肝脏与右腹壁之间,大弯部朝后,瓣胃皱胃结合部和幽门十二指肠区发生轻度折曲或扭曲。皱胃前方变位,即皱胃逆时针方向偏转约 90°,移位至网胃与膈肌之间,大弯部朝前,瓣胃皱胃结合部和幽门十二指肠区常发生较明显的折曲和扭曲,并造成幽门口的部分或完全闭塞。皱胃右方扭转,即皱胃逆时针方向转动 180°～270°,移位至瓣胃上方或后上方,肝脏的旁侧,大弯朝上,瓣胃皱胃结合部和幽门十二指肠区均发生严重拧转,导致瓣-皱孔和幽门口的完全闭塞。瓣胃皱胃扭转,是皱胃连同瓣胃逆时针方向转动 180°～270°,皱胃原位扭转,皱胃移至瓣胃后上方和肝脏旁侧,大弯朝上,网胃瓣胃结合部和幽门十二指肠区均发生严重拧转,导致网-瓣孔和幽门口的完全闭锁。

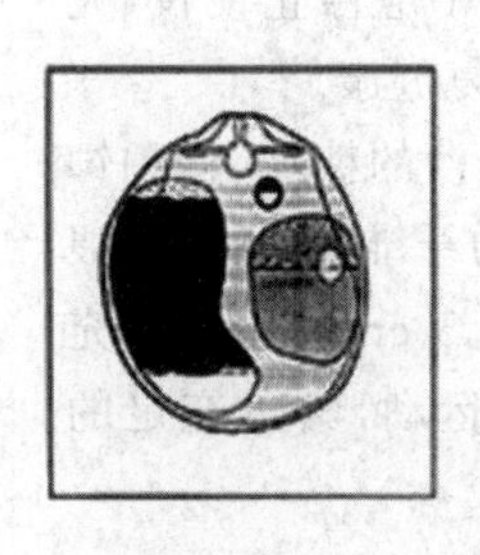

图 3-4-2 牛皱胃右方变位

皱胃变位主要发生于乳牛,尤其多发于 4～6 岁经产乳牛和冬季舍饲期间,发病高峰在分娩后 6 周内;LDA 在妊娠期乳牛、公牛、青年母牛及肉用牛极少发生;RDA 则不同,也常见于公牛、肉用牛和犊牛,一般断乳前多发 RDA,断乳后 RDA 与 LDA 都发生。

【原因】说法不一,但基本致病因素已被公认。鉴于胃壁平滑肌弛缓,或胃肠停滞,是发生皱胃膨胀和变位的病理学基础,因此各种引发皱胃和/或胃肠弛缓的因素,即是本病的发病原因。现代奶牛日粮中含高水平的酸性成分(如玉米青贮、低水分青贮)和易发酵成分(如高水分玉米)等优质谷类饲料,可加快瘤胃食糜的后送速度,并因其过多的产生挥发性脂肪酸使皱胃内酸的浓度剧增,抑制了胃壁平滑肌的运动和幽门的开放,食物滞留并产生 CO_2、CH_4、N_2 等气体,导致皱胃弛缓、膨胀和变位。其次,某些代谢性和感染性疾病,是导致本病的重要诱发因素,如子宫内膜炎(反射性皱胃弛缓)、低钙血症(液递性皱胃弛缓)、皱胃炎及溃疡(肌源性皱胃弛缓)、迷走神经性消化不良(神经性皱胃弛缓)等疾病时,容易发生 DA。最后,车船运输,环境突变等应激状态,以及横卧保定、剧烈运动也是 DA 的诱发因素。另外,代谢性碱中毒;妊娠与分娩过程机械性的改变子宫、瘤胃间相对位置,常是本病发生的促进因素或前提条件。

【发病机理】

(1)LDA 发生发展过程。一般认为皱胃在上述致病因素作用下发生弛缓、积气与膨胀,在妊娠后期随胎儿增大子宫下沉,机械性地将瘤胃向上抬高与向前推移,使瘤胃腹囊与腹腔底壁间出现潜在空隙,此时弛缓与胀气的皱胃即沿此空隙移向体中线左侧,分娩后瘤胃下沉,将皱胃的大部分嵌留于腹腔左侧壁之间,整个皱胃顺时针方向轻度扭转,先后引起胃底部和大弯部、幽门和十二指肠变位。其后,皱胃沿左腹壁逐渐向前上方移位,向上可抵达脾脏和瘤胃的背囊外侧,向前可达瘤胃前盲囊与胃网之间。

(2)RDA 发生发展过程。同 LDA 一样,在致病因素作用下,皱胃弛缓、积气与膨胀,向后方或前方移位,历时数日或更长,皱胃继续分泌盐酸、氯化钠,由于排空不畅,液体和电解质不能至小肠回收,胃壁愈加膨胀和弛缓,导致脱水和碱中毒,并伴有低氯血和低钾血症。在上述皱胃弛缓和/或扩张的基础上,如因分娩、起卧、跳跃等而使体位或腹压剧烈变化,造成固定皱胃位置的网膜破裂,则皱胃沿逆时针方向作不同程度的偏转而出现皱胃扭转或瓣胃皱胃扭转,导致幽门口或瓣-皱孔、网-瓣孔的完全闭锁,引发皱胃急性梗阻,加剧了积液、积气和膨胀,出现严重的胃壁出血、坏死以致破裂,最后因循环衰竭而死亡。

【临床表现】一般症状出现在分娩后数日至1～2周(LDA)或3～6周(RDA)内。若患单纯性LDA或RDA的奶牛,主要表现食欲减退,厌食谷物饲料而对粗饲料的食欲降低或正常,产奶量下降30%～50%,精神沉郁,瘤胃弛缓,排粪量减少并含有较多黏液,有时排粪迟滞或腹泻,但体温、脉搏和呼吸正常。当发生皱胃右方扭转与瓣胃皱胃扭转,多呈急性过程,症状明显而重剧,表现为食欲废绝,泌乳量急剧下降;突发剧烈腹痛;粪便混血或呈柏油状;心动过缓(低于60次/min),呼吸正常或减少(重度碱中毒时);脱水,末梢发凉,常引发循环衰竭或皱胃破裂。

腹部检查 发生LDA的病牛,视诊腹围缩小,两侧饥窝部塌陷,左侧肋部后下方、左饥窝的前下方显现局限性凸起,有时凸起部由肋弓后方向上延伸到饥窝部,对其触诊有气囊性感觉,叩诊发鼓音。听诊左侧腹壁,在第9～12肋弓下缘、肩-膝水平线上下听到皱胃音,似流水音或滴答音(叮铃音),在此处作冲击式触诊,可感知有局限性震水音。用听-叩诊结合方法,即用手指叩击肋骨,同时在附近的腹壁上听诊,可听到类似铁锤叩击钢管发出的共鸣音——钢管音(砰音);钢管音区域一般出现于左侧肋弓的前后,向前可达第8～9肋骨部,向下抵肩关节-膝关节水平线,大小不等,呈卵圆形,直径10～12 cm或35～45 cm。犊牛LDA典型钢管音区在肋弓后缘、向背侧可延伸至饥窝。

RDA时,视诊右腹部明显膨大,右肋弓部后侧尤为明显,在此处冲击式触诊可感有震水音。进行听叩结合检查,在右肋弓部至右腹中部可发现较大范围的"钢管音"区域,向前可达第8～9肋,向后可延伸至第13肋或肌窝部。早期的皱胃变位与扭转,除应用手术探查外很难区别,但相比较而言,皱胃变位一般病情较重,心动过速,"砰音"区较大,冲击式触诊时发出震水音的液体量较多。

【临床病理学】患DA无其他并发症时,常见轻度或中度代谢性碱中毒,伴有低氯血和低钾血症。其原因是皱胃弛缓、变位、扩张期内,皱胃继续分泌盐酸、氯化钠和钾,在皱胃继续膨胀及部分排出受阻后而聚集皱胃内,或高钾食物摄入减少和肾脏连续排钾等病理过程所致发。DA伴有长期或重度碱中毒时,病牛出现酸性尿液,推测这一反常现象可能与大量钾离子的排出导致体内氢离子强制性减少而随尿排出有关。DA伴发严重酮病时会出现酮酸血症,血液pH呈酸性,阴离子差增大和碳酸氢钠浓度低于患单纯DA时的水平,因此临床上常有些病牛并不出现代谢性碱中毒。此现象强烈提示,对任何DA病畜均应检查尿酮。

典型的皱胃扭转(AT),血液黏稠,中度至重度的低氯血症、低钾血症和代谢性碱中毒。血清中氯化物浓度在AT早期为80～90 mmol/L,未治疗或严重病例低于70 mmol/L。多数病例血浆氯化物浓度和剩余碱基值多与临床预后直接相关,但判定预后必须考虑其整体状态。在晚期的AT病例,由于皱胃缺血性坏死及其他器官衰竭,机体脱水、休克,最终出现较原代谢性碱中毒占优势的酸中毒,全身症状迅速恶化,预后不良。

【诊断】

(1)LDA诊断要点。分娩或流产后出现食欲缺乏,产奶量下降,轻度腹痛及酮病综合征,对症治疗无效或复发;视诊左肋弓部后上方有局限性膨隆,触压有弹性,叩诊发鼓音;冲击式触诊感有震水音;在特定区域听叩结合检查可听有"砰音",在砰音区作深部穿刺可抽取褐色、酸臭混浊的皱胃液,pH 2.0～4.0,无纤毛虫。皱胃顺时针前方变位,因病变部位深,在听叩检查无砰音。左侧肋弓部无膨隆,开腹探查可在网胃与膈之间摸到膨胀的皱胃。

(2)RDA的诊断要点。多在产犊后3～6周内起病,轻度腹痛,脱水,低氯血低钾血症,代谢性碱中毒;右肋弓后腹中部显著膨胀,听叩结合检查有较大范围的砰音区,在此冲击式触诊有震水音;砰音区深部穿刺可取得皱胃液;直肠检查可摸到积气积液的皱胃后壁。皱胃逆时针前方变位与后方变化比较,其临床表现和血液检验变化更明显和重剧,但它不具备后腹部局部膨隆及听叩检查和冲击式触诊的相关变化,在心区后上方可发现砰音和震水音等症状。

(3)AT诊断要点。呈急性过程;中度或重度腹痛,全身症状重剧,常迅速出现循环衰竭体征和休克危象;排柏油样粪便,在砰音区穿刺皱胃抽取液混血;右侧腹中部显著膨胀,右肋弓后至腹中部有范围较大的砰音区,在此作冲击式触诊有震水音;严重的代谢性碱中毒,尿液呈酸性,后期病例会出现较原代谢性碱中毒占优势的代谢性酸中毒。

鉴别诊断 重点是对有腹痛并在右侧和左侧腹壁出现砰音的类症进行鉴别，如瘤胃臌胀、迷走神经性消化不良、瘤胃排空综合征（Rumen Void Syndrome）、腹腔积气、十二指肠和空肠积液积气、盲肠扭转与扩张、子宫扭转并积气等。依据砰音区的位置、范围和形状，然后结合可能患病器官的解剖位置，通过直肠检查、阴道检查、体外穿刺以及其他临床特征，逐一鉴别和准确判断（表 3-4-2）。

表 3-4-2 牛发生皱胃变位（DA）和扭转（AT）时血液酸碱度与电解质变化

项目	pH	Cl^- /(mmol/L)	K^+ /(mmol/L)	HCO_3^- /(mmol/L)	碱过剩
正常静脉血	7.35～7.50	97～111	3.7～4.9	20～30	−2.5～2.5
典型 LDA	7.45～7.55	85～95	3.5～4.5	25～35	0～10
典型 RDA	7.45～7.60	85～95	3.0～4.0	30～40	5～15
重度 RDA	7.45～7.60	80～90	3.0～6.5	35～45	5～20
典型 AT	7.45～7.60	75～90	2.5～3.5	35～50	10～25
晚期 AT	7.45～7.65	60～80	2.0～3.5	35～55	10～35
晚期 AT（并发皱胃坏死）	7.30～7.45	85～95	3.0～4.5	15～25	−10～0
典型 AT（并发重度酮病）	7.15～7.30	85～95	3.5～4.5	15～30	−10～0

（引自威廉·C. 雷布汉，奶牛疾病学，1999）

【治疗】LDA 有 3 种治疗方法，即药物疗法、滚转疗法和手术整复法。考虑到费用、并发症及术后护理等方面的限制因素，药物疗法常作为治疗单纯 DA 的首选方法。常用口服轻泻剂、促反刍剂、抗酸药和拟胆碱药，借助胃肠蠕动机能和胃排空机能加强，促进皱胃的复位；存在低血钙时可静脉注射钙剂；用氯化钾 30～120 g，每日 2 次，溶于水中胃管投服；药物治疗（或配合滚转疗法）后，应让病畜多采食干草填充瘤胃，既可防止 LDA 复发，又可促进胃肠蠕动；在食欲完全恢复前，其日粮中酸性成分应逐渐增加；有并发症时要及时对症治疗。

滚转疗法，据文献记载有 70%的成功率。其方法是：饥饿数日并限制饮水，病牛左侧横卧，再转成仰卧；以背轴为轴心，先向左滚转 45°，回到正中，然后向右滚转 45°，再回到正中，如此左右摇晃 3～5 min；突然停止，恢复左侧横卧姿势，转成俯卧，最后站立。经过仰卧状态下的左右反复摇晃，瘤胃内容物向背部下沉，含大量气体的皱胃随着摇晃上升到腹底空隙处，并逐渐移向右侧而复位。

手术整复法，上述方法无效，尤其是皱胃与瘤胃或腹壁发生粘连时，必须进行手术整复。常用右肋部切口及网膜固定术。其方法是病牛左侧卧保定，腰旁及术部浸润麻醉，于右腹下乳静脉 4～5 指宽上部，以季肋下缘为中心，横切口 20～25 cm，打开腹腔，术者手沿下腹部向左侧，将皱胃牵引过来，若皱胃臌气扩张时，可将网膜向后拨，把皱胃拉到创口外，将其小弯上部网胃固定在腹肌上。手术后 24 h 内即可康复，成功率达 95%以上。原长春兽医大学建立了一种 LDA 简易手术整复固定法，简便易行，疗效确实，已治愈的病例中无一复发。其主要特点是行站立保定，在左侧腰椎横突下方 30 cm、季肋后 6～8 cm 处，作一长 15～20 cm 的垂直切口，打开腹腔后穿刺皱胃并排除其中气体，牵拉皱胃寻找大网膜并将其引至切口处；用 1 m 长的肠线，一端在皱胃大弯的大网膜附着部作一褥式缝合并打结，剪去余端；另一端带有缝合针放在腹壁切口外备用。术者将皱胃沿左腹壁推倒瘤胃下方的右侧腹底正常位置；皱胃复位无误后，术者右手掌心握着带肠线的备用缝针，紧贴左腹壁伸向右腹底部，令助手在右腹壁下指皱胃正常体表投影位置，术者按助手所指示部位将缝针向外穿透腹壁，助手将缝针带缝线一起拔出腹腔，拉紧缝线，在术者确认皱胃复位固定后，助手用缝针刺入旁边 1～2 cm 处的皮下再穿出皮肤，引出缝线将其与入针处留线在皮外打结固定。最后向腹腔内注入青、链霉素溶液，常规方法闭合腹壁切口。术后第 5 天可剪断腹壁固定肠线。术后第 7～9 天拆除皮肤切口缝线。

RDA 一般病情重且发展快，治疗效果决定于早期能否诊断与矫正。多数病例在起病后 12 h 内做出诊断与矫正则预后良好；病程超过 24 h，手术矫正后50%预后良好;病程超过48 h,通常预后不良。因此有人建议,对于有商品价值的牛急宰是最好的办法,具有相当大经济价值的母牛,可用手术整复配合药物治疗。单纯的皱胃右方变位尤其是右侧后方变位,经及时手术整复并配合药物治疗,一般预后良好。药物治疗,尤其对皱胃扭转的病例,应当在术前进行适当体液疗法,防止出现进行性低血钾引发弥漫性肌肉无力;术后用药重点在纠正脱水和酸/碱平衡失调及电解质紊乱,为此对早期病例或仅有轻度脱水的,口服常水20～40 L、氯化钾30～120 g/次,每日2次;中度或严重脱水和代谢性碱中毒的用高渗盐水3～4 L,静脉滴注,或含40 mmol/L氯化钾生理盐水20～60 L,静脉注射。并发低血钙、酮病等疾病时同时进行治疗。

【预防】应合理配合日粮,对高产乳牛增加精料的同时要保证有足够的粗饲料;妊娠后期,应少喂精料,多喂优质干草,适量运动;产后要避免出现低血钙。对围产期疾病应及时治疗,减少或避免并发症的发生。

皱胃阻塞(Abomasal Impaction)

皱胃阻塞又称皱(真)胃积食,是由于受纳过多和/或排空不畅所造成的皱胃内食(异)物停滞、胃壁扩张和体积增大的一种阻塞性疾病。按发病原因,分为原发性阻塞和继发性阻塞;按阻塞物性质,分为食物性阻塞和异物性阻塞。在我国,黄牛、水牛、肉牛和乳牛均有发生,尤其是农忙季节的役用牛,肥育期的肉牛以及妊娠后期的母牛等,常有本病发生。

【原因】

(1)原发性皱胃阻塞。主要病因一是由于长期大量采食粗硬而难以消化饲草,尤其被粉碎的饲草,二是吞食异物。农户散养的黄牛、水牛,在冬、春季节缺乏青绿饲料,日粮营养水平低下,主要用谷草、麦秸、玉米秆、稻草等经铡碎喂牛;在夏、秋季以饲喂麦糠、豆秸、甘薯蔓、花生藤等秸秆为主,加上使役过度、饮水不足、精神紧张和气象应激,常发生本病。规模养殖的牛场,用粉碎的粗硬秸秆与谷粒组成混合日粮喂肥育牛和妊娠后期的乳牛,可提高本病的发病率。饲草混有泥沙,可引起皱胃沙土性阻塞。吞食异物,如成年牛吞食塑料薄膜、塑料袋、棉线团或啃舔被毛在胃内形成毛球;犊牛、羔羊误食破布、木屑、塑料袋以及啃舔被毛在胃内形成毛球等,则导致皱胃异物阻塞。作者曾见到多例犊牛因毛球引起的皱胃阻塞,并多伴发皱胃炎或皱胃溃疡。

(2)继发性皱胃阻塞。常见病因包括由腹侧迷走神经受损伤导致的幽门排空障碍,由皱胃扭转、腹内粘连、幽门肿块或粘连以及淋巴肉瘤导致的血管和神经损伤,尤其是创伤性网胃腹膜炎和因穿孔性皱胃溃疡引发的腹膜炎等疾患,均可引起皱胃神经性和机械性排空障碍,致使皱胃内容物积滞发生阻塞。

【临床表现】病初临床表现与迷走神经性消化不良相似,食欲、反刍减退,瘤胃蠕动音弱,排粪迟滞、干燥、量少。随病情发展,食欲废绝,反刍停止,瘤胃蠕动音极弱或消失,瓣胃蠕动音消失,常出现排粪姿势,粪量少,呈糊状,棕褐色,或呈煤焦油状,有恶臭味,混有多量黏液和少量血丝,体重迅速而明显地减少;右侧中腹部至肋弓后下方局部膨隆,冲击式触诊可感知黏硬或坚实的皱胃,病牛表现呻吟、退让等疼痛反应;发病1～2周后,肌体虚弱而卧地,体温正常,瘤胃多空虚或积液积气,继发瓣胃阻塞。病后期,精神极度沉郁,卧地不起,鼻镜干燥,常流出少量黏液性鼻液,眼球凹陷,血液黏稠,脉搏增多,每分钟达100次以上,呈现严重脱水和自体中毒症状。多在几周后死亡。

【临床病理学】由于皱胃阻塞是种渐进过程,尽管发生了阻塞和皱胃弛缓,但其仍继续分泌氢离子、氯离子和钾离子以及回渗到胃脏的液体,不能从皱胃流至小肠回收,而发生不同程度的低氯血症、低钾血症以至代谢性碱中毒和脱水等病理过程。

【诊断】有长期饲喂粗硬或细碎草料的生活史,腹部视诊、触诊右肋弓后下方有局限性膨隆,低氯血症、低钾血症及代谢性碱中毒,直肠检查或必要时开腹探查可发现阻塞的皱胃。

要与继发性皱胃阻塞及症状类似的疾病进行鉴别。创伤性网胃腹膜炎并发的皱胃阻塞,多发生于妊娠后期,偶有轻度体温升高,触诊剑状软骨处可引起疼痛反应,常出现白细胞增多现象,瘤胃体积增大并有反复发作的慢性臌气。瓣胃阻塞的临床特征是,粪便少,干硬呈粒状,鼻镜干燥或干裂,中度脱水,右侧肋弓后冲击式触诊可感知坚硬的瓣胃,结合瓣胃穿刺可确诊。肠阻塞主要表现厌食。粪便少,腹痛,脱水,右腹部叩诊有"钢管音"区、冲击式触诊有震水音,瘤胃内容物稀软或有积气积液等。

【治疗】目前尚缺乏简便有效的治疗方法。对于病程长、卧地不起、心跳过速、全身衰弱的重症牛,建议急宰。对于病情较轻或初期病例,按照恢复皱胃机能,消除积滞食(异)物,纠正机体脱水和缓解自体中毒的原则进行治疗。为了增强胃壁平滑肌的自动运动性,解除幽门痉挛,恢复皱胃的排空后送功能，用1%～2%盐酸普鲁卡因液80～100 mL，作两侧胸腰段交感神经干药物阻断，并多次少量肌注硫酸甲基新斯的明液。为清除皱胃内的阻塞物，用硫酸镁或氧化镁，植物油和液状石蜡，或用25%的磺琥辛酯钠溶液120～180 mL，用胃管投服，每日1次，连续3～5 d。中后期重症病牛，可试用瘤胃切开和瓣胃皱胃冲洗排空术，即切开瘤胃，取出内容物，后用胃导管插入网瓣孔，通过胃导管灌注温生理盐水，大部分盐水在回流至瘤胃时，冲刷并带走了部分瓣胃内容物，如此反复冲洗瓣胃及皱胃，直至积滞的内容物排空为止。实践证明，此种方法虽有较好的疗效，但因费时费力，临床应用的较少。为了纠正脱水和缓解自体中毒，尤其对病情较重的病牛进行急救时，可用5%葡萄糖生理盐水5～10 L，10%氯化钾液20～50 mL，20%安钠咖注射液10～20 mL，静脉注射，每日2次。或用10%氯化钠液300～500 mL，20%安钠咖液10～30 mL，静脉注射，每日2次，连用2～3 d，兼有兴奋胃肠蠕动的作用。在皱胃阻塞已基本疏通的恢复期病牛，可用氯化钠(50～100 g)、氯化钾(30～50 g)、氯化铵(40～80 g)的合剂，加水4～6 L灌服，每日1次，连续使用至恢复食欲为止。

皱胃溃疡(Abomasal Ulcers)

皱胃溃疡是皱胃黏膜局限性糜烂、缺损和坏死，或自体消化形成溃疡病灶的一种皱胃疾病。病情较轻的有轻微出血，呈现消化不良，病情严重的可导致胃穿孔并继发急性弥漫性腹膜炎。本病多发于肉牛、乳牛和犊牛，黄牛和水牛也有发生；犊牛皱胃溃疡多为亚临床经过，无明显症状，但对其生长发育有一定影响。

【原因】

(1)原发性皱胃溃疡。常起因于饲料粗硬、霉败、质量不良、饲养突变等所致的消化不良，特别是长途运输、惊恐、拥挤、妊娠、分娩、劳役过度等应激因素，因此本病多发生于肥育期的肉牛，妊娠分娩的乳牛。犊牛多发于哺乳期或离乳后，采食的饲料过于粗硬，难以消化，胃黏膜受到损害；或因饲养不当，人工哺乳时因乳汁酸败，造成消化障碍而引发本病。

(2)继发性皱胃溃疡。常见于皱胃炎、皱胃变位、皱胃淋巴肉瘤以及血矛线虫病、黏膜病、恶性卡他热、口蹄疫、牛、羊水疱病等疫病的经过中，致发皱胃黏膜的出血、糜烂、坏死以至溃疡。

【发病机理】目前尚未完全阐明。正常情况下，皱胃黏膜保持组织的完整性，表面有黏液层被覆，以防止胃酸和胃蛋白酶的消化。病理情况下，常发生的皱胃黏膜缺损是形成糜烂乃至溃疡的基础，但黏膜缺损不一定导致黏膜糜烂，黏膜糜烂也不一定致发溃疡。溃疡形成的基本条件是胃酸分泌增多和黏膜抵抗力降低。如皱胃淋巴肉瘤时，皱胃溃疡的形成就是起因于胃壁组织的淋巴细胞浸润使黏膜的血液供应障碍。动物实验显示，胆酸、挥发性脂肪酸等可使胃酸分泌增多，黏膜对氢离子(H^+)的通透性大大增加，而导致胃溃疡的形成。在这种情况下，胃蛋白酶也随同扩散进入黏膜下各层，引起进一步的损伤和溃疡向深层组织发展。各种原因造成的应激状态，可刺激下丘脑-肾上腺皮质系统，使血浆中的皮质类固醇水平增高，促进了胃液大量分泌，胃内酸度升高，保护性黏液分泌减少或缺失，胃蛋白酶在酸性胃液中逐渐侵蚀消化黏膜的缺损部，而导致糜烂和溃疡的形成。

伴有血管糜烂的急性溃疡，则有急性胃出血和幽门的反射性痉挛以及液体积聚于皱胃，引起皱胃臌胀、代谢性碱中毒、低氯血和低钾血以及出血性贫血，一般在24 h内有部分皱胃内容物进入肠道，形成黑粪。非出血性的慢性溃疡，主要表现为慢性胃炎过程；也可因瘢痕形成而自然愈合。

有的溃疡扩展至浆膜层并发生穿孔，若穿孔被网膜封锁包围，即在腹腔中形成一个直径12～15 cm的大腔，填满血液、食糜和坏死的碎屑，发展为慢性局限性腹膜炎；或食糜和血液从穿孔处流入腹腔，造成腐败性腹膜炎而于短时间内死于内毒素休克。

【临床表现】依据是否发生出血和穿孔，一般可分3种病型。

(1)糜烂及溃疡型。皱胃出现多处糜烂或浅表的溃疡，出血轻微或不伴有出血。多发生于犊牛，临床上无明显的全身症状，除粪便有时能检出潜血外，其他表现与消化不良类似，生前诊断较难。此型的糜烂和溃疡，一般能自行愈合，预后良好。

(2)出血性溃疡型。皱胃内溃疡范围广并扩展至黏膜下，损伤了胃壁血管，但未贯通浆膜层。发生于成年牛在泌乳的任何阶段，但以前6周的泌乳牛发病率最高，是临床上最常见病型。以出血程度不同分两类。有少量出血的，皱胃溃疡症状不明显，但在粪便中可间歇性地出现未完全消化的小血凝块，表现轻度慢性腹痛，周期性磨牙，食欲不定，有时吃进几口饲料即停止，似乎已经感到腹部不适，粪便潜血检查阳性。严重出血的皱胃溃疡病牛，体温正常，有明显的黑粪症，部分或完全厌食；当食欲废绝、精神极度沉郁时，则表现为大量失血症状，即可视黏膜苍白，脉搏可达 100～140 次/min，脉弱，呼吸浅表疾速，末梢发凉；在黑粪污染的尾部及会阴周围可嗅出典型的血液消化后产生的微甜气味。

(3)穿孔性溃疡型。分为溃疡穿孔及局限性腹膜炎型、溃疡穿孔及弥漫性腹膜炎型两种临床类型。溃疡穿孔及局限性腹膜炎型，临床表现酷似创伤性网胃腹膜炎，包括不同程度厌食，不规则发热，体温常达 39.44～40.56℃，反复发作前胃弛缓或臌气以及运步拘谨、不愿走动、轻微腹痛、呻吟等腹膜炎症状。两者的区别在于腹壁触痛点不同：皱胃穿孔的压痛点在剑状软骨的右侧，网胃炎的压痛点在剑状软骨的左侧。犊牛发病症状与上述基本相同，但由于局限性腹膜炎易诱发肠梗阻而出现瘤胃臌气。

溃疡穿孔及弥漫性腹膜炎，成年牛与犊牛均可发生，但不常见。由于大量皱胃内容物漏出使腹膜感染并迅速扩散，病牛表现急性厌食或食欲废绝，前胃及远侧胃肠道完全停滞，出现数小时发热(典型温度 40～41.39℃)，皮肤和末梢发凉，脱水，不愿活动，强迫运动或起立时呼气有咕噜声或呻吟，广泛性腹痛，心率可达 100～140 次/min，精神高度沉郁，呈现败血性休克状态。发病急，病程短，通常在 6 h 内死亡；若实施治疗可存活 36～72 h 或更长，但仍预后不良；若在初诊时病牛体温已开始下降或已降至正常体温以下，则多在 12～36 h 内死亡。

【临床病理学】出血性皱胃溃疡时，粪便呈暗棕色至黑色，潜血检查呈阳性反应，若是急性胃出血则伴发急性出血性贫血。溃疡穿孔及急性局限性腹膜炎，有历时几天的中性白细胞增多和核左移，以后白细胞总数和分类计数可能正常；腹腔穿刺(最佳辅助性诊断)，典型变化为穿刺液中白细胞总数升高(>5 000～6 000 个/mm^3)，蛋白含量超过(3.0 g/100 mL)。溃疡穿孔及弥漫性腹膜炎，腹腔穿刺即可确诊。主要变化有容易取得大量的腹腔炎性渗出液、腹水中总固形物和总蛋白升高(>3.0 g/100 mL)，白细胞总数并不很高(<10 000 个/mm^3)，其原因是尽管存在明显的广泛的炎症，但白细胞已被大量的渗出液所稀释；白细胞象出现伴有核左移的中性白细胞减少，血清中清蛋白和总蛋白下降。

【病理变化】剖检可见幽门区和胃底部黏膜皱襞上散在有数量不等的糜烂或溃疡。糜烂为数众多，范围浅表而细小。溃疡大多在胃底部的最下部，少数在胃底部和幽门部的交界处，呈圆形或椭圆形，其边缘整齐，界限明显，直径由 3～5 mm 至 50～60 mm 不等，深度可达黏膜下、肌层以至浆膜层，有的发生穿孔。

【诊断】糜烂及溃疡型，不表现特征性临床症状，易误诊为一般性消化不良，确诊困难。必要时需反复进行粪便潜血分析，并依据临床及实验室检查(包括腹腔穿刺术等)排除其他能引起食欲减退和产奶量下降的疾病，有助于建立诊断。出血性溃疡，可依据排柏油状黑粪和明显的出血性贫血等建立诊断；但有的病例因继发性幽门痉挛或伴发幽门毛球阻塞(犊牛)而在胃出血后 24～28 h 内不见黑粪排出，且直肠检查或右肋弓后腹胁部触诊叩诊可发现有积液积气而臌胀的皱胃，容易误诊为皱胃右方变位或扭转，应注意鉴别。其鉴别要点是，出血性溃疡有突然出现的明显乃至重剧的贫血体征，并在胸骨剑突后右侧作皱胃深部触诊，有隐痛和呻吟，其痛点的特征是深压时不痛，而检手抬举时疼痛。对表现慢性腹泻，长期排黑粪，渐进性消瘦和贫血的出血性溃疡，应考虑皱胃淋巴肉瘤的存在，必要时可进行牛白血病病毒有关的病原学诊断。穿孔性皱胃溃疡，若呈急性穿孔性弥漫性腹膜炎表现，症状典型，容易确诊；若表现局限性腹膜炎症状，应着重与创伤性网胃腹膜炎区别，其鉴别要点在临床症状中已作阐述。

【治疗】治疗原则是镇静止痛，抗酸制酵，消炎止血。

对多数皱胃溃疡病例，应保持安静，单圈舍饲；改善饲养，日粮中停止添加高水分玉米、青贮饲料和磨细的精料，给予富含维生素 A、蛋白质的易消化饲料，如青干草、麸皮、胡萝卜等，避免刺激和兴奋，减少应激来源。

为减轻疼痛和反射性刺激，防止溃疡的发展，应镇静止痛，用安溴注射液 100 mL，静脉注射，或肌肉注射布洛芬。

为中和胃酸，防止黏膜受侵蚀，宜用硅酸镁或氧化镁等抗酸剂，使皱胃内容物的 pH 升高，胃蛋白酶的活性丧失。硅酸镁 100 g，逐日投服，连用 3～5 d；氧化镁(日量)500～800 g/450 kg 体重，连续 2～4 d 投服，在某些病牛有效；将上述抗酸剂直接注入皱胃，效果更好，但通过腹壁的皱胃注入技术难以掌握，因此简单、易行、更有效的给药途径，值得研究。为制止胃酸分泌，国外兽医临床从 20 世纪 80 年代开始试用组胺受体(H_2)阻断剂，如甲腈咪胍(Cimetidine)8～16 mg/kg 体重，每日 3 次投服。

为保护溃疡面，防止出血，促进愈合，犊牛可用次硝酸铋 3～5 g 于饲喂前半小时口服，每日 3 次，连用 3～5 d。

出血严重的溃疡病牛，可用维生素 K 制剂止血，或用1%刚果红溶液100 mL，静脉注射；亦可用氯化钙溶液或葡萄糖酸钙溶液加维生素C，静脉注射。最好实施输血疗法，一次输给2～4 L(犊牛)或6～8 L(成牛)，可获良好效果。牛有多种血型，一般不会发生输血反应，可省去交叉输血试验；另外牛骨髓造血机能对失血反应较快，一旦输血使动物度过危险期，机体失去的血液可很快得到补充。因此，有价值的奶牛或良种牛患病时，若PCV低于14%并出现呼吸和心率(>100次/min)加快、黏膜苍白等，应输全血。

溃疡穿孔及局限性腹膜炎的治疗，除改善饲养、调整日粮外，药物治疗主要是应用广谱抗生素，连续用7～14 d或直到动物保持正常体温48 h以上以控制腹膜炎；口服抗酸保护剂；出现并发症如低血钙或酮病等，应对症治疗。因皮质激素类抗炎药可加重溃疡使病情恶化，应禁止使用。

溃疡穿孔及弥漫性腹膜炎，常因迅速发生内毒素性休克，多预后不良，通常不作治疗，予以淘汰。

【预防】加强饲养管理，供给足够的粗饲料和大颗粒的精料，减少应激反应，可减少本病的发生。

皱胃炎(Abomasitis)

皱胃炎是由于饲料品质不良或饲养管理不当等不良因素的作用所引起的真胃组织的炎症，临床上以严重的消化障碍为特征。多发生于老年牛和犊牛，体质虚弱的成年牛亦可发生。

【原因】常由于吃了大量调制不当的粗硬饲料，腐败发霉的饲料，或长期大量饲喂糟粕、豆渣等酿造副产品，以及饲养管理方法不当，饲喂不定时定量，突然变换饲料等，都能导致皱胃炎的发生。另外，某些传染病、代谢病，化学物质和有毒植物中毒等均可引起本病。

【临床表现】急性病例，精神沉郁，食欲减退，反刍稀少无力甚至停止，鼻镜干燥，结膜潮红黄染，口黏膜被覆黏稠唾液，舌苔白腻，口腔甘臭。瘤胃蠕动音减弱，触诊右侧真胃区，病牛表现疼痛，粪便坚硬，呈暗黑色，表面被覆黏液，体温通常无变化，个别病例体温有时低于正常或出现短时间的升高，病程1～2周，及时治疗可望康复。严重的病例，胃壁穿孔，伴发腹膜炎或继发肠炎，则预后不良。

慢性病例，主要表现长期消化不良，异嗜。口腔黏膜苍白，蓄有黏液，味甘臭，瘤胃蠕动无力，粪便干硬，呈球状。病的后期，体质虚弱，贫血、腹泻，有时陷入昏迷状态。病程可持续数月或年余，预后多不良。

【治疗】治疗原则是清理胃肠，消炎止痛。

病初，禁食1～2 d，为清除胃肠道有害的内容物，应用硫酸镁400～500 g，常水6 000 mL；或植物油500～1 000 mL，牛一次内服；为提高治疗效果，可用10%诺氟沙星20～40 mL，或用黄连素2～4 g，蒸馏水50 mL，配成溶液，进行瓣胃或真胃注射，1天1次，连用3～5 d，效果较好。

病的末期，病情严重，除用抗生素消炎外，还要用5%葡萄糖生理盐水2 000～3 000 mL，20%安钠咖溶液10～20 mL，40%乌洛托品溶液20～40 mL，静脉注射，以促进新陈代谢，改善全身机能状态。

病情好转时，可适当内服健胃剂，增进消化机能。

羔羊和犊牛的皱胃膨胀
(Abomasal Bloat in Lambs and Calves)

见二维码3-2。

二维码3-2
羔羊和犊牛的皱胃膨胀

(孙卫东)

第五节 胃肠疾病

胃肠卡他(Gastro-Enteric Catarrhalis)

又称卡他性胃肠炎，或消化不良(Indigestion)，是指胃肠黏膜表层炎症，并伴有胃肠神经支配失调及消化机能障碍的疾病。各种动物均可发生，多见于马、猪、犬和猫，马、犬和猫多患以胃机能紊乱为主的胃卡他，猪多患以肠机能紊乱为主的肠卡他。

【原因】胃肠卡他常见的病因有以下几种：

(1)饲料品质不良。如饲草粗硬、霉败、受冻，或饲草含砂石较多。

(2)饲养管理不当。如饲喂过热过冷，饥饱不一，或饲草种类及饲喂方法突然改变，或饮水不洁，久渴失饮，或饲喂后立即重役或重役后立即饲喂，或淋雨受寒，厩舍潮湿。

(3)误食有毒物质，误用刺激性药物。如误食有毒植物、真菌毒素,误用水合氯醛、强酸、强碱和砷制剂。

(4)并发或继发于其他疾病。如胃肠道的细菌、病毒感染及寄生虫侵袭(结核、副结核、猪瘟、猪丹毒、口蹄疫、羊捻转血矛线虫、肝片吸虫等),多种中毒病(马霉玉米中毒),马属动物的牙齿磨灭不整、骨软症,慢性肝肾疾病等。

【发病机理】上述各种致病因素直接刺激胃肠道黏膜上的感受器,或通过神经体液机制反射性破坏胃肠的分泌、运动和消化机能。有时胃肠黏膜卡他性炎症变化不明显,其紊乱现象主要是属于机能性的。

机械、物理或化学等因素刺激多引起黏膜充血和白细胞浸润,直接或间接地扰乱胃肠消化吸收分泌功能,黏膜表层渗出纤维蛋白性液体或黏液,使机体损耗蛋白质;急于贪食或饲料咀嚼不全,在胃内不能充分与胃液混合,造成异常的酵解,形成大量的有机酸以及有毒的蛋白质分解产物,移至小肠并大量积滞或刺激肠管运动增强,进而引起小肠卡他性炎症。

发生以肠卡他为主的胃肠卡他时,肠蠕动增强,吸收机能减弱,大量渗出液排入肠腔,导致腹泻,或被吸收引起自体中毒。腹泻一方面将大量异常内容物排出体外,从而减轻胃肠道所受刺激,缓解自体中毒;另一方面由于大量水、盐类和碱类的丢失,引起水盐代谢紊乱和酸碱平衡失调,导致脱水或酸中毒,患畜迅速消瘦,血浆黏稠,循环障碍。马的肠道较长,在小肠病变时,其液体内容物多在大肠中被浓缩,因此也可能不表现腹泻症状。

【症状】胃肠卡他根据患畜的临床症状表现分为以胃机能紊乱为主的胃卡他和以肠机能紊乱为主的肠卡他;另外,胃肠卡他也可按照病程的长短,分为急性和慢性两种。

1. 胃卡他的症状

(1)急性胃卡他。患畜精神沉郁,呆立,嗜睡,抬头翻举上唇;饮食欲减退,有时出现异食癖;眼结膜黄染,口腔黏膜潮红,唾液黏稠,口臭,舌面被覆舌苔;肠音减弱;粪球干小、色深,表面被覆少量黏液,夹杂有未消化的饲料;体温轻微升高,易出汗和疲劳。而病猪常见呕吐现象或逆呕动作,口渴贪饮,饮水后又复呕吐;呕吐物初期为食物,后为泡沫样液体,有时混有胆汁或少量的血液;尿液呈深黄色,便秘。

(2)慢性胃卡他。患畜精神疲乏,易出虚汗,逐渐消瘦,被毛无光泽;食欲不定或减少,有时出现异食癖,舔墙壁,啃泥土,逐渐消瘦;可视黏膜苍白,稍带黄色,口腔黏膜干燥或蓄积黏稠唾液,有舌苔、口臭,硬腭肿胀;肚腹紧缩,排粪迟滞,粪球表面有黏液。有时由于胃内容物消化不良,排至肠内腐败发酵,其产物刺激肠黏膜,致使肠机能兴奋性增强,引起腹泻腹痛。病势弛张不定,有时好转,有时加剧,长时期不能恢复健康。不少病例,伴发慢性贫血。有时呈现神经症状,抽搐或眩晕;胃内容物检查时,抽取胃液困难,胃液分泌减少或缺乏;胃内含有多量黏液,镜检见有血细胞及胃黏膜上皮组织。

2. 肠卡他的症状

(1)急性肠卡他。当炎症在大肠则以腹泻为主要症状;当炎症在小肠时,没有腹泻现象。在严重腹泻和伴有腹痛时多食欲废绝,常发微热。马属动物肠卡他分为酸性肠卡他和碱性肠卡他两种。酸性肠卡他系肠内容物发酵过程旺盛,产生大量的有机酸,使肠内容物 pH 偏低;碱性肠卡他为肠内容物腐败过程旺盛,产生大量的含氮产物,使肠内容物 pH 偏高。

①酸性肠卡他。患畜食欲无明显变化,只是采食缓慢或食量稍减;口腔滑利,可视黏膜有轻度黄染;肠音增强,排便频繁,粪球松软或稀软带粪汤,内含黏液,有酸臭味。患畜易出虚汗和疲劳,往往呈现肠臌气与肠痉挛。胃液检查,酸度增高;尿液呈酸性反应,含有少量尿蓝母;血液检查,淋巴细胞增多。

②碱性肠卡他。患畜食欲减退或废绝,口腔干燥;肠蠕动音减弱,排便迟缓,粪干色深,有腐败臭味,往往呈现交感神经过敏和肠便秘的腹痛症状。病情严重时,精神沉郁,被毛无光泽,并发腹泻和体温升高。尿液检查:尿中有多量的尿蓝母。血液检查:中性白细胞增多。

(2)慢性肠卡他。患畜精神不振,食欲不定,有时出现异食癖,逐渐消瘦,被毛无光泽,可视黏膜苍白或略显黄染。便秘与腹泻交替发生是本病的主要症状。即肠机能处于兴奋性减弱时多出现便秘;便秘期间,肠内容物发酵产物刺激肠黏膜,致使肠机能兴奋性相对增强,引起腹泻。

猪肠卡他常常并发或继发于胃卡他。以肠机能紊乱为主的肠卡他的症状是腹泻,肠音增强,肚腹紧缩;重病猪,排便次数增多,多为水样粪便,肛门尾根处被粪便污染,出现脱水症状。有的呈现里急后重的症状,努责时只是排些黏液或絮状便,严重时出现直肠脱出。

【治疗】治疗原则是除去病因,加强护理,清理胃肠,制止腐败发酵,调整胃肠机能。

(1)消除病因,加强护理。首先找出并除去发病原因。如是饲料品质不良所致,应更换营养全面易消化的饲料;如是因牙齿磨灭不整造成的胃肠卡他时,应修整牙齿。对患病动物的护理除应注意通风、畜舍干燥外,要着重食饵疗法,病初减饲 1～2 d,给予优质易消化饲料和充足饮水,患猪宜喂稀粥或米汤,病愈后逐渐转为正常饲喂。

(2)清理胃肠,制止腐败发酵。当肠内容物腐败发酵产生刺激性物质时,可用缓泻剂或防腐剂。可内服液体石蜡,马 250～750 mL,牛 500～1 000 mL,犊牛、马驹、羊、猪 50～100 mL,犬 10～50 mL,猫 5～10 mL;亦可用硫酸镁或硫酸钠等盐类泻剂,马 200～500 g,配成 6%的水溶液,加适量鱼石脂 15～20 g,一次投服。

(3)调整胃肠机能。以胃机能障碍为主的胃肠卡他,多在清理胃肠基础上,用稀盐酸(马 10～30 mL,猪 2～10 mL,犬 2～5 mL),混在饮水中自行饮服,每日 2 次,连用了 3～5 d。同时内服苦味酊和龙胆酊等苦味健胃剂。

对马属动物的酸性胃肠卡他,在投服硫酸钠或硫酸镁清理胃肠内容物后,投服消毒防腐剂,并用 0.5%～2%碳酸氢钠溶液 5～6 L 灌肠或用人工盐倾泻和健胃;对碱性胃肠卡他,多用油类泻剂,也可用 10%氯化钠液 300～400 mL,20%安钠咖液 10～20 mL,5%硫胺素 20～40 mL,一次静脉注射。

中药对胃肠卡他的治疗也有一定疗效,如平胃散、健脾散。

平胃散:苍术 30 g、厚朴 30 g、陈皮 30 g、三仙 90 g、干姜 15 g、炙甘草 15 g,共为末,煎汤,胃管投服。本方剂适用以胃卡他为主的胃肠卡他。

健脾散:当归 30 g、白术 30 g、菖蒲 30 g、厚朴 30 g、砂仁 30 g、官桂 30 g、青皮 30 g、茯苓 30 g、泽泻 30 g、干姜 15 g、炙甘草 30 g、五味子 30 g,共为末,煎汤,胃管投服。本方剂适用以肠卡他为主的胃肠卡他。

【预防】从贯彻"预防为主"的原则出发,着重改善饲养管理,合理使役和适当运动,增强体质,保证健康。

首先要注意改善饲养管理,特别是饲料质量与饲养方法。建立合理的饲养管理制度,加强饲养人员和使役人员的业务学习,提高科学的饲养管理水平,做好经常性的饲养管理工作,这对防止胃肠卡他的发生有着重要的意义。饲料质量与饲养方法方面,注意饲料保管和调配,不使饲料霉败。草料在饲喂前必须过筛或水洗,除去灰尘或泥沙;不易消化的草料宜铡碎和碾碎,含有多量粗硬纤维的稿秆,饲喂前应碱化处理,以利于消化和吸收。饲喂方法,要做到定时定量,少喂勤添,先草后料;尤其是使役以后的牛马要稍事休息,先饮后喂,以防止饥饿贪食,影响消化。对老弱牲畜与重役后的牛马,更应分槽饲喂,防止争食和饥饱不均。检查饮水质量,禁止饮用污秽不洁的饮水;久渴失饮时,注意防止暴饮;严寒的季节,给饮温水,预防冷痛。保证畜体卫生和环境卫生,保持畜舍清洁、干燥和通风。

其次是合理的使役与适当运动,增强体质,促进消化机能。规定使役的强度和时间,防止劳役过度;长期休闲的牛马,应给予适当的运动,增强体质,促进消化机能,预防胃肠疾病的发生。

再者是定期检查和平时观察相结合。健康检查除定期检查外,应注意平时的观察,当发现动物采食、饮水和排粪出现异常时应及时治疗,加强护理;此外,注意定期粪检和驱虫,以免扰乱消化机能,保证动物健康。

胃肠炎(Gastroenteritis)

胃肠炎是胃黏膜和/或肠黏膜及黏膜下深层组织重剧炎性疾病的总称,临床上以呕吐、腹泻、腹痛、脱水、酸碱平衡失调和自体中毒为主要特征。本病一年四季均可发生,是各种动物的常见多发病,尤其多见于马、牛、猪、犬和猫。

【原因】胃肠炎的病因多种多样,可分为原发性和继发性两种。

1. *原发性胃肠炎*

常见病因主要是饲料的品质不良,一是饲料发霉变质、冰冻腐烂等;二是动物误食了蓖麻、巴豆等有毒植物及酸、碱、磷、砷、汞、铅等刺激性化学物质;三是使役与管理不当,如畜舍阴暗潮湿、环境卫生不良、过度使役、车船运输、断奶、舍内拥挤受热等,动物机体处于应激状态,防卫能力降低,容易受到致病因素侵害,如沙门氏杆菌、大肠杆菌、坏死杆菌等条件致病菌的侵袭;另外,在治疗其他炎症如肺炎等过程中滥用抗生素,细菌易产生抗药性,造成肠道的菌群失调引起胃肠道感染。

2. *继发性胃肠炎*

常见于某些传染病,如猪传染性胃肠炎与猪流行性腹泻、犊牛轮状病毒及细小病毒感染、鸡白痢、犬细小病毒肠炎等;某些寄生虫病,如犊牛隐孢子虫病、猪蛔虫病、禽球虫病等;急性胃肠卡他、化脓性子宫炎、肠变位及各种腹痛病等内科和产科疾病的治疗经过中。

【病理发生】在原发性病因的作用下，特别是长途驱赶、车船运输等致使机体抵抗力降低，饲料单一、饲喂不当而使肠道菌群紊乱，胃肠屏障作用减退的情况下，肠道内的大肠杆菌、产气荚膜梭菌、各种沙门氏菌等兼性致病菌的致病性增强，变成优势菌（占95%～98%），并产生肠毒素而损伤胃肠壁，造成胃肠黏液分泌增多、黏膜水肿与出血、纤维蛋白渗出、白细胞浸润以至溃疡或坏死。

当炎症局限于胃和小肠时，由于交感神经的紧张性增高或副交感神经受到抑制，对胃肠运动的抑制性增强，肠蠕动减弱，且大肠吸收水分的功能相对完好，所以临床表现排粪迟滞而不显腹泻。当炎症波及大肠或以肠炎为主时，肠蠕动增强，出现腹泻，尤其是由细菌、病毒、真菌、原虫和化学因子所引起的肠黏膜急慢性炎症或坏死，将引起液体分泌和炎症产物的增加，而对液体和电解质的吸收减少，此时肠腔内渗透压升高以及分泌-吸收不平衡进一步促进了液体的大量分泌，加剧了腹泻的发展。当肠管炎性病变加剧，以致肠出血、坏死时，则导致肌源性肠弛缓或弛缓性肠肌麻痹，肠腔内积滞大量液体和腐败发酵产生的气体，则出现胃肠积液和臌气。炎性产物、腐败产物以及细菌毒性产物（肠毒素，尤其内毒素）经肠壁吸收入血，导致自体中毒甚至内毒素血症和内毒素休克，最终发生弥漫性血管内凝血。

胃肠黏膜分泌大量黏液、肠运动增强和腹泻，是机体对炎症刺激的保护性应答，具有双重性生物学意义。其不利的作用表现在，过多的黏液包裹食糜会妨碍消化酶的接触和营养物的消化吸收。进入肠道尤其是大肠内的黏液蛋白，成为腐败菌大量繁殖的营养基质，促进大肠内的腐败过程，加剧自体中毒。肠蠕动加快及腹泻，使大量体液、电解质（主要是Na^+、K^+）和碱基（主要是HCO_3^-）丢失，导致不同程度的脱水、失盐和酸中毒。机体脱水和酸中毒，使血液浓缩、循环血量减少，微循环瘀滞，从而加重内毒素休克和弥漫性血管内凝血进程，病情迅速恶化而转归于死亡。

【症状】按照病程经过分为急性胃肠炎和慢性胃肠炎。

1. 急性胃肠炎

初期多呈急性胃肠卡他的症状，以后逐渐或迅速出现以下胃肠炎的典型临床表现。

（1）全身症状重剧。患畜精神沉郁，闭目呆立；食欲减少或废绝，反刍、嗳气减少或停止，瘤胃蠕动减弱或消失，饮欲亢进；可视黏膜潮红，发绀，黄染；大多数患畜体温升高至40℃以上，少数病畜后期发热，个别病畜不发热；呼吸增数，脉搏加快，每分钟达80～100次，初期脉搏充实有力，以后很快减弱。

（2）胃肠机能障碍重剧。持续而重剧的腹泻是胃肠炎的主要症状，每日腹泻达10～20次，粪便稀软、粥状、糊状或水样，常混有数量不等的黏液、血液或坏死组织片，有恶臭或腥臭味。患畜口腔干燥，口色潮红、红紫或蓝紫，舌苔黄厚，口臭难闻。常有轻微腹痛，喜卧或回头顾腹。猪、犬、猫等中、小动物常发生呕吐。肠音初期增强，后期减弱或消失。疾病后期肛门松弛，排粪失禁，里急后重。

（3）脱水体征明显。腹泻重剧的，在临床上多于腹泻发作后18～24 h可见明显（占体重10%～12%）的脱水特征，包括皮肤干燥、弹性降低，眼球塌陷，眼窝深凹，尿少色暗，血液黏稠暗黑。

（4）自体中毒体征明显。病畜衰弱无力，耳尖、鼻端和四肢末梢冷厥，局部或全身肌肉震颤，脉搏细数或不感于手，结膜和口色发绀，微血管再充盈时间延长，有时出现兴奋、痉挛或昏睡等神经症状。

2. 慢性胃肠炎

主要症状同急性胃肠炎，患畜精神沉郁，衰弱，食欲不定，时好时坏。异食癖，便秘，或腹泻与便秘交替，并有轻微腹痛，肠音不整。体温、脉搏、呼吸常无明显改变，最后呈现恶病质。

另外，以胃和小肠为主的慢性胃肠炎，主要临床特征为无明显腹泻症状，排粪弛缓、量少、粪球干而小，舌苔黄厚、口臭难闻，巩膜黄染重，自体中毒的体征比脱水体征明显，后期可能出现腹泻。

【病理学检查】按炎症类型分为黏液性、化脓性、出血性、坏死性、纤维素性等胃肠炎。

常见变化有黏膜或黏膜下层组织的水肿、充血、出血，或有纤维蛋白性炎症、黏膜的溃疡和坏死；呈急性坏死的有明显的出血、纤维蛋白伪膜和上皮碎片，慢性炎症其上皮可能相对正常，但肠壁增厚或有水肿。寄生虫性胃肠炎，剖检时可见有虫体，粪检可发现虫卵。

【临床病理学】疾病初期，白细胞总数增多，中性粒细胞比例增大，核左移，出现多量杆状核和幼稚核（增生性左移）；疾病后期，白细胞总数减少，中性粒细胞比例不大，且核型左移（退行型左移）。血小板显著增多，出现相对性红细胞增多症指征，包括血液浓稠，血沉减慢，红细胞压积（PCV）增高（>40%），血红蛋白含量增多；出现代谢性酸中毒，血浆中碳酸盐减少，低钠血、低氯血和低钾血症；尿少而比重高，含多量蛋白质、肾上皮细胞以至各种管型。

【诊断】胃肠炎的主要临床诊断依据包括：全身症状重剧，肠音初期增强以后减弱或消失，腹泻明显，脱水与自体中毒体征。症状的不同组合，有利于判断病变发生的部位，如口腔症状明显，肠音沉衰，粪球干小的，主要病变可能在胃；腹痛和黄染明显，腹泻出现较晚，且继发积液性胃扩张的，主要病变可能在小肠；腹泻出现早，脱水体征明显，并有里急后重表现的，主要病变在大肠。

确定继发性胃肠炎的病因和原发病比较复杂和困难，主要依据于流行病学调查，血、粪、尿或其他病料的检验，草料和胃内容物的毒物分析，以区分单纯性胃肠炎、传染性胃肠炎、寄生虫性胃肠炎和中毒性胃肠炎。必要时可进行有关病原学的特殊检查。在鉴别诊断时，应与胃肠卡他从全身症状、肠音及粪便变化上进行鉴别。

【治疗】治疗原则是消除病因，抑菌消炎，调理胃肠(缓泻止泻)，补液解毒强心。

(1)消除病因。首先查明原因，排除病因，必要时更换饲料。同时加强饲养管理，搞好圈舍卫生；若采食给予易消化的饲草、饲料和清洁饮水，逐渐转为正常饲养。

(2)抑菌消炎。抑制肠道内致病菌增殖，消除胃肠炎症过程，是治疗急性胃肠炎的根本措施，适用于各种病型，应贯穿于整个病程。可依据病情和药物敏感试验，选用抗菌消炎药物，如黄连素、环丙沙星、诺氟沙星、磺胺脒、新霉素等。

(3)消理胃肠(缓泻止泻)。缓泻与止泻是相反相成的两种措施，必须切实掌握好用药时机。缓泻，适用于病畜排粪迟滞，或排恶臭稀粪而肠胃内仍有大量异常内容物积滞时。病初期的马、牛、猪，常用人工盐、硫酸钠等，加适量防腐消毒药内服。晚期病例，以灌服液状石蜡为好。对犬、中小体型猪的肠弛缓，宜用甘汞内服，也可用甘油、液状石蜡内服。据国外资料报道，槟榔碱 8 mg 皮下注射，每 20 min 一次，直至病状改善和稳定时为止，对马急性胃肠炎陷入肠弛缓状态时的清肠效果最好。止泻，适用于肠内积粪已基本排净，粪的臭味不大而仍剧泻不止的非传染性胃肠炎病畜。常用吸附剂和收敛剂，如木炭末，或用矽炭银片 30～50 g，鞣酸蛋白 20 g，碳酸氢钠 40 g，加水适量灌服。中小动物按体重比例小量应用。

(4)补液、解毒和强心。这是抢救危重肠胃炎的三项关键措施。补液以用复方氯化钠或生理盐水为宜；输注 5%葡萄糖生理盐水，兼有补液、解毒和营养心肌的作用；加输一定量的 10%低分子右旋糖酐液，兼有扩充血容量和疏通微循环的作用。补液数量和速度，依据脱水程度和心、肾的机能而定；常以红细胞压积(PCV)测定值为估算指标，一般而言，病畜 PCV 测定值比正常数值每增加 1%应补液 800～1 000 mL；临床上，一般以开始大量排尿作为液体基本补足的监护措施。为纠正酸中毒而补碱，常用 5%碳酸氢钠液，补碱量依据血浆 CO_2 结合力测定值估算，通常以病畜血浆 CO_2 结合力测定值比正常值每降低 3.5%，即补给 5%碳酸氢钠液 500 mL。当病畜心力极度衰竭时，既不宜大量快速输液，少量慢速输液又不能及时补足循环容量，此时可施行 5%葡萄糖生理盐水或复方氯化钠液的腹腔补液，或用 1%温盐水灌肠。对于中毒性、寄生虫性和传染性胃肠炎，除采用上述综合疗法外，重点应依据病因不同，加强针对性治疗，方能奏效。

【预防】加强饲养管理，减少各种应激性因素的刺激，做好卫生、驱虫和防疫工作，及时治疗继发性胃肠炎的传染与非传染性因素的原发病。具体预防措施同胃肠卡他。

猪食道胃溃疡
(Esophagogastric Ulcers in Pigs)

又称猪胃溃疡，是特发于猪的一种以胃食道区局限性溃疡为病理特征的胃病，又称食管区溃疡、胃食道溃疡及胃溃疡综合征等。本病可侵害各种日龄的猪，以 3～6 月龄的猪多发，分娩期的经产母猪也易发生。现代圈养猪的胃损伤包括角皮症、糜烂和溃疡，发病率可达 90%，其中胃溃疡发病率，低的占 2%～5%，高的可达 15%～25%，现已成为猪的常见多发病。

【原因】目前尚未发现与猪胃溃疡相关的特定病因。多数学者认为引起胃溃疡的主要因素是饲养和/或管理不当等。

(1)饲料加工工艺和饲粮因素与本病的发生密切相关。现代养猪生产中，许多用来提高饲料利用率和降低饲料成本的技术，引起了胃损伤病例的增加。如饲喂细小颗粒组成的日粮，使胃内容物流动性增强，胃内不同部位内容物相互混合的概率增加，导致胃食管区和幽门区之间的 pH 梯度消失，并引起幽门区 pH 上升刺激胃酸分泌，胃酸和蛋白酶与敏感而缺乏保护层的胃食管区上皮接触，引发胃溃疡的发生。其次，颗粒料在加工过程中，尤其是蒸汽生产颗粒料法将使饲料温度升高到约 80℃，这样将导致淀粉凝胶化，而谷物的热处理已被证实可引起胃溃疡。第三，日粮中富含玉米和小麦而纤维素不足，或在加工过程中纤维素被碾磨过细而失去了有益效应，可极大地促进微生物发酵并产生有机酸，有人已证实结合短链脂肪酸能够比盐酸更快地穿透食管区黏膜并造成损伤。

(2)功能性因素的致病作用。与其他动物比较，猪胃活动力较弱，且空的时候很少。正常情况下，摄取的饲料紧位于食管开口处并覆盖在先前摄取的食物上面，食物的混合主要发生在幽门窦。当食入精细饲料尤其是颗粒料时，胃内容物稀薄，流动性大，极容易混合，使食管区和幽门区 pH 梯度丧失，不仅可引起酸与敏感的鳞状黏膜接触，也可使幽门区 pH 升高，刺激胃分泌素释放，增加胃的酸度。

(3)突然中断摄取饲料是引发胃溃疡的又一重要原因。停饲可实验性诱发猪胃溃疡。屠宰场的实践表明，经过 24 h 停饲的猪与来自同一猪群刚抵达不停饲就屠宰的猪相比，前者胃溃疡的发生显著增加并且程度严重。引起饲料中断的原因，可能是饲料不足，水缺乏，拥挤，猪混养，疾病或高温引起的食欲下降或废绝等。

(4)酸败脂肪的摄入以及硒与维生素 E 缺乏，可通过激活应激机制引起胃酸分泌增加而引发胃溃疡。遗传易感性在溃疡的发生上也起一定作用，有报道称高生长率和/或低背脂含量与胃溃疡的高发病率有关；也有报道注射猪生长激素后可使胃溃疡的发生与严重程度均增加。

(5)应激因素。长途运输、拥挤、受热、饲喂制度不稳定，蛔虫和胃线虫感染以及猪胃螺杆菌、螺旋菌感染等均可致猪胃的分泌功能障碍和黏膜的完整性破坏。

【病理发生】猪胃食管区有一层角化、分层的鳞状上皮，不分泌保护性黏液，因此是一个敏感的相对保护性较差的区域。尽管本病的发生机理尚未完全弄清，但是任何影响胃分泌功能和黏膜完整性的各种机制均可参与胃溃疡的形成。

关于胃溃疡形成的过程，一般推测为由于食管区受到损伤，致使上皮细胞增殖，细胞的快速发育导致了未成熟细胞的产生，同时因为细胞增多而营养供给不足，使上皮细胞之间的紧密连接被破坏，消化液得以进入深层组织，开始是上皮表面剥落，随损伤发展则深层组织也受到侵害，最终损伤黏膜肌层和黏膜下层，即形成食管区的糜烂和溃疡。

【临床表现】急性病例，因出血而导致食欲下降、衰弱、贫血、黑色柏油状粪便，在数小时或数天内死亡，或表现看上去很健康的猪而突然死亡。慢性病例，生长发育不良，表现明显的贫血症状，如黏膜苍白，精神委顿，虚弱，呼吸频率增快，食欲下降或废绝；有时出现黑粪；有些猪出现腹痛症状，如磨牙、弓腰，偶有呕吐；体温多低于正常；病猪可存活几周。亚临床症状的猪，主要表现为在预期内达不到发育成熟，在此情况下，溃疡通常愈合并留下瘢痕，并进而形成食管至胃入口处的狭窄；患有此狭窄症的猪，常表现采食后不久即呕吐，然后因饥饿又立即采食，尽管食欲良好，但生长缓慢。

【病理变化】猪胃食管区为一长方形，呈白色、有光泽、无腺体的鳞状上皮区域。剖检时通常在这个区域见到由直径 2～2.5 cm 或更大的火山口状外观的扣状溃疡，并包围着食道，火山口状结构外观如一乳白色或灰色多孔状区域，可含有血凝块或碎屑。急性出血的在胃和小肠前段内含有黑色血液。早期病理变化特征，是在食道通向胃的开口处发生鳞状上皮角化过度即形成角皮病，使黏膜增厚、粗糙、有裂隙，随后这种增生性病理变化糜烂而形成溃疡，并因胆汁着色使胃食管部呈淡黄色。愈合的溃疡呈现星状的瘢痕。

【诊断】一般根据病史和病理剖检建立诊断。临床上在一栏猪中，有 1～2 头表现精神不振、食欲减退、体重下降、贫血、排黑色粪便以及有时出现呼吸困难，或发现外观健康的猪突然死亡，则提示胃溃疡的发生。但对余下猪的胃溃疡发生及其严重程度的判定，甚为困难。

【治疗】急性型病例，由于病程急促，多在短时间内死亡。慢性型生前诊断困难，目前尚无有效疗法。

如果能查明病因，可采取针对性治疗措施，如用中等粗糙的含纤维素的谷物饲料，替代精细的颗粒料；营养缺乏或维生素 E 及硒缺乏时，可调整日粮，补充相应的营养物质；对于继发呼吸道疾病的应采取药物治疗。

若患病猪是珍贵种畜，宜采取综合疗法，早期可静脉注射含电解质或维生素 K 的葡萄糖液；尽早地输血，按体重 150～200 kg 的猪 1 h 内输入 1～2 L 血液；配合注射含 Fe 及 B 族维生素制剂，以促进造血功能和增强食欲，有利于病猪康复。

为中和胃酸，减少胃酸分泌和/或促进溃疡愈合，可用非吸收的抗酸剂如氢氧化铝和硅酸镁，其作用缓慢、持久，较在饲料中添加 1%碳酸氢钠更有效。

曾有报道，内服甲氰咪（Cimetidine）300 mg，每日 2 次，以及呋喃硝胺等组胺 H_2 受体拮抗剂，治疗早期病猪有效，然而新近研究表明，上述组胺 H_2 受体拮抗剂不能减少由磨细饲料引起的胃溃疡发病率和/或减轻症状。

【预防】本病重在预防，主要措施有：减少日粮中的玉米数量，不喂精细颗粒料改喂粗粒料或粉料；增加日粮中纤维量和粗磨成分，据报道苜蓿富含维生素 E 和维生素 K，并可提供更多的纤维，按日粮的 9%添加，可降低发病率与减轻症状；颗粒料要大小合适、粒径均一并在合适的温度下（避免高温）生产；稳定饲喂制度，监视饲喂过程，防止突然停饲、缺水以及热应激反应等。另外，在饲料中添加某些保护剂如硫酸甲硫氨酸、褪黑激素等，可减少胃溃疡的发生。

禽腺胃炎（Proventriculitis of Chickens）

见二维码 3-3。

二维码 3-3
禽腺胃炎

禽肌胃糜烂（Gizzard Erosion）

见二维码 3-4。

二维码 3-4
禽肌胃糜烂

鸵鸟腺胃堵塞（Impaction of Proventriculus in Ostriches）

见二维码 3-5。

二维码 3-5
鸵鸟腺胃堵塞

霉菌毒素中毒性肠炎（Enteritis Caused by Mycotoxicosis）

见二维码 3-6。

二维码 3-6
霉菌毒素中毒性肠炎

马属动物急性结肠炎（Acute Colitis in Horses）

马属动物急性结肠炎又称马急性盲结肠炎或急性结肠炎综合征，是以盲肠、大结肠尤其下行大结肠的水肿、出血和坏死为病理特征的一种急性、高度致死性、非传染性疾病，以急性腹泻和内毒素休克为特征。本病多见于马骡，各种年龄段的马均可发生，以 2～10 岁青壮年马多见。本病常年散发，有时呈群发流行。

【原因】尚无定论，但多数学者认为并已被证实是由于突然过量采食高淀粉饲料（尤其是玉米粉）；气候骤变、过度疲劳、车船运输、妊娠分娩以及流感、传贫、呼吸道感染等疾病经过中，动物处于应激状态；滥用抗生素，特别是内服或注射土霉素、四环素等广谱抗生素等，使肠道微生态环境改变，肠道菌群失调，其中如大肠杆菌、沙门氏菌等革兰氏阴性菌大量增殖并崩解释放出多量肠毒素和内毒素，导致病马的内毒素血症和内毒素休克状态。

【临床表现】本病的特点是突然出现腹泻，虽有某些前驱症状，往往不会引起人们的注意。病畜体温升高（39～42℃），呼吸急促，脉搏过速，食欲废绝，大多思饮；精神沉郁甚至昏迷，重者不能自行站立；肌肉震颤，末梢皮温下降，耳、鼻、四肢发凉或冰冷，暴发性腹泻，粪便稀而腥臭，排粪频繁，后期不见排粪；严重脱水，由于毛细血管回流量减少，导致低血容量性休克，或由于内毒素致发中毒性休克，口腔黏膜紫红或发绀，干燥无光；尿液浓稠，少尿或无尿；大小肠音减弱或废绝，肠管内容物多为半流体状；腹围随着病情的发展而逐渐增大；心音减弱，第二心音往往消失；微血管再充盈时间延长数倍，颌外动脉细弱或不感于手；血压显著下降，中心静脉压极低或为负值。急性暴发性病例 3 h 内、亚急性病例 24～48 h

内死亡。多数病例预后不良，病死率70%左右。

少数病例具有全身或局部冷汗，肌肉震颤，轻度腹痛，心律不齐，瞳孔散大，肺有湿性啰音。

【病理变化】尸体高度脱水，皮下血管充满暗色、焦油样不凝血液，皮下出血。盲肠及大结肠的病变明显，浆膜面发绀，肠内积满恶臭泡沫状内容物，黏膜面充血，散在小点出血，坏死，但未形成溃疡；黏膜下高度水肿，但出血不明显，肠内极少有纯净的血液，盲肠及下层结肠病变最严重，上层结肠、回肠和结肠后段变化不尽一致，盲结肠淋巴结充血水肿。胃、十二指肠和空肠没有明显的变化。胰腺和泌尿生殖系统一般没有病变。肝脏充满暗色浓稠不凝血液，由切面溢出。脾脏充血，淋巴滤胞及淋巴组织萎缩。肺呈肺泡性气肿、充血，有时水肿。气管、鼻腔、喉囊、鼻窦有出血点及出血斑，少数见有鼻炎、局灶性肺炎及慢性胸膜炎。心脏一般正常，有的质软、扩张，切面呈煮肉灰色。心外膜有小点出血及大块出血，有的见有局灶性心肌炎及慢性心内膜炎。脑组织一般变化不大，有的报道神经细胞组织有退行性变化。

【临床病理学】典型病例，在发病短时间内红细胞压积容量可高达40%～70%，白细胞总数减少，出现核左移，以及代谢性酸中毒和电解质失衡。

血常规检验：红细胞压积明显升高，白细胞计数均在常值以下，病情越重，其值越低；白细胞分类计数，大多数病例表现为中性粒细胞减少，淋巴细胞相对性增多，并出现"中毒性"中性白细胞，嗜酸性白细胞几乎绝迹；血小板数量显著下降，纤维蛋白原降低，凝血酶原时间延长，血浆复钙时间延长，血浆鱼精蛋白副凝实验阳性。血液pH降低，血清钠、钾、氯下降，血清或血浆非蛋白氮含量升高，血浆二氧化碳结合力下降，乳酸含量升高，在休克的初期血糖升高。

尿液检查：可见病马尿液的pH低于7.0，尿中出现蛋白质，尿沉渣中可发现肾上皮细胞、红细胞、白细胞和管型。

【诊断】根据病史调查、临床特征和临床病理学检查可对本病做出诊断，但要与一般胃肠炎相区别。

【治疗】治疗原则为抑菌消炎、复容解痉、解除酸中毒和维护心肾功能，必要时供氧。

(1)抑菌消炎。是治疗急性结肠炎的中心环节，选择对革兰氏阴性菌的抗生素药物，静脉注射，如庆大霉素、头孢噻呋钠、氧氟沙星或环丙沙星等。

(2)复容解痉。是抗休克、急救的核心措施。切记扩容在前，解痉在后，不容颠倒。及时给予等渗盐水和低分子右旋糖酐，静脉注射，解除低血容量性休克。实施输液时，要注意掌握补液数量、种类、顺序和速度，严密监护补液效应，并适时应用扩血管药物，以改善组织的微循环灌注。常用氯丙嗪、多巴胺注射液或盐酸异丙肾上腺素。

(3)纠正酸中毒。依据血浆二氧化碳结合力的数值，代入计算公式，算出应该补加的碳酸氢钠液的用量。也可参考尿液pH的变化数值，决定碱性补液的用量，以尿液pH回升到7.5～8.0为宜。

(4)维护心肾功能。及时应用强心剂、利尿剂，适时补钾等治疗措施。可静脉滴注毛花苷C注射液或毒毛旋花子苷K注射液，内服氢氯噻嗪或静脉滴注呋塞米(速尿)等利尿剂。

(5)供氧。供氧可以及时解除患畜的氧债，无氧代谢会给患畜带来酸血症，可促使内脏器官组织的变性加速，其中尤以心、脑、肾为甚。

黏液膜性肠炎
(Mucomembraneous Enteritis)

见二维码3-7。

二维码3-7

黏液膜性肠炎

马肥厚性肠炎
(Hypertrophic Enteritis in Equine)

见二维码3-8。

二维码3-8

马肥厚性肠炎

家禽肠炎(Enteritis in Poultry)

家禽肠炎是指由肠黏膜及其深层组织的炎症引起的以腹泻、脱水和衰弱为共同特征的一类疾病，各种年龄的家禽都会发生，以2～3周龄的雏禽多发，常引起大量死亡。

【原因】主要有原发性和继发性两种，临床上以继发性多见。

(1)原发性病因。主要是由于饲养管理不当、饲料品质不良及气候突变等因素引起的。常见原因有：饲料中含有毒物质或毒素；饲料霉变或酸败；饲料配合不合理引起消化吸收困难；饮水不洁，特别是在育雏期饮水不洁；天气突变，受寒或中暑；滥用抗生素引起肠道微生物菌群失调等。

(2)继发性病因。见于某些细菌、病毒性传染病或寄生虫病。细菌性传染病包括鸡白痢、鸡伤寒、鸡副伤寒、大肠杆菌病、禽霍乱，还有由产气荚膜梭菌引起的坏死性肠炎和棒状杆菌引起的肠炎等；病毒性疾病包括鸡新城疫、马立克氏病、小鹅瘟等；寄生虫病见于球虫病、组织滴虫病、蛔虫病、绦虫病等。

【临床表现】腹泻、脱水和衰弱是家禽肠炎的共同特征。腹泻的严重程度和粪便的特征随病因和肠黏膜损伤的严重程度不同而有较大差异，轻者粪便稀薄或呈水样腹泻，重者粪便恶臭，呈暗红色，混有血丝或血液；病禽渴欲增强，喜饮水，最后因脱水，衰竭而死。除此之外，雏禽主要表现为精神萎靡，体温降低，食欲下降或不食，羽毛松乱，呆立，常拥挤在一起，并可见到病禽泄殖腔外口频频急剧收缩，排有白、黄、绿、棕黄色或混合色稀粪，肛门周围羽毛沾满粪便。成年禽患病基本与雏禽相似，不过症状轻而缓，死亡率较低，但产蛋明显减少或停止产蛋。

【病理变化】肠道的肠黏膜、黏膜下层、肌层、浆膜层都有不同程度的炎症变化。

【治疗】治疗视病因而定。但不论是继发性或原发性肠炎，均要控制肠道感染，并给予充分饮水和投服吸附剂(2%木炭末)。可用诺氟沙星，雏鸡混饲50 g/t饲料；恩诺沙星，鸡混饮50 mg/L，连饮3 d，肌肉注射2.5 mg/kg体重，2次/d，连用3 d；或用庆大霉素或庆大小诺霉素8万IU/L饮水，连饮3～5 d。亦可用阿莫西林30 mg/kg体重、红霉素10 mg/kg体重饮水，以清除肠道有害物质，然后在饲料中加入0.5%的磺胺脒，连用3 d。另外也可选用一些新型广谱抗生素。

【预防】关键是加强饲养管理，合理搭配饲料，供给优质饲料和充足的饮水，做好禽舍防寒保暖工作，控制各种传染病，不滥用抗生素。

蛋鸡开产前后水样腹泻综合征 (Water-like Diarrhea Syndrome in Lay-around Hens)

蛋鸡开产前后水样腹泻是近几年来在养鸡业上多见的一种疾病，临床上以剧烈的水样腹泻为特征。本病常发生于开产前后的青年母鸡，在夏季和初秋季节开产的蛋鸡发病最为明显。

【原因】具体原因目前尚不清楚，该病只发生在开产前后的一段时间内，提示本病的发生可能与蛋鸡由育成期向产蛋期过渡过程中某些饲料营养成分的改变有关。

(1)饲料中矿物质含量过高。产蛋初期料中矿物质的含量很高，大量的钙、磷、锌、钠等离子蓄积在肠道内，使肠道内渗透压升高，在很大程度上阻止了肠道对水分的吸收，而且饲料中含量较高的石粉、贝壳粉又机械性刺激肠壁，使肠道蠕动加快引起腹泻。

蛋鸡由育成期向产蛋期过渡阶段，含量增加最快的是日粮中的钙(Ca)。按照我国现行的饲养标准，育成料Ca含量为0.6%，从开产到产蛋率达65%之前为3.2%，产蛋率在65%～85%之间为3.4%，产蛋高峰期(产蛋率高于80%)为3.5%。尽管从育成料改换成开产料要经过3～4 d的过渡，但这种短期内高幅度改变仍然不可避免地对鸡群造成生理应激，而在开产前期只有少数发育成熟的鸡开始产蛋，这种高钙日粮实际上远远超过了鸡群中大部分尚未开产的蛋鸡的实际需要，多余的Ca不能被吸收，则和肠道中未消化的物质一起从粪便中排出，此时通过肾脏的排泄也增加，这可能导致鸡的饮水增加，粪便变稀。国外已有研究表明，在预开产期饲喂产蛋料与饲喂含Ca量为1%的育成料或含Ca量为2%的预开产料相比，前者可引起开产蛋鸡饮水增加，粪便变稀(含水量增加4%～5%)，提示日粮中Ca含量增加可能与本病有关。

(2)饲料蛋白水平过高。育成后期为保证开产蛋鸡的营养需要，往往增加饲料的蛋白含量，突然增加蛋白原料的用量，如豆粕、杂粕等。棉粕、菜籽粕等杂粕含量过高会造成对肠道的刺激加剧而产生拉稀现象。部分饲料厂家还使用动物性蛋白，如鱼粉、肉骨粉、羽毛粉等大肠杆菌超标的饲料原料，造成机体肠道内菌群失调引起拉稀。此外，羽毛粉添加过多会引起消化不良。

(3)饲料中粗纤维含量过高。育成后期(即12周以上)饲料中添加大量的米糠或麸皮，饲料中粗纤维含量过高(10%以上)，可对肠道产生刺激，原有的肠道菌群尚未适应现在的饲料营养要求，容易导致肠道菌群失去平衡，引起应激反应，肠蠕动速度过快而引起腹泻。饲料中粗纤维含量越高，拉稀持续时间越长。

(4)食盐含量过高。饲料中含盐量过多(超过0.4%)或发生食盐中毒时,蛋鸡饮水增加,易导致腹泻。常见情况有:过多地添加(劣质)鱼粉、小鱼干等,为增强蛋鸡食欲防止啄羽啄肛而过多地添加食盐。

(5)饲料过渡应激。初产蛋鸡代谢旺盛，大部分的营养物质供应产蛋，机体免疫力和机体调节机能随之降低，导致消化机能下降。从育成料到产蛋高峰料的过渡时间过短或根本没有过渡,初产蛋鸡消化道对产蛋期料的突然更换无法适应,这对鸡机体是一种应激反应,从而引起腹泻。

【流行病学】发生于开产前后的青年母鸡,在夏季和初秋季节开产的蛋鸡发病最为明显。发病日龄通常在110～150日龄,低于或超过该日龄范围的蛋鸡很少发病。即便在同一鸡场,饲喂的饲料完全相同,发病也仅见于刚开产的青年母鸡,而已过开产期的蛋鸡则不发病。病程短的在15 d左右,长的可持续半年以上。患鸡的采食量和生产性能不受明显的影响,死淘率较低。

【临床表现】病鸡剧烈腹泻,拉黄色或灰黄色粪便,稀薄如水。严重时,走进鸡舍,即可听见“哗哗”的水泻声。患病鸡群精神较好,采食量正常,但饮水明显增加,鸡群饮水量较正常情况下多1/3以上。大量水分中夹杂着部分未消化的饲料,固体成分较少,泄殖腔周围羽毛被粪水污染。产蛋上升幅度与同日龄未发生腹泻的健康对照鸡群没有明显差异,或者鸡群产蛋率上升缓慢,产蛋高峰上不去;蛋壳颜色正常,但蛋重减轻。腹泻鸡群发生少量死亡(皆因过度脱水而死),死淘率未见增加。用抗生素或抗病毒药物治疗无效,或者症状减轻,但停药后复发。天气炎热时腹泻加重,天气转凉时症状减轻。

【病理变化】腹泻轻微的病鸡剖检基本无特征性病变。有的病鸡可见空肠和回肠肥厚、肿胀,泄殖腔充血,肾脏充血肿胀,肾脏尿酸盐沉积。腹泻严重的病鸡鸡冠苍白、水肿,盲肠扁桃体肿胀出血,十二指肠、直肠轻度出血,泄殖腔有水样微白色稀粪,肛门周围羽毛被粪水污染侵蚀,肝和脾稍肿大、出血,心冠脂肪有出血点,有的病鸡心包膜粗糙,附着纤维素性分泌物;个别病例有卵黄性腹膜炎,卵泡发育大小不均,充血。

【诊断】通过流行病学调查、临诊症状、病理剖检变化结合使用抗病毒药和抗生素药物治疗无效很容易确诊。

【治疗】用各种抗生素、抗病毒药治疗无明显疗效。饲料中添加益生菌(素)、腐植酸钠、维生素C等不能缓解病情。

【预防】预防本病主要是科学的饲养与管理,包括合理搭配日粮、减少应激、维护肠道的正常菌群平衡,及时确诊,综合治疗。

(1)合理搭配日粮。在育成后期,饲料中粗纤维含量应控制在10%以内,粗蛋白含量不应超过16%,食盐含量应该在0.4%以下。此外,杜绝使用霉变的原料来配合饲料,并注重饲料贮存,防止霉变。

(2)减少各种应激。对初产蛋鸡进行换料时要根据鸡群饲养情况而定,一般饲喂1～2周产前料,在产蛋率10%以上时,更换蛋鸡料,应在3～5 d内换完,以防饲料中含量较高的石粉和粗蛋白对其肠道造成刺激。保证青年鸡到产蛋鸡日粮营养的顺利过渡,为开产和产蛋高峰储备钙源,有效避免因钙磷缺乏导致的软壳蛋和瘫鸡,以及血钙过高引起的肾肿和顽固性拉稀。

(3)保护肠道的正常菌群平衡。在饲料中经常添加益生菌制剂,有利于维持肠道正常菌群平衡,增强消化系统的吸收功能和调节能力,可有效防止水样腹泻的发生。

(4)及时确诊,综合治疗。如果将非病原性腹泻误诊为病原性腹泻,不但始终不能治愈,造成极大的药物浪费,而且会进一步加重病情,延长病程。因此,当鸡群出现腹泻症状时,应邀请专业技术人员进行诊断,以防因诊断失误而影响治疗。

猪增生性肠炎
(Porcine Proliferative Enteritis, PPE)

见二维码3-9。

二维码3-9
猪增生性肠炎

(陈甫)

第六节　腹痛性疾病

猪肠变位
(Intestinal Dislocation in Swine)

猪肠变位是肠管自然位置发生改变,致使肠系膜或者肠间膜受到挤压或缠绞，肠管血液循环发生障碍，肠腔机械性闭塞的急性腹痛病，又称机械性肠阻塞、变位疝。常发的肠变位类型有肠套叠、肠扭转、肠缠结和肠嵌闭。病因，哺乳仔猪常因母乳不足而处于饥饿状态，肠管长时间空虚，采食品质不良饲料、饮冷水；断乳期间因饮食改变，采食了刺激性较强的饲料或在施行去势时捕捉、按压等，致使肠套叠。肠扭转多因饲料含泥沙过多，在急剧运动时发生某段肠管或肠系膜根部扭转。肠嵌闭，主要见于对阴囊疝或脐疝治疗不及时，致使脱出腹腔的肠管互相挤压、粘连及发炎而发闭塞；成年母猪的去势或剖腹产手术不规范操作，使肠管与腹膜粘连或掉入腹膜破裂口内，或被嵌顿在腹壁肌肉间，致使肠管闭塞。临床特征，发病突然，腹痛明显，出现各异常姿势，初期频频排出稀粪常混有大量黏液或血丝，后期排粪停止；小肠肠系膜扭转，主要表现腹部膨胀，突然死亡，死前腹痛明显，病程一般在 2 h 以内；肠嵌闭常有腹壁肌颤抖，两侧腹壁有压痛反应。治疗，在初步诊断为肠变位时，应及时剖腹探查，一经确诊应随之进行手术整复，遇有肠管坏死时则行肠切除和肠吻合术。术后注意抗菌消炎和饲养管理。

猪肠便秘（Constipation of Swine）

猪肠便秘是由于肠运动、分泌功能紊乱，肠内容物停滞不能后移，水分被吸收而干燥，致使肠腔阻塞的一种腹痛病。按其病因，有原发和继发之分。原发性肠便秘，主要起因于长期饲喂含粗纤维多的饲料，或精料过多、青饲料不足或缺乏饮水；饲料中混有多量泥沙或其他异物；突然变换饲料，气候骤变等。继发性便秘，多发生于热性病如猪流感、猪瘟、猪丹毒等疾病的经过中。病猪一般表现为食欲减退或废绝，有时饮欲增加，偶见有腹胀、不安；主要症状是，频频取排粪姿势，初期排干小粪球，而后排粪停止；听诊肠音微弱，有时听到金属性肠音；腹部触诊显不安，小型瘦弱猪可摸到形如串珠状的干硬粪球；后期全身症状加重，因继发局限性或弥漫性腹膜炎而体温升高。治疗原则是改善饲养，加强护理，疏通导泻，镇痛减压，补液强心。当尚有食欲，腹痛不明显时，宜停食 1 d，用微温肥皂水多次直肠灌入，而后按摩腹部，以软化结粪，促进排出；腹痛明显的，用安乃近 3～5 mL，或氯丙嗪 2～4 mL，肌肉注射；疏通肠道可用植物油或液状石蜡 100 mL 或甘汞 0.2～0.5 g、蜂蜜 25～50 g 加适量水 1 次内服。疏通肠道后，喂给多汁饲料；机体衰弱的应用 10％葡萄糖液 250～500 mL，静脉或腹腔注射，每日 2～3 次。

犬胃扩张-扭转综合征（Canine Gastric Dilation-Volvulus Complex）

胃扭转是指胃幽门部从右侧转向左侧，并被挤压于肝脏、食道的末端和胃底之间，导致胃内容物不能后送的疾病。胃扭转之后，由于胃内气体排出困难，很快发生胃扩张，因此称之为胃扩张-扭转综合征。非完全性胃扭转可能不发生胃扩张，或发生轻度胃扩张。本病多发于大型犬和胸部狭长品种的犬，如大丹犬、德国牧羊犬等，中型犬和小型犬也可以发生，但发病率较低。雄性犬发病率高于雌性犬。犬胃扩张-扭转综合征是一种急腹症，病情发展迅速，预后应该慎重。

【原因】关于该病的病因，目前尚不十分清楚，但是可以肯定犬的品种、饲养管理和环境因素等与本病发生有密切的关系。

胃扩张-扭转综合征可以发生于任何品种的犬。临床资料显示，大型犬和巨型犬，如大丹犬、圣伯纳犬、德国牧羊犬、笃宾犬和拳师犬等比其他品种犬易发该病。胸部狭长的小型犬，如腊肠犬等也具有易发倾向。虽然犬的体型与该病的发病率有关，但并不表明具有相同体型犬的发病率相似。

饲养管理不当亦是引发本病的重要原因。胃内食糜胀满，饲料质量不良，或过于稀薄，吃食过快，每天只喂一次，食后马上训练、配种、狩猎、玩耍等可促使该病的发生。

其他因素，如胃肠功能差，胆小恐惧的犬，或脾肿大、胃韧带松弛、应激等均为诱发因素。

雄性犬的发病率高于雌性犬。

【临床表现】患犬多突然发病，主要表现为腹痛，口吐白沫，躺卧于地上，病情发展十分迅速，严重胃扭转时，由于胃贲门和幽门都闭塞，胃内气体、液体和食物，既不能上行呕吐出去，也不能下行进入肠管，因而发生急性胃扩张，在短时间内即可见到腹部逐渐胀大，此时叩诊腹部呈鼓音或金属音，冲击式触诊胃下部，有时可听到拍水音。病犬脉搏频数，呼吸困难，很快休克，在数小时内死亡，最多不超过 48 h 死亡。

临床上也可以见到胃扭转不是十分严重的病例，病犬的贲门和/或幽门未被完全闭塞，这时病犬症状较轻，可以存活数天或更长。非完全胃扭转的病犬存活率与胃扭转和胃扩张的程度有关。

【诊断】主要根据犬的品种、体型、性别、饲养管理状况、病史、临床症状、X 射线拍片或胃插管检查来确诊。

胃扩张-扭转综合征在症状上与单纯性胃扩张、肠扭转和脾扭转有相似之处，应注意鉴别诊断。简单易行的办法是以插胃导管进行区分。

单纯性胃扩张，胃管易插到胃内，插到胃内以后，腹部胀满可以减轻；胃扭转时，胃导管插不到胃内，因而无法缓解胃扩张的状态；肠扭转或脾扭转时，胃管容易插到胃内，但腹部胀满不能减轻，并且即使胃内气体消失，患犬仍然逐渐衰竭。

【治疗】一旦患犬被诊断为胃扩张-扭转综合征，通常的治疗方法如下。

手术之前，确诊该病以后，应马上输液，以保证血压，防止休克，在输液过程中应使用皮质类固醇药物和抗生素。穿刺放气，减轻腹压。在轻度麻醉的情况下，试插胃导管，或进行 X 光透视拍片，决定是否需要马上手术。

手术矫正胃扭转和防止复发。严重的胃扭转病例必须马上进行手术。在麻醉的状态下，手术切开腹壁（由剑状软骨到脐的后方），将扭转的胃整复到正常位置。如胃整复困难，应先行穿刺放气后再进行整复。然后用插入的胃导管将胃内物吸出或洗出来。必要时可行胃切开手术，取出胃内食物，然后清洗、缝合胃壁。扭转的胃被整复以后，为防止再次复发，可将胃壁固定到腹壁上。手术本身可能很成功，但患犬仍然会因为休克、出血或心衰而死亡。

手术之后，患犬的恢复是缓慢的，手术后的前 3 d 十分重要，应密切观察。手术后 1 周之内，静脉输液、保持酸碱平衡、电解质平衡，使用抗生素治疗，甚至输血治疗。常用输液药物有林格氏液、乳酸林格氏液、糖盐水、复方氨基酸、ATP、CoA、维生素 C、小苏打等。常使用的抗生素有氨苄青霉素、头孢菌素、喹诺酮类药物等。如胃肠蠕动较差，也可以使用甲基硫酸新斯的明或复合维生素 B 皮下注射。

手术后的病犬 1 周之内，应喂给少量易消化的流质食物，1 周之后逐渐过渡到正常食物。食物的喂量应由少到多逐渐增加，分 3～4 次或更多次数饲喂。在手术的恢复期，应严格限制犬的锻炼。

【预防】导致犬胃扩张-扭转综合征的因素很多，有些因素（如饲喂方式、食物、应激等）可以控制，有些因素（如品种、性别、年龄等）无法控制。总之，预防该病的发生应综合考虑，如不喂过于稀薄的食物，不喂得过饱，食后不马上运动，每日分 2 次饲喂等。

犬急性小肠梗阻
（Acute Small Intestine Obstruction in Canine）

犬急性小肠梗阻是由于食入坚硬食物或异物，以及小肠正常生理位置发生不可逆变化，致使肠腔不通并伴有局部血液循环严重障碍的一种急性腹痛病。临床上以剧烈腹痛、呕吐和休克为特征。

【原因】常见病因有，不能消化的食物和异物卡住或堵塞肠道，如骨头、果核、布条、塑料、线团、毛球、纠集成团的蛔虫体，以及肿瘤、肉芽肿、脓肿等。肠变位引发肠腔闭塞，以肠套叠多见，通常发生在空肠或近端回肠以及回盲结合处。主要起因于受凉、采食冰冷的饮水饲料及其他异物的刺激，因肠功能紊乱发生肠套叠而闭塞肠腔；其次为肠嵌闭或肠绞窄，即由于肠腔空虚、肠蠕动亢进、激烈运动等，使肠管坠入天然孔（腹股沟管）或肠系膜、腹肌等破裂口内，或肠管被腹腔某些韧带、结缔组织条索绞结，而致使肠腔不通。常见小肠掉入腹股沟管、大网膜孔、肠系膜破裂孔或膈破裂孔内，以及空肠缠结在肠系膜根上。

【临床表现】由异物引起的肠梗阻，主要表现顽固性的呕吐或呕粪，食欲不振，饮欲亢进，精神沉郁并迅即变得淡漠或痛苦；腹痛，常变更躺卧地点，嚎叫，弓背；呼吸、心率加快，体温偏高；后期严重脱水，体温低于正常。十二指肠阻塞时，出现黄疸；腹部触诊，可摸到臌气肠段，有时可触到肠内异物和梗阻包块；若异物引起肠穿孔，则可发生弥漫性腹膜炎，表现腹肌紧缩，触诊敏感、疼痛。

肠套叠，初期全身状况无明显变化，只表现排出带血的松馏油样粪便，反复呕吐，食欲减退；以后出现阵发性腹痛，排粪停止，常有里急后重现象，脱水；有的可突然呈现衰竭危象。触诊腹部发硬，并可在腹腔中摸到坚实而有弹性、弯曲而移动自如的香肠样肠段。

肠嵌闭和肠绞窄，其临床特征是腹痛剧烈，全身症状迅速加重，病程短急。患犬表情忧郁，痛苦；呼吸、心率加快，体温升高；呈持续而剧烈腹痛，不时嚎叫、呻吟或僵硬地伸直四肢，或急起急卧，极度不安，大剂量镇痛剂难以奏效；顽固呕吐，甚至呕粪；腹部触诊可发现局部敏感性增高及臌气的肠段。后期呈高度昏迷、衰弱，体温降低，脉弱无力，常因腹膜炎、肠破裂引发中毒性休克而死亡。

【诊断】根据呕吐，腹痛，触诊腹部敏感、腹壁紧张，及触诊到积气、积液肠管和梗阻部等作出初步诊断。确诊需经X线检查或剖腹探查。

【治疗】本病为急性腹痛病，其治疗原则是止痛镇静，排除梗阻原因，恢复胃肠功能，补液及纠正电解质和酸碱平衡失调。关键在于应尽早地施行剖腹术等急救措施。首先，在疼痛剧烈时，可用盐酸哌替啶(度冷丁)注射液5～10 mg/kg，皮下或肌肉注射，或用安定注射液0.1 mg/kg，1次肌肉注射。对继发胃扩张或肠臌气的可导胃、穿肠排气减压。对危重病犬，为抗炎抗休克，应及时用氢化可的松注射液，每次用5～20 mg，用生理盐水或葡萄糖注射液稀释后静脉滴注；低分子右旋糖酐注射液20～50 mL，1次静脉注射；术前可静注复方氯化钠液或葡萄糖氯化钠注射液，以调整水盐代谢和酸碱平衡。排除梗阻原因，疏通肠道，根本的治疗措施是尽早施行手术疗法，即剖开腹腔，寻找梗阻部位，随后依据梗阻性质，松解粘连、整复变位的肠管，修补疝轮，或切除坏死肠段并行肠断端吻合术，或隔肠按压、侧切肠管排除堵塞异物等。术后要补液、强心，应用抗生素防止继发细菌感染并加强护理。

牛肠便秘(Constipation of Cattle)

牛肠便秘是由于肠弛缓导致粪便积滞所引起的腹痛病。临诊上以排粪障碍和腹痛为特征。役用牛多发，老年牛发病率更高，乳牛较少见。阻塞部位大多数在结肠，亦有在小肠的。阻塞物以纤维球或粪球居多。

【原因】主要病因是长期饲喂富含纤维素的饲料，如麦秸、棉秆、稻草、甘薯藤、花生秧等。粗饲料先对肠道产生兴奋刺激，久之则引起肠道运动和分泌机能减退，肠内容物停滞而发生肠阻塞。劳役过度、缺乏饮水及年老体弱可促进本病的发生与发展。其次，偷食稻谷，谷料沉积在肠腔常引起水牛的盲肠阻塞；乳牛肠便秘多因长期饲喂大量精饲料而青饲料不足所引起。新生犊牛的胎粪积聚；因异嗜舔食被毛而形成的毛球；某些肠道寄生虫重度感染的大量虫体等也可引起肠阻塞。

【临床表现】主要症状为腹痛，排粪停止，常有胶冻状分泌物排出。

病初表现食欲明显减少或废绝，反刍停止，结肠阻塞时偶有少量食欲；阵发性轻微腹痛，四肢频频踏地，弓背努责，举尾；前胃弛缓，常伴有轻度臌气；排粪量少而干；乳牛泌乳量下降；体温、心率、呼吸无明显变化。以后腹痛消失，精神沉郁，排粪停止但有白色胶冻状黏液排出；轻度脱水，心率加快，呼吸增数。病的中后期，病牛精神极度沉郁，卧地，体温低下，心搏动疾速达100次/min以上，中度以上脱水，末梢变凉或厥冷，呈休克危象，最后在昏迷或抽搐下死亡。病程5～10 d，阻塞部位在后部肠管病程长，结肠阻塞可达2周以上。

【诊断】依据病史、腹痛、排粪停止而排出胶冻状黏液，机体进行性脱水，结肠阻塞在右腹肋部以拳撞击之有震水音等做出初步诊断。确诊需经直肠检查，如盲肠便秘、部分小肠便秘、结肠便秘，可直接摸到秘结部位；对于腹腔下部的小肠便秘，直肠检查难以触及，可依据便秘前方肠管积气，便秘后方肠管空虚萎陷等进行判断。必要时可施行剖腹探查，确诊后随之按压或手术破结。

【治疗】治疗原则，清肠疏通为主，解除肠弛缓。辅以强心、补液、解毒、纠正电解质紊乱和酸碱平衡。

保守疗法，用盐类和油类泻剂内服，或以瓣胃注射，配合用胃肠道兴奋剂等各种药物疏通法，辅以补液、强心、解毒等对症疗法，其治疗果均不理想，特别是对中后期病例，基本上是无效的。因而，一般在用药物治疗24～48 h，病情未见好转即应及时施行手术治疗。

手术疗法，采用站立保定，右侧腰旁麻醉和肷部切口局部浸润麻醉，在右侧肷部打开腹腔。然后沿膨胀的肠管由前向后或沿萎陷的肠管由后向前，找到秘结部并实施隔肠按压或侧切取粪，肠管坏死的应将其切除，然后施行断端吻合术。

术后治疗，首先应按常规注射抗生素，连用5 d。其次，针对病牛脱水、电解质紊乱和酸碱失衡，可经口补液；除盲肠稻谷性便秘发生代谢性酸中毒，应补充碱性液(5%碳酸氢钠)外，其余各种肠便秘因均出现典型的代谢性碱中毒和血清钾、血清氯减少，一律施用酸性溶液和补钾措施，通常用等渗溶液(氯化钾54 g，氯化铵40 g，蒸馏水10 L，灭菌)，一次静脉注射3～6 L，肠疏通后，病牛开始采食，停止补钾，但需给一定量食盐。对重症病例，要适时采取强心、抗休克等对症处置。

牛、羊肠变位(Intestinal Dislocation of Cattle and Sheep)

牛、羊肠变位又称机械性梗阻，是由于肠管的正常位置发生改变，致使肠系膜或肠间膜受到挤压或缠绞，肠管血液循环发生障碍，使肠腔发生不全闭塞或完全闭塞所引起的腹痛病。牛、羊常发的病型是十二指肠套叠，空肠等小肠嵌闭和盲肠扭转。其发病原因和疾病发生发展过程，与马属动物的肠变位基本相同。奶牛肠套叠时，常在套叠部位发现线虫结节或息肉，也有报道在奶牛手术时因倒卧保定引起肠系膜根部的完全扭转。临床症状，小肠变位全身症状较明显，包括食欲突然消失；胃肠停滞；腹部膨胀，右下腹部隆起，冲击触诊有震水音；腹痛，尤其肠系膜根扭转，小肠缠结和远侧肠管扭转时会出现重剧腹痛，踢腹、吼叫、背部下沉、不愿站立等；初期排少量稀粪，以后粪中带血或呈污黑色，不久排粪停止；全身状态（如脱水、心搏动、呼吸等）呈进行性恶化，变位发生在小肠远侧时出现轻度代谢性碱中毒，发生在十二指肠时则出现严重的代谢性碱中毒；直肠检查，可摸到积液膨胀的肠段，并可能寻找到变位的病变部；肠嵌闭时，可在腹壁、脐部、腹股沟部见有局部肿胀和相应的临床病理变化；腹腔穿刺液呈淡红或暗红色。盲肠扭转病情较轻，排粪减少，不含血；右肷上部轻度膨胀，撞击有震水音，叩击有鼓音，直检可摸到膨大的圆柱体。治疗，手术是肠变位的根本疗法，并辅以对症和支持疗法。

牛盲肠扩张和扭转
(Cecal Dilation and Torsion in Cattle)

牛盲肠扩张及扭转是由于盲肠内积气而过度膨胀，致使盲肠以基部为轴发生扭转的一种急性腹痛病。常见于奶牛，可发生于怀孕或泌乳的任一阶段，但高发时间是泌乳早期；犊牛和公牛，尤其在饲喂易发酵精料时也有发生。其病因，主要由于日粮中高水平的精料和青贮料，使盲肠内挥发脂肪酸浓度过高，引起盲肠弛缓与积气；低血钙、继发于乳腺炎或子宫炎的内毒素血症和消化不良等均可导致胃肠梗阻，致使盲肠内产生气体无法排出而引发盲肠扩张。盲肠扩张，盲肠尖从正常位置上升并移至盆腔入口，随着进一步膨胀即会导致自身沿顺时针方向旋转即扭转。盲肠扩张初期主要表现食欲不振、排粪减少和腹部膨胀右侧肷窝消失，病情进一步发展，出现轻度至中度腹痛，瘤胃弛缓；叩诊右腹有鼓音，鼓音区位于右肷窝或向前延伸至第 11～13 肋，此外冲击触诊有震水音。晚期整个右腹呈现膨胀，发病超过 24 h 可出现轻度或中度脱水，末梢发凉，提示低血钙；直检可摸到膨胀的盲肠。盲肠扭转时症状严重，食欲和排粪剧烈减少，中度脱水，继发瘤胃膨胀，右腹显著膨胀，心率加快，右腹鼓音区扩大，冲击触诊有明显震水音，在用听诊、叩诊相结合检查时有的患牛可呈现钢管音。犊牛盲肠扩张及扭转，还出现发热及腹痛。治疗，对仍有排粪，全身状态改变不大，不伴有盲肠扭转的病例，可采用药物疗法，每天给予轻泻剂、促反刍剂、钙剂，配合输液及调整胃肠功能。对盲肠扭转，一经确诊应尽早手术整复或行部分坏死盲肠切除术。

马胃扩张(Gastric Dilatation in Equine)

马胃扩张是由于采食过多和/或胃的后送机能障碍所引起的胃急性膨胀或持久性胃容积增大。临床上分为急性胃扩张和慢性胃扩张。胃扩张是马属动物常见的真性腹痛病之一，约占马腹痛病的 6%，在某些高发地区，可占腹痛病的 32.12% 甚至 44.8%。

【原因】原发性胃扩张主要是采食过量难以消化和容易膨胀与发酵的饲料，如黏团的谷粉或糠麸，冻坏的块根类，堆积发霉的青草；饲养管理不当，如饲喂失时，过度疲劳，饱饲后立即重役，采食精料后立即大量饮水等；病畜原来患有慢性消化不良、肠道蠕虫病，或饲料中混有大量沙土砾石，使胃壁的分泌和运动机能遭到破坏而发生本病。继发性胃扩张，急性型病例常继发于小肠积食、小肠变位等剧烈的腹痛经过中；肠阻塞，胃后送障碍；肠阻塞前部肠段分泌激增，过多的肠内容物经肠逆蠕动而返回胃内。慢性胃扩张，继发于慢性胃排空机能障碍，如胃内肿瘤和脓肿压迫、瘢痕性收缩而致使胃幽部狭窄，或因胃蝇蛆密集寄生、溃疡等慢性刺激的持续作用而致使幽门括约肌弛缓。

【临床表现】原发性急性胃扩张多在采食后不久或经 3～5 h 后突然发病，继发性胃扩张一般先出现原发病症状，而后才出现胃扩张的症状。急性胃扩张的综合征状包括：中度的间歇性腹痛，表现起卧滚转，快步急走或直往前冲，有的呈犬坐姿势。消化系统和全身症状明显，病初口腔湿润而酸臭，肠音活泼，频频排少量而松软粪便，以后随着病程的发展，口腔变得黏滑而恶臭，有灰黄色舌苔，肠音减弱或消失，排粪减少或停止，有嗳气表现，个别病马发生呕吐或干呕，呕吐时鼻孔张开并流出酸臭的食糜。多数病马呼吸促迫而腹围不大，脉搏增数，在胸前、肘后、耳根等局部出汗或全身出汗，重症的伴有脱水体征，血氯化物含量减少、血液碱储增多等碱中毒指征。胃管检查，如从胃管中排出大量酸臭气体和少量食糜后，腹痛减轻或消失，即表明为气胀性胃扩张；若仅能排出少量气体，腹痛不减轻，表明可能是食滞性胃扩张。直肠检查，在左肾下方常能摸到膨大的胃后壁，随呼吸前后移动，触压紧张而有弹性，多为气胀性或积液性；触压呈捏粉样硬度，多为食滞性，而这三型胃扩张病例的脾脏位置都后移。

慢性胃扩张，表现厌食，轻微或中度腹痛，粪干稀不定、恶臭并含有消化不全植物纤维和谷粒，逐渐消瘦，饲喂后常出现呕吐和阵发性腹痛。直肠检查可摸到胀大的胃。疗程长达数月或数年不等。

【诊断】诊断要点和诊断程序如下：首先，依据起病情况、腹痛特点、腹围大小与呼吸促迫的关系以及胃管插入等来判定是不是胃扩张。若是采食后突然起病或在其他腹痛病的经过中病情突然加重，表现剧烈腹痛、口腔湿润而酸臭、频频嗳气、腹围不大而呼吸促迫，即可考虑是急性胃扩张。随即作食管及胃的听诊，如听到食管逆蠕动音和胃蠕动音，即可初步诊断为急性胃扩张。此时应立即插入胃管，目的是确定胃扩张的性质；若从胃管喷出大量酸臭气体和粥样食糜，腹痛随之缓和或消失，全身症状好转，即为原发性气胀性胃扩张；如仅排出少量酸臭气体，导出少量或全然导不出食糜，腹痛无明显减轻，反复灌以1～2 L温水能证实胃后送机能障碍，且直肠检查能摸到质地黏硬或呈捏粉样的胃壁，则提示可能是原发性食滞性胃扩张；如从胃管自行流出大量黄绿色或黄褐色酸臭液体，而气体和食糜均甚少，则为积液性胃扩张，多是继发性的，要注意探索其原发病，包括小肠积食、小肠变位、小肠炎、小肠蛔虫性阻塞等，依据各原发病的临床特点，逐一加以鉴别。

慢性胃扩张诊断要点，慢性病程迁延数月或更长，消化不良经久不愈，采食后腹痛反复发作；剖检可见胃容积极度增大，胃壁增厚坚韧或菲薄如纸。

【治疗】治疗原则：加强护理、制酵减压、镇痛解痉和强心补液。

制止胃内腐败发酵和降低胃内压，对气胀性胃扩张，在导胃减压后经胃管灌服适量制酵剂即可，用乳酸10～20 mL或食醋500～1 000 mL，75%酒精100～200 mL，液状石蜡500～1 000 mL，加水适量一次灌服。或用乳酸15～20 mL，75%酒精50～100 mL，松节油40～60 mL，樟脑3～5 g，加水适量混匀灌服。食滞性的，重点是反复洗胃，直至导出胃内物无酸味为止。积液性的多为继发，导胃减压只是治标，仅能暂时缓解症状，重点是查明原发病并治疗。

为了镇痛，解除幽门痉挛，用5%水合氯醛酒精液300～500 mL，一次静脉注射；0.5%普鲁卡因液200 mL，10%氯化钠液300 mL，20%安钠咖液20 mL，一次静脉注射；水合氯醛15～30 g，酒精30～60 mL，福尔马林15～20 mL，温水500 mL，一次内服。

为防止脱水和自体中毒，保护心脏，可依据脱水失盐性质，最好补给等渗或高渗氯化钠或复方氯化钠溶液，切莫补给碳酸氢钠溶液。

马肠臌气(Intestinal Tympany in Equine)

马肠臌气是由于采食大量易发酵饲料，肠内产气过盛和/或排气不畅，致使肠管过度膨胀而引起的一种腹痛病。又称肠鼓胀、风气疝，中兽医称“肚胀”或“气结”。其临床特征是，腹痛剧烈，腹围膨大而肷窝平满或隆突，病程短急。

【原因】原发病因，常见的有吞食过量易发酵饲料，如新鲜多汁、堆积发热、雨露浸淋的青草、幼嫩苜蓿、黑麦、玉米、豆饼等豆类精料，而此后又饮用大量冷水则更易发病。其次，与某些应激因素有关，如初到高原，可能因气压低、氧不足而产生气象应激；过度使役或长途运输所产生的过劳应激与运输应激等；机体的应激状态，使胃肠的分泌和运动机能减弱，肠内微生态改变，采食了上述饲料，则更容易发生肠臌气。

继发性肠臌气，常见于完全阻塞性大肠便秘、大肠变位或结石性小肠堵塞。弥漫性腹膜炎引起的反射性肠弛缓、出血坏死性肠炎引起的肌源性肠弛缓及卡他性肠痉挛等，均可继发本病。

【临床表现】原发性病例，常在采食后2～4 h起病，表现的典型症状有：

腹痛，病初因肠肌反射性痉挛呈间歇性腹痛；随着肠管的膨胀，很快转为持续性剧烈腹痛；后期，因肠管极度膨满而陷于麻痹，腹痛减弱或消失。

消化系统体征，初期，肠音高朗并带金属音调；排少量稀粪和气体；以后，肠音沉衰或消失，排粪排气完全停止。

全身症状，在腹痛的1～2 h内，腹围急剧膨大，肷窝平满或隆突，右侧尤为明显；触诊呈鼓音；呼吸促迫，脉搏疾速，静脉怒张，可视黏膜潮红或发绀。

直肠检查，由于全部肠管充满气体，腹压增高，检手进入困难，各部肠袢胀满腹腔、彼此挤压，相对位置发生改变，难以彻底检查其内容物。

继发性肠臌气，常在原发病经过4～6 h之后，才逐渐显现肠臌气的典型症状。

【诊断】依据腹围膨大而肷窝平满或隆突这一示病症状和固定症状，容易做出诊断。重点是要确定肠臌气是原发性的还是继发性的；凡是起病于采食易发酵饲料之后，伴随腹痛而腹围膨大、肷窝迅速平满甚至隆突的，均为原发性肠臌气；凡起病于腹痛病的经过中，在腹痛最初发作至少4～6 h之后，腹围才逐渐开始膨大的，均为继发性肠臌气。最常见的是完全阻塞性大肠便秘和完全闭塞性大肠变位，通过直肠检查找到便秘、变位或阻塞的肠段，即可确定诊断。

【治疗】治疗原则：解痉镇痛，排气减压和清肠制酵。

解除肠管痉挛，以排除积气和缓解腹痛，是治疗原发肠臌气的基本环节，尤其是初中期病例，常在实施解痉镇痛疗法后，即可痊愈。下列方法效果均好。普鲁卡因粉 1.0～1.5 g，常水 300～500 mL，直肠灌入；水合氯醛硫酸镁注射液（含水合氯醛 8%，硫酸镁 10%）200～300 mL，一次静脉注射；0.5%普鲁卡因液 100 mL，10%氯化钠液 200～300 mL，20%安钠咖液 20～40 mL，混合一次静脉注射；针刺后海、气海、大肠俞等穴。

排气减压，尤其在病马腹围显著膨大，呼吸高度困难而出现窒息危象时，是首先应实施的急救措施。用细长封闭针头在右侧肷窝或左侧腹胁部穿刺盲肠与左侧大结肠；也可用注射针头在直肠内穿肠放气；伴发气胀性胃扩张的，可插入胃管排气放液。

清肠制酵，用人工盐 250～350 g，福尔马林 10～15 mL，松节油 20～30 mL，加水 5～6 L，胃管投服。

马肠痉挛（Intestinal Spasm in Equine）

马肠痉挛是由于肠壁平滑肌受到异常刺激而发生痉挛性收缩所致的一种腹痛病。其临床特征是间歇性腹痛和肠音增强。本病又称肠痛和痉挛疝，中兽医称为冷痛和伤水起卧。

【原因】常见病因一是寒冷刺激，如汗体淋雨，寒夜露宿，气温骤降，风雪侵袭，采食冰冻饲料或重役后贪饮大量冷水；二是化学性刺激，如采食的霉烂酸败饲料，病马消化不良时其胃肠内的异常分解产物等，由此致发的肠痉挛，多伴有胃肠卡他性炎症，故特称卡他性肠痉挛或卡他性肠痛；三是由某些肠道疾病继发，如因寄生性肠系膜动脉瘤所致的肠自主神经功能紊乱，即副交感神经紧张性增高和/或交感神经紧张性降低，或因肠道寄生虫、慢性炎症，提高了壁内神经丛包括黏膜下层（曼氏丛）和肠肌丛（奥氏丛）的敏感性，而导致肠痉挛的发生。

【临床表现】表现阵发性中度或剧烈腹痛，发作时起卧不安，倒地滚转，持续数分钟；间歇期，往往照常采食饮水，外观似无病；间隔若干时间（5～20 min），腹痛再次发作，不过随后腹痛越来越轻，间歇期越来越长，若给予适当治疗或稍作运动，即可痊愈。

肠音增强，两侧肠音高朗，侧耳可闻，有时带有金属音调；排粪次数增多，但粪量不多，粪稀软带水，有酸臭味，有时混有黏液。

全身症状轻微，如体温、脉搏、呼吸无明显改变；口腔湿润，舌色清白，耳鼻部发凉。

【诊断】临床诊断要点：腹痛呈现间歇性，肠音高朗连绵，粪便稀软带水，全身症状轻微。但应与以下疾病鉴别：急性肠卡他，一般无腹痛或轻微腹痛，若病程中出现中度或剧烈间歇性腹痛，且肠音如雷鸣的，表明已继发卡他性肠痉挛；子宫痉挛，多发生于妊娠末期，腹肋部可见胎动，而肠音与排粪不见异常；膀胱括约肌痉挛（尿疝），均见于公马及骟马，腹痛剧烈，汗液淋漓，频作排尿姿势但无尿排出，肠音与排粪无异常。

【治疗】治疗原则：解痉镇痛，清肠制酵。

因寒冷刺激所致的肠痉挛，单纯实行解痉镇痛即可。以下各项措施均有良效。针刺分水、姜牙、三江（或耳尖）等三穴位；白酒 250～500 mL，加水 500～1 000 mL，经口灌服；30%安乃近注射液 20～40 mL，皮下或肌肉注射；氨溴注射液 80～120 mL 静脉注射。

因急性肠卡他继发的肠痉挛，在缓解痉挛制止疼痛后，还应清肠制酵。用人工盐 300 g，鱼石脂 10 g，酒精 50 mL，温水 5 000 mL，胃管 1 次投服。

马肠便秘
（Intestinal Impaction in Equine）

马肠便秘是因肠运动与分泌机能紊乱，内容物停滞而使某段或某几段肠管发生完全或不全阻塞的一组腹痛病。其临床特征是食欲减退或废绝，口腔干燥，肠音沉衰或消失，排粪减少或停止，有腹痛，直检可摸到秘结的粪块。是马属动物最常见的内科病，也是最多发的一种胃肠性腹痛病。

马肠便秘按秘结部位，可分为小肠便秘和大肠便秘；按秘结的程度，可分为完全阻塞性便秘和不全阻塞性便秘等。

【原因】肠便秘的病因极其复杂，既有外在因素，也有内在因素和诱发因素。

(1)饲草品质不良。小麦秸、蚕豆秸、花生藤、甘薯蔓、谷草等粗硬饲草，其中含粗纤维、木质素和鞣质较多，尤其在受潮霉败后，湿而坚韧，不易咀嚼与消化，是致发马肠便秘的基本因素。

(2)饮水不足。马消化液昼夜分泌量不少于 60 L，主要经大肠特别是结肠重吸收。马大肠运动表现为搅拌和推进运动，则需肠腔保持一定容积，如果正常饮水不足，则肠管运动必将减退。此外，草料的消化、吸收、运动以及粪便的排除，均需要水分，而且大肠内容物的含水量也是保证纤维素消化的重要的肠道内环境因素。当各种原因造成饮水不足时，激发的多属大肠便秘，主要是左下大结肠和胃状膨大部便秘。

（3）摄盐不足。摄入食盐，能反射性地引起消化液分泌增多和胃肠蠕动增强，同时，可以促进饮水，使大肠内保持一定的渗透压和含水量。喂盐不足时，致使消化液分泌不足，大肠内水分减少，碳酸氢钠等缓冲物质欠缺，内容物 pH 降低，肠肌弛缓，常激发各种不完全阻塞性大肠便秘。

（4）饲养条件突变。如草料种类、日粮组分、饲喂方法、饲喂程序以及饲养环境的突然变化，可使马骡长期形成的规律性消化活动遭到破坏，肠道内环境急剧变动，胃肠的植物性神经控制失去平衡，导致肠内容物停滞而发生便秘。

（5）气候骤变。温度、湿度、气压等急剧变化形成的应激，如降雨、降温、降雪前后，可使马肠便秘发生增多。

（6）内在因素。指的是马骡个体存在的易发便秘的各种内在原因即预置因素。这些因素有：抢食或吞食，由于采食过急导致咀嚼不细，与唾液混合不充分，胃肠反射性分泌不足，妨碍消化；长期休闲与运动不足，引起胃肠平滑肌紧张性降低，消化腺兴奋性减退，导致胃肠运动弛缓和消化液分泌减少。

（7）其他因素。牙齿磨灭不整、慢性消化不良、肠道寄生虫重度感染等，也易引起胃肠的运动与分泌机能障碍或结构异常，成为肠便秘的诱发因素。

【病理发生】

（1）马肠便秘的发生。传统的肠便秘发生机理认为，在上述致病因素作用下，机体自主神经系统机能紊乱，副交感神经兴奋性降低，交感神经兴奋性增高，使肠蠕动减弱，消化液分泌减少，以致草料消化不全，粪便停滞阻塞肠腔而发生。

我国学者李毓义等，提出马骡肠便秘的发生未必都是肠管运动减弱和消化液分泌减少的结果。完全阻塞性肠便秘，可能起病于肠肌痉挛或失弛缓，而不完全阻塞性肠便秘可能起病于肠弛缓或弛缓性麻痹。究其原因，前者主要是由于胃肠自主神经调节功能失调所致；后者则主要起因于肠道内环境的改变，特别是纤维素微生物消化所需条件如大肠内酸碱度和含水量的改变。

马属动物是单胃草食兽，饲草中的纤维素是在大肠内经纤毛虫、细菌等微生物发酵，产生挥发性脂肪酸而被吸收利用。马主要在采食咀嚼期间分泌唾液，其中腮腺唾液日分泌量为 10～12 L，重碳酸盐含量为 50 mmol/L，能为中和发酵的酸性产物提供充足的碱基。马胰腺分泌是连续性的，饲喂咀嚼可长时间地显著提高胰液的分泌速率，其分泌量大（5～12 L/d），重碳酸盐浓度低，氯化钠含量高（1 800 mmol/L）；马胆汁分泌同样是连续性的，也含有大量氯化钠。马与其他动物一样，可向回肠终末端和结肠内分泌碳酸氢钠，吸收氯化钠，进行离子交换。因此，马胰液和胆汁内高含量的氯化钠可给回肠和结肠内的阴离子交换提供媒介物，以换取碳酸氢根，为缓冲盲肠和腹侧大结肠内纤维素发酵生成的挥发性脂肪酸提供大量碱基，将盲结肠液的 pH 控制在 7.55～5.94 的变动范围之内，保证大肠运动正常。由此设想，马不全阻塞性大肠便秘时的肠弛缓性麻痹，可能是粗硬饲料咀嚼不细，与唾液混合不完全，胰液和胆汁反射性分泌不足或其中氯化钠含量过低，以致换取重碳酸根过少，使大肠内环境特别是酸碱度和含水量发生改变，纤维素发酵过程发生障碍的结果。

（2）马肠便秘的发展。完全阻塞性便秘与不完全阻塞性便秘在发展进程上迥然不同。

完全阻塞性便秘，由于秘结粪块的压迫，阻塞部前侧胃肠内容物的刺激，使肠平滑肌挛缩，而产生腹痛（痉挛性疼痛）。由于阻塞前部内容物积滞、腐败发酵和分泌液增多，而继发胃扩张和/或肠膨气，腹痛亦随之加剧（膨胀性疼痛）。由于阻塞前部的分泌增加，大量液体渗入胃肠腔，加上饮食欲废绝以及剧烈腹痛引起的全身出汗，而导致机体脱水，尤其是阻塞部位越靠近胃其脱水程度则越重。由于阻塞前部肠内容物腐败发酵产生的有毒产物被吸收入血；脱水失盐、酸碱平衡失调和饥饿，使代谢发生紊乱，形成许多氧化不全产物；阻塞部肠壁因受粪块压迫而发生炎症或坏死并产生有毒的组织分解产物；肠道革兰氏阴性菌和梭状芽孢杆菌增殖并崩解，释放的内毒素经肠壁或肠系膜吸收入血，引起自体中毒乃至内毒素休克。由于腹痛，交感肾上腺系统兴奋，心搏动增强加快，心肌能量过度消耗；脱水血液浓缩，外周阻力增大，心脏负荷加重；腹痛、脱水和酸中毒，使微循环障碍，有效循环血量减少；以及自体中毒对心肌的直接损害，而最终导致心力衰竭。

不全阻塞性便秘，肠腔阻塞不完全，气体、液体和部分食糜尚能后送，不伴有剧烈的腐败发酵，没有大量的体液向肠腔渗出，因此腹痛不明显，脱水、自体中毒、心力衰竭几乎不出现。后期可发生秘结部肠管的发炎、坏死、穿孔和破裂。

【临床表现】肠便秘的临床症状因阻塞程度和部位而异。

完全阻塞性便秘，呈中等或剧烈腹痛；口舌干燥，病程超过 24 h，口臭难闻，舌苔灰黄；初期排干小粪球，数小时后排粪停止；肠音沉衰或消失；初期除食欲废绝、脉搏增数外，全身状态尚好，但 8～12 h 后全身症状即开始明显增重，表现结膜潮红，脉疾速，常继发胃扩张而呼吸促迫，继发肠臌气而肷窝平满，或继发肠炎和腹膜炎而体温升高，腹壁紧张；病程短急，多为 1～2 d 或 3～5 d。

不全阻塞性便秘，多表现轻微腹痛，个别的呈中度腹痛；口腔不干或稍干，口臭和舌苔不明显；排粪迟滞、稀软、色暗、恶臭，有的排粪停止；肠音减弱，有的肠音消失；饮食欲多减退；全身病态不明显，一旦显现结膜发绀、肌肉震颤、局部出汗等休克危象，则表明阻塞肠段已发生穿孔或破裂。病程缓长，多为 1～2 周或更长。

不同部位肠便秘的临床特点：

小肠便秘（完全阻塞）多在采食中或采食后数小时内突然起病。剧烈腹痛，全身症状明显，并在数小时迅速增重。常继发胃扩张，鼻流粪水，肚腹不大而呼吸促迫，导胃则排出大量酸臭气体和液体，腹痛暂时减轻但很快又复发。病程短急，12～48 h 不等，常死于胃破裂。直肠检查，秘结部如手腕粗，呈圆柱形或椭圆形，位于前肠系膜根后方、横行于两肾之间，位置较固定的，是十二指肠后段便秘；其位于耻骨前缘，由左肾的后方斜向右后方，左端游离可牵动，右端连接盲肠而位置固定的，是回肠便秘；其位置游离，且有部分空肠膨胀的，是空肠便秘。十二指肠前段便秘，位置靠前，直肠检查触摸不到。

小结肠、骨盆曲、左上大结肠便秘（完全阻塞）起病较急，呈中等度或剧烈腹痛，起病 6～8 h 后显现继发性肠臌气，病程多在 1～3 d。直肠检查，小结肠中后段便秘，多位于耻骨前缘的水平线上或体中线左侧，呈椭圆形或圆柱状，拳头至小孩头大小，坚硬且移动性大；小结肠起始部便秘，多呈弯柱形，位于左肾内下方、胃状膨大部左后侧，位置固定，不能后移。骨盆曲便秘，秘结部位于耻骨前缘，体中线两侧，呈弧形或椭圆形，如小臂粗细，与膨满的左下大结肠相连，移动性较小。左上大结肠便秘，可在耻骨前缘、体中线左右摸到，秘结部呈球形、椭圆形，如小孩头大，或呈圆柱形，如小臂至大臂粗，与骨盆曲以及左下大结肠相连。

盲肠和左下大结肠便秘（不全阻塞）表现为不全阻塞性便秘的一般临床症状。直肠检查，盲肠便秘，可在右肷部及肋弓部摸到秘结部，如排球或篮球大，质地呈捏粉样，位置固定。左下大结肠便秘，可在左腹腔中下部摸到长扁圆形秘结部，质地黏硬或坚硬，可感到有多数肠袋和 2～3 条纵带，由膈走向盆腔前口，后端常偏向右上方，抵盲肠底内侧。

胃状膨大部便秘（多为不全阻塞）起病缓慢，腹痛轻微或中度腹痛，全身症状多在 3～5 d 后开始增重，常伴有明显的黄疸。有的因秘结部压迫了第二段十二指肠而继发胃扩张。多数病例排粪停止，也有排出少量稀粪或粪水。直肠检查，秘结部位于前肠系膜根部右下方，盲肠体部的前内侧，比排球、篮球还大，后侧缘呈球形，随呼吸而前后移动。

直肠便秘（完全阻塞）起病较急，轻微或中度腹痛，不时弓腰举尾作排粪姿势，但无粪便排出。直肠检查，在直肠内即可触及秘结的粪块。

此外，尚有泛大结肠便秘和全小结肠便秘，均为不全阻塞性便秘，表现为起病缓慢，轻微或中度腹痛，排粪停止，大小肠音沉衰，病程较长，多为 1 周左右，最终发生肠弛缓性麻痹，取死亡转归。

【诊断】依据腹痛、肠音、排粪及全身症状等临床表现，结合起病情况、疾病经过和继发病征，一般可做出初步诊断，分析判断是小肠便秘还是大肠便秘，是完全阻塞性便秘还是不全阻塞性便秘，然后通过直肠检查即可确定诊断。

【治疗】治疗原则：加强护理、镇痛解痉、疏通肠道、减压、补液、强心。

加强护理做适当牵遛活动，防治病马受凉、急剧滚转以及撞伤等。

镇痛解痉用于完全阻塞性便秘。常用针刺三江、分水、姜牙等穴位；0.25%～0.5%普鲁卡因液肾脂肪囊内注射；5%水合氯醛酒精和 20%硫酸镁液静脉注射；30%安乃近液 20～40 mL 或用布洛芬、扶他林肌肉注射。禁用阿托品、吗啡等制剂。

减压目的在减低胃肠内压，消除膨胀性疼痛，缓解循环与呼吸障碍，防止胃肠破裂。用于继发胃扩张和肠臌气的病例可用胃管导胃排液和穿肠放气。

补液强心目的是纠正脱水失盐，调整酸碱平衡，缓解自体中毒，维护心脏功能。用于重症便秘或便秘中后期。对小肠便秘，宜大量静脉输注含氯化钠和氯化钾的等渗平衡液；对完全阻塞性大肠便秘，宜静脉输注葡萄糖、氯化钠液和碳酸氢钠液；各种不全阻塞性大肠便秘，应用含等渗氯化钠和适量氯化钾的温水反复大量灌服或灌肠，实施胃肠补液，效果确实。

疏通肠道泛用于各病型，贯穿于全病程。

小肠便秘首先导胃排液减压，随即灌服镇痛合剂 60～100 mL；然后直肠检查并施行直肠按压术，使粪块变形或破碎；必要时内服容积小的泻剂，液状石蜡或植物油 0.5～1.0 L、松节油 30～40 mL、克辽林 15～20 mL、温水 0.5～1.0 L，坚持反复导胃；静注复方氯化钠液，适量添加氯化钾液，忌用碳酸氢钠液。经 6～8 h 仍不疏通的，则应实施剖腹按压。

小结肠、骨盆曲、左上大结肠便秘早期除注意穿肠放气减压镇痛解痉外，主要是破除结粪疏通肠道，最好的方法是施行直肠按压或捶结术，治疗确实，见效快；或灌服各种泻剂，如常用配方：硫酸钠 200～300 g，液状石蜡 500～1 000 mL，水合氯醛 15～25 g，芳香氨酊 30～60 mL，陈皮酊 50～80 mL，加适量水 1 次灌服。起病 10 h 以后，一般治疗不能奏效时，即采用直肠内按压或捶结，若按压或捶结有困难，可作深部灌肠，仍不见效且全身症状尚未重剧的应随即剖腹按压。病程超过 20 h，全身症状已经重剧，应用泻剂显然无效，唯有依靠直肠按压、捶结或深部灌肠，或剖腹按压。

胃状膨大部、盲肠、左下大结肠便秘及泛大结肠便秘、全小结肠便秘及该类型不全阻塞性便秘，历来是治疗上的难点。李毓义提出，不全阻塞性便秘肠弛缓性麻痹的起因，除胃肠自主神经调控失衡，即交感神经紧张性增高和/或副交感神经紧张性减低外，可能主要是肠道内环境特别是酸碱环境的改变。并据此筛选了一个以碳酸钠和碳酸氢钠缓冲对为主药的碳酸盐缓冲合剂，对 104 例不全阻塞性大肠便秘自然病马进行了试验性治疗，治愈率高达 98.1%。投用方剂数 1.2 副，结粪消散时间为 26.7 h。对 47 例重症盲肠便秘的治愈率为 93.6%，投用方剂数为 1.5 h，结粪消散时间为 35.5 h 作用，迅速而且平和，对妊娠后期病马亦未发现其毒副作用。其方剂组成：干燥碳酸钠 150 g，干燥碳酸氢钠 250 g，氯化钠 100 g，氯化钾 20 g，温水 8～14 L。用法，每日 1 次灌服，可连用数天。如配合用 1% 普鲁卡因液 80～120 mL 作双侧胸腰交感神经干阻断，每日 1～2 次；对泛大结肠便秘和全小肠便秘，配合用温水 5～10 L，液状石蜡 0.5～1.0 L，深部灌肠，少量多次肌肉注射硫酸甲基新斯的明液等，则疗效更佳。此外，依据全身状态要适时补液、强心、加强饲养管理。

【预防】加强饲养管理，防止饲草受潮霉败，不喂粗硬难以消化的草料，适当运动，及时治疗胃肠道某些慢性疾病，增强胃肠消化功能。有关研究确认，马骡肠便秘的首要致发病因是饲草坚韧和咀嚼不全，并经实践验证："干草干料增加食盐"饲喂法是一项切实可行、行之有效的马骡肠便秘预防办法。

马肠变位(Intestinal Dislocation in Equine)

马肠变位是指因肠管自然位置发生改变，致使肠系膜或肠间膜受到挤压绞榨，肠管血液循环障碍，肠腔陷于部分或完全闭塞的一组重剧性腹痛病。又称机械性肠阻塞、变位疝。在胃肠腹痛病中，其发病率较低(约占 1%)，但病死率最高。

肠变位主要分为肠扭转、肠缠结、肠嵌闭、肠套叠 4 种类型。

肠扭转(Volvulus et Torsion Intestine)，即肠管沿自身的纵轴或以肠系膜基部为轴而作不同程度的偏转。较常见的有左侧大结肠扭转等。

肠缠结(Strangulation Intestine)，又名肠缠络或肠绞窄，即一段肠管以其他肠管、肠系膜基部、精索或韧带为轴心进行缠绕而形成络结。较常见的有空肠、小结肠缠结。

肠嵌闭(Incarceration Intestine)，又称肠嵌顿，旧名疝气，即一段肠管连同其肠系膜坠入与腹腔相通的天然孔或破裂口内，使肠壁血液循环障碍而肠腔闭塞。常见的有小肠或小结肠嵌入大网膜孔、腹股沟管乃至阴囊及腹壁疝环内，并致使肠腔完全或部分闭塞。

肠套叠(Intestinal Invagination)，即一段肠管套入其邻接的肠管内。套叠的肠管分为鞘部(被套的)和套入部(套入的)。如空肠套入空肠(一级套叠)，空肠套入空肠再套入回肠(二级套叠)，空肠套入空肠又套入回肠再套入盲肠(三级套叠)。

【原因】原发性肠变位，主要见于肠嵌闭和肠扭转。因在奔跑、跳跃、难产、交配等腹内压急剧增大的条件下，小肠或小结肠被挤入腹腔天然孔穴和病理裂口而发生闭塞。或在重剧腹痛病经过中，由于马体连续滚转，左侧大结肠与腹壁之间无系膜韧带固定而处于相对游离状态，此时上行结肠和下行结肠即可沿其纵轴偏转或发生扭转。

继发性肠变位，多发生于肠痉挛、肠臌气、肠便秘等腹痛病的经过中。因肠管运动机能紊乱而失去固有的运动协调性；肠管充满状态发生改变，有的膨胀紧张有的空虚松弛，或因起卧滚转与体位急促变换等，均可致使肠管原来的相对位置发生改变。

【临床表现】典型的临床症状，呈现剧烈腹痛，排粪停止而常排出黏液和血液，迅速出现休克危象。

腹痛肠腔完全闭塞的肠变位，病初呈中度间歇性腹痛；2～4 h 后即转为持续性剧烈腹痛，大剂量镇痛剂难以奏效；至病后期，腹痛则变为持续而沉重，显示典型的腹膜性疼痛表现，肌肉震颤，站立而不愿走动，趴着而不敢滚转，拱背站立而腹紧缩，牵行时慢步轻移拐大弯等。肠腔不全阻塞性肠变位，如骨盆曲折转等，腹痛相对较轻。

消化系统症状：食欲废绝，口干舌燥，主要表现肠音沉衰或消失，排粪停止，均继发胃扩张和(或)肠臌气，有的可排出少量恶臭稀粪并混有黏液和血液。

全身症状：病势猛烈，全身症状多在数小时内迅速增重，肌肉震颤，全身出汗，脉搏细数，呼吸促迫，体温大多升高(39℃以上)。后期主要表现休克危象，病马精神高度沉郁，呆然站立或卧地不起，舌色青紫或灰白，四肢及耳鼻发凉，脉弱不感手，微血管再充盈时间延长(4 s 以上)，血液暗红而黏滞等。

腹腔穿刺：病后 2～4 h 内，穿刺液明显增多，初为淡红黄色，后转为血水样，其中含有多量红细胞、白细胞及蛋白质。

直肠检查：直肠内空虚，腹压较大，检手前进困难，一般可摸到局部气肠；肠系膜紧张如索状，朝一定方向倾斜而拽拉不动；某段肠管的位置、形状及走向发生改变，触压或牵引则病畜剧痛不安；排气减压后触摸，仍如同往常。不同肠段，不同类型的肠变位，其直检变化亦各有特点。

【诊断】依据典型的临床症状及腹腔穿刺液变化，建立初步诊断。然后通过直肠检查和剖腹探查即可确立诊断。

【治疗】本病的病情危重，病程短急，一般经过 12～48 h 不等，多因急性心力衰竭和内毒素休克而死亡。因此，尽早实施手术整复，严禁投服一切泻剂，是治疗肠变位的基本原则。在具体剖腹整复手术方案中应注意下述要点。

术前准备：先采取减压、补液、强心、镇痛措施，维护全身机能；灌服新霉素或链霉素，制止肠道菌群紊乱，减少内毒素生成。

手术实施：全麻，仰卧或半仰卧保定；依据怀疑变位的肠段和类型确定手术径路，作腹中线切开、肋弓后平行切开或腹胁部切开；创口不短于 20～30 cm，力争直视下操作；尽量吸除闭塞部前侧的胃肠内容物；切除变位肠段，进行断端吻合。

术后监护：一是进行常规护理，如维护心肾功能、调整水盐代谢和酸碱平衡以及防止术后感染；二是要重点治疗肠弛缓，防止内毒素性休克，为此应通过临床观察、内毒素检验和凝血象检验等，监测病程进展。

肠系膜动脉血栓-栓塞 (Thrombo-embolism of Mesenteric Artery)

肠系膜动脉血栓-栓塞是由普通圆虫幼虫所致发的寄生性动脉炎，使肠系膜动脉形成血栓，其分支发生栓塞，相应肠段供血不足而引起的腹痛病。旧名血栓塞疝。主要发生于 6 个月至 4 岁的青年马。普通圆虫(Strongylus Vulgaris)的幼虫移行到前肠系膜动脉，是其正常发育的一个自然环节，其移行途径是被食入的感染性(第三期)幼虫穿过肠黏膜进入黏膜下动脉腔，然后沿动脉分支逆行同时变为第四期幼虫，约经 3 周抵并栖留于前肠系膜动脉内，以后幼虫发育并沿肠系膜动脉分支向下移行，最后卡于肠壁小动脉末梢部，在黏膜下形成出血性结节。因此本病的发生，即是因幼虫在肠系膜动脉系统移行，引起动脉内膜发炎，动脉中层肌纤维白细胞浸润，致使与内膜分离而形成空隙，其间充满细胞碎屑，结果动脉壁增厚、肿大、管腔填塞血栓，其中血栓块或碎片可导致动脉管腔闭塞及下游动脉分支栓塞，相应肠段发生浆液出血性浸润或出血性梗死。临床特征，不定期反复发作的轻度至剧烈腹痛，发热，腹腔穿刺液混血；直检常在前肠系膜动脉根部及其分支处，特别是回盲结肠动脉起始部摸到如小指或拇指粗变硬的动脉管，呈梭形、核桃大、串珠状膨隆，搏动明显减弱而感有管壁震颤。诊断，对重症典型病例，依据反复发作性腹痛，发热，腹腔穿刺液混血，直检前肠系膜动脉病变以及触不感痛的局部气肠，不难做出论证诊断，但该病不典型者居多，要注意鉴别诊断。治疗，目前尚无理想疗法。据报道用 10％低分子右旋糖酐或 20％～25％葡萄糖酸钠液静脉注射，对本病有较好疗效。此外，要依病情适时应用镇痛解痉、补液强心、制止内毒素休克等对症处置。

肠结石(Intestinal Calculus)

肠结石又名结石性肠阻塞，是肠内形成结石进而堵塞肠腔而致发的一种腹痛病。多发于老龄马骡。真性结石(马宝)，主要成分为磷酸铵镁，外表圆滑，结构致密，坚实而沉重。假性结石(粪石)，包括植物粪石和毛球粪石，主要成分为植物纤维、动物毛球和异物团块；外表粗糙不平，结构疏松，重量相对轻得多。常见的肠结石多为真性结石。真性肠结石形成的过程：患有慢性消化不良(碱性肠卡他)并饲喂大量富磷饲料的马骡，肠内腐败过程旺盛，产生多量氨，氢氧化铵含量增高，在碱性环境里，与进入大肠的磷酸氢镁结合，生成并析出磷酸铵镁，并围绕某种异物反复沉积而形成结石。

临床表现：当结石未将肠腔完全阻塞时，表现长期周期性轻微的腹痛，造成肠腔的完全阻塞时则呈现剧烈腹痛；并可继发肠臌气和肠炎。直肠检查，常在小结肠、骨盆曲或胃状膨大部摸到坚硬、球形如拳头大或铅球大的结石。治疗：对急性发作的结石性肠堵塞病马，首先实施解痉镇痛、穿肠减压、补液强心，不得投服泻剂；病情缓和后应尽早行剖腹术，取出结石，方可根本治愈。

肠积沙性疝痛(Sand Colilc)

肠积沙，又名沙疝，是马骡异嗜或误食大量沙石，逐渐沉积于肠内所引起的一种腹痛病。多呈群发，常见于半荒漠草原和多沙石地区的马群。主要病因有，长期采食含有多量细沙的饲料；长期饮用混有泥沙的河水、渠水、涝地水及浅水；经年在厚积细沙的浅溪、浅滩处放牧等。轻症病马表现慢性消化不良的症状，食欲不定，有舌苔，口臭大，逐渐消瘦，轻度腹泻和排粪迟滞交替出现，同时尚呈现经常性轻微腹痛和粪中混有多量泥沙的临床特征；重症病马，主要表现反复发作伴有肠炎的肠堵塞症状，呈中度或剧烈腹痛，全身症状明显或重剧，直肠检查时手臂沾有沙粒，常在骨盆曲、胃状膨大部等处摸到黏硬粗糙的沙包，按压堵塞部肠段病畜疼痛不安。治疗原则是排除肠道积沙和消除肠道炎症。主要用油类泻剂配合拟副交感神经药，如用猪油 0.5～1 kg，加1%温盐水 8～16 L 投服，每隔 1～2 h 皮下注射一次小剂量毛果芸香碱，在 12 h 内即可排出大部分积沙；等渗温盐水 10～14 L，每隔 1～2 h 投服一次，槟榔碱(实量 8 mg)溶液，每隔 20～30 min 肌肉注射一次，坚持牵遛运动，如此反复，连续 8 h，病马排出大量积沙。对积沙性肠阻塞病马，按急腹症实施抢救，病情缓和再做排沙治疗。

马属动物各种疝痛症状的临床表现见图 3-6-1。

图 3-6-1 马属动物各种疝痛症状的临床表现

续图 3-6-1　马属动物各种疝痛症状的临床表现

兔胃扩张
(Gastric Dilatation in Rabbits)

见二维码 3-10。

二维码 3-10
兔胃扩张

兔肠便秘(Constipation of Rabbits)

见二维码 3-11。

二维码 3-11
兔肠便秘

兔毛球病(Hairballs of Rabbits)

见二维码 3-12。

二维码 3-12
兔毛球病

（蒋加进）

第七节　肝脏和胰腺疾病

肝营养不良(Hepatic Dystrophy)

肝营养不良亦称营养性肝病或营养性肝坏死，是由于饲喂硒和/或维生素 E 缺乏以及富含不饱和脂酸的饲料，致使肝脏发生变性、坏死的一种营养缺乏病。主要发生于生长快速的仔猪，以 3～15 周龄猪多发，常呈群发性，病死率高。野猪、毛皮兽、牛和鸡也有发生。主要病因是由于长期饲喂硒含量低于 0.03～0.04 mg/kg 的饲料；缺乏青绿饲料，日粮中维生素 E 缺乏与不足；饲料质量低劣或发霉变质，以及不饱和脂肪酸含量增多，机体在代谢过程中产生的内源性过氧化物聚积，引起肝细胞膜和亚细胞膜的结构与功能上的损害，导致肝实质的变性与坏死。

临床表现：急性型，多见于生长迅速、体况良好的仔猪，常表现无先兆症状而突然死亡；亚急性型，表现精神沉郁，食欲减退，呕吐，腹泻，粪便带血，腹部和臀部皮下水肿，后躯无力，多在 3 周内死亡，濒死时呈呼吸困难、发绀和虚脱；慢性型，出现黄疸，腹部膨大，消瘦，发育不良。主要病理变化，急性型肝脏肿大，质脆，表面及切面有红黄相间的坏死；慢性型呈肝萎缩，表面粗糙，肝小叶坏死，小叶间结缔组织增生。治疗：主要是补硒，用 0.1%亚硒酸钠注射液 1～2 mL，皮下或肌肉注射，间隔 1～3 d 后，重复注射 1～2 次，配合用维生素 E；补糖保肝，增强肝脏解毒功能，促进有毒物质排出。预防：应着重改善饲养管理，饲喂无霉烂变质的全价日粮。补硒可预防仔猪发生本病，给产前 20～25 d 的母猪、10 日龄的仔猪及断奶仔猪注射 0.1% 亚硒酸钠注射液（0.1 mL/kg 体重），间隔 7 d 再注射 1 次。

急性实质性肝炎(Acute Parenchymatous Hepatitis)

急性实质性肝炎是在致病因素作用下,发生以肝细胞变性、坏死和肝组织炎性病变为病理特征的一类肝脏疾病。各种畜禽均可发生。本病主要由感染因素和中毒因素引起。按病理变化,分为急性黄色肝萎缩和急性红色肝萎缩。病因复杂,中毒性肝炎,见于各种化学毒物中毒、有毒植物中毒、真菌毒素中毒,如瘤胃酸中毒引发的霉菌性瘤胃炎可进一步引起霉菌性肝炎,饲喂尿素过多或尿素循环代谢障碍所致的氨中毒等。感染性肝炎,见于细菌、病毒、钩端螺旋体等各种病原体感染,如沙门氏菌病、钩端螺旋体病、牛恶性卡他热、猪瘟、猪丹毒、犬病毒性肝炎、鸭病毒性病炎、或瘤胃酸中毒引起的瘤胃炎,使坏死杆菌等经瘤胃血管扩散至肝脏并对其造成损伤。寄生虫性肝炎,主要见于肝片吸虫、血吸虫的严重侵袭。发病机理主要是在病因作用下,肝细胞发生变性、坏死和溶解,炎性肿胀,胆汁的形成和排泄障碍,大量的胆红素滞留,毛细胆管扩张、破裂,从而进入血液和窦状隙,血液胆红素增多,引起黄疸。

临床表现:消化不良,粪恶臭且色淡,可视黏膜黄染,肝浊音区扩大并有压痛;精神沉郁、昏睡、昏迷或兴奋狂暴;鼻、唇、乳房等处皮肤红、肿、瘙痒或有溃疡;体温升高或正常,心动徐缓,全身无力,并有轻微腹痛或排粪带痛。临床病理学表现,血清黄疸指数升高,直接胆红素和间接胆红素含量增高;尿中胆红素和尿胆原试验呈阳性反应;乳酸脱氢酶(LDH)、丙氨酸氨基转氨酶(ALT)、天门冬氨酸氨基转氨酶(AST)等反映肝损伤的血清酶类活性增高;红细胞脆性增高;凝血酶原降低,血液凝固时间延长。根据消化不良、粪便恶臭、可视黏膜黄染等临床表现,结合肝功能及尿液检查结果可做出诊断。治疗:主要是排除病因,加强护理,保肝利胆,清肠止酵,促进消化功能。常静脉注射25%葡萄糖注射液、5%维生素C注射液和5%维生素B_1注射液;服用蛋氨酸、肝泰乐等保肝药;内服人工盐、鱼石脂等,以清肠制酵利胆;有出血倾向的用止血剂和钙制剂;狂暴不安的给予镇静安定药;出现肝昏迷时,可静脉注射甘露醇,降低颅内压,改善脑循环。本病预防,加强饲养管理,防止霉败饲料、有毒植物及化学毒物的中毒;加强卫生防疫,防止感染,增强肝功能。

肝破裂(Hepatic Rupture)

肝破裂是肝实质和/或肝包膜因外力所致的偶发性破裂,或因肿大、质地脆弱所致的自发性破裂。其原因,偶发性肝破裂,主要发生于肝区突然受到打击、冲撞、挤压等剧烈的外力作用,或在腹腔创伤、肋骨骨折、创伤性网胃腹膜炎时,被尖锐物体直接刺破;自发性肝破裂,多见于肝脓肿、肝肿瘤、肝淀粉样变性、肝脂肪变性、肝片吸虫病、细颈囊尾蚴病等病理状态下。

临床表现:发生肝实质连同肝包膜破裂的病畜,突然显现目光惊惧,肌肉震颤,体躯摇晃,全身出冷汗,体温低,可视黏膜苍白,脉搏疾速而微弱,表现典型的内出血所致的低血量性休克危象;穿刺腹腔有多量血样液体;常在1～10 h内死亡。肝包膜下血肿病畜,表现站立不动,运步拘谨,有沉重的腹痛,可视黏膜苍白,触压肝区有疼痛反应,腹腔穿刺液有时呈红染。病程在数日或数周不等。通常因肝实质同肝包膜破裂,死于低血容量性休克。本病治疗可试用6-氨基己酸、安络血、止血敏等止血药和钙制剂,但大多无效。

肝硬变(Hepatic Cirrhosis)

肝硬变即肝硬化,又称慢性间质性肝炎或肝纤维化,是由于各种中毒等因素引发的以肝实质萎缩、间质结缔组织增生为基本病理特征的一种慢性肝病。本病各家畜均有发生。猪较多见,可成群发性发生。按病变性质,分为肥大性肝硬变和萎缩性肝硬变;按病因,分为原发和继发性肝硬变。原发性肝硬变的主要病因是各种中毒,如羽扁豆、猪屎豆、野百合等植物中毒,磷、砷、铅、四氯化碳、酒精等化学物质中毒,长期饲喂酒糟或霉败饲料中毒。继发性肝硬变,主要发生于某些传染病、寄生虫病和内科病的经过中,如犬传染性肝炎、鸭病毒性肝炎、牛、羊肝片吸虫、猪囊虫、慢性胆管炎及充血性心力衰竭等疾病。

临床表现:便秘与腹泻交替发生,久治不愈的消化障碍;反刍兽呈现慢性前胃弛缓或瘤胃臌胀,渐进性消瘦;进行性腹水,穿刺腹腔有大量透明的淡黄色漏出液;肥大性肝硬变,肝、脾浊音区显著扩大,小动物经腹部触诊可以触及肥大的肝脏。病理变化:初期肝脏肿大,坚硬,表面光滑,呈黄色或黄绿色;中后期,肝脏缩小,坚硬,表面凹凸不平,色彩斑驳。血清胶体稳定性试验,如硫酸浊度(ZTT)和麝香草酚浊度试验(TTT)等多为阳性反应。病程数月或数年不等。生前诊断困难,确诊需依据肝脏活体穿刺和组织学检查,病理组织学检查可见结缔组织增生,肝小叶结构被破坏,肝细胞塌陷。肝硬化一旦发生,只能通过积极治疗,延缓病情,目前无有效的治疗措施,一般预后不良。为缓解病情,保护肝脏,要给予高蛋白、高碳水化合物和富含纤维素的食物,禁食脂肪含量高的食物,可以进行25%葡萄糖静脉注射,早期可以应用胆碱、甲硫氨酸、胱氨酸等抗脂性药物,使用秋水仙碱(4~6 mg/d)等抗纤维化药物。强心利尿,腹腔穿刺,排出腹水等。预防:注意防止有毒植物中毒,避免饲喂发霉和腐败饲料,及时治疗传染病。

胆管炎和胆囊炎 (Cholangitis and Cholecystitis)

胆管炎和胆囊炎是由于寄生虫侵袭,细菌、病毒感染,致发的胆管和胆囊炎症过程。其病理特征,胆管变粗,胆囊肿大,其黏膜充血有出血点,管壁和囊壁增厚,胆汁浓缩浑浊或污秽,有时胆道内有虫体。主要是由寄生于胆管和胆囊的寄生虫所引起,如肝片吸虫、矛形双腔吸虫、前后盘吸虫及猪、马的胆道蛔虫;并发于某些传染病,如猪、羊的链球菌病、猪瘟、犬传染性肝炎;胆道阻塞(胆石症等),胆汁瘀滞并刺激胆道,致使胆管和胆囊发生炎症。

临床表现:由于本病多继发或伴发于某些寄生虫病和传染病,因此除有原发病的固有症状外,还表现肝机能不全和消化障碍,如食欲不振、消化不良,便秘或腹泻、黄疸、消瘦、贫血、浮肿、腹水等;化脓性胆囊炎,可出现发热、恶寒战栗、白细胞增多和核左移;胆囊穿孔,则出现穿孔性腹膜炎的症状;肝脏部位触诊,病畜有疼痛表现。B超检查,可显示胆管扩张,胆囊肿大,若由胆结石引起者,可见由胆结石形成的光团。诊断:依据流行病学、临床症状、粪便的虫卵检查与鉴定,以及腹部X线及B超检查的结果进行判定。治疗:饲喂有营养、易消化的饲料;同时使用抗生素等药物防止继发性感染,但不要使用对肝脏有潜在损伤的抗生素,如四环素等;及时应用利胆剂及保肝药物,如去氢胆酸、消胆胺等;对于化脓性胆管及胆囊炎,胆结石或穿孔等应采取手术疗法。预防:加强饲养管理,定期驱虫和免疫接种;对胆结石、肝脏寄生虫等疾病,应及时进行防治。

胆石症(Cholelithiasis)

胆石症是由于胆囊和胆管中形成的结石,引起胆道阻塞、胆囊胆管炎症的一种疾病。其成因还不十分清楚,可能为胆汁代谢异常、胆固醇过饱和析晶或蛔虫钻胆引起感染所致。按胆石成分可分为3种类型:胆红素钙石,主要成分为胆红素钙,呈棕黑色,硬度不一,形状不定,有时呈胆泥或胆沙状,多见于牛、猪、犬;胆固醇石,主要成分为胆固醇,常呈单个大的结石,白色或淡黄色,质较软,多发生于鼠猴和狒狒;混合胆石,主要成分为胆红素、胆固醇和碳酸钙,呈黄色和棕褐色,切面呈同心环状层,常发生在胆囊,见于各种动物。其病因,一般认为是机体代谢紊乱,胆管和胆囊的感染性和寄生虫性炎症,细菌团块和脱落的上皮细胞等形成的结石核心物质,以及胆汁瘀滞等,使胆红素颗粒、胆固醇和矿物盐结晶沉积于核心物质上而形成结石。

临床表现:因动物不同而有差异,但主要表现消化机能和肝功能障碍,如厌食、慢性间歇性腹泻、渐进性消瘦、可视黏膜黄染等。牛多为亚临床,但有的出现上述症状。诊断:依据临床症状,怀疑为胆石症时,可进行X线胆道造影,如发现肝内胆管扩大且不规则,部分胆管狭窄或不显影,胆管内存留过多造影剂或有结石阴影者,应考虑为本病。近年来,利用B超、CT和核磁共振扫描等特殊检查,更加提高了胆石症的诊断率。必需治疗时,可采用中西兽医结合的排石、溶石及手术方法进行治疗。手术疗法中的腹腔镜手术也应用到胆石症的治疗,但此类手术还有一定局限性。

肝癌(Hepatic Carcinoma)

肝癌是由于致癌物质进入肝细胞,使其异常增生而形成的恶性肿块。原发性肝癌,按病理解剖学分为3类:巨块型,多位于肝右叶,肿块较大,发展迅速,可导致肝破裂和轻度肝硬变;结节型,较常见,呈现多个大小不等的癌结节分布于整个肝脏或右叶,切面为灰白色或淡红色,与肝组织分界明显;弥漫型,是癌组织广泛地浸润于肝脏的各个部分,肝表面和切面可见许多不规则的灰白色或灰黄色的斑点或斑块。原发性肝癌已见报道于猪、牛、羊、马、犬、鸡、鸽等多种动物,近十几年来其发病率明显增高,且与人的肝癌发生率有同步上升迹象,应引起我们的重视。目前已知的重要致病因素有病毒如白血病病毒,霉菌毒素如黄曲霉毒素、杂色曲霉素、赭曲霉毒素等,化学性致癌物如亚硝胺类和有机氯农药等。

临床表现:早期无明显症状,以后表现为逐渐消瘦,贫血,食欲减退,有时呕吐、腹痛、黄疸、腹水和脾肿大。犬有进行性肌肉麻痹,禽有明显的肝腹水。

晚期因肝性昏迷、消化道出血和继发性感染而死亡。诊断：用B型超声切面显像法、放射性核素扫描和CT扫描法等，均有较高的准确率。畜禽的肝癌多无治疗价值。

胰腺炎（Pancreatitis）

胰腺炎是指胰腺的腺泡与腺管的炎症过程。分为急性与慢性两种病型。急性胰腺炎，是由致病因素的作用，使胰液从胰管壁及腺泡壁逸出，胰酶被激活后对胰腺本身及周围组织发生消化作用，而引起的急性炎症，以水肿、出血、坏死为其病理特征。慢性胰腺炎，是由于急性胰腺炎未及时治愈或胰腺炎在反复发作的经过中所引起的慢性、持续性或反复发作性的慢性病变，以胰腺广泛纤维化、局灶坏死与钙化为其病理特征。主要发生于犬，尤其是中年雌犬；牛、猫也有发病，其他动物少见。

【原因】急性胰腺炎，病因多与下列因素有关。

动物长期饲喂高脂肪食物，又不喜运动，使机体肥胖易发急性胰腺炎；动物患有高脂血症时，极易导致胰腺炎。目前机理不清楚，有一种理论认为，位于胰腺毛细血管中的酯酶，能水解循环血液中的脂肪，释放出脂肪酸，这些脂肪酸可造成胰腺内部局部性酸中毒和血管收缩，进而促使释放更多的酯酶进入血液循环，从而造成胰腺损伤，导致胰腺炎。

胆道疾病如胆道寄生虫、胆石嵌闭、慢性胆道感染、肿瘤压迫、局部水肿、黏液淤塞等，致使胆管梗阻，胆汁逆流入胰管并使未激活的胰蛋白酶原激活为胰蛋白酶，而后进入胰腺组织并引起自身消化。

胰管梗阻如胰管痉挛、水肿、胰石、蛔虫、十二指肠炎及其阻塞，或迷走神经兴奋性增强引发胰液分泌旺盛等，致使胰管内压力增高，以致胰腺腺泡破裂、胰酶逸出而发生胰腺炎。

胰腺损伤如腹部钝性损伤、被车压伤或腹部手术等损伤了胰腺或胰管，使腺泡组织的包囊内含有消化酶的酶原被激活，而引起胰腺的自身消化并导致严重的炎症反应。

急性胰腺炎可并发于某些传染病如犬传染性肝炎、钩端螺旋体病；寄生虫病如犬、猫弓形体病；中毒病、腹膜炎、胆囊炎、败血症等，病毒、细菌或毒物经血液、淋巴而侵害胰腺组织引起炎症。

其他因素：一些药物如噻嗪类利尿药、硫唑嘌呤、天门冬氨酸酶和四环素等可诱发胰腺炎。胆碱酯酶抑制剂和胆碱能拮抗药也能诱发胰腺炎；先天异常，免疫反应等都可引发急性胰腺炎。

慢性胰腺炎，可由急性胰腺炎未及时治疗转化而来，或急性炎症后又多次复发成慢性炎症，以及邻近器官如胆囊、胆管的感染经淋巴管转移至胰腺，致使胰腺发生慢性炎症。

【病理发生】在正常情况下，胰腺消化液含有的数种蛋白分解酶，均呈酶原状态（如胰蛋白酶原、糜胰蛋白酶原等），无消化作用。进入肠腔后，在碱性溶液中，受到肠壁分泌的肠激酶及由胆总管流出胆汁的作用，即转变为活酶，具有消化作用。在致病因素作用下，尤其是胰腺损伤、感染产生的炎性渗出物，逆流进入胰管的胆汁等，使胰蛋白酶原被激活成胰蛋白酶。该酶除对含有蛋白与脂肪的胰腺本身发生消化作用外，还能促使其他酶原变成活性酶，如弹性硬蛋白酶原成为弹性硬蛋白酶（Elastase），使血管壁弹性纤维溶解而引起坏死出血性胰腺炎；磷脂酶A原变成磷脂酶A（Phospholipase A），使胆汁中的卵磷脂变成溶血卵磷脂并具有细胞毒性作用，可引起胰腺细胞坏死；胰血管舒缓素原变成血管舒缓素（Kallikrein），可引起胰腺及全身血管扩张，通透性增高，导致胰腺水肿、休克；胰脂肪酶原被激活而引起胰腺周围脂肪坏死。活性胰酶还通过血液和淋巴转送全身，引起胰腺外器官的损害。

如果致病因素较弱而长期反复作用，则使胰腺的炎症、坏死和纤维化呈渐进性发展，最后导致胰腺硬化、萎缩及内、外分泌功能减弱或消失，出现糖尿病和严重的消化不良。

【临床表现】急性胰腺炎，主要表现腹痛、呕吐、发热、腹泻且粪便中常混有血液；若溢出的活性胰酶累及肝脏和胆囊，则出现黄疸；腹部有压痛，前腹部有时可触到硬块，腹壁紧缩少数病例有腹水；严重病例出现脱水及休克危象。

慢性胰腺炎，病程迟缓，缺乏特异性症状。主要表现厌食，周期性呕吐，腹痛，腹泻和体重下降。由于胰腺外分泌功能减退，粪便酸臭，且存有大量未消化脂肪。患病动物有时因食物消化与吸收不良，而出现贪食，并伴有体重急剧下降。猫很少发生慢性胰腺炎，偶尔在剖检中发现。

【临床病理学】最有特征性的变化是血清淀粉酶和脂肪酶的活性同时升高，若其中之一急剧升高时则另一指标可能仅有微弱变化。据文献记载，犬急性胰腺炎时，血清淀粉酶活性可升高3～4倍，脂肪酶活性升高2倍或更高。但应注意某些非胰腺疾病，如原发性肾炎衰竭等其血清淀粉酶活性也升高（2.5倍），不同的是急性胰腺炎除出现淀粉酶活性升高外，还伴有继发性肾前性氮血症，其尿比重高于1.030。猪胰腺炎时，淀粉酶活性升高不明显，只出现脂肪酶活性的明显升高。

血液的理化学变化还有，由于呕吐和体液丢失使血液浓稠、红细胞压积升高、血浆蛋白浓度增大；中性粒细胞增多和核左移，淋巴细胞和嗜酸性粒细胞减少；急性坏死性胰腺炎的后期，血液钙与腹腔坏死脂肪形成的脂肪酸结合，引起低钙血症；胰腺轻度感染、出血、慢性间质性炎症或胰岛萎缩、变性等。使胰岛素分泌减少而引发高糖血症；急性出血性胰腺炎时，血管外或胰腺周围红细胞崩解产生的血红蛋白，在胰酶作用下形成正铁血红素进入血液并与白蛋白结合成正铁白蛋白，引起正铁白蛋白血症，而水肿性胰腺炎无此变化，因此该变化可作为两种胰腺炎类型的鉴别依据之一。

【病理学检查】急性病例胰腺肿大，质地松软，呈灰黄或橙黄色，切面多汁，小叶结构模糊。病理组织学可见胰腺实质常有大的坏死灶，血管充血或在其周围出现轻度增生，小叶间结缔组织增生。胰周围脂肪组织坏死，心、肺、肝、肾、脑等器官发生肿胀、出血或坏死。

慢性病例胰腺略小，切面干燥。病理组织学检查可见在小叶周围或小叶内出现纤维组织大量增生，小叶明显缩小，实质内有营养不良病灶和坏死灶，腺管壁增厚。

【诊断】急性胰腺炎的诊断，依据下列临床资料进行综合分析与判断。临床表现剧烈腹痛与重剧呕吐；实验室检查，血液中淀粉酶与脂肪酶的活性同时升高，白细胞增多与核左移，血液浓稠与脂血症、低钙血症、一时性高糖血症；X线检查，腹前部密度增大，右侧结构模糊，十二指肠向右侧移位且其降支中有气体样物质存留；B型超声检查，可见胰脏肿大、增厚，或显示假性囊肿形成。

慢性型，表现反复发作的病史以及腹痛、黄疸、腹泻、呕吐等症状；胰腺发生纤维变性时，血中淀粉酶和脂肪酶不升高；X线检查可见胰腺钙化或胰腺内结石阴影；B型超声检查，可显示出胰腺内有结石或囊肿等。

【治疗】治疗原则是加强护理，抑制胰腺分泌，止痛镇静，抗休克，纠正水及电解质紊乱。

急性胰腺炎　①饥饿疗法，在最初的24～48 h内，为避免刺激胰腺的分泌，禁止从口给予食物、饮水和药物，以后病情好转时可喂给少量肉汤与易消化食物。②抑制胰腺分泌，抗胆碱药具有抑制胰腺分泌和止吐作用，常用硫酸阿托品0.03 mg/kg，肌肉注射，3次/d，但应限制在24～36 h内使用，以防出现肠梗阻。③镇痛和解痉，为防止疼痛性休克发生，用杜冷丁镇痛效果好，犬、猫用10～20 mg/kg，肌肉注射；马静脉注射250～500 mg(肌肉注射量加倍)；牛肌肉注射50 mg。④抗休克，皮质激素对治疗休克有一定作用，可用氢化可的松注射液，犬5～20 mg/次，猫1～5 mg/次，猪20～80 mg/次，马、牛200～500 mg/次，用生理盐水或葡萄糖注射液稀释后静脉注射。⑤纠正水与电解质失衡，大量补液，调节肾的排泄功能是治疗急性胰腺炎的中心环节。可用5%～20%葡萄糖注射液或复方氯化钠注射液、维生素C、维生素B_1等静脉注射，注意适量补钾。⑥抗感染，用抗生素（强力霉素、氨苄青霉素为首选）。⑦手术疗法，当胰腺坏死时，应立即手术切除。

慢性胰腺炎　应饲喂高蛋白、高碳水化合物、低脂肪饲料，并混饲胰酶颗粒，可维持粪便正常。缩聚山梨醇油酸酯与日粮混饲，可增进脂肪吸收，犬每次1 g。长期用胆碱可预防脂肪肝的发生，牛每次15 g，每日2～3次。只要不发生糖尿病，则预后良好。在胰内分泌机能减退时，必须用胰岛素治疗，此种病例预后不良。另外，依据病情实施对症治疗；在病情逐渐恶化或反复发作，出现假性胰腺囊肿或胆总管梗阻引起黄疸时，可用外科手术治疗。

【预防】在于科学饲养与管理，喂全价日粮，保持营养平衡，避免脂肪过剩，加强卫生防疫，定期驱虫，预防感染。

（龙淼）

第八节　腹膜疾病

腹膜炎(Peritonitis)

腹膜炎是腹膜壁层和脏层炎症的统称。按病因分为原发性和继发性腹膜炎；按病程经过分为急性和慢性腹膜炎；按病变范围分为弥漫性和局限性腹膜炎；按渗出物性质分为浆液性、纤维蛋白性、出血性、化脓性及腐败性腹膜炎。各种畜禽均可发生，但多见于马、牛、犬、猫和禽。

【原因】原发性病因因受寒、过劳或某些理化因素的影响，机体防卫机能降低时受到大肠杆菌、沙门氏菌、链球菌和葡萄球菌等条件致病菌的侵害；腹壁创伤、手术感染（创伤性腹膜炎）；腹腔和盆腔脏器穿孔或破裂（穿孔性腹膜炎）；禽前殖吸虫、牛和羊的幼年肝吸虫等腹腔寄生虫的重度感染（侵袭性腹膜炎）；家禽的腹膜真菌感染，如孢子丝菌病（霉菌性腹膜炎）。

继发性的见于腹膜邻接脏器感染性炎症的蔓延，如肠炎、肠变位、皱胃炎等，因脏壁损伤，脏器内细菌侵入腹膜致使发炎（蔓延性腹膜炎）；血行感染，如猪丹毒，猪格拉泽氏病、犬诺卡氏菌病、猫传染性腹膜炎等，病原体经血行感染腹膜而致病（转移性腹膜炎）。

【发病机理】腹膜有较强的渗出和吸收功能，在生理状态下，动物的腹腔内含有少量液体，主要起润滑作用，其中有一定量的吞噬细胞和免疫物质，可吞噬细菌和异物，中和并清除有毒物质。当腹膜受到重剧的损伤，如腹壁透创或肠炎、肠变位、重症肠阻塞，肠屏障机能丧失，肠内细菌进入腹腔；骨盆腔脏器炎症蔓延；传染病时，细菌、有毒物质等刺激腹膜引起炎症。腹膜发炎后血管充血、出血，干性腹膜炎时渗出液少，腹膜和腹腔各脏器粘连；湿性腹膜炎时渗出液量大，按其性质不同可分为浆液性、纤维蛋白性、出血性、化脓性及腐败性腹膜炎。病程较长，渗出液中的水分逐渐被吸收，只剩下纤维蛋白成为带状或绒毛状的附着物。血管严重损伤时，渗出物有大量红细胞；胃肠破裂时，渗出物中有饲料颗粒或粪渣；膀胱破裂时，渗出液含大量尿液成分。大量的毒素、细菌或炎性渗出物，被机体吸收，则可发生毒血症、菌血症或中毒性休克，导致病畜迅速死亡。

【临床表现】因畜种和炎症类型而异。

急性弥漫性腹膜炎最突出而固定的症状是腹膜性疼痛表现，如弓背，持续站立，避免运动，腹壁紧张等。全身症状重剧，表现体温升高，呼吸疾速浅表，胸式呼吸明显，脉搏快而弱，常继发肠臌气，牛出现瘤胃臌气，犬、猫出现呕吐。触诊腹部敏感疼痛，渗出液多时叩诊腹部有水平浊音，穿刺腹腔有数量不等或性质不同的渗出液流出。

急性局限性腹膜炎的症状与弥漫性的相似，但症状较轻，体温中度升高，仅在病变区触诊和叩诊时，才表现敏感与疼痛。

慢性腹膜炎主要表现慢性胃肠卡他症状，反复发生腹泻、便秘或臌气，有的因腹水量多而腹部膨大。全身症状不明显。偶尔可因肠粘连而表现肠狭窄症状。

病程长短不一，马急性弥漫性腹膜炎的病程为2～4 d，但穿孔性腹膜炎常因毒血症或中毒性休克在12 h内死亡；牛的病程为7 d以上。慢性腹膜炎的病程可达数周或数月，粘连严重并造成消化道损害的，预后不良。局限性腹膜炎。除非因粘连而造成肠狭窄，多数预后良好。

【临床病理学】渗出液为深黄色混浊液体（但因病因不同，亦可呈现红色、黄色等颜色），比重高于1.018，蛋白总量在30 g/L以上，黏蛋白定性试验（Rivalta试验）为阳性。细胞计数常大于5×10^8个/L，根据不同病因，分别以中性白细胞或淋巴细胞为主。细菌学检查，可找到病原菌。如腹腔积液中有严重变性的中性粒细胞、细菌（尤其是被白细胞吞噬的细菌）或排泄物，则诊断为脓毒性腹膜炎。然而，即使感染很严重，也经常看不到排泄物和细菌，使用过抗生素可能显著抑制细菌数量，并降低变性中性粒细胞的比例，腹部手术也会造成腹腔液中性粒细胞轻度至中度变性。猫传染性腹膜炎型腹腔积液是一种典型的化脓性肉芽肿（即巨噬细胞和非变性中性粒细胞），有核细胞数相对较少（≤10 000个/μL）。而在某些传染性腹膜炎患猫的渗出液中主要含有中性粒细胞。非氮质血症患猫有非败血症性漏出液，如未见其他病因，怀疑其由猫传染性腹膜炎引起。

【诊断】一般根据病因和临床症状，如弓背，持续站立，避免运动，腹壁蜷缩，触诊腹壁敏感，腹腔穿刺液增多，并含有多种病理成分，胸式呼吸，体温升高；直检腹膜显粗糙等即可确诊。应与腹水症鉴别诊断，腹水症为腹腔内积聚漏出液，呈淡黄色透明液体或稍混浊的淡黄色液体，比重低于1.018，一般不凝固，蛋白总量在25 g/L以下，黏蛋白定性试验和细菌学检查均为阴性；而腹膜炎为腹腔内积聚渗出液，呈颜色较深的浑浊液体，比重高于1.018，蛋白总量在30 g/L以上，Rivalta试验和细菌学检查均为阳性。

【治疗】治疗原则是抗菌消炎，制止渗出，纠正水盐代谢。

抗菌消炎，用广谱抗生素或多种抗生素联合进行静脉注射、肌肉注射或大剂量腹腔注入。如用青霉素、链霉素各200万IU，0.25%普鲁卡因300 mL，5%葡萄糖液500～1 000 mL，加温至37℃左右，大家畜一次腹腔注射（也可加入0.2～0.5 g氢化可的松），每天1次，连用3～5 d。

为消除腹膜炎性刺激的反射影响，减轻疼痛，可用0.25%普鲁卡因液150～200 mL，作两侧肾脂肪囊内封闭；还可用安及近、盐酸吗啡，大家畜用水合氯醛等药。

为制止渗出，可静脉注射10%氯化钙液100～150 mL，40%乌洛托品20～30 mL，生理盐水1 500 mL，混合给马、牛一次静脉注射。

为纠正水、电解质与酸碱平衡失调，可用5%葡萄糖生理盐水或复方氯化钠溶液(20～40 mL/kg)静脉注射,每日 2 次。对出现心律失常,全身无力及肠弛缓等缺钾症状的病畜,可在盐水内加适量 10%氯化钾溶液,静脉滴注。腹腔积液过多时可穿腹引流;出现内毒素休克危象的应按中毒性休克实施抢救。

自发性脓毒性腹膜炎的动物通常有消化道破裂,应在病情稳定时尽快进行手术探查。仔细检查胃肠的缺损,取穿孔周围组织活检以诊断肿瘤和炎性肠病。修补缺损后,应用大量的温晶体溶液多次腹腔灌洗。实质性的腹部污染需要较长时间的引流,仅仅进行烟卷式引流是不够的。如果需要紧急引流,最好进行开腔引流,根据需要,开口为 6～8 cm;然后用非可吸收缝线关闭腹腔。创口用消毒过的吸水性敷料。换敷料时,需戴无菌手套探查网膜和肠道是否堵住切口。到腹部引流物减少、腹部污染消失时,进行关闭腹腔的第 2 次手术,有时切口会自动关闭。在第 2 次手术时需要再次对腹腔进行细菌培养。虽然这很费时间,但对患严重腹膜污染(如粪便、食物、钡剂引起)的动物十分有效。

腹腔积液综合征
(Hydrops Abdominis Syndrome)

腹腔积液综合征又称腹水,即腹腔内蓄积大量浆液性漏出液。它不是独立的疾病,而是伴随于诸多疾病的一种病征。多见于猪、羊、犬、猫等中小动物。

【原因】有多种病因,心源性腹水,出现于能造成充血性心力衰竭的各种疾病,如三尖瓣闭锁不全和右房室孔狭窄,使静脉系统瘀血,体腔积液。稀血性腹水,出现于能造成血液稀薄和胶体渗透压明显降低的疾病,如慢性贫血、肝功能衰竭,蛋白丢失性肾病,蛋白丢失性肠病,严重营养不良,大面积皮肤烧伤等,使蛋白质丢失过多而体液存留而致发本病。瘀血性腹水,出现于能造成门静脉系统瘀血的各种疾病,如肝硬变慢性肝炎、肝肿瘤、肝片吸虫病等,因门静脉压升高血行受阻,毛细血管内液体渗出而发生腹水。淋巴管阻塞也会引起腹水,常见于肿瘤压迫、结核引起的淋巴回流受阻。机体硒营养缺乏或不足,使肌组织、肝脏、淋巴器官等受到过氧化损害和微血管损伤,致发渗出性素质,导致腹腔及其他体腔发生积液。

【临床表现】视诊腹部下侧方见有对称性增大而腰旁窝塌陷。当动物体位改变时,腹部的形态也随着改变。触诊腹部不敏感,冲击腹壁有震水音,叩诊两侧腹壁呈对称性的等高的水平浊因,腹腔穿刺有多量液体流出。患畜食欲减退、消瘦,被毛粗乱,便秘,有时便秘和下痢交替出现,排尿减少。腹水过多时膈肌运动障碍而表现持续存在的呼吸困难,体温一般正常。

【诊断】根据腹围增大,腹部下侧方见有对称性增大而腰旁窝塌陷,叩诊呈水平浊音,触诊有波动或发生震水音初步诊断。通过腹腔穿刺液检查,鉴别腹腔积液的性质,其与渗出液的鉴别详见"腹膜炎"。

鉴别诊断:

(1)腹膜炎发热,全身症状明显,触诊腹壁病畜敏感疼痛,腹腔液比重高。Rivalta 试验阳性。

(2)妊娠母畜妊娠后期下腹部向外侧方膨隆,触压腹壁可以感到胎动。

(3)子宫积水及蓄脓通过直肠检查、膣腔检查和 B 超检查,进行试验性穿刺以及腹壁触诊和叩诊的结果,即可确定诊断。

(4)膀胱麻痹膀。胱极度扩张,充满尿液,腹部略显膨隆,直肠内触诊,膀胱充满而紧张,触压有波动。

(5)膀胱破裂。患畜膀胱和尿道结石,发生膀胱破裂前,有明显的腹痛不安,频频呈排尿姿势,但无尿排出或仅有少量混有血液的尿液滴出。膀胱破裂发生后变得安静,排尿动作消失,下腹部迅速增大。腹腔穿刺液有明显尿味,镜检可见膀胱上皮、尿路上皮、肾上皮。直肠检查膀胱空虚,有时不能辨别膀胱形态。迅速出现腹膜炎及尿毒症症状,皮肤、汗液都具有尿臭。同时体温升高,其后陷于虚脱状态。

【临床病理学】漏出液为淡黄色透明液体或稍混浊的淡黄色液体,比重低于 1.018,一般不凝固,蛋白总量在 25 g/L 以下,Rivalta 试验为阴性。细胞计数常小于 1×10^{8} 个/L,以淋巴细胞和间皮细胞为主。细菌学检查为阴性。

【治疗】治疗原则为消除病因,制止漏出,利尿,并排出腹腔液体。

本病的治疗关键在于除去病因,治疗原发病,如肾病、慢性间质肾炎、肝硬变、营养不良、心脏衰弱等。为制止漏出,可静脉缓慢注射 10%氯化钙或水解蛋白液,促进漏出液的吸收和排出,可应用强心药和利尿药,如洋地黄和双氢克尿噻等,并配合 25%葡萄糖、维生素 B、维生素 C 等。有大量积液时,应采取腹腔穿刺排液,一次排液量不可过大,以防发生虚脱。

【预防】避免各种不良因素的刺激和影响,特别是注意防止腹腔及骨盆腔脏器的破裂和穿孔;导尿、直肠检查、灌肠、去势、腹腔穿刺及腹壁手术按照操作规程进行，防止腹腔感染；母畜分娩、胎盘剥离、子宫整复以及子宫内膜炎的治疗等都须谨慎，防止本病发生。

牛脂肪组织坏死
（Fat Necrosis of Cattle）

见二维码 3-13。

二维码 3-13　牛脂肪组织坏死

（吴金节）

复习思考题

1. 引起流口涎的疾病有哪些？在治疗方法上是否相同？
2. 动物哪些疾病引起流口涎？哪些疾病引起口鼻流涎？如何鉴别诊断？
3. 什么叫反刍动物的前胃弛缓？其发生的原因有哪些？
4. 怎样诊断和防治反刍动物的前胃弛缓？
5. 什么叫反刍动物的瘤胃积食？其发生的原因有哪些？
6. 怎样诊断和防治反刍动物的瘤胃积食？
7. 什么叫反刍动物的瘤胃臌气？其发病机理是什么？
8. 怎样诊断和防治反刍动物的瘤胃臌气？
9. 什么叫反刍动物的急性瘤胃酸中毒？其发病机理是什么？
10. 怎样诊断和防治反刍动物的瘤胃酸中毒？
11. 什么叫反刍动物的瘤胃碱中毒？其发病机理是什么？
12. 怎样诊断和防治反刍动物的瘤胃碱中毒？
13. 什么叫反刍动物的创伤性网胃腹膜炎？其临床症状有哪些？
14. 怎样诊断和防治反刍动物的创伤性网胃腹膜炎？
15. 什么叫反刍动物的瓣胃阻塞？该如何防治？
16. 什么叫反刍动物的皱胃变位？其发病机理有哪些？
17. 怎样诊断和防治反刍动物的皱胃变位？
18. 什么叫反刍动物的皱胃阻塞？该如何防治？
19. 什么叫反刍动物的皱胃溃疡？该如何防治？
20. 什么叫反刍动物的皱胃炎？该如何防治？
21. 胃肠卡他的主要临症表现和病理特征是什么？
22. 胃肠卡他的治疗原则是什么？
23. 胃肠炎的主要临症表现和病理特征是什么？
24. 胃肠炎如何进行治疗？
25. 猪胃溃疡的发病原因有哪些？
26. 猪胃溃疡的主要临症表现和病理特征是什么？
27. 腺胃炎的发病原因有哪些？
28. 腺胃炎的主要临症表现和病理特征是什么？
29. 禽肌胃糜烂的发病原因有哪些？
30. 禽肌胃糜烂的主要临症表现和病理特征是什么？
31. 鸵鸟腺胃堵塞的发病原因有哪些？
32. 如何治疗鸵鸟腺胃堵塞？
33. 霉菌毒素中毒性肠炎的主要临症表现和病理特征是什么？
34. 如何治疗霉菌毒素中毒性肠炎？
35. 急性盲结肠炎的主要临症表现和病理特征是什么？
36. 如何治疗急性盲结肠炎？
37. 黏液膜性肠炎的主要临症表现是什么？
38. 如何治疗黏液膜性肠炎？
39. 马肥厚性肠炎的主要临症表现有哪些？
40. 马肥厚性肠炎的主要病理变化是什么？
41. 家禽肠炎的发病原因有哪些？
42. 蛋鸡开产前后水样腹泻的发病原因有哪些？
43. 蛋鸡开产前后水样腹泻的主要临症表现是什么？
44. 如何预防蛋鸡开产前后水样腹泻？
45. 增生性回肠炎的诱发因素有哪些？
46. 增生性回肠炎的主要临症表现和病理特征是什么？
47. 如何防治猪增生性回肠炎？
48. 马属动物腹痛病各病之间有何联系？如何鉴别？

49. 试述完全阻塞性便秘与不完全阻塞性便秘的鉴别诊断要点。

50. 试述完全阻塞性便秘与不完全阻塞性便秘的发生原因及病理学基础。

51. 试述犬急性小肠梗阻的病因及如何诊治。

52. 急性实质性肝炎的诊断和治疗措施有哪些?

53. 急性胰腺炎的诊断和治疗措施有哪些?

54. 怎样诊断和防治腹膜炎?

55. 如何鉴别腹膜炎和腹腔积液综合征?

第四章　呼吸系统疾病

【内容提要】呼吸系统是由鼻腔、副鼻窦、喉、气管、支气管、肺及胸膜等构成，其主要功能是进行体内外之间的气体交换。呼吸道黏膜是动物与外界环境间接触的重要部分，它对维持肺泡的正常结构和生理功能起着重要的屏障和防御作用。

正常情况下，呼吸道通过其黏膜表面丰富的毛细血管网和黏液腺加温和湿润吸入的空气，并通过鼻毛的阻挡、黏膜上皮的纤毛运动和黏液的黏附和降解作用、喷嚏和咳嗽反射以及肺泡巨噬细胞的吞噬作用等防御空气中的各种微生物、化学毒物和尘埃等有害物进入肺泡并形成伤害。但是，当机体抵抗力下降或过度疲劳时，或者机体受到如受寒感冒，化学性、机械性的不良因素等刺激时，均能使呼吸道黏膜的屏障防御作用降低，从而导致呼吸道常在菌及外源性的病原微生物乘机入侵并大量繁殖，进一步引起呼吸器官的炎症等病理反应。

在内科疾病中，呼吸系统疾病的发病率比较高，仅次于消化系统疾病，特别是在冬、春寒冷季节和空气污染之时。当呼吸系统发生疾病时，临床上主要表现为流鼻液、打喷嚏、咳嗽、呼吸困难、黏膜发绀、发热以及肺部听诊有啰音等。随着科技的发展，呼吸系统疾病的诊断技术也在不断提高，除了依据流行病学、临床症状的检查、常规的听诊和叩诊、X线检查、实验室血液常规检查、鼻液/痰液的显微镜检查以及胸腔穿刺液的化验外，过敏原皮肤试验、纤支镜应用、动脉血气分析、CT影像检查以及免疫学和分子手段检测病原体等的技术在临床上有越来越多的应用。呼吸系统疾病的治疗主要以抗感染、消炎、祛痰镇咳平喘及对症治疗为原则。

本章主要内容包括上呼吸道疾病(鼻炎、鼻出血、喉炎、喉水肿、喉偏瘫、气囊卡他)、支气管疾病(急性支气管炎和慢性支气管炎)、肺脏疾病(肺充血和肺水肿、肺泡气肿、间质性肺气肿、卡他性肺炎、纤维素性肺炎、化脓性肺炎、霉菌性肺炎、坏疽性肺炎、牛非典型间质性肺炎)和胸膜疾病(胸膜炎、乳糜胸、胸腔积液)。

第一节　上呼吸道疾病

鼻炎(Rhinitis)

鼻炎是鼻腔黏膜的炎症。临床上以流鼻液和打喷嚏为主要特征，以鼻腔黏膜充血、肿胀和萎缩等为主要病变。根据炎症性质不同，将其分为浆液性、黏液性、脓性和出血性等鼻炎。

【原因】原发性鼻炎主要是由于受寒感冒，吸入刺激性的气体(如吸入氨、硫化氢、烟雾等)、化学药物(如吸入农药、化肥以及盐酸、硫酸和硝酸等高浓度挥发性酸的气体)和多种变应原(如花粉，环境中的尘埃和尘螨及真菌等)及机械性刺激(如粗硬的秸秆、麦芒、昆虫及使用胃管或鼻喉镜不当或异物卡塞于鼻道等)等引起，其中受寒感冒在其原发性病因中起主导作用。继发性鼻炎常见于多种传染病(马鼻疽、马腺疫、马流感、牛恶性卡他热、牛传染性胸膜肺炎、牛传染性鼻气管炎、绵羊鼻蝇蛆、猪萎缩性鼻炎、猪流感、犬瘟热、犬副流感、犬支气管败血波氏杆菌或多杀性巴氏杆菌感染、猫病毒性鼻气管炎、鸡的传染性鼻气管炎等)，还见于邻近器官炎症的经过中，如在咽炎、喉炎、副鼻窦炎、支气管炎和肺炎等疾病过程中常伴有鼻炎症状，犬齿根脓肿扩展到上颌骨隐窝时，也可发生鼻炎或鼻窦炎。

【流行病学】本病发生有一定的季节性。冬季和初春寒冷季节，受寒感冒容易引发；春末和夏季发生的鼻炎多与花粉过敏有关，比如牛和绵羊的“夏季鼻塞”综合征常见于春、夏季牧草开花时，是一种原因不明的变应性鼻炎；而犬和猫常年发生的鼻炎可能与环境尘土及真菌有关。本病各种动物均可能发生鼻炎，但主要见于马、犬和猫等。

【发病机理】在上述各种病因如寒冷因素、化学气体、尘埃、花粉以及机械性因素等刺激下，动物会发生反射性喷嚏以防御异物入侵和损伤鼻黏膜。而当上述病因中的寒冷因素持续刺激时，引起鼻腔黏膜充血肿胀，黏膜上的纤毛活动性降低，这样病原微生物就乘机入侵。另外，在化学因子或物理性机械刺激下，使得鼻腔黏膜发炎、充血肿胀或鼻黏膜损伤，当鼻黏膜屏障功能下降后，病原微生物侵入并大量繁殖，加剧炎症。而当鼻黏膜发生炎症时，黏膜分泌大量黏液，形成鼻液。

【症状】急性鼻炎表现为流鼻液，打喷嚏，摇头，摩擦鼻部或抓挠鼻部等；视诊鼻腔黏膜充血、潮红、肿胀；触捏鼻部敏感性增高。当炎症引起鼻腔变窄时，小动物呼吸有鼻塞音或鼾声，严重者张口呼吸或发生吸气性呼吸困难。病畜体温、呼吸、脉搏及食欲一般无明显变化。鼻液初期为浆液性，继发细菌感染后变为黏液性，鼻黏膜炎性细胞浸润后则出现黏液脓性鼻液，最后逐渐减少、变干，呈干痂状附着于鼻孔周围。有些严重病例，可见下颌淋巴结肿胀。

慢性鼻炎病程较长，不定时的流黏液或脓性鼻液，有时出现臭味，鼻黏膜肿胀、肥厚；重者鼻黏膜形成溃疡或凹凸不平的瘢痕（如鼻疽）。犬的慢性鼻炎可引起窒息或脑病；猫的慢性化脓性鼻炎可导致鼻骨肿大，鼻梁皮肤增厚及淋巴结肿大，很难痊愈。

【临床病理学】感染性鼻炎或过敏性鼻炎，通常会引起血液白细胞总数呈一定程度的升高。化脓性鼻炎时，一般伴有中性粒细胞增多的现象；过敏性鼻炎时，一般伴有嗜酸性粒细胞增多的现象，在流出的鼻液中可检出嗜酸性粒细胞。

【诊断】一般根据打喷嚏和流鼻液，鼻黏膜充血、肿胀，触捏鼻部敏感，吸气性鼻呼吸杂音及体温、脉搏等全身症状不明显等特征即可确诊为鼻炎。对于感染性或过敏性鼻炎的诊断，则要根据发病的季节、病史、流行情况、临床症状和实验室检查结果等进行病因学诊断。

【治疗】首先去除致病因素。对于体温呼吸没有明显变化的患畜，采取局部疗法，用药液洗涤鼻腔，1～2 次/d。可选用生理盐水，2%～3%的硼酸溶液，1%的磺胺溶液，1%的碳酸氢钠溶液，1%的明矾溶液，0.1%的高锰酸钾溶液或 0.1%的鞣酸溶液等，冲洗后涂以青霉素或磺胺软膏，也可向鼻腔内撒入青霉素或磺胺类粉剂；或用 1%复方碘甘油喷雾，连用 10 d。鼻黏膜严重充血肿胀影响呼吸时，可应用 0.01%肾上腺素涂擦，也可用糖皮质激素或 1%麻黄碱滴鼻，2～3 次/d。

对体温升高、全身症状明显的病畜，应及时采取全身疗法。可选用抗菌和抗病毒药物进行综合治疗。可应用氨苄青霉素，20 mg/kg 体重口服，2～3 次/d，并酌情配合使用干扰素和广谱的抗病毒药物利巴韦林。

对过敏性鼻炎，有频繁喷嚏、多量流涕等症状的患畜，可酌情选用马来酸氯苯那敏或苯海拉明等抗过敏药物；对慢性细菌性鼻炎，可根据微生物培养及药敏试验，用敏感的抗菌药物治疗；对真菌性鼻炎，应根据真菌病原体的鉴定结果，用抗真菌药物进行治疗；对小动物的鼻腔肿瘤，应采取手术和放射疗法。

【预防】加强日常的饲养管理，注意畜禽舍的通风、卫生清洁和消毒工作，减少刺激性气体的蓄积及病原的滋生，加强传染性疾病的预防接种工作，定期驱虫和杀蚊蝇等。在寒冷季节注意畜禽舍防寒保暖；在收割麦子以及花粉和尘土飞扬的季节，对有过敏病史的动物特别是宠物，应尽量减少外出，或者外出时戴上必要的防护口罩。

鼻出血（Epistaxis）

鼻出血是鼻腔黏膜出血，由鼻孔流出血液，它既是一种原发性鼻腔出血的疾病，也是许多疾病过程中的一种临床症状。

【原因】原发性鼻出血多为机械性损伤鼻腔黏膜，如粗暴地插入胃管、鼻喉镜、异物、寄生虫等损伤鼻黏膜。继发性鼻出血是由鼻黏膜严重的炎症、鼻腔息肉及恶性肿瘤等引起，也见于中暑、脑充血等高热性疾病经过中，由于头部过度充血和血压升高，使鼻腔毛细血管破裂，引起出血。此外，一些具有出血性素质的疾病，如炭疽、鼻疽、马传贫及牛的恶性卡他热等传染病，维生素 C 和维生素 K 缺乏等营养代谢病，血斑病，血小板减少症及抗凝血类杀鼠药中毒等疾病中也常伴有鼻出血症状。

【流行病学】原发性鼻出血的发生没有季节性和年龄特点，且各种动物都可发生。中暑引起的鼻出血，常发生于高温闷热的夏季；继发于炭疽、鼻疽、马传贫及牛的恶性卡他热等传染病过程中的鼻出血，分别具有这几个传染病的流行特点，在此不一一赘述。

【发病机理】鼻腔黏膜受到诸如粗暴地插胃管、鼻喉镜及异物和寄生虫等机械性刺激损伤时，引起鼻黏膜毛细血管破裂而出血；动物在高温闷热季节发生中暑（日射病和热射病）时，引起头部、体表及鼻黏膜等多个部位毛细血管高度充血，从而引起鼻黏膜毛细血管破裂出血；动物体在上述几种高热性、烈性传染病的经过中，因体温过高而引起鼻部毛细血管过度充盈而破裂出血；维生素C具有很强的还原性，可清除体内的氧自由基，它参与细胞间质中胶原和黏多糖的生成，对维持血管壁的紧密连接起着极其重要的作用，因此，当维生素C缺乏时，毛细血管壁的紧密连接性降低容易引起出血；维生素K是肝脏合成活性凝血酶原（凝血因子Ⅱ）和凝血因子Ⅸ、Ⅹ、Ⅻ等所必需的，当维生素K缺乏时，依赖维生素K活化的凝血因子的合成减少，从而影响血液的正常凝固，容易引起机体多个部位毛细血管的出血。

【临床表现】血液从一侧或两侧鼻孔呈点滴状、线状或喷射状流出，一般多呈鲜红色，不含气泡或仅有几个较大的气泡。如为炎性疾病引起的出血，则血中混有黏液或脓汁；如因机械性损伤而出血，一般多呈一侧性出血；其他因素引起的多呈两侧性出血。出血量取决于损伤范围及血管破裂的程度。通常短时间的少量出血，无明显的全身症状；而长时间的大量出血，动物会出现明显的贫血症状，表现呼吸困难，心跳加快而脉搏弱，黏膜苍白，惊恐不安等，如不及时止血，可在8～12 h内死亡。

【临床病理学】少量出血，一般不会引起血液常规指标的变化。大量出血，则会出现贫血的指征：如红细胞总数、血红蛋白以及红细胞压积等数值低于正常参考值，有时会引起白细胞总数和中性粒细胞的明显变动。

【诊断】一般机械性刺激损伤、中暑引起的鼻出血，诊断并不困难，但应注意与胃出血和肺出血相鉴别。

(1)胃出血。血液呈褐色，随呕吐由两鼻孔流出，通常有酸臭味并含有少量胃内容物或黏液。

(2)肺出血。血色鲜红，由两侧鼻孔流出，并带有大量较均匀的小泡沫，常伴有咳嗽或气喘，气管及肺部有广泛的湿啰音，且全身症状明显。

【治疗】小量出血不必特别治疗，冷敷头鼻部即可。首先，使动物安静，头部稍抬高，并于额部和鼻部冷敷或冷水浇头，一般数分钟内即可止血。

如出血不止时，可向鼻腔内注入1%～2%明矾溶液或1%鞣酸溶液等收敛剂，或用一根长纱布条浸0.01%～0.02%肾上素液或10%氯化高铁液填塞鼻腔，同时注射止血剂。如静脉注射10%氯化钙50～100 mL(马、牛)或止血敏1.5～3 g(马、牛)；肌肉或皮下注射安络血(肾上腺素缩胺脲)注射液(羊、猪、犬2～4 mL，牛、马10～20 mL，2～3次/d)；肌肉注射维生素K_3(亚硫酸氢钠甲萘醌注射液)，羊、猪30～50 mg，犬10～30 mg，牛、马、骆驼100～300 mg，2～3次/d；皮下或静脉注射维生素C注射液，马、牛1～3 g，猪、羊0.2～0.5 g，犬0.1～0.2 g，1～2次/d，连用3～5 d。

此外，中药冰片、生龙骨、生白矾各等份，共研磨成末，吹入鼻腔内，也有良好的止血作用。

【预防】加强日常的饲养管理，供给全价的营养，杜绝在高温闷热的环境下长时间使役或运动，避免家畜头和鼻面部受伤害；使用胃管、鼻喉镜检查鼻腔时，切忌粗暴，小心操作，避免损伤鼻黏膜；严禁滥用抗生素，以免破坏肠道正常菌群而影响维生素K的合成；及时治疗具有出血素质的原发病。

喉炎(Laryngitis)

喉炎是喉黏膜的炎症，以阵发性或剧烈咳嗽和喉部敏感为特征。根据炎症的性质，可分为急性卡他性喉炎、纤维素性喉炎和化脓性喉炎。

【原因】原发性的喉炎主要是因各种理化因素对喉部的直接刺激或过度鸣叫所致，如过度寒冷的刺激、粗放地插鼻喉镜，吸入刺激性的烟尘或粉尘、氨及霉菌孢子等。继发性喉炎多由邻近器官的炎症蔓延，如鼻炎、咽炎、气管炎及支气管炎等，尤其常与咽炎合并发生咽喉炎；还可继发于某些传染病，如马传染性支气管炎、流行性感冒、牛恶性卡他热、马腺疫、犬瘟热、猫传染性鼻气管炎、禽传染性喉气管炎、猪瘟、猪肺疫、结核和鼻疽等。

【流行病学】喉炎多发生于寒冷的晚秋及冬、春季节，各种动物均可发生，且体弱的年老和幼畜多发。按其病程经过可分急性和慢性两种，临床以急性多见。

【发病机理】喉头黏膜在上述原发性病因如寒冷因素、化学气体、粉尘、霉菌孢子及鼻喉镜等刺激下，喉头黏膜会发生反射性咳嗽，防御异物入侵和损伤喉黏膜。而当寒冷刺激持续存在时，或在理化因子直接刺激下，喉头黏膜发生充血、肿胀、甚至损伤，进而发炎，从而引起黏膜屏障功能下降，这样病原微生物乘机侵入并大量繁殖，使炎症加剧。而在喉头黏膜发生炎症时，分泌的炎性因子不断刺激喉头引起频繁、剧烈的咳嗽，有时咳出痰液。

【临床表现】剧烈或持续性咳嗽是主要的症状。病初呈短暂、干性痛咳，后转为湿而长的咳嗽，在饮冷水、采食干料或早晚吸入冷空气时，咳嗽加剧；患犬、猪咳嗽时常伴有呕吐现象。其次可见患畜头颈伸展、喉部肿胀。触捏喉部疼痛敏感，患畜躲闪并出现连续性咳嗽。听诊喉部，有明显的喉狭窄音和啰音。如伴发咽炎时，则出现吞咽困难及流涎现象。

急性重症病例，全身症状明显，精神沉郁，体温升高1～1.5℃(可高达40℃)，喉部肿胀严重者，下颌淋巴结急性肿大，出现吸入性呼吸困难，结膜发绀，甚至引发窒息而死亡。慢性喉炎，多呈干性、弱钝咳嗽，尤以早晚更为明显，喉部稍敏感，病程较长，病情呈周期性好转或复发。而当喉部结缔组织增生、黏膜显著肥厚、喉腔狭窄时，则呈持续的吸气性呼吸困难。

【临床病理学】急性卡他性喉炎时，黏膜充血肿胀，随着炎症的发展，黏膜表面分泌物逐渐增多，由黏液性逐渐变为浆液性、纤维素性及化脓性；镜检咳出的痰液，可见有大量的纤维素性蛋白渗出物，其中有炎性细胞、细菌团块，甚至有脓球菌。严重的喉炎，特别是有体温升高的患畜，其血液白细胞总数、中性粒细胞数及其比例均有不同程度的升高，甚或伴有核左移现象。

【诊断】本病主要依据发病季节、有无接触理化刺激因子及临床症状等进行初步诊断，确诊则需要进行喉镜检查。本病应与咽炎及喉水肿相鉴别，咽炎主要以吞咽障碍为主，吞咽时食物和饮水常从两侧鼻孔流出，咳嗽较轻；喉水肿是发病短急，喉狭窄音明显，呼吸高度困难，往往有窒息危象。

【治疗】本病治疗原则为去除病因，消炎镇痛，镇咳祛痰。

(1)去除病因。除去引起喉炎的寒冷因素及其他理化刺激因子，尽量避免刺激喉部。若怀疑有传染病时，应立即隔离饲养，治疗原发病。

(2)消炎镇痛。病初，宜用冰袋冷敷喉部，以减少炎性渗出，而后可用10%食盐水温敷，2次/d，以加速局部渗出物的吸收；也可对肿胀的喉部涂擦10%樟脑酒精或复方醋酸铅散、松节油或鱼石脂软膏等；或在喉头周围封闭，以消炎并缓减疼痛，马、牛用0.5%～1%普鲁卡因 30～40 mL 与青霉素80万 IU 混合，猪、犬用10～20 mL 的0.5%～1%普鲁卡因与40万 IU 的青霉素混合，1次/d，进行喉头封闭治疗；对重症喉炎病例，可静脉或肌肉注射磺胺类药或抗生素，如静脉注射10%磺胺二甲嘧啶液100～150 mL，1次/d；或肌肉注射青霉素80万～120万 IU，2次/d。

(3)镇咳祛痰。当患畜频繁咳嗽时，可内服溶解性祛痰镇咳剂，常用人工盐20～30 g，茴香粉50～100 g，混合后1次内服(马、牛)；或碳酸氢钠15～30 g，远志酊30～40 mL，温水 500 mL，1次内服(马、牛)；或氯化铵15 g，杏仁水35 mL，远志酊30～40 mL，温水500 mL，1次内服(马、牛)。猪、羊药量酌减。小动物可内服复方甘草片、止咳糖浆等；也可内服化痰片(羧甲基半胱氨酸片)，犬内服0.1～0.2 g/次，猫内服0.05～0.1 g/次，3次/d。必要时，患犬猫可行蒸汽吸入或雾化吸入；患畜有窒息危象时，须行气管切开术。

(4)中药治疗。选用具有清热解毒、消肿利喉的普济消毒饮：黄芩、玄参、柴胡、桔梗、连翘、马勃、薄荷各30 g，黄连15 g，橘红、牛蒡子各24 g，甘草、升麻各8 g，僵蚕9 g，板蓝根45 g，水煎，马、牛(猪、羊酌减)1次内服；也可用消黄散加味：知母、黄芩、牛蒡子、山豆根、桔梗、花粉、射干各18 g，黄药子、白药子、贝母、郁金各15 g，栀子、大黄、连翘各21 g，甘草、黄连各12 g，朴硝60 g，共研末，加鸡蛋清4个，蜂蜜120 g，马、牛(猪、羊酌减)1次开水冲服。另外，雄黄、栀子、大黄各30 g，冰片3 g，白芷6 g，共研末，用醋调成糊状，涂于咽喉外部，2～3次/d，据说有一定效果。

【预防】加强畜禽饲养管理，定期通风换气，减少畜禽舍废气的蓄积；在寒冷季节注意防寒保暖，对大家畜可加强耐寒能力的锻炼，防止受寒感冒；在粉尘飞扬的季节或化学刺激性气体外溢的场所，尽量避免吸入刺激性气味或粉尘；应规范操作鼻喉镜检查，及时治疗引发喉炎的原发性疾病。

喉水肿(Laryngeal Edema)

喉水肿是喉黏膜和黏膜下组织，尤其是勺状会厌褶和声门的水肿。临床上常见有炎性和非炎性两种类型。

【原因】炎性喉水肿常见于喉炎、荨麻疹、血斑病、血清或药物过敏或吸入有刺激或过热的气体(如高浓度挥发性酸泄漏时的气体、草原或森林火灾时的烟雾气流)；非炎性喉水肿，多因局部静脉瘀血引起，如心脏病、创伤性心包炎、稀血症以及饲料中毒引起的肾炎等。

【发病机理】当喉黏膜受到上述不良因子刺激时，黏膜上毛细血管出现充血或瘀血现象，充血或瘀血使血管壁受压，进而引起液体渗出或漏出到黏膜组织呈现水肿。另外，长时间局部黏膜瘀血容易引起缺氧，而缺氧会加剧组织细胞的无氧酵解而发生酸中毒，同时也会产生大量的有害物质如组织胺、5-羟色胺，进而损伤黏膜毛细血管壁，使液体渗出或漏出到黏膜组织呈现水肿。

【临床表现】炎性喉水肿的特征临床症状是突发吸气性的高度呼吸困难，并伴有明显喘鸣音和惊恐不安，全身出汗；随着吸气困难加剧，呼吸频率减慢，可视黏膜发绀，脉搏加快，体温升高，倒地痉挛，甚至窒息。犬在天气炎热时，因呼吸道受阻，体温调节功能极度紊乱，可使体温显著升高。非炎性喉水肿发病较缓慢，具有吸气性呼吸困难的症状和伴有喘鸣音，但无窒息现象。

【临床病理学】炎性喉水肿，通常引起血液白细胞总数不同程度的升高；炎症较重时，中性粒细胞明显增多；因过敏引起的炎性喉水肿，可出现嗜酸性粒细胞增多。

【诊断】主要根据病史调查，临床突发吸气性的高度呼吸困难、伴有喘鸣音和惊恐不安等特征症状进行初步诊断，确诊可通过鼻喉镜内窥检查喉头黏膜。

【治疗】对过敏性的喉水肿，可皮下注射 0.01% 肾上腺素，大家畜 4～6 mL，小动物 1～2 mL；亦可应用苯海拉明、扑尔敏、地塞米松、氢化可的松等。伴有严重吸气性呼吸困难或窒息现象的病例，应立即进行气管切开，缓解呼吸困难，然后再采取抗生素疗法。

【预防】日常合理饲养，注意畜舍的清洁卫生，防治原发性疾病。

喉偏瘫（Laryngeal Hemiplegia）

见二维码 4-1。

二维码 4-1 喉偏瘫

气囊卡他（Catarrhal Aerocystitis）

见二维码 4-2。

二维码 4-2 气囊卡他

（潘翠玲）

第二节 支气管疾病

急性支气管炎（Acute Bronchitis）

急性支气管炎是支气管黏膜表层和深层的炎症，临床上以咳嗽、流鼻液和胸部听诊有啰音为特征。按患病的部位，可分为弥漫性支气管炎（炎症遍布所有支气管）、大支气管炎（炎症限于大支气管）和细支气管炎（炎症限于细支气管）。但在临床上大支气管炎和细支气管炎常同时出现。各种畜禽、犬等均可发生，多发生于春、秋渐冷或风云突变的恶劣天气里，但有时呈流行性大批发生，犬的传染性支气管炎或犬瘟热继发的支气管炎在任何时间包括炎热的夏季均可发生。

【原因】①感染：可以是病毒、细菌直接感染所致，如牛恶性卡他热病毒、羊痘病毒、犬副流感病毒、犬Ⅱ型腺病毒、犬瘟热病毒、禽的传染性支气管炎病毒及支气管败血波氏杆菌等可引起传染性支气管炎；也可由急性上呼吸道感染的病毒或细菌（如流感病毒、肺炎球菌、巴氏杆菌、链球菌、葡萄球菌、化脓杆菌、霉菌孢子、副伤寒杆菌等）蔓延而引起。饲养管理粗放，如畜舍卫生条件差、通风不良、闷热潮湿，动物受凉、淋雨、过度疲劳以及饲料营养不平衡等导致机体抵抗力降低，容易引起病原微生物感染。②物理、化学刺激：吸入过冷的空气、粉尘、刺激性气体（如二氧化硫、氨气、氯气、烟雾等）均可直接刺激支气管黏膜而发病。投药或吞咽障碍时由于异物进入气管，可引起吸入性支气管炎。③变态反应：多种变应原均可引起支气管的过敏性炎症，如花粉、有机粉尘、真菌孢子、细菌蛋白质等。主要见于犬，特征为按压气管容易引起短促的干而粗粝的咳嗽，支气管分泌物中有大量的嗜酸白细胞，无细菌。④继发性因素：多继发于某些传染病（牛结核、口蹄疫、猪肺疫、鸡传染性支气管炎、犬瘟热及传染性支气管炎、马腺疫、鼻疽、流行性感冒等）及寄生虫病（肺丝虫病等）及各种异物；另外，喉炎、肺炎及胸膜炎等疾病时，由于炎症扩展，也可继发支气管炎。⑤诱因：饲养管理粗放，如畜舍卫生条件差、通风不良、闷热潮湿以及饲料营养不平衡等，导致机体抵抗力下降，均可成为支气管炎发生的诱因。

【流行病学】各种畜禽、犬等均可发生，多发生于春、秋渐冷或风云突变的恶劣天气里，但有时呈流行性大批发生，犬的传染性支气管炎或犬瘟热继发的支气管炎在任何时间包括炎热的夏季均可发生。急性大支气管炎，经过1～2周，预后良好；细支气管炎，病情严重，预后慎重；腐败性支气管炎预后不良。

【发病机理】在病因的作用下，支气管炎的一系列保护作用与防御机能（咳嗽、纤毛运动、分泌黏液、支气管壁中的淋巴滤泡）减弱，肺巨噬细胞和白细胞的吞噬作用降低，给寄生于呼吸道黏膜上的内源性常在菌及外源性微生物的繁殖创造了良好的环境而产生致病作用，导致支气管黏膜发生炎症的病理过程。充血、肿胀、上皮细胞脱落、黏液分泌增多，一系列的炎性变化刺激黏膜的神经末梢，引起反射性咳嗽。炎性产物和细菌毒素被吸收入血后，引起不同程度的全身反应，体温升高。

当炎症蔓延而引起细支气管炎时，全身症状较为严重，黏膜肿胀及渗出物阻塞支气管腔引起急性肺泡气肿，发生明显的呼吸困难，在病因的长期持续作用下，可导致支气管壁及其周围组织增生而发生慢性支气管炎。

【临床表现】急性大支气管炎的主要症状是咳嗽，病初呈短、干、痛咳，以后随着炎性渗出物的增多，变为湿而长的咳嗽。有时咳出较多的黏液或黏液脓性的痰液，呈灰白色或黄色。同时，鼻孔流出浆液性、黏液性或黏液脓性的鼻液。胸部听诊肺泡呼吸音增强，并可出现干啰音和湿啰音。通过气管人工诱咳，可出现声音高朗的持续性咳嗽。全身症状较轻，体温升高 0.5～1℃，一般持续 2～3 d 后下降，呼吸和脉搏稍快。

急性细支气管炎通常是由大支气管炎蔓延而引起，因此初期症状与大支气管炎相同，当细支气管发生炎症时，全身症状明显，体温升高1～2℃，呼吸加快，严重者出现吸气性呼吸困难，可视黏膜蓝紫色。胸部听诊肺泡呼吸音增强，可听到干啰音、捻发音及小水泡音。

吸入异物引起的支气管炎，后期可发展为腐败性炎症，出现呼吸困难，呼出气体有腐败性恶臭，两侧鼻孔流出污秽不洁和有腐败臭味的鼻液。听诊肺部可能出现空瓮性呼吸音。病畜全身反应明显。血液检查，白细胞数增加，中性粒细胞比例升高。

X线检查仅为肺纹理增粗，无其他明显异常。

【临床病理学】支气管黏膜充血，呈斑点状或条纹状发红，有些部位瘀血。疾病初期，黏膜肿胀，渗出物少，主要为浆液性渗出物。中后期则有大量黏液性或黏液脓性渗出物。黏膜下层水肿，有淋巴细胞和分叶核细胞浸润。

【诊断】根据病史，结合咳嗽、流鼻液和肺部出现干、湿啰音等呼吸道症状即可初步诊断。X线检查可为诊断提供依据。本病应与流行性感冒、急性上呼吸道感染等疾病相鉴别。

流行性感冒发病迅速，体温高，全身症状明显，并有传染性。

急性上呼吸道感染，鼻咽部症状明显，一般无咳嗽，肺部听诊无异常。

【治疗】治疗原则为消除病因，祛痰镇咳，抑菌消炎，必要时用抗过敏药，效果显著。

消除病因，畜舍内通风良好且温暖，供给充足的清洁饮水和优质的饲草料。

祛痰镇咳：对咳嗽频繁、支气管分泌物黏稠的病畜，可口服溶解性祛痰剂，如氯化铵，马、牛 10～20 g，猪、羊 0.2～2 g；吐酒石，马、牛 0.5～3 g，猪、羊 0.2～0.5 g，每日 1～2 次。分泌物不多，但咳嗽频繁且疼痛，可选用镇痛止咳剂，如复方樟脑酊，马、牛 30～50 mL，猪、羊 5～10 mL，内服，每日 1～2 次；复方甘草合剂，马、牛 100～150 mL，猪、羊 10～20 mL，内服，每日 1～2 次；杏仁水，马、牛 30～60 mL，猪、羊 2～5 mL，内服，每日 1～2 次；磷酸可待因，马、牛 0.2～2 g，猪、羊 0.05～0.1 g，犬、猫酌减，内服，每日 1～2 次；犬、猫等动物痛咳不止，可用盐酸吗啡 0.1 g、杏仁水 10 mL、茴香水 300 mL，混合后内服，每次 1 食匙，每日 2～3 次。

为了促进炎性渗出物的排除，可用克辽林、来苏儿、松节油、木馏油、薄荷脑、麝香草酚等蒸气反复吸入，也可用碳酸氢钠等无刺激性的药物进行雾化吸入。生理盐水气雾湿化吸入或加溴己新、异丙托溴铵，可稀释气管中的分泌物，有利于排出。对严重呼吸困难的病畜，应吸入氧气。

抑菌消炎：可选用抗生素或磺胺类药物。如肌肉注射青霉素，剂量为：马、牛 4 000～8 000 IU/kg，驹、犊、羊、猪、犬 10 000～15 000 IU/kg，每日 2 次，连用 2～3 d。青霉素 100 万 IU，链霉素 100 万 IU，溶于 1%普鲁卡因溶液 15～20 mL，直接向气管内注射，每日 1 次，有良好的效果。病情严重者可用四环素，剂量为 5～10 mg/kg，溶于 5%葡萄糖溶液或生理盐水中静脉注射，每日 2 次。也可用 10%磺胺嘧啶钠溶液，马、牛 100～150 mL，猪、羊 10～20 mL，肌肉或静脉注射。另外，可选用大环内酯类（红霉素等）、喹诺酮类（氧氟沙星、环丙沙星等）及头孢菌素类（第一代头孢菌素、第二代头孢菌素等）。

解痉、抗过敏：对于因变态反应引起支气管痉挛者，在使用祛痰止咳药的同时，可给予解痉平喘和抗过敏药，如氨茶碱、马来酸氯苯那敏、盐酸异丙嗪等。

如每日内服溴樟脑，马、牛 3～5 g，猪、羊 0.5～1 g，或盐酸异丙嗪，马、牛 0.25～0.5 g，猪、羊 25～50 mg，效果更好。也有人用一溴樟脑粉和普鲁卡因粉，有较好的抗过敏作用。第 1 天，一溴樟脑粉 4 g，普鲁卡因粉 2 g，甘草、远志粉各 20 g，制成丸剂，早晚各 1 剂。第 2 天，一溴樟脑粉增加至 6 g，普鲁卡因粉增加至 3 g。第 3～4 天，分别增加至 8 g 和 4 g。

中药疗法：外感风寒引起者，宜疏风散寒，宣肺止咳。可选用荆防散合止咳散加减：荆芥、紫苑、前胡各 30 g，杏仁 20 g，苏叶、防风、陈皮各 24 g，远志、桔梗各 15 g，甘草 9 g，共研末，马、牛(猪、羊酌减) 1 次开水冲服。也可用紫苏散：紫苏、荆芥、防风、陈皮、茯苓、桔梗各 25 g，姜半夏 20 g，麻黄、甘草各 15 g，共研末，生姜 30 g、大枣 10 枚为引，马、牛(猪、羊酌减)1 次开水冲服。

外感风热引起者，宜疏风清热，宣肺止咳。可选用款冬花散：款冬花、知母、浙贝母、桔梗、桑白皮、地骨皮、黄芩、金银花各 30 g，杏仁 20 g，马斗铃、枇杷叶、陈皮各 24 g，甘草 12 g，共研末，马、牛(猪、羊酌减)1 次开水冲服。也可用桑菊银翘散：桑叶、杏仁、桔梗、薄荷各 25 g，菊花、银花、连翘各 30 g，生姜 20 g，甘草 15 g，共研末，马、牛(猪、羊酌减)1 次开水冲服。

【预防】本病的预防，主要是加强平时的饲养管理，圈舍应经常保持清洁卫生，注意通风透光以增强动物的抵抗力。动物运动或使役出汗后，应避免受寒冷和潮湿的刺激。

慢性支气管炎(Chronic Bronchitis)

慢性支气管炎是指气管、支气管黏膜及其周围组织的慢性非特异性炎症。临床上以持续性咳嗽为主要症状或伴有喘息及反复发作的慢性过程为特征。

【原因】大多数慢性支气管炎通常由急性转变而来，常见于致病因素未能及时消除，长期反复作用，或未能及时治疗，饲养管理及使役不当。老龄动物由于呼吸道防御功能下降，喉头反射减弱，单核-巨噬细胞系统功能减弱，慢性支气管炎发病率较高。某些营养物质如维生素 C、维生素 A 缺乏，会影响支气管黏膜上皮的修复，降低溶菌酶的活力，也容易诱发本病。另外，本病可由心脏瓣膜病、慢性肺脏疾病(如鼻疽、结核、肺蠕虫病、肺气肿等)或肾炎等继发引起。

【流行病学】多发生于老弱与营养不良的动物，以早春与晚秋季节最为多见。病程长，数日、数周或数年，通常预后不良。

【发病机理】由于致病因素长期反复的刺激，或急性支气管炎长期不愈，引起炎症性充血、水肿和分泌物渗出，上皮细胞增生、变性和炎性细胞浸润。初期，上皮细胞的纤毛粘连、倒伏和脱失，上皮细胞空泡变性、坏死、增生和鳞状上皮化生。随着病程延长，炎症由支气管壁向周围扩散，黏膜下层平滑肌束断裂、萎缩。后期，黏膜萎缩，气管和支气管周围结缔组织增生，管壁的收缩性降低，造成管腔僵硬或塌陷，发生支气管狭窄或扩张。病变蔓延至细支气管和肺泡壁，可导致肺组织结构破坏或纤维结缔组织增生，进而发生阻塞性肺气肿和间质纤维化。

【临床表现】无论是黑夜还是白昼，运动或安静时均出现明显咳嗽，尤其在饮冷水或是早晚受冷空气刺激时更为明显，多为干、痛咳嗽。持续性咳嗽是本病的特征，咳嗽可拖延数月甚至数年。一般痰量较少，有时混有少量血液，急性发作并有细菌感染时，则咳出含有大量黏液脓性的痰液。人工诱咳阳性。体温无明显变化，有的病畜因支气管狭窄和肺泡气肿而出现呼吸困难。肺部听诊，初期因黏膜有大量稀薄的渗出物，可听到湿啰音，后期由于支气管渗出物黏稠，则出现干啰音；早期肺泡呼吸音增强，后期因肺泡气肿而使肺泡呼吸音减弱或消失。叩诊一般无变化，当出现肺气肿时，叩诊呈过清音或鼓音，叩诊界后移。由于长期食欲不良和疾病消耗，病畜逐渐消瘦，有的发生贫血。

【诊断】X 线检查早期无明显异常。后期由于支气管壁增厚，细支气管或肺泡间质炎症细胞浸润或纤维化，可见肺纹理增粗、紊乱，呈网状或条索状、斑点状阴影。

根据持续性咳嗽或伴喘息等症状，排除其他心、肺疾患之后即可做出诊断。X 线检查可为本病确诊提供依据。

【治疗】慢性支气管炎急性发作期的治疗原则基本同急性支气管炎。控制感染、祛痰止咳均可选用治疗急性支气管炎的药物；为促进渗出物被稀释或排出，可采用蒸气吸入和应用祛痰剂(同急性支气管炎)。为减轻黏膜肿胀和稀释黏稠的渗出物，可用碘化钾，牛、马 5～10 g，猪、羊 1～2 g，2 次/d(拌于饲料中饲喂)，犬可按 20 mg/kg 体重内服，1～2 次/d；也可用木馏油 25 g，加入蜂蜜 50 g，拌于 500 g 饲料中饲喂，有较好效果。

根据临床经验，马、牛可用盐酸异丙嗪片 10～20 片(每片 25 mg)，盐酸氯丙嗪 10～20 片(每片

25 mg),复方甘草合剂 100～150 mL 或复方樟脑酊 30～40 mL,人工盐 80～200 g,加赋形剂适量,做成丸剂,一次投服,每日 1 次,连服 3 d,效果良好。

中药疗法:益气敛肺、化痰止咳,用参胶益肺散:党参、阿胶各 60 g,黄芪 45 g,五味子 50 g,乌梅 20 g,桑皮、款冬花、川贝、桔梗、米壳各 30 g,共研末,开水冲服。

缓解期应加强饲养管理,寒冷天气应注意保暖,供给营养丰富、容易消化的饲草料,提高机体抵抗力,同时改善环境卫生,避免烟雾、粉尘和刺激性气体对呼吸道的影响。

【预防】动物发生咳嗽应及时治疗,加强护理,以防急性支气管炎转为慢性。寒冷天气应保暖,供给营养丰富、容易消化的饲草料。改善环境卫生,避免烟雾、粉尘和刺激性气体对呼吸道的影响。

(任志华)

第三节 肺脏疾病

肺充血和肺水肿
(Pulmonary Hyperemia and Edema)

肺充血是肺毛细血管内血液过度充满。一般分主动性充血和被动性充血。主动性充血是流入肺内的血流量增多,流出量亦增多,导致肺毛细血管过度充满。被动性充血是肺的血液流出量减少,而流入量正常或增加,引起肺的瘀血性充血。肺水肿是由于肺充血持续时间过长,血管内的液体成分渗漏到肺实质和肺泡。肺充血和肺水肿在临床上均以呼吸困难、黏膜发绀和泡沫状的鼻液为特征,严重程度与不能进行气体交换的肺泡数量有关。

【原因】主动性充血,主要是由于天气炎热,过度使役、剧烈运动或吸入有刺激性的气体而发生。如马匹在炎热的天气下过度使役或奔跑,或马驮载量及挽曳量过重,并于泥泞或崎岖的道路上运输而发生。长时间用火车或轮船运输家畜,因过度拥挤和闷热,容易发病。吸入热空气、烟雾或刺激性气体及发生过敏反应时,均可使血管迟缓,导致血液流入量增多,从而发生主动性充血和炎症性充血。另外,在肺炎的初期或热射病的过程中也可发生肺充血。长期躺卧的病畜,血液停滞于卧侧肺脏,容易发生沉积性肺充血。

被动性肺充血主要发生于代偿机能减退期的心脏疾病,如心肌炎、心脏扩张及传染病和各种中毒性疾病引起的心脏衰竭。有时也发生于左房室孔狭窄和二尖瓣闭锁不全。此外,心包炎时,心包内大量的渗出液影响了心脏的舒张;胃肠臌气时,胸腔内负压减低和大静脉管受压迫,肺内血液流出发生困难,均能引起瘀血性肺充血。

肺水肿是由于主动性或被动性肺充血的病因持续作用而引起的,最常继发于急性过敏反应、再生草热或充血性心力衰竭。也发生于吸入烟尘和毒血症(如猪桑葚心病和有机磷中毒等)的经过中。此外,安妥中毒也能发生肺水肿。

【流行病学】本病见于所有家畜,但以牛、马、犬较为多见,特别是炎热的季节可突然发病。主动性肺充血病程发展迅速,通常数分钟或数小时,及时治疗可在短时间内治愈,极少病例可拖延几天。严重病例可死于窒息或心力衰竭。被动性肺充血发展缓慢,由于心脏衰弱,通常经过数天而死亡。肺水肿时,如果病势较轻,经过缓慢,转归良好;严重者,经过迅速,常窒息而死亡。

【发病机理】在病因作用下,大量血液进入并瘀滞在肺脏,肺脏微血管过度充满,肺毛细血管充血而失去有效的肺泡腔。肺活量减少,血液氧合作用降低。后期,流经肺脏的血流缓慢,使血液氧合作用进一步降低,机体缺氧而出现呼吸困难,甚至黏膜发绀。

由于缺氧或毒素损伤了肺脏毛细血管,或心力衰竭引起肺静脉压升高,均可导致血液中大量的液体漏出而进入肺泡和肺间质,而发生肺水肿。严重的病例支气管也充满了漏出液。其结果不仅影响了肺泡内的气体代谢,也直接影响肺组织的营养,气体代谢机能障碍更为严重,肺活量降低,导致患病动物出现高度呼吸困难等一系列呼吸机能不全的表现。

【临床表现】肺充血和肺水肿是同一病理过程的前后两个不同阶段,其症状极其相似,呈高度的混合性呼吸困难,两鼻孔开张,呼吸用力,甚至张口呼吸,呼吸次数显著增多,患病动物惊恐不安,眼球突出,静脉怒张,结合膜潮红或发绀。

初期呼吸加快而急促,很快出现明显的呼吸困难,头颈伸直,鼻孔高度开张,甚至张口呼吸,胸部和腹部表现明显的起伏动作。严重的病畜,两前肢叉开站立,肘突外展,头下垂。呼吸频率超过正常的 4～5 倍,听诊肺泡呼吸音粗粝。眼球突出,可视黏膜潮红或发绀,静脉怒张。脉搏加快(100 次/min),听诊第二心音增强,体温升高。病畜可因窒息而突然死亡。

肺充血时,第二心音增强,脉搏快而有力,体温升高(可达 40℃),呼吸快而浅表,无节律。听诊肺泡呼吸音增强,无啰音。肺叩诊正常或呈轻度过清音。听诊心音减弱(心功能障碍所致),耳、鼻、四肢末端发凉。

肺水肿时,两侧鼻孔流出多量浅黄色或白色甚至粉红色的细小泡沫状鼻液。肺部听诊,肺泡呼吸音减弱,出现广泛性的捻发音、支气管呼吸音及湿啰音。肺部叩诊,当肺泡内充满液体时,呈浊音;肺泡内有液体或气体时,呈浊鼓音,浊音常出现于肺的前下三角区,而鼓音多在肺的中上部出现。

X 线检查,肺野阴影普遍加重,肺门血管纹理显著。

【临床病理学】急性肺充血时,肺脏体积增大,呈暗红色。主动性充血病畜切开肺脏,有大量血液流出。慢性被动性充血者,肺脏因结缔组织增生而变硬,表面布满小出血点。沉积性充血则因血浆渗入肺泡而引起肺脏的脾样变。

肺水肿时肺脏肿胀,丧失弹性,按压形成凹陷,颜色比正常苍白,肺切面流出大量浆液。组织学变化为肺泡壁毛细血管高度扩张,充满红细胞,肺泡和实质中有液体聚集。

【诊断】根据过度劳累、吸入烟尘或刺激性气体的病史,结合临床特点进行确诊。突然发病,出现进行性呼吸困难,神情不安,眼球突出,静脉怒张,黏膜发绀,尤其是伴有肺水肿时,呈现浅黄色或粉红色泡沫状的鼻液,可确诊。

在鉴别诊断上应注意与日射病和热射病、急性心力衰竭进行区别:日射病和热射病,除呼吸困难外,伴有神经症状及体温极度升高;急性心力衰竭时,常伴有肺水肿,但其前期症状是心力衰竭。

【治疗】治疗原则为保持病畜安静,减轻心脏负担,促进血液循环,缓解呼吸困难。

首先将病畜安置在清洁、干燥和凉爽的环境中,避免运动和外界因素的刺激。

对极度呼吸困难的病畜,可静脉放血。一般放血量为牛、马 2 000~3 000 mL,猪 250~500 mL,犬 6~10 mL/kg 体重。被动性充血吸入氧气有良好效果,马、牛每分钟 10~15 L,共吸入 100~120 L。也可皮下注射 8~10 L。

为制止渗出,可静脉注射 10%氯化钙溶液,牛、马 100~200 mL,猪、羊 20~50 mL,每日 2 次;或静脉注射 20%葡萄糖酸钙溶液,牛、马 500 mL,每日 1 次。因血管通透性增加引起的肺水肿,可适当应用大剂量的糖皮质激素。因弥漫性血管内凝血引起的肺水肿,可应用肝素或低分子右旋糖酐溶液。过敏反应引起的肺水肿,通常将抗组胺药与肾上腺素结合使用。有机磷中毒引起的肺水肿,应立即使用阿托品减少液体漏出。

对症治疗包括使用强心剂,加强心脏机能,牛、马通常用 0.5%樟脑水或 10%樟脑磺酸钠 10~20 mL 或 20%安钠咖 10~20 mL;对不安的病畜选用镇静剂。

【预防】本病的预防,主要是加强饲养管理,保持环境清洁卫生,避免刺激性气体和其他不良因素的影响,在炎热的季节应减轻运动或使役强度。长途运输的动物,应避免过度拥挤,并注意通风,供给充足的清洁饮水。对卧地不起的动物,应多垫褥草,并注意每日多次翻身。患心脏病的动物,应及时治疗,以免心脏功能衰竭发生肺充血。

肺泡气肿(Alveolar Emphysema)

肺泡气肿是肺泡腔在致病因素作用下,发生扩张并常伴有肺泡隔破裂,引起以呼吸困难为特征的疾病。根据其发生的过程和性质,分为急性肺泡气肿和慢性肺泡气肿两种。

一、急性肺泡气肿

急性肺泡气肿(Acute Alveolar Emphysema)是肺组织弹力一时性减退,肺泡极度扩张,充满气体,肺体积增大。本病主要的临床表现为呼吸困难,但肺泡结构无明显病理变化。

【原因】急性弥漫性肺气肿主要发生于过度使役、剧烈运动、长期挣扎和鸣叫等导致紧张呼吸所致。特别是老龄动物,由于肺泡壁弹性降低,更容易发生。呼吸器官疾病引起持续剧烈的咳嗽也可发生急性肺泡气肿。慢性支气管炎使管腔狭窄,也可导致发病。另外,肺组织的局灶性炎症或一侧性气胸使病变部肺组织呼吸机能丧失,健康肺组织呼吸机能相应增强,可引起急性局限性或代偿性肺泡气肿。

【流行病学】常见于剧烈运动或过度劳役的动物,尤其多发生于老龄动物。

【发病机理】急性肺泡气肿的发生,因病因的不同而有一定差异。

当上呼吸道内腔狭窄时,吸气时气体容易进入肺泡,呼气时由于胸膜腔内压增加使支气管闭塞,空气由肺泡向外呼出发生困难,导致残留在肺泡中的气体过多,使肺泡充气过度,从而引起肺泡壁扩张,肺体积增大。肺泡壁弹力暂时丧失,机体必须借助呼吸肌的参与完成呼气过程。由于呼吸肌在呼气时主动收缩，压迫肺脏及小支气管，使小支气管内腔更加狭窄，肺泡内气体排出更加困难，肺泡扩张加剧，临床上出现明显的呼吸困难。

剧烈运动、过度劳役及持续性咳嗽，均可使肺泡长时间处于过度膨胀状态，导致肺泡壁弹性减退而发生肺泡气肿。

【临床表现】急性弥漫性肺泡气肿发病突然，主要表现呼吸困难，病畜用力呼吸，甚至张口伸颈，呼吸频率增加。可视黏膜发绀，有的病畜出现低而弱的咳嗽、呻吟、磨牙等。肺部叩诊呈广泛性过清音，叩诊界向后扩大。听诊有肺泡呼吸音(病初增强后期减弱)，可能伴有干啰音或湿啰音。X线检查，两肺透明度增高，膈后移及其运动减弱，肺的透明度不随呼吸而发生明显改变。

代偿性肺泡气肿发病缓慢，呼吸困难逐渐加剧。肺部叩诊时过清音仅局限在浊音区周围。X线检查可见局限性肺大泡或一侧性肺透明度增高。

【临床病理学】病变部肺体积增大、膨胀，边缘钝圆。表面突起大小不等的膨胀物，颜色发白，触之柔软。切开肺脏，减缩缓慢，切面可压出泡沫状的气体。右心室扩张。

【诊断】根据病史，结合呼吸困难及肺部的叩诊和听诊变化，X线检查，即可确诊。

【治疗】目前尚无理想的治疗方法。治疗原则为加强护理，保持患畜安静和休息，缓解呼吸困难，治疗原发病。病畜应置于通风良好和安静的畜舍，供给优质饲草料和清洁饮水。

缓解呼吸困难，可用1%硫酸阿托品、2%氨茶碱或0.5%异丙肾上腺素雾化吸入，每次2～4 mL。也可用皮下注射1%硫酸阿托品溶液，剂量为大动物1～3 mL，小动物0.2～0.3 mL。如出现窒息危险时，有条件的应及时输入氧气。

【预防】加强饲养管理，避免过度劳役，注意畜舍通风换气和冬季保暖。对呼吸器官疾病应及时治疗。

二、慢性肺泡气肿

慢性肺泡气肿(Chronic Alveolar Emphysema)是肺泡持续性扩张，肺泡壁弹性丧失，导致肺泡壁、肺间质及弹力纤维萎缩甚至崩解的一种慢性肺脏疾病。临床上以高度呼吸困难、肺泡呼吸音减弱及肺脏叩诊界后移为特征。

【原因】原发性慢性肺泡气肿发生于长期过度劳役和快速迅速奔跑的家畜，由于长期深呼吸和胸廓扩张，肺泡异常膨大，弹性丧失，无法恢复而发生。

继发性慢性肺泡气肿多发生于慢性支气管炎和毛细支气管卡他，因呼气性呼吸困难和痉挛性咳嗽导致发病。肺硬化、肺扩张不全、胸膜局部粘连等均可引起代偿性慢性肺泡气肿。

【流行病学】本病主要常见于马、骡，役用牛、猎犬也可发生。老龄动物和营养不良者容易发病。

【发病机理】过度使役或运动的动物因耗氧量增加，呼吸机能增强，呼吸运动加剧，使肺泡长期处于扩张状态，导致肺泡壁毛细血管内腔狭窄，减少了血液循环，肺泡壁的营养供应不足，引起弹性纤维断裂，肺泡上皮细胞的脂肪分解，肺泡壁萎缩，进而结缔组织增生，肺泡壁弹性减弱，失去了正常肺组织的回缩能力，于是发生慢性肺泡气肿。

慢性支气管炎或细支气管炎时，由于支气管黏膜增厚和炎性渗出物的蓄积，可造成支气管/细支气管不全阻塞，出现呼气性呼吸困难，残留于肺泡的气体过多，使肺泡充气过度。其次炎症过程可损伤和破坏细支气管壁的弹性纤维，导致细支气管在吸气时过度扩张，呼气时发生塌陷，阻碍气体排出，肺泡内积聚多量的气体，使肺泡明显膨胀和内部压力升高；同时肺部慢性炎症使白细胞和巨噬细胞释放的蛋白分解酶增加，损害肺组织和肺泡壁，使多个肺泡融合成大小不等的囊腔空腔。另外，慢性支气管炎动物往往出现持续性咳嗽，使肺泡内压升高，肺泡壁遭受来自内外两侧的压迫，血管伸长，内径狭窄，血管网却反而扩大，长此以往使肺泡中隔血管萎缩，肺泡壁营养不良，弹性丧失，肺泡壁变薄并膨大，严重时多数肺泡相互融合而形成大空洞。

由于肺泡壁弹力纤维数量减少和充满空气，肺脏弹性完全丧失，肺体积不断增大，肺呼吸面积则不断减少，肺泡及毛细血管大量丧失，产生通气与血流比例失调，使换气功能发生障碍。通气和换气功能障碍可引起缺氧和二氧化碳潴留，发生不同程度的低氧血症和高碳酸血症，最终导致呼吸衰竭。

【临床表现】发展缓慢，发病初症状不明显，但在使役或运动后，易疲劳和出汗，以后随病势发展，出现呼吸困难，主要表现呼气性呼吸困难，特征是呈现二重式呼气，即在正常呼气运动之后，腹肌又强烈的收缩，出现连续两次呼气动作。同时可沿肋骨弓出现较深的凹陷沟，又称"喘沟"或"喘线"，呼气用力，脊背拱曲，肷窝变平，腹围缩小，肛门突出。黏膜发绀，容易疲劳、出汗，但体温正常。肺部叩诊呈过清音，正常叩诊界后移，可达最后1～2肋间，心脏绝对浊音区缩小。肺部听诊，肺泡呼吸音减弱甚至消失，常可听到干、湿啰音。因右心室肥大，肺动脉第二心音高朗。

X线检查，整个肺区异常透明，支气管影像模糊，膈穹隆后移。

【临床病理学】由于肺血液含量减少，空气含量增多，肺脏呈苍白色，体积增大，膨胀，有肋骨压痕，边缘钝圆，重量减轻。触压柔软，留有痕迹。右心室肥大或扩张。组织学变化为肺泡腔扩大，多数破裂融合成残缺不全的大空腔，弹性纤维染色见肺泡壁弹性纤维断裂、变细或消失，有些肺泡壁胶原纤维增多。

【诊断】根据病史，结合二重式呼气为特征的呼气性呼吸困难及X线检查，即可诊断。本病应与急性肺泡气肿和间质性肺气肿相鉴别：

急性肺泡气肿发病迅速，但病因消除后，症状随即消失，动物恢复健康。

间质性肺气肿一般突然发病，肺脏叩诊界不扩大，肺部听诊出现破裂性啰音，气喘明显，皮下发生气肿，常见于颈部和肩背部，严重时迅速扩散到全身皮下组织。

【治疗】本病无根治疗法。主要原则为加强护理，控制病情进一步发展及对症治疗。

病畜应改善饲养管理，置于清洁、安静、通风良好、无灰尘和烟雾的畜舍，让其休息，饲喂优质青草或潮湿的干草。可口服亚砷酸钾溶液提高病畜的物质代谢，改善其营养和全身状况，以便恢复肺组织的机能，剂量为马、牛 10～15 mL，每日 2 次。有人用砷制剂和碘制剂(碘化钾 3 g，碘化钠 2 g，混合分为 12 包，每日 2 次，每次 1 包)相结合进行治疗，效果良好，方法为 10～20 d 用砷制剂治疗，以后 10 d 用碘制剂治疗，直至病情好转。

缓解呼吸困难可用舒张支气管药物，如抗胆碱药、茶碱类等。如有过敏因素存在，可适当选用糖皮质激素。有条件的应每天输氧，改善呼吸状态。

对急性发作期的病畜，应选用有效的抗菌药，如青霉素、庆大霉素、环丙沙星、头孢菌素等。

间质性肺气肿
(Pulmonary Interstitial Emphysema)

间质性肺气肿是由于肺泡、漏斗和细支气管破裂，空气进入肺间质，在小叶间隔与肺膜连接处形成串珠状小气泡，呈网状分布于肺膜下的一种疾病。临床特征为突然表现呼吸困难、皮下气肿以及迅速发生窒息。

【原因】主要是肺泡内的气压急剧增加，导致肺泡壁破裂。临床上常见于以下原因：

(1)牛，特别是成年肉牛，在秋季转入草木茂盛的草场放牧后，可在 5～10 d 发生急性肺气肿和肺水肿，即所谓的“再生草热”。主要是生长茂盛的牧草中 *L*-色氨酸含量高，牛可将其降解为吲哚乙酸，然后又被某些瘤胃微生物转化为 3-甲基吲哚(3-MI)。3-MI 被血液吸收后，经肺组织中活性很高的多功能氧化酶系统代谢，对肺脏产生毒性。后期因肺泡遭到破坏，肺小叶间和胸膜下形成大的气泡，呈间质性肺气肿，一些牛在背部发生皮下气肿。

(2)吸入刺激性气体、液体，或肺脏被异物刺伤及肺线虫损伤。

(3)继发于流行热和某些中毒性疾病，如对硫磷、安妥、白苏和黑斑病甘薯中毒等。

(4)在痉挛性的咳嗽、深长而吃力的呼吸、腹肌加强收缩、不断嚎叫、迅速奔驰、有暴力施加于胸廓以及火车运输时，由于肺内压力剧烈增高造成支气管壁和肺泡壁破裂，空气进入肺脏的间质中，也可发病。

【流行病学】本病最常见于牛，在马、猪、羊和犬也多见，常突然发病。

【发病机理】肺脏在上述因素的作用下，肺泡壁和支气管壁破裂，由于肺脏的收缩作用，不断有空气被挤入其间质中，每一次吸气时的抽吸作用以及每一次呼气或者咳嗽时肺泡内压力的增高又进一步促进空气继续深入间质中。进入间质的小气泡散布于整个肺脏中，部分还汇合成逐渐增大的气泡，但大部分随着肺脏的运动流向肺门的方向，可能达到纵隔，最后达到胸腔入口处的皮下组织中。它们将邻近的肺泡管压缩，从而使呼吸面积缩小。这样引起一种表现为深长而吃力的呼吸运动的呼吸困难，这种呼吸困难又进一步使尚未直接受间质性气肿侵害的肺部发生急性肺泡性气肿，然而此时患畜仍主要表现为以间质性肺气肿为特征的肺气肿。

【临床表现】本病常突然发生，迅速呈现呼吸困难，甚至窒息；而在另一些病例，则发展比较缓慢。病畜张口呼吸，伸舌，流涎，惊恐不安，脉搏快而弱。叩诊常呈过清音，间或伴有鼓清音。在胸廓上可以听到吸气性和呼气性的捻发音，如有支气管卡他存在，还有干性和湿性啰音。特别是在牛，后来常在胸腔入口处、颈部和肩部发生皮下气肿，用手指拈压时常有捻发样感觉，有的当气肿进一步蔓延后可能使整个身体像气垫一般鼓起；直肠检查时还可以发现腹膜下组织中也聚有气体。肺界后移与肺泡性气肿的情况相似。牛的地方流行性肺气肿以及有毒植物引起的肺气肿与通常的肺气肿的区别是同时还伴有发热(高达 41.5℃)和消化紊乱。

【临床病理学】肺小叶间质增宽，内有成串的大气泡，牛与猪因间质丰富而且疏松，间质性肺气肿时特别明显。间质中的气泡可从外部给肺泡以压力，使邻近肺组织发生萎陷。组织学变化为肺水肿、间质气肿、肺泡上皮增生、透明膜形成、嗜酸性粒细胞浸润等。

【诊断】病史结合临床上突然出现呼吸困难、叩诊呈鼓音及皮下气肿等症状，可以诊断。

【治疗】无特效疗法。原则为加强护理，消除病因，制止空气进入肺间质组织及对症治疗。

主要是找出原发性病因，采用对因治疗的措施，并将病畜置于安静的环境，供给清洁饮水和优质饲草料。对极度不安和剧烈咳嗽的病畜，应用镇静剂，如皮下注射吗啡或阿托品，也可内服可待因，可预防咳嗽而使空气不再进入肺间质。使用肾上腺素、氨茶碱及皮质类固醇，也有一定效果。对严重缺氧并危及生命的动物，有条件的应及时输氧。如由中毒所引起，应对其进行相应的治疗。皮下气肿则不需特殊的治疗，至多只需施行轻微的按摩，以加速气体的吸收。

【预防】加强饲养管理，保持环境卫生，减少饲草料中的粉尘，防止饲草料发霉变质，避免动物剧烈运动。及时治疗引起持续性咳嗽的疾病。

卡他性肺炎(Catarrhal Pneumonia)

卡他性肺炎是肺泡内积有卡他性渗出物，包括脱落的上皮细胞、血浆和白细胞等。炎症病变出现于个别小肺或几个小叶，故又称为小叶性肺炎(Lobular Pneumonia)，由于卡他性肺炎通常是在支气管炎基础上发生或同时伴有支气管与肺泡的炎症，也称其为支气管肺炎(Bronchopneumonia)。临床特点是出现弛张热，呼吸数增多，叩诊呈小片浊音区和听诊病灶部出现捻发音。

【原因】支气管肺炎多数是在支气管炎的基础上发生的，因此凡能引起支气管炎的各种致病因素，都是支气管肺炎的病因。

引起支气管肺炎的病原体均为非特异性的，包括肺炎球菌、猪嗜血杆菌、坏死杆菌、副伤寒杆菌、绿脓杆菌、化脓棒状杆菌、沙门氏杆菌、大肠杆菌、链球菌、葡萄球菌、衣原体属及腺病毒、鼻病毒、流感病毒、Ⅲ型副流感病毒和疱疹病毒、曲霉菌、弓形体等。在许多传染病和寄生虫病如仔猪流行性感冒、传染性支气管炎、结核病、犬瘟热、牛恶性卡他热、猪肺疫、副伤寒、肺线虫病等的过程中常伴发支气管肺炎。

受寒感冒，特别是突然受到寒冷的刺激最易引起发病；幼年和老弱、过度疲劳、维生素缺乏的动物，由于抵抗力低易受各种病原微生物的侵入而发病。

物理、化学及机械性刺激或有毒的气体、热空气的作用等也可引起支气管肺炎。

在咽炎及神经系统发生紊乱时，常因吞咽障碍，将饲料、饮水或唾液等吸入肺内或经口投药失误，将药液投入气管内引起异物性肺炎。

多种变应原如花粉、有机粉尘、真菌孢子、细菌蛋白质等可引起过敏性支气管肺炎。其特征性病变为肺组织的嗜酸性白细胞浸润。

【流行病学】各种动物均可发生，尤其幼畜和老龄动物发生较多。多见于早春和晚秋季节。

【发病机理】机体在致病因素的作用下，呼吸道的防御机能受损，呼吸道内的常住寄生菌就可大量繁殖，引起感染，发生支气管炎，然后炎症沿支气管黏膜向下蔓延至细支气管、肺泡管和肺泡，引起肺组织的炎症；或支气管炎向支气管周围发展，先引起支气管周围炎，然后再向邻近的肺泡间隔向外扩散，波及肺泡。当支气管壁炎症明显时，因刺激黏膜分泌黏液增多，病畜出现咳嗽，并排出黏液脓性的痰液。同时，炎症使肺泡充血肿胀，上皮细胞脱落，并产生浆液性和黏液性渗出物。由于炎性渗出物充满肺泡腔和细支气管，导致肺脏有效呼吸面积缩小，随着炎症范围的增大，出现外呼吸障碍，严重时可发生呼吸衰竭。

【临床表现】病初呈急性支气管炎的症状，随着病情的发展，当多数肺泡群出现炎症时，全身症状明显加重，患病动物精神沉郁，食欲减退或废绝，结合膜潮红或发绀，体温升高至 40～41℃，呈弛张热，有的呈间歇热。脉搏随体温的变化也相应改变，牛、马每分钟可达 60～80 次，猪、羊可超过 100 次，第二心音增强，呈混合性呼吸困难，呼吸频率增加，牛、马每分钟 30～40 次，猪、羊可达 100 次左右。咳嗽症状较明显，初期为干、痛咳，后为湿性咳嗽，流出少量浆液性、黏液性或脓性鼻液。精神沉郁，食欲减退或废绝，可视黏膜潮红或发绀。

肺部听诊，病灶部肺泡呼吸音减弱，可听到捻发音，病灶周围及健康部位肺泡呼吸音增强。随炎性渗出物的改变，可听到湿啰音或干啰音，当各小叶炎症融合后，则肺泡及细支气管内充满渗出物时，肺泡呼吸音消失，有时出现支气管呼吸音。

X 线检查，表现斑片状或斑点状的渗出性阴影，大小和形状不规则，密度不均匀，边缘模糊不清，可沿肺纹理分布。当病灶发生融合时，则形成较大片的云絮状阴影，但密度多不均匀。

本病的自然病程一般1～2周，体温可自行骤降或逐渐降至正常。治疗及时与方法恰当，体温可在1～3 d内恢复正常，呼吸困难和咳嗽也随之减轻，逐渐康复。出现严重的并发症或幼龄、老龄及营养不良的病畜在病情较重时，预后不良。

【临床病理学】血液学检查，白细胞总数增多(1～2)×10^{10}个/L，中性粒细胞比例可达80%以上，出现核左移现象，有的细胞内出现中毒颗粒。年老体弱、免疫功能低下者，白细胞总数可能增加不明显，但中性粒细胞比例仍增加。

【诊断】依据弛张热型、叩诊小片浊音区、听诊肺泡呼吸音减弱或消失、有捻发音和啰音、咳嗽、呼吸困难等卡他性肺炎的典型症状，结合X线检查可确诊。但应注意与下列疾病进行鉴别诊断：

细支气管炎，咳嗽频繁，热型不定，体温轻度升高，叩诊肺部无小片浊音区，呈过清音或鼓音，叩诊界后移，听诊有各种啰音。

纤维素性肺炎，呈典型稽留热，病程发展迅速，并有明显的病理发生的阶段性，叩诊有大片浊音区，在病区内可听到清楚的支气管呼吸音，流出铁锈色的鼻液。X线检查，呈均匀一致的大片阴影。

【治疗】治疗原则为抑菌消炎，祛痰止咳，制止渗出和促进炎性渗出物的吸收和排除及对症疗法。

抑菌消炎可选用抗生素和磺胺类药物，常用的抗生素是青霉素、链霉素及广谱抗生素。磺胺类药物是磺胺二甲基嘧啶。对肺炎球菌和链球菌引起的肺炎，首选药物应是青霉素，和链霉素联合应用效果更好。在有条件的情况下，应进行药敏试验，对症给药。给药的途径可肌肉内注射、静脉注射或气管内注射。牛、马青霉素400万～600万IU，猪、羊为50～100 IU，链霉素 2～4 g，溶于0.5%～1%普鲁卡因或蒸馏水15～20 mL，肌肉注射或气管内注射，2次/d或用氨苄青霉素，按25 mg/kg体重，用5%葡萄糖或生理盐水稀释静脉注射，还可选用头孢唑啉钠(先锋V)肌肉或静脉注射，牛、马11 mg/kg体重，2次/d；犬15～25 mg/kg体重，3次/d。对小动物亦可口服阿莫西林干糖浆(羟氨苄青霉素)，吸收较好，杀菌作用快而强，血药浓度较高，分布广。制剂有125 mg袋装的干糖浆粉剂，小动物5～10 kg一袋，3次/d，尤其适合犬、猫的呼吸道及肺部炎症。如果是由病毒和细菌混合感染引起的肺炎时，还应选用抗病毒药物如病毒灵或病毒唑，或同时应用双黄连或清开灵注射液静脉注射。

祛痰止咳咳嗽频繁，分泌物黏稠时，可选用溶解性祛痰剂。剧烈频繁的咳嗽，无痰干咳时，可选用镇痛止咳剂。为促进炎性产物的排出，可用克辽林、来苏儿等进行蒸气吸收。

为了防止炎性渗出，静脉注射10%氯化钙或10%葡萄糖酸钙，大动物100～150 mL静脉注射，小动物(仔猪、犬等)可用10%葡萄糖酸钙15～20 mL静脉注射。促进渗出物吸收和排出，可用利尿剂，也可用10%安钠咖溶液10～20 mL，10%水杨酸钠溶液100～150 mL和40%乌洛托品溶液60～100 mL，马、牛1次静脉注射。

对症疗法：体温升高时，可适当应用解热剂，常用复方氨基比林或安痛定注射液，剂量为马、牛20～50 mL，猪、羊5～10 mL，犬1～5 mL，肌肉或皮下注射。为了改善消化道机能和促进食欲，可采用苦味健胃剂。呼吸困难严重者，有条件的可输入氧气。对体温过高、出汗过多引起脱水者，应适当补液，纠正水、电解质和酸碱平衡紊乱。输液量不宜过多，速度不宜过快，以免发生心力衰竭和肺水肿。对病情危重、全身毒血症严重的病畜，可短期(3～5 d)静脉注射氢化可的松或地塞米松等糖皮质激素。当休克并发肾功能衰竭时，可用利尿药。合并心衰时可酌用强心剂。

中药疗法：可选用加味麻杏石甘汤。麻黄15 g，杏仁8 g，生石膏90 g，二花30 g，连翘30 g，黄芩24 g，知母24 g，元参24 g，生地24 g，麦冬24 g，花粉24 g，桔梗21 g，共为研末，蜂蜜 250 g为引，马、牛1次开水冲服(猪、羊酌减)。

【预防】加强饲养管理，避免淋雨受寒、过度劳役等诱发因素。供给全价日粮，健全完善的免疫接种制度，减少应激因素的刺激，增强机体的抗病能力，及时治疗原发病。

纤维素性肺炎(Fibrinous Pneumonia)

纤维性肺炎又称大叶性肺炎(Lobar Pneumonia)或格鲁布性肺炎(Croupous Pneumonia)，是支气管和肺泡内充满大量纤维素蛋白渗出物为特征的急性肺炎。炎症侵害大片肺叶，临床特点是高热稽留，铁锈色鼻液，叩诊大片浊音区和定型经过。

【原因】纤维素性肺炎的病因迄今尚未完全清楚，目前存在两种不同的认识：一是认为纤维素性肺炎是由传染因素引起的，包括由病毒引起的马和牛的传染性胸膜肺炎和由巴氏杆菌引起的牛、羊、猪的肺炎，以及近年证明的由肺炎双球菌引起的大叶性肺炎；此外，肺炎杆菌、金黄色葡萄球菌、绿脓杆菌、大肠杆菌、坏死杆菌、沙门氏杆菌、霉形体属、Ⅲ型副流感病毒、溶血性链球菌等对本病的发生中也起重要作用；继发性大叶性肺炎见于马腺疫、血斑病、流行性支气管炎和犊牛副伤寒等，常呈非典型经过。二是认为纤维素性肺炎是由非传染因素引起的，过度劳役、受寒感冒、饲养管理不当、长途运输、吸入刺激性气体、使用免疫抑制剂等均可导致呼吸道黏膜的防御机能降低，成为本病的诱因。

【流行病学】以马属动物发生较多，牛、羊、猪、犬、猫也有发生。

【发病机理】病原体主要经气源性感染，通过支气管播散，炎症通常开始于细支气管，并迅速波及肺泡。其机理还不清楚，有人认为可能是细支气管的黏膜比较脆弱，对病原微生物的抵抗力弱，而且细支气管和肺泡壁的防御机能只能靠巨噬细胞的吞噬作用，由于巨噬细胞的功能有限且活动缓慢，特别是对于那些宿主缺乏免疫力的病原微生物，巨噬细胞不仅不能有效地吞噬、消化，反而被毒力强的微生物所破坏，从而发生感染。细菌侵入肺泡内，尤其在浆液性渗出物中迅速大量的繁殖，并通过肺泡间孔或呼吸性细支气管向临近肺组织蔓延，播散形成整个或多个肺大叶的病变，在大叶之间的蔓延则主要由带菌渗出液经支气管播散所致。

【临床表现】患病动物体温突然升高达40～41℃，呈稽留热型，6～9 d后渐退或骤退至常温。精神沉郁，食欲减退或废绝，牛反刍紊乱或停止，泌乳量降低或停止，发出呻吟或磨牙。呼吸困难，呼吸数增多，大动物每分钟20～50次，严重时呈混合性呼吸困难，鼻孔开张，呼出气体温度较高。可视黏膜充血并有黄疸。皮肤干燥，皮温不匀，四肢衰弱无力，不愿活动，喜躺卧，常卧于病肺一侧，站立时前肢向外侧叉开。

脉搏在病初充实有力，以后随心机能衰弱，变为细而快。一般初期体温升高1℃，脉搏增加10～15次/min，继续升高2～3℃时，脉搏则不再增加，后期脉搏逐渐变小而弱。小动物脉搏可增至140～190次/min。

疾病初期，有浆液性、黏液性或黏液脓性鼻液，在肝变期鼻孔中流出铁锈色或黄红色的鼻液，主要是渗出物中的红细胞被巨噬细胞吞噬，崩解后形成含铁血黄素混入鼻液。病初呈干、痛、短咳，尤其当伴有胸膜炎时更为明显，甚至在叩诊肺部会出现连续的干、痛咳嗽。到溶解期则出现长的湿性咳嗽。

胸部叩诊，随着病程出现规律性的叩诊音：充血渗出期，因肺脏毛细血管充血，肺泡壁弛缓，叩诊呈过清音或鼓音；肝变期，细支气管和肺泡内充满炎性渗出物，肺泡内空气逐渐减少，叩诊呈大片半浊音或浊音，可持续3～5 d；溶解期，凝固的渗出物逐渐被溶解、吸收和排除，叩诊重新呈过清音或鼓音；随着疾病的痊愈，叩诊音恢复正常。马的浊音区多从肘后下部开始，逐渐扩展至胸部后上方，上界多呈弓形，弓背向上。牛的浊音区，常在肩前叩诊区。大叶性肺炎继发肺气肿时，叩诊边缘呈过清音，肺界向后下方扩大。X线检查，病变部位呈大片阴影。

肺部听诊，因疾病发展过程中病变的不同而有一定差异。充血渗出期，由于支气管黏膜充血肿胀，肺泡呼吸音增强，并出现干啰音；以后随肺泡腔内浆液渗出，听诊可闻湿啰音或捻发音，肺泡呼吸音减弱；当肺泡内充满渗出物时，肺泡呼吸音消失。肝变期，肺组织实变，出现支气管呼吸音。溶解期，渗出物逐渐溶解，液化和排出，支气管呼吸音逐渐消失，出现湿啰音或捻发音。最后随疾病的痊愈，呼吸音恢复正常。

【临床病理学】血液学检查可见，白细胞总数显著增加，可达2×10^{10}个/L或更多，中性粒细胞比例增加，呈核左移，淋巴细胞比例减少，嗜酸性粒细胞和单核细胞缺乏。严重的病例，白细胞减少。

【诊断】根据稽留热型，铁锈色鼻液，不同时期肺部叩诊和听诊的变化，即可诊断。X线检查肺部有大片浓密阴影，有助于诊断。

在鉴别诊断上应注意非典型性纤维素性肺炎与传染性胸膜肺炎区别。小叶性肺炎多为弛张热型，肺部叩诊出现大小不等的浊音区，X线检查表现斑片状或斑点状的渗出性阴影。胸膜炎热型不定，听诊有胸膜摩擦音。当有大量渗出液时，叩诊呈水平浊音，听诊呼吸音和心音均减弱，胸腔穿刺有大量液体流出。传染性胸膜肺炎有高度传染性。

【治疗】治疗原则是加强护理，消除炎症，制止渗出和促进炎性产物排出。为谨慎起见，可进行隔离观察。

应先将病畜置于通风良好，清洁卫生的环境中，供给优质易消化的草料和清洁饮水。

控制感染临床上主要应用抗生素、喹诺酮类或磺胺类药物。常用的抗生素为青霉素、链霉素、红霉素、头孢菌素及四环素等；常用的喹诺酮类药物有氟哌酸、环丙沙星、氧氟沙星等。有条件的可在治疗前取鼻分泌物作细菌药敏试验，以便选择最敏感药物。如果是由病毒引起的，还应选用抗病毒药物，如病毒唑、金刚烷胺、特异性抗血清、干扰素等，或同时应用抗病毒中草药或中成药等。据说病的初期应用九一四(新砷矾纳明)效果很好，剂量为牛每千克体重

10 mg(极量为 4 g),溶于 5%葡萄糖生理盐水 200～500 mL,牛、马一次静脉注射,间隔 3～4 d 再注射 1 次,常在注射半小时后体温便可下降 0.5～1℃。最好在注射前半小时先行皮下或肌肉注射强心剂(樟脑磺酸钠或苯甲酸钠咖啡因),待心功能改善后再注射九一四。

糖皮质激素应用,该类药物在呼吸器官疾病的治疗上占有重要地位,必要时可静脉注射氢化可的松或地塞米松,以降低机体对各种刺激的反应性,控制炎症发展。

制止渗出和促进吸收,可静脉注射 10%氯化钙或 10%葡萄糖酸钙溶液。当渗出物消散太慢,为防止机化,可用碘制剂,如碘化钾,牛、马 5～10 g;或碘酊,牛、马 10～20 mL(猪、羊酌减),加在流体饲料中或灌服,每日 2 次。

对症疗法,体温过高可用解热镇痛药,如安乃近、复方氨基比林、安痛定注射液等。剧烈咳嗽时,可选用祛痰止咳药。严重的呼吸困难可输入氧气。当休克并发肾功能衰竭时,可用利尿药。合并心衰时可酌用强心剂。

中药治疗可用清瘟败毒散:石膏 120 g,犀角 6 g(或水牛角 30 g),黄连 18 g,桔梗 24 g,淡竹叶 60 g,甘草 9 g,生地 30 g,山栀 30 g,丹皮 30 g,黄芩 30 g,赤芍 30 g,元参 30 g,知母 30 g,连翘 30 g,水煎,牛、马一次灌服。

化脓性肺炎(Suppurative Pneumonia)

化脓性肺炎是肺泡中蓄积有化脓性产物,又称肺脓肿。

【原因】原发性化脓性肺炎很少见,偶见于胸壁刺伤或创伤性网胃炎时,金属异物刺伤肺后,感染化脓杆菌等病原菌而发病。多数发生于脓毒败血症或肺感染性血栓形成,如幼畜败血症、化脓性子宫炎、结核、腺疫、鼻疽及其他化脓感染疾病如去势、褥疮感染或化脓性细菌随异物进肺而引起。由大叶性肺炎继发者很少见,较常见的是由卡他性肺炎继发化脓性肺炎。

【流行病学】各种动物都可发生,病死率高。

【临床表现】如果化脓性肺炎是继卡他性肺炎之后发生的,在消退期延迟下,体温重新升高。脓肿开始形成时,体温持续升高,而脓肿被结缔组织包裹时体温升高消退,新脓肿形成时,体温又重新升高。若脓肿破溃,则病情加重,脉搏加快,体温升高。对浅表性肺脓肿区叩诊,可呈局部浊音。听诊肺区有各种啰音,湿性啰音尤其明显。在脓肿破溃后,可从鼻腔流出大量恶臭的脓性鼻液,内含弹力纤维和脂肪颗粒。通常在短时间内或经 1～2 周,由于脓毒败血症或化脓性胸膜炎而致死。

X 线检查,早期肺脓肿呈大片浓密阴影,边缘模糊。慢性者呈大片密度不均的阴影,伴有纤维增生,胸膜增厚,其中央有不规则的稀疏区。

【治疗】目前尚无特效疗法,可大剂量应用抗生素类药物进行治疗,最好对鼻分泌物进行药敏试验,筛选最有效的药物,可收到良好的效果。通常首选药为大剂量青霉素(1.5 万～2.0 万 IU/kg 体重)或氨苄青霉素 15～20 mg/kg 体重,静脉注射,7 d 为一个疗程,如果效果不好,可使用红霉素。

配合应用 10%氯化钙或葡萄糖酸钙静脉注射,牛、马 300 mL。脓肿破溃时,可用松节油蒸气吸入或薄荷脑石蜡油气管内注射。

霉菌性肺炎(Mycotic Pneumonia)

霉菌性肺炎是由霉菌侵入肺后引起的一种支气管肺炎。

【原因】动物可能通过吸入致病的霉菌及其孢子感染,也可能通过采食含有霉菌的饲料而感染发病。大部分感染源与土壤有关,常存在于畜禽的土壤、垫草和发霉的谷粒及饲料上。牛、马主要由曲霉菌属的烟霉菌引起,家禽多为灰绿色曲霉菌、黑曲霉菌、烟曲霉菌、葡萄状白霉菌、蓝色青霉菌等感染。这些霉菌在环境潮湿和温度(37～40℃)适宜时大量繁殖,当机体抵抗力减弱或同时又有呼吸道卡他性炎症时,易发生。

一些应激因素(如畜舍阴暗、潮湿、通风不良及发霉,过度拥挤等)均可诱发本病流行。

在肺部细菌感染时由于较长时间大量使用抗生素,易造成霉菌感染继发霉菌性肺炎。

【流行病学】各种动物均可发生。多见于幼龄动物,家禽常伴有气囊和浆膜的霉菌病。本病主要经过呼吸道感染,亦可通过消化道和皮肤伤口感染,家禽还能穿过蛋壳感染胚胎,使雏鸡孵出即发病,也称"蛋媒曲霉菌病"。

【发病机理】霉菌感染的发生是机体与霉菌相互作用的结果,机体的免疫状态及环境条件可成为发病的诱因。导致病变的决定因素是霉菌的毒力、数量与侵入途径。霉菌壁中的酶类亦参与促进感染与侵入宿主细胞的作用。有的霉菌具有抗吞噬能力及致炎成分;有的霉菌对机体的不同器官有倾向性的侵害作用,如曲霉菌易侵害呼吸器官。大多数霉菌通过空气吸入引起肺部感染,体内其他部位霉菌感染也可通过淋巴和血液导致肺部感染。

【临床表现】禽曲霉菌病主要引起支气管肺炎，出现呼吸困难，气喘和呼吸急促，打喷嚏，有时可听到气管啰音。精神沉郁，体温升高，食欲降低，消瘦，嗜睡，羽毛松乱。有的病例呈一侧性眼炎，眼睑肿胀，畏光，角膜中心发生溃疡，眼结膜囊内有干酪样凝块。当感染侵害到大脑时，则表现斜颈，运动失调，严重的强直痉挛，甚至麻痹。多在出现症状后1周左右因呼吸困难而窒息死亡。

其他动物表现体温升高，呼吸急促，流鼻液，咳嗽短促而湿润，肺部可听到啰音。消瘦，全身虚弱，甚至不能站立。上述症状呈渐进性发展。

X线检查，可发现肺广泛性粟粒状浸润。

【诊断】根据流行病学、症状及病理变化，可做出初步诊断。确诊需进行微生物学检查，取病灶组织或鼻液少许，置一载玻片上，加生理盐水1～2滴，用细针将组织块拨碎，在显微镜下检查，具有菌丝或孢子，即可确诊。也可将结节内的坏死物进行培养，常用的培养基有马铃薯培养基或由麦芽糖4 g、蛋白胨2 g、琼脂1.8 g、蒸馏水100 mL制成的培养基，在34℃培养10～12 h，可发现有白色薄膜菌落生长，再经22～24 h培养可形成孢子，镜检培养物即可确诊。样品的真菌培养和组织学检查，可验证临床诊断。

【治疗】病情较轻者，消除病因后，病情常能逐渐好转。对全身性感染还没有理想的药物。可选用以下药物：

两性霉素B 剂量为0.12～0.25 mg/kg体重，用5%葡萄糖溶液稀释成每毫升含0.1 mg，缓慢静脉注射，隔日或每周注射2次，两性霉素B有一定疗效，但有毒副作用。也可将两性霉素B与氟胞嘧啶合用，有协同作用，可增加疗效。氟胞嘧啶剂量为每日50～150 mg/kg体重，分3～4次内服。

制霉菌素 牛、马250万～500万U，羊、猪50万～100万U，3～4次/d，混于饲料中喂给。家禽50万～100万U/kg日粮，连用1～3周。雏鸡、鸭每100只1次，用量为50万～100万U，2次/d。克霉唑内服，牛、马5～10 g，牛犊、马驹、猪、羊0.75～1.5 g，2次内服，雏鸡每100只1 g，混于日粮中喂给。此外，1∶3 000硫酸铜溶液饮用3～5 d或给个体动物投服，牛、马600～2 500 mL，羊、猪150～500 mL，家禽3～5 mL，1次/d，也可内服0.5%碘化钾溶液，牛、马400～1 000 mL，羊、猪100～400 mL，鸡1～1.5 mL，3次/d。

克霉唑 剂量为牛、马10～20 g，猪、羊1.5～3 g，分两次内服。雏鸡每100只1 g，混于饲料中。连用3～5 d。该药在南京农业大学动物医院门诊上用来治疗禽的曲霉菌病取得了较好的效果。

硫酸铜 1∶3 000溶液饮水，牛、马600～2 500 mL，羊、猪150～500 mL，家禽3～5 mL，每日1次，连用3～5 d，有一定效果。

此外，尚可选用酮康唑(马3～6 mg/kg体重，犬、猫5～10 mg/kg体重，每日1次)、氟康唑(马5 mg/kg体重，犬、猫2.5～5 mg/kg体重，每日1次)等广谱抗真菌药。水溶性好，体内分布广泛，吸收快，血药峰值高，在主要器官、组织、体液中具有较好的渗透能力，不良反应较轻。

【预防】防止饲草和饲料发霉，避免使用发霉的垫草、饲料，禁止动物接触霉烂变质的草堆。加强饲养管理，应每日清扫禽舍，并消毒饮水器，以防止饮水器周围滋生霉菌。注意畜舍通风换气，防止畜舍过度潮湿，均可有效预防本病的发生。

坏疽性肺炎(Gangrenous Pneumonia)

坏疽性肺炎又称肺坏疽、吸入性肺炎或异物性肺炎，因误咽异物(食物、呕吐物或药物)或腐败菌侵入肺脏而引起的一种坏疽性炎症。临床上以呼吸困难，从两侧鼻孔流出污秽、恶臭的鼻液为特征。

【原因】动物投药方法不当是常见的原因：如灌药时太快、头位过高、舌头伸出、动物咳嗽及鸣叫等，均可使动物不能及时吞咽，将药物吸入呼吸道而发病；也可能由于胃管投药操作失误，将部分药物误投入气管；或经口灌服有刺激性药物(松节油、福尔马林、酒精等)由于呛咳发生误咽。伴有吞咽障碍的一些疾病(咽炎、咽麻痹、破伤风、出血性紫癜、食道阻塞、脑炎等)或麻醉/昏迷的动物易发生异物误咽或吸入。当动物食道部分阻塞而又试图采食或饮水时，也容易导致异物吸入呼吸道，从而引起发病。另外，犬、猫等小动物因连续性呕吐也可将呕吐物吸入；有腭裂的新生仔畜吮乳后易吸入乳汁；绵羊药浴时操作不当，可导致吸入药液，均可引起发病。在结核、猪肺疫、鼻疽等传染病及卡他性肺炎、纤维素性肺炎过程中，伴有腐败菌感染而发病；异物经创伤(肋骨骨折、外伤等)侵入肺并带入腐败菌而引发。

【流行病学】各种动物均可发生，治愈率很低。

【发病机理】当动物吸入异物时，初期炎症仅局限于支气管内，逐渐侵害支气管周围的结缔组织，并且向肺脏蔓延。由于腐败细菌的分解作用使肺组织分解，引起肺坏疽，并形成蛋白质和脂肪分解产物。其中含有腐败性细菌、脓细胞、腐败组织与磷酸铵镁的结晶等，散发出恶臭味。病灶周围的肺组织充血、水肿，发生不同程度的卡他性和纤维蛋白性炎症。随着腐败细菌在肺组织的大量繁殖，坏疽病灶逐渐扩大，病情加剧。如果肺脏的坏疽病灶与呼吸道相通，腐败性气体与肺内的空气混合，随呼气向外排出，病畜呼出的气体带有明显的腐败性恶臭味。当这些物质排出之后，在肺内形成空洞，其内壁附着一些腐烂恶臭的粥状物，在鼻孔中流出具有特异臭味和污秽不洁的渗出物。

【临床表现】病畜一般体温升高(40℃以上)，脉搏加快(80 次/min 以上)，咳嗽低沉，声音嘶哑，呼吸迫促，随着呼吸运动胸腹部出现明显的起伏动作或呈腹式呼吸，严重者呼吸困难。食欲降低或废绝，精神沉郁。呼出带有腐败性恶臭的气体，初期仅在咳嗽之后或站立在病畜附近才能闻到，随着疾病的发展气味越来越明显。鼻孔流出黏脓性鼻液，呈棕红色或污绿色，在咳嗽或低头时，常常大量流出，偶尔在鼻液或咳出物中见到吸入的异物，如食物残渣、油滴等。将鼻液收集在玻璃杯中，静置后发现可分为 3 层，上层为黏性，有泡沫；中层为浆性液体，并含絮状物；下层为脓液，混有大小不等的组织块。显微镜检查，可发现有肺组织碎片、脂肪滴、脂肪晶体、棕色至黑色的色素颗粒、红细胞及大量的微生物。渗出物加入 10%氢氧化钾溶液中煮沸，离心后将沉渣涂片，在显微镜下检查，可观察到肺组织分解出的弹力纤维，这也是本病的重要特征。

肺部听诊，初期出现支气管呼吸音、干啰音或水泡音，随后可听到喘鸣音和胸膜摩擦音，有时听到皮下气肿的破裂音。后期因空洞与支气管相通，出现空瓮性呼吸音。

胸部叩诊，初期多数病灶位于胸前下部，肺被浸润的面积较大时，呈半浊音或浊音。空洞周围被结缔组织包围时，叩诊呈金属音。空洞与支气管相通，叩诊时因空气受排挤而突然急剧地经过狭窄的裂隙而出现破壶音。如果病灶小，且位于肺脏深部时，叩诊则无明显变化。

X 线检查，因吸入异物的性质差异和病程长短不同而有一定区别。初期吸入的异物沿支气管扩散，在肺门区呈现沿肺纹理分布的小叶性渗出性阴影。随着病变的发展，在肺野下部小片状模糊阴影发生融合，呈团块状或弥漫性阴影，密度不均匀。当肺组织腐败崩解，液化的肺组织被排出后，有大小不等、无一定境界的空洞阴影，呈蜂窝状或多发性虫蚀状阴影，较大的空洞可呈现环带状的空壁。

【临床病理学】血液学检查，白细胞总数明显增加[$(1.5\sim2)\times10^{10}$ 个/L]，中性粒细胞比例升高，初期呈核左移，后期因化脓引起毒血症而影响骨髓造血机能，使白细胞数降低，呈核右移。

【诊断】根据病史及特征性临床症状及鼻液镜检时有肺组织块及弹力纤维，便可确诊。但需与以下症状相鉴别：

慢性支气管炎缺乏高热和肺部各种症状，鼻液中无弹力纤维。

气管扩张虽呼出的气体和流出的鼻液具有恶臭味，但鼻液中无肺组织块和弹力纤维。

鼻窦坏疽多为单侧性鼻液，且没有肺组织块与弹力纤维。缺乏全身症状，窦局部隆起。

【治疗】目前尚无有效的治疗方法，治疗原则为迅速排出异物，抗菌消炎，制止肺组织的腐败分解及对症治疗。

首先应使动物保持安静，即使咳嗽剧烈也应禁止使用止咳药，并尽可能让动物站在前低后高的位置，将头放低，便于异物向外咳出。

一旦确定动物吸入异物，不论是液体还是刺激性气体，均应立即用抗菌药物治疗。常用的有青霉素、链霉素、氨苄青霉素、四环素、10%磺胺嘧啶钠溶液等，严重者可用第一代或第二代头孢菌素。马、牛可将青霉素 200 万～400 万 IU、链霉素 1～2 g 与 1%～2%的普鲁卡因溶液 40～60 mL 混合，气管注射(猪、羊酌减)，每日 1 次，连用 2～4 次，效果较好。

防止自体中毒，可静脉注射樟酒糖液(含 0.4%樟脑、6%葡萄糖、30%酒精、0.7%氯化钠的灭菌水溶液)，剂量为马、牛 200～250 mL，猪、羊酌减，每日 1 次。

对症治疗包括解热镇痛、强心补液、调节酸碱和电解质平衡、补充能量、输入氧气等。

【预防】由于本病发展迅速，病情难以控制，临床上疗效不佳，死亡率很高。因此，预防本病的发生就显得非常重要，其措施包括：

(1)动物通过胃管投服药物时，必须判断胃管正确进入食道后，方可灌入药液。对严重呼吸困难或吞咽障碍的病畜，不应强制性经口投药。麻醉或昏迷的动物在未完全清醒时，不应让其进食或灌服食物及药物。

(2)经口投服药物或食用油时，应尽量使头部放低，每次少量灌服，且不能太快，以使动物能及时吞咽，不至于呛入气管。

(3)绵羊药浴时，浴池不能太深，将头压入水中的时间不能过长，以免动物吸入液体。

牛非典型间质性肺炎（Bovine Atypical Interstitial Pneumonia，AIP）

牛非典型间质性肺炎是由于肺泡壁和细支气管壁被破坏，空气在肺小叶间结缔组织中积蓄。临床上以突然呼吸困难，皮下气肿和迅速发生窒息现象或几天内好转为特征。

【原因】本病的发生与中毒和过敏反应有关，前者可见于白苏中毒、安妥中毒等，后者与秋季青草刈割后的再生草有关，乃是再生青草中存在的异性蛋白导致牛过敏反应，故又称为“再生草热”。

【流行病学】牛，特别是肉用牛最为常见，奶牛和水牛也可发生。通常是转移草场后 5～10 d 后发病，发病率可达 50%。

【发病机理】雨水过多或被雨水浸没过的茂盛青草，含有相当数量的 *L*-色氨酸（TRP），当含 TRP 的青草被牛摄入后，TRP 在瘤胃中经微生物的作用，降解为吲哚乙酸（LAA），然后转变为对机体有害的代谢物质 3-甲基吲哚（3-MI）。3-MI 进入血液后，经有关酶系统的作用，变为肺毒性物质，可直接作用于肺组织，引起肺细胞损害。随肺的收缩作用，将空气挤入肺间质中，并随呼吸运动，空气经肺门通过纵隔到胸腔入口处，再沿血管和气管周围的疏松组织而进入颈部皮下，并逐渐扩散至全身皮下，发生皮下气肿。

【症状】轻症病例只表现为呼吸数增多，肺部听诊基本无异常，常在数天内自愈。重症病例往往突然出现呼吸困难，气喘，张口伸舌，口流黏涎，病牛惊恐不安，随后脉搏增数，体温一般正常，很少出现咳嗽。

肺部听诊，肺泡呼吸音减弱，可听到碎裂性啰音及捻发音。

肺部叩诊，呈过清音，在肺充满气体的空腔区域内，叩诊呈鼓音。肺叩诊界一般正常。

多数病例可出现皮下气肿，由颈、肩部扩散至背腰部乃至全身皮下组织。

【诊断】根据病史、临床症状及病理特点进行诊断。病史上，有摄入过某些含有特异的致敏原及其他因素，临床特征是突然发生呼吸困难（气喘），甚至发出“吭哧”声，听诊与叩诊的特征以及明显的病理变化进行诊断。

为查明致病因素，如怀疑某种致敏原所致，需用预先制备好的抗原去检查血清中的相应沉淀素。疑为某些有毒物质所引起的，可测定饲料、瘤胃内容物或血液中的有毒成分，或进行毒性试验进行验证。

【治疗】治疗原则是尽快消除过敏性反应，制止空气进入肺间质组织及其他对症疗法。

制止极度呼吸困难，可进行氧气吸入疗法。

制止过敏，可用抗组胺药物，如苯海拉明注射液，牛 0.25～1 g 肌肉注射。扑尔敏，牛 80～100 mg 内服或 60～100 mg 肌肉注射。此外，为减轻水肿可用速尿 0.5～1.0 mg/kg。

【预防】对放牧的牛群，要注意在夏末秋初更换草场时，应防止摄入过多的青草，防止“再生草热”，此时可多供给一些干草或精料。在更换草场前 7～10 d，投给莫能菌素，按 200 mg/(头・d)内服或拌入饲料中饲喂，可抑制 3-MI 的产生。

（任志华）

第四节　胸膜疾病

胸膜炎（Pleuritis）

胸膜炎是胸膜炎性渗出纤维蛋白沉着的炎症过程。临床表现为胸部疼痛、体温升高和胸部听诊出现摩擦音。根据病程可分为急性和慢性；按病变的蔓延程度，可分为局限性和弥漫性；按渗出物的多少，可分为干性和湿性；按渗出物的性质，可分为浆液性、浆液-纤维蛋白性、出血性、化脓性、化脓-腐败性等。

【原因】原发性胸膜炎少见，继发性较为常见。

胸膜炎常继发或伴发于某些传染病的过程中，如多杀性巴氏杆菌和溶血性巴氏杆菌引起的吸入性肺炎、纤维素性肺炎、结核病、鼻疽、流行性感冒、马胸疫、牛肺疫、猪肺疫、马传染性贫血、反刍动物创伤性网胃心包炎、支原体感染等。在这些疾病过程中，均可伴发胸膜炎。

剧烈运动、长途运输、外科手术及麻醉、寒冷侵袭及呼吸道病毒感染等应激因素可成为发病的诱因。

【流行病学】各种动物均可发病。

【发病机理】在病因的作用下，各种病原微生物产生毒素，损害胸膜的间皮组织和毛细血管，使血管的神经肌肉装置发生麻痹，导致血管扩张，血管通透性升高，血液成分通过毛细血管壁渗出进入胸腔，产生大量的渗出液。渗出液具有重要的防御作用，可稀释炎症病灶内的毒素和有害物质，减轻毒素对组织的损伤。渗出液中含有抗体、补体及溶菌物质，有利于杀灭病原体。渗出液的性质与感染的病原微生物有关，主要有浆液性、化脓性及纤维蛋白性渗出液，常见的致病微生物有兽疫链球菌、大肠杆菌、巴氏杆菌、克雷伯氏菌、马棒状杆菌、某些厌氧菌、霉形体、支原体等。渗出的纤维蛋白原，在损伤组织释放出的组织因子的作用下，凝固成淡黄色或灰黄色的纤维蛋白即纤维素(Fibrin)，当渗出的液体成分又被健康部位的胸膜吸收后，纤维素则沉积于胸膜上，呈网状、片状或膜状。

细菌产生的内毒素、炎性渗出物及组织分解产物被机体吸收，可导致体温升高，严重时可引起毒血症。炎症过程对胸膜的刺激，以及沉着于胸膜壁层和脏层的纤维蛋白，在呼吸运动时相互摩擦，均可刺激分布于胸膜的神经末梢，引起动物胸部疼痛，严重者出现腹式呼吸。当大量液体渗出时，肺脏受到液体的压迫，降低了肺活量，影响气体的交换，出现呼吸困难。

【临床表现】咳嗽明显，常呈干、痛短咳，胸壁受刺激或叩诊表现频繁咳嗽并躲闪。疾病初期，精神沉郁，食欲降低或废绝，体温升高(40℃以上)，呼吸迫促，出现腹式呼吸，脉搏加快，站立时两肘外展，不愿活动。胸部听诊，在渗出的初期和渗出物被吸收的后期均可听到明显的胸膜摩擦音，渗出期听诊摩擦音消失，可听到拍水音。胸腔积液时，心音减弱。胸壁触诊或叩诊，动物敏感疼痛，甚至发生战栗或呻吟，渗出期叩诊呈水平浊音，在小动物水平浊音随体位而改变。

胸腔穿刺可抽出大量渗出液，一般浆液-纤维蛋白性渗出液最多，可在短时间内大量渗出，马两侧胸腔中平均可达 20～50 L，猪、羊为 2～10 L，犬 0.5～3 L。

X 线检查，少量积液时，心膈三角区变钝或消失，密度增高。大量积液时，心脏、后腔静脉被积液阴影淹没，下部呈广泛性浓密阴影。严重病例，上界液平面可达肩端线以上，若体位变化，液平面也随之改变。

超声波检查有助于判断胸腔的积液量及分布。CT 检查适用于普通 X 线检查难以显示的少量积液。

【临床病理学】腹腔穿刺抽出的炎性渗出液浑浊，易凝固，比重在 1.018 以上，蛋白质含量在 40 g/L 以上，显微镜检查发现有大量炎性细胞和细菌。渗出液的有核细胞数常超过 5×10^{8}/L，脓胸时细胞数高达 1×10^{10}/L 以上。渗出液中的中性粒细胞常发生变性，特别是当病原微生物产生毒素时，白细胞出现核浓缩、溶解和破碎的现象。也有一些吞噬性巨噬细胞，常常吞噬有细菌和其他病原体，有时可发现吞噬细胞胞浆内有中性粒细胞和红细胞的残余。在慢性感染性胸膜炎，渗出液中可发现大量淋巴细胞及浆细胞。在某些肉芽肿性疾病，可发现单核细胞的集聚与巨细胞。

血液学检查，白细胞总数升高，中性粒细胞比例增加，呈核左移现象，淋巴细胞比例减少。慢性病例呈轻度贫血。

【诊断】根据病畜呈腹式呼吸，听诊有胸膜摩擦音，胸壁触诊和叩诊表现疼痛，叩诊水平浊音，穿刺液为渗出液(蛋白多、比重高)，结合 X 线和超声波检查，即可诊断。

本病需与胸腔积水进行鉴别，胸腔积水的穿刺液为漏出液。穿刺部位为胸外静脉之上，马在左侧第 7 肋间隙或右侧第 6 肋间隙，反刍动物多在左侧第 6 肋间隙，猪在左侧第 8 肋间隙或右侧第 6 肋间隙，犬在第 5～8 肋间隙。

【治疗】治疗原则为去除病因，治疗原发病，应用抗菌药物，制止渗出、促进渗出物的吸收和排出。

应先加强护理，将病畜置于通风良好、温暖和安静的畜舍，供给营养丰富、优质易消化的饲草料，并适当限制饮水。

应用抗菌药物，临床上主要应用抗生素、喹诺酮类或磺胺类药物。如青霉素、链霉素、庆大霉素、头孢菌素、四环素、土霉素、环丙沙星、氧氟沙星等。有条件的可在治疗前取鼻分泌物作细菌的药敏试验，以便选择最敏感药物。支原体感染可用四环素，某些厌氧菌感染用甲硝唑有较好的效果。

制止渗出，可静脉注射 5%氯化钙溶液或 10%葡萄糖酸钙溶液，牛、马 100～200 mL，猪、羊 20～50 mL，小型犬 15～20 mL，每日 1 次静脉注射。

促进渗出物吸收和排出，可用利尿剂、强心剂等。当胸腔有大量液体存在时，穿刺抽出液体可使病情暂时改善，并可将抗生素直接注入胸腔。胸腔穿刺时要严格按操作规程进行，以免针头在呼吸运动时刺伤肺脏；如穿刺针头或套管被纤维蛋白堵塞，可用注射器缓慢抽取。化脓性胸膜炎，在穿刺排出积液后，可用 0.1%雷佛奴尔溶液、2%～4%硼酸溶液或 0.01%～0.02%呋喃西林溶液反复冲洗胸腔，然后直接注入抗生素。

乳糜胸(Chylothorax)

见二维码 4-3。

二维码 4-3　乳糜胸

胸腔积液(Hydrothorax)

胸腔积液又称胸水,是指胸腔内因某种原因积聚有大量的漏出液,而胸膜无炎症变化的一种异常状态。一般不是独立的疾病,而是全身水肿的一种表现,同时伴有腹腔积液、心包积液及皮下水肿。临床上以呼吸困难为特征。

【原因】常见于心力衰竭、前腔静脉阻塞、肾功能不全、肝硬化、营养不良、各种贫血等。也见于动物硒缺乏症、某些毒物中毒、机体缺氧等因素。另外,慢性消耗性疾病(如结核、鼻疽、恶性淋巴瘤等)也常见胸腔积液。

【流行病学】可发生于多种动物。

【发病机理】血管内外的液体不断地进行交换,血液中的液体通过动脉端毛细血管进入组织间隙,成为组织液,又回流入静脉端毛细血管或进入淋巴管变为淋巴液。健康状况下,组织液的生成和回流处于动态平衡状态。健康动物胸腔内有少量的液体,通常无色、透明,起润滑胸膜作用,它的生成和再吸收也处于动态平衡状态。当动物发生充血性心力衰竭时,静脉回流障碍,使体循环/或肺循环的静水压增加,胸膜腔内的液体生成过快,而发生胸腔积液。中毒、缺氧、组织代谢紊乱等,使酸性代谢产物及生物活性物质积聚,破坏毛细血管内皮细胞间的黏合物质,引起血管壁通透性升高而发生大量液体渗出。机体蛋白质生成不足、丧失过多及摄入减少等均可引起低蛋白血症,导致血浆胶体渗透压下降,可使液体漏入胸腔和其他器官,不仅发生胸水,还可并发腹水及全身水肿。间皮起源的肿瘤或其他肿瘤造成淋巴管阻塞,可发生乳糜性胸水,其中含大量的乳糜颗粒,蛋白质含量高,具有一般漏出液的化学性质。

胸腔大量漏出液积聚,压迫膈肌后移,胸腔负压降低,使肺脏扩张受到限制,导致肺通气功能障碍,肺泡通气不足而发生呼吸迫促或呼吸困难。

【临床表现】少量的胸腔积液,一般无明显的临床表现或仅有胸痛。大量的胸腔积液,动物出现呼吸频率加快,严重者呼吸困难,甚至出现腹式呼吸。体温正常,心音减弱或模糊不清。肺部听诊,浊音区内常听不到肺泡呼吸音,有时可听到支气管呼吸音。胸部叩诊呈水平浊音,水平面随动物体位的改变而发生变化。胸腔穿刺,有大量淡黄色、清澈的液体流出。

X 线检查,大量积液显示一片致密的水平阴影。

【临床病理学】漏出液的化学成分与引起漏出的原因有关。一般而言,漏出液无色或呈淡黄色,稀薄水样或微混浊,无气味,密度低于 1.016,蛋白质含量低于 30 g/L,静置不凝固,其中含有少量纤维蛋白条索或絮片,有核细胞数常少于 1×10^8/L(以淋巴细胞及间皮细胞为主)。非炎性漏出液中的中性粒细胞与外周血液中的完全相同,具有典型的形态,细胞核的细微结构清楚,变性极轻微。漏出液接近于渗出液的特征时,则出现大量变性的中性粒细胞,甚至脓细胞。典型的漏出液一般没有嗜酸性粒细胞。淋巴细胞可在所有漏出液中存在,数量较少,但在淋巴管破裂或慢性肉芽肿性炎症时,数量可增加。如漏出液中主要是淋巴细胞,则为淋巴管破裂或其他淋巴组织损伤的标示。

恶性淋巴瘤引起的胸腔积液,特征为出现肿瘤细胞,肿瘤性淋巴细胞的形态多种多样。典型的母细胞表现为胞核与胞浆的比例增大,有核仁,胞浆呈高度嗜碱性,核染色质比成熟淋巴细胞淡。

【诊断】根据呼吸困难,叩诊胸壁呈水平浊音,穿刺液为漏出液,结合 X 线和超声波检查,即可诊断。

本病应与渗出性胸膜炎相鉴别,胸膜炎时体温升高,胸部疼痛,咳嗽,听诊有胸膜摩擦音,胸腔穿刺液有大量炎性细胞、纤维蛋白等渗出液的成分。

【治疗】本病是胸部或全身疾病的一部分,主要是治疗原发病或纠正胸腔液体漏出的原因,使漏出的胸腔积液逐渐吸收或稳定。首先应加强饲养管理,限制饮水,供给蛋白质丰富的优质饲料。促进液体吸收和排出可选用强心剂和利尿剂。当胸腔积液过多引起严重呼吸困难时,应通过穿刺抽液治疗,以减轻肺、心血管的受压症状,但抽液每次不宜过快、过多,以免造成胸腔压力骤降,出现复张性肺水肿。

【预防】本病主要是循环系统疾病、低蛋白血症等因素引起的全身疾病的局部表现。因此,及时诊断和治疗原发病是预防本病的关键。

(任志华)

复习思考题

1.呼吸系统疾病的主要症状、诊断思路和治疗原则分别是什么?

2.鼻炎的病因、临床症状和防治措施是什么?

3.鼻出血的症状及引发原因是什么?如何诊断及救治鼻出血?

4.喉炎的引发因素和临床症状是什么?如何诊断和治疗喉炎?

5.喉水肿分为几类?喉水肿的发病原因有哪些?喉水肿的主要症状是什么?如何诊治喉水肿?

6.什么是喉偏瘫?该病是如何发生的?如何诊断和防治喉偏瘫?

7.什么是气囊卡他?气囊卡他的发病因素和流行病学特点是什么?

8.气囊卡他的主要症状是什么?如何诊治气囊卡他?

9.什么是急性支气管炎?该病是如何发生的?怎样诊断和防治急性支气管炎?

10.什么是慢性支气管炎?该病是如何发生的?怎样诊断和防治慢性支气管炎?

11.肺充血与肺水肿分别是如何发生的?怎样鉴别诊断肺充血与肺水肿?

12.肺泡气肿包括哪些种类?分别是如何发生的?怎样对肺泡气肿进行鉴别诊断和治疗?

13.什么是间质性肺水肿?该病是如何发生的?怎样诊断和防治间质性肺水肿?

14.什么是卡他性肺炎?该病是如何发生的?怎样鉴别诊断和治疗卡他性肺炎?

15.什么是纤维素性肺炎?该病是如何发生的?怎样对纤维素性肺炎进行鉴别诊断和治疗?

16.什么是化脓性肺炎?该病是如何发生的?怎样对化脓性肺炎进行诊断与治疗?

17.什么叫霉菌性肺炎?该病是如何发生的?怎样诊断和防治霉菌性肺炎?

18.什么是坏疽性肺炎?该病是如何发生的?怎样诊断和防治坏疽性肺炎?

19.牛非典型间质性肺炎是如何发生的?怎样诊断和防治该疾病?

20.什么叫胸膜炎?该病是如何发生的?怎样诊断和防治胸膜炎?

21.什么叫乳糜胸?该病是如何发生的?怎样诊断和防治乳糜胸?

22.什么叫胸腔积液?是如何发生的?怎样诊断和防治胸腔积液?

第五章　循环系统疾病

【内容提要】循环系统的主要功能是维持血液循环，使血液和组织之间能够进行体液、电解质、氧和其他营养物质以及排泄废物的正常交换。循环系统障碍在兽医临床上非常普遍，循环系统一旦出现问题，引起血液循环障碍，就会影响机体各系统的功能；反之，其他系统的疾病也常常影响循环系统的功能。循环系统各器官功能的好坏及循环障碍的程度，是判断疾病治疗效果与疾病预后的重要依据。本章重点介绍动物心包疾病、心脏疾病和血管疾病，学习中应重点掌握各类疾病的病因、发病机理及其鉴别诊断要点。

第一节　心包疾病

心包炎(Pericarditis)

心包炎是指心包壁层和脏层的炎症。按病因分为创伤性和非创伤性两类；按病程分为急性和慢性两种；按渗出物性质可分为浆液性、纤维素性、浆液-纤维素性、出血性、化脓性和腐败性等多种类型，以急性浆液性和浆液-纤维素性心包炎较为常见。

【原因】感染和创伤是主要病因，常见于某些传染病、寄生虫病及各种脓毒败血症。

【流行病学】本病最常见于牛和猪，马、羊、犬、鸡等多种动物均可发生。

【发病机理】非化脓性心包炎的后期，心包渗出液被重新吸收，结缔组织增生，纤维蛋白机化，往往造成心包与胸膜、心包与心肌、心包与膈肌的粘连。

【症状】临床特征为发热，心动过速，心浊音区扩大，出现心包摩擦音或心包击水音。病至后期，常有颈静脉怒张，胸腹下水肿、脉搏细弱、结膜发绀和呼吸困难。

【诊断】根据特征性临床症状，一般不难做出诊断，必要时可进行 X 线检查、超声检查、心包穿刺液检查和血液检查。

【治疗】对于伴发于传染病的心包炎采用抗生素疗法，常用青霉素、庆大霉素、头孢菌素，有条件者可根据心包穿刺液分离培养出的细菌药敏试验结果，选用高敏的抗菌制剂。为了减轻心脏负担，可试用心包穿刺疗法，排液后注入含青霉素 100 万～200 万 IU，链霉素 1～2 g 和胃蛋白酶 10 万～20 万 IU 的溶液。对于出现严重心率失常的病畜，可选用硫酸奎尼丁、盐酸利多卡因、异搏定、心得安等制剂。伴发充血性心力衰竭时，可使用洋地黄制剂。

创伤性心包炎(Traumatic Pericarditis)

创伤性心包炎是指尖锐异物刺入心包或其他原因造成心包乃至心肌损伤，引起心包化脓腐败性炎症的疾病。牛的创伤性心包炎通常由尖锐异物穿透网胃壁、膈肌和心包引起，特称为创伤性网胃-心包炎，常造成严重的经济损失。

【原因】创伤性心包炎是心包受到机械性损伤，主要是由从网胃来的细长金属异物刺伤引起的，是创伤性网胃-腹膜炎的一种主要并发症。牛口腔黏膜分布着许多角化乳头，对硬性刺激物，如铁钉、铁丝、玻片等感觉比较迟钝，采食时咀嚼粗放而又快速咽下，因而易将尖锐物体摄入胃内；又由于网胃与心包仅以薄层的膈相隔，故在网胃收缩时，往往使尖锐物体刺破网胃和膈直穿心包和心脏，同时使网胃内的微生物随之侵入，因而引起创伤性心包炎。马属动物的创伤性心包炎多由火器弹片直接穿透心区胸壁刺伤心包，或胸骨和肋骨骨折，由骨断端损伤心包而引起。此外，牛犄角顶撞胸壁创伤等亦可致发本病。

【流行病学】本病最常见于舍饲的奶牛和农区放牧的耕牛，偶见于羊，其他动物如鹿、骆驼、猪、马、犬、甚至孔雀都有过发病的记载。

【发病机理】在尖锐异物的刺激、创伤和病原微生物的作用下，心包局部充血、出血、肿胀、渗出等炎症反应均可引起本病。炎性渗出物初期浆液性、纤维蛋白性，继而形成化脓性、腐败性渗出物。纤维蛋白渗出物附着于心脏的壁层和脏层，使其变得粗糙不平，浆液性渗出物使心包内积存一定量的液体，伴随心脏的收缩与舒张，产生心包摩擦音和心包拍水音。大量渗出液积聚于心包，使心包扩张，体积增大，内压增高，限制心脏的舒张，静脉血回流受阻，静脉瘀血，体表静脉怒张，特别是颈静脉怒张更显著。肺静脉瘀血，影响肺内气体交换，引起呼吸障碍。静脉瘀血的继续发展，淋巴液回流发生障碍，引起下颌间隙和垂皮等处水肿。心包积液使心室不能充分舒张和充盈以及血氧含量的降低，最终导致充血性心力衰竭的发生。

【临床表现】创伤性心包炎的症状表现分为两个阶段，第一阶段为网胃-腹膜炎症状，第二阶段为心包炎症状。

心包炎症状：精神沉郁，呆立不动，头下垂，眼半闭。病初体温升高，多数呈稽留热，少数呈弛张热，后期降至常温，但脉率仍然增加，脉性初期充实，后期微弱不易感触。呼吸浅快，急促，有时困难，呈腹式呼吸。心音变化较快，病初由于有纤维性渗出故出现摩擦音，随着浆液渗出及气泡的产生，出现心包拍水音。叩诊浊音区增大，上界可达肩端水平线，后方可达第 7 至第 8 肋间。可视黏膜发绀，有时呈现黄染。

当病程超过 1～2 周，血液循环明显障碍，颈静脉搏动明显，患畜下颌间隙和垂皮等处先后发生水肿。病畜常因心脏衰竭或脓毒败血症而死亡，极个别的突然死于心脏破裂。

【临床病理学】血液检验，创伤性心包炎可见白细胞总数增多，中性白细胞比例增多，并有核左移现象，其他心包炎的血液学变化视原发病而定。

心电图检查：多属低电压波型，尤其是 R 波、T 波低平或倒置，严重病例，QRS 综合波幅明显缩小，与等电位线重合。

X 线检查：心脏阴影显著增大，心膈角不清晰或位置升高，有时在心脏阴影上方可见透明气影，气影之下有致密的液平面，有时可发现刺入异物的阴影。

超声波检查：入心波前出现液平段，心包内渗出物增多时，液平段距离增宽；渗出液中有纤维蛋白时，液平段上可见致密的微小波。

二维心回声检查：很容易观察到心包内的积液和纤维素。在心脏壁层和心包脏层间出现大量纤维素沉着，这些纤维素就是剖检时观察到的“炒鸡蛋样”病变。

金属探测器检查阳性反应：心包穿刺液检查，可放出乳白、乳黄、棕褐色浑浊发臭的液体，往往含纤维蛋白絮片。

【诊断】依据有创伤性网胃炎和顽固性前胃弛缓的病史，心区检查的各项体征和静脉努张、下颌间隙及垂皮等处水肿等循环系统的典型症状，一般可以做出诊断。如果以上症状不明显，可辅之以血液检验，心电图检查，超声波检查，X 线检查，金属探测器检查，必要时可做心包穿刺进行确诊。

临床上还要注意与胸膜炎、心内膜炎、肺炎以及心包积液相鉴别。

胸膜炎也有心搏动减弱，腹式呼吸为主的呼吸困难，听诊出现摩擦音，但胸膜炎的摩擦音与呼吸一致，而心包炎的摩擦音与心跳一致，并且胸膜炎缺乏心包炎的主要体征。

心内膜炎也有呼吸困难，体表静脉怒张，水肿，触诊心区有疼痛反应症状，但心内膜炎必定出现各种心内器质性杂音。

肺炎也有体温升高，呼吸困难等症状，但肺区听、叩诊变化明显。

心包积液可通过鉴别心包穿刺液的性质或细胞学检查来区分。

【治疗】创伤性心包炎目前尚无特效疗法，对于价值不高或疾病发展到晚期的病畜，确诊后尽快淘汰。对良种畜要尽量早期诊断，进行手术治疗有成功的报道，多数病例，终归死亡。

心包穿刺法，即以 10～20 号的 20 cm 长针头，在左侧 4～6 肋间与肩胛关节水平线相交点作心包穿刺术，放出脓汁，并注入 100 万～200 万 IU 青霉素，1～2 g 链霉素和 10 万～20 万 IU 的消化胃蛋白酶的混合溶液。

【预防】加强饲养管理，对容易继发或伴发心包炎的原发病应及时治疗。杜绝饲料中混入金属异物，把好饲料的收藏、运输、加工等关口，饲喂时饲料过磁筛，或用磁叉，给牛带磁笼嘴，或胃内投放磁铁；定期用金属探测器对牛群进行普查，发现阳性，及时用瘤胃取铁器取铁。

（任志华）

第二节 心脏疾病

心力衰竭（Cardiac Failure）

心力衰竭又称心脏衰弱、心功能不全，是因心肌收缩力减弱或衰竭，引起外周静脉过度充盈，使心脏排血量减少，动脉压降低，静脉回流受阻等引起的呼吸困难，皮下水肿、发绀，甚至心搏骤停和突然死亡的一种全身血液循环障碍综合征。

【原因】心力衰竭的表现形式根据病程长短，可分为急性心力衰竭和慢性心力衰竭；根据发病起因，可分为原发性心力衰竭和继发性心力衰竭。

急性原发性心力衰竭，主要是由于压力负荷过重或容量负荷过重而导致的心肌负荷过重，由于压力负荷过重所引起的心力衰竭主要发生于使役不当或过重的役畜，尤其是饱食逸居的家畜突然进行重剧劳役，如长期舍饲的育肥牛在坡陡、崎岖道路上载重或挽车等，猪长途驱赶等；由于容量负荷过重而引起的心力衰竭往往是在治疗过程中，静脉输液量超过心脏的最大负荷量，尤其是向静脉过快或过量地注射对心肌有较强刺激性药液，如钙制剂、砷制剂、色素制剂等。此外，还有部分发生于麻醉意外、雷击、电击等情况，心肌突然受到剧烈刺激。

急性继发性心力衰竭，多继发于急性传染病（马传染性贫血、马传染性胸膜肺炎、口蹄疫、猪瘟等）、寄生虫病（弓形虫病、住肉孢子虫病）、内科疾病（如肠便秘、胃肠炎、日射病等）、营养缺乏病（如硒缺乏、铜缺乏）以及各种中毒性疾病的经过中。这多由病原菌或毒素直接侵害心肌所致。

未成年的警犬开始调教时，由于环境突变，惩戒过严和训练量过大，易发生急性应激性心力衰竭。

慢性心力衰竭（充血性心力衰竭），是心脏由于某些固有的缺损，在休息时不能维持循环平衡并出现静脉循环充血，伴以血管扩张，肺或末端水肿，心脏扩大和心率加快。除长期重剧使役外，本病常继发或并发于多种亚急性和慢性感染，心脏本身的疾病（心包炎、心肌炎、心肌变性、心脏扩张和肥大、心瓣膜病、先天性心脏缺陷等），中毒病（棉籽饼中毒、霉败饲料中毒、含强心苷的植物中毒、呋喃唑酮中毒等），甲状腺功能亢进，幼畜白肌病，慢性肺泡气肿，慢性肾炎等。

在高海拔地区，棘豆草丛生的牧地上放牧的青年牛易发右心衰竭。肉牛采食大量曾饲喂过聚醚离子载体药物（马杜拉菌素或盐霉素）的肉鸡粪，能引起心脏衰竭。在瑞士的红色荷斯坦与西门塔尔杂种牛中，曾发生一种遗传因素起主导作用，外源性因素（可能是饲料中的毒素）为触发因子的心力衰竭。

【流行病学】此病对各种动物都可发生，但马和犬发病居多。

【发病机理】心血管系统具有强大的代偿能力，在正常情况下，足以完成超过心脏正常负荷5～6倍的心输出量任务。平时缺乏锻炼的动物，当突然重剧使役或剧烈运动时，机体各组织器官需血量和静脉血液回流量都急剧增多，心脏为了排出更多的血液，适应各组织器官的需要，必须以加强心肌收缩力和加快心肌收缩频率等途径进行代偿，但是依靠加强心肌收缩力和加快心肌收缩频率，虽然在短时间内、一定程度上可以起到改善血液循环的作用，但是二者同时又都可导致心肌储备能量过多地消耗，加重心功能障碍。尤其是频率加快，不仅使心肌耗氧量增多，而且使心室舒张期大为缩短，心室充盈不足和冠状动脉血流量减少，使心脏排血量不但不增多，反而减少，因代偿不全而发生心力衰竭。

急性心力衰竭时，由于心排血量明显减少，主动脉和颈动脉压降低，而右心房和腔静脉压增高，反射性地引起交感神经兴奋，发生代偿性心动过速，但由于心脏负荷加重，代偿性活动增强，从而使心肌能量代谢增加，耗氧量增加，心室舒张期缩短，冠状血管的血流量减少，氧供给不足。当心率超过一定限度时，心室充盈不充足，排血量降低。此外，交感神经兴奋使外周血管收缩，心室压力负荷加重，使血流量减少，导致肾上腺皮质分泌的醛固酮和下丘脑-神经垂体分泌的抗利尿素增多，加强肾小管对钠离子和水的重吸收，引起钠离子和水在组织内潴留，心室的容量负荷加剧，影响心排血量，最终导致代偿失调，发生急性心脏衰竭。

慢性心力衰竭多半是在心脏血管疾病病变不断加重的基础上逐渐发展而来的。发病时，既增加心跳频率，又使心脏长期负荷过重，心室肌张力过度，刺激心肌代谢，增加蛋白质合成，心肌纤维变粗，发生代偿性肥大，心肌收缩力增强，心排血量增多，以维持机体代谢的需要。然而，肥厚的心肌静息时张力较高，收缩时张力增加速度减慢，致使耗氧量增加，肥大心脏的贮备力和工作效率明显降低。当劳役、运动或其他原因引起心动过速时，肥厚的心肌处于严重缺氧的状态，心肌收缩力减弱，收缩时不能将心室排空，遂发生心脏扩张，导致心脏衰竭。

发生心力衰竭时，心肌细胞的亚显微结构和生化代谢发生改变。正常情况下，心肌的肌原纤维分成相互串联的肌节。肌节是最基本的收缩单位，由肌凝蛋白和肌动蛋白组成。游离钙离子能改变调节蛋白对肌节的抑制作用，导致横桥与横桥结合点的结合，引起心肌收缩。钙离子还可激活ATP酶。ATP酶与镁离子共同存在时，使线粒体供应的ATP分解，为心肌收缩提供能量。因此，心肌收缩力的大小与两种蛋白的重合度、肌浆中的游离钙的可利用度和ATP酶的活性有关。据测定，肌节长度为2 μm时，心肌收缩力最佳，过长或过短时，心肌收缩力都会减弱。当心肌缺血缺氧时，由于氧化作用不全，代谢产物积聚，氢离子浓度增高，肌浆中游离钙的可利用度降低，ATP 酶的活性受到抑制，两种蛋白形成的横桥数减少，二者重合不当，肌节长度过长或过短，心肌收缩力急剧下降。此外，哺乳动物心肌细胞中含有高浓度的牛磺酸，缺乏时可引起心脏衰竭。

当机体发生心力衰竭时，组织缺血缺氧，产生过量的丙酮酸、乳酸等中间代谢产物，引起酸中毒。并因静脉血回流受阻，全身静脉瘀血，静脉血压增高，毛细血管通透性增大，发生水肿，甚至形成胸水、腹水和心包积液。左心衰竭时，首先呈现肺循环瘀血，迅速发生肺水肿，妨碍气体交换，动脉血氧分压降低，反射性地引起呼吸运动加强，病畜表现呼吸困难，可视黏膜发绀。右心衰竭时，呈现体循环瘀血和心脏性水肿，导致相应器官的机能障碍。

【临床表现】急性心力衰竭的初期，病畜精神沉郁，食欲不振甚至废绝，动物易疲劳、出汗，呼吸加快，肺泡呼吸音增强，可视黏膜轻度发绀，体表静脉努张；心搏动亢进，第一心音增强，脉搏细数，有时出现心内杂音和节律不齐。随着病程的发展，在数小时内病情逐渐增重，病畜精神极度沉郁，食欲废绝，可视黏膜高度发绀，体表静脉高度怒张，全身出汗。心搏动亢进，震动胸壁或全身，第一心音增强，常带有金属音调，第二心音减弱，甚至只能听到第一心音，心率增快。很快发生肺水肿，呼吸极度困难，两侧鼻孔流多量含细小泡沫状鼻液，肺部听诊，有广泛的湿啰音。后期，心搏动和心音都减弱，严重者，心律失常，脉不感手。严重的急性心力衰竭病畜，发生眩晕，倒地痉挛，抢救失时可很快死亡。

慢性心力衰竭(充血性心力衰竭)，其病情发展缓慢，病程长达数周、数月或数年。除精神沉郁和食欲减退外，多不愿走动，不耐使役，易于疲劳、出汗。黏膜发绀，体表静脉怒张。垂皮、腹下和四肢下端水肿，诊有捏粉样感觉。呼吸比正常深，次数略增多。排尿常短少，尿液浓缩并含有少量白蛋白。初期粪正常，后期腹泻。随着病程的发展，病畜体重减轻，心率加快，第一心音增强，第二心音减弱，有时出现相对闭锁不全性缩期杂音，心律失常。心区叩诊心浊音区增大。由于组织器官瘀血缺氧，还可出现咳嗽，知觉障碍。心区 X 射线检查和 M 型超声心动图检查，可发现心脏增厚或心室腔扩大。症状较重的病畜，即使在安静状态下，也表现呼吸增数，特别是受到骚扰或稍事运动时，呼吸增数更明显，呼吸困难更严重。此病与中兽医的“劳伤”很相似。

左心衰竭时，肺循环瘀血，易发生肺水肿和慢性支气管炎的症状，呼吸增数，呼吸困难，听诊出现啰音，湿性咳嗽等，与中兽医的“劳伤肺”很相似。

右心衰竭时，体循环瘀血，常发生体腔积液，如胸腔积液、腹腔积液等，以及各脏器瘀血的症状。脑瘀血时，呈现意识障碍，反应迟钝，甚至眩晕、跌倒，步态蹒跚等神经症状，胃肠瘀血时，呈现慢性消化不良，便秘或腹泻，逐渐消瘦，与中兽医的“劳伤脾”很相似。肝瘀血时，肝脏肿大，肝功发生障碍，呈现黄疸，后期发生心源性肝硬化，发生腹水。肾瘀血时，尿量减少，尿液浓稠色暗，因肾小管变性而尿中出现蛋白质、肾上皮细胞和管型。

【临床病理学】心区 X 线检查和超声波检查，可发现心脏增厚或心室腔扩大。病犬心电图可见 QRS 综合波延长或分裂(心室扩大)。血清学检查，血浆醛固酮水平增高，血浆去甲肾上腺素浓度增高，心房尿钠肽(Atrial Natriuretic Peptide，ANP)含量增高，天门冬氨酸氨基转移酶(AST)、碱性磷酸酶活性升高，尿素氮浓度升高。荷斯坦乳牛的 ANP 也增高。病马血清 LDH 组分显著增高。

【诊断】心力衰竭，主要根据发病原因，静脉努张，脉搏增数，呼吸困难，垂皮和腹下水肿以及心率加快，第一心音增强，第二心音减弱等症状可作出诊断。心电图、X 线检查和 M 型超声心动图检查资料有助于判断心脏肥大和扩张，对本综合征的诊断有辅助意义。应注意与其他伴有水肿(寄生虫病、肾炎、贫血、妊娠等)、呼吸困难(有机磷中毒、急性肺气肿、牛再生草热、过敏性疾病等)和腹水(腹膜炎、肝硬化等炎症)的疾病进行鉴别。同时，也要注意急性或慢性，原发性或继发性的鉴别诊断。

【治疗】治疗原则是加强护理，减轻心脏负担，缓解呼吸困难，增强心肌收缩力和排血量，消除水肿以及对症疗法等。

加强护理：对心力衰竭的病畜，要解除劳役和运动，置于安静的厩舍内休息，减少或禁止活动，给予柔软易消化而富有营养的饲料，以减少机体对心脏排血量的要求。发生水肿的病畜，则宜适当限喂食盐和饮水。

减轻心脏负荷：临床上常用放血疗法来减轻心脏的容量负荷。对急性原发性心衰，特别是出现肺水肿、脑瘀血的病畜，可根据患畜体质、静脉瘀血程度和心肌收缩力的情况，适量放血。一般放血 1 000～2 000 mL，随后静脉缓慢注射 20%～25%葡萄糖溶液 500～1 000 mL，以改善心肌营养，增强心脏机能。

增强心肌收缩力和排血量，消除水肿：临床上习惯用洋地黄制剂强心苷，包括洋地黄毒苷和地高辛等，但洋地黄制剂强心苷治疗量接近中毒量，安全范围窄，转化排除慢，长期应用易蓄积中毒，成年反刍动物不宜内服。临床应用时，一般先在短期内给予足够剂量的洋地黄，达到洋地黄化，获得全效后，为保持洋地黄化效果而用维持量。洋地黄毒苷和地高辛静脉注射全效量，分别为每日 0.006～0.012 mg/kg 和每日 0.008～0.016 mg/kg；洋地黄片和洋地黄酊口服全效量，分别为每日 0.03～0.04 g/kg 和每日 0.3～0.4 mL/kg；各自的维持量均为其全效量的 1/10。马急性心力衰竭，可选用 0.02%洋地黄毒苷注射液静脉注射，首次注射全效量的 1/2，以后每隔 2 h 注射全效量的 1/10，达到洋地黄化之后，每日服用 1 次维持量的洋地黄片或洋地黄酊，持续 1～2 周。也可用地高辛静脉注射，首次注射量为 0.016 mg/kg，2 h 后注射首次量的 1/2，以后每 24 h 注射首次量的 1/2 即可维持。牛急性心力衰竭，可选用 0.02%洋地黄毒苷注射液肌肉注射，全效量为每日 0.028 mg/kg，也可用地高辛静脉注射，全效量为每日 0.008 mg/kg，维持量为全效量的 1/8～1/5。

除洋地黄制剂强心苷外，其他强心药也可选用，如西地兰 1.6～3.2 mg，以 5%葡萄糖液稀释，或毒毛旋花子苷 K 1.25～3.75 mg，用 5%葡萄糖液稀释，缓慢静脉注射（马、牛）。为减慢心率，对伴有阵发性心动过速的急性心衰病畜，肌肉注射复方奎宁注射液 10～20 mL，每日 2～3 次，效果良好。

慢性心力衰竭，可用洋地黄末 2～5 g，或洋地黄酊 20～40 mL，内服（马、牛）。苯甲酸钠咖啡因（安钠咖）对伴有水肿的急、慢性心力衰竭均可应用，常用 20%安钠咖 10～20 mL，肌肉或静脉注射。对在某些急性传染病及中毒经过中发生的心力衰竭，常用 10%樟脑磺酸钠 10～20 mL，皮下或肌肉注射，效果良好。心肌能源物质，常用高渗葡萄糖液静脉注射，有条件也可应用三磷酸腺苷（ATP）、细胞色素 C、辅酶 A 等药物。

对症治疗　出现消化不良时，可用调理胃肠机能的药物；出现水肿而尿量过少时，可用利尿药物；呼吸高度困难时，有人主张静脉注射双氧水，在马用 3%双氧水 300～500 mL，用 3 倍量的 5%葡萄糖液稀释，缓慢静脉注射。

中兽医对急性心力衰竭，多用“参附汤”治疗：党参 60 g，熟附子 32 g，生姜 60 g，大枣 60 g，水煎 2 次，候温灌服于马、牛。

对慢性心力衰竭，也可用“负重劳伤当归散”治疗：当归 25 g，乳香 20 g，没药 20 g，川芎 15 g，血竭 15 g，五灵脂 15 g，元参 15 g，知母 15 g，青皮 15 g，元胡 15 g，煅然铜 20 g。共为末，开水冲，候温灌服。

加减：慢性消化不良（劳伤脾），加白术、扁豆、陈皮、香附、神曲。毛焦、喘气、咳嗽（劳伤肺），加贝母、炙杷叶、百合、天冬，去五灵脂。有水肿者，加茯苓、泽泻，去元参、知母、五灵脂。出现脑瘀血症状（劳伤心），加茯神、远志、炒枣仁、柏子仁。脉数者加白芍，重用元参。

【预防】对役畜应坚持经常锻炼与使役，提高适应能力，同时也应合理使役，防止过劳，尤其对猪应避免长途驱赶和剧烈奔跑。在输液或静脉注射刺激性较强的药液时，应掌握注射速度和剂量。对于其他疾病而引起的继发性心力衰竭，应及时根治其原发病。

心肌炎（Myocarditis）

心肌炎是心肌炎症性疾病的总称，心肌兴奋性增高和收缩机能减退是其病理生理学特征。按炎症的病程，心肌炎可分为急性和慢性两种；按病变范围又可分为局灶性和弥漫性心脏肌肉炎症；按病因又可分为原发性和继发性两种；按炎症的性质又可分为化脓性和非化脓性两种，临床上以急性非化脓性心肌炎较为常见。

【原因】本病通常继发或并发于某些传染病、寄生虫病、脓毒败血症和中毒病的经过中，多数是病原体直接侵害心肌的结果，或者是病原体的毒素和其他毒物对心肌的毒性作用。免疫反应在风湿病、药物过敏及感染引起的心肌炎的发生上起重要作用。

马的急性心肌炎多见于炭疽、传染性胸膜肺炎、急性传染性贫血、传染性支气管炎、大叶性肺炎、支气管性肺炎、马腺疫、脑脊髓炎、血孢子虫病、幼驹脐炎、败血症和脓毒败血症的经过中。也可发生于植物性的夹竹桃中毒和汞、砷、磷、锑、铜中毒等的经过中。

牛的急性心肌炎并发于传染性胸膜肺炎、牛瘟、恶性口蹄疫、布氏杆菌病、结核病的经过中。局灶性化脓性心肌炎多继发于菌血症、败血症以及瘤胃炎-肝脓肿综合征、乳腺炎、子宫内膜炎等伴有化脓灶的疾病以及网胃异物刺伤心肌。

猪的急性心肌炎常见于猪的脑心肌炎、伪狂犬病、猪瘟、猪丹毒、猪口蹄疫和猪肺疫等经过中。

犬的心肌炎主要见于犬细小病毒、犬瘟热病毒、流感病毒、传染性肝炎病毒等感染；棒状杆菌、葡萄球菌、链球菌等细菌感染；锥形虫、弓形虫、犬恶心丝虫等寄生虫感染；曲霉菌等真菌感染。

另外，风湿病的经过中，往往并发心肌炎；某些药物，如磺胺类药物及青霉素的变态反应，也可诱发本病。

【流行病学】急性心肌炎各种动物均可发生，多发于犬和马，据调查，犬心肌炎的发病率高达6.6%～7.8%。

【发病机理】心肌炎的发生机理暂不完全清楚，不同致病因素的发病环节也不尽一致。心肌炎的病变程度和性质，取决于传染源的毒力、性质和机体抵抗力的强弱。通常的起病过程大体是病原体、毒素或其他有毒物质直接侵害心肌，某些病原微生物感染引起的变态反应，造成心肌的免疫性病理损伤也具有重要意义。心肌纤维的变性、坏死，使心肌收缩力减弱，心输出量减少，动脉压下降，血流缓慢，末梢循环发生障碍，随之发生静脉瘀血、水肿和呼吸困难等现象。心脏通过增加心跳次数来代偿，频率加快，不仅使心肌耗氧量增多，而且使心室舒张期大为缩短，心室充盈不足和冠状动脉血流量减少，使心脏排血量不但不增多，反而减少，因代偿不全而发生心力衰竭。由于心肌纤维变性和间质组织的炎性渗出物对心脏传导系统的直接刺激，引起心脏节律紊乱。当心肌炎症侵及传导系统的房室束而导致房室传导完全阻滞时，可引起血压急剧下降或心跳骤停。

【临床表现】由急性感染引起的心肌炎，绝大多数有发热症状，精神沉郁，食欲减退甚至废绝。有的呈现黏膜发绀，呼吸高度困难，体表静脉怒张和颌下，垂皮和四肢下端水肿等心脏代偿能力丧失后的症状。重症患畜，精神高度沉郁，全身虚弱无力，战栗，运步踉跄，甚至出现神志昏迷，眩晕，因心力衰竭而突然死亡。突出的临床表现是心率增快且与体温升高的程度不相适应。病初第一心音增强。分裂或浑浊，第二心音减弱。心腔扩大发生房室瓣相对闭锁不全时，可听到缩期杂音。重症病例出现奔马律，或有频发性期前收缩。濒死期心音微弱。病初脉搏增数而充实，以后变得细弱，严重者出现脉搏短促、交替脉和脉律不齐。病至后期，动脉血压下降，多数发生心力衰竭而出现相应的临床表现。

【临床病理学】心电图变化：因心肌的兴奋性增高，R波增大，收缩及舒张的间隔缩短，T波增高以及P-Q和S-T间期缩短。严重期，R波降低，变钝，T波增高以及缩期延长，舒张期缩短，使P-Q和S-T间期延长。致死期，R波更变小，T波更增高，S波更变小。X线检查，除偶尔可见心脏阴影扩大，无其他异常。血液学检查，白细胞总数可升高，急性期血沉可加快，血清转氨酶、肌酸磷酸激酶含量增高。

【诊断】根据病史（是否同时伴有急性感染或中毒病）和临床表现进行诊断。临床表现应注意心率增速与体温升高不相适应，心动过速，心律异常、心脏增大、心力衰竭等。心功能试验也是诊断本病的一项指标，这是因为心肌兴奋性增高，往往导致心脏收缩次数发生变化。首先测定患畜安静状态下的脉搏次数，后令其步行5 min，再测其脉搏数。患畜突然停止运动后，甚至2～3 min以后，其脉搏仍会增加，经过较长时间才能恢复原来的脉搏次数。应注意急性心肌炎与下列疾病区别：

心包炎：多伴发心包拍水音和摩擦音。心内膜炎：多呈现各种心内杂音。缺血性心脏病：多发生于年龄较大的动物，多为慢性经过，多数伴有动脉硬化的表现，且无感染史和实验室证据。心肌病：多无感染病史和实验室证据，起病较慢，病程较长，超声心动图示室间隔非对称性肥厚或心腔明显扩张，心肌以肥大，变性，坏死为主要病变。硒缺乏病：有疾病流行区，病变主要限于心肌，心脏增大明显且长期存在，多呈慢性经过，心肌以变性，坏死及疤痕等病变为主。心肌营养不良：主要通过心功能试验加以区别。

【治疗】治疗原则是加强护理，减轻心脏负担，增加心肌营养，提高心脏收缩机能，注意防治原发病等。

加强护理，减轻心脏负担。疾病初期要使病畜安静休息，给予良好的护理，尽可能地避免过度的兴奋和运动。多次、少量地饲喂容易消化、富有营养的饲料。停喂食盐，适当地限制饮水。心肌兴奋期过后要进行适当的牵遛，特别是发生水肿的病畜。

原发病。本病多为继发，因此从一开始就应针对原发病实施血清、疫苗等特异性疗法以及磺胺-抗生素疗法。

增加心肌营养，提高心肌收缩机能。增加心肌营养，主要是输入高糖，但剂量不要太大，速度一定要慢，25%～50%葡萄糖，马、牛剂量为300～500 mL，每日1次。提高心肌收缩机能，主要是应用强心剂，但要在正确判断疾病的不同发展阶段的基础上选用。疾病初期，心脏兴奋性增高时，不宜用强心剂，以免心脏过度兴奋而加快心力衰竭的出现。在此期间，可对心区冷敷，减低心脏兴奋性。当发展到心力衰竭时，为了维持心脏活动，改善血液循环，可选用20%安钠加10～20 mL，皮下注射。对于心力衰竭显著，血压降低的病畜，为了急救，可选用0.3%硝酸士的宁（马、牛10～20 mL，犬0.5～1 mL）和0.1%肾上腺素（马、牛3～5 mL，犬0.3～

0.5 mL)皮下注射。心肌炎病畜禁用直接兴奋心肌的强心药,如洋地黄制剂。为促进心肌的代谢,可选用三磷酸腺苷(ATP)、辅酶A、细胞色素C、肌苷、环化腺苷酸等药物。

对症治疗。呼吸高度困难时,可进行氧气吸入,剂量为80～120 L,吸入速度为每分钟4～5 L;也可注射尼可刹米等兴奋呼吸肌的药物。对尿少而水肿明显的患畜,可内服利尿药,马牛为5～10 g,或用10%汞撒利注射液10～20 mL静脉注射。出现严重心律失常的病畜,可选用磷酸奎尼丁、盐酸利多卡因、心得安等制剂。

【预防】本病的预防主要在于平时的饲养管理,加强对传染病、寄生虫病、中毒病等疾病的预防,发现这些疾病要及时治疗。患急性心肌炎的病畜基本痊愈后,仍需加强护理,以防复发,甚至突然死亡。

心肌变性(Myocardial Degeneration)

心肌变性是以心肌纤维变性,乃至坏死等非炎症性病变为特征的一组心肌疾病,又称心肌病(Myocardiosis,Cardiomyopathy)。临床上以慢性心肌变性最常见。

【原因】本病的发生多数与感染、中毒和营养缺乏有关。硒和维生素E缺乏是心脏变性的最常见原因。遗传因素对本病发生的作用已在牛、犬和猪等多种动物中得以证实。

【流行病学】各种家畜均可发生,奶牛、马以及犬和猫更常见。在马、猪、犬、猫和禽中曾记载原因不明,但心肌有不同程度变性、纤维化和坏死的特发性心肌病(Idiopathic Cardiomyopathy)。

【临床表现】主要临床表现为心率增加,心音分裂,脉搏弱小,心浊音区扩大,心律失常和"夜间浮肿"。严重的病畜,尤其是犊牛常常出现腹水、腹部膨大。

【诊断】上述症状常常被原发病的症状所掩盖。根据病史(感染、中毒或营养缺乏症)、临床症状、心功能试验以及超声检查和心电图描记等资料进行综合分析,可做出诊断,但应排除心肌炎的可能。

【治疗】在治疗上应积极治疗原发病,如针对病原体采用抗生素,磺胺类药物、高免血清等治疗原发性感染,尽快使用特效解毒剂以及催吐、泻下、护肝、强心和其他对症治疗,处理急性中毒病畜。随着原发病治愈,心肌变性的症状逐渐消失,病畜康复。由某种营养成分缺乏引起的心肌变性,应根据饲料分析、病畜血液和肝脏的检验结果,补充相应的营养物质。对于特发性心肌病应减轻心脏负担,加强心肌营养,维持心脏机能,防止或延缓心力衰竭的发生。对出现充血性心力衰竭的病畜,可参照心力衰竭使用利尿、强心、血管扩张等制剂。

急性心内膜炎(Acute Endocarditis)

急性心内膜炎是指心内膜及其瓣膜的炎症,临床上以血液循环障碍,发热和心内器质性杂音为特征。

【原因】按病因可分为原发性心内膜炎和继发性心内膜炎两种类型。

原发性心内膜炎多数是由细菌感染引起的。牛主要是由化脓性放线菌、链球菌、葡萄球菌和革兰氏阴性菌引起;马是由马腺疫链球菌和其他化脓性细菌引起;猪是由猪丹毒杆菌和链球菌引起;羔羊是由埃希氏大肠杆菌和链球菌引起。

继发性心内膜炎多数继发于牛的创伤性网胃炎、慢性肺炎、乳腺炎、子宫炎和血栓性静脉炎,也可由心肌炎、心包炎等蔓延而发病。

此外,新陈代谢异常、维生素缺乏、感冒、过劳等,也是易发本病的诱因。

【流行病学】本病发生于各种家畜。犬、猪发生较多,在牛和马次之。

【发病机理】当机体发生脓毒败血症,或者心脏临近组织的化脓性炎症发生蔓延时,血液中的病原菌直接黏附于心脏瓣膜表明或通过瓣膜基部的毛细血管而感染,引起炎症。

依据病因的性质和毒力的强弱不同,病变的主要部位程度也不尽一致。在马,主要病变部位是主动脉半月瓣,其次是左房室瓣;在牛,主要侵害右房室瓣,其次是左房室瓣或双侧房室瓣;在猪,主要侵害左房室瓣;在犬和猫,主要侵害左房室瓣和主动脉半月瓣,其次是右房室瓣和肺动脉半月瓣。疣状心内膜炎多由毒力较弱的病原菌所致发,组织坏死等退性行病变轻微,结缔组织增生等保护性炎症反应强烈;溃疡性心内膜炎多由毒力较强的病原菌所致发,组织出血、坏死等退性行病变迅速发展,而结缔组织增生等保护性炎症反应轻微。

心内膜炎过程中形成的血栓可溶解、脱落,进入血液,引起脑、心、肾、脾等器官组织的栓塞和相应部位发生梗死,而从溃疡性心内膜炎脱落下来的含有细菌的碎片,随血液循环播散到身体各部,既可引起各组织器官的栓塞,又可成为败血性栓子,随血液运行至其他器官形成转移性脓肿,包括心肌脓肿、肺脓肿、肝脓肿等,发生或加重脓毒败血症。

心内膜炎的血栓性疣状物和溃疡导致的瓣膜缺

损，都将被肉芽组织取代或修补，后期发生纤维化，常可导致受损瓣膜皱缩或互相粘连，引起瓣膜闭锁不全和瓣膜口狭窄等器质性病变，转为慢性心脏瓣膜病，最终导致充血性心力衰竭。

【临床表现】由于致病菌的种类和毒性强弱不同，炎症的性质、原发病的表现以及有无全身感染的情况不同，其临床症状也不一样。有的家畜无任何前驱症状而突然死亡，有的病畜体重下降，伴发游走性跛行和关节疼痛。

大多数病畜的全身症状明显，表现精神沉郁，食欲减退或废绝，虚弱无力，体温升高，但主要病征在心脏和血液循环系统。初期，心搏动强盛，心率过速，继而出现心内器质性杂音，脉搏细弱，脉律不齐。后期，心功能障碍越发严重，血液循环紊乱。第一心音混浊而低沉，第二心音几乎消失，甚至第一心音和第二心音融合为一个心音。呼吸困难，可视黏膜发绀，体表静脉怒张，颈静脉搏动明显，胸前、腹下等处水肿。马病初有疝痛表现。若发生转移性病灶，则可出现化脓性肺炎，肾炎、脑膜炎、关节炎等。母猪常在产后 2～3 周出现无乳，继而体重下降，不愿运动，休息时呼吸困难。

溃疡性心内膜炎，还常因栓子脱落而于各组织器官中形成栓塞性血管炎和转移性脓肿，表现出相应的症状。例如：化脓性肺炎、化脓性关节炎、脑膜脑炎、栓塞性血管炎、心肌炎、心肌梗死、肾血管栓塞等，表现呼吸困难，咳嗽，关节强直、疼痛，晕厥、抽搐、癫痫发作，心力衰竭，腰背疼痛，血尿等症状。

【临床病理学】心电图检查，牛的特征为窦性心动过速，Ⅱ导联的 QS 波加深，心电轴极度偏右；有的出现室性期前收缩，A-B 导联，QRS 综合波的电压增高。

心脏 B 超显像和 M-型超声心电图检查，超声束通过增厚的瓣膜及其赘生物时，出现多余的回波，在舒张期，正常的菲薄线状回波变为复合的粗钝回波，瓣膜震颤而使其真正径宽模糊不清，多数病例可见心腔扩大。

血液学检查，急性病例，中性白细胞明显增多，并出现核左移；多数病例可出现蛋白尿和镜下血尿；病畜血液培养可分离到病原菌。

【诊断】依据病史和心动过速、发热、血液循环障碍、心内器质性杂音以及多种组织器官血管栓塞等症状可以做出诊断。血液学检查、心脏超声显像和 M-型超声心电图检查有助于确诊。由于本病与急性心肌炎、心包炎、败血症、心力衰竭、心脏瓣膜病、脑膜脑炎等容易误诊，临床上要注意鉴别。

【治疗】控制感染是治疗本病的关键，须长期应用抗生素治疗。应通过血液培养和药物敏感实验，选择最小抑菌浓度的最佳药物。青霉素和氨苄青霉素是抑制化脓性放线菌和链球菌的首选药物，无革兰氏阴性菌或抗青霉素的革兰氏阳性菌感染时，可直接应用青霉素（22 000～33 000 IU/kg）或氨苄青霉素（10～20 mg/kg）一日 2 次，连用 1～3 周。

对慢性化脓性放线菌感染，用青霉素配合利福平（每次 5 mg/kg，口服），一日 2 次。当出现静脉扩张，腹下水肿时，除用抗生素外，还应用速尿，0.5 mg/kg，一日 2～3 次。当病畜出现疼痛或强直及游走性跛行时，口服阿司匹林 15.6～31.0 g，一日 2 次。当出现充血性心力衰竭时，应限制食盐的食入量。为维持心脏机能，可应用洋地黄，毒毛旋花子苷 K 等强心剂；对于继发性心内膜炎，应治疗原发病。

【预防】平时要加强传染病的防制工作，发现其他的炎症性疾病要及早治疗，以免炎症转移。发生本病的家畜，应加强饲养管理，避免兴奋或运动，尽量保持安静。

心脏瓣膜病（Valvular Disease）

心脏瓣膜病是心脏瓣膜和瓣孔器质性病变，导致血液动力学紊乱的一种慢性心内膜疾病，又称慢性心内膜炎（Chronic Endocarditis）。临床上以器质性心内杂音和血液循环紊乱为特征。本病多发于马和犬，其他家畜也有发病的记载。

【原因】本病可分为先天性心脏瓣膜病和后天性心脏瓣膜病。

先天性心脏瓣膜病主要有心房和心室间隔缺损、动脉导管未闭、法乐氏四联症、主动脉口狭窄、肺动脉口狭窄、房室瓣发育不全等；在大家畜比较罕见。后天性心脏瓣膜病多继发于急性心内膜炎、慢性心肌炎、心脏衰弱、心脏扩张等疾病，导致心脏瓣膜及瓣孔发生形态学变化。

【流行病学】本病多发生于马和犬，猫、猪、牛、鹿、火鸡等动物都有本病的记载。

【发病机理】无论是先天性心脏瓣膜病还是后天性心脏瓣膜病，最终都会使心脏瓣膜或瓣孔发生闭锁不全或狭窄，或者两者同时发生，出现心内器质性杂音和血液循环紊乱。瓣膜口狭窄时，血液通过受阻，心脏压力负荷加大；瓣膜闭锁不全时，引起血液逆流，心脏容量负荷加重。无论是心脏压力负荷加大还是心脏容量负荷加重，都会因心肌收缩加强和心率增快而使心腔发生代偿性肥大或扩张。随着病情的发展，代偿机能逐渐减退以致丧失，动脉血量减少，最终导致充血性心力衰竭，发生血液循环紊乱，出现相应静脉系统的瘀血、水肿和相应组织器官的功能障碍。

【临床表现】由于患畜的品种和侵害部位不同，病情有一定差异，其临床症状也较为复杂。

(1)心房间隔缺损(Auricular Septal Defect)。此病为犬猫常见的先天性心脏病，它可单独存在，也可与其他类型并存。

单发此病时，临床症状不十分明显，只是健康检查时偶然发现。听诊在肺动脉瓣口处有最强点的驱出性杂音，第一心音亢进，有时分裂，第二心音分裂。X射线检查可见肺动脉干及其主分支明显扩张。并发动脉导管未闭时，可出现早期心功能不全。当发生于静脉窦时，X射线检查可见前腔静脉阴影突出。

(2)心室间隔缺损(Ventricular Septal Defect)。在犬、猫等动物易发。其症状根据缺损大小和肺动脉压高低而不同。缺损小时，生长发育和运动无异常；仅剧烈运动时，耐力较差。听诊有较粗粝的收缩期杂音。X射线检查，心脏阴影有轻度扩张，肺血管阴影稍增强。缺损较大时，心电图可见R波增高，出现"双向分流"，肺动脉压增高使右心室肥厚时，可见右束支完全或不完全性传导阻滞，临床上可视黏膜发绀；缩期杂音和第二心音高亢。

(3)二尖瓣闭锁不全和狭窄(Mitral Insufficiency and Stenosis)。这是马、犬、猫和猪常见的疾病。闭锁不全的主要症状为心搏动强盛，触诊心区可感到缩期心壁震颤。左侧心区可听到响亮刺耳的全缩期心内杂音，在左房室孔区最明显，杂音向背侧方向传播。因肺动脉压升高，肺动脉瓣第二心音增强。脉搏在代偿期无明显变化。若代偿失调，出现右心衰竭的临床表现。

二尖瓣狭窄，主要症状为心搏动增强，触诊心区可感到胸壁震颤，脉搏弱小。第一心音正常或较强，第二心音多被杂音所掩盖。心内杂音在左房室孔以舒张期后最明显，有时出现第二心音分裂或重复。肺瘀血时，右侧心浊音区扩大，呼吸困难和结膜发绀。

(4)三尖瓣闭锁不全和狭窄(Tricuspid Insufficiency and Stenosis)。这是牛、猪、犬、猫、绵羊等常发疾病。闭锁不全的主要症状为右侧心区胸腹壁震颤，颈静脉阳性搏动。右侧心区可听到响亮的全缩期心内杂音，以右房室孔区最为明显，杂音向背侧方向传播。脉搏微弱，水肿，浅表静脉怒张等。

狭窄的主要症状为心搏动减弱，脉搏弱小，右侧心区可听到舒张期后的心内杂音，以右房室孔最为明显。因体循环血液回流受阻，出现颈静脉怒张和明显的静脉阴性搏动，全身水肿，呼吸迫促，常因心脏衰竭而死亡。

(5)主动脉瓣闭锁不全和狭窄(Aortic Insufficiency and Stenosis)。此病主要发生于马、猫、犬、牛、猪等。闭锁不全的主要症状为：心搏动增强，左侧心区震颤。由于脉压差增大，出现本病的特征症状-跳脉。左侧心区可听到响亮的全舒期心内杂音，杂音以主动脉孔区最强盛，向心尖方向传播。左心室肥大和扩张时，心浊音区扩大。当发生左心衰竭时，跳脉消失。

主动脉瓣狭窄无明显临床症状，可听到收缩期杂音，中度和重度患畜表现为不耐运动，运动时呼吸困难和昏迷。冠状循环发生障碍时，心肌发生缺血性变性，导致心功能不全或突然死亡。心基部和主动脉区听诊有粗粝的缩期杂音，可波及主动脉弓，甚至头部和四肢小动脉。心搏动或强或弱，心浊音界扩大。X射线检查可见狭窄后主动脉弓扩张，阴影增宽。心电图节律异常。

(6)肺动脉瓣闭锁不全和狭窄(Pulmonary Insufficiency and Stenosis)。此病多发生于犬、猫闭锁不全，主要症状为第一心音正常，第二心音被心内杂音掩盖，杂音在左侧心区前方肺动脉孔区最明显。常发生右心肥大而使右侧心浊音区扩大。并发右心衰竭时，出现相应的症状。

肺动脉瓣狭窄，轻症不表现临床症状，中度患畜运动时呈呼吸困难，但平时正常。重症者出生后发育正常，但很快出现右心功能不全，多在断乳前死亡；存活动物，以后表现为运动时呼吸困难，肝脏肿大，腹水及四肢浮肿等右心功能不全的症候，有的运动时出现昏迷而死亡。胸部触诊，心区可感知心搏动的同时，可感知收缩期震颤。听诊时浊音界多扩大，叩诊呈现明显的心浊音区。

(7)法乐氏四联症(Tetralogy of Fallot)。又称先天性紫绀四联症。其病变主要为：室间隔缺损，肺动脉狭窄，主动脉右位，右心室肥大。主要是因为主动脉干在胚胎期分化紊乱，未形成完整的室间隔所致。主动脉同时接受左右心室的血液，致使右心室流向肺动脉的血液明显受阻。动物由于缺氧引起发育迟缓、发绀。运动耐力差，极易疲劳；轻微运动则呼吸困难，甚至晕厥。心脏听诊可闻粗粝的缩期杂音，但杂音位置和强度不定，肺动脉愈狭窄，杂音愈弱。X线检查，可见右心室肥大。由于肺循环不足，肺野清晰。外周血液的血气分析，血氧分压降低。

血液学检查，红细胞增多。

临床上单纯的瓣膜闭锁不全和狭窄比较少见，常常是几个瓣膜和瓣孔同时被侵害，或者瓣膜闭锁不全与狭窄合并发生，使临床表现错综复杂。

【临床病理学】心电图检查，房间隔缺损可能有不全性右束支传导阻滞、完全性右束支传导阻滞和右心室肥大三种类型的变化，P 波可能增高，心电轴可右偏，PR 间期可能延长。室间隔缺损大的可见左右心室肥大，右束支完全或不完全性传导阻滞等。二尖瓣闭锁不全常为正常的窦性节律，但心功能不全时，P 波增宽，R 波增高，ST 波随病情发展而下降。主动脉孔狭窄可见 QRS 波群呈典型的左心室肥大波形，因心肌缺血而 ST 波下降。随肺动脉孔狭窄的轻重、右心室内压的高低而有轻重不同的四种类型心电图改变：正常、不完全性右束支传导阻滞、右心室肥大、右心室肥大伴有 T 波倒置。部分病畜有 P 波的增高，心电轴有不同程度的右偏。法乐氏四联症，在有明显发绀的患病犬呈现典型的右心室肥大波形，QRS 波轴右偏，P 波增高，T 波倒置；不发绀的犬呈两心室肥大波形。

X 线检查，房间隔缺损，肺血管阴影明显增加，右心房和右心室增大。室间隔缺损大的可见肺血管阴影增强，肺动脉显著高压时，有显著的右心肥大。二尖瓣闭锁不全重症患畜可见左心房、左心室扩张，肺静脉瘀血和肺水肿。肺动脉孔高度狭窄时见有肺血管影细小，整个肺野异常清晰，右心室增大。法乐氏四联症可见右心肥大。

超声心动图可探查到心脏的解剖和生理活动的影像，反映出不同类型的心脏瓣膜病的解剖病变。

【诊断】临床上某一种类型的心脏瓣膜病很少单独出现，多数是由两种或几种不同的病型联合发生，其症状错综复杂，有的因联合发病而症状增重，有的则相互抵消而症状不明显，并且在心脏瓣膜病的初期，心脏仍能通过代偿有效地维持其正常的血流和血压，建立诊断较为困难。主要依据特定瓣膜和瓣膜孔的器质性心内杂音、心机能障碍等心区体征进行初步诊断，必要时配合心电图、超声波、心血管造影等影像诊断和心导管插入术检查，综合分析，确定诊断。并应注意与心力衰竭、心肌炎、心包炎、急性心内膜炎等疾病进行鉴别。

【治疗】先天性心脏瓣膜病往往是心脏瓣膜装置出现各种形态学或结构上的病理变化，药物治疗不可能彻底治愈，对犬的动脉导管未闭、主动脉右位、肺动脉瓣狭窄、心房间隔缺损等手术矫正有获得成功的报道。

后天性心脏瓣膜病在代偿期，一般不进行特殊的治疗，使用任何强心药都会缩短代偿作用的期限，主要应采取限制使役和运动，避免兴奋，加强饲养管理等措施，延长心脏的代偿作用。对心脏代偿失调的病畜，除使其保持安静，免除使役外，还需应用适当的药物来维持心脏活动机能。在心力衰竭引起血液循环障碍和血压下降的情况下，可酌情应用洋地黄、毒毛旋花子苷 K 等强心药，也可应用利尿药等对症治疗。

【预防】患有先天性心脏瓣膜病的病畜需加强护理，后天性心脏瓣膜病病畜的预防参见心内膜炎的预防。

高山病（High Mountain Disease）

高山病是指在高原低氧条件下，动物对低氧环境适应不全而产生的高原反应性疾病，在牛特称为胸病（Brisket Disease）。其特征为易于疲劳，生产性能下降，肺动脉肥厚和高压及右心室肥大、扩张为主的充血性心力衰竭。

【原因】本病只发生在高海拔地区。由于高海拔地区的空气稀薄，氧分压低，从平原地区新进入高海拔地区的家畜，暂时不能适应低氧环境，是引起本病最主要的原因。据报道，海拔 2 000，3 000 和 4 000 m 地区的大气氧分压分别为 16.66，14.66 和 12.93 kPa，仅是海平面地区 21.19 kPa 的 78.33%，69.18%和 60.02%，海拔越高，大气压越低，氧分压也越低，高山病的发病率越高。

贫血、心肌营养不良、肺部疾病、低蛋白血症、受寒感冒、剧烈运动和重剧的劳役，都可促使机体缺氧程度的加重而诱发本病。

【流行病学】本病以牛，尤其是 1 岁龄的牛最易发生，常呈慢性经过；其他动物如马、羊、驴等也可发生，多呈急性经过；在海拔 2 200 m 地区生活的牛群以及新引入到海拔 3 000 m 以上地区的马、牛、绵羊、鸡易发本病。牛的发病率在 0.5%～5.0%之间，通常低于 2%，高山病的发病率随海拔高度的上升而增加。牦牛、藏羊、骡、羊驼和骆马等长期在高原的动物极少发病。

【发病机理】初到高原地区，由于大气中氧分压降低，肺泡气压和动脉血氧分压也相应地降低，毛细血管血液与细胞线粒体间氧分压梯度差缩小，从而引起缺氧。如果动物从平原地区到高海拔地区是逐渐过渡的，有一个锻炼适应过程，在低氧分压环境中，机体可发生一系列代偿适应性变化，例如：呼吸加强加快，增加通气量和提高肺泡膜的弥散能力；心功能加强，输送氧的能力增加；骨髓红细胞系统增生和血红蛋白含量增加，红细胞中2，3-二磷酸甘油酸(2，3-DPG)增多，使血液中的红细胞和血红蛋白量增加，增强携氧能力。通过这些代偿作用，使组织可利用氧达到或接近正常水平。如果缺氧过速，机体来不及动员各种适应代偿机制，或者缺氧程度严重，持续时间过长，超过了机体的代偿能力，则会出现一系列的代偿紊乱。

【临床表现】牛多呈慢性经过，初期表现精神沉郁，行动无力，呼吸促迫，奶牛乳产量急剧下降，犊牛生长停滞。随着病程的发展，体表静脉怒张，尤其是颈静脉、胸外静脉和乳静脉高度怒张，皮下水肿，尤以胸前最明显，故特称为"胸病"。多数病牛有间歇性腹泻，肝浊音区扩大。心率加快，心音增强，当有心包积水时，心音遥远，心浊音区扩大。呼吸困难，可视黏膜发绀，体温一般正常。若并发肺炎，则体温升高，呼吸困难加剧，最终因充血性心力衰竭而死亡。

马多呈急性经过，轻者精神沉郁，食欲减退，心率加快，呼吸、脉搏增数，眼结膜潮红，呈树枝状充血。重者精神高度沉郁，全身无力，行走时步态不稳，体躯摇晃，肌肉震颤，可视黏膜高度发绀。有的病马出现短时间的兴奋不安，心率加快更加明显。初期心音增强，尤以肺动脉瓣第二心音更加明显，随着心力衰竭的发生，变为第一心音增强，第二心音减弱，有时出现心律失常和缩期杂音。脉搏细弱，体表静脉怒张，有明显的颈静脉搏动。呼吸浅表频数，发生高原肺水肿时，可听到广泛的湿啰音，并出现严重的呼吸困难。最严重者突然倒地，四肢呈强制性痉挛，在短时间内死亡。

伴发肺动脉破裂的马和牛，多数无明显的症状而突然死亡，病程稍长者，出现短时间的高度呼吸困难，眼球突出，突然倒地，四肢痉挛而死亡。

【临床病理学】平均肺动脉压明显增高，牛从正常的3.33～4.00 Pa增至10.67～13.33 Pa。红细胞数、血红蛋白含量、红细胞压积容量显著增加，血液黏滞度明显增高。发生高原肺水肿的病例，X线检查可见肺野有密度较淡、片状云絮状模糊阴影。

【诊断】根据在高原地区发生的病史，皮下水肿、颈静脉怒张、肝脏肿大、肺动脉高压等临床症状可做出诊断。对牛胸病的确诊，应根据右心室心肌增厚、右心室扩张、肺小动脉中层肌肉增厚等病理变化进行判断。

本病还应与伴有充血性心力衰竭的牛创伤性心包炎、心肌炎、瓣膜性心内膜炎、幼畜白肌病等疾病进行鉴别。

【治疗】首先应让病畜立即休息，置于温暖的厩舍内，限制运动，并尽快转移到海拔低的地区。早期持续给病畜吸入氧气(牛、马15 L/min)，有较好效果，是急救的较好措施。对发生高原肺水肿和充血性心力衰竭的病畜，伴有高度呼吸困难的病畜，应迅速采取静脉放血，输氧，给予654-2(山莨菪碱，0.5～1.0 mg/kg，静脉注射)或东莨菪碱(0.01～0.02 mg/kg，静脉注射)等急救措施。对伴发充血性心力衰竭的病畜，应参照心力衰竭的治疗措施，给予洋地黄等强心剂，高血糖素，尼可刹米，利尿剂及抗生素等。

【预防】家畜引入高原地区应逐步登高，分阶段适应饲养。初入高原的动物，应减少运动和使役，在寒冷季节应注意防寒保暖。用于高原家畜改良的种公畜可在海拔较低地区饲养，仅在配种季节移至高原地区，配种结束后重新回到海拔较低地区，或在海拔较低地区采取精液，制成冻精，置于液氮罐内运到高原地区进行人工授精。

圆心病(Round Heart Disease)

圆心病是指心脏增大变圆、心力衰竭而致突然死亡的一种禽类心脏病。

【原因】一般认为，圆心病有遗传性与非遗传性两种病型，非遗传性圆心病的发生可能与维生素D和E缺乏、饲喂食盐过多、应激、锌中毒和呋喃唑酮中毒有关，多氯酚、汞、甲醛、氯丹、铝、黄曲霉素等也可能引起本病。遗传性圆心病仅发生于火鸡，由α-抗胰蛋白酶先天性缺乏所致。

【流行病学】鸡、鹅、火鸡均可发生，体况好的4～8月龄青年鸡和产蛋母鸡，1～4周龄的火鸡以及6周龄的幼鹅最易患病。本病的发病率不高，死亡率不等，最高可达75%。病后幸存者多发育不良。遗传性圆心病常在一定品系火鸡内呈家族性发生，且雄性多于雌性。通常在幼年期起病，病程数月至数年不等。

【临床表现】多数病禽突然发病，迅速死亡。有些外观健康的产蛋母鸡突然高度紧张，继而倒地，翼肌和大腿肌剧烈收缩，常在几分钟内死亡。病程较长的病禽突然发生虚弱，精神沉郁，冠呈暗红色并侧倒垂下，羽毛蓬乱，长时间将头藏在羽毛内呈嗜睡状。病鸡主要表现生长停滞，精神极度沉郁，常惊恐不安，羽毛蓬乱逆立，呼吸窘迫。听诊可闻心内杂音。病禽一旦发生冠髯青紫，则很快死于心力衰竭。

【临床病理学】圆心病火鸡心肌内乳酸脱氢酶、

异柠檬酸脱氢酶和肌酸磷酸激酶活性显著低于正常火鸡。X照相与心电图描记多显示右心室或两侧心室扩张。

【诊断】根据突然发病及右心室腔扩张使心脏呈圆形的病变，火鸡呈家族性发生，可做出诊断。

【治疗】目前尚无有效的治疗方法。

【预防】应注意全价饲养，保证供应充足的维生素和微量元素，排除应激因素的影响，防止中毒，以预防病的发生。

（任志华）

第三节 血管疾病

动脉疾病(Artery Disease)

动脉疾病是发生在动脉的疾病总称。动脉的器质性疾病(炎症、狭窄或闭塞)或功能性疾病(动脉痉挛)，都将引起缺血性临床表现，病程可呈进展性，后果严重。根据发病时间可分为急性和慢性；根据病变性质可分为狭窄闭塞性疾病和扩张性疾病(动脉瘤)。

【原因】

(1)动脉硬化。可发生于整个动脉系统。

(2)糖尿病。可引起微小动脉内皮细胞功能失活而导致微血管内血栓形成，另外糖尿病患病动物抵抗感染能力下降，炎症因子的释放可以加剧局部缺血。

(3)高血压。

(4)心脏疾病。

【症状】

(1)动脉硬化闭塞症。早期症状为患肢冷感、苍白，进而出现间歇性跛行。病变局限在主-髂动脉者，疼痛在臀和股部，可伴有阳痿；累及股-腘动脉时，疼痛在小腿肌群。晚期，患肢皮温明显降低、色泽苍白或发绀，出现静息痛，肢体远端缺血性坏疽或溃疡。早期慢性缺血引起皮肤及其附件的营养性改变、感觉异常及肌萎缩。患肢的股、腘、胫后及足背动脉搏动减弱或不能扪及。

(2)动脉栓塞。急性动脉栓塞的临床表现，可以概括为5P征，即疼痛、感觉异常、麻痹、无脉和苍白。

(3)雷诺综合征。典型症状是顺序出现苍白、青紫和潮红。由于动脉强烈痉挛，以致毛细血管灌注暂时停止而出现苍白。

【临床病理学】鉴于本症为全身性疾病，应做详细检查，包括血脂测定，心、脑、肾、肺等脏器的功能与血管的检查及眼底检查。

(1)彩色多普勒超声。可以提供血管直径、血流速度、血管内是否有血栓等相关信息。

(2)CT血管造影和磁共振血管造影。通过计算机三维重建，可模拟构建肢体动脉三维模型。

【诊断】根据临床症状与体征，可以初步建立动脉疾病的诊断。再结合实验室检查，排除其他疾病，即可确诊。

【治疗】

(1)非手术治疗。对于动脉瘤患病动物，除难以耐受手术者外，原则上均可行手术治疗。下肢动脉硬化闭塞症患病动物的非手术治疗包括生活习惯改变、功能锻炼和药物治疗。

①生活习惯改变低盐低脂饮食。

②适当功能锻炼以行走为主，每次行走至缺血症状出现后休息，症状好转后恢复行走。

③药物治疗规律服用降压、降糖、降脂药物控制血压、血糖及血脂。

(2)手术治疗。手术治疗分为开放手术及腔内手术两种。

静脉疾病(Vein Disease)

静脉疾病是指发生在静脉的疾病总称，根据发病时间可分为急性和慢性静脉疾病。各种情况导致的静脉血流缓慢、血管内皮受损及血液高凝状态是形成静脉血栓的原因，根据发病时间以及病变性质的不同可有不同的临床表现，大部分需要手术治疗。

【原因】

(1)年龄。随着年龄的增长，发病率逐渐上升。

(2)恶性肿瘤。肿瘤引起的直接压迫、肿瘤相关高凝状态、肿瘤所致的行动障碍等均可导致深静脉血栓。

(3)凝血功能异常。凝血因子缺乏以及凝血功能异常可增加深静脉血栓形成的概率。

(4)先天性因素。先天性的解剖功能异常、瓣膜功能不全、静脉瓣缺损或隔膜形成等都可导致下肢静脉疾病。

【临床表现】根据发病时间以及病变性质的不同可有不同的临床表现。

(1)急性深静脉血栓形成。最典型的症状是单侧肢体肿胀、疼痛，左侧多见，偶有双侧同时起病者，多有系统性病因，如恶性肿瘤、凝血功能异常等。其他症状还包括患病动物表浅静脉显露或曲张、压痛，皮肤颜色苍白或青紫。

(2)慢性静脉功能不全。临床表现包括脉细血管扩张、静脉曲张，严重时可并发皮肤色素沉着、溃疡、血栓性浅静脉炎等。

(3)先天性血管畸形。可表现为体表、皮下组织或肌肉内局限性血管瘤甚至累及整个肢体的广泛畸形，表现为局部或广泛散在的皮肤红色、青紫色包块等。

(4)其他。巴德-吉利亚综合征患病动物可表现为门静脉高压症及双下肢肿胀。

【诊断】根据临床症状与体征可以建立初步的诊断，结合实验室检查及影像学检查，并排除其他疾病，即可明确诊断。

(1)实验室检查。可有凝血功能异常。

(2)影像学检查。

①超声可以观察静脉直径、血流速度及方向、静脉是否缺如、有无血栓，是否受压等，可作为大部分周围血管疾病的初步诊断辅助检查，具体简便、无创等优点。

②血管造影是有创性的检查，是一项有效的辅助检查，逆行或顺行静脉造影仍是许多静脉疾病诊断的金标准。

③CT或磁共振一般与血管造影联合使用，通过计算机三维重建，可模拟构建肢体静脉三维模型，从而提供更直观的信息。

【治疗】

(1)一般治疗。主要是生活习惯的改变，避免久坐或长时间站立。

(2)药物治疗。深静脉血栓患病动物需要规律服用抗凝药物，肢体肿胀的患病动物可配合服用促进静脉回流的药物。

(3)手术治疗。大部分静脉疾病需要手术治疗，可分为开放手术和腔内手术，开放手术的创伤及手术风险更大，术后恢复慢，腔内手术创伤小、恢复快，目前应用广泛。

(4)压迫治疗。主要是穿着带有压力梯度的弹力袜。

外周循环衰竭
(Peripheral Circulatory Failure)

外周循环衰竭是指在心脏功能正常的情况下，由血管舒缩功能紊乱，或血容量不足引起心血压下降、低体温、浅表静脉塌陷、肌无力乃至昏迷和痉挛的一种临床综合征，又称循环虚脱(Circulatory Collapse)。由血管舒缩功能障碍引起的外周循环衰竭，称为血管源性衰竭(Vasogenic Failure)。由血容量不足引起的，称为血液源性衰竭(Haematogenic Failure)。

【原因】外周循环障碍的发生原因是多方面的，但从发生发展过程来看，主要是由于有效循环血量的急剧减少，供应各组织器官的微循环灌流量不足所造成。有效循环血量的维持，不但需要有足够的血量和心机能正常，并且还有赖于血液总量和血管容量之间的相互适应。正常时，机体的血管容量虽然远比血液总量要大，但由于神经、体液的调节，使暂时不负担主要生理活动的组织器官微循环的小血管保持一定的收缩状态，同时，这些区域的毛细血管也大部分处于闭锁状态，因而，使血液总量和血管容量之间维持着相互适应。如果微循环中的毛细血管大量开放，或者，小动脉和毛细血管前括约肌广泛舒张，即使血液总量不减少，但由于血管容量的增大，也必然会使血流缓慢，回心血量减少，有效循环血量降低。因此，当血液总量急剧减少、血管容量增大、心脏机能严重障碍时，都可导致有效循环血量的急剧减少，使机体重要的组织器官的微循环灌流量不足而发生循环虚脱。

血液总量减少：全血减少，见于各种原因引起的急性大失血，例如严重创伤或外科手术引起的出血过多，大血管破裂、肝脾破裂等造成的内出血。体液丧失，例如严重的呕吐、腹泻、胃肠变位、反刍兽瘤胃乳酸中毒、某些疾病引起的高热或大出汗而又没有及时补液，造成机体的严重失水。血浆丧失，主要见于大面积烧伤，因毛细血管通透性增高，大量血浆从创面渗出。

血管容量增大：严重感染和中毒，某些急性传染病过程中(例如炭疽、出血性败血症)，肠道菌群严重失调的疾病(马急性结肠炎、土霉素中毒)，胃肠破裂引起的穿孔性腹膜炎以及严重的创伤感染和脓毒败血症过程中，病原微生物及其毒素，特别是革兰氏阴性菌产生的毒素的侵害，使得小血管扩张，血管容量增大，并且心脏和血管受到损伤，使有效循环血量减少，心输出量不足而发生循环虚脱。各种剧烈疼痛的刺激，例如重症疝痛、严重的创伤或骨折、在神经丰富部位不经麻醉的手术等强烈的疼痛刺激，使中枢神经系统，包括血管运动中枢迅速由兴奋转为抑制，小血管紧张性降低而发生扩张，致使血管容量增大，有效循环血量减少而发生循环虚脱。注射异种血清和异性蛋白，以及注射抗生素引起的过敏反应，使毛细血管扩张，血管容量增大，有效循环血量减少而发生循环虚脱。

心输出量减少：主要见于各种原因引起的心力衰竭，由于心收缩力减弱，心输出量减少，使得有效循环血量减少而发生循环虚脱。

【流行病学】各种动物都能发生。

【发病机理】循环虚脱的发病机理极为复杂。由于病因不同，在发生发展过程中各有特点，但不论哪种病因都能导致微循环动脉血灌流不足，重要的生命器官因缺血缺氧而发生功能和代谢障碍，引起循环虚脱，其基本的病理过程是大致相同的。循环虚脱时微循环的变化，大致可分为3期，即缺血性缺氧期，瘀血性缺氧期和弥散性血管内凝血期。

缺血性缺氧期（微循环痉挛期、代偿期、初期）：在上述病因的作用下，首先使循环血量减少或心脏输出量不足，使得动脉血压下降，反射性地引起交感神经-肾上腺系统活动增强，以及机体呈现应激反应，交感神经末梢和肾上腺髓质分泌大量儿茶酚胺，使心脏活动加快，内脏器官和皮肤等小动脉痉挛性收缩，血压回升，保证了心脑等重要器官的血液供给。同时，交感神经兴奋时，肾小球动脉痉挛，刺激肾小球旁器，使肾素-血管紧张素-醛固酮系统激活，促进水、钠潴留，增加血容量，在一定程度上起代偿作用。但因大部分组织器官因微循环动脉血灌流不足，毛细血管内的血量显著减少，而造成组织细胞缺血缺氧，出现短暂的兴奋现象。

瘀血性缺氧期（微循环扩张期、失代偿期、中期）：微循环缺血期，如果临床拖延治疗，未能及早进行抢救，改善微循环，则因组织细胞持续缺氧而无氧代谢增强，局部酸性代谢产物堆积，引起局部组织酸中毒。小动脉、微动脉、后微动脉和毛细血管前括约肌在酸中毒时首先丧失对儿茶酚胺的反应而发生舒张，使微循环灌注量增多，而微静脉、小静脉对局部酸中毒耐受性较大，儿茶酚胺仍能使其继续收缩，微循环内出现多灌少流乃至只灌不流的现象。组织缺氧还可使微血管周围的肥大细胞释放组织胺，后者可通过 H_2 受体使微血管扩张（微动脉和毛细血管前括约肌尤为敏感），这样，不仅毛细血管后阻力增加，微循环血流缓慢，毛细血管内的血液越积越多，发生瘀血，毛细血管内压力增高，加上毛细血管壁受缺氧性损伤，通透性增大，血浆外渗，血液浓缩，静脉回流量更加减少，心输出量和有效循环血量锐减，血压更加降低，动物陷于高度抑制状态。

弥散性血管内凝血期（微循环衰竭期、微循环凝血期、后期）：由于病情的急剧发展和恶化，到疾病的晚期，组织缺血和酸中毒进一步加重，微血管麻痹、扩张、瘀血，血流进一步减慢，血液浓缩，血液流变学改变（血细胞比容增高、红细胞聚集、白细胞附壁和嵌塞、血小板黏附和聚集等）更加显著，并可引起弥散性血管内凝血（Disseminated Intravascular Coagulation，DIC）。缺氧、酸中毒或内毒素都可使血管内皮损伤和内皮下胶原暴露，激活内源性凝血系统；烧伤或创伤性休克时伴有大量组织破坏，组织因子释放入血可激活外源性凝血系统，从而加速凝血过程，促进DIC形成。血流减慢、毛细血管内皮细胞损伤，血小板大量黏附与聚集，同时血小板释放血栓素A2增多，促进血小板凝聚和DIC发生。由于DIC消耗大量凝血因子和血小板，并激活纤维蛋白的溶解系统，以致血液从高凝状态转变为低凝状态，再加上毛细血管的通透性升高，最后发生出血倾向；组织细胞的严重缺氧和酸中毒状态，使体内许多酶体系的活性降低或丧失，细胞溶酶体破裂并释放溶酶体酶类，致使细胞发生严重损伤和多发性器官功能障碍等，例如急性肾功能衰竭，心功能衰竭，肺功能障碍等。

【临床表现】本病病情发展急剧，临床症状明显，但病情发展阶段不同，而临床症状也不完全一样。

初期：病畜精神无多大变化或轻度兴奋，稍烦躁不安。汗出如油，可视黏膜苍白；耳鼻及四肢末端发凉，皮温不整；尿量减少，甚至无尿；心跳加快，脉搏细速；呼吸浅表而促迫。

中期：随着病情的发展，病畜精神沉郁，反应迟钝，甚至昏睡，血压下降，脉搏微弱，心音浑浊，呼吸疾速，节律不齐，站立不稳，步态踉跄，体温下降肌肉震颤，黏膜发绀，眼球下陷，全身冷汗粘手，反射机能减退或消失，呈昏迷，病势垂危。

后期：血液停滞，血浆外渗，血液浓缩，血压急剧下降，微循环衰竭，第一心音增强，第二心音微弱，甚至消失。脉搏短缺。呼吸浅表疾速，后期出现陈施二氏呼吸或间断性呼吸，呈现窒息状态。

【临床病理学】血液学检查，血糖和血乳酸增高，二氧化碳结合力降低；肾功能减退时可有血尿素氮和非蛋白氮等增高，血钾亦可增高；肝功能减退时，血清转氨酶、乳酸脱氢酶等增高；动脉血氧饱和度、静脉血氧含量下降；肺功能衰减时动脉血氧分压显著降低；失血性休克时红细胞和血红蛋白降低，失水性休克时血液浓缩，红细胞数和红细胞压积增高；白细胞数一般增高，严重感染者大多有白细胞总数和中性白细胞的数量显著增加。有出血倾向和弥散性血管内凝血者，血小板数减少，纤维蛋白原降低，凝血酶原时间延长。心电图上可见ST段移位，

T 波低平或倒置，甚至出现类似心肌梗塞的波形。

【诊断】根据病史和临床症状进行诊断。从病史上看，往往可以查出引起循环虚脱的原因，如失血，失水，严重感染和中毒，剧烈疼痛的刺激或过敏反应等。从临床症状上看，病情发展迅速，心跳快，脉细而无力，可视黏膜苍白或发绀，末梢部位发凉，血压下降，尿量减少，反应迟钝，甚至昏迷。通过测定红细胞压积容量、血液黏稠度和中心静脉压来判定血容量；通过测定毛细血管再充盈的时间、尿量变化和血液乳酸变化来了解微循环障碍的程度；通过测定血小板数、纤维蛋白原含量、凝血酶原时间、血浆二氧化碳结合力和血乳酸含量来了解是否发生了 DIC 和酸中毒，有助于进一步诊断，确定病的程度。

临床上注意与心力衰竭进行鉴别诊断。循环虚脱是由循环血量不足和回心血量急剧减少引起，体表静脉萎陷，充盈缓慢，中心静脉压低于正常值；心力衰竭是由心肌收缩力减弱，心输出量减少引起，因静脉血回流受阻而发生静脉瘀血，体表静脉过度充盈而怒张，中心静脉压明显高于正常值。

【治疗】循环虚脱的治疗原则是：除去发病原因，恢复血容量，调整血管舒缩机能，疏通微循环，纠正酸中毒，保护脏器功能。

除去病因主要是针对原发疾病，实施病因疗法。例如，失血性疾病要及时止血，细菌感染要及时应用抗生素抑菌，过敏性疾病及时采用抗过敏治疗等。

恢复血容量主要是进行补液。常用的液体有血液、血容量扩张剂和电解质溶液。补什么液体，补多少，要根据病畜情况，血液生化指标和中心静脉压来定，原则是需什么补什么，需多少补多少，随时调节。由急性失血引起的可输注全血；由体液丧失引起的可输注电解质溶液，电解质溶液主要是复方氯化钠，生理盐水，5%葡萄糖生理盐水，葡萄糖溶液等。补液的量，通过测定中心静脉压监控，以防补液过量而造成心力衰竭和肺水肿，也可根据红细胞压积来判断和计算补液量。血容量扩张剂有各种血浆代用品，常用的是 10%低分子右旋糖酐，不仅可扩张血容量，还可降低血液黏稠度，解除红细胞聚集，疏通微循环，对预防和治疗 DIC 也有较好的效果。

调整血管舒缩机能主要是在补足血容量以后，仍不能改善微循环和维持血压，应使用缩、舒血管的药物。但如何选择这两类药物还存在争论。从理论和实践来看，在循环虚脱时，持续使用缩血管药物以维持血压效果并不好，因为使小血管收缩，将更加重微循环障碍。如果在补充血容量的基础上给予扩张血管的药物，解除小动脉和小静脉的痉挛，对改善微循环的灌流，将收到更好的效果。扩张血管药，必须在补足血容量之后使用，否则血管突然扩张，易导致血压突然大幅度下降，使休克进一步加重。临床上常用的舒血管的药物有：山莨菪碱 100～200 mg 静脉滴注，每隔 1～2 h 重复用药 1 次，连用 3～5 次，若病情严重，可按 1～2 mg/kg 体重静脉注射。硫酸阿托品，马、牛 0.08 g，羊 0.05 g，皮下注射。氯丙嗪 0.5～1 mg/kg 体重肌肉或静脉注射，既可扩张血管，又可镇静安神。中毒性休克和感染性休克常选用异丙肾上腺素，马、牛 1～4 mg，猪、羊 0.2～0.4 mg，溶于 5%葡萄糖生理盐水 500～1 000 mL 中，静脉滴注。对感染性休克，有人主张早期应用肾上腺皮质激素，国外趋向使用大剂量短程疗法，国内较多采用中等剂量，地塞米松 4～6 mg/kg，或强的松龙 25～30 mg/kg，加入 5%葡萄糖生理盐水 500～1 000 mL 中，静脉滴注。对过敏性休克必须应用肾上腺素或去甲肾上腺素等缩血管药和支气管扩张剂进行抢救，常用 0.1%肾上腺素，按 0.01～0.02 mL/kg 体重，皮下或肌肉注射；氨茶碱，马、牛 1～2 g，犬 0.05～0.1 g，肌肉或静脉注射。

为减少微血栓的形成和防止 DIC 的发生，可应用抗凝剂。常用的是肝素，按 100～300 IU/kg 体重(或 0.5～1 mg/kg 体重)剂量，溶于 5%葡萄糖生理盐水中，静脉注射。同时应用丹参注射液效果更佳。肝素虽可在体内迅速灭活，但不宜过量反复使用，否则易发生大出血。

纠正酸中毒临床上主要是补碱，常用的是 5%碳酸氢钠注射液，牛、马 1 000～1 500 mL，猪、羊 100～200 mL 静脉注射。在纠正酸中毒的同时，要注意平衡其他电解质。在呕吐、腹泻引起的循环虚脱中，经常发生低钾血症，特别在扩充血容量，纠正酸中毒，大量输入葡萄糖，氯化钠、碳酸氢钠时，更易发生低钾血症。补钾一般用 10%氯化钾 20～30 mL，加入 1 000～2 000 mL 生理盐水中，缓慢静脉注射。

保护脏器功能。心力衰竭时，可选用强心剂，最好用速效强心剂，如西地兰 1.6～3.2 mg，静脉注射。毒毛旋花子苷 K 1.25～3.75 mg，静脉注射。有条件的还可用 ATP，胰岛素，细胞色素 C 等。维护肾功能方面，当补足血容量，而尿量仍不恢复者，则应给予利尿剂，如 20%甘露醇或山梨醇，马、牛 1 000～2 000 mL，猪、羊 100～250 mL，静脉注射，双氢克尿噻 0.5～2 g，内服。呼吸困难时，可用 25%尼可刹米 10～15 mL，皮下注射，兴奋呼吸中枢，缓解呼吸困难。

中兽医对循环虚脱的治疗，对气血两虚者，用生脉散：党参 80 g，麦冬 50 g，五味子 25 g，热重者，加生地、丹皮；脉微者，加石斛、阿胶、甘草，水煎去渣，内服。气衰阳脱者，用四逆汤：制附子 50 g，干姜 100 g，炙甘草 25 g，必要时，可加党参 30 g，水煎去渣，内服。目前已将生脉散和四逆汤制成针剂，注射后对控制休克有一定疗效。

治疗的同时，应加强护理，避免受寒、感冒，保持安静，避免刺激，注意饲养，给饮温水。病情好转时给予大麦粥、麸皮或优质干草等增加营养。

【预防】本病的预防主要在于及时治疗可能引起循环虚脱的各种原发病。

（任志华）

复习思考题

1. 心包炎是如何发生的？怎样诊断和治疗心包炎？

2. 什么叫创伤性心包炎？该病是如何发生的？怎样对该病进行鉴别诊断？

3. 什么是心力衰竭？该病是如何发生的？怎样诊断和防治心力衰竭？

4. 什么是心肌炎？该病是如何发生的？如何对心肌炎进行诊断与防治？

5. 什么叫心肌变性？该病是如何发生的？怎样诊断和防治心肌变性？

6. 什么叫急性心内膜炎？该病是如何发生的？怎样诊断和防治急性心内膜炎？

7. 什么是心脏瓣膜病？该病是如何发生的？怎样诊断和防治心脏瓣膜病？

8. 什么叫高山病？该病是如何发生的？怎样诊断和防治高山病？

9. 什么叫圆心病？该病是如何发生的？怎样诊断和防治圆心病？

10. 动脉疾病的病因和症状是什么？如何诊断？

11. 静脉疾病的病因和症状是什么？如何诊断？

12. 什么是外周循环衰竭？该病是如何发生的？怎样诊断和防治外周循环衰竭？

第六章　血液与造血器官疾病

【内容提要】血液是动物机体内环境的重要组成部分。血液在全身的血管系统内流动，可为细胞提供水分、电解质、营养物质和激素，并具有清除代谢产物、运输氧气（红细胞）、保护机体免受外来微生物和抗原入侵（白细胞）以及启动凝血系统（血小板）的作用。在生理情况下，血液细胞如红细胞、白细胞和血小板在骨髓、淋巴系统和网状内皮系统内产生。血液总量或血液任何成分的改变都能直接影响到造血器官与全身各器官系统的生理功能。

血液中细胞部分和液体部分发生质和量的任何改变都会产生相应的病理过程，直接影响造血器官以及全身各器官系统的机能。反之，造血器官的病理过程也会影响血液细胞部分的质与量，其他器官系统的疾病必然会引起血液细胞成分和理化性质的变化。因此，在临床实践中，血液形态学与理化性质的检查，对疾病的诊断、治疗和预后判定都有重要意义。

本章重点介绍动物血液及造血器官疾病的基本理论、分类体系及代表性疾病。学习中应注意运用血液学的基础理论知识，重点掌握血液和造血器官疾病的分类体系，各类疾病的病因、发病机理及其鉴别诊断要点。

第一节　与红细胞有关的疾病

贫血（Anemia）

单位容积血液中红细胞数、红细胞压积容量和血红蛋白含量低于正常值下限的综合征统称为贫血。红细胞损失、破坏以及红细胞生成减少会引起贫血。按发生的原因，贫血可分为出血性、溶血性、营养性和再生障碍性四类。贫血不是独立的疾病，而是各种家畜均能发生的一种临床综合征，其主要临床表现是皮肤和可视黏膜苍白以及各组织器官由于缺氧而产生的一系列症状。

【原因】

（1）出血性贫血。见于创伤、手术、肝脾破裂等急性出血之后，或由胃肠道寄生虫病、胃溃疡、肾与膀胱结石或赘生物引起的血尿等慢性失血致发，也见于草木樨中毒、蕨中毒、敌鼠钠中毒等中毒性疾病，凝血因子缺陷性疾病，以及体腔与组织的出血性肿瘤等。

（2）溶血性贫血。主要见于感染和中毒，如焦虫病、锥虫病、附红细胞体病、巴尔通氏体病等血液寄生虫病，钩端螺旋体病、马传染性贫血、细菌性血红蛋白尿等传染病，汞、铅、砷、铜等矿物元素中毒，毛茛、野洋葱、甘蓝、栎树叶等有毒植物中毒，蛇咬伤等，也见于新生畜自体免疫性溶血性贫血，犊牛水中毒，牛产后血红蛋白尿症等。

（3）营养性贫血。主要见于铁、钴、铜等微量元素缺乏，也见于吡酸醇、叶酸、维生素 B_{12} 缺乏及慢性消耗性疾病和饥饿。

（4）再生障碍性贫血。放射病，骨髓肿瘤，长期使用对造血机能有抑制作用的药物（如氯霉素，环磷酰胺，氨甲蝶呤，长春碱等）是主要病因。经三氯乙烯处理的豆饼中毒、牛蕨中毒和有机磷、有机汞、有机砷中毒等中毒性疾病以及马传染性贫血、牛结核病、副结核病、焦虫病、猫白血病病毒感染、猫泛白细胞减少症、犬埃利希氏体病（*Ehrlichiosis*）、慢性间质性肾炎等也可致发本病。

【发病机理】任何类型的贫血，由于循环血液中红细胞数减少和血红蛋白含量降低，最终都会引起贫血性组织缺氧。早期可出现代偿性心跳加快，通过血流加速、单位时间内供氧增多，以代偿血红蛋白含量降低引起的组织缺氧。同时缺氧及氧化不全产物会刺激呼吸中枢使呼吸加深加快，组织呼吸酶活性增强，氧合血红蛋白的解离加强，从而增加了组织对氧的摄取能力。如骨髓造血功能未受影响，组织缺氧尚可刺激红细胞的生成。

急性出血性贫血由于循环血量减少导致血压下降和血浆蛋白质含量减少，血液变稀薄而引起心动疾速，瞳孔散大，甚至发生休克，最终死亡。溶血性贫血时还由于红细胞大量破坏，血液中的胆红素增加而引起皮肤和可视黏膜黄染，尿中尿胆素原和尿胆素含量增高。营养性贫血一般呈慢性经过，伴有消瘦，血液稀薄以及红细胞大小和着染程度的变化。再生障碍性贫血时骨髓造血机能障碍，除红细胞数减少外，还伴有白细胞数和血小板数减少。

【临床表现】贫血的共同症状见表 6-1-1。可视黏膜苍白是最突出的临床体征，轻度的贫血虽然临床上还没有可见到的皮肤和黏膜的颜色变化，但其生产性能已经下降。临床型病畜表现可视黏膜苍白，肌肉无力，精神沉郁和厌食。在代偿期，心率中度加快，脉搏洪大，心音增强，后期出现严重的心动过速，心音强度减弱，脉搏微弱。贫血尤其是慢性贫血时，因血液稀薄及心扩张和右房室孔环扩大而产生贫血性心杂音，其特征为在心收缩期出现，时强时弱，在吸气顶峰时最强。贫血时呼吸困难一般不明显。病至后期，即使是严重的呼吸窘迫也仅仅是呼吸深度增加。此外还伴有黏膜的点状或斑状出血、水肿、黄疸和血红蛋白尿等体征。

各型贫血的临床特点不同，表现在起病情况、可视黏膜颜色、体温高低、病程长短以及血液和骨髓的检验等方面，详见表 6-1-2。急性出血性贫血一般起病急，可视黏膜迅速变苍白，甚至呈瓷白色，体温低于正常值下限，末梢部厥冷，出冷汗，脉搏细弱而快，虚弱无力。严重者发生失血性休克而迅速死亡。溶血性贫血除具有原发病的固有症状以外，明显的表现是可视黏膜苍白，伴有轻度到中度黄疸，肝脏和脾脏肿大。营养性贫血多呈慢性经过，除结膜苍白以外，还伴有消瘦，虚弱无力，幼畜发育迟缓，精神不振，食欲减退或异嗜，严重者可伴发全身水肿。钴缺乏时，常有顽固性消化不良及不明原因的消瘦，绵羊有流泪现象。再生障碍性贫血常伴发出血体征，及难以控制的感染，治疗效果往往不佳，多预后不良。

表 6-1-1　贫血的共同症状

贫血程度	症状
轻度贫血	黏膜稍淡；食欲不定；精神沉郁；仍有一定生产和使役能力，但持久力差
中度贫血	黏膜苍白；食欲减退；倦怠无力，不耐使役，易疲劳；呼吸脉搏增数
重度贫血	黏膜苍白如纸；出现浮肿；呼吸脉搏显著增快；心脏缩期杂音（贫血性杂音）；不堪使役，稍动则喘，心跳急速，甚至昏倒

表 6-1-2　各类型贫血的临床区别

类型	起病	可视黏膜	主要特征	体温	病程	血液和骨髓检验
急性失血	急	突然苍白	速发循环衰竭或出血性休克（脉弱、冷汗、喘气，心跳快、心音高朗、心杂音等）	四肢发凉	短急	①正细胞正色素型（24 h 内）；②大细胞低色素型（4～6 d）；③再生性贫血
慢性失血	慢	逐渐苍白	①日趋瘦弱，下颌浮肿或体腔积水；②心音亢进，脉浮弱	稍低	隐袭	①低色素型贫血；②再生性贫血
溶血	快或慢	苍白伴黄染	①排血红蛋白尿（褐色）；②血清金黄色；③黄疸指数高，间接胆红素多	部分高	长或短	①正细胞正色素型（急性）；②低色素型（慢性）；③再生性贫血
缺铁	缓慢	逐渐苍白	①特定饲养环境下 2～4 周龄哺乳仔猪；②逐渐消瘦，腹泻；③补铁有效	不高	长	①小细胞低色素型贫血；②血清铁减少；③再生性贫血
铁钴	缓慢	逐渐苍白	①地区性群发（反刍兽）；②顽固性消化不良，异嗜，消瘦，脱毛；③补钴有效	不高	长	①大细胞正色素型贫血；②再生性贫血
再生障碍型	缓慢（放射病除外）	苍白有增无减	①全身症状渐重；②伴出血性素质；③炎症不易控制	升高	短	①正细胞正色素型贫血；②骨髓三系细胞均减少（非再生性贫血）

【临床病理学】循环血液中红细胞数，血红蛋白含量和红细胞压积容量减少是各类贫血的共同特征。急性出血性贫血呈正细胞正色素性贫血。经4～6 d后，外周血液中出现大量网织红细胞及各种幼稚型红细胞，同时伴有血浆蛋白质含量降低。慢性出血性贫血由于铁大量流失而呈正细胞性低色素性贫血。溶血性贫血时，血清呈金黄色，胆红素呈间接反应，马可达128 mg/L（正常约为6 mg/L），牛可达16 mg/L（正常为1 mg/L）；血清和尿液中尿胆素原和尿胆素含量明显增高，外周血液中出现大量网织红细胞及各种幼稚型红细胞，呈正细胞或巨细胞性贫血。严重者有血红蛋白尿症。铁缺乏时呈现小细胞性低色素性贫血，MCV，MCH和MCHC均偏低。仔猪缺铁时，红细胞数降至$(3\sim4)\times10^{12}$/L，血红蛋白含量降至20～40 g/L，犊牛和羔羊的血清铁含量从304.3 μmol/L（1.70 mg/L）降至119.9 μmol/L（0.67 mg/L）。缺钴性贫血时红细胞数常在正常范围内，牛羊血液中钴含量低于33.9～135.8 nmol/L。叶酸缺乏时，猫可发生巨红细胞性贫血，其平均红细胞体积超过60 fL（正常猫为24～45 fL），缺乏网织红细胞。再生障碍性贫血时，循环血液中红细胞、白细胞和血小板都减少，缺乏再生型红细胞如网织红细胞和幼稚型红细胞。骨髓穿刺物涂片检查有助于区分再生性贫血和变质性贫血。如粒系细胞与红系细胞之比小于0.5，网织红细胞数大于5%，则为骨髓机能良好的再生性贫血；如粒红细胞之比大于0.93，则为非再生型贫血或再生障碍性贫血。

【病理学检查】可视黏膜苍白，组织色泽变浅，血液稀薄如水样，脾脏萎缩。严重的溶血性贫血时可出现黄疸，血小板减少等凝血因子缺陷性疾病时有各组织器官的出血。同时伴有原发病的病理变化。

【诊断】根据病史，黏膜苍白的临床体征以及血液学检查结果不难做出贫血的诊断。临床病理学资料有助于区分贫血的类型。

【治疗】除积极治疗原发病以外，应根据贫血类型采取止血，恢复血容量，补充造血物质，刺激骨髓造血机能等措施。

1. 迅速止血

对于外出血，常用结扎血管、填充及绷带压迫等外科方法止血，也可在出血部位贴上明胶海绵、止血棉止血，或在出血部位喷洒0.01%～0.1%肾上腺素溶液，使血管收缩而达到止血的目的。如效果不佳，可进行电热烧烙止血。对于内出血，可选用以下全身性止血药。

（1）安络血（安特诺新）注射液：适用于毛细血管损伤或血管通透性增加所致的出血性疾病。牛、马5～20 mL，猪、羊2～4 mL，犬、猫1～2 mL，肌肉注射2～3次/d。

（2）止血敏注射液：适用于手术前后预防出血和止血、内脏出血及因血管脆弱引起的出血的防治。牛、马10～20 mL，猪、羊2～4 mL，犬2～3 mL，猫1～2 mL，肌肉或静脉注射，2～3次/d，必要时可每隔2 h注射1次。

（3）6-氨基已糖注射液：牛、马30～50 g，猪、羊4～10 g，静脉注射。

（4）凝血质注射液：牛、马150～300 mg，猪、羊40～50 mg，皮下或肌肉注射。

（5）维生素K：只有在维生素K缺乏症时才使用本止血药。常用维生素K_1和维生素K_3，如敌鼠钠中毒时用维生素K_1注射液（10 mg/mL）肌肉注射，牛、马10～20 mL，猪（60 kg重）5 mL，绵羊1～2 mL，犬2～3 mL，兔和仔猪1 mL，2次/d，病情严重时可将药液加入5%葡萄糖溶液中静脉滴注。维生素K_3因吸收太慢，不能用于紧急状态，但可用于长期治疗。肌肉注射剂量为：牛、马0.1～0.3 g，犬1.0～30 mg，1次/d。

（6）牛、马内出血时，可静脉注射10%氯化钙溶液100～200 mL，或10%柠檬酸钠100～150 mL，或1%刚果红液100 mL。

2. 注射葡萄糖生理盐水

为补充血容量，可立即静脉注射5%葡萄糖生理盐水，其中可加入0.1%肾上腺素3～5 mL；或使用血液代用品右旋糖酐，常用6%中分子右旋糖酐注射液（含0.9%氯化钠），牛、马500～1 000 mL，猪、羊250～500 mL，犬、猫15～20 mL，静脉注射；有条件时可输注新鲜全血或血浆2 000～3 000 mL，隔1～2 d再输注1次；供血牛要健康，输血前必须进行交叉试验，输血速度要慢，可选择氯化钙抗凝血。

3. 给予铁制剂

为补充造血物质，对于缺铁性贫血，可给予铁制剂，常用硫酸亚铁，牛、马2～10 g，猪、羊0.5～2 g，犬0.05～0.5 g，口服，3次/d，或给予枸橼酸铁铵，牛、马5～10 g，猪、羊1～2 g，口服，2～3次/d，连用7 d，还可使用右旋糖酐铁、血多素等铁制剂。对于缺铜性贫血，动物机体不缺铁，还会有大量含铁血黄素沉积。故应只补铜不补铁，否则会造成血色素病。

常用口服或静脉注射硫酸铜：口服时，牛 3～4 g，羊 0.5～1 g，溶于适量水中灌服，每隔 5 d 用 1 次，3～4 次为一个疗程。静脉注射时，可配成 0.5%硫酸铜溶液，牛 100～200 mL，羊 30～50 mL。对于缺钴性贫血，可给予硫酸钴（牛 30～70 mg，羊 7～10 mg，口服，每周 1 次，4～6 次为一疗程）或氯化钴（牛 30 mg，犊牛 20 mg，绵羊 3 mg，羔羊 2 mg，1 次/d，连用 7～10 d。）。在缺钴地区，可以将含 90%氯化钴的缓释丸投入牛或羊的瘤胃内（牛用丸重 20 g，羊用丸重 5 g），药效可维持 3～5 年，或给予含钴食盐（每吨食盐内含碳酸钴 400～500 g 或硫酸钴 600 g），代替普通食盐饲喂牛和羊；还可给予维生素 B_{12}，绵羊 100～300 μg，犬 100～200 μg，猫 50～100 μg，肌肉注射，每天或隔天注射 1 次，4～6 次为一个疗程。当叶酸缺乏时，应给予叶酸，犬每天 5 mg，猫每天 2.5 mg，口服。

4. 使用其他制剂和疗法

为刺激骨髓造血机能，可使用以下制剂和疗法。

（1）苯丙酸诺龙：牛、马 0.2～0.4 g，猪、羊 0.05～0.1 g，犬 25～50 mg，猫 10～20 mg，1 次/10～14 d，皮下或肌肉注射，严重病例 3～5 d 1 次。

（2）康力龙：大型犬 2～4 mg，小型犬 1～2 mg，口服，1 次/d。

（3）中药疗法：可试用归脾汤。

黄芪、党参各 100 g，熟地 60 g，白术、当归、阿胶各 50 g，甘草 25 g，研末，开水冲，候温给牛或马一次灌服。

（4）对于顽固性再生障碍性贫血的名贵患病犬猫可采用组织相容性骨髓移植疗法。

仔猪缺铁性贫血
（Iron Deficiency Anemia in Piglets）

仔猪缺铁性贫血，又名仔猪营养性贫血或仔猪铁缺乏症。是由于饲料中缺乏铁，导致铁的摄入不足，机体中铁缺乏所致的一种以仔猪贫血、疲劳、活力下降以及生长受阻为特征的疾病。

【原因】原发性缺铁性贫血多见于新生仔猪，死亡仔猪的 30%是由于缺铁所致，同时也往往伴有铜缺乏，这是因为一方面体内铁的贮存量低（约 50 mg）；另一方面新生仔猪对铁的需要量大（7～11 mg/d），仔猪每增重 1 kg 需 21 mg 铁，而母乳中铁的含量低微，仔猪每天从乳汁中仅能获取 1～2 mg 铁，不能满足仔猪的正常生长需要；铁是血红蛋白合成的必需物质，铜则是红细胞生成所必需的一种微量元素。在冬春季节，舍饲集约化管理以及在用砖或水泥铺地的猪舍内饲喂的仔猪，铁的唯一来源是母乳，如不补饲铁制剂，极易发生缺铁性贫血。此外，饲料中铜、钴、锰、蛋白质、叶酸、维生素 B_{12} 缺乏也与本病的发生有关。

【流行病学】本病多见于 3～6 周龄仔猪。在冻土寒区、冬春季节、舍饲期间，尤其是在以木板或水泥地面等非石板圈舍而又不采取补铁措施的集约化猪场发病率较高。仔猪多在出生后 8～10 d 开始发病，7～21 日龄发病率最高。长得越快，铁贮消耗越快，发病也越快。黑毛仔猪更易患缺铁性贫血。

【发病机理】仔猪出生时身体的铁总量大约为 50 mg。其中，约 80%铁分布在血红蛋白中；约 10% 以血清铁的形式存在于血清、以运输铁的形式与铁蛋白结合运输于血浆或包含在肌红蛋白及细胞色素 C 等某些酶类中；仅有余下的不到 10%的铁，以铁蛋白和含铁血黄素的形式储存于肝、脾、骨髓和肺黏膜中。因此，仔猪体内的储存铁，数量极其微小，稍加动用即可耗竭。

哺乳仔猪的生长发育迅速，1 周龄体重可为出生重的 1 倍，3～4 周龄则增重 4～6 倍。全血亦随体重而相应增长，1 周龄时比出生时增长 30%，到 3～4 同龄时则几乎倍增。每合成 1 g 血红蛋白需铁 3.5 mg。因此，仔猪每增重 1 kg 需 21 mg 铁，每天需 7～11 mg，但仔猪每天从母乳中仅能获得铁 1～2 mg。每天要动用 6～10 mg 储存铁，只需 1～2 周储铁即耗尽。因此，长得越快，储铁消耗越快，发病也越快。用水泥地面圈舍饲养的仔猪，铁的唯一来源是母乳，最易发病，造成生活能力下降，甚至大批死亡。

仔猪同各种幼畜一样，出生后由胚胎期的肝脾造血转由骨髓造血，需要调整适应，有一个生理性贫血期。但仔猪生理性贫血的特点是出现时间早，表现程度重。原因如前所述，仔猪生后几周内，生长发育和全血容量增长快，铁需要量大，母乳铁供应量有限，而体内铁储存量极其微薄，维持数日即已枯竭。

铁是细胞色素氧化酶、过氧化物酶的活性中心，三羧酸循环中有一半以上的酶中含有铁。当机体缺乏铁时，首先影响血红蛋白、肌红蛋白及多种酶的合成和功能。体内铁一旦耗竭，最早表现是血清铁浓度下降，铁饱和度降低，肝、脾、肾中血铁黄蛋白含量减少，随之血红蛋白浓度和肌红蛋白含量下降，血色素指数降低，细胞色素 C 活性降低，过氧化氢酶活性明显降低。当血红蛋白降低 25%以下，即为贫血。降低 50%～60%将出现症状，如生长迟缓，可视黏膜淡染，易疲劳、易气喘、易受病原菌侵袭致病等，常因奔跑或激烈运动而突然死亡。

【临床表现】病仔猪精神沉郁，生长缓慢，离群伏卧，食欲减退，呼吸增数，脉搏加快，但体温不高，被毛粗乱无光泽。可视黏膜苍白。有时发生腹泻。病仔猪可突然发生死亡，有的虽能存活，但也多消瘦，健康状况低下，大肠杆菌感染率剧增，很易诱发仔猪白痢，有的猪还发生链球菌感染性心包炎。

【临床病理学】皮肤、黏膜苍白，血液稀薄如红墨水样，不易凝固，全身轻度或中度水肿。肌肉苍白，心肌尤为明显，心肌松弛，心脏扩张，心包液增多。肺水肿，胸腹腔充满淡黄色清亮液体。肝脏肿大，呈淡黄色，肝实质少量瘀血。脾肿大。新生仔猪血红蛋白浓度为 80 g/L，生后 10 d 内可低至 40～50 g/L，属于生理性血红蛋白浓度下降。缺铁性仔猪血红蛋白浓度可由正常的 80～120 g/L 降至 40 g/L 甚至以下，红细胞数由正常的$(5\sim8)\times10^{12}$/L 降至$(3\sim4)\times10^{12}$/L，呈现典型的低染性小细胞性贫血。

【诊断】眼观血色淡且稀薄，不易凝固。血常规检查红细胞数减少至$(3\sim1)\times10^{12}$ 个/L 甚至更低，且血红蛋白量降低至 40 g/L 甚至以下。MCV、MCH 等红细胞指数低(小)于正常，为小细胞低色素性贫血。血液推片观察，红细胞着色浅淡，中央淡染区明显扩大。红细胞个体大小不均且以小红细胞居多，红细胞平均直径由正常 6 μm 缩小到 5 μm。氧解离曲线左移，曲线整体变低变宽。骨髓涂片铁染色，细胞外铁粒消失，幼红细胞内则几乎看不到铁粒。

【治疗】主要是补充铁制剂。通常采用口服铁剂，经济实用。在集约化生产条件下，多采用铁注射剂。

口服铁制剂时，可用硫酸亚铁、焦磷酸铁、乳酸铁、还原铁等，其中硫酸亚铁是首选药物。常用硫酸亚铁 2.5 g、氯化钴 2.5 g、硫酸铜 1 g、常水加至 500～1 000 mL，混合后用纱布过滤，涂在母猪乳头上，或混于饮水中或掺入代乳料中，让仔猪自饮、自食，对大群猪场较适用。或用硫酸亚铁 2.5 g、硫酸铜 1 g、常水加至 100 mL，按 0.25 mL/kg 体重口服，1 次/d，连用 7～14 d；或每天给予 1.8%的硫酸亚铁 4 mL；或正磷酸铁，每日灌服 300 mg，连用 1～2 周；或还原铁每次灌服 0.5～1 g，每周 1 次。口服铁制剂时注意控制剂量，如误投大量铁剂，可导致动物铁中毒而出现呕吐和腹泻，甚至发生肝坏死和肝硬化。这是因为动物机体的铁排泄量相当稳定，体内铁平衡依靠肠道吸收进行调节，正常情况下当体内铁负荷太大时，肠道对铁的吸收就自动减少。但是，只有当肠内铁浓度较低时，肠道才可发挥调节吸收铁的作用；当铁浓度过高时，肠黏膜阻断吸收铁的控制能力就会被破坏。

注射铁制剂适用于集约化猪场或口服铁剂反应剧烈以及铁吸收障碍的腹泻仔猪。仔猪可肌肉注射铁制剂，用右旋糖酐铁 2 mL(每毫升含铁 50 mg)，深部肌肉注射，一般一次即可，必要时隔周再注射 1 次；或葡聚糖铁钴注射液，2 周龄内深部肌肉注射 2 mL，重症者隔两天重复注射 1 次，并配合应用叶酸、维生素 B_{12} 等；或后肢深部肌肉注射血多素(含铁 200 mg)1 mL。

【预防】改善仔猪的饲养管理，在猪舍内放置土盘，装红土或深层干燥泥土让仔猪自由拱食，即使每猪每天仅食进几克普通泥土或几颗带泥的新鲜蔬菜，也可防止仔猪缺铁性贫血。或让仔猪随同母猪到舍外活动或放牧，或给予富含蛋白质、矿物质和维生素的全价饲料，保证充分的运动。水泥地面舍饲的仔猪，在生后 3～5 d 可开始补饲铁制剂，补铁方法参照治疗方法，也可用硫酸亚铁溶液复合(硫酸亚铁 450 g、硫酸铜 75 g、葡萄糖 450 g、水 2 L)，每日涂擦于母猪的奶头上。国外研究结果表明，非经肠道补铁时，其剂量要严格控制，因为铁过量会引起中毒，而且铁有利于细菌的生长繁殖。

红细胞增多症(Polycythemia)

红细胞增多症是指循环血液中红细胞相对或绝对增多，导致血液黏稠度过高，影响正常血液循环所致的一种临床综合征。根据发生原因可分为相对性红细胞增多症和绝对性红细胞增多症两大类。有关本病的详细资料请参考本书第二章“红细胞增多症”一节中相关的内容。

(任志华)

第二节　造血器官疾病

白血病(Leukemia)

白血病是造白细胞组织增生(Leucosis)使异常增殖的白细胞出现于循环血液中的一类造血系统的恶性肿瘤性疾病。按增生的造血组织或细胞系列不同，可分为骨髓性白血病和淋巴性白血病两大类；按病程可分为急性和慢性。在家畜中以慢性淋巴性白血病最多见。主要发生于牛、犬、猫、禽和猪，马和羊极少发生。

【原因】尚未完全确定，目前有以下3种学说。

(1)病毒病因学说。迄今已分离出牛白血病病毒C型粒子、猫白血病病毒、禽白血病病毒群等病原体，提示动物白血病很可能由病毒引起。但尚未弄清病毒是原发性病因还是继发性病因，是一元性还是多元性。

(2)免疫缺陷学说。在实验性发病中，将牛白血病细胞悬液接种于绵羊，必须给绵羊注射糖皮质激素，使其处于免疫抑制状态才容易获得成功，是本学说的实验基础。

(3)遗传学说。已证实，白血病在牛、猪和鸡某些品系中呈家族性发生，显示垂直传播。某些学者认为，只有具有遗传素质的动物才会被白血病病毒感染而发病，具有遗传抗性的动物则不发病。

【临床表现】慢性淋巴性白血病：发病缓慢，一开始表现精神沉郁，食欲减退，渐进性消瘦、水肿等全身症状。然后出现淋巴结肿大以及肝、脾肿大等特征症状。当内脏淋巴结极度肿大时常出现相应的临床表现，如纵隔淋巴结肿大，往往引起吸气性呼吸困难和食道狭窄；腹腔淋巴结肿大，多因压迫门静脉而出现腹水；肠壁淋巴结肿大，往往引起便秘、腹泻和腹痛。临床病理学特征为白细胞数显著增多，常为$(2\sim3)\times10^{10}$/L，甚者可达$(0.5\sim1.5)\times10^{11}$/L；在白细胞分类上，淋巴细胞比例高达80%～90%，甚者达95%以上。骨髓穿刺物涂片上，粒系、红系和巨核系细胞都显著减少，片上充满淋巴细胞，其中幼稚型淋巴细胞较多。

慢性骨髓性白血病：临床表现与慢性淋巴性白血病基本相同，但肝、脾肿大特别明显，而淋巴结肿大较轻，早期即可出现较严重的贫血症状，临床病理学特征为白细胞总数轻度增多，通常为$(1\sim2)\times10^{10}$/L；在白细胞分类上，粒细胞比例可达70%～95%，主要为中性白细胞，也可能是嗜酸性白细胞或嗜碱性白细胞。在血液涂片上除正常的成熟粒细胞外，尚有较多的幼稚型细胞，骨髓涂片上，粒系细胞大量增生，而红系细胞和巨核细胞明显减少。

慢性白血病的病程持续数月，甚至数年，病情时好时坏，最终死于出血、贫血、感染或衰竭。

【诊断】根据淋巴结肿大及肝、脾肿大、贫血等临床症状，血液学检查结果，不难作出诊断。慢性淋巴性白血病与骨髓性白血病相鉴别的要点是前者以淋巴结肿大为主要体征，白细胞总数极度增多，淋巴细胞比例高达80%以上，后者以肝、脾肿大为主要体征，白细胞总数增多不明显，粒细胞比例占70%以上。对于牛慢性淋巴性白血病，计算循环血液中淋巴细胞绝对值有重要的诊断意义。但测定时必须注意正常牛淋巴细胞的年龄变化。诊断时可参考表6-2-1。

表6-2-1　牛慢性淋巴性白血病的诊断标准(血液中淋巴细胞数)　$\times10^9$/L

年龄	正常牛	可疑牛	病牛	年龄	正常牛	可疑牛	病牛
0～1岁	<10	10～13	>13	3～6岁	<6.5	6.5～9.0	>9
1～2岁	<9	9～12	>12	6岁以上	<5.5	5.5～7.5	>7.5
2～3岁	<7.5	7.5～10	>10				

【治疗】目前尚无特效的治疗方法，对名贵的犬和猫，可试用氮芥、氨甲蝶呤、阿糖胞嘧啶、环磷酰胺、*L*-天门冬酰胺等抗癌药，也可实施组织相容性骨髓移植疗法。在预防上，应加强检疫、定期普查，扑杀阳性动物。禁止从存在患病动物的场所引入动物。

周期性中性白细胞减少症
(Cyclic Neutropenia)

周期性中性白细胞减少症又称灰色柯里犬综合征(Gray Collie Syndrome)、周期性血细胞生成症(Cyclic Hematopoiesis)，是一种以中性白细胞减少为主的所有血细胞成分周期性生成障碍的疾病。仅发生于灰色或灰白色柯里犬及其杂种。本病呈常染色体隐性遗传。病的实质是骨髓中多能干细胞先天性缺陷且周期性地变换其主要分化方向。病犬反复发生齿龈炎、肺炎、胃肠炎、骨骺坏死、细菌感染，甚至发生败血症，被毛颜色变浅，病程长的常发生出血体征和淀粉样肾病。从出生起，每隔12 d左右(11～14 d)出现一次血细胞生成障碍，其中以中性白细胞的周期性变化最明显。每一周期中，先出现循环血液中中性白细胞减少，甚至完全消失，到第6天后逐渐回升，甚至出现回弹性中性白细胞增多。

网织红细胞和血小板也呈周期性变化，但与中性白细胞的变化刚刚相反。根据发生周期，使用抗生素防治细菌感染，有良好效果。对于名贵的种犬，可采用健康犬组织相容性骨髓移植。采用测交试验检出并淘汰携带者是消除本病的根本措施。

骨石化病（Osteopetrosis）

见二维码 6-1。

二维码 6-1　骨石化病

（任志华）

第三节　出血性疾病

甲型血友病（Haemophilia A）

甲型血友病是由因子Ⅷ（抗血友病球蛋白，简称 AHG）合成障碍或结构异常所致的一种遗传性出血性疾病，又称真性血友病（True Haemophilia）或经典血友病（Classical Haemophilia）、先天性因子Ⅷ缺乏症（Congenital Factor Ⅷ Deficiency）、AHG 缺乏症（Antihaemophilic Globulin Deficiency）。犬的发生率较高，马、牛、绵羊和猫中也有发病的记载。本病呈 X 连锁隐性遗传，常呈家族性发生。疾病呈典型的交叉遗传，即患病公畜与无亲缘关系的母畜交配时，子代中的公畜为正常畜而母畜均为携带者；正常公畜与患病母畜交配时，子代中的公畜全部发病，而母畜为携带者。本病的主要发病环节是因子Ⅷ的组成部分因子Ⅷ凝血前质（$F_{Ⅷ}$：C）的量减少或结构异常。主要发生于公畜，在出生时或出生后数周、数月有不同程度的出血倾向，如在创伤及手术后出血时间延长，幼畜换牙时出现齿龈出血。常发生自发性出血，致使软组织内形成血肿，关节和体腔积血，注射部位出血不止或形成血肿，有的病畜因广泛性内出血而突然死亡。病畜的凝血时间延长，一般在 20 min 以上，严重者可达 1～2 h；激活的部分凝血活酶时间显著延长（30～50 s），甚至达 100 s 以上（正常犬为 14～18 s）；$F_{Ⅷ}$：C 活性低下，常常只有正常犬的 8%～10%，甚至低于 1%。输注相合的新鲜全血、血浆、浓缩的 AHG 制剂，对控制出血有较好的效果，一般可输注冰冻新鲜血浆 6～10 mL/kg（犬和猫），连续 2～5 d。对于名贵品种病犬，可使用去氨精氨酸加压素 0.4 μg/kg，用生理盐水稀释后皮下注射或静脉注射，但其作用短暂（只有 1～2 h），故仅适用于手术过程中。预防的关键在于及时检出并淘汰携带致病基因的母畜。

乙型血友病（Haemophilia B）

乙型血友病是由因子Ⅸ（血浆凝血活酶成分，简称 PTC）生成不足或结构异常所致的一种遗传性出血性疾病，又称先天性因子Ⅸ缺乏症（Congenital Factor Ⅸ Deficiency）、PTC 缺乏症（Plasme Thromboplastin Component Deficiency）、Christmas 病（Christmas Disease）。在 16 个品种犬、暹罗猫、英国短毛猫和喜马拉雅猫中有发病的记载。本病呈 X 连锁隐性遗传，主要是公犬和公猫发病。临床表现酷似甲型血友病，但病情较轻，多在哺乳期或断乳后出现出血体征。病畜的凝血时间显著延长，可达 1 d 左右；激活的部分凝血活酶时间延长，常为 30～50 s；病犬的 PTC 活性只有正常犬的 1%～1.5%，携带者的 PTC 活性一般为正常犬的 40%～60%。输注新鲜全血、血浆、血清或凝血酶原复合物（每单位活性相当于新鲜血浆 1 mL），使血浆 PTC 活性恢复到正常犬的 25%以上时，即能有效地制止出血。检出并淘汰携带致病基因的母犬和母猫是预防和消灭本病的有效措施。

甲乙型血友病（Haemophilia AB）

见二维码 6-2。

二维码 6-2　甲乙型血友病

丙型血友病（Haemophilia C）

丙型血友病是由因子Ⅺ（血浆凝血活酶前质，简称 PTA）先天性合成障碍所致的一种遗传性出血性疾病，又称先天性因子Ⅺ缺乏症（Congenital Factor Ⅺ Deficiency）、PTA 缺乏症（Plasma Thromboplastin Antecedent Deficiency）。牛、犬和猫中均有发病的记载。本病呈常染色体隐性遗传，常呈家族性发生。杂合子牛无临床症状，纯合子牛的临床表现不一，通常较少发生自发性出血，在断角术和创伤后出血时间延长或反复出血，静脉穿刺后出血和形成血肿，但很少出现出血不止的情况。个别牛因多发性出血而死亡。病犬有轻度或中度出血体征、创伤或手术后可导致严重出血。病猫仅有轻微出血体征。病畜的凝血时间延长 1～2 倍，病牛可达 55 min（正常为 10～20 min），激活的部分凝血活酶时间延长，病牛可达 308 s（正常为 46～52 s），纯合子的 PTA 活性降低，仅为正常活性的 1%～5%，杂合子的多数为正常活性的 30%以上。输注新鲜相合全血或血浆，每次 10 mL/kg，可有效地防止手术或创伤后出血。当血液中 PTA 活性达到正常活性的 25%时就足以防止手术及创伤后出血。检出并淘汰携带者是预防和消灭本病的有效措施。

先天性纤维蛋白原缺乏症（Congenital Fibrinogen Deficiency）

见二维码 6-3。

二维码 6-3　先天性纤维蛋白原缺乏症

先天性凝血酶原缺乏症（Congenital Prothrombin Deficiency）

见二维码 6-4。

二维码 6-4　先天性凝血酶原缺乏症

血管性假血友病（Vascular Pseudohemophilia）

见二维码 6-5。

二维码 6-5　血管性假血友病

血斑病（Morbus Maculosus）

见二维码 6-6。

二维码 6-6　血斑病

血小板异常（Platelet Abnormality）

血小板异常是指由各种原因引起外周血液中血小板数量减少和/或质量改变所致的以血凝障碍和出血为特征的临床综合征。在动物的出血性疾病中约有 75%以上是由血小板异常引起的。

【原因】血小板异常由血小板生成不足，破坏过多和先天性血小板功能障碍引起。血小板生成不足见于放射病、镰刀菌毒素中毒、牛蕨中毒、马传染性贫血等引起再生障碍性贫血的各种疾病。血小板破坏过多见于新生畜同族（种）免疫性血小板减少性紫癜，自体免疫性血小板减少性紫癜，系统性红斑狼疮，以及马传染性贫血、牛血孢子虫病、犬钩端螺旋体病、狂犬病、犬细小病毒感染、巴氏杆菌病等感染致发的继发性血小板减少性紫癜。血小板先天性功能障碍见于血管性假血友病（黏附功能缺陷），先天性血小板无力症：血小板无力性血小板病（聚集功能缺陷），血小板病和贮藏池病（分泌功能缺陷）。

【病型与临床表现】

（1）血小板减少性紫癜（Thrombocytopenic Purpura）。基本症状是皮肤和可视黏膜出现出血斑点，常伴发鼻衄、血尿、黑粪、损伤部位长时间出血以及皮下血肿。循环血液中血小板数小于 2×10^{10}/L。伴有贫血时，可视黏膜苍白。其他症状错综复杂，依病因而异。

（2）先天性血小板无力症（Congenital Thrombasthenia）。又称 Granzman 病，是由血小板聚集功能缺陷所致的遗传性出血病。在马和犬中有记载。呈常染色体不完全显性遗传（马）或隐性遗传（犬）。主要症状为不同程度的毛细血管出血，出血体征随年龄增长而逐渐减轻，服用阿司匹林后加重。出血时间显著延长，血块收缩不全或不收缩，血液涂片上血小板分散存在而不聚堆。

（3）血小板病（Thrombopathy）。是一类血小板分泌和释放功能缺陷所致的出血病，可分为贮存池病和阿司匹林样缺陷两种。

①贮存池病(Storage Disease):常见临床病型为契-东二氏综合征。主要症状为自发性出血,不全白化症和反复发生严重感染,且久治不愈。血小板对胶原的聚集反应减弱或消失。详见第二十二章"白化病"。

②阿司匹林样缺陷(Aspirin Like Defect):血小板释放ADP的功能在某些环节上(如环氧化酶和凝血恶烷合成酶缺乏或受抑制)发生障碍,与服过阿司匹林一样。

(4)血小板无力性血小板病(Thrombasthenic Thrombopathia)。是由血小板黏附和聚集功能缺陷所致的遗传性出血病。仅见于犬,呈常染色体不完全显性遗传。纯合子病犬有严重出血体征,杂合子多数发病,但病情较轻。出血时间延长,血小板中度减少,出现大血小板、巨血小板和异形血小板。血小板因子Ⅲ释放减少,ADP、胶原、凝血酶不能诱发血小板聚集反应,血小板黏附性(玻璃珠滞留率)显著降低。

【治疗】应针对不同原因,采取相应的治疗方法。对继发性血小板异常,应积极治疗原发病;对由免疫反应引起的应使用免疫抑制剂,如氢化可的松、强的松、地塞米松等。出血发作时或手术前输注新鲜全血或富含血小板的血浆,可有效制止出血或手术时出血。对于遗传性血小板异常,应淘汰病畜,检出并淘汰携带致病基因的杂合子,以阻止致病基因在畜群中传播。

血栓症(Thrombosis)

血栓是由血小板和纤维蛋白在血瘀(血流减慢)、内皮损伤以及存在高凝状态所形成的聚合物。血栓在心腔形成并黏附在壁上或形成游离度小的球形物,或在血管内形成并导致血管部分或完全阻塞的叫血栓症。

【原因】血栓整体或部分能够脱落,通过血流以栓子形式移动,进而被运送到直径小于栓子的血管远端。注射不当、导管插入技术不过关、或使用劣质导管材料,均会导致血管内血栓形成。此外,患有全身性炎症、内毒素血症和抗凝血酶缺乏症等可导致血液凝固性过高的疾病的动物,也较易形成血管内血栓。若不及时治疗或控制血栓,动物可能会出现出血性素质或弥散性血管内凝血(DIC),甚至出现由于血栓沉积和凝血因子消耗而引起的危及生命的出血性疾病。大动脉、小动脉和静脉中均可形成血栓。马和牛易形成静脉血栓,犬和猫易患动脉血栓。动脉血栓形成或栓塞会造成组织局部缺血。败血性栓子(栓子中含有细菌)会导致细菌在体内的传播及末梢毛细血管床的感染。

【临床表现】血栓在不同部位所表现的症状均不一样,肺动脉血栓/栓塞易导致动物急性呼吸困难,甚至咯血。泌尿生殖系统内的血栓/栓塞会导致动物出现血尿和腹痛。内脏血栓/栓塞则会导致小动物腹痛及呕吐。此外,动物品种不同,血栓的症状也不同。

1. 牛

牛前腔静脉血栓会导致双侧颈静脉怒张,头部、颌下区和胸部水肿以及明显的口腔黏膜充血;还可能会出现明显的舌、咽或喉水肿,并导致吞咽与呼吸困难。肝脓肿和血管脓肿会导致牛发生后腔静脉血栓。其常见的后遗症是栓塞性肺炎、继发性肺脓肿、血栓栓塞和肺部动脉瘤。患牛可出现咳嗽、呼吸急促、呼吸困难和异常肺音,甚至会继发鼻出血、咯血和死亡。该病病程中可见纤维蛋白原升高、贫血及脓肿病例中的肝酶升高。

2. 马

马前腔静脉血栓表现为头部和颈部的水肿,该病可能是由颈静脉血栓引起的。马颈静脉插管术不过关和注射液外渗会引起静脉炎,导致患区肿胀、发热和疼痛,继而出现颈静脉血栓。反刍动物不易形成颈静脉血栓。

3. 犬与猫

在犬上,心丝虫病可导致肺动脉血栓形成,该病在猫中少见。患病动物会出现呼吸困难和呼吸急促。患病动物突然出现咳嗽、呼吸窘迫或猝死。胸部X片正常或出现感染肺泡的灌流较少、间质性浸润或胸腔积液。动脉血气分析显示会伴有二氧化碳浓度正常或偏低的低氧血症。采用放射性核素标记大颗粒聚合白蛋白的通气/灌注扫描以及气体或肺血管造影术能够确诊该病。

在猫上,心源性栓塞(动脉血栓栓塞)是心肌病的破坏性并发症。腔内血栓一般形成于血流缓慢的扩张的左心房,左心室很少见。患病动物会出现疼痛和轻瘫或后肢下运动神经元麻痹。患肢动脉搏动(股动脉和足动脉)减少甚至消失,温度降低,肌腹硬而肿胀。临床症状可能是单侧的,也可能是双侧的,或者是双侧的但不对称。栓子也可梗塞其他动脉血管床,包括右前肢、肾脏、内脏、脑和心肌。患病动物上潜在的心肌疾病代偿失调较常见,且会导致充血性心力衰竭(肺水肿、胸腔积液)。梗塞的下肢肌肉组织缺血和坏死,导致血清肌酸激酶(Creatine

Kinase，CK）和谷草转氨酶（Aspartate Transaminase，AST）升高。

【治疗】

1. 牛和马

在牛和马中，静脉血栓的治疗通常只限于保守疗法，包括静脉水疗法、消炎药以及控制继发感染的全身抗菌药物。若马颈静脉血栓已通过手术成功摘除，一般药物治疗即可消除炎症。前腔静脉和/或后腔静脉的血栓会使动物出现更严重的临床症状，因此需要更有效地治疗方法，包括溶栓药物或血管内/外科手术切除。因为长期口服药物治疗通常会使动物不适，预后不良。治疗时尽量减少创伤和细菌污染，以保持静脉最佳状态，防止静脉血栓形成。特别要注意置管操作和静脉注射。抗血小板治疗（阿司匹林 100 mg/kg，每日 1 次）、抗凝疗法（普通肝素 40～80 IU/kg，皮下注射，每日 2～3 次）能防止血栓进一步形成。

2. 猫

猫急性动脉栓塞的治疗方法很多。保守疗法包括止痛（氢吗啡酮 0.08～0.3 mg/kg，每 2～6 h 进行皮下注射、肌肉注射或静脉注射；或盐酸丁丙喏啡，0.005～0.01 mg/kg，每日 3～4 次，皮下注射、肌肉注射或静脉注射）和抗凝疗法（肝素，250～375 IU/kg，静脉注射，然后 150～250 IU/kg，皮下注射，每日 3～4 次）。为利于建立侧支循环，减少血栓进一步的形成，可考虑使用抗血小板疗法（氯吡格雷 75 mg，口服给药，一旦出现疗效，随后 18.75 mg，口服给药，每日 1 次）。溶血栓疗法包括链激酶（每只猫 90 000 IU，静脉注射 20 min 后，改为 45 000 IU，持续静脉输注 2～24 h）、重组组织型纤溶酶原激活剂（组织型纤溶酶原激活剂，每小时 0.25～1 mg/kg，静脉注射，总剂量为 1～10 mg/kg）或尿激酶（4 400 IU/kg，静脉注射 10 min 后，每小时 4 400 IU/kg，静脉注射 12 h）。这些药物可通过将纤溶酶原转化为分解纤维蛋白的纤溶酶促进血栓溶解。

【预防】猫原发性或继发性心源性血栓，可使用阿司匹林（25 mg/kg，口服给药每 48～72 h 1 次）；或氯吡格雷（18.75 mg/只，口服给药，每日 1 次）；或华法林（0.25～0.5 mg/只，口服给药，每日 1 次）。

3. 犬

犬动脉血栓栓塞通常与低蛋白肾病和肿瘤有关。预防犬动脉血栓栓塞的抗血栓药物报道的有阿司匹林（0.5 mg/kg，口服给药，每日 2 次）、氯吡格雷（1～3 mg/kg，口服给药，每日 1 次）、华法林（0.22 mg/kg，口服给药，每日 1 次）、肝素（100 IU/kg，皮下注射，每日 1～2 次）。

（任志华）

复习思考题

1. 动物贫血的类型有哪些？致病因素及诊断思路是什么？

2. 动物贫血的鉴别诊断要点及防治原则是什么？

3. 仔猪缺铁性贫血的病因和发病特点是什么？如何进行防治？

4. 试述动物白血病的类型及鉴别诊断要点。

5. 什么是周期性中性白细胞减少症？其临床特征是什么？如何防治？

6. 什么是骨石化病？

7. 血友病可分为哪些类型？各自产生的原因是什么？

8. 什么是先天性纤维蛋白原缺乏症？

9. 什么是先天性凝血酶原缺乏症？

10. 什么是血斑病？如何治疗？

11. 血小板异常有哪些类型？如何治疗？

12. 试述不同动物血栓症的类型及治疗。

第七章 泌尿系统疾病

【内容提要】泌尿系统由肾脏、输尿道、膀胱和尿道组成。泌尿系统的主要功能是排泄代谢产物、调节水盐代谢、维持内环境的相对恒定;此外,肾脏还可分泌肾素、红细胞生成素和1α-羟化酶,分别具有调节血压、促进红细胞生成和活化维生素 D_3 的作用。由于泌尿器官是机体最主要的排泄器官,当肾脏机能障碍时,不仅使尿液和体内的有害代谢产物不能排出,还会引起水盐代谢紊乱和酸碱平衡失调,严重影响家畜机体的生命活动,甚至导致死亡。

本章主要介绍肾炎、肾病、急性/慢性肾衰、膀胱炎、膀胱麻痹、膀胱破裂、尿道炎、尿结石以及猫下泌尿道疾病,要求学生掌握其发病原因、发病机理、诊断和防治措施等。

第一节 肾脏疾病

肾炎(Nephritis)

肾炎是肾实质、肾间质发生炎性病理变化的疾病总称。本病临床以肾区敏感和疼痛,尿量减少甚至无尿,尿液中出现病理产物(各种管型),严重时以全身水肿为特征。

肾炎按其发生部位分为肾小球肾炎、肾小管肾炎、间质性肾炎,临床常见的多为肾小球肾炎及间质性肾炎;按病程经过分为急性肾炎和慢性肾炎两种;按炎症发生的范围分为弥漫性和局灶性肾炎。各种动物均可发生,马、猪、犬较为多见。

【原因】急性肾炎的病因到目前为止尚未彻底阐明,现认为本病的发生与感染、中毒及变态反应有关。

感染因素:继发于某些传染病的过程中,如猪瘟、传染性胸膜肺炎、禽的肾型传染性支气管炎、链球菌等。也可由邻近器官炎症蔓延转移而引起,如肾盂肾炎、子宫内膜炎等。

中毒因素:内源性毒物如重度胃肠炎、肝炎、代谢性疾病、大面积烧伤或烫伤时所产生的毒素、代谢产物或组织分解产物等;外源性毒物主要是有毒植物(栎树叶)、霉变饲料、农药、重金属(砷、汞、铅、磷、镉等)、强烈刺激性药物(如斑蝥、松节油等)等。

诱发因素:动物营养不良,劳役过度,受寒感冒等。

慢性肾炎原发性原因基本上同急性肾炎,但病因作用持续时间较长,性质比较缓和,症状较轻;继发性病因,常因急性肾小球肾炎治疗不当而转为慢性。临床上慢性肾炎以继发性居多。

【发病机理】多数肾炎是免疫介导性炎性疾病。一般认为,免疫机制是肾炎的始发机制,在此基础上炎症介质(如补体、白细胞介素、活性氧等)参与下,导致肾小球损伤并产生临床症状。

(1)免疫反应。体液免疫主要指循环免疫复合物(CIC)和原位免疫复合物,在肾炎病理发生中的作用已得到公认,细胞免疫在某些类型肾炎中的重要作用也得到肯定。

①体液免疫:可通过下列两种方式形成肾小球免疫复合物(IC):

循环免疫复合物沉积:某些外源性抗原或内源性抗原可刺激机体产生相应抗体,在血循环中形成CIC,CIC在某些情况下沉积或为肾小球所捕捉,并在激活炎症介质后导致肾炎产生。

原位IC形成或CIC沉积所致的肾小球免疫复合物,如为肾小球系膜所清除,或被单核-吞噬细胞、局部浸润的中性粒细胞吞噬,病变则多可恢复。若肾小球内IC持续存在或继续沉积和形成,或机体针对肾小球免疫复合物中免疫球蛋白产生自身抗体,则可导致病变持续和发展。

②细胞免疫:急性肾小球肾炎早期肾小球内常可发现较多的单核细胞,这已为肾炎模型的细胞免疫所证实并得到公认。

(2)炎症反应。临床及实验研究显示始发的免疫反应需引起炎症反应,才能导致肾小球损伤及其临床症状。炎症介导系统可分成炎症细胞和炎症介质两大类，炎症细胞可产生炎症介质，炎症介质又可趋化、激活炎症细胞，各种炎症介质间又相互促进或制约，形成一个复杂的关系。

【临床表现】急性肾炎：病畜精神沉郁，体温略升，食欲减退，消化紊乱，犬、猫中后期出现呕吐、腹泻或便秘，肾区敏感疼痛、排尿次数及尿液成分改变，水肿、肾性高血压等临床特征，后期甚至出现尿毒症，具体症状表现如下：

①肾区敏感疼痛：患畜不愿活动，站立时背腰弓起，后肢叉开或收拢于腹下；强迫行走时，行走小心，背腰僵硬，运步困难，步态强拘。严重时，后肢不能提举而拖曳前进。外部压迫肾区或进行肾部触诊（大动物直肠检查，小动物腹部触诊），可发现肾脏肿大，敏感性增高；病畜呈疼痛反应，表现站立不安，弓腰，躲避或抗拒检查。

②排尿次数及尿液成分改变：病畜频频排尿但每次尿量较少，严重时可出现无尿现象；尿色浓暗，比重增高，甚至出现血尿（尿中含有大量红细胞时，尿呈粉红色、深红色或褐红色）；尿中蛋白质含量增加（3%或更多）；尿沉渣中可见透明颗粒、红细胞管型、颗粒管型、上皮管型以及散在红细胞、白细胞、肾上皮细胞及病原菌等。

③肾型高血压：动脉血压升高，第二心音增强；病程较长时，可出现血液循环障碍及全身静脉瘀血。

④水肿：病程后期在眼睑、胸前、腹下、阴囊或四肢末端等处发生水肿；严重时，可发生喉水肿、肺水肿或体腔积液。

⑤尿毒症：重症病畜血中非蛋白氮（NPN）升高，呈现尿毒症症状。患畜表现全身功能衰竭，四肢无力，意识障碍甚至昏迷，全身肌肉阵发性痉挛，并伴有腹泻及呼吸困难。

慢性肾炎：其症状基本同急性肾炎，但病程较长，发展缓慢，且症状不明显。

间质性肾炎：初期尿量增多，后期减少，尿沉渣中可见少量蛋白及各种细胞，有时可发现透明、颗粒管型；血压升高；心肌肥大，第二心音增强；大动物直肠检查和小动脉肾区触诊，可摸到肾脏表面不平，体积缩小，质地坚实，但无疼痛、敏感现象。

【病理学检查】急性肾炎：眼观变化多不明显，仅见肾脏轻度肿大充血，质地柔软，被膜紧张，易剥离；表面及切面皮质部见到散在的针尖状小红点，同时因肾小球肿胀发炎，切面也可见呈半透明的小颗粒状隆起。血液中 NPN 含量增高，尿蓝母增多，最终导致慢性氮质血症性尿毒症，病畜倦怠，消瘦，贫血，抽搐及出血倾向，直至死亡。有资料报道，马肾炎时，血液蛋白含量下降，血液非蛋白氮可达 1.785 mmol/L 以上（正常值为 1.428～1.785 mmol/L）。

慢性肾炎：肾明显皱缩，表面凹凸不平或呈颗粒状，质地硬实，被膜剥离困难，切面皮质变薄，结构致密，有时在皮质或髓质内见有或大或小的囊腔。重症病畜中 NPN 高达 82.8 mmol/L，尿蓝母可增至 40 mg /L，而引起慢性氮血症性尿毒症。

间质性肾炎：肾间质增生形成瘢痕组织，增生的结缔组织呈灰白的条纹状，增生导致肾间质增宽，肾脏质地坚硬，体积缩小，表面凹凸不平或呈颗粒状，色泽变淡呈灰白色，被膜增厚但剥离困难，切面皮质变薄。血液肌酸酐和尿素氮升高，犬的尿素可达 237.37 mmol/L。

【诊断】肾炎主要根据病史，典型的临床症状，特别是尿液的变化进行诊断。必要时亦可进行肾功能测定（酚红排泄试验、尿液浓缩、稀释试验以及肌酐清除率测定）。

间质性肾炎，除上述诊断根据外，可进行肾脏触诊：肾脏硬固，体积缩小。

在鉴别诊断方面，应注意与肾病的区别。肾病是由于细菌或毒物的直接刺激肾脏，而引起肾小管上皮变性的一种非炎性疾病，通常肾小球损害轻微。临床上见有明显水肿、大量蛋白尿及低蛋白血症，但无血尿及肾性高血压现象。

【治疗】肾炎的治疗原则：清除病因，加强护理，消炎利尿，抑制免疫反应及对症疗法。

（1）加强护理。改善饲养管理，将病畜置于温暖、干燥、阳光充足且通风良好的畜舍内，并给予充分休息，防止受寒、感冒；在饲养方面，病初可施行 1～2 d 的饥饿或半饥饿疗法。以后应酌情给予富有营养、易消化且无刺激性的糖类饲料，并适当限制水和食盐的摄入。

（2）消除感染。青霉素、链霉素等；氟喹诺酮类：环丙沙星、恩诺沙星。

（3）免疫抑制疗法。肾上腺皮质激素在药理剂量时具有很强的抗炎和抗过敏作用。

①肾上腺皮质激素：醋酸泼尼松、氢化泼尼松，亦可应用醋酸考的松或氢化考的松，或地塞米松（氟美松）。

②抗肿瘤药物：多应用烷化剂的氮芥、环磷酰胺等。

（4）利尿消肿。明显水肿时，可酌情选用利尿剂。双氢克尿噻、醋酸钾、25%氨茶碱注射液。

（5）对症疗法。出现心脏衰弱时，可应用强心剂，如安钠咖、樟脑或洋地黄制剂；出现尿毒症时，可应用5%碳酸氢钠，或应用11.2%乳酸钠溶液溶于5%葡萄糖溶液，必要时，亦可应用水合氯醛，静脉注射；出现大量蛋白尿时，为补充机体蛋白，可应用蛋白合成药物，如苯丙酸诺龙或丙酸睾丸素；出现大量血尿时，可应用止血敏或维生素K。

【预防】

(1)加强管理，防止家畜受寒、感冒，以减少病原微生物的侵袭和感染。

(2)注意饲养，保证饲料的质量，禁止喂饲有刺激性或发霉、腐败、变质的饲料，以免中毒。

(3)对急性肾炎的病畜，应及时采取有效的治疗措施，彻底消除病因以防复发或慢性化转为间质性肾炎。

肾病(Nephrosis)

肾病是指肾小管上皮发生弥漫性变性坏死的一种非炎性肾脏疾患。该病临床特征是出现大量蛋白尿、明显的水肿、低蛋白血症，但不见有血尿及血压升高现象；其病理变化的特点是肾小管上皮发生混浊肿胀、变性(脂肪变性和淀粉变性)，甚至坏死，通常肾小球的损害轻微。各种家畜均有发生，马多见。

【原因】肾病的病因有多种，临床上以感染、中毒和肾缺血为主要因素。

感染因素：主要发生于某些急性、慢性传染病(马传染性贫血、传染性胸膜肺炎、流行性感冒、鼻疽、口蹄疫、结核病、猪丹毒等)的疾病中。

中毒因素：某些有毒物质的侵害，化学毒物如汞、磷、砷、氯仿、吖啶黄等中毒；真菌毒素如采食腐败、发霉饲料引起的真菌中毒；体内的有毒物质如发生消化道疾病、肝脏疾病、蠕虫病、大面积烧伤和化脓性炎症等疾病时，所产生的内毒素中毒。

缺血性因素：肾脏局部组织缺血也可引起本病。局部缺血主要见于循环衰竭，如休克、大失血、急性心力衰竭和重度脱水等，由于肾组织局部长时间缺血，引起肾小管上皮细胞变性、坏死。

其他肾病因素：空泡性肾病即渗透性肾病与低血钾有关；犬和猫的糖尿病，常因糖沉着于肾小管上皮细胞，尤其是沉积于髓质外带与皮质的最内带时而导致糖原性肾病。在禽痛风时因尿酸盐沉着于肾小管而导致尿酸盐肾病。

此外，外力的撞击、肌红蛋白尿、血红蛋白尿等也是本病的病因。

【发病机理】研究表明，中毒性肾病发生时，病原微生物、机体的代谢产物等内源性毒素与外源性毒物需要经肾脏排出，而肾脏肾小管对毒素敏感性高于肾小球；同时由于肾小管对尿液有浓缩作用使其毒素含量增高，导致肾小管受到更加强烈的刺激而产生变性，严重时甚至发生坏死。低氧性肾病则是因肾小管对缺氧甚为敏感，缺氧性疾病和能诱发红细胞破裂的疾病可致使肾缺血或因红细胞破裂后的基质对肾小管的损伤，引起肾小管髓袢和远曲小管上皮细胞发生变性和坏死。

【临床表现】肾病一般症状与肾炎相似，但临床上不会出现血尿，尿沉渣中无红细胞及红细胞管型。

(1)急性肾病。

①尿量及颜色变化：临床可见少尿或无尿，尿液浓缩，色深，比重增大。

②蛋白尿及管型尿：尿中出现大量蛋白质，以及少量颗粒及透明管型。

③低蛋白血症及水肿：出现低蛋白血症，体液潴留于组织而发生水肿；临床可见面部、肉垂、四肢和阴囊水肿以及严重时胸腔、腹腔出现积液。

④临床生化：血尿素氮(BUN)和亮氨酸氨基肽酶(LAP)升高。

⑤尿毒症病程较长或严重时，病畜通常伴有微热、沉郁、厌食、消瘦及营养不良。重症晚期出现心率减慢、脉搏细弱等尿毒症症状。

(2)慢性肾病。慢性肾病时，尿量及比重均不见明显变化，但由慢性致肾小管上皮细胞严重变性及坏死时，临床上出现尿液增多，比重下降，并在眼睑、胸下、四肢、阴囊等部位出现广泛水肿。

【诊断】本病的诊断依据为：主要根据尿液化验、血清检测(BUN升高)，然后结合病史及临床症状建立诊断。

鉴别诊断：应与肾炎相区别，肾炎时肾区疼痛明显，除具有低蛋白血症、水肿特征外，尿液检查可发现红细胞、红细胞管型及血尿。

【治疗】肾病患畜的治疗原则是消除病因、改善饲养、利尿消肿。

消除病因：由于感染因素引起者，可选用抗生素或氟喹诺酮类药物(参看肾炎的治疗)；中毒因素引起者，可采取相应的治疗措施(参看中毒性疾病的治疗)。

改善饲养：适当给予高蛋白性饲料以补充机体丧失的蛋白质；为防止水肿，应适当地限制饮水和饲喂食盐。为补充机体蛋白质不足，可应用丙酸睾丸酮或苯丙酸诺龙。

消除水肿：可选用利尿剂。髓袢利尿剂：可用速尿静脉注射或口服，本药很适宜于肾功能减退者，其用量可根据水肿程度及肾功能情况而定，一般用量，犬、猫 5～10 mg/kg，牛、马 0.25～0.5 g/kg，每日 1～2 次，连用 3～5 d；噻嗪类：一般病例可用双氢克尿噻，口服，牛、马 0.5～2 g，猪、羊 0.05～0.1 g，每日 1～2 次，连用 3～4 d，同时应补充钾盐；也可选用乙酰唑胺，成犬 100～150 mg，内服，3 次/d，氯噻嗪，利尿素等利尿药。

激素疗法：在治疗效果不满意时应用，可提高疗效。常用环磷酰胺，可作用于细胞内脱氧核糖核酸或信息核糖核酸，影响 B 淋巴细胞的抗体生成，减弱免疫反应。使用剂量可参考人的用量（200 mg/d 环磷酰胺置于生理盐水中）作静脉注射，5～7 d 为一个疗程。犬患肾病时，激素疗法常有良好疗效：泼尼松 0.5～2 mg/kg 体重，维持量 0.55 mg/kg 体重；或地塞米松 0.25～1.0 mg/kg 体重，皮下注射，1 次/d，连用 2～4 周。

同时调整胃肠道机能，投服缓泻剂，以清理胃肠；或给予健胃剂，增强消化机能。

【预防】参看肾炎的预防。

急性肾衰（Acute Renal Failure）

急性肾衰是由于传染病、毒素和肾脏局部缺血引起的动物大部分肾单位（接近 3/4）丧失功能的疾病，临床上以氮质血症和无尿液浓缩能力为特征。

【原因】

(1)传染因素。钩端螺旋体病等。

(2)中毒因素。①药物：抗生素（氨基糖苷类、头孢菌素类、四环素类等）；抗真菌药物（两性霉素 B）；镇痛药（布洛芬等）；驱虫药（硫胂胺钠）；化疗药（氨甲蝶呤、阿霉素等）。②重金属：铅、汞、镉、铬。③有机物：乙二醇、四氯化碳、氯仿、杀虫剂、除草剂等。④色素：血红蛋白、肌红蛋白。⑤静脉输液剂：X 线造影剂。⑥其他：高钙血症、蛇毒等。

(3)肾脏局部缺血。脱水、出血、低血容量、血液渗透压降低、深度麻醉、血液黏度增加、败血症、休克/血管扩张（非甾体消炎药治疗、前列腺素生成减少）、体温过高/过低、烧伤、创伤、输血反应、肾脏血管栓塞或小血栓形成。

【发病机理】肾脏独特的解剖和生理特征导致其对局部缺血和有毒物质很敏感，例如，肾脏血流量大（接受约为心输出量的 20%）会引起血液携带有毒物质进入肾脏的量也相应增加；肾脏皮质部接受 90%的肾血流量，在肾脏皮质内，近曲小管上皮细胞和髓袢升支粗段具有运输功能和较高的代谢效率，而肾皮质对于毒性物质尤其敏感，所以是最常受到局部缺血和毒物诱导的损伤：有毒物质会阻断 ATP 生成的代谢路径，而局部缺血可迅速消耗细胞储备的 ATP，随着能量的丢失，钠钾泵关闭，最终导致细胞肿胀和死亡。肾小管上皮细胞分泌或重吸收会浓缩毒物（如庆大霉素）使其浓度增高，因肾小管上皮细胞直接暴露于浓度不断增高的毒物而导致细胞损伤甚至死亡；与此类似，肾脏髓质部渗透压逆浓度梯度系统也会将毒物浓缩。而肾脏的异物代谢可生成有毒代谢产物（如乙二醇被氧化为乙醇酸盐和草酸盐时），代谢产物的毒性比前体化合物更强。

【临床表现】通常是非特异性的，包括嗜睡、精神沉郁、食欲减退、呕吐、腹泻和脱水，偶尔出现尿毒症性口臭或口腔溃疡。如果氮质血症和等渗尿或轻微浓缩尿同时持续存在，则可以确诊为肾功能衰竭。肾前性脱水和氮质血症会加剧减弱肾脏的尿液浓缩能力，最初症状类似肾衰竭。对于这些病例，补充血容量就可使氮质血症消退。

在某些诱发因素作用下，急性肾功能衰竭可在数小时或数天内发生。急性肾功能衰竭特有的临床症状和临床病理学变化有肾脏肿大、血液浓缩、机体状况良好、活性尿沉渣（如颗粒管型、肾上皮细胞），以及相对严重的高钾血症和代谢性酸中毒（特别是在少尿阶段）。急性肾功能衰竭犬猫的超声检查结果通常是非特异的，基本正常，或是肾皮质出现轻微的高回声区。急性肾功能衰竭动物的肾皮质组织病理学检查，可见不同程度的肾小管坏死。

【治疗】目的是消除肾脏血液动力学紊乱和减缓水及电解质不平衡的状态，为肾单位恢复争取时间。具体治疗措施如下：

停用所有对肾脏具有潜在毒性的药物；考虑实施减少毒物吸收的措施。如有可能，使用特异性解毒药（如对乙二醇，可以使用乙醇脱氢酶抑制剂）。

静脉注射生理盐水或含有 0.45%盐水的 2.5%的葡萄糖溶液：6 h 以内补水；提供维持液并防止液体持续流失。

估计尿液生成量；纠正酸碱平衡和电解质异常，排除高钙血症性肾病。如有必要，为了增加尿量，在监测尿量、体重、血浆总固体量、红细胞压积和中央静脉压时，给予缓和的溶剂扩张剂。如有必要，给予血管舒张药或利尿剂，两者兼可增加尿液的生成。

如果以上治疗没有效果，则考虑腹膜透析；安置透析导管时进行肾脏活组织检查。控制高磷血症：如有必要，饲喂限制磷的食物；使用肠道磷结合剂治疗呕吐和胃肠炎：胃复安、曲美苄胺、氯丙嗪。使用 H_2 受体阻断剂治疗胃酸过多症。提供能量（每天每千克体重 70～100 kcal）。

慢性肾衰(Chronic Renal Failure)

慢性肾衰又称“慢性肾功能不全”,是指各种原因造成的慢性进行性肾实质损害,致使肾脏明显萎缩,不能维持其基本功能,临床出现以代谢产物潴留,水、电解质、酸碱平衡失调,全身各系统受累为主要表现的临床综合征,也称“尿毒症”。

【原因】慢性肾衰和急性肾衰不同,其病因很难判定,可能引起慢性肾衰的潜在原因如下:免疫性疾病(全身性红斑狼疮、肾小球肾炎和血管炎);淀粉样变性;肿瘤;肾毒素;肾缺血;炎症或传染病(肾盂肾炎、钩端螺旋体病、肾结石);遗传性和先天性疾病(肾发育不良、多囊肾、家族性肾病);尿道阻塞等。

【发病机理】从器官和全身系统两个方面考虑。肾衰时肾脏最基本的病理学变化是肾单位的丧失和肾小球滤过率的降低;肾小球滤过率的降低导致许多物质在血浆中的浓度增加,随着这些物质在血浆内的浓度升高,尿毒症综合征可能发生。由于肾脏也是内分泌器官,因此内分泌障碍在慢性肾功能衰竭的发病机理方面也起着重要作用:患慢性肾功能衰竭犬的促红细胞生成素和1,25-二羟基胆钙化醇生成减少,将会分别促使再生障碍性贫血和甲状旁腺功能亢进的发生。相反地,甲状旁腺素和胃泌素的代谢减少和浓度升高,将会分别促发甲状旁腺功能亢进和胃炎;甲状旁腺功能亢进时,为了维持正常血浆钙磷浓度,会导致机体出现骨营养不良;同时病畜肾脏为维持足够的肾脏功能,肾代偿功能亢进导致肾单位肥大,提高肾小球滤过率。

【临床表现】慢性肾衰通常是相对轻微的氮质血症。慢性肾功能衰竭特有的临床特征包括体重降低、多饮/多尿、体况差、非再生性贫血,肾脏体积缩小且形状不规则。

【诊断】通常需要结合相应的病史调查、体格检查和临床病理学检查结果。X线检查可确定肾脏体积缩小。肾脏超声检查通常显示肾皮质出现广泛的强回声,且肾皮质正常的皮质/髓质界面消失。肾皮质强回声的增加是由于不可逆损伤的肾单位被纤维瘢痕组织替代引起的。X线和超声检查有助于鉴别和排除潜在可治疗的慢性肾功能衰竭病因,如肾盂肾炎和肾结石。肾组织活检并不是慢性肾功能衰竭动物的常规检查项目,除非诊断存在疑问。肾脏组织病理学检查显示,肾小管被纤维化和矿化而消失、肾小球硬化、肾小球萎缩、单核细胞聚集,肾小管间隙被瘢痕组织替代。

【治疗】患慢性肾功能衰竭的动物发生肾单位再生和肥大都需要一定的时间,但是事实上肾功能衰竭的发生说明代偿机能不全。尽管慢性肾功能衰竭损伤通常是不可逆的,但及时、正确的治疗可以控制和降低临床症状的严重程度。因此,对症治疗在慢性肾衰治疗时尤其重要。

停止使用所有具有肾毒性的药物。

X线和超声检查排除或确诊任何可治疗的疾病,例如肾盂肾炎和肾尿石症。

若患全身性的高血压,考虑使用血管紧张素转化酶抑制剂或者钙通道阻断剂;若患轻微或严重氮质血症,限制日粮中的蛋白质含量。若患高磷血症,则开始饲喂限磷日粮,并增加肠道磷黏合剂,考虑使用1,25-二羟胆钙化醇;如果呕吐和胃肠炎,可考虑使用下列药物:甲氧氯普胺、曲美苄胺、氯丙嗪、H_2受体阻断剂;如果贫血,可使用下列药物:促同化激素类、人重组促红细胞生成素提供足够能量需要量;如果动物不呕吐,可使用胃瘘管和咽管饲喂。

(胡倩倩)

第二节　尿路疾病

膀胱炎(Cystitis)

膀胱炎是指膀胱黏膜及黏膜下层的炎症,临床上以疼痛性的频尿、尿液中出现较多的膀胱上皮、脓细胞、血液以及磷酸铵镁结晶为特征。本病多发生于牛、犬,有时也见于马,其他家畜较为少见。临床特征为按膀胱炎的性质,可分为卡他性、纤维蛋白性、化脓性、出血性4种。

【原因】膀胱炎主要由于病原微生物的感染,邻近器官炎症的蔓延和膀胱黏膜的机械性和化学性刺激或损伤所引起。

(1)细菌感染。除某些传染病的特异性细菌继发感染外,主要是化脓杆菌和大肠杆菌,其次是葡萄球菌、链球菌、绿脓杆菌、变形杆菌等经过血液循环或尿路感染而致病。

(2)机械性刺激或损伤。导尿管过于粗硬,插入时动作粗暴,膀胱镜使用不当以致损伤膀胱黏膜;膀胱结石、膀胱内赘生物、尿潴留时的分解产物以及带刺激性药物,如松节油、酒精、斑蝥等的强烈刺激。

(3)邻近器官炎症的蔓延。肾炎、输尿管炎、尿道炎、阴道炎、子宫内膜炎等,极易蔓延至膀胱而引起本病。

(4)毒物影响或某种矿物质元素缺乏。缺碘;牛蕨中毒等。

【发病机理】病原菌通过尿源性、肾源性、血源性三种途径侵入膀胱,其中前两种是主要侵入途径。进入膀胱的病原微生物,或直接作用于膀胱黏膜或随尿液作用于膀胱黏膜,而当尿潴留时,还可使尿液异常分解,形成大量氨及其他有害产物,对黏膜产生强烈的刺激,从而引起膀胱组织发炎。

进入膀胱的病原微生物或毒物,直接作用于膀胱黏膜;有毒物质以及尿潴留时产生的氨和其他有害产物,对膀胱黏膜产生强烈的刺激,可引起膀胱黏膜的炎症,严重者膀胱黏膜组织坏死。

膀胱黏膜炎症发生后,其炎性产物,脱落的膀胱上皮细胞和坏死组织等混入尿中,引起尿液成分改变,这种改变的尿液又成为病原微生物繁殖的良好条件,加剧膀胱炎的发展。

膀胱黏膜遭受炎性产物的刺激后,膀胱兴奋性和紧张性增高,收缩频繁,故病畜排尿次数增多,并呈现疼痛性的排尿,甚至出现尿淋漓;若膀胱黏膜受到过强刺激,则极易引起膀胱括约肌的反射性痉挛,导致排尿困难或尿闭;若炎性产物被黏膜吸收后,则会呈现明显的全身症状。

【临床表现】急性膀胱炎:典型症状是排尿频繁和疼痛、尿液成分变化。

排尿频繁和疼痛:可见病畜频频排尿或呈排尿姿势,尿量较少或呈点滴状断续流出,排尿时病畜疼痛不安;严重者由于膀胱(颈部)黏膜肿胀或膀胱括约肌痉挛收缩,引起尿闭;此时,病畜表现极度疼痛不安,呻吟。公畜阴茎频频勃起,母畜摇摆后躯,阴门开张。直肠触诊膀胱,病畜表现为疼痛不安,膀胱体积缩小呈空虚感。但当膀胱颈组织增厚或括约肌痉挛时,由于尿液潴留致使膀胱高度充盈。犬猫发生尿闭时,腹围明显增大,随着病程的延长,出现尿毒症表现。

尿液成分变化:卡他性膀胱炎时,尿中含有大量黏液和少量蛋白;化脓性膀胱炎时,尿中混有脓液;出血性膀胱炎时,尿中含有大量血液或血凝块;纤维蛋白性膀胱炎时,尿中混有纤维蛋白膜或坏死组织碎片,并具氨臭味。尿沉渣中见有大量白细胞、脓细胞、红细胞、膀胱上皮组织碎片及病原菌。在碱性尿中,可发现有磷酸铵镁及尿酸铵结晶。

慢性膀胱炎:症状与急性膀胱炎相似,但程度较轻,无排尿困难现象,病程较长。

【诊断】急性膀胱炎可根据疼痛性频尿,排尿姿势变化等临床特征以及尿液检查有大量的膀胱上皮细胞和磷酸铵镁结晶,进行综合判断。注意与肾盂炎、尿道炎进行鉴别诊断。肾盂炎,表现为肾区疼痛,肾脏肿大,尿液中有大量肾盂上皮细胞;尿道炎,镜检尿液无膀胱上皮细胞。

【治疗】治疗原则是加强护理、抑菌消炎、防腐消毒以及对症治疗。

加强护理:病畜适当休息,饲喂无刺激性、营养且易消化的优质饲料,并给予清洁的饮水;但要适当地加以限制高蛋白质饲料及酸性饲料;为缓解尿液对黏膜的刺激作用,可增加饮水量或输液量。

抑菌消炎、防腐消毒:根据病情施行局部或全身疗法。全身疗法与肾炎的治疗基本一致;局部疗法采用膀胱灌洗,灌洗前先用导尿管将膀胱内积尿排出;然后经导尿管向膀胱内注入生理盐水进行灌洗,将生理盐水排出后,再注入消毒或收敛性药液,如此反复灌洗 2～3 次,最后将药液排出或留于膀胱内待其自行排出。常用的消毒、收敛药液有:1%～3%硼酸溶液、0.1%高锰酸钾溶液、0.1%雷佛奴尔溶液、0.5%～1%氯化钠溶液以及 1%～2%明矾溶液或 0.5%鞣酸溶液。

慢性膀胱炎可应用 0.02%～0.1%硝酸银溶液,0.1%～0.5%胶体银或蛋白银溶液。

对重剧的膀胱炎,最好在膀胱冲洗后,灌注青霉素 40 万～100 万 IU,溶于蒸馏水 500～1 000 mL 中,每日 1～2 次;还可内服尿路消毒剂,如磺胺类抗生素;当确定为绿脓杆菌感染时,可应用吖啶黄、雷佛奴尔;当发现为变形杆菌感染时,宜应用四环素;当怀疑为大肠杆菌感染时,可应用卡那霉素或新霉素。

中兽医疗法:中兽医称膀胱炎为气淋,主证排尿艰涩,不断努责,尿少淋漓。治宜行气通淋,方用沉香、石苇、滑石(布包)、当归、陈皮、白芍、冬葵子、黄柏、杞子、甘草、王不留行,水煎服。对于出血性膀胱炎,可选用秦艽散,秦艽 50 g,瞿麦、车前子、炒蒲黄、焦山楂各 40 g,当归、赤芍各 35 g,阿胶 25 g,研末,水调内服。

膀胱麻痹(Paralysis of Bladder)

膀胱麻痹是膀胱平滑肌的收缩力减弱或丧失,致使尿液不能随意排出而潴留在膀胱内所引起的一种非炎症性的膀胱疾病;临床上以不随意排尿、膀胱充盈且无疼痛等为主要特征。本病多为暂时的不完全麻痹,常发于牛和犬。

【原因】神经源性:根据损伤部位分为中枢性和末梢性两种。中枢性麻痹,即核性及核上性膀胱麻痹,见于腰荐部以上的脊髓炎症、挫伤、创伤、出血或肿瘤以及脑膜炎、脑震荡、脑肿瘤、中暑、生产瘫痪、电击等。末梢性麻痹,即核下性麻痹,见于因尿道阻塞及膀胱括约肌痉挛,或因动物长时间得不到排尿机会,大量尿液潴留在膀胱内,而使膀胱长时间的膨满,致膀胱平滑肌过度伸展而变为弛缓,导致麻痹。

肌源性:因膀胱或临近组织的炎症波及膀胱深层组织,引起膀胱炎导致膀胱平滑肌损伤,紧张性降低;或因役用动物长时间使役而得不到排尿的机会,或因尿路阻塞、大量尿液积滞在膀胱内,以致膀胱肌过度伸张而弛缓,降低收缩力,导致一时性膀胱麻痹。

【发病机理】在上述病因的作用下,因支配膀胱的神经机能障碍,致膀胱缺乏自主的感觉和运动能力,妨碍其正常收缩,导致尿液潴留。大量尿液积滞于膀胱内,膀胱尿液充满,病畜屡作排尿姿势,但无尿液排出,或呈现尿淋漓;同时尿液潴留造成细菌的大量繁殖,尿液发酵产氨,进而导致膀胱发炎。

【临床表现】临床症状可因病因不同而有差异。

脊髓性麻痹:病畜排尿反射减弱或消失,排尿间隔时间延长,直至膀胱高度膨满时,才被动地排出少量尿液。大动物直肠内触诊,发现膀胱膨满,小动物可见腹围膨大,以手触压时,排尿量增多。当膀胱括约肌发生麻痹时,则尿液不断地或间歇地呈细流状或点滴状排出,触诊膀胱空虚。

脑性麻痹:是由于脑的抑制而丧失调节排尿作用,只有在膀胱内压超过膀胱括约肌紧张度时,才能排出少量尿液。直肠内触诊,膀胱高度膨满,小动物可见腹围膨大,按压时尿呈细流状喷射而出,但停止按压时,排尿亦停止。

肌源性麻痹:病畜有排尿企图,虽频作排尿姿势,但排出的尿量始终不多。直肠触诊,虽然膀胱膨满,但并无疼痛的表现。按压膀胱时可被动的排出尿液。

【诊断】膀胱麻痹主要根据病史,临床特征性症状(膀胱尿液充盈、不随意排尿)、直肠触诊或导尿管探诊结果作出初步诊断,X 线或超声检查结果对诊断也有借鉴作用。

【治疗】膀胱麻痹的治疗原则是排出积尿、对症疗法和消除病因。

排出积尿:为防止膀胱破裂,常用导尿管进行导尿或应用穿刺法进行导尿。大动物可直肠内穿刺,再刺入膀胱内;小动物可通过腹下壁或侧壁穿刺排出尿液,但膀胱穿刺次数不宜过多,否则易引起腹膜炎、膀胱出血、膀胱炎或直肠粘连等继发症。若膀胱积尿不严重,可实施膀胱按摩促使膀胱排空,是比较容易的临床诊疗技术,对大家畜可施行直肠内按摩,2～3 次/d,5～10 min/次;小动物可进行腹壁按摩,2～4 次/d,5～l0 min/次。

提高膀胱肌肉的收缩力:可应用 0.1% 硝酸士的宁注射液,马、牛 1～5 mL,羊、猪 0.5～1 mL,犬 0.1～0.5 mL,每日或隔日 1 次,皮下注射,开始使用小剂量,然后剂量逐日递增至最大使用量。临床上也可使用电针疗法,电极分别插入百会穴、后海穴,调至适当频率,每次 20 min,每日 2 次,疗效显著。

抗菌消毒:为防止尿液发酵及尿路感染,可选用尿路消毒剂或抗菌药物。

中兽医疗法:膀胱麻痹中兽医称之为胞虚。肾气虚弱型的主证为膀胱摄贮失权,小便淋漓,甚至失禁。治则补肾固涩缩尿。方用肾气丸加减:熟地、山药各 60 g,山萸肉、菟丝子、桑螵蛸、益智仁、泽泻各 45 g,肉桂、附子、黄柏各 30 g,牡蛎 90 g,水煎服。肺脾气虚型的主证为尿液停滞,膀胱胀满,时作排尿姿势,有时尿液被动淋漓而下,量不多。治则应益气升陷,固涩缩尿。方用补中益气汤加减:党参、黄芪各 60 g,甘草、当归、陈皮、升麻、柴胡、益智仁五味子、丧螵蛸、金樱子各 30 g,水煎服。

膀胱破裂(Rupture of Bladder)

膀胱破裂是膀胱壁裂伤或全层破裂,尿和血液漏于腹腔内的一种疾病。本病常发于尿石症,重剧性尿道炎之后,由于尿道阻塞,引起膀胱尿液潴留而发生破裂。此病主要发生于公牛、公犬和 1～4 日龄骡驹和马驹。

【临床表现】患畜发生膀胱破裂前,有明显的腹痛。病牛不断摇尾,努责,阴茎不断伸出,呈排尿姿势,但无尿排出或仅有少量混有血液的尿液滴出。直肠检查膀胱高度充盈,有一触即破的感觉。膀胱破裂发生后,病畜变得安静,排尿动作消失,下腹部迅速增大。公驹由于鞘膜腔积液而使阴囊明显膨大。腹腔穿刺,穿刺液有明显尿味,镜检可见膀胱上皮、尿路上皮、肾上皮。直肠检查,膀胱破裂发生后,膀胱空虚,有时不能辨别膀胱形态。尿液进入腹腔后,迅速出现腹膜炎及尿毒症症状,病畜精神极度沉郁,体温升高,心跳加快,呼吸急促,肌肉震颤,最后昏迷,迅速死亡。

【治疗】手术疗法是治疗本病的唯一方法,确诊后应及时进行膀胱修补手术,同时应用大量抗生素静脉及腹腔注射并进行对症处理。

尿道炎(Urethritis)

尿道炎是指尿道黏膜的炎症,其临床特征是频频排尿,局部肿胀。各种家畜均可发生,多见于牛、犬和猫,有的地区多见于公牛。

【原因】主要是尿道的细菌感染,如导尿时未按无菌要求严格操作(如手指及导尿管消毒不严),或导尿操作粗暴导致尿道感染及损伤;或尿结石的机械刺激、刺激性药物或化学药物刺激损伤尿道黏膜,并继发细菌感染;邻近器官炎症的蔓延,如膀胱炎、包皮炎、阴道炎、公畜的包皮炎及母畜的子宫内膜炎,也可导致尿道炎。

【临床表现】病畜频频排尿,尿呈断续状流出,并表现疼痛不安,公畜阴茎频频勃起,母畜阴唇不断开张,黏液性或脓性分泌物不时自尿道口流出。尿液浑浊,混有黏液、血液或脓液,甚至混有坏死和脱落的尿道黏膜。导尿管探诊时,手感紧张,甚至导尿管难以插入;病畜表现疼痛不安,并抗拒或躲避检查。

【诊断】根据频尿排尿疼痛,尿道肿胀、敏感,导尿管插入受阻及疼痛不安,镜检尿液中存在炎性细胞但无管型和肾、膀胱上皮细胞即可确诊。

【治疗】治疗原则是排出积尿,并确保尿道通畅,消除病因,控制感染,结合对症治疗。

排出积尿,并确保尿道通畅:当尿潴留而膀胱高度充盈时,可施行手术治疗或膀胱穿刺。猪发生尿道炎时可用夏枯草 90～180 g,煎水、候温内服,早晚各一剂,连用 5～7 d。其他疗法可参考膀胱炎。

控制感染:一般选用氨苄青霉素肌肉注射,马、牛、羊、猪 4～11 mg/kg 体重,犬 25 mg/kg 体重,每日 2 次。或用恩诺沙星肌肉注射,各种动物 5～10 mg/kg 体重。

对龟头部挫伤后继发的,可用温敷,红外线或特定电磁波治疗仪照射,S 弯曲部可应用普鲁卡因封闭治疗,治疗时间随尿路阻塞程度而异,严重者 1～3 d。

尿石症(Urolithiasis)

尿石症是动物体内矿物质代谢紊乱,尿路中形成大小不一、数量不等的盐类结晶物,并刺激尿路黏膜而引起出血性炎症和尿路阻塞性疾病,临床上以肾性腹痛、排尿障碍和血尿为特征。尿石症常见于阉割的肉牛、公水牛、公山羊、公马、公猪、犬;尿石最常阻塞部位为阴茎乙状弯曲后部和阴茎尿道开口处。

一般认为尿石形成的起始部位是在肾小管和肾盂。有的尿石呈砂粒状或粉末状,阻塞于尿路的各个部位,中兽医称之为“砂石淋”。

王小龙等(1997)报告了我国南通棉区饲喂棉饼所致水牛的尿石主要成分为磷酸钾镁或磷酸铵镁;黄克和和王小龙等(1999)系统地研究并报告了水牛饲喂棉饼所致尿石症的病理发生。

【原因】目前认为尿石症是一种以泌尿系统功能障碍为表现形式的营养物质代谢紊乱性疾病,该病的发生与下列诸因素相关:

(1)饲料因素。长期饲喂高钙低磷、富硅或者富磷的饲料,如我国南通棉区群众长期以来有用棉饼+棉秸+稻草的饲料搭配模式;我国引进波尔种山羊过多地饲喂精料;犬、猫偏食鸡肝、鸭肝等;加拿大阿尔帕它地区土壤中硅含量过高,使牧草中二氧化硅的含量过高等。美国学者报告,犬、猫因饲喂了含有三聚氰胺的饲料而发生不少的犬、猫尿石症的病例。

(2)饮水不足。饮水不足引起尿液浓缩导致尿液中盐分含量过高,易于析出结晶,是尿石形成的另一重要原因。在严寒的季节,舍饲的水牛饮水量减少,是促进尿石症发生的重要原因之一;在农忙季节,过度使役加之饮水不足,与此同时,由于尿液浓稠,还使尿中黏蛋白浓度亦增高,促进结石的形成。

(3)营养缺乏。维生素 A 缺乏易导致尿路上皮组织角化,促进尿石形成。

(4)感染因素。肾和尿路感染,使脱落的上皮及炎性反应产物增多,为尿石形成提供了更多的作为晶体沉淀核心的基质。

(5)其他因素。不同种类的家畜,对尿石症易感性不同,例如同样饲喂棉饼饲料,水牛对该病易感性高于黄牛,这可能与水牛阴茎尿道海绵体质地较黄牛更致密有关;另外,甲状旁腺机能亢进、长期过量应用磺胺类药物、尿液的 pH 改变、阉割后小公牛雄性激素减少对泌尿器官发育的影响等与尿石症的发生均有一定关系。

【发病机理】多种因素共同作用增高了动物罹患尿石症可能性,不同的饲料使动物体内营养物质的平衡状态受到不同的影响,继而影响尿液中的化学组成。目前,关于尿结石形成机理有以下几种学说:

在沉淀-结晶理论中,过饱和尿被认为是母核形成和结石成长的主要原因。正常犬的尿液对几种盐分来说是过饱和的,因而尿液中盐分的含量越高、尿液排泄的次数越少，尿结石发生的概率就越高。过饱和的尿液有发生沉淀的可能，或是有形成结晶的驱动力。尿液过饱和的程度越大，结晶出现的可能就越大。相反，不饱和的尿液有溶解结晶的能力，所以先前形成的晶体可溶解在一定的不饱和尿液中。

其他关于结石形成的理论认为：尿液中的某些物质为结晶的形成提供一个平台或促进结晶的聚合，会促进结晶或早期母核的形成，增加尿潴留。另一种结晶形成抑制物理论认为：某些结晶形成抑制物的缺失被认为是早期母核形成的主要影响因素。尿液中这些物质浓度的降低有利于结晶的自发形成和结石的增大，但目前尿液中结晶形成抑制物和促进物在结晶形成过程中的相互作用还不太清楚。

尿液通常是一种含有各种盐类高度饱和的溶液，这些盐类均以溶解状态排泄出体外，为什么在这种条件下，不经常形成尿石呢？在所有的病例中，尿液中结石盐成分的过饱和是结石形成所必需的。日粮中含有高浓度的矿物质和蛋白，同时犬能够形成高浓度的浓缩尿液，这些就可形成有盐分的过饱和尿。在某些情况下，由于肾小管重吸收降低，或细菌感染后一些代谢物在尿液中的含量增加（如氨和磷离子），也会形成过饱和尿。因此，结晶盐类物质的出现和尿结石形成的条件包括：

①尿液中盐分的含量足够高；②尿液在泌尿道要有足够的时间；③有盐分形成结晶的合适 pH；④有结晶形成的核心或母核；⑤尿液中结晶形成抑制物含量降低。

综上所述，尿石的形成是多种因素交互作用的结果。

【临床表现】尿石症的主要症状是排尿障碍、肾性腹痛和血尿。由于尿石存在部位不同及其对各器官损害程度的不同，故呈现不同的临床症状。

动物体内生成尿石的初期通常无症状出现，只有尿石堵塞于尿道，阻止尿流出时才表现出症状，阉割的小公牛因其尿道较狭窄，故而比较容易发生尿石症。

结石位于肾盂时，多呈肾盂炎症状，引起肾盂血管扩张及充血，可发生血尿，严重时，形成肾盂积水；患畜腰部触诊时敏感，肾区疼痛，运步强拘，步态紧张。

肾石移行至输尿管而刺激其黏膜或阻塞输尿管时，病畜表现剧烈的疼痛不安；当单侧输尿管阻塞时，不见有尿闭现象；直肠内触诊，可发现在阻塞部的近肾端的输尿管显著紧张且膨胀，而远端呈正常柔软的感觉。

尿石位于膀胱腔时，有时并不呈现任何症状，但大多数病畜表现有频尿或血尿，膀胱敏感性增高，并于排尿的终末时在尿中混有絮状物、血液或潜血；当出现尿潴留时，大动物直肠检查可感知膀胱膨满，犬猫可见腹围膨大；公牛、公羊的阴茎包皮周围，常附有干燥的细沙粒样物。

尿石位于膀胱颈部时，可呈现明显的疼痛和排尿障碍；病畜频频呈现排尿动作，但尿量较少或无尿排出；排尿时患畜呻吟，腹壁抽缩。

尿道结石，公马多阻塞于尿道的骨盆终部，公牛则多发生于乙状弯曲部或会阴部（图 7-2-1）。当尿道不完全阻塞时，病畜排尿痛苦且排尿时间延长，尿液呈断续或点滴状流出，有时排出血尿；当尿道完全阻塞时，则呈现尿闭或肾性腹痛现象，病畜后肢屈曲叉开，拱背收腹，频频举尾，屡呈排尿动作，但无尿液排出或仅呈点滴状排出。若为一侧性输尿管阻塞，无尿闭现象，但直肠检查时，可发现阻塞的近侧端输尿管显著的膨大或紧张，而远端柔软如常。尿道探诊时，可确定尿石堵塞部位，尿道外部触诊时有疼痛感，直肠内触诊时，膀胱膨满，体积增大，富弹性感，按压膀胱也不能使尿排出。长期的尿闭，可引起尿毒症或发生膀胱破裂。

图 7-2-1　公牛尿道阻塞时排尿困难姿势图

膀胱破裂者（图 7-2-2）通常在尿道阻塞后几天内发生，常视动物饮水量而定，最多不超过 5 d。若发现动物原来努责、疼痛、不安等肾性腹痛现象突然消失，病畜转为安静，腹围迅速增大，仍未见排尿，触诊可听到液体振动的击水音，亦不呈现排尿的努责动作，就应怀疑膀胱破裂。直肠检查，发现膀胱缩小或不能触及膀胱；同时血液尿素氮升高；为进一步证明膀胱是否破裂，可作腹腔穿刺，并鉴定腹腔穿刺液是否混有尿液（有大量呈棕黄色，透明，有尿臭味的液体自穿刺针孔涌出）；亦可用红色素（百浪多息）作肌肉或静脉注射，经过 0.5～1 h 后作腹腔穿刺，若见有大量红色腹腔液体流出，就可证明膀胱已经破裂。

图 7-2-2 公牛尿道破裂后腹下皮上组织积尿

【诊断】通过病史调查、临床症状、导尿管探诊、超声波检查和 X 光检查。

必要时，可对尿石或尿沉渣晶体的化学组成、成分通过 X 线衍射分析，X 线能谱分析，红外线分析等手段得以确认，有利于对病因及尿石形成机理的分析，有助于作出更深层次的病因学诊断，为有效地预防提供理论依据。

【治疗】本病的治疗原则是消除结石，利尿并控制感染，对症治疗。

消除结石：体积较小的结石通过导尿管导尿、膀胱穿刺、水压冲洗尿道等方法清除；体积较大的膀胱结石，特别是伴发尿路阻塞或并发尿路感染时，需施行尿道切开手术或膀胱切开手术以取出结石；也可通过药物等溶解部分种类结石（硫酸阿托品或硫酸镁治疗患草酸盐尿石的病畜；稀盐酸治疗患磷酸盐尿石的病畜）。

利尿并控制感染：通过利尿降低尿比重和形成结石的盐分浓度；不管是因尿道感染形成结石，还是结石形成导致尿道感染，应根据尿液细菌培养或药敏结果来选择抗生素进行相应治疗。

对症治疗：对膀胱破裂的患畜可试行膀胱修补手术；出现肾后性氮质血症的犬猫要及时输液以恢复水和电解质平衡。

【预防】尿石症的复发率高，犬可高达 25%，某些犬一生可发生多次尿结石，特别是代谢性结石（草酸钙、尿酸盐和胱氨酸结石）或者某些品种（迷你雪纳瑞的鸟粪石）复发的可能性极高。因此，病畜要定期复查，查明结石形成原因进行对因防治：①注意日粮中钙、磷、镁的平衡，尤其是钙磷的平衡。一般建议钙磷比例维持在 1.2∶1 或者稍高一些[(1.5～2.0)∶1]，当饲喂大量谷皮饲料（含磷较高）时，应适当增加豆科牧草或豆科干草的饲喂量。②羊注意限制日粮中精料的饲喂量，尤其是蛋白质。若精料饲喂过多，特别是高蛋白日粮，不但使日粮中钙磷比例失调，而且增加尿液中黏蛋白的数量，自然会增加尿石症发生的概率。③保证有充足的饮水，可稀释尿液中盐类的浓度，减少其析出沉淀的可能性，从而预防尿石生成。④适当补充钠盐和铵盐，补充氯化钠，可逐渐增加到饲喂精料量的 3%～5%，在加拿大阿尔帕它地区为预防肉牛硅石性尿石症的发生，食盐饲喂量高达精料量的 10%。有人建议在饲料中加入氯化铵，小公牛每天 45 g，绵羊每天 10 g，可降低尿液中磷和镁盐的析出和沉淀，预防尿石症的发生。⑤犬、猫的饲养建议饲喂商品日粮，宠物偏食鸡肝、鸭肝的习惯宜予以纠正。一旦发生尿石症，可根据尿石化学组成的特点，饲喂具有防治作用的商品日粮。⑥草酸盐性尿石的形成与绵羊在富含草酸的牧草地放牧有关，因此对这类牧地宜限制利用，或改为轮牧。⑦以棉饼＋棉秸＋稻草为饲料配方模式的水牛，宜在这种饲料中添加适量的碳酸钙和氯化钠，可有良好的防病作用。

猫下泌尿道疾病
(Feline Lower Urinary Tract Disease)

猫下泌尿道疾病又被称为“猫泌尿系统综合征”，简称“FUS”，指猫尿路存在结石、微结石或结晶以及塞子，刺激尿路黏膜发炎，造成尿路阻塞的一种泌尿系统综合征候群。临床上以尿频、血尿、排尿困难、痛性尿淋漓、异位排尿、少尿乃至无尿为特征。

【流行病学】FUS 是猫的一种常见多发病，多发生于 1～10 岁的猫，尤其是 2～6 岁的猫多发，发病率约 1%～13.5%。几乎所有品种的猫均可发生，其中波斯猫发病率高，而暹罗猫发病率低，发病率无明显性别差异。常见的结晶类型有磷酸铵镁（鸟粪石）和草酸钙，磷酸铵镁易在碱性尿液中形成，多发于青年猫；草酸钙易在酸性尿液中形成，在去势公猫的发病率比母猫高，且多发于老年猫，草酸钙肾结石比鸟粪石肾结石的发生率高。

【原因】FUS 确切病因不明，由于不是一种独立的疾病，而是一个综合征，因此致病因素也较多，研究认为，FUS 的发生与下列因素有关：

感染因素：如特定病原体病毒、细菌、支原体、真菌、寄生虫等的感染；或医源性感染，如导尿、膀胱冲洗、手术后留置在尿道和膀胱中的导尿管或尿道造口手术等引起下泌尿道炎症，脱落的上皮细胞、血凝块等炎性产物促进结石的形成，阻塞尿道。

日粮因素：日粮营养不均衡，营养代谢紊乱，尤其是日粮中镁含量过高，其尿内浓度亦高，则尿结石形成的危险性大，阻塞尿道。

饮水因素：饮水量小，尿液就浓，排尿次数就少，结晶和结石成分在泌尿道内停留的时间就长，有助于结石和结晶形成，易于发生 FUS。

pH 因素：尿液 pH 为 6.4 时，对鸟粪石的溶解作用比尿液 pH 为 7.7 时大 100 倍左右。

其他因素：如膀胱的鳞状上皮癌、血管瘤、纤维瘤等，尿道狭窄、包茎等，前列腺肿大、前列腺癌等造成尿道狭窄、出血，甚至阻塞等；长期采食干燥食物，过于肥胖，缺乏运动，尿液的酸化或碱化，以及应激状态等均可成为引发 FUS 的病因。

【发病机理】猫的尿结石、微结石和结晶几乎均由鸟粪石组成。328 份自然发生的猫尿结石成分分析表明，88%的尿结石含磷酸铵镁 70%以上，68%的尿结石含磷酸铵镁 100%。此外还有磷酸钙、尿酸铵、尿酸、草酸钙等，偶有胱氨酸尿结石的报道。

主要发病环节是尿结石、微结石和结晶的形成及其所致的尿路炎症和阻塞。结石的形成需要 3 个基本条件：尿液内结石组分有足够浓度，尿液酸碱度适宜，尿液有足够长的滞留时间。此外，"核"的存在，也有助于结石形成。因此，凡助长上述条件的因素均能促进尿结石或结晶的形成，而致发 FUS；相反，凡能遏止上述条件的因素，则具有预防该病的作用。

【临床表现】依尿结石存在的部位、大小以及是否造成阻塞而不同，结石通常呈砂粒样或为显微结晶，有的结石体积较大，直径可达几厘米。结石可造成 3 种结果：无明显的临床症状；引起膀胱炎或尿道炎；尿道或输尿管不完全或完全阻塞。

肾结石：发病频率较低，一般不表现明显的临床症状。重症病猫，常发生肾衰。偶尔可因肾结石导致肾盂肾炎，而发生血尿、腰痛和发热。当肾结石阻塞两侧输尿管而致发肾积水时，才表现明显的临床症状。

膀胱结石：表现点滴排尿或在不常排尿的地方排尿。排出的尿液常混有血液，带有强烈的氨味。如发生感染和组织坏死，则尿液混有脓、血，有腐败气味。下段泌尿道感染，一般不表现发热，但排尿带痛，排尿后持续蹲伏或伸展背腰。

尿道结石：即发生尿道阻塞。尿道完全阻塞可突然发生或于几周内渐进形成，多见于公猫。初期试图排尿，仅见尿滴或呈细流；后期完全阻塞，膀胱积尿，但无尿液排出，但频频呈现排尿姿势，病猫可能过分蹲伏、伸展或舔阴茎，腹围膨大，触诊摸到膨满的膀胱，偶尔可发生膀胱破裂。

若伴发尿毒症，则食欲缺乏或废绝、脱水、昏睡，偶尔呕吐或腹泻，通常于 72 h 内死亡。

【诊断】根据临床症状和病史可做出初步诊断，导尿管探诊、X 线检查、尿液分析和血液学检查等有助于诊断的建立。

一般情况下，猫排尿时间延长、尿液浓稠，即应怀疑本病。腹部触诊发现膀胱膨满、有痛感，按压时不能排出尿液的，要考虑下段泌尿道阻塞。如触摸不到膀胱，腹腔内积有大量液体，应考虑膀胱破裂，可通过腹腔穿刺确诊。尿结石可通过腹壁触诊，配合肛门或阴道指诊确认，必要时可通过导尿管插入，以确定尿道结石的位置。

放射学检查，直径大于 3 mm 的结石，放射造影即可显示。猫尿结石多呈细砂粒样，应仔细观察，以免漏诊。必要时可辅以超声诊断。

【治疗】本病的治疗原则是疏通尿道、抗菌消炎和对症治疗，可参照"尿石症"的治疗方法。具体治疗需要根据其临床症状来决定：

疏通尿道：排出结石积尿，如果尿道已经完全阻塞，首选方法是尿道冲洗，将患猫麻醉，用导尿管冲洗尿道，排出膀胱内潴留的尿液，导尿管应留置 1～3 d，以保持尿道畅通，避免再次复发；若无法进行尿道冲洗，则应立即进行外科手术治疗；也可行膀胱穿刺，排出尿液后再根据病情进行适当的处置。

若尿道未完全阻塞，可采用药物或处方食品进行治疗。首先确定结晶的类型，再选择合适的治疗方案。临床上常用酸性溶石剂有二盐酸乙二胺、消旋蛋氨酸、抗坏血酸、氯化铵和酸性磷酸钠等，其中消旋蛋氨酸的用量为每日 0.5～0.8 g，氯化铵为每日 0.8～1.0 g，混入饲料中饲喂。

抗菌消炎，防止感染：常选用的抗生素有青霉素、氨苄青霉素、头孢菌素等进行肌肉或静脉注射。

对因疗法：若是尿道口狭窄、前列腺肥大或肿瘤引起，进行手术或其他疗法。

对症治疗：主要是及时补液、供给能量、调节机体酸碱平衡和电解质平衡，纠正高钾血症、尿毒症和肾衰等。

此外，在应让患猫尽量多饮水，以冲洗尿道，如果患猫不愿饮水，可给予罐头等含水丰富的饮食。

【预防】合理调制猫粮，减少镁盐的摄入，使尿中镁浓度降低，增加食物中蛋氨酸的摄入，蛋氨酸代谢产物 SO_4^{2-} 取代尿结石中的 HPO_4^{2-}，使尿液酸化，添加适量的氯化铵，或同时应用碳酸钠，可抑制食后化潮，使尿液 pH 降低，既能防止结石的形成，又能溶解已形成的结石。

供给清洁饮水，尽量使猫饮水增多，增加排尿频率，可预防尿结石的形成。业已证明，在猫日粮中每天添加 0.25～1.0 g 食盐，使饮水增多，而促进排尿，可降低尿结石的发生率。

此外，在管理上，应让猫多活动，防止肥胖，保持理想的体重，减少应激，或定期去医院检查，并根据医生的建议饲喂。

（胡倩倩）

复习思考题

1. 怎样诊断慢性肾衰？
2. 什么叫肾炎？如何分类？
3. 怎样诊断和防治肾炎？
4. 什么叫肾病？其临床症状如何？
5. 怎样诊断肾炎？如何鉴别诊断肾病、肾炎？
6. 什么叫急性肾衰？其临床症状如何？
7. 怎样诊断急性肾衰？
8. 什么叫慢性肾衰？其临床症状如何？
9. 怎样诊断慢性肾衰？
10. 膀胱炎如何定义？其发病机理是什么？怎样诊断和治疗膀胱炎？
11. 尿道炎的临床表现有哪些？产生原因是什么？如何治疗？
12. 尿石症定义是什么？
13. 尿石症病因和发病机理是什么？
14. 怎样诊断和治疗尿石症？
15. 什么叫猫下泌尿道疾病？其临床症状如何？

第八章　神经系统疾病

【内容提要】神经系统对动物体所有的机能活动都发挥着调节作用，它不仅协调机体内的各种机能，使之成为统一的整体，而且在机体不断受到外界环境影响时，也能使各种机能发生适应性反应，从而保证机体与外界环境的相对平衡。当动物机体受到强烈的外界和内在因素，尤其是对神经系统有着直接危害作用的致病因素侵害时，神经系统的正常反射或运动机能就会受到影响或破坏，从而引起临床病理变化。

本章主要介绍神经系统疾病的发生原因，神经系统机能障碍的表现形式，神经系统疾病的诊断、治疗、预防和几种主要神经系统疾病，包括脑及脑膜疾病（脑膜脑炎、日射病及热射病、慢性脑室积水、脑震荡及脑挫伤等）、脊髓疾病（脊髓炎及脊髓膜炎、脊髓挫伤及振荡）以及机能性神经官能症（癫痫、膈痉挛等）。本章重点介绍各神经系统疾病的概念、临床表现、发病机理、疾病的诊断和治疗方法等。

第一节　脑及脑膜疾病

脑膜脑炎（Meningoencephalitis）

脑膜脑炎是软脑膜及脑实质发生炎症，伴有严重脑机能障碍的疾病。临床上以高热、脑膜刺激症状、一般脑症状和局部脑症状为特征。

【原因】动物脑膜脑炎的发生主要由传染性因素和中毒性因素引起，同时也与邻近器官炎症的蔓延和自体抵抗能力有关。

(1)传染性因素。包括各种引起脑膜脑炎的传染性疾病，如狂犬病、新城疫、犬瘟热、结核、乙型脑炎、传染性脑脊髓炎、李氏杆菌病、疱疹病毒感染、慢病毒感染、链球菌感染、葡萄球菌病、沙门氏菌病、巴氏杆菌病、大肠杆菌病、变形杆菌病化脓性棒状杆菌病等，这些疾病往往发生脑膜和脑实质的感染，出现脑膜脑炎。

(2)中毒性因素。重金属毒物如铅、类金属毒物如砷、生物毒素如黄曲霉毒素、化学物质如食盐等发生中毒时，都具有脑膜脑炎的病理现象。

(3)寄生虫性因素。在脑组织受到马蝇蛆、牛、羊脑包虫、羊鼻蝇蚴、马圆虫幼虫以及血液圆虫等的侵袭，亦可导致脑膜脑炎的发生。

(4)邻近器官炎症的蔓延。在动物发生中耳炎、化脓性鼻炎、额窦炎、腮腺炎以及褥疮、踢伤、角伤、额窦圆锯术等发生感染性炎症时经蔓延或转移至脑部而发生本病。

(5)诱发性因素。当饲养管理不当、受寒、感冒、过劳、中暑、脑震荡、长途运输、卫生条件不良、饲料霉败时，动物的机体抵抗力降低或脑组织局部的抵抗力降低，诱发条件性致病菌的感染，引起脑膜脑炎的发生。

【流行病学】本病主要发生于马，间或发生于猪、牛、羊和犬；其他动物也有发生，但较为少见。

【发病机理】病原微生物或有毒物质，经由外伤或邻近病变组织的蔓延，或沿血管、神经干、或通过淋巴途径侵入脑膜及脑实质，引起脑膜及脑实质的炎性病理损伤，导致本病的发生和发展。

在本病的发生和发展过程中，由于脑组织发生炎性浸润，脑组织血液与脑脊液的循环受到影响，发生急性脑水肿，脑脊液增多，颅内压增高，脑神经和脑组织受到严重的侵害，因而呈现一般脑症状。发病动物表现意识障碍，精神沉郁，或极度兴奋，狂躁不安；发生痉挛、震颤，以及运动异常；视觉障碍，呼吸与脉搏节律变化。并因病原微生物及其毒素的影响，同时伴发菌血症或毒血症，体温升高。由于炎性反应，神经元发生变性和坏死，出现神经功能缺失性表现或释放性症状，因其病变部位不同，导致各种不同的局灶性症状的出现。

【临床表现】神经系统和其他系统有着密切的联系，神经系统可影响其他系统、器官的活动，因此，脑膜脑炎的症状较为复杂，除表现出神经系统症状以外，还表现出体温、呼吸、脉搏、食欲等方面的症状。

(1)神经症状。脑膜脑炎的神经症状包括一般脑症状和局灶性脑症状。

1)一般脑症状。脑膜脑炎实质充血、水肿，神经系统兴奋和抑制过程破坏，表现为过度兴奋或过度抑制或两者交替出现，往往为先过度抑制，再突然发生过度兴奋的表现。

①过度兴奋动物神志不清，狂躁不安，攀登饲槽，挣断缰绳，无目的冲撞，不避障碍物，常有攻击行为，严重时全身痉挛，以后转为高度抑制。

②过度抑制精神抑制，意识障碍，闭目垂头，目光无神，不听使唤，站立不动，甚至呈现昏睡状态。

2)局灶性脑症状。由于脑组织的病变部位不同，特别是脑干受到侵害时，所表现的局灶性症状也不一样，主要表现为缺失性症状和释放性症状两个方面。

①缺失性症状包括以下几个方面：

咽及舌肌麻痹吞咽困难，舌脱垂。

面神经和三叉神经麻痹唇歪向一侧或弛缓下垂。

眼肌和耳肌麻痹斜视，上眼睑下垂；耳弛缓下垂。

单瘫或偏瘫一组肌肉或某一器官麻痹，或半侧机体麻痹。

②释放性症状包括以下几个方面：

眼肌痉挛眼球震颤，斜视，瞳孔左右不同(散大不均匀)，瞳孔反射机能消失。

咬肌痉挛牙关紧闭(咬牙切齿)，轧齿(磨牙)。

唇、鼻、耳肌痉挛，唇、鼻、耳肌收缩。

项肌和颈肌痉挛，项和颈部的肌肉强直，头向后上方或一侧反张；倒地时，四肢做有节奏的游泳样运动。

上述局灶性症状有时单独出现，有时混合出现，有时只表现为缺失性症状，有时则以释放性症状为主。同时还往往伴有视觉、听觉的减退或丧失以及味觉和嗅觉的发生障碍。

(2)体温变化。发病动物体温往往升高，但有时可能正常或下降。

(3)呼吸和脉搏变化。兴奋期呼吸疾速，脉搏增数。抑制期，呼吸缓慢而深长，脉律减慢，有时还伴有节律性的改变，出现节律紊乱。

(4)消化系统症状。食欲减退或废绝，采食、饮水异常，咀嚼缓慢，时常中止。排粪停滞，严重时出现粪尿失禁。

【临床病理学】血液学检查，细菌性脑膜脑炎时，血液中白细胞总数增高，中性白细胞比例升高，核左移；病毒性脑膜脑炎多出现白细胞总数降低，淋巴细胞比例升高，中毒性脑膜脑炎多出现白细胞总数降低，嗜酸性白细胞减少。康复时嗜酸性白细胞与淋巴细胞恢复正常，血沉缓慢或趋于正常。脊髓穿刺时，可流出混浊的脑脊液，其中蛋白质和细胞含量增高。

【诊断】根据一般脑症状、局灶性脑症状以及脑脊液检查，并结合病史调查和病情发展过程一般不难诊断。但应注意与流行性乙型脑炎、狂犬病、牛恶性卡他热等病毒性脑炎、维生素 A 缺乏症等代谢病、食盐中毒、铅中毒等疾病相鉴别：

流行性乙型脑炎具有明显的季节性，主要发生在夏季至初秋 7—9 月份，这与蚊的生态学有密切的关系。流行性乙型脑炎除具有神经症状外，还往往因肝脏受损而出现黄疸现象。因此容易进行鉴别诊断。

狂犬病具有咬伤的病史，同时因咽部麻痹具有流涎症状，亦不难与本病进行鉴别。

牛恶性卡他热具有典型的口鼻黏膜的炎症和角膜、结膜的炎症表现，流鼻、流涎、流泪、角膜混浊、发热是牛恶性卡他热的主要临床症状，易于与本病进行鉴别。

维生素 A 缺乏症在幼年动物可见到中枢神经症状，但还具有颅骨发育异常的表现。

食盐中毒虽然可见到中枢神经系统症状，但更重要的典型症状为消化系统症状，并且具有过量食用食盐的病史。

铅中毒除表现兴奋不安外，还具有流涎、腹痛和贫血的表现。

【治疗】本病的治疗原则为加强护理、消除病因、降低颅内压(控制脑膜及脑实质的充血和水肿)、杀菌消炎、解毒、控制神经症状和对症治疗。

(1)加强护理、消除病因。将动物置于安静、舒适的环境中，避免外界刺激，派专人监管，对一些运动功能丧失的患病动物应勤换垫草勤翻身，防止发生褥疮。若病畜有体温升高，头部灼热时可采用冷敷头部的方法，消炎降温。根据发病情况，及时消除致病因素。

(2)降低颅内压。

①颈静脉放血。马、牛可进行颈静脉放血 1 000～2 000 mL，再用 5% 葡萄糖生理盐水 1 000～2 000 mL，静脉注射。

②冷水淋头。对体温升高，颅部灼热的动物，可用冷水淋头，以促进血管收缩，降低颅内压。

③使用脱水剂和利尿剂。20%甘露醇或 25%山梨醇溶液，1～2 g/kg 体重，静脉注射，应在 30 min 内注射完毕，以降低颅内压，改善脑循环，防

止脑水肿。利尿素，马、牛 5～10 g，羊、猪 0.5～2 g，犬 0.1～0.2 g，内服，每天 2 次，肾功能衰竭时禁用。安体舒通胶囊，每粒 20 mg，0.5～1.5 mg/kg 体重，每日 3 次。

(3)杀菌消炎。应选择能透过血脑屏障的抗菌药物。能够良好透过血脑屏障的抗菌药物包括氯霉素类药物和磺胺类药物，在炎症时能够通过血脑屏障的抗菌药物包括青霉素类和头孢菌素类药物。

磺胺嘧啶钠 0.07～0.1 g/kg 体重，静脉或深部肌肉注射，每日 2 次；阿莫西林 20～40 mg/kg 体重，口服或肌肉注射。羟氨苄青霉素 10～30 mg/kg 体重，肌肉或静脉注射，每日 1 次；青霉素 4 万 IU/kg 体重，肌肉或静脉注射，每日 2 次；头孢唑啉钠 10～25 mg/kg 体重，肌肉或静脉注射，每日 2 次。

(4)解毒。根据不同毒物及中毒时间进行选择解毒方法(参照第五章中毒病)。

(5)控制神经症状。对兴奋不安的动物应进行镇静。安溴注射液，马、牛 100～200 mL，猪、羊 10～50 mL，静脉注射，必要时使用；水合氯醛，马、牛 20～30 g，猪、羊 2～5 g，内服，必要时使用；地西泮，马、牛 100～150 mg，猪、羊 10～15 mg，内服，3 次/d；硝西泮，马、牛 50～150 mg，猪、羊 5～15 mg，内服，3 次/d。

对过度神经抑制的动物应进行镇静。20%安钠咖(苯甲酸钠咖啡因)注射液，马、牛 10～20 mL，猪、羊 2～5 mL，犬、猫 0.5～2 mL，皮下、肌肉或静脉注射，依病情需要决定给药次数，必要时每 2～4 h 重复给药；5%氨茶碱注射液，马、牛 50～75 mL，猪、羊 5～10 mL，肌肉或缓慢静脉注射，必要时使用。当呼吸衰竭时，可使用尼克刹米以兴奋呼吸中枢，25%尼克刹米注射液，马、牛 10～20 mL，猪、羊 1～2 mL，皮下、肌肉或静脉注射，必要时每 1～2 h 重复注射 1 次。

(6)对症治疗。心功能不全时可应用安钠咖、氧化樟脑等强心剂。对不能哺乳的幼畜，应适当补液，维持营养。如果大便迟滞，宜用硫酸钠或硫酸镁，加适量防腐剂，内服，以清理肠道，防腐止酵，减少腐解产物吸收，防止发生自体中毒。

(7)中兽医治疗。中兽医称脑膜脑炎为脑黄，是由热毒扰心所致实热症。治则采用清热解毒，解痉息风和镇心安神，治方为“镇心散”合“白虎汤”加减：生石膏(先入)150 g，知母、黄芩、栀子、贝母各 60 g，蒿本、草决明、菊花各 45 g，远志、当归、茯神、川芎、黄芪各 30 g，朱砂 10 g，水煎服。

中药治疗可配合针刺鹘脉、太阳、舌底、耳尖、山根、胸膛、蹄头等穴位效果更好。应用鲜地龙 250 g，洗净捣烂和水灌服治疗脑膜脑炎有效。

【预防】加强平时饲养管理，注意防疫卫生，防止传染性与中毒性因素的侵害。群体动物中动物相继发生本病时，应隔离观察和治疗，防止传播。

化脓性脑炎脑脓肿(Brain Abscess)

化脓性脑炎脑脓肿是脑组织化脓性炎症，常见的病因是相邻组织器官化脓性炎症发生和发展过程中的扩散和蔓延所致。

【原因】细菌感染是主要的病因，如断角感染、插入鼻环引起鼻中隔感染、鼻炎、中耳炎、内耳炎、副鼻窦炎等；马鼻疽杆菌、马腺疫链球菌、牛放线菌和结核分枝杆菌、金黄色葡萄球菌、李氏杆菌、链球菌、巴氏杆菌等细菌感染，以及全身性真菌感染引起的脑膜炎，都有可能转化为脑脓肿。

【流行病学】多见于 1 岁龄以下的幼龄动物，年长的动物偶尔发生。

【临床表现】脑脓肿的位置和大小不同，临床症状有一定差别。基本症状为脑占位性损伤综合征。病畜精神沉郁、呆立、姿势笨拙、头抵固定物和失明，并常以运动兴奋的短暂性发作为先导，或者在沉郁过程间断发生短暂的兴奋，如骚动、共济失调和惊厥等。病畜通常有轻度发热，但体温也可能正常。失明的程度因脓肿的位置不同而异。瞳孔不对称和瞳孔对光反射异常。有时可见眼球震颤，头偏斜，转圈和倒地，瘫痪或偏瘫，口合不拢，上睑下垂和舌脱垂等。垂体脓肿时，还可出现咀嚼、吞咽困难和流涎等。

【临床病理学】脑脊液白细胞数量增多，显微镜下可检出病原菌。

【诊断】由于其临床基本症状也可见于脑的许多其他疾病，特别是当脑局部的病变发展缓慢时，因此应特别注意鉴别诊断。脑脊液的病理学改变可作为脑脓肿的诊断依据之一。

【治疗】疾病的早期，注射能穿透血脑屏障的抗菌药物进行治疗最有可能使患畜痊愈，但疗效一般不能令人满意。必要时可考虑手术切除或外科引流。由于本病治疗难度大，且易复发，多预后不良。

脑软化(Encephalomalacia)

脑软化是脑灰质或脑白质变质性病理变化的统称。

【原因】主要发病的原因包括：中毒因素，如马属动物霉玉米中毒、问荆中毒、木贼中毒、节节草中毒、蕨中毒、矢车菊中毒、黄色星状矢车菊中毒、抗球虫药(氨丙嘧吡啶)中毒,以及砷、汞、铅及食盐中毒等;营养因素,如维生素 B_1 缺乏(犊)、维生素 E 缺乏(禽)、铜缺乏(羔羊)等。业已证明,抑制维生素 B_1 的吸收(如氨丙嘧吡啶)和饲料或饲草中含硫胺酶有关,如蕨类植物、糖蜜和尿素为主的饲料或高精料低纤维素日粮、梭状芽胞杆菌和芽胞杆菌属的细菌在植物体上产生的硫胺酶,动物采食后均可发生脑灰质软化。据认为,高硫酸盐或低钴日粮及维生素 E 缺乏亦可引发本病。

【流行病学】各种动物均可发生,幼龄动物多发。

【临床表现】病畜的临床症状都表现出一般脑症状或局灶性症状。初期表现为食欲减退,精神沉郁,而后迅速呈现共济失调,视力丧失,斜视(内上方),头抵固定物,眼球震颤,肌肉震颤,角弓反张。后期卧地不起,昏迷,乃至死亡。弥漫性大脑皮质软化的典型症状是视力丧失,但瞳孔对光反应正常。黑质苍白球脑软化的临床特征是第Ⅴ、Ⅶ、Ⅻ对脑神经运动纤维所支配的肌肉功能异常,如病马呈现采食及饮水障碍,口开张不全,唇回缩,舌节律性移动,无目的咀嚼,食物和饮水滞留于咽的后部而不能吞咽。面部肌肉紧张,表情呆板,呈睡眠状态。大多数的病例死于饥饿或吸入性肺炎。

【临床病理学】继发性硫胺缺乏时,血液中转酮醇酶活性降低,而丙酮酸和乳酸含量增加,粪便中硫胺酶活性升高。

【治疗】因硫胺缺乏所致的脑软化,应尽早肌肉注射硫胺素,起始剂量为 10 mg/kg 体重,每天 2 次,连用 2～3 d。一般用药后 3 d 内症状减轻,病情好转。经 3～4 d 治疗仍不见效者,预后不良。

牛海绵状脑病(Bovine Spongiform Encephalopathy, BSE)

【原因】牛海绵状脑病,俗称疯牛病(Med Cow Disease),是由朊病毒即传染性蛋白质颗粒引起的一种慢性、消耗性、致死性传染病。

【流行病学】本病主要发生于牛。牛海绵状脑病的病原是一种自我复制蛋白,又称为“朊蛋白”。牛朊蛋白基因(PRNP)在疯牛病的发生上起了很大作用,它除了在牛体中表达外,还可在其他动物中表达。经人工感染试验表明,疯牛病的传播方式既可通过食物链传播,也可呈水平或垂直方式传播,除脑内注射可感染外,用疯牛病牛的骨粉、油脂等作为饲料亦可感染健康牛;通过受精胚胎移植也可传播。病程为 14～180 d,潜伏期可达 4～6 年,甚至十几年。发病年龄多集中在 3～5 岁的牛。

【临床表现】多数病牛表现中枢神经系统变化,病牛烦躁不安,行为反常,不停吼叫,反应过敏表现为眨眼,对嗅觉反射增强,对声音和触摸过分敏感;由于恐惧、狂躁而表现出攻击性,共济失调,步态不稳,常乱蹬乱踢以致摔倒。少数病牛可见头部和肩部肌肉震颤和抽搐。发病初期无临床症状,病起 6～8 周内病势呈进行性发作,后期出现强直性痉挛,产奶量减少,耳对称性运动困难,粪便坚硬,体温升高,呼吸加快,体重下降,至极度消瘦,最后死亡或被迫杀。

【临床病理学】脑组织海绵体样外观(脑组织空泡化)。病变集中在中枢神经系统,脑灰质发生双侧对称性变化,在脑干的神经纤维网中散在中等量卵圆形和圆形空泡化或微小空腔,边缘整齐,孔隙规则,脑干的神经细胞核,尤其是背侧迷走神经核固体和轴突前庭核和红核神经纤维网内含大量境界分明的胞浆内空泡,空泡为单个或多个。

【诊断】通过临床特征和流行病学特征,对本病建立诊断。大脑组织学病变是诊断的重要依据,由于本病无免疫应答,迄今尚不能进行血清学诊断。

【治疗】对患病牛直接捕杀和销毁。

【预防】①切断传染源,禁止使用反刍动物副产品作饲料或用高温(134℃,18 min)处理,或使用 2%～5%次氯酸钠或 90%石炭酸经 12 h 消毒。②禁止从发生疯牛病的国家进口活牛及有关牛肉制品或副产品,从而避免疯牛病朊病毒进入人类食物链。③加强与疯牛病有关的羊瘙痒症等疾病的防治及研究。

脑震荡及脑挫伤(Concussion and Contusion of Brain)

脑震荡及脑挫伤是因颅脑受到粗暴的外力作用所引起的一种急性脑机能障碍或脑组织损伤。一般将脑组织损伤病理变化明显的称为脑挫伤,而病理变化不明显的称为脑震荡。临床上以暴力作用后即时发生昏迷,反射机能减退或消失等脑机能障碍为特征。

【原因】本病发生的原因,一般来讲,主要是由于头部受到粗暴的外力作用,如被打击、踢伤、跌倒、冲撞、顶角、从高处摔下、交通事故等引起,在鸟类常常是由于在飞翔之际因碰撞于其他障碍物而发病。

【流行病学】各种动物均可发病。

【发病机理】颅脑在受到粗暴外力的作用后，脑组织形态和功能均可发生改变。可直接导致脑膜及脑实质的血管破裂，导致脑膜和脑实质出血或颅骨骨折引起骨的凹陷，骨片刺伤脑组织导致脑出血和脑组织的损伤。有时并不引起肉眼可见的病理变化，但在大脑皮层中出现振荡病灶，最常见的部位是蛛网膜下腔最狭窄的部位，此部位的脑组织与颅骨紧密相邻。在脑组织受到损伤或血管破裂时，即导致本病的发生。

【临床表现】本病的临床症状，一般而言，都具有一般脑症状，并且大多在病的发生时，立即出现，亦有在发病后的几分钟至数小时出现的。局灶性脑症状则依据病情的严重程度、脑损伤部位和病变的不同，具有很大的不同，个别病例甚至缺乏症状。

(1)一般脑症状。受伤后立即出现，若以脑出血作为病理基础，可于数分钟至数小时以后发病。

轻型病例，一旦受伤后，出现一时性知觉丧失，站立不稳，踉跄倒地，经过片刻即可清醒过来，如健康状态。或者可能于短时间乃至持续地呈现某些脑症状。

中度病例，一时完全失神而长时间横卧地上，此时瞳孔散大，反射机能消失或减弱。呼吸徐缓或不整，往往伴发喘鸣音，心动徐缓或加快，大小便失禁。当肉食兽和杂食兽发病时，常出现呕吐现象。

这样几分钟至数小时后，反射机能逐渐恢复，与此同时全身各部肌肉纤维收缩，引起痉挛，还出现眼球震颤，接着意识恢复，抬头向周围巡视。数小时后，由于运动中枢神经未能直接受到损伤，又可自动站立起来。

严重病例，在头部受伤的同时昏倒在地，立即死亡，或者于数小时后呈现痉挛而死亡。

(2)局部脑症状。局部脑症状表现多种多样，与损伤部位、严重程度密切相关，包括偏瘫、局部麻痹、口眼歪斜、视力减退等。

其他，颅骨损伤时出现局部肿胀、温热、疼痛。颅骨骨折时咽部和耳部血管受到损伤，耳和鼻出血，甚至倒地后，立即昏迷，全身痉挛，迅速死亡。

【临床病理学】脑震荡时病理变化较轻。脑挫伤，则病变较为明显，主要呈现硬膜及蛛网膜下腔，尤其是最狭窄部出血或血肿，甚至蔓延至脑室，也有发生颅底骨折的。

【诊断】根据颅脑部有受粗暴外力作用的病史或检查出暴力作用的痕迹、体温不高和以不同程度的昏迷为主的神经症状，不难进行诊断。临床上，一时性意识丧失，昏迷时间短，程度轻，多不伴有局灶性脑症状的，可诊断为脑震荡。昏迷时间长，程度重，多呈现局灶性脑症状，死后剖检可见形态学改变的，可诊断为脑挫伤。

脑出血与本病在症状上具有一定的相似之处，应注意鉴别。硬脑膜出血，形成血肿，出血侧的瞳孔散大，视觉障碍；蛛网膜出血，脑症状明显，脑脊液中含有血液，以此可以作出正确的判断。

【治疗】本病多为突发，且病情发展急剧，应及时进行抢救。本病的治疗原则为加强护理，止血，防止脑水肿，预防感染和对症治疗。

(1)加强护理。保持安静，给发病动物充分休息。为预防因舌根部麻痹闭塞后鼻孔而引起窒息死亡，可将舌稍向外牵出，但要防止舌被咬伤。保持头部抬高，并对颅部进行冷敷，促进颅部血管收缩，控制出血程度。要经常翻身，防止褥疮，并注意维持动物的营养，可给予麸皮粥等，必要时可静脉注射25%葡萄糖供给人工营养。

(2)止血。轻症病例或病初，可注射止血剂，如维生素 K_3、止血敏、安络血、凝血质或6-氨基己酸等，同时可进行头部冷敷。25%安络血溶液，马、牛10～20 mL，猪、羊1～2 mL，犬0.5～1 mL，肌肉注射，每日2～3次；0.4%维生素 K_3 注射液，马、牛25～75 mL，猪、羊5～15 mL，犬3～6 mL，肌肉注射，每日2～3次；10%维生素C注射液，马10～20 mL、牛20～40 mL，猪、羊2～5 mL，犬1～5 mL。

(3)防止脑水肿。应用脱水剂、利尿剂、强心剂等，降低颅内压，防止脑水肿，可使用20%甘露醇或25%山梨醇溶液，1～2 g/kg体重，静脉注射，应在30 min内注射完毕；利尿素，马、牛5～10 g，羊、猪0.5～2 g，犬0.1～0.2 g，内服，每天2次，肾功能衰竭时禁用；安体舒通胶囊，每粒20 mg，0.5～1.5 mg/kg体重，每日3次；20%安钠咖，马、牛10～20 mL，猪、羊2～5 mL，犬0.5～1 mL，静脉、肌肉或皮下注射；强尔心注射液（含合成维他康复0.5%），马、牛10～20 mL，猪、羊5～10 mL，皮下、肌肉或皮下注射。

(4)预防感染。应选择能透过血脑屏障的抗菌药物以使抗菌药物透过血脑屏障，以防止脑部组织的感染。磺胺嘧啶钠0.07～0.1 g/kg体重，静脉或深部肌肉注射，每日2次；羟氨苄青霉素10～30 mg/kg体重，肌肉或静脉注射，每日1次；青霉素4万IU/kg体重，肌肉或静脉注射，每日2次；头孢唑啉钠10～25 mg/kg体重，肌肉或静脉注射，每日2次。

(5)对症治疗。对兴奋不安的动物应进行镇静。安溴注射液,马、牛 100～200 mL,猪、羊 10～50 mL,静脉注射,必要时使用;水合氯醛,马、牛 20～30 g,猪、羊 2～5 g,内服,必要时使用;地西泮,马、牛 100～150 mg,猪、羊 10～15 mg,内服,3 次/d;硝西泮,马、牛 50～150 mg,猪、羊 5～15 mg,内服,3 次/d。

对过度神经抑制的动物应进行兴奋。20%安钠咖(苯甲酸钠咖啡因)注射液,马、牛 10～20 mL,猪、羊 2～5 mL,犬、猫 0.5～2 mL,皮下、肌肉或静脉注射,以病情需要决定给药次数,必要时每 2～4 h 重复给药;5%安茶碱注射液,马、牛 50～75 mL,猪、羊 5～10 mL,肌肉或缓慢静脉注射,必要时使用。当呼吸衰竭时,可使用尼克刹米以兴奋呼吸中枢,25%尼克刹米注射液,马、牛 10～20 mL,猪、羊 1～2 mL,皮下、肌肉或静脉注射,必要时每 1～2 h 重复注射 1 次。必要时,也可静脉注射高渗葡萄糖 500 mL 和 ATP(牛、马 0.05～0.1 g)激活脑组织功能,防止循环虚脱。

如为肉用动物,当断定没有治愈的希望或治疗费用过高时,应考虑将其尽快捕杀。

【预防】平时加强饲养管理,防止踢蹴、角斗、打击和意外事故的发生。

慢性脑室积水(Chronic Hydrocephalus)

脑室积水,又称乏神症或眩晕症,是因脑脊液排出受阻或吸收障碍致使脑室扩张、颅内压升高的一种慢性脑病。其临床特征是,意识障碍明显,感觉和运动机能异常,且后期植物性神经机能紊乱。

【原因】慢性脑室积水,一般分为脑脊液排出障碍和吸收障碍两种。

脑脊液排出障碍:通常出现在大脑导水管因存在畸形、狭窄等病理改变而发生完全或不完全阻塞,致使脑脊液排出受阻。此种大脑导水管闭塞性病变多为先天性,主要由遗传因素所致。据报道,黑白花牛、爱尔夏和娟姗牛等品种发生的脑室积水可能具有染色体隐性遗传性状。患有脑室积水的短角牛,就是因大脑导水管先天性狭窄所致。此外,大脑导水管闭塞还可以继发于脑炎、脑膜脑炎等颅内炎症性疾病,也可由脑干等部位肿瘤的压迫而发生导水管的狭窄和闭塞。

脑脊液吸收障碍:脑脊液吸收减少可引起脑室积水,见于犬瘟热等传染性脑炎、脑膜脑炎、蛛网膜下出血、囊虫病(多头蚴、棘球蚴、囊尾蚴)和维生素 A 缺乏。脉络膜乳头瘤时,脑脊液分泌增多,也导致脑室积水。

【流行病学】本病主要发生于马,其他动物也有发生。

【发病机理】在正常情况下,脑脊液是由后脑、间脑和前脑的脉络丛(脉络腺)所分泌的,由侧脑室间孔(Monro 氏孔)流进第三脑室,经大脑导水管进入第四脑室,然后通过第四脑室外侧孔(Luchka 氏孔)及其中央孔(Magendie 氏孔)流入脑干周围的大脑池中,再进入蛛网膜下腔,润覆全部脑脊髓的表面。继而经蛛网膜下腔中的毛细血管(绒毛膜突起)吸收进入静脉窦(主要为矢状窦)。很显然,脑脊液不断地分泌,又不断地被吸收,所以其总量始终保持着动态平衡。

在病理状态下,由于脑脊液排出和吸收障碍,导致脑脊液在脑室中大量蓄积,因而使脑室扩张,颅内压升高,脑组织受压。又因为颅内容积受到颅骨的限制,故脑室内的大量积水可使大脑半球被挤至小脑蒂的游离缘之下,枕叶的突出部可压在四叠体之上,以致位于四叠体上方的大脑导水管发生狭窄或闭塞,侧脑室和第三脑室内压增高。因脑室积水、内压增高,所以,临床上病畜发生颅内压增高的综合病征。

【临床表现】后天性慢性脑室积水,多发生于成年动物。病初,神情痴呆,目光凝滞,站立不动,头低耳耷,故称乏神症。有时姿态反常,突然狂躁不安,甚至头撞墙壁,或抵于饲槽,有时盲目奔跑。随着病情进一步发展,病畜出现:①意识障碍:常见病畜中断采食,或作急促采食动作;咀嚼无力,时而停止或饲草含在口中而不知咀嚼,有时饲料挂在口角;饮水时将口鼻深浸在水中。②感觉机能障碍:病畜表现为皮肤敏感性降低,轻微针刺无反应,感觉异常;听觉障碍,对较强的声音刺激可发生惊恐不安;视觉障碍,瞳孔缩小或扩大,眼球震颤,眼底检查视乳头水肿。③运动机能障碍:病畜作圆圈运动或无目的地向前冲撞,不服从驱使;在运动中,头低垂,抬肢过高,着地不稳,动作笨拙,容易跌倒。病后期,心动徐缓,脉搏数减少到 20～30 次/min,呼吸次数减少至 7～9 次/min,节律不齐,脑脊液压力升高。马由正常 1.19～2.4 kPa 增加到 4.7 kPa。脑电图描记,呈现高电压,慢波(25～200 μV,1～6 Hz),快波(10～20 Hz),常与慢波重叠,严重病例以大慢波(1～4 Hz)为主。

先天性慢性脑室积水,多见于新生动物,可见颅腔扩张,颅骨隆起,如新生马驹额骨隆起,视力模糊,阵发性痉挛,受到外界刺激时可发生暂时性意识障碍等。

头部X线检查，可见开放的骨缝，头骨变薄，颅穹窿呈毛玻璃样外观，蝶骨环向前移位、变薄。

【诊断】先天性慢性脑室积水，可根据幼畜的头大小，额骨隆起，行为异常或癫痫样发作及脑电图高慢波等特征，一般可做出诊断。后天性脑室积水的诊断只有根据病史及特征性乏神症状。但须与慢性脑膜脑炎、亚急性病毒性脑炎及某些霉菌毒素中毒等疾病相鉴别。

【治疗】本病尚无有效治疗方法。为降低颅内压，可静脉注射20%甘露醇或25%山梨醇，每6～12 h重复注射，但用量不宜过大。

据报道，慢性脑室积水，可采用小剂量的肾上腺皮质激素治疗，疗效可达60%，每天服用地塞米松0.25 mg/kg，一般服药后3 d，症状缓解，1周后药量减半，第三周起，每隔2 d服药1次。

中兽医以健脾燥湿，平肝息风为治疗原则，获得令人满意的疗效。治方为“天麻散”（经验方）加减：天麻、菖蒲、车前子、泽泻、怀牛膝、川乌、草乌各15 g，木通18 g，白术、苍术各21 g，党参、僵蚕、石决明、龙胆草各30 g，甘草9 g，水煎服。也可采用“镇心散”加减，或“桔菊防晕汤”加减。

脑肿瘤（Neoplasma of the Brain）

见二维码8-1。

二维码8-1 脑肿瘤

晕动病（Motion Sickness）

见二维码8-2。

二维码8-2 晕动病

日射病和热射病
（Sunstroke and Heat-stroke）

日射病是家畜在炎热的季节中，头部持续受到强烈的日光照射而引起的中枢神经系统机能严重障碍性疾病。热射病是动物所处的外界环境气温高，湿度大，产热多，散热少，体内积热而引起的严重中枢神经系统机能紊乱的疾病。临床上日射病和热射病统称为中暑。

【原因】本病发生的直接因素是环境温度过高和阳光直射，但相关因素对本病的发生也具有促进作用。

（1）环境温度过高，特别是伴有高湿的条件下。环境温度过高、湿度过大、风速小，动物机体散热障碍，导致体内积热，是热射病发生的重要因素。

（2）阳光直射，特别是在烈日下重役、运动、长途运输等条件下，导致脑部温度升高，引起日射病。

（3）机体体质与本病的发生具有密切关系。体质肥胖、幼龄和老年动物对热的耐受能力低，是热射病的诱发因素。

（4）饲养管理不当也与本病的发生有关。饲养管理不当特别是饮水不足、食盐摄入不足可促进本病的发生。

【流行病学】本病发生于炎热季节，以7—8月份多见，病情发展急剧，甚至迅速死亡。各种动物均可发病，以猪、牛、马、犬及家禽多发。

【发病机理】从发病学上分析，无论是热射病还是日射病，最终都会出现中枢神经系统紊乱，但是，其中发病机理方面还是有一定差异的。

（1）日射病。因家畜头部持续受到强烈日光照射，日光中紫外线穿过颅骨直接作用于脑膜及脑组织即引起头部血管扩张，脑及脑膜充血，头部温度和体温急剧升高，导致神智异常。又因日光中紫外线的光化反应，引起脑神经细胞炎性反应和组织蛋白分解，从而导致脑脊液增多，颅内压增高，影响中枢神经调节功能，新陈代谢异常，导致自体中毒、心力衰竭、病畜卧地不起、痉挛、昏迷。

（2）热射病。由于外界环境温度过高，湿度大，家畜体温调节中枢机能降低，出汗少，散热障碍，产热与散热不能保持相对平衡，产热大于散热，造成家畜机体过热，引起中枢神经机能紊乱，血液循环和呼吸机能障碍而发生本病。热射病发生后，机体温度高达41～42℃，体内物质代谢加强，氧化产物大量蓄积，导致酸中毒；同时因热刺激，反射性地引起大量出汗，致使病畜脱水。由于脱水和水、盐代谢失调，组织缺氧，碱贮下降，脑脊髓与体液间的渗透压急剧变化，影响中枢神经系统对内脏的调节作用，心、肺等脏器代谢机能衰竭，最终导致窒息和心脏麻痹。

【临床表现】日射病和热射病发病急剧，主要表现为神经功能障碍、体温升高、大量出汗，同时还表现为循环、呼吸功能的衰竭。在临床实践中，日射病和热射病常同时存在，因而很难精确区分。

日射病：常突然发生，病初病畜精神沉郁，四肢无力，步态不稳，共济失调，突然倒地，四肢做游泳样运动。随着病情进一步发展，体温略有升高，呈现呼吸中枢、血管运动中枢机能紊乱、甚至麻痹症状。心力衰竭，静脉怒张，脉搏微弱，呼吸急促而节律失调，结膜发绀，瞳孔散大，皮肤干燥。皮肤、角膜、肛门反射减退或消失，腱反射亢进，常发生剧烈的痉挛或抽搐而迅速死亡，或因呼吸麻痹而死亡。

热射病：突然发病，体温急剧上升，高达41℃以上，皮温增高，甚至皮温烫手，白毛动物全身通红，马出现大汗。病畜站立不动或倒地张口喘气，两鼻孔流出粉红色、带小泡沫的鼻液。心悸，脉搏疾速，每分钟可达百次以上。眼结膜充血，瞳孔扩大或缩小。后期病畜呈昏迷状态，意识丧失，四肢划动，呼吸浅而疾速，节律不齐，脉不感手，第一心音微弱，第二心音消失，血压下降，血压为：收缩血压10.66～13.33 kPa，舒张压为8.0～10.66 kPa。濒死前，多有体温下降，常因呼吸中枢麻痹而死亡。

【临床病理学】检查病畜血液，见有红细胞压积升高，高达60%；血清 K^+，Na^+，Cl^- 含量降低。由于换气过度，通常存在呼吸性碱中毒。

【诊断】根据发病季节，病史资料和体温急剧升高，心肺机能障碍和倒地昏迷等临床特征，容易确诊。但应与肺水肿和充血、心力衰竭和脑充血等疾病相区别：

急性心力衰竭的重要体征为可视黏膜发绀、体表静脉怒张和心搏动亢进，体温不高，可与本病进行鉴别。

肺充血和水肿表现为高度呼吸困难、黏膜发绀、流泡沫状鼻液，具有中枢神经系统症状，可与本病相区别。

脑充血与本病的症状非常相似，但不具有高温、高湿的环境因素和大量出汗的表现，体表静脉亦不明显，据此可进行鉴别。

【治疗】本病的治疗原则是消除病因，加强护理，降低体温，防止脑水肿和对症治疗。

(1)消除病因和加强护理。应立即停止使役，将病畜移至荫凉通风处，若病畜卧地不起，可就地搭起荫棚，保持安静。供应充足的凉的饮水，最好是0.9%的氯化钠溶液。

(2)降温疗法。降低体温是本病的关键治疗措施，采取一切可以利用的手段使体温降低，这是治疗成败的关键。

1)物理降温法

①冷水浴用冷水擦洗躯体，特别是头部，洗后用酒精擦身，酒精迅速挥发，促进散热，同时水分也迅速挥发，可防止风湿病的发生。

②冷水灌肠采用冷水灌肠可迅速吸收体内的热量，以降低体温。可灌入冷水5 000～10 000 mL。

③周围环境放置冰块等采用此方法，可保持局部环境的凉爽。

2)化学降温法。化学降温法可使用解热镇痛类药物，以使升高了的体温调定点复原，促进机体的散热。如复方氨基比林注射液(含氨基比林7.15%、巴比妥2.85%)，剂量马、牛20～50 mL，羊、猪 5～10 mL，犬1～2 mL，皮下或肌肉注射；安痛定注射液(含氨基比林5%、巴比妥0.9%、安替比林2%)，剂量马、牛20～50 mL，猪、羊5～10 mL，犬1～2 mL，皮下或肌肉注射；安乃近，剂量马、牛3～10 g，猪、羊1～3 g，皮下或静脉注射。

(3)防止脑水肿。发生中暑时，由于脑血管充血，很容易继发脑水肿，因此应注意防止脑部水肿，控制神经功能障碍。

1)颈静脉放血或耳尖放血。在发病初期可进行颈静脉放血，后期由于大量出汗，水分丧失严重，血液浓缩，循环血量不足，不宜进行。放血量在1 000～2 000 mL，然后补以等量的生理盐水或复方盐水、糖盐水。

2)静脉输入较凉的液体。在补充体液的同时还可降低体温，补液的量根据脱水的情况而定，可使用生理盐水、糖盐水以及复方盐水。

3)使用钙制剂。使用氯化钙或葡萄糖酸钙，可增加毛细血管的致密性，减少渗出，以控制脑水肿。5%氯化钙注射液，马、牛100～400 mL，羊、猪20～100 mL，犬10～30 mL，静脉注射。使用钙制剂时应严防漏出血管外。

4)使用脱水剂。可增加血液的渗透压，利于血液中水分的保持，有效防止脑水肿。20%甘露醇或25%山梨醇溶液，1～2 g/kg体重，静脉注射，应在30 min内注射完毕，以降低颅内压，防止脑水肿。

5)血容量扩充剂。通过提高血液胶体渗透压，扩充血液容量，同时具有改善微循环、防止弥漫性血管内凝血和抗血栓形成以及利尿作用。10%低分子右旋糖酐注射液，马、牛3 000～6 000 mL，羊、猪200～1 000 mL，犬100～500 mL，静脉注射。

(4)对症治疗。根据临床表现的不同症状，进行针对性的治疗。

1)动物兴奋不安时,应进行镇静,可使用安溴注射液,马、牛 100～200 mL,猪、羊 10～50 mL,静脉注射,必要时使用;水合氯醛,马、牛 20～30 g,猪、羊 2～5 g,内服,必要时使用;地西泮,马、牛 100～150 mg,猪、羊 10～15 mg,内服,3 次/d;硝西泮,马、牛 50～150 mg,猪、羊 5～15 mg,内服,3 次/d。

2)当动物心机能较差时,要进行强心,可使用 20%安钠咖,马、牛 10～20 mL,猪、羊 2～5 mL,犬 1～2 mL,静脉、肌肉或皮下注射;强尔心注射液(含合成维他康复 0.5%),马、牛 10～20 mL,猪、羊 5～10 mL,肌肉或皮下注射。

3)当动物出现急性心力衰竭、循环虚脱时,可使用 0.1%肾上腺素溶液,剂量马、牛 3～5 mL,加入 10%～25%葡萄糖溶液 500～1 000 mL 中,猪、羊 0.3～0.5 mL,加入 10～25%葡萄糖溶液 50～200 mL 中,静脉注射,以增加血压,改善循环,进行急救。

4)当动物出现高度呼吸困难时,可使用 25%尼克刹米溶液,马、牛 10～20 mL,猪、羊 1～2 mL,皮下或静脉注射;5%硫酸苯异丙胺溶液,马、牛 100～300 mL,皮下注射,以兴奋呼吸中枢。

5)防止酸中毒,可使用 5%碳酸氢钠溶液,马、牛 250～500 mL,猪、羊 25～50 mL,静脉注射,以中和体内糖酵解的中间产物乳酸。

(5)中兽医治疗。中兽医称牛中暑为发痧,并与马的黑汗风相当。中兽医辩证中暑有轻重之分,轻者为伤暑,以清热解暑为治则,方用“清暑香薷汤”加减:香薷 25 g,藿香、青蒿、佩兰叶、炙杏仁、知母、陈皮各 30 g,滑石(布包先煎)90 g,石膏(先煎)150 g,水煎服。重者为中暑,病初治宜清热解暑,开窍、镇静,方用“白虎汤”合“清营汤”加减:生石膏(先煎)300 g,知母、青蒿、生地、玄参、竹叶、金银花、黄芩各 30～45 g,生甘草 25～30 g,西瓜皮 1 kg,水煎服。当气阴双脱时,宜益气养阴,敛汗固涩。方用“生脉散”加减:党参、五味子、麦冬各 100 g,煅龙骨、煅牡蛎各 150 g,水煎服。

若能配合针刺鹘脉、耳尖、尾尖、舌底、太阳等穴效果更佳。鲜芦根 1.5 kg,鲜荷叶 5 张,水煎,冷后灌服有效。

【预防】本病是动物在夏季常见的一种重剧性疾病,病情发展急剧,死亡率高。因此,在炎热季节,应做好饲养管理和防暑降温工作,保障动物机体健康。

(1)改善饲养管理,降低动物舍内温度,保持适当密度,供应充足饮水并补喂食盐。

(2)注意动物舍内通风,保持空气清新和凉爽,防止潮湿闷热。

(3)使役动物应避免中午阳光直射,放牧动物应早晚放牧,并注意观察动物群体,多补充饮水,防止动物群体中暑。

(4)夏季运输群体动物,应在早晚进行,并做好通风工作,沿途应供应充足的饮水,有条件时可在饮水中加入 1%食盐或抗应激维生素。

雷击与电击
(Lightning Strike and Electrocution)

【原因】在特定的条件和环境下,动物突然发生触电或被雷击,引起神经性休克,出现昏迷或立即死亡。

【发病机理】动物被电击或雷击,神经系统受到损害最为严重,损害的程度决定于电流的强度、电压的高低和作用时间的长短。电流可使细胞膜内外的离子平衡发生改变,并产生电泳、电渗等反应。足够浓度的离子刺激肌肉和神经,引起肌肉产生强直性的收缩。因此,若电流的强度大,电压高,不仅在触电的部位,受到电流的热力作用而被灼伤,甚至炭化,而且还引起相应的组织变化。高电流通过心脏,心室出现纤维性颤动,或心脏骤停。心室纤维性颤动使心输出量锐减,使各组织器官缺血、缺氧,乃至昏迷。电流通过脑组织可引起全身性抽搐,并可直接导致呼吸中枢和循环中枢麻痹,造成暂时性或永久性中枢神经的损害。即使电压低,神经系统未受到损害,亦因心房颤动和心脏麻痹而死亡。有的病例,受到雷、电击后,由于神经系统被损害,意识障碍,运动、知觉和反射机能完全消失,呈现休克状态。也可因被雷击、电击后摔倒,头部可能受到强烈震荡,而伴发脑震荡和脑挫伤的临床综合征。

【临床表现】被雷击、电击死亡的家畜,由于电流的作用,皮肤灼伤,被毛尖出现树枝状烧焦(无色素皮肤上的被毛出现条状或树枝状暗赤色条纹),并伴发脑震荡和脑损伤综合征。尸体迅速腐解,胃肠道内充满气体,鼻孔流出带血色的泡沫。还可见到内脏器官充血,脑及脑膜水肿、出血,喉头和气管出血,组织病理学检查可见神经细胞肿胀,核变形和皱缩,轴突破坏等病变。幸免不死的动物,也常常遗留后遗症,通常表现为单瘫或偏瘫,视觉障碍,头颈向一侧弯曲,阴茎麻痹,肛门弛缓,甚至呈现癫痫样发作。

【治疗】急救措施主要包括兴奋中枢神经和加

强心脏的功能。可选用25%尼可刹米、0.1%肾上腺素等。伴有脑水肿的病例,可应用甘露醇、山梨醇等脱水药。当病畜昏迷苏醒过来,如果还呈现一定的灶性症状,可参照脑震荡的治疗方法进行治疗。

(任志华)

第二节 脊髓及脊髓膜疾病

脊髓炎及脊髓膜炎
(Myelitis and Meningomyelitis)

脊髓炎和脊髓膜炎是脊髓实质、脊髓软膜及蛛网膜的炎症。临床上以感觉过敏,运动机能障碍,肌肉萎缩为特征。

根据炎性渗出物性质的不同,脊髓炎可分为浆液性、浆液纤维素性及化脓性脊髓炎。根据炎症部位的不同,脊髓炎有局限性(只在脊髓的某个局部呈灶状发生)、弥漫性(炎症扩及较长的脊髓节段)、横贯性(炎症侵及脊髓的全横径)与分散性(炎症分散发生在脊髓的各个不同部位)脊髓炎。

【原因】

感染性因素:病毒或细菌感染,如马乙型脑炎、流行性脊髓麻痹、媾疫、腺疫、犬瘟热、狂犬病、流感、脓毒症、败血症等;寄生虫的感染,如脑脊髓丝状虫病;断尾感染等邻近组织炎症的蔓延。

中毒性因素:如霉菌毒素中毒,黎豆、萱草根等有毒植物中毒等。

损伤及其他因素:脊髓及脊髓膜炎也可以由脊髓振荡与损伤、椎骨损伤、断尾、椎骨骨疽、颈部或纵隔脓肿或肿瘤引起;配种过度、受寒、过劳等因素可导致机体的抵抗力降低,促进本病的发生。

【发病机理】当病毒、细菌及有毒物质经血液循环或淋巴途径侵入脊髓膜或脊髓实质后,引起充血、渗出,出现刺激症状,进而出现麻痹或瘫痪症状。由于炎性渗出物和增多的脑脊液的压迫,或因神经细胞变性及坏死,使脊髓的感觉传导路径与运动传导路径发生中断。随损伤的部位不同,可引起上/下位运动神经元瘫痪,同时引起反射减退与神经营养障碍。

【临床表现】因炎症部位、范围及程度不同,动物表现的症状有异。

以脊髓炎为主时,病畜表现精神不安,肌肉震颤,脊柱僵硬,运动强拘,易疲劳,出汗。局灶性脊髓炎,仅表现脊髓节段所支配区域的皮肤感觉过敏或减退和肌肉萎缩。弥漫性脊髓炎,炎症波及的脊髓节段较长,且多发生于脊髓的后段,除所支配区域的皮肤感觉过敏或减弱、肌肉麻痹和运动失调外,常出现尾、直肠以及肛门和膀胱括约肌麻痹,以致排粪、排尿失常。横贯性脊髓炎,表现相应脊髓节段所支配区域的皮肤感觉、肌肉张力和神经反射减弱或消失等下位运动神经元损伤的症状,而炎症的脊髓节段后侧的肌肉张力增高、腱反射亢进等上位运动神经元损伤的症状。病畜共济失调,两后肢轻瘫或瘫痪。分散性脊髓炎,由于个别脊髓传导径受损,表现相应的局部皮肤感觉减退或消失以及肌肉麻痹。

以脊髓膜炎为主时,病畜主要表现脊髓膜刺激症状。当脊髓背根受刺激,躯体的某一部位出现感觉过敏,触摸被毛或皮肤,动物骚动不安、弓背、呻吟等;当脊髓腹根受刺激,则出现背、腰和四肢姿势的改变,如头向后仰,曲背,四肢挺伸,运步紧张小心,步幅短缩,沿脊柱叩诊或触摸四肢,可引起肌肉痉挛性收缩,肌肉战栗等。随着疾病的进展,脊髓膜刺激症状逐渐消退,表现感觉减弱或消失。

【诊断】根据病史,一定脊髓节段支配区的皮肤感觉过敏或减弱,运动麻痹,肌肉萎缩,以及伴发排粪排尿障碍,即可建立诊断。

注意与脑膜脑炎、地方性脊髓麻痹、脑脊髓丝虫病等进行鉴别诊断。

脑膜脑炎:有兴奋、沉郁、意识障碍等一般脑症状及瞳孔大小不一、眼球震颤等局部脑症状,但粪尿排泄障碍不明显,并多于疾病后期出现四肢瘫痪。

地方性脊髓麻痹:是由产生黑色素的链球菌引起的,除具有脊髓炎症状外,还可见体温升高、黄疸、外生殖器水肿,血中可检出产生黑色素的链球菌。

脑脊髓丝虫病:多呈现一定脊髓节段支配区域的感觉过敏和肌群麻痹,如经常磨蹭尾根及呈蟹行步样,但排粪排尿障碍不明显,脑或脊髓可见虫伤性病灶,硬脑膜及软脑膜充血、出血及纤维素性炎症等变化。

【治疗】本病的治疗原则为加强护理,杀菌消炎,营养神经,兴奋中枢,促进吸收和对症治疗。

加强护理:保持动物安静,多铺垫草,定期导尿掏粪;经常翻转动物,清洁皮肤,防止发生褥疮;改善饲养,给予易消化富有营养的饲草饲料,增强体质。

杀菌消炎:磺胺嘧啶钠,0.07～0.1 g/kg体重,静脉或深部肌肉注射,2次/d;阿莫西林20～40 mg/kg体重,口服或肌肉注射,2次/d;羟氨苄青霉素10～30 mg/kg体重,肌肉或静脉注射,1次/d;青霉素4万IU/kg体重,肌肉或静脉注射,2次/d;

头孢唑啉钠 10～25 mg/kg 体重，肌肉或静脉注射，2 次/d。同时配合使用肾上腺糖皮质激素，如地塞米松，马、牛 5～20 mg，猪、羊 5～10 mg，犬 0.25～1 mg，肌肉或静脉注射，1 次/d。发病初期，冷敷脊柱利于控制炎症；急性炎症消退后改用温敷，促进炎症渗出物的吸收。

营养神经：改善神经营养，恢复神经细胞功能，可使用维生素 B_1（马、牛 100～500 mg，肌肉、静脉或皮下注射）、B_2（马、牛 100～150 mg，肌肉或皮下注射）、CoA（马、牛 1 000～1 500 IU，静脉注射）、ATP（马、牛 2 000～3 000 mg，静脉注射）等。

兴奋中枢：根据病情发展可使用 0.2%盐酸士的宁，马、牛 10～20 mL，猪、羊 1～2 mL，皮下注射，以兴奋中枢神经系统，增强脊髓的反射机能。同时为防止肌肉萎缩，对麻痹部位经常进行按摩、针灸，或用樟脑酒精涂布皮肤，以促进局部血液循环，恢复神经功能。

促进吸收：碘化钾或碘化钠，马、牛 5～10 g，猪、羊 1～2 g，内服，2～3 次/d，溶解病变组织，促进炎性渗出物的吸收。

对症治疗：疼痛较为严重时，用 30%安乃近注射液，马、牛 3～10 g，猪、羊 1～3 g，犬 0.3～0.6 g，皮下或肌肉注射，2 次/d，缓解疼痛，促进康复，还可用溴化钠、巴比妥钠以及水杨酸钠等内服。

若发现本病有传染的可能性时，及时采取隔离措施，加强防疫卫生。

【预防】本病主要是由感染因素与中毒因素引起的。因此，首先应加强防疫卫生，防止各种传染性因素的侵袭和感染；注意饲养管理，避免霉败饲料和有毒植物中毒；防止外伤、受寒、过劳以及配种过度，保证机体健康，以防本病的发生。

脊髓震荡及挫伤（Concussion and Contusion of Spinal Cord）

脊髓震荡和挫伤是因外力的作用使椎骨骨折或脊髓损伤所致，脊髓组织病变明显称为脊髓挫伤，病变不明显称为脊髓震荡。临床上以脊髓节段性运动障碍，感觉障碍，粪尿排泄障碍为特征。

【原因】本病的发生原因主要是机械性因素引起。

机械性因素：多数病畜由于打斗、冲撞、跳跃、摔倒、跌落、碾压、踢蹴、奔跑上坡时后肢滑脱等机械性因素，导致脊椎骨骨折、脱位、捻挫等而损伤骨髓所致；枪弹、弹片或其他尖锐兵器经椎间孔直接刺入脊椎管，也能引起脊髓挫伤；因保定不当，动物挣扎时也可引起脊髓损伤。

骨骼疾病：当动物患有佝偻病、骨软症、纤维性骨营养不良及氟骨病时，因骨质疏松，易发生椎骨骨折，引起脊髓损伤。

【发病机理】由于脊髓受到损伤，或因出血、压迫使脊髓的一侧或个别神经乃至脊髓全横断，通向中枢与通向外周神经束的传导中断，受损害部位的神经纤维与神经细胞的机能完全消失，其所支配的感觉机能缺失，运动机能发生麻痹，以及泌尿生殖系统和直肠机能也出现障碍，受腹角支配的效应区反射机能消失，肌肉发生变性和萎缩。

当脊髓与脊髓膜出血或椎骨变形时，脊髓组织及其神经根受到直接压迫与刺激，引起相应部位产生分离性感觉障碍，即表层组织的感觉及温觉障碍，而深层组织感觉机能保持正常；脊髓颈部出血时，前肢肌肉萎缩性麻痹，伴发分离性感觉障碍，而后肢发生痉挛或轻瘫；当脊髓膜出血使神经根受到刺激时，即引起相应部位痉挛或疼痛。

【临床表现】由于损伤的部位、范围及程度不同，临床症状表现不同。脊髓全横径损伤时，出现损伤节段后侧的中枢性瘫痪、双侧深浅感觉障碍和自主神经功能异常，表现排粪、排尿障碍和汗腺排泄功能障碍；脊髓半横径损伤时，病侧的深感觉障碍和运动麻痹，对侧的浅感觉障碍。脊髓灰质腹角损伤时，损伤部所支配区域的反射消失、运动麻痹和肌肉萎缩。

不同节段的脊髓损伤的临床症状表现为：①第 1～5 节（C_1～C_5）段颈髓全横断损伤，支配呼吸肌的神经核与延髓呼吸中枢的联系中断，动物呼吸停止，迅速死亡；半横径损伤时，四肢轻瘫或瘫痪，四肢肌肉张力和反射正常或亢进，损伤部后方痛觉减退或丧失，粪尿排泄障碍。②第 6 节段颈髓至第 2 节段胸髓（C_6～T_2）全横断损伤，呼吸不中断，呈现以膈肌运动为主的呼吸动作（膈呼吸），共济失调，四肢轻瘫或瘫痪，前肢肌肉张力和反射减退或消失，肌肉萎缩。后肢肌肉张力和反射正常或亢进，损伤部后方感觉减退或消失，粪尿排泄障碍。③第 3 节段胸髓至第 3 节段腰髓（T_3～L_3）损伤，后肢运动失调，轻瘫或瘫痪，后肢肌肉张力和反射正常或亢进，尾、肛门张力和反射正常，损伤部后方痛觉减退或消失，粪尿失禁。④第 4 节段腰髓至第 1 节段荐髓（L_4～S_1）损伤，尾、肛门、后肢肌肉张力和反射减退或消失，排尿失禁，顽固性便秘，后肢轻瘫或瘫痪，共济失调，肌肉萎缩，损伤部后方痛觉减退或消失。⑤第 1～3 节段荐髓（S_1～S_3）损伤，后肢趾关节着地，尾感觉消失、麻痹，尿失禁，肛门松弛。⑥第1～5节段尾髓(Cy_1～Cy_5)损伤，尾感觉消失、麻痹。

【诊断】根据病畜感觉机能和运动机能障碍以及粪尿排泄异常，结合病史分析，可作出诊断，注意与下列疾病进行鉴别：

麻痹性肌红蛋白尿：多发生于休闲的马在剧烈使役中突然发病，其特征是后躯运动障碍，尿中含有褐红色肌红蛋白。

骨盆骨折：病畜皮肤感觉机能无变化，直肠与膀胱括约肌机能也无异常，通过直肠检查或X射线透视可诊断受损害部位。

肌肉风湿：病畜皮肤感觉机能无变化，运动之后症状有所缓和。

【治疗】治疗原则是加强护理，消炎止痛，兴奋脊髓。

加强护理：保持安静，避免活动，减少刺激，防止椎骨及其碎片脱位或移位；多铺垫草，防止褥疮；必要时实行人工导尿和直肠取粪；肌肉麻痹时，经常按摩，或实行理疗或电疗法。

消炎止痛：应用抗生素或磺胺类药物，以防止感染；病畜疼痛明显时可应用镇静剂和止痛药，如水合氯醛、溴剂等。

兴奋脊髓：直流电或电针疗法(电针百会、肾俞、腰中、大胯、小胯、黄金等穴位)；碘离子透入疗法；或皮下注射硝酸士的宁，牛、马15～30 mg，猪、羊2～4 mg，犬、猫0.5～0.8 mg。

中兽医称脊髓挫伤为“腰伤”，瘀血阻络，治宜活血去瘀、强筋骨、补肝肾，可用“疗伤散”加减。

【预防】加强饲养管理，防止家畜出现滑跌、跳跃、闪伤等；避免家畜被车辆撞击及暴力打击；同时补充钙磷等矿物质元素和维生素D，防止佝偻病、骨软症等骨骼疾病的发生。

马尾神经炎(Caudal Neuritis of Equine)

马尾神经炎又称“马多发性神经炎”，是马尾硬膜外脊神经根的慢性肉芽肿性炎症，马、牛多见，老龄居多。

【原因】本病的发生与荐椎和尾椎受外力的作用，引起马尾神经的损伤有关，如跌倒、碰撞、骨折、外伤，配种、直肠检查或保定时过分牵引尾巴等；与细菌、病毒感染及变态反应有关，如马、骡在患过腺疫或链球菌感染等疾病后，往往遗留喉偏瘫和马尾神经炎。有的研究认为，本病是一种自体免疫病。

【临床表现】急性发作的病例，多有外伤史，可见会阴及尾部皮肤感觉过敏，病马磨蹭尾巴和会阴部。有的病马出现面部感觉过敏，头颈歪斜，运动失调等面神经、前庭神经和三叉神经损伤的症状。随着病程的延长，尾、会阴、阴茎或外阴、臀部皮肤感觉减退或消失，尾巴、阴茎、外阴、直肠发生麻痹；同时，膀胱、尿道、肛门的括约肌也可见麻痹现象。

慢性发作的病例，常需经数周乃至数月方显本病所特有的尾及括约肌麻痹的症状。尾一侧性麻痹时，尾向一侧歪斜；两侧性麻痹时，尾部肌肉萎缩，尾张力丧失而发生随意摇摆，丧失驱赶蝇、虻的能力，排粪排尿时尾不能抬举，同时肛门、阴唇、会阴部皮肤感觉消失，在其周围有环状的感觉过敏带。肛门括约肌麻痹时，可见肛门开张，直肠内堆满宿粪。膀胱括约肌麻痹时，病畜淋漓滴尿，尤以卧下、站起或行走时为甚。除尾和括约肌麻痹外，有的病例还表现后肢无力，运动失调，臀肌、股二头肌等肌肉萎缩；有的咀嚼无力，吞咽障碍，口唇和眼睑下垂，舌前部感觉减退，舌后部运动障碍等症状。牛可不自主地流出糊状粪便，由于直肠内堆满宿粪而使尾根两侧凹窝隆起。肛门、阴唇、会阴部皮肤也和马一样出现皮肤感觉消失，以及感觉消失区域的周围有环状的感觉过敏带。

【诊断】马尾神经炎主要根据病史(是否有外力作用)，临床症状，特别是麻痹现象的出现进行诊断。必要时亦可进行腰荐部的脑脊液测定(可见蛋白含量增加，白细胞增多，淋巴细胞增多明显)，以资确诊。

(胡倩倩)

第三节　神经系统其他疾病

脑神经损伤(Cranial Nerve Injury)

1. 嗅神经损伤(Olfactory Nerve Injury)

嗅神经，即第一对脑神经，为感觉神经，由鼻黏膜上皮的嗅细胞轴突所构成。这些轴突集合成束，称为嗅丝。嗅丝通过筛板进入颅腔到嗅球。检查嗅神经，可观察动物嗅闻非刺激性的挥发性物质的反应，如酒精、丁香、苯、二甲苯或掺有鱼的食物，以刺激嗅神经。氨、烟草一类的刺激性物质不能用来检查嗅神经，因为这类物质能刺激鼻黏膜的三叉神经末梢。鼻炎是嗅觉丧失最常见的原因；鼻道的肿瘤和筛骨疾病也可引起嗅觉丧失。

2. 视神经损伤(Optic Nerve Injury)

视神经，即第二对脑神经，是视觉和瞳孔对光反应的感觉径路，它通过视神经孔入颅腔，大部分纤维交叉到对侧，与对侧视神经共同形成视神经交叉，向后移行为视束，止于外侧膝状体。视神经检查，常用的有3种方法。①惊吓反应：检查者用一只手在动物一侧眼睛的前方做惊吓动作，健康动物迅速闭合眼睑，或眨眼，或躲闪头部。惊吓反应需要视网膜、视神经、对侧膝状体、对侧视皮质和面神经等的参与。②视觉放置反应：检查小动物时，术者将动物抱起，并让其面朝桌面，健康动物在其腕部碰到桌缘之前，便将其爪部放到桌面上。检查大动物时，可观察其是否能躲避障碍物。③瞳孔对光反应和眼底镜检查。

丘脑的外侧膝状核、视纤维束或枕叶皮质损伤时，视觉丧失，但瞳孔对光反应正常，这类损伤多为一侧性的，只引起对侧视力丧失。脑炎、脑水肿可引起两侧性损伤，导致双侧视力完全失明。视网膜、视神经、视交叉或视束的损伤，表现为失明和瞳孔异常，视交叉损伤多为两侧性，视网膜和视神经损伤或为两侧性（视网膜萎缩、视神经炎）或为一侧性（创伤、肿瘤）。

脑外伤、脑肿瘤、脑膜脑炎、脑疝、脑室积水等颅内疾病；犬瘟热、猫传染性腹膜炎、弓形虫病等传染病和寄生虫病；铅中毒、视神经炎、眼眶创伤、脓肿等，都可引起视神经损伤和麻痹。其基本症状是视力障碍，惊吓反应消失和瞳孔异常。

3. 动眼神经损伤（Oculomotor Nerve Injury）

动眼神经，即第三对脑神经，含有控制瞳孔收缩的副交感神经纤维，其运动纤维分布于眼球上直肌、下直肌、内直肌、下斜肌及上眼睑提肌。动眼神经的检查主要是观察瞳孔对光反应，亦可观察瞳孔的大小、眼球的位置及运动。动眼神经损伤可见于眼眶疾病、小脑疝、脑水肿、中脑受压迫等的疾病。动眼神经损伤时，病侧瞳孔散大，瞳孔丧失对光的反应，但视力正常，侧下方斜视，眼球运动丧失（除侧方运动外），上眼睑下垂。新生犊牛动眼神经损伤、生产瘫痪及高度兴奋时，尽管动眼神经机能正常，但瞳孔对光反应迟钝。脑灰质软化等引起的中枢性失明的病例，惊吓反应消失，但瞳孔对光反应正常。维生素A缺乏等引起的视神经变性的病例，失明，惊吓反应和瞳孔对光反应消失。

4. 滑车神经损伤（Trochlear Nerve Injury）

滑车神经，即第四对脑神经，为运动神经纤维。分布于眼球上斜肌。检查滑车神经可观察眼球的位置及运动状况。滑车神经损伤时，眼球向外侧运动，眼球位置异常（上外侧固定），可见于牛脑灰质软化症。

5. 三叉神经损伤（Trigeminal Nerve Injury）

三叉神经，即第五对脑神经，其运动神经原位于脑桥，分为眼神经（感觉支）、上颌神经（感觉支）和下颌神经（混合支）。眼神经分布于眼睑和角膜；上颌神经分布于面部及鼻部皮肤；下颌神经分布于咬肌、颊肌等。感觉机能的检查，包括角膜反射检查和触摸面部皮肤检查；检查运动机能主要是观察咀嚼动作、咀嚼肌有无萎缩及开口阻力大小。若三叉神经的髓内性病变，病侧面部感觉消失，但咀嚼肌无异常；若三叉神经的髓外性病变，两侧感觉机能和运动机能丧失；仅运动机能丧失的多系三叉神经运动核的散在性病变所致。本病的临床特点是，咬肌麻痹，病侧感觉机能丧失，角膜和眼睑反射减弱。两侧运动神经麻痹时，咀嚼机能丧失，不能吃粗硬饲料，只能采食流食，下颌下垂，舌脱出，不能自主闭合口腔，即便被动地将下颌上推使之闭合，放手后仍然垂下。如麻痹超过7 d，可见咀嚼肌萎缩。一侧性运动神经麻痹时，病畜以健侧咀嚼，舌运动异常，咀嚼动作缓慢。

6. 外展神经损伤（Abducent Nerve Injury）

外展神经，即第六对脑神经，与动眼神经、视神经一起经眶孔进入眶窝，分布于眼球退缩肌和眼球外直肌。检查外展神经时，可观察眼球运动。检查眼球退缩肌时，可观察眼睑反射。外展神经损伤时，眼球因退缩障碍而前突，眼球外方运动丧失，眼球内侧斜视，见于眼眶脓肿、创伤及脑干肿瘤等。

7. 面神经损伤（Facial Nerve Injury）

面神经，即第七对脑神经，经过面神经管，绕过下颌支后缘向前延伸，分布于耳、眼、上唇及颊部肌肉。面神经麻痹可分为中枢性麻痹和末梢性麻痹。中枢性麻痹多因脑外伤、脑出血、某些传染病及中毒病所致。末梢性麻痹多因被打击、冲撞、压迫或冷风侵袭等引起。此外，腮腺肿瘤、手术失误、血栓形成等，也可引发面神经损伤。

一侧性面神经全麻痹时，患侧耳壳和上眼睑下垂，鼻孔狭窄，上唇和下唇松弛，歪斜于健侧。两侧性面神经麻痹时，两侧耳壳和上眼睑下垂，眼裂缩小，鼻孔塌陷，唇下垂，流涎；采食和饮水障碍，以牙摄食，咀嚼缓慢无力，颊腔蓄积食团。牛由于上下唇丰厚，因而下唇下垂和上唇歪斜不明显，其主要特征是，反刍时患侧口角流涎、吐草。猪可见鼻镜歪斜，鼻孔大小不一。

一侧性颊背神经麻痹时，耳壳及眼睑正常，上唇歪斜于健侧，患侧鼻孔狭窄。一侧性颊腹神经麻痹时，仅呈现患侧下唇下垂，并偏向于健侧。

治疗：应首先除去直接致病原因，如摘除新生物、切开脓肿或血肿、松开笼头等，以消除对神经的压迫。电针对本病治疗有较好的效果，穴位电针可采用开关穴和锁口穴，或分水穴和抱腮穴，1次/d，每次1～2个穴组，每穴组电针20～30 min，10 d为一疗程。神经干电针法，以一针直接刺于面神经干的径路上，另一针刺开关穴或锁口穴。电针1次/d，每次20～30 min，8～10次为一疗程。亦可用He-Ne激光穴位照射，1次/d，每次10 min，5～8次为一疗程。此外，肌肉注射维生素B_1和维生素B_{12}；皮下注射硝酸士的宁或樟脑油；面神经通路涂擦10%樟脑酯，并行按摩疗法。

8. 前庭耳蜗神经损伤（Vestibulocochlear Nerve Injury）

前庭耳蜗神经，即第八对脑神经，也称听神经，是听觉和平衡觉的神经。其纤维来自内耳的前庭、半规管和耳蜗的传入纤维，经前庭神经节和螺旋神经节，止于延髓前庭核和耳蜗核。前庭耳蜗神经的检查包括听觉和平衡觉的检查。检查听觉可观察动物对声音惊吓的反应。检查平衡觉可观察动物的姿势、步态、眼球运动等。

旋转试验：在动物按一定方向迅速旋转10圈后，观察眼球震颤的次数，间隔数分钟后，再按相反方向旋转。健康动物在旋转后出现与旋转方向相反的快相眼球震颤3～4次。外周性前庭疾病，动物取与病侧相反方向旋转时，眼球震颤缺如；中枢性前庭疾病，旋转后眼球震颤缺如或延长。

外周性前庭损伤见于中耳-内耳炎、先天性前庭综合征、特发性前庭疾病（猫、犬前庭综合征）、肿瘤及耳毒性物质中毒。中枢性前庭损伤见于犬瘟热、狂犬病等传染性疾病；铅中毒、六氯双酚中毒，低糖血症、肝脑病等中毒病和代谢病，以及脑干出血、栓塞等。

前庭疾病的基本临床特征是：共济失调，眼球震颤，头斜向病侧，朝向病侧的圆圈运动，位置斜视，旋转后眼球震颤延长或缺失，冷热水试验反应缺如或异常，声音惊吓反应缺失。外周性前庭疾病主要临床特征是不对称性共济失调，而姿势反射无缺陷；水平或旋转式眼球震颤，不随头部位置而改变，以及快相方向与病侧相反。外周性前庭疾病可累及颞骨岩部的迷路。中耳疾病除头歪斜外，不表现其他症状；内耳疾病除头歪斜外，还可呈现共济失调，动作笨拙。中耳、内耳疾病还可伴有同侧眼睛霍恩氏体征，即瞳孔缩小，上睑下垂，眼球凹陷。内耳疾病可影响面神经。两侧性前庭损伤通常是外周性的，呈对称性共济失调，头部左右震颤，无眼球震颤，多数的病例无前庭性眼球运动。中枢性前庭疾病的主要特征是，精神沉郁，头歪斜，跌倒，病侧性偏瘫，共济失调，同侧或对侧性姿势反射缺失，往往累及三叉神经和面神经。

9. 舌咽神经损伤（Glossopharyngeal Nerve Injury）

舌咽神经，即第九对脑神经，分为咽支和舌支，咽支分布于咽和软腭，舌支分布于舌根。舌咽神经损伤可见于咽炎、延髓麻痹、狂犬病、肉毒中毒和脑脊髓炎等疾病经过中。动物表现咽和喉麻痹，吞咽障碍，饲料和饮水从鼻孔逆流。触诊咽黏膜不引起咽肌收缩，无吞咽运动，咳嗽的声音和叫的声音异常，以及呼吸紊乱等症状。

10. 迷走神经损伤（Vagus Nerve Injury）

迷走神经，即第十对脑神经，是分布于咽和喉的运动神经，含有迷走神经纤维。迷走神经损伤见于延髓疾病、山黧豆中毒和慢性铅中毒等。临床表现为吞咽、声音和呼吸异常。此外，由于迷走神经还为上部消化道提供副交感神经纤维，当其损伤时，可发生咽、食管和胃平滑肌运动减弱或麻痹。

11. 脊副神经损伤（Spinal Accessory Nerve Injury）

脊副神经，即第十一对脑神经，其背支分布于臂头肌和斜方肌，腹支分布于胸头肌。脊副神经损伤时，由于臂头肌、斜方肌及胸头肌弛缓无力，肩胛骨低沉，病畜对人为抬举头部缺乏抵抗力。

12. 舌下神经损伤（Hypoglossal Nerve Injury）

舌下神经，即第十二对脑神经，其运动纤维分布于舌肌。舌下神经的检查是通过观察舌的运动性，或将舌体拉出至口角，观察其回缩状况。舌下神经麻痹见于下颌间隙深部创伤，周围组织脓肿、血肿或肿瘤压迫、粗暴拉出舌头时使舌下神经过度牵引。脑病也可引起舌下神经损伤。两侧性舌下神经麻痹，通常为中枢性，表现为舌不全或完全麻痹，舌体松软，脱出口外，不能回缩，不能采食和饮水。一侧性麻痹时，舌脱出口外，偏向病侧，舌肌纤维性颤动，严重的病例舌肌萎缩，采食、饮水困难。

癫痫(Epilepsia)

癫痫又称"羊角风",是暂时性的大脑皮层机能异常的神经机能性疾病,是中枢神经系统的一种慢性疾病。临床上以反复发生,短时间内感觉障碍、意识丧失、粪尿失禁、阵发性或强直性肌肉痉挛为特征。各种动物均可发生,但多见于猪、羊、犬和犊牛。

【原因】癫痫有原发性和继发性两种。原发性癫痫又称为自发性癫痫或真性癫痫,继发性癫痫又称为症候性癫痫。

原发性癫痫:"功能性或真性癫痫"的发生原因尚不清楚。一般认为与下列因素有关:①遗传因素,研究证明,德国牧羊犬、小猎兔犬、荷兰卷尾犬、比利时牧羊犬、瑞士褐棕牛等动物的癫痫具有遗传特征;与父系比较,癫痫更容易受到母系遗传的影响。②脑组织代谢障碍,大脑皮层或皮层下中枢受到过度刺激,兴奋与抑制的平衡关系被扰乱;③体内、外环境的改变诱发脑机能不稳定,母马在发情期因性激素分泌增加,也可发生癫痫,卵巢切除和孕酮治疗可制止其发生。

继发性癫痫:"器质性或症状性癫痫"的发生原因是多方面的。颅内疾病,如脑炎、脑膜炎、脑水肿、颅脑挫伤、脑肿瘤等;传染病和寄生虫病,如牛传染性鼻气管炎、伪狂犬病、犬瘟热、狂犬病、猫传染性腹膜炎、脑囊虫病和脑包虫病等;营养代谢性疾病,如低钙血症、低糖血症、低镁血症、酮病、妊娠毒血症、维生素 B_1 缺乏等;中毒性疾病,如铅、汞等重金属中毒,有机磷、有机氯等农药中毒等。

【发病机理】癫痫发作必须具备 2 个基本条件:①有癫痫灶存在,研究表明,即便在许多未发生过癫痫的个体,也存在癫痫灶;②癫痫灶的异常活动能向脑的其他部位发散。研究表明,癫痫灶中神经元膜去极化大幅度延迟,并伴发高频率的尖峰。脑电图显示膜电位改变可引起的发作性放电。癫痫性神经元的数目与癫痫发作的频率相关。

【临床表现】癫痫发作有 3 个特点:突然性、暂时性和反复性。按临床表现,分为大发作、小发作、局限性发作和精神运动性发作。

大发作:又称"强直-阵挛性癫痫发作",是动物最常见的一种类型。在发作前,常可见到一些极为短暂的,仅为数秒钟的先兆症状,如皮肤感觉过敏,不断点头或摇头,后肢扒头部,反射消失,不听呼唤,异常鸣叫等。大发作时,病畜突然倒地,意识丧失,四肢挺伸,角弓反张,呼吸暂停,口吐白沫,强直性痉挛持续 10～30 s。随后出现阵发性痉挛,四肢呈奔跑或游泳样运动。强直性或阵挛性肌肉痉挛期,瞳孔散大,流涎,排粪,排尿,被毛竖立。大发作通常持续 1～2 min,发作后即恢复正常。有的病例表现精神淡漠,定向障碍,不安和视力丧失,持续数分钟乃至数小时。

小发作:其特征是短暂的(几秒钟)意识丧失,头颈伸展,呆立不动,两眼凝视。临床上较为少见。

局限性发作:肌肉痉挛动作仅限于身体的某一部分,如面部或单肢,大多数的病例是由大脑皮质局部神经细胞受到病理性的刺激所致,有时还同时出现皮肤感觉异常。局限性发作常常发展为大发作。

精神运动性发作:以精神状态异常为主要特征,如癔症、愤怒、幻觉和流涎等。

本病多取慢性经过,数年乃至终生。

【诊断】根据病史和临床特征。但要作出明确的病因学诊断,需进行全面系统的临床检查,包括对整个神经系统的仪器检查和实验室血、粪、尿及毒物检查。

【治疗】治疗原则是查清病因,纠正和处理原发病,积极对症治疗,减少癫痫发作的次数,缩短发作时间,降低发作的严重性。

对症治疗:可用苯巴比妥,1～2 mg/kg 体重,2 次/d,内服,如镇静作用明显,1 周后减少用量。如苯巴比妥未能抑制癫痫发作,可改用普里米酮(普痫酮),10～20 mg/kg 体重,3 次/d,内服;或苯妥英钠,30～50 mg/kg 体重,3 次/d。上述药物亦可联合应用。口服丙戊酸钠片,2 次/d,每次 1～2 片,维持服药 2～3 d,对犊牛癫痫或局限性发作的控制有效。为防止脑水肿的发生,可静脉注射 20% 甘露醇,或高渗葡萄糖溶液等。

中兽医采用开窍熄风、宁心安神、理气化痰、定惊止痛、镇癫定痉为治则,治方为"定癫散",全蝎、胆南星、白僵蚕、天麻、朱砂、川芎、当归、钩藤,水煎灌服。

膈痉挛(Diaphragmatic Flutter)

中兽医称"跳肷",是膈神经受到异常刺激,兴奋性增高,膈肌发生痉挛性收缩的一种机能性神经病。临床上以腹部和躯干呈现有节律的振动,腹胁部起伏有节律的跳动,于鼻孔附近可听到一种呃逆音为特征。

根据膈痉挛与心脏活动的关系,可分为同步性膈痉挛和非同步性膈痉挛;前者与心脏收缩相一致,后者则与心脏收缩不一致。

【原因】凡能使膈神经受到刺激的因素,都可引起膈痉挛，因此膈痉挛的病因复杂。

机体系统疾病：包括消化系统疾病，如消化不良、胃肠炎、胃肠过度膨满等；有呼吸系统疾病，如纤维素性肺炎、胸膜炎等；有中枢神经系统疾病，如脑和脊髓疾病，特别是膈神经起源处的颈髓疾病；

代谢性疾病：如运输搐搦、泌乳搐搦、电解质紊乱、过度劳役等；

中毒性疾病：如蓖麻子中毒等；

先天性疾病：膈神经与心脏位置的关系存在先天性异常；

其他因素：比赛前应用速尿的赛马，或大量服用碳酸氢钠的低血容量和低血氯的病马。

【发病机理】膈神经与心脏紧密相连，左侧膈神经是在肺动脉的下方经过动脉圆锥和左心耳，右侧膈神经是在腔静脉的下方经过右心房，两侧膈神经都是靠近心房通过。当心房肌去极化时，电冲动就会刺激靠近心房的膈神经，在膈神经兴奋性增高时，就会引起膈肌痉挛。

当电解质紊乱和酸碱平衡失调等因素引起的膈神经兴奋性增高时：如马匹在过度使役和长途骑乘时，存在不同程度的呼吸性或代谢性碱中毒和电解质紊乱，极易发生同步性膈痉挛；血钙、血钾含量减少可改变膈神经的膜电位，膈神经兴奋阈降低，易受心电冲动的影响而放电，引起痉挛性收缩。马同步性膈痉挛与心房收缩同时发生，当心房肌去极化时，电冲动可刺激靠近心房的膈神经。此外，膈神经与交感神经干有交通支相连，交感神经兴奋亦可能引起膈痉挛。人和犬的膈痉挛，则与心室肌去极化同步。

【临床表现】主要临床症状是腹部呈现有节律的振动，沿两侧肋弓处最为明显，伴有短促吸气，于鼻孔附近直接听诊，可听到一种呃逆音。气管和肺部听诊有短促而柔和的肺泡舒张音，与“跳肷”频数一致。多数的病例两侧腹部振动均等，也有一侧较明显的。轻微的膈痉挛，将手置于肋弓处方能感到。同步性膈痉挛，腹部振动次数与心搏动相一致；非同步性膈痉挛，腹部振动次数少于心搏数。膈的痉挛性收缩的强度和频率，随刺激的时间、性质、强度及神经敏感性而定。

【诊断】根据腹部有节律的振动，同时伴发有短促的吸气声和呃逆音，可作出诊断。

注意与阵发性心悸相区别：阵发性心悸也出现全身震颤，并与心搏动相一致，但心区部位的胸壁震颤更为明显，心音高朗，数步外都可以听到，但无呃逆音。

【治疗】本病的治疗原则为加强护理、消除病因、镇静解痉。

加强护理：加强饲养管理，保持安静，避免刺激，轻型病例常常不治而愈。

消除病因：对低血钙或低血钾病畜，可静脉注射10%葡萄糖酸钙 200～400 mL（牛、马），或 10%氯化钾溶液 30～50 mL（牛、马），或 0.25%普鲁卡因溶液 100～200 mL，缓慢静脉注射。

镇静解痉：25%硫酸镁溶液，马、牛 50～100 mL，犬 10 mL，缓慢静脉注射；10%安溴注射液，马、牛 100 mL，缓慢静脉注射；0.25%盐酸普鲁卡因溶液，马、牛 100～200 mL，缓慢静脉注射；水合氯醛 20～30 g，淀粉 50 g，水 500～1 000 mL（牛、马），混合灌服。一般病例，膈痉挛现象迅速消失。

中兽医将“跳肷”分为肺气壅塞型、寒中胃腑型和瘀血内阻型，治疗时也略有区别。

肺气壅塞型：主症为口色微红，脉象沉实。治法为理气散滞，代表方剂“橘皮散”加减：橘皮、橘梗、当归、枳壳、紫苏、前胡、厚朴、黄芪各 30 g，茯苓、甘草、半夏各 25 g，共研末，开水冲服。

寒中胃腑型：主症为口色淡白，脉象迟缓。治法为温中降逆，代表方剂为“丁香柿蒂汤”和“理中汤”加减，丁香、柿蒂、橘皮、干姜、党参各 60 g，甘草、白术各 30 g，共研末，开水冲服。

瘀血内阻型：主症为口色紫红，脉象紧数。治法为活血散瘀，理气消滞，代表方剂为“血竭散”加减：血竭、制没药、当归。骨碎补、刘寄奴各 30 g，川芎、乌药、木香、香附、白芷、陈皮各 20 g，甘草 10 g，共研末，开水冲服。

肝脑病（Hepato-encephalopathy）

肝脑病是指肝脏功能异常所引起的一种脑病综合征，以行为异常、中枢性失明和精神高度沉郁为特征。

【原因及发病机理】多继发于：①实质性肝病：常见于肝炎、急性肝坏死、慢性肝病晚期、肝肿瘤、脂肪肝综合征，以及中毒性肝病等。肝脏的正常代谢机能减退，血液中氨、短链脂肪酸、硫醇、粪臭素、吲哚等氨基酸的降解产物浓度升高，并损害中枢神经系统。含吡咯双烷类生物碱的植物，如千里光属和响尾蛇属，可引起草食兽实质性肝损伤和肝脑病。②门脉循环异常：主要见于门脉畸形，如先天性门脉分流，使相当一部分门脉血液不经肝脏而由短路直接进入腔静脉，导致胃肠吸收的各种有毒物质得不到肝脏的解毒处理，造成本病的发生。③尿素循环酶先天缺陷：动物体内的代谢过程，特别是蛋白质的代谢过程，尿素生成受阻，出现高氨血症，造成脑组织损害。

【临床表现】由于肝脏机能异常，动物表现为消化障碍，胃肠机能紊乱，食欲减退或废绝，体重减轻，生长停滞，黄疸，多尿，烦渴，精神高度沉郁，昏睡乃至昏迷；行为异常，盲目运动，头抵他物，失明，抽搐；磺溴酞钠(BSP)排泄半衰期延长(＞5 min)，血清中肝特异酶活性升高。在马可见攻击行为，如自咬或咬其他动物，啃咬地面等。除视觉障碍外，其他脑神经无明显异常。一般的情况下，患肝脑病的动物在采食以后，特别是采食高蛋白饲料，神经症状加剧。尸体剖检，可见肝脏肿大或萎缩，或纤维样变，色泽发黄或呈斑驳样。

【治疗】本病为不治或难治之症。

（胡倩倩）

复习思考题

1. 什么是脑膜脑炎？是如何发生的？
2. 怎样诊断和防治脑膜脑炎？
3. 什么叫化脓性脑炎脑脓肿？是如何发生的？
4. 怎样诊断和防治该疾病？
5. 什么叫脑软化？是如何发生的？
6. 怎样诊断和防治脑软化？
7. 牛海绵状脑病是由什么引起的？
8. 怎样诊断和防治牛海绵状脑病？
9. 脑震荡及脑挫伤是如何发生的？
10. 怎样对该疾病进行诊断和防治？
11. 什么叫慢性脑室积水？是如何发生的？
12. 怎样诊断和防治慢性脑室积水？
13. 脑肿瘤包括哪些？
14. 怎样诊断动物患有脑肿瘤？
15. 什么叫晕动症？是如何发生的？
16. 怎样防治晕动症？
17. 日射病和热射病是如何发生的？
18. 怎样诊断和防治日射病和热射病？
19. 受到电击或雷击的动作会有哪些临床表现？
20. 什么叫脊髓及脊髓膜炎？如何分类？
21. 怎样诊断和防治脊髓及脊髓膜炎？
22. 什么叫脊髓震荡及挫伤？
23. 如何区分脊髓震荡和脊髓挫伤？
24. 什么叫马尾神经炎？
25. 马尾神经炎临床症状是什么？
26. 脑神经损伤分类有哪些？
27. 什么叫癫痫？如何分类？
28. 癫痫发作特点是什么？
29. 癫痫治疗原则是什么？
30. 膈痉挛定义是什么？
31. 如何诊断和治疗膈痉挛？

第九章 内分泌疾病

【内容提要】犬、猫的内分泌疾病在小动物临床中占有相当重要的地位。在犬，甲状腺机能减退是最重要的内分泌疾病之一(40%)，其次是糖尿病、肾上腺皮质机能亢进、肾上腺皮质机能减退及甲状腺肿大。在猫，糖尿病发病率最高(56%)，其次是甲状腺机能减退和继发性甲状旁腺机能亢进。

内分泌疾病的常见症状包括：体重减轻、虚弱、食欲减退或亢进、肥胖、乳溢、病理性骨折、青春期延迟、多发性尿结石、多尿、烦渴、精神紊乱、抽搐、肌肉痉挛、侏儒、脱毛、雄性乳房雌性化、持续性发情间期、阳痿、性欲减退等。

内分泌疾病的诊断：包括临床诊断、实验室诊断及内分泌器官机能试验3个方面。

内分泌疾病的治疗原则：主要采用手术切除导致机能亢进的肿瘤或部分腺体，应用放射性物质或药物抑制激素的分泌，并辅以对症疗法纠正代谢紊乱。对内分泌器官机能减退的治疗，通常采用激素替代疗法，以补充激素的不足或缺乏。

第一节 垂体疾病

垂体肿瘤(Pituitary Tumors)

垂体肿瘤按肿瘤发生的部位可分为垂体前叶、间叶和颅咽管肿瘤；按肿瘤形态学特征可分为垂体嗜碱性、嗜酸性和无染色性腺瘤(癌)；按功能状态可分为分泌性(垂体功能亢进)和非分泌性(垂体功能减退)腺瘤。生长激素(GH)和促肾上腺皮质激素(ACTH)是腺垂体机能亢进中最常累及的2种激素，ACTH过多见于腺垂体嫌色细胞腺瘤、腺垂体癌或嗜碱粒细胞腺癌；GH过多见于腺垂体腺癌。垂体机能减退可发生于腺垂体肿瘤(成年犬)、腊特克氏囊囊肿(青春前期犬)、颅咽管瘤，在老龄马则多半是由于腺垂体中间部腺瘤所致。仅一种腺垂体激素的缺乏称为单嗜性垂体机能减退(Monotropic Hypopituitarism)，多半由于下丘脑释放激素的缺乏所致。多种腺垂体激素的缺乏称为多发性垂体机能减退(Multiple Hypopituitarism)，是较为常见的一种类型，但其腺垂体激素不足或缺乏的组合却有很大差别。腺垂体激素不足或缺乏的发生顺序是，生长激素(GH)、促卵泡激素(FSH)、黄体生成素(LH)、促甲状腺激素(TSH)、促肾上腺皮质激素(ACTH)。

手术切除肿瘤是唯一有效的治疗方法。

垂体性侏儒(Pituitary Dwarfism)

垂体性侏儒是腺垂体机能减退最常见的表现形式，又称生长激素缺乏(Growth Hormone Deficiency)。已证实德国牧羊犬及其亲系品种卡累利熊犬(Carelian Bear-dogs)的垂体性侏儒为常染色体隐性遗传。

犬在2～3周龄呈现明显的临床症状，并随年龄的增长，症状日趋加重。匀称性(肢-身躯干)侏儒，常为窝中最矮小的，智力低下或正常，凸颌，永久齿长出延迟。被皮异常，仍保留青春期松软的被毛，最后在会阴、尾、股内侧、腹下、颈环区发生脱毛和色素沉着过多；皮肤变薄。肿大的腊特克氏囊囊肿压迫鼻咽时，呼吸困难。X线检查，生长板(Growth Plates)关闭推迟，以椎体为甚；心脏、肝脏和肾脏体积通常小于正常。在牛，以肉用海福特(Herford)和安格斯(Angus)牛发生居多，突出表现为骨骼形成不全，颌凸，腹部膨满，肢短，呼吸促迫，多于出生后数日内死亡。

常用的诊断性试验有胰岛素敏感性试验，甲苯噻嗪(Xylazine)或氯压定刺激试验。垂体性侏儒病犬对胰岛素敏感性增加，在静脉注射结晶胰岛素0.025～0.05 U/kg体重后，其血糖值为注射前的一半。刺激试验的方法是，测定静脉注射甲苯噻嗪(100 μg/kg体重)或氯压定(16.5 μg/kg体重)注射前和注射后15 min血清GH水平。正常GH基线值为0～4 ng/mL，垂体性侏儒病犬对甲苯噻嗪刺激不发生反应。

【治疗】可选用人或猪的生长激素皮下注射，犬用量为 0.1 U/kg 体重，隔天 1 次，连续 4～6 周。但生长激素可引起过敏反应或糖尿病。

肢端肥大症（Iatrogenic Acromegaly）

肢端肥大症是生长激素过多所引起的一种临床病症，可发生于长期使用孕酮或孕激素阻止母畜妊娠，慢性刺激生长激素分泌；少见于腺垂体腺癌。生长激素过多（Growth Hormone Excess）在青春期引起巨大发育（Gigantism），又称巨人症；在青春期后则导致肢端肥大（Acromegaly）。

肢端肥大症起病隐袭，病程缓长，肢端肥大常需数月乃至数年。肢端肥大以母犬更为多见。患病动物爪及头骨肿大、凸颌，指（趾）间增宽，吸气性喘鸣，皮肤黏液水肿、增厚，多毛、嗜睡、腹部膨大（肝大）、心脏增大、退行性关节炎、乳溢，多尿-多饮-多食（糖尿病）。腺垂体肿瘤引起的 GH 过多，则可表现视力障碍和头部疼痛的症状。

X 线检查见指（趾）骨变宽，脊椎骨增大。实验室检查，糖耐量降低，但无空腹性血糖升高。血浆 GH 含量极度升高，可达 1 000 ng/mL。糖抑制试验亦可作为辅助诊断手段。健康动物静脉注射葡萄糖（1 g/kg 体重）后，血浆 GH 含量降低，GH 过多时，葡萄糖失去对血浆 GH 的这种抑制作用。

对因使用外源性孕激素所引起的 GH 过多，停止用药即可缓解病情；发情后期的 GH 过多，实施卵巢子宫切除术，大多可愈；腺垂体增生或肿瘤所致的 GH 过多，可用溴隐亭（Bromocryptine Mesylate）。

尿崩症（Diabetes Insipidus）

尿崩症是由于下丘脑-神经垂体机能减退所引起的抗利尿激素（ADH）分泌不足或缺乏。以多尿、烦渴、多饮及尿比重低为临床特征。本病见于马、犬和猫等动物。

可使下丘脑-神经垂体及其神经束机能减退或兼有组织病变的因素皆可引起本病。下丘脑性抗利尿激素不足或缺乏多见于原发性或转移性肿瘤、感染、肉芽肿、创伤及渗透压感受器缺陷等病理过程。已有犬、猫先天性下丘脑性尿崩症的报道。肾性因素包括犬先天性肾性尿崩症、肾盂肾炎、低钾血性肾炎、高钙血性肾炎、肾淀粉样变及某些药物，如脱甲金霉素、锂、甲氧氟烷等。肾性因素致发尿崩症的病理学基础是，抗利尿激素肾源性失敏感（Nephrogenic-Insensivity of Antidiuretic Hormone）。

本病起病可急可缓，但以突发性居多。最初表现为烦渴、多尿，日饮水量＞100 mL/kg 体重，日排尿量＞50 mL/kg 体重，夜尿症。限制饮水时，尿量仍不减，往往发生严重脱水和昏迷。下丘脑性尿崩症常伴有下丘脑机能障碍综合征或腺垂体激素过多或缺乏症状；肾性尿崩症可兼有高钾血症、高钙血症、淀粉样变、肾盂肾炎或药物中毒的症状。

根据大量排尿（犬＞20 L/d，马＞100 L/d）、大量饮水、低比重尿（＜1.006），可诊断本病。

垂体性尿崩症应用抗利尿激素替代疗法，肾性尿崩症可选用氯噻嗪。

第二节　甲状腺疾病

甲状腺功能亢进（Hyperthyroidism）

甲状腺功能亢进是甲状腺腺泡素-甲状腺素和/或三碘甲腺原氨酸分泌过多的一种疾病。本病是猫第一位性的内分泌疾病，多见于 8 岁以上的老龄猫，犬、马等动物等也有发病。

本病的病因尚不清楚。一般认为，甲状腺肿瘤是致发甲状腺功能亢进的主要原因。此外，促异位性甲状腺素（TSH）、机能亢进性异位性甲状腺组织以及用药剂量过大等也可引起本病。

病犬表现高基础代谢率症候群，包括多尿、饮欲亢进乃至烦渴，食欲亢进、体重减轻；肌肉无力、消瘦、易疲劳，体温升高等症状。高儿茶酚胺敏感性综合征，是由于各组织 β-肾上腺素能受体、受体敏感性及游离儿茶酚胺浓度增加所致，包括肌肉震颤、心动过速、各导联心电图振幅增大，易惊恐等行为异常。甲状腺毒症，包括肠音增强，排粪次数增加，粪便松软，骨骼脱矿物化而发生骨质疏松。过多的甲状腺素亦可作用于心血管系统，加速心率，增加心输出量，降低外周循环抵抗，最终导致高输出性心脏衰弱。90%的患猫在喉部能触及肿大的甲状腺。

猫甲状腺功能亢进时 CBC 通常正常，最常见的异常是 PCV 和 MCV 轻度升高。20%以内的患猫会出现中性粒细胞增多症、淋巴细胞减少症、嗜酸性粒细胞减少症或单核细胞减少症常见。生化检查异常包括 ALT、ALP 和 AST 活性轻度至中度升高。约 90%甲状腺功能亢进患猫会出现一种或多种肝酶活性升高。甲状腺功能亢进引起的肝酶升高在治疗甲状腺功能亢进后可恢复。多数甲状腺功能亢进患猫的尿比重高于1.035。其他尿检结果通常没有明显变化，除非并发糖尿病或泌尿道感染。

依据甲状腺肿大、高基础代谢率症候群和高儿茶酚胺敏感性综合征可作出初步诊断。对临床表现甲状腺功能亢进症状但无甲状腺肿大的病例，需检测 T_3、T_4 和 TSH 结果，综合判读。

控制甲状腺功能亢进的基本疗法有 3 种，即抗甲状腺药物疗法、放射性碘疗法或限制碘摄入、甲状腺切除术。这几种治疗方法均有效。手术和放射性碘治疗是为了能永久治愈本病，而口服抗甲状腺药物和限制碘性饮食只能抑制甲状腺功能亢进，需每天用药以维持其疗效。

口服抗甲状腺药物包括甲巯咪唑、丙硫氧嘧啶、卡比马唑。这些药物便宜、易购买、相对较安全，同时也能有效地治疗猫甲状腺功能亢进。它通过阻断碘与甲状腺球蛋白上的酪氨基结合，并阻止碘酪胺酰偶联形成 T_3 和 T_4，从而抑制甲状腺素的合成。抗甲状腺药物不能抑制存贮的甲状腺素释放进入循环，也无抗肿瘤作用。这些药物不会干扰放射扫描结果和放射性碘治疗。口服抗甲状腺药物的适应症包括：①试验性治疗以使血清 T_4 浓度正常，并评价甲状腺功能亢进治疗对肾功能的影响；②初始治疗，用于甲状腺切除术或住院做放射性碘治疗前缓解或消除并发疾病；③甲状腺功能亢进的长期治疗。

对于大部分甲状腺功能亢进患猫，只要并发症得到控制且其病因不是甲状腺癌，预后良好。虽然手术和放射性碘治疗后数月至数年可能会复发，但它们都有治愈的可能。如果能避免甲巯咪唑的副反应，药物治疗可在数年内控制甲状腺增生或腺瘤引起的甲状腺功能亢进。

甲状腺机能减退（Hypothyroidism）

甲状腺机能减退是甲状腺腺泡激素-甲状腺激素（T_4）和三碘甲腺原氨酸（T_3）的一种缺乏病。本病是犬最常见的内分泌疾病，主要发生于2～6岁的中型或大型犬，母犬发病率高。马、猫及笼养鸟亦有发病。

大都是由于自发性甲状腺萎缩和重症淋巴细胞性甲状腺炎等甲状腺破坏性病变所致。少见的原因包括严重碘缺乏，肿瘤所致的甲状腺破坏，及促甲状腺素（TSH）或促甲状腺素释放激素（TRH）缺乏。

成年犬病初最常见的症状是脱毛，尤其是尾近端或远端的背侧脱毛。皮肤干燥、脱屑，被毛无光泽、脆弱，剪去的被毛不能再生，毛色变白，有的皮脂溢，继发感染时瘙痒。同时表现精神迟钝、嗜睡、耐力下降、怕冷；流产、不育、性欲减退、发情间期延长或发情期缩短。重症病例，皮肤色素沉着过度，因黏液性水肿而皮肤增厚，以眼睛上方、颈和肩背部最为明显。体重增加，四肢感觉异常，面神经麻痹或前庭神经麻痹（外耳道周围的软组织肿胀所致），兴奋及攻击性增加。体温低下，伤口经久不愈，便秘，窦性心动过缓伴有心电低电压。未曾交配的青年母犬，在发情间期发生乳溢。继发高脂血症时，则表现高血压性视网膜病、高血压性视网膜炎、角膜和巩膜周围环状脂浸润、癫痫、定向障碍、圆圈运动等眼病和脑血管粥状硬化的症状。

犬甲状腺机能减退最常见的临床病理学表现是高胆固醇血症和高甘油三酯血症，后者称为脂血症。约75%的甲状腺机能减退患犬可见高胆固醇血症，胆固醇浓度可超过1 000 mg/dL。虽然禁食性高胆固醇血症和高甘油三酯血症也可能出现于其他几种疾病，但若存在相应的临床症状，则很可能提示患甲状腺机能减退。

轻度正细胞正色素性非再生性贫血（红细胞压积28%～35%）是较不常见的表现。检查红细胞形态时，可见靶形红细胞数量增加，这是因为红细胞膜胆固醇含量增加。白细胞数一般正常，血小板数正常或升高。

乳酸脱氢酶（LDH）、天门冬氨酸氨基转移酶（AST）、丙氨酸氨基转移酶（ALT）和碱性磷酸酶（ALP）轻度或中度升高，偶见肌酸激酶（CK）升高，但不持续存在，与甲状腺机能减退并无直接关系。一些先天性甲状腺机能减退患犬，可见轻度高钙血症。甲状腺机能减退患犬的尿液分析结果通常正常。多尿、低渗尿和泌尿道感染也不是甲状腺机能减退的典型症状。

依据全身性发胖、躯干部被毛稀疏、嗜睡及不育症等基本症状可建立初步诊断。确立诊断需进行CBC、生化检查和甲状腺功能试验等实验室检查结果。

【治疗】主要采用甲状腺素替代疗法。合成左旋甲状腺素可用于治疗甲状腺机能减退。口服合成左旋甲状腺素可使血清 T_4、T_3 和 TSH 浓度正常，证实它能被外周组织代谢成活性 T_3。推荐使用犬专用左旋甲状腺素钠产品。液体剂型和药片都均有效。初始剂量是 0.01～0.02 mg/kg。除用药间隔为 24 h 的左旋甲状腺素钠产品外，其他产品推荐初始用药间隔为 12 h(Le Traon 等，2009)。由于机体对其吸收和代谢的不确定性，在达到满意的治疗效果前，通常需要调整剂量和用药频率。

第三节　甲状旁腺疾病

甲状旁腺机能亢进(Hyperparathyroidism)

甲状旁腺机能亢进是由于各种原因所致的甲状旁腺激素分泌过多。按原因可分为原发性、假性及继发性 3 种类型。

(1)原发性甲状旁腺机能亢进。是由于甲状旁腺肿瘤或自发性增生所致的甲状旁腺激素(PTH)自主性分泌过多。马和犬有本病的发生。据推测其病因主要是单发性和多发性腺瘤及增生。在甲状腺附近、甲状腺内、颈部、心包或纵隔等处可发现病变性甲状旁腺组织。临床表现为甲状腺机能亢进所致的高钙血症体征、甲状旁腺激素过多体征、骨吸收体征和钙性肾病体征(尿毒症)。根据持续性高钙血症及低磷血症、高钙尿症和高磷尿症可确立诊断。治疗本病的根本措施是切除甲状旁腺肿瘤。

(2)假性甲状旁腺功能亢进。又称恶性高钙血症，是由于淋巴肉瘤、肿鳞癌等非甲状旁腺肿瘤所引起的一种类似于原发性甲状旁腺机能亢进的综合征。其临床特征是，发病突然、体重减轻、高钙血症明显而骨骼脱钙轻微。本病较原发性甲状旁腺机能亢进多见。诊断依据是具有类似原发性甲状旁腺机能亢进的症状，在除去非甲状旁腺肿瘤后高钙血症得以纠正，给予糖皮质激素后血清钙含量降至或低于正常水平，及骨骼 X 线检查正常。手术切除或采用放射疗法破坏非甲状旁腺肿瘤。

(3)继发性甲状旁腺机能亢进。是指由于营养性或肾性低钙血症或高磷血症所引起的甲状旁腺增生和甲状旁腺分泌激素过多。主要原因是饲料中钙、磷平衡失调及与肾功能衰竭有关的肾脏疾病。其临床特征是，骨骼肿胀变形和血清钙含量在正常范围的下限或低于正常。本病多发生于青年马，以及猪、牛、猫、犬、实验动物或灵长类动物。根据骨骼肿胀变形、血清钙正常或低于正常水平，而尿钙含量减少及尿磷含量增加，可建立诊断。肾性甲状旁腺机能亢进，可通过利尿或腹膜透析等方法改善肾小球的滤过机能；营养性继发性甲状旁腺机能亢进的治疗原则是调整日粮钙磷比例和补充钙制剂。

甲状旁腺机能减退(Hypoparathyroidism)

甲状旁腺机能减退是由于甲状旁腺激素(PTH)缺乏，致使血清钙含量降低而磷含量升高的一种内分泌疾病。本病多发生于小型犬，以 2～8 岁的母犬多发。PTH 缺乏可以是部分的或完全的，也可能是暂时的或持久的。

犬最常见的自发性原因是淋巴细胞性甲状旁腺炎。此外，还见于甲状旁腺放射线疗法、手术切除、长期应用钙剂或维生素 D 等医源性因素造成的甲状旁腺破坏或萎缩；甲状旁腺发育不全、非甲状旁腺肿瘤等甲状旁腺器质性病变；犬瘟热等病毒性疾病以及镁缺乏症。据报道，给犬重复注射自体甲状旁腺组织，可实验性复制相同的甲状旁腺组织学病变。据此认为，本病可能是一种自体免疫性疾病，猫唯一的病因是颈部手术损伤甲状旁腺。

本病的症状多半是起于低钙血症（<1.75 mmol/L）。动物表现局限性或全身性肌肉痉挛及其所引起的体温升高、虚弱及疼痛，神经质、不安、精神兴奋或抑制，厌食、呕吐、腹痛、便秘，心动过速，与心搏动同步性膈痉挛，喉喘鸣，最终死于喉痉挛。实验室检查可见低钙血症(<2.1 mmol/L)、高磷血症(>1.6 mmol/L)、尿钙及尿磷含量下降等。

补充钙剂是治疗本病的主要措施。急性低钙血症，可静脉注射 10% 葡萄糖酸钙，剂量为 0.5～1 mL/kg 体重，每天 2 次，重复用药应注意调整注射速度，并监视血清或尿液钙含量。慢性低钙血症，口服碳酸钙或葡萄糖酸钙及维生素 D。

第四节　胰腺内分泌疾病

糖尿病(Diabetes Mellitus)

糖尿病是由于胰岛素相对或绝对缺乏，致使糖代谢发生紊乱的一种内分泌疾病。以多尿、烦渴、体重减轻、高血糖及糖尿为特征。糖尿病是犬、猫的主要内分泌疾病。公猫发病多于母猫，9岁以上多发。母犬发病多于公犬，小型犬居多，多见于8～9岁犬。其他动物亦有发病。

【原因】

(1)自发性糖尿病分为Ⅰ型(胰岛素依赖型)和Ⅱ型(胰岛素非依赖型)。尽管有些品种的犬易患糖尿病，但很难估计其家族性发病的范围。自发性糖尿病其他方面的原因有，胰腺肿瘤、感染、自体抗体、炎症等胰腺损伤；生长激素、甲状腺激素、糖皮质激素、儿茶酚胺、雌激素、孕激素等诱发的β细胞衰竭；受体数目减少、受体缺陷、受体后效应缺陷等造成的靶细胞敏感性下降，以及胰岛素生成障碍。

自发性糖尿病已见于犬、猫及禽类。伴侣动物的糖尿病以Ⅰ型居多，且多发生于8～10岁的犬和猫。近年来有人提出病毒特别是犬细小病毒与幼龄犬糖尿病的发生有关。70%以上的糖尿病病犬存在抗胰岛素或抗细胞浆抗原的自体抗体。

(2)继发性糖尿病见于急性和复发性腺泡坏死性胰腺所致的胰岛细胞破坏和淀粉样变。胰岛素拮抗激素过多也能导致β细胞衰竭，如医源性或自发性肾上腺皮质机能亢进引起的糖皮质激素过多；机能性嗜铬细胞瘤引起的儿茶酚胺过多；生长激素治疗或自发性肢端肥大症引起的生长激素过多；高血糖素瘤或细菌感染引起的高血糖素过多；医源性或自发性甲状腺毒症(Thyrotoxicosis)引起的甲状腺激素过多；自发性或肿瘤性分泌引起的雌激素或孕酮过多等。镇静药、麻醉剂、噻嗪类及苯妥英钠等药物可抑制胰岛素的释放，而引起本病。

【临床表现】临床上将糖尿病分为非酮酸中毒性、酮酸中毒性及非酮病性高渗透性三种类型。

非酮酸中毒性糖尿病：体温多半不高，精神状态正常。常表现夜尿、多尿、烦渴、轻度脱水，食欲亢进，但体重减轻；有的可触及肿大的肝脏；有的患病母犬因伴有细菌性膀胱炎而呈现排尿困难和尿频的症状；1/2的病犬患有白内障，多半为星状白内障，典型经过为数天至2周。即使空腹状态下的血样亦呈明显的高脂血，眼底镜检查视网膜血管内的血液呈奶油状，故称为视网膜脂血。血清甘油三酯和胆固醇含量升高，有时可引起皮肤斑疹样黄瘤和腱黄瘤。黄瘤呈疹、脓疱和结节样，周围为淡红色红斑，多发生于腹部下方和腿部。

酮酸中毒性糖尿病：食欲减退或废绝、精神沉郁、体温可能升高，中度乃至重度脱水，呕吐、腹泻、少尿或无尿。空腹性高血糖，血糖含量可高达11.2 mmol/L以上，酮血症、代谢性酸中毒。

非酮病性高渗透性糖尿病：是指血糖超过33.6 mmol/L，血清钠含量低于145 mmol/L，血浆渗透压大于340 mOsm/L的一种少见的糖尿病病理状态。血糖每增加5.6 mmol/L，血浆渗透压升高5.6 mOsm/L，血浆渗透压过高可使病例突然发生昏睡和昏迷。

【诊断】根据典型的“三多一少”症候群，即多尿、多饮、多食和体重减少可初步诊断为糖尿病。确定诊断应依据血糖和尿糖检测结果。重复检测的空腹血糖含量超过7.84 mmol/L，空腹或食后血糖含量超过11.2 mmol/L，可初步诊断为糖尿病。果糖胺代表过去两周内的平均血糖水平，而糖化血红蛋白代表过去两个月内的平均血糖水平，可用于糖尿病的诊断，其干扰因素小，准确性较高。

【治疗】目前人和动物的糖尿病尚不能根治，这是因为还没有能替代β细胞监视血糖并分泌短效胰岛素进入门脉循环的药物和方法。

本病的治疗原则是降低血糖，纠正水、电解质及酸碱平衡紊乱。

口服降血糖药物：乙酰苯磺酰环己脲、氯黄丙脲、甲苯黄丁脲、优降糖等硫酰脲类药物，具有促进内源性胰岛素分泌和增加胰岛素受体数量的作用。在人医临床，这类药物的使用通常限于血糖不超过11.2 mmol/L，且不伴有酮血症的病人。

胰岛素的疗法：非酮酸酸中毒性糖尿病，早晨饲喂前30 min皮下注射中效胰岛素0.5 U/kg体重，每日1次。为使夜间血糖含量也能维持在5.6～8.4 mmol/L，应在原剂量的基础上增加1～2 U(犬和猫)。对伴有酮酸酸中毒和高渗透性糖尿病，可选用结晶胰岛素或半慢胰岛素锌悬液，采用连续小剂量静脉注射或肌肉注射，静脉注射剂量为0.1 U/kg体重，其后剂量为每小时0.1 U/kg体重，稀释在林格氏液中缓慢滴注。肌肉注射的剂量为，体重在10 kg以上0.25 U/kg，10 kg以下2 U，3 kg以下1 U，其后每小时注射1次；血糖含量降至14～8.4 mmol/L时，为防止稀释性低血钠，以后每6～8 h肌肉注射胰岛素0.5 U/kg体重。当动物血糖含量稳定在5.6～8.4 mmol/L和清晨血糖不超过11.2 mmol/L时，每天肌肉注射中效胰岛素1次。

液体疗法：对酮酸酸中毒性和高渗性糖尿病，立即实施液体疗法。静脉注射液体的量一般不超过

90 mL/kg 体重，可先注入 20～30 mL/kg 体重，然后缓慢注射。常用液体有乳酸林格氏液、0.45%氯化钠液和 5%葡萄糖溶液。为纠正低血钾，可选用磷酸钾或氯化钾，但磷酸钾优于氯化钾，这是因为胰岛素在促进葡萄糖和钾进入细胞内的同时，亦可促进磷进入细胞内，而使磷降低，给予磷酸钾可同时纠正低血钾和低血磷。

胰岛素分泌性胰岛细胞瘤（Insulin-Secreting Islet Cell Neoplasia）

见二维码 9-1。

二维码 9-1 胰岛素分泌性胰岛细胞瘤

第五节 肾上腺皮质疾病

肾上腺皮质机能亢进（Hyperadrenocorticism）

肾上腺皮质机能亢进是一种或数种肾上腺皮质激素分泌过多。以皮质醇增多较为常见，又称为库兴氏综合征(Cushing's-Like Syndrome)，是犬最常见的内分泌疾病之一，母犬多于公犬，且以 7～9 岁的犬多发。马和猪也发生本病，母马多见，且以 7 岁以上的马居多。

【原因】

(1)垂体依赖性因素。主要见于垂体肿瘤性肾上腺皮质增生，约占自发性库兴氏综合征的 80%。垂体肿瘤能分泌过量的 ACTH，引起肾上腺皮质增生和皮质醇分泌亢进。

(2)ACTH 异位性分泌因素。非内分泌腺肿瘤或肾上腺以外的内分泌腺瘤也可产生 ACTH 或 ACTH 样肽(ACTH-Like Peptide)。在犬可见于淋巴瘤和支气管癌。

(3)肾上腺依赖性因素。一侧或两侧性肾上腺腺瘤或癌肿常分泌过量的肾上腺糖皮质激素。占犬自发性库兴氏综合征的 10%～20%。

【临床表现】临床上往往以肾上腺糖皮质激素过多所引起的症状为主，有的亦可兼有肾上腺盐皮质激素和/或性激素过多的症候。按临床症状发生频率的递减顺序是：多尿、烦渴、垂腹、两侧性脱毛、肝大、食欲亢进、肌肉无力萎缩、嗜睡、持续性发情间期或睾丸萎缩、皮肤色素过度沉着、皮肤钙质沉着、不耐热、阴蒂肥大、神经缺陷或抽搐。

犬、猫大多表现多尿、烦渴、垂腹和两侧性脱毛等一组症候群。日饮水超过 100 mL/kg 体重，日排尿超过 50 mL/kg 体重。先是后肢的后侧方脱毛，然后是躯干部，头和末梢部很少脱毛。皮肤增厚，弹性减退，形成皱襞。皮肤色素过度沉着，多为斑块状。皮肤钙质沉着，呈奶油色斑块状，周围为淡红色的红斑环。病犬可发生肌肉强直或伪肌肉强直，通常先发生于一侧后肢，然后是另一后肢，最后扩展到两前肢。休息或在寒冷条件下，步态僵硬尤为明显。

病马的临床症状与犬相似，但不发生脱毛。被毛粗长无光，看上去如同冬季被毛，故称为多毛症(Hirsutism)，鬃毛和尾毛正常；食欲和饮欲亢进，日饮水量超过 30 L，多者可达 100 L；体重减轻，肌肉萎缩，蹄叶炎、多汗、慢性感染、眶上脂肪垫增厚、血糖升高。偶有因视神经受压而发生失明的。

实验室检查，常见改变是相对性或绝对性外周淋巴细胞减少，犬少于 1×10^9/L，猫少于 1.5×10^9/L，血清 ALP 活性升高。还见有中性粒细胞增多、嗜酸性粒细胞减少($<0.1\times10^9$/L)和单核细胞增多。

尿液检查呈低渗尿，比重低于 1.012，60%的病例有蛋白尿。

X 线检查，常见肝肿大。还可见有软组织钙化，骨质疏松及肾上腺肿大。

【诊断】根据多尿-烦渴、垂腹、两侧性脱毛等一组症候群，可初步诊断为肾上腺皮质机能亢进，确定诊断应依据肾上腺机能试验的检查结果。肾上腺皮质机能试验过筛选试验(血浆皮质醇含量测定、低剂量地塞米松抑制试验、ACTH 刺激试验和高血糖素耐量试验)和特殊试验(大剂量地塞米松试验)两大类。

【治疗】治疗本病多采用药物疗法和手术疗法，可单独实施，亦可配合应用。首选药物为双氯苯二氯乙烷，犬日口服剂 50 mg/kg 体重，显效后每周服药 1 次。猫对该药的毒性尤为敏感，不宜使用。此外，还可选用甲吡酮、氨基苯乙哌啶酮(Aminoglutethimine)等药物或手术切除肿瘤。

肾上腺皮质机能减退
(Hypoadrenocorticism)

肾上腺皮质机能减退是指一种、多种或全部肾上腺皮质激素的不足或缺乏。以犬肾上腺皮质激素的缺乏最为多见，称为阿狄森氏病（Addison's Disease)，多见于 2～5 岁母犬，猫也有发生。

【原因】各种原因的双侧性肾上腺皮质严重破坏(90%以上)均可引发本病。原发性肾上腺机能减退常见于钩端螺旋体、子宫蓄脓、犬传染性肝炎、犬瘟热等传染性疾病和化脓性疾病及肿瘤转移、淀粉样变、出血、梗死、坏死等病理过程。近年发现，约有 75%的患犬血中存在抗肾上腺皮质抗体，及病变发生淋巴细胞浸润。故认为自体免疫可能是本病的主要原因。

继发性肾上腺皮质机能减退见于下丘脑或腺垂体破坏性病变及抑制 ACTH 分泌的药物使用不当。

【临床表现】急性型突出的临床表现是低血容量性休克症候群，病例大都处于虚脱状态。慢性病例急性发作的，呈体重减轻、食欲减退、虚弱等慢性病程。

慢性型主要表现是肌肉无力，精神抑制，食欲减退，胃肠紊乱。常见外胚层体型(Ectomorphy)，即瘦削，细长、虚弱、无力。按临床症状发生频率的递减顺序依次为：精神沉郁、虚弱、食欲减退、周期性呕吐、腹泻或便秘，体重减轻、多尿、烦渴、脱水、晕厥、兴奋不安、皮肤青铜色色素过度沉着、性欲减退，阳痿或持续性发情间期。

心电图描记显示 T 波升高、尖锐、P 波振幅缩小或缺如，PR 间期延长，QT 延长，R 波振幅降低，QRS 间期增宽，房室阻滞或异位起搏点。

实验室检查，常见改变是肾性或肾前性氮质血症，低钠血症（<137 mmol/L）和高钾血症（>5.5 mmol/L)，血清钠、钾比由正常的(27～40)∶1 降至 23∶1 以下，尿钠升高，尿钾降低。可发生代谢性酸中毒，代偿性呼吸性碱中毒，低氯血症，高磷血症和高钙血症。

血液常规检查，相对性中性粒细胞减少，淋巴细胞增多，相对性嗜酸性粒细胞增多，轻度正细胞正色素非再生性贫血。

X 线检查所见，心脏微小(Microcardia)，肺血管系统缩小，后腔静脉缩小及食管扩张。

【诊断】根据临床表现和诊断性试验结果建立诊断。诊断性试验多选用促肾上腺皮质激素试验。犬静注 ACTH 0.25 mg 后 1 h 血浆或血清皮质醇<138 nmol/L 即可确诊为糖皮质激素缺乏；注射后 4 h，中性粒细胞与淋巴细胞比值未超过基线水平的 30%或嗜酸性粒细胞绝对值减少或未超过基线值 50%，指示糖皮质激素缺乏。

【治疗】急性型急救措施如下：首先静脉注射生理盐水；补充糖皮质激素，如琥珀酸钠皮质醇、琥珀酸钠强的松和磷酸钠地塞米松，首次剂量的 1/3 静脉注射，1/3 肌肉注射，1/3 稀释在 5%糖盐水中静脉滴注；肌肉注射醋酸脱氧皮质酮(油剂)；静脉注射 5%碳酸氢钠；上述治疗后 30 min，病情仍然不见好转，可静脉滴注去甲肾上腺素，并观察注射后脉搏及尿量的变化；肌肉注射琥珀酸钠皮质醇，每天 3 次；肌肉注射醋酸脱氧皮质酮油剂，每天 1 次，至病例呕吐停止，自由采食及精神状态正常。

慢性型，肌肉注射琥珀酸钠皮质醇每天 3 次；肌肉注射醋酸脱氧皮质酮油剂，每天 1 次，至血清钠、钾含量恢复正常，呕吐停止，能采食；口服氯化钠(犬和猫)连用 1 周；口服氢化可地松，每天 2 次，连用一周后每天服药 1 次；每 3～4 周肌肉注射新戊酸盐脱氧皮质酮，或每天服用醋酸氟氢可的松。

继发性，可选用强的松龙或泼尼松。

嗜铬细胞瘤(Pheochromocytoma)

见二维码 9-2。

二维码 9-2　嗜铬细胞瘤

（夏兆飞）

复习思考题

1. 垂体瘤有哪些类型？如何治疗？
2. 什么是垂体性侏儒？有哪些临床表现？如何诊断和治疗？
3. 什么是肢端肥大症？有哪些临床表现？如何诊断和治疗？
4. 什么是尿崩症？产生原因是什么？如何治疗？
5. 甲状腺功能亢进的临床表现有哪些？如何诊断和治疗？

6.甲状腺机能减退的临床表现有哪些？如何诊断和治疗？

7.甲状旁腺机能亢进的临床表现有哪些？如何诊断和治疗？

8.甲状旁腺机能减退的临床表现有哪些？如何诊断和治疗？

9.糖尿病有哪些类型和临床表现？如何治疗？

10.什么是胰岛素分泌性胰岛细胞瘤？如何诊断和治疗？

11.肾上腺皮质机能亢进的临床表现有哪些？如何诊断和治疗？

12.肾上腺皮质机能减退的临床表现有哪些？如何诊断和治疗？

13.什么是嗜铬细胞瘤？如何诊断和治疗？

第四篇

营养代谢病

一、营养代谢病概论

营养代谢是营养物质在生物体内部和外部之间通过一系列同化与异化、合成与分解,实现生命活动的物质交换和能量转化的过程。这一过程确保了生命机体的延续、发展与进化,是生物与非生物之间最根本的区别。营养物质供应不足或过多,或神经、激素及酶等对物质代谢的调节发生异常,均可导致营养代谢病。畜禽营养代谢病包括糖、脂肪和蛋白质代谢障碍,矿物质和水、盐代谢紊乱,维生素缺乏症及微量元素缺乏症或过多症等四个主要部分。近年来,有人主张将与遗传有关的中间代谢障碍及分子病也列入新陈代谢病范畴。鉴于营养代谢病常呈群体发病,而且影响机体的免疫功能与抗病能力,其所造成的危害和损失不亚于传染病和寄生虫病。

在现代养牛业中,酮病、生产瘫痪、卧地不起综合征、低镁血症性搐搦、产后血红蛋白尿病等营养代谢疾病,伴随着"高产出"而发病率增高,对高产牛群的产后母牛更具有威胁性,为了重视起见,通常称之为母牛生产疾病(Production Disease)。

随着我国改革开放的逐步深化,大批优质、高产、高周转速率、高饲料报酬的畜禽新品种的引进和饲养,各种大工业的发展和矿藏的开发,环境治理工作的滞后和疏忽等,已经并正在使我国畜禽营养代谢病的发病率和死亡率大大提高,常发性和群发性的特点更加突出,造成了十分严重的经济损失。因此研究并解决畜禽营养代谢性疾病的病因和防制问题,是时代赋予现代兽医工作者的一项重要使命。

二、营养代谢病的一般病因

(1)营养物质摄入不足或过剩。草料短缺、单一、质地不良,饲养不当等均可造成营养物质缺乏。为提高畜禽生产性能,盲目采用高营养饲喂,常导致营养过剩,如干乳期饲以高能饲料,乳牛过于肥胖;日粮中动物性蛋白饲料过多,引发禽痛风;碘过多,致发甲状腺肿;高钙日粮,造成锌相对缺乏等。

(2)营养物质吸收不良。见于2种情况,一是消化吸收障碍,如慢性胃肠疾病、肝脏疾病及胰腺疾病;二是饲料中存在干扰营养物质吸收的因素,如磷、植酸过多降低钙的吸收,钙过多干扰碘、锌等元素的吸收。

(3)营养物质需要量增加。妊娠(尤其双胎、多胎妊娠)、泌乳、产卵及生长发育旺期,对各种营养物质的需要量增加;慢性寄生虫病、慢性化脓性疾病、马传染性贫血、鼻疽、牛结核等慢性疾病对营养物质的消耗增多。

(4)参与代谢的酶缺乏。一类是获得性缺乏,见于重金属中毒、氢氰酸中毒、有机磷中毒及一些有毒植物中毒;另一类是先天性酶缺乏,见于遗传性代谢病。

(5)内分泌机能异常。如锌缺乏时血浆胰岛素和生长激素含量下降。纤维性骨营养不良继发甲状旁腺机能亢进等。

(6)高生产性能、环境因素引起的应激。

三、营养代谢病的临床特点

(1)群体发病。在集约饲养条件下,特别是饲养错误造成的营养代谢病,常呈群发性,同种或异种动物同时或相继发病,表现相同或相似的临床症状。

(2)地方流行。由于地球化学方面的原因,土壤中有些矿物元素的分布很不均衡,如远离海岸线的内陆地区和高原由于土壤、饲料及饮水中碘的含量不足,在人和动物中流行地方性甲状腺肿。我国缺硒地区分布在北纬21°～53°和东经97°～130°之间,呈一条由东北走向西南的狭长地带,包括16个省、市、自治区,约占国土面积的1/3。我国北方省份大都处在低锌地区,以华北面积为最大,内蒙古某些牧养绵羊缺锌症的发病率可达10%～30%。新疆、宁夏等地则流行绵羊铜缺乏症。

(3)起病缓慢。营养代谢病的发生至少要经历化学紊乱、病理学改变及临床异常3个阶段。从病因作用至呈现临床症状常需数周、数月乃至更长时间。

(4)多种营养物质同时缺乏。在慢性消化疾病、慢性消耗性疾病等营养性衰竭症中,缺乏的不仅是蛋白质,其他营养物质如铁、维生素等也显不足。

(5)常以营养不良和生产性能低下为主症。营养代谢病常影响动物的生长、发育、成熟等生理过程,而表现为生长停滞、发育不良、消瘦、贫血、皮被异常、异嗜、体温低下等营养不良症候群,产乳、产蛋、产毛、产肉、产仔减少等生产性能低下,以致不孕、少孕、流产、死产等繁殖障碍综合征。

四、营养代谢病的诊断

(1)流行病学调查。着重调查疾病的发生情况,如发病季节、病死率、主要临床表现及既往病史等;饲养管理方式,如日粮配合及组成、饲料的种类及质量、饲料添加剂的种类及数量、饲养方法及程序等；环境状况，如土壤类型、水源资料及有无环境污染等。

（2）临床检查。应全面系统，并对所搜集到的症状，参照流行病学资料，进行综合分析。根据临床表现有时可大致推断营养代谢病的病性，如仔猪贫血可能是铁缺乏；被毛褪色、后躯摇摆，可能是铜缺乏；不明原因的跛行、骨骼异常，可能是钙、磷代谢障碍病。

（3）治疗性诊断。为验证依据流行病学和临床检查结果建立的初步诊断或疑问诊断，可进行治疗性诊断，即补充某一种或几种可能缺乏的营养物质，观察其对疾病的治疗作用和预防效果。治疗性诊断可作为营养代谢病的主要临床诊断手段和依据。

（4）病理学检查。有些营养代谢病可呈现特征性的病理学改变，如白肌病时骨骼肌呈白色或灰白色条纹；痛风时关节腔内有尿酸钠结晶沉积；其维生素 A 缺乏时上部消化道和呼吸道黏膜角化不全等。

（5）实验室检查。主要测定患病个体及发病畜群血液、乳汁、尿液、被毛及组织器官等样品中某种（些）营养物质及相关酶、代谢产物的含量，作为早期诊断和确定诊断的依据。

（6）饲料分析。饲料中营养成分的分析，提供各营养成分的水平及比例等方面的资料，可作为营养代谢病，特别是营养缺乏病病因学诊断的直接证据。

五、营养代谢病的防治原则

（1）加强饲养管理，合理调配日粮，保证全价营养。

（2）开展营养代谢病的监测，定期对畜群进行抽样调查，了解各种营养物质代谢的变动，正确估价或预测畜体的营养需要，早期发现病畜。

（3）实施综合防治，如地区性矿物元素缺乏，可采用改良植被、土壤施肥、植物喷洒、饲料调换等方法，提高饲料、牧草中相关元素的含量。

（4）减少各种原因引起的应激。

（黄克和）

第十章 与糖、脂肪和蛋白质代谢紊乱相关的疾病

【内容提要】动物体内糖、脂肪和蛋白质的代谢密切联系、互相影响。糖代谢障碍时会引起脂肪肝和酮病等,蛋白质代谢障碍时会引起能量降低,生长停滞,生产力下降,免疫功能降低等。本章主要介绍奶牛酮病、动物妊娠毒血症、动物脂肪肝、马麻痹性肌红蛋白尿、家禽痛风和动物营养衰竭症等与糖、脂肪和蛋白质代谢紊乱相关的疾病,要求学生掌握其发病原因、发病机理、诊断和防治措施等。

奶牛酮病(Ketosis in Dairy Cows)

奶牛酮病曾被称为奶牛丙酮血症(Acetonemia)、母牛热(Cow Fever)、慢热(Slow Fever)、产后消化不良和低血糖性酮病等,是指在奶牛产犊后几天至几周内由于体内碳水化合物及挥发性脂肪酸代谢紊乱所引起的一种全身性功能失调的代谢性疾病,其特征是血液、尿、乳中的酮体含量增高,血糖浓度下降,消化机能紊乱,体重减轻,产奶量下降,间断性地出现神经症状。

根据有无明显的临床症状可将奶牛酮病分为临床酮病和亚临床酮病。健康牛血清中的酮体含量一般在 1.72 mmol/L(100 mg/L)以下,亚临床酮病母牛血清中的酮体含量在 1.72～3.44 mmol/L(100～200 mg/L)之间,而临床酮病母牛血清中的酮体含量一般都在 3.44 mmol/L (200 mg/L)以上。

【原因】奶牛酮病病因涉及的因素很广,且较为复杂。根据发生原因,可分为原发性酮病(生产性酮病)、继发性酮病、食源性酮病(Alimentary Ketosis)、饥饿性酮病和由于某些特殊营养缺乏所引起的酮病。原发性酮病发生在体况极好,具有较高的泌乳潜力,而且饲喂高质量的日粮的母牛,是因能量代谢紊乱,体内酮体生成增多所引起;继发性酮病是因其他疾病,如真胃变位、创伤性网胃炎,子宫炎,乳腺炎等引起食欲下降、血糖浓度降低,导致脂代谢紊乱,酮体产生增多而发生;食源性酮病是因青贮料中含有过量的丁酸盐,牛采食后容易产生酮体,也可能是由于含有高丁酸盐的青贮料适口性差,采食量减少所致;饥饿性酮病发生在体况较差,饲喂低劣饲料的母牛,由于机体的生糖物质缺乏,引起能量负平衡,产生大量酮体而发病;某些特殊营养物质如钴、碘、磷缺乏等也可能与酮病的发生有关。

此外,干奶期供应能量水平过高,母牛产前过度肥胖,严重影响产后采食量的恢复,同样会使机体的生糖物质缺乏,引起能量负平衡,产生大量酮体而发病。由这种原因引起的酮病称消耗性酮病。根据调查,有相当一部分奶牛场习惯于将干乳牛和泌乳牛混群饲养,使干乳牛采食较多的精料,引起母牛产前过度肥胖,这是引起奶牛酮病的主要原因之一。

【流行病学】本病多发生于产犊后的第 1 个泌乳月内,尤其在产后 3 周内。各胎龄母牛均可发病,但以 3～6 胎母牛发病最多,第 1 次产犊的青年母牛也常会发生。产乳量高的母牛、产乳量高的品种发病较多。无明显的季节性,一年四季都可发生,但冬、春发病较多。

有些母牛有反复发生酮病的病史,这可能与遗传易感性有关,也可能与牛的消化能力和代谢能力较差有关。

【发病机理】如前所述,能量负平衡是高产奶牛酮病的病理学基础。母牛产乳量过高,引起体内糖消耗过多、过快,造成糖供给与消耗间的不平衡,也可能使血糖浓度下降。母牛产后 40 d 内即可达到泌乳高峰期,泌乳高峰出现越快,产乳越多的牛,越易患酮病。

肝脏是糖异生的主要场所,原发性或继发性肝脏疾病,都可能影响糖的异生作用,使血糖浓度下降。尤其是肝脂肪变性,肥胖母牛脂肪肝生成时,常可引起肝糖贮备减少,糖异生作用减弱,最终导致酮病发生。

当动物缺乏钴时,不仅因维生素 B_{12} 合成减少,影响丙酸代谢和糖生成。而且,缺钴时瘤胃微生物生长发育不良,影响了前胃的消化功能,丙酸产生更少,糖生成作用呈恶性循环。

血糖浓度下降是发生酮病的中心环节。当血糖浓度下降时,脂肪组织中脂肪的分解作用大于合成

作用。脂肪分解后生成甘油和脂肪酸，甘油可作为生糖先质转化为葡萄糖以弥补血糖的不足，而脂肪酸则因脂肪组织中缺乏 α-磷酸甘油，不能重新合成脂肪。游离脂肪酸进入血液引起血液中游离脂肪酸浓度升高。长时间血糖浓度低下，引起脂肪组织中脂肪大量分解，不仅血液中游离脂肪酸浓度增加，亦引起肝内脂肪酸的 β-氧化作用加快，生成大量的乙酰辅酶 A。因糖缺乏，没有足够的草酰乙酸，乙酰辅酶 A 不能进入三羧酸循环，则沿着合成乙酰辅酶 A 的途径，最终形成大量酮体（β-羟丁酸、乙酰乙酸和丙酮）。此外，脂肪酸在肝内生成甘油三酯，因缺乏足够的极低密度脂蛋白（VLDL）将它运出肝脏，蓄积在肝内引起脂肪肝生成，使糖异生障碍，脂肪分解随之加剧，酮体生成过多现象呈恶性循环。

在动用体脂的同时，体蛋白也加速分解。其中生糖氨基酸可参加三羧酸循环而供能，或经糖异生合成葡萄糖入血液；生酮氨基酸因没有足够的草酰乙酸，不能经三羧酸循环供给能量，而经丙酮酸的氧化脱羧作用，生成大量的乙酰辅酶 A 和乙酰乙酰辅酶 A，最后生成酮体。

激素调节在酮体生成中起重要作用。当血糖浓度下降时，胰高血糖素分泌增多，胰岛素分泌减少，垂体内葡萄糖受体兴奋，并促使肾上腺髓质分泌肾上腺素，在 3 种激素的共同作用下，糖异生作用增加，促使糖原分解、脂肪水解、肌蛋白分解，最终亦可使酮体生成增多。在催乳素的作用下，乳腺泌乳量仍可维持正常，因而把外源性和内源性产生的糖，源源不断地转化为乳糖。

酮体本身的毒性作用虽较小，但高浓度的酮体对中枢神经系统有抑制作用，加上脑组织缺糖而使病牛呈现嗜睡，甚至昏迷。当丙酮还原或 β-羟丁酸脱羧后，可生成异丙醇，可使病牛兴奋不安。酮体还有一定的利尿作用，引起病牛机体脱水，粪便干燥，迅速消瘦，因消化不良以致拒食，病情迅速恶化。

【临床表现】临床型酮病的症状常在产犊后几天至几周出现，表现食欲减退，尤其是精料采食量减少，便秘，粪便上覆有黏液，精神沉郁，凝视，迅速消瘦，产奶量降低。病牛呈拱背姿势，表明有轻度腹痛。乳汁易形成泡沫，类似初乳状。尿呈浅黄色，水样，易形成泡沫。严重者在排出的乳、呼出的气体和尿液中有酮体气味，加热更明显。大多数病牛嗜睡，少数病牛可发生狂躁，表现为转圈，摇摆，无目的地吼叫，向前冲撞。这些症状间断性地多次发生，每次持续 1 h 左右，然后间隔 8～12 h 重又出现。

亚临床酮病牛虽无明显的临床症状，但由于会引起母牛泌乳量下降，乳质量降低，体重减轻，生殖系统疾病和其他疾病发病率增高，仍然会引起严重的经济损失。

【临床病理学】酮病牛表现为低糖血症、高酮血症、高酮尿症和高酮乳症，血浆游离脂肪酸浓度增高，肝糖原水平下降。血糖浓度从正常时的 2.8 mmol/L(500 mg/L)降至 1.12～2.24 mmol/L (200～400 mg/L)。因其他疾病造成的继发性酮病，血糖浓度通常在 2.24 mmol/L 以上，甚至高于正常。健康牛血清中的酮体含量一般在 1.72 mmol/L (100 mg/L)以下，亚临床酮病母牛血清中的酮体含量在 1.72～3.44 mmol/L (100～200 mg/L)之间，而临床酮病母牛血清中的酮体含量一般都在 3.44 mmol/L (200 mg/L) 以上，有时可高达 17.2 mmol/L(1 000 mg/L)。继发性酮病时，血液中酮体浓度也升高，但很少超过 8.6 mmol/L (500 mg/L)。尿液酮体浓度变动范围较大，诊断意义不大。正常母牛尿酮有时可高达 12.04 mmol/L (700 mg/L)，大多数牛仅有 1.72 mmol/L(100 mg/L)。酮病牛(不论是原发性还是继发性)尿液酮体可高达 13.76～22.36 mmol/L(800～1 300 mg/L)。乳中酮体变化幅度也较大，可从正常时的 0.516 mmol/L (30 mg/L)，升高到发病时的 6.88 mmol/L (400 mg/L)。肝糖原浓度下降，葡萄糖耐量曲线正常。酮病牛血液和瘤胃液中挥发性脂肪酸浓度明显升高，与乙酸、丙酸浓度相比较，丁酸浓度升高最为明显。

血钙水平稍降低（降到 2.25 mmol/L 或 90 mg/L）。白细胞分类计数，嗜酸白细胞增多（可增高 15%～40%），淋巴细胞增多（可增高 60%～80%）及中性粒细胞减少（可低至 10%）。严重病例，血清天门冬氨酸氨基转移酶(AST)活性增高。

【诊断】原发性酮病发生在产犊后几天至几周内，血清酮体含量在 3.44 mmol/L(200 mg/L)以上，血糖降低，并伴有消化机能紊乱，体重减轻，产奶量下降，间断性地出现神经症状，一般不难诊断。在临床实践中，常用快速简易定性法检测血液（血清、血浆）、尿液和乳汁中有无酮体存在。所用试剂为亚硝基铁氰化钠 1 份，硫酸铵 20 份，无水碳酸钠 20 份，混合研细。方法是取其粉末 0.2 g 放在载玻片上，加待检样品 2～3 滴，若立即出现紫红色，则为阳性。也可用人医检测尿酮的酮体试纸进行测定。但需要指出的是，所有这些测定结果必须结合病史和临床症状进行分析才能诊断。

亚临床酮病必须根据实验室检验结果进行诊

断,其血清中的酮体含量在 1.72～3.44 mmol/L(100～200 mg/L)之间。国外报道,如果乳中乙酰乙酸含量≥100 μmol/ L,BHBA 含量≥200 μmol/ L,即可确定为亚临床酮病,并且开发出了"Ketolac BHB"(Hoechst)试条。它主要是通过检测乳的变化来监测奶牛酮病。用试条蘸取适量的乳,血清中BHBA 浓度越高,则试条颜色越深。此法灵敏度较高,操作简便易行。

继发性酮病(如子宫炎、乳腺炎、创伤性网胃炎、真胃变位等因食欲下降而引起发病者)可根据血清酮体水平增高,原发病本身的特点以及对葡萄糖或激素治疗不能得到良好反应而诊断。

【治疗】大多数病例,通过合理的治疗可以痊愈。有些病例,治愈后可能复发。还有一些病例属于继发性酮病,则应着重治疗原发病。治疗方法包括替代疗法、激素疗法和其他疗法,但对严重病例(例如低糖血症性脑病)没有效果。

(1)替代疗法。静脉注射 50%葡萄糖溶液 500～1 000 mL,对大多数母牛有明显效果,但须重复注射,否则可能复发。重复饲喂丙二醇或甘油(每天 2 次,每次 500 g,用 2 d;随后每天 250 g,用 2～10 d),效果很好。每天口服丙酸钠 120～240 g,也有较好的治疗效果,但作用较慢。另外乳酸钙、乳酸钠和乳酸铵也有一定疗效。需要注意的是,口服葡萄糖无效或效果很小,因为瘤胃中的微生物能使糖发酵而成为挥发性脂肪酸,其中丙酸只是少量的,因此治疗意义不大。

(2)激素疗法。对于体质较好的病牛,用促肾上腺皮质激素(ACTH)200～600 IU 肌肉注射,效果是确实的,而且方便易行。也可选用醋酸可的松 0.5～1.5 g 肌肉注射或 10%氢化可的松 60～100 mg,静脉注射。须注意治疗初期会引起泌乳量下降。

(3)其他疗法。水合氯醛首次剂量牛为 30 g,以后用 7 g,每天 2 次,连用 3～5 d。因首次剂量较大,通常用胶囊剂投服,继则剂量较小,可放在蜜糖或水中灌服。水合氯醛的作用是对大脑产生抑制作用,降低兴奋性,同时破坏瘤胃中的淀粉及刺激葡萄糖的产生和吸收,并通过瘤胃的发酵作用而提高丙酸的产生。钴(每天 100 mg 硫酸钴,放在水中或饲料中,口服)和维生素 B_{12} 可用于缺钴地区酮病的辅助治疗。由于在牛的酮病中怀疑有辅酶 A 缺乏,因此有人提出可试用辅酶 A 的一种先质半胱氨酸(用盐酸半胱氨酸 0.75 g 配成 500 mL 溶液,静脉注射,每 3 d 重复 1 次)治疗酮病,认为效果尚好。用 5%碳酸氢钠溶液 500～1 000 mL 静脉注射,也可用于牛酮病的辅助治疗。此外还可用健胃剂、氯丙嗪等做对症治疗。

【预防】

(1)加强奶牛的饲养管理。对高度集约化饲养的牛群,要严格防止在泌乳结束前牛体过肥,全泌乳期应科学地控制牛的营养供给。在为催乳而补料之前这一阶段,能量供给以能满足其需要即可。在产前 4～5 周应逐步增加能量供给,直至产犊和泌乳高峰期,都应逐渐增加。在增加饲料摄入过程中,不要轻易更换配方,因为即使微小的变化也会影响其适口性和食欲。随着乳产量增加,用于促使产乳的日粮也应增加。饲料应保持粗料和精料的合理比例。其中精料中粗蛋白含量以不超过 16%～18%为宜,碳水化合物应以磨碎玉米为好,因它可避开瘤胃发酵作用而被消化,并可直接提供葡萄糖。在达产乳高峰期时,要避免一切干扰其采食量的因素,要定时饲喂精料,同时应适当增加乳牛运动。不要轻易改变日粮品种,尽管其营养成分如粗蛋白、能量含量相似,但因配方组成或饲料来源不一样,仍可促进酮病发生。在泌乳高峰期后,饲料中碳水化合物可用大麦等替代玉米。应供给质量优良的干草或青贮饲料。质量差的青贮饲料因丁酸含量高,不仅口味差,而且缺乏生糖先质,还可直接导致酮体生成,应予以避免。

(2)添加饲料添加剂。添加莫能菌素缓释胶囊可以改变瘤胃微生物菌群和发酵产生更多的丙酸盐,改善瘤胃微生物发酵机制来改变瘤胃中代谢产物的浓度(即增加瘤胃挥发脂肪酸中丙酸的比例),不仅可以降低奶牛酮病的发病率,而且还能减少真胃移位和胎衣不下的发病率。添加产甘油酵母培养液能显著提高产后奶牛瘤胃中 VFA 浓度、丙酸摩尔百分比,改善奶牛产后瘤胃微生物区系结构,降低围产期奶牛酮病发生率,提高奶牛的乳品质。另外,添加丙二醇、胆碱、蛋氨酸、烟酸、丙烯乙二醇和离子载体等也有助于降低酮病的发生率。研究结果也证实,胰高血糖素能改善碳水化合物的代谢而维持血糖浓度,同时胰高血糖素加速脂质分解,促进脂肪组织中脂肪酸的利用。

(3)建立亚临床酮病定期检测制度。在母牛妊娠 7～8 个月时,通过血糖测定检出血糖降低牛(早期隐性),可添加生糖前体物质如丙二醇、甘油或丙酸等。产前 1 周隔日测尿 pH、酮体 1 次或乳酮 1 次;产后 1 d,可测尿 pH、乳中酮体,隔日 1 次,直至出产房(产后 14～20 d);凡测定尿液 pH 呈酸性,尿(乳)酮体含量升高者,立即进行治疗。

(黄克和)

母牛肥胖综合征(Fatty Cow Syndrome)

母牛肥胖综合征又称奶牛脂肪肝综合征，因发病经过和病理变化类似于母羊妊娠毒血症，所以也称为牛妊娠毒血症(Pregnancy Toxemia in Cattle)。本病是母牛分娩前后发生的一种以厌食、抑郁、严重的酮血症、脂肪肝、末期心率加快和昏迷以及致死率极高等为特征的脂质代谢紊乱性疾病。其发生常与奶产量高、摄食量减少和怀孕期间过度肥胖等因素密切相关，由于肝脏摄取脂类的量超过其氧化和转化的量，过量的脂类以甘油三酯的形式储存于肝脏，同时伴随肝脏功能紊乱。脂肪肝是牛重要的代谢性疾病之一，一般都伴随体况、产奶量和繁殖力的下降。因此，脂肪肝会造成医疗费用提高，产犊间隔延长，泌乳量下降及奶牛平均寿命的缩短。

【原因与发病机理】目前认为，围产期奶牛脂肪肝是由于干奶期饲养管理不当、精料过多、运动不足等导致奶牛肥胖，加之奶牛产后干物质采食量下降，且泌乳又消耗大量能量，此时奶牛则必然动用体脂，被动员的体脂中，20%被乳腺利用，其余大部分被肝脏吸收。脂肪分解产生游离脂肪酸(FFA)使血液中FFA含量升高。而此时，肝脏中的α-磷酸甘油不断合成三酰甘油，同时低血糖导致肝脏清除TG的能力下降。VLDL的分泌是肝脏清除TG的主要途径，在反刍动物，肝脏TG的合成率与其他动物相近，但以VLDL形式分泌入血液的效率很低，加之反刍动物肝脏缺乏足量的脂蛋白脂酶和肝脂酶，通过水解氧化以清除TG的途径受到明显限制，从而导致三酰甘油在肝中蓄积，最终形成脂肪肝。

有些影响脂肪酸氧化或脂蛋白合成的因素，可加速脂肪在肝脏内积累。如有毒羽豆、四氯化碳、四环素等可影响肝细胞功能，蛋氨酸和丝氨酸缺乏可影响脂蛋白合成，胆碱缺乏不仅影响磷脂合成，还可影响脂肪运输。

实际上，酮病和肥胖母牛综合征有密切的关系。Tony Andrews(1998)将牛能量缺乏综合征病理发生过程分成几个阶段，最轻度的为脂肪肝，从脂肪肝开始依次发展为亚临床酮病、临床酮病、慢性酮病，再发展就成为肥胖母牛综合征了。

【临床表现】病牛显得异常肥胖，脊背展平，毛色光亮。乳牛产后几天内呈现食欲下降，逐渐停食。动物虚弱，躺卧，血液和乳中酮体增加，严重酮尿。经用治疗酮病的措施常无效。肥胖牛群还经常出现真胃扭转、前胃弛缓、胎衣滞留、难产等，按治疗这些疾病的常用方法疗效甚差。部分牛呈现神经症状，如举头、头颈部肌肉震颤，最后昏迷，心动过速。病牛致死率极高。幸免于死的牛表现休情期延长，牛群中不孕及少孕的现象较普遍，对传染病的抵抗力降低，容易发生乳腺炎、子宫炎、沙门氏菌病等，某些代谢病如酮病和生产瘫痪等发病率增高。

肥胖肉母牛常于产犊前表现不安，易激动，行走时运步不协调，粪少而干，心动过速。如在产犊前两个月发病者，患牛常有较长时间(10～14 d)停食，精神沉郁，躺卧、匍匐在地，呼吸加快，鼻腔有明显分泌物，口圈周围出现絮片，粪便少，后期呈黄色稀粪、恶臭，死亡率很高，病程为10～14 d，最后呈现昏迷，并在安静中死亡。

【临床病理学】血清天门冬氨酸氨基转移酶(AST)、鸟氨酸氨甲酰转移酶(OCT)和山梨醇脱氢酶(SDH)活性升高，血清中白蛋白含量下降，胆红素含量增高，提示肝功能损害。血清酮体、尿中酮体、乳中酮体含量增高。患病动物常有低钙血症15～20 mmol/L(60～80 mg/L)，血清无机磷浓度升高到64.6 mmol/L (200 mg/L)。血清中非脂化脂肪酸(NEFAs)水平升高、胆固醇和甘油三酯水平降低。开始时呈低糖血症，但后期呈高糖血症。白细胞总数减少，中性白细胞减少，淋巴细胞减少。

【病理变化】剖检可见肝脏轻度肿大，脂肪浸润，呈黄白色，脆而油润，肝中脂肪含量在20%以上。肾小管上皮脂肪沉着，肾上腺肿大，色黄。还常出现寄生虫性真胃炎、霉菌性瘤胃炎和局灶性霉菌性肺炎等。

【诊断】主要从3个方面进行诊断。一是本病有其自身特点，均发生于肥胖母牛，肉牛多发于产犊前，奶牛于产犊后突然停食、躺卧等。二是根据临床病理学检验结果(如肝功能损害、酮体含量增高等)进行诊断。三是根据肝脏活体采样检查进行诊断，肝中脂肪含量在20%以上。

应与真胃变位、酮病、胎衣滞留、生产瘫痪和卧倒不起综合征等相区别。真胃变位时，于肋弓处叩诊，并在同侧肷部听诊出现金属音。生产瘫痪常在分娩后72 h内发生，但对钙剂、ACTH及乳房送风治疗，收效明显。本病与卧倒不起综合征均表现完全废食，躺卧，但从病史看，肥胖母牛综合征是过度肥胖引起，而卧倒不起综合征牛大多不出现过度肥胖。

【防治】本病致死率高，经济损失大。一般而言，完全拒食的患牛多数会死亡。对于尚能保持食欲(即使是少量)者，配合支持疗法常有治愈的希望。尽可能增加或补充能量，如50%的葡萄糖溶液

500 mL 静脉注射，每天 1 次，连续 4 d 为一个疗程，能减轻症状。皮质类固醇(Corticosteroid)注射可刺激体内葡萄糖的生成，还可刺激食欲，但用此药的同时宜注射葡萄糖。病牛应喂以可口的高能饲料如玉米压片，也可按每头牛每天 250 mL 的丙二醇或甘油，倍水稀释后灌服。注射多种维生素对病牛显然是有益的。灌服健康牛瘤胃液 5～10 L，或喂给健康牛反刍食团，有助于恢复。多给优质干草和大量饮水的同时，给予含钴盐砖，对缺钴者有效。亦有人建议用氯化胆碱口服治疗，每 4 h 1 次，每次 25 g 或添加过瘤胃保护胆碱。用硒-VE 制剂口服也有一定效果。

采取合适的预防措施显然是重要的。首先是加强饲养管理，防止妊娠期间，特别是怀孕的后 1/3 时期内，摄入过多的能量饲料，只要摄入的饲料能满足胎儿生长及其自身需要即可。对妊娠后期母牛必须分群饲养，并密切观察牛体重的变化，防止过度肥胖。经常监测血液中葡萄糖及酮体浓度，有重要参考意义。尽快使分娩牛恢复食欲，防止体脂过多动用，提供质量较高的青干草让其自由采食，精饲料的饲喂应做到少喂勤添。在饲料中提供适量且平衡的蛋白质，不但有助于预防脂肪肝，也有助于产乳量的提高。最近的研究结果表明，产后 7～28 d 期间，在奶牛饲粮中添加瘤胃保护型 *L*-蛋氨酸(添加量为 20 g 小肠可消化蛋氨酸/d)和 *L*-赖氨酸(添加量为 30 g 小肠可消化赖氨酸/d)后显著降低肝脂含量，减少酮血症的发生。此外，妊娠期保证日粮中含有充足的钴、磷和碘，并在妊娠后期适当增加户外运动量也是重要的。

(黄克和)

亚急性瘤胃酸中毒
(Subacute Ruminal Acidosis, SARA)

亚急性瘤胃酸中毒是由于反刍动物长期采食过量的易发酵碳水化合物，导致大量挥发性脂肪酸(VFA)在瘤胃中累积，使瘤胃 pH 在较长时间内维持在较低水平的一种营养代谢病，具有群发性、高发性特点，高产奶牛与围产期奶牛是高发群体。该病影响动物的采食量、产奶量、瘤胃微生物组成及瘤胃消化代谢并且引发腹泻、瘤胃炎、蹄叶炎及肝脓肿等疾病，已成为危害我国养牛业的主要营养代谢病之一。

【原因】

(1)日粮配方不科学。奶牛日粮中添加过高比例的精料，食入后会在瘤胃内生成大量的 VFA，明显高于瘤胃正常能够吸收的量，促使 VFA 大量积聚，从而导致瘤胃 pH 明显降低，进而引起该病。同时，如果瘤胃 pH 低于 5.6 时，绝大部分糖基会被酵解变成乳酸，而乳酸自身也会促使瘤胃 pH 进一步降低，且乳酸还能够导致瘤胃蠕动速度减慢，使瘤胃微生物平衡被破坏，间接造成 VFA 积累过多。

(2)日粮配制不当。唾液作为奶牛机体重要的瘤胃缓冲剂，不仅利于采食，且反刍也是唾液分泌和进入胃液起缓冲作用的主要途径。但如果高谷物低纤维日粮或纤维饲料加工过细，会导致奶牛反刍减少，导致唾液无法发挥正常的缓冲作用，从而引发该病，表现间歇性腹泻，采食量减少，乳脂率降低，严重影响生产性能。一般在两种情况下较容易发病：一是从低精粗比日粮突然过渡到高精粗比日粮，改变太快；二是不精确的计算干物质采食量导致不合适的精粗比。

(3)瘤胃壁损伤。病的发生还与瘤胃乳头的大小及密度密切相关，因为瘤胃乳头的吸收面积决定着有机酸的吸收速度。低 pH 引发的瘤胃壁炎症及角化不全会降低瘤胃壁对有机酸的吸收能力，增加动物发病的风险。一般产奶初期奶牛较中期及后期泌乳奶牛更易发病，因为干奶期瘤胃乳头的长度及密度会减少，导致泌乳初期奶牛的瘤胃酸吸收能力显著下降，而随着高精料的饲喂，瘤胃乳头的长度和密度都将增加，从而使得瘤胃壁对有机酸的吸收能力得到修复。但是随着酸中毒进程的推进，低 pH 引发的瘤胃壁损伤及瘤胃乳头角化不全，会导致瘤胃上皮对挥发性脂肪酸的吸收功能障碍，从而加剧酸中毒的严重程度。

【发病机制】

(1)有机酸中毒。由于动物采食的大量可溶性碳水化合物在瘤胃内代谢所产生的 VFA 浓度增加，导致瘤胃液 pH 大幅度下降。研究认为，瘤胃液 pH 高于 5.5 时，其间乳酸积累较少甚至没有。

(2)乳酸中毒。瘤胃内微生物紊乱，特别是乳酸产生菌与乳酸利用菌之间的菌群失调导致瘤胃内乳酸积累是诱发瘤胃酸中毒的直接原因。乳酸产生菌主要有溶纤维丁酸弧菌(*Butyrivibrio fibrisovens*)、牛链球菌(*Streptococcus bovis*)、乳酸杆菌(*Lactobacillus*)等；乳酸利用菌主要有反刍兽新月单胞菌(*Selenomonas ruminantium*)、埃氏巨型球菌(*Megasphaera elsdenii*)等。二者之间的平衡状态决定了瘤胃中乳酸的积累程度，当反刍动物摄入大量可溶性碳水化合物后，几乎所有瘤胃微生物均加速生长。研究表明，牛链球菌在诱发瘤胃急性酸中毒中至关重要，该菌在不同的 pH 条件下所代谢的产物不同，当 pH 低于 5.7 时，则激活该菌的乳酸脱氢酶（LDH）活性，同时抑制其丙酮酸甲酸裂解酶（PFL）的活性，将以乳酸为代谢终产物。当 pH 高于 6.0 时，该菌的缓慢生长则以产乙酸、甲酸和乙醇为主；因乳酸的电离常数（ pKa，为 3.9 ）远低于 VFA（ pKa 为 4.8），所以瘤胃中乳酸对 pH 的贡献大于 VFA。同时，乳酸的产生有可能促进 VFA 的吸收；大部分乳酸可被乳酸利用菌（反刍兽新月单胞菌和埃氏巨型球菌）代谢转化为 VFA。然而，当瘤胃液 pH 低于 5.0 时乳酸利用菌受到抑制，乳酸的产量超出利用量而造成乳酸积累。

(3)内毒素和组织胺中毒。当饲粮中大量可发酵碳水化合物进入瘤胃时使其内环境发生剧变，瘤胃内微生物区系发生改变，pH 急剧下降，结果导致纤维素分解菌数量下降，革兰氏阴性菌大量死亡崩解，释放出大量内毒素和组胺并被吸收入血，肝脏和外周血液中的内毒素水平升高，形成内毒素血症型酸中毒。另有研究表明，当发生酸中毒时，一方面，瘤胃内的细菌内毒素水平远高于正常时的水平；另一方面，胃壁黏膜发炎、损伤，肝脏受损，网状内皮系统对内毒素的解毒能力受到破坏，致使内毒素进入血液，而导致微循环障碍而发生缺氧，从而使糖代谢过程沿着无氧酵解途径进行，结果形成大量乳酸。因此，乳酸和细菌内毒素可能对瘤胃酸中毒的发生起到相辅相成的作用。另外，乳酸积累及 pH 的缓慢下降还可能促进上皮释放产生降解组织的金属蛋白酶，这些金属蛋白酶进入血液还将导致动物发生蹄叶炎，出现跛行、甚而蹄甲脱落等症状。瘤胃内组胺的吸收不仅使全身组织胺含量上升，还可进一步加重由乳酸中毒引起的瘤胃上皮细胞的损伤，是使酸中毒病情恶化的主要因素。

【临床表现】奶牛发生 SARA 时，基本较难被及时发现。当奶牛饲喂高精料比例的日粮而发病时，会导致瘤胃内生成较多的短链脂肪酸(SCFA)，导致 pH 下降，最终造成瘤胃蠕动减缓，从而引起采食减少，但饮水量明显增多，瘤胃蠕动微弱，产奶量下降，乳脂率降低(一般为 0.8%～1%)。体温通常为 38.5～39℃，脉搏增数，达到 72～84 次/min，腹壁稍微紧张。其中部分病牛还会伴发间歇性腹泻、瘤胃臌气、瘤胃炎、蹄叶炎和肝脓肿等。

【诊断】由于 SARA 的症状不是特别明显，所很难通过临床症状来诊断。目前，国内外研究者通常将不正常的瘤胃 pH 作为诊断 SARA 的金标准。瘤胃 pH 测定，可采取瘤胃穿刺或插入胃管抽取适量的瘤胃液进行测定，也可通过瘤胃瘘管采集瘤胃液，最先进的是将微型 pH 探测器通过瘤胃瘘管置于瘤胃内连续测定瘤胃 pH 的变化。一般来说，每天进行 2 次测定，每次至少间隔 3 h。关于 SARA 的定义，不同学者有差异。Gozho 等将 SARA 定义为 1 天之内，瘤胃 pH 维持在 5.2～5.6 之间的时间不少于 3 h，同时伴随着采食量的下降和炎症反应的发生。国内一般认为，如果瘤胃 pH 处于 5.0～5.5 范围内，则说明发生亚急性瘤胃酸中毒；如果在 5 以下，则说明发生急性瘤胃酸中毒。如果瘤胃 pH 处于 5.5～5.8 范围内，则说明整个牛群处于一种临界状态。但由于瘤胃 pH 会随着摄取食物和消化段不同而发生波动变化，因此只要在 1 天内瘤胃 pH 在 5.5 以下，且能够持续 3 h，就能够确诊。

【预防】

1. 建立科学的饲喂制度

适宜的饲喂制度和科学的管理方式是保障动物健康成长，避免 SARA 的前提。适当降低日粮精料水平是必须的。有研究表明，瘤胃微生物区系对高精料日粮的适应期为 3 周，瘤胃上皮则至少需要 4～6 周才能保障高精料日粮 TVFA 生成量充分被吸收，突然增加日粮易发酵碳水化合物水平，瘤胃 TVFA 生成量超过瘤胃上皮吸收能力会导致反刍动物出现亚急性酸中毒。一旦瘤胃微生物区系菌群失调，产乳酸菌大量增殖，急性酸中毒就难以避免，而且患亚急性酸中毒的动物更容易发生急性酸中毒。因此，逐步提高日粮精料水平能够有效地降低急性酸中毒和亚急性酸中毒的发病率。

2. 合理搭配日粮碳水化合物

不同类型的碳水化合物饲料在瘤胃中的发酵速度不同，如可溶性糖、淀粉、半纤维素及纤维素被降解的时间分别为 12～25 min、1.2～5 h、8～25 h、1～4 d 等。即便是同类型饲料不同来源其代谢的时间与方式也不尽一致，如小麦淀粉和马铃薯淀粉的降解速率分别为每小时 34%和 5%；而与硬冬小麦相比，软冬小麦在瘤胃内发酵产生的乳酸较少。这就意味着饲粮中选择慢速发酵的饲料较选择快速发酵的饲料其瘤胃酸中毒发生的可能性更小。因此，选择发酵速度不同的碳水化合物饲料，并控制日粮中精料的饲喂量和饲喂频次是预防瘤胃酸中毒发生的最基本方法。

3. 日粮中补充维生素 B_1

维生素 B_1 具有刺激部分瘤胃微生物生长、维持微生态平衡的功能。过去研究认为瘤胃微生物能产生维生素 B_1，因而日粮中不需要添加。但在规模化、高精料饲养条件下，由于瘤胃 pH 的降低和微生物区系的改变，则可能导致维生素 B_1 产生菌的减少或维生素 B_1 的破坏，而不能满足反刍动物维生素 B_1 的需要。

4. 日粮中添加缓冲剂

反刍动物可以通过产生唾液来中和瘤胃中过多的酸性物质，通过增强瘤胃壁乳头活力和厚度，促进对 VFA 和乳酸的吸收。在日粮中添加一些弱碱性缓冲物，如碳酸氢钠、氧化镁、碳酸钙等，可中和瘤胃产生的有机酸，并可提高瘤胃内容物流通率而发挥缓冲效应。

5. 添加电子受体

苹果酸、琥珀酸等是瘤胃内重要的电子受体，也是瘤胃微生物发酵生成丙酸的中间产物。高精饲料中添加电子受体，可提高干物质消化率和丙酸浓度与 pH，降低乙酸与丙酸比值和乳酸的积累，有效地减少瘤胃酸中毒尤其是 SARA 的发生。因此，可通过添加富含苹果酸等有机酸来达到抑制瘤胃酸中毒的目的。

6. 添加乳酸利用菌

瘤胃酸中毒产生的主要原因是乳酸产生菌和利用菌间的失衡，若向瘤胃中添加乳酸利用菌等微生物则可能有效地预防瘤胃酸中毒的发生。如埃氏巨型球菌是瘤胃内一种主要的乳酸利用菌，埃氏巨型球菌 B159 可以阻止乳酸的积累和提高 pH，并可改变瘤胃微生物发酵模式。

7. 添加物理有效中性洗涤纤维

物理有效中性洗涤纤维（peNDF）是指日粮中可刺激反刍动物瘤胃蠕动，并促进反刍和唾液分泌的中性洗涤纤维。通过增加日粮中 peNDF 含量提高动物唾液分泌量，比在日粮中添加缓冲剂能更有效地提高瘤胃 pH。

8. 添加离子载体类抗生素

给反刍动物饲喂离子载体类抗生素也能有效地减少瘤胃微生物乳酸的产生量，其机制可能是通过抑制乳酸产生菌活性或降低牛采食量而引起的。莫能霉素是目前反刍动物育肥过程中使用最广泛的一种抗生素。大量研究表明，莫能霉素能有效降低甲烷产生量、乙酸丙酸比例和蛋白质在瘤胃降解为氨的比例，并能通过降低 VFA 和乳酸产生量来提高瘤胃 pH。

【治疗】病牛要尽快大量补液、补碱，改善酸碱平衡，缓解酸中毒。

输液治疗，病牛可静脉注射 2 000 mL 生理盐水、1 000 mL 5%糖盐水、1 000～2 000 mL 5%小苏打注射液、20 mL 樟脑磺酸钠、50 mL 维生素 C，每天 1 次，连续使用 3 d。

内服治疗，病牛可内服 200～400 g 小苏打。

（黄克和）

猫、犬脂肪肝综合征
（Fatty Liver Syndrome of Cats and Dogs）

猫、犬脂肪肝综合征是许多疾病的共同病理现象，临床上以皮下脂肪蓄积过多、容易疲劳、消化不良为特点。可因身体过度肥胖、糖尿病、或因长期摄入高脂、高能量、低蛋白饲料，后来突然减食，甚至严重饥饿而引起。体内激素分泌障碍或对糖尿病治疗不恰当或错误用药，如使用四环素、糖皮质激素太多，或使用时间太长；或因某些内毒素等均可引起本病的发生。

饥饿情况下，外周脂肪组织中脂肪水解为甘油和脂肪酸，在肝内或者被氧化、供能；或者与磷脂一起形成新的甘油三酯，被脂蛋白运入外周脂肪组织。当肝内脂肪生成速度大于运出速度时脂肪遂沉积在肝内。有些营养成分，如胆碱、磷脂及其前体蛋氨酸（Methionine）、酪蛋白等缺乏，可直接影响已合成的脂肪运出肝脏，并产生脂肪肝。猫、犬糖尿病前期，大多有过胖现象。一旦胰岛素分泌不足，可促使外周脂肪组织分解；相反，生长素、儿茶酚胺释放过多，因其对胰岛素有拮抗作用，亦可促使外周脂肪组织分解，促进脂肪向肝脏沉积。许多糖尿病的犬血浆中甘油三酯和游离脂肪酸浓度升高，增加了脂肪肝生成的可能性。除了上述一些因素可促进外周脂肪分解之外，抑制肝脏中甘油三酯的再酯化，也可造成肝内积脂过多，产生脂肪肝综合征。亦见于四环素、某些细菌的毒素等损伤肝组织，干扰肝细胞对脂蛋白的合成，使肝内合成的脂肪无法运往脂肪组织贮存，蓄积在肝脏内。有些损伤肝细胞的因素，可促使脂肪肝生成。但这种脂肪肝综合征是可逆的，停药或消除了有毒物质影响后，肝功能可恢复。脂肪肝综合征亦可逐渐消失。

猫、犬脂肪肝综合征表现为体躯肥胖、皮下脂肪丰富，容易疲劳，消化不良，有易患糖尿病的倾向。血糖浓度升高，容易感染并产生菌血症。高度肥胖者，因心脏冠状动脉及心包周围有大量脂肪，动物表现呼吸困难，稍事运动即气喘吁吁。

用高蛋白、低脂肪、低碳水化合物饲喂，可防止猫、犬过胖，同时，定时定量饲喂，是防止本病的有效措施。但脂肪肝综合征的临床症状一旦显现后，治疗效果常不够理想。

（袁燕）

蛋鸡脂肪肝综合征(Fatty Liver Syndrome in Laying Hens，FLS)

蛋鸡脂肪肝综合征是产蛋鸡的一种营养代谢病，临床上以过度肥胖和产蛋下降为特征。该病多发生于产蛋高的鸡群或产蛋高峰期的鸡群，病鸡体况良好，其肝脏、腹腔及皮下有大量的脂肪蓄积，常伴有肝脏小血管出血，故其又称为蛋鸡脂肪肝出血综合征（Fatty Liver Hemorrhagic Syndrome in Laying Hens，FLHS）。该病发病突然，病死率高，给蛋鸡养殖业造成了较大的经济损失。

【原因】

(1)遗传因素。田间不同品种间FLS敏感性的试验结果显示，遗传因素影响FLS的发病率。肉种鸡的发病率高于蛋种鸡。为提高产蛋性能而进行的遗传选择是脂肪肝综合征的诱因之一，高产蛋率刺激肝脏沉积脂肪，这与雌激素代谢增强有关。

(2)营养。①能量过剩：过量的能量摄入是造成FLS或FLHS的主要原因之一。这与过量的碳水化合物通过糖原异生转化成为脂肪有关。②能量蛋白比：高能量蛋白比的日粮可诱发此病。据观察，饲喂能蛋比为66.94的日粮，产蛋鸡FLS的发生率可达30%，而饲喂能蛋比为60.92的日粮，其FLS发生率为0%。同样，据文献报道，饲喂高能低蛋白的日粮(1.2×10^4 kJ/kg，12.72%粗蛋白质)，产蛋鸡的FLS发病率较高。③能量饲料的种类：产蛋鸡日粮使用的能量饲料的类型也影响鸡肝脏的脂肪含量。饲喂以玉米为基础的日粮，产蛋鸡亚临床脂肪肝综合征的发病率高于以小麦、黑麦、燕麦或大麦为基础的日粮。这些谷物含有可减少FLS或FLHS的多糖。以碎大米或珍珠小米为能源的日粮尤其是肉种鸡日粮也可使鸡肝脏和腹部积累大量的脂肪。④钙：低钙日粮可使肝脏的出血程度增加，体重和肝重增加，产蛋量减少。影响程度依钙的缺乏程度而定。鸡通过增加采食量(15%～27%)来满足钙的需要量，但这样会同时使能量和蛋白质的摄入过量，进而诱发FLS。低钙可抑制下丘脑，使得促性腺激素的分泌量减少，导致产蛋减少或完全停止。这时鸡的采食量依然正常，由于产蛋减少，食入的过量营养物质将转化为脂肪储存在肝脏。给育成鸡延迟饲喂适宜钙水平的日粮也可导致脂肪沉积。为了避免发生这种情况，育成鸡从16周龄到产蛋率达到5%这一时期，宜采食钙水平为2%～2.5%的产前料。⑤蛋白来源和硒：与能量、蛋白、脂肪水平相同的玉米-鱼粉日粮相比，采食玉米-大豆日粮的产蛋鸡，其FLS的发生率较高。玉米-鱼粉日粮的FLS发生较低的原因可能是鱼粉含硒的缘故，硒对血管内皮有保护作用，玉米-大豆日粮中补加 0.3 mg/kg的硒可减少肝出血。⑥维生素：胆碱、叶酸、生物素、维生素B_{12}和维生素C、维生素E等对脂蛋白质的合成及自由基和抗氧化机制的平衡是重要的，故缺乏这些物质可导致肝脏脂肪变性，过氧化作用加剧。⑦微量元素：Zn、Se、Cu、Fe、Mn等影响自由基和抗氧化机制的平衡，脂类过量的过氧化作用可能是FLHS导致肝脏出血的一个原因。

(3)应激。任何形式(营养、管理和疾病)的应激都可能是FLS的诱因。应激可增加皮质酮的分泌。外源性皮质酮或应激期间释放的其他糖皮质激素可导致生长减缓。皮质类固醇刺激糖原异生，促进脂肪合成。尽管应激会使体重下降，但会使脂肪沉积增加。

(4)温度。环境温度升高可使能量需要减少，进而导致脂肪的分解减少。热带地区的4、5和6月份是FLS的高发期。从冬季到夏季的环境温度波动，可能会引起能量摄入的调节错误，导致脂肪大量沉积，进而造成FLS。

(5)饲养方式。笼养是FLS的一个重要诱发因素。因为笼养限制了鸡的运动，活动量减少，从而使过多的能量转化成脂肪。笼养蛋鸡没有机会接触粪便，因此容易引起某些必需营养物质的缺乏，仅通过过量采食来满足其需要，容易导致FLS。笼养引起FLS发生的另一个重要原因是，鸡不能自己选择合适的环境温度。

(6)毒素。黄曲霉毒素也是蛋鸡产生FLS的基本因素之一。日粮中黄曲霉毒素达20 mg/kg可引起产蛋下降，鸡蛋变小，肝脏变黄、变大和发脆，肝脏脂肪含量增至55%以上。即使是低水平的黄曲霉毒素，如果长期存在也会引发FLS。菜籽饼中的毒性物质也会诱发鸡的FLS。日粮含10%～20%菜籽饼或20%菜油可造成中度或严重的肝脏脂肪化，数周内出现肝出血。菜籽饼中的硫葡萄苷(Glucosinolate)是造成出血的主要原因。

(7)内分泌。肝脏发生脂肪变性的产蛋鸡，其血浆的雌二醇浓度较高，这说明内分泌与FLS的发生有关。过量的雌激素可促进脂肪的形成，后者并不与反馈机制相对应。甲状腺的状况也可影响肝脂肪的沉积，研究结果表明，甲状腺产物硫尿嘧啶和丙基硫尿嘧啶可使产蛋鸡的脂肪发生沉积。

【发病机理】目前仍不十分清楚。母鸡临近产蛋时，为了维持生产力（1个鸡蛋大约含6 g脂肪，其中大部分是由饲料中的碳水化合物转化而来），肝脏合成脂肪能力增加，肝脂也相应提高。由于禽类合成脂肪的场所主要在肝脏，特别在产蛋期间，在雌激素作用下，肝脏合成脂肪能力增强，每年由肝脏合成的脂肪总量几乎等于家禽的体重。合成后的脂肪以极低密度脂蛋白（VLDL）的形式被输送到血液，经心、肺小循环进入大循环，再运往脂肪组织储存，或运往卵巢。如果饲料中蛋白质不足，影响脱脂肪蛋白的合成，进而影响VLDL的合成，从而使肝脏输出减少；或饲料中缺乏合成脂蛋白的维生素E、生物素、胆碱、B族维生素和蛋氨酸等亲脂因子，使VLDL的合成和转运受阻，造成脂肪浸润而形成脂肪肝。同时，由于产蛋鸡摄入能量过多，作为在能量代谢中起关键作用的肝脏不得不最大限度地发挥作用，肝脏脂肪来源大大增加，大量的脂肪酸在肝脏合成，但是，肝脏无力完全将脂肪酸通过血液运送到其他组织或在肝脏氧化，而产生脂肪代谢平衡失调，从而导致发病。

【临床表现】本病主要发生于重型鸡及肥胖的鸡。有的鸡群发病率较高，可高达31.4%～37.8%。当病鸡肥胖超过正常体重的25%，则产蛋率波动较大，可从60%～75%下降为30%～40%，甚至仅为10%，在下腹部可以摸到厚实的脂肪组织。病鸡冠及肉髯色淡，或发绀，继而变黄、萎缩，精神委顿，多伏卧，很少运动。有些病鸡食欲下降，鸡冠变白，体温正常，粪便呈黄绿色，水样。当拥挤、驱赶、捕捉或抓提方法不当时，引起强烈挣扎，甚至突然死亡。易发病鸡群中，月均死亡率可达2%～4%，但有时可高达20%。

【病理变化】病死鸡的皮下、腹腔及肠系膜均有多量的脂肪沉积。肝脏肿大，边缘钝圆，呈黄色油腻状，表面有出血点和白色坏死灶，质脆易碎如泥样，用刀切时，在切的表面上有脂肪滴附着。有的鸡由于肝破裂而发生内出血，肝脏周围有大小不等的血凝块。有的鸡心肌变性呈黄白色。有些鸡的肾略变黄，脾、心、肠道有程度不同的小出血点。

组织学观察仍可见到肝细胞，但视野中到处都是零乱的脂肪泡干扰了内部结构，有些区域显示小血管破裂和继发性炎症、坏死和增生。

【临床病理学】病鸡血清胆固醇明显增高，达到6.05～11.45 mg/mL或以上（正常为1.12～3.16 mg/mL）；血钙水平增高，可达到0.28～0.74 mg/ mL（正常为0.15～0.26 mg/mL）；血浆雌激素增高，平均含量为1 019 μg/mL（正常为305 μg/mL）；450日龄病鸡血液中肾上腺皮质胆固醇含量均比正常鸡高5.71～7.05 mg/100 mL。此外，病鸡肝脏的糖原和生物素含量很少，丙酮酸脱羧酶活性大大降低。

【诊断】根据病因、发病特点、临床症状、临床病理学检验结果和病理学特征即可做出诊断。但是，应注意与肉鸡脂肪肝和肾综合征的鉴别诊断。

【防治】本病无特效治疗方法。一般是在饲料中供应足够的胆碱（1 kg/t）、叶酸、生物素、核黄素、吡哆醇、泛酸、维生素E（1万单位/t）、硒（1 mg/kg）、干酒糟、串状酵母、钴（20 mg/kg）、蛋氨酸（0.5 g/kg）、卵磷脂、维生素B_{12}、肌醇（900 g/t）等。中药“水飞蓟”（*Silybum marianum* L. Gaertn）是药用植物，有效成分水飞蓟素可使血液中胆固醇含量降至用药前的41.9%，血清甘油三酯降至用药前的51.5%，按1.5%的量配合到饲料中，可使已患病的鸡治愈率达80.0%，显效率达13.3%，无效率仅6.7%，对已发病的鸡可试用。此外，亦可将饲料中蛋白质水平提高1%～2%来治疗患病鸡。

通过限制采食量或降低日粮的能量水平是预防FLS的有效方法。因此可采取以下防治措施：①合理调整日粮中能量和蛋白质含量的比例。一般采用饲料代谢能与粗蛋白的比例为160～180。产蛋初期取低值，后期取高值。②按鸡日龄、体重、产蛋率甚至气温、环境，及时调整饲料配方，在控制高能物质供给的同时，掺入一定比例的粗纤维（如苜蓿粉）可使肝脏脂肪含量减少，但对产蛋量没有不利的影响。③适当限制饲喂，减少饲料供给。减少供给量的8%～12%，从产蛋高峰期开始，高峰前期小些，高峰后期多减少些，主要放在高峰后期限喂。避开盛夏，选择秋天后进行。④选择合适体重的鸡，剔除体重过大的个体。按120日龄鸡群平均体重计，凡高于平均体重15%～20%的鸡均应剔除，或分群饲养，限制饲喂，控制体重增长。⑤控制饲养密度，提供适宜的温度和活动空间，减少应激因素。夏季做好通风降温，补喂热应激缓解剂，如杆菌肽锌等。⑥做好饲料的保管工作，防止霉变。⑦注意上述各种维生素的添加。

（袁燕）

肉鸡脂肪肝和肾综合征(Fatty Liver and Kidney Syndrome in Chickens)

肉鸡脂肪肝和肾综合征是肉仔鸡发生的一种以肝、肾肿胀且存在大量脂类物质,病鸡嗜睡、麻痹和突然死亡为特征的营养代谢病。以3～4周龄发病率最高,11日龄以前和32日龄以后的仔鸡不常暴发。

【原因】曾有不少争议,目前认为主要有以下几种:①生物素缺乏:生物素缺乏被认为是本病发生的主要原因,因为生物素在糖原异生的代谢途径中是一种辅助因子,本病存在低糖血症,表明糖原异生作用降低。有些学者发现按每千克体重在基础日粮中补充生物素0.05～0.10 mg,是防治本病的良好方法。②低脂肪和低蛋白日粮:通过饲喂一种含低脂肪和低蛋白的粉碎小麦基础日粮,能够复制出本病,并有25%的死亡率。若日粮中增加蛋白质或脂肪含量,则死亡率减低;若将粉碎的小麦做成小的颗粒饲料,则死亡率增高。③某些应激因素:特别是当饲料中可利用生物素含量处于临界水平时,突然中断饲料供给,或因捕捉、雷鸣、惊吓、噪声、高温或寒冷、光照不足、网上饲养禽群等因素可促使本病发生。

【发病机理】认识不一致,但大多数学者认为该病主要是由生物素缺乏引起的。生物素分为可利用和不可利用的两种。小麦、大麦等饲料中生物素可利用率仅为10%～20%,鱼粉、黄豆粉等高蛋白饲料中生物素可利用率达100%。鸡饲料中补充蛋白质和脂肪,可减少本病发生,这与提高生物素的可利用率有关。10日龄以前,幼雏体内尚有一定量母源性生物素,因而不易发病;30日龄后,饲料中玉米、豆饼比例提高,可使发病率降低。但为何主要发生于肉用仔鸡群,其他品种禽类和动物缺乏生物素时,临床表现却未见有肝、肾肿大和黏膜出血的现象,以及应激因素是怎样促使疾病发生等还难以阐明。

生物素是体内许多羧化酶的辅酶,是天门冬氨酸、苏氨酸、丝氨酸脱氢酶的辅酶。在丙酸转变为草酰乙酸、乙酰辅酶A转变为丙二酸单酰辅酶A等过程中起重要作用。患脂肪肝和肾综合征的鸡血糖浓度下降,血浆丙酮酸和游离脂肪酸浓度升高,肝脏中糖原浓度下降,说明糖原异生作用下降,导致脂肪在肝、肾内蓄积,组织学检查证明,脂肪积累在肝小叶间及肾细胞(肾近曲小管上皮细胞)的胞浆内,产生肝、肾细胞脂肪沉着症。由于脂蛋白酯酶被抑制,阻碍了脂肪从肝脏向外运输,低血糖和应激作用增加了体脂动员,最终造成脂肪在肝肾内积累。除骨骼肌、心肌和神经系统外,全身还有广泛的脂肪浸润现象。

【临床表现】本病一般见于生长良好的10～30日龄肉用仔鸡,发病突然,表现嗜睡,麻痹由胸部向颈部蔓延,几小时内死亡,死后头伸向前方,趴伏或躺卧将头弯向背侧,病死率一般为5%,有时可高达30%,有些病例亦可呈现生物素缺乏症的典型症状,如羽毛生长不良,干燥变脆,喙周围皮炎,足趾干裂等。

【病理变化】剖检可见肝苍白、肿胀,在肝小叶外周表面有小的出血点,有时出现肝被膜破裂,造成突然死亡。肾肿胀,颜色各种各样,脂肪组织呈淡粉红色,与脂肪内小血管充血有关。嗉囊、肌胃和十二指肠内含有黑棕色出血性液体,恶臭。心脏呈苍白色。组织学检查发现,肾脏及其许多近曲小管肿胀,近曲小管上皮细胞呈现颗粒状胞浆,毛刷的边缘常常断裂,用PAS染色力不强,且在近曲小管和肝脏中存在大量脂类。

【临床病理学】病鸡有低糖血症,血浆丙酮酸、乳酸及游离脂肪酸水平升高,肝内糖原含量极低,生物素含量低于0.33 μg/g,丙酮酸羧化酶活性大幅度下降,脂蛋白酶活性下降。

【诊断】根据发病的日龄、表现的症状以及病理变化可做出初步诊断。但应与包涵体肝炎和传染性法氏囊病相鉴别。鉴别要点见表10-1。

表10-1 肉鸡脂肪肝和肾综合征与包涵体肝炎、传染性法氏囊病的鉴别诊断

项目	包涵体肝炎	传染性法氏囊病	脂肪肝和肾综合征
病因	腺病毒	传染性法氏囊病病毒	生物素缺乏及代谢障碍
发病日龄	28～45日龄	10日龄以上	10～30日龄
鸡群状态	死前多数正常	不完全健康	生长良好
肝、肾变化	肝苍白、肿大、出血	肾肿大	肝苍白、肿大,肾呈各种色变、肿大
法氏囊变化	萎缩	肿大、出血或有脓样分泌物	正常
肝组织学变化	肝细胞内可见明显的嗜碱性包涵体	无	有脂肪沉积,但无细胞变性

【防治】针对病因，调整日粮成分及比例。例如增加日粮中蛋白质或脂肪含量，给予含生物素利用率高的玉米、豆饼之类的饲料，降低小麦的比例，禁止用生鸡蛋清拌饲料育雏。另外按每千克体重补充0.05～0.10 mg的生物素，经口投服，或每千克饲料中加入150 μg生物素，可有效地防治本病。

（袁燕）

黄脂病（Yellow Fat Disease）

黄脂病是指动物体内脂肪组织中有称为蜡样质(Ceroid)的黄色颗粒沉着，屠宰后脂肪组织外观呈黄色的一种代谢病。本病多发生于猪，俗称"黄膘猪"。还见于人工饲喂的水貂、狐狸和鼬鼠等，偶见于猫。

【原因】业已证明，本病是由于给动物饲喂了含过量的不饱和脂肪酸甘油酯的饲料或由于饲喂含生育酚不足的饲料，使抗酸色素在脂肪组织中积聚所致。临床上曾见给猪饲喂鱼脂、碎鱼块、鱼罐头的废弃物、蚕蛹或芝麻饼而引起发病。饲喂比目鱼和鲑鱼的副产品最危险，因其脂肪酸中约有80%是不饱和脂肪酸。饲喂含天然黄色素的饲料也会发病。有人进行过调查，凡是父本或母本屠宰时发现黄脂的，则其后代中黄脂病发生率也高。因而认为本病的发生与遗传因素也有关。据报道，我国广西发生的"猪黄膘病"与黄曲霉毒素中毒有关，应当指出的是，由黄曲霉毒素中毒引起的黄色肥膘一般为黄疸所致，显然是与本节所描述的猪黄脂病不同性质的疾病。

【发病机理】当维生素E缺乏或不足时，高度不饱和脂肪酸在体内被氧化为过氧化脂质。过氧化脂质与某些蛋白质结合形成复合物，后者如被溶酶体酶分解后，可被排出体外，如不能被分解，则形成棕黄色色素颗粒——蜡样质，在脂肪组织中沉积，从而形成"黄膘"。

【临床表现】一般只呈现被毛粗乱、倦怠、衰弱和黏膜苍白等不为人们所注意的症状。大多数病猪食欲不良，不见增长，有时发生跛行。通常眼有分泌物。患黄脂病水貂生前可表现精神委顿、食欲下降、便秘或下痢，有的共济失调，重症者后肢瘫痪。如在产仔期可伴有流产、死胎或新生畜衰弱，并易死亡。

【病理变化】体脂肪呈柠檬黄色，骨骼肌和心肌呈灰白色，发脆。淋巴结肿胀、水肿，可有散在性的小出血点。肝脏呈黄褐色，有显著的脂肪变性。肾脏呈灰红色，横断面发现髓质呈浅绿色。胃肠道黏膜充血。

【诊断】主要依据剖检变化，皮下脂肪和腹腔脂肪呈典型的黄色或黄褐色，肝脏呈土黄色；如结合生前曾饲喂容易致病的饲料和上述的临床症状将更有助于诊断。另外，鉴于黄疸和黄膘猪的脂肪均呈黄色，故要对二者予以区别，一般可取脂肪组织少许，用50%的酒精振荡抽提后，于滤液中滴加浓硫酸10滴，如呈绿色，继续加热加酸后呈现蓝色者则为黄疸的特征。

【防治】增加日粮中维生素E供给量，更重要的是减少饲料中不饱和脂肪酸甘油酯和其他高油脂性的成分。有条件的猪场建议至少每千克饲料中添加维生素E 11 IU；水貂的饲料中按15 mg/(d·只)的剂量补饲α-生育酚，连续补饲3个月，既可预防黄膘病，又可提高繁殖率，对患猫可按30 mg/(d·只)剂量补饲α-生育酚。

（袁燕）

禽淀粉样变性（Avian Amyloidosis）

见二维码10-1。

二维码10-1　禽淀粉样变性

（袁燕）

鸡苍白综合征（Pale Birds Syndrome）

见二维码10-2。

二维码10-2　鸡苍白综合征

（袁燕）

猪黑脂病（Swine Melanosis）

见二维码10-3。

二维码10-3　猪黑脂病

（袁燕）

驴、马妊娠毒血症(Pregnancy Toxemia of Ass and Mare)

驴、马妊娠毒血症是驴、马妊娠末期的一种代谢疾病,以顽固性食欲和饮欲废绝为主要临床特征。如发病距产期较远,多数病畜维持不到分娩就母子双亡。本病主要见于怀骡驹的驴和马。据统计驴怀骡(驮騠)的占87.2%,马怀骡的占12.9%,马怀马或驴怀驴的则极少发生。多发生在产前数日至产前1个月内,产前10 d发病者占绝大多数。1～3胎的母驴发病最多,但发病率与年龄、营养、体型及配种公畜均无明显关系。

本病于20世纪60年代初在山西省已有报道,以后在陕西(1964)、甘肃(1965)、宁夏(1967)以及河北、河南、山东、内蒙古、青海、辽宁、北京等省、市、自治区都相继大批发生。本病死亡率高达70%左右,是对驴、马养殖业危害较大的疾病之一。

【原因】胎驹过大尤其是当胎驹为骡驹时,这是引起本病的主要原因;其次与怀孕期缺乏运动及饲养管理不当亦有密切关系。

【发病机理】当胎驹为骡驹时,具有种间杂交优势,生命力强,代谢旺盛,在母体内发育迅速,出生时体重较驴驹大10%以上,胎水亦多3～4倍,从而使母体的新陈代谢和内分泌系统负担加重。特别在怀孕末期,胎驹迅速生长,代谢过程更加旺盛,需要从母体摄取大量的营养物质,因而加重了母畜消化系统的负担。相对过大的胎儿及大量的胎水占据了腹腔的大部分容积,影响胃肠功能,导致母畜消化吸收功能降低,引起代谢紊乱。再加上饲养不当,母畜所吸收的营养成分不足以供应胎儿生长所需,母体贮存的肝糖原被耗尽之后,接着就会动用体脂和蛋白质,以便在肝内转化为糖来满足胎儿生长发育的需要,从而加重肝脏代谢机能的负担,引起肝功能失调,致使肝脏脂肪变性,形成脂肪肝,因而出现高脂血症。且引起肝内脂肪酸的β-氧化作用加快,生成大量的乙酰辅酶A。因糖缺乏,没有足够的草酰乙酸,乙酰辅酶A不能进入三羧酸循环,则沿着合成乙酰辅酶A的途径,最终形成大量酮体(包括β-羟丁酸、乙酰乙酸和丙酮)。

脂肪肝的形成又可使肝脏代谢机能和解毒作用受到更严重的损害,以致肝脏对脂肪的氧化过程不完全,使脂肪氧化的中间产物(如丙酮等)在体内积蓄过多,抑制中枢神经活动。

酮体进入血液,则引起酮血症。大量酮体经尿排出时,对肾脏产生刺激,严重影响泌尿机能,阻碍有毒物质排泄,加剧了全身中毒症状。

肝细胞的严重脂变,使窦状隙变窄,流入肝门脉的血流受阻,引起脾脏和所有实质性器官的静脉充血和出血。这就加重了心脏负担,引起心脏病变,出现水肿、腹水和循环障碍。最后,病畜因尿毒症、肝昏迷和心力衰竭而死亡。

【临床症状】主要特征是产前食欲渐减,或者突然食欲废绝。驴和马的临床症状略有差异。

(1)驴的症状。有轻症和重症两种病程类型。

轻症:体温基本正常,精神沉郁,口红而干,口稍臭,无舌苔。眼结膜潮红。排粪少、粪球干黑,有时带黏液。有的粪便稀软或干稀交替。

重症:精神极度沉郁,头低耳耷,不愿走动。食欲废绝或偶尔吃几口青草、胡萝卜等,但咀嚼无力,下唇松弛,常以门齿啃嚼。有的有异食癖,喜舔墙土,啃圈栏及饲槽。眼结膜呈暗红色或污黄红色。口干黏,有恶臭味,少数流涎。舌质软、色红、有裂纹。舌苔黄、多腻或光滑,少数可见薄白苔。肠音低沉,甚至消失。粪少,粪球干黑,病至后期则干稀交替,或于死亡前数日排褐色恶臭粪便或黑色稀粪水。尿量减少,黏稠如油,多为酸性尿、酮尿。心率达80～130次/min,心搏亢进或兼杂音,心律不齐。颈静脉怒张,阴性波动明显。

(2)马的症状。病马常由顽固性食欲减退发展为食欲废绝。眼结膜呈红黄色或橘红色。口干舌燥,苔黄腻或白腻,严重时口黏,舌色青黄或淡白。病初腹胀、粪球干小而量少,表面被覆淡黄色黏液,后期粪呈糊状或黑色。肠音极弱或消失,尿稠色黄。呼吸浅而快,心音快而弱,有时节律不齐。体温一般正常,后期有时可达40℃以上。少数病马伴发蹄叶炎。

重症驴、马分娩时多伴有阵缩无力,发生难产,在驴高达30%以上。病马常早产9 d左右,病驴则早产38 d左右。即使足月分娩,胎驹亦因发育不良而于出生后很快死亡。母驴一般在产后逐渐好转,开始恢复食欲。也有2～3 d后开始采食的,但体力恢复甚慢,一般经2～4周才能痊愈。严重病例顺产后亦可死亡。

【病理变化】尸体多肥胖。血液黏稠,凝固不良。血浆呈不同程度的乳白色。腹腔及各脏器脂肪堆积,肝、肾肿大,严重脂肪浸润。实质器官及全身静脉充血、出血。血管内有广泛性血栓形成。肝脏呈土黄色,或部分为土黄色,或红黄相间,质脆易破、切面油腻。肝小叶充血,严重病例可见生前肝破裂迹象。肾脏呈土黄色或带有土黄色条纹及斑点,质软，被膜常与肾组织粘连，切面光滑，多有黄色条斑及出血区。肾小球略肿大，部分区域的肾小球充血。肾小管上皮细胞有脂肪浸润。实质变性或坏死。肾上腺异常增大，体积与重量均增加4～5倍。双侧卵巢肿大，有充血、瘀血和溶血现象。

【临床病理学】病畜表现为低糖血症、高酮血症，血浆游离脂肪酸浓度增高。血液生化分析，可见病畜肝功能受损，麝香草酚浊度试验（TTT）、天门冬氨酸氨基转移酶（AST）、血清总胆红素含量明显升高。此外，表现明显的高脂血症，如血清总脂、血清β-脂蛋白、胆固醇和甘油三酯均显著升高。

【诊断】依据血浆或血清颜色及透明度等特征性变化，再结合妊娠史、临床症状及临床病理学检查，可以做出诊断。

将血液采出后，静置0.5 h，可见病驴血清或血浆呈不同程度的乳白色、浑浊，表面显示灰蓝色。病马血浆则呈暗黄色奶油状。这些变化与正常驴血浆（淡灰黄）和马血浆（淡黄色）有明显的区别。

【治疗】本病的治疗原则是去脂、保肝、解毒。

10%葡萄糖注射液（1 000 mL）加入12.5%肌醇注射液20～30 mL和2～3 g维生素C，静脉注射，1～2次/d，可用于病驴的治疗。对于病马，可将肌醇增加0.5～1倍。必须坚持用药，直至食欲恢复为止，频繁更换药物可能引起不良后果。复方胆碱片（0.15 g/片）20～30片、乳酶生0.5～1 g、磷酸酯酶片（0.1 g/片）15～20片、稀盐酸15 mL，胃管投服用于驴，1～2次/d，每次一剂。用于马时，复方胆碱片和磷酸酯酶片加倍。如不用稀盐酸，则可用胰酶片（0.3 g/片）10～20片。上述两种方法可以同时应用。

此外，还可将氢化可的松0.3～0.6 g加入500 mL 5%葡萄糖注射液中，静脉注射，1次/d，连用3 d，作为辅助治疗。

加用肝素，采用不同的中药方剂辨证施治，亦可提高治愈率。

在治疗期间应加强护理，更换饲料品种、饲喂青草、苜蓿等，或在青草地放牧，以增进食欲、改善病情。

由于病畜往往随产驹而病情好转，故对药物疗效不佳且临近分娩的病畜，可用前列腺素$F_{2\alpha}$及其类似物引产。

【预防】针对病因，对孕畜合理使役、增加运动，并注意合理搭配饲料，避免长期单纯饲喂一种饲料。

（袁燕）

绵羊妊娠毒血症
（Pregnancy Toxemia in Sheep）

绵羊妊娠毒血症俗称“双羔病”（Twin Lamb Disease），是由于妊娠末期母羊体内碳水化合物及挥发性脂肪酸代谢异常而引起的一种营养代谢性疾病，以酮血、酮尿、低血糖和肝糖原降低为特征，是绵羊的一种高度致死性疾病。本病只发生于妊娠后期的母羊，常见于妊娠最后1个月，主要见于怀双羔、三羔的母羊，但胎儿过大的单胎母羊也容易发生。

【原因】妊娠毒血症的发生主要与营养缺乏有关，但肥胖母羊在饲料供给明显充足的情况下也有发生。从饲养管理的角度出发，肥胖母羊在怀孕最后6周内要限制饲喂，如果这一阶段供给的饲料质量较差，容易发生本病。

在怀孕后期，胎儿的主要组织和器官发育非常迅速，需要耗费大量的营养。由于营养在母体和胎儿间的转化效率低，能量的转化更是如此，因此在怀孕后期，单胎母羊需要摄取空怀母羊2倍量的食物，有两个胎儿的母羊则需要空怀母羊3倍量的食物才能满足自身和胎儿发育的需要。由于饲养管理的原因，要完全满足母羊在这一阶段的营养需求经济成本大，所以最容易出现营养缺乏。肝功能异常的母羊也容易发病，这与其肝脏不能有效进行糖原异生作用有关。气候寒冷和严重的蠕虫感染能引起葡萄糖大量消耗，也能增加发生本病的危险。另一常见的原因是母羊配种过早，而在怀孕后期营养水平不能相应提高。

【发病机理】目前尚不完全清楚，但其临床改变主要是因糖代谢异常而引起。血糖降低、大脑血糖供应不足、脂肪降解加速、血液中出现大量酮体和游离脂肪酸均与糖代谢异常有关，同时伴有许多激素分泌紊乱和酶活性改变。

【临床症状】早期可见一只或几只怀孕母羊离群独居，对周围环境反应淡漠。驱赶时步态摇晃，如同失明一样漫无方向。头部和颈部肌肉震颤。随后出现便秘，食欲减退或废绝，反刍停止。发病1～2 d后病羊衰竭，静静躺卧，头靠在肋腹部或向前平伸，在随后几小时或1 d左右发生昏迷和死亡。体温正常，呼出气体中有强烈的丙酮味（或烂苹果味）。常伴有胎儿死亡，随后母羊出现短暂的恢复，但很快因为胎儿的腐败分解而引起中毒死亡。有时病羊和临床健康羊发生流产（流产的胎儿发育良好）。流产后的病羊通常能康复。

【病理变化】无特异性和明显的病变，有时可见肝脏由于脂肪浸润而呈黄色，但这种变化在正常的怀孕母羊也有发生。胴体品质不良。

【临床病理学】表现为低糖血症、高酮血症和高酮尿症，血浆游离脂肪酸浓度增高。血糖浓度从正常时的3.33～4.99 mmol/L降至1.4 mmol/L。健康羊血清中的酮体含量一般在5.85 mmol/L以下，病羊血清中的酮体含量可达547 mmol/L。

【诊断】有神经症状且在几天内发生死亡的多胎或胎儿过大的怀孕母羊通常可怀疑为本病。应与低钙血症、低镁血症、蹒跚病（Gid）、大脑皮质坏死（Cerebrocortical Necrosis）和羊脑脊髓炎（Louping-ill）等相鉴别。血样分析若能发现血糖降低和酮体水平升高则有助于确诊本病。

【治疗】一旦发病则难以治疗。用葡萄糖、甘油或丙二醇给病畜注射有疗效。由于流产后的母羊能自然康复，所以，最好的办法是在发病早期人工诱导流产或剖腹取出胎儿。对于肥胖母羊，在发病早期强行驱赶其运动会收到很好的效果，但最终依赖于改善饲料的营养成分。

【预防】绵羊妊娠毒血症实际上是一种饲养管理问题，因此，要预防本病，应加强对怀孕母羊的管理，满足其营养需要。

（袁燕）

马麻痹性肌红蛋白尿
（Paralytic Myoglobinuria in Horses）

马麻痹性肌红蛋白尿主要是由于糖代谢紊乱、肌乳酸大量蓄积而引起以肌肉变性、后驱运动障碍和肌红蛋白尿为特征的一种营养代谢性疾病。患马通常有2 d或2 d以上的时间被完全闲置，而在此期间日粮中谷物成分不减，当突然恢复运动时则发生本病。

【原因】平时饲养良好的马在闲置时，大量肌糖原贮备且得不到利用，在运动时则迅速转变为乳酸，一旦乳酸的产量超过了血液的清除能力则发生乳酸堆积，引起肌肉凝固性坏死并释放肌红蛋白进入尿液。日粮中维生素E缺乏也可能与本病有关。

【发病机理】马在短期闲置后突然使役，由于心肺机能适应不良，氧供应不足，肌糖原大量酵解，产生大量乳酸，肌纤维发生凝固性坏死引起大肌肉群疼痛和严重水肿，股部肌肉因含糖原较高最易受损。肌肉水肿引起坐骨神经和其他腿部神经受压，导致股直肌和股肌继发神经性变性坏死。变性坏死肌肉释放血红蛋白进入尿液，使尿液呈暗红色。

【临床表现】通常在突然剧烈运动开始后15～60 min出现症状，患马大量出汗，步态强拘，不愿走动。如此时能给予充分的休息，症状可在几小时内消失，继续发展下去则卧地不起，最初呈犬坐姿势，随后侧卧。患马神情痛苦，不停挣扎着企图站立。严重病例在后期出现呼吸急促，脉搏细而硬，体温升高达40.5℃。股四头肌和臀肌强直，硬如木板。尿液呈深棕褐色，有时出现排尿困难。食欲和饮欲正常。亚急性病例症状轻微，不出现肌红蛋白尿，但出现氮尿（Azoturia），有跛行，或因臀部疼痛不能迈步，蹲伏地上。出现跛行后立即停止运动，患马可在2～4 d内自然康复，仍能站立的马预后良好，也可在2～4 d内恢复，卧地不起的马则预后不良，随后往往发生尿毒症和褥疮性败血症。

【病理变化】臀肌和股四头肌呈蜡样坏死，切面浑浊似煮肉状。膀胱中有黑褐色尿液。肾髓质部呈现黑褐色条纹。有时可见心肌、喉肌和膈肌变性、坏死。

【诊断】对于典型病例，根据病史和临床症状可做出诊断。注意与蹄叶炎、血红蛋白尿相鉴别。患蹄叶炎的病马有跛行，但不出现尿液颜色改变。许多疾病伴有血红蛋白尿而使尿液变红，但通常不出现跛行和局部疼痛。还应与马的局部性上颌肌炎（Local Maxillary Myositis）和全身性多肌炎（Generalized Polymyositis）相鉴别，前者发展缓慢，且只发生于咬肌，后者主要出现全身性肌营养不良，与维生素E缺乏类似。

【治疗】发病后立即停止运动，就地治疗。尽量让病马保持站立，必要时可辅助以吊立。对不断挣扎和有剧痛的马立即用水合氯醛镇静（30 g溶于500 mL消毒蒸馏水中，静脉注射，或45 g溶于500 mL水中，口服），或应用盐酸氯丙嗪按每50 kg体重22～55 mg肌肉注射或静脉注射，同时静脉注射糖皮质激素。为促进乳酸代谢，可肌肉注射盐酸硫胺素0.5 g/d和维生素C 1～2 g，连用数日。为纠正酸中毒，可静脉注射5%碳酸氢钠500～3 000 mL，也可同时口服碳酸氢钠150～300 g。在疾病早期可注射抗组胺药和维生素E。辅助治疗可静脉注射或口服大剂量的生理盐水，以维持高速尿流量和避免肾小管堵塞。排尿困难的需导尿。

【预防】在闲置期间应将日粮中谷物成分减半。对有可能发病的马要避免让其剧烈运动，可在恢复运动的初始阶段保持非常轻微的运动强度，随后逐渐增加运动量。

（袁燕）

野生动物捕捉性肌病
（Capture Myopathy of Wildlife）

见二维码10-4。

二维码10-4　野生动物捕捉性肌病

（袁燕）

禽痛风(Avian Gout)

禽痛风是由于禽尿酸产生过多或排泄障碍导致血液中尿酸含量显著升高，进而以尿酸盐形式沉积在关节囊、关节软骨、关节周围、胸腹腔及各种脏器表面和其他间质组织中的一种疾病。主要表现为病禽行动迟缓，腿、翅关节肿大，厌食，跛行，衰弱和腹泻。临床上可分为内脏型痛风(Visceral Gout)和关节型痛风(Articular Gout)。近年来本病发生有增多趋势，特别是集约化饲养的鸡群，目前已成为常见禽病之一。除鸡以外，火鸡、水禽(鸭、鹅)、雉、鸽子等亦可发生痛风。

【原因】引起禽痛风的原因较为复杂，归纳起来可分为两类，一是体内尿酸生成过多，二是机体尿酸排泄障碍，后者可能是尿酸盐沉着症中的主要原因。

引起尿酸生成过多的因素有：①饲料中蛋白质含量过高，特别是饲喂大量富含核蛋白和嘌呤碱的蛋白质饲料。这些饲料包括动物内脏(肝、脑、肾、胸腺、胰腺)、肉屑、鱼粉、大豆、豌豆等。如鱼粉用量超过8%，或尿素含量达13%以上或饲料中粗蛋白含量超过28%时，由于核酸和嘌呤的代谢终产物——尿酸生成太多，引起尿酸盐血症；②当家禽极度饥饿又得不到能量补充或家禽患有重度消耗性疾病(如淋巴白血病、单核细胞增多症等)时，因体蛋白迅速大量分解，体内尿酸盐生成增多。

引起尿酸排泄障碍的因素，包括所有引起家禽肾功能不全(肾炎、肾病等)的因素，可分为两类。①传染性因素：凡具有嗜肾性，能引起肾机能损伤的病原微生物，如传染性支气管炎病毒的嗜肾株、传染性法氏囊病毒、禽腺病毒引起的鸡包涵体肝炎和鸡产蛋下降综合征(EDS-76)、败血性霉形体、雏白痢、艾美尔球虫、组织滴虫等可引起肾炎、肾损伤造成尿酸盐的排泄受阻。②非传染性因素有两类。a.营养性因素：如日粮中长期缺乏维生素A，可引起肾小管、输尿管上皮代谢障碍，发生痛风性肾炎；饲料中含钙太多，含磷不足，或钙、磷比例失调引起钙异位沉着，形成肾结石或积砂；饲料中含镁过高，也可引起痛风；食盐过多，饮水不足，尿量减少，尿液浓缩等均可引起尿酸的排泄障碍。b.中毒性因素：包括嗜肾性化学毒物、药物和毒菌毒素。如饲料中某些重金属如铬、镉、铊、汞、铅等蓄积在肾脏内引起肾病；石碳酸中毒引起肾病；草酸含量过多的饲料如菠菜、莴苣、开花甘蓝、蘑菇和蕈类等饲料中草酸盐可堵塞肾小管或损伤肾小管；磺胺类药物中毒，引起肾损害和结晶的沉淀；霉菌毒素如棕色曲霉毒素(Ochratoxins)、镰刀菌毒素(Fusarium Toxin)和黄曲霉毒素(Aflatoxin)、卵泡霉素(Oosporein)等，可直接损伤肾脏，引起肾机能障碍并导致痛风。

此外，饲养在潮湿和阴暗的禽舍、密集的管理、运动不足、年老、纯系育种、受凉、孵化时湿度太大等因素皆可能成为促进本病发生的诱因。另外，遗传因素也是致病因素之一，如新汉普夏鸡就有关节痛风的遗传因子。

【发病机理】近年来认为肾脏原发性损伤是发生痛风的基础。家禽体内因缺乏精氨酸酶，代谢过程中产生的氨不能被合成为尿素，而是先合成嘌呤、次黄嘌呤、黄嘌呤，再形成尿酸及尿囊素，最终经肾被排泄。尿酸很难溶于水，很易与钠或钙形成尿酸钠和尿酸钙，并容易沉着在肾小管、关节腔或内脏表面。

饲料含蛋白质尤其核蛋白越多，体内形成的氨就越多。只要体内含钼的黄嘌呤氧化酶充足，生成的尿酸也越多。如果尿酸盐生成速度大于泌尿器官的排泄能力，就可引起尿酸盐血症。当肾、输尿管等发生炎症、阻塞时，尿酸排泄受阻，尿酸盐就蓄积在血液中并进而沉着在胸膜、心包膜、腹膜、肠系膜及肝、肾、脾、肠等脏器表面。沉积在关节腔内的尿酸钠结晶，可被吞噬细胞吞噬，并且尿酸钠通过氢键和溶酶体膜作用，破坏溶酶体。吞噬细胞中的一些水解酶类和蛋白因子可使局部生成较多的致炎物质，包括激肽、组胺等，进而引起痛风性关节炎。此外，凡引起肾及尿路损伤或使尿液浓缩、尿排泄障碍的因素，都可促进尿酸盐血症的生成。如鸡肾型传染性支气管炎病毒、法氏囊炎病毒等生物源性物质，可直接损伤肾组织，引起肾细胞崩解；霉菌毒素、重金属离子也可直接或间接地损伤肾小管和肾小球，引起肾实质变性;维生素A缺乏,引起肾小管、输尿管上皮细胞代谢紊乱,使黏液分泌减少,尿酸盐排泄受阻;高钙或低磷可使尿液pH升高,血液缓冲能力下降,高钙和碱性环境,有利于尿酸钙的沉积,引起尿石症,堵塞肾小管;食盐过多、饮水不足、尿液浓缩同时伴有肾脏或尿路炎症时,都可使尿酸排泄受阻,促进其在体内沉着,但并非所有肾损伤都能引起痛风,如肾小球性肾炎、间质性肾炎等很少伴发痛风。这与尿酸盐形成的多少、尿路通畅的程度等有密切关系。

另外,某些学者认为,尿酸盐在血中过多的积蓄是由于肾脏的分泌机能不足。并且认为,伴有尿酸钠阻滞的全身组织变态反应状态才是尿酸素质发生的基础。痛风的真正机制尚不清楚,有待于进一步的研究。

【临床表现】临床上以内脏型痛风为主,关节型痛风较少见。

内脏型痛风:零星或成批发生,病禽多为慢性经过,表现为食欲下降、鸡冠泛白、贫血、脱羽、生长缓慢、粪便呈白色稀水样,多因肾功能衰竭,呈现零星或成批的死亡。关节型痛风:腿、翅关节肿胀,尤其是趾跗关节。运动迟缓、跛行、不能站立。

【病理变化】内脏型痛风:病死鸡剖检可见内脏浆膜(如心包膜、胸膜、肠系膜及肝脏、脾脏、气囊和腹膜表面)覆盖一层白色、石灰样的尿酸盐沉淀物,肾肿大,色苍白,表面呈雪花样花纹(花斑肾)。输尿管增粗,内有尿酸盐结晶。关节型痛风:切开患病关节,有膏状白色黏稠液体流出,关节周围软组织以至整个腿部肌肉组织中,都可见到白色尿酸盐沉着,关节腔内因尿酸盐结晶有刺激性,常可见关节面溃疡及关节囊坏死。

组织学变化:内脏型痛风主要变化在肾脏。肾组织内因尿酸盐沉着,形成以痛风石为特征的肾炎-肾病综合征。痛风石是一种特殊的肉芽肿,由分散或成团的尿酸盐结晶沉积在坏死组织中,周围聚集着炎性细胞、吞噬细胞、巨细胞、成纤维细胞等,有的肾小管上皮细胞呈现肿胀、变性、坏死、脱落;有的肾小管呈现管腔扩张,由细胞碎片和尿酸盐结晶形成管型;有的肾小管管腔堵塞,可导致囊腔形成,呈现间质的纤维化,而肾小球变化一般不明显。另外由法氏囊病毒嗜肾株感染、维生素A缺乏引起者,还可见淋巴细胞浸润、上皮角质化等现象。关节型痛风在受害关节腔内有尿酸盐结晶,滑膜表面急性炎症,周围组织中有痛风石形成,甚至扩散到肌肉中亦有痛风石,在其周围有时有巨细胞围绕。

【临床病理学】血液中尿酸盐浓度升高至150 mg/L以上。血中非蛋白氮值也相应升高。在法氏囊病毒嗜肾株感染时,还出现Na^+、K^+浓度降低、脱水等电解质平衡失调。血液pH降低,因机体脱水,红细胞容积值升高,血沉速率减慢,尿钙浓度升高,尿液pH也升高。

【诊断】根据病因、病史、特征性症状和病理学检查结果即可诊断。必要时采病禽血液检测其尿酸含量,以及采取肿胀关节的内容物进行化学检查,呈紫尿酸铵阳性反应,显微镜观察见到细针状尿酸钠结晶或放射状尿酸钠结晶,即可进一步确诊。

【防治】针对具体病因采取切实可行的措施,往往可收到良好的效果。否则,仅采用手术摘除关节沉积的"痛风石"等对症疗法是难以根除的。临床上,有效地防控一些诸如鸡传染性支气管炎、鸡传染性法氏囊病等传染性疾病的发生,乃是防控群发性家禽痛风的最重要径路。

目前尚没有特别有效的治疗方法。可试用阿托方(Atophan,又名苯基喹啉羟酸)0.2~0.5 g,2次/d,口服;但伴有肝、肾疾病时禁止使用。此药的作用为增强尿酸的排泄及减少体内尿酸的蓄积和缓解关节疼痛。但对重症病例或长期应用者有副作用。有的试用别嘌呤醇(Allopurinol,7-碳-8-氯次黄嘌呤)10~30 mg口服,2次/d。此药可抑制黄嘌呤的氧化,减少尿酸的形成。但用药期间可导致急性痛风发作,可供给秋水仙碱50~100 mg,3次/d,能使症状缓解。近年来,对患病家禽使用各种类型的肾肿解毒药,可促进尿酸盐的排泄,对家禽体内电解质平衡的恢复有一定的作用。总之,本病必须以预防为主,通过积极改善饲养管理,减少富含核蛋白的日粮,改变饲料配合比例,供给富含维生素A的饲料等措施,可防止或降低本病的发生率。

(袁燕)

营养衰竭症(Dietetic Exhaustion)

见二维码10-5。

二维码10-5 营养衰竭症

(袁燕)

复习思考题

1.什么叫奶牛酮病？是如何发生的？

2.怎样诊断和防治奶牛酮病？

3.什么叫母牛肥胖综合征？与奶牛酮病有何区别和联系？

4.怎样诊断和防治母牛肥胖综合征？

5.什么叫蛋鸡脂肪肝综合征？如何防治该病？

6.什么叫肉鸡脂肪肝和肾综合征？

7.什么是黄脂病？如何防治该病的发生？

8.什么是禽淀粉样变性？如何防治该病？

9.什么是妊娠毒血症？其发病机理是什么？如何防治该病？

10.什么叫马麻痹性肌红蛋白尿？该病是如何发生的？

11.什么叫禽痛风？是如何发生的？其特征病理变化是什么？

第十一章　常量元素代谢紊乱性疾病

【内容提要】常量元素(Macro Element)在体内所占比例较大,有机体需要量较多,是构成有机体的必备元素。常量元素的缺乏或者过剩必将导致机体内糖、脂肪和蛋白质的代谢紊乱,引起能量降低、生长停滞、生产力下降、免疫功能降低等。本章主要介绍钙、磷代谢紊乱性疾病、镁代谢紊乱性疾病和钾、钠代谢紊乱性疾病,要求学生掌握其发病原因、诊断方法和防治措施等。

第一节　钙、磷代谢紊乱性疾病

佝偻病(Rickets)

佝偻病是快速生长的幼畜和幼禽因维生素D缺乏及钙、磷代谢障碍所致的一种营养性骨病。临床上以消化机能紊乱、异嗜癖、骨骼变形、跛行及生长发育迟缓、四肢呈罗圈腿或八字形外展为重要特征。病理学特征为成骨细胞钙化不良、软骨持久性肥大及骨骺增大的暂时钙化不全和骨骼变形。本病主要发生于6月龄以内犊牛、2～3月龄仔猪和羔羊、2～3周龄的雏鸡。本病也见于幼年犬猫和野生动物等。

【原因】本病分原发性和继发性两种,其形成的主要原因是幼畜和幼禽维生素D缺乏、或钙磷缺乏、或钙磷比例失调。一般分为原发性佝偻病和继发性佝偻病。

原发性佝偻病,主要是指妊娠畜体维生素D摄入不足,或因动物缺乏运动和阳光照射不足,影响胎儿的生长发育,幼畜出生后表现钙化不良的症状。

继发性佝偻病,主要见于动物患胃肠道疾病、肝胆疾病,长期腹泻,影响钙、磷和维生素D的吸收和利用;日粮中蛋白(或脂肪)性饲料过多,草酸及植酸过剩,代谢过程中形成大量酸类物质,在肠道内与钙形成不溶性钙盐,大量排出体外,导致钙相对缺乏;慢性肝、肾疾病或肾功能衰竭,影响维生素D活化;甲状旁腺机能代偿性亢进时,甲状旁腺激素大量分泌,大量的磷经肾脏排泄,引起低磷血症等。

【发病机理】骨基质钙化不足是发生佝偻病的病理基础,而维生素D则是促进骨骼钙化作用的主要因子。幼畜维生素D主要来源于母乳和饲料(麦角骨化醇),其次是通过阳光照射使皮肤中的7-脱氢胆固醇(维生素D_3原)转化为胆骨化醇(维生素D_3)。麦角骨化醇(维生素D_2)和胆骨化醇(维生素D_3)通过肝、肾的羟化作用转变成活性的1,25-二羟维生素D[1,25-$(OH)_2$-D_3,即1,25-二羟胆骨化醇]。后者既能促进小肠对钙、磷的吸收,也促进破骨细胞区对钙、磷的吸收,使血钙和血磷浓度升高。因此,维生素D具有促进肠道中钙、磷的吸收,调节血液中钙、磷比例,刺激钙在软骨组织中沉着,提高骨骼的坚韧度等功能。幼畜和幼禽对维生素D的缺乏极为敏感。当饲料中钙、磷比例平衡时,机体对维生素D的需要量很小,而当钙、磷比例不平衡时,机体对维生素D的需要量就会大幅度增加,引发体内维生素D的缺乏。维生素D缺乏时,钙、磷比例的不平衡,极易引起幼畜骨基质钙化不全,从而表现出骨骺肥大、长骨弯曲变形等一系列佝偻病典型症状。

一般来说,日粮中钙、磷含量充足,且比例适当,能保证机体钙磷正常代谢。长期饲喂缺乏钙、磷的饲料(如马铃薯、甜菜等块根类),或高磷、低钙谷类植物饲料(高粱、小麦、麦麸、米糠、豆饼等),因PO_4^{3-}易与Ca^{2+}结合形成难溶的磷酸钙$Ca_3(PO_4)_2$复合物排出体外,易造成体内钙大量丧失;同样,长期饲以富含钙的干草类粗饲料时,则易引起体内磷的大量丧失。犊牛和羔羊佝偻病主要因原发性磷缺乏及舍饲中光照不足而引起,仔猪则主要因原发性磷过多而维生素D和钙缺乏而引起。

【临床表现】骨骼发育不良、变形是本病的典型症状。早期呈现食欲减退,消化不良,然后出现异嗜癖。病畜经常卧地,不愿起立和运动。发育停滞,消瘦,下颌骨增厚和变软,出牙期延长,齿形不规则,齿质钙化不足,常排列不整齐,齿面易磨损。严重的犊牛和羔羊,口腔不能闭合,舌突出,流涎,吃食困难。

最后在面骨和躯干、四肢骨骼有变形，或伴有咳嗽、腹泻、呼吸困难和贫血。

病畜低头，弓背，站立时前肢腕关节屈曲，呈内弧形或罗圈形（也称“O”形腿）；后肢跗关节内收，呈八字形（也称“X”形腿）。运动时步态僵硬，肢关节增大，前肢关节和肋骨软骨联合部最明显。严重时躺卧不起。仔猪常跪地，发抖，后期由于硬腭肿胀，口腔闭合困难。幼禽佝偻病可出现喙变形、易弯曲，俗称“橡皮喙”，胫骨易弯曲，胸骨-龙骨弯曲成弧形或呈“S”形，肋骨与肋软骨间，肋骨头与脊柱间出现球形扩大，排列成串珠状，腿行走无力，常以飞节着地，严重时瘫痪（图 11-1-1）。

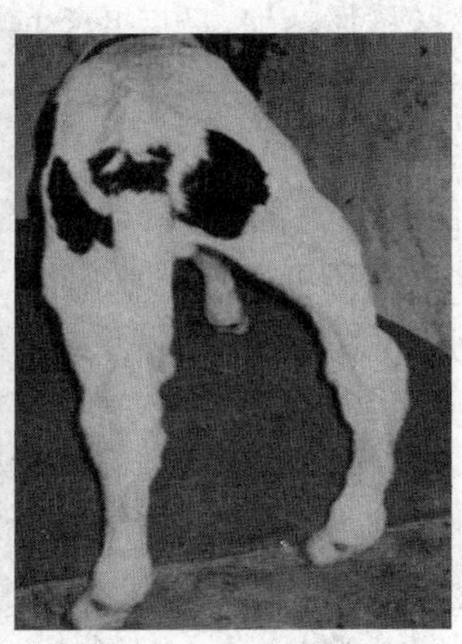

图 11-1-1　佝偻病

【临床病理学】血清碱性磷酸酶活性往往明显升高，但血清钙、磷水平则视致病因子而定，如由于磷或维生素 D 缺乏，则血清磷水平将在正常低限时 3 mg/dL 水平以下。血清钙水平将在最后阶段才会降低。

X 光拍片发现关节扩大明显，骨密度下降，骨皮质变薄，长骨末端呈“蛾蚀状”外观状，可帮助确诊。

组织学检查，从尾椎骨或肋骨软骨联合部取样，能发现不含钙的与软骨的柔软程度相似的大量骨样组织。

【诊断】根据动物的年龄、饲养管理条件、慢性经过、生长迟缓、异嗜癖、运动困难以及牙齿和骨骼变化等特征，作出初步诊断。血清钙、磷水平及碱性磷酸酶活性的变化，骨骼中无机物（灰分）与有机物比率由正常的 3∶2 降至 1∶2 或 1∶3，也是重要的诊断依据。骨的 X 射线检查及骨的组织学检查，可以帮助确诊。

【防治】防治佝偻病的关键是保证机体获得充足的维生素 D 和确保日粮中钙、磷的含量及比例。哺乳母畜日粮中应按需要量补充维生素 D，保证冬季舍饲期得到足够的日光照射和喂饲经过太阳晒过的青干草。舍饲和笼养的畜禽场，可定期利用紫外线灯照射，照射距离为 1～1.5 m，每天照射约 20 min。

日粮组成要注意钙、磷比例应控制在（1～2）∶1 范围内；骨粉、鱼粉、甘油磷酸钙等是最好的补充物。除幼驹外，都不应单纯补充南京石粉、蛋克粉或贝壳粉（都不含磷）。

对未出现明显骨和关节变形的病畜，应尽早实施药物治疗。维生素 D 制剂，维生素 D_2 2～5 mL（或 80 万～100 万 U），肌肉注射，或维生素 D_3 5 000～10 000 U，每天 1 次，连用 1 个月，或 8 万～20 万 U，2～3 d 1 次，连用 2～3 周。或骨化醇胶性钙 1～4 mL，皮下或肌肉注射。亦可应用浓缩维生素 AD（浓缩鱼肝油），犊、驹 2～4 mL，羔、仔猪 0.5～1 mL，肌肉注射，或混于饲料中喂予。配合应用钙制剂：碳酸钙 4～10 g，或磷酸钙 2～5 g，乳酸钙 5～10 g，或甘油磷酸钙 2～5 g，内服。亦可应用 10%～20% 氯化钙液或 10% 葡萄糖酸钙液 20～50 mL，静脉注射。

骨软病（Osteomalacia）

骨软病是指成年动物由于饲料中钙、磷缺乏或两者比例不当，或维生素 D 缺乏而引起的一种骨营养不良性疾病。其临床特征是消化紊乱、异嗜癖、跛行、骨质疏松和骨变形，病理学特征为骨质的进行性脱钙，导致骨质疏松，形成过剩的未钙化的骨基质。本病可发生于各种动物，主要发生于牛和绵羊，也见于猪、山羊、犬、猫、马属动物以及驯养的野生动物和禽类。

【原因】临床上，牛和绵羊的骨软病是由于饲料中磷缺乏或钙过多继发磷缺乏引起；猪和山羊的骨软病常由于饲料中钙缺乏引起，猪和山羊钙缺乏的病变通常以纤维性骨营养不良为特征；马属动物的骨软病通常是以纤维性骨营养不良的形式表现出来。

在正常成年动物的骨骼中约有 25% 灰分。灰分由 36% 钙、17% 磷、0.8% 镁和其他物质组成。钙与磷的比例为 2.1∶1。因此，要求日粮中的钙磷比例基本上与骨骼中的比例相适应。然而，不同动物以及同种动物在不同生理状态下对日粮中钙、磷比例的要求不完全相同，如黄牛为 2.5∶1，乳牛为 1.5∶1，泌乳牛为 0.8∶0.7，猪为 1∶1。在饲喂足够磷的情况下，钙磷比例可以有较宽的范围，但当磷绝对量不足时，高钙日粮可加重缺磷性骨软病的病情。

麸皮、米糠、高粱、豆饼及其他豆科种子和稿秆，含磷都比较丰富，而谷草和红茅草则含钙比较丰富，青干草中，钙、磷含量都比较丰富。在长期干旱年代中生长的和在山地、丘陵地区生长的植物，从根部吸收的磷量都是很低的，相反，多雨的、平原或低湿地区生长的植物，含磷量都是较高的。在长期干旱时，植物茎、叶的含磷量可减少 7%～49%，种子的含磷量可减少 4%～26%，磷缺乏可引起骨组织的反应进而造成骨软症的发生。

日粮中维生素 D 不足，在动物骨软病的发生上可能起到促进作用。在高纬度地区，由于日照时间短，牧草中维生素 D_2 含量偏低，钙和磷的吸收和利用率降低，可导致地区性发病。此外，诸如动物年龄、妊娠、泌乳、无机钙源的生物学效价、蛋白质和脂类缺乏或过剩、其他矿物质如锌、铜、钼、铁、镁、氟等缺乏或过剩，均可对本病的发生产生间接影响。

【发病机理】无论是成年动物软骨内骨化作用已完成的骨骼还是幼畜正在发育的骨骼，骨盐均与血液中的钙、磷保持不断交换，亦即不断地进行着矿物质沉着的成骨过程和矿物质溶出的破骨过程，两者之间维持着动态平衡。当饲料中钙、磷含量不足，或钙磷比例不当，或存在诸多干扰钙、磷吸收和利用的因素，造成钙、磷肠道吸收减少，或因妊娠、泌乳的需要钙、磷消耗增大时，血液钙、磷的有效浓度下降，骨质内矿物质沉着减少，而矿物质溶出增加，骨中羟磷灰石含量不足，骨钙库亏损，引起骨骼进行性脱钙，未钙化骨质过度形成，结果导致骨质疏松，骨骼变脆弱，常常变形，易发生骨折。

对于以磷缺乏为主的牛、羊骨软病，其主要表现是低磷血症。低磷血症直接刺激肾脏，促进生成 1,25-二羟胆钙化醇（1,25-二羟维生素 D_3），并直接作用于肠道，使钙、磷吸收增加，血钙浓度保持正常。若通过这种调节未能使血磷水平恢复，则一方面会使成骨障碍，骨中羟磷灰石含量不足，骨钙库亏损，并有间接刺激甲状旁腺的作用；另一方面又存在使肾小管重吸收磷及肠道磷吸收减少的因素，如维生素 D 缺乏、肝肾维生素代谢障碍、甲状旁腺机能亢进、肾小管受损等，引起低磷血症和甲状旁腺机能亢进同时存在，结果出现血液中磷水平低下而血钙正常（或稍低水平）的情况。但当疾病过程损伤肾小球滤过机能时，尿磷排出障碍，血磷升高至正常水平甚至高出正常水平。

【临床表现】以消化紊乱、异嗜癖、跛行和骨骼系统的严重变形为主要特征。精神沉郁，食欲减退，心跳和呼吸频率增加，前胃弛缓，乳产量减少，难孕或不孕，胎盘滞留，母猪产仔数减少等。病牛舔食泥土、墙壁、铁器，在野外啃嚼石块，在牛舍吃食被粪、尿污染的垫草。病猪，除啃骨头，嚼瓦砾外，有时还吃食胎衣。在牛伴有异嗜癖时，可造成食道阻塞、创伤性网胃炎、铅中毒等。在异嗜癖出现一段时间之后呈现跛行。站立时四肢集于腹下，肢蹄着地小心，后肢呈 X 形，肘外展。肩关节、跗关节肿痛，运步时后肢松弛无力，步态拖拉。病畜常拱背站立，或卧地不愿起立。乳牛腿颤抖，伸展后肢，作拉弓姿势。某些母牛发生腐蹄病，久则呈芜蹄。母猪躲藏不动，作匍匐姿势，跛行，产后跛行加剧，后肢瘫痪。

病变后期骨骼严重脱钙，脊柱、肋弓和四肢关节疼痛，外形异常。在牛，尾椎骨变形，重者尾椎骨变软，椎体萎缩，最后几个椎体常消失，人工可使尾椎卷曲。骨盆变形，严重者可发生难产。肋骨与肋软骨接合部肿胀。卧地时由于四肢屈曲不灵活，常摔倒或滑倒，能导致腓肠肌腱剥脱。在黄牛，除上述症状外，还可发生头骨变形。猪和山羊头骨变形，上颌骨肿胀，易突发骨折。禽类表现异嗜癖，产蛋率下降，蛋破损率增加，站立困难或发生瘫痪，胸骨变形。

血液学检查，血清钙浓度增高而无机磷浓度下降。如黄牛的血清钙浓度从正常的 2.25～2.75 mmol/L 升高到 3.25～3.75 mmol/L，血清无机磷浓度从正常的 1.29～1.94 mmol/L 降到 0.65～0.97 mmol/L。血清碱性磷酸酶活性显著增高。

X 线检查显示，骨密度降低，皮质变薄，髓腔增宽，骨小梁结构紊乱，骨关节变形，尾椎骨椎体移位、萎缩，尾椎骨移位或椎体消失。

【诊断】根据对饲养管理的调查、饲料分析、临床症状、血清钙和无机磷浓度检查以及 X 线检查，对临床型骨软病可做出确诊。对于由磷缺乏引起的牛、羊骨软病还可采用磷制剂进行治疗性诊断。

在临床上应注意出现骨骼系统病理变化前的非特征性症状，如消化紊乱、异嗜癖、生产性能和繁殖性能下降等。血清钙和无机磷浓度检查以及 X 线检查有助于早期发现亚临床型病例。

应注意与慢性氟中毒、风湿症、外伤性蹄病以及感染性蹄病进行鉴别诊断。

【防治】治疗原则是针对饲料中钙、磷含量，钙、磷比例，维生素 D 含量情况，采取相对的添补措施。对钙不足者，可给予南京石粉、骨粉、贝壳粉；对磷不足者，可给予脱氟磷酸钙、骨粉；对维生素 D 缺乏者，可给予维生素 D 制剂，如鱼肝丸。同时应加强饲养管理，给予优质干草、青绿饲料，增加麸皮或米糠比例，适当给予日光照射。

因磷缺乏引起的重症骨软病患牛，可静脉注射20%磷酸二氢钠液 300～500 mL，每日 1次，5～7 d为1个疗程；或用3%次磷酸钙溶液 1 000 mL静脉注射，每日1次，连用3～5 d，有较好的疗效；若同时使用维生素D 400万IU，肌肉注射，每周1次，连用2或3周，则效果更好。也可用磷酸二氢钠100 g，内服，同时注射维生素D。绵羊的用药量为牛的1/5。

对于骨软病病猪，常采用骨粉、磷酸盐饲喂，结合维生素D制剂注射治疗。对于病禽常用维生素D_3制剂，并用矿物质添加剂调整日粮钙、磷含量与钙磷比例。

在预防上，首先应查明日粮中钙、磷含量以及钙磷比例。按动物饲养标准制定日粮中钙、磷含量，并按黄牛2.5∶1，乳牛1.5∶1，猪1∶1的比例调整日粮中钙、磷比例。定期对日粮组成成分进行饲料分析，定期或不定期进行乳牛营养代谢障碍的预防性监测，以及时了解牛的钙、磷代谢状况，有助于早期发现亚临床型病牛。同时应加强饲养管理，多喂青绿饲料和优质青干草，增加日光照射。对于笼养鸡应考虑到受日光照射不足的具体情况，注意添加适量维生素D制剂。

纤维性骨营养不良
（Osteodystrophia Fibrosa）

家畜的纤维素性骨营养不良，主要见于马属动物，有时也见于山羊和猪。本病以消化不良，异食癖，跛行，拱背，面部和四肢关节增大及尿液澄清透明，重量减轻为特征。马属动物纤维素性骨营养不良常呈地方性流行，且在冬春季节高发。

【原因】马属动物纤维素性骨营养不良与日粮中磷过剩直接相关，因磷摄入过多而引起继发性脱钙。因此，高磷低钙日粮对马属动物危险性很大。

一般来说，正常日粮中钙、磷比为(1～2)∶1。对马而言，理想的钙、磷比为1.2∶1经常给马饲喂稻麸皮(钙、磷比为0.22∶1.09)和米糠(钙、磷比为0.08∶1.42)等高磷饲料，可引发本病。

日粮中磷摄入正常，但钙摄入不足，或钙磷摄入量均不足，也可诱发本病。这种地区性发病，与土壤类型有一定的关系。在红壤、棕壤地区很少见到钙、磷不足性骨营养不良，而在黑壤地区就有本病的流行。

此外，本病也见于饲料中影响钙吸收的因素(草酸盐、植酸、脂肪过多)，与肠道内钙结合形成不溶性钙，进而促进本病的发生。

【发病机理】饲料钙不足，或钙、磷比例不当而磷过剩，均可导致机体钙、磷代谢紊乱。血磷过高时，血钙浓度下降，甲状腺素分泌增加，骨骼中矿物盐释放。此时，在钙被动员的同时，磷酸盐也被溶出，进一步加重血磷浓度，而且磷的潴留又使血钙减少，加重了钙的负平衡，促进了骨骼钙的溶出，引发钙磷代谢紊乱。

本病的骨组织进行性脱钙过程与骨软病相似，但也有本质的不同，骨软病是被未成钙化的成骨细胞缺乏的骨样组织所取代，而本病是被富含细胞的纤维组织所取代。因此，病变骨骼以骨质疏松、纤维化增大、肿胀为特征。

【临床表现】马匹表现为消化紊乱，异食癖，跛行，拱背，面部和四肢关节增大及尿液澄清透明。由于消化紊乱，马喜食精料，排出的粪球表面带有大量的黏液，粪球落地即碎，可见大量未消化的粗糙渣滓。随着病情的发展，马粪球中的水分逐渐减少，在后期呈现便秘，粪球干而硬。在运动机能方面，开始时马有轻度的跛行，以后逐渐加重，四肢交替负重，当跛行加剧时，马经常卧地，呈现各种损伤，甚至引起骨折。椎骨增生变大，表现为背部疼痛，走路时拱背，转弯时呈直腰，腹部紧收，后肢前伸。面部下颌骨肥大，下颌支两端细而中央粗大、加之鼻甲骨隆起，使面部呈圆筒状。由于骨质疏松，臼齿松动，转位，在咀嚼较硬的饲草时使相互对应的臼齿陷入齿槽中，呈现吐草现象。马尿色澄清透明，当病情好转时尿色逐渐转为浑浊的乳白色。

猪患纤维素性骨营养不良时，症状与马相似。猪表现为关节和面部增大，跛行，不愿站立，站立时腿弯曲，四肢扭曲，严重时不能站立和走路。

额骨硬度下降，用骨穿刺针很容易穿入。X射线检查发现尾椎骨皮质变薄，皮质与髓质界限模糊；颅骨表面不光滑，骨质密度不均匀。

【诊断】马纤维素性骨营养不良呈地方性流行，且有一定的季节性，诊断时结合临床症状和饲养上的问题一般不难作出诊断。通过测定血清碱性磷酸酶及其同工酶水平可判断破骨性活动的程度，而血钙和血磷水平的测定无特殊临床意义。

本病应注意鉴别风湿症、腱鞘炎、蹄病、外周神经麻痹及肢部、腰部挫伤、温和型肌红蛋白尿和硒缺乏症等引起跛行或运动失调的疾病。

猪的诊断应排除锰缺乏和泛酸缺乏症。对于个别病例，应仔细检查，区别于慢性猪丹毒、冠尾线虫病、外伤性截瘫、氟中毒以及传染性萎缩性鼻炎等。

【治疗】本病的治疗主要是注意饲料搭配，减喂精料，调整日粮中的钙、磷比例。对于该病应用钙剂治疗，同时减少或除去日粮中的麸皮和米糠，增喂优质干草和青草，使钙磷比例保持在(1～2)∶1的范围内。补充钙剂常用石粉100～200 g，每日分2次混于饲料内给予。10%葡萄糖酸钙液200～500 mL，静脉注射，每日1次。钙化醇液10～15 mL，分点肌肉注射，隔周注射1次。在猪可按上述剂量的1/5用药。

【预防】为预防本病，高钙日粮至关重要。马的日粮中钙、磷比例应接近1∶1，不应超过1∶1.4，其中以1.2∶1最为理想。在流行的地区，用石粉按一定的比例与精料混合，始终保持马尿液显示的黄白色。贝壳粉、蛋壳粉也有效果，但补充骨粉效果不明显。对猪在补充钙添加剂的同时，配合维生素D肌肉注射，有明显的治疗作用。

生产搐搦(Puerperal Tetany)

见二维码11-1。

二维码11-1 生产搐搦

生产瘫痪(Parturient Paresis)

生产瘫痪又称乳热，是母畜在分娩前24 h至产后72 h内突然发生以轻瘫、昏迷和低钙血症为主要特征的一种代谢病。主要发生于奶牛，肉用牛、水牛、绵羊、山羊及母猪也有发生。三胎以上奶牛的发病率比二胎奶牛高一倍，而头胎奶牛不发病。

【原因】血钙下降为其主要原因。

产后母牛发生瘫痪的原因：①钙随初乳丢失量超过了由肠吸收和从骨中动员的补充钙量。②由肠吸收钙的能力下降。③从骨骼中动员钙贮备的速度降低。

营养水平很大程度上又影响着钙调节激素的调节，因此，饲养管理不当是引起本病发生的根本原因，具体表现是日粮不平衡、钙、磷含量及其比例不当。

母牛在干奶期，特别是在怀孕后期日粮中钙含量过高。据报道，干奶期母牛，体重按500 kg计，每头每日只需31 g钙即可满足机体及胎儿钙的需要量。干奶期牛日粮中钙含量过高，这将导致奶牛机体对胃肠的依赖性。

日粮中磷不足及钙磷比例不当。日粮中强调钙的供应而忽略了磷的供给，致使产后瘫痪增多，临床上通过使用磷酸二氢钠配合治疗，应将血清钙、磷比例控制在1.5∶1以下。

日粮中Na^+、K^+等阳离子饲料过高。由于干草是日粮中的基础饲料，含有较高的阳离子，尤其是K^+。其主要原因是阴离子日粮通过增加靶组织对钙调节激素尤其是PTH的反应。

维生素D不足或合成障碍。

【临床表现】病牛初期食欲不振，反应迟钝，嗜睡，体温不高，耳发凉。有的瞳孔散大。中期，后肢僵硬，站立时飞节挺直、不稳，两后肢频频交替负重，肌肉震颤，头部和四肢尤为明显。有的磨牙，刺激头部时作伸舌动作，短时间的兴奋不安，感觉过敏，大量出汗。后期，呈昏睡状态，卧地不起，出现轻瘫。先取伏卧姿势，头颈弯曲抵于胸腹壁，有时挣扎试图站起，而后取侧卧姿势，陷入昏迷状态，瞳孔散大，对光反应消失。体温低下，心音减弱，心率维持在60～80次/min，呼吸缓慢而浅表。鼻镜干燥，前胃弛缓，瘤胃臌气，瘤胃内容物返流，肛门松弛，肛门反射消失，排粪排尿停止。如不及时治疗，往往因瘤胃臌气或吸入瘤胃内容物而死于呼吸衰竭。产前发病的，分娩阵缩停止，胎儿产出延迟。分娩后，子宫弛缓、复旧不全以至脱出。

羊病初运步不稳，高跷步样，肌肉震颤。随后伏卧，头触地，四肢或聚于腹下或伸向后方。精神沉郁或昏睡，反射减弱。脉搏细速，呼吸加快。

猪病初表现不安，食欲减退，体温正常。随即卧地不起，处于昏睡状态，反射消失，泌乳大减或停止。

【诊断】根据分娩前后数日内突然发生轻瘫、昏迷等特征性临床症状，以及钙剂治疗迅速而确实的效果，不难建立诊断。应注意与低镁血症、母牛倒地不起综合征、产后毒血症、热(日)射病、瘤胃酸中毒等疾病鉴别。

母牛躺卧不起综合征表现中度机敏、活跃、食欲正常，虽不能站立，但多试图爬行，体温升高，病程长达1～2周，血液检验无机磷、血钾和血糖降低，尿蛋白增加；典型姿势呈“蛙式”，对钙剂反应差。剖检见股部肌肉出血和坏死，关节韧带水肿和出血；心肌炎和脂肪肝。

低镁血症发病不受品种、年龄限制，特征表现是兴奋、敏感性增高，搐搦伴随强直性惊厥，心音高亢，血镁(1.2 mg/100 mL)比产后瘫痪牛(3 mg/100 mL以上)降低，对钙的反应极慢。

产后毒血症多因产后大肠杆菌感染所致的乳腺炎、创伤性网胃炎、子宫破裂、阴道破裂等引起的急性弥漫性腹膜炎和急性败血性子宫炎所致。病牛心率极度增快，呻吟；乳汁、乳房及产道可检查出病变；钙剂治疗常引起死亡。

热（日）射病夏季，产后母牛被暴露在阳光下或潮湿炎热环境中，因过热而卧地不起。病牛的典型症状是体温过高，达 42℃以上，可视黏膜发绀，全身脱水严重。

瘤胃酸中毒过食谷类饲料后，母牛产后也会出现低血钙，因乳酸蓄积中毒，也会瘫痪、休克。但病牛脱水严重，腹泻，排出黄绿色或褐色的稀粪，血糖降低至 25 mg/100 mL 以下，二氧化碳结合力明显下降，使用钙剂可加速病情恶化。

实验室检查，正常牛血钙含量为 2.2～2.6 mmol/L，病牛大都低于 1.5 mmol/L。

【治疗】钙剂疗法牛常用 40%硼葡萄糖酸钙 400～600 mL，5～10 min 内注完，或 5%葡萄糖酸钙 800～1400 mL；绵羊和猪常用 5%葡萄糖酸钙 200 mL，静脉注射。典型的产后瘫痪病牛在补钙后，表现出肌肉震颤、打嗝、鼻镜出现水珠、排粪、排尿、全身状况改善等迹象。为了能保证治疗效果，防止异常现象发生，治疗时应注意以下 5 点：

①钙剂量要充足，因剂量不够会使病程延长，不全治愈的机会增加，母牛不能站立或站立后又瘫痪卧地，这更加重病情。

②注射钙剂时，速度应缓慢，不可过快，要注意全身反应，监听心脏跳动，如心动过快时，应停止注射。

③钙对局部有刺激作用，特别是使用氯化钙时，一定要确实注入血管内，万不能将其漏于皮下，以避免引起局部组织的炎性肿胀、坏死、化脓和颈静脉周围炎症。

④对瘫痪且体温升高的病例，不能急于用钙。此时，应先静脉注射等渗糖和电解质液，待体温恢复正常，再行补钙。

⑤多次使用钙剂而效果不显著者，可用 15%磷酸二氢钠注射液 200～500 mL、硫酸镁注射液 150～200 mL，一次静脉注射。与钙交替使用，能促进痊愈。

乳房送风缓慢将导乳管插入乳头管直至乳池内，先注入青霉素 40 万单位，再连接乳房送风器或大容量注射器向乳房注气，一般先下部乳区，后上部乳区。充气不足无治疗效果，充气过量则易使乳泡破裂。以用手轻叩呈鼓音为度，然后用胶布封住乳头（图 11-1-2），一般在注入空气后 0.5 h 左右，病牛可站立。站立后 1 h 解开胶布。对伴有低磷血症、低镁血症、瘤胃臌气等并发症的，可对症治疗。若经 5～6 h 仍不见好转，可重复打气，或并用氯化钙、葡萄糖。乳房送风法有时会影响产奶量，一般情况下慎用此法。

牛奶疗法对产后瘫痪不久的母牛，可用新鲜的、健康母牛的乳汁 300～4 000 mL，分别注入于病牛的四个乳区内，可起到治疗作用。

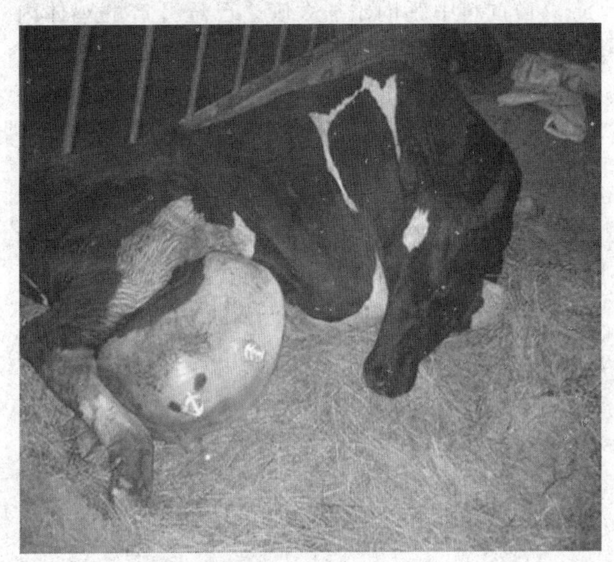

图 11-1-2　头胎牛产后瘫痪乳房送风后用胶布封闭乳头管口

【预防】加强干奶期母牛的饲养，增强机体的抗病力。

①控制精饲料饲喂量，防止母牛过肥。混合精料喂量 3～4 kg/d，日粮中保证有充足的优质干草供应。

②充分重视矿物质钙、磷的供应量及其比例。饲料中钙、磷比在 2∶1 的范围。

③加强饲养管理。干奶时可集中饲养；临产牛要在产房或单圈饲养；圈舍要清洁、干净；运动场宽敞，能自由运动；尽可能地减少各种应激因素的刺激。

④加强对临产母牛的监护，提早采取措施，阻止病牛的出现。

⑤注射维生素 D。对临产牛可在产前 8 d 开始，肌肉注射维生素 D 制剂 1 000 万 IU，每日 1 次，直到分娩为止。

⑥静脉补钙、补磷。对于年老、高产及有瘫痪病史的牛，产前 7 d 可静脉补钙、补磷。有预防作用。其处方是：10%葡萄糖酸钙液 1 000 mL，10%葡萄糖液 2 000 mL，5%磷酸二氢钠液 500 mL，氢化可的松 100 mg，25%葡萄糖液 1 000 mL，10%安钠咖注射液 20 mL。

笼养蛋鸡疲劳症(Cage Layer Fatigue)

笼养蛋鸡疲劳征又称骨质疏松症，是集约化笼养蛋鸡生产中常见的一种营养代谢性疾病，主要表现无力站立，移动困难，骨质疏松，骨骼变形、变脆以及蛋壳质量变差。该病主要发生在母鸡，尤其是在产蛋高峰期发生，发病率2%～20%。

【原因】

(1)饲料中钙的添加太晚。已经开产的鸡体内钙不能满足产蛋的需要，导致机体缺钙而发病。

(2)过早使用蛋鸡料。由于过高的钙影响甲状旁腺的机能，使其不能正常调节钙、磷代谢，导致鸡在开产后对钙的利用率降低。

(3)钙、磷比例不当。钙、磷比例失当时，影响钙吸收与在骨骼的沉积。

(4)维生素D缺乏。产蛋鸡缺乏维生素D时，肠道对钙、磷的吸收减少，血液中钙、磷浓度下降，钙、磷不能在骨骼中沉积。

(5)缺乏运动。如育雏、育成期笼养或上笼早、笼内密度过大。

(6)光照不足。由于缺乏光照，使鸡体内的维生素D含量减少。

(7)应激反应。高温、严寒、疾病、噪声、不合理的用药、光照和饲料突然改变等应激均可成为本病的诱因。

【发病机理】与人和哺乳动物不同的是，成年蛋鸡的骨骼主要以结构性骨和髓质骨两种形式存在。结构性骨包括皮质骨和网质骨。皮质骨对机体主要起支撑作用，决定骨骼的强度。髓质骨主要存在于腿骨，在蛋鸡性成熟前发育而成，为禽类的特有结构，与产蛋密切相关。髓质骨为机体的主要钙库，为蛋壳钙的主要来源。髓质骨与皮质骨的形成与吸收呈动态平衡过程。日粮中的钙被吸收后一部分钙沉积于皮质骨和网质骨，一部分通过皮质骨、网质骨转化形成髓质骨而被储存。

蛋鸡性成熟后，雌激素的水平显著升高，抑制了结构性骨的形成，促进了髓质骨的形成。髓质骨的大量形成导致结构性骨的大量丢失，皮质骨厚度减少，骨强度下降，这是发病的基础因素。由于病因的作用使血钙下降，结构性骨形成进一步下降，骨吸收增加，进而引起病的发生。同时，钙和维生素D缺乏会引起甲状旁腺机能亢进，后者分泌过多可导致骨转换和骨吸收增加，进一步促进了病的发生。

【临床表现】病鸡两腿无力，站立困难，瘫倒在地，脱水，产蛋严重减少，软壳蛋增加，蛋的破损率增高，但食欲、精神、羽毛均无明显变化。之后病鸡出现站立困难、爪弯曲、运动失调，躺卧、侧卧，麻痹，两肢伸直，骨骼变形，胸骨凹陷，肋骨易断裂，瘫痪。

剖检可见，血液凝固不良，翅骨、腿骨易碎，喙、爪、龙骨变软，胸骨、肋骨均易弯曲，肋骨和胸骨接合处形成串珠状，股骨和胫骨自发性骨折。卵巢退化，甲状腺肿大。皮质骨变薄，髓质骨减少。

正常产蛋鸡的血钙水平为19～22 mg/dL，病鸡的血钙水平往往降至9 mg/dL以下，同群无症状鸡往往也低于正常值。碱性磷酸酶活性升高。

【诊断】依据病史和临诊特征性症状，如产软壳蛋、薄壳蛋，病鸡出现站立困难、爪弯曲、运动失调，躺卧，血钙水平下降，碱性磷酸酶活性升高即可做出诊断。

【防治】防治的原则是加强运动和光照，按照饲养标准及时补充钙、磷。

改善饲养环境，敞养，加强光照，保证全价营养和科学管理，使育成鸡性成熟时达到最佳的体重和体况。

改善饲料配方，补钙或调整钙、磷比例，在蛋鸡开产前2～4周饲喂含钙2%～3%的专用预开产饲料，当产蛋率达到1%时，及时换用产蛋鸡饲料，笼养高产蛋鸡饲料中钙的含量不要低于3.5%、并保证适宜的钙、磷比例。给蛋鸡提供粗颗粒石粉或贝壳粉，粗颗粒钙源可占总钙的1/3～2/3。钙源颗粒大于0.75 mm，既可以提高钙的利用率，还可避免饲料中钙质分级沉淀。炎热季节，每天下午按饲料消耗量的1%左右将粗颗粒钙均匀撒在饲槽中，既能提供足够的钙源，还能刺激鸡群的食欲，增加进食量。

适当补充维生素D，平时要做好血钙的监测，当发现产软壳蛋时就应做血钙的检查。将症状较轻的病鸡挑出，单独喂养，补充骨粒或粗颗粒碳酸钙，一般3～5 d可治愈。有些停产的病鸡在单独喂养、保证其能吃料饮水的情况下，一般不超过1周即可自行恢复。同群鸡饲料中添加2%～3%粗颗粒碳酸钙，每千克饲料添加2 000 U维生素D_3，经2～3周鸡群的血钙就可上升到正常水平，发病率明显减少。钙耗尽的母鸡腿骨在3周后可完全再钙化。粗颗粒碳酸钙及维生素D_3的补充需持续1个月左右。如果病情发现较晚，一般20 d左右才能康复，个别病情严重的瘫痪病鸡可能会死亡。

牛产后血红蛋白尿症
（Bovine Postparturient Haemoglobinuria）

牛产后血红蛋白尿症是由于低磷而引起牛的一种溶血性营养代谢病，临床上以低磷酸盐血症、急性溶血性贫血和血红蛋白尿为特征。

【原因】牧草、饲料中磷缺乏及日粮中钙、磷比例严重失调是本病发生的根本原因。美国曾在母牛第3次分娩时通过饲喂低磷饲料而试验性地产生母牛产后血红蛋白尿病。据认为有4种因子与产后血红蛋白尿病的发生有密切关系，首先是饲料中磷缺乏；其次是饲喂某些植物饲料，如甜菜块根和叶、青绿燕麦、多年生的黑麦草、埃及三叶草和苜蓿以及十字花科植物等。十字花科植物如油菜、甘蓝等，含有一种二甲基二硫化物，称为S-甲基半胱氨酸二亚砜（SMCO），能使红细胞中血红蛋白分子形成Heinz-Ehrlich小体，破坏红细胞引起血管内溶血性贫血；第三是近期分娩，一般发生于产后4 d至4周的3～6胎母牛；第四是母牛产奶量高。

此外，新西兰的研究者认为，本病的发生也可能与土壤缺铜有关，因铜是正常红细胞代谢所必需，当产后大量泌乳时，铜从体内大量丢失，当肝脏铜贮备空虚时，发生巨细胞性低色素贫血。该病常在冬季发生，因秋季长期干旱导致饲用植物磷的吸收减少。

我国华东地区（如苏南茅山地带、苏北洪泽湖沿岸及皖东滁县等）水牛发生的血红蛋白尿症也是以低磷酸盐血症、急性溶血性贫血和血红蛋白尿为特征，但发病原因似乎与采食十字花科植物和分娩无关，寒冷是重要诱因。在埃及，水牛血红蛋白尿病被报道与温热环境有关。

【发病机理】红细胞溶解破裂的最终机制是膜结构和功能的改变。糖无氧酵解是红细胞能量的唯一来源，而无机磷是红细胞无氧糖酵解过程中的一个必须因子，磷缺乏时，红细胞的无氧酵解则不能正常进行，作为无氧糖酵解正常产物的三磷酸腺苷及2，3-二磷酸甘油酸（2，3-DPG）均减少，而三磷酸腺苷在维持红细胞正常生理功能上起着重要作用。这一点在人医已经证实，当红细胞的三磷酸腺苷降低至正常值的15%，则红细胞膜变脆，变形性降低，而且细胞变圆。当红细胞的三磷酸腺苷下降到低于正常值的11%时，通过同位素^{51}Cr测定，红细胞的存活期只有正常的1/5。

然而在临床上低磷酸盐血症是一种预置因子，病牛都表现低磷酸盐血症，但并非所有伴低磷酸盐血症的牛都会发生溶血而引起血红蛋白尿，其原因还有待进一步研究，很有可能还存在其他诱发（或激发）因子。另外，本病常发生于产后4 d至4周的3～6胎高产乳牛，肉用牛和3岁以下的奶牛极少发生。而在水牛，发病与年龄、分娩和泌乳关系不密切，其机制还不清楚。

【临床表现】红尿是本病的典型病征，甚至是初期阶段的唯一病征。病牛尿液在最初1～3 d逐渐由淡红、红色、暗红色，直至紫红色和棕褐色，然后随症状减轻至痊愈时，又逐渐由深变淡，直至无色。由于血红蛋白对肾脏和膀胱产生刺激作用，使排尿次数增加，但每次排尿量相对减少。尿的潜血试验呈阳性反应，而尿沉渣中通常不发现红细胞。几乎所有病牛的体温、呼吸、食欲无明显的变化。至严重贫血时，食欲稍有下降，呼吸次数稍有增加，但这些变化都不明显，也极少出现胃肠道和肺的并发症。通常脉搏增数，心搏动加快加强，可发现颈静脉怒张及明显的颈静脉搏动。心脏听诊，偶尔发现贫血性杂音。伴随病的发展，贫血程度加剧。可视黏膜及皮肤（乳房、乳头、股内侧和腋间下）变为淡红色或苍白色，黄染。血液稀薄，凝固性降低，血清呈樱红色。呼吸加快。水牛血红蛋白尿症的死亡率约10%，但产后血红蛋白尿症达50%。

【实验室检查】本病主要表现红细胞压积、红细胞数、血红蛋白等红细胞参数值下降，黄疸指数升高，血红蛋白血症，血红蛋白尿症以及低磷酸盐血症。血红蛋白值由正常的50%～70%降至20%～40%，红细胞数由正常的$(5\sim6)\times10^{12}$/L降低至$(1\sim2)\times10^{12}$/L。血清无机磷降低至4～15 mg/L，但在病牛群中，无病的泌乳母牛只中度降低（20～30 mg/L）。血清钙水平保持正常（约100 mg/L）。在病牛的红细胞中，能发现Heinz-Ehrlich小体。尿呈深棕红色，通常中度浑浊，尿中不存在红细胞。新西兰记载，病牛血液和肝脏有低铜状态。

【诊断】红尿是牛产后血红蛋白尿症的重要特征之一，但红尿也见于血尿疾病，因此应对血红蛋白尿和血尿做出区别诊断。前者由于红细胞大量被破坏所致，后者则由于泌尿系统某部位出血而出现。牛的血红蛋白尿还可由其他溶血性疾病所致，例如细菌性血红蛋白尿、巴贝斯焦虫、钩端螺旋体病、慢性铜中毒、某些药物性红尿（吩噻嗪、大黄等）、洋葱中毒等，都应一一排除。至于犊牛水中毒引起的血红蛋白尿，是因脱水而又立即大量饮水所致，血尿在尿中有凝血块且尿沉渣中存在红细胞。蕨类植物中毒、地方性肾盂肾炎、急性肾小球肾炎、血栓性肾炎和肾梗死、出血性膀胱炎、尿石症、尿道出血及泌尿系肿瘤等，也都应首先从尿中是否存在红细胞而排除，详细鉴别诊断见泌尿系统疾病的类症鉴别。

【治疗】本病的治疗原则是消除病因和纠正低磷血症。

应用磷制剂有良好效果，同时应补充含磷丰富的饲料，如豆饼、花生饼、麸皮、米糠和骨粉。磷制剂主要是20%磷酸二氢钠溶液，每头牛300～500 mL，静脉注射，12 h后重复使用1次。一般在注射1～2次红尿消失，重症可连续治疗2～3次。也可静脉输入全血，内服骨粉（产后血红蛋白尿用120 g/次，每天2次，水牛血红蛋白尿用250 g/次，每天1～2次）。也可静脉注射3%次磷酸钙溶液1 000 mL，效果良好。但切勿用磷酸二氢钠、磷酸二氢钾和磷酸氢二钾等。

此外，应注意适当补充造血物质如叶酸、铜、铁和维生素B_{12}等。维持血容量和保证能量供应，常应用复方生理盐水、5%葡萄糖溶液、葡萄糖生理盐水注射液等，剂量为5 000～8 000 mL。

母牛倒地不起综合征
(Downer Cow Syndrome)

母牛卧地不起综合征，不是一种独立的疾病，而是某些疾病的一种临床综合征。一般来说，凡是经一次或两次钙剂治疗无反应或反应不完全的倒地不起母牛，都可归属在这一综合征范畴内。这一概念似乎把生产瘫痪排除在外，但应注意到当生产瘫痪的原因不是单纯由于缺钙或有并发症时，用钙剂治疗也可能无效。

该病最常发生于产犊后2～3 d的高产母牛。据调查，多数病例与生产瘫痪同时发生，其中有代谢性并发症的占病例总数的7%～25%。

【原因】关于引起这一综合征的原因，直至目前还在争论和探讨。一般认为，该病不是单纯或典型的低钙血症，因为动物对钙疗反应不完全，或完全没有反应。

矿物质代谢紊乱，尤其是低磷酸盐血症、低钾血症和低镁血症等代谢紊乱与该综合征有密切的关系。有些母牛作为生产瘫痪治疗，看起来对精神抑制和昏迷状态的情况已有所改善，但依然站不起来，为此有人怀疑为低磷酸盐血症，否则就是钙疗的剂量和浓度不足。有些母牛经钙疗以后，精神抑制和昏迷状态不仅消失，且变得比较机敏，甚至开始有食欲，但依然站不起来，这种站不起来似乎由于肌肉无力，因此怀疑为伴有低钾血症。若还伴有搐搦、感觉过敏、心搏动过速和冲击性心音，则可能伴有低镁血症，在钙疗中加入镁剂，可以证实诊断。

有学者认为肾上腺脑垂体反应不完全，也可导致生产瘫痪的发生。已经发现在有些低肾上腺活动状态中产生脑水肿，但脑水肿也是一些生产瘫痪的病征。

肾脏血浆流动率和灌注率降低而同时存在心脏扩张和低血压，是分娩时出现的一种循环危象，会促使瘫痪发生。高产乳牛的乳房血流大增，会给循环系统带来威胁。有些卧倒站不起来的母牛，伴有肾脏疾病并呈现蛋白尿或尿毒症。除上述原因外，胎儿过大、产道开张不全或助产粗鲁等，损伤了产道及周围神经，犊牛产出后，母牛发生趴卧不起。此外，酮病、脓毒性子宫炎、乳腺炎、胎盘滞留、闭孔神经麻痹都可能与本病的发生有关。

此外，压力损伤与创伤性损伤也是引起该综合征的主要原因之一。如本来并无并发症的低钙血性生产瘫痪，由于未及时治疗，长时间躺卧（一般指超过4～6 h），可因血液供应障碍引起局部缺血性坏死，尤其是在体重大的母牛长时间压迫其一条腿时。母牛在分娩前后由于站立不稳和不时地起卧容易引起创伤性损伤，如骨盆、椎体、四肢等的骨折。

【发病机理】由于病原学上的复杂性，不可能归纳出统一的病理发生机制。总体上，该综合征主要是在影响循环系统、神经系统、运动系统（包括肌肉和骨骼关节）的机能而发生的。

虽然有些病例往往伴有低磷酸盐血症，并且应用磷酸二氢钠与钙治疗能提高病的痊愈率，但很显然卧倒爬不起来并不是低磷酸盐血症的一种特有病症，因为低磷酸盐血症会引发骨软病、血红蛋白尿病等。

很多患生产瘫痪和趴卧不起综合征的母牛，血浆中钾的含量减少，且低钾血症的程度与趴卧不起的持续时间有关。有人发现母牛睡倒不起6 h，平均血浆钾为4 mmol/L；而卧倒不起16 h，平均血浆钾为2～3 mmol/L。有学者认为，产后低钙血症时的代谢并发症虽然可有低磷酸盐血症、高镁或低镁血症、高糖血症及低钾血症和细胞内变化，但与本病特别有关系的是低钾血症和细胞内低钾。根据卧倒不起的时间较长，血钾含量也较低，有人认为后者是由前者引起的。

在趴卧不起综合征中，几乎100%的病牛有局灶性心肌炎，造成心动过速、心律不齐，甚至静脉注射也反应迟钝。反复使用钙剂治疗，则可加重心肌炎症。另外，本病还伴有蛋白尿，这可能与肌肉损伤时肌蛋白释放有关。

【临床表现】病牛在发病前，往往见不到症状。趴卧不起常发生于产犊过程或产犊后 48 h 内。病牛表现机敏，饮食欲基本正常，食量有时有所减少。体温正常或少有提高，心率增加到 80～100 次/min，脉搏微弱，但呼吸无变化。排粪和排尿正常。最初病牛常常很想爬起来，但其后肢不能充分伸展。

在其他病例，病征可能更加明显，特别是头弯向后方，呈侧卧姿势，如果将其头部抬起予以扶持，则与正常牛无异。更为严重的病例，则呈现感觉过敏，并且在趴卧不起时呈现四肢搐搦、食欲消失。母牛趴卧不起综合征既可单独发生，也可发生于生产瘫痪治疗明显恢复之后但仍然继续卧地不起，这种情况一旦发现，事实上就表明属于本综合征。亚急性的病程约 1～2 周，常常不能痊愈。更急性的病例，在 48～72 h 内死亡。

由于大多数是生产瘫痪综合征，或是非生产瘫痪，故血浆钙水平可能在正常范围内；血浆磷和血浆镁水平有时可在正常范围以内，但有时出现低磷酸盐血症、高镁或低镁血症、高糖血症及低钾血症。有时有中度的酮尿症。许多病例有明显的蛋白尿，也可在尿中出现一些透明圆柱和颗粒圆柱。有些病牛见有低血压和心电图异常。

急性病例可在 3～5 d 内死亡，或者转入 2～8 周康复期。有的在肢体末端(趾、尾、耳和乳头等)出现皮肤坏疽。

【诊断】根据钙疗无效，或治疗后精神状态好转，但依然站不起来，以及病牛机敏，精神沉郁与昏迷的症状可以做出初步诊断。

然而，对这一综合征的诊断关键要从病因上去分析，临床病理学检查结果有助于分析原因和确定治疗方案。

【治疗】根据诊断分析的结果作为治疗依据，否则任意用药不仅无效，且可导致不良后果(如对心率高达 80～100 次/min 的病例应用过量钙剂，显然会产生不良后果；钾的过量应用且注射速度过快，可致心脏停止)。

当怀疑伴有低磷酸盐血症时，可用 20%磷酸二氢钠溶液 300～500 mL 静脉或皮下注射，即使在病性未定的情况下，用之也不致产生不良影响。应注意只给予磷酸钠盐，而不应给予磷酸钾盐。对疑为因低钾血症而引起的本综合征(母牛机敏、爬行和挣扎，但又不能站立起来)，即称为"爬行的母牛"，应用含钾 5～10 g 的溶液(氯化钾)治疗而有明显效果。在应用钾剂时，尤其是静脉注射时要注意控制剂量和速度。低血镁时，可静脉注射 25%硼酸葡萄糖酸镁溶液 400 mL，镁盐的应用要慎重，除非临床上确认伴有搐搦及感觉过敏。

此外，亦可应用皮质醇、兴奋剂、维生素 B、维生素 E 和硒等药物进行治疗。

由于母牛体大过重，对卧地不起者，特别应防止肌肉损伤和褥疮形成，可适当给予垫草及定期翻身，或在可能情况下人工辅助站起，经常投予饲料和饮水，并可静脉补液和对症治疗，有助病牛的康复。

【预防】合理调配日粮，定期做营养监测。分娩前第 8 天注射维生素 D_3 1 000 万 IU，如 8 d 后未分娩，需要重复注射。预产前 3～5 d 静脉注射葡萄糖酸钙溶液 500 mL，1 次/d，连用 3～5 d。母牛如有难产先兆，应及时检查胎儿、胎位。助产要小心，不要过度牵拉，防止产道损伤。产后牛一旦不愿站立，应立即静脉注射钙制剂，不可延误而酿成趴卧不起综合征。

鸡胫骨软骨发育不良
(Tibial Dyschondroplasia in Chicken, TD)

胫骨软骨发育不良是以软骨内骨化受阻和胫骨近端骺骨板软骨发生的持续性增生、肥大，形成无血管的玉白色的"软骨楔"为特征的骨骼性疾病。病鸡临床上表现为运动障碍，采食受限，生长发育缓慢，增重明显下降，胫骨脆弱或骨折，种禽繁殖性能和商品肉禽肉品质均下降。本病发生于肉鸡、鸭和火鸡，发病率达 10%～30%，是肉鸡最常见的腿病之一。

【原因】本病发病原因比较复杂，尚不十分清楚，可能与遗传因素、生长速度、饲料营养因素(如日粮电解质，钙、磷、镁、氯、铜、锌、维生素、含硫氨基酸等)、霉菌毒素污染、防霉剂使用、局部因子(如转化生长因子、胰岛素样生长因子、成纤维细胞生长因子)等多种因素有关。这些因素可使软骨细胞在肥大阶段衰竭以致骨骺血管不能进入增生的软骨，软骨退化减慢，而使软骨发生持续性增生。

遗传选育胫骨软骨发育不良是遗传选育的生理缺陷。在长期选育的过程中，高度重视肉鸡肌肉生长速率的选育，而忽视了作为肌肉支持结构的骨骼质量的同步选育，导致 TD 发病率大幅度提高。由于长期的遗传选育，打破了肉鸡体肌肉组织和骨骼组织生长发育的原有平衡，从而引发肉鸡产生各种腿部疾病。

生长速度遗传选育和日常饲养管理的加强使肉鸡生长速度加快，但生长较快的是肌肉组织，而骨骼和内脏器官生长相对较慢，这就造成肉鸡整体与组织之间生长发育不均衡。研究证明降低日粮中能量饲料或早期限饲，控制肉鸡生长速度，可以降低 TD 发病率。雄性肉鸡由于雄性激素的影响，使生长快的雄性肉鸡 TD 发生率明显高于雌性。

1. 日粮营养因素

(1)钙磷水平对胫骨软骨发育不良的影响。饲料中钙磷水平是影响胫骨软骨发育不良发生的主要营养因素。随着鸡日粮中钙与可利用磷的比例增加，胫骨软骨发育不良的发生率也会降低。高磷可破坏机体酸碱平衡，进而影响钙的代谢。

(2)镁、氯水平对胫骨软骨发育不良的影响。日粮中氯离子水平越高，胫骨软骨发育不良的发病率和严重程度越高，而增加镁离子会使胫骨软骨发育不良发病率下降。高镁能降低胫骨灰分，增加血中镁和磷的含量，并且通过促进骨中钙磷的沉积和钙化，改变肉鸡体内的酸碱平衡来减少胫骨软骨发育不良的发生。

(3)铜、锌、锰对胫骨软骨发育不良的影响。铜是构成赖氨酸氧化酶的辅助因子，这种酶对软骨合成起重要作用，此外鸡体内铜有促进血管生长的作用，铜缺乏时会破坏软骨的合成，尽管胫骨软骨发育不良与缺铜症极为相似，但目前不能证明胫骨软骨发育不良与铜代谢紊乱存在直接的因果关系。

(4)日粮中蛋白质对胫骨软骨发育不良的影响。日粮中蛋白质过高，特别是含硫氨基酸过高会诱发 TD 发生。含硫氨基酸对骨基质糖蛋白和骨胶原蛋白正常形成是必需的，保持适宜的含硫氨基酸水平对肉鸡正常骨营养代谢、降低胫骨软骨发育不良的发生至关重要。

(5)日粮中维生素对胫骨软骨发育不良的影响。维生素 D_3 代谢物通过调控特定基因的表达，激发软骨细胞分化、成熟，形成肥大软骨细胞，是生长板正常发育所必需的调节激素。与维生素 D 的其他代谢物相比，$1,25\text{-}(OH)_2D_3$ 与 TD 的关系最为紧密，已证实 $1,25\text{-}(OH)_2D_3$ 能降低 TD 的发病率。因此，日粮维生素 D_3 缺乏，导致 $1,25(OH)_2D_3$ 合成不足，使 TD 发病率提高。维生素 D_3 代谢产物 $1,25\text{-}(OH)_2D_3$ 的产生是一个发生于肾脏的羟化过程，需要维生素 C 参与，添加维生素 C 可防止 TD 的发生。日粮中维生素 A 与维生素 D_3 具有拮抗作用，过量的维生素 A 可能在消化物到达吸收部位前，破坏维生素 D_3 分子或占据肠黏膜维生素 D_3 结合位点，降低了维生素 D_3 的作用，而提高 TD 发病率。生物素为前列腺素生成所必需，前列腺素缺乏会改变软骨代谢，阻碍骨的形成。

2. 饲养管理因素

肉鸡在精细饲养条件下，其 TD 发生率显著高于粗放环境中饲养的肉鸡；肉鸡在饲养密度低的环境中生长，其 TD 发病率高于饲养密度高的环境。原因是在上述环境中饲养，肉鸡胫骨在骨骼的发育成熟期生长过快，造成生长板的钙化出现紊乱，从而导致 TD 的发病率上升。如果降低日粮中能量水平或早期限饲，控制肉鸡生长速度，TD 发病率则显著下降。

3. 其他因素

饲料污染了真菌毒素的，或饲料生产过程中喷洒杀灭真菌的药物(如二硫四甲基秋兰姆或其结构类似物)，可显著提高 TD 发病率。日粮中添加含有 2%～5%玫瑰红镰刀菌污染的大米能导致肉仔鸡发生 TD。霉菌毒素、环境因素、大量的棉籽饼和菜籽饼等均可诱发 TD 的发生。

实际上，在生产实践中单因子发病不常见，多是多影响因子的相互作用造成养分失衡所致。如钙、钠、钾、镁离子可减轻氯、磷、硫离子过多引起的 TD。高锰会加重因含硫氨基酸过多引起肉鸡 TD 的发生率，而高铜则不能。日粮中超量的铜、锌能减轻霉菌毒素引起的 TD。

【发病机理】尽管 TD 原因十分复杂，但最终引起骨骺进入软骨的血管闭塞，病变软骨缺乏血供，发生软骨退行性病变，或多种因素抑制了软骨细胞钙化形成骨基质，同时抑制了血管在骨基质中形成，而软骨细胞会继续形成和分化，逐渐形成病变软骨区。最新研究表明，在生长板局部产生的生长因子对生长板的发育成熟起到重要的自分泌和旁分泌作用，这些因子中的任何一个发生功能障碍都会诱发胫骨软骨发育不良。转移生长因子是一种强烈的促进血管形成的细胞因子，存在于生长板的前肥大软骨细胞和肥大软骨细胞中，对软骨细胞分化具有重要的调节作用。在 TD 肉鸡胫骨过渡期软骨细胞转移生长因子的表达显著降低，病变软骨区损伤可随转移生长因子表达的升高而修复，证实了转移生长因子是调控软骨细胞分化、肥大和钙化的重要细胞因子之一。

【临床表现】本病仅在生长处于活动期的禽类中出现，鸡、鸭、火鸡等均有发病。多数病例呈慢性经过。初期症状不明显，而后患禽表现为运动不便，采食受限，生长发育缓慢，增重下降，不愿走动，步态蹒跚，双侧性股-胫关节肿大，并多伴有胫跗骨皮质前端肥大。由于软骨块的不断增生和形成，患禽双腿弯曲，胫骨骨密度和强度显著下降，跛行，胫骨发生骨折。

【剖检变化】剖检可见，胫骨近端肿大，增生的软骨占据整个干骺端或位于生长板的中后部。股骨的近段和远端、胫骨的远端、附跖骨和肱骨的近端有轻微病变。

病理组织学以胫骨骺端软骨区不成熟的软骨细胞极度增生为特征。异常软骨内血管极少，有的血管被增生的软骨细胞挤压萎缩、变性和坏死。

【防治】加强遗传选育。早期对快速生长型肉鸡品种的选育，忽略了抗 TD 等代谢性疾病的遗传选育，因此，今后在进行品种选育时，一定要早期剔除具有 TD 遗传倾向的鸡只，以降低选育品种 TD 的发生率。

控制生长速度，加强饲养管理，降低日粮中能量水平或早期限饲，控制肉鸡生长速度，降低鸡 TD 的发病率。

调整日粮结构，保障全价营养。注意日粮中钙磷水平、镁氯水平，提高日粮钾、钠、镁、钙等阳离子水平可减轻氯、磷、硫等阴离子水平过多引起的胫骨软骨发育不良。日粮中维生素特别是维生素 D 及其衍生物的添加，对预防发病有重要意义，可拌料或注射供给。同时也要注意日粮中蛋白质水平和铜、锌、锰等微量元素的添加。

第二节　镁代谢紊乱性疾病

犊牛低镁血症性抽搐（Hypomagnesemia Tetany in Calves）

犊牛低镁血症性抽搐是一种与成年母牛泌乳抽搐相类似的一种疾病。主要发生于 2～4 月龄完全依靠吃奶的犊牛，吃奶量最大且生长最快的犊牛最容易发病。冬季舍饲犊牛在饲料缺乏时也容易发病。

【原因】血镁降低是本病的原因。在正常情况下，尽管牛奶中镁含量低，但由于犊牛的吸收能力好，仍能满足犊牛的生长需要。腹泻能降低镁在肠道内的吸收，采食垫料中的粗纤维物质可造成大量镁从粪便丢失，而且咀嚼粗纤维能刺激大量分泌唾液，造成大量内源性镁丢失。许多病例同时伴有低钙血症。

【发病机理】在发病牛场，犊牛出生时血镁水平平均为 2～2.5 mg/dL，但在随后的 2～3 个月内降至 0.8 mg/dL，血镁含量低于该水平则发生抽搐，低于 0.6 mg/dL 时则抽搐更严重。低钙血症可能是由低镁血症引起的，但其发生机理不清楚。低钙血症能促进低镁血症性抽搐的发生。

【临床表现】实验性镁缺乏的病例首先出现耳朵不停煽动，体温正常，脉搏加速，感觉过敏，肌肉阵发性痉挛。随后出现头颈震颤，角弓反张、共济失调，但不出现抽搐。此后出现大肌肉震颤，蹬踢腹部，口唇有白沫和四肢强直。最后出现抽搐，以跺脚、头回缩、大声咀嚼和跌倒开始，接着出现牙关紧闭、呼吸停止、四肢强直和痉挛。日龄较大的犊牛通常在抽搐发生后 20～30 min 内死亡，较小的牛在抽搐后暂时恢复，随后再次发作。2 周龄左右的腹泻犊牛一旦发病即出现抽搐，并在 30～60 min 内死亡。

【血液学检测】血镁低于 0.8 mg/dL 则表示有严重的低镁血症。血镁在 0.3～0.7 mg/dL 则出现临床症状。病牛平均血镁值为 2.2～2.7 mg/dL，骨钙与骨镁比值大于 90：1（正常时为 70：1），骨钙绝对值轻微升高，肌酸磷酸酶活性升高，SGOT 轻度升高。

【诊断】根据病史和临床症状可初步作出诊断。临床上要注意于与急性铅中毒、破伤风、士的宁中毒、大脑皮质坏死、产气夹膜梭状芽孢杆菌病和维生素 A 缺乏引起的阵发性抽搐相鉴别。

【治疗】用 100 mL 10% $MgSO_4$ 静脉注射，并在犊牛日粮中补充 MgO 或 $MgCO_3$，有呼吸麻痹时可使用镇静药。

【预防】在犊牛日粮中添加干草有助于预防本病。也可在日粮中补充 MgO，5 周龄前每天补充 1 g，5～10 周龄 2 g，10～15 周龄 3 g，舍饲犊牛和完全依靠吃奶的犊牛还应当补充足够的矿物质和维生素 D_3（70 000 IU/d）以促进 Ca 的吸收，避免发生低钙血症。

青草搐搦（Grass Tetany）

青草搐搦又称青草蹒跚（Grass Stagger），是反刍动物放牧于幼嫩的青草地或谷苗之后不久而突然发生的一种高度致死性疾病，以血镁浓度下降，常伴有血钙浓度下降为特点。临床上以兴奋不安、强直性和阵发性肌肉痉挛、惊厥、呼吸困难和急性死亡为特征。

本病见于奶牛、肉牛和绵羊，水牛亦有发生。在大群放牧牛中，发病率可能只占 0.5%～2%；但死亡率则可超过 70%。冬季舍饲后的泌乳母牛转入丰盛的牧场放牧后发病快，而营养差的肉牛发病慢。

【原因】本病的发生与血镁浓度降低有直接的关系，而血镁浓度降低与牧草镁含量缺乏或存在干扰镁吸收的成分直接相关。

低镁的牧草主要来自低镁的土壤，土壤 pH 太低或太高也影响到植物对镁吸收的能力。另外，青草中含镁的数量又与植物生长季节有关，尤其是在夏季降雨之后生长的幼嫩和多汁的青草和谷草，通常含镁、钙、钠离子和糖分较低，而含钾和磷离子较高，含蛋白质也较高。禾本科植物镁含量低于豆科植物，幼嫩牧草低于成熟牧草。由于所谓“搐搦源性”牧草中含钾离子较高，故以往曾有人误认为青草搐搦是一种高钾血症，但由于在搐搦源性牧草中和患病动物血浆中镁的含量都明显降低，并且通过镁盐的治疗确能取得良好的疗效，才有力的证明它是一种低镁血症。当牧草大量使用氮肥、钾肥或者两者同时使用，也会使植物中镁含量减少。

有些低镁血症牛所采食的牧草中镁的含量并不低，甚至高于正常需要量，但其利用率较低。采食减少或腹泻可降低动物对镁的吸收能力。也有人认为在动物体内，钾和镁的吸收存在竞争，食入高钾的牧草，也可使镁的吸收减少，有助于低镁血症的产生。饲料中蛋白质含量太高，瘤胃内氮浓度增加、硫酸盐含量过高等都会影响镁的吸收。饲料中过多供给长链脂肪酸，与镁产生皂化反应，也可影响镁的吸收。此外，激素分泌对镁的吸收也有明显影响。甲状旁腺切除的山羊，可诱发低镁血症。甲状腺素分泌过多，或用甲状腺组织蛋白饲喂，可减少血浆镁浓度。

在植物中镁是经常伴随钙的存在而存在，所以在低镁血症的同时常常伴有低钙血症。另外由于牧草中高钾，因而使动物呈高钾血症，后者会使动物体内钙的排泄增加，也可能造成低钙血症。

许多应激因素可诱发本病，如兴奋、泌乳、不良气候及低钙血症等，都可能成为一种激发因素。因此有人提出，本病发生过程应有两个阶段，第一个阶段是产生低镁血症，第二个阶段是激发因子的作用，产生相应的临床症状。

【发病机理】目前，关于本病的发病机制还不十分清楚。镁在体内的作用之一是抑制神经肌肉的兴奋性，缺乏时则出现神经肌肉兴奋性升高，表现为血管扩张和抽搐。动物体内的镁约 70％沉积在骨骼中，由于骨骼中的镁是以硫酸镁和碳酸镁的形式存在，很难动员进入血液，组织中仅有 4％的镁可以进行交换。体内镁的恒定依赖于镁的生理需要和肠道吸收之间的动态平衡。当肠道吸收的镁低于需要量时，这种动态平衡被破坏，导致低镁血症的出现。血清镁浓度为 15 mg/L 有发病可疑，低于 10 mg/L 时，则可为低镁血症性搐搦的阳性病例。然而在惊厥阶段，病牛血清镁浓度几乎正常，血清钙浓度通常中度降低(50～80 mg/L)，但脑脊液中镁水平低，这被认为是特征性惊厥发作的主要原因。

在饲养或放牧时，若能调整钙、镁正常比率，就有可能控制本病的发生。实践证明，当日粮中 Ca/Mg 为 5，则发生强烈搐搦，当 Ca/Mg 为 7～10，则出现瘫痪症状。然而作为一种外源性因子的饲料钙、镁比率的变化固然重要，但为何病牛在危险期中不能利用体内镁的贮备以应付紧急状态，而在死亡的动物又见不到肉眼损害，看来是与一些内分泌机能障碍有重要的关系。虽然镁在动物体内只占钙的 1/35～1/30，并且在血液中也低于钙(正常乳牛血清镁浓度为 23.2 mg/L，血清钙浓度为 109.9 mg/L；正常水牛血清镁浓度为 25～30 mg/L，而血清钙浓度为 85～125 mg/L)，但是镁离子大部分存在于血细胞内，而钙离子则主要存在于血浆中。当有限的血浆镁离子减少到正常量的 1/10 时，就可引发血管扩张及低镁血症性搐搦而死亡。

【临床表现】在奶牛和肉牛，发病前吃草正常，急性突然甩头，吼叫，盲目奔跑，呈疯狂性状态，倒地后四肢划动，惊厥，背、颈和四肢震颤，牙关紧闭，磨齿，头部尽量向一侧的后方伸张，直至全身阵发性痉挛，耳竖立，尾肌和四肢强直性痉挛，状如破伤风样。惊厥呈间断性发作，通常在几小时内死亡。有些病例，未看到发病就死亡在牧场上。不严重的病例呈亚急性，步态强拘，对触诊和声音过敏，频频排尿，并可转为急性，惊厥期可长达 2～3 d 之久。本病可并发生产瘫痪和酮病。其他临床特征有心音增强和心率加快。

绵羊发病的临床症状与牛相同。

水牛呈亚急性，病牛常卧地不起，颈部呈一定程度的“S”形扭转姿势。少数病例呈急性，表现高度兴奋和不安，发狂，向前冲或奔跑，眼充血和凶猛状，倒地后搐搦，伸舌和喘气，呼吸加深，流涎，体温正常(37.8℃)，但心率加快，心音增强。

【实验室检查】健康牛血清镁水平为 17～30 mg/L，而季节性亚临床症状病例虽不表现可见症状，但血清镁水平降低在 4.11～8.22 mmol/L 之间，直到 4.11 mmol/L 以下仍无搐搦症状，甚至低至 1.64 mmol/L 还无症状。这种情况可能由于各种动物之间其总的镁离子含量不同所致，也可能由于强烈肌肉运动之后而使血镁浓度暂时升高所致。

血清钙水平常降至 50～80 mg/L 时，对症状的发生有一定的重要作用；血钾浓度过高，对病的发生也有一定的重要意义。血清无机磷水平正常或偏低。类似变化发生于绵羊和泌乳搐搦。牛的麦草中毒也呈现低钙血症、低镁血症和高血钾症。急性搐搦，血清钾水平通常很高，这可能就是死亡率高的原因。如尿镁水平低，可推测患有低镁血症。脑脊液镁水平较血清镁水平与症状轻重有更密切的联系（脑脊液的采集在死后 12 h 都有用）。伴有低镁血症而发生搐搦的牛，脑脊液镁水平为 5.14 mmol/L（血清镁水平为[(2.2±1.6) mmol/L]，但伴有低镁血症而临床表现正常的牛，脑脊液镁水平 7.6 mmol/L，血清镁水平为 1.6 mmol/L。正常动物脑脊液镁水平与血清水平相同，即在 8.2 mmol/L 以上。

【诊断】依据季节、放牧等病史及运动失调、感觉过敏和搐搦等症状不难诊断，并且泌乳动物似乎最易首先发病，临床血清镁、钙、钾水平测定可帮助诊断。本病须与牛的急性铅中毒、狂犬病、神经型酮病、麦角中毒等区别。急性铅中毒常伴有目盲和疯狂，有接触铅的病史。狂犬病则精神紧张，上行性麻痹和感觉消失而无搐搦。神经型酮病通常不发生惊厥的搐搦，而有显著酮尿。麦角中毒时其综合征是一种典型的小脑共济失调。至于母马的所谓“泌乳搐搦”（运动搐搦），则是一种与泌乳有关的低钙血症。奶牛生产瘫痪（急性低钙血症、乳热症）时可以伴有低镁血症，也呈现搐搦病症。母牛的所谓“运动搐搦”则属于应激反应的疾病，且常并发低钙血症。

【治疗】单独应用镁盐或配合钙盐治疗，治愈率可达 80%以上。常用的镁制剂有硫酸镁和氯化镁，多采用静脉缓慢注射。钙盐和镁盐合用时，一般先注射钙剂，成年牛用量为 25%硫酸镁 50～100 mL、10%氯化钙 100～150 mL，以 10%葡萄糖溶液 1 000 mL 稀释。也可将硼酸葡萄糖酸钙 250 g、硫酸镁 50 g 加蒸馏水至 1 000 mL，制成注射液，牛 400～800 mL，静脉注射。绵羊和犊牛的用量为成年牛的 1/10 和 1/7。一般在注射 6 h 后，血清镁即恢复至发病前的水平，不会再度发生低血镁性搐搦。为了避免血镁下降过快，可皮下注射 25%硫酸镁 200 mL，或在饲料中加入氯化镁 50 g，连喂 4～7 d。注射时应检查心跳节律、强度和概率，心动过快时即停止注射。狂躁不安时，为防止引起外伤，可给予镇静药后再进行其他药物治疗。

【预防】一般认为，在反刍动物正常的饲养和放牧中，镁是丰富的。但在肠道吸收镁的效力比较低时和控制镁代谢稳定性的能力丧失时，加上青嫩多汁的牧草镁含量不足而钾含量很高，就有可能发生本病。合理调配日粮，以干物质计算，至少应含镁 0.2%。母牛每天日粮中以补充镁 40 g（相当于 60 g 氧化镁或 120 g 碳酸镁中的含镁量）为宜，过多地摄入镁，特别是硫酸镁，可引起腹泻。镁宜与谷类饲料混合饲喂。在发病季节，可在精饲料中补充氧化镁，牛 60 g，绵羊 10 g，亦可将其加入蜜糖中作舔剂。对有易感性的牛，例如曾经发生过本病的牛，应限制放牧。

第三节　钾、钠代谢紊乱性疾病

低钾血症（Hypokalemia）

低钾血症是指血液中 K^+ 浓度降低所引起的一类电解质代谢紊乱性疾病，多发生于动物的碱血症。

【原因】低血钾发生的根本原因是细胞外液 K^+ 丢失或 K^+ 从细胞外进入细胞内，可分为下列 3 类。

(1)细胞外液 K^+ 丢失。呕吐和腹泻可造成大量 K^+ 从消化道丢失。过量使用盐皮质激素和某些利尿剂可引起 K^+ 通过肾脏大量丢失。肾小管酸中毒和肾后性阻塞也能引起 K^+ 丢失。日粮长期缺钾也能引起轻微的低钾血症，不过，对于草食动物，由于许多饲料中 K^+ 含量相对较高，单纯因为日粮缺钾而引起的低血钾症并不常见。

(2)细胞外 K^+ 内流。胞外 K^+ 内流虽然不引起体钾总量减少，但由于大量 K^+ 内流使细胞外 K^+ 浓度降低，也可引起低钾血症。这种情况见于发生急性碱中毒和使用胰岛素、葡萄糖治疗的家畜。当发生碱中毒时，通常发生 H^+ 转移到细胞外以缓冲细胞外液的 pH，为了维持电荷平衡，细胞外液的 K^+ 和 Na^+ 则流入细胞内，进而引起血钾浓度降低。胰岛素和葡萄糖可促使 K^+ 从细胞外向细胞内转移。在临床上，输注葡萄糖或胰岛素，使 K^+ 进入细胞内，致使血钾降低而诱发周期性麻痹，这是改变 K^+ 分布的典型例子。

(3)儿茶酚胺类物质。儿茶酚胺对血液 K^+ 浓度的影响呈阶段依赖性差异，注射儿茶酚胺后，首先由于 α-肾上腺素兴奋作用引起血液中 K^+ 浓度短暂升高，随后发生 β-肾上腺素能反应，引起血钾浓度降低。所以，β-肾上腺素常用于治疗由高血钾引起的周期性麻痹。儿茶酚胺释放及其受体兴奋以及

K^+三者之间平衡关系的改变在人和赛马劳累性疲劳症(Exertional Fatigue)的发生、发展过程中起重要作用。

【发病机理】K^+主要存在于肌肉中,肌肉中K^+含量大约占体钾总量的70%。在正常情况下,细胞内K^+远比细胞外高,体内98%以上的可交换K^+位于细胞内。K^+主要从小肠和结肠中吸收,随后有90%的K^+通过肾脏排泄,但肾脏对K^+摄取不足却不能进行有效代偿。K^+跨膜分布通过细胞膜上的Na-K-ATP酶与Na^+相偶联,当细胞外K^+或细胞内Na^+增加时,可激活Na-K-ATP酶,将细胞内Na^+排出,将细胞外K^+移入细胞内,以保持细胞内外的电位差。K^+跨膜分布形成的膜电位对于维持包括心肌和呼吸肌在内的神经肌肉兴奋性起重要作用,细胞外液K^+浓度显著升高或降低均能引起肌肉兴奋性改变、心脏功能和呼吸功能障碍。简言之,低血钾使膜电位升高,引起细胞超极化障碍,导致肌无力和麻痹,而高血钾则使膜电位降低而引起神经肌肉兴奋性增强。K^+自身稳定受内平衡(K^+在细胞内液和细胞外液间的分布)和外平衡(K^+的摄取和排泄)两种方式调节。K^+内平衡受机体酸碱状态、儿茶酚胺、运动、注射葡萄糖和胰岛素的影响,外平衡则受腹泻、摄取不足、肾上腺皮质分泌不足和肾功能障碍的影响。

【临床表现】临床表现取决于低血钾发生的速度、病程长短以及病因。一般表现为精神沉郁、嗜睡,肌无力、瘫痪,也可出现痛性痉挛、四肢抽搐、吞咽困难。当呼吸肌受累时则出现呼吸困难。对消化系统的影响,轻者仅有食欲不振、轻度腹胀和便秘,严重低血钾通过植物性神经引起肠麻痹而发生腹胀或麻痹性肠梗阻。对于心血管系统,轻度缺钾多表现为窦性心动过速、房性或室性早搏,重者可导致严重的心律失常,并引起末梢血管扩张、血压降低。对泌尿系统,长期缺钾可引起缺钾性肾病和肾功能障碍,尿浓缩功能减退,出现多尿。急性低血钾不影响尿浓缩功能。低血钾还能引起肾小管上皮细胞NH_3生成增加,从而引起代谢性碱中毒。其可能原因是在低血钾时,胞内K^+外流,H^+进入细胞内,造成细胞内酸中毒,进而刺激NH_3生成和H^+分泌。低血钾还能促进HCO_3^-重吸收增加,加重代谢性碱中毒。由于在低血钾时肾脏排Na^+减少,所以输注盐水可引起血Na^+升高,可导致Na^+潴留和水肿。

【治疗】轻者可灌服KCl,缺钾较重者或出现严重的心律失常和神经肌肉症状者可静脉补K^+。因病畜多合并发生代谢性碱中毒,故以补KCl最好,用等渗生理盐水或5%葡萄糖液稀释至30~40 mmol/L。补液速度不宜太快,一般每小时不超过1 g KCl。对顽固性不易纠正的低血钾,应考虑合并有低镁血症,应同时补充镁制剂。由于缺钾主要是细胞内缺钾,故有时需连续补充数日,血钾才能升高到正常范围。补钾时应注意尿量,如尿少,补钾应慎重,以免引起高血钾。

高钾血症(Hyperkalemia)

高钾血症是指动物血清钾浓度高于正常值。血钾升高并不一定能反映全身总体钾的升高,在全身总体钾缺乏时,血清钾亦可能升高,其他电解质亦可影响高钾血症的发生和发展,所以,对于高血钾的判定,必须在血清钾改变的基础上,结合心电图和病史加以判定。

【原因】临床上引起高钾血症的原因一般有3种。

(1)假性高钾血症。采血后发生溶血,或者全血贮存时间过长,K^+从红细胞释入血浆或血清中。牛、马、猪和某些绵羊的红细胞中K^+含量较高,K^+释出可引起非常明显的高血钾,而狗、猫和某些绵羊的红细胞中Na^+含量较高,K^+含量相对较低,轻度的溶血则不会引起血K^+改变。正常时血液凝固也可释出钾,如有血小板或白细胞增多症,则钾释出增多,造成假性高血钾,但此时仅有血清钾升高,血浆钾不变。

(2)细胞外K^+平衡紊乱。在Addison氏病(盐皮质激素缺乏),急性肾功能衰竭,有效循环血量减少引起的肾脏滤过率降低等情况下,K^+在体内滞留,引起血钾升高。此外,无尿性肾病,肾后性尿道阻塞,心脏衰竭性少尿,醛固酮分泌减少,快速静脉输钾等均能引起高钾血症。

(3)细胞内K^+外流。见于酸中毒,特别是在血容量减少的同时又伴有肾脏滤过率降低所引起的酸中毒。由于此时大量H^+进入胞内,为维持电荷平衡,胞内K^+外流,引起血钾升高。也见于大面积肌肉坏死的家畜,由于胰岛素缺乏引起的糖尿病患畜。此外,马麻痹性肌红蛋白尿、高钾性周期性麻痹也与肌细胞内K^+外流有关。

【临床表现】病畜烦躁,出现吞咽、呼吸困难,心搏徐缓和心律失常。严重时出现松弛性四肢麻痹。

【治疗】当高血钾引起心室节律紊乱时，要立即注射 Ca 盐以对抗 K^+ 的心肌毒性，通常注射 10%葡萄糖酸钙 20～30 mL，大动物加量。由于胰岛素能促使 K^+ 进入细胞内，而葡萄糖又能刺激胰岛素分泌，所以可用胰岛素联合葡萄糖进行治疗，可用 10%葡萄糖 500 mL，内加胰岛素 15～20 U 静脉注射。如高钾血症持续存在，应选用排钾利尿剂进行治疗，如速尿、利尿酸和噻嗪类药物。

低钠血症（Hyponatremia）

低钠血症是临床上常见的电解质紊乱。Na^+ 主要存在于细胞外液中，细胞外液中 Na^+ 约占机体钠总量的 1/3～1/2，包含了几乎所有的可利用和可交换的 Na^+。体内水与 Na^+ 两者之间相互依存、相互影响，水与 Na^+ 的正常代谢及平衡是维持机体内环境稳定的重要因素。

【原因】可归纳为下述 5 种。

(1)假性低钠血症。见于高脂血症和高蛋白血症，在这些疾病中，由于血浆或血清中含有大量脂肪和蛋白质，致使溶解在血浆或血清中的 Na^+ 减少，出现假性低钠血症。

(2)失钠性低钠血症。能引起 Na^+ 丢失并随之出现有效循环血量减少的因素通常能引起低钠血症。包括呕吐、腹泻、多汗和肾上腺分泌不足。机体对有效循环血量减少的反应是出现渴感和 ADH 分泌，促进动物饮水和肾脏保 Na^+ 保水，目的是使水潴留以维持血容量和防止循环衰竭。水潴留达一定程度后则导致血浆 Na^+ 降低并使血液呈低渗状态，形成低渗性低钠血症。

体腔积液也可造成低钠血症，这种情况见于腹水、腹膜炎或膀胱破裂。由于细胞外液大量进入体腔，发展迅速则可引起血容量快速下降，并随之出现代偿性水滞留，导致血钠降低。

(3)稀释性低钠血症。本症是指体内水分原发性潴留过多，总体水量增多，但总钠不变或有增加而引起的低钠血症。总体水量增多是因为肾脏排水能力发生障碍，或者肾功能虽然正常，但由于摄入水量增多，一时来不及排出，导致总体液量增加，血液稀释，从而出现低钠血症。这种情况见于精神性烦渴（Psychogenic Polydipsia），抗利尿激素（ADH）异常分泌综合征（Syndrome of Inappropriate Secretion of Antidiuretic Hormone，SIADH）和某些肾脏疾病。

(4)低血钠伴有总钠升高。原发因素是 Na^+ 潴留。Na^+ 潴留必然伴有水潴留，如果水潴留大于 Na^+ 潴留，将引起渐进性低血钠症。这种情况见于充血性心力衰竭、肝功能衰竭、慢性肾功能衰竭和肾病综合征。其发生机制较复杂，常涉及多种体液因子和肾内水盐代谢机制。

(5)无症状性低钠血症。见于严重肺部疾病、恶病质、营养不良等，可能是由于细胞内外渗透压平衡失调，细胞内水向外移，最终引起体液稀释而造成的。细胞脱水使 ADH 分泌增加，促进肾小管对水的重吸收，使细胞外液在低渗状态下维持新的平衡。本症的命名欠妥，因为在许多低钠血症早期或发展缓慢的病例也不出现症状。

【临床表现】低钠血症的临床症状常常是非特异性的，并易被原发疾病所掩盖。其症状取决于血钠下降的程度和速度。急性低钠血症由于在很大程度上与血容量和有效循环血量下降有关，通常出现颈静脉扩张、毛细血管再充盈时间延长、血压下降。患畜出现疲乏，视力模糊，肌肉疼痛性痉挛或阵挛，运动失调，腱反射减退或亢进，严重时发展为惊厥、昏迷甚至死亡。

【诊断】根据失钠病史（呕吐、腹泻、利尿剂治疗、ADH 异常分泌综合征）和体征（血容量不足和水肿）可以作出初步诊断。实验室检查包括血浆渗透压、血 Na^+、K^+、Cl^-、HCO_3^- 的测定等有助于诊断。尿 Na^+ 水平可用于区分某些原因引起的低钠血症，如由呕吐、腹泻、多汗、体腔积液引起的低钠血症，由于肾脏 Na^+ 重吸收增加，尿 Na^+ 水平极低；由肾上腺分泌不足引起的低钠血症和高钾血症，尿钠水平高；ADH 分泌异常综合征引起的低钠血症，尿 Na^+ 有升高的趋势；精神性烦渴引起的低钠血症，尿 Na^+ 有降低的趋势。

【治疗】应根据低钠血症发生的原因和机制进行适当的治疗。对于失钠性低钠血症，除治疗原发病外，可口服或静脉补给 NaCl。对于稀释性低钠血症，应控制水的摄入量，并使用利尿剂利尿。低钠性低渗状态有时还伴有其他电解质的缺失，须作相应补充。

（刘建柱）

复习思考题

1. 佝偻病和骨软病的产生原因是什么？如何

防治？

2. 什么是纤维性骨营养不良？如何预防？

3. 什么是生产搐搦和生产瘫痪？

4. 笼养蛋鸡疲劳症的产生原因是什么？

5. 母牛产后血红蛋白尿症发病机制是什么？如何防治？

6. 什么是母牛倒地不起综合征？如何防治该病？

7. 鸡胫骨软骨发育不良的产生原因有哪些？如何防治？

8. 犊牛低镁血症性抽搐发病原因是什么？如何预防？

9. 什么是青草搐搦？产生原因有哪些？如何防治？

10. 低钾和高钾血症的危害是什么？

11. 低钠血症的发病原因是什么？

第十二章　微量元素不足或缺乏症

【内容提要】动物体内的微量元素与糖、脂类、蛋白质代谢关系密切，微量元素不足或缺乏时会引起贫血、生长停滞、抗氧化能力下降、生产力下降、免疫功能降低等。本章主要介绍硒缺乏症、铜缺乏症、铁缺乏症、锰缺乏症、锌缺乏症、钴缺乏症、碘缺乏症，要求学生掌握其发病原因、发病机理、诊断和防治措施等。

硒缺乏症(Selenium Deficiency)

硒缺乏症是因硒缺乏致动物骨骼肌、心肌及肝脏等组织以变性坏死为特征的一种营养代谢病。侵害包括畜禽、经济动物、实验动物和水生动物在内的40多种动物。该病具有明显的地域性和群体选择性特点，主要发生于幼龄动物。

硒对动物的影响主要是通过土壤-植物体系发生作用，因此是世界性的常发病和群发病之一。美国、加拿大、英国、芬兰、瑞典、挪威、澳大利亚、新西兰、日本、土耳其、俄罗斯及我国均有发生。我国每年因动物缺硒造成的经济损失可达数亿元。

【流行病学】发病的地区性：本病虽然在世界范围内发生，但具有明显的地区性，在我国有一条从东北经华北至西南的缺硒带，包括黑龙江、吉林、辽宁、青海、四川、西藏和内蒙古等省、自治区，其中黑龙江是缺硒最严重的省份，全省76个县市的饲料平均含硒量均低于0.02 mg/kg；其他地区如新疆、山西、陕西、甘肃境内的动物缺硒症的发病率在30%左右。

发病的季节性：本病一年四季都可发生，但每年的冬末初春多发。这可能与漫长的冬季舍饲状态下青绿饲料缺乏，某些营养物质(如维生素类)不足有关。此外，春季正是畜禽集中产仔、孵化的旺季，而本病主要是侵害幼龄畜禽，形成春季发病高峰。

发病群体的年龄：本病多发于幼龄阶段，如仔猪、雏鸡、羔羊、鸭、火鸡、犊牛及驹等，这与幼龄动物生长发育迅速，代谢旺盛，对营养物质需求量增加，对硒的缺乏更为敏感有关。

【原因】直接原因是日粮或饲料中含硒量低于正常的低限营养需要量0.1 mg/kg，一般认为<0.05 mg/kg可能引起动物发病，<0.02 mg/kg则必然发病。而饲料硒源于土壤中的硒，因此，土壤硒含量低是缺硒症的最根本原因；而导致土壤缺硒因素包括：年降水量>560 mm；地势高于海拔250 m；土壤偏酸性，pH<6.5；与硒相拮抗的元素如S、Hg、Ar、Cd、Pb等过高。维生素E与硒有密切关系。此外，应激是发病的重要诱因。

【病理发生】硒在动物体内的作用是多方面的。适量补硒对改善动物的生长、增重、繁殖、抗癌、提高免疫力等方面均有作用，但其最重要的生理作用是其抗氧化能力，并与同是抗氧化作用的维生素E有互补效果。

硒是谷胱甘肽过氧化物酶(GSH-Px)的组成成分，与维生素E是动物体内抗氧化防御系统中的成员，破坏自由基(ROO·)将其分解。

动物机体在代谢过程中，产生各种内源性的过氧化物如有机氢过氧化物(ROOH)和无机过氧化物(H_2O_2)，这些过氧化物和氧自由基以及有机自由基与细胞膜的不饱和脂肪酸磷脂膜(脂质膜)发生“脂质过氧化反应”，如果这种非正常的生物变性反应十分剧烈，可造成细胞、亚细胞膜的功能和结构的种种损伤，导致DNA、RNA和酶等发生异常，影响细胞分裂、生长、发育、繁殖、遗传等，使组织发生变性、坏死等一系列病理变化和功能改变，出现各种临床症状。

硒通过GSH-Px破坏、分解自由基和过氧化物产生的脂质过氧化反应。在这一过程中，GSH-Px利用还原型谷胱甘肽(GSH)将有机氢过氧化物(ROOH)还原为无害的羟基脂肪酸(ROH)，其催化反应如下式：

$$(1)\ ROOH + 2GSH \xrightarrow{GSH\text{-}Px} GSSG + ROH + H_2O$$

$$(2)\ H_2O_2 + 2GSH \xrightarrow{GSH\text{-}Px} GSSG + 2H_2O$$

从上式可看出，只要动物体内有充足的硒和GSH-Px，就可破坏过氧化物和自由基发动的脂质过氧化反应。GSH-Px存在于胞液中，构成抗氧化的第一道防线；维生素E存在于细胞膜中，构成抗氧化作用的第二道防线，阻止过氧化物的产生。两者在抗氧化作用中起协同作用，共同使组织免受过氧化作用的损伤，保护了细胞和亚细胞膜的完整性。

含硒的 GSH-Px 存在于动物的各种组织中，其活性以硒的摄入量和不同组织而异。20 世纪 70 年代后期发现，动物体内还有一种具有含硒 GSH-Px 活性的非含硒 GSH-Px，其活性不受日粮加硒或维生素 E 含量的影响，对有机过氧化物起破坏作用，特别当机体硒耗竭的情况下，也具有重要的抗氧化作用。肝脏中非含硒 GSH-Px 活性依动物而异，羊最高，鸡和猪中等，大鼠最低。这就解释了为什么同在缺硒情况下，羊肝脏正常，而大鼠呈严重肝坏死的现象。

硒除了其谷胱甘肽过氧化物酶作用之外，近年来人们又发现三十多种含硒蛋白，它们与机体抗氧化体系、甲状腺素代谢、氧化还原的调节、维持机体结构性功能有着密切的关系。

【临床表现】该病主要发生在幼龄动物，雏鸡和鸭为 21～49 日龄，羔羊为 5～30 日龄，犊牛为 1～90 日龄，猪为 1～180 日龄的仔猪或育肥猪，缺硒的共同症状主要是运动障碍，生长迟缓，排稀粪，消瘦，贫血及心功能不全。

雏鸡站立不稳，行走时两腿外展，快步急走，躯体向前倾斜，往往倒地不起；雏鸭站立时跗关节屈曲、外展或跗关节着地，甚至卧地不起；病猪站立不稳，行走时后躯摇晃，有的卧地呈犬坐姿势或卧地不起；病羔羊、犊牛四肢僵直，行走时后躯不灵活、摇摆，有的卧地不起，头弯向颈侧。

缺硒幼龄动物排稀便，消瘦，生长停滞，贫血，心功能不全，体温基本正常；成年动物缺硒则表现为繁殖机能障碍，生产性能降低，公畜精液品质不良，母畜受胎率降低，孕畜流产，甚至不孕，乳牛胎衣不下，母鸡产蛋率和孵化率降低。

不同种属及不同年龄的个体动物，又各有其特征性的临床症状：

(1)反刍动物。羔羊、犊牛的白肌病或肌营养不良主要表现为运动障碍，步态强拘，站立不稳，伴有顽固性的腹泻，心跳加快，节律不齐，成年母牛可出现产后胎衣停滞，有的出现肌红蛋白尿。

(2)猪。腹下出现水肿，运动障碍明显，站立困难，甚至出现犬坐姿势，步态不稳，后躯摇摆，心跳加快，节律不齐，肝实质病变严重的可伴有皮肤黏膜黄疸。成年猪有时排肌红蛋白尿。急性病例常在剧烈运动、驱赶过程中突然跃起、尖叫而发生心性猝死，多见于 1～2 月龄营养良好的个体。肝营养不良主要见于 21～120 日龄的仔猪；桑葚心的病猪，外表健康，但可于几分钟内突然抽搐、跳跃同时嚎叫而死亡(猝死)。

(3)家禽。雏鸡缺硒的突出表现是出现渗出性素质(皮下呈淡绿色水肿)，两后肢外展，运步蹒跚，甚至卧地不起，排白色、绿色粪便，消瘦，贫血，腿及喙由正常的淡黄色变为灰白色，食欲减退，精神萎靡。

(4)雏鸭。运动障碍明显，食欲减少，排稀便，贫血，喙由正常的黄色变为灰白色，个别鸭出现视力减退或失明。

(5)经济动物。犬、水貂、狐、兔、鹿均可发病。尤其水貂，常在吃富含不饱和脂肪酸的鱼类后出现黄膘病(脂肪组织炎)，这是缺乏维生素 E 引起的症状，是否与硒缺乏有关尚待进一步探讨。

(6)马属动物。幼驹腹泻，成年马出现肌红蛋白尿、运动障碍及臀部肌肉肿胀。

【病理变化】因动物不同而出现特征性的病理变化：

(1)骨骼肌及心肌变性坏死。所有畜禽都很明显，常见于运动剧烈的肌肉群，如背最长肌、臀及四肢肌肉，具有白色煮肉样的点状或条状坏死灶，因此将其称为白肌病。心肌也发生变性坏死，在羔羊、犊牛、猪及鸡、鸭常于心肌上发现在心肌上有针尖大小的白色坏死灶。

(2)皮下及肌肉出血。在小鸡的渗出性素质部位周围常有点状或条状出血，在猪、鸡等腿部及胸部肌肉出现点状或条纹状出血，也有心冠脂肪出血。

(3)渗出性素质。在雏鸡发生硒或维生素 E 缺乏或共同缺乏时出现皮下淡绿色水肿，剥开皮肤呈淡绿色或淡黄色的胶冻样浸润，只有鸡出现这种带颜色的水肿(皮下毛细血管通透性增强，血红蛋白逸出被氧化而出现的)；在猪则出现无颜色的皮下水肿，同时心包、胸腔积液，常出现肠系膜水肿。

(4)肌胃变性。临床症状明显的雏鸭，死后剖检均可见到肌胃坏死，切面干燥，无光泽，呈不同程度的灰白色坏死灶，与正常时的紫红色切面呈鲜明对照。

(5)猪桑葚心(Mulberry Heart Disease, MHD)。主要病理变化为心包囊内积有稻草色液体，其中混杂着纤维状细丝，心内、外膜表面及心肌广泛出血。显微病变呈现血管和心肌的损害及间质出血，通常有大范围的心肌坏死，毛细血管内有纤维状栓塞物。如动物能存活几天，可能因有局灶性脑软化症而出现神经症状。

(6)雏鸡胰腺坏死。胰腺是雏鸡缺硒最敏感的靶器官,眼观变化是体积缩小,宽度变窄,厚度变薄,质地较硬,呈灰白色,无光泽,与正常胰腺相比差异显著,组织学所见为纤维变性,胰腺外分泌部呈空泡变性。

(7)猪肝营养不良(Hepatosis Dietetica,HD)。常表现水肿和浆膜腔内有数量不等的液体渗出。肝表面有纤维状渗出物,由于不规则的坏死灶和出血斑相间使肝表面呈斑驳状。心肌呈灶性坏死,偶尔可见骨骼肌坏死。急性损害可见肝脏表面有红色、散在且肿胀的肝小叶。许多死于维生素 E 和硒缺乏症的猪有食道溃疡或溃疡前的病变。

【诊断】可根据发病的地域性(所在地区是否缺硒)、动物生长发育速度、年龄(幼龄畜禽多发)、特征性的临床症状、病理变化及用硒制剂治疗有无特效等进行判断确诊。

为查明病因,可测定基础日粮、血液或被毛的含硒量,发病时分别<0.02 mg/kg、0.05 μg/mL 和 0.25 μg/g。配合测定全血含硒 GSH-Px 酶活性,该酶在日粮硒<0.03 mg/kg 时,与血硒呈正相关。

鉴别诊断:在鉴别诊断上,应把雏鸡单纯由维生素 E 缺乏引起的脑软化而出现的神经症状与单纯硒缺乏引起的运动障碍鉴别开来。

【防治】目前,多用亚硒酸钠溶液硒进行治疗或市售的硒-维生素 E 注射液或硒酵母或人用的亚硒酸钠片以及其他的含硒添加剂混入饲料或饮水中,令动物自由采食或饮用。最好的办法是将动物需要量的硒 0.1～0.2 mg/kg(相当于亚硒酸钠 0.22～0.44 mg/kg)混入日粮中,只要混合或搅拌均匀即可。此法既适用于成年动物又适用于幼龄动物,省时、省力、省钱且预防效果好。

其他的预防方法如对反刍动物可应用植入瘤胃或皮下的缓释硒丸。

对个体和小群动物可采用肌肉注射亚硒酸钠注射液进行治疗。为达到预防目的:可对妊娠母畜在分娩前 1～2 个月每隔 3～4 周注射 1 次;初生幼畜于出生后 1～3 日龄注射 1 次,15 日龄注射 1 次,以后每隔 4～6 周注射 1 次。

治疗可用 0.1%亚硒酸钠注射液肌肉注射:成年牛 15～20 mL,犊牛 5 mL,成年羊、鹿 5 mL,羔羊、仔鹿 2～3 mL,成年猪 10～12 mL,仔猪 1～2 mL,成年鸡、鸭 1 mL,雏鸡、鸭 0.3～0.5 mL,可间隔 1～3 d 注射 1 次,以后适当延长用药时间。应用时,需注意所用的制剂浓度和具体用量,以避免过量中毒。

配合应用适量维生素 E,效果更好。

用于防治动物硒缺乏,可应用有机硒制剂,如硒酵母。

从食物链的源头上采取对土壤、作物、牧草喷施硒肥的措施,可有效地提高玉米等作物、牧草的含硒量,尤其籽实的含硒量。可按每公顷 111.5 g 亚硒酸钠配制成水溶液,进行喷洒,可使籽实的含硒量提高 0.1～0.2 mg/kg,但应注意喷施后的作物或牧草不能马上饲用,以免发生中毒。

铜缺乏症(Copper Deficiency)

铜缺乏症主要是由于体内铜缺乏或不足,而引起以贫血、腹泻、共济失调、被毛褪色、生长受阻、繁殖障碍为特征的营养代谢病。

本病名称多样:羔羊晃腰病(Swayback)、牛的舔(盐)病(Licking)、摔倒病(Falling Disease)、骆驼摇摆病和猪铜缺乏症,都属于原发性缺铜症;泥炭泻样拉稀(Peat Scouring)、英国牛羊"晦气"病(Teart)、犊牛消瘦病(Unthriftness)、牛的消耗病(Wasting Disease)及羔羊地方性运动失调(Enzootic Ataxia)等,均属于条件性或继发性缺铜症;海岸病和盐病(Salt Disease)属缺铜又缺钴。

自然条件下,原发性铜缺乏症可发生于牛、羊、鹿、骆驼、猪、马驹及许多其他食草动物。条件性铜缺乏症多发生于牛,其次是绵羊、鹿和猪。马属动物极少发生。本病在我国宁夏、吉林、新疆、内蒙古、福建、江西和浙江等省区相继报道,主要发生在牛、羊、鹿、骆驼等家畜。

【原因】原发性铜缺乏:长期饲喂低铜土壤上生长的饲草、饲料是常见的病因。低铜土壤有:缺乏有机质和高度风化的砂土,如沿海平原、海边和河流的淤泥地带,这类土壤不仅缺铜,还缺钴;或者是沼泽地带的泥炭土和腐殖土等有机质土,这类土壤中的铜多以有机络合物的形式存在,不能被植物吸收;高磷、高氮及富含有机质的土壤(不利于植物对铜的吸收)。一般认为,饲料含铜量低于 3 mg/kg,可以引起发病;3～5 mg/kg 为临界值,8～11 mg/kg 为正常值。

继发性铜缺乏:土壤和日粮中含有充足的铜,但动物对铜的吸收受到干扰,主要是饲料中干扰铜吸收利用的物质如钼、硫等含量太多,这是最重要的致铜缺乏因素。铜、钼比保持在(6～10):1 则为安全。或饲喂硫酸钠、硫酸铵、蛋氨酸、胱氨酸等含硫过多的物质经过瘤胃微生物作用均转化为硫化物,形成一种难溶解的铜硫钼酸盐复合物（$CuMoS_4$），降低铜的利用；无机硫含量＞0.4%，即使钼含量正常，也可产生继发性铜缺乏症。除此以外，铜的拮抗因子还有锌、铁、铅、镉、银、镍、锰等。饲料中的植酸盐过高、维生素C摄食量过多，都能干扰铜的吸收利用。

吮母乳的犊牛，2～3月龄后，也会发生铜缺乏症；人工喂养的犊牛因可吃到已补充铜的饲料，不会发生铜缺乏症；但转入低铜草地或高钼草地放牧，待体内铜耗竭时，很快产生铜缺乏症。1岁龄犊牛缺铜现象比2岁龄以上牛更严重。与原发性铜缺乏症相比，继发性铜缺乏症发生年龄稍迟。本病除冬天发生较少（因精料中补充了铜）外，其他季节都可发生。春季，尤其是多雨、潮湿，施大量氮肥或掺入一定量钼肥的草场，发生本病比例最高。

【发病机理】铜是体内许多酶的组成成分。如铜蓝蛋白酶、酪氨酸酶、单胺氧化酶、赖氨酰氧化酶、超氧化物歧化酶和细胞色素氧化酶等。当机体缺乏铜时，血浆铜蓝蛋白不足，使 Fe^{2+} 氧化为 Fe^{3+} 的能力减退，铁不能与球蛋白结合为铁传递蛋白，不能进入骨髓合成血红蛋白，造成低色素性贫血；铜还可以加速幼稚红细胞的成熟及释放。酪氨酸酶活性下降，造成色素代谢障碍，引起被毛褪色。细胞色素氧化酶活性下降，ATP生成减少，磷脂合成发生障碍，造成神经脱髓鞘作用和神经系统损伤，产生运动失调。由于赖氨酰基氧化酶活性下降，血管壁内锁链素和异锁链素增多，血管壁弹性下降，因而引起动脉破裂，从而导致突然死亡。单胺氧化酶活性降低，胶原溶解度增加，完整性破坏，从而导致骨折、骨关节异常和骨质疏松症。

继发性铜缺乏症中，钼酸盐和硫是影响铜吸收的最大拮抗因子。钼酸盐可以与铜形成钼酸铜或与硫化物形成硫化铜沉淀，影响铜的吸收；钼和硫可形成硫钼酸盐，特别是三硫钼酸盐和四硫钼酸盐，与瘤胃中可溶性蛋白质和铜形成复合物，降低了铜的可利用性。在含硫化合物中，钼酸盐可抑制硫酸盐转化为硫化物，有缓解硫对铜吸收的干扰作用。但如果是含硫氨基酸，钼酸盐有促使蛋氨酸等分子中硫形成硫化铜，因而有促进铜缺乏的作用。四硫钼酸盐在pH＜5时可还原为三硫钼酸盐。四硫钼酸盐与三硫钼酸盐在小肠内有封闭铜吸收部位，可增加铜排泄，并使血铜浓度暂时升高。铜进入血液后，可与血液中白蛋白和硫钼酸盐形成 Cu-Mo-S-蛋白复合物，铜不易被组织利用。在肝脏四硫钼酸盐与三硫钼酸盐可直接夺取金属硫蛋白上的铜，结果使肝脏铜贮备严重耗竭，肝铜含量降至5～15 mg/kg或以下，血铜浓度从高于正常而逐渐降低至0.5 mg/L以下，并出现铜缺乏症。

通常情况下，血浆铜浓度有0.8 mg/kg以上时，临床上不表现异常，但补铜后生产能力可大大改善。

【临床表现】原发性铜缺乏症：运动障碍是本病的主症，尤多见于羔羊和仔猪，病畜两后肢呈“八”字形站立，行走时跗关节屈曲困难，后肢僵硬，蹄尖拖地，后躯摇摆，极易摔倒，急行或转弯时，更加明显；重症者作转圈运动，或呈犬坐姿势，后肢麻痹，卧地不起。骨骼弯曲，关节肿大，易骨折，特别是骨盆骨与四肢骨易骨折。被毛褪色，由深变淡，黑毛变为棕色、灰白色，常见于眼睛周围，状似戴白框眼镜；被毛稀疏，弹性差，粗糙，缺乏光泽。羊毛弯曲度减小，甚者消失，故称“直毛”或“丝线毛”。间歇性腹泻。成年牛表现为体质衰弱，产奶量下降，贫血和暂时性不育。

继发性铜缺乏症：主要症状与原发性缺铜类似，但贫血现象少见，腹泻现象明显，腹泻严重程度与钼摄入量成正比。多发生于1～2月龄，少数于生后即出现，主要表现运动不稳，后躯萎缩，驱赶或行走时易跌倒，后肢软弱而坐地，若波及前肢，则动物卧地不起。易骨折。少数病例可表现腹泻，但食欲正常。

【临床病理学】贫血，血红蛋白浓度降为50～80 g/L，红细胞数降为$(2～4)\times 10^{12}$个/L，大量红细胞内有亨氏小体，但无明显的血红蛋白尿现象，贫血程度与血铜浓度下降程度成比例。

牛血浆铜浓度从0.9～1.0 mg/L降至0.5 mg/L以下，则出现铜缺乏症。牛毛正常含铜量为6.6～10.4 mg/kg，原发性缺铜可降至1.8～3.4 mg/kg，继发性缺铜可降至5.5 mg/kg。

肝铜浓度变化非常显著，初生动物，幼畜肝铜浓度都较高，如牛在380 mg/kg，羊在74～430 mg/kg，猪在233 mg/kg，但生后不久因合成铜蓝蛋白，则迅速下降，牛为8～109 mg/kg，羔羊为4～34 mg/kg。成年牛缺铜时，肝铜从100 mg/kg，降至15 mg/kg，甚至仅4 mg/kg。羊从200 mg/kg以上，降至25 mg/kg以下。因此，当肝铜（干物质）大于100 mg/kg为正常，肝铜小于30 mg/kg时为缺乏。

猪毛正常含铜量为8 mg/kg，低于8 mg/kg可诊断为铜缺乏。研究证明，肝铜与毛铜和血铜呈正相关，并且毛铜变异甚小，毛铜可以作为诊断铜缺乏症的敏感指标。成年猪正常肝中铜含量平均为

19 μg/g,低于 19 μg/g 为铜缺乏。

缺铜时某些含铜酶活性改变,血浆铜蓝蛋白,正常值为 45～100 mg/L,低于 30 mg/L 就是缺乏,下降程度与血浆铜浓度成比例。细胞色素氧化酶和单胺氧化酶活性下降,它们对慢性铜缺乏症有诊断意义。

剖检变化:剖检可见病牛消瘦,贫血,血液稀薄、量少、血凝缓慢。肝、脾、肾内有过多的血铁黄蛋白沉着。犊牛原发性缺铜时,腕、跗关节囊纤维增生,骨骺板增宽,骺端矿化作用延迟,骨骼疏松。大多数摇背症羊,还有急性脑水肿、脑白质破坏和空泡生成,但无血铁黄蛋白沉着。牛的摔倒病,病牛心脏松弛、苍白、肌纤维萎缩,肝、脾肿大,静脉瘀血等。

【诊断】病史调查:有采食低铜饲料和高钼饲料的病史。

临床特征:临床上出现贫血、腹泻、消瘦、被毛褪色、关节肿大及运动失调症状。

实验室检测:对饲料、血液、肝脏等组织铜浓度和某些含铜酶的测定。如怀疑为继发性铜缺乏症,还应测定钼和硫等元素的含量。牧草中含铜量在 3～5 mg/kg(干物质)时,为缺铜临界值。饲草铜含量低于 3 mg/kg,即可诊断为铜缺乏。患牛肝铜含量小于 30 μg/g,血铜低于 1.2 μg/mL,毛铜低于 5.5 μg/g 时,可以诊断为铜缺乏病。如果血中铜含量低于 3.6 μmol/L,肝中铜含量低于 14.8 mg/kg,加之日粮中铜含量低于 5 mg/kg,可以确诊为铜缺乏病。

治疗性诊断:补饲铜以后疗效显著。

【治疗】治疗原则是补铜,除去继发因素,对症治疗。

除去继发因素:例如降低饲料钼、硫的含量,或禁止使用高钼饲料。

补铜:犊牛从 2～6 月龄开始每周补 4 g,成年牛每周补 8 g 硫酸铜,连续 3～5 周,间隔 3 个月后再重复治疗 1 次。对原发性和继发性铜缺乏症都有较好的效果。

饲料中补充铜,牛、羊对铜的最小需要量是 15～20 mg/kg(干物质计);猪 8～10 mg/kg;鸡 8～10 mg/kg;用含铜盐砖,供动物舔食;甘氨酸铜作皮下或肌肉注射,成年猪 30～40 mg,仔猪 5～10 mg,每 3 个月注射 1 次;内服硫酸铜,1 次/d,仔猪 5～10 mg,成年猪 20～30 mg,连用 15～20 d,需间隔 10～15 d,如配合钴剂治疗,效果更好。

对症治疗:止泻、强心、补液。

【预防】间接补铜:低铜草地上,如 pH 偏低可施用含铜肥料,每公顷施硫酸铜 5～7 kg,一次喷洒可保持 3～4 年。喷洒后需等降雨之后,或 3 周以后才能让牛羊进入草地。碱性土壤不宜用此法补铜。

直接补铜:可在精料中按动物对铜的需要量补给,每千克饲料里含铜量应为:牛 10 mg,羊 5 mg,母猪 12～15 mg,架子猪 3～4 mg,哺乳仔猪 11～20 mg,鸡 5 mg。甘氨酸铜液,皮下注射,成年牛 400 mg(含铜 125 mg),犊牛 200 mg(含铜 60 mg),预防作用持续 3～4 个月。或投放含铜盐砖,让牛羊自由舔食(盐砖含铜量是:牛为 2%,羊为 0.25%～0.5%)。口服 1% 硫酸铜溶液,牛 400 mL,羊 150 mL,每周 1 次。妊娠母羊于妊娠期持续进行,在母羊怀孕期间,从怀孕第 2、3 周开始到产羔羊后 1 月灌服 10% 硫酸铜溶液,绵羊 50 mL,山羊 40 mL,每半个月 1 次,共 6～8 次,可防止羔羊地方性运动失调和摇背症;羔羊出生后,口服 1% 硫酸铜溶液,每 2 周 1 次,每次 3～5 mL。

国外近年来研制成含铜、钴、硒的玻璃丸,将其投放到反刍动物的网胃内,以一定速度溶解,可持续释放铜、钴、硒达 1 年之久,起到防治铜、钴、硒缺乏症的作用。

用 EDTA 铜钙、甘氨酸铜或氨基乙酸铜与矿物油混合作皮下注射,其中含铜剂量为:牛 400 mg,羊 150 mg,羊每年 1 次,年轻牛 4 个月 1 次,成年牛 6 个月 1 次,效果很好。犊牛 6 周龄之后,亦可应用上法预防铜缺乏症。

铁缺乏症(Iron Deficiency)

铁缺乏症主要是由于饲料中缺乏铁、铁摄入不足,或铁丢失过多,引起幼畜贫血、疲劳、活力下降的营养缺乏症。主要发生于幼龄动物,多见于仔猪,其次为犊牛、羔羊和幼犬。

【原因】原发性铁缺乏症常发生于生后不久的幼畜,如 3～6 周龄仔猪,饲喂牛奶及其制品的犊牛、羔羊,起因于乳中铁含量较少,不能满足快速生长的需要。

初生仔猪并不贫血,但因体内贮存铁较少(约 50 mg),仔猪每增重 1 kg 需 21 mg 铁,每天需 7～11 mg 铁,但仔猪每天从乳汁中仅能获得 1～2 mg 铁,每天要动用 6～10 mg 贮存铁,只需 1～2 周贮铁即耗尽。因此,长得越快,贮铁消耗越快,发病也越快。用水泥地面圈舍饲养的仔猪,母乳是铁唯一来源,最易发病,甚至造成大批死亡,或生活能力下降,经济损失很大。

圈养的犊牛和羔羊,唯一食物源是奶或代乳品,其中铁含量较低。有资料说明,犊牛、羔羊食物中铁含量低于 19 mg/kg(干物质计),就可出现贫血。犊牛每天从牛乳内获得 2～4 mg 铁,而 4 月龄之内每天对铁的需要量为 50 mg,如不注意补充铁,就可出现缺铁性贫血。笼养产蛋鸡如饲料铁含量不足,亦可出现缺铁性贫血。每产 1 枚蛋要有 1 mg 铁转入蛋中,每周产 6 枚蛋的鸡必须从饲料中多摄入 6～7 mg 铁,才能弥补铁的消耗。

成年动物因饲料中缺铁也可引起缺铁性贫血。通常由于在猪鸡饲料中添加铁盐或有机铁的量不足。

继发性铁缺乏症病因多样:常发生于大量吸血性内外寄生虫感染(如虱子、圆线虫、球虫、钩虫等),因失血而铁损耗大;营养物质缺乏(如铜、吡多醇);日粮存在干扰物质(如植酸);用棉籽饼或尿素作蛋白质补充物,又未给动物补充铁,如圈养时,无法从食物以外的途径获得铁,即可引起继发性缺铁。

【发病机理】幼年动物中除兔外,从母兽体内获得的铁量都很少。动物体内有一半以上的铁存在于血红蛋白中,以犬为例,血红蛋白铁占 57%,肌红蛋白中铁占 7%,肝脏、脾脏贮铁占 10%,肌肉中铁占 8%,骨骼占 5%,其他器官仅占 2%。每合成 1 g 血红蛋白需铁 3.5 mg。幼龄动物缺铁性贫血可分为 4 个阶段:生理性贫血阶段,骨髓造血机能增强阶段,病理性贫血阶段,血红蛋白含量提高阶段。以羔羊为例,正常初生羔羊出生后血红蛋白含量逐渐下降,是由于胎儿期由母体供给足够的造血原料,骨髓和脾脏共同造血,而出生后改为由自己摄取造血原料,骨髓独自造血,其造血能力与新生羊生长发育强度不适应而引起生理性贫血。随着骨髓造血机能的加强,出生时体内的铁被消耗,从母乳中获得的铁不能满足需要。此时若不能及时有效地补充外源性铁,就会影响血红蛋白的生成,于是由生理性贫血转为病理性贫血,即小细胞低色素性贫血。若同时伴有铜缺乏,会使贫血更加严重。若在病理性贫血时能及时补充外源铁,可使缺铁性贫血逐渐减轻,血红蛋白含量逐渐增多至恢复正常。

铁还是细胞色素氧化酶、过氧化物酶的活性中心,三羧酸循环中有一半以上的酶中含有铁。当机体缺乏铁时,首先影响血红蛋白、肌红蛋白及多种酶的合成和功能。体内铁一旦耗竭,最早表现是血清铁浓度下降,铁饱和度降低,肝、脾、肾中血铁黄蛋白中铁含量减少。随之血红蛋白浓度下降,血色指数降低。动物品种不同,血液指数下降的情况不尽一样。猪除血红蛋白浓度下降外,还有肌红蛋白含量减少和细胞色素 C 活性降低。犬仅有血红蛋白浓度降低,而肌红蛋白和含铁酶的活性变化不明显。鸡最早表现为血红蛋白减少,然后才有肌红蛋白、肝脏细胞色素 C 和琥珀酰脱氢酶活性的变化。在猪、犊牛及大鼠,过氧化氢酶活性明显降低。当血红蛋白降低 25%以下,即为贫血。降低 50%～60%将出现临床症状,如生长迟缓,可视黏膜淡染,易疲劳、易气喘,易受病原菌侵袭致病等。常因奔跑或激烈运动而突然死亡。

【临床表现】幼畜缺铁的共同症状是贫血。可视黏膜微黄或淡白,懒动,疲劳,稍事运动即喘息不止,易受感染。

贫血表现为低染性、小细胞性贫血,并伴有骨髓红细胞系增生,肝、脾、肾中几乎没有血铁黄蛋白,血清铁、血清铁蛋白浓度低于正常,血清铁结合能力增加,铁饱和度降低。

缺铁性贫血多发生于生后 3～6 周龄仔猪、犊牛和羔羊,各具临床特点:

(1)仔猪铁缺乏症。发病前仔猪或者生长良好,或者生长缓慢,发病后采食量下降,通常有拉稀,但粪便颜色无异常。因为腹泻,仔猪生长进一步减慢。严重时呼吸困难,昏睡;运动时心搏加剧,可视黏膜淡染,甚至苍白。白色仔猪黏膜淡黄,头部、前驱水肿,似乎较胖,但多数病猪消瘦,大肠杆菌感染率剧增,很易诱发仔猪白痢。有的猪还有链球菌性心包炎。如能耐过 6～7 周龄,开始采食后可逐渐恢复。初生仔猪血红蛋白浓度为 80 g/L,生后 10 d 内可低至 40～50 g/L,属生理性血红蛋白浓度下降。缺铁仔猪血红蛋白可降至 20～40 g/L,红细胞数从正常时的$(5\sim8)\times10^{12}$/L,降至$(3\sim4)\times10^{12}$/L 呈现典型的低染性小细胞性贫血。剖检可见心肌松弛,心包液增多,肺水肿,胸腹腔充满淡黄色清亮液体,血液稀薄如红墨水样,不易凝固。

(2)犊牛、羔羊铁缺乏症。以母乳或牛乳为唯一食物来源,或受大量吸血性寄生虫侵袭时,犊牛、羔羊血红蛋白浓度下降、红细胞数减少,呈低染性、小细胞性贫血,血清铁浓度从正常时的 1.70 mg/L 降至 0.67 mg/L。

(3)鸡铁缺乏症。未见自发病例的报道,实验性铁缺乏症可表现为贫血。用大量棉籽饼代替豆饼时,则应给饲料中补充铁。

(4)犬、猫铁缺乏症。多因钩虫感染或因消化道对铁吸收不足而引起,单纯吮乳的幼崽亦可出现生理性贫血。随体重增长,红细胞压积可降至 25%～30%。表现为小细胞低染性贫血,红细胞大小不均,骨髓早幼红细胞和中幼红细胞明显增多，而多染性红母细胞等晚幼红细胞减少，网织红细胞消失。

【临床病理学】常表现为小细胞低色素性贫血，血红蛋白浓度下降至20～40 g/L，红细胞数从正常时(5～8)×10^{12} 个/L，降至(3～4)×10^{12}/L。出现未成熟的有核红细胞和网状红细胞。

缺铁的鸡、大鼠，其血清甘油三酯、脂质浓度升高，血清和组织中脂蛋白酶活性下降。

幼犬、仔猪、鸡和大鼠，实验性铁缺乏时，可表现为肌红蛋白浓度下降，骨骼肌比心肌、膈肌更敏感。

缺铁的仔猪、犊牛、大鼠，体内含铁酶如过氧化氢酶、细胞色素氧化酶活性下降明显，肌肉中细胞色素氧化酶降至正常时的一半，过氧化氢酶活性下降幅度更大。

【诊断】本病诊断有赖于对流行病学调查及红细胞参数测定。主要依据于初生吮乳幼畜发病，血红蛋白、红细胞数及红细胞压积明显降低，用铁剂治疗和预防效果明显。

注意与同种免疫性溶血性贫血相鉴别，后者常有血红蛋白尿和黄疸，而且发病年龄更早。猪附红细胞体病可发生于各种年龄猪，红细胞内可见到寄生原虫。还应注意与其他因素缺乏，如缺铜、缺维生素 B_{12} 和缺钴、叶酸缺乏等引起的贫血相鉴别。

【治疗】治疗原则就是补铁。必须给仔猪、犊牛等幼畜本身补铁；若给母畜补充铁，无论在妊娠期间，还是分娩以后，收效甚微。因为给母畜补铁既不能增加仔猪体内铁贮备，也不能使乳中铁明显增多。

(1)仔猪缺铁性贫血。用硫酸亚铁2.5 g、硫酸铜1 g、常水100 mL，制成溶液，每天按0.25 mL/kg体重灌服，连用2周。或灌服焦磷酸铁30 mg/d，连用7～14 d。或肌肉注射50 mg/mL右旋糖酐铁2 mL，深部注射1次即可，重者隔周再注1次。2周龄以内的仔猪用葡聚糖铁钴2 mL深部肌肉注射，重症者隔2 d重复1次，并配合应用叶酸、维生素 B_{12}、维生素 B_6 等。或用含铁200 mg/mL的血多素1 mL于后肢深部肌肉注射。补铁的同时配合应用叶酸、维生素 B_{12} 等。但补铁时剂量不能过高，否则可引起中毒乃至死亡。

(2)羔羊缺铁性贫血。给7日龄羔羊肌肉注射100 mg葡聚糖铁，可提高血红蛋白含量。给1～2日龄羔羊肌肉注射200 mg葡聚糖铁，10日龄重复1次，可使羊羔在60 d内不发生贫血。内服硫酸亚铁70～80 mg或制成0.2%～0.3%溶液自由饮用，连用5～7 d。用0.2%硫酸亚铁、0.2%氯化钴、0.1%硫酸铜混合液内服，每只5 mL/d。

(3)犊牛缺铁性贫血。按每磅体重肌肉注射右旋糖酐铁32 mg，或经口投服，疗效甚好。向饲料中添加硫酸亚铁。用于物质中平均含铁1 μg/g的牛乳育犊时，可每日向乳中添加铁 45 mg，直到9个月为止。

【预防】

(1)改善饲养管理，让仔猪有机会接触垫草、泥土或灰尘，可有效防止缺铁性贫血。

(2)人为补充铁制剂。常口服或肌肉注射铁制剂，一般用1～2 mL葡聚糖铁(含铁100～200 mg)，生后2～4 d、10～14 d各补充1次；或用山梨醇铁、柠檬酸复合物、葡萄糖酸铁等，剂量为0.5～1.0 g铁，每7 d 1次，灌服或掺入含糖饮水中自由饮用，可有效地防治仔猪缺铁性贫血。有些注射剂因刺激作用，注射局部出现肿胀、坏死，所以应深部肌肉注射。

硫酸亚铁2.5 g，氯化钴2.5 g，硫酸铜1～10 g，常水加至500～1 000 mL，混合后用纱布过滤，涂在母猪乳头上，或混于水中或代乳料中，让仔猪自饮、自食。

每天口服4 mL 1.8%的硫酸亚铁溶液或300 mg正磷酸铁，连用7 d。

出生后第3天，按200 mg铁的剂量作深部肌肉注射右旋糖酐铁，不仅可防止贫血，而且可促进生长。

犊牛、羔羊所饮的乳中适当添加硫酸亚铁或舔食含铁盐砖。在5.0 kg食盐内加氧化铁1.2 kg，加硫酸铁0.5 kg，以及其他适量的舔料制成舔砖，使犊牛、羔羊共同自由舔食，达到补铁之效。

成年牛、马发生缺铁后，最经济的方法是每天用2～4 g硫酸亚铁口服，连续2周可取得明显效果。

家禽和断奶后的猪，饲喂全价配合饲料即可有效防止铁缺乏症的发生。(猪和家禽对铁的营养需要量：猪：体重1～5 kg，饲料铁为165 mg/kg；体重5～10 kg，饲料铁为146 mg/kg；体重1～20 kg，饲料铁为78 mg/kg；体重20～60 kg，饲料铁为60 mg/kg；体重60～90 kg，饲料铁为50 mg/kg。蛋用鸡：0～6周龄，饲料铁为80 mg/kg；7周龄至产蛋，饲料铁为60 mg/kg；产蛋鸡，饲料铁为45 mg/kg；种母鸡，60 mg/kg。肉用仔鸡饲料铁含量为80 mg/kg。)

(3)补硒。母猪于怀孕期缺乏维生素E和硒时，注射大剂量铁有副作用。如呕吐、腹泻等甚至于注射铁后1～2 h，急性铁中毒死亡。在补铁时同时补硒和维生素E。

锰缺乏症(Manganese Deficiency)

锰缺乏症又称“滑腱症”,由于日粮中锰供给不足引起的一种以生长停滞、骨骼畸形、生殖机能障碍(发情异常、不易受胎或容易流产)以及新生畜运动失调为特征的疾病。本病往往是群发病,呈地方性流行性。各种动物均可发生,家禽最为敏感(称为“骨短粗病”),其次是猪、羊、牛。

【原因】原发性缺锰:是由于日粮内锰含量过低而引起。饲料锰与土壤锰水平密切相关:当土壤锰含量低于 3 mg/kg,活性锰低于 0.1 mg/kg,即可视为锰缺乏;沙土和泥炭土含锰不足,呈地方流行性;我国缺锰土壤多分布于北方地区,主要是质地较松的石灰性土壤,因为土壤 pH 大于 6.5,锰以高价状态存在,不易被植物吸收。饲料中的锰与植物种类也相关:各种植物中锰含量相差很大,白羽扇豆是高度锰富集植物,其中锰含量可达 817～3 397 mg/kg。大多数植物在 100～800 mg/kg 之间,如小麦、燕麦、麸皮、米糠等都能满足动物生长需要。但是,玉米、大麦、大豆含锰很低,分别为 5 mg/kg、25 mg/kg 和 29.8 mg/ kg,畜禽若以其作为基础日粮可引起锰缺乏或锰不足。

继发性锰缺乏:可能是由于机体对锰的吸收受干扰所致。饲料中钙、磷、铁、钴以及植酸盐含量过多,可影响机体对锰的吸收利用。在禽类,高磷酸钙日粮会加重锰的缺乏,主要由于锰被固体的矿物质吸附而造成可溶性锰减少之故。此外,动物机体罹患慢性胃肠道疾病时,妨碍对锰的吸收、利用。

【发病机理】NRC 规定动物对锰的需要量:牛 20 mg/kg,绵山羊 20～40 mg/kg,猪 20 mg/kg,鸡的需要量变化较大,饲料含锰 30～35 mg/kg,可保证蛋鸡良好的体况和高产蛋量。要保持蛋壳品质,日粮锰含量应为 50～60 mg/kg。应当指出,日粮含锰 10～15 mg/kg,足以维持犊牛正常生长,但要满足繁殖和泌乳的需要,日粮锰含量应在 30 mg/kg 以上。

锰是精氨酸酶、丙酮酸羧化酶、RNA 聚合酶、醛缩酶和锰超氧化物歧化酶等的组成成分,并参与三羧酸循环反应系统中许多酶的活化过程。锰还可以激活 DNA 聚合酶和 RNA 聚合酶,因此对动物的生长发育、繁殖和内分泌机能必不可少。锰还是超氧化物歧化酶活性中心,与体内自由基清除关系密切。锰具有促进骨骼生长的作用,作用机制在于它是形成骨基质的黏多糖成分的硫酸软骨素的主要成分。因而,锰是正常骨骼形成所必需的元素,锰与黏多糖合成过程中所必需的多糖聚合酶和半乳糖转移酶的活性有关。锰缺乏时黏多糖合成障碍,软骨生长受阻,骨骼变形。胆固醇是合成性激素的原料,锰是胆固醇合成过程中二羟甲戊酸激酶的激活剂,锰缺乏时,该酶活性降低,胆固醇合成受阻,以致影响性激素的合成,引起生殖机能障碍。

【临床表现】动物锰缺乏表现为生长受阻,骨骼短、粗,骨重量正常。腱容易从骨沟内滑脱,形成“滑腱症”;动物缺锰常引起繁殖机能障碍,母畜不发情,不排卵;公畜精子密度下降,精子活力减退;母鸡产蛋量减少,鸡胚易死亡等特征。锰缺乏症的临床症状,各种家畜有不同的特征。

禽类:对锰缺乏比较敏感,尤其是鸡和鸭。鸡的特征症状是骨短粗症和滑腱症。可见单侧或双侧跗关节以下肢体扭转,向外屈曲,跗关节肿大、变形,长骨和跖骨变粗短和腓肠肌腱脱出而偏斜。两肢同时患病者,站立时呈“O”形或“X”形,一肢患病者一肢着地另一肢显短而悬起,严重者跗关节着地移动或麻痹卧地不起,因无法采食而饿死。种母鸡的主要表现是受精蛋孵化率下降,常孵至 19～21 d 发生胚胎死亡;刚孵出的雏鸡出现神经症状,如共济失调,观星姿势。

雏鸭表现生长发育不正常,羽毛稀疏无光泽,生长缓慢,一般在 10 日龄出现跛行,随着日龄增加跛行更加严重,胫跗关节异常肿大,胫骨远端和跗骨的近端向外弯转,最后腓肠肌腱脱离原来的位置;因而腿部弯曲或扭曲,胫骨和跗骨变短变粗。当两腿同时患病时,病鸭蹲于跗关节上,不能站立。

牛:新生犊牛表现为腿部畸形,跗关节肿大与腿部扭曲,运动失调。缺锰地区犊牛发生麻痹者较多,主要表现为哞叫,肌肉震颤乃至痉挛性收缩,关节麻痹,运动明显障碍,生长发育受阻,被毛干燥无光泽。成年牛则表现性周期紊乱,发情缓慢或不发情,不易受胎,早期发生原因不明的隐性流产、弱胎或死胎。直肠检查通常见有一个或两个卵巢发育不良,比正常要小。乳量减少,严重者无乳。种公牛性欲减退,严重者失去交配能力,同时出现关节周围炎、跛行等。

猪:常发生于 4～11 月龄的仔猪,主要症状是骨骼生长缓慢,肌肉无力,肥胖,发情不规律、变弱或不发情,无乳或胎儿吸收或死胎。腿无力,前肢呈弓形,腿短粗而弯曲,跗关节肿大,步态强拘或跛行。由缺锰母猪所生的仔猪矮小,体质衰弱,骨骼畸形,不愿活动,甚至不能站立。

羊:骨骼生长缓慢,四肢变形,关节有疼痛表现,运动明显障碍。山羊跗关节肿大,有赘生物,发情期延长，不易受胎，早期流产、死胎。羔羊的骨骼缩短而脆弱，关节疼痛，舞蹈步态，不愿走动。

【诊断】根据不明原因的不孕症，繁殖机能下降，骨骼发育异常，关节肿大，前肢呈“八”字形或罗圈腿，后肢跟腱滑脱，头短而宽。新生幼畜平衡失调等作出可疑诊断。日粮中补充锰以后，食欲改善，青年动物开始发情受孕，鸡胚发育后期死亡现象明显好转等可作出进一步诊断。如能配合对环境、饲料和动物体内锰状态调查，并进行综合分析，有利于确诊。有资料表明，土壤中锰含量在 3.0 mg/kg 以下，牧草中锰含量在 50 mg/kg 以下，容易诱发锰缺乏症，造成母畜不孕和幼畜骨骼变形。各种动物饲料中锰含量应在 40 mg/kg 以上，可防止缺锰。但以玉米、大麦为主食的鸡、猪饲料中锰含量常远低于这一水平。同时，还应注意饲料中钙、磷含量高，要求锰含量亦相应增高，才不会产生疾病危险。

血液中锰含量对诊断意义不大，肝脏中锰含量亦只有在严重缺锰时才明显下降。有人认为牛肝锰低于 8.0 mg/kg，补锰后迅速升高者，是缺锰所致。毛锰浓度因毛色、季节及体表不同部位毛样而有较大差异，很难用作诊断指标。血液、骨骼中碱性磷酸酶活性升高，肝脏中精氨酸酶活性升高，可作为辅助诊断指标。

【防治】改善饲养，供给含锰丰富的青绿饲料。一般认为牛的日粮中至少应含 20 mg/kg 锰，猪、鸡日粮中至少供给 40 mg/kg 锰，高产母鸡还需更高些，一般在 60 mg/kg 左右，才可防止锰缺乏症。各种锰化合物似乎有同样的补锰效果。鸡通常用 1 g 高锰酸钾溶于 20 L 饮水内，2 次/d，连用 2 d，停药 2 d，再饮 2 d，对预防和早期治疗有显著效果。亦有建议在缺锰地区或条件性缺锰地区，母牛每天补 4 g，可防止锰缺乏。硫酸锰掺入化肥中每公顷草地施用 7.5 kg，可有效地防止放牧牛、羊的锰缺乏。已发生骨短粗和跟腱滑脱的，很难完全康复。

锌缺乏症(Zinc Deficiency)

锌缺乏症是由于饲料中锌含量绝对或相对不足所引起的一种营养缺乏病，临床上以生长缓慢、皮肤角化不全、繁殖机能紊乱及骨骼发育异常为特征。各种动物均可发生，猪和鸡常见。

缺锌是一个世界性的问题，人和动物锌缺乏症在许多国家都有发生。据调查，美国 50 个州中有 39 个州土壤需要施锌肥。我国有十几个省市自治区报道了绵羊、猪、鸡等动物的锌缺乏症以及补锌对动物生长发育和生产性能所起的良好效应。

【原因】原发性缺乏：主要原因是饲料中锌含量不足。家畜对锌的需要量为 40 mg/kg，生长期幼畜和种公畜为 60～80 mg/kg。含锌 45～55 mg/kg 的日粮可满足鸡生长的需要。动物对锌的需要量受年龄、生长阶段和饲料组成，尤其是日粮中干扰锌吸收利用因素的影响，所以实际应用的锌水平要高于正常需要量。饲料中锌的含量因植物种类而异。酵母、糠麸、油饼及动物性饲料含锌丰富，块根类饲料含锌仅为 4～6 mg/kg，高粱、玉米含锌也较少，为 10～15 mg/kg。饲料中锌水平与土壤锌含量，特别是有效态锌密切相关。我国土壤含锌量变动在 10～300 mg/kg，平均为 100 mg/kg，总的趋势是南方的土壤高于北方。土壤中有效态锌对植物生长的临界值为 0.5～1.0 mg/kg，低于 0.5 mg/kg 为严重缺锌。缺锌地区的土壤 pH 大都在 6.5 以上，主要是石灰性土壤、黄土和黄河冲积物所形成的各种土壤以及紫色土。过多施石灰和磷肥也会使草场含锌量极度减少。

继发性缺乏：主要是由于饲料中存在干扰锌吸收利用的因素。已发现钙、镉、铜、铁、铬、锰、钼、磷、碘等元素均可干扰饲料中锌的吸收。例如，饲喂高钙日粮可使猪发生继发性锌缺乏，呈现皮肤角化不全和蹄病。不同饲料的锌利用率亦有差别，动物性饲料锌的吸收利用率均较植物性饲料为高。雏鸡采食酪蛋白、明胶饲料时对锌的需要量为 15～20 mg/kg，大豆蛋白型日粮则需要 30～40 mg/kg 或更高。日粮中缺乏不饱和脂肪酸也可导致锌缺乏。

【发病机理】锌具有多种生物学功能。

已知有 200 多种酶含有锌，锌在含锌酶中起催化、结构、调节和非催化作用，参与多种酶、核酸及蛋白质的合成。缺锌时，含锌酶的活性降低，胱氨酸、蛋氨酸等氨基酸代谢紊乱，谷胱甘肽、DNA、RNA 合成减少，细胞分裂、生长和再生受阻，动物生长停滞，增重缓慢。

构成味觉素的结构成分，起支持、营养和分化味蕾的作用。缺锌时，味觉机能异常，引起食欲减退。锌还参与激素合成，缺锌大鼠的脑垂体和血液中生长激素含量减少。

锌可通过垂体-促性腺激素-性腺途径间接或直接作用于生殖器官，影响其组织细胞的功能和形态，或直接影响精子或卵子的形成、发育。缺锌时，公畜睾丸萎缩，精子生成停止；母畜性周期紊乱，不孕。因为锌是碳酸酐酶的活性成分，而该酶是碳酸钙得以合成并在蛋壳上沉积所不可缺少的，所以鸡产软壳蛋与锌缺乏有一定的关系。

锌在骨质形成中的确切作用还不清楚，但锌作为碱性磷酸酶的组成成分，参与成骨过程。生长阶段的动物，特别是禽类缺锌，骨中碱性磷酸酶活性降低，长骨成骨活性亦降低，软骨形成减少，软骨基质增多，长骨随缺锌的程度而按比例缩短变厚，以致形成骨短粗病。

一般认为，缺锌时皮肤胶原合成减少，胶原交联异常，表皮角化障碍。锌还参与维生素 A 的代谢和免疫功能的维持。缺锌可引起内源性维生素 A 缺乏及免疫功能缺陷。

【临床表现】锌缺乏症以慢性、非炎性皮炎为特征。基本临床症状是：生长发育缓慢乃至停滞，生产性能减退，生殖机能下降，骨骼发育障碍，皮肤角化不全，被毛、羽毛异常，免疫功能缺陷及胚胎畸形。

(1)牛、羊。犊牛食欲减退，增重缓慢，皮肤粗糙、增厚、起皱，乃至出现裂隙，尤以肢体下部、股内侧、阴囊及面部为甚。四肢关节肿胀，步态僵硬，流涎。母牛生殖机能低下，产乳量减少，乳房皮肤角化不全，易发生感染性蹄真皮炎。绵羊羊毛弯曲度丧失、变细、乏色、易脱落。蹄变软，发生扭曲。羔羊生长缓慢，流泪，眼周皮肤起皱、皲裂。母羊生殖机能降低，公羊睾丸萎缩，精子生成障碍。

(2)猪。多发生在快速生长的猪，断乳后 7～10 周龄最易发生。食欲减退，生长缓慢，腹部、大腿及背部等处皮肤出现境界清楚的红斑，而后转为直径 3～5 cm 的丘疹，最后形成结痂和数厘米长的裂隙，而痂块易碎，形成薄片和鳞屑状，这一病理过程通常历经 2～3 周。常见有呕吐及轻度腹泻。严重缺乏时，由于蹄壳磨损，行走时在地面留下血印。母猪产仔减少，新生仔猪初生重降低。

(3)禽。采食量减少，生长缓慢，羽毛发育不良、卷曲、蓬乱、折损或色素沉着异常，皮肤角化过度，表皮增厚，以翅、腿、趾部为明显。长骨变粗变短，跗关节肿大。产蛋减少，产软壳蛋，孵化率下降，胚胎畸形，主要表现为躯干和肢体发育不全。有的血液浓缩，红细胞压积容量在原有水平上升高 25%左右，单核细胞增多。临界性缺锌时，呈现增重缓慢，羽毛折损，开产延迟，产蛋减少，孵化率降低等。

(4)野生动物。反刍兽流涎，瘙痒，瘤胃角化不全，鼻、肋腹、颈部脱毛，先天性缺陷。啮齿类，畸形，生长停滞，兴奋性增高，脱毛，皮肤角化不全。犬科动物，生长缓慢，消瘦，呕吐，结膜炎，角膜炎，腹部和肢端皮炎。灵长类，舌背面角化不全，可伴有脱毛。

(5)实验室检查。反刍兽血清锌为 9.0～18.0 μmol/L，当血清含量降至正常水平一半时，可呈现锌缺乏的症状；严重缺锌时，血清锌可于 7～10 周内降至 3.0～4.5 μmol/L，白蛋白、碱性磷酸酶及淀粉酶活性降低，球蛋白增加。

【诊断】依据低锌和/或高钙日粮的生活史，生长缓慢、皮肤角化不全、繁殖机能障碍及骨骼异常等临床症状，补锌效果迅速、确实，可建立诊断。测定血清、组织锌含量有助于确定诊断。必要时可分析饲料中锌、钙等相关元素的含量。

对临床上表现皮肤角化不全的病例，应注意与疥螨性皮肤病、烟酸缺乏、维生素 A 缺乏及必需脂肪酸缺乏等引起的皮肤病变相鉴别。

【防治】饲料中补加锌盐，每吨饲料加碳酸锌 200 g，相当于每千克饲料加锌 100 mg；口服碳酸锌，3 月龄犊牛 0.5 g，成年牛 2.0～4.0 g，每周 1 次；或肌肉注射碳酸锌，猪 2～4 mg/kg 体重，1 次/d，连用 10 d。补锌后，食欲迅速恢复，1～2 周内体重增加，3～5 周内皮肤症状消失。

保证日粮中含有足够的锌，并适当限制钙的水平，使 Ca ∶ Zn 保持在 100 ∶ 1。猪日粮含钙 0.5%～0.6%时 50～60 mg/kg 的锌可满足其营养需要，100 mg/kg 的锌对中等度的高钙有保护作用。在低锌地区，可施锌肥，每公顷施用硫酸锌 4～5 kg。牛、羊可自由舔食含锌食盐，每千克食盐含锌 2.5～5.0 g。

钴缺乏症(Cobalt Deficiency)

钴缺乏症是由饲料和饮水中钴不足引起的，以动物食欲减退、异食癖、消瘦和贫血为临床特征的慢性消耗性营养代谢病。本病仅发生于牛、羊等反刍动物，以 6～12 月龄的羔羊最易感其次是绵羊、犊牛、成牛。一年四季均可发病，以春季发病率较高。

世界上许多国家都有本病发生，尤其是澳大利亚、新西兰和俄罗斯的非黑土地区、英国和美国的海岸和湖岸地区，由此以发病地区的特征和主要症状冠以各种病名，如废食病、沼池病、灌木病、消瘦病、海岸病、盐病、颈疾、湖岸病、地方性消瘦病等多种病名。

【原因】土壤中钴不足是发生牛、羊钴缺乏症的根本原因。由风沙堆积后的草场、沙质土、碎石或花岗岩风化的土地，灰化土或者是火山灰烬覆盖的地方，都严重缺乏钴。土壤中钴含量低于 3.0 mg/kg 属缺钴地区。当土壤中钴含量低于 0.17 mg/kg 时，牧草中钴含量相当低，容易发生钴缺乏症。牧草中钴含量不足是发病的直接原因。有试验表明，植物中钴含量不足 0.01 mg/kg，可表现严重的急性钴缺乏症，牛、羊体况迅速下降，死亡率很高；钴含量为0.01～0.04 mg/kg，羊可表现急性钴缺乏，牛则表现为消瘦；钴含量为0.04～0.07 mg/kg，羊表现钴缺乏症，牛仅有全身体况下降。

牧草中钴含量与牧草种类、生长阶段和排水条件有关，如春季牧场速生的禾本科牧草的含钴量低于豆科牧草；排水良好土壤上生长的牧草含钴量较高；同一植株中，叶子中含钴占56%，种子中仅24%，茎、秆、根中占18%，果实皮壳中仅占1%～2%。缺钴地区用干草和谷物饲料饲喂动物，如不补充钴，容易产生钴缺乏症。

当牛、羊日粮中镍、锶、钡、铁含量较高以及钙、碘、铜缺乏时易诱发本病。

【发病机理】钴是动物必需的微量元素之一。它具有多种生物学作用，在牛、羊体内主要通过形成维生素 B_{12} 发挥其生物学效应。

牛、羊等反刍动物瘤胃内的微生物需要较多的钴，用以合成维生素 B_{12}，但钴在体内贮存量很少，必须随饲料不断加以补充。有资料表明，瘤胃微生物在30～40 min内，可把瘤胃内容物中80%～85%的钴固定到体内；由细菌合成的维生素 B_{12} 不仅是反刍动物的必需维生素，也是瘤胃原生动物如纤毛虫等的必需维生素，这不仅可以保证原生动物生长、繁殖，而且可使纤维素的消化正常进行。一旦缺乏钴，则因维生素 B_{12} 合成不足，直接影响细菌及原生动物的生长、繁殖，也影响纤维素等的消化。

反刍动物能量来源与非反刍动物不同，主要靠瘤胃中产生的丙酸，通过糖异生途径合成体内的葡萄糖，并供给能量，由丙酸转变为葡萄糖的过程中，需要甲基丙二酰辅酶A变位酶，维生素 B_{12} 是该酶的辅酶，如果缺乏钴，可产生反刍动物能量代谢障碍，引起消瘦、虚弱。因此，反刍动物的钴缺乏症实质上是一种致死性的能量饥饿症。

此外，钴可以加速动物体内贮存铁的动员，使之较易进入骨髓。钴还可抑制许多呼吸酶活性，引起细胞缺氧，刺激红细胞生成素的合成，代偿性促进造血功能。钴缺乏时，导致巨幼细胞性贫血。钴还可改善锌的吸收。锌与味觉素合成密切相关，缺钴情况下可引起食欲下降，甚至产生异食癖。

【临床表现】本病呈慢性经过，主要症状是消瘦、虚弱、食欲下降、异嗜癖和贫血，最终衰竭而死。

反刍动物在低钴草场放牧4～6个月后逐渐出现症状。主要表现为食欲渐进性减少，体重减轻，消瘦、虚弱，因贫血而可视黏膜苍白。病牛常有异食癖，喜食被粪、尿污染的褥草，啃舔泥土、饲槽及墙壁，生长阻滞，奶产量下降。羊毛产量下降、毛脆而易断。后期繁殖功能下降，腹泻、流泪，特别是绵羊，因流泪而使面部被毛潮湿，这是严重缺钴的典型表现。

【临床病理学】血液学检查，红细胞数降至 3.5×10^{12}/L以下，重症病例可降至 2.0×10^{12}/L以下；血红蛋白含量在80 g/L以下；红细胞压积减少到0.25 L/L以下。红细胞大小不均，异形红细胞增多。血液中钴浓度从正常的169.7～509.1 nmol/L下降到33.9～135.8 nmol/L；母羊血清中维生素 B_{12} 浓度小于192.4 pmol/L，羔羊的小于222 pmol/L。

用活组织穿刺或扑杀采集肝脏样品，测定肝脏中钴和维生素 B_{12} 含量，可见羊肝内钴含量从0.2～0.3 mg/kg降至0.11～0.07 mg/kg以下，维生素 B_{12} 可从0.3 mg/kg降到0.1 mg/kg。瘤胃中钴的浓度从(1.3 ± 0.9) mg/kg降低至(0.09 ± 0.06) mg/kg。

尿液和血清中甲基丙二酸(MMA)和亚胺甲基谷氨酸(FIGLU)含量升高。健康动物尿液中这两种物质含量甚微，在钴缺乏时，FIGLU浓度可从0.08 mmol/L升高到0.2 mmol/L。MMA浓度达15 μmol/L以上。正常血清MMA含量为2～4 μmol/L，钴缺乏时可大于 4 μmol/L。

【诊断】根据地区性群发，慢性病程，不明原因的食欲下降、消瘦、贫血和绵羊流泪的临床症状以及试用钴制剂进行诊断性治疗，可做出初步诊断。

治疗性诊断：在病羊饲料中每天添加1 mg钴，病牛口服钴制剂溶液，每天补充5～35 mg钴，如连用5～7 d后病情缓解，食欲恢复，体重增加并出现网织红细胞效应，可初步诊断为钴缺乏症。

实验室检测：肝脏中钴和维生素 B_{12} 含量测定，尿液中MMA、FIGLU含量测定以及牧草、土壤中钴含量测定有助于进一步确诊。

应特别注意与慢性消耗性疾病、寄生虫病以及铜、硒和其他营养物质缺乏引起的消瘦症相鉴别。

【防治】口服硫酸钴，羊每天1 mg，连用7 d，间隔两周后重复用药，或每周2次，每次 2 mg，或每周1次，每次7 mg钴，有良好的疗效。羔羊、犊牛在瘤胃未发育成熟之前，可用维生素 B_{12} 皮下注射，羊每次100～300 μg，每周1次；牛每周1次，每次1 mg。羔羊在14周内，吮乳羊在40周内可免患钴缺乏症。过量钴对牛有一定的毒性作用，每50 kg体重给予40～55 mg，可使牛中毒，使用时应予以注意。

在缺钴地区，放牧动物可在草场喷洒硫酸钴，按每年每公顷 400～600 g 硫酸钴的量，或按 1.2～1.5 kg/hm^2 的量，每 3～4 年 1 次，有较好的预防作用。也可用含 90%的氯化钴丸投入瘤胃内，羊每丸 5 g，牛每丸 20 g，对防治钴缺乏有较好的效果。但年龄太小的犊牛或羔羊（2 月龄用以内）效果不明显。因它们的前胃发育不良，不能保留钴丸。给母畜补充钴，可提高乳汁中维生素 B_{12} 浓度，达到防止钴缺乏的作用。在肥料中添加微量钴施用于缺钴的草场，亦可较好地预防钴缺乏症。在草场上用含 0.1%钴的盐砖，让牛羊自由舔食，常年供给，可有效地防止钴缺乏。

碘缺乏症（Iodine Deficiency）

碘缺乏症又称"甲状腺肿"，碘缺乏症是由饲料和饮水中碘不足或饲料中影响碘吸收和利用的拮抗因素过多而引起的，以甲状腺机能减退、甲状腺肿大、流产和新生畜死亡为特征的一种慢性营养代谢病。各种家畜、家禽均可发生。

【流行病学】碘缺乏症是人和动物最常见的微量元素缺乏症，世界上许多国家都有本病发生，尤其是远离海岸线的内陆高原地带。我国西南、西北、东北等地区有 28 个省、市、自治区都有人地方性甲状腺肿的发生。在缺碘地区，动物甲状腺肿的发病率也相当高，如绵羊为 60%，犊牛为 70%～80%，猪为 75%。

【原因】有原发性碘缺乏和继发性碘缺乏两种。

原发性碘缺乏由饲料和饮水中碘含量低下，动物的碘摄入量不足引起，而饲料与饮水中的碘含量与土壤含碘含量密切相关。世界上有许多内陆地区，尤其是内陆高原、山区、半山区和降雨量大的沙土地带，近海雨量充沛、表土流失严重的地区，平原的石灰石、白垩土、沙土和灰化土地区多为缺碘地区，在该地区生活的动物易发生碘缺乏区。在泥灰土地带，土壤中碘含量比较丰富，但碘常与有机物牢固结合而不能被植物吸收和利用，故仍有动物碘缺乏症的流行。一般认为，土壤中碘含量低于 0.2～2.5 mg/kg，可视为缺碘地区。每千克饲料中碘含量低于 0.3 mg/kg，牛就可以发生本病。

一般来说，动物的饲料中碘含量较少，如普通牧草中碘含量仅为 0.06～0.14 mg/kg，谷物中为 0.04～0.09 mg/kg，油饼中为 0.1～0.2 mg/kg，乳及乳制品中为 0.2～0.4 mg/kg，海带中的碘含量较高，为 4 000～6 000 mg/kg，因此，除了在沿海或经常以海藻植物作饲料来源的地区外，许多地区的动物饲料中如不补充碘，可产生碘缺乏症。

继发性碘缺乏由饲料中存在较多影响碘吸收和利用的拮抗因素而引起。有些饲料，如包菜、白菜、甘蓝、油菜、菜籽饼、菜籽粉、花生饼、花生粉、黄豆及其副产品、芝麻饼、豌豆及白三叶草等，含有干扰碘吸收和利用的拮抗物质，如硫氰酸盐、葡萄糖异硫氰酸盐、糖苷—花生二十四烯苷及含氰糖苷、甲硫脲、甲硫咪唑等，这些物质被称为致甲状腺肿原食物，它们或阻止或降低甲状腺的聚碘作用，或干扰酪氨酸的碘化过程。此外，氨基水杨酸类、硫脲类、磺胺类、保泰松等药物也有致甲状腺肿原作用，均可干扰碘在动物体内的吸收和利用，容易引起碘缺乏症。多年生的草地被翻耕以后，腐殖质所结合的碘大量流失、降解，使本来已处于临界缺碘的地区显得更加突出；用石灰改造酸性土壤以后的地区，大量施钾肥的地区，植物对碘的吸收受到干扰，动物粪便中碘的排泄增多，易致发碘缺乏症。

【发病机理】动物体内有 70%～80%的碘位于甲状腺中，碘是合成甲状腺素所必需的微量元素。在甲状腺中，碘在氧化酶的催化下，转化为活性碘，并与激活的酪氨酸结合，生成一碘甲状腺原氨酸和二碘甲状腺原氨酸，继而形成三碘甲状腺原氨酸（T_3）和四碘甲状腺原氨酸（T_4），即甲状腺素，只有 T_3 和 T_4 才具有生物学活性。

甲状腺素的排放是复杂的生物学过程：下丘脑分泌促甲状腺素释放因子（TRF），促使垂体分泌促甲状腺素（TSH），后者促使甲状腺分泌甲状腺素。在缺乏碘的情况下，由于甲状腺素分泌不足，因而促甲状腺素分泌增加，不仅可促使甲状腺素分泌和释放，还可促进甲状腺泡增生，加速甲状腺对碘的摄取和甲状腺素的合成及排放。但因体内缺碘，即使组织增生了，仍不能满足机体对激素的需求，促甲状腺素增加分泌和释放，甲状腺组织进一步增生，形成恶性循环，最终导致甲状腺肥大。饲料中存在的致甲状腺肿原物质，如硫氰酸盐即使在低浓度时就能抑制甲状腺上皮的代谢活性，限制腺体对碘的摄取，使甲状腺素的合成受到明显影响。某些硫氧嘧啶类药物，由于对碘化酶、过氧化酶和脱碘酶有抑制作用，干扰碘代谢，而引发甲状腺肥大。甲状腺素具有调节物质代谢和维持正常生长发育的作用，饲料和饮水中碘缺乏或者存在过多干扰碘吸收和利用的拮抗因素时，甲状腺素的合成和释放减少，除引起幼畜甲状腺肿大以外，更多的则表现为母畜繁殖机能减退，新生畜生长发育停滞，生命力下降，全身秃毛，容易死亡。这是体内与碘有关的 100 多种酶的活性受到抑制的结果。

甲状腺素还可抑制肾小管对水和钠的重吸收。甲状腺素合成减少时，水和钠在皮下组织内滞留，并与黏多糖、硫酸软骨素和透明质酸的结合蛋白质形成黏液性水肿。

【临床表现】除幼畜生长发育受阻、成畜繁殖机能下降等一般症状以外，碘缺乏症的特征症状是死胎率高或生下衰弱、生活能力低下的幼畜，新生畜全身或部分无毛以及甲状腺肿大。各种动物碘缺乏症的主要临床表现如下。

马：成年马繁殖障碍，公马性欲减退，母马不发情，妊娠期延长，常生出死胎。由缺碘母马所生的幼驹，体质虚弱，生后不久死亡的比例很高，幼驹被毛生长正常，生后3周左右，局部触诊可感知甲状腺稍肿大，多数不能自行站立，甚至不能吮乳，前肢下部过度屈曲，后肢下部过度伸展，中央及第三跗骨钙化缺陷，造成跛行和跗关节变形。在严重缺碘地区，成年马甲状腺增生、肥大，英纯血种和轻型马尤为明显。

牛：成年牛繁殖障碍，母牛排卵停止而不发情，常发生流产或生出死胎，公牛性欲下降。新生犊牛甲状腺增大，体质虚弱，人工辅助其吮乳，几天后可自行恢复，如出生在恶劣气候条件下，死亡率较高。有时，甲状腺肿大致发呼吸困难。常伴有全身或部分秃毛。

羊：成年绵羊甲状腺肿大的发生率较高，其他症状不明显。新生羔羊体质虚弱，全身秃毛，不能吮乳，呼吸困难，触诊可感知甲状腺肿大，群众称之为“鸽蛋羔”，四肢弯曲，站立困难甚至不能站立。山羊的症状与绵羊类似，但山羊羔甲状腺肿大和秃毛更明显。

猪：缺碘母猪生下的仔猪全身无毛，先天衰弱，或生下死胎，存活的仔猪颈部皮下有黏液性水肿，在生后数小时死亡，或生长发育停滞，成为“僵猪”。可能存在甲状腺肿大，但引起呼吸困难者极少。

犬和猫：喉后方及第3、4气管软骨环内侧可触及肿大的甲状腺，通常比正常的大2倍，严重者可见颈腹侧隆起，吞咽障碍，叫声异常，伴有呼吸困难。患病犬、猫的症状发展缓慢，初期易疲劳，不愿在户外活动。警犬执行任务时，显得紧张，不能适应远距离追捕任务。有的犬奔跑较慢，步态强拘，被毛和皮肤干燥、污秽，生长缓慢，掉毛。皮肤增厚，特别是眼睛上方、颧骨处皮肤增厚，上眼睑低垂，面部臃肿，看似“愁容”（黏液性水肿）。母犬发情不明显，发情期缩短，甚至不发情。公犬睾丸缩小，精子缺失，大约半数病犬有高胆固醇血症，偶尔可见肌酸磷酸激酶活性升高。

鸡：雏鸡甲状腺肿大，压迫食管可引起吞咽障碍，气管因受压迫而移位，吸气时常会发出特异的笛声。公鸡睾丸变小，性欲下降，鸡冠变小，母鸡蛋产量降低。

【临床病理学】动物血清蛋白结合碘常低于0.189～0.236 μmol/L(24～30 μg/L)；牛乳中蛋白结合碘浓度低于0.063 μmol/L(8 μg/L)；羊乳低于0.630 μmol/L(80 μg/L)。

病理剖检的主要变化为幼畜无毛，黏液性水肿和甲状腺显著肿大，一般可肿大10～20倍。新生犊牛的甲状腺重超过13 g(正常的为6.5～11.0 g)，新生羔的甲状腺重达2.0～2.8 g(正常羔的为1.3～2.0 g)，即为甲状腺肿大。

【诊断】根据流行病学、临床症状(甲状腺肿大、被毛生长不良等)即可诊断。确诊要通过饮水、饲料、乳汁、尿液、血清蛋白结合碘和血清 T_3、T_4 及甲状腺的称重检验。血液中 PBI 浓度明显低于24 ng/mL，牛乳中 PBI 低于8 ng/mL，羊乳中低于80 ng/mL，则碘缺乏。此外，缺碘母畜妊娠期延长，胎儿大多有掉毛现象。

测定已死亡的新生畜甲状腺重量有诊断意义，羔羊新鲜甲状腺重在1.3 g以下为正常，1.3～2.8 g间为可疑，2.8 g以上为甲状腺肿。腺体中碘的含量在0.1%以下(干重)者为缺碘。

血清甲状腺素的浓度不太可靠，不仅因甲状腺素浓度有季节性变化，而且受动物年龄、生理状态及肠道寄生虫等因素的影响。诊断中还应与传染性流产、遗传性甲状腺增生和小马的无腺体增生性甲状腺腺区肿大相区别。

【防治】补碘是根本性防治措施。内服碘化钾或碘化钠，马、牛2～10 g，猪、羊0.5～2.0 g，犬0.2～1.0 g，1次/d，连用数日，或内服复方碘溶液(碘5.0 g，碘化钾10.0 g，水100.0 mL)，每日5～20滴，连用20 d，间隔2～3月重复用药1次。也可给动物应用含碘食盐，如青海省柯柯盐厂生产的真空精制盐含碘20～34 mg/kg，采用这种含碘食盐对预防动物碘缺乏症有良好的效果。也可用含碘的盐砖让动物自由舔食，或者在饲料中掺入海藻、海带之类物质。

在母畜怀孕后期，于饮水中加入1～2滴碘酊，产羔后用3%的碘酊涂擦乳头，让仔畜吮乳时吃进微量碘，亦有较好的预防作用。

此外，在配制猪、高产奶牛和其他家畜的日粮时，应按它们对碘的需要量配方。按我国规定的标准，按每千克饲料干物质计，各种家畜的碘需要量应为：牛、羊 0.12 mg/kg，肥育牛 0.35 mg/kg，蛋用鸡 0.3～0.35 mg/kg，肉用仔鸡 0.35 mg/kg，仔猪 0.15 mg/kg，母猪 0.11～0.12 mg/kg，肥育猪 0.13 mg/kg。

（胡倩倩）

复习思考题

1. 硒元素的生理学功能是什么？硒缺乏症的流行病学是怎样的？
2. 硒缺乏症的症状如何？
3. 如何防治硒缺乏症？
4. 铜元素的生理学功能如何？
5. 铜缺乏症的病因如何？
6. 铜缺乏症的临床症状是什么？
7. 如何防治铜缺乏症？
8. 铁元素的生理学功能是什么？
9. 铁缺乏症的病因如何？
10. 铁缺乏症的临床症状是什么？
11. 如何防治铁缺乏症？
12. 锰元素的生理学功能是什么？
13. 锰缺乏症的病因如何？
14. 锰缺乏症的临床症状是什么？
15. 如何诊断锰缺乏症？
16. 锌元素的生理学功能是什么？
17. 锌缺乏症的病因如何？
18. 锌缺乏症的临床症状是什么？
19. 如何防治锌缺乏症？
20. 钴元素的生理学功能是什么？
21. 钴缺乏症的病因如何？
22. 钴缺乏症的临床症状是什么？
23. 如何防治钴缺乏症？
24. 碘元素的生理学功能是什么？
25. 碘缺乏症的病因如何？
26. 碘缺乏症的临床症状是什么？
27. 如何防治碘缺乏症？

第十三章　维生素缺乏和过多症

【内容提要】维生素是机体维持正常生命活动所必需的营养素之一，在生命活动中发挥着多种生物学功能。它主要作为许多酶的辅酶或辅因子参与或调控物质的代谢途径，直接或间接影响动物的生长、发育和繁殖，并具有免疫调节和基因调控的功能等。根据溶解特性，将维生素分为脂溶性和水溶性两大类。脂溶性维生素包括维生素 A、维生素 D、维生素 E 和维生素 K；水溶性维生素包括 B 族维生素和维生素 C。

通常将体内维生素不足或缺乏引起的营养代谢病称为维生素缺乏症(Vitamin Deficiency 或 Hypovitaminosis)，它包括单一性的和综合性的维生素缺乏症(几种维生素同时缺乏)。与此相反，将体内维生素过量引起的营养代谢病称为维生素过多症(Hypervitaminosis)或维生素中毒(Vitamin Toxicosis)。

维生素或其前体广泛存在于大多数动植物性饲料中，有些维生素还可由动物本身或寄生于动物消化道的细菌合成，因此，一般不易发生维生素缺乏症。但是，当饲料中的维生素或其前体在加工调制过程中或储存过程中遭到破坏，体内合成、转化和吸收发生障碍，或机体消耗和需要量增加时没及时补充，均可导致维生素缺乏症。而当动物日粮中过量添加维生素，或因医源性治疗用量过大，或长期饲喂含维生素过多的饲料，均可导致维生素过多症或中毒。由于脂溶性维生素可以在体内贮存和蓄积，而排泄又比较缓慢，因此，长时间、大剂量摄入或一次性超大剂量食入脂溶性维生素极易引起中毒。而水溶性维生素在体内不储存蓄积，且易排出体外，因此，临床上水溶性维生素过多症的发生较少。

本章内容主要包括脂溶性维生素缺乏症和过多症(维生素 A 缺乏和过多症，维生素 D 缺乏和过多症，维生素 E 缺乏和过多症，维生素 K 缺乏和过多症)，B 族维生素缺乏症(维生素 B_1 缺乏症，维生素 B_2 缺乏症，维生素 B_3 缺乏症，维生素 B_5 缺乏症，维生素 B_6 缺乏症，维生素 B_{12} 缺乏症，叶酸缺乏症，胆碱缺乏症，生物素缺乏症)和维生素 C 缺乏症。

第一节　脂溶性维生素缺乏和过多症

脂溶性维生素是一类溶于脂质的维生素，它在饲料中的分布及其在机体内的吸收与脂质有关。在动物体内，脂溶性维生素与脂肪一起吸收，因此，凡有利于脂肪吸收的条件，均有利于脂溶性维生素的吸收。反之，有不利于脂肪吸收的因素存在时，脂溶性维生素的吸收也会受到影响。另外，由于不同脂溶性维生素在吸收和代谢上存在一定的拮抗作用，当一种脂溶性维生素过多时，可以引起另一种脂溶性维生素相对缺乏。

维生素 A 缺乏和过多症(Hypovitaminosis A and Hypervitaminosis A)

(一)维生素 A 缺乏症(Hypovitaminosis A)

维生素 A 缺乏症是指动物体内维生素 A 或其前体胡萝卜素不足或缺乏而引起的以上皮角化障碍、视觉异常、骨形成缺陷、繁殖机能障碍为特征的一种营养代谢病。本病多发于犊牛、雏禽、仔猪等幼龄动物。

维生素 A 是一组具有维生素 A 生物活性的物质，有多种形式，常见的有视黄醇、视黄醛、视黄酸、脱氢视黄醇、维生素 A 酸、棕榈酸酯等，通常说的维生素 A 是指视黄醇和脱氢视黄醇。

【原因】动物体本身不能合成维生素 A，必须从饲料中获得。临床上维生素 A 缺乏既有原发性的，也有继发性的。

原发性缺乏主要因饲料中维生素 A 或其前体胡萝卜素绝对不足或缺乏引起。常见的原因：①长期饲喂胡萝卜素含量较低的饲草料，如劣质干草、棉籽饼、甜菜渣、谷类(黄玉米除外)及其加工副产品(麦麸、米糠、粕饼片)；某些豆科牧草和大豆含有脂肪氧合酶，如不迅速灭活，会使大部分胡萝卜素迅速破坏。②饲料加工、贮存不当造成胡萝卜素或维生素 A 破坏。收割的青草经日光长时间照射或存放过久变质，可使胡萝卜素的含量降低；饲料调制过程中热、压力和湿度等能使维生素A的活性降低；预混料在高温高湿的环境下存放，或维生素A与矿物质一起混合存放，均易引起维生素A活性下降甚或失活。③动物对维生素A的需要量增加，而没有得到及时补给。如高产奶牛在产奶期、蛋鸡在产蛋高峰期、动物在怀孕和哺乳期时，需要维生素A的量大增。④母乳中维生素A含量不足，或断奶过早，均可引起幼龄动物维生素A缺乏。

继发性缺乏主要因限饲或动物体的消化、吸收及代谢等发生障碍，从而引起动物体内维生素A不足或缺乏。当动物患有肝脏、胰腺疾病或肠道疾病时，会引起消化、吸收和利用等障碍，导致维生素A不足或缺乏；当饲料中维生素E或维生素C缺乏时，易引起脂肪的酸败，从而加剧维生素A在加工或贮存过程中的破坏；当中性脂肪、蛋白质以及无机磷、钴、锰等缺乏或不足时，会影响体内维生素A的吸收、贮存以及胡萝卜素向维生素A的转化等。此外，畜舍寒冷、潮湿、通风不良、过度拥挤及缺乏运动和光照等多种应激因素均可促进本病的发生。

【流行病学】维生素A主要存在于动物性饲料中，如肝脏、乳和蛋等，尤其鱼肝和鱼油是其丰富的来源。在植物性饲料中，维生素A主要以其前体的形成（胡萝卜素）存在，青绿饲料、胡萝卜、黄玉米、南瓜等是其丰富的来源。当动物摄入的维生素A或其前体物不足时，或是有其他拮抗或破坏因素干扰其吸收利用时，即可引起动物维生素A缺乏症。本病各种动物均可发生，但于犊牛、雏禽、仔猪等幼龄动物多见。

原发性维生素A缺乏症在以牧草和粗糙食物为主要饲料的肉牛群中普遍发生。肉牛犊在6～8月龄时，如果夏季未放牧常易发生维生素A缺乏症；用干糖期的甜菜杆和劣质干草等作为饲料可导致舍饲肉牛发生维生素A缺乏；青年羊在自然干旱期放牧5～8个月，体内维生素A大量消耗，12个月后出现临床症状；成年羊在饲喂胡萝卜素或维生素A缺乏的饲料18个月后、牛在饲喂5～18个月后、肉牛在饲喂6～12个月后及猪在饲喂4～5个月后，均表现出明显的临床症状。

犊牛、幼猪和鼠大多因母源性维生素A缺乏而发生先天性维生素A缺乏症。饲喂劣质粗饲料越冬的怀孕母牛所产犊牛易发生维生素A缺乏；仔猪在2～4周龄断奶易患维生素A缺乏症。种禽维生素A缺乏，可导致种蛋中维生素A的含量降低，直接影响胚胎的发育和雏禽的健康。

【发病机理】维生素A是构成视觉细胞内感光物质的成分，是黏膜上皮细胞发挥正常生理功能所必需的物质，对维持正常的视觉、上皮系统的完整、骨骼的生长发育以及动物的繁殖等起重要作用。维生素A能促进体内的氧化还原反应和结缔组织中黏多糖的合成，促进水解酶的释放而间接地调节糖和脂肪的代谢。因此，当维生素A缺乏时可引起一系列病理变化。

视力障碍。视网膜中有两种感光细胞，一种是杆状细胞，另一种是锥状细胞，前者感受暗光而后者感受强光。杆状细胞内有感光物质——视紫红质（禽类为紫蓝质），它是由维生素A氧化产生的顺视黄醛与蛋白质结合而成。视紫红质经光照射能分解为视黄醛和视蛋白，黑暗时呈逆反应。当维生素A缺乏时，杆状细胞不能合成足够的顺视黄醛，视紫红质生成减少，导致动物对暗光的适应能力减弱，从而出现在暗光、黄昏和夜间视物不清的现象，称为“夜盲症”，严重时可失明。

上皮组织角质化。维生素A缺乏可导致上皮细胞发生萎缩，特别是具有分泌功能的上皮细胞易被复层的角化上皮细胞所替代，这主要是因为分泌细胞不能从未分化的上皮母细胞中分化和发育出来。其中以眼、呼吸道、唾液腺及泌尿生殖道黏膜受影响最为严重。临床上出现干眼、咳嗽、消化紊乱及流产等症状。

脑脊髓液压升高。维生素A缺乏时，动物脑脊髓蛛网膜长绒毛的组织渗透性降低，而连接硬脑脊髓膜的组织基质增厚，从而削弱了脑脊髓液的吸收。

骨骼生长障碍。维生素A是维持成骨细胞和破骨细胞的正常定位和活性所必需的。当维生素A缺乏时，成骨细胞活性增强，导致骨皮质内钙盐过度沉积，破坏了软骨内骨骼的生长和成型，使骨骼不能继续正常生长发育。主要表现为颅骨和椎骨，甚至长骨发育障碍。

胚胎发育异常。维生素A是胎儿生长期间各器官形成所必需的营养物质，当母源性维生素A缺乏时，胎儿先天性发育不良，主要表现为脑和眼部的病变，如先天性硬脑膜增厚、脑脊髓液压升高、脑水肿及视神经缺血性坏死、视网膜异常和视盘水肿等，临床表现出以夜盲和共济失调为特征的先天性发育障碍症。

生长发育和繁殖机能障碍。维生素A缺乏时，造成蛋白质合成减少，矿物质利用受阻，内分泌机能紊乱等，导致动物生长发育障碍，生产性能下降。此外，维生素A缺乏还可造成公畜精子生成减少，母畜卵巢、子宫上皮组织角质化，受胎率下降。

免疫机能下降。维生素 A 和 β-胡萝卜素对宿主防御机能的影响机制尚不清楚，但许多学者认为，其可能机制是通过增强多形核白细胞的功能，如增强吞噬活性，促进抗体的形成来防止感染的。当维生素 A 缺乏时，机体的上皮组织完整性遭到破坏，黏膜免疫力降低，对微生物的抵抗能力下降，同时白细胞的吞噬能力减弱，抗体的形成减少，从而使动物免疫力降低而易发生感染。

【临床表现】维生素 A 缺乏时，各种动物所表现的临床症状基本相似，但在机体组织和器官的表现程度上有一些差异。

生长发育受阻 食欲不振，消化不良。幼畜生长缓慢，发育不良，体重下降；成畜营养不良，衰弱乏力，生产性能低下。

皮肤病变 皮肤干燥、脱屑、皮炎，被毛蓬乱无光泽、脱毛，蹄角生长不良、干燥、蹄表有纵行皲裂和凹陷。牛皮肤上附有大量麸皮样鳞屑，蹄干燥、表面有鳞皮和许多纵向裂纹；马属动物蹄表的鳞皮和纵向裂纹更明显；猪主要表现为被毛粗糙、杂乱、干燥及脂溢性皮炎，表皮分泌褐色渗出物；小鸡喙和小腿皮肤的黄色消失，口腔、咽和食道黏膜分布有大量黄白色颗粒小结节，气管黏膜上皮角化脱落，表面覆有易剥离的白色膜状物。

视力障碍 病畜在黎明、黄昏或月光等弱光下看不清物体、行动迟缓、盲目前进或碰撞障碍物。视力障碍在犊牛最易发生，当其他症状尚不明显时，即表现出明显的夜盲；而对于猪，当血清中维生素 A 水平很低时，才会出现夜盲症的症状。

干眼症 常见于犬和犊牛，主要表现为角膜增厚及云雾状；其他动物可见到眼分泌一种浆液性分泌物，角膜角化、增厚，形成云雾状，甚至出现溃疡；禽类表现为流泪，眼内流出水样或乳样物，眼睑内有干酪样物质积聚，常将上下眼睑粘在一起，角膜混浊不透明，严重者角膜软化或穿孔，半失明或完全失明。眼球干燥可继发结膜炎、角膜炎、角膜溃疡和穿孔。

繁殖机能障碍 公畜因生精小管的上皮细胞变性退化，使精子形成受到影响，精液品质下降，睾丸发育受阻而小于正常；母畜表现为流产、死胎、弱胎、胎儿畸形，易发生胎衣滞留。犊牛可见先天性失明和脑室积水；仔猪可发生无眼或小眼畸形，也可以出现腭裂、兔唇、后肢畸形等。

神经症状 维生素 A 缺乏可造成中枢神经损害，常见症状有颅内压升高性脑病（共济失调、痉挛、惊厥、瘫痪等）；外周神经损伤引起的运动障碍和肌麻痹；视神经管狭窄引起的失明。犊牛和生长期的猪易发。

抵抗力下降 维生素 A 缺乏的程度常常决定着传染病的易感性，维生素 A 缺乏越严重，传染病的易感性越高。维生素 A 缺乏导致黏膜上皮完整性受损，腺体萎缩，极易发生鼻炎、支气管炎、肺炎、胃肠炎等疾病。

【临床病理学】血液或组织中维生素 A 或其前体物的含量以及脑脊液压的状态是诊断维生素 A 缺乏症的重要指标。

血浆维生素 A 血浆维生素 A 水平是维生素 A 缺乏疾病诊断和实验研究时的一项重要指标，维持机体基本需要的最低维生素 A 浓度为 20 μg/dL。当血浆维生素 A 水平低于 18 μg/dL 时，则发生维生素 A 缺乏，随后出现夜盲症。健康牛的血清维生素 A 含量为 25～60 μg/dL，猪为 23～29 μg/dL，羊为 45.1 μg/dL。在猪的自然病例中，血浆维生素 A 水平可下降到 11.0 μg/dL；在羔羊的实验性维生素 A 缺乏病例中，血清维生素 A 水平可下降至 6.8 μg/dL。在育肥牛发生维生素 A 缺乏症的病例中，当血清维生素 A 水平在 8.89～18.05 μg/dL 时，出现早期的体重下降；当血清维生素 A 水平为 4.87～8.88 μg/dL 时，出现共济失调和失明；当血清维生素 A 水平在 4.88 μg/dL 以下时，出现惊厥、痉挛和视神经受压；当血清维生素 A 水平降到 5 μg/dL 时，预期的临床症状会出现。

肝脏维生素 A 血浆维生素 A 水平和肝脏维生素 A 水平并不存在直接的相关性，但通过检测活体肝组织样本的维生素 A 和胡萝卜素含量可以评估体内维生素 A 的存储水平。体内肝脏储存的维生素 A 耗尽后血浆维生素 A 水平才开始下降，而大多数动物在分娩和急性感染时，发生暂时性维生素 A 储量下降。在母牛怀孕的最后 3 周，大量的胡萝卜素和维生素 A 分泌到初乳中，而使血浆维生素 A 水平大大地降低。肝脏维生素 A 和胡萝卜素的正常储备量应该分别为 60 μg/g 和 4.0 μg/g，可肝脏组织的维生素 A 储备量通常高达 200～800 μg/g，而当肝脏维生素 A 和胡萝卜素储量分别是 2 μg/g 和 0.5 μg/g 时可呈现出维生素 A 缺乏的临床症状。

血浆胡萝卜素 血浆胡萝卜素水平与饲料有很大的相关性。牛血浆较适宜的胡萝卜素水平是 150 μg/dL，当饲料缺乏维生素 A，血浆胡萝卜素水平降至 9 μg/dL 时，则呈现出临床症状。

血浆视黄醇：通过对 71 匹 2～3 岁的良种马进

行相关研究得知，其血浆视黄醇水平的平均值是16.5 μg/dL。

脑脊髓液压：脑脊髓液压升高是评价维生素A缺乏症的一项敏感指标。犊牛的正常脑脊髓液压小于100 mm生理盐水柱高(978.9 Pa)，当犊牛维生素A的摄入量低于所需量的2倍时，脑脊髓液压开始升高；维生素A耗尽后，脑脊髓液压大于200 mm生理盐水柱高(1 957.8 Pa)。猪的正常脑脊髓液压为80～145 mm生理盐水柱高(783.12～1 419.41 Pa)，维生素A缺乏时，脑脊髓液压在200 mm生理盐水柱高(1 957.8 Pa)以上，脑脊髓液压升高后，血浆维生素A浓度大约为7 μg/dL。羊的脑脊髓液压正常为55～65 mm生理盐水柱高(538.39～636.2 Pa)，当维生素A耗尽后，脊髓液压可升高至70～150 mm生理盐水柱高(685.23～1 468.4 Pa)。

【诊断】通常根据饲养管理情况、病史和临床症状可作初步诊断，视神经乳头水肿和夜盲症的检查是早期诊断反刍动物维生素A缺乏的最容易的方法；共济失调、瘫痪和惊厥是猪发生维生素A缺乏症的早期症状。必要时可结合检测脊髓液压力、眼底检查、血清和肝脏维生素A和胡萝卜素的含量进一步确诊。

脑脊髓液压升高是猪和犊牛维生素A缺乏的最早变化；结膜涂片检查，发现角化上皮细胞数目增多，如犊牛每个视野角化上皮细胞可由3个增加至11个以上；眼底检查，犊牛眼球结膜混浊、视网膜绿毯部由正常的绿色或橙黄色变为苍白色；当肝脏贮备的维生素A耗尽后，血清和肝脏维生素A和胡萝卜素的水平下降。

【治疗】首先查明病因，治疗原发病。在用维生素A进行治疗的同时，改善饲养管理条件，调整日粮配方，增加富含维生素A或胡萝卜素的饲料，如增喂胡萝卜、青苜蓿，也可内服鱼肝油、增加复合维生素的喂量。

动物发生维生素A缺乏症时，应立即用10～20倍于日维持量的维生素A来治疗，剂量一般为440 IU/kg体重，可以根据动物品种和病情适当增加或减少。鸡按1 200 IU/kg体重进行皮下注射，或者按2 000～5 000 IU/kg饲料的量补加维生素A。马、牛15万～30万IU，猪、羊、犊牛5万～10万IU，仔猪、羔羊2万～3万IU，内服或肌肉注射维生素A油剂，1次/d；内服维生素A胶丸，马、牛500 IU/kg体重，猪、羊2.5万～5万IU/头。也可用富含维生素A的鱼肝油或维生素AD滴剂进行治疗。内服鱼肝油，马、牛20～60 mL，猪、羊10～30 mL，驹、犊牛1～2 mL，仔猪、羔羊0.5～2 mL，禽0.2～1 mL；内服维生素AD滴剂，马、牛5～10 mL，犊牛、猪、羊2～4 mL，仔猪、羔羊0.5～1 mL。

对急性病例，疗效迅速且完全，但对慢性病例就不能肯定，视病情而定。对于脊髓液压增高所致的牛犊惊厥抽搐型维生素A缺乏症，经治疗后48 h通常可恢复正常；而对于牛眼疾型维生素A缺乏症，出现眼睛失明，则治疗效果差，建议尽早淘汰、屠宰。

【预防】确保饲料配比合适，平时应注意日粮的配合和维生素A与胡萝卜素的含量；减少加工损耗，青干草收获时，要保管好，防曝晒和雨淋，放置时间不宜过长，尽量减少维生素A与矿物质接触的时间；豆类及饼渣不要生喂，要及时治疗肝胆和慢性消化道病；对妊娠、泌乳和处于应激状态下的动物，应适当提高日粮中维生素A的含量。通常在孕畜产前4～6周给予鱼肝油或维生素A浓油剂：孕牛、马60万～80万IU，孕猪25万～35万IU，孕羊15万～20万IU，每周1次。

（二）维生素A过多症(Hypervitaminosis A)

维生素A过多症是指动物摄食过量的维生素A而引起的骨骼发育障碍，临床上以生长缓慢、跛行、外生骨疣等为特征的一种营养代谢病。

【原因】维生素A过多症的主要病因：①日粮中维生素A含量过高。如为了提高动物的生产性能和抵抗力等，在日粮中添加大剂量的维生素A；犬猫等肉食动物长期以富含维生素A的动物肝脏为主要食物；计算错误或称量错误等原因造成日粮中维生素过高。②治疗维生素A缺乏症时用药过量导致医源性维生素A过多症。

【流行病学】各种年龄的动物均可能发生维生素A中毒，但多发于犊牛、仔猪和雏禽等幼龄动物以及宠物犬猫。就单一的维生素A而言，长期大量使用可呈现较大的毒性，其中毒情况根据其用量及使用时间长短不同而有所差异；而胡萝卜素是比较安全的，即使在大剂量长时间使用时，也不容易产生明显的毒性。

【发病机理】维生素A对软骨的正常生长、钙化及骨骼重溶起着十分重要的作用。维生素A过多可引起骨皮质内成骨过度，骨的脆性增加，受伤时易碎。此外，过量维生素A将影响其他脂溶性维生素的正常吸收和代谢，造成这些维生素的相对缺乏。

【临床表现】犬、猫主要表现为倦怠喜卧，牙龈充血、出血、水肿，全身敏感，不愿人抱，脊椎外生骨疣(从第一颈椎至第二胸椎之间形成明显的关节桥)而使颈部僵硬、活动受限，骨干及关节周围形成骨性增生而出现跛行、瘫痪，生长缓慢，难产等。犊牛表现生长缓慢，跛行、步态不稳、瘫痪，第三趾骨外生骨疣，形成“第四”趾骨，骨骺软骨消失，牛角生长迟缓和脑脊液压下降。仔猪发生大面积出血和突然死亡。鸡表现生长缓慢，骨变形，色素减少，死亡率上升。

【临床病理学】血液和肝脏组织中维生素A的水平高于正常范围，钙磷代谢紊乱，严重病例可表现维生素D、维生素E和维生素K等水平降低。

【诊断】主要根据病史调查和临床表现跛行、骨骼发育异常，外生骨疣等症状进行初步诊断。确诊需要进行日粮、血液和肝脏组织中维生素A含量的测定。对轻症病例，也可通过治疗性诊断进行确诊。

【治疗】治疗维生素A过多症的主要办法是更换饲料，减少维生素A的给予量。对于症状较轻的病例，改换饲料以后，经几周或几个月，当体内的维生素A水平降为正常时，可以自行恢复；对于较重的病例，还应该给予消炎止痛的药物，同时补充维生素D、维生素E、维生素K和复合维生素B等；如果临床上已经出现关节增生或外生骨疣，一般无法根治。

【预防】注意合理调配全价饲料，准确计算日粮中维生素A的添加量，不要长期给犬猫饲喂鱼肝油或者是长期饲以肝脏这种单一的食物，治疗维生素A缺乏症时切忌过量用药。

维生素D缺乏和过多症（Hypovitaminosis D and Hypervitaminosis D）

（一）维生素D缺乏症（Hypovitaminosis D）

维生素D缺乏症是指由于机体维生素D生成或摄入不足而引起的以钙、磷代谢障碍为主的一种营养代谢病。临床上以食欲下降、生长阻滞、骨骼病变、幼年动物发生佝偻病、成年动物发生骨软病或纤维素性骨营养不良为主要特征。

【原因】动物体内维生素D主要源于外源性维生素D（维生素D_2）和内源性维生素D（维生素D_3）。因此，饲料中维生素D或其前体物缺乏或/和皮肤的阳光照射不足是引起动物机体维生素D缺乏的根本原因。

缺乏紫外线照射　动物长期舍饲，或冬天阳光不足或处在远离赤道的地区，紫外线照射不充足，体内合成维生素D不足，此时又不能从日粮中得到及时补充，即可发生维生素D缺乏症。

饲料缺乏维生素D　动物常用的鱼粉、血粉、谷物、油饼、糠麸等饲料中维生素D的含量很少，幼嫩青草或未被阳光充分照射而风干的青草其维生素D_2的含量也非常少。如果饲料中维生素D的添加量不足，或长期饲喂维生素D_2缺乏的青草，则易导致动物发生维生素D缺乏症。对禽类而言，维生素D_2的生物活性仅为维生素D_3的10%～20%，因此，在家禽饲料中应添加维生素D_3，才能有效防止雏禽佝偻病。

母源性维生素D缺乏　胎儿胎盘能维持较高的血浆钙或磷水平，主要取决于母源性1,25-二羟钙化醇的状况。因此，当母源性维生素D缺乏时，仔畜会发生先天性维生素D缺乏症。

饲料中钙磷总量不足或比例失调　如果饲料中钙磷比例偏离正常比例（1～2）∶1太远，则需摄入更多量的维生素D才能平衡钙磷元素的代谢。如果钙磷比例不平衡，即便是轻微的维生素D缺乏，也会导致动物发生严重的维生素D缺乏症。禽日粮中钙磷比例一般为2∶1，产蛋期为（5～6）∶1。

饲料中存在拮抗维生素D的因子　日粮中维生素A过量会抑制动物对维生素D的吸收，而脂肪酸和草酸含量过高或者锰、锌、铁等矿物质含量过高，均会抑制钙的吸收。

机体疾病影响维生素D的吸收利用　在胃肠道疾病、胆汁分泌不足或肝肾机能不全等病时，分别会影响肠道对维生素D的吸收、肝肾对维生素D的转化利用，从而引起维生素D缺乏。

维生素D的需要量增加　幼年动物生长发育阶段、母畜妊娠泌乳阶段、蛋禽产蛋高峰期，对维生素D的需要量均增加，若补充不足，容易导致维生素D缺乏。

【流行病学】本病各种动物都可发生，但幼年动物较易发生维生素D缺乏。此外，妊娠或泌乳阶段的母畜、产蛋高峰期的家禽以及光照不足的黑皮肤动物（尤其是猪和某些品种的牛）、毛皮较厚的动物（尤其是绵羊）和长期舍饲的动物也易发生维生素D缺乏症。

维生素D（钙化醇，Calciferol）中对动物有营养意义的主要是维生素D_2和维生素D_3，通常维生素D_2的活性仅为维生素D_3的3%～5%。动物体内的维生素D主要来源于内源性维生素D（维生素D_3）和外源性维生素D（维生素D_2）。内源性维生素D_3（胆钙化醇，Cholecalciferol）是由哺乳动物皮肤中的维生素D的前体物质——7-脱氢胆固醇在紫外线照射下形成的，日粮中添加的维生素D_3主要由动物胆固醇经工业分离和照射而取得的。外源性维生

素 D_2(麦角钙化醇,Ergocalciferol)主要由植物中的麦角固醇经紫外线照射后而产生,商品性的维生素 D_2 是由紫外线照射酵母而产生的。而动物性饲料中以鱼肝油中维生素 D_3 含量最丰富,其次为牛奶、动物肝脏及蛋黄,因此,适当补饲富含维生素 D_3 的鱼肝油、肝脏或蛋黄等,可以防控佝偻病或骨软病的发生。

【发病机理】维生素 D 本身并不具备生物活性,或其生物活性非常小,在皮肤中形成的或从小肠吸收的维生素 D 被运送到肝脏进行羟化,转化为 25-羟胆钙化醇(即 25-羟维生素 D_3),与血液中的运输蛋白结合后被运送到肾脏,经 1-α-羟化酶进一步羟化,生成 1,25-二羟胆钙化醇(即 1,25-二羟维生素 D_3),才能发挥其相应的功能。目前认为,1,25-二羟胆钙化醇是引发小肠运输和吸收钙的最具活性的维生素 D 代谢物,也是骨骼矿化中发挥功能的维生素 D 的形式,且在调节磷酸盐的吸收和排泄过程中也发挥作用。

维生素 D 及其活性代谢物与降钙素、甲状旁腺激素一起参与机体钙磷代谢的调节。1,25-二羟钙化醇能促进小肠近端对钙的主动吸收、远端对磷的被动吸收,促进肾小管对钙磷的重吸收,促进新生骨基质的钙磷沉积,以及促进骨组织不断更新。同时,在降钙素、甲状旁腺激素的共同调控下,保持血液钙磷浓度的稳定以及钙磷在骨组织的沉积和溶出。

当维生素 D 不足或缺乏时,小肠对钙、磷的吸收和运输能力降低,血液钙磷的水平随之降低。低血钙首先引起肌肉一神经兴奋性增高,导致肌肉抽搐或痉挛,血液钙水平下降进一步引起甲状旁腺分泌增加,致使破骨细胞活性增强,使骨盐溶出。同时抑制肾小管对磷的重吸收,造成尿磷增多,血磷减少,导致血液中沉积的钙磷减少,致使钙磷不能在骨生长区的基质中沉积,此外,还使原来已经形成的骨骼脱钙,引起骨骼病变,出现相应的临床症状或疾病。

幼年动物因成骨作用受阻而发生佝偻病,成年动物因骨不断溶解而发生骨软症。母鸡产蛋初期表现蛋壳不坚,破蛋率高,严重时形成软壳蛋,产蛋率和孵化率显著降低。

维生素 D 的辅助功能还包括提高饲料利用率和热能。当维生素 D 缺乏时,代谢率下降,生长率和生产性能降低。

【临床表现】幼年动物维生素 D 缺乏主要表现为佝偻病的症状。病初表现为异嗜,消化紊乱,消瘦,生长缓慢,喜卧,跛行;随着病情的发展,患病的动物可出现四肢弯曲变形,呈"X"形或"O"形站立姿势,关节肿大,迈步困难,肋骨与肋软骨结合处呈串珠状肿,胸廓扁平狭窄。在仔猪和犊牛还可见到以腕关节着地爬行现象。禽类喙软,四肢弯曲易骨折。

成年动物维生素 D 缺乏的主要表现为骨软症。初期表现异嗜,消化紊乱,消瘦,被毛粗乱无光;继之出现运步强拘,步态拖拉,脊柱上凸或腰荐处下凹,腰腿僵硬,跛行,或四肢交替站立,喜卧;病情进一步发展,出现骨骼肿胀弯曲,肘外展,后肢呈"X"形,四肢疼痛,肋骨与肋软结合处肿胀,尾椎弯软,椎体萎缩,最后几个椎体消失,易骨折,额骨穿刺呈阳性,肌腱附着部易被撕脱。

雏禽通常在 2~3 周龄发病,最早有在 10 日龄时出现明显的症状。除生长迟缓、羽毛生长不良外,主要呈现以骨骼极度软弱为特征的佝偻病。其喙、腿骨、爪和肋骨变软易曲,脊椎骨与肋骨连接处肿大,两腿无力,步态不稳或不能站立,躯体向两边摇摆,常以跗关节着地而蹲伏,因骨质变脆而易骨折。

产蛋母禽往往在维生素 D 缺乏 2~3 个月后才出现症状。主要表现为产薄壳蛋和软壳蛋的数量显著地增多,随后产蛋量明显减少,孵化率同时也明显下降;病重母禽表现出企鹅形蹲伏的姿势,禽的喙、爪和龙骨渐变软,胸骨常弯曲;胸骨与脊椎骨接合部向内凹陷,产生肋骨沿胸廓呈内向弧形的特征。

X 线检查发现,骨化中心出现较晚,骨化中心与骨骺线间距离加宽,骨骺线模糊不清呈毛刷状,纹理不清,骨干末端凹陷或呈杯状,骨干内有许多分散不齐的钙化区,骨质疏松等。

【临床病理学】发生佝偻病或骨软病的动物,早期出现低磷血症,随后几个月出现低钙血症,血浆碱性磷酸酶活性及骨钙素水平升高。舍饲肉牛的典型特征是血清钙水平下降至 8.7 mg/dL(正常是 10.8 mg/dL)或 2.2 mmol/L(正常 2.7 mmol/L),血清无机磷水平降低至 4.3 mg/dL(正常是 6.3 mg/dL)或 1.1 mmol/L(正常 1.6 mmol/L),碱性磷酸酶活性升高至 5.7 IU(正常是 2.75 IU)。

【诊断】根据动物年龄、饲养管理条件、病史和临床症状,可以作出初步诊断。测定血清钙磷水平、碱性磷酸酶活性、维生素 D 及其活性代谢产物的含量,结合骨的 X 线检查结果可以确诊。

【治疗】治疗原则是清除病因,调整日粮组成,改善饲养管理,给予药物治疗的综合性防治措施。

首先查明并清除维生素 D 缺乏的病因,增加富含维生素 D 的饲料,增加患病动物的舍外运动及阳光照射时间,积极治疗原发病。

药物治疗。内服鱼肝油：马、牛 20～40 mL，猪、羊 10～20 mL，驹犊 5～10 mL，仔猪、羔羊 1～3 mL，禽 0.5～1 mL。肌肉注射液维生素 AD：马、牛 5～10 mL，猪、羊、驹犊 2～4 mL，仔猪、羔羊 0.5～1 mL，或按 2.75 g/kg 体重的剂量一次性肌肉注射，可维持动物 3～6 个月内维生素 D 需要量。肌肉注射维丁胶性钙注射液：牛、马 2 万～8 万 IU，猪、羊 0.5 万～2 万 IU。肌肉注射维生素 D_3 注射液：成畜，按 1 500～3 000 IU/kg 体重；幼畜，按 1 000～1 500 IU/kg 体重。

对于幼禽和青年禽，可增加日粮中骨粉或脱氟磷酸氢钙的量，比正常量增加 0.5～1 倍，且比例合适，并增加维生素 A、维生素 D、维生素 C 等复合维生素的量，连续饲喂 2 周以上，有条件的可让禽多晒太阳；对产蛋禽还得增加石粉等钙质。对腿软站立困难、尚无骨骼变形者，在以上日粮的基础上，可肌肉注射维生素 D_3 或维生素 AD 注射液；若日粮中钙多磷少，则在补钙的同时要重点补磷，以磷酸氢钙、过磷酸钙等较为适宜；若日粮中磷多钙少，则主要补钙。最适钙、磷、维生素 D 比：雏鸡为 0.6∶0.9∶0.55，产蛋鸡为(3.0～3.5)∶0.40∶0.45，幼禽若每天能照射 15～50 min 日光则可防止佝偻病的发生。

注意不可长期大剂量使用维生素 D，在生产实践中要根据动物种类、年龄及发病的实际情况灵活掌握维生素 D 用量及时间，以免造成中毒；另外，当机体已经处于维生素 A 过多或中毒状态时，不能使用维生素 AD 制剂，应使用单独的维生素 D 制剂。

对于大群动物发生维生素 D 缺乏症，不宜采取逐个肌肉注射或口服疗法，可以在日粮中添加维生素 D_3 粉剂，统一治疗。

【预防】保证动物有足够的运动和阳光直接照射，并饲喂富含维生素 D 的饲草饲料。如果不能满足以上条件，可以在日粮中添加维生素 D 制剂。维生素 D 的最佳日采食总量为每千克体重 7～12 IU，各种动物的需要量为：猪 220 IU/kg，蛋鸡 500 IU/kg，生长鸡 200 IU/kg，火鸡 900 IU/kg，鸭 220 IU/kg。同时要注意日粮中的钙磷含量及比例。

注射预防维生素 D 的注射推荐剂量为 11 000 IU/kg 体重，可在 3～6 个月内维持足够的维生素 D 水平。如给反刍动物肌肉注射维生素 D_2 油剂（钙化醇），将保证其在 3～6 个月内不患此病；给 50 kg 左右的非妊娠成年绵羊，按 6 000 IU/kg 体重肌肉注射维生素 D，可持续 3 个月维持足够浓度的 25-羟维生素 D_3；给妊娠母羊注射 300 000 IU 的维生素 D_3，可在产羔前 2 个月为母羊和新生羔羊提供一个较高水平的维生素 D 以预防维生素 D 的缺乏。

口服预防成年绵羊在口服推荐剂量和口服中毒量之间有一个较大的安全范围，从而为饲料添加提供了方便。有研究表明，给予成年绵羊 20 倍于推荐剂量，16 周内没有明显的病理性钙化发生。每千克体重 30～45 IU 的口服剂量是合适的，可每天给予；为了发挥长期效果，也可大剂量口服维生素 D，比如，给羔羊一次性使用 2 000 000 IU 的维生素 D，在 2 个月内可有效地预防此病的发生。但过量使用维生素 D 可引起中毒，出现嗜睡、肌肉无力、骨骼变脆和血管壁钙化等症状。研究表明，尽管健康羔羊可耐受大剂量的维生素 D，但是每天给予 10 000 000 IU 的牛和一次性给予 1 000 000 IU 的羔羊已出现了此类中毒症状。

对患有胃肠、肝肾疾病影响维生素 D 吸收和代谢的动物应及时对症治疗。此外，还应注意日粮中其他脂溶性维生素的含量，尽量避免脂溶性维生素之间的互相拮抗。如鱼肝油维生素 D 含量较高，但在储藏时易变质，尤其是与维生素 A 一起存放时；维生素 A 和维生素 D 混合添加时损耗大，且腐败时易破坏饲料中的维生素 E，并严重降低奶脂含量。因此，尽量避免维生素 A 和维生素 D 一起存放或混合添加，最好使用稳定的维生素 D 水溶性制剂。

（二）维生素 D 过多症（Hypervitaminosis D）

维生素 D 过多症是指因日粮中维生素 D 添加过量或维生素 D 治疗量过大所造成的一种中毒性疾病。

【原因】临床上维生素 D 中毒多是由于饲料中维生素 D 添加过量或医源性维生素 D 过量。饲料来源的维生素 D 一般不会过量，但由于维生素 D 在体内的代谢比较缓慢，大量摄入可造成蓄积，故易引起动物中毒。

【流行病学】不同种的动物或同一种动物的不同个体对维生素 D 的耐受性有一定的差别，临床症状也不甚相同，因此其准确的致毒剂量也不尽相同。但对大多数动物来说，超过 2 个月以上饲喂时，维生素 D_3 的耐受量约为公认的 5～10 倍；短时间饲喂时，维生素 D_3 的最大耐受量是公认的 100 倍左右。如牛以 15 000 000～17 000 000 IU 非肠道大剂量使用维生素 D_3 可发生高钙血症、高磷酸盐血症，导致维生素 D_3 及其代谢物的血浆浓度升高；猪每天以 50 000～70 000 IU/kg 体重的剂量口服维生素 D 可引起严重中毒；将维生素 D_3 每天以 12 000～13 000 IU/kg 体重的剂量（相当于 1 000 000 IU/kg 饲料）添加于马属动物的谷类饲料中，连续饲喂 30 d，

可发生维生素 D_3 中毒；犬、猫长期饲以大量猪肝和鱼肝油也可发生中毒。

一般认为，维生素 D 的代谢产物（如 25-羟胆钙化醇和 1,25-二羟胆钙化醇）的毒性比维生素 D 要高；维生素 D_3 的毒性约是维生素 D_2 的 10 倍。日粮中钙磷水平较高时，可加重维生素 D 的毒性，日粮中钙磷水平低时，可减轻维生素 D 的毒性。

【发病机理】过量维生素 D 进入体内，肝脏无限制地将其转变为 25-羟胆钙化醇，而高浓度的 25-羟胆钙化醇有类似 1,25-二羟胆钙化醇的作用，可促进肠道钙的吸收，引起骨骼钙的释放和转移，致使血清钙和血清磷水平升高，最终导致多处软组织普遍钙化（如肾脏、心脏、血管、关节、淋巴结、肺脏、甲状腺、结膜、皮肤等）和肾结石，使其正常的功能发生障碍。当摄入药物形式的 1,25-二羟胆钙化醇时，由于能有效地绕过肾脏 25-羟胆钙化醇-1 羟化酶的生理调控作用，故更易发生维生素 D 中毒。

【临床表现】维生素 D 中毒的主要临床表现有恶心，食欲下降，多尿，烦渴，皮肤瘙痒，肾衰竭，心血管系统、皮下异常钙磷沉积，严重者可引起死亡。不同种类动物维生素 D 的中毒，其症状各有特点，牛、马和猪发生维生素 D 中毒的临床表现如下。

牛分娩前 1 个月的妊娠母牛更易发生维生素 D 中毒。中毒的症状通常在饲喂过量维生素 D 的 2～3 周内表现出来，临床上主要有明显的食欲减退、体重下降、呼吸困难、心动过速、心音增强、虚弱、躺卧、偏颈、发热以及对疾病易感性增高。

马临床表现包括食欲减退、体重下降、多尿和烦渴，还有明显的低渗尿、酸性尿、软组织钙化和肋骨骨折。大血管壁和心内膜钙化是其特征。

猪临床症状通常在饲喂含有过量维生素 D 的饲料后 2 d 内表现出来。突然发生食欲不振、呕吐、腹泻、呼吸困难、精神委顿、失声、衰弱和死亡。

【临床病理学】维生素 D 中毒时，一般会引起血钙和尿钙水平明显升高，血清维生素 D 水平及其活性代谢产物也明显升高。此外，在马属动物发生维生素 D 中毒时，还会出现明显的低渗尿、酸性尿。

【诊断】主要依据病史，使用剂量和时间以及多处软组织钙化及肾结石等病变进行初步诊断。实验室通过检查血液和尿液钙水平明显升高，且血清维生素 D 水平及其活性代谢产物也明显升高来进行确诊。

【治疗】应首先停用使用维生素 D 制剂，并给予低钙饮食，静脉输液，纠正电解质紊乱，补充血容量，使用利尿药物，促进尿钙排出，以使血钙恢复到正常的水平。糖皮质激素，如氢化强的松，可抑制 1,25-二羟胆钙化醇生成和阻止肠中钙的转动，待血钙能维持正常水平 2～3 个月以后，可逐渐减少并停止使用糖皮质激素。与此同时，还可给予大量的其他脂溶性的维生素（维生素 A、维生素 E、维生素 K）和水溶性维生素 C，可降低维生素 D 的毒性。

【预防】根据动物不同的生长或生产需求合理调配饲料，注意钙磷的含量及比例和维生素 D 的含量要恰当；不要给动物长期大量的补饲维生素 D；摄入医源性维生素 D 或 1,25-二羟胆钙化醇时切忌用量过大。

维生素 E 缺乏和过多症（Hypovitaminosis E and Hypervitaminosis E）

（一）维生素 E 缺乏症（Hypovitaminosis E）

维生素 E 缺乏症是指动物体内生育酚缺乏或不足引起的临床上以幼龄动物肌营养不良和成年动物繁殖障碍为特征的一种营养代谢病。

【原因】临床上造成维生素 E 缺乏症的常见原因有饲料本身维生素 E 含量少、加工贮存不当造成维生素 E 破坏、饲料中其他营养素含量不当或霉变饲料引起维生素 E 的耗竭、不同生长或生产期对维生素 E 的需求增加以及胃肠、肝胆疾病等引发。

饲料本身维生素 E 不足或由于加工贮存不当造成维生素 E 破坏是动物发生维生素 E 缺乏症的重要原因之一。如稿秆、块根饲料的维生素 E 含量极少；劣质干草、稻草或陈旧的饲草，或是遭受曝晒、水浸、过度烘烤的饲草，其所含的维生素 E 大部分被破坏。若长期饲喂维生素 E 含量不足的饲料，而又不额外补给维生素 E，则可引发维生素 E 缺乏症。

饲料中维生素 E 被氧化、耗尽。若长期饲喂含大量不饱和脂肪酸（亚油酸、花生四烯酸等），或酸败的脂肪类及霉变的饲料、腐败的鱼粉等，或日粮中含硫氨基酸、微量元素硒缺乏或维生素 A 含量过高等，会促使维生素 E 被氧化或耗尽，从而促发维生素 E 缺乏症。

维生素 E 的需要量增加，而未及时补充，则易导致维生素 E 缺乏症。如动物在生长发育、妊娠泌乳及应激状态时，对维生素 E 的需要量增加。

胃肠、肝胆疾病可造成维生素 E 吸收障碍而导致维生素 E 缺乏。

【流行病学】维生素 E 是一类含不同比例的 α、β、γ、δ-生育酚以及其他生育酚的混合物，其主要作用是抗氧化和维持机体的繁殖机能。另外，维生素

E 和微量元素硒在生物活性方面极其相似,而且在代谢上,彼此之间具有协同作用。

通常情况下,因维生素 E 广泛存在于动植物饲料中,动物一般不会发生维生素 E 缺乏症。但是,由于维生素 E 化学性质不稳定,易受许多因素的作用而被氧化破坏,从而引发维生素 E 缺乏症。

本病的发生具有群体选择性、季节性和地区性等特点。本病各种动物均可发生,但是幼年动物(仔猪、羔羊、犊牛、雏鸡等)多发,且往往与微量元素硒缺乏症并发,统称为硒-维生素 E 缺乏症。本病的发生多集中在每年 2—5 月间,这种现象可能与冬季舍饲缺乏青绿饲草,某些营养素不足有关;此外,春季又是畜禽受孕、产仔、孵化的旺季,孕畜、泌乳畜或幼龄畜禽等易发。土壤低硒环境,容易促发硒-维生素 E 缺乏症。

【发病机理】维生素 E 主要的生物学功能是抗氧化作用,它能抑制和减缓体内不饱和脂肪酸的氧化和过氧化,中和氧化过程中形成的自由基,从而保护细胞及细胞器脂质膜结构的完整性和稳定性,维持肌肉、生殖器官、神经和外周血管的正常功能。此外,维生素 E 还具有抑制透明质酸酶活性及保持细胞间质通透性的作用。

当动物维生素 E 缺乏时,体内不饱和脂肪酸过度氧化,细胞膜和亚细胞膜遭受损伤而释放出各种溶酶体酶,如 β-葡萄糖醛酸酶、β-半乳糖酶、组织蛋白酶等,导致器官组织的退行性病变。表现为血管壁孔隙增大、通透性增强,血液外渗(渗出性素质),神经机能失调(如抽搐、痉挛、麻痹),繁殖机能障碍(如公畜睾丸变性、母畜卵巢萎缩、性周期异常、不孕)及内分泌机能异常等。

【临床表现】各种动物维生素 E 缺乏症临床表现不完全一致,主要表现有肌营养不良的变性、肝坏死、不育或不孕等症状。

禽类:维生素 E 缺乏症多发生于 2 月龄以下的雏鸡,主要表现为白肌病、渗出性素质和脑软化症。成年鸡无明显临床症状,但孵化率下降,胚胎死亡率升高。雏禽白肌病主要表现为运动障碍,腿软乏力,翅膀下垂,站立困难,运步不稳,多呈蹲伏或躺卧状,严重时发生麻痹或瘫痪;维生素 E 缺乏时,由于禽的毛细血管通透性增强,血液外渗,形成渗出性素质,临床主要表现为胸腹部皮下水肿,严重时扩展致腿和翅根部;脑软化主要表现为姿势异常,步态不稳,爪趾屈曲,头部回缩,共济失调,角弓反张,或头颈弯向一侧,两腿呈节律性挛缩,无目的奔跑或作圆圈运动,常因衰竭而死亡。

猪:仔猪维生素 E 缺乏的临床表现主要为:食欲下降,呕吐,腹泻,不愿活动,步态强拘或跛行,后躯肌肉萎缩呈轻瘫或完全瘫痪;耳后、背腰、会阴部出现瘀血斑,腹下水肿;心率加快,节律不齐,心音浑浊,有的表现呼吸困难;病程较长者,生长发育缓慢,消瘦贫血,皮肤黄染。公猪精子生成障碍,母猪受胎率下降、流产乃至不孕。饲喂鱼粉的猪,由于维生素 E 缺乏,进入体内的不饱和脂肪酸氧化形成蜡样质,可以引起黄脂病。

牛、羊:犊牛和羔羊维生素 E 缺乏,急性病例常因急性心肌变性坏死而突然死亡;慢性病例表现食欲减退,被毛粗乱,腹泻,肌肉软无力,站立困难,运动障碍,跛行,甚至后躯麻痹,卧地不起。成年牛羊主要表现为繁殖障碍,生产能力下降。

马:维生素 E 缺乏症主要见于幼驹,急性病例表现为喜卧嗜睡,心跳加快,节律不齐,呼吸困难,多突然死亡;慢性病例表现为精神不振,食欲下降,腹泻,消瘦,呼吸困难,心脏节律不齐,步态拘谨,行走摇晃,肌肉震颤,蹄部龟裂,有时呈皮下水肿。

【临床病理学】血液天门冬氨酸氨基转移酶(AST)活性和肌酸磷酸激酶(CK)活性升高;尿中肌酸排泄量增加,但在后期,由于肌肉变性,肌酸的排泄量反而低于正常。

【诊断】根据动物饲养管理条件、发病特点、临床症状和病理学变化可做出初步的诊断。测定饲料、血液和肝脏中维生素 E 的含量、尿中肌酸的水平及血液 AST 酶、CK 酶的活性有助于确诊。

【治疗】查明病因,及时调整日粮,供给富含维生素 E 的饲料,补充维生素 E 和微量元素硒。

药物治疗主要使用维生素E制剂,也可以配合硒制剂。醋酸生育酚,驹犊 0.5~1.5 g/头,仔猪、羔羊 0.1~0.5 g/头,禽 0.05~0.1 g/只,皮下或肌肉注射,也可内服维生素 E 丸;对于群养猪禽,可以在饲料中添加醋酸维生素 E 粉,用量为 5~20 mg/kg 饲料。如果同时配合硒制剂治疗效果更佳,临床常通过肌肉或皮下注射 0.1%的亚硒酸钠溶液,成年畜用量为 10~20 mL,羔羊、犊牛和仔猪用量为 1.0~3.0 mL,成年禽类用量为 0.5~1.0 mL,雏禽用量为 0.3~0.5 mL,首次用药后可间隔 1~3 d,再注射 1~2 次,以根据具体治疗效果可适当重复给药。或在饲料中添加亚硒酸钠,添加剂量按 0.1~0.15 mg/kg 饲料的硒水平为宜。或者肌肉注射亚硒酸钠-维生素 E 注射液(硒含量 1 mg/mL,维生素 E 含量 50 IU/mL),羔羊、仔猪 2~3 mL/只,2 次/d,连用 3 d。雏禽脑软化症,喂服维生素 E 5 IU/只,连用 3~4 d ,同时日粮添加亚硒酸钠 0.05～0.1 mg/kg；雏禽渗出性素质和白肌病，按维生素 E 20 IU/kg 日粮或植物油 5 g/kg 日粮，亚硒酸钠 0.2 mg/kg 日粮，蛋氨酸 2～3 mg/kg 日粮的比例添加饲喂，连用 2～3 周。近几年研究发现，日粮添加有机硒较无机硒安全且生物利用率高，在禽和猪饲料中添加有机硒源(富硒益生菌)的硒 0.3～0.5 mg/kg 饲料时，不仅能明显防治维生素 E 缺乏症，而且还能提高机体的免疫力以及生产性能。

【预防】加强饲养管理，饲喂营养全面的全价日粮；避免使用劣质、陈旧或霉变的饲草料，尤其是变质的油脂；长期贮存的谷物或饲料应添加抗氧化剂；避免日粮中维生素 A 等物质过多；妊娠母畜在分娩前 4～8 周，或幼畜出生后，应用维生素 E 或硒制剂进行预防注射。不同年龄段和不同生长或生理期的猪、羊对维生素 E 的需求量也不同，4.5～14 kg 的仔猪、妊娠和泌乳母猪对维生素 E 的需要量为 22 IU/kg 体重，其他生长阶段的猪对维生素 E 的需要量为 11 IU/kg 体重。2 日龄羔羊肌肉注射亚硒酸钠-维生素 E 注射液 1 mL/只，妊娠和泌乳期母羊则需要 5 mL/只，1 次/d，连续注射 3～4 次；或者在饲料中添加亚硒酸钠、富硒益生菌和维生素 E 粉，供羊群舔食。

(二)维生素 E 过多症(Hypervitaminosis E)

维生素 E 过多症时是机体长期大量摄入过多的维生素 E 引起的以生长受阻及胃肠机能障碍为主要特征的一种综合征。

【原因】临床上出现维生素 E 过多症多是由计算错误、添加失误或医源性的原因所造成。

【流行病学】维生素 E 的毒性相对维生素 A 和维生素 D 较低，过量摄入的维生素 E 会随粪便排出体外，因此，一般情况下，不易造成维生素 E 过多症。

畜禽饲养过程中发生维生素 E 中毒的病例大多是利用亚硒酸钠-维生素 E 制剂，在提高生产性能或防治硒-维生素 E 缺乏症时用量过大所致，其中毒原因主要是亚硒酸钠过量引起。有病例报道，北极狐过量注射亚硒酸钠-维生素 E 注射液(每 1 mL 含亚硒酸钠 1 mg，维生素 E 50 IU)后中毒，每只幼狐注射 1.5～2 mL(亚硒酸钠约为正常治疗量 0.1～0.2 mg/kg 体重的 5～10 倍)、成年狐每只注射 3 mL(约是正常治疗量的 5～7.5 倍)，都表现出明显的中毒症状，特别是幼狐在注射后 30 min 即出现呼吸极度困难、随即死亡的最急性中毒现象。在 40 日龄肉鸡的日粮中，因添加亚硒酸钠-维生素 E 粉过量(添加量 3.3 g/kg 饲料，约超过推介预防量的 6 倍以上)引发肉鸡中毒。给哺乳仔猪肌肉注射亚硒酸钠-维生素 E 注射液 4 mL(约超过预防量的 6 倍)后，第 2 天仔猪出现中毒症状，最急性者突然死亡。

【临床表现】饲喂大剂量维生素 E 可降低肉鸡的生长速度，增加维生素 A、维生素 D 和维生素 K 的需要量；而维生素 E 局部注射可引起接触性皮炎。临床中大多是因为过量使用亚硒酸钠-维生素 E 制剂后引发，其中毒的主要原因是亚硒酸钠超量过大，约超过允许使用量的 5 倍以上。

北极狐中的幼狐注射 1.5～2 mL/只亚硒酸钠-维生素 E 注射液后，30 min 即表现极度呼吸困难而突然死亡；成年狐(注射 3 mL/只)病程稍长，表现神呆、蹒跚或呈转圈运动，视觉障碍，食欲废绝，排黑色稀粪，随后出现瘫痪、呼吸衰竭而死亡。未死亡者贫血，消瘦，精神差，运动不灵活。

通过日粮给 40 日龄的肉鸡过量添喂亚硒酸钠-维生素 E 粉引发中毒。发病鸡精神委顿，步态不稳，倒地不起，拉黄绿色稀粪；有的表皮出现较大的瘀血斑及血泡，腿部肿胀、出现紫黑色出血斑，出现此症状的鸡很快死亡。

给哺乳仔猪肌肉注射超过预防量 6 倍的亚硒酸钠-维生素 E 注射液后引发中毒。最急性者，在注射后的第 2 天出现死亡。临床主要的中毒症状表现为仔猪尖叫，不吮吸母乳，没有精神、喜睡卧、不愿出保温箱，迅速脱水、消瘦，体温低下、呼吸和心跳变慢，皮肤发绀。

【诊断】根据调查有无过量使用维生素 E 或含维生素 E 的制剂药物史，临床上是否有呼吸困难、生长受阻、运动障碍、贫血、消瘦以及胃肠不适等症状，停用维生素 E 制剂后症状有所缓减等进行诊断。确诊可以通过动物中毒的复制实验以及检测血液和肝组织中维生素 E 的水平。

【治疗】目前没有很好的治疗维生素 E 中毒的药物，主要通过综合解毒措施进行救治。对于因注射亚硒酸钠-维生素 E 引起的中毒，可以通过使用小剂量砷制剂解救，同时饲喂含蛋白丰富的饲料或内服胱氨酸，或用大剂量维生素 C 和高浓度的葡萄糖促进机体解毒，更换较高水平硒的饲料，控制日粮中硒的摄入。另外，适量肌肉注射二巯基丙醇，也能减弱硒的毒性。

【预防】在饲料添加维生素 E 改善生产性能时，要根据不同种类动物或动物的不同生长或生产阶段的需求量添加，切勿超量；在用维生素 E 制剂治疗其缺乏症时，应严格按照使用剂量来用药。

维生素 K 缺乏和过多症(Hypovitaminosis K and Hypervitaminosis K)

(一)维生素 K 缺乏症(Hypovitaminosis K)

维生素 K 缺乏症是由于动物体内维生素 K 缺乏或不足引起的一种以凝血酶原和凝血因子减少,血液凝固过程发生障碍,凝血时间延长,出血性素质为特征的营养代谢性疾病。

【原因】生产实际中维生素 K 缺乏主要因饲料本身维生素 K 含量少、饲料中存在维生素 K 的拮抗物质、长期过量使用抗生素抑制维生素 K 的合成以及胃肠和肝胆疾病影响维生素 K 的吸收。

饲料中维生素 K 缺乏　维生素 K_1 主要存在于绿色植物叶中,鱼粉、骨粉等动物性饲料中也有一定的含量,而其他饲料中比较缺乏;维生素 K_2 主要由微生物合成,家禽的肠道虽然能合成一定量的维生素 K_2,但远远不能满足其需要,尤其当生产性能提高时其需要量也会增加。

饲料中存在拮抗因子　现代集约化畜牧业生产中,维生素 K 的供给常用维生素 K_3,维生素 K_3 系人工合成,在日光中易破坏。尤其当混合饲料中含有与维生素 K 化学结构相似的拮抗物质 4-羟香豆素,可通过酶的竞争性抑制,降低维生素 K 的活性。如草木樨中毒,某些霉变饲料中的真菌毒素等能抑制维生素 K 的活性。日粮中其他脂溶性维生素含量过高时,可影响维生素 K 的吸收,造成维生素 K 缺乏症。

长期过量添加抗生素等药物　饲料中长期过量添加广谱抗生素或抗球虫药磺胺喹噁啉,可抑制肠道微生物合成维生素 K,引起维生素 K 缺乏。

肠道和肝胆疾病　动物患有球虫病、腹泻、胃肠道及肝胆疾病等,导致肠壁吸收功能出现障碍或胆汁缺乏,使脂类消化吸收发生障碍,影响维生素 K 的吸收,降低动物对维生素 K 的绝对摄入量。

【流行病学】维生素 K_1 广泛存在于绿色植物中,维生素 K_2 可以通过动物肠道中的微生物合成,这两种维生素 K 都具有很高的生物活性。因此,在正常的饲养管理条件下,家畜、家禽极少会发生维生素 K 缺乏症。可是,若动物长期笼养或长期给动物滥用抗生素或驱虫药等,或者动物长期不能从青绿饲料中获得足够的维生素 K,均可引起缺乏症。各种动物均可能发生维生素 K 缺乏症,但临床中以禽类和猪多发。

如长期仅给马饲喂干燥而变白色的干草,则会发生维生素 K 缺乏症。在实际的禽类养殖过程中,由于抗生素或驱除球虫药的滥用,会抑制肠道菌群合成维生素 K,极易引发维生素 K 缺乏,特别是雏鸡最容易发生维生素 K 缺乏症。刚孵出来的雏鸡,凝血酶原比成年鸡低 40%以上。不同种类的动物以及同一类动物在不同生长阶段对维生素 K 的需求量不同。鸡在各生理阶段对维生素 K 的需要量为 0.5 mg/kg;火鸡和鹌鹑在 0～8 周龄及种用期为 1.0 mg/kg,8 周龄后为 0.8 mg/kg;鸭、鹅与鸡相同。猪、犬和大鼠对维生素 K 的需要量为 50～150 mg/kg。

【发病机理】维生素 K 是肝脏合成凝血酶原(凝血因子Ⅱ)和凝血因子Ⅶ、Ⅸ、Ⅹ所必需的,凝血因子Ⅱ、Ⅶ、Ⅸ和Ⅹ蛋白在肝中以一种非活性形式的前体合成,然后再在维生素 K 的作用下转化为活性蛋白,参与血液凝固。处于维生素 K 缺乏状态的动物仍然能够合成非活性形式的凝血因子蛋白,而非活性的凝血因子蛋白前体必须转化为具有生物活性的蛋白才能参与凝血,而这个转化过程必须有维生素 K 的参加。所以,当维生素 K 缺乏时,依赖维生素 K 的活性凝血因子减少,使血液的凝固受阻,从而使凝血时间延长,发生皮下、肌肉或肠道出血。

【临床表现】因动物对维生素 K 的需求量不同,临床缺乏的临界点也不同。另外,临床缺乏症的表现也与维生素 K 缺乏的程度有关。

禽类:雏鸡饲料中维生素 K 缺乏,通常经 2～3 周出现症状。主要临床特征是多部位出血,血凝时间延长。严重缺乏维生素 K 的鸡可能由于轻微擦伤或其他损伤而流血致死;临界缺乏时,常引起胸部、腿部、翅膀及腹部皮下出现小出血瘀斑,胃肠道和腹膜也见出血斑。病鸡的病情严重程度与出血的情况有关,出血持续时间长或大面积大出血,病鸡冠、肉髯、皮肤干燥苍白;肠道出血严重的则发生腹泻,致使病鸡严重贫血,常蜷缩在一起,雏鸡发抖,不久死亡。产蛋鸡维生素 K 缺乏,可见产蛋率下降、孵化时间降低,鸡胚出现死胎且有出血。

马:长期采食干燥发白的干草后,会呈现出一种亚临床维生素 K 缺乏症。

猪:实验性仔猪维生素 K 缺乏表现为敏感、贫血、厌食、衰弱和凝血时间延长,有的生长迟缓、苍白、皮下血肿、鼻出血和跛行;40～70 日龄的猪缺乏维生素 K 常见皮下大量出血。

牛:荷斯坦奶牛饲喂 18 mg/kg 双香豆素的草木樨 2 周以上出现症状,早期表现为四肢僵直或跛行及组织血肿。

【临床病理学】维生素K缺乏时，血液凝血酶原含量下降，血液凝固时间延长。鸡严重缺乏维生素K时，凝血时间可以由正常的17～20 s延长至5～6 min或更长。

【诊断】根据饲养管理状况和临床症状可以做出初步诊断；测定饲料、血液和肝脏维生素K含量、凝血酶原含量、血液凝固时间、凝血酶原时间可以确诊。

【治疗】查明病因，调整日粮，提供富含维生素K的饲料，或给动物注射维生素K或在日粮中添加维生素K。

常用的维生素K制剂有维生素K_1和维生素K_3注射液，猪10～30 mg/头，鸡1～2 mg/只，皮下或肌肉注射，连用3～5 d。也可以在日粮中添加维生素K，常添加维生素K_3 3～8 mg/kg。当用维生素K_3治疗时，最好同时给予钙剂；如有吸收障碍的动物，口服维生素K时，需同时服用胆盐。

【预防】供给动物富维生素K的饲料；控制磺胺和广谱抗生素的使用时间及用量；及时治疗胃肠道及肝胆疾病；在日粮中添加维生素K制剂，如雏鸡饲料中添加维生素K_3 1～2 mg/kg，新生猪5 μg/kg体重；合理调配日粮中其他脂溶性维生素的添加量。

（二）维生素K过多症(Hypervitaminosis K)

维生素K家族成员（维生素K_1、维生素K_2、维生素K_3）的毒副作用主要表现在血液学异常和循环系统功能紊乱两方面。不同维生素K形式引起毒性反应的程度差别很大，维生素K的天然形式，叶绿醌（维生素K_1）和甲基萘醌（维生素K_2），即使高剂量使用，毒性也非常小，但合成的甲萘醌（维生素K_3）化合物则对人畜表现出一定的毒性。过量服用合成的维生素K_3可伴有溶血性贫血和肝毒性。当人、兔、犬和小鼠摄入过量的合成维生素K主要表现有呕吐、卟啉尿和蛋白尿；兔出现凝血时间延长，小鼠出现血细胞减少和血红蛋白尿。

（潘翠玲）

第二节　水溶性维生素缺乏症

水溶性维生素是指能在水中溶解的一类维生素，包括B族维生素和维生素C，这类维生素容易从体内排出，并且几乎不在体内贮存，因此不容易引起过多症或中毒，只有在超剂量长时间使用时，才会引起轻微的临床反应。

B族维生素是一组水溶性维生素，主要包括维生素B_1（硫胺素）、维生素B_2（核黄素）、维生素B_3（烟酸或维生素PP）、维生素B_5（泛酸）、维生素B_6（吡哆醇、吡哆醛和吡哆胺）、维生素B_{12}（钴胺素）、叶酸、胆碱、生物素等。B族维生素是动物体必不可少的营养素，在生物学功能上作为酶的辅酶或辅基的组成成分，参与体内糖、蛋白质和脂肪的代谢，因此被列为一个家族。由于这类维生素的分布大致相同，提取时常互相混合，故统称为复合维生素B，但它们在化学结构上和生理功能上是互不相同的。

虽然B族维生素不在体内贮存，且易从体内排出，但在自然条件下，一般不会发生缺乏症。其一是因为B族维生素来源广泛，在青绿饲料、酵母、麸皮、米糠及发芽的种子中含量丰富；其二是因为这些维生素可以通过反刍动物的瘤胃内微生物和单胃动物的肠道微生物合成。但是幼年动物（如犊牛、羔羊、马驹等），因其胃肠道尚未健全，或成年动物在某些特定条件下（如应激、高产等），也可发生缺乏症。家禽肠道短，微生物合成有限，吸收利用的可能性更小，一般需饲粮供给。工厂化饲养的单胃动物，食粪机会少，对饲粮提供的需要量增加。

维生素B_1缺乏症

(Vitamin B_1 Deficiency)

维生素B_1缺乏症是指体内硫胺素缺乏或不足所引起的以神经机能障碍为主要特征的一种营养代谢病。雏禽、仔猪、犊牛和羔羊等幼畜禽多发。

【原因】硫胺素广泛存在于植物性饲料中，禾谷类籽实的外胚层、胚体中含量较高。其加工副产品糠麸以及饲用酵母中含量高达7～16 mg/kg，反刍动物瘤胃及马属动物盲肠内微生物可合成硫胺素，动物性产品如乳、肉类、肝、肾中含量也很高，植物性蛋白质饲料含3～9 mg/kg。所以实际应用的日粮中都含有充足的硫胺素，无须补充。然而，动物仍有维生素B_1缺乏症发生，其主要原因是：

(1)饲料中硫胺素缺乏。在日粮组成中，青绿饲料、禾本科谷物、发酵饲料以及蛋白性饲料缺乏或不足，而糖类过剩，或单一地饲喂谷类精料时，易引起发病。例如，仅仅给小鸡饲喂白大米则会出现多发性神经炎。

(2)内体合成障碍。犊牛在初生数周内，瘤胃尚未充分发育，不能合成维生素B_1，如果得不到含丰富维生素B_1的饲料和乳汁供应，容易引起缺乏症。

胃肠功能紊乱、长期慢性腹泻、大量使用抗生素等，致使大肠微生物区系紊乱，维生素 B_1 合成障碍，易引起发病。

(3)饲料维生素遭破坏。硫胺素溶于水且不稳定、不耐高温，因此，饲料如被蒸煮加热、碱化处理、用水浸泡，则会破坏或丢失硫胺素。

(4)饲料中存在维生素 B_1 拮抗因子。马牛摄食羊齿类植物（蕨类、问荆或木贼）过多，犬、猫食用生鱼过多，由于这些饲料中含有大量硫胺素酶，可使维生素 B_1 受到破坏，引起缺乏。抗球虫药（氨丙啉）化学结构与硫胺素相似，能竞争性抑制硫胺素的吸收。

(5)其他。动物在某些特定的条件下，如酒精中毒导致维生素 B_1 消化、吸收和排泄发生障碍；应激、妊娠、泌乳、生长阶段，机体对维生素 B_1 的需要量增加，而未能及时补充，容易造成相对缺乏或不足。

【病理发生】维生素 B_1 是体内多种酶系统的辅酶，能促进氧化过程，调节糖代谢，对维持生长发育，正常代谢，保证神经和消化机能的正常具有重要的意义。

维生素 B_1 作为一种辅酶，在动物体内以焦磷酸硫胺素（TPP）的形式参与糖代谢，催化α-酮酸（α-酮戊二酸和丙酮酸）的氧化脱羧基作用。葡萄糖是脑和神经系统的主要能源，当维生素 B_1 缺乏时，α-酮戊二酸氧化脱羧不能正常进行，丙酮酸不能进入三羧酸循环中氧化产能，而蓄积于血液和组织中，使能量供应不足，以致影响神经组织、心脏和肌肉的功能。神经组织所需能量主要靠糖氧化供给，因此神经组织受损最为严重，引起脑皮质坏死，而呈现运动失调、痉挛、抽搐、麻痹等症状。因而维生素 B_1 缺乏症又称为多发性神经炎。

维生素 B_1 能促进乙酰胆碱的合成，抑制胆碱酯酶对乙酰胆碱的分解，当维生素 B_1 缺乏时，乙酰胆碱合成减少，同时胆碱酯酶活性增高，导致胆碱能神经兴奋传导障碍，胃肠蠕动缓慢，消化液分泌减少，引起消化不良。

【临床表现】维生素 B_1 缺乏主要表现为食欲下降，生长受阻，多发性神经炎等，因患病动物的种类和年龄不同而有一定差异。

鸡：雏鸡日粮中维生素 B_1 缺乏，10 d 左右即可出现明显临床症状，主要呈多发性神经炎症状。双腿痉挛缩于腹下，趾爪伸直，躯体压在腿上，头颈后仰呈特异的“观星姿势”（图 13-2-1），最后倒地不起，许多病雏，倒地以后，头部仍然向后仰。成年鸡发病缓慢，缺乏约 3 周后才出现临床症状，冠呈蓝色，肌肉逐渐麻痹，开始发生于趾的屈肌，然后向上发展，波及腿、翅和颈部伸肌。小公鸡睾丸发育受抑制，鸡卵巢萎缩。

图 13-2-1　维生素 B_1 缺乏症病鸡

头向后仰，呈典型的“观星”姿势

鸭：病鸭常出现头歪向一侧，或仰头转圈等阵发性神经症状。随着病情发展，发作次数增多，并逐渐严重，全身抽搐或呈角弓反张而死亡。

猪：呕吐，腹泻，心力衰竭，呼吸困难，黏膜发绀，运步不稳，跛行，严重时肌肉萎缩。引起瘫痪，最后陷于麻痹状态直至死亡。

犬、猫：犬、猫硫胺素缺乏可引起对称性脑灰质软化症，小脑桥和大脑皮质损伤，犬以食熟肉而发生，在猫多以吃生鱼而发生。主要表现为厌食，平衡失调，惊厥，勾颈，头向腹侧弯，知觉过敏，瞳孔扩大，运动神经麻痹，四肢呈进行性瘫痪，最后患病动物半昏迷，四肢强直死亡。

马：多因采食蕨类植物中毒而发病。患马衰弱无力，采饲吞咽困难，知觉过敏，脉快而节律不齐，共济失调，惊厥，昏迷死亡。

反刍动物：主要发生于犊牛和羔羊，因母源性缺乏或瘤胃机能不全而发病。表现厌食，共济失调，站立不稳，严重腹泻和脱水。因脑灰质软化而出现神经症状，兴奋、痉挛、四肢抽搐呈惊厥状，倒地后牙关紧闭，眼球震颤，角弓反张，严重者呈强直性痉挛，昏迷死亡。

【临床病理学】血液中丙酮酸浓度可以从正常的 20～30 μg/L 升高至 60～80 μg/L；血清硫胺素浓度从正常的 80～100 μg/L 降至 25～30 μg/L；脑脊液中细胞数量由正常的 0～3 个/mL 增加到 25～100 个/mL。

【诊断】根据饲养管理情况、发病日龄、多发性外周神经炎的临床症状可做出初步诊断；应用治疗性诊断的方法是可行的，即给予足够量的维生素 B_1 后，可见到明显的疗效；测定血液中丙酮酸、乳酸和硫胺素的浓度、脑脊液中细胞数有助于确诊。

雏鸡发生本病应与传染性脑脊髓炎相区别。雏鸡传染性脑脊髓炎表现为头颈震颤、晶状体震颤，仅发生于雏鸡，成年鸡不发病，伴随发热，维生素 B_1 治疗无效。

【防治】改善饲养管理，调整日粮组成，若为原发性缺乏，草食动物应增加富含维生素 B_1 的优质青草、发芽谷物、麸皮、米糠或饲酵母等，犬、猫应增加肝、肉、乳的供给；对于幼畜和雏鸡，应在日粮中添加维生素 B_1，剂量为 5～10 mg/kg 饮料，或 30～60 μg/kg 体重。目前普遍采用饲料中补充维生素添加剂(复合维生素 B)防治本病。

严重缺乏时，一般采用盐酸硫胺素注射液，皮下或肌肉注射，剂量为 0.25～0.5 mg/kg 体重。因维生素 B_1 代谢较快，应每 3 h 注射 1 次，连用 3～4 d。也可以口服维生素 B_1 连续 10 d。一般不建议采用静脉注射的方式给予维生素 B_1。

预防本病主要是加强饲料管理，提供富含维生素 B_1 的全价日粮；控制抗生素等药物的用量及时间；防止饲料中含有分解维生素 B_1 的酶，如把鱼蒸煮以后再喂；根据机体的需要及时补充维生素 B_1。

维生素 B_2 缺乏症
(Vitamin B_2 Deficiency)

维生素 B_2 缺乏症是指由于动物体内核黄素缺乏或不足所引起以生长缓慢、皮炎、胃肠道及眼损伤，禽类以趾爪蜷缩、飞节着地而行及坐骨神经肿大为特征的一种营养代谢病，又称为核黄素缺乏症(Riboflavin Deficiency)。本病多发生于禽类、貂和猪，反刍动物和野生动物偶尔也可以发生，且常与其他 B 族维生素缺乏相伴发生。

【原因】维生素 B_2 又称为核黄素，广泛存在于植物性饲料和动物性蛋白中，动物体内胃肠微生物也能合成，因此，在自然条件下，一般不会引起维生素 B_2 缺乏，下列情况可导致其缺乏：长期饲喂维生素 B_2 贫乏的日粮(如动物单纯饲喂禾谷类饲料)；或饲料加工和储存不当，经热、碱、紫外线的作用，导致维生素 B_2 破坏；长期大量使用广谱抗生素抑制消化道微生物，造成维生素 B_2 合成减少；动物患有胃肠、肝胰疾病，造成维生素 B_2 吸收、转化和利用障碍；动物在妊娠、泌乳或生长发育等特定条件下需要量增加。

【病理发生】维生素 B_2 是黄素单核苷酸(FMN)和黄素腺嘌呤二核苷酸(FAD)两种黄素辅酶的组成部分，参与体内催化蛋白质、脂肪、糖的代谢和氧化还原过程，并对中枢神经系统营养、毛细血管的机能活动有重要影响，此外，维生素 B_2 在体内还具有促进胃分泌、肝脏、生殖系统机能活动以及防止眼角膜受损的功能。维生素 B_2 在体内还具有促进维生素 C 的生物合成、维持红细胞的正常功能和寿命、参与生物膜的抗氧化作用、影响体内贮存铁的利用等生物学功能。

维生素 B_2 缺乏或不足时，动物体内的与其相关的酶系统受抑制，导致蛋白质、脂肪和糖代谢障碍，进而使神经系统、心血管系统、消化系统，以及生殖系统机能紊乱，引起一系列的病理变化。

【临床表现】病初表现食欲下降，精神不振，生长缓慢；皮肤发炎，增厚，脱屑，被毛粗乱，局部脱毛；眼流泪，结膜炎，角膜炎，口唇发炎。随后出现共济失调，痉挛，麻痹，瘫痪以及消化不良，呕吐，腹泻，脱水，心衰，最后死亡。各种动物症状表现有所不同。

图 13-2-2 雏鸡维生素 B_2 缺乏症

病鸡不能站立行走，趾爪向内弯曲，跗关节着地而行

禽：雏鸡缺乏维生素 B_2 临床经过急而且症状明显，通常见于 2～4 周龄的雏鸡，最早可见于 1 周龄。表现羽毛生长缓慢，两腿发软，绒毛稀少，特征性症状是趾爪向内卷曲，不能站立，行走困难，多以跗关节着地而行(图 13-2-2)，展开翅膀以维持身体平衡，腿部肌肉萎缩，因采食受限，饥饿衰弱而死或被踩死。成年家禽维生素 B_2 缺乏，本身症状不明显，但病至后期，腿叉开而卧，瘫痪，母鸡产蛋下降，蛋的孵化率降低，胚胎死亡率升高，即使不死，雏出壳时瘦小，水肿，脚爪弯曲，蜷缩成钩状，羽发育受损，出现"结节状绒毛"。

猪：幼龄猪生长缓慢，皮肤粗糙呈鳞状脱屑或溢脂性皮炎，被毛脱落，白内障，步态不稳，严重者四肢轻瘫。妊娠母猪流产或早产，所产仔猪体弱，皮肤秃毛，皮炎，结膜炎，腹泻，前肢水肿变形，运步不稳，多卧地不起。

犬、猫：皮屑增多，皮肤红斑、水肿，后肢肌肉虚弱，平衡失调，惊厥。

马：不食，生长受阻，腹泻，畏光流泪，视网膜和晶状体浑浊，视力障碍，周期性眼炎。

牛：犊牛可见口角、唇、颊、舌黏膜发炎，流涎，流泪，脱毛，腹泻，有时呈现全身性痉挛等神经症状；成年牛很少自然发病。

【诊断】根据饲养管理情况及临床症状可作初步诊断；测定血液和尿液中维生素 B_2 含量有助于本病的诊断。如全血中维生素 B_2 含量低于 0.039 9 μmol/L，红细胞内维生素 B_2 含量下降有助于确诊。治疗性试验可验证诊断。

【治疗】查明病因，清除病因；调整日粮配方，增加富含维生素 B_2 的饲料，或补给复合维生素 B 添加剂。

药物治疗：常用维生素 B_2 制剂有：维生素 B_2 注射液，0.1～0.2 mg/kg 体重，皮下或肌肉注射，7～10 d 为一个疗程。维生素 B_2 混于饲料中给予，雏禽不少于 4 mg/kg 饲料，育成禽不少于 2 mg/kg 饲料，种禽应确保 5～6 mg/kg 饲料，犊牛 30～50 mg/头，仔猪 5～6 mg/头，育成猪 50～70 mg/头，连用 1～2 周。复合维生素 B 制剂，马 10～20 mL，牛羊 2～6 mL，每日 1 次口服，连用 1～2 周。也可喂给饲用酵母补充维生素 B_2。

【预防】饲喂富含维生素 B_2 的全价日粮；根据机体不同阶段的需要及时补充；控制抗生素大剂量长时间应用；不宜把饲料过度蒸煮，以免破坏维生素 B_2；如有必要可补给复合维生素 B 添加剂或饲用酵母。

维生素 B_3 缺乏症
（Vitamin B_3 Deficiency）

维生素 B_3 缺乏症是指由于动物体内烟酸缺乏或不足引起的以皮肤和黏膜代谢障碍、消化功能紊乱、被毛粗乱、皮屑增多和神经症状为特征的一种营养代谢病。本病主要发生于猪和家禽，反刍动物极少发生。

维生素 B_3 也称为烟酸，或烟酰胺；有人也称为维生素 PP、尼克酸或抗癞皮病因子。烟酸广泛存在于动植物饲料中，肉、鱼、蛋、奶、全麦粉、水果、蔬菜、酵母、米糠中烟酸含量较高，玉米中烟酸及其前体色氨酸含量较低。

【原因】动物长期饲喂烟酸或色氨酸缺乏或不足的日粮，造成烟酸缺乏或合成不足。如以玉米为主的日粮，因为玉米中烟酸含量较低，其前体色氨酸含量也较低，合成烟酸也不足以满足动物的需求。饲料中含有烟酸拮抗成分太多，干扰其吸收利用，如 3-吡啶磺酸、磺胺吡啶、吲哚-3-乙酸（玉米中含量较高）、三乙酸吡啶、亮氨酸等成分均可与烟酸拮抗。长期大量服用广谱抗生素，干扰胃肠道微生物区系的繁殖，影响了烟酸的合成。在某些特定条件下（应激、妊娠、高产阶段，患热性疾病、寄生虫病、腹泻、肝和胰机能障碍等），需要量增加，而又未得到及时补充，可引起烟酸缺乏症。

反刍动物瘤胃微生物可以合成烟酸，即使是犊牛，也不至于产生烟酸缺乏症。

【病理发生】烟酸在动物体内主要是以辅酶Ⅰ（NAD）和辅酶Ⅱ（NADP）的形式参与机体氧化还原的递氢过程，在动物的能量利用以及脂肪、蛋白质和碳水化合物合成与分解方面起着重要的作用。烟酸缺乏时，表现为皮肤黏膜和神经功能的紊乱，临床上表现为腹泻、糙皮、痴呆等。

【临床表现】一般症状包括黏膜功能紊乱，食欲下降，消化不良，消化道黏膜发炎，大肠和盲肠发生坏死、溃疡以至出血。皮毛粗糙，形成鳞屑。睾丸上皮退行性变化，神经变性，运动失调，反射紊乱、麻痹和瘫痪。

雏禽：除具有烟酸缺乏的一般症状以外，还表现生长缓慢，羽毛生长不良，鼻、眼、喙发炎。特有症状为跗关节肿大、增生，骨短粗，股骨弯曲，罗圈腿。

猪：食欲下降，严重腹泻，唇舌溃烂，皮屑增多性皮炎，结肠和盲肠有坏死性病变。后肢瘫痪，平衡失调，四肢麻痹。

犬、猫：最明显的变化是舌部，开始舌色红，继之蓝色素沉着，形成所谓的“黑舌病”，并且分泌出黏的有臭味的唾液，口腔溃疡，腹泻。精子生成减少，活力下降。神经变性，条件反射异常、麻痹和瘫痪。严重者可引起脱水，酸中毒，贫血等。

【诊断】根据发病经过、日粮分析、特征性症状可做出诊断。本病与锰或胆碱缺乏所引起的骨短粗症的区别在于，患病动物的跟腱极少出现滑脱。

【防治】调整日粮，供给富含烟酸的饲料，如色氨酸、啤酒酵母、米糠、麸皮、豆类、鱼粉等，也可在饲料中添加烟酸添加剂进行补充。鸡和猪日粮中烟酸含量分别为 25～70 mg/kg 和 10～15 mg/kg 即可满足其需要。患病动物烟酸的口服剂量为：猪 0.6～1.0 mg/kg 体重，犬 25 mg/kg 体重，猫 60 mg/kg 体重，兔 50 mg/kg 体重，貂狐 30 mg/kg 体重。病鸡可用烟酸注射液肌肉注射，0.1 mL/只，每天 1 次，连用 3 d。

泛酸缺乏症（维生素 B_5 缺乏症）
（Pantothenic Acid Deficiency）

维生素 B_5 缺乏症是指由于动物体内泛酸缺乏或不足引起的以生长缓慢、皮肤损伤、神经症状和消化功能障碍为特征的一种营养代谢病。本病可发生于各种动物，但以家禽和猪多发。

泛酸又称为遍多酸、抗鸡皮炎因子，广泛存在于动植物饲料中，如苜蓿干草、花生饼、米糠、牛肉、猪肉、海鱼、奶、水果、绿叶植物等，酵母中含量最丰富，但玉米和蚕豆中含量较少。动物胃肠道也可以合成泛酸，但在一定程度上受饲料种类的影响。对大多数动物来说，日粮中泛酸含量为 5～15 mg/kg 即可满足其生长繁殖的需要。

【原因】由于泛酸广泛存在于动植物饲料中，加上动物的胃肠道可以合成，一般情况下不易发生缺乏症，但在下列情况下可以发生泛酸缺乏症。

长期饲喂泛酸含量较低的饲料，如猪、鸡饲喂玉米-豆粕型日粮，容易出现泛酸缺乏症。饲料加工不当，如过热、过酸或过碱的条件下均会造成泛酸破坏。某些因素影响动物对泛酸的需要量，如母鸡维生素 B_{12} 缺乏时，其后代泛酸的需要量比普通雏鸡要高；泛酸参与体内维生素 C 的合成，一定量的维生素 C 可降低机体对泛酸的需要量。机体在某些特定的条件下，如应激、高产、妊娠泌乳时需要量增加，如未及时补充，可发生缺乏症。

【病理发生】泛酸是体内辅酶 A 和酰基载体蛋白（ACP）的组成部分，辅酶 A 作为羧酸的载体，通过乙酰辅酶 A 的形式进入三羧酸循环。在脂肪酸、胆固醇、固醇类的合成和脂肪酸、丙酮酸、α-酮戊二酸的氧化及在乙酰化作用等酶反应过程中，辅酶 A 以酰基载体的方式发挥其功能作用。乙酰辅酶 A 也能与胆碱结合形成乙酰胆碱，从而影响植物性神经的功能。因此，泛酸缺乏时，可导致糖类、脂肪、蛋白质代谢障碍，乙酰胆碱合成减少，肝脏乙酰化解毒减弱，肾上腺皮质激素合成及造血功能障碍等一系列病理过程。

【症状】家禽：家禽缺乏泛酸时，主要表现为神经系统、肾上腺皮质和皮肤受损伤，孵化率下降。雏鸡表现生长缓慢，发育迟缓，饲料利用率降低，羽毛粗糙卷曲、质脆易脱落，皮炎，头部、趾间和脚底表层皮肤脱落，并出现裂口。有的脚部皮肤增生、角化，在爪的肉垫部出现疣状突出物。眼睑边缘呈颗粒状，眼睑常被黏液性渗出物黏合，口角、眼睑、泄殖腔周围形成小结节和结痂。脊髓神经纤维呈脂质变性，出现运动障碍、共济失调。雏鸡的泛酸缺乏症和生物素缺乏症很难区别开。蛋鸡产蛋量基本正常，但孵化率降低，鸡胚死亡率高，发育中的鸡胚主要病变为皮下出血和严重水肿。鸭的症状类似鸡，主要以小细胞性贫血为特征。

猪：许多猪的饲料泛酸含量很低，甚至缺乏，因此猪易患泛酸缺乏症，主要表现为外周神经和脊索神经发生变性。典型症状为后腿踏步运动或成正步走，高抬腿，呈"鹅步"姿势（图 13-2-3），并伴有眼鼻周围痂状皮炎，斑块状秃毛，毛色素减退，严重者皮肤溃疡，神经变性，并发生惊厥，有时有肠道溃疡，结肠炎。母猪卵巢萎缩，子宫发育不良，妊娠后胎儿发育异常。病理学变化有脂肪肝，肾上腺及心脏肿大，并伴有心肌松弛和肌内出血，神经节脱髓鞘。

图 13-2-3　猪泛酸缺乏

呈"鹅步"姿势

犬、猫：厌食，低糖血症，低氯血症和氮质血症，有时出现惊厥、昏迷和死亡。

牛：犊牛一般不致缺乏，曾见到人工病例发生腹泻，生长停止，不能站立。

马：表现被毛粗糙，秃毛症，生长受阻，通常继发肺炎及肾皮质机能不全。

【诊断】根据发病史、日粮分析、临床症状和病理变化可做出诊断。雏鸡的泛酸缺乏症和生物书缺乏症不易区分开，但发生生物素缺乏时，常有在饲料中加入未经煮熟的蛋清的病史。

【防治】调整日粮组成，添加富含泛酸的饲料，如酵母、花生粉、麸皮、米糠、青绿饲料及动物肝脏等。

药物治疗：泛酸钙，每吨饲料添加 10～12 g；病情严重者，泛酸注射液，猪 0.1 mg/kg 体重，鸡 15 mg/只，肌肉注射，每日 1 次，连用 2～3 d。

预防本病的关键是保证日粮中含足够的泛酸，以满足动物的不同时期的生理需要。1～6 日龄雏鸡 6～10 mg/kg 饲料，肉仔鸡 6.5～8.0 mg/kg 饲料，产蛋鸡 15 mg/kg 饲料；生长猪 11～13.2 mg/kg 饲料，繁殖及泌乳阶段 13.2～16.5 mg/kg 饲料。

维生素 B_6 缺乏症
（Vitamin B_6 Deficiency）

维生素 B_6 缺乏症是指由于动物体内吡哆醇、吡哆醛或吡哆胺缺乏或不足所引起的以生长缓慢、皮炎、癫痫样抽搐、贫血为特征的一种营养代谢病。临床可以见到幼年反刍动物、雏禽和猪发病，但自然条件下很少发生单纯性维生素 B_6 缺乏症。

维生素 B_6 包括吡哆醇、吡哆醛和吡哆胺，以吡哆醇为代表。吡哆醇在哺乳动物体内可以转化为吡哆醛和吡哆胺，但吡哆醛和吡哆胺不能逆转为吡哆醇。三者在动物体内的活性相同。

【原因】吡哆醇广泛存在于各种植物性饲料之中，吡哆醛和吡哆胺在动物性食物中含量丰富，动物的胃肠道微生物还可合成维生素 B_6，因此，一般情况下，动物不会发生维生素 B_6 缺乏症。但下列情况下有可能发生维生素 B_6 缺乏症。

饲料加工、精炼、蒸煮或低温贮藏、紫外线照射使维生素 B_6 遭到破坏；日粮中含有巯基化合物、氨基脲、羟胺、亚麻素等维生素 B_6 拮抗剂，影响维生素 B_6 的吸收和利用；日粮中的其他因素导致维生素 B_6 需要量增加，如日粮中蛋白质水平升高，氨基酸不平衡（如色氨酸和蛋氨酸过度）会增加维生素 B_6 需要量；机体在某些特定的条件下（妊娠、泌乳、应激等）也会增加维生素 B_6 的需要量。

【临床表现】维生素 B_6 缺乏主要表现为：生长受阻、皮炎、癫痫样抽搐、贫血和色氨酸代谢受阻等。

禽：雏禽维生素 B_6 缺乏时表现食欲下降，生长缓慢，皮炎，贫血，惊厥，颤抖，不随意运动，病禽腰背塌陷，腰痉挛，多因强烈痉挛、抽搐而死亡。产蛋鸡产蛋率和孵化率均下降，羽毛发育受阻，痉挛，跛行。

猪：表现食欲下降，小红细胞性低色素性贫血，癫痫样抽搐，共济失调，呕吐，腹泻，被毛粗乱，皮肤结痂，眼周围有黄色分泌物。病理变化为皮下水肿，脂肪肝，外周神经脱髓鞘。

犬、猫：表现为小细胞低色素性贫血，血液中铁浓度升高，含铁血黄素沉着。

犊牛：表现厌食，生长发育受阻，被毛粗乱，掉毛，抽搐，异性红细胞增多性贫血。

家兔：表现耳部皮肤鳞片化，口鼻周围发炎，脱毛，痉挛，四肢疼痛，最后瘫痪。

【诊断】根据病史、临床症状、结合测定血浆中吡哆醛（PL）、磷酸吡哆醛（PLP）、总维生素 B_6 或尿中 4-吡哆酸含量可以初步诊断，必要时可以进行色氨酸负荷实验、蛋氨酸负荷实验和红细胞转氨酶活性测定。

【防治】病情轻微者，应调整饲料中的蛋白质含量，补充糠麸、酵母等含维生素 B_6 丰富的饲料。急性病例可以肌肉或皮下注射维生素 B_6 或复合维生素 B 注射液；慢性病例可以在日粮中补充维生素 B_6 单体，也可以补充复合维生素 B 添加剂。

各种动物对吡哆醇的需要量为：雏鸡 6.2～8.2 mg/kg 饲料，青年鸡 4.5 mg/kg 饲料，鸭 4.5 mg/kg 饲料，鹅 3.0 mg/kg 饲料，猪 1 mg/kg 饲料；犬、猫 3～6 mg/kg 体重，幼犬、猫剂量加倍。

维生素 B_{12} 缺乏症
（Vitamin B_{12} Deficiency）

维生素 B_{12} 缺乏症是指由于动物体内维生素 B_{12}（或钴）缺乏或不足引起的生长发育受阻、物质代谢紊乱、造血机能及繁殖机能障碍为特征的一种营养代谢性疾病。本病多为地区性流行，钴缺乏地区多发，动物中以猪、禽和犊牛多发，其他动物发病率较低。

维生素 B_{12} 又称氰钴胺，是促红细胞生成因子，现定名钴胺素。维生素 B_{12} 在动物性蛋白中含量丰富，植物性饲料中几乎不含有维生素 B_{12}。动物机体可在瘤胃或大肠内微生物作用下合成维生素 B_{12}，维生素 B_{12} 合成过程中，需要微量元素钴和蛋氨酸，因此饲料中缺乏钴和蛋氨酸可造成维生素 B_{12} 合成不足，引起缺乏。家禽体内合成维生素 B_{12} 能力有限，必须从日粮中补充。

【原因】造成维生素 B_{12} 缺乏症的主要原因有外源性缺乏和/或内源性生物合成障碍。长期使用维生素 B_{12} 含量较低的植物性饲料，或微量元素钴、蛋氨酸缺乏或不足的饲料饲喂动物，可引起维生素 B_{12} 缺乏症。长期使用广谱抗生素，造成胃肠道微生物区系受到抑制或破坏，引起维生素 B_{12} 合成减少。胃肠道疾病，影响维生素 B_{12} 吸收利用。幼龄动物体内合成的维生素 B_{12} 尚不能满足其需要，有赖于从母乳中摄取，如果母乳不足或乳中维生素 B_{12} 含量低下，易引起缺乏症。维生素 B_{12} 经小肠吸收进入肝脏转化为甲基钴胺而参与氨基酸、胆碱、核酸的生物合成，因此，当肝损伤或肝功能障碍时，亦可产生维生素 B_{12} 缺乏样症状。

【病理发生】饲料中的维生素 B_{12} 吸收进入机体后，在肝脏中转化为具有高度代谢活性的甲基钴胺而参与氨基酸、胆碱、核酸的生物合成，并对造血、内分泌、神经系统和肝脏机能具有重大影响。动物维生素 B_{12} 缺乏时，糖、蛋白质和脂肪的中间代谢障碍，由于 N_5-甲基四氢叶酸不能被利用，阻碍了胸腺嘧啶的合成，致使脱氧核糖核酸合成障碍，使红细胞发育受阻，引起巨红细胞性贫血和白细胞减少症。由于丙酮分解代谢障碍，脂肪代谢失调，阻碍髓鞘形成，而导致神经系统损害。

【临床表现】患病动物的一般症状为食欲减退或反常，生长发育受阻，可视黏膜苍白，皮肤湿疹，神经兴奋性增高，触觉敏感，共济失调，易发肺炎和胃肠炎等疾病。

禽：雏鸡表现食欲下降，生长缓慢，贫血，脂肪肝，死亡率增加。成年鸡产蛋量下降，孵化率降低，胚胎发育畸形，多在孵化 17 d 左右死亡，孵出的雏鸡弱小且多畸形。

猪：病初厌食，生长停滞，皮肤粗糙，背部有湿疹样皮炎，逐渐出现恶性贫血症状。消化不良，异嗜，腹泻。运动失调，后腿软弱或麻痹，卧地不起，多有肺炎等继发感染。母猪缺乏时，易发生流产、死胎，产仔数减少，仔猪活力减弱，生后不久死亡。

犬、猫：厌食，生长停滞，贫血，幼仔脑水肿。

牛：犊牛表现食欲下降，生长缓慢，黏膜苍白，皮肤被毛粗糙，肌肉弛缓无力，共济失调；成年牛异嗜，营养不良，衰弱乏力，可视黏膜苍白，产奶量明显下降。

【诊断】根据病史、饲养管理状况和临床症状可做出初步诊断，实验检测可确诊（血液和肝脏中钴、维生素 B_{12} 含量降低，尿中甲基丙二酸浓度升高，巨细胞性贫血）。本病应与泛酸、叶酸、钴缺乏及幼畜营养不良相区别。

【防治】在查明原因的基础上，调整日粮，供给富含维生素 B_{12} 的饲料，如全乳、鱼、肉、肝粉和酵母等，反刍动物亦可补给氯化钴等钴制剂。

药物治疗常用维生素 B_{12} 注射液，马 1～2 mg，猪、羊 0.3～0.4 mg，犬 100 μg，仔猪 20～30 μg，鸡 2～4 μg，每日或隔日肌肉注射 1 次。

对严重的维生素 B_{12} 缺乏症患畜，除补充维生素 B_{12} 以外，还可应用葡萄糖铁钴注射液、叶酸和维生素 C 等制剂。

为预防本病的发生，应保证日粮中含有足量的维生素 B_{12} 和微量元素钴，猪和鸡日粮中维生素 B_{12} 含量分别为 15～20 μg/kg 和 12 μg/kg 即可满足其需要。反刍动物不需要补充维生素 B_{12}，只要口服钴制剂就行。种鸡日粮中添加 4 mg/t 的维生素 B_{12} 可保证最高的孵化率。对缺钴地区的牧地，应适当施用钴肥。

维生素 C 缺乏症
（Vitamin C Deficiency）

维生素 C 缺乏症是指由于动物体内抗坏血酸缺乏或不足引起的以皮肤、内脏器官出血，贫血，齿龈溃疡、坏死和关节肿胀为特征的一种营养代谢性疾病，又称坏血病。

维生素 C 也称抗坏血酸，广泛存在于青绿植物中，并且除了人、灵长类动物及豚鼠以外，大多数动物可以自己合成，因此兽医临床中，畜禽较少发生维生素 C 缺乏症。但猪内源性合成的维生素 C 不足以满足其机体需要，仍要从饲料中摄取补充，此外，生长发育中的幼龄动物也可以发生维生素 C 缺乏症。

【原因】长期饲喂维生素 C 缺乏的饲料；饲料加工处理不当，如阳光过度暴晒、高温蒸煮、贮存过久、发霉变质等；动物患胃肠疾病或肝脏疾病，致使维生素 C 吸收、利用、合成障碍；某些感染、传染病、热性病、应激过程中，维生素 C 的消耗增加，可引起维生素 C 相对缺乏；幼畜出生后 10～20 d 内不能合成维生素 C，须从母乳获取，若母乳中维生素 C 缺乏或不足，可引起缺乏症。

【病理发生】体内维生素 C 以还原型抗坏血酸形式存在，与脱氢抗坏血酸保持可逆的平衡状态，从而构成氧化-还原系统，参与机体许多重要的生化反应，如参与细胞间质中胶原和黏多糖的生成，参与生物氧化还原反应，参与氨基酸、脂肪、糖的代谢，参与肾上腺皮质激素的合成，促进肠道铁的吸收等。

维生素 C 缺乏可引起机体一系列代谢机能紊乱，主要是胶原合成障碍，导致细胞间质比例失调，支持组织的完整性受到破坏，再生能力降低，导致骨髓、牙齿及毛细血管壁间质形成不良，使骨、牙齿易折断或脱落，创口溃疡不易愈合。毛细血管的细胞间质减少，管壁孔隙增大，通透性增强，导致皮下、肌肉、胃肠道黏膜出血。

维生素 C 缺乏会使铁在肠内的转化、吸收发生障碍，叶酸的活性降低，影响造血机能而引起贫血。

维生素 C 缺乏引起抗体生成和网状内皮系统机能减弱，机体自然抵抗力和免疫反应性降低，对疾病的易感性增强，极易继发感染疾病。

【临床表现】家禽由于家禽嗉囊能合成维生素

C,较少发生缺乏症。缺乏维生素 C 时,表现生长缓慢,产蛋量下降,蛋壳极薄。

猪:表现重剧出血性素质,皮肤黏膜出血、坏死,以口腔、齿龈和舌明显,皮肤出血部位鬃毛软化易脱落,新生仔猪常发生脐管大出血,造成死亡。

牛:犊牛除了齿龈病变外,皮肤出现明显的病变,毛囊角化过度,表皮剥脱形成蜡样结痂,秃毛,多发于耳周围,严重可蔓延至肩胛及背部。四肢关节增粗、疼痛,出现运动障碍。成年牛表现为皮炎或结痂性皮肤病,齿龈多发生化脓-腐败性炎症,产奶量下降,易发生酮病。

猴:发生齿龈炎,齿龈出血,牙齿松动。皮下微血管出血,尤其是在可视黏膜、消化道、生殖器官及泌尿道等部位。幼猴表现食欲下降,体重减轻,四肢无力等。

狐:妊娠时维生素 C 缺乏,其所生幼狐四肢关节、爪垫肿胀,皮肤发红,俗称"红爪病"。严重病例,爪垫可形成溃疡和裂纹。多数病例生出后第 2 天就于跗关节发病,生后 2～3 d 死亡。

【诊断】根据病史、饲养管理状况、临床症状(出血性素质)、病理解剖变化(皮肤、黏膜、肌肉、器官出血,齿龈肿胀、溃疡、坏死等),及血、尿、乳中维生素 C 含量的测定等进行综合分析,建立诊断。

【治疗】查明病因,及时改善饲养管理,给予富含维生素 C 的新鲜青绿饲料;对犬、狐等肉食动物供给鲜肉、肝脏或牛奶等;也可用维生素 C 内服或拌料,反刍动物因维生素 C 在瘤胃内被破坏,不宜内服。

药物治疗:维生素 C 注射液,马、牛 1～3 g,猪、羊 0.2～0.5 g,犬 0.1～0.2 g,皮下或静脉注射,每日 1～2 次,连用 3～5 d。维生素 C 片,马 0.5～2 g,猪、羊 0.2～0.5 g,仔猪 0.1～0.2 g,口服或混饲,连用 1～2 周。

对于口腔溃疡或坏死,可用 0.1%高锰酸钾或抗生素药液冲洗,涂抹碘甘油或抗生素药膏。

【预防】加强饲养管理,保证日粮全价营养,供给富含维生素 C 的饲料;饲料加工调制不可过久或用碱处理,青饲料不易贮存过久;加强妊娠母猪饲养管理,防止维生素 C 缺乏,仔猪断奶要适时,不宜过早;遇动物感染、应激、热性病、传染病时,增加维生素 C 的供给,防止造成消耗过多,引起相对缺乏。

叶酸缺乏症(Folic Acid Deficiency)

叶酸缺乏症是指由于动物体内叶酸缺乏或不足引起的以生长缓慢、皮肤病变、造血机能障碍和繁殖功能降低为主要特征的营养代谢性疾病。本病主要见于猪、禽,其他家畜少见。

叶酸又称为维生素 M,属于抗贫血因子,因在菠菜中发现的生长因子与此物相同,故称之为叶酸,其纯品命名为蝶酰单谷氨酸。叶酸广泛存在于植物叶片、豆类及动物产品中,反刍动物的瘤胃和马属动物的盲肠能合成足够的叶酸,猪和禽类的胃肠道也能够合成一部分叶酸,故一般自然情况下,动物不易发生叶酸缺乏。

【原因】以下情况下可引起猪、禽和幼年反刍动物叶酸缺乏症:长期单一饲喂玉米或其他谷物而不给青绿饲料,又未及时补充叶酸;长期饲喂低蛋白性的饲料(蛋氨酸、赖氨酸缺乏)或过度煮熟的食物;长期使用抗生素或其他抗菌药物,影响叶酸的体内生物合成;长期患有消化道疾病,导致叶酸吸收、利用障碍;动物在某些特定的生理条件下(如妊娠、泌乳等),叶酸需要量增加,也可引起相对缺乏。

【病理发生】叶酸是由蝶酸和谷氨酸结合而成,饲料中的绝大部分叶酸是以蝶酰多聚谷氨酸的形式存在,进入体内被小肠黏膜分泌的解聚酶水解为谷氨酸和游离叶酸。叶酸在肠壁、肝脏等组织,经叶酸还原酶催化,先还原成 7,8-二氢叶酸,然后再通过二氢叶酸还原酶催化,生成具有生物活性的 5,6,7,8-四氢叶酸。四氢叶酸作为"一碳基团"转移酶系的辅酶,参与多种氨基酸代谢,还参与嘌呤和胸腺嘧啶及甲基化合物的合成等代谢过程。由于嘌呤和嘧啶都是合成核酸的原料,因此,叶酸对核酸的合成有直接的影响,并对蛋白质的合成和新细胞的形成也有重要的促进作用。

叶酸缺乏时,导致细胞生长增殖受阻,组织退化,动物生长发育缓慢,消化紊乱,消化道上皮、表皮、骨髓等处损伤。红细胞 DNA 合成受阻,血细胞分裂增殖速度下降,细胞体积增大,核内染色疏松,引起巨幼红细胞性贫血。

【临床表现】叶酸缺乏时,患病动物主要表现为食欲下降,消化不良,腹泻,生长缓慢,皮肤粗糙,脱毛,巨幼红细胞低色素性贫血,白细胞和血小板减少,易患肺炎、胃肠炎等。

禽:雏鸡食欲不振,生长缓慢,羽毛生长不良,易折断,有色羽毛褪色,出现典型的巨幼红细胞性贫血和血小板减少症,胫骨短粗,腿衰弱无力。雏火鸡见有特征性颈麻痹症状,头颈直伸,双翅下垂,不断抖动。母鸡产蛋下降,孵化率低下,胚胎畸形,死亡率高。

猪:食欲下降,生长迟滞,衰弱乏力,腹泻,皮肤粗糙，秃毛，皮肤黏膜苍白，巨幼红细胞性贫血，并伴有白细胞和血小板减少。母猪受胎率和泌乳量下降。

赛马、赛狗：对叶酸需要量较大，在训练期内血液中叶酸浓度下降。

【诊断】根据病史、饲养管理状况、血液学检查（巨幼红细胞性贫血、白细胞和血小板减少），结合临床治疗性试验进行诊断。单纯的叶酸缺乏在临床上较少见，也不易诊断，往往与维生素 B_{12}、蛋白质缺乏相伴发。

【防治】调整日粮组成，增加富含叶酸的饲料，如酵母、青绿饲料、豆谷、苜蓿等。

药物治疗：应用叶酸制剂，猪 0.1～0.2 mg/kg 体重，每日 2 次口服或 1 次肌肉注射，连用 5～10 d；禽 10～150 μg/只，内服，或 50～100 μg/只，肌肉注射，每日 1 次。若配合应用维生素 B_{12}、维生素 C 进行治疗，可收到更好的疗效。

在预防方面，保证日粮中含有足够的叶酸，可在饲料里搭配一定量的黄豆饼、啤酒酵母、亚麻仁饼或肝粉，防止用单一玉米作饲料。各种动物叶酸的需要量：1～60 日龄鸡 0.6～2.0 mg/kg 日粮，雏火鸡 0.8～2.0 mg/kg 日粮，蛋鸡 0.12～0.42 mg/kg 日粮，肉鸡 0.3～1.0 mg/kg 日粮，火鸡 0.4～0.7 mg/kg 日粮；犬猫 0.3～0.4 mg/kg 体重，狐貂 0.6 mg/kg 体重，赛马和赛狗 15 mg/kg 体重，工作马 10 mg/kg 体重。

在服用磺胺药或抗生素药物期间，或日粮中蛋白质不足时，或动物患胃肠疾病时，需适当增加叶酸或复合维生素 B 的给予量。

胆碱缺乏症（Choline Deficiency）

胆碱缺乏症是指由于动物体内胆碱缺乏或不足引起的以生长发育受阻、肝肾脂肪变性、消化不良、运动障碍、禽类骨短粗等为特征的一种营养代谢病。仔猪、雏禽和营养状况良好的产蛋鸡较为多发，犊牛偶有发生，其他动物少发。

胆碱，又称抗脂肪肝因子，以磷酸酯或乙酰胆碱的形式广泛存在于自然界，动物性饲料（鱼粉、肉粉、骨粉等）、青绿植物以及饼粕是其良好来源，并且多数动物体内能够合成足够数量的胆碱，所以一般情况不会引起胆碱缺乏症。

【原因】以下情况可以导致胆碱缺乏：日粮中动物性饲料不足，尤其是合成胆碱必需的蛋氨酸、丝氨酸缺乏时，胆碱合成不足；日粮中烟酸过多，通常以甲基烟酰胺形式自体内排出，使机体缺少合成胆碱所必需的甲基；微量元素锰缺乏可导致胆碱缺乏同样的症状，锰参与胆碱运送脂肪的过程，起着类似胆碱的生物学作用；日粮中蛋白质过量、叶酸或维生素 B_{12} 缺乏时，胆碱的需要量明显增加，如未及时补充，可造成缺乏；幼龄动物体内合成胆碱的速度不能满足机体的需要，必须从日粮中摄取胆碱，否则易造成缺乏症。

【病理发生】胆碱属于抗脂肪肝维生素，作为卵磷脂及乙酰胆碱等的组成成分参与脂肪代谢，可促进肝脏脂肪以卵磷脂形式被输送，或者提高脂肪酸在肝脏内的氧化利用，从而防止脂肪在肝脏（和肾脏）内的反常积聚。因而胆碱缺乏时，主要引起脂肪代谢障碍，造成脂肪在肝细胞内大量沉积，引起肝脂肪变性。

胆碱在体内作为甲基族的供体，参与蛋氨酸、肾上腺素、甲基烟酰胺的合成，也是合成乙酰胆碱的基础物质，从而参与神经传导和肌肉兴奋性的调节。胆碱还能促进肝糖原的合成与贮存，也是肠道分泌和蠕动机能强有力的刺激原。当胆碱缺乏时，动物表现精神沉郁，食欲减退，生长发育受阻，消化功能障碍。

【临床表现】胆碱缺乏时，患病动物出现生长发育迟缓，衰竭乏力，关节肿胀、屈曲不全，共济失调，皮肤黏膜苍白，消化不良等共同症状。

禽雏鸡和幼火鸡可导致骨短粗症，跗关节肿大，转位，致胫跗关节变为平坦，严重时，可与胫骨脱离，造成双腿不能支撑体重。关节软骨移位，跟腱从髁头滑脱，出现滑腱症。青年鸡极易发生脂肪肝，因肝破裂致急性内出血死亡。成年鸡产蛋量下降，孵化率降低，即使出壳形成弱雏。病情发展呈渐进性，体重大者更易发病。

猪仔猪表现腿短衰弱，共济失调，关节屈曲不全，运步不协调。成年猪表现衰弱乏力，共济失调，跗关节肿胀并有压痛，肝脂肪变性，消化不良，死亡率较高。母猪采食量减少，受胎率和产仔率降低。

犊牛实验性饲喂胆碱缺乏的日粮引起缺乏症，主要表现为食欲降低，衰弱无力，呼吸急促，消化不良，不能站立等。

【诊断】根据病史、饲养管理情况、临床症状、剖检变化（脂肪肝、胫骨、跖骨发育不全等）及饲料中胆碱的测定等进行诊断。应注意与营养性肝营养不良和锰缺乏进行区别。

【防治】畜禽发病时，应查明病因，及时调整日粮组成，供给胆碱丰富的全价日粮（如全乳，脱脂乳，骨粉，肉粉，鱼粉，油料饼粕，豆类及酵母等），并供给充足的蛋氨酸、丝氨酸、维生素 B_{12} 等。通常应用氯化胆碱拌料混饲，一般为 1～1.5 kg/t 饲料。

为预防鸡发生脂肪肝，每千克饲料中添加氯化胆碱 1 g，肌醇 1 g，维生素 E 10 IU，连续饲喂，可获良好的预防效果。

生物素缺乏症（Biotin Deficiency）

生物素缺乏症是指由于动物体内生物素缺乏或不足引起的以皮炎、脱毛和蹄壳开裂等为特征的一种营养代谢病。本病主要发生于猪、鸡、犬、猫、犊牛和羔羊，成年反刍动物和马属动物很少发生缺乏症。

生物素又称为维生素 H，广泛存在于动物性蛋白和植物性饲料中，反刍动物瘤胃和单胃动物的盲肠乃至大肠内微生物可以合成生物素。生物素在回肠的前 1/4 处吸收，盲肠、大肠对生物素吸收甚少。因此，前胃功能良好的反刍动物或有食粪习性的动物（兔）基本上不会发生生物素缺乏，但猪鸡及某些毛皮动物肠道微生物合成的生物素，不能被吸收，大多随粪便排出，如未及时补充，可引起生物素缺乏。

【原因】饲料中的 α-生物素才具有生物学活性。生物素虽然广泛存在于动植物饲料中，但其生物利用率差异很大。有些饲料，如鱼粉、油饼粕、黄豆粉、玉米粉等，生物素的利用率可达 100%。而有些饲料，如大麦、麸皮、燕麦中的生物素利用率很低，仅有 10%～30%，有的甚至为 0，如长期以这种饲料为主，饲料中总生物素含量虽高，因其利用率低，亦可引起生物素缺乏。

生鸡蛋清内含有的抗生物素蛋白（卵白素，Avidin），可与生物素结合而抑制其活性，同时该结合物不能被酶所消化。如给犬、猫饲喂生鸡蛋，或育雏时用过多的生鸡蛋拌料，可造成生物素缺乏。也有报道因猪饲料中生鸡蛋白含量达 20%可引起发病。加热可将抗生物素蛋白破坏，因此饲喂加热煮熟的鸡蛋可避免抗生物素蛋白的影响。

长期使用磺胺药物或抗生素，可导致动物体内微生物合成的生物素减少，造成缺乏症。

【病理发生】生物素是碳水化合物、蛋白质和脂肪代谢过程中的多种酶的辅酶，主要功能是催化脱羧-羧化反应和脱氨反应。它与碳水化合物和蛋白质的互变，碳水化合物以及蛋白质向脂肪的转化有关。当日粮中碳水化合物摄入不足时，生物素通过蛋白质和脂肪的糖异生在维持血糖稳定中起着重要的作用。生物素还可影响骨骼的发育、羽毛色素的形成以及抗体的生成等。因此，如果动物机体缺乏生物素，在临床上会出现相应的病变。

【临床表现】禽：雏鸡表现为脚、嘴和眼周围皮肤发炎，生长缓慢，食欲下降，羽毛干燥变脆，长骨短而粗并出现膝关节肿胀，脚掌变厚、粗糙，皮肤发炎与胫骨短粗与泛酸缺乏症相似。1～3 周龄的肉仔鸡易发生脂肪肝肾综合征，补充生物素后可大大减少发病率。3～4 周龄雏鸡易发生"急性死亡综合征"，据报道，"急性死亡综合征"的雏鸡，肝脏中的生物素含量减少。成年蛋鸡表现为蛋的孵化率下降，胚胎发育缺陷，呈先天性骨短粗、骨骼畸形和并趾症，猪长期以麸皮、麦类谷物为主食时，容易发生生物素缺乏症，尤其是集约化饲养条件下的猪，无法接触到垫草和粪便，更易患生物素缺乏症，主要表现为耳、颈、肩部、尾部皮肤炎症，脱毛，蹄底、蹄壳出现裂缝，口腔黏膜炎症、溃疡。

犬：用生鸡蛋饲喂时可引起生物素缺乏症，表现神情紧张，无目的地行走，后肢痉挛和进行性瘫痪。皮肤炎症和骨骼变化与其他动物类似。

毛皮动物：生物素缺乏可引起湿疹，脱毛症，瘙痒症。严重时，皮肤变厚，产生鳞屑并脱落，降低毛皮质量。眼鼻和嘴周围发生炎症和渗出。眼睛周围的毛皮和被毛色素变淡，有时身上产生一种令人讨厌的臭味。水貂生物素缺乏可产生换毛障碍，空怀率增高。银狐妊娠期生物素缺乏，所产仔兽脚常水肿，被毛变成灰色。

反刍动物：表现溢脂性皮炎，皮肤出血，脱毛，后肢麻痹。

【诊断】目前尚缺乏早期诊断方法，病史、临床症状、结合测定血液中和饲料中的生物素含量进行诊断，必要时可作治疗性诊断。本病多与其他代谢障碍、其他维生素缺乏相伴发。

【防治】调整日粮组成，供给生物素含量丰富且生物利用率高的饲料，如黄豆粉、玉米粉、鱼粉、酵母等，也可在日粮中补充生物素添加剂。

预防鸡、猪生物素缺乏，可在日粮中添加生物素，其含量分别为 100～150 μg/kg 和 350～500 μg/kg。水貂每天每只应摄入 15 μg 生物素。发病后，加倍使用，并注意添加其他维生素。也可肌肉注射生物素，剂量为鸡、犬每千克体重 0.5～1.0 mg。

家禽和猪，尤其是雏禽和仔猪，禁用生蛋清饲喂。

（潘家强）

复习思考题

1. 引起维生素 A 缺乏症和维生素 A 中毒的常

见原因有哪些？

2. 不同动物维生素A缺乏症和维生素A中毒的症状是什么？

3. 如何防治维生素A缺乏症和维生素A中毒症？

4. 维生素A缺乏症和维生素A中毒症的发生机制是什么？

5. 引起维生素D缺乏症和维生素D中毒的常见原因有哪些？

6. 动物维生素D缺乏症和维生素D中毒的症状是什么？

7. 如何防治维生素D缺乏症和维生素D中毒症？

8. 维生素D缺乏症和维生素D中毒症的发生机制是什么？

9. 维生素E缺乏症和过多症的引发因素及临床表现分别是什么？

10. 维生素E缺乏症的病理发生机制是什么？

11. 临床如何防治维生素E缺乏症和过多症？

12. 维生素K缺乏症的引发因素及临床表现分别是什么？

13. 维生素K缺乏症的病理发生机制是什么？

14. 临床如何防治维生素K缺乏症和过多症？

15. 临床上哪类动物易发生B族维生素缺乏症？其原因是什么？

16. 简述B族维生素(维生素B_1、维生素B_2、维生素B_3、泛酸、维生素B_6、维生素B_{12}、叶酸、胆碱、生物素)和维生素C缺乏症的病因、主要临床特征及防治方法。

第十四章　其他营养代谢病或行为异常

【内容提要】本章主要介绍羔羊食毛症、啄癖、皮毛兽自咬症、猪咬耳咬尾症、母猪产仔性歇斯底里、猝死综合征、肉鸡腹水综合征、母猪乳腺炎-子宫炎-无乳综合征等其他营养代谢病或行为异常，要求学生掌握其发病原因、发病机理、诊断和防治措施等。

羔羊食毛症(Wool Eating in Lamb)

羔羊食毛症在临床上以羔羊舔食母羊被毛和脱落在地面的羊毛，或羔羊间互相啃咬被毛为特征。羔羊食毛症目前尚未被列为独立疾病，通常作为异食癖的一种症状加以描述。绵羊和山羊均有发生。多见于10～18日龄的绵羊羔，山羊羔亦可发生。冬末春初，牧草干枯季节易发。其病因目前尚未完全明了，一般认为，饲料中矿物质(Ca、P、NaCl、Cu、Mn和Co等)、维生素(如维生素B_2)和某些氨基酸(尤其是含硫氨基酸)缺乏是引发本病的主要原因。

发病初期，仅见个别羔羊啃食母羊股、腹、尾等部位被粪尿污染的被毛，或互相啃咬被毛，或舔食散落在地面的羊毛；以后，则见多数甚至成群羔羊食毛。病羔被毛粗乱、焦黄，食欲减退，常伴有腹泻、消瘦和贫血。食入的羊毛在瘤胃内形成毛球。毛球滞留在瘤胃或网胃时，一般无明显症状。当毛球进入真胃或十二指肠引起幽门或肠阻塞时，食欲废绝，排粪停止，肚腹膨大，磨牙空嚼，流涎，气喘，咩叫，拱腰，回顾腹部，取伸展姿势。腹部触诊，有时可感到真胃或肠内有枣核大至核桃大的圆形硬块，有滑动感，指压不变形。

较多羔羊食毛，结合其他症状和腹部触诊，即可做出诊断。其他疾病，如佝偻病、骨软症、疥螨病和绵羊痒病等，亦可出现舔食羊毛，但一般不会广泛发生。骨代谢障碍时，除舔食羊毛症外，尚可见骨骼变形。疥螨病可通过皮肤寄生虫检查加以鉴别。

对于患病羔羊，如发生真胃或肠阻塞时，应及时手术，取出毛球。预防本病应着重于调整羔羊饲料，给予全价饲养。条件许可时可通过分析饲料的营养成分，有针对性地补饲所缺乏的营养成分。一般情况下，可用食盐40份、骨粉25份、碳酸钙35份、氯化钴0.05份混合，制成盐砖，任羊自由舔食。近年来采用有机硫化物，尤其是蛋氨酸等含巯基氨基酸防治本病也获得比较好的效果。

啄癖(Cannibalism)

啄癖是家禽的一种行为异常，各种家禽和猎获的笼养野禽均可发生，是养禽业普遍存在的问题。患啄癖的家禽啄食羽毛、肌肉、禽蛋或其他异物，造成肉用仔鸡等级下降、蛋品的损耗率增加和鸡群病淘率增高。啄癖的类型众多，临床上常见的有啄肛癖、啄肉癖、啄毛癖、啄趾癖、啄蛋癖、啄头癖、啄鼻癖、异食癖等。禽类一旦发生啄癖以后，即使没有激发因素，也将持续这种啄癖的习惯。

【原因】啄癖的病因复杂。试验研究和生产实践已经证明，在下列条件下，家禽比较容易发生啄癖。

1. 营养因素

饲料中缺乏蛋白质或某些必需氨基酸，比如说，日粮中的蛋白质含量低于15%，或者蛋白质含量符合要求，但蛋氨酸、色氨酸缺乏；饲料中缺乏某些矿物质，如每千克饲料中的锌含量低于40 mg，或日粮中的钙、磷缺乏或比例失调；饲料中缺乏维生素，尤其是缺乏维生素D，维生素B_{12}和叶酸等；饲料中氯化钠不足，当日粮中的氯化钠含量低于0.5%时，各种啄癖现象均容易发生；日粮中的粗纤维成分不足，粗纤维含量太低，啄癖现象就容易发生。

2. 管理因素

饲养密度太大，鸡群太拥挤，目前很多养禽场的饲养密度均超过了规定的标准；光线太强，如人工光照的光线太强，特别是采用白色光源时，就比较容易引起啄癖，或者由于自然光线太强，用铁皮做门窗的鸡场，尤其在夏季，强烈的阳光经铁片反射后，鸡舍内的光线过于明亮，常引起啄癖现象；禽舍内的相对湿度太低，空气过于干燥；家禽的日龄不一，强弱悬殊明显，健康鸡与病鸡群混群时，大的啄小的，强的啄弱的，健康的啄有病的；两个或多个不同的鸡群突然混在一起，一开始就会引起互相打斗啄咬，如有创伤出血，则易引起啄癖的发生；不同品种、不同肤色、不同毛色的鸡突然混在一起饲养，彼此容易啄咬；种鸡或产蛋鸡的鸡舍内的产蛋箱不足，或产蛋箱内光线太强，常常造成母鸡在地面上产蛋，产在地面上的蛋被其他鸡踏破后，成群的母鸡围起来啄食破蛋，日久就形成食蛋癖；产薄壳蛋和无壳蛋，或已产出的蛋没有及时收起来，以致被鸡群踏破和啄食，均易使鸡群发生啄蛋癖；鸡群内垂死的或已死亡的鸡没有及时拾出，其他鸡只啄食死鸡，可诱发食肉癖；笼养鸡缺少运动，闲而无聊，要比放牧的鸡容易发生啄癖。饲喂颗粒料的鸡比饲喂粉料的喂鸡更容易发生啄癖，与闲而无聊也有关；饲槽或饮水器不足，或停水、停料的时间过长，也是啄癖的诱发因素；未断喙的禽群比断喙禽群更容易发生啄癖，发生时症状也更严重。

3. 疾病因素

螨、虱等体外寄生虫的感染时，鸡只喜欢啄咬自己的皮肤和羽毛，或将身体与地板等粗硬的物体上摩擦，并由此而起创伤，易诱发食肉癖；泄殖腔或输卵管垂脱，这种现象在产蛋鸡群或患白痢等疾病的病鸡群中比较常见，当泄殖腔或输卵管外翻，并露出于体外时，其鲜红的颜色就会招惹其他鸡只来啄食，并由此而诱发大群的食肉癖和啄肛癖等。

【防治】一旦发现禽群发生啄癖症，应尽快调查引起啄癖的具体原因，及时排除。在一般情况下，可采取下列措施，以防止啄癖的进一步发展。

(1)在日粮或饮水中添加2%的氯化钠，连续2～4 d，或在饲料中添加生石膏(硫酸钙)，每只每天0.5～3.0 g，根据具体情况可连续使用3～5 d。

(2)及时将被啄伤的禽只移走，以免引诱其他禽只的追逐啄食。在被啄破部位涂龙胆紫、黄连素等药物。

(3)如仍无法制止，可将禽群全部断喙。此法可以在一段时间内制止和控制啄癖现象的继续发生。

避免或克服上述容易引起啄癖的发生因素，加强饲养管理是预防啄癖的关键。断喙是一种比较有效的预防措施。雏鸡的断喙可在1日龄或6～9日龄进行，必要时，在合适的时候再断喙一次。日粮的配方应力求全价和平衡，特别要注意满足禽群对蛋白质、蛋氨酸、色氨酸、维生素D、B族维生素，以及钙、磷、锌、硫的需要。饲养密度要合理。不宜用白色光源照明。避免强烈的日光照射或反射。不同品种、不同毛色、强弱悬殊的鸡应分群饲养。及时将鸡舍内的病鸡、死鸡、体表有创伤或输卵管、泄殖腔垂脱的鸡挑出。产蛋鸡的鸡舍内，蛋箱应充足，并分布均匀；光线不宜太强，并要勤拾蛋。最好是采用母鸡在产蛋后无法接触到蛋的产蛋装置。及时杀灭家禽体表的寄生虫。在有条件的地方可以放牧饲养，或在运动场内悬挂青菜、青草等，让鸡自由啄食。平养的禽群在离地面一定的高度悬挂颜色鲜艳的物体也有一定的预防作用。

皮毛兽自咬症(Self-biting in Fur-bearer)

皮毛兽自咬症是食肉皮毛动物常见病之一，水貂和狐多发本病，仔兽多发。本病一年四季均可发生，以春、秋季为多。其病因目前尚未完全明了。一般认为主要与营养性因素(如Se、Mn、Zn、Cu、Fe、S等元素缺乏)、体表寄生虫(如螨病、蚤等)、病毒性疾病及其他疾病(如肛囊腺炎、脑炎、肠炎、便秘等)有关。发病前主要表现精神紧张，采食异常，易惊恐。发病时病兽或于原地不断转圈，或频频往返奔走于小室之间，狂暴地啃咬自己的尾巴、后肢、臀部等部位，并发出刺耳尖叫声。轻者咬掉被毛、咬破皮肤，重者咬掉尾巴、咬透腹壁流出内脏。可反复发作，常因外伤感染而死亡。

根据病史，临床症状即可做出诊断。本病目前尚无有效的治疗方法，通过查找病因，可进行对因治疗。如补充所缺乏的营养成分(如补饲微量元素、多种维生素添加剂)、驱除体表寄生虫、治疗原发病等；同时针对不同情况进行对症治疗，过度兴奋时可应用盐酸氯丙嗪镇静解痉，对咬伤局部用高锰酸钾、碘酊、消炎粉等作外科处理；保持环境安静，减少刺激；也可早期锯断部分犬齿或用夹板固定头部，使其不能回头自咬。

预防本病的关键在于加强饲养管理，合理调配日粮，保证全价饲养；圈舍笼具经常消毒，定期防疫和驱虫。

猪咬尾咬耳症(Tail and Ear Biting of Pig)

猪咬尾咬耳症，是猪行为异常的一种临床表现，多发生于集约化猪场，处于应激状态下的生长猪群。轻症者尾巴咬去半截，重者尾巴被咬光，直至在尾根周围咬成一个坑。被咬猪的耳朵充血、出血和水肿。发生咬尾咬耳的猪群，其生长速度和饲料转化率可下降20%左右，有的甚至发生感染死亡。

【原因】任何引起不适的因素都可能引发猪咬尾咬耳症。管理因素、疾病因素、环境因素、营养因素等造成的应激都可能是发病的原因。

1.管理和环境因素引起的行为异常

猪有探究行为。在自然状态下觅食时，首先是表现拱掘动作，即先是用鼻闻、鼻盘拱、牙齿啃，然后开始采食。当猪舍地面为水泥地面，舍内又无可玩耍或探究之物，这种探究行为长期受到限制时，猪的攻击行为会增加，有的猪就会出现相互咬尾或咬耳。

猪有群居行为、争斗行为和领域行为。猪群饲养密度过大，每只猪所占空间不足，其领地受到侵占和威胁；猪群的群体太大（超过 30 头），争夺群体优势地位；群体中因某个体发病（如突然高热），其体味异常，或群体优势地位发生变化；饲料发霉变质，饲料异味或饥饿争食；调栏混群或相邻猪圈的猪只跳圈；群体中因某个体的体表创伤出血，血腥味对猪有强烈的刺激作用；均可使猪表现出攻击行为，群体内咬斗次数和强度明显增加。临床上表现为互咬对方的头部、耳朵、颈、胸和尾巴。

舍内环境不良。粪便堆积，通风不良，贼风侵袭，有害气体浓度增大；湿度过大，温度过高或过低，或温度骤变；光照太强或明暗明显不均；不同季节的交换时期，日夜温差大，或气候变化无常的季节；饲槽面积太小，饮水器不足或堵塞，以及猪舍地面结构不良，自制的漏缝地板缝隙太大等，均会诱发猪争斗行为。

舍外不良刺激。曾见过猪舍的窗外悬挂破烂的编织袋随风不停飘动，骚扰临近的舍内的猪只，引起争斗行为，导致咬尾症的发生。去除编织袋的同时，在舍内投放废旧的轮胎，争斗行为随之减轻和消失。

集约化猪场日常饲喂秩序的打乱也可导致猪只的行为异常。

2.疾病因素引起的行为异常

咬尾是异食癖的一种临床表现，异食癖一般多以消化不良，代谢功能紊乱所引起。临床上患猪舔食墙壁，啃食槽、砖块瓦片、玻璃小瓶、沙石，或有咸味的异物，啃咬被粪便污染的垫草、杂物，同时还表现食欲下降，生长不良，逐渐消瘦，对外界刺激敏感性增高，便秘下痢交替出现。母猪常引起流产、吞食胎衣。架仔猪则表现相互啃咬尾巴、耳朵。体内外寄生虫病和皮肤病也有可能诱导本病的发生。

3.营养因素引起的行为异常

某种或某些营养素的缺乏或过多，各种营养素之间平衡失调等均可诱发异食癖现象。如矿物质和微量元素的含量不足或过量、维生素（特别是 B 族维生素缺乏）、氨基酸缺乏等。这些问题的产生可能与饲料和饲料添加剂的配方是否合理、饲料加工过程搅拌是否均匀、饲料原料和各种添加剂原料的质量好坏、配合饲料的存放时间长短和是否霉变等有关。

【临床表现】受害猪的尾巴、耳朵被咬伤，伤口流血不止，严重者尾巴可能会被咬掉半截。受害猪惊恐不安，不敢与猪群一起采食饮水，严重影响生长发育。如果伤口不能得到及时处理，常会引发感染，轻者出现局部炎症和组织坏死，降低肉品品质，影响猪肉质量和食用性能，重者可能造成脊椎炎，甚至引起肺、肾、关节等部位的炎症，若不及时处理，可并发败血症等导致死亡。

【防治】

（1）培育抗应激猪品种。不同猪的品种对应激的敏感性不同，这与遗传基因有关。因此，利用育种方法选育抗应激猪，建立抗应激猪种群，淘汰应激敏感猪，从根本上解决猪的应激问题。生产实践表明，杜洛克、约克夏、汉普夏等与本地猪杂交的第一代猪具有较强的抗应激性。

（2）加强饲料调配。合理调配饲料营养成分，尤其要注意补充维生素、微量元素和矿物质，适当提高日粮中蛋白质和粗纤维的含量，特别是赖氨酸的补充，食盐的用量要适当。

（3）合理分群饲养。尽量将来源、体重、日龄、毛色、性情等方面差异不大的猪组合在一起，最好将同窝仔猪放置在一个群体中饲养，同一群猪个体的体重相差不能过大，分群后要保持相对稳定，不应随便再分群。

（4）保证合理的饲养密度，群体不宜过大。提供足够活动空间、饮水器和饮水空间、饲槽和采食空间。每头猪所占食槽和饮水和活动面积，因猪只的个体重量不同有所变化，与猪舍的结构和猪场的地理位置，以及猪场布局有一定关系。

（5）控制好环境。猪舍避免贼风，有害气体，不良气味，潮湿，过热，寒冷，光照过强等应激因素。

（6）定期驱虫，减少体内外寄生虫对猪的侵袭。

（7）实行必要的隔离措施，将个别凶恶的猪挑出和及时隔离被咬的猪，并予以治疗。

（8）满足猪自然行为，分散有异食癖猪的注意力。为其提供玩具，如在圈内投放空罐、废轮胎，供其咬玩，或在圈内悬挂铁链条，以分散猪只的注意力。

（9）断尾。仔猪出生后断去部分的尾巴，能较有效地控制仔猪咬尾症的发生。

母猪产仔性歇斯底里 (Farrowing Hysteria in Sow)

母猪产仔性歇斯底里是指母猪,尤其是年轻的母猪产仔后经常发生的一种异常行为综合征。本病病因目前尚不清楚,可能与生产应激、遗传等因素有关。患猪临床上表现为极度敏感和不安,当仔猪出生后初次吸吮母猪奶头时或者接近其头部时,它将攻击这些仔猪,导致严重的甚至是致死性的损伤,但食仔癖通常不是该综合征的特征。母猪产仔时一旦出现了该综合征的症状,宜将刚生的仔猪及其余的仔猪转移至一个温暖的环境中去,待分娩结束后,再检查该母猪是否能接受其所产的仔猪。假如仍不能接受,可给患猪投用安定类药物,保证仔猪能得到初次吸吮母猪奶头的机会。经过这样一个阶段的处理,患猪通常会接受自己的仔猪。镇静母猪可用苯二氮卓类药物,如地西泮注射液,按每千克体重1~7 mg的剂量肌肉注射;也有人推荐用吩噻嗪类药物氯丙嗪,可用盐酸氯丙嗪注射液按每千克体重1~3 mg的剂量肌肉注射,虽然其药效较佳,但用药后母猪会出现共济失调而可能将仔猪压死。另外,对仔猪异常的牙齿宜作修剪,避免因吸吮奶头使母猪感到疼痛,继而促进歇斯底里的发生。

牛、羊、猪猝死综合征(Sudden Death Syndrome in Cattle, Sheep and Swine)

牛、羊、猪猝死综合征是一种群发性的“猝死”(参考本书第二章“猝死”一节中相关的内容)。自20世纪80年代,尤其是90年代以来,安徽、江苏北部、河南、山东、山西、陕西、吉林、海南等地方,相继报道了黄牛、水牛、猪及其他动物暴发的猝死综合征。本病主要发生于牛、羊、猪,而马、兔、犬,禽等也有发生;呈地方流行性或散发,冬春季节多发。

其病因尚无定论,目前主要认为与感染、中毒、营养缺乏和应激有关。

1. 营养性因素

缺硒地区,牛、羊尤其是仔猪发生的硒缺乏症,会导致心肌变性、坏死,动物由于心脏病突发而出现猝死;陕西地区发生猝死的黄牛,病牛血清铜、肝铜含量显著低于正常水平,应用铜制剂治疗,有较好疗效。

2. 传染性因素

某些急性传染病,如牛、羊产气荚膜梭菌D型肠毒血症、牛D型肉毒梭菌中毒、牛与猪的多杀性巴氏杆菌感染等。经过大量动物试验验证,普遍认为产气荚膜梭菌是牛、羊、猪发生猝死症的主要病原细菌;也有报道该病的发生与黏膜病毒病和冠状病毒有关。

3. 应激性因素

早春季节,役用牛在长时间休闲后,突然使役,导致急性心力衰竭而死亡。

4. 中毒性因素

常见的毒物有氟乙酰胺、毒鼠强、呋喃丹、砒霜和除草剂等。

多数病牛无前躯症状,在使役中或使役后,在采食中或采食后,突然起病,全身颤抖,迅速倒地,四肢痉挛,哞叫,不久死亡,病程多在数分钟或1 h内;病程稍长的尚表现耳鼻发凉,呼吸急促,有的口鼻流涎,可视黏膜发绀,体温正常或偏低,有的体温升高,站立不稳,倒地抽搐;羊、猪还表现兴奋不安,不避障碍运动等。剖检变化,主要表现胃肠黏膜脱落,消化道充血、出血;实质器官均有瘀血、出血,肝、脾肿大或变性;心耳、心内膜有出血点或出血斑,有的心肌变性或出血性坏死;脑膜充血、出血,脑室微血管出血,延脑、脑桥有出血点或瘀血灶。

此类疾病常因病因不明、多无前期症状而突然死亡,而难以诊断。必须根据流行病学调查,实验室诊断和防治效果进行综合分析。防治的关键在于查明病因,采取针对性的预防。

肉鸡腹水综合征 (Ascites Syndrome in Broiler)

肉鸡腹水综合征是危害快速生长幼龄肉鸡的以腹腔积液、右心扩张肥大、肺部瘀血水肿和肝脏病变为特征的一种综合征。由于这种病一般由肺动脉压增高引起,最近又把此病称为肺动脉高压综合征(Pulmonary Hypertension Syndrome, PHS)。该病与猝死综合征和生长障碍综合征已成为肉鸡养殖业的3种最严重的新病,给全世界造成了很大的经济损失。

本病首先报道于玻利维亚高海拔的肉仔鸡群中,然后在秘鲁、墨西哥和南非的高海拔地区也有发生。英国、美国、加拿大一些低海拔地区也有报道,发病率可高达30%。我国肉鸡饲养业起步较晚,该病在20世纪80年代后期才逐渐引起我国科技工作者的重视和认识,1986年后才陆续有零星报道并逐渐增多。

本病主要侵害4周龄以上的肉鸡,雄性比雌性的严重，死淘率可高达 20%。肉鸭、火鸡、蛋鸡和观赏禽类也有发生该病的报道。

【原因】引起腹水综合征的原因较为复杂，尚未明了。迄今为止，已报道的病因包括慢性缺氧、高海拔、氧分压低、寒冷、肥胖、鸡舍通风差、氨气过多、维生素 E 和硒缺乏、饲料或饮水中钠含量过高、饲料油脂过高、高能量饲料饲喂、快速生长、饲料中毒、霉菌毒素中毒、植物毒素中毒等。

1. 缺氧

该病在高海拔（1 500 m 以上）地区较普遍，是其主要原因，故称“高海拔病”。近年来报道，在低海拔地区或集约化饲养的肉鸡，在冬季门窗关闭，通风不良，二氧化碳、氨气及尘埃浓度增高导致缺氧，其发病率和死亡率明显增高。

2. 营养

饲喂高能饲料或颗粒饲料：在高海拔地区喂高能日粮（12.97 MJ/kg）的 0～7 周龄肉鸡发病率比饲喂低能日粮（11.92 MJ/kg）鸡高 4 倍。低海拔地区如巴西曾报道高能日粮或颗粒饲料都可增加肉鸡的采食量，消耗能量，需氧增高而发病。此外，日粮中添加油脂超过 4%也可促进腹水征增多。

营养缺乏或过盛等引起腹水征：如硒、维生素 E 或磷的缺乏，日粮或饮水中食盐含量过高，另外日粮中钠过高，能导致血容量和肉鸡 PHS 发病率的增加。

3. 中毒

霉菌毒素中毒日粮或饮水中食盐含量过高，长时间使用或大剂量使用磺胺类药物、呋喃类药物、莫能菌素等都可以诱发该病。

4. 遗传因素

主要与肉鸡的品种和年龄有关。肉鸡生长发育快，对能量的需要量高，携氧和运送营养物的红细胞比蛋鸡的红细胞明显大，尤其 4 周龄内快速生长期，能量代谢增强，机体发育快于心脏和肺脏发育，红细胞不能在肺毛细血管内通畅流动，影响肺部的血液灌注，导致肺动脉高压，心脏超负荷工作，致使右心衰竭，血液回流受阻，血管通透性增强，引起腹水征。在缺氧环境的肉鸡，血管狭窄，红细胞在通过肺毛细血管床不畅，影响肺部的血液灌注，导致肺动脉高压和随后的充血性心力衰竭。

5. 寒冷

天气寒冷使机体代谢率增加以提高产热量，造成肉鸡需氧量增加，相对性缺氧，心输出量代偿性增多；此外，寒冷还导致血液 PCV 值、红细胞数和血液黏度增加，导致肺动脉高压的形成。这是在寒冷季节肉鸡 PHS 发病率高的主要原因。

6. 呼吸道疾病

呼吸道和肺的损伤将影响禽类从外界环境吸入氧气的能力，引起组织缺氧，从而导致肉鸡 PHS 的发生。

【发病机理】肺动脉高压是肉鸡腹水综合征发生的中心环节。肺动脉高压加重了右心室的负荷，在超过心脏代偿能力的情况下，导致心力衰竭。心力衰竭又使腔静脉血液回流障碍，血液瘀滞在外周循环，肝瘀血，进而发展为瘀血性肝硬化，进一步加重腹腔脏器血液循环，使血液中的液体成分渗漏到血管外，最终导致腹腔积液。

引起肉鸡肺动脉高压的因素是多方面的。第一，鸡的肺脏固定于胸腔内，肺脏舒张的空间较小，容易引起肺动脉高压。第二，肉鸡生长过快，肺的容积与体质量的增加不成正比，促使肺动脉高压。第三，在缺氧的情况下，引起毛细血管壁增厚、狭窄，肺动脉压升高。第四，天气寒冷，肺小动脉收缩，造成肺动脉压上升。第五，缺氧和寒冷也可直接刺激心脏，使心搏动增强，在代偿失调情况下，引起心力衰竭。第六，饲料或饮水中食盐含量过高，导致水、钠潴留，不仅加重心脏负担，也促进血液的液体成分渗漏到血管外。第七，呋喃类药物等损害心肌，霉菌毒素损害心脏、肝、肾，都可促进该病的发生。

【临床表现】病鸡食欲减少，体重下降，或突然死亡。最典型的临床症状是病鸡腹部膨大，腹部皮肤变薄发亮，用手触诊有波动感，病鸡不愿站立，以腹部着地，行动缓慢，似企鹅状运动，体温正常。羽毛粗乱，两翼下垂，生长滞缓，反应迟钝，呼吸困难和发绀。抓鸡时可突然抽搐死亡。用注射器可从腹腔抽出不同数量的液体。

【防治】国内外有多种治疗方法的报道，有中草药，利尿药，助消化药，饲料中添加维生素 C、维生素 E，补硒，补抗生素等对症疗法，对减少发病和死亡有一定帮助，但其效果不尽相同。预防方面主要有改善鸡群管理和环境条件，合理搭配饲料，日粮补充硒及维生素 C 以及实行早期限饲、控制光照等措施。据报道，在肉鸡 2～3 周龄时即限制采食量，可明显降低发病率；在孵化末期，向孵化器内补充氧，能降低初雏腹水综合征的发病率；5 周龄肉鸡补硒每千克日粮含硒量达 0.5 μg，使该病的死亡率下降了 40%。用每千克饲料添加维生素 C 500 g 的方法防制该病，也取得了较好的效果。

母猪乳腺炎-子宫炎-无乳综合征
(Mastitis-Metritis-Agalactia in Sow)

母猪乳腺炎-子宫炎-无乳综合征(MMA)是母猪产后1周以内常见的一种产后疾病,又称母猪无乳综合征、泌乳失败或毒血症性无乳症。临床上以少乳或无乳、便秘、排恶露、乳腺肿胀等为特征。MMA常发生在高温高湿季节,尤其以6—9月份多发。

【原因】据报道,引起MMA综合征的病因很多,如应激、激素不平衡、乳腺发育不全、细菌感染、管理不当、低钙血症、自身中毒、运动不足、遗传、妊娠期和分娩时间延长、难产、过肥、中毒等,其中以应激、营养与管理性因素和传染因素为主因。

传染性因素:母猪由于乳腺炎而导致泌乳失败最容易发生,其中感染克雷伯氏杆菌和埃希氏大肠杆菌最容易引起无乳,感染葡萄球菌、放线菌、肺炎杆菌、棒状杆菌、产气杆菌、假单胞菌、梭状芽孢杆菌、β-溶血链球菌、霉形体、支原体等都能导致泌乳失败。分娩时产道损伤、胎衣不下或胎衣碎片子宫内残存、难产时助产污染、人工授精消毒不彻底等,都可能引起子宫炎发生。

营养及管理因素:当母猪消化系统发生紊乱或者采取某些不合理的饲养方法都可能引起该病。另外,母猪饲料的颗粒大小和纤维含量也会影响该病的发生,如果纤维含量适当或者饲料颗粒稍粗能够减少发生该病。此外,当母猪缺乏足够的微量元素硒和维生素E能够在一定程度上增加该病的发生率,且患有低血钙症也能够引发该病。母猪采食污染有镰刀菌以及麦角的谷物或便秘能够引发该病。

应激因素:圈舍环境以及温度、湿度发生变化,更换饲料,运输,转群,过大噪声,母猪分娩、哺乳,以及注射药物等,都会产生一定的应激,其中最为严重是分娩造成的应激。应激使乳腺腔贮存的乳汁排出,导致垂体后叶分泌催产素受阻,因此,催乳素和催产素的减少引起母猪泌乳下降以致无乳。此外,应激导致了肾上腺皮质机能增强,所分泌的皮质醇抑制中性白细胞的机能。中性白细胞的吞噬机能下降,从而成为乳腺炎,子宫炎发生的一个重要原因。应激可引起甲状腺机能下降,造成病猪的自然抵抗力减退。

【临床表现】患猪精神沉郁,体温升高,达40℃以上,食欲减退甚至废绝。患猪乳房潮红、肿胀,母猪拒绝仔猪吮乳,乳汁稀薄,之后变成乳清样,并含有絮状物。最后发展成脓性乳腺炎。从阴门排出大量灰红色或黄白色有臭味的黏液性或脓性分泌物,严重者附着在阴门周围;母猪常卧地不起,尿频。该病转为慢性时,病猪一般食欲和精神正常,体温不一定升高,乳房硬肿,但不发热,阴道长期排出少量黄白色黏液,猪栏地面常见到白色似石灰渣状粉末,往往无明显的全身症状。母猪不发情,或部分猪仍可定期发情,但屡配不孕。如果母猪产后出现呼吸、心跳加快,饮水减少,乳房不充实,每次给仔猪喂奶后,仔猪还要拱奶,而母猪趴卧或呈犬坐,不肯哺乳。

【防治】抗菌消炎是治疗母猪MMA综合征的主要措施。根据相应的症状可实行肌肉注射、静脉注射、乳房封闭、宫内注射有效的抗生素等。为尽早恢复泌乳,可选用催产素,30~40 IU/d,肌肉注射,或选用类固醇皮质激素、雌激素等。加强母猪的饲养管理是预防母猪MMA综合征的关键。母猪分娩时肌肉注射都可康(阿莫西林油剂)或得米先(长效土霉素)等药物有较好得预防作用。宫内送入达力朗(复方子宫清洁剂)对子宫炎也有一定的预防效果。

(龙森)

复习思考题

1. 羔羊食毛症的产生原因有哪些?
2. 啄癖的主要原因是什么?如何防治?
3. 猪咬尾咬耳症防治措施有哪些?
4. 皮毛兽自咬症的发病原因有哪些?
5. 什么是母猪产仔性歇斯底里?如何防治?
6. 影响猝死综合征的因素有哪些?
7. 肉鸡腹水综合征的发病机理是什么?如何防治?
8. 母猪乳腺炎-子宫炎-无乳综合征的发病原因是什么?如何防治?

第五篇

中 毒 病

中毒病概论

某种毒物进入机体后，引起相应的病理过程，称为中毒。由毒物所引起的疾病称为中毒病。一般认为，在一定条件下，一定量的某种物质进入机体后，由于其本身所固有的特性，在组织器官内发生化学、物理或生物学的作用，而引起机体机能性或器质性的病理变化，甚至造成死亡的，则称此种物质为毒物。毒性(Toxicity)即毒力，是指某种毒物对机体损害的能力，损害能力越大，其毒性也越大。在实际工作中，一般以半数致死量(LD_{50})，即使全群实验动物的一半死亡的剂量来表示毒物的毒性，这是因为 LD_{50} 受实验动物个体敏感性差异的影响相对较小，剂量反应关系较敏锐，重现性较好，故能比较确切可靠地反映一种毒物的急性毒性作用。中毒病常呈现群体发病，其危害往往给养殖业造成严重的经济损失。

中毒病的原因

(1)饲料中毒。饲料调制或储存不当，会产生有毒物质，当动物大量或长期食入时可引起中毒，如猪亚硝酸盐中毒等。某些含有毒成分的饲料未经脱毒或过量饲喂会引起动物中毒，如菜籽饼、棉籽饼、亚麻籽饼中毒等。某些含微量毒的饲料，适量饲喂后不产生毒害作用，过量则引起中毒性疾病，如苜蓿中毒、节节草中毒等。有的饲料产生有毒物质与生长发育时期和季节有关，如高粱再生苗中生氰糖苷含量最高，动物采食后会发生中毒。

(2)饲料霉败。霉败变质饲料中，一般均含有不同种类和一定量的霉菌毒素，同时含有变质的饲料成分或次生物质，可引起动物中毒病的发生。

(3)农药、毒鼠药污染。误食、误用农药或喂给施用过农药的农副产品而不注意残毒期，都可引起动物中毒。毒鼠药(毒饵)甚至毒死的鼠尸被误食或用作饲料都能引起中毒。

(4)用药不当。用药过量、给药速度过快、长期用药、药物配伍不当可引起动物中毒。

(5)有毒植物中毒。多数有毒植物往往具有一种令人厌恶的气味或含有很高的刺激性液汁，正常动物会拒食这些植物，但当其他牧草缺乏的时候，动物常因饥饿而采食，经长期采食后，可发生慢性中毒病。

(6)工业污染或地质化学原因所致的中毒。工业“三废”(废水、废气、废渣)的大量产生和排放污染环境，或“三废”未处理或处理不好污染饲草和饮水，常引起畜禽甚至人中毒。如电镀厂的氰化物，制革厂的铬盐，啤酒厂的乙醇，炼铝厂、陶瓷厂、玻璃厂和过磷酸盐厂所排放的无机氟化物，煤气厂的酚、放射性物质等均可污染饲草、饲料和饮水而导致动物中毒。

(7)微量元素、维生素和其他添加剂应用不当。畜禽饲料中添加剂使用过量或配比不当，可能会对动物产生某些毒性作用，甚至导致动物大批死亡。

(8)其他方面的原因。有毒气体中毒、动物毒中毒、军用毒剂中毒时有发生。铅是应用广泛、容易污染且无生物学价值的金属物质，如含铅的涂料，油灰、油毡、旧的蓄电池含铅，成为牛、家禽和鸟类发生中毒的原因。

(9)恶意投毒。恶意投毒引起动物中毒的事件时有发生，多因个人成见或破坏活动。

中毒病的发病机理

(1)局部刺激。有些毒物在未吸收以前会刺激接触部位引起炎症反应。

(2)阻止氧的吸收、运转和利用。一些毒物可引起机体缺氧，如黑斑病甘薯毒素可破坏呼吸机能，抑制、麻痹呼吸中枢而导致缺氧；亚硝酸盐可使血红蛋白携氧功能发生障碍而导致缺氧；氢氰酸、硫化氢可使细胞呼吸受抑制而导致缺氧。

(3)影响酶活性。大部分毒物可通过不同途径影响酶活性而引起中毒。①破坏酶活性中心的金属元素：如氰离子能与细胞色素氧化酶的 Fe^{3+} 结合，使该酶受到抑制而导致其生物氧化功能丧失，造成组织缺氧。②与酶激活剂作用：许多酶需要特定金属元素作为激活剂，才能发挥催化功能。如 Mg^{2+} 是肝脏合成糖原过程中磷酸葡萄糖变位酶的激活剂，在氟化物中毒时，氟离子可与 Mg^{2+} 形成复合物，使 Mg^{2+} 失去激活磷酸葡萄糖变位酶的作用。③去除辅酶：如烟酸在体内可转化为烟酰胺，烟酰胺是辅酶Ⅰ和辅酶Ⅱ的组成部分，铅中毒时可使体内的烟酸消耗增加，导致两种辅酶均减少，从而抑制了脱氢酶的作用，影响正常的氧化还原过程。④与基质竞争：毒物或其代谢产物的化学结构与体内酶作用物的结构相似时，可对酶产生竞争抑制作用。如氟乙酸经乙酰辅酶 A 活化后，与草酰乙酸缩合，生成氟柠檬酸。它与柠檬酸发生拮抗，进而抑制乌头酸酶的活性，致使三羧酸循环中断。⑤直接抑制酶的活性：有些毒物能直接与酶结合，抑制或减弱酶活性。如有机磷化合物可抑制胆碱酯酶，使组织中乙酰胆碱过量蓄积，引起一系列以乙酰胆碱为传导介质的神经处于兴奋状态。

(4)通过竞争拮抗作用。如一氧化碳可与氧竞争血红蛋白而形成碳氧血红蛋白，从而破坏血红蛋白的正常输氧功能；草木樨中毒时，由于双香豆素与维生素K的结构相似，可与维生素K发生拮抗而导致维生素K缺乏性血凝障碍、出血等。

(5)破坏遗传信息。某些毒物能作用于染色体或DNA分子，引起生殖细胞或体细胞遗传功能的突变，导致肿瘤的发生或影响胎儿的形成、发育，甚至引起死胎或胎儿畸形。

(6)影响免疫功能。有些毒物可使机体免疫反应过程中的某一个或多个环节发生障碍，不同程度地降低或抑制机体的某些免疫功能。

(7)发挥致敏作用。某些物质作用于机体后，可使机体产生特异性免疫反应，当再次接触同样物质时，则出现反应性增高的现象，发生过敏反应或变态反应，造成组织损伤并引起某些临床症状。

(8)引起氧化应激。许多种霉菌毒素和重金属毒素中毒均可引起机体氧化损伤。

中毒病的诊断

畜禽中毒，特别是急性中毒，可在短期内造成严重的损失，因此，要求中毒的诊断要迅速而准确。正确的诊断有赖于通过中毒情况的调查、临床症状、病理变化等方面为其提供方向与范围，故中毒的诊断应按一定的程序进行。

调查中毒情况　了解发病经过，包括了解发病的时间，病畜的数量及种类，临床症状，已采取的防治措施及其效果，死亡情况及尸体剖检所见病化。在畜(禽)群中发生中毒时，往往表现以下特点：①在集约饲养条件下，特别是饲养管理不当等造成的中毒病，往往呈群发性，同种或异种动物同时或相继发病，表现出相同或相似的临床症状。②由于地质化学的原因，某些地区的土壤中含有害元素，或富含某种正常的元素，使饮水、牧草或饲料中含量增高而引起畜禽中毒。这类中毒往往具有地区性，且许多元素可使人、畜共同受害，如地方性氟中毒等。③在急性中毒时，疾病的发生与畜禽摄入的某种饲料、饮水或接触某种毒物有关，畜群中凡食欲旺盛者由于其摄毒量大，往往发病早、症状重、死亡快。常常出现同槽或相邻饲喂的畜禽相继发病的现象。④从流行病学看，虽然可以通过中毒试验而复制，但无传染性，缺乏传染病的流行规律，不因接触而传染，且大多数毒物中毒的畜禽体温不高或偏低。⑤急性中毒死亡的畜禽在尸体剖检时，胃内充满尚未消化的食物，说明死前不久食欲良好，死于机能性毒物中毒的畜禽，实质脏器往往缺乏肉眼可见的病变。死于慢性中毒的病例，可见肝脏、肾脏或神经出现变性或坏死。

了解毒物的可能来源　①对舍饲的畜禽要查清饲料的种类、来源、保管与调制的方法；近期饲养上的变化及到发病经过的时间，不同的饲料饲养畜禽的发病情况；观察饲料有无发霉变质等。②对放牧牲畜要了解发病前畜群在何处放牧，牧场上有无有毒植物，观察有毒植物是否被采食过等。③了解最近畜禽有无食入被农药或杀鼠药污染的牧草、饲料、饮水或毒饵的可能，最近是否进行过驱虫或药浴，使用的药品剂量及浓度如何。④注意畜禽摄入的牧草、饲料或饮水有无被附近工矿企业“三废”污染的可能。⑤如怀疑人为投毒，必须了解可疑作案人的职业及可能得到毒物。

毒物检验　毒物检验是诊断中毒很重要的手段，可为中毒病的确诊与防治提供科学依据。

防治试验　在缺乏毒物检验条件或一时得不出检验结果的情况下，可采取停喂可疑饲料或改换放牧地点，观察发病是否停止。同时根据可能引起中毒的毒物分别运用特效解毒剂进行治疗，根据疗效来判断毒物的种类。此法常具实用意义。

动物试验　给敏感的畜禽投喂可疑物质，观察其有无毒性，一般多采用大鼠或小鼠做试验动物。也可选择少数年龄、体重、健康状况相近的同种畜禽，投给病畜吃剩的饲料，观察是否中毒。在进行这种试验时，应尽量创造与病畜相同的饲养条件，并要充分估计个体的差异性。因此，试验畜禽的数量不宜过少，同时要设对照组。

中毒病的防治

1.中毒病的预防

畜禽中毒必须贯彻预防为主的方针。预防畜禽中毒有双重意义，既可防止有毒或有害物质引起畜禽中毒或降低其生产性能，又可防止畜产品中的毒物残留量对人的健康造成危害。平常畜禽中毒病的预防应注意以下几个方面：

(1)开展经常性的调查研究，确切掌握畜禽中毒的种类及分布，发生、发展动态及其规律，制订切实有效的预防方案。

(2)做好饲料的保管与调制，防止其发霉、腐败或产生有毒物质。

(3)查清当地牧场上的有毒植物,并根据气候、产毒季节等可能发生中毒的条件,采取消除、禁牧、限制放牧时间或脱毒利用等预防措施。

(4)严格农药、杀鼠药和化肥的保管与使用制度,并按操作规程施药。

(5)应对环境(包括大气、牧草及饲料、土壤、饮水)中的有害物质进行定期检测。

(6)开展宣传教育活动,普及有关中毒病及其防治知识,是预防中毒病重要的措施。

(7)提高警惕,加强安全措施,防止任何破坏事故的发生。

总之,中毒的发生及预防与动物饲养管理、饲料生产、工农业生产及环境保护等有广泛的联系。为了进行有效预防,必须组织有关部门互通情报,分工协作,采取综合性的有力措施。

2. 中毒动物的急救与治疗

(1)切断毒源。必须立即使畜禽群离开中毒发生的现场,停喂可疑有毒的饲料或饮水,若皮肤被毒物污染,应立即用清水或能破坏毒物的药液洗净。不要用油类或有机溶剂,因为它们能透过皮肤,可增加皮肤对毒物的吸收。

(2)阻止或延缓机体对毒物的吸收。对经消化道接触毒物的病畜禽,可根据毒物的性质投服吸附剂、黏浆剂或沉淀剂。

(3)排出毒物。可根据情况选用下述方法:①催吐;②洗胃;③泻下;④利尿;⑤放血。

(4)解毒。①使用特效解毒剂。当毒物已被查清时,应尽快选用特效解毒剂,以减弱或破坏毒物的毒性,是治疗中毒病畜禽的最有效方法。②应用增强解毒机能的药物。

(5)对症治疗。必须根据中毒病畜禽的具体情况,及时进行支持疗法与对症治疗,直至危症解除为止。治疗内容包括:①预防惊厥;②维持呼吸机能;③治疗休克;④调整电解质和体液平衡的失调;⑤增强心脏机能;⑥维持体温。此外,对臌气严重的病例,可穿刺排气;对有腹疼的病畜应进行镇痛。

(6)加强护理。中毒畜禽体内某些酶的活性往往降低,需要经过一定的时间才能恢复,在此以前动物对原毒物更敏感。因此,无论在治疗期间或康复过程中,一定要杜绝毒物再次进入体内。

(黄克和)

第十五章　有毒植物中毒

【内容提要】有毒植物的种类很多，据统计，在我国农区、牧区和林区生长的有毒植物有132科1 383种。目前将有毒植物分为4类：①有毒植物：是指能合成有机毒素的植物，即植物本身能产生天然的有毒物质，如生物碱、酚类、苷类、丹宁、毒蛋白、黄酮、萜类与内酯、挥发油等。②蓄积性植物：是指能够蓄积有毒性的物质的植物，如蓄积重金属、硒、氟、硝酸盐等。③污染植物：是指被有毒物质、霉菌、农药等污染的植物，这些植物本身无毒，而是外来的有毒物质附着于植物或引起植物体内转化。④条件性有毒植物：指一般情况下是安全的，而在某些条件下成为有毒植物，如高粱、三叶草、青菜等。

生长于牧区草场、田埂路边、池畔、山坡上的以及混杂在青刈饲草中的有毒植物，常于早春晚秋季节、青绿饲料缺乏之时，往往容易被放牧或舍饲畜禽采食，而发生中毒甚至死亡，而且多呈地方性群发，给当地的畜牧业生产造成了巨大的经济损失。通过探讨有毒植物所含的有毒成分及其中毒机理、畜禽中毒表现，对合理、有效地防治畜禽有毒植物中毒以及铲除和利用有毒植物，具有重要的理论价值和实践意义。要求学生掌握相关有毒植物的有毒成分、中毒机理、中毒表现及其诊断和防治措施等。

第一节　木本植物中毒

栎树叶中毒(Oak Leaf Poisoning)

栎树叶中毒又称青杠叶中毒或橡树叶中毒，是栎林区放牧牛春季常见病之一，临床上以便秘或下痢、皮下水肿和肾脏损伤为特征。栎树又称橡树，俗称青杠树、柞树，为显花植物双门子叶门壳斗科（山毛榉科 Fagaceae）栎属(*Quercus*)植物，约350种，分布在北温带和热带的高山上。我国约有140种，除新疆、青海和西藏部分地区以外，在华南、华中、西南地区及陕甘宁的部分地区均有生长，其中槲树、槲栎、栓皮栎、锐齿栎、白栎、麻栎、小橡子树、蒙古栎、枹树和辽东栎等8个种及2个变种通过耕牛饲喂试验已确证为有毒栎树。

【原因】牛栎树叶中毒主要发生于我国农牧交错地带的栎林区，春季（秦岭地区4月中旬至5月上旬）多发。在此类林区牧场上多有因砍伐过度而萌发的丛生栎林，放牧的耕牛常因大量采食栎树叶而发病。据报道，耕牛栎树叶采食量占日粮的50%以上即会中毒，超过75%则致中毒死亡。也有的由于采集栎树叶喂牛或垫圈被牛采食而引起中毒。尤其是上一年因旱涝灾害造成饲草饲料欠缺，贮草不足，翌年春季干旱少雨，牧草发芽生长较迟的年份，此时，栎树萌芽早、生长快、覆盖度大，且对耕牛有一定的适口性，加之冬春补饲不足，缺乏富含蛋白质的饲料，常出现耕牛“撵青”之势，造成大批牛中毒死亡。

【病理发生】栎树的有毒成分是栎丹宁（Oak Tannin），存在于栎树的芽、蕾、花、叶、枝条和种实（橡子）中。栎丹宁系高分子酚类化合物，研究表明（史志诚，1988），可水解的栎丹宁进入机体的胃肠道后，经生物降解产生多种低分子的毒性更大的酚类化合物，后者通过胃肠黏膜吸收进入血液和全身器官组织，从而发生毒性作用。因此，栎树叶中毒的实质是酚类化合物中毒。Anderson等(1983)提出，双五倍子酸是栎丹宁多羟基酚的主要作用成分，它经细菌发酵后转化为双没食子酸、五倍子酸和焦性没食子酸，后两种化合物是还原剂，对中毒起决定性作用。

【症状】牛连续大量采食栎树叶5～15 d即可发生中毒。病初表现精神不佳，体温正常，食欲减少，厌食青草，喜食干草，瘤胃蠕动减弱，尿量少且混浊，粪便呈柿饼状，干硬色黑，外表覆有大量黏液或纤维素性黏稠物及褐色血丝。继而精神沉郁，食欲废绝，反刍停止，瘤胃蠕动无力。鼻镜干燥甚至出现龟裂。粪便呈算盘珠或香肠状，被覆大量黄红相间的黏稠物。尿量增多，长而清亮。后期，主要表现尿闭，以脐部为中心，在阴筒（公牛）、肛门周围、腹下、股后侧、前胸、肉垂等处出现水肿，水肿的发展一般由后躯向腹下和前胸蔓延，触诊呈生面团样，指压留痕,针刺并挤压可有多量黄色液体流出。个别病牛排黑色恶臭的糊状粪便,黏附于肛门周围及尾部。病牛多因肾功能衰竭而死亡。也有报道中毒牛有心律不齐和心音减弱。

临床生化检验:①尿液:pH 5.5～7.0,随病的发展,pH 逐渐降低,尿比重下降为 1.008～1.017,尿蛋白检查呈阳性,尿沉渣中有肾上皮细胞、白细胞及尿管型等,尿液中游离酚含量升高,病初可达 30～100 mg/L,游离酚与结合酚比例失调。②血液:血液尿素氮(BUN)含量高达 40～350 mg/100 mL(正常为 5～20 mg/100 mL),磷酸盐含量升高(7.0～20.3 mEq/L),血钙含量降低(3.5～4.2 mEq/L),挥发性游离酚可达 0.28～1.86 mg/100 mL。③肝功检查:天门冬氨酸氨基移位酶(AST)和丙氨酸氨基移位酶(ALT)活性升高。

【病理变化】剖检自然中毒病牛时可见肛门周围、腹下、股后侧及背部皮下脂肪呈胶样浸润。腹腔积水呈淡黄色,可达 4 000～6 000 mL。瓣胃充满干硬的内容物,瓣叶表面呈灰白色或深棕色相间。从真胃底到十二指肠及盲肠底黏膜下有褐色或褐黑色并间有散在的鲜红色出血点,呈细沙样密布。肝脏肿大,胆囊显著增大 1～3 倍。肾脏周围脂肪水肿,肾包膜易剥离,肾脏呈土黄色或黄红相间,红色区有针尖大出血点。肾盂瘀血,有的充满白色脓样物。

病理组织学检查主要表现肾小管扩张坏死、肝脏不同程度的变性、胃和十二指肠黏膜层脱落坏死等变化。

【诊断】主要依据患病牛有采食或饲喂栎树叶的病史,多于春季发病,临床上表现厌食青草、胃肠炎、水肿、便秘、粪便干燥、色暗黑并带有较多的黏液和少量血丝等症状,尿蛋白呈阳性反应,血液和尿液中挥发性游离酚含量显著升高等进行诊断。

【治疗】病牛立即停止在栎树林放牧,禁止采集栎树叶饲喂病牛,改喂青草或青干草。对于初中期病例,可应用硫代硫酸钠解毒,每头牛每次 8～15 g,以注射用水稀释为 5%～10%溶液,1 次静脉注射,每天 1 次,连用 2～3 d。为促进毒物从尿液排泄,对尿液 pH 6.5 以下的病牛,可静脉注射 5%碳酸氢钠溶液 500 mL,以碱化尿液。同时依据临床表现,可采取强心、补液、缓泻、腹腔封闭,便秘可用泻剂,严重中毒可进行瓣胃注射等对症治疗措施。

苦楝籽中毒(Chinaberry Poisoning)

苦楝籽中毒是畜禽采食苦楝树的果实苦楝籽,也有牛羊啃食树皮所致的中毒性疾病。近期有报道犬采食果实中毒。苦楝树(*Melia azedarach* L.)系楝科楝属落叶乔木,生长在黄河、长江流域,每年 4—5 月开花,10—11 月结成球形或椭圆形核果,常于冬季至次年夏季脱落,果肉多汁略甜。猪喜食苦楝籽,有些地区习惯把苦楝树栽于猪舍两侧遮阳,苦楝籽落入圈内,猪食后易发生中毒。也有小鹅苦楝树叶中毒的报道。苦楝树全株有毒,苦楝籽毒性最大,树皮次之,树叶较弱。主要有毒成分为苦楝素(Toosendanin)、苦楝碱(Azarridine)、苦楝萜酮内酯等,其毒性作用主要是刺激消化道,损害心、肝、肾等器官,麻痹中枢,降低血液凝固性,增加血管通透性等,最后常因循环衰竭而死亡。

猪采食苦楝籽后几个小时内就可发病,病初精神沉郁,流涎,拒食,体温下降,全身痉挛,站立不稳,卧地不起,腹痛,嚎叫。后期,后躯瘫痪,反射消失,口吐白沫,呼吸微弱,最后死亡。牛、羊啃食树皮后也有呼吸困难、心跳加快、呻吟、体温下降、循环衰竭、内脏出血等变化。剖检时可见尸僵不全,血液呈暗红色而不凝固,胃淋巴结肿大呈黑红色,胃底部和幽门部黏膜呈泥土色,易脱落,肠黏膜、心脏和肾脏均有出血点,肺水肿、气肿明显。

对于采食苦楝籽但尚未出现症状的猪可用催吐、洗胃、导泻、灌肠等方法阻止毒物吸收;对于已出现明显症状的病猪,多采取对症治疗措施,强心、利尿如静脉注射 10%葡萄糖酸钙溶液 20～50 mL,肌肉或皮下注射维生素 B_1 100～200 mg,以解痉、保肝,必要时滴注肾上腺素。

羊踯躅中毒
(*Rhododendron molle* Poisoning)

羊踯躅中毒是家畜采食羊踯躅嫩叶所引起的以心率减慢、呕吐、四肢麻痹为特征的中毒性疾病。羊踯躅(*Rhododendron molle* G. Don)即闹羊花,又名黄花杜鹃、闷头花、羊不食、老虫花等,系杜鹃花科杜鹃花属落叶灌木,主要分布在江苏、浙江、福建、两广、湖北、湖南、四川、云贵、山西等省(区)。各种家畜均可发生羊踯躅中毒,以反刍动物较为敏感,其中水牛比黄牛更敏感。羊踯躅全株有毒,花和果实毒性最大,其主要有毒成分为闹羊花毒素(Rhodojaponin)、羊踯躅素(Rhodomollein)等,它们具有降低血压、减慢心率、致呕、局部麻醉和全身麻醉等毒性作用。每年冬春之交季节为发病高峰期,家畜常误食羊踯躅萌发的嫩叶而中毒尤其是外来新引进动物。

自然中毒牛一般在采食羊踯躅后 3～5 h 发病,

表现流涎、口吐白沫、喷射性呕吐、皮肤厥冷、心率减慢(30～35 次/min)、步态蹒跚、形似醉酒、乱冲乱撞、腹痛明显、瘤胃轻度臌气、腹泻。重症病例出现四肢麻痹,卧地不起,甚至昏迷、死亡。

本病以对症治疗为主,以兴奋中枢、抑制胆碱能神经为原则。试验表明,以硫酸阿托品注射液(1 mg/mL)10～20 mL,10%樟脑磺酸钠溶液 15～20 mL 分别给牛皮下注射,每日 2 次,同时灌服活性炭 10 g(兑水 500 mL),配合针灸山根、睛灵、鼻梁等穴位,效果较好。每年 4 月中、上旬,于牛、羊放牧前灌服活性炭(5 g/头),可大大降低本病发病率。初春季节最好不要在羊踯躅生长处放牧。有报道,中毒后可用绿豆汤、生鸡蛋等解毒。

杜鹃中毒
(*Rhododendron simsii* Poisoning)

杜鹃中毒是放牧家畜于冬季或早春季节采食枝叶繁茂的杜鹃而引起的以心律失常、副交感神经兴奋、骨骼肌麻痹为特征的中毒性疾病。杜鹃(*Rhododendron simsii*)又名映山红、红杜鹃、艳山红、山踯躅等,系杜鹃花科杜鹃花属的常绿灌木,多生长在山坡丘陵地,主要分布于我国长江流域以及台湾、四川、云南、陕西等省(区),其主要有毒成分为木藜芦烷(Grayanane),包括木藜芦毒素Ⅰ(Grayanotoxin Ⅰ)、马醉木毒素(Pieristoxin)、闹羊花毒素(Rhodojaponin)等,其中以木藜芦毒素Ⅰ含量最高,毒性最强,属心脏-神经毒物,它能可逆地增强心肌收缩力,引发以期外收缩为特征的心律失常,亦能兴奋副交感神经,麻痹骨骼肌的运动神经末梢。山羊、牛、家兔等均可发生中毒,也有报道犬食用白色杜鹃花中毒的病例。

动物一般在采食杜鹃枝叶、花 1.5～4 h 后发病。病初,表现空口咀嚼,流涎,剧烈呕吐,哞叫;随后,精神沉郁,瞳孔缩小,肌肉软弱无力,不愿走动,尿少粪干。初期心率减慢至 50 次/min,而后心动过速,超过 120 次/min,心律不齐。病程 1～7 d,常因循环虚脱而死亡。犬食用杜鹃花后脉搏细弱、心律不齐、血压下降、呼吸困难。

治疗原则以强心利尿、排除毒物为主。使用安钠咖强心利尿。排除毒物应以泻药为主,也可灌服活性炭与复合电解质溶液。中毒早期可实施瘤胃切开术,取出胃内容物。

第二节　草本植物中毒

毒芹中毒(*Cicuta virosa* Poisoning)

毒芹中毒是家畜采食毒芹的根茎或幼苗后引起的以兴奋不安、阵发性或强直性痉挛为特征的中毒性疾病。毒芹(*Cicuta virosa* L.)又名走马芹、野芹菜,为伞形科毒芹属多年生草本植物,多生长在河边、水沟旁、低洼潮湿草地,在我国东北、华北、西北等地区均有分布,尤以黑龙江省生长最多。毒芹全草有毒,主要有毒成分为毒芹素(Cicutoxin)、挥发油(毒芹醛、伞花烃),毒芹根茎部尚含有毒芹碱(Cicutine)等多种生物碱,晾晒并不能使毒芹丧失毒性。

毒芹素吸收入血后首先兴奋延脑和脊髓,引起强直性痉挛,导致呼吸、血液循环和内脏器官功能障碍;继而抑制运动神经,骨骼肌麻痹;最后因呼吸中枢麻痹而死亡。毒芹中毒多发生于牛、羊,马、猪也偶有发生。一般在牛、羊采食毒芹后 1.5～3 h 出现中毒症状,初期表现兴奋不安,狂跑吼叫,跳跃,瘤胃臌气,出现阵发性或强直性痉挛,表现突然倒地,头颈后仰,四肢强直,牙关紧闭,瞳孔散大;病至后期,体温下降,步态不稳,或卧地不起,四肢不断做游泳样动作,知觉消失,末梢厥冷,多于 1～2 h 内死亡。

对中毒病畜应立即用 0.5%～1%鞣酸溶液或 5%～10%药用炭水溶液洗胃,或灌服碘溶液(碘片 1 g,碘化钾 2 g,溶于 1 500 mL 水中)以沉淀生物碱,牛、马 200～500 mL,羊、猪 100～200 mL,间隔 2～3 h,再灌服 1 次。对于病情严重的牛羊,应尽快实施瘤胃切开术,取出含有毒芹的胃内容物。当瘤胃内容物被清除后,为防止残余毒素的继续吸收,可应用吸附剂、黏浆剂或缓泻剂。同时,配合强心、补液、解痉镇静、兴奋呼吸中枢等对症治疗措施。

乌头中毒(*Aconitum* Levl Poisoning)

乌头中毒是家畜采食乌头后,由于中枢神经系统和外周神经系统损害而表现为先痉挛后麻痹的中毒性疾病。乌头(*Aconitum* L.)是毛茛科乌头属多年生草本植物,我国约有 167 种,分布于除海南省以外的全国各地,如云南、四川、西藏、陕西及东北各省,其中约有 36 种可供药用,其主根为乌头,附生于母根的为附子,二者经炮制后均可入药。乌头有大毒，其块根及花前期的茎叶中均含有多种生物碱，如次乌头碱、乌头碱、中乌头碱等剧毒成分，因此，无论是采食其草本植物还是由于炮制、用法不当或超量用药，均可引起家畜乌头中毒。马、牛、山羊、猪均有中毒报道。

中毒病畜多呈急性经过，初期，口干舌燥，其后虚嚼，轧齿，流涎，甚至呕吐。肠蠕动亢进，腹痛、下痢，尿频。眼结膜黄染、潮红，心悸，心律不齐，呼吸促迫而困难。颈部和腹部皮肤、肌肉过敏，感觉疼痛，颜面和四肢肌肉痉挛，后肢肌肉强直，步态蹒跚或瘫痪，最后呼吸中枢和运动中枢麻痹，感觉缺失，嗜睡、昏迷而死亡。病程从几个小时到 1～2 d。

对于本病目前尚无特效解毒剂，可对因治疗，病初用 0.1％高锰酸钾溶液或 0.5％鞣酸溶液反复洗胃，继而用活性炭 2 份、鞣酸 1 份、氧化镁 1 份，混合，马、牛 200～300 g，羊、猪 50～100 g，加水灌服，以促进乌头碱沉淀、减少吸收。同时，配合强心、补糖、补液、解痉，改善微循环，防止虚脱。

萱草根中毒
（*Hemerocallis* Root Poisoning）

萱草根中毒系家畜采食了有毒萱草的根而引起的中毒性疾病。萱草（*Hemerocallis*）又名黄花菜、金针菜，为百合科萱草属多年生草本植物，本属约有 14 种，主要分布于亚洲温带至亚热带地区，少数生长于欧洲。我国有 11 种，栽培或野生于全国各地，其中一些品种的根具有毒性，家畜采食后可引起中毒。现已确定的有毒品种包括北萱草（*H. esculenta* Koidz）、野黄花菜（*H. altissima* Stout）、北黄花菜（*H. lilio-asphodelus* L.）、小黄花菜（*H. minor* Mill.）。萱草根的主要有毒成分为萱草根素（hemerrocallin），它可引起脑和脊髓白质软化，视神经变性坏死，并对泌尿器官及肝脏产生损害。中毒多发生于羊、牛、马、猪，在枯草季节、尤以 2 月下旬至 3 月中旬发病率最高。

一般羊采食萱草根 2～3 d 即出现症状，初期，精神萎靡，离群呆立，尿频数继而困难；1～2 d 后两目瞳孔散大呈圆形（正常为长柱状或哑铃形），失明（老乡称之为“瞎眼病”），眼球水平震颤，运动障碍；病至后期，后肢或四肢瘫痪，不时哀鸣，皮肤反射消失，昏迷，体温下降，终因心力衰竭和呼吸麻痹而死亡。

本病目前尚无特效治疗方法，对于轻症患畜，通过及时清理胃肠道毒物，对症施治，妥为护理，可以耐过。防止本病的重点在于预防，通过在病区采取向群众宣传本病、出牧前补饲干草、在萱草密集生长区喷洒灭草剂如 2％茅草枯溶液等综合措施，可预防本病的发生。

棘豆属植物中毒
（*Oxytropis* spp. Poisoning）

棘豆属植物中毒是指家畜由于采食棘豆属的有毒种植物所致的临床上以运动机能障碍为特征、病理组织学检查以广泛的细胞空泡变性为特征的慢性中毒性疾病。全世界有棘豆属植物 300 多种，是目前世界范围内危害草原畜牧业发展最为严重的毒草之一，在美国、俄罗斯、澳大利亚、加拿大、墨西哥、西班牙、摩洛哥、巴西、冰岛和埃及等国均有分布。我国有 120 多种，已报道的可引起中毒的有 20 多种，分布面积超过 400 万 hm^2，主要分布于西北、西南、华北等 9 个省（区）。棘豆中毒给畜牧业生产造成巨大的经济损失，20 世纪 70 年代以来约有 15 万头牲畜死于本病，被称为我国三大毒草灾害之一。此外，棘豆属植物及其中毒还影响家畜繁殖、妨碍畜种改良。危害严重的主要棘豆属植物有小花棘豆［*Oxytropis glabra*（Lam）DC］、黄花棘豆（*O. ochrocephala* Bunge）、甘肃棘豆（*O. kansuensis* Bunge）、急弯棘豆［*O. deflexa*（Pall）DC］、冰川棘豆（*O. glacialis* Benth ex Bge）、宽苞棘豆（*O. latriracteata*）、镰形棘豆（*O. falcata*）、毛瓣棘豆（*O. sericopetala* C. E. C. Fisch）、硬毛棘豆（*O. hirta* Bunge）等。

【原因】棘豆中毒多发生于有棘豆生长的牧场，过去一直认为，棘豆的适口性不好，加之当地家畜能够识别棘豆，夏、秋季节由于其他牧草茂盛，家畜一般不会主动采食而中毒，中毒多发生在冬季、早春，此时牧场牧草缺乏，或被大雪覆盖，棘豆的茎相对较硬而突出于雪面，动物饥饿时被迫采食，所以中毒多集中发生在每年 11 月至翌年的 2、3 月，5 月后中毒逐渐减少直至停止，发病动物若能耐过，进入青草季节后，不再采食棘豆，病情会逐渐好转。但最近几年在青海省观察到的结果表明，棘豆中毒全年均可发生，尤其在新发病区，只要牧场上有棘豆生长，就有发生棘豆中毒的可能。一些刚从无棘豆生长区引进的家畜，不能识别棘豆，则会采食棘豆而中毒。在青海省英得尔种羊场，棘豆只生长在夏秋草场，所以中毒也多发生于每年的 7—11 月，12 月进入无棘豆的冬春草场后，则中毒立即停止。

【病理发生】李守军等（1989）对小花棘豆中毒机理进行了研究，表明小花棘豆中毒呈渐进性的慢性过程，肝脏首先受损害，继而损害肾脏、神经系统、心脏、甲状腺等实质器官，引起广泛的细胞空泡变性。对神经系统的损害具有特异性，不仅中枢神经系统，而且外周神经系统的神经细胞也普遍发生空泡变性，有髓神经纤维发生脱髓鞘现象，致使病畜出现以运动机能障碍为主的神经症状。

关于棘豆属植物的有毒成分，过去曾有人认为棘豆是聚硒植物，其中毒实质是硒中毒；国外也有人认为棘豆的有毒成分可能是脂肪族硝基化合物；近年来的观点基本趋于一致，认为棘豆的主要有毒成分是生物碱。我国学者曹光荣等首先从黄花棘豆中分离出吲哚兹啶生物碱(Indolizidine Alkaloid)-苦马豆素(Swainsonine)，并证实这种生物碱对α-甘露糖苷酶(α-mannosidase)活性有很强的抑制作用，之后证实甘肃棘豆、急弯棘豆中也含有此种生物碱。Molyneux(1982)从绢毛棘豆(*O. sericea*)和斑荚黄芪(*Astragalus lentiginosis*)中亦分离出苦马豆素和氧化氮苦马豆素(Swainsonine N-oxide)。杨桂云等(1983)从小花棘豆中分离出臭豆碱(Anagyrine)、黄花碱(Thermopsine)、N-甲基野靛碱(N-methylcytisine)、鹰爪豆碱(Sparteine)、鹰靛叶碱(Baptifoline)和腺膘呤(Adenine)。

苦马豆素作为棘豆属植物主要有毒成分之一，它能强烈抑制细胞溶酶体内的α-甘露糖苷酶。在生理情况下，哺乳动物除红细胞外的所有细胞的溶酶体内都有α-甘露糖苷酶，在理想的酸性环境下(pH 4.5)，它可使甘露糖完全水解。动物长期摄食有毒棘豆植物时，所含的苦马豆素经渗透作用可迅速进入细胞，在溶酶体内(pH 4.0～4.5)直接抑制α-甘露糖苷酶，使甘露糖不能正常代谢，导致α-甘露糖在溶酶体内大量贮积。同时苦马豆素还能使糖蛋白合成发生障碍，形成糖蛋白-天冬酰胺低聚糖，这些低聚糖可连接葡萄糖(Glc)、甘露糖(Man)、N-2-酰葡糖胺(AlcNAc)、半乳糖(Gal)、唾酸(SA)以及天冬酰胺连接的多肽。由于富含甘露糖的低聚糖在细胞内大量聚积，从而出现空泡变性，进而造成器官组织损害和功能障碍。虽然细胞空泡变性是广泛的，但以神经系统的损伤出现最早，特别是小脑浦肯野氏细胞最为敏感，常有细胞死亡，损伤不可逆转，因而中毒动物出现以运动失调为主的神经症状。由于生殖系统的广泛空泡变性，可造成母畜不孕、孕畜流产和公畜不育。苦马豆素可透过胎盘屏障，直接影响胎儿，造成胎儿死亡和发育畸形。

【临床表现】由于棘豆的营养成分丰富(蛋白质含量在13%～20%)，家畜在采食棘豆的初期，体重有明显增加，但当采食达到一定量后如继续采食，则开始发生中毒，营养状况下降，被毛粗乱无光，进而出现以运动障碍为特征的神经症状。病至后期，食欲减少。随着机体衰竭程度的加重而出现贫血、水肿及心脏衰竭，最后卧地不起而死亡，自然中毒病程一般2～3个月或更长，人工饲喂甘肃棘豆和黄花棘豆(10 g/kg体重)由于量比较大，发病较快，15～20 d可出现中毒症状，70 d内可引起死亡。各种家畜中毒的临床症状不完全一样。

马：中毒发展较快，一般进入棘豆草场20 d内出现中毒症状。病初行动缓慢，呆立不动，不合群，进而不听使唤，行为反常，牵之后退，拴系则骚动后坐；四肢发僵而失去快速运动能力，易受惊，摔倒后不能自主站立，继而出现步态蹒跚似醉；有些病马瞳孔散大，视力减弱。在牧区，常发现放牧的马只会上山，而不会下山，侧身横着下山，身体不能掌握平衡而摔倒，造成骨折或其他伤害，甚至摔死。

羊：中毒初期精神沉郁，常弓背呆立，目光呆滞，放牧时落群，走路时头向上仰，喝水时头部颤动不止，喝不上水，食欲下降；随着中毒的加重出现步态蹒跚，行走时后躯摇摆，弯曲外展或后伸，驱赶时后躯向一侧倾斜，往往欲快不能而倒地。病羊逐渐消瘦，继而后躯无力，有的呈犬坐姿势，最后卧地不起，不能采食和饮水，常因极度消瘦衰竭而死亡，故本病在青海省有些地区被老乡称为"干病"。对于绵羊，在症状出现之前或症状较轻时，如用手提耳(应激状态)，便会立即出现眨眼、缩颈、摇头、转圈、倒地不起等典型症状。妊娠羊易发生流产、产弱胎、死胎或胎儿畸形。公羊性欲减退，精子质量下降，严重者失去繁殖能力。

牛：主要表现精神沉郁，步态蹒跚，站立时两后肢交叉，视力减退，役用牛不听使唤，有些病牛出现盲目转圈运动，后期消瘦。新近研究表明，在高海拔地区(2 120～3 090 m)，绢毛棘豆中毒牛，特别是犊牛，发生充血性右心衰竭，导致下颌间隙和胸前水肿。而在海拔较低地区中毒症状与羊相似，而无充血性心衰表现。

【临床病理学】病羊血清天门冬氨酸氨基移位酶(AST)、碱性磷酸酶(ALP)、乳酸脱氢酶(SLDH)及肝源性乳酸脱氢酶($SLDH_5$)活性及血浆尿素氮(BUN)含量增高；α-甘露糖苷酶(AMA)活性降低，其中AST活性在临床症状出现之前就已明显升高；黄花棘豆、甘肃棘豆和宽苞棘豆中毒羊尿中的低聚糖含量明显升高；怀孕羊中毒后血清孕酮含量明显下降；中毒公羊精子质量下降，密度降低，畸形率增高，血浆睾酮水平降低。

【病理学检查】死于棘豆中毒的羊尸体极度消瘦，血液稀薄，腹腔内有多量清亮液体，有些病例心脏扩张，心肌柔软。组织学变化可见大脑、海马、桥脑、延脑、小脑和脊髓的神经细胞大多发生空泡变性或溶解，有的坏死；胶质细胞增生，出现卫星与噬神经元现象；桥脑与脊髓的白质神经纤维部分发生肿胀、髓鞘溶解、断裂；坐骨神经纤维的轴突肿胀、淡染、粗细不均和髓鞘崩解。肝脏、肾脏、心脏、胰脏、甲状腺、肾上腺、卵巢等器官的实质细胞大多发生颗粒变性和空泡变性，部分细胞坏死。骨髓各系统造血细胞减少，脾脏轻度髓外化生，淋巴结窦内网状细胞变性。电镜检查可见，上述各器官实质细胞内的大多数线粒体肿胀，嵴突崩解、消失；粗面内质网扩张脱离；部分细胞核肿胀，有些核浓缩。

【诊断】根据长时间在有毒棘豆的草场上放牧的病史，结合以运动障碍为特征神经症状，在排除其他疾病的基础上，可做出初步诊断。棘豆中毒早期，根据在有棘豆的草场上放牧后出现的症状，如精神沉郁、步态蹒跚等症状，可做出初步诊断。对症状不明显和暂无临床症状的绵羊，可试提羊耳，若出现眨眼、缩颈、摇头、转圈、倒地不起等典型症状，即可做出诊断。实验室检查，AST、LDH 活性明显升高，羊血浆 α-甘露糖苷酶活性明显降低，尿低聚糖含量升高。病理组织学检查所见的实质器官广泛的细胞空泡变性有助于确诊。

【防治】本病目前尚无有效的治疗方法，关键在于预防。对于轻度中毒病例，及时脱离有棘豆生长的草场，并适当补饲精料，给予充足饮水，以促进毒物的排泄，一般可不药自愈。

目前国内外预防棘豆中毒的主要方法有：

1. 化学防除

国内目前应用最多的化学药物是 2,4-D 丁酯，单独使用时浓度为 0.36%～0.60%，对黄花棘豆、小花棘豆都有较好的灭除作用。G-520 是从美国引进的一种高活性的除草剂，对人畜毒性低，单独使用时浓度为 0.16%，防除率可达 100%，对其他牧草基本安全，是防除黄花棘豆、甘肃棘豆的理想药品，可在生产上推广应用；S 剂（使它隆）是从美国引进，单独使用时浓度为 0.066%，灭除率 100%，对其他牧草安全，对人畜毒性低，是防除黄花棘豆的最佳药品。

2. 应用生态系统工程

有人利用现代毒理学和生态毒理学的原理，不将棘豆看作是毒草，而作为牧场的天然组成成分，以棘豆的生态位为核心，研究减轻和消除棘豆有毒成分对动物产生的不良影响。具体做法是：将棘豆生长的草场分为高、低密度区和基本无棘豆区，先在高密度区放牧 10 d 或在低密度区放牧 15 d 左右，在羊即将出现中毒症状时，再将羊转入基本无棘豆区放牧 20 d，使其恢复，排除体内毒素，如此循环，可有效地防止棘豆中毒的发生。如草场上找不到基本无棘豆生长区，则需要人为建立基本无棘豆区，即在该区采用人工或化学灭除方法将棘豆完全灭除，这样就不需要花费太多的资金及人力、物力灭除草场上所有的棘豆，又可以利用棘豆作为饲料，同时也发挥了棘豆的生态效应。

3. 药物预防

有人根据小花棘豆所含的生物碱遇酸形成盐而能溶于水的特点，将采集的小花棘豆用 0.29%工业盐酸进行脱毒处理，试验证明，在饲草中加入 40%（按干重计）此种脱毒的小花棘豆连续饲喂山、绵羊 4.5 个月，土种牛、奶牛 3 个月均很安全，并呈现出明显的增重效果，探索出一条安全利用小花棘豆作饲草的简便途径。王凯等根据棘豆中毒的机理是抑制体内 α-甘露糖苷酶活性以及棘豆的有毒成分是吲哚兹啶生物碱——苦马豆素，其结构中含有 3 个有活性的羟基，选用 7 种理论上可提高 α-甘露糖苷酶活性的药物及可破坏苦马豆素结构的药物给羊饲喂，结果证明其中有 4 种药物具有一定的预防作用，均可延迟羊棘豆中毒症状的出现时间和死亡时间，尤以“棘防 E 号”效果最好，该药物安全性高，可长期应用。在青海省英得尔种羊场的放牧羊群中，通过饮水或舔砖长期应用该药物，可使母羊群棘豆中毒死亡率由 22.69%下降为 0，羯羊群由 29.15%下降为 1.9%。青海大学近年研究发现将棘豆青贮可降低其毒性。

醉马草中毒
(*Achnatherum inebrians* Poisoning)

醉马草中毒是指马属动物采食醉马草引起的急性中毒性疾病，临床上以心率加快、步态蹒跚如醉为特征。醉马草[*Achnatherum inebrians* (Hance) Keng.]，又名醉马芨芨、醉针茅、醉针草等，是禾本科芨芨草属的多年生草本植物，多生长于放牧过度的高山草地和干旱草地。家畜抢青时可引起中毒。当地家畜可以识别醉马草，多不主动采食，从外地引入或路过的家畜因不能识别而大量采食时，常常引起中毒甚至死亡。马属动物对醉马草最为敏感，一般采食鲜草达到体重的1%即可出现明显的中毒症状。

马属动物在采食30～60 min后出现中毒症状，表现为口吐白沫、精神沉郁、食欲减退甚至废绝，心跳加快(90～110次/min)，呼吸急促(60次/min以上)，鼻翼扩张，张口伸舌。严重时耳耷头低、站立不稳、行走摇晃、蹒跚如醉。醉马草中毒呈急性中毒，发病快、病程短，家畜中毒后虽表现严重的中毒症状，但多数可耐过而不死亡，个别体弱、中毒严重者可发生死亡。实验证明羊采食醉马草不发生中毒。

对醉马草中毒目前尚无特效疗法，主要在于加强护理、实施对症治疗。中毒早期应用酸类药物治疗可获得一定效果，如稀盐酸、醋酸、乳酸、食醋等，牧区用酸奶灌服也有效果。对中毒严重者除应用酸类药物外，还应配合全身和对症疗法，如补液、强心、利尿等。禁止在有醉马草生长的草地上放牧是预防本病的唯一方法。鉴于醉马草不引起羊中毒，为了充分利用草地资源和防止其他家畜中毒，可考虑在有醉马草的草地上春季青草生长时放牧羊只。

黄芪属有毒植物中毒(*Astragalus* spp. Poisoning)

黄芪属有毒植物中毒系家畜采食黄芪属的有毒种植物所引起的以运动机能障碍、细胞空泡变性为特征的中毒性疾病。黄芪属(*Astragalus* Linn)植物在我国有270种，多数为无毒品种，已报道的可引起中毒的主要是茎直黄芪(*Astragalus strictus* Grah. ex Benth.)和变异黄芪(*Astragalus variabilis* Bunge)。黄芪属有毒植物和棘豆属有毒植物亲缘关系密切，形态相似，引起动物中毒的症状也相似，因此临床上将这类植物统称为疯草(Locoweed)，所引起的中毒称为疯草中毒(Locoism)或疯草病(Locodisease)。

有关黄芪属植物的有毒成分国内外研究较多，主要观点有3类：①脂肪族硝基化合物。国外报道的较多，目前我国报道的有15种黄芪含有这类有毒物质，但还没有中毒的报道。②聚硒黄芪。在北美有24种黄芪聚硒水平很高，动物采食后引起硒中毒。③疯草毒素。主要是苦马豆素和氧化氮苦马豆素，我国学者从茎直黄芪中分离到苦马豆素，并证实对α-甘露糖苷酶有强烈的抑制作用，同时还测定了变异黄芪的苦马豆素含量。

国内报道，动物采食茎直黄芪和变异黄芪后表现精神沉郁，被毛粗乱，步态拘谨，僵硬，目光呆滞，共济失调，对应激敏感。放牧时病畜离群掉队，采食和饮水困难。长期采食毒草则卧地不起，最终导致衰竭而死。妊娠羊易发生流产、产弱胎或胎儿畸形。公羊性欲减退，精子质量下降，严重的失去繁殖能力。病理变化同“棘豆属植物中毒”，主要表现为广泛的细胞空泡变性。

防治：同“棘豆属植物中毒”。

蓖麻籽中毒(Castor Bean Poisoning)

蓖麻籽中毒是家畜误食蓖麻籽实或大量饲喂未经处理的蓖麻籽饼，也有误食叶子所引起的一种中毒性疾病，以伴有高热和膈肌痉挛的出血性胃肠炎和一定的神经症状为特征，常发生于马，其次是绵羊、猪和牛。蓖麻(*Ricinus communis* L.)为大戟科蓖麻属植物，我国各地均有野生或栽培，其根、叶可入药，其鲜叶可饲喂蓖麻蚕，其籽实可榨油供工业、医药用。

蓖麻籽所含主要有毒成分为蓖麻毒素(Ricin，一种毒蛋白)、蓖麻碱(Ricinine)、蓖麻变应原、红细胞凝集素等，其中对中毒起主导作用的是蓖麻毒素，它可阻断或抑制细胞内的蛋白质合成。畜采食蓖麻籽后数小时至几天内发病，病初主要表现口唇痉挛和颈部伸展，体温升高，可视黏膜潮红或黄染，有明显的膈肌痉挛；继而出现腹痛和重剧腹泻，粪便中混有黏液絮块或血液；膀胱麻痹，尿潴留；后期，出现兴奋不安，全身肌肉震颤，衰竭倒地，痉挛而死。严重的出现心悸、恶心、呕吐、腹痛、腹泻、血尿等。

治疗本病的特效解毒法是注射抗蓖麻毒素血清；尼可刹米、异丙肾上腺素能对抗过敏原的毒性作用；另有报道，刀豆球蛋白A(Con A)、霍乱毒素B和麦芽凝集素均有抗蓖麻毒素作用。为清除胃肠道内的毒物，可用0.2%高锰酸钾溶液或0.5%～1%鞣酸溶液反复洗胃、灌肠，并给以盐类泻剂、黏浆剂、吐酒石、蛋清、豆浆等；为排除血液中的毒物，可静脉放血(马1～3 L)，同时配合强心、补液、纠酸、镇静解痉等对症和支持疗法。

蕨中毒(Bracken Fern Poisoning)

蕨中毒是家畜采食新鲜或晒干的蕨叶所引起的中毒性疾病。蕨[Bracken；*Pteridium aquilinum* (L.) Kuhn]又名蕨菜，系蕨科蕨属植物。春季萌发的“蕨基苔”或“蕨菜”经沸水烫洗后，可供食用。由于蕨类春季发芽早，成为主要鲜嫩青草，易为家畜大量采食而引起急性中毒；如果是长期采食少量的蕨叶，则可发生慢性中毒。主要发生于牛、马，也有绵羊和山羊中毒的报道。现已从蕨类植物中分离到多种中毒因子，主要包括硫胺酶（Thiaminase，单胃动物蕨中毒的主要因子）、异槲皮苷（Isoquercitrin）和紫云英苷（Astragalin）、蕨素（Pterosin）和蕨苷（Pteroside）、原蕨苷（Ptaquiloside，一种基因毒性致癌原，牛蕨中毒的毒性因子）等。

发生急性中毒时，单胃动物（主要是马）中毒的实质是蕨中硫胺酶所致的硫胺素缺乏症，丙酮酸不能进入三羧酸循环而形成乳酸等，血液中丙酮酸水平显著增高而维生素 B_1 水平显著降低引起多发性神经炎，临床上以明显的共济失调为特征，因此也叫蕨蹒跚；反刍动物（主要是牛）蕨中毒则主要呈现以骨髓损害和全身性出血性素质为特征的急性致死性中毒症，表现体温突然升高到 40～42℃，可视黏膜点状出血、贫血、黄染以及体表皮肤出血。牛慢性蕨中毒主要呈现为地方性血尿症，多发生于黄河以南的山地地区（贵州、四川、云南等），主要表现长期间歇性血尿、膀胱肿瘤、无热等。

对马急性蕨中毒应用盐酸硫胺素（静脉、肌肉注射或口服给药）可收到良好效果；对牛急性蕨中毒尚无特效疗法，重症病例多预后不良，对轻症可考虑采取输血或输液、以骨髓刺激剂鲨肝醇改善骨髓造血功能、用肝素拮抗剂硫酸鱼精蛋白或甲苯胺蓝静脉滴注拮抗病牛血中增多的肝素样物质等措施，配合消炎、抗感染及对症治疗，可望痊愈。对于慢性蕨中毒病牛多无治愈希望，多数病牛被淘汰屠宰或死亡。也有中药方剂黄连解毒汤加减治疗急性或慢性牛羊中毒取得较好效果的报道。

白苏中毒（*Perilla frutescens* Poisoning）

见二维码 15-1。

二维码 15-1　白苏中毒

木贼中毒（Equisetosis Poisoning）

见二维码 15-2。

二维码 15-2　木贼中毒

猪屎豆中毒（*Crotalaria* spp. Poisoning）

见二维码 15-3。

二维码 15-3　猪屎豆中毒

霉烂草木犀中毒（Mouldy Sweet Clover Poisoning）

霉烂草木犀中毒是家畜连续采食霉烂的白花草木犀、黄花草木犀、印度草木犀干草或青贮草而引起的一种急性凝血障碍性疾病。本病可自然发生于牛、绵羊、马以及猪。

上述品种的草木犀中均含有香豆素（Coumarin），在晒干和青贮过程中，在某种霉菌的作用下，香豆素可聚合为双香豆素（Dicoumarol），后者能竞争性地拮抗维生素 K，能阻碍凝血酶原、第Ⅶ、Ⅸ、Ⅹ等维生素 K 依赖性凝血因子在肝细胞内的合成，导致内在和外在凝血途径障碍，使血小板血栓得不到纤维蛋白血栓的加固，造成各组织器官的出血。此外，双香豆素还能扩张毛细血管并增加血管的渗透性，从而加剧出血性素质。

依霉烂草木犀中双香豆素的含量多少不同，连续采食霉烂草木犀的牛早则 2 周、晚则 3～4 个月显现中毒症状。早期表现鼻衄、柏油粪，其后于颌下间隙、眼眶、肩部、胸壁、髋结节、跗关节等易受损伤部位的皮下，形成大小不等的波动性血肿，病牛常在卡车转运途中因这些部位的大出血而死亡。此外，有的病牛还表现关节腔出血引起跛行甚至卧地不起、脊髓腔出血造成瘫痪、内出血形成体腔积血、分娩母牛子宫内积血等症状。

治疗本病的关键在于立即停止饲喂霉烂草木犀干草或青贮，并大量补给凝血因子和维生素 K。对于重症病畜，应立即实施输血疗法。天然的维生素K（维生素K_1）是双香豆素的最佳拮抗剂，牛、猪按每千克体重1 mg剂量静脉注射或肌肉注射，2～3次/d，连用2 d，疗效显著。合成的维生素K（维生素K_3，双硫甲萘醌钠）奏效慢，对急性重症病例不宜应用，但对恢复期病畜，可按5 mg/kg体重内服，连续7～10 d，以巩固疗效。预防本病的重点在于晾晒或青贮草木犀时尽量防止霉变，在大群饲喂草木犀时应预先测定其中的双香豆素含量。如果必须饲喂，时间控制在2周以内。

夹竹桃中毒（Oleander Poisoning）

见二维码15-4。

二维码15-4　夹竹桃中毒

（王凯）

复习思考题

1. 栎树叶中毒的临床表现是什么？如何治疗栎树叶中毒？
2. 苦楝籽中毒的临床表现是什么？
3. 羊踯躅中毒有哪些临床表现？防治原则是什么？
4. 杜鹃中毒有哪些临床表现？防治原则是什么？
5. 毒芹中毒有哪些临床表现？如何防治？
6. 乌头中毒的临床表现是什么？如何防治？
7. 萱草根中毒有哪些临床表现？
8. 棘豆属植物中毒有哪些临床病理变化？如何防治？
9. 醉马草中毒临床表现是什么？
10. 黄芪属植物中毒有哪些临床表现？
11. 蓖麻籽中毒的机理是什么？有哪些临床表现？
12. 单胃动物和反刍动物蕨中毒各有哪些临床表现？中毒机理是什么？
13. 白苏中毒有哪些临床表现？
14. 木贼中毒有哪些临床表现？如何防治？
15. 猪屎豆中毒的临床症状是什么？
16. 夹竹桃中毒有哪些临床表现？中毒机理是什么？如何防治？

第十六章　饲料中毒

【内容提要】饲料中毒，是畜牧业生产中导致畜禽中毒较为常见的原因之一。由于饲料安全关系人类的健康，饲料中毒已日益引起人们的关注。饲料中毒主要由以下3种情况引起，即由于饲料调制不当引起的中毒，如小白菜或甜菜煮后长时间焖放而产生的亚硝酸盐中毒，食盐中毒等；由于长期过量饲喂饼渣类或酿造工业副产品引起的中毒，如酒糟中毒、淀粉渣中毒、棉籽饼中毒和菜籽饼中毒；由于饲喂霉菌毒素污染的草料引起的中毒，如霉玉米中毒、黑斑病甘薯中毒等。

本章主要介绍了饼粕类饲料中毒和渣粕类饲料中毒。要求通过本章的学习，重点掌握棉籽饼中毒、菜籽饼中毒、亚硝酸盐中毒的病理发生、防治原理和治疗措施。了解酒糟中毒、淀粉渣中毒、光敏植物中毒、水浮莲中毒、马铃薯中毒的一般常识和防治措施。

第一节　饼粕类饲料中毒

棉籽饼中毒
(Cottonseed Cake Poisoning)

棉籽饼中毒是因长期连续饲喂或过量饲喂棉籽饼，致使摄入过量的棉酚而引起的畜禽中毒。临床上以出血性胃肠炎、全身水肿、血红蛋白尿、肺水肿、视力障碍等为特征。本病主要发生于犊牛、仔猪和家禽等。成年反刍动物对本病有较强的抵抗力，但长期大量饲喂棉籽饼亦可引起中毒。

【原因】棉籽饼富含蛋白质，是动物的优质蛋白质饲料。棉籽饼含粗蛋白36%～42%，其必需氨基酸含量在植物中仅次于大豆饼，可作为动物全价日粮蛋白质的来源，它是产棉地区的重要饲料。在美国已经研究出棉籽的去毒工艺方法，棉籽饼已经进入食品工业。棉籽饼中的棉酚色素，包括多于15种棉酚色素及其衍生物，如棉酚、棉蓝素、棉紫素、棉黄素、棉绿素、二氨基棉酚等，其中以棉酚的含量最高，占总量的20.6%～39.0%。棉酚在体内比较稳定，不易破坏，排泄缓慢，有蓄积作用。棉酚按其存在的形式，可分为游离棉酚和结合棉酚两种。结合棉酚是棉酚与蛋白质、氨基酸、矿物质等物质结合体的总称，它不溶于油脂，通常认为是无毒的；游离棉酚具有活性的羟基和醛基，易被肠道吸收，对动物是有毒的。棉籽饼之所以能引起畜禽中毒，主要表现在游离棉酚的毒性上。

棉籽饼中毒的原因：

(1)棉籽饼未做去毒或减毒处理。尤其冷榨生产的棉籽饼，不经过炒、蒸的机器榨油的棉籽饼，其游离棉酚含量较高(0.2%以上)，更易引起中毒。

(2)棉籽饼喂量过大或连续饲喂。单纯以棉籽饼长期饲喂动物，或在短时间内大量以棉籽饼作为蛋白质补饲时易发生棉籽饼中毒。一般要求日喂量：牛≤1～1.5 kg，猪0.5 kg(日粮10%以下)，连续喂0.5～1个月后要停喂半个月。以棉籽饼为饲料的哺乳期母畜，也可引起吮乳幼畜患病。

(3)用未经去毒处理的新鲜棉叶或棉籽作饲料，长期饲喂猪、牛，或让放牧家畜过量采食。

(4)促发因素：①饲料中缺乏钙、铁和维生素A时，促进中毒的发生，因为棉籽饼是一种缺乏维生素A和钙质的饲料，若长期单一饲喂，可引起家畜的消化、呼吸、泌尿等器官黏膜变性，导致夜盲症和尿石症发病率升高；②日粮中缺乏蛋白质，或青绿饲料不足，或过度劳役。

(5)动物敏感性。家畜对棉酚的耐受量受年龄、品种、环境应激、日粮蛋白质水平、铁盐、碱性物质及其他日粮成分的影响。妊娠母畜和幼畜特别敏感。猪、禽体内很难将游离棉酚转化为结合棉酚，容易引起中毒；而反刍动物瘤胃消化过程中可生成可溶性蛋白和赖氨酸类等物质，将游离棉酚转变为结合棉酚，几乎不引起中毒。但临床上仍有不少成年黄牛棉籽饼中毒的报道，提示成年牛在一定的条件下也可发生中毒。

【病理发生】游离棉酚是一种细胞毒、血管毒和神经毒，进入机体后造成一系列危害。毒性作用主要在以下几个方面。对小肠黏膜产生强烈的刺激作用，引起胃肠卡他或出血性胃肠炎；吸收以后可在体内大量积累，直接损害肝细胞以及心肌、骨骼肌，并与体内硫和蛋白质稳定结合，损害血红蛋白中的铁，导致贫血；损害血管壁，使其通透性增加，引起血浆和血细胞外渗，导致肾脏和肺脏等各组织器官的出血、水肿及浆液性或出血性炎症，体腔积液；棉酚易溶于类脂中，有较强的嗜神经性，常常滞积在脑等神经组织内，对神经系统呈现毒害作用；棉籽中含有一种具有环丙烯结构的脂肪酸，能导致母鸡卵巢和输卵管萎缩，卵黄膜通透性增高，产卵量下降，卵变质。此外，棉酚还可使子宫平滑肌强烈收缩，引起妊娠母畜流产。

【临床表现】棉籽饼中毒潜伏期较长，多呈慢性经过，中毒的发生时间和症状与蓄积采食量有关。共同症状是：食欲下降，体重减少；虚弱，呼吸困难，心功能异常，对应激敏感；以及钙磷代谢失调引起的尿石症和维生素 A 缺乏症(视力障碍)。

牛的急性中毒，主要表现为出血性胃肠炎的症状。食欲明显减退或废绝，反刍停止，初期便秘以后腹泻，粪呈黑褐色且有恶臭味，并混有黏液和血液，迅速脱水。另外，尚有磨牙，呻吟，肌纤维震颤。排尿次数增多并带痛，排血尿或血红蛋白尿，尿沉渣中有肾上皮细胞及各种管型。下颌间隙、颈部及胸、腹下常出现水肿。后期，全身症状加剧，表现明显的肺水肿和心力衰竭。哺乳犊牛还出现明显的痉挛，失明流泪，不断鸣叫等临床表现。病牛血红蛋白浓度下降，红细胞脆性增加，血浆总蛋白浓度升高。

牛的慢性中毒，主要表现为维生素 A 和钙缺乏症所表现的症状，如食欲减少，消化紊乱，频尿，尿淋漓或尿闭，血红蛋白尿，有时出现夜盲症、贫血等。

马的中毒症状与牛基本相似，只是腹痛比较剧烈，排出的粪便表面附有黏液，有的混有血液，血红蛋白尿，呈现典型的红细胞溶解症状，病情发展较快。

绵羊棉籽饼中毒，主要发生于膘情好的妊娠母羊和幼龄羊。妊娠羊发生流产或死胎，公羊发生尿道结石。急性型，病羊偶见气喘，常在进圈或产羔时突然死亡。慢性型，消化紊乱，渴欲增加。眼结膜充血，视力减退，畏光。精神沉郁，呆立，伸腰弓背。心搏动前期亢进，后期衰弱，心跳加快，心节律不齐。流鼻液，咳嗽，呼吸急促，腹式呼吸，25～55 次/min，肺部听诊有湿性啰音，腹痛，粪球外附有黏液或血液。四肢肌肉痉挛，行走无力，后躯摇摆，常在放牧或饮水时突然死亡。

猪棉籽饼中毒，一般呈慢性经过，病程可达 1～2 个月。精神沉郁，食欲减退甚至废绝，呕吐，粪便初干而黑，而后稀薄色淡，甚至腹泻，尿量减少，皮下水肿，体重减轻，日渐消瘦。低头弓背，行走摇晃，后躯无力而呈现共济失调，严重时搐搦，并发生惊厥。呼吸急促或困难，心跳加快，心律不齐，体温升高，可达 41℃，此时喜凉怕热，常卧于阴湿凉爽处。有些病例出现夜盲，肥育猪出现后躯皮肤干燥和皲裂，皮肤上出现疹块(类似猪丹毒样疹块)。仔猪常腹泻、脱水和惊厥，可很快死亡。

家禽中毒后食欲下降，体重减轻，双肢乏力欠活泼。母鸡产蛋变小，蛋黄膜增厚，蛋黄呈茶色或深绿色，不易调匀，煮熟后的蛋黄坚韧有弹性，而称“海绵蛋”“橡皮蛋”或“硬黄蛋”；蛋白呈粉红色，称“桃红蛋”。蛋孵化率降低。

犬中毒后精神萎靡，发呆，厌食，呕吐，腹泻，体重减轻。后躯共济失调，心跳加快，心律不齐，呼吸困难，进而表现嗜睡和昏迷。最后因肺水肿、心衰和恶病质而死亡。

【病理变化】全身皮下组织呈浆液性浸润，尤其以水肿部位明显，胸、腹腔和心包腔内有红色透明或混有纤维团块的液体。实质器官广泛性充血和水肿，有出血点。胃肠道黏膜充血、出血和水肿，肠壁溃烂。红细胞数和血红蛋白减少，白细胞总数增加，其中中性白细胞增多，核左移，淋巴细胞减少。

【诊断】依据长期或单独饲喂棉籽饼的生活史；具有出血性胃肠炎、肺水肿、全身水肿、频尿、红尿、神经紊乱、视力障碍等临床特点，肝小叶中心性坏死、心肌变性坏死等病变可作出初步诊断；确诊需测定棉籽饼及血液、血清中游离棉酚的含量。

【治疗】本病尚无特效解毒药，重在预防，一旦发生中毒，只能采取一般解毒措施，进行对症治疗(清除病因，改善饲养，尽快排毒、对症治疗)。

(1)改善饲养。发现中毒，立即停喂棉籽饼，禁饲 2～3 d，给予青绿多汁饲料和充足的饮水。

(2)排除胃肠内容物。用 1∶(4 000～5 000)的双氧水或 0.1%高锰酸钾溶液，或 3%～5%碳酸氢钠溶液进行洗胃和灌肠；内服盐类泻剂硫酸钠或硫酸镁(胃肠炎不严重时)，牛 400～800 g，猪 25～50 g，羊 50～100 g，马 200～500 g。

(3)消炎、收敛、止血。对出现出血性胃肠炎的病畜，可用止泻剂和黏浆剂，内服 1%的鞣酸溶液，牛 500～5 000 mL，猪 100～200 mL，马 500～2 000 mL。

硫酸亚铁,牛 7～15 g,猪 1～2 g,1 次内服。为了保护胃肠黏膜,可内服藕粉、面粉等。

(4)解毒。内服铁盐(硫酸亚铁、枸橼酸铁胺)、钙盐(乳酸钙,葡萄糖酸钙)或静脉注射 10%～50% 高渗葡萄糖溶液以及钙剂,同时配合补给维生素 A、维生素 C 等。

【预防】

(1)限量饲喂。牛每天喂量不超过 1～1.5 kg,猪不得超过 0.5 kg。孕畜不得饲喂未脱毒棉籽饼。

(2)脱毒处理并注意在日粮中补充足量的矿物质和维生素。如棉籽饼中添加硫酸亚铁,使铁离子与游离棉酚比例为 1∶1,以使铁离子与棉籽饼中的棉酚结合降低棉酚的毒性;小苏打去毒法,2%的小苏打与棉籽饼混合浸泡 24 h,取出后用清水冲洗即可;或加热去毒法,棉籽饼加水煮沸 2～3 h 即可。

(周东海)

菜籽饼中毒(Rapeseed Cake Poisoning)

菜籽饼中毒是由于动物采食含有芥子苷的菜籽饼过量或饲喂时间过长而引起的中毒病,临床上通常表现为胃肠炎、肺气肿和肺水肿、肾炎及甲状腺肿等临床综合征。主要发生于牛、猪和家禽等,马属动物少发。

【原因】油菜为十字花科芸薹属一年生或越年生草本植物,是世界上主要的油料作物之一,我国的长江流域及西北地区为主要种植区。油菜有三大类型:油菜型、白菜型和甘蓝型,我国广泛种植的是甘蓝型油菜。菜籽饼是油菜的种子提油后的副产品,含蛋白质 35%～41%,粗纤维 12.1%,可消化蛋白 27.8%,含硫氨基酸含量高,是一种高蛋白饲料。我国目前年产菜籽饼 400 万 t 左右。菜籽饼中含有芥子苷、芥子碱等物质,芥子苷在胃肠道内芥子酶等的作用下水解为异硫氰酸丙烯酯、恶唑烷硫酮、异硫氰酸盐、硫酸氢钾等物质,从而对家畜产生毒害作用。菜籽外壳中缩合单宁含量为 1.5%～3.5%,影响菜籽饼适口性。菜籽饼含 2%～5%的植酸,影响钙、磷的吸收利用。

菜籽饼的毒性与油菜的品系、加工方法、土壤含硫量等有关。甘蓝型含恶唑烷硫酮(OZT)和异硫氰酸丙烯酯(AITC)都高,而白菜型和芥菜型含 OZT 较低。

【病理发生】菜籽饼中的有毒物质主要是芥子苷,即硫葡萄糖苷(Glucosinolate),它是葡萄糖和带有一个异硫氰酸酯(R 基)缩合而成。由于 R 基的不同,已知硫葡萄糖苷有 90 多种。葡萄糖苷易被葡萄糖苷酶或芥子酶水解,依据 R 基和酶解条件的改变,硫葡萄糖苷可分别生成异硫氰酸盐、硫氰酸盐、恶唑烷硫酮和氰等。异硫氰酸盐是一种挥发性的辛辣物质,降低饲料的适口性并对胃肠黏膜有刺激作用,引起胃肠炎,导致腹泻;被机体吸收后可引起微血管扩张;血液中此物质含量高时,能使血容量下降和心率减缓。恶唑烷硫酮有极强的抗甲状腺作用,被称为"致甲状腺肿素(Goitrin)",据研究认为是它抑制了甲状腺过氧化物酶(Thyroid peroxidase)的活性,影响碘的活化,使甲状腺素合成减少,由此引起垂体分泌较多的促甲状腺素刺激甲状腺细胞分泌,但由于抗甲状腺物质的存在,促甲状腺素的增加并不会使血液循环中甲状腺素增加,因此垂体继续分泌并刺激腺细胞,导致甲状腺肿大。

菜籽饼不经加热并在酸性环境下酶解会产生毒性更强的物质——氰,因而呈现类似 HCN 的作用,引起细胞内窒息,但症状发展缓慢。氰可抑制动物生长,称为菜籽饼中的生长抑制剂。氰能导致肝、肾增大。它与畜禽菜籽饼中毒的许多症状有关。此外,在鸡体内芥子碱在肠道分解为芥子酸和胆碱,后者可转化为三甲胺,使蛋带有鱼腥味。菜籽饼中还含有一种经瘤胃细菌转化产生的 S-甲基半胱氨酸二亚砜(SMCO)的毒物,导致溶血性贫血,临床表现为血红蛋白尿。此外,菜籽饼含单宁和 2%～5%的植酸,会影响蛋白质和许多微量元素的吸收和利用。含有感光过敏物质,可引起感光过敏综合征。

【临床表现】中毒分为下列类型。

(1)消化型。以精神萎顿,食欲减退或废绝,流涎,反刍停止,瘤胃蠕动减弱或停止,腹痛、腹胀,明显便秘,有的腹泻,严重者粪便中带血为特征。

(2)呼吸型。以肺水肿和肺气肿为病理学基础而出现呼吸加快或困难,常伴发痉挛性咳嗽,鼻腔流出泡沫状液体。

(3)泌尿型。以排尿次数增多、血红蛋白尿、泡沫尿和贫血等溶血性贫血为特征。

(4)神经型。以失明("油菜目盲")、狂躁不安等神经症状为特征,后期目盲(视觉障碍),倦怠无力,全身衰弱,体温下降,心脏衰弱,往往因虚脱而死。

(5)抗甲状腺素型。幼龄动物生长缓慢,发育不良,甲状腺肿大。妊娠母畜妊娠期延长,所生仔畜脖子粗大、秃毛、死亡率升高。

(6)其他类型。由于感光过敏而表现背部、面部和体侧皮肤红斑、渗出及类湿疹样损害,动物因皮肤发痒而不安、摩擦,会导致进一步的感染和损伤。有些病例还可能伴有亚硝酸盐或氢氰酸中毒的症状。

牛中毒时，一般先出现血红蛋白尿，很快衰弱，精神沉郁。呈现可视黏膜苍白、中度黄疸、心搏动无力，呼吸加快或困难，体温常低于常温，腹痛明显，频起频卧，站立不稳，反刍停止，有时伴发痉挛性咳嗽；胃肠炎症状，如腹胀，严重的粪便中带有血液；排尿次数增多；若重度中毒，迅速呈现全身衰竭，体温下降，心脏衰弱，虚脱死亡；病情较轻的，精神尚可，体温 39℃，其他无异常。

猪轻度中毒时，表现不安，流涎，食欲减退，出现急性胃肠炎；严重中毒的，排尿次数增多，咳嗽，呼吸困难，腹泻，腹痛，全身衰弱，体温下降，最后虚脱死亡。

猪、牛菜籽饼中毒，有时还出现皮肤感光过敏，面部、背部、口角等无毛或无色素的部位发生红斑、渗出及湿疹样损害，皮肤发痒、不安和摩擦，可引起继发感染。

家禽重剧性中毒，多无先驱症状就突然两腿麻痹倒卧在地，肌肉痉挛，双翅扑地，口及鼻孔流出黏液和泡沫，腹泻；冠、髯苍白或发紫，呼吸困难，很快痉挛而死。慢性中毒，精神食欲不好，冠髯色淡发白，产蛋量下降，常产破蛋、软壳蛋，蛋壳表面不平，蛋有腥味。

【诊断】主要依据有采食菜籽饼的生活史，结合胃肠炎、肺气肿、肺水肿、肾炎等临床综合征，依此建立初步诊断，必要时进行毒物检验和动物饲喂实验加以确诊。

确诊依据　菜籽饼中异硫氰酸丙烯酯、硫葡萄糖苷定性检验或含量的测定为确诊提供依据。我国饲料卫生标准规定，菜籽饼粕中有毒物质的允许量为：异硫氰酸盐（以异硫氰酸丙烯酯计，mg/kg）在菜籽饼粕中≤4 000，鸡配合饲料中≤500，生长肥育猪饲料中≤500；恶唑烷硫酮（mg/kg）在肉仔鸡、生长鸡配合饲料中≤1 000，产蛋鸡配合饲料中≤500。欧洲国家规定，反刍动物饲料中异硫氰酸盐的允许量为：牛、羊配合饲料≤1 000 mg/kg，小牛、小羊配合饲料≤105 mg/kg。

【治疗】目前尚无特效解毒药物，多采用对症治疗。缺乏特效的解毒方法，轻度中毒的立即停喂有毒菜籽饼，改喂其他饲料后即可恢复。

（1）立即停喂可疑饲料，尽早应用催吐、洗胃和泻下等排毒措施。用硫酸铜或吐酒石给猪催吐；高锰酸钾溶液洗胃；液状石蜡泻下或用硫酸钠 35～50 g、碳酸氢钠 5～8 g、鱼石脂 1 g、水 10 mL，猪 1 次灌服。中毒初期，已出现腹泻时，用 2%鞣酸洗胃，内服牛奶、蛋清或面粉糊以保护胃肠黏膜。

（2）甘草煎汁加食醋内服有一定解毒效果。①猪：甘草 20～30 g、醋 50～100 mL；②牛：甘草 200～300 g、醋 500～1 000 mL。

（3）对肺水肿和肺气肿病例可试用抗组胺药物和肾上腺皮质激素，如盐酸苯海拉明和地塞米松等肌内注射。

（4）牛溶血性贫血型病例及早输血、补充铁制剂，以尽快恢复血容量。若病牛为产后伴有低磷酸盐血症，同时用 20%磷酸二氢钠溶液，或用含 3%次磷酸钙的 10%葡萄糖溶液 100 mL，静脉注射，每日 1 次，连续 3～4 d。

（5）对严重的中毒病例采取包括强心、利尿、保肝、补液、平衡电解质等对症治疗措施。

（6）防止油菜籽的致甲状腺肿。每头羔羊肌内注射 40%碘的罂粟子油 1 mL，对防止油菜籽的致甲状腺肿有良好作用。

【预防】控制饲喂量。一般而论，蛋鸡和种鸡≤5%，生长鸡和肉鸡 5%～10%，母猪和仔猪≤5%，生长肥育猪 8%～12%，牛 15%。对孕畜和仔畜最好不喂菜籽饼和油菜类饲料。即使控制用量的菜籽饼，也应去毒后再行饲喂。

去毒处理　去毒方法很多，如溶剂浸出法，微生物降解法，化学脱毒法，挤压膨化法等。

（1）化学脱毒法。二价金属离子铁（Fe^{2+}）、铜（Cu^{2+}）、锌（Zn^{2+}）的盐，如硫酸亚铁、硫酸铜和硫酸锌等是硫葡萄糖苷的分解剂，并能与异硫氰酸酯、恶唑烷硫铜形成难溶性络合物，使其不被动物吸收，因此有较好的去毒效果。氨气与碱（NaOH、Na_2CO_3、石灰水）曾用作去毒剂，有一定的去毒效果，但往往会降低饲料的营养品质和适口性。

（2）微生物降解法。筛选某些菌种（酵母、霉菌和细菌）、对菜籽饼粕进行生物发酵处理，可使硫葡萄糖苷、异硫氰酸酯、恶唑烷硫铜等毒素减少，还可使可溶性蛋白质和 B 族维生素有所增加。此法适合工业化生产。

（3）坑埋法。将菜籽饼按 1∶1 比例加水泡软后，置入深宽相等、大小不定的干燥土坑中，再盖以干草并覆盖适量干土，待 30～60 d 后取出饲喂或晒干贮存。此法可去毒 70%～98%。

（4）水浸蒸煮法。用温水浸泡粉碎的菜籽饼一昼夜，过滤再加清水蒸煮 1 h 以上，并经常搅拌，则可去毒。据报道，水浸蒸煮法脱毒的菜籽饼，哺乳仔猪占日粮 6%～10%，肥猪占 20%～30%，母猪占 50%～80%，未发现中毒。

（5）发酵中和法。发酵池或大缸中加入清洁

40℃温水,将碎菜籽饼投入发酵。去毒效果90%以上,适用于工业化生产。

(6)专用饲料添加剂。添加剂的组成包括去毒和营养强化两方面。在去毒方面,主要是根据动物的需要量大大提高铁、铜、锌、碘等微量元素的用量,以拮抗菜籽饼粕中有毒成分,使其失活,并减轻对甲状腺的毒害;在营养强化方面,主要是添加赖氨酸以弥补菜籽饼粕中的不足,适当添加蛋氨酸克服单宁的毒性,并满足鸡的营养需要。使用这种专用的添加剂,菜籽饼粕不需经过去毒处理即可直接配合饲料或浓缩饲料。

(周东海)

第二节 渣粕类饲料中毒

酒糟中毒(Distiller's Grain Poisoning)

酒糟中毒是动物长期或过量采食新鲜的或已经腐败的酒糟,由其中的有毒物质所引起的一种临床上呈腹痛、腹泻、流涎等消化道症状和神经症状为主要特征的一种疾病。本病主要发生于猪、牛。

【原因】酒糟是酿酒工业在提酒后的残渣。新鲜的酒糟含有12%的粗蛋白质和6%左右的粗脂肪,并有少量的糖、酵母和乙醇,可增进食欲,常作为饲料。酒糟的成分十分复杂,其所含的有毒物质取决于酿酒原料、工艺流程、储存条件等。新鲜酒糟中有毒成分主要是乙醇。酒糟经发酵酸败后则可产生的有毒物质是各种游离酸,如醋酸、乳酸、酪酸,和各种杂醇如正丙醇、异丁醇、异戊醇等有毒物质。酿酒原料对酒糟的有毒成分也有影响,如甘薯酒糟可能含有黑斑病甘薯中的甘薯酮;马铃薯酒糟中可能含有发芽马铃薯中的龙葵素;谷类酒糟可能混有麦角所产生的麦角毒素和麦角胺。另外,酒糟的加工贮存保管不当而发霉,可使其中含有多种真菌毒素。因此当突然大量饲喂酒糟,或因对酒糟的保管不严而被猪、牛偷食;或在长期饲喂缺乏其他饲料的适当的搭配下,而长期单一地饲喂酒糟,或酒糟的加工贮存保管不当(储存过久、储存方法不当)而变质,即可造成家畜中毒。

【中毒机制】酒糟储存过久或储存方法不当就会产生大量有毒成分,包括大量酸类、醛类、甲醇、乙醇等。

乙醇:主要危害中枢神经系统,首先使大脑皮质兴奋性增强,进而表现为步态蹒跚、共济失调,最后使延髓血管运动中枢和呼吸中枢受到抑制,出现呼吸障碍和虚脱,重者因呼吸中枢麻痹而死亡。慢性乙醇中毒时,除引起肝及胃肠损害外,还可引起心肌病变、造血功能障碍和多发生神经炎等。

甲醇:在体内的氧化分解和排泄都较缓慢,从而引起蓄积毒性作用,主要麻痹神经系统,特别对视神经和视网膜有特殊的选择作用,引起视神经萎缩,重者可致失明。

杂醇油:主要是戊醇、异丁醇、异戊醇、丙醇等高级醇类的混合物,它们的毒性随碳原子数目的增多而加强。

醛类:主要为甲醛、乙醛、糠醛、丁醛等,毒性比相应的醇强,其中甲醛是细胞质毒,甲醛在体内可被还原为甲醇。

酸类:主要是乙酸,还有丙酸、丁酸、乳酸、酒石酸、苹果酸等,一般不具毒性。适量乙酸对胃肠道有一定的兴奋作用,可促进食欲和消化,但大量乙酸长时间的作用,对胃肠道有刺激性;同时,大量有机酸可提高胃肠道内容物的酸度,降低消化功能,导致消化功能紊乱。长期饲喂时,消化道酸度过大,可促进钙的排泄,导致骨骼营养不良。新鲜酒糟可引起以乙酸中毒为主的症状,其危害程度与饲喂量及持续时间有关。

由于酒糟中的有毒有害成分常因原料品质而变化,因此,用酒糟饲喂动物时所发生的中毒原因往往较为复杂,需全面加以分析。

【临床表现】急性中毒的病畜主要表现胃肠炎的症状,如食欲减退或废绝、腹痛、腹泻。严重者可出现呼吸困难,心跳疾速,脉细弱,步态不稳或卧地不起,后期四肢麻痹,体温下降,终因呼吸中枢麻痹而死亡。慢性中毒由长期饲喂多量酒糟引起,表现长期消化紊乱,便秘或腹泻,并有黄疸、时有血尿、结膜炎、视力减退甚至失明,出现皮疹和皮炎。由于大量的酸性产物进入机体,当矿物质供给不足时,可导致缺钙并出现骨质软化等缺钙现象,母畜不孕,孕畜流产。

牛酒糟中毒,皮肤变化明显,后肢出现皮疹、皮炎(酒糟性皮炎),或皮肤肿胀并见潮红,以后形成疱疹,水疱破裂后形成湿性溃疡面,其上覆以痂皮,在遇有细菌感染时,则引起化脓或坏死过程。

猪酒糟中毒,表现眼结膜潮红,体温升高(39~41℃),高度兴奋,狂躁不安,步态不稳,严重的倒地失去知觉,大小便失禁,偶见有血尿,最后体温下降,虚脱死亡。

牛酒糟中毒发生顽固性前胃弛缓，而胃肠炎症状轻微。皮肤病变明显（称酒糟性皮炎）：后肢系部皮肤出现疹块或皮炎，严重者蔓延到跗关节。发生骨软症，出现牙齿松动或脱落、骨质变脆。孕牛流产。有时出现支气管炎。

【诊断】根据有饲喂酒糟的病史，剖检胃肠黏膜充血、出血，胃肠内容物有乙醇味，有腹痛、腹泻、流涎等中毒性疾病的一般临床症状，可做出初步诊断。确诊应进行动物饲喂实验。

【治疗】立即停喂酒糟。采用中毒的一般急救措施和对症疗法并加强护理。

(1)镇静安神。对兴奋不安的病畜及时用镇静剂及安定药，可选用硫酸镁注射液、苯妥莫钠片、溴化钠、咪达唑仑（咪唑二氮草）。

(2)促进毒物排出。可用1%的碳酸氢钠液1 000～2 000 mL内服或灌肠；静脉注射葡萄糖生理盐水、复方氯化钠溶液和5%碳酸氢钠溶液，猪也可腹腔注射5%葡萄糖溶液200～400 mL。

(3)防止毒物吸收，内服缓泻剂，如硫酸镁等。

(4)对症治疗。局部皮肤病变采用2%明矾或1%高锰酸钾水洗，瘙痒者用3%石炭酸酒精涂搽；胃肠炎严重的应消炎；兴奋不安的使用镇静剂如静脉注射硫酸镁、水合氯醛、溴化钙。对慢性酒糟中毒，应注意补钙。有报道用50%葡萄糖液、胰岛素和维生素 B_1 配合，可加速乙醇氧化，可酌情使用。

【预防】可采用以下方法。

(1)妥善储存酒糟，防止酸败。酒糟应干燥后储存，在饲喂前应剔除有害物质。

(2)用新鲜酒糟喂家畜，应控制喂量，方法应由少到多，逐渐增加，而且酒糟的比例不得超过日粮的1/3。

(3)对酸败的饲料要进行减毒处理。轻度酸败的要加入食用碱，以中和其中的酸性物质；严重酸败变质的，不得用作饲料。

(4)改变酒糟的利用方法，利用多菌种混合发酵技术生产生物活性蛋白饲料。长期饲喂含酒糟的饲料时，应适当补充含矿物质的饲料。猪在喂前加热酒糟或以适当麸皮、油饼混喂，可避免或减少中毒的发生。

（周东海）

淀粉渣中毒(Starch Dregs Poisoning)

淀粉渣中毒是指酿造加工的副产品淀粉渣饲喂量过大或连续饲喂时间过长引起的中毒病。临床以猪和奶牛多发。

【原因及毒理】淀粉渣是一种较好的饲料，常见淀粉渣包括玉米淀粉渣、粉丝渣、甜菜渣、豆渣、酱渣等。由于加工原料和方法不同，引起中毒的原因和毒物亦不相同。

淀粉渣是玉米提取淀粉后的剩余物，在淀粉加工过程中需加0.25%～0.3%亚硫酸浸泡玉米，致使淀粉渣中含有大量的亚硫酸而造成中毒。粉渣如果储存过久或处理不当时，其中酸性物质增多，可引起中毒。豆腐渣含有胰蛋白酶抑制剂、植物性红细胞凝集素、致甲状腺肿物质等多种有害物质。酱油渣中食盐含量较高，占干重的7%～8%，可引起食盐中毒。甜菜渣是制糖工业的副产品，由于渣中含有大量的游离有机酸，能影响动物的消化机能，引起腹泻等。

【临床表现】急性中毒一般在过量饲喂后2～4 h出现症状；倒地痉挛，角弓反张，呼吸困难，口吐白沫，瞳孔散大，耳鼻俱冷，体温一般正常。有的病例呈现急性胃肠炎症状，如呕吐、腹泻、腹痛，粪中混有血液和黏液；有时有血尿；重症病例四肢麻痹，呼吸困难，很快死亡。

慢性中毒：用淀粉渣喂乳牛，当日喂量达10～15 kg以上时，连续饲喂半个月以上后就会发生中毒。动物慢性中毒主要表现胃肠卡他症状，如减食或停食，消化不良，前胃弛缓，粪便时干时稀，并混有少量血液、黏液，恶臭。产奶量降低，体温多无变化。有的病例后肢软弱，站立时犬坐姿势，行走时两前肢爬行。母牛不发情或发情不明显，即使怀孕，常发流产或产弱胎。

【病理变化】胃肠内容物不多，有的较空虚，胃肠黏膜脱落，尤其是瘤胃绒毛和瓣胃瓣叶黏膜色黑，易脱落。小肠呈出血性、甚至溃疡性炎症。肝脏和肾脏都有不同程度的肿胀且变性，有的发生肝脓肿。血糖、丙氨酸氨基转移酶、天门冬氨酸氨基转移、酶活性升高。

【治疗】治疗原则为停喂酸性饲料，清理胃肠，解除酸中毒，强心补液，镇静利尿等。

急性中毒：5%碳酸氢钠静脉注射补碱抗酸；用水合氯醛解痉；内服硫酸镁或硫酸钠清理胃肠，减少吸收。

慢性中毒：停喂酸性饲料，饲料中加入适量碳酸氢钠，使用较大剂量的维生素A、维生素B、维生素C、维生素D制剂及一定量的钙制剂。

【预防】

(1)加强粉渣的管理和制作饲料的粉渣一定要

新鲜，并限制喂量。母猪以每天不超过 3～5 kg/头为宜，乳牛饲喂不超过 5～7 kg/头为宜，且饲喂 1 周停喂 1 周。对育成猪饲喂淀粉渣，必须保证日粮中维生素 B_1 含量达 50 mg/kg，而喂量不超过日粮的 30%，肥育猪不超过 50%，不仅安全，而且经济效益较高。

(2)淀粉渣的去毒处理。物理去毒：亚硫酸是一种挥发性酸，淀粉渣晒干后亚硫酸量减少一半。水浸渣去毒也可获得满意效果。用两倍水浸泡淀粉渣 1 h，弃去浸泡水，亚硫酸含量减少 50%。加水量越多，效果更好。

化学去毒：选用高锰酸钾溶液、双氧水或氧氧化钙溶液去毒效果较好。对含亚硫酸 147.6 mg/kg 的淀粉渣，用 0.1%高锰酸钾水处理后，其亚硫酸残留为 30.75 mg/kg，双氧水处理后为 46.9 mg/kg，石灰水处理后为 78 mg/kg。三者比较，高锰酸钾水去毒效果最好。

目前利用淀粉渣最好是把淀粉渣经过多菌种联合发酵，即降低了其中的有毒成分，又可生产生物活性蛋白，提高了淀粉渣的营养价值。

(周东海)

第三节 茎叶籽类饲料中毒

生氰苷植物中毒(Cyanogenic Poisoning)

在植物中，糖分子中的半缩醛羟基和非糖化合物中的羟基缩合而成具有环状缩醛结构的化合物称为苷，又叫配糖体或糖苷。氰苷是结构中含由氰基的苷类，其水解后产生氢氰酸。生氰苷植物中毒是家畜采食富含氰苷类植物，在体内生成氢氰酸、导致组织呼吸窒息的一种急剧性中毒病。各种畜禽均可发生，一般多见于牛和羊，马、猪偶尔发生。

【原因】采食富含氰苷的植物是动物氰化物中毒的主要原因。包括禾本科植物，如高粱和玉米幼苗，尤其是再生幼苗；亚麻，主要是亚麻叶、亚麻籽及亚麻籽饼；木薯，特别是木薯嫩叶和根皮部分；蔷薇科植物，如蒙古扁桃的幼苗、桃、李、杏、梅、枇杷、樱桃的叶及核仁；各种豆类，如蚕豆、豌豆、海南刀豆；牧草，如苏丹草、甜苇草、约翰逊草、三叶草等。

【病理发生】氰苷本身是无毒的，必须在氰苷酶的作用下生成氢氰酸才有毒害作用。大多数富含氰苷的植物本身含有氰苷酶，但在自然条件下，在完整的植物细胞内，氰苷与氰苷酶在空间上是被分隔开的，所以在植物体内一般不形成氢氰酸。当植物枯萎、受霜冻、被采食、咀嚼或在堆垛、青贮、霉败等过程中，由于植物细胞受到损害，使得氰苷能与氰苷酶接触，在适宜的温度和湿度条件下，氰苷酶催化氰苷水解生成氢氰酸。在反刍动物的瘤胃内，甚至不需要氰苷酶的催化，在微生物的作用下，亦可将氰苷水解成氢氰酸。

少量氢氰酸吸收后，在肝脏内经硫氰酸酶催化，转变为无毒的硫氰化物而随尿排出。大量的氢氰酸吸收入血后，超过了肝脏的解毒能力，则可抑制组织内 40 余种酶的活性，其中最重要的当属细胞色素氧化酶(细胞色素 a_3)。氢氰酸与细胞色素氧化酶的 Fe^{3+} 结合，生成氰化高铁细胞色素氧化酶，使细胞色素丧失传递电子的能力，使线粒体内的氧化磷酸化过程受阻，呼吸链中断，导致组织缺氧。由于氧失利用而相对过剩，静脉血富含氧合血红蛋白而呈鲜红色。由于中枢神经系统对缺氧极为敏感，呼吸中枢和血管运动中枢首先遭受损害，短时间即可致死，使病程呈闪电式。

对含氰苷类植物最敏感的动物是牛，其次是羊，而马和猪则较不敏感。其原因一方面是由于反刍动物的前胃内水分充足，酸碱度适宜，又有微生物的作用，可促进氰苷水解生成氢氰酸这一过程；另一方面，还可能与牛肝脏内硫氰酸酶活性较低有关。

【临床表现】通常在家畜采食含氰苷类植物的过程中或采食后 1 h 左右突然发病。病畜站立不稳，呻吟不安。可视黏膜潮红，呈玫瑰样鲜红色，静脉血亦呈鲜红色。呼吸极度困难，甚至张口喘气。肌肉痉挛，首先是头、颈部肌肉痉挛，很快扩展到全身，有的出现后弓反张和角弓反张。体温正常或低下。继而精神沉郁，全身衰弱，卧地不起，结膜发绀，血液暗红，瞳孔散大，眼球震颤，脉搏细弱疾速，抽搐窒息而死。病程一般不超过 1～2 h，重剧中毒者仅需数分钟即可致死。

【病理变化】特征性病理变化包括尸僵缓慢，病初急宰者血液呈鲜红色，病程较长时呈暗红色，血液凝固不良，可视黏膜呈樱桃红色，胃内充满未消化的食物，散发苦杏仁气味。

【诊断】根据采食含氰苷植物的病史，结合起病急、呼吸极度困难、可视黏膜和静脉血呈鲜红色、神经机能紊乱、体温正常或低下等综合征候群，以及闪电式病程，一般不难做出初步诊断。确诊须在死亡后 4 h 内采取胃内容物、肝脏、肌肉或剩余饲料，进行氢氰酸定性或定量检验。

【治疗】应立即实施特效解毒疗法。氰化物中毒的特效解毒药包括亚硝酸钠、大剂量美蓝和硫代硫酸钠。其作用机理是，亚硝酸钠或大剂量美蓝可使部分血红蛋白氧化成高铁血红蛋白，当后者含量达到血红蛋白总量的20%～30%时，就能成功地夺取已与细胞色素氧化酶结合的氰根，生成高铁氰化血红蛋白，使细胞色素氧化酶恢复活力。但生成的氰化高铁血红蛋白在数分钟后又能逐渐解离释放出氰根，此时必须再注射硫代硫酸钠，在肝脏硫氰酸酶的催化下可使氰根转变为无毒的硫氰化物随尿排出，否则易复发。静脉注射用量(每千克体重)：1%亚硝酸钠1 mL或2%美蓝1 mL，10%硫代硫酸钠1 mL。其中，亚硝酸钠的解毒效果比美蓝确实，因此常用亚硝酸钠和硫代硫酸钠，如亚硝酸钠3 g，硫代硫酸钠30 g，蒸馏水300 mL，成年牛1次静脉注射。为了阻止胃肠道内氢氰酸的吸收，可用硫代硫酸钠内服或瘤胃内注射(成年牛用30 g)，1 h后重复给药。

对二甲氨基苯酚(4-DMAP)是一种抗氰新药——高铁血红蛋白形成剂，可按10 mg/kg体重的剂量，配成10%溶液静脉或肌肉注射，对发生重剧氰化物中毒的马和猪有急救功效。若配伍硫代硫酸钠，则疗效更确实。依地酸二钴加入葡萄糖中快速静脉注射，在欧洲治疗人类氰化物中毒，可使氰离子螯合形成高钴酸盐，使氰的毒性降低。1996年法国许可，2006年美国FDA认可，用羟钴胺素治疗人类氰化物中毒，可与氰螯合成氰钴胺(即维生素B_{12})，最终通过尿液排出。

(王凯)

亚硝酸盐中毒(Nitrite Poisoning)

亚硝酸盐中毒是畜禽由于采食富含硝酸盐或亚硝酸盐的饲料，在体外或体内转化形成亚硝酸盐，进入血液后使血红蛋白变性，失去携氧功能，导致组织缺氧的一种急性、亚急性中毒。临床上以黏膜发绀、血液褐变、呼吸困难、胃肠道炎症为特征。本病常为急性经过，多发于猪、禽，其次是牛、羊，马和其他动物很少发生，俗称"饱潲病""烂菜叶中毒"等。

【原因】谷物类饲料和菜类都含有一定量的硝酸盐。富含硝酸盐的野生植物主要有苋属植物、藜曼陀罗、向日葵、柳兰等。作物类植物包括燕麦干草、白菜、油菜、甜菜、羽衣甘蓝、大麦、小麦、玉米等。硝酸盐主要存在于植物的根和茎，含量可因过施氮肥和水应激(干旱后或旱后降雨)而明显增加，家畜饮用氮肥地区的水源也可造成中毒。

硝酸盐还原菌广泛分布于自然界，其最佳温度为20～40℃，富含硝酸盐的饲料，经日晒雨淋、堆垛存放而发热或腐败变质，以及用温水浸泡、文火焖煮或长久加盖保温时，饲料中硝酸盐均易转化为亚硝酸盐，以致中毒。

反刍兽瘤胃内含有大量的硝酸盐还原菌，有适宜的温度和湿度，可把硝酸盐还原为亚硝酸盐而引起中毒。

喂给反刍兽大量富含硝酸盐的饲料，而日粮中糖类饲料不足时，饲料中硝酸盐亦易被还原成亚硝酸盐。

饮用硝酸盐含量高的饮水(施氮肥地的田水，厩舍、厕所、垃圾堆附近的地面水)等。

误投药物，如硝酸盐肥料、工业用硝酸盐(混凝土速凝剂)或硝酸盐药物等与食盐酷似，被误混入饲料或误食。

肉食动物食入腌制不良的食品。

【病理发生】亚硝酸盐是氧化剂毒物，吸收入血后与Cl^-交换进入红细胞，迅速使血红蛋白中的Fe^{2+}转变为Fe^{3+}，正常的氧合血红蛋白(HbO)氧化为异常的高铁血红蛋白(MtHb，变性血红蛋白)，此时Fe^{3+}与一个羟基(—OH)稳定结合，不能还原为Fe^{2+}，血红蛋白丧失了正常携氧功能，导致全身性缺氧，中枢神经系统对缺氧最为敏感，出现一系列神经症状，甚至窒息死亡。

健康动物体内的高铁血红蛋白只占血红蛋白总量的0.7%～10%，即使有少量亚硝酸盐进入血液，生成较多的$HbFe^{3+}$，也可通过还原过程而自行解毒，外观不呈现毒性反应；当进入血液的NO_2^-过多，$HbFe^{3+}$达20%～40%时，即导致缺氧，表现呼吸困难、黏膜发绀、血液褐变(变性Hb所致)等临床症状；达60%～70%或以上，可引起死亡；达80%～90%时，则导致动物在短时间内急性死亡。

亚硝酸盐具扩张血管作用，进入血液后能直接松弛血管(尤其是小血管)平滑肌，引起血管扩张，导致血压下降、外周循环衰竭，使组织缺氧愈益加深，而出现呼吸困难，神经紊乱。

亚硝酸盐、氮氧化物、胺和其他含氮物质可合成强致癌物——亚硝胺和亚硝酸胺，不仅可引起成年动物肿瘤，还可透过胎盘屏障使子代动物致癌；亚硝酸盐可通过母乳和胎盘而影响幼畜及胚胎，造成死胎、流产和畸形。

一次性大量食入硝酸盐后，硝酸盐及其与胃酸释放的NO_2对消化道产生的腐蚀刺激作用，可直接引起胃肠炎。

【临床表现】硝酸盐急性中毒时，表现流涎、腹痛、腹泻、呕吐等消化道症状。亚硝酸盐中毒主要引起组织缺氧症状，可见呼吸困难，肌肉震颤，可视黏膜发绀，脉搏细微，体温常低于正常值。

猪通常在采食后 1 h 左右发病，同群的猪只同时或相继发生，故有饱潲病或饱潲瘟之称。病畜流涎，可视黏膜发绀，呈蓝紫色或紫褐色，血液褐变，色如咖啡或酱油。耳、鼻、四肢以及全身厥冷，体温正常或低下，兴奋不安，步态蹒跚，无目的地徘徊或做圆圈运动，亦有呆立不动的。呼吸高度困难，心跳疾速，不久倒地昏迷，四肢划动，抽搐窒息而死亡。

牛通常在采食后 6 h 左右发病，亦有延迟至 1 周左右才发病的，除表现上述亚硝酸盐中毒的基本症状外，还伴有流涎，呕吐，腹痛，腹泻等硝酸盐的消化道刺激症状，同时，呼吸困难和循环衰竭的临床表现更为突出。病牛有时表现行为异常，肌肉震颤，共济失调及虚弱无力。整个病程可延续数小时至 24 h，存活的妊娠母牛发生流产。

慢性中毒时，表现的症状多种多样。牛的"低地流产"综合征，就是因摄入含高硝酸盐的杂草所致，可表现增重缓慢，泌乳减少，繁殖障碍，维生素 A 代谢及甲状腺机能异常；其他动物也表现有流产、分娩无力、受胎率低等综合征。较低或中等量的硝酸盐还可引起维生素 A 缺乏症和甲状腺肿等。动物虚弱，发育不良，增重缓慢，泌乳量少，慢性腹泻，步态强拘等是多种动物亚硝酸盐慢性中毒的常见症状。死后剖检，可视黏膜、内脏器官及肌肉呈蓝紫色或棕褐色，血液凝固不良，呈咖啡色或酱油色，在空气中长期暴露亦不变红。肺充血、出血、水肿。心外膜点状出血，心腔内充满暗红色血液。肾瘀血，胃黏膜充血、出血、黏膜易剥落，胃内容物有硝酸样气味。

【诊断】依据黏膜发绀、血液褐变、呼吸困难的主要临床症状，特别是短急的疾病经过，以及起病的突然性，发病的群体性，采食与饲料调制失误的相关性，可做出诊断。美蓝等特效解毒药的疗效，亚硝酸盐简易检验和高铁血红蛋白检查可进一步验证诊断。

亚硝酸盐简易检验。取胃肠内容物或残余饲料的液汁 1 滴于滤纸上，加 10%联苯胺液 1～2 滴，再加上 10%冰醋酸 1～2 滴，滤纸变为棕红色，为阳性，证明有亚硝酸盐存在，否则滤纸不变色。

亚硝酸盐的鉴定(Griess 氏试纸法)。原理为亚硝酸盐在酸性溶液(HCl)中与对氨基苯磺酸作用生成重氮化合物，再与 α-萘胺生成紫红色的偶氮色素。

Griess 试纸配制：①对氨基苯磺酸溶液：取对氨基苯磺酸 1.0 g，酒石酸 40 g(或盐酸 10 mL)，加水至 100 mL。②盐酸 α-萘胺(甲萘胺)溶液：取无色 α-萘胺 0.3 g，酒石酸 20 g(或盐酸 0.5 mL)，蒸馏水 100 mL，使之溶解。③以对氨基苯磺酸溶液和盐酸 α-萘胺(甲萘胺)溶液等量混合，浸泡试纸，取出在避光处阴干，置于棕色瓶中备用。如保存的试纸已出现红色，就不能再供使用，须重新制备。

方法：取可疑的剩余饲料或胃内容物加适当蒸馏水搅拌、浸渍的滤液 1～2 滴滴于 Griess 氏试纸上，观察有无颜色反应，其颜色之深浅可反应含量的多少。

变性血红蛋白检查。取血液少许于小试管内，于空气中振荡后正常血液即转为鲜红色。振荡后仍为棕褐色的，初步可认为是变性血红蛋白。为进一步确证，可用分光光度计测定，变性血红蛋白的吸光带在红色 618～630 nm 处，滴加数滴 1%氰化钾(或氰化钠)液，血色即转为鲜红色(氰化血红蛋白)，且吸光带立即消失。此外还可用格利斯法检测。

在诊断时应注意与氯酸盐(干燥除草剂)中毒相区别，氯酸盐中毒也可引起高铁血红蛋白血症，但其饲料亚硝酸盐检查为阴性反应。

【治疗】小剂量美蓝(亚甲蓝)：1%美蓝溶液，猪 1～2 mg/kg 体重、反刍兽 8 mg/kg 体重，静脉注射和深部肌肉注射。或取美蓝 1 g 先用 10 mL 酒精溶解后加灭菌生理盐水至 100 mL，即得 1%美蓝溶液。重度中毒剂量加大。美蓝是氧化还原剂，小剂量美蓝是还原剂，但若剂量过大时，辅酶Ⅰ使之转化成甲烯白不完全，过多的美蓝则发挥氧化作用，使氧合 Hb 变为变性 Hb。

甲苯胺蓝：5%甲苯胺蓝溶液按 5 mg/kg 体重，静脉注射或肌肉注射或腹腔注射，其还原变性血红蛋白的速度比美蓝快 37%。

抗坏血酸(维生素 C)也是一种还原剂，大剂量抗坏血酸用于亚硝酸盐中毒，疗效也很确实，但不如美蓝快。猪 0.5～1 g，牛 3～5 g，肌肉或静脉注射。

葡萄糖对亚硝酸盐中毒也有一定的辅助疗效。25%～50%葡萄糖：1～2 mL/kg 体重，静脉注射。葡萄糖进入红细胞，作为供氢体：①促进 NADPH 的生成，而增进美蓝的还原作用；②促进生成 NADH，在 NADH 脱氢酶作用下，使 $HbFe^{3+}$ 转变为 $HbFe^{2+}$。因此，注射葡萄糖只促进高铁血红蛋白的还原，仅起辅助疗效。

投服植物油，2.5 mL/kg 体重，或硫酸钠 0.5 g/kg

体重，可缩短硝酸盐和亚硝酸盐在胃肠道内停留的时间，并可减少硝酸盐变为亚硝酸盐。

【预防】

(1)青绿菜类饲料切忌堆积放置而发热变质，使亚硝酸盐含量增加，应采取青贮方法或摊开敞放以减少亚硝酸盐含量。

(2)提倡生料喂猪，试验证明除黄豆和甘薯外，多数饲料经煮热后营养价值降低，尤其是维生素的破坏，且增加燃料费。若要熟喂，青饲料在烧煮时宜大火快煮，并及时出锅冷却后再饲喂，切忌小火焖煮或煮后闷放过夜饲喂。

(3)对已经生成过量亚硝酸盐的饲料，或弃之不用，或以每 15 kg 猪潲加入化肥碳酸氢铵 15～18 g，据报道可消除亚硝酸盐。

(4)牛、羊可能接触或不得不饲喂含硝酸盐较高饲料时，要保证适当的碳水化合物的精料量，以提高对亚硝酸盐的耐受性和减少硝酸盐变成亚硝酸盐。

（周东海）

光敏植物中毒(Poisoning Caused by Photosensitive Plants)

光敏植物中毒又称光效能植物中毒，是因动物采食了光效能植物，或肝、胆功能受到损害，使某些具有光效能的代谢产物不能顺利被排出，蓄积在体内和皮肤内，在一定波长光的照射下，在光效能物质受激发、获能、放能过程中，使皮肤发生炎症的过程。本病主要发生于肤色浅、毛色淡的动物，如绵羊、山羊、白毛猪、白毛马等。

光敏植物中毒在世界各国都有发生，以牛、羊发病率最高。按其发生原因，光敏植物中毒可分为原发性中毒和继发性中毒两种，原发性中毒是指采食过多外源性含光效能物质的植物，如荞麦、野胡萝卜、三叶草、苜蓿、老鹳草、十字花科植物，感染了蚜虫的甘蔗叶(蚜虫体内含有大量的光动力剂)等；继发性中毒是最为常见的，因肝炎或胆管阻塞，使叶绿素正常代谢的产物——叶红素经胆汁排泄受阻，积滞在体内所引起。

易受阳光照射部位的皮肤产生红斑性疹块，甚至发展为水疱性或脓疱性炎症。病变部位因动物品种不同而有差异，白猪和绵羊常在口唇、鼻面、眼睑、耳廓、背部以至全身，牛多见于乳房及乳头，马发生于头部和四肢。病情较轻者，仅见皮肤发红、肿胀、疼痛并瘙痒，2～3 d 消退，以后逐渐落屑痊愈，全身症状较轻。较严重的病例，可由初期的疹块迅速发展成为水疱性或脓疱性皮炎，患部肿胀和温热明显，痛觉和痒觉剧烈，出现大小不等的水泡，水泡破溃后流黄色或黄红色液体，以后形成溃疡并结痂，或坏死脱落。本病常伴有口炎、结膜炎、化脓性全眼球炎、鼻炎、咽喉炎、阴道炎、膀胱炎等，病畜体温升高，全身症状比较明显。严重病例，除以上症状外，还表现黄疸、腹痛、腹泻等消化道症状和肝病症状，或者出现极度呼吸困难、泡沫样鼻液等肺水肿症状。有的还可出现神经症状，主要表现为兴奋不安、盲目奔走、共济失调、痉挛、昏睡，以至麻痹等。

临床目前尚无特效解毒药，应立即停喂可疑饲料，将动物移至避光处进行护理与治疗，缓泻已经吃进的有毒饲料，使用抗组胺类药物，并维持一段时间，同时配合抗菌消炎、防止感染和败血症、加强护理等措施。皮肤红斑、水泡和脓疱，可用 2%～3% 明矾水早期冷敷，再用碘酊或龙胆紫涂擦；已破溃时用 0.1% 高锰酸钾液冲洗，涂以消炎软膏或氧化锌软膏，也可用抗生素治疗，以防继发感染。对严重过敏的重症动物，应用抗组织胺药物治疗，可用非那根、苯海拉明或扑尔敏等肌肉注射，也可用 10% 葡萄糖酸钙静脉注射。中药治疗：可选用清热解毒、散风止痒的药物，可选经典方剂祛风散。

（周东海）

水浮莲中毒(Waterlettuce Poisoning)

水浮莲中毒是猪大量采食生长在不流动的水面上的水浮莲所引起的一种以神经兴奋、惊恐、抽搐、空口空嚼和流涎为主要特征的一种疾病。水浮莲有一定的营养价值，可作为青绿饲料喂猪，特别是在我国南方某些地区。该病的发生有人认为是由于水浮莲中的草酸盐含量增高所引起的。通常情况下，水浮莲中的草酸盐含量并不高，但生长在死水塘、污水塘或肥水塘中的，尤其是处于盛花期和晚花期的水浮莲，其草酸盐含量较高，猪若大量采食可引起中毒。

草酸盐对机体的毒害有两个方面：刺激口腔和胃肠道黏膜，引起胆碱能神经兴奋，导致口内不适，空口咀嚼、流涎；草酸以及草酸盐在肠道及肠毛细血管与机体争夺钙离子，结合成难溶的草酸钙而排出体外，机体钙磷平衡失调，发生缺钙现象，从而引起肌肉神经兴奋性增高并伴有阵发性痉挛。国外学者认为猪采食上述死水塘、污水塘或肥水塘中生长的水浮莲后会产生变态反应，因而出现了上述一系列症状。

水浮莲中毒的治疗主要采用以下措施：除立即停喂水浮莲外，同时进行对症治疗。口服苯巴比妥钠 10 mg/kg 体重；静脉注射氯化钙溶液或葡萄糖酸钙溶液等。

（周东海）

马铃薯中毒(*Solanum tuberosum* Poisoning)

马铃薯中毒是动物采食了大量马铃薯块根、幼芽及其茎叶或腐烂的块茎，由于其中含有马铃薯素（茄碱、龙葵素）所引起的中毒。马铃薯素中毒量为 10～20 mg/kg。临床上以消化机能和神经机能紊乱、皮疹为主要特征。此外，马铃薯茎叶所含硝酸盐和霉败马铃薯的腐败素也可引起亚硝酸盐和霉败素中霉。本病多见于猪，牛、羊、马亦可发生。

贮存时间过长，阳光下曝晒过久，保存不当而出芽、霉变、腐烂可使马铃薯内龙葵素的含量增高而引起中毒。采食大量由开花到结有绿果的马铃薯茎叶。此外，腐烂的马铃薯尚含有腐败毒素(Sepsin)，未成熟的马铃薯含有硝酸盐，以及薯体上寄生的霉菌都能对动物产生毒害作用。马铃薯茎叶中含 4.7%的硝酸，有引起亚硝酸盐中毒的潜在危险性。

共同症状为食欲减退，体温下降，脉搏微弱，精神萎靡甚至昏迷。特征性症状有神经型、胃肠型和皮疹型 3 种类型。神经型见于急性严重中毒，主要表现为神经紊乱的症状。初期兴奋不安，烦躁或狂暴，伴腹痛与呕吐。很快进入抑制状态，精神沉郁或呆滞，后肢软弱无力，共济失调，有的四肢麻痹，卧地不起。呼吸微弱，次数减少，黏膜发绀，瞳孔散大，最后因呼吸麻痹而死亡。胃肠型主要见于慢性轻度中毒，以消化道症状明显。病初食欲减退或废绝，口黏膜肿胀，流涎，呕吐，腹痛，腹胀和便秘。随着疾病的发生和发展，出现腹泻，粪便中混有血液。严重者全身衰弱，嗜睡。少尿或排尿困难。孕畜发生流产。皮疹型为猪和反刍动物所特有，亦称马铃薯斑疹。在口唇周围、肛门、尾根、四肢系部及母猪阴道和乳房发生湿疹，或水疱性皮炎。病猪头、颈和眼睑部还出现捏粉样水肿。

本病无特效治疗药物，发生中毒首先应停喂马铃薯，尽快排除胃肠内容物以及采用洗胃、催吐、缓泻等措施缓解中毒，同时配合镇静安神、消炎抑菌、强心补液等对症疗法。预防本病主要是避免使用出芽、腐烂的马铃薯或未成熟的马铃薯，必要时应进行无害化处理，并与其他饲料配合适量饲喂。

（周东海）

洋葱中毒(Onion Poisoning)

洋葱属百合科葱属。犬、猫采食后易引起中毒，世界各地均有报道，主要表现为排红色或红棕色尿液，犬发病较多，猫少见。

【原因】犬、猫采食了含有洋葱的食物后，如包子、饺子、铁板牛肉等，便可引起中毒。研究证明洋葱中含有具有辛香味挥发油——N-丙基二硫化物(N-propyl Disulfide)或硫化丙烯，此类物质不易被蒸煮、烘干等加热破坏，越老的洋葱其含量越多。洋葱中含的 N-丙基二硫化物或硫化丙烯，能降低红细胞内葡萄糖-6-磷酸脱氢酶(G-6-PD)活性。G-6-PD 能保护红细胞内血红蛋白免受氧化变性破坏，如果 G-6-PD 活性减弱，氧化剂能使血红蛋白变性凝固，从而使红细胞快速溶解和海恩茨(Heinz)小体形成。老龄红细胞含 G-6-PD 少，中毒后比幼龄红细胞更易氧化变性溶解，体弱动物红细胞也易溶解。红细胞溶解后，从尿中排出血红蛋白，使尿液变红，严重溶血时，尿液呈红棕色。

【临床表现】犬、猫采食洋葱中毒 1～2 d 后，最特征性表现为排红色或红棕色尿液。中毒轻者，症状不明显，有时精神欠佳，食欲差，排淡红色尿液。中毒较严重犬，表现精神沉郁，食欲不好或废绝，走路蹒跚，不愿活动，喜欢卧着，眼结膜或口腔黏膜发黄，心搏增快，喘气，虚弱，排深红色或红棕色尿液，体温正常或降低，严重中毒可导致死亡。

血液检验：血液随中毒程度轻重，逐渐变得稀薄，红细胞数、血细胞比容和血红蛋白减少，白细胞数增多。红细胞内或边缘上有海恩茨小体。

生化检验：血清总蛋白、总胆红素、直接及间接胆红素、尿素氮和天门冬氨酸氨基转移酶活性均呈不同程度增加。

尿液检验：尿液颜色呈红色或红棕色，比重增加，尿潜血、蛋白和尿血红蛋白检验阳性。尿沉渣中红细胞少见或没有。

【诊断】根据有采食洋葱或大葱食物的病史和临床症状进行诊断，确诊要进行血液化验和尿液检查。①尿液红色或红棕色，内含大量血红蛋白；②红细胞内或边缘上有海恩茨小体；③黄疸、呕吐、腹泻、呈红细胞再生血象。

【防治】立即停止饲喂洋葱或大葱性食物；应用抗氧化剂维生素 E，支持疗法进行输液，补充营养；给适量利尿剂，促进体内血红蛋白排出；溶血引起严重贫血的犬、猫，可进行静脉输血治疗，10～20 mg/kg 体重。

（周东海）

第四节　其他饲料中毒

巧克力中毒(Chocolate Poisoning)

巧克力中毒是指动物由于长时间或过量摄入巧克力而引起的以呕吐、腹泻、频尿和神经兴奋为主的中毒性疾病。各种动物对巧克力均敏感，临床上主要见于犬、猫，特别是小型犬更易发生。

【原因】巧克力来源于可可属植物烤熟的种子，主要的有效成分是甲基黄嘌呤(Methylxanthines)，其中的可可碱是造成动物中毒的主要物质，咖啡因相对含量少。可可豆中甲基黄嘌呤的含量为 1%～2% ，外壳中含 0.5%～0.85%。

可可碱和咖啡因在消化道容易吸收，并分布到全身，犬的 LD_{50} 分别为 250～500 mg/kg 体重和 140 mg/kg 体重。但敏感动物低于 LD_{50} 即可发生死亡，如有 115 mg/ kg 体重可可碱致犬死亡的报道。一般认为，犬摄入烘焙巧克力 1.3 mg/ kg 体重或牛奶巧克力 13 mg/kg 体重，即可出现临床症状。犬体内可可碱的半衰期比其他动物长，约为 17.5 h，也是犬易感的主要原因；咖啡因的半衰期为 4.5 h。进入体内的可可碱在肝脏代谢，通过肾脏排出。

犬、猫中毒主要是饲养者经常饲喂巧克力糖、冰激凌、面包、饼干等引起，节假日发病率高，特别见于 1～3 kg 的小型犬。另外，过量使用含咖啡因、可可碱、茶碱的药物也可引起中毒。由此可见，巧克力中毒与巧克力的类型、犬的大小有直接的关系，巧克力越纯、犬越小，越容易发生中毒。

【中毒机理】可可碱与咖啡因和茶碱等甲基黄嘌呤的药理作用相似。进入体内后抑制磷酸二酯酶的活性，影响细胞内环腺苷酸(cAMP) 含量和细胞间钙的转运，使细胞内游离的钙离子浓度升高，增加了骨髓肌和心肌的收缩性。甲基黄嘌呤可竞争性的阻止腺苷受体，引起肾上腺素和去甲肾上腺素的释放，还可在大脑竞争苯二氮卓受体(Benzodiazepine Receptors)。大剂量的可可碱还有利尿、松弛平滑肌、兴奋心脏和中枢神经系统的作用。大剂量的甲基黄嘌呤可直接刺激心脏，引起心动过速、心律不齐。可可碱可扩张外周血管和冠状动脉，但使脑血管收缩，血压升高。中枢神经系统的作用是增加了感觉皮层的兴奋性，临床上表现神经过敏、焦躁不安、失眠、震颤和痉挛。呼吸中枢对二氧化碳的敏感性增加，导致呼吸急促。还可出现中枢性的呕吐。另外，3 种甲基黄嘌呤对实验动物均有致畸作用。

【临床表现】一般在摄入巧克力后 8～12 h 出现中毒症状。初期表现兴奋，神经过敏，口渴，呕吐。随着疾病的发展，腹泻，多尿，心动过速，呼吸急促，黏膜发绀，血压升高。严重者肌肉震颤，共济失调，惊厥，体温升高，脱水，虚弱，昏迷，最后因心律不齐和呼吸衰竭而死亡。有的无明显症状而因严重的心律不齐突然死亡。

剖检主要的变化在消化道，胃和十二指肠黏膜充血，其他器官弥漫性瘀血，胸腺瘀血和出血。

【诊断】根据饲喂巧克力的病史，结合呕吐、腹泻、多尿、神经兴奋等临床症状，可作出诊断。必要时可测定血液、尿液、胃内容物中的可可碱含量。送检样品必须冰冻保存。

【治疗】本病尚无特效解毒药物，应及时采取促进毒物排除及对症治疗措施。因巧克力吸收缓慢，催吐和洗胃对摄入巧克力 4～8 h 的动物效果显著，如肌肉注射阿扑吗啡，剂量为 0.08 mg/kg 体重。洗胃后口服活性炭可阻止消化道对可可碱的吸收，剂量为 1 g/kg 体重，每 3～4 h 给药一次，连续 72 h。口服盐类泻剂可促进可可碱从消化道排出。过度兴奋时可用安定或苯巴比妥镇静。

严重中毒者应通过心电图监测心脏功能，心律不齐可静脉注射利多卡因，但猫不能用利多卡因。如果疗效不明显，也可静脉注射美托洛尔。补充电解质平衡溶液可预防脱水，并能促进毒物代谢和从肾脏的排出。插入导尿管可减少可可碱在膀胱的重吸收，加速毒物的排出。

【预防】平时切忌将含有巧克力的食物喂犬猫，巧克力应妥善保存，以免随意放置导致犬、猫中毒。

（陈兴祥）

复习思考题

1. 什么是棉籽饼中毒？是什么原因造成的？
2. 怎样诊断和防治棉籽饼中毒？
3. 什么是菜籽饼中毒？主要中毒成分是什么？

是什么原因造成的？

4. 菜籽饼中毒怎样诊断和防治？

5. 常用的菜籽饼去脱毒方法有哪些？

6. 酒糟中毒的机理是什么？有哪些临床症状？

7. 酒糟中毒的治疗方法有哪些？

8. 淀粉渣中毒有哪些临床症状？

9. 淀粉渣中毒的治疗方法有哪些？

10. 生氰苷植物中毒有哪些临床表现？中毒机理是什么？如何防治？

11. 亚硝酸盐中毒的机理是什么？

12. 亚硝酸盐中毒的临床症状有哪些？

13. 亚硝酸盐中毒怎样进行诊断？

14. 亚硝酸盐中毒后怎样进行治疗？

15. 光敏植物中毒的原因有哪些？

16. 光敏植物中毒后怎样进行治疗？

17. 水浮莲中毒的原因是什么？

18. 马铃薯中毒的原因和机理是什么？

19. 洋葱中毒的中毒机理是什么？中毒后有什么样的症状？

20. 巧克力中毒的中毒机理和临床症状是什么？如何防治？

第十七章　真菌毒素中毒

【内容提要】真菌毒素(Mycotoxin)是指存在于自然界的产毒真菌在其生长、代谢过程中所产生的有毒代谢产物,动物采食了污染真菌毒素的饲料所引起的疾病,称为真菌毒素中毒(Mycotoxicosis)。真菌毒素种类很多,但绝大多数是非致病性真菌,只有少数真菌在基质(饲料)中能生长繁殖,并产生有毒代谢产物。到目前已发现能产生毒素的真菌有200多种,其中已经发现在自然条件下,能引起动物中毒的真菌有50多种,分属于曲霉菌属、镰刀菌属、青霉菌属以及其他菌属。真菌毒素不仅能使畜禽发生各种真菌毒素中毒病,而且还具有致畸、致突变、致癌和免疫抑制的作用,从而引起全世界不同学科领域如医学、兽医学、生物学、食品卫生学和环境保护学等的广泛重视。本章主要介绍黄曲霉毒素中毒、赭曲霉毒素A中毒、杂色曲霉毒素中毒、牛霉麦芽根中毒、马霉玉米中毒、霉稻草中毒、玉米赤霉烯酮中毒、T-2毒素中毒、牛霉烂甘薯中毒、穗状葡萄球菌毒素中毒、红青霉毒素中毒等真菌毒素中毒病,要求学生掌握其发病原因、发病机理、诊断和防治措施等。

第一节　曲霉菌毒素中毒

黄曲霉毒素中毒(Aflatoxicosis Poisoning)

黄曲霉毒素中毒是一种危害严重的霉败饲料中毒病,临床上以全身出血、消化机能紊乱、腹水、黄疸、神经症状等为特征,主要病理变化为肝细胞变性、坏死、出血、胆管和肝细胞增生。长期小剂量摄入黄曲霉毒素还有致癌作用。

本病于1960年在英国苏格兰发生,当时称为“火鸡X病”,之后相继在美国、巴西和南非等多个国家发生。我国长江沿岸及以南地区,饲料污染黄曲霉毒素较为严重,而华北、东北和西北地区饲料污染黄曲霉毒素相对较少,但由于饲料调运或储存不当,也有畜禽发生此病的报道。

【原因】黄曲霉毒素(Aflatoxin,AFT)主要是黄曲霉和寄生曲霉等产生的有毒代谢产物,其他的曲霉、青霉、毛霉、镰孢霉、根霉中的某些菌株也能产生少量AFT。最近的研究报道,产AFT菌株所占的比例有明显上升趋势。这些产毒霉菌广泛存在于自然界中,主要污染玉米、花生、豆类、棉籽、麦类、大米、秸秆及其副产品如酒糟、油粕、酱油渣等,在最适宜的繁殖、产毒条件如基质水分在16%以上,相对湿度在80%以上,温度在24～30℃时产生大量AFT。饲料水分越高,产AFT的数量就越多。动物采食被上述产毒霉菌污染的饲料而发病。本病一年四季均可发生,但在多雨季节和地区,温度和湿度又较适宜时,若饲料加工、贮藏不当,更易被黄曲霉菌所污染,增加动物AFT中毒的机会。

AFT是一类结构极相似的化合物,都具有一个双呋喃环和一个氧杂萘邻酮(香豆素)的结构。它们在紫外线照射下大都发出荧光,根据它们产生的荧光颜色可分为两大类,发出蓝紫色荧光的称B族毒素,发出黄绿色荧光的称G族毒素。目前已发现AFT及其衍生物有18种,即$AFTB_1$、B_2、G_1、G_2、M_1、M_2、B_{2a}、G_{2a}、P_1、Q_1、R_0等。它们的毒性强弱与其结构有关,凡呋喃环末端有双键者,毒性强,并有致癌性。已证明$AFTB_1$、$AFTB_2$、$AFTG_1$甚至$AFTM_1$都可以诱发猴、大白鼠、小白鼠等动物致肝癌。在这些毒素中又以$AFTB_1$的毒性及致癌性最强,所以在检验饲料中AFT含量和进行饲料卫生学评价时,一般以$AFTB_1$作为主要监测指标。

黄曲霉毒素是目前已发现的各种霉菌毒素中最稳定的一种,在通常的加热条件下不易破坏。如$AFTB_1$可耐200℃高温,强酸也不能将其破坏。毒素遇碱能迅速分解,荧光消失,但遇酸又可复原。很多氧化剂如次氯酸钠、过氧化氢等均可破坏其毒性。

【流行病学】各种动物均可发病,一般幼年动物比成年动物敏感,雄性动物比雌性动物(怀孕期除外)敏感,高蛋白饲料可降低动物对黄曲霉毒素的敏感性。各种动物中对黄曲霉毒素最敏感的是鳟鱼,其他依次是雏鸭、雏鸡、兔、猫、仔猪、豚鼠、大白鼠、猴、犊牛、成年鸡、肥育猪、成年牛、绵羊和马。

【中毒机理】AFT 随被污染的饲料经胃肠道吸收后，主要分布在肝脏，血液中含量极微，肌肉中一般不能检出。摄入毒素后约经 7 d，绝大多数随呼吸、尿液、粪便和乳汁排出体外。

AFT 及其代谢产物在动物体内残留，部分以 $AFTM_1$ 形式随乳汁排出，对食品卫生检验具有实际意义。动物摄入 $AFTB_1$ 后，在肝、肾、肌肉、血液、乳汁以及鸡蛋中可检出 $AFTB_1$ 及其代谢产物，因而可能造成动物性食品污染。

$AFTB_1$ 在体内的主要代谢途径是在肝脏微粒体混合功能氧化酶催化下，进行羟化、脱甲基和环氧化反应。

$AFTB_1$ 的毒性因动物种类、年龄和性别不同而异，经口染毒的 LD_{50}（mg/kg）分别为：雏鸡 0.24～0.56，鸡 6.3，猪 0.62，犬 0.5～1.0，猫 0.55，兔 0.35～0.5，羊 1.0～2.0，鱼 0.81，猴 2.2～7.8。

AFT 可直接作用于核酸合成酶而抑制信使核糖核酸（mRNA）合成作用，并进一步抑制 DNA 合成，而且对 DNA 合成所依赖的 RNA 聚合酶有抑制作用。AFT 可与 DNA 结合，改变 DNA 的模板结构，导致蛋白质、脂肪的合成和代谢障碍，线粒体代谢以及溶酶体的结构和功能发生变化。该毒素的靶器官是肝脏，因而属肝脏毒。急性中毒时，使肝实质细胞变性坏死，胆管上皮细胞增生。慢性中毒时生长缓慢，生产性能降低，肝功能发生变化，肝脂肪增多，可发生肝硬化和肝癌。AFT 也可作用于血管，使血管通透性增加，血管变脆并破裂，出现出血和出血性瘀斑。此外，AFT 还具有致突变和致畸性。

大量研究证明，给禽类饲喂低剂量（0.25～0.5 mg/kg）的 AFT 后，可导致其对巴氏杆菌、沙门氏杆菌和念珠菌的抵抗力降低，禽霍乱和猪丹毒免疫失败，也可引起鸡免疫新城疫疫苗后 HI 抗体滴度下降。AFT 抑制机体免疫机能的主要原因之一是抑制 DNA 和 RNA 的合成，以及对蛋白质合成的影响，使血清蛋白含量降低。另外，AFT 引起肝脏损害和巨噬细胞的吞噬功能下降，从而抑制补体的产生。AFT 也能抑制 T 淋巴细胞产生白细胞介素及其他淋巴因子。作用于淋巴组织器官，引起胸腺萎缩和发育不良，淋巴细胞生成减少。

【临床表现】AFT 是一类肝毒物质。畜禽中毒后以肝脏损害为主，同时还伴有血管通透性破坏和中枢神经损伤等，临床特征性表现为黄疸、出血、水肿和神经症状。由于畜禽的品种、性别、年龄、营养状况及个体耐受性、毒素剂量大小等的不同，AFT 中毒程度和临床表现也有显著差异。

家禽：雏鸭、雏鸡对 AFT 的敏感性较高，多呈急性经过，且死亡率很高。幼鸡多发生于 2～6 周龄，表现为食欲不振，嗜睡，生长发育缓慢，虚弱，翅膀下垂，时时凄叫，贫血，腹泻，粪便中带有血液。雏鸭表现食欲废绝，脱羽，鸣叫，步态不稳，跛行，角弓反张，死亡率可达 80%～90%。成年鸡、鸭的耐受性较强。慢性中毒通常表现食欲减退，消瘦，不愿活动，贫血，病程长的可诱发肝癌。

猪：分急性、亚急性和慢性 3 种类型。急性型发生于 2～4 月龄的仔猪，尤其是食欲旺盛、体质健壮的猪发病率较高，多数在临床症状出现前突然死亡。亚急性型表现体温升高或接近正常，精神沉郁，食欲减退或丧失，口渴，粪便干硬呈球状，表面被覆黏液和血液。可视黏膜苍白，后期黄染。后肢无力，步态不稳，间歇性抽搐。严重者卧地不起，常于 2～3 d 内死亡。慢性型多发生于育成猪和成年猪，病猪精神沉郁，食欲减少，生长缓慢或停滞，消瘦。可视黏膜黄染，皮肤表面出现紫斑。随着病情的发展，呈现兴奋不安、痉挛、角弓反张等神经症状。

牛：3～6 月龄犊牛对 AFT 较为敏感，死亡率高。成年牛多呈慢性经过，死亡率较低。表现厌食，磨牙，前胃弛缓，瘤胃臌胀，间歇性腹泻，泌乳量下降，妊娠母牛早产、流产。

绵羊：由于绵羊对 AFT 的耐受性较强，很少有自然发病。

犬：发病初期无食欲，生长速度减慢，或逐渐消瘦。可见黄疸、精神不振和出血性肠炎。

马：病初呈现消化不良或胃肠炎，病情加重后发生肝破裂。

鱼类：表现生长缓慢，贫血，血液凝固性差，对外伤敏感，肝脏和其他器官易受损，免疫反应性降低，死亡率增加。其中虹鳟是对 AFT 最敏感的动物之一，严重中毒表现肝受损、鳃苍白、细胞数减少等。淡水鱼类对 AFT 不太敏感。

【临床病理学】AFT 可明显降低血清总蛋白、无机磷酸盐、尿酸、总胆固醇和血细胞压积、红细胞数、平均红细胞体积、血红蛋白含量、血小板数及单核细胞百分比，而碱性磷酸酶、丙氨酸氨基转移酶、天门冬氨酸氨基转移酶、异柠檬酸脱氢酶和凝血酶原活性升高。

【病理变化】家禽：特征性的病变在肝脏。急性型，肝脏肿大，广泛性出血和坏死。慢性型肝细胞增生，纤维化，硬变，体积缩小。病程久者，多发现肝细胞癌或胆管癌。

猪:急性病例除表现全身性皮下脂肪不同程度的黄染外,主要病变为贫血和出血。全身黏膜、浆膜、皮下和肌肉出血;肾、胃弥漫性出血;肠黏膜出血、水肿;胃肠道中出现凝血块;肝脏黄染,肿大,质地变脆;脾脏出血性梗死;心内、外膜明显出血。慢性型主要表现肝硬化、脂肪变性,肝脏呈土黄色,质地变硬;肾脏苍白、变性,体积缩小。

牛:特征性病变是肝脏纤维化及肝细胞癌;胆管上皮增生,胆囊扩张,胆汁变稠;肾表面呈黄色、水肿。

犬:急性病例肝脏肿大,呈淡黄色乃至橘红色,浆膜出血;肾脏表面毛细血管扩张或出血性梗死;心内、外膜明显出血;胸腹腔内积存红色液体;淋巴结充血水肿;可见出血性肠炎变化。慢性病例肝脏质地变硬,胆囊缩小或空虚,胸腹腔积液,大肠黏膜及浆膜出血,肾脏苍白、萎缩,肾小管扩张。

病理组织学变化:急性病例呈急性中毒性肝炎;慢性病例可见肝细胞和间质组织增生。

【诊断】首先调查病史,检查饲料品质和霉变情况,有饲喂发霉饲料的病史,结合临床表现(黄疸、出血、水肿、消化障碍及神经症状)和病理变化(肝细胞变性、坏死、增生,肝癌)等,可做出初步诊断。确诊必须对可疑饲料进行产毒霉菌的分离培养,饲料中AFT含量测定。必要时还可进行雏鸭毒性试验。

AFT的检验方法有生物学方法、化学方法和免疫学方法。生物学方法中最常用的是荧光反应,AFT在365 nm紫外光下发出荧光,用荧光仪检测。化学方法主要用于定量测定,一般用薄层层析法和高压液相色谱法。免疫方法是一项微量检测AFT的先进技术,其原理是首先将AFT制成完全抗原,免疫家兔制备相应抗体或生产单克隆抗体,然后使用灵敏度很高的放射免疫测定法(RIA)或酶联免疫吸附试验(ELISA)来检测样品中AFT。目前已制备出了抗$AFTB_1$、$AFTM_1$和$AFTQ_1$的抗体以及抗$AFTB_1$的单克隆抗体,研制出测定$AFTB_1$的ELISA试剂盒和检测乳中$AFTM_1$的RIA试剂盒,并建立了酶联免疫竞争抑制法来测定饲料中的$AFTB_1$含量。

【治疗】对本病尚无特效疗法。发现畜禽中毒时,应立即停喂霉败饲料,改喂富含碳水化合物的青绿饲料和高蛋白饲料,减少或不喂含脂肪过多的饲料。一般轻症病例可自然康复;重症病例应及时投服泻剂如硫酸钠、人工盐等,加速胃肠道毒物的排出。同时,采用保肝和止血疗法,可静脉滴注20%～50%葡萄糖溶液、肝泰乐、维生素C、葡萄糖酸钙或10%氯化钙溶液。心脏衰弱时,皮下或肌肉注射强心剂。为防止继发感染,可应用抗生素制剂,但严禁使用磺胺类药物。

【预防】对于敏感动物来说,避免应用高黄曲霉毒素风险的原料和防止饲料霉变是预防AFT中毒的根本措施。高风险的原料包括花生粕、棉粕和北京以南产区玉米,并加强饲草、饲料收获、运输和储藏各环节的管理工作,阻断霉菌滋生和产毒的条件,必要时用防霉剂如丙酸盐熏蒸防霉。同时定期监测饲草、饲料中AFT含量,以不超过我国规定的最高容许量标准。我国2017年发布的饲料卫生标准(GB 13078—2017)规定AFTB1的允许量(mg/kg)为:玉米、花生饼粕≤0.05,肉用仔鸭后期、生长鸭、产蛋鸭浓缩饲料与配合饲料≤0.015,仔猪、雏禽配合饲料≤0.01。

对重度发霉饲料应坚决废弃,尚可利用的饲料应进行脱毒处理。可用物理吸附法脱毒,常用的吸附剂为无机黏土、高岭土、凹凸棒等。目前国内外学者正在研究用日粮中添加适宜的特定矿物质去除AFT的方法。如在鸡的含AFT日粮中添加0.4%的钠皂土,能明显改善AFT对吞噬作用的不利影响,亦能明显改善AFT引起新城疫免疫鸡HI滴度的减少。据报道,一些生物酶解策略也用于黄曲霉毒素处理,此外无根根霉、米根霉、橙色黄杆菌对除去粮食中AFT有较好效果。

赭曲霉毒素A中毒
(Ochratoxin A Poisoning)

赭曲霉毒素A中毒是由于采食含有赭曲霉毒素A的饲料,导致肾脏和肝脏损害的真菌毒素中毒病。临床上以多尿和消化机能紊乱等为特征,以脱水、肠炎、全身性水肿和肾损伤为主要病理变化。本病最早在丹麦广泛流行,近年来我国也有报道。各种动物均可发病,主要发生于家禽、犊牛和仔猪。

【原因】主要由于畜禽采食被赭曲霉污染的谷类和豆类饲料及其副产品而引起中毒。除赭曲霉外,其他曲霉(如硫曲霉、孔曲霉等)和某些青霉(如鲜绿青霉、变幻青霉等)也能产生赭曲霉毒素。这些真菌在自然界中广泛分布,极易污染畜禽饲料,在温度和湿度适宜时产生大量赭曲霉毒素。

赭曲霉毒素A相当稳定,饲料加工或食品烹调不能被破坏,在紫外光照射下呈微绿色荧光。存在于玉米粉中的赭曲霉毒素A,其LD_{50}为:小鸡150 mg/只,1日龄小鸭3.3～3.9 mg/kg。犊牛每天按0.5～2 mg/kg体重饲喂赭曲霉毒素A,连喂30 d则出现中毒症状。猪1～2 mg/kg体重可引起中毒,5～6 d死亡。

【中毒机理】赭曲霉毒素A主要在小肠吸收,随血液循环分布在各组织器官。主要侵害肝脏和肾脏,引起肝细胞透明变性、液化坏死和肾脏近曲小管上皮损伤,从而引起严重的全身机能异常。研究表明,赭曲霉毒素A及其降解产物是细胞呼吸抑制剂,可抑制细胞对能量和氧的吸收及传递,最终使线粒体缺氧、肿胀和损伤。赭曲霉毒素A也可阻断氨基酸(如苯丙氨酸)tRNA合成酶的作用而影响蛋白质合成,使IgA、IgG和IgM减少,抗体效价降低;损伤禽类法氏囊和畜禽肠道淋巴结组织,降低抗体产量,影响体液免疫。该毒素能引起粒细胞吞噬能力降低,影响吞噬作用和细胞免疫,亦能通过胎盘影响胎儿组织器官发育。

【临床表现】畜禽赭曲霉毒素A中毒症状因畜别、年龄及毒素剂量不同而有差异。一般幼畜禽敏感性大,较易发病,病情也较重。毒素剂量小时,多先侵害肾脏,临床上以多尿和消化机能紊乱为主。只有当毒素剂量大到一定程度时,才使肝脏受损,呈现肝脏功能障碍。

家禽:雏鸡和肉用仔鸡表现精神沉郁,消瘦,消化机能紊乱,腹泻,脱水。随着病情发展,有的表现神经症状,反应迟钝,站立不稳,共济失调,腿和颈肌呈阵发性纤维性震颤,乃至休克、死亡。肉鸡还表现免疫抑制、血凝障碍和骨质破坏等。蛋鸡引起缺铁性贫血,产蛋量减少,蛋壳薄似橡胶样。

猪:常呈地方流行性,主要呈现肾功能障碍。表现消化机能紊乱,生长发育停滞,脱水,多尿,蛋白尿甚至尿中带血。妊娠母猪流产。

犊牛:精神沉郁,食欲减损,腹泻,生长发育不良。尿频,蛋白尿和管型尿。

【临床病理学】急性中毒时血细胞压积和血红蛋白含量升高,血液尿素氮、总蛋白含量增加,血清乳酸脱氢酶、异柠檬酸脱氢酶和天冬氨酸氨基转移酶活性升高;尿液葡萄糖、蛋白质含量和亮氨酸氨基肽酶活性升高,尿液稀薄,尿沉渣中可见管型。慢性中毒时血清中脂肪、蛋白质、白蛋白和球蛋白含量降低。

【病理变化】主要表现肝和肾病变。肝细胞变性、液化坏死,肾实质坏死,肾小管上皮细胞玻璃样退行性变性,严重者肾小管坏死,广泛生成结缔组织和囊肿。皮下及腔体内见有水肿。

【诊断】根据畜禽饲喂霉变饲料的病史,结合临床症状和病理变化可做出初步诊断。确诊尚需对可疑饲料作真菌培养、分离和鉴定以及赭曲霉毒素A定性、定量测定。

【防治】预防本病的关键在于防止谷物饲料发霉,应保持饲料干燥,使水分含量低于12%以下,添加防霉剂以防止霉菌滋生和产毒。对中毒畜禽,应立即更换饲料,酌情给予人工盐和植物油等促进毒物排出。给予充足饮水,提供富含维生素的青绿饲料。对猪和牛应注意保护肾脏功能,适当给予乌洛托品及抗微生物药。同时,配合强心、补液、输糖等措施,以防止脱水,保护肝脏功能。

杂色曲霉毒素中毒
(Sterigmatocystin Poisoning)

杂色曲霉毒素中毒是由于家畜采食被杂色曲霉毒素污染的霉草,引起以肝肾坏死和全身黄疸为主要特征的中毒性疾病。本病主要发生于马属动物、羊、家禽及实验动物。马属动物多为慢性经过,羊多为急性或亚急性。

20世纪70年代末,美国首先报道了杂色曲霉毒素中毒病。80年代我国宁夏回族自治区流行的马属动物“黄肝病”和羊“黄染病”,经研究证实为杂色曲霉毒素中毒。每年12月至次年6月为发病期,4—5月为高峰期,6—7月开始放牧后,发病逐渐停止或病情缓和,夏、秋季节不发病。发病与品种、年龄和性别无明显关系,但幼畜死亡率高。

【原因】杂色曲霉毒素(Sterigmatocystin,ST)主要由杂色曲霉、构巢曲霉和离蠕孢霉3种霉菌产生,以杂色曲霉的产毒量最高。此外,黄曲霉、寄生曲霉、谢瓦曲霉、皱褶曲霉、赤曲霉、焦曲霉、黄褐曲霉、四脊曲霉、变色曲霉、爪曲霉等也可产生ST。这些产毒霉菌普遍存在于土壤、农作物、食品和动物的饲草、饲料中,动物食入含ST的饲草、饲料即可引起中毒。

杂色曲霉毒素与黄曲霉毒素化学结构相似,在紫外线下呈现砖红色荧光。

【中毒机理】ST中毒机理尚不十分清楚。ST可引起细胞核仁分裂,抑制DNA的合成。ST具有肝毒性,动物急性中毒以肝、肾坏死为主,肝小叶坏死部位因染毒途径不同而异,口服染毒后主要表现肝小叶中央部位坏死,腹腔染毒后出现肝小叶周围坏死。慢性中毒可引起原发性肝癌、肝硬化、肠系膜肉瘤、横纹肌肉瘤、血管肉瘤和胃鳞状上皮增生等。

【临床表现】马属动物:多呈慢性经过,在采食霉败饲草后10～20 d出现中毒症状。初期精神沉郁,饮食欲减退,进行性消瘦。结膜初期潮红、充血,后期黄染。30 d后症状更加严重,并出现神经症状如头顶墙,无目的徘徊,有的视力减退以至失明。尿少色黄,粪球干小,表面有黏液。病程1～3个月,5岁以下发病率高,而且幼畜死亡率高于成年家畜。

羊:多为亚急性经过,在采食霉败饲料第7天发病。表现食欲不振,精神沉郁,消瘦。随着病情的发展出现结膜潮红,巩膜黄染,虚弱,腹泻,尿黄或红,经20 d左右死亡。2月龄以下的羔羊发病多,死亡率高;1岁半以上羊也发病,但很少死亡。

鸡:呈急性经过,产蛋率迅速下降,精神萎靡,羽毛蓬松,喜饮水,腹泻,粪便中常带血性黏液,最后昏迷死亡,病死率达50%以上。

奶牛:呈慢性经过,产奶量下降,腹泻,严重者衰竭死亡。

【临床病理学】白细胞总数减少,中性白细胞比例升高,淋巴细胞比例下降。血清SDH、ALKP、AST、LDH、ALT活性及BUN含量明显升高,血清蛋白含量下降,血清BUN和总胆红素含量升高,尿胆红素阳性。

【病理变化】马属动物以肝脏病变为主要特征。表现为肝脏肿大,呈黄绿色,表面不平,呈花斑样色彩。皮下、腹膜、脂肪黄染。肺、脾、膀胱、胃肠道、肾脏广泛性出血。病理组织学变化可见肝细胞严重空泡化和脂肪变性,肝细胞间纤维组织增生。肾小管上皮细胞空泡变性或坏死脱落。大脑部分神经细胞空泡化,呈网织状。羊特征性的剖检变化是皮肤和内脏器官高度黄染。皮下组织、脂肪、浆膜、黏膜均黄染。肝脏肿大,质脆,胆囊充满胆汁。胃肠道黏膜充血、出血,肾脏肿大、质软、色暗,全身淋巴结水肿。鸡可见肝脏苍白,呈脂肪肝并有出血。

【诊断】根据采食霉败饲草的病史,结合临床症状和特征性病理变化可作出初步诊断。确诊尚需测定样品中的ST含量并分离培养出产毒霉菌,一般饲草、饲料中ST含量达0.2 mg/kg以上时即可引起中毒。

ST的测定方法主要有薄层层析法、双相薄层层析法、气相色谱法、高压液相色谱法等,而薄层层析紫外扫描法具有操作简便、准确度高、杂质干扰小等优点,是目前较为理想的方法。

【治疗】本病无特效疗法。对中毒家畜立即停喂霉败饲草,给予易消化的青绿饲料和优质干草。并充分休息,保持安静,避免刺激。

药物治疗主要在于增强肝脏解毒能力,恢复中枢神经机能,防止继发感染。可静脉滴注高渗葡萄糖溶液和维生素B_1,也可口服肝泰乐、肌苷片等。病畜兴奋不安时,可静脉滴注10%安溴注射液,马50～150 mL,羊5～10 mL,或内服水合氯醛10 g。防止继发感染可选用抗生素类药物。

【预防】防止饲草发霉,在收割后要充分晒干,堆放于通风、地面水流通畅的地方,严禁雨淋。已发霉的饲草不作饲料用。

牛霉麦芽根中毒(Mouldy Malt Sprout Poisoning in Cattle)

见二维码17-1。

二维码17-1　牛霉麦芽根中毒

第二节　镰刀菌毒素中毒

马霉玉米中毒(Mouldy Corn Poisoning in Horse)

马霉玉米中毒是马属动物采食发霉玉米后引起以中枢神经机能紊乱为临床特征的真菌毒素中毒病,又称马脑白质软化症。

【原因】玉米收获前后遭受雨淋、潮湿及存放不当,当温度和湿度适宜时,串珠镰刀菌大量生长和产毒,马属动物采食霉败玉米后引起中毒。

【流行病学】多发生于马属动物,以驴发病率最高,死亡率高。本病具有明显的地区性和季节性,多发生于饲养马属动物的地区以及每年的春季和秋季。适宜的温度和相对湿度,是各种镰刀菌生长繁殖和产毒的重要条件。

【中毒机理】串珠镰刀菌在其代谢过程中产生串珠镰刀菌素、赤霉素、赤霉酸和去氢镰刀菌酸等多种霉菌毒素,进入机体后对脑组织亲合力强,引起类似马脑炎的神经症状。

【临床表现】马属动物中毒后表现兴奋、沉郁和两者交替3种类型。兴奋多属急性,表现突然兴奋,向前猛冲或转圈,全身肌肉抽搐,大小便失禁,多在1 d内心力衰竭而死亡;沉郁型为慢性经过,表现耳耷头低,目光发呆,唇舌麻痹,松弛下垂,吞咽障碍,卧地不起,昏迷,有的表现出血性胃肠炎,一般经几天后死亡。

【病理变化】主要在中枢神经系统。大脑充血、出血、水肿，脑白质软化，脊髓灰质液化、坏死。胃肠黏膜充血、出血。

【诊断】根据病史和流行病学，结合临床症状和病理变化可做出初步诊断。确诊尚需进行真菌分离鉴定。

【防治】治疗本病应以排出毒物、保护大脑机能、降低脑内压为主，并采取对症和支持疗法。同时加强护理，保持安静，减少刺激，防止褥疮。严禁用发霉的玉米饲喂马属动物。

霉稻草中毒(Mouldy Straw Poisoning)

霉稻草中毒是由于牛采食发霉稻草而引起的一种真菌毒素中毒病。临床上以跛行，蹄腿肿胀、溃烂，甚至脱落蹄匣，耳尖和尾端坏死为特征，又称牛蹄腿肿烂病、牛烂蹄病等。

【原因】木贼镰刀菌和半裸镰刀菌是本病的主要致病菌。由于秋收时阴雨连绵，稻草收割后未晒干即堆放，以至上述产毒镰刀菌大量繁殖，主要产生丁烯酸内酯(Butenolide)等真菌毒素，被牛采食后即可引起中毒。镰刀菌在气温较低(7～15℃)时可产生大量丁烯酸内酯，因此寒冷可能促进本病发生。

【流行病学】主要发生于舍饲耕牛，尤其是水牛(约占发病率的85%以上)，黄牛次之。本病的发生有明显的地区性和季节性，主要流行于水稻产区，一般在10月中旬开始发生，11—12月达到发病高峰期，次年初春病势渐缓，4月放牧后即自行平息，发病率与致残率均高。

【中毒机理】丁烯酸内酯属于血液毒，进入机体后主要引起末梢血液循环障碍。毒素作用于外周血管，使局部血管末端发生痉挛性收缩，以致管壁增厚，管腔狭窄，血流变慢，继而导致血液循环障碍，引起局部肌肉缺血、水肿、出血、肌肉变性与坏死，易继发细菌感染。严重者球关节以下部分腐败或脱落，并引起局部淋巴结的炎症。

【临床表现】牛饲喂霉变稻草2～3周后突然发病，多在早上发现。表现精神委顿，弓背站立，被毛粗乱，皮肤干燥。特征性症状主要表现在耳、尾、肢端等末梢部。初期表现运步强拘或跛行，站立时频频提举四肢尤其后肢，蹄冠部肿胀、温热、疼痛，系凹部皮肤横行裂隙。数日后，肿胀蔓延到腕关节或跗关节，跛行加重；继而肿胀部皮肤变凉，表面渗出黄白色或黄红色液体，并破溃、出血、化脓或坏死。严重的则蹄匣或趾(指)关节脱落。肿胀消退后，皮肤硬结如龟板样，有些病牛肢端发生干性坏疽，跗(腕)关节以下的皮肤形成明显的环形分界线，坏死部远端皮肤紧箍于骨骼上。多数病牛伴发耳尖、尾梢部出现干性坏死，患部干硬，终至脱落。

水牛病程较长，可达月余或数月，最后衰竭死亡或淘汰；黄牛一般病情较轻，病较短，死亡率较低。妊娠母牛还表现流产、死胎、阴道外翻等症状。

【病理变化】尸体消瘦，皮毛干燥，体表褥疮。主要病变在四肢，患肢肿胀部切面流出多量淡黄色透明液体，皮下组织水肿。蹄冠与系部血管扩张、充血，部分血管内有血栓形成。患部肌肉呈灰红色或苍白色。病程较久的，患部皮肤破溃，疮面附着脓、血，肌肉呈暗红色，可见增生的肉芽组织突出于疮面。耳尖、尾尖干性坏死。淋巴结明显肿大，切面湿润，有散在点状出血。

【诊断】根据流行病学特点和长期采食霉稻草的病史，结合典型临床症状和病理变化可初步诊断。确诊本病尚需进行动物试验、微生物学鉴定以及毒物分析等。

【治疗】尚无特效疗法。首先要停喂霉稻草，加强营养，实施对症治疗。病初应促进末梢血液循环，对患部进行热敷，按摩，红外灯照射等，也可灌服白胡椒酒(白酒200～300 mL，白胡椒20～30 g，一次灌服)。肿胀溃烂继发感染时，可施行外科处理并辅以抗生素或磺胺类药物治疗，为促进肉芽组织及上皮生长，用红霉素软膏、鱼肝油涂敷。病情较重的，可静脉注射10%葡萄糖溶液和维生素B，维生素C等。

【预防】主要是防止稻草发霉，不喂霉变稻草，同时加强饲养管理，做好防寒保暖工作。

玉米赤霉烯酮中毒 (Zearalenone Posioning)

玉米赤霉烯酮中毒是指动物采食被玉米赤霉烯酮污染的饲料所引起的以阴户肿胀、乳房肿大和慕雄狂等为主要特征的中毒病，又称F-2毒素中毒。

【原因】病原主要是玉米赤霉烯酮(F-2毒素)，因玉米被赤霉菌污染而产生。粉红镰刀菌、三线镰刀菌、串珠镰刀菌、木贼镰刀菌、茄病镰刀菌、禾谷镰刀菌、拟枝孢镰刀菌和黄色镰刀菌等也能产生该毒素。本病的发生是家畜采食上述产毒真菌污染的玉米、小麦、大麦、燕麦、高粱、水稻、豆类以及青贮和干草等所致。

【流行病学】各种动物均可发生，主要发生于猪，尤其是3～5月龄仔猪，雌性比雄性更敏感。盛产玉米地区常发。

【中毒机理】玉米赤霉烯酮是一种子宫毒，其活性主要是雌激素样作用。玉米赤霉烯酮及其代谢产物在子宫组织的细胞质中可与雌激素竞争细胞质受体，并向未成熟子宫核移动，且与正常的雌激素-受体复合体具有同样的生物学活性，从而导致动物性机能异常。

【临床表现】最常见的是雌激素样综合征。

猪：拒食，呕吐，阴道黏膜充血、肿胀、出血，外阴肿大3～4倍，阴门外翻，往往因尿道外口肿胀而排尿困难，甚至继发阴道脱、直肠脱和子宫脱。青年母猪，卵巢发育不全，乳腺肿大，出现发情征兆，发情周期延长并紊乱。成年母猪，发情周期紊乱，生殖能力降低。妊娠母猪，易发早产、流产、胚胎吸收、死胎或胎儿木乃伊化。公猪和去势公猪，显现雌性化综合征，如乳腺肿大，包皮水肿，睾丸萎缩和性欲明显减退。

牛：食欲大减，体重减轻，呈现雌激素样作用亢进症，如高度兴奋，假发情等。同时，繁殖机能发生障碍。

家禽：表现生殖道扩张，泄殖腔外翻和输卵管扩张，输卵管子宫部有水样囊肿等。

【病理变化】主要在生殖器官，阴唇、乳房肿大，阴道、子宫和乳腺间质水肿，阴道、子宫颈黏膜上皮细胞增生，阴道、子宫肌层增厚。

【诊断】依据采食霉饲料的病史，雌激素综合征和生殖系统的特征性病理变化可做出诊断。确诊可对饲料样品进行霉菌培养、分离和鉴定；应用薄层层析、气相色谱质谱仪检测饲料中的玉米赤霉烯酮；应用未成熟小鼠作生物学鉴定等。

【治疗】尚无特效治疗药物。只要停止饲喂可疑的霉变饲料，经过1～2周，症状即逐渐缓解以至消失。

【预防】预防本病的根本措施是防霉。玉米赤霉烯酮化学结构较稳定，含毒饲料(草)经加热、蒸煮和烘烤等处置(包括酿酒或制糖)后，仍有毒性作用。一般情况下可采取水浸法、去皮法、稀释法、吸附法等去毒或减毒。

T-2毒素中毒(T-2 Toxin Poisoning)

T-2毒素中毒是指动物采食被T-2毒素污染的饲料而引起的以呕吐、腹泻、血便为特征的中毒性疾病。本病多发生于猪，家禽次之，牛、羊等反刍动物发病较少。

【原因】其病原为T-2毒素，属于镰刀菌毒素，是单端孢霉烯族化合物中主要的霉菌毒素之一，由三线镰刀菌、拟枝孢镰刀菌、梨孢镰刀菌、粉红镰刀菌、禾谷镰刀菌、茄病镰刀菌、木贼镰刀菌和雪腐镰刀菌等产生。动物采食被上述产毒真菌产生的T-2毒素污染的小麦、大麦、燕麦、玉米和饲料而引起中毒。

镰刀菌产毒能力与环境有关，低温、高水分可促使其产毒；碱性环境、高温、低水分可明显抑制T-2毒素生成。另外，T-2毒素对动物的毒性与动物种类、年龄、毒素纯度、摄入途径和持续时间等密切相关。

【中毒机理】T-2毒素与其他单端孢霉烯族化合物的生物活性比较相似，主要靶器官是肝和肾。

T-2毒素对皮肤和黏膜具有直接刺激作用。属于组织刺激因子和致炎因子，造成口腔、食道和胃肠黏膜溃疡与坏死，引起呕吐、腹泻等，T-2毒素对骨髓造血功能有较强的抑制作用，并可导致骨髓造血组织坏死，引起血细胞特别是白细胞减少。

T-2毒素可引起凝血机能障碍，损伤血管内皮细胞，破坏血管壁的完整性，使血管扩张、充血，通透性增高，引起全身各组织器官出血。T-2毒素可使血小板再生、血小板凝聚和释放功能发生障碍，其抑制强度与毒素浓度呈正相关。此外，T-2毒素可降低凝血因子活性。

T-2毒素可抑制免疫机能，主要抑制细胞免疫，T-2毒素对DNA和RNA合成的影响，及其通过阻断翻译的启动而影响蛋白质合成是其抑制免疫机能的重要因素之一。

T-2毒素还能取代细胞原生质中的脂质或部分蛋白质，从而阻碍了膜的功能。T-2毒素还能通过胎盘影响胎儿组织器官的发育和成熟。此外，T-2毒素还具有一定的致畸和致癌性。

【临床表现】由于T-2毒素对消化道的直接刺激，主要表现厌食，呕吐，腹泻，生长停滞，瘦弱等。T-2毒素对造血机能的损害，后期表现广泛性出血，可能伴有便血和尿血。T-2毒素可抑制免疫机能，易继发其他疾病。

猪：急性中毒通常在采食后1 h左右发病，呈现拒食，呕吐，精神不振，步态蹒跚，唇、鼻周围皮肤发炎、坏死，流涎，腹泻和出血性胃肠炎等症状。慢性中毒表现生长发育迟缓，并伴发慢性消化不良和再生障碍性贫血等症状。母猪不孕，有的流产、早产。

家禽：食欲减少或废绝，生长发育缓慢，鸡冠和肉垂浅淡或发绀，唇、喙、口腔、舌及舌根乳头、嗉囊和肌胃出现糜烂、溃疡和坏死。成年鸡产蛋减少，肉鸡增重降低，并出现异常姿势和各种神经症状。

牛、羊：反刍动物对 T-2 毒素有一定的抵抗力，因此中毒表现较轻。急性病例在采食后 24～48 h 发病，表现精神沉郁，被毛粗乱无光泽，反射减退，共济失调，可视黏膜充血或苍白，食欲和反刍废绝，胃肠蠕动减弱或消失，腹泻，粪便混有大量黏液、伪膜和血液，并常伴发齿龈炎和口炎。病情发展到中后期，显现出血性体征，如黏膜、皮下出血点（斑）、鼻衄、血便和血尿等。慢性病例胃肠炎和出血体征同急性型，只是病程缓慢，而突出表现白细胞减少症、血小板减少症等再生障碍性贫血的症状和出血体征。

【临床病理学】猪血液白细胞、HCT、Hb、MCV、MCH 降低，血清尿素含量和 AST 活性下降，TG 含量增加。家禽血液白细胞减少，凝血酶原时间延长，血清总蛋白、白蛋白、钾、镁含量和 LDH、CK、ALKP 活性降低。

【病理变化】猪和牛可见消瘦和恶病质，口腔、食道、胃肠黏膜出血和坏死，瘤胃乳头脱落，胃壁糜烂性溃疡，真胃溃疡。肝、脾肿大、出血，心肌出血，脑实质出血和软化，骨髓和脾脏等造血机能障碍。家禽以口腔、食管、胃和十二指肠炎症、出血、坏死等为主要病变。同时肝、心、肾等实质器官出血、变性和坏死，肛门肿胀，淋巴器官肿胀，尤其是法氏囊肿胀。

【诊断】根据病史、临床症状和病理变化等，可初步诊断。必要时，可进行真菌毒素中毒病的检验，包括可疑饲料的真菌培养和鉴定、毒素检测、动物试验等。目前对 T-2 毒素的精确定量分析尚有困难。一般应用其提取物（粗毒素）涂擦兔背部皮肤，检测其刺激性反应（充血和水肿），如呈阳性，再进行薄层层析做进一步鉴定，最后用质谱、气相色谱和核磁共振等精密仪器检测。

【治疗】T-2 毒素中毒尚无特效治疗药物。当怀疑 T-2 毒素中毒时，除立即更换饲料外，应尽快投服泻剂，清除胃肠道内的毒素。同时施行对症治疗。

【预防】本病的综合性预防措施，基本上同玉米赤霉烯酮中毒，可参照应用。

第三节　其他真菌毒素中毒

牛霉烂甘薯中毒（Mouldy Sweet Potato Poisoning in Cattle）

牛霉烂甘薯中毒是指牛采食了大量黑斑病甘薯后所致的一种以急性肺水肿与间质性肺气肿，以及严重呼吸困难，皮下气肿为特征的中毒病，又称黑斑病甘薯中毒，俗称牛“喘气病”。

【原因】甘薯黑斑病的病原主要是甘薯长喙壳菌、茄病镰刀菌和爪哇镰刀菌等，这些真菌寄生在甘薯的虫害部位和表皮裂口处，致使甘薯表皮干枯、凹陷、有圆形或不规则的黑绿色斑块，并在贮藏的温度、湿度适宜时产生大量黑斑病甘薯毒素，主要是甘薯酮、甘薯醇、甘薯宁、4-甘薯醇和 1-甘薯醇。家畜采食含有黑斑病甘薯毒素的病甘薯后而引起中毒。

黑斑病甘薯毒素都是耐高温物质，经煮、蒸、烤等高温处理，毒性亦不被破坏，故用黑斑病甘薯作为原料酿酒、制粉时，所得的酒糟、粉渣饲喂家畜仍可引起中毒。

【流行病学】主要发生于种植甘薯的地区，以黄牛、奶牛和水牛多发，绵羊和山羊次之，猪也有发病。本病发生有明显季节性，常发生于春末夏初留种的甘薯出窖期，亦见于晚冬甘薯窖潮湿或温度增高时，即 10 月至翌年 4—5 月为发病的高峰期。

【中毒机理】致病的毒素是甘薯酮及其衍生物。甘薯酮为肝脏毒，甘薯醇为甘薯酮的羟基衍生物，也为肝脏毒，可引起肝坏死。4-甘薯醇、1-甘薯醇和甘薯宁具有肺毒性，可致肺水肿和胸腔积液，故又称“致肺水肿因子”。在自然发生的黑斑病甘薯中毒病例中（特别是牛），主要病变并非甘薯酮等毒素所致的肝脏损伤，而是致肺水肿因子所致的肺水肿和肺间质气肿等损害。

黑斑病甘薯毒素具有很强的刺激性，刺激消化道引起出血性胃肠炎。毒素吸收进入血液，经门静脉到肝脏，致肝脏肿大，肝功能降低，同时刺激心脏，引起心内膜出血和心肌变性。特别是对延脑呼吸中枢的刺激，使迷走神经机能抑制和交感神经机能兴奋，支气管和肺泡壁长期松弛和扩张，气体代谢障碍，发生肺泡气肿，肺泡破裂。吸进的气体经肺间质窜入纵隔，并沿纵隔疏松结缔组织侵入颈部和背部皮下，形成皮下气肿。此外，毒素还可作用于丘脑纹状体，使物质代谢中枢调节机能障碍，特别是导致胰腺急性坏死，糖原合成受阻，促进脂肪分解，产生大量酮体而发生酮血病（代谢性酸中毒）。

【临床表现】本病突出的症状是呼吸困难。

牛：通常在采食后 12～24 h 发病。病初表现精神沉郁，食欲减退或废绝，反刍减少或停止，体温一般不增高，全身肌肉震颤，呼吸障碍，呼吸次数可达 80～90 次/min。随着病情的发展，呼吸动作加深而次数减少，呼吸用力，呼吸音增强，如同拉风箱样音响。初期由于支气管和肺泡充血及渗出，可出现咳嗽，肺部听诊啰音。继而由于肺泡弹性丧失，呈现明显的呼气性呼吸困难，造成出气减少与进气不足的现象，发生肺泡气肿。直到肺泡破裂，气体窜入间质，引起间质气肿，听诊肺脏发现爆裂音或摩擦音。然而所有这些异常呼吸音，在临床上往往被强烈的气管和喉头的拉风箱样呼吸音所掩盖，若不仔细听诊，则不易发现。广泛性间质气肿导致病牛皮下（由颈部开始延伸至背部和肩部）广泛性气肿，触诊呈捻发音。病牛鼻翼翕动，张口，伸舌，以后头颈伸长，位置降低，欲努力提高呼吸量，但最终仍不能满足于气体交换的需要而发展为严重的发绀和缺氧症，最终因窒息而死亡。伴发瘤胃弛缓、瘤胃臌气和出血性胃肠炎。尿蛋白阳性。乳牛中毒泌乳量大为减少，妊娠母牛早产和流产。

羊：表现精神沉郁，食欲减退或废绝，反刍减少或停止，瘤胃蠕动减弱或消失，结膜充血或发绀，脉搏次数可达 90～150 次/min，心脏机能衰竭，心音增强或减弱，脉搏节律不齐，呼吸困难。严重者出现血便，最终因衰竭、窒息而死亡。

猪：表现精神沉郁，食欲减退，口流白沫，张口呼吸，可视黏膜发绀。心脏机能亢进，节律不齐。肚胀，便秘，粪便干硬发黑，后转为腹泻，粪便中有大量黏液和血液。阵发性痉挛，运动失调，步态不稳。约 1 周后，重剧病猪多发展为抽搐死亡。

【病理变化】最特征性的病理变化是肺肿大 3 倍以上，边缘肥厚、质脆，切面湿润。早期有肺充血、水肿及肺泡气肿，一般则见到间质性气肿，即间质增宽，灰白色透明而清亮，有时间质因充气而明显分离与扩大，甚至形成中空的大气腔。严重病例，在肺的表面还可见到若干大小不等的球状气囊，肺表面的胸膜脏层透明发亮，呈现类似白色塑料薄膜在浸水后的外观。纵隔也发生气肿呈气球状。肩胛、背腰部皮下和肌间积聚大小不等的气泡。此外，还见有胃肠及心脏的出血斑点，胆囊及肝肿大，胰脏充血、出血及坏死。在瘤胃中可发现烂甘薯等。

【诊断】根据发病季节和烂甘薯现场观察、食槽内有黑斑病甘薯及其副产品存在、有采食黑斑病甘薯及其副产品的病史，并结合呼吸困难、皮下气肿、肺气肿、肺水肿以及体温不高等临床症状和病理变化，可作出初步诊断。必要时可应用黑斑病甘薯或其酒精、乙醚浸出液进行人工复制发病试验，最后进行确诊。

【治疗】尚无特效解毒药，治疗原则主要为排除体内毒物，解除呼吸困难，提高肝脏解毒和肾脏排毒，对症治疗。

排除毒物及解毒：在毒物尚未完全被吸收前，通常采用催吐、洗胃或内服泻剂的方法。洗胃可用温水、1%高锰酸钾 800 mL 或 1∶（500～1 000）双氧水。内服泻剂可选用盐类泻剂，如硫酸钠、硫酸镁、人工盐等。严重病例还可静脉放血，同时注射等量的林格氏液。

缓解呼吸困难：宜使用氧化剂，过氧化氢溶液（0.5%～1%）每次内服 1 000 mL；静脉注射 5%～10%硫代硫酸钠每次 500 mL。有条件的地方，皮下注射氧气，牛 18～20 L。对于价值较高的牛，亦可经鼻管给氧。

提高肝肾解毒排毒功能：可静脉注射维生素 C 和等渗葡萄糖溶液，剂量宜大。这些药物有助于细胞的内呼吸可防止内出血，促进红细胞、血红蛋白及网织红细胞的产生，对本病治疗有一定帮助。

对症治疗：强心、补液、消炎等。

中药白矾散：白矾、贝母、白芷、郁金、黄芩、大黄、葶苈、甘草、石苇、黄连、龙胆各 50 g，冬枣 200 g，煎水调蜜内服。轻症 1 剂，重症 3～4 剂。

【预防】根本性预防措施在于防止甘薯感染黑斑病，故可采用温汤浸种法（50℃的温水浸渍 10 min）。此外在收获甘薯时，尽量勿擦伤其表皮。贮藏甘薯时，地窖宜干燥密闭，温度宜控制在 11～15℃以下。至于霉烂甘薯及病甘薯的幼苗，应集中深埋、沤肥和火烧等处理，严禁乱丢，严防被牛误食。禁止用病甘薯、包括其加工副产品，如酒精、粉渣等饲喂家畜。

穗状葡萄球菌毒素中毒
（Stachybotry Posioning）

穗状葡萄球菌毒素中毒是由于动物摄食被穗状葡萄球菌污染的饲草所引起的以消化系统黏膜坏死和造血器官机能抑制为特征的真菌毒素中毒病。

【原因】穗状葡萄球菌毒素中毒的致病菌为黑葡萄状穗霉和分割葡萄状穗霉（变形葡萄状穗霉），主要寄生在潮湿的干草、杂草和枯叶表面上，呈撒布一层烟煤样的霉菌。动物采食被上述真菌污染的并具有致病性的麦秆、干草和稻草等发霉变质饲草而发生中毒。

【流行病学】本病多发生于晚秋和早春阴雨连绵的舍饲期间，有较明显的季节性。以马属动物发病较多，其次为牛、羊、猪、鸡。

【中毒机理】穗状葡萄球菌毒素是一种神经组织毒，对动物具有局部和全身作用。毒素进入消化道，刺激消化道炎症、坏死。经消化道吸收，进入血液和淋巴循环。毒素侵入血管和神经组织引起相应的组织炎症、出血、变性和坏死等病变，临床表现兴奋或抑制、感觉丧失和反射迟钝等一系列神经症状，以及血管壁脆弱、炎症和坏死性病变。当毒素侵害造血器官时，引起造血机能障碍，导致血液成分改变，血凝缓慢，白细胞和血小板减少，单核细胞和颗粒性白细胞几乎消失，而淋巴细胞相对增多。机体抵抗力降低，易继发感染。

【临床表现】马的典型病例，在临床上分 3 期：第一期呈现卡他性口膜炎，可持续 8～12 d。口角肿胀，口黏膜表层坏死，末梢水肿及流涎，下颌淋巴结肿胀，触诊有痛感，有时体温升高。第二期以血液学变化为特征，可持续 15～20 d。病马血小板显著减少，凝血时间延长或甚至不凝血，白细胞总数下降，伴有中性白细胞减少症。此期口黏膜进入坏死期，呼吸、心脏机能和体温可保持正常，少数病例可发生轻度消化扰乱。第三期症状恶化，可持续 1～6 d。病马体温升高达 41℃，精神委顿，脉搏微弱，常有下痢，口炎更严重。血小板与白细胞数继续下降，血液不凝固。孕马流产。多数病例死亡。

马的非典型病例(或称休克型)是吃了大量污染霉菌的饲草而发生，主要呈现神经扰乱的综合征。动物反应消失，狂躁，视力消失，僵硬，厌食，步态蹒跚，阵发性痉挛。体温升高，经 2～3 d 后或恢复正常，或持续稽留，死亡于呼吸衰竭。有些病例呈典型休克症状。体温迅速升至 41℃以上，脉搏微弱，呼吸促迫，可视黏膜发绀和出血，绝大多数死亡。死后剖检，很多组织发生广泛性出血和坏死，最典型且最常见的变化是大肠黏膜表面出现小的灰黄色丘疹或呈现大而深的坏死，伸至黏膜下层和肌层。坏死的特点是坏死灶周围无明显界限。骨髓除有坏死灶外，骨髓象呈现颗粒白细胞减少。

牛急性中毒表现为食欲废绝，虚弱，多数突发死亡。病程长者转为慢性，主要症状为血液学变化，白细胞数先升高，很快又降低。其他症状与马相似，但尚可发生水肿及体腔积液(呈血样而且多量)，胆囊肿胀，死亡率颇高，但犊牛症状较轻。

绵羊通常表现精神沉郁，鼻出血和出血性肠炎等。白细胞和血小板减少。若继发感染，体温多升高。

猪急性中毒表现精神高度沉郁，食欲大减，唇部肿胀，口腔、舌体和颊黏膜炎性坏死。流涎，呕吐。全身肌肉震颤，后肢麻痹。白细胞和血小板减少，并有出血性素质。严重病例，口腔黏膜坏死。病变还波及腹部、乳房等处，并形成痂皮。

【诊断】根据发病季节和采食发霉变质饲草的病史，临床上呈现口炎、特征性局部损害和血液学变化或休克症状，典型病例还有坏死性溃疡、出血性素质和实质器官变性等病理变化，可作出初步诊断。确诊尚需进行病原分离培养、家兔皮肤刺激试验以及本动物人工复制发病试验等。

【防治】饲草保持干燥，防止霉菌生长，发霉干草不作饲料。至于治疗，目前尚无特效药物，首先停止饲喂生长霉菌的干草，轻症可用强心、补液等对症疗法。

红青霉毒素中毒(Rubratoxin Poisoning)

红青霉毒素中毒是由红青霉毒素引起的一种以中毒性肝炎和器官出血为特征的中毒病。主要发生于牛、羊、猪、马属动物和家禽，以猪最敏感。发病率不高，但病死率较高。

【原因】病原为红色青霉和产紫青霉。在其代谢过程中产生红青霉毒素，包括红青霉毒素 A 和红青霉毒素 B 两种，红青霉毒素 B 是主要的毒素，其毒性也较大。红青霉毒素的粗制品对小鼠经口 LD_{50} 为 120～200 mg/kg，对猪的致死量为 64 mg/kg。畜禽采食了被上述真菌及其毒素所污染的禾本科、豆科作物或植物，如玉米、麦类、豆类及牧草等，而发生中毒。

【中毒机理】红青霉毒素为肝脏和肾脏毒，还能引起出血和延长出血时间。此外，有报道红青霉毒素 B 还有致突变性、致畸性和胚胎毒性。

【临床表现】主要呈现中毒性肝炎和全身性出血症状。反刍动物表现精神沉郁，食欲减退或废绝，反刍中止，流涎，可视黏膜黄染，腹痛，腹泻，粪便带血，血尿。马属动物除上述症状外，还表现狂躁、痉挛、共济失调，甚至陷于昏迷或虚脱，且由于体质虚弱，防御机能降低，常常继发各种传染病而死亡。猪中毒主要症状为精神不振，腹部皮肤出现明显的紫红色出血斑，体重减轻，脱水和结肠炎，妊娠母猪发生流产。家禽中毒，除增重减慢和生产性能降低外，主要显现致死性出血综合征的各种体征。急性病例经过 1～2 d，亚急性病例经过 1～2 周。

【病理变化】典型的病理变化是急性肝炎、胃肠炎和器官出血。马、牛可见胸壁与胸膜、心包与心内膜、胃与盲肠黏膜以至脑膜，有广泛性出血。肝脏呈黄褐色、豆蔻样外观，质脆，肝索结构破坏，脂肪变性，混浊肿胀，并有中性白细胞和淋巴细胞浸润。猪胃肠出血更为严重，整个胃肠黏膜呈紫红色。

【诊断】根据病史、临床症状和病理变化，不难作出初步诊断。为确定诊断，必须对霉败变质饲料进行真菌及其毒素的分离和鉴定。必要时应用培养提取液进行人工复制发病试验。应注意与黄曲霉毒素中毒等类症进行鉴别。

【防治】本病无特效解毒药，迄今仍无有效的防治办法。

（汪恩强）

复习思考题

1. 什么是黄曲霉毒素中毒？该病是怎样发生的？

2. 简述黄曲霉毒素中毒的发病机理和中毒症状。

3. 怎样诊断和防治黄曲霉毒素中毒？

4. 何为赭曲霉毒素 A 中毒？该病是如何发生的？

5. 怎样诊断和防治赭曲霉毒素 A 中毒？

6. 什么是杂色曲霉毒素中毒？该病是如何发生的？

7. 简述杂色曲霉毒素中毒的临床症状和病理变化。

8. 何为红青霉毒素中毒？是怎样发生的？

9. 简述红青霉毒素中毒机理、临床症状和病理变化。

10. 何为牛霉麦芽根中毒？是怎样发生的？

11. 简述牛霉麦芽根中毒的中毒机理和临床症状。

12. 怎样诊断牛霉麦芽根中毒？

13. 什么是霉稻草中毒？其原因和流行特点如何？

14. 简述霉稻草中毒的中毒机理和症状。

15. 阐述霉稻草中毒诊断和防治。

16. 何为玉米赤霉烯酮中毒？其流行特点和发病原因如何？

17. 阐述玉米赤霉烯酮中毒的中毒机理、症状和病理变化。

18. 何为 T-2 毒素中毒？该病是如何发生的？

19. 简述 T-2 毒素中毒机理、临床症状和病理变化。

20. 如何诊断和防治 T-2 毒素中毒？

21. 何为牛霉烂甘薯中毒？其流行特点和发病原因如何？

22. 简述牛霉烂甘薯中毒机理、临床症状和病理变化。

23. 怎样诊断和防治牛霉烂甘薯中毒？

24. 何为穗状葡萄球菌毒素中毒？其发病原因和流行特点如何？

25. 简述穗状葡萄球菌毒素中毒机理和临床症状。

26. 怎样诊断和防治穗状葡萄球菌毒素中毒？

27. 何为马霉玉米中毒？是怎样发生的？其流行特点如何？

28. 简述马霉玉米中毒的症状和病理变化。

29. 如何诊断和防治马霉玉米中毒？

第十八章　农药及化学物质中毒

【内容提要】现代生产、生活过程中使用化学物质颇多，畜禽由于管理不当可接触有毒化学物质引起中毒，其中以农药、化肥、灭鼠药以及畜（禽）舍产生的有毒气体较为多见，所造成的危害也较严重。农药是保护农作物不受病、虫、鼠害及除杂草、调节植物生长等所应用的各种药物的总称。在农药贮藏、运输或使用过程中，管理不当会导致畜禽中毒。临床上以杀虫剂中毒最为多见，主要包括有机磷农药、有机氯农药，畜禽由于误食施撒该类农药的作物而引起中毒；灭鼠药种类较多，常用的有磷化锌、安妥、氟乙酰胺、抗凝血杀鼠药（华法令）等，一般多与食物混合制成毒饵，诱鼠采食而毒杀之，若由于毒饵放置不当，被畜禽误食，或食入被毒饵毒死的动物尸体，均可造成畜禽灭鼠药中毒；在动物生产中用作饲料添加剂的尿素以及农业生产中用作化肥的氨肥若使用不合理，均可造成中毒；此外，对舍饲畜禽若管理不当，可使畜（禽）舍内产生有害气体，如氨气、一氧化碳等，若吸入过量，亦可引起中毒。通过学习本章内容，要求掌握畜禽常见的农药中毒、化肥中毒、灭鼠药中毒、有害气体中毒的诊断和防治方法。

第一节　农药中毒

有机磷农药中毒（Organophosphorus Pesticides Poisoning）

有机磷农药中毒，是由于接触、吸入或误食某种有机磷农药或被有机磷农药污染的饲料所致，以体内胆碱酯酶钝化和乙酰胆碱蓄积为毒理学基础，临床上呈胆碱能神经效应，以腹泻、流涎、肌群震颤等症状为特征的疾病，各种动物均可发生。

有机磷农药是一种高效、广谱、分解快、残效期短的化学杀虫剂，具有触杀、胃毒、熏杀等内吸效果，是近代农业上使用最多的一种高效杀虫剂。

有机磷农药不下百种，国内生产数十种，按毒性大小分为3类：

剧毒类：甲拌磷（即3911）、硫特普（苏化203）、对硫磷（1605）、内吸磷（1059）等。

强毒类：敌敌畏（DDVP）、甲基内吸磷（甲基1059）、杀螟松等。

低毒类：乐果、马拉硫磷（4049，马拉松）、敌百虫等。

我国引起家畜中毒的，主要是甲拌磷、对硫磷和内吸磷，其次是乐果、敌百虫和马拉硫磷。

此外，战时敌人施放的毒剂沙林、塔崩和索曼，属于有机磷酸酯类神经性毒剂。

【原因】有机磷农药可经消化道、呼吸道或皮肤进入机体而引起中毒，其中毒原因可归纳为：

（1）误食撒布有机磷农药的青草或庄稼，误饮撒药地区附近的地面水；配制或撒布药剂时，粉末或雾滴沾染附近或下风方向的畜舍、系马场、草料及饮水，被家畜所舔吮、采食或吸入；误用配制农药的容器当作饲槽或水桶而饮喂家畜；犬、猫在撒布有机磷农药的草地上玩耍舔吮或吸入而引起中毒。

（2）误食或偷食敌百虫、甲拌磷拌过的稻谷、玉米或小麦种子。

（3）用药不当，超量使用有机磷农药（如敌百虫）驱除体内外寄生虫，或完全阻塞性便秘时用敌百虫作为泻剂，导泻未成，反而吸收中毒。

（4）人为投毒。

【发病机理】有机磷农药具有高度的脂溶性，可经皮肤、呼吸道及消化道吸收进入机体，家畜以消化道吸收中毒最为常见。

有机磷农药的毒理主要涉及胆碱酯酶、胆碱能神经以及胆碱反应系统。胆碱能神经，包括自主神经的全部节前纤维，副交感神经节后纤维，支配汗腺和骨骼肌血管的交感神经节后纤维以及支配骨骼肌的运动神经。胆碱能神经效应器官的受体，即胆碱能受体分为毒蕈碱型受体（M受体）和烟碱型受体（N受体）。前者分布在自主神经胆碱能节后纤维支配的效应器官，如心、肠、汗腺等组织细胞以及某些中枢的神经元，称为毒蕈碱样胆碱反应系统（M胆碱反应系统）；后者分布在自主神经节细胞、肾上腺髓质以及骨骼肌，称为烟碱样胆碱反应系统（N胆碱反应系统）。

有机磷化合物吸收后随血液及淋巴分布于全身，在体内发生氧化、水解、脱氨、脱烷基、还原、侧链变化等，生物转化后毒性一般会增强。有机磷农药进入机体内主要与胆碱酯酶结合，形成比较稳定的磷酰化胆碱酯酶而使胆碱酯酶失去分解乙酰胆碱的能力，结果体内胆碱酯酶的活性显著下降，乙酰胆碱在胆碱能神经末梢和突触部大量蓄积，持续不断地作用于胆碱能受体，出现一系列胆碱反应系统机能亢进的临床表现，包括毒蕈碱样、烟碱样以及中枢神经系统症状，如虹膜括约肌收缩使瞳孔缩小，支气管平滑肌收缩和支气管腺体分泌增多，导致呼吸困难，甚至发生肺水肿；胃肠平滑肌兴奋，表现腹痛不安，肠音强盛，不断腹泻；膀胱平滑肌收缩，造成尿失禁；汗腺和唾液腺分泌增加，引起大出汗和流涎；骨骼肌兴奋，发生肌肉痉挛，最后陷于麻痹；中枢神经系统，则是先兴奋后抑制，甚至发生昏迷。

有机磷农药抑制胆碱酯酶活性的速度与化学结构有一定的关系。含有磷酸键的有机磷农药如敌百虫、敌敌畏对胆碱酯酶具有直接、快速的抑制作用；含有硫代磷酸键的有机磷农药如对硫磷、对氧磷等必须在体内使其结构中的硫（P═S）转化为氧（P═O）才能发挥抑制胆碱酯酶的作用。

有机磷化合物与胆碱酯酶的结合，刚开始是可逆的，随着时间的延续，结合愈益牢固，最后则变为不可逆反应。有机磷化合物进入机体到发病，需要经历一个过程，体内一般都有充足的胆碱酯酶贮备，当毒物进入量较少，血浆胆碱酯酶活性降低到70%～80%时，往往不显露临床症状（潜在性中毒）；当进入量较多，酶活性降到50%左右时，临床症状多较明显，待降到30%以下时，中毒则十分重剧和危险，而当酶活性降到10%左右则导致动物死亡，故一般以50%作为危险临界值。

有机磷农药除能抑制乙酰胆碱酯酶的活性之外，还具有抑制非特异性胆碱酯酶（如磷脂酶、氨酸酶等）的活性，使中毒症状复杂化、严重程度增加，导致病畜病情加重，病程延长。

上述胆碱酯酶钝化机理，是有机磷中毒的共同机理和主要机理，但不是唯一机理。不同有机磷农药还各有一定的独特毒性作用。某些有机磷农药对三磷酸腺苷酶、胰蛋白酶以及其他一些酯酶可能也呈抑制作用。某些酯烃基及芳烃基有机磷化合物尚有迟发性神经毒性作用，这是由于有机磷抑制了体内神经靶酯酶（神经毒性酯酶），并使之“老化”而引起迟发性神经病。此作用与胆碱酯酶活性被抑制无关，临床表现为后肢软弱无力和共济失调，进一步发展为后肢麻痹。

【临床表现】由于有机磷农药的毒性、摄入量、进入途径、病畜种类以及机体的状态不同，中毒的临床症状差异极大，除少数呈最急性经过和隐袭型慢性经过外，大多取急性经过，于吸入、吃进或皮肤沾染后数小时内突然起病，表现为胆碱能神经兴奋和中枢神经系统症状：

（1）毒蕈碱样作用症状（又称M样症状）。主要表现为胃肠运动过度、腺体分泌过多而导致腹痛，病畜回顾腹部，肠音高亢，腹泻，粪尿失禁，全身出汗，大量流涎，流泪，鼻孔和口角有白色泡沫，瞳孔缩小呈线状，食欲废绝，可视黏膜苍白或发绀。由于支气管分泌物较多导致呼吸困难，听诊肺区有湿啰音。

（2）烟碱样作用症状（又称N样症状）。主要表现为肌肉痉挛，一般从眼睑、颜面部肌肉开始，很快扩延到颈部，躯干部乃至全身肌肉，常以三角肌、斜方肌和股二头肌最明显，严重者波及全身肌肉，出现肌群震颤。头部肌肉阵挛时，可伴有要舌头（舌频频伸缩）和眼球震颤。四肢肌肉阵挛时，病畜频频踏步（站立状态下）或作游泳样动作（横卧状态下）。由于乙酰胆碱在神经肌肉结合处蓄积增多，因此常继发骨骼肌无力和麻痹，心跳加快。

（3）神经系统症状。病初精神兴奋，狂暴不安，向前猛冲，向后暴退，无目的奔跑，以后高度沉郁，甚而倒地昏睡。

乙酰胆碱毒性作用呈剂量-效应关系，低剂量时M受体兴奋，剂量增加时M受体兴奋加强，N受体也开始兴奋，剂量再增加时，中枢神经系统和自主神经中的M、N受体均抑制。这一变化是临床症状的演化过程，同时也是轻、中、重度中毒的理论基础。

轻度中毒：病畜精神沉郁或不安，食欲减退或废绝，猪、犬等单胃动物恶心呕吐，牛、羊等反刍动物反刍停止，流涎，微出汗，肠音亢进，粪便稀薄。全血胆碱酯酶活力为正常的70%左右。

中度中毒：除上述症状更为严重外，瞳孔缩小，腹痛，腹泻，骨骼肌纤维震颤，严重时全身抽搐、痉挛，继而发展为肢体麻痹，最后因呼吸肌麻痹而窒息死亡。

重度中毒：以神经症状为主，表现体温升高，全身震颤、抽搐，大小便失禁，继而突然倒地、四肢作游泳状划动，随后瞳孔缩小，心动过速，很快死亡。

当然，并非每一病例都表现所有上述症状，不同种畜，会有某些症状特别明显或缺乏。

牛:主要以毒蕈碱样症状为主,表现不安,流涎,鼻液增多,反刍停止,粪便往往带血,并逐渐变稀,甚至出现水泻。肌肉痉挛,眼球震颤,结膜发绀,瞳孔缩小,不时磨牙,呻吟。呼吸困难,听诊肺部有广泛性湿啰音。心跳加快,脉搏增数,肢端发凉,体表出冷汗。最后因呼吸肌麻痹而窒息死亡。怀孕牛流产。红细胞数在生理值的低限,并出现红细胞大小不均和异型红细胞症,嗜酸性白细胞减少,大淋巴细胞减少并含有嗜碱性颗粒。

羊:病初表现神经兴奋,病羊奔腾跳跃,狂暴不安,其余症状与病牛基本一致。

猪:烟碱样症状明显,如肌肉发抖,眼球震颤,流涎,进而步态不稳,身躯摇摆,不能站立,病猪侧卧或伏卧。呼吸困难或急促,部分病例可遗留失明和麻痹后遗症。

鸡:病初表现不安,流泪,流涎,继而食欲废绝,下痢带血,常发生嗉囊积食,全身痉挛逐渐加重,最后不能行走而卧地不起,麻痹,昏迷而死亡。

【病理变化】经消化道吸收中毒者,剖检可见胃黏膜充血、肿胀,呈暗红色,黏膜易脱落,胃内容物具有有机磷农药的特殊气味或酸臭味。肾脏混浊、肿胀,被膜易剥离,切面呈淡红褐色。肝、脾肿大。肺充血水肿,支气管内有白色泡沫。心内膜可见不整形白斑。

【病程及预后】经过数小时至数日不等。轻症病例,只表现流涎,肠音增强,局部出汗以及肌肉震颤,经数小时即自愈。重症病例,多继发肺水肿或呼吸衰竭,而于起病当天死亡;耐过 24 h 以上的,多有痊愈希望,完全康复需 1 周左右。未彻底治愈和重症或慢性病例,可出现视力障碍、后躯麻痹、幼畜发育受阻等后遗症。

【诊断】主要根据接触有机磷农药的病史,胆碱能神经兴奋效应为基础的一系列临床表现,如流涎、出汗、肌肉痉挛、瞳孔缩小、肠音强盛、排粪稀软、呼吸困难等作出初步诊断。

进行全血胆碱酯酶活力测定,则更有助于早期确立诊断。

必要时应取可疑饲料或胃内容物作为检样,送交有关单位进行有机磷农药等毒物检验。紧急时可作阿托品治疗性诊断,方法是皮下或肌肉注射常用剂量的阿托品,如系有机磷中毒,则在注射后 30 min 内心率不加快,原心率快者反而减慢,毒蕈碱样症状也有所减轻,否则很快出现口干,瞳孔散大,心率加快等现象。

临床上注意与氨基甲酸酯农药中毒、毒扁豆碱中毒、新斯的明中毒及毛果芸香碱中毒等鉴别。

【治疗】有机磷农药中毒的急救原则是,首先立即实施特效解毒,然后尽快除去尚未吸收的毒物。

(1)排除毒物。立即使中毒畜脱离毒源,停止饲喂可疑的饲料和饮水,并立即用肥皂水(忌用热水)和 2%的碳酸氢钠彻底清洗胃(敌百虫中毒忌用碱性药物,否则生成毒性更强的敌敌畏)或口服盐类泻剂。鸡中毒时,应立即切开嗉囊冲洗,排出毒物,防止毒物再吸收。

(2)输液或输血。对所有有机磷农药急性、严重中毒均有一定治疗效果,有条件可实施“血浆置换”术,尤其常用于珍贵动物。

(3)实施特效解毒。应用胆碱酯酶复活剂和乙酰胆碱对抗剂,双管齐下,疗效确实。胆碱酯酶复活剂可使钝化的胆碱酯酶复活,但不能解除毒蕈碱样症状,难以救急;阿托品等乙酰胆碱对抗剂可以解除毒蕈碱样症状,但不会使钝化的胆碱酯酶复活,不能治本。因此,轻度中毒可以任选其一,中度和重度中毒则以两者合用为好,可互补不足,增强疗效,且阿托品用量相应减少,毒副作用得以避免。

胆碱酯酶复合剂:常用的有解磷定、氯解磷定、双解磷、双复磷等。解毒作用在于能和磷酰化胆碱酯酶的磷原子结合,形成磷酰化解磷定等,从而使胆碱酯酶游离而恢复活性。复活剂用得越早,效果越好,否则失活的胆碱酯酶老化,甚难复活。解磷定和氯解磷定用量为 10～30 mg/kg,以生理盐水配成 2.5%～5%溶液,缓慢静脉注射,以后每隔 2～3 min 注射 1 次,剂量减半,直至症状缓解。双解磷和双复磷的剂量为解磷定的一半,用法相同。双复磷能通过血脑屏障,对中枢神经中毒症状的缓解效果更好。

解磷定对敌百虫、敌敌畏、乐果的解毒作用较差;氯解磷定对乐果中毒的疗效也不理想;双复磷对慢性中毒效果不佳;碘解磷定注射液,起效快,作用时间长。根据中毒严重程度剂量加倍,用药后 1 h 可重复半量。当中毒症状基本消失,全血胆碱酯酶活性升至 60%以上,可停药观察。

HI-6 复方注射剂:用于解救犬猫小动物有机磷中毒,主要由酰胺磷定、阿托品、胃复康、安定构成,重症者可补充阿托品。

乙酰胆碱对抗剂:常用的是硫酸阿托品,它能与乙酰胆碱竞争受体,阻断乙酰胆碱的作用。阿托品对解除毒蕈碱样症状效果最佳,消除中枢神经系统症状次之,对呼吸中枢抑制亦有疗效,但不能解除烟碱样症状。再者,阿托品系竞争性对抗剂,必须超量应用,达到阿托品化,方可取得确实疗效。硫酸阿托品的1次用量，牛为0.25 mg/kg体重，马、羊、猪、犬为0.5～1 mg/kg体重，皮下或肌肉注射。重度中毒，以其1/3量混于葡萄糖盐水内缓慢静注，另2/3量作皮下注射或肌肉注射。经1～2 h症状未见减轻的，可减量重复应用，直到出现所谓阿托品化状态。阿托品化的临床标准是口腔干燥，出汗停止，瞳孔散大，心跳加快等。阿托品化之后，应每隔3～4 h皮下或肌肉注射一般剂量阿托品，以巩固疗效，直至痊愈。特别注意，硫酸阿托品治疗用药要以"mg"为单位，绝不能以"支"为单位，否则易导致阿托品中毒。

此外，山莨菪碱(654-2)和樟柳碱(703)的药理用途与阿托品相似，对有机磷农药中毒有一定疗效。

【预防】预防本病的根本措施是建立健全有机磷农药的购销、运输、保管和使用制度。喷洒过农药的田地、草场，在7～30 d内严禁牛、羊进入摄食，也严禁在场内刈割青草饲喂牛、羊；使用敌百虫药驱寄生虫时应严格控制剂量；研制高效、低毒、低残的新型有机磷农药。

有机氯农药中毒
(Organochlorine Insecticides Poisoning)

有机氯农药是人工合成的氯化烃类化合物杀虫剂，该类化合物多为固体或结晶，不溶或难溶于水，易溶于脂肪、植物油以及煤油、酒精等有机溶剂，挥发性小，化学性稳定，耐光、耐热、耐湿和耐酸，遇碱分解失效。此类农药性质稳定，可在土壤中残留长达数年，在生物体内的残效期长，残毒量大，可通过消化道、呼吸道和皮肤进入动物机体并在机体内蓄积，并通过食物链进入人体，在脂肪组织蓄积，且许多害虫可产生抗药性。因此，诸如六六六之类的有机氯农药在我国已明令禁止生产和使用，但目前仍有地区在使用。

有机氯农药，按毒性大小分为3类：

剧毒类：如艾耳丁(Aldrin)、艾索丁(Isodrin)和恩丁(Endrin)。

强毒类：如毒杀芬(Toxaphene)、林丹(丙体六六六，*r*-BHC)。

低毒类：如二二三(DDT)、六六六(六氯环已烷，BHC)、氯丹(Chlordane)等。

【原因】有机氯农药可通过消化道、呼吸道及皮肤进入动物机体内，家畜偷食、误食、误吸或接触喷洒有机氯农药的农作物、牧草，或误饮被有机氯农药污染的水源而中毒，也见于由于纠纷而人为投毒。低毒有机氯农药DDT和六六六的一次口服中毒量牛分别为450 mg/kg和1 000 mg/kg；马、羊、猪分别为200 mg/kg和1 000 mg/kg。

【发病机理】有机氯农药为神经毒，通过抑制神经冲动传导改变感觉神经元的功能，不同有机氯化物作用亦不尽相同。DDT作用于神经元钠离子通道使钠离子内流延时及钾离子外流抑制从而抑制神经元兴奋传导；环戊二烯有机氯化物与γ-氨基丁酸(GABA)受体结合抑制GABA兴奋传导，临床上表现为神经症状。此外，有机氯农药急性中毒可使肝脏、肾脏等实质器官变性。

此类化合物在体内蓄积时间长，在采食高残毒饲料或长期少量沾染毒物时，经胃肠道和皮肤吸收的氯化烃类，绝大部分逐渐蓄积在体内各脂肪组织以及肾上腺等含脂高的组织器官内，存留期长达数月，慢性蓄积性作用主要有致癌、致畸和致突变等特殊毒性作用。以后可能在饥饿或发热等情况下，随着体脂的急剧消耗，氯化烃大量游离进入血流，导致肝脏、肾脏和心脏等各实质器官变性，并透过血脑屏障造成脑组织损伤，而突然起病或使慢性病程急性发作。

氯化烃类毒物通常经肾脏随尿排泄，小部分由肝脏解毒，经胆汁随粪便排出。在乳畜，则可蓄积于乳腺，结合于乳脂，分泌于乳汁中，用慢性中毒病牛的高残毒乳汁哺育幼畜和饲喂实验动物，或用其乳制品均可发生中毒。

【临床表现】有机氯农药中毒的临床表现，主要在神经系统、胃肠道和皮肤3方面。神经症状的特点是听觉和触觉过敏，反射活动增强和神经兴奋性增高。

急性中毒病例：多于接触毒物后24 h左右突然起病，表现食欲大减或废绝，流涎，出汗，惊叫(猪)；咬肌、眼睑肌、口唇肌和耳肌阵挛；肌肉震颤，兴奋不安，前冲、后退，无目的运动；若触摸其皮肤、叩击其体躯或试之以音响，则目光惊嗅，鼻孔开张，呼吸促迫，肌颤加剧，甚而四肢作舞蹈样动作，诱起痉挛发作。痉挛为间歇性或强直性。发作时勉强站立或倒地而起，呈角弓反张或作游泳样运动。随着病程的延续，痉挛发作愈益频繁，最终陷于昏睡和麻痹状态。除神经症状外，还有一定的胃肠道症状。马常伴有腹痛，肠音显著增高，远扬数步之外，排粪次数增多，粪便成球或松散。牛则反刍停止，前胃弛缓，重症时出现腹泻。

慢性中毒病例：毒物侵入并贮积数周乃至数月后缓缓起病，其兴奋不安、知觉过敏和肌肉震颤等神经症状不太明显，痉挛发作亦不剧烈，在数小时乃至数天的间隙期间,外观似无异常。消化道症状常比较突出,且有齿龈及硬颚肥厚,口黏膜出现烂斑。经皮肤染毒的,还伴发鼻镜溃疡,角膜炎,皮肤溃烂、增厚或硬结。一旦由慢性变为急性,则病情突然恶化,神经症状迅速增重,痉挛发作剧烈而频繁,数日即死。

【病程及预后】急性中毒病例,重症经数小时或数日死亡,轻症在 3～5 d 后康复。慢性中毒病例,病情发展虽缓,病理改变颇深,一旦转为急性发作,则恒于数日内死亡。预后判断务必慎重。

【诊断】主要依据接触有机氯农药的病史和神经应激性增高为主体的临床表现建立诊断。必要时取可疑的饲料、饮水、乳汁以及呕吐物、胃肠内容物、特别是脂肪和含脂多的实质器官送检,以确定氯化烃类毒物的存在及其含量。

临床上注意与啮齿类动物的狂犬病、牛睡眠嗜组织菌病、猪食盐中毒病等鉴别。

【治疗】无特效解毒药。治疗原则是排毒、镇静和保肝。

首先应立即停喂可疑染毒的饲料和饮水。皮肤沾染的,可用温水或肥皂水清洗。经口食入中毒的,应尽快催吐(猪、犬),用温水或 2%～3%碳酸氢钠液洗胃(马),或用盐类泻剂加活性炭,以吸附并排除肠内的毒物。但禁用油类泻剂,以免促进吸收。

为降低神经兴奋性并缓解痉挛发作,可用各种镇静剂,如 2.5%盐酸氯丙嗪注射液 10～20 mL(马、牛)或 4～6 mL(猪、羊)肌肉注射;安溴注射液 50～100 mL(马、牛)或 20～40 mL(猪、羊)静脉注射;苯巴比妥钠内服或注射(25 mg/g);亦可用 10%葡萄糖酸钙液 150～200 mL(马、牛)缓慢静脉注射,每日 2 次,控制抽搐。为保护肝脏,增强其解毒功能,可用高渗葡萄糖溶液加维生素 C,静脉注射。

对慢性中毒病牛的治疗,应着眼于以下 3 点,即杜绝毒物的继续进入,加速残毒的排除和防止病程的急变。据试验,慢性 DDT 中毒病牛乳汁的残毒量降低到安全值以下,平均至少需经 189 d,而苯巴比妥钠(鲁米钠)兼有促进 DDT 排除的显著作用。用活性炭 500～1 000 g,苯巴比妥钠 5 g,加水灌服,每日 1 次,连续 2 周,可获良效。

必须强调的是,有机氯农药中毒,不论急性或慢性,一律禁用肾上腺素,因氯化烃类能使心肌对肾上腺素过敏,容易引起突然死亡。

【预防】认真处理有机氯农药的污染,严格控制该类农药的残留,用于体表驱虫时应严格控制剂量。

(张剑柄　贺鹏飞)

第二节　灭鼠药中毒

安妥中毒(Antu Poisoning)

安妥,化学名称为甲-萘硫脲(alpha-naphthyl-thiourea),商品为灰色粉剂,通常按 2%的比例配成毒饵毒杀鼠类,应用不慎或畜禽误食引起安妥中毒。各种畜禽的单次口服致死量(mg/kg)马 30～80,猪 20～50,犬 10～40,猫 75～100,家禽 2 500～5 000。由于老鼠拒食该药和产生耐药性,所以近些年来很少用作毒鼠剂。

【原因及发病机理】常见的病因是畜禽误食毒饵或被安妥污染的饲料。犬、猫捕食中毒的老鼠造成二次中毒,小鼠、大鼠和家兔等实验动物进出笼圈而误食毒饵。

安妥经胃肠道吸收,主要分布于肺、肝、肾和神经组织中。毒性作用主要体现在 3 个方面:通过交感神经系统,阻断血管收缩神经,肺部血管通透性增加,导致肺水肿和胸腔积液,从而引起严重的呼吸困难;分子结构中的硫脲水解形成氨和硫化氢,对局部产生刺激作用;具有抗维生素 K 作用,抑制凝血酶原等维生素 K 依赖性凝血因子的生成,导致出血倾向,主要病理变化为各组织器官瘀血和出血。肺部病变最为突出,全肺暗红色,极度肿大,散在或密布出血斑,气管内充满血色泡沫,胸腔内渗漏多量水样透明液体。

【临床表现】食入毒物或毒饵后 15 mim 到 2 h 显现症状。主要表现体温低下,呕吐或作呕(犬、猫、猪),流涎,腹泻,呼吸促迫,结膜发绀,兴奋不安,嚎叫(犬、猫、猪),很快由于肺水肿、肺出血和渗出性胸膜炎而陷入呼吸高度困难,肺区听诊闻广泛的捻发音和水泡音,两鼻孔流出带血色的细泡沫状液体,心音混浊,节律不齐。在短时间内因循环衰竭和窒息死亡。

【治疗】目前尚无特效解毒药。采取中毒的一般急救措施,立即对病畜进行洗胃、催吐、导泻。洗胃易用 0.1%高锰酸钾,忌用碱性药物。消除肺水肿,排除胸腔积液可静脉注射葡萄糖酸钙和可的松。防治出血可注射维生素 K 制剂。动物实验表明,每千克体重注射 1 mg 半胱氨酸可降低安妥的毒性作用。此外,对安妥中毒的病畜根据病情给予强心、保肝和利尿。

磷化锌中毒(Zinc Phosphide Poisoning)

磷化锌,分了式为 Zn_3P_2,久经使用的灭鼠药和熏蒸杀虫剂,灰黑色结晶,不溶于水,能溶解在酸、碱和油中。在空气中容易吸收水分,放出蒜臭味磷化氢气体,有剧毒,通常按5%比例制成毒饵灭鼠。各种畜禽的口服致死量基本一致,为20～40 mg/kg,家禽为20～30 mg/kg。磷化锌中毒主要发生于猫、犬、猪、禽,除非坏人放毒,大动物极少发生。

【原因及发病机理】最常见的原因是误食灭鼠毒饵,或吃了沾染磷化锌的饲料,亦有个别人为投毒的。犬、猫中毒主要是由于食入了被磷化锌毒死的老鼠所致。

磷化锌在胃内酸性环境下立即释放出剧毒的磷化氢气体和氯化锌。氯化锌呈强烈的刺激和腐蚀作用,导致胃和小肠的炎症、溃疡和出血。若氯化锌经呼吸道进入肺泡,还可引起肺充血和水肿。磷化氢被吸收后,分布于损害实质脏器和骨骼肌,可抑制所在组织的细胞色素氧化酶,影响细胞内代谢过程,造成内窒息,使组织细胞发生变性、坏死,血管和肝脏受到损害,导致全身广泛性出血,同时中枢神经系统受损害,出现抽搐、痉挛和昏迷。剖检时,除上述病变外,胃内容物常散发一种带蒜味的特异臭气,在暗处则可见有磷光(PH_3)。

【临床表现】通常在误食毒物后不久突然起病,首先表现消化道刺激症状,作呕、呕吐、腹痛、腹泻,粪便混有血液,口腔及咽喉黏膜糜烂。呕吐物有蒜臭味,在暗处可发磷光。接着出现全身症状,病畜极度衰弱,呼吸促迫,黏膜发绀,心跳减慢,节律失常,脉搏细弱,有的排血尿。末期则抽搐并陷入昏迷。病程较急,一般持续2～3 d,预后大多不良。

【治疗】无特效解毒药。应尽快进行催吐、洗胃和缓泻。催吐常用1%硫酸铜溶液,因能与磷化锌作用生成磷化铜沉淀。洗胃最好用0.1%高锰酸钾液,因可使磷化锌变成磷酸盐,也可用5%碳酸氢钠洗胃。缓泻常用硫酸钠,禁用硫酸镁和油类泻剂,前者会与氯化锌生成卤碱,加重毒性。此外,可用高渗葡萄糖和氯化钙液静脉注射,并施行补液、强心、利尿等对症疗法。

氟乙酰胺中毒
(Fluoroacetamide Poisoning)

氟乙酰胺(Fluoroacetamide)又名1081,敌蚜胺,系白色针状结晶,无臭无味,易溶于水,水溶液无色透明,化学性质稳定,是剧毒杀鼠剂,属于有机氟类,其具有高效性、内吸作用的特点,且在动植物组织中活化为氟乙酸时才具有毒性。人畜等中毒后死亡率高,且具有二次中毒的特性。20世纪90年代时在我国已被禁止生产及使用,但在我国一些乡镇集市等地因其杀鼠效果好,价格低廉等优点仍有售卖。

氟乙酰胺在不同种类动物,毒害的靶器官有所侧重。在草食动物,心脏毒害重;在肉食动物,中枢神经系统毒害重;在杂食动物,心脏和中枢神经毒害均重。

动物对氟乙酰胺的易感顺序是:犬、猫、牛、绵羊、猪、山羊、马、禽。口服致死量(mg/kg):犬、猫0.05～0.2,牛0.15～0.62,绵羊0.25～0.5,猪0.3～0.4,山羊0.3～0.7,马0.5～1.75,禽10～30;鸟类及灵长类易感性最低。

【原因】氟乙酰胺等有机氟农药,可经消化道、呼吸道及皮肤进入动物体内,畜禽中毒往往是因误食(饮)被有机氟化物处理或污染了的植物、种子、饲料、毒饵和饮水所致。

氟乙酰胺在机体内代谢、分解和排泄较慢,猫、犬、猪因采食被氟乙酰胺毒死的鼠尸、鸟尸或家禽啄食被毒杀的昆虫发生“二次中毒”。

【发病机理】氟乙酰胺的中毒机制是阻断三羧酸循环(TCA),导致能量代谢障碍。氟乙酰胺口服经消化道入血后,酰胺酶作用下脱氨基生成氟乙酸,氟乙酸进入组织细胞中,在ATP和辅酶A作用下,形成乙酰辅酶A的类似物——氟乙酰辅酶A,其进入TCA循环,在缩合酶的作用下与草酰乙酸缩合生成氟柠檬酸(FC)。因FC的结构同柠檬酸相似,与柠檬酸竞争三羧酸循环中顺乌头酸酶的活性部位,使顺乌头酸酶活性失活,柠檬酸不能代谢为异柠檬酸,使细胞内TCA循环受阻,组织和血液内的柠檬酸蓄积(数倍)。TCA循环受阻导致正常的氧化磷酸化、呼吸链的正常运行受阻,ATP生成障碍;同时导致柠檬酸积聚,破坏了糖代谢,丙酮酸代谢受阻,酸性物质积聚,最终导致细胞能量代谢障碍,从而使细胞的呼吸能力降低。这一毒性作用普遍发生于全身所有的组织细胞内,但在能量代谢需求迫切而强烈的心、脑组织出现得最快,病变的程度也最重剧。氟柠檬酸对中枢神经可能还有一定的直接刺激作用。

【临床表现】氟乙酰胺中毒的临床表现主要在中枢神经系统和循环系统。各种动物有所不同。

牛、羊:分突发和潜发两种病型。突发型病牛(羊),取急性病程,食毒后9～18 h突然倒地,全身抽搐，角弓反张，心动过速，心律失常，迅速死亡。潜发型病牛（羊），取慢性病程，急性发作，转归死亡。在长期少量食毒的数周乃至数月间，仅表现精神委顿，食欲减退，呼吸加快，心律失常以至共济失调、肌肉震颤等神经症状，以后在轻度劳役或外因刺激下突然发作惊恐，狂躁，尖叫，在抽搐中死于心力衰竭和呼吸抑制。

猪：多取急性病程，表现心动过速，共济失调，痉挛，倒地抽搐，数小时内死亡。

犬和猫：病程更急，主要表现兴奋、狂奔、嚎叫、心动过速、呼吸困难，数分钟内死于循环和呼吸衰竭。

马：通常在吃进毒物后的 30 min 至 2 h 起病，一般取急性经过，病程 12～24 h。主要表现精神沉郁，黏膜发绀，呼吸促迫，心搏疾速，每分钟 80～140 次，心律失常，肢端发凉，肌肉震颤。有时出现轻度腹痛。最后惊恐，鸣叫，倒地抽搐，直至死亡。

【病理变化】尸僵迅速，心肌变性，心内外膜有出血斑点；脑软膜充血、出血；肝、肾瘀血、肿大；卡他性和出血性胃肠炎。

【诊断】依据接触氟乙酰胺的病史，神经兴奋和心律失常为主体的临床症状，即作出初步诊断。结合血液内的柠檬酸、血糖、氟含量升高，并采取可疑的饲料、饮水、呕吐物、胃内容物、肝脏或血液，氟乙酰胺的定性、定量分析的阳性结果可确诊。

【治疗】停止饲喂一切含有有机氟化物的可疑饲料和饮水，采取消除毒物和应用特效解毒药相结合的方法治疗。

首先应用特效解毒药，立即肌肉注射解氟灵即乙酰胺，剂量为每日每千克体重 0.1～0.3 g，以 0.5%普鲁卡因液稀释，分 2～4 次注射。首次注射为日量的一半，连续用药 3～7 d。其解毒机理是，乙酰胺进入机体分解为乙酸，与氟乙酰胺竞争酰胺酶，使氟乙酰胺不能脱氨基产生氟乙酸，从而限制氟柠檬酸的继续生成。在没有解氟灵的情况下，亦可用乙二醇乙酸酯（醋精，Ethylene Glycol Monoacetate）100 mL 溶于 500 mL 水中饮服或灌服，或 5%酒精和 5%醋酸（剂量为各 2 mL/kg）内服。

同时施行催吐、洗胃、导泻等中毒的一般急救措施，并根据情况采取镇静、强心、补液、兴奋呼吸中枢、降低颅内压等作对症治疗措施。

抗凝血杀鼠药中毒
（Anticoagulant Rodenticides Poisoning）

抗凝血杀鼠药是通过抗凝血作用而发挥毒性，是目前广泛使用的一类慢性杀鼠药，与急性杀鼠药相比，该类鼠药具有适口性好、不易被鼠拒食等特点，杀鼠效果显著，一般采用低浓度、多次投放。抗凝血杀鼠药有 30 多种，按化学结构分为茚满二酮类和香豆素类。

茚满二酮类鼠药主要有：杀鼠酮（Pindone），即鼠完，化学名称为 2-叔戊酰 1，3-茚满二酮；敌鼠（Diphacinone，Diphacin），化学名称为 2，2-二苯基乙酰基 1，3-茚满二酮；此外还有氯鼠酮、氟鼠酮等。

香豆素类的常见品种有：华法令（Warfarin，D-con），即杀鼠灵，化学名称为 3-（α-乙酰甲基苄基）4-羟基香豆素；克灭鼠（Fumarin，Coumafuryl），化学名称为 3-（α-丙酮基糠基）4-羟基香豆素；灭鼠迷（Coumatetralyl），化学名称为 4-羟基-3-（1，2，3，4-四氢化-1-萘基）香豆素；双杀鼠灵（Dicoumarol），即敌害鼠，化学名称为 3，3′-亚甲基-双（4-羟基香豆素）；氯杀鼠灵（Coumachlor），即比猫灵，化学名称为 3-（α-丙酮基-4-氯苄基）-4-羟基香豆素；此外，鼠得克、溴敌隆、大隆等也比较常见。

华法令是国内外使用最广的抗凝血杀鼠药。近年来，国外开始以华法令作为抗凝血剂用于治疗马的舟状骨病、血栓性静脉炎、慢性蹄叶炎、寄生性动脉瘤，还用于治疗犬、猫等小动物的肺血管血栓栓塞、主动脉血栓栓塞以及弥散性血管内凝血等多种血栓形成性疾病。

华法令等抗凝血杀鼠药中毒，在国内外各种动物中广泛发生，尤其多见于犬、猫、猪。其临床特征是全身各部的自发性大块出血和创伤（手术）后流血不止。凝血相检验特点与霉败草木犀病相仿，即双（内、外）途径凝血过程都发生障碍，凝血时间、凝血酶原时间、激活的凝血时间、激活的部分凝血活酶时间均显著延长，且血液中可检出双香豆素。

【原因】华法令等抗凝血杀鼠药对哺乳动物和各种禽类都可造成毒害。中毒发生于 3 种情况：误食灭鼠毒饵（各种畜禽）；吞食被抗凝血杀鼠药毒死的鼠而造成二次性中毒（犬、猫、猪）；抗凝血治疗时华法令用量过大，疗程过长或配伍用保泰松等能增进其毒性的药物（马、犬、猫）。

【发病机理】抗凝血杀鼠药所共有的香豆素或茚满二酮（Indandione）基核，是其呈维生素 K 拮抗作用而导致凝血障碍的结构基础。凝血酶原、因子Ⅶ、因子Ⅸ、因子Ⅹ等维生素 K 依赖性凝血因子，在肝细胞核糖体内合成后，其谷氨酸残基（Glutamyl Residues）还必须在维生素 K 的参与下羧化，才能成为有功能活性的凝血蛋白。在这一羧化过程中，维生素 K 本身变为环氧化型，后者必须经还原酶的作用再还原为维生素 K(维生素 K 氧化-还原循环)，上述羧化过程才得以继续进行。抗凝血杀鼠药的毒性作用在于对维生素 K 这一氧化还原循环的干扰，特异性地抑制氧化型维生素 K 的还原，结果还原型维生素 K 枯竭，肝细胞生成的凝血酶原、因子Ⅶ、Ⅸ和Ⅹ，其谷氨酸残基羧化障碍，不能与钙离子和磷脂结合，无凝血功能活性，致使需要这些维生素 K 依赖性凝血因子参与的内外途径凝血过程都发生障碍，而导致出血倾向。

华法令等香豆素类抗凝血杀鼠药，只影响维生素 K 依赖性凝血因子的生成，而血浆中已形成的维生素 K 依赖性凝血因子不受影响。因此只有当血浆中现存维生素 K 依赖性凝血因子各随其半衰期(因子Ⅶ为 6.2 h，因子Ⅸ为 13.9 h，因子Ⅹ为 16.5 h，凝血酶原为 41 h)逐渐降低而达到一定限度时，才显露凝血障碍。

摄入的华法令，经小肠完全吸收，与血浆中的白蛋白疏松结合，经肝脏降解，由肾脏随尿排出。在犬体内的半衰期为 20～24 h，在马体内为 13.3 h。随着在肝脏内的降解，抑制作用逐步减消，维生素 K 依赖性凝血因子的正常生成过程亦得到恢复。如果在华法令等的抑制作用期间能得到大量维生素 K 的持续供应，则凝血酶原等维生素 K 依赖性凝血因子的生成过程亦能照常进行。

此外，华法令还能扩张微血管，并使血管内皮细胞的基底物质和细胞器丢失，血管平滑肌和弹力纤维变性，而增加血管的通透性，加剧出血倾向。

【临床表现】潜伏期一般为 1～7 d，潜伏期长短与毒物种类及中毒剂量有关。

急性中毒：因发生脑、心包腔、纵隔或胸腹腔内出血，无前驱症状很快即死亡。

亚急性中毒：临床可见吐血、便血和鼻衄，在易受创伤的部位广泛的皮下血肿。有时可见巩膜、结膜和眼内出血。偶尔可见四肢关节内出血而外观关节肿胀和僵硬。由于重剧出血，以致可视黏膜苍白，心律失常，呼吸困难，甚而步态蹒跚，卧地不起。脑、脊髓以及硬膜下腔或蛛网膜下腔出血，则出现痉挛、轻瘫、共济失调、搐搦、昏迷等神经症状而急性死亡。

特征性凝血象检验所见，血浆内凝血酶原、因子Ⅶ、因子Ⅸ、因子Ⅹ等维生素 K 依赖性凝血因子含量降低；内、外途径凝血的各项检验如凝血时间、凝血酶原时间、激活的凝血时间以及激活的部分凝血活酶时间，都显著异常，分别延长到正常的 2～10 倍。

【诊断】依据香豆素类抗凝剂的接触史，泛发性出血的临床表现，以及内、外途径凝血障碍的检验结果，即可作出初步诊断。确诊需检测血浆中双香豆素(必须在接触华法令后的 1～3 d 内采集病料)，或死后可检测胃肠内容物、肝脏及肾脏内的双香豆素。维生素 K 补给的卓著疗效有助于诊断。

【治疗】治疗要点是消除凝血障碍，纠正低血容量及调整血管外血液蓄积所造成的器官功能紊乱。病畜应保持安静，尽量避免创伤，在凝血酶原时间尚未恢复正常之前不得施行任何手术。

为消除凝血障碍，应补给维生素 K 作为香豆素类毒物的拮抗剂。维生素 K_1 是首选药物，猫 2～5 mg，犬 10～15 mg，马 150～200 mg，混合于葡萄糖液内静脉注射，每隔 12 h 1 次，连续 2～3 次即显卓效，出血体征在 24 h 之内即明显改善，凝血象检验各项时值亦大体恢复正常。在此基础上，可同时口服维生素 K_3，连续 3～5 d，以巩固疗效。

急性病例，出血严重，为纠正低血容量，并补给即效的凝血因子，应输注新鲜全血，每千克体重 10～20 mL，半量迅速输注，半量缓慢滴注。出血常在输血过程中或输注后的短时间内逐渐停止。

体腔积血通常不宜放出，血肿亦不必切开。只要补给充足的维生素 K 或吸收的华法令等香豆素类抗凝剂超过了半衰期，凝血过程即可恢复正常，积血多能自行吸收。遗留的出血后贫血，应按失血性贫血处置。

(张剑柄　贺鹏飞)

第三节　其他化学物质中毒

二噁英中毒(Dioxin Poisoning)

动物二噁英中毒主要是采食被二噁英污染的牧草，饲料的加工、贮存、运输过程污染，饲料中加入被污染的添加剂等。

【临床表现】肉鸡：表现生长受阻，呼吸困难，无力，运动失调，水肿，死亡率很高，又称雏鸡水肿病。产蛋鸡产蛋量急剧降低，蛋壳坚硬，孵化后小鸡难以破壳。

牛：表现体重降低，消瘦，食欲正常，但饲料转化率极低，产奶量下降，皮肤及鳞状上皮角化。

犬、猫：表现渐进性消瘦，慢性呼吸系统感染，口腔和鼻腔损伤，脱毛。

马：表现食欲减退，体重迅速下降，消瘦，脂肪浆液性萎缩；腹痛，虚弱，行走摇晃；结膜炎，皮下水肿，鬃毛和尾毛脱落；口渴，血尿，腹泻或便秘；皮肤和口腔溃疡、龟裂，似鳞鱼皮；蹄叶炎；怀孕母马流产。

【病理变化】鸡剖检可见皮下水肿，心包积液，腹水。马病理学变化为腹水，黄疸，淋巴组织萎缩，胃溃疡，肝脏肿大，部分硬化，胆管增生，中央静脉周围纤维化；肺脏出血，水肿，支气管炎。犬、猫表现肾小管变性，肝脏中心小叶变性。牛脾脏萎缩，肾脏水样变性。

【诊断】根据临床症状和病理变化，结合流行病学调查，可初步诊断。确诊必须进行饲料、动物组织中二噁英及其类似物的分析，常用高分辨率色谱-质谱联用法。

【防治】本病尚无特效疗法。重在预防，源头治理、降低污染。针对二噁英的来源，控制产生渠道，是世界各国普遍采用的防治措施。主要包括严格控制氯酚类杀虫剂、消毒剂的生产、使用；全面禁止垃圾、农作物秸秆的无序焚烧；生活垃圾焚烧炉要严格控制焚烧温度不低于 850℃，烟气停留时间不小于 2 h，氧浓度不低于 6%；对工业“三废”及纸浆漂白液进行净化处理；加强汽车尾气净化等。加强饲料生产、运输和销售各环节的监管，严禁二噁英污染饲料。

（陈兴祥）

尿素中毒(Urea Poisoning)

尿素中毒是指反刍动物尿素饲喂方法不当或过量引起的中毒性疾病。临床上以肌肉强直，呼吸困难，循环障碍，新鲜胃内容物有氨气味为特征。主要发生在反刍动物，多为急性中毒，病死率很高。

【原因】常因管理不当或误食发生中毒。

(1)将尿素堆放在饲料的近旁，导致发生误用（如误认为食盐）或被动物偷吃。

(2)尿素饲料使用不当。如将尿素溶解成水溶液喂给时，易发生中毒。饲喂尿素的动物，若不经过逐渐增加用量，初次就按定量喂给，也易发生中毒。此外，不严格控制定量饲喂，或对添加的尿素未均匀搅拌等，都能造成中毒。尿素的饲用量，应控制在全部饲料总干物质量的 1%以下，或精饲料的 3%以下，成年牛每天以 200～300 g，羊以 20～30 g 为宜。

(3)个别情况下，牛、羊因偷吃大量人尿而发生急性中毒的病例。

【发病机理】正常情况下，尿素在瘤胃内脲酶作用下，分解为氨和二氧化碳，可被大量微生物利用合成单细胞蛋白的菌体蛋白，单细胞菌体蛋白大量生成后，随着食糜进入后段消化道后被消化为具有较低分子量的小肽和氨基酸而吸收。瘤胃内氨除了被微生物利用合成蛋白质外，其余部分被吸收经血液循环运至于肝脏，在肝内经鸟氨酸循环转变为尿素，这种内源尿素，一部分经血液与唾液分泌重新进入瘤胃，另一部分通过瘤胃上皮扩散到瘤胃内，其余的随尿排出体外。进入瘤胃的尿素又被微生物利用，在低蛋白质日粮的情况下反刍动物依靠尿素再循环节约氮元素的消耗，保证瘤胃内氨的浓度适宜，以利于微生物合成蛋白质。但在饲喂过多时，尿素在反刍动物瘤胃中脲酶作用下被分解，当瘤胃内容物的 pH 在 8 左右时，脲酶的作用最旺盛，可使大量的尿素分解迅速。此外，如饲喂含脲酶较多的豆类或豆饼，易促进尿素分解。通常瘤胃液中氨含量超过 60 mmol/L 时，尿素分解成氨的速度加快，并使其量增多超过微生物群合成氨基酸、蛋白质的限度，便导致氨在瘤胃内大量蓄积，随即过量的氨经瘤胃壁吸收进入血液形成血氨，进入肝脏等组织器官，对神经系统可直接产生毒害，从而出现中毒的临床症状。据测定，当血氨氮浓度达到 2%时，即出现明显中毒症状，而当血氨氮值升高到 5%或以上时，则可引起病畜死亡。

大脑组织对血氨敏感性最高，容易出现脑功能紊乱和神经症状。外周血氨可直接作用于心血管系统，使毛细血管通透性升高，体液大量丢失。此外，氨能抑制柠檬酸循环，使能量产生和细胞呼吸降低，引起组织致死性缺氧。同时，由于肺毛细血管通透性升高而导致肺水肿，加重呼吸困难，病牛常因窒息而死亡。

【临床表现】中毒症状在采食尿素后 20～30 min 开始发生，主要呈现神经系统机能障碍症状，患畜体温一般不高。

牛开始呈现不安，呻吟，大量流涎，反刍停止，瘤胃臌气，肌肉震颤和步态不稳等，继则反复发作痉挛，呼吸困难，口、鼻流出泡沫状液体，心搏动亢进，脉数增至 100 次/min 以上。后期出汗，瞳孔散大，肛门松弛。急性中毒病例，病程只不过 1～2 h 以内即因窒息死亡。如延长 1 d，可发生后躯不完全麻痹。

羊尿素中毒时的症状很剧烈，病程短者仅数十分钟就会死亡。主要表现有反刍停止，瘤胃臌气，眼球凸出，呼吸急促，肌肉颤抖，角弓反张，站立不稳，迅速倒地、四肢划动，死前体温升高。死亡率与食入尿素的量和患畜的体质有密切关系，吃食量多者很快就会死亡，死亡率可达90%以上。

【诊断】根据采食尿素史、临床症状、血氨值升高即可诊断。由于本病的病情急剧，对误饲或偷吃尿素等偶然因素所致的中毒病例，救治工作常措手不及，多遭死亡。而在饲用尿素饲料的畜群，如能早期发现中毒病例，及时救治，一般均可获得满意的疗效。

【治疗】尚无特效疗法。首先应停止饲喂尿素及含尿素饲料，立即切断水源，禁止灌服碱性液体，否则会进一步加快尿素的分解速度，加速动物的死亡。治疗可实施以下措施：

中和毒物：早期可灌服大量的食醋或稀醋酸等弱酸类，以抑制瘤胃中脲酶的活力，并中和尿素的分解产物氨。成年牛灌服1%醋酸溶液1 L，25%高渗葡萄糖液1 L，2次/d，连用3 d，可获得满意效果，添加50～100 g味精，效果更佳。此外，由于甲醛能够结合胺生成乌洛托品，并经由尿液排到体外，为此可给病牛灌服1 500～5 000 mL的1%甲醛。

强心解毒：病牛可静脉注射由150～200 mL葡萄糖氯化钠溶液、300～500 mL的10%葡萄糖酸钙、50 mL维生素C、50 mL的40%乌洛托品、20 mL的10%安钠咖组成的混合溶液；或者静脉注射150～200 mL的20%硫代硫酸钠。

对症治疗：解除痉挛，静脉注射水合氯醛硫酸镁200～300 mL或肌肉注射氯丙嗪300～500 mg。瘤胃制酵，可灌服3%甲醛溶液15～20 mL、3%甲酚15～20 mL，或灌服鱼石脂15～30 g，加上75%酒精、水1 000 mL等，1次/d，连用2 d，可提高疗效。

【预防】

(1)必须严格饲料保管制度，不能将尿素肥料同饲料混杂堆放，以免误用。

(2)在畜舍内尤其应避免放置尿素肥料，以免家畜偷吃。

(3)饲用尿素饲料的畜群，要控制尿素的用量及同其他饲料的配合比例。尿素饲喂量要由少到多，而且在饲用混合日粮前，必须先经仔细地搅拌均匀，以避免因采食不匀，引起中毒事故。

(4)为提高补饲尿素的效果，尤其要严禁溶在水中喂给。不能在饲喂尿素后很快供给饮水，不能与高蛋白饲料混合饲喂。

（张剑柄　贺鹏飞）

氨中毒(Ammonia Poisoning)

氨中毒是由于畜禽吸入一定量的氨气或摄入、接触一定量的氨肥后引起的以黏膜刺激反应为主的中毒性疾病。

氨肥是农业常用的氮质肥，包括硝酸铵(NH_4NO_3)、硫酸铵[$(NH_4)_2SO_4$]、碳酸氢铵(NH_4HCO_3)及氨水(NH_3的水溶液)等，现代农业使用氨肥极普遍，因此常有畜禽中毒的报道，尤以水牛为多见。

【原因】畜禽因吸入、食入或接触而引起中毒。

硝酸铵、硫酸铵、碳酸氢铵等晶体在外观上易与硫酸钠、食盐等混淆，易因误用或畜禽误食引起中毒。

氨水保管不当，畜禽由于口渴，误饮施用过氨肥的稻田水，亦是常见中毒原因。

储氨容器泄漏，挥发的氨气可使临近畜禽受害；畜禽舍用氨气熏蒸后，舍内未及时换气就引入畜禽；畜禽舍通风不良及粪尿清除不及时，使畜禽舍内氨气浓度过高，易发生氨中毒。

【发病机理】氨在机体组织内遇水生成氨水，可以溶解组织蛋白质，与脂肪起皂化作用。氨水能破坏体内多种酶的活性，影响组织代谢。氨对中枢神经系统具有强烈刺激作用。

(1)氨具有强烈的刺激性，吸入高浓度氨气，可以兴奋中枢神经系统，引起惊厥、抽搐、嗜睡和昏迷。吸入极高浓度的氨可以反射性引起心搏骤停、呼吸停止。

(2)氨系碱性物质，氨水具有极强的腐蚀作用。碱性烧伤比酸性物质烧伤更严重，因为碱性物质的穿透性较强，皮肤受氨水烧伤，创面深、易感染、难愈合，与2度烫伤相似。

(3)氨气吸入呼吸道内遇水生成氨水。氨水会透过黏膜、肺泡上皮侵入黏膜下、肺间质和毛细血管，引起喉、气管、支气管黏膜损伤、水肿、出血、组织坏死，坏死物脱落及上呼吸道的通气障碍可引起窒息；肺泡上皮细胞、肺间质、肺毛细血管内皮细胞受损坏，通透性增强，氨刺激交感神经兴奋，使淋巴总管痉挛，淋巴回流受阻，肺毛细血管压力增加，且氨破坏肺泡表面活性物质，最终导致肺水肿。此外，损伤的黏膜易继发感染，由于黏膜水肿、炎症分泌增多，肺水肿，气管及支气管管腔狭窄等因素严重影响肺的通气、换气功能，造成全身缺氧。

【临床表现】接触高浓度的氨可使接触部皮肤、黏膜溃烂。家禽则多因氨气接触引起结膜炎、角膜炎甚至角膜溃疡。

吸入氨气的畜禽临床主要表现为流泪、咳嗽、喷嚏、流鼻液及肺水肿引发的呼吸困难，胸部可听到湿啰音。若继发支气管炎，体温升高，脉数疾速，节律不齐。濒死期动物出现惊厥、抽搐、嗜睡、昏迷、意识障碍等神经症状。

误饮氨水或含氨肥的田水，则首先表现为溃疡性口炎，后出现咽喉水肿、炎症和痉挛，胃肠炎、支气管炎及肺水肿等一系统病变。

【诊断】根据接触、误饮氨肥的病史，呼吸气及皮肤有氨味，结合临床症状及血氨升高即可确诊。

【治疗】对本病目前尚无特效药，治疗方案基本与尿素中毒相同。如有继发感染应给予抗生素；眼部灼伤可涂敷四环素或氢化可的松眼膏；皮肤灼烧处可按外科方法处理；严重肺水肿者应利尿、平喘；出现神经症状者使用 20% 甘露醇 500 mL 静脉注射，每 6～8 h 一次，降低颅内压力。

【预防】注意化肥保管与使用，避免畜禽误食或误饮被氨肥污染的饲料或饮水；禁止在施用氨肥的田间放牧；注意检查氨水储器密封性。

（张剑柄　贺鹏飞）

一氧化碳中毒
（Carbon Monoxide Poisoning）

一氧化碳中毒是由于畜禽吸入大量一氧化碳（CO），在体内生成碳氧血红蛋白造成机体组织缺氧的一种急性中毒性疾病。本中毒症可发生于各种动物，以育雏舍内的雏鸡与冬季母畜产房内的母、仔畜较常发生。畜禽一氧化碳中毒主要是由于冬季取暖或生产中 CO 的泄漏而引起。

【原因】一氧化碳是含碳物质燃烧不完的产物。畜禽中毒常见原因是在母猪产房、羔羊棚及鸡舍生炉子取暖时，用煤炭、木材、秸秆、谷壳作燃料，由于舍内门窗紧闭、通风差、排烟不良，室内 CO 急剧增加，常造成动物吸入中毒。一些工业生产中用 CO 作为原料或催化剂（如氮肥厂），生产管线或反应系统泄漏，造成附近人、畜发生中毒。空气中一氧化碳含量达到 0.1%～0.2%时即可引起中毒，达到 3% 含量时则会引起畜窒息死亡。

【发病机理】CO 经呼吸道进入肺部，再通过气体交换作用进入血液。血液中 O_2 和 CO 竞争性地与血红蛋白（Hb）、肌红蛋白、细胞色素氧化酶和细胞色素 P-450 等含铁（Fe^{2+}）蛋白结合。CO 与 Hb 结合，合成碳氧血红蛋白（HbCO），其结合的位点和数量与 O_2 相同，但其与 Hb 的亲和力比 O_2 大 250～300 倍，且解离能力比氧合血红蛋白（HbO）慢 3 600 倍，所以 CO 同 O_2 相比，更容易与 Hb 结合。HbCO 不能携带氧，从而阻碍 O_2 由肺部自组织的运转，导致低氧血症，造成组织严重缺氧。HbCO 呈鲜红色，故中毒动物的血液、可视黏膜及各内脏器官呈樱桃红色。CO 与心肌、骨骼肌中肌红蛋白结合，降低肌肉储氧量，CO 与细胞色素氧化剂、还原型细胞色素 C、细胞色素 P-450、过氧化氢酶、过氧化物等结合，直接抑制组织呼吸，损害组织器官。中枢神经系统对缺氧最为敏感，故先受损害。由于组织缺氧，体内无氧酵解加强，产生大量酸性中间产物，使机体发生酸中毒。

【临床表现】动物接触、吸入大量 CO，很快窒息死亡。轻度中毒时表现畏光、流泪、呕吐、咳嗽、心动过速，呼吸困难。如及时脱离中毒环境，吸入新鲜空气，一般能很快恢复健康。重度中毒时出现昏迷、知觉障碍、反射消失、步态不稳、后躯麻痹、四肢厥冷、可视黏膜樱桃红色、有的呈苍白或发绀。全身出汗，呼吸急促，脉细弱，四肢瘫痪或阵发性肌肉强直与抽搐。随着缺氧症的发展及中枢神经的损害，病畜会陷入极度昏迷状态，意识丧失，大小便失禁，呼吸发生困难，甚至出现麻痹，如果得不到及时救治，会很快死亡。

【病理变化】剖检可见，中毒患畜的气管与主要血管扩张，血管和脏器内血液呈鲜红色，脏器表面有出血点；大脑皮质、白质、苍白球及脑干等处的脑组织坏死；脑水肿、出血及海马坏死和脱髓鞘。

【诊断】根据畜禽有接触 CO 的条件，及其昏迷状态，可视黏膜樱桃红色等主要症状不难诊断。测定血液 HbCO 和环境中 CO 浓度可以确诊。如果 CO 接触史不明，应注意与氢氰酸（HCN）中毒的鉴别。

【治疗】发现动物中毒，应该马上离开 CO 的环境。在室内应立即打开门窗，通风换气。

补充氧气：具备条件的兽医诊所可立即给中毒的动物吸氧。用 10% 的高渗葡萄糖液加入双氧水（H_2O_2）配成 0.24% 以下的稀溶液缓慢静脉注射，马、牛 500～1 000 mL，以每小时 500 mL 的速度静脉注射，每日 1～4 次。小动物用量要酌减。

输血疗法：因输氧不易置换出氧，输血可补充正常的 Hb，改善血液携氧能力。

缓解脑水肿，降低颅内压：用 20% 甘露醇或 25% 山梨醇或高渗葡萄糖静脉注射。

促细胞功能恢复：给中毒畜禽用细胞色素 C、辅酶 A、ATP、B 族维生素等。

对症治疗：中毒畜禽出现肺水肿时，用钙制剂，肺部有炎症时用抗生素，同时要兴奋呼吸，保护心脏，纠正电解质紊乱等。

【预防】本病重在预防。冬季采用燃炉供暖方式的畜禽舍，要注意供暖设施的完好，经常通风换气，防止 CO 中毒。要防 CO 泄漏，生产和使用 CO 的工厂要防止 CO 的泄漏，如有泄漏要及时处理，并将病畜及时转移至安全地方。

（张剑柄　贺鹏飞）

克伦特罗中毒(Clenbuterol Poisoning)

盐酸克伦特罗又名瘦肉精，在动物生产中具有明显的促生长和提高瘦肉率的作用，受此利益驱使，在养殖业中滥用盐酸克伦特罗的现象仍时有发生。

【症状】各种动物中毒症状为：

(1)猪。饲料中长期连续添加盐酸克伦特罗时，猪的皮肤较其他猪光洁，白里泛红，被毛少而松软；臀部结实上翘，且外表呈现红亮状，腹部匀称，无下坠感；背部体表经驱打后易见驱打伤痕。行走不灵活，不愿行走，易发生跛行，前后肢在运输中易开叉，蹄部易受伤并发生感染，剧烈运动易造成死亡。血压升高，血管扩张，心率、呼吸加快，体温升高，采食量下降，行为动作失调，神经紧张不安，甚至全身震颤。猪对冷热气候的适应性降低，尤其是夏季易死亡；猪群普通病发病率增加。宰后肌肉颜色加深，质地坚硬干燥，臀部肌肉饱满鼓起，脂肪含量少，甚至无脂肪。停药后脂肪快速增加，瘦肉率下降。

(2)牛、羊。服用盐酸克伦特罗，1 h 后心率明显增加。

(3)犬。主要表现为昏迷、心动过速和强直性阵挛性抽搐。

【诊断】根据饲料添加盐酸克伦特罗的病史，结合临床症状，可初步诊断。确诊必须检测样品盐酸克伦特罗含量，常用的有高效液相色谱法、气相色谱法、气相色谱-质谱联用法、液相色谱-质谱联用法、酶联免疫吸附法、放射免疫法、生物传感器法等。国内外已研制出灵敏度高、操作简便、检测迅速、价格低廉的 ELISA 检测试剂盒。

【防治】应加强“瘦肉精”危害性的宣传和教育，在养殖生产中必须严格执行《兽药管理条例》和《饲料和饲料添加剂管理条例》等。业务主管部门应加大查处违禁药物生产、销售和使用的力度，建立有效的残留监督检测体系，提高消费者的自我保护意识。

（陈兴祥）

三聚氰胺中毒(Melamine Poisoning)

三聚氰胺简称三胺，学名三氨三嗪，别名蜜胺、氰尿酰胺、三聚氰酰胺，是我国饲料界俗称的“蛋白精”中的一种主要成分。它是一种重要的、用途广泛的氮杂环有机化工原料，是重要的尿素后加工产品，我国明令禁止将其用作动物饲料的添加剂。三聚氰胺中毒是由于犬、猫摄入了被三聚氰胺污染的饲料或其他相关物质后引起的以肾功能衰竭、泌尿系统结石等为特征的一种中毒病。猫中毒报告数量比犬中毒报告数量要多。

【原因】国家明令禁止将三聚氰胺用作动物饲料的添加剂，一般情况下动物不大可能通过饲料摄入三聚氰胺而发生中毒。但极少数不法商人在利益驱动下，仍在饲料中添加三聚氰胺。三聚氰胺最大特点是含氮量很高，在饲料中掺入少量就可以迅速提高“蛋白质”含量，加之其生产工艺简单、成本很低，给了掺假、造假者极大的利益驱动。给犬、猫饲喂一段时间这种饲料，就会发生三聚氰胺中毒。

【发病机理】动物实验证明，尽管三聚氰胺和三聚氰酸单独饲喂给动物时皆具有较低的毒性，但是将二者混合加入日粮中，则会导致动物易于罹患急性肾衰竭。这是因为三聚氰胺和三聚氰酸结合在一起会形成一种不溶性晶体，沉积在肾脏的远曲小管，造成远曲小管上皮的炎症、增生、坏死，进而会造成肾衰竭。此外，该不溶性晶体还会使胃黏膜、肺脏平滑肌、肺泡壁的矿化作用加强。

【临床表现】大部分患病犬、猫通常表现为厌食、嗜睡、烦渴、氮质血症、高磷酸盐血症，重症病例后期均表现为尿毒症。伴有泌尿系统结石的患病犬、猫可出现呕吐、多尿、血尿、少尿、无尿等症状；有的病例可发现尿液浑浊或在患病犬、猫的尿液中见有排出的沙粒样结石。伴有双侧肾、输尿管结石而引起完全梗阻的病例，会造成急性梗阻性肾衰竭，表现为少尿或无尿；少数病例可见口腔溃疡。伴有结石阻塞尿道者，可表现为排尿困难，尿流中断、滴沥。并发泌尿系统感染可出现尿路受刺激症状。伴有急性肾梗阻性肾衰竭时，可有高血压、水肿、高血钾、严重酸中毒、心力衰竭等临床表现。

【临床病理学】

(1)肝、肾功能检查。可出现氮质血症，尤其是伴发急性肾衰竭者，血肌酐升高至 7～15 mg/dL(正常参考值为 0.9～2.1 mg/dL)，尿素氮可升高至 130 mg/dL(正常参考值为 20～34 mg/dL)。但患病犬、猫肝功能检验一般不出现异常。

(2)尿钙及尿肌酐检查。患病犬、猫 24 h 尿钙及尿肌酐检验大致正常。

(3)尿常规检查。尿中可见红细胞,合并泌尿系统感染时尿中可出现白细胞或成团的脓细胞,可有轻度蛋白尿。尿液中红细胞形态,属于非肾小球源性血尿。

(4)血常规检查。无特征性改变。

(5)血液、电解质等生化检验。合并急性肾衰竭的患病犬、猫可出现电解质紊乱,表现为高磷酸盐血症(可升高至 11.3～25 mg/dL,正常参考值为 3.2～6.2 mg/dL)、高钾血症、低钠血症、低钙血症及代谢性酸中毒。

【诊断】患病犬、猫具有明确的摄入被三聚氰胺污染的饲料或食物的病史。检查患病犬、猫的肾功能和肾结石情况以及测定所采食饲料中三聚氰胺含量有助于确诊。另外,根据上述临床表现和临床病理学检验结果,假如其中有一项或多项相吻合,则应高度警惕本病发生的可能性。必要时可进行影像学检查。当患病犬、猫出现急性肾衰竭时,应注意与乙二醇中毒、霉菌毒素中毒等引起的急性肾衰竭相区别。

【治疗】一旦确诊本病,应立即停用被三聚氰胺污染的饲料或食物。根据患病犬、猫的一般情况、临床表现、结石大小及位置、有无并发症等,宜选择不同的治疗方法。

(1)对于结石直径＜4 mm,无尿路梗阻,临床无症状的患病犬、猫,由于此类结石较为松散或呈细沙粒样,多饮水后结石自行排出可能性大,无须特殊治疗,但需要定期检查。

(2)对于有较大的结石,而且有临床症状及短期尿路阻塞者,首选内科保守治疗,保守治疗过程中要密切监测尿量及结石排出情况,应用超声、尿常规、血液生化等检查手段定期复查泌尿系统。

(3)结石所致尿路阻塞并伴有急性肾衰竭者为重症患病犬、猫,在积极内科治疗的基础上,应及时采用外科手术,摘除结石块,以解除梗阻。

在治疗过程中应密切注意尿液 pH、血气、水、电解质及酸碱平衡的动态变化,当患病犬、猫出现尿毒症症状时一般预后不良。

(陈兴祥)

磺胺药中毒(Sulfonamide Poisoning)

磺胺药中毒是动物用药剂量过大、用药时间过长,或有些磺胺药静脉注射速度过快所引起的以皮肤、肌肉和内脏器官出血为特征的急性或慢性中毒性疾病。各种动物均可发生,常见于家禽、犬、猫和牛。

【原因】磺胺药具有抗菌谱广、疗效确实、性质稳定、可口服、吸收较迅速、价格低廉、使用方便等优点,有的还能通过血脑屏障进入脑脊液,同时也有抗菌作用,但较弱,不良反应较多,细菌易产生耐药性,用量大,疗程偏长等缺点。甲氧苄啶的出现使磺胺药的抗菌效力增强,使磺胺药的应用更为普遍。临床上常用的磺胺药可分为两类:一类是肠道内易吸收的,如磺胺嘧啶(SD)、磺胺二甲嘧啶(SM2)、磺胺异恶唑(SIZ)、磺胺甲基异恶唑(SMZ)、磺胺间甲氧嘧啶(SMM)、磺胺对甲氧嘧啶(SMD)、磺胺喹恶啉(SQ)等,主要用于全身感染,另一类是肠道难吸收的,如磺胺磺胺脒(SG)、琥磺噻唑(SST)、酞磺胺噻唑(PST)、酞磺醋酰(PSA)等,主要在肠道中发挥抑菌作用,适用于治疗肠道感染。

磺胺药引起中毒的主要原因是用药剂量过大,用药时间过长,有些磺胺药静脉注射速度过快。一般认为,用量超过 150～220 mg/kg 体重即可引起中毒。马 1 次口服 440 mg/kg,可出现精神沉郁,食欲减退或废绝;有些奶牛 1 次口服 220 mg/kg 可引起腹泻,440 mg/kg 可导致产奶量下降、食欲缺乏、困倦、嗜睡、运动失调等。犬 880 mg/kg 可引起嗜睡,运动失调,食欲废绝等。家禽对磺胺类药物比较敏感,中毒量与治疗量很接近,并且在饲料中很难混合均匀,因此即使治疗剂量也可能引起某些家禽中毒。饮水减少或腹泻引起的脱水,可增加中毒的可能性,特别是在高温环境和闷热的圈舍中水消耗增加时更常见。家禽饲料中添加 0.3%～0.5%磺胺类药,连续饲喂 5～8 d 即可中毒。另外,推荐剂量使用超过规定的 3～5 d 也可引起中毒。

【中毒机理】禽类对磺胺药的吸收率比其他动物高。一般而言,肉食动物内服后 3～5 h,达血药峰浓度;草食动物为 4～6 h;反刍动物为 12～24 h。药物被机体吸收后,一部分在肝脏内经过乙酰化变为无抗菌作用、但有毒性的乙酰磺胺。乙酰磺胺溶解度小,若用量过大,则大量乙酰磺胺在肾小管内析出结晶,造成肾小管阻塞和肾损害。磺胺药的溶解性在酸性尿中比碱性尿中低,因此肉食动物的尿比草食动物更容易形成结晶。磺胺药干扰碘代谢,可引起甲状腺肿大。过量的磺胺还可导致粒细胞缺乏,血小板减少,高铁血红蛋白形成,胚胎发育停止,甚至出现急性药物性休克。家禽和牛可引起周围神经炎。磺胺药局部应用可抑制伤口愈合。反刍动物口服磺胺药可干扰瘤胃微生物合成B族维生素或肠道合成维生素K。有些磺胺药如磺胺喹恶啉可在肝脏直接拮抗维生素K的活性，改变家禽和犬的凝血功能，增加了凝血酶原时间、部分凝血活酶活化的时间和凝血时间。

所有的磺胺药都可与血浆蛋白有不同程度的结合，用量过大，则血液中游离胆红素增高，会引起黄疸和过敏反应。由过敏还可引起造血系统功能失调和免疫器官的损害，使机体抵抗力下降。此外，磺胺药还是碳酸酐酶的抑制剂，过量的磺胺可引起多尿和酸中毒。最近研究发现，磺胺二甲嘧啶对实验动物致甲状腺肿大的同时具有致癌性。

【临床表现】磺胺药中毒的临床症状因动物品种、年龄、给药途径、用药剂量等不同而有差异。主要表现急性药物性休克、急性中毒、慢性中毒、过敏反应及感光过敏。

急性药物性休克主要由快速静脉注射或大剂量口服而引起。牛、马表现瞳孔散大，失明，肌肉震颤，站立不稳，共济失调，虚脱，死亡；有的呼吸加快，大汗淋漓，四股冷厥。犬表现呕吐，共济失调，痉挛性麻痹，癫痫样惊厥，腹泻。

急性中毒表现大量流涎，呕吐，腹泻，呼吸急促，虚弱，共济失调，痉挛性僵硬。

慢性中毒最常见，表现食欲降低，精神沉郁，血尿，蛋白尿，少尿；包皮或外阴部被毛上有磺胺结晶。家禽还表现生长缓慢，体重降低，黏膜、皮肤苍白；有的头部局灶性肿胀，皮肤呈蓝紫色，翅下有皮疹；便秘或腹泻，粪便呈酱油色；严重者发生多发性神经炎和全身出血性变化；有的濒死前倒地抽搐，出现神经症状；产蛋和蛋壳质量明显下降，褐色蛋褪色；可继发败血症和坏疽性皮炎等细菌性感染。牛还表现暂时性粒细胞缺乏，轻度的溶血性贫血，白细胞减少，产奶量降低，脊髓和周围神经髓鞘变性。犬还表现抗凝血障碍。

过敏反应主要在牛、马发生，表现哮喘和荨麻疹。有些品种的犬可发生超敏反应，表现多关节炎、发热、多肌炎、淋巴结病、肾小球肾病、局灶性视网膜炎、贫血、白细胞减少、血小板减少等。

偶尔可发生感光过敏，表现皮肤斑疹，并伴有溶血性贫血和粒细胞缺乏。

【病理变化】动物急性中毒无明显病理变化。家禽慢性中毒剖检可见皮下有大小不等的斑状出血，肌肉色淡，胸部和腿部肌肉弥漫性出血，血液凝固不良，肝脏肿大，呈紫红色或黄褐色，表面有出血斑或坏死灶。肾脏肿大，呈花斑状，输尿管变粗，充满白色的尿酸盐。消化道黏膜充血、出血，心外膜出血，心包积液。

【诊断】根据使用磺胺药的病史，过敏反应需根据以前对该类药物的接触史，结合临床症状，即可初步诊断。必要时检测饲料、饮水、胃内容物及组织中磺胺类药物的含量，肌肉、肝脏和肾脏含量超过20 mg/kg有诊断意义。

【治疗】中毒后应立即停止用药，轻度毒性反应可自行恢复。严重者应大量饮水和输液，可促进毒物排除。在补液时，配合用5%碳酸氢钠溶液或内服碳酸氢钠，使尿液呈碱性，以增加磺胺药的溶解度，降低尿结晶对肾脏的损害。对症治疗包括出血可用维生素K，急性过敏性休克用肾上腺素、抗组织胺等。

【预防】选用磺胺药要注意其适应症，严格掌握用药剂量和用药时间，特别是幼龄动物和体质弱者应慎用。严禁在产蛋家禽应用。磺胺药使用应控制在3～5 d，一般不得超过1周，拌料、饮水中添加要混合均匀，某些制剂在使用时应配合碳酸氢钠，并提供充足的饮水。配合使用抗菌增效剂，可提高抗菌效果，减少药量，并降低毒性。有过敏史的动物禁用。

（陈兴祥）

喹乙醇中毒（Olaquindox Poisoning）

喹乙醇具有促动物生长、提高饲料转化率和抗菌的作用，但家禽对其极为敏感，特别是幼禽，极易出现中毒死亡。喹乙醇中毒在临床上以胃肠出血、昏迷、眼失明为特征，尽管我国已明文规定禁止该添加剂在养禽生产中使用，但该病在我国农村地区仍时有发生。

【原因】喹乙醇在饲料中按照每千克饲料中添加25～30 mg的剂量，便可满足禽类促生长的需求。但是，应用喹乙醇剂量过多或时间过长，就会发生中毒。这常常因为有些市售的饲料添加剂原先已经添加了足量的喹乙醇，但养殖户不知道或者是误认为喹乙醇添加量越多越好，过量添加从而引起家禽中毒。

有人试验证明，如果鸡按50 mg/kg体重剂量饲喂，连服6 d可使半数鸡产生临床中毒。如果鸡按90 mg/kg体重，1次投服便可出现急性中毒死亡。有些养殖户在添加喹乙醇时常常因为拌料不匀而发生家禽的喹乙醇中毒。

【临床表现】患鸡易受凉，口渴、食欲锐减或废绝，蹲伏不动，或行走摇摆。幼禽畏寒、扎堆、聚集于热源旁。鸡冠和肉髯变暗红或黑紫色。粪便稀薄，为黄白色。双翅下垂。有的表现神经兴奋，呼吸急促，乱窜急跑等症状。一般中毒后1～3 d死亡，病程长的达7～10 d。死前有的拍翅挣扎，尖叫，角弓反张。慢性病鸭有上喙皱缩畸形。部分蛋鸡死后子宫内仍留有硬壳蛋。公鸡发病较母鸡症状表现稍轻，病程亦可拖延2～3 d。死后剖检主要特征是胃肠道呈不同程度的出血，其腺胃壁增厚、腺胃黏膜出血，和新城疫患鸡腺胃出血难以区别。

鸭中毒时，采食量多个体大的鸭子先发病死亡。患鸭饮欲增加，眼结膜潮红，在行走时突然死亡。中毒患鸭初期死亡尚少，至10～20 d死亡数持续增多，即使停药死亡仍不能停止，死亡率可高达50%～70%。剖检不能发现特征性的病理变化。

【病理变化】可见肝脏肿大、瘀血、色暗红，表面有出血点，质脆。胆囊胀大，充满绿色胆汁，心肌迟缓，心外膜充血、出血，腺胃黏膜表面出血，肌胃角质层下有出血点或出血斑(注意易与鸡新城疫相混淆)，十二指肠黏膜弥漫性出血，泄殖腔严重出血，盲肠充血、出血，盲肠扁桃体肿胀、出血。

【诊断】主要是根据病史调查有过量采食喹乙醇的病史。临床上有排黑色稀粪、瘫痪、昏迷等症状便可怀疑喹乙醇中毒。但应从以下几点注意与新城疫、巴氏杆菌、传染性法氏囊病等相区别：①对病鸡作新城疫血凝抑制试验的结果为阴性；②停止饲喂可疑饲料后死亡仍不停止；③用病鸡内脏做诱发试验时往往不能成功；④病禽多是个体大食欲好的先死亡。

本病的确诊依赖于动物的饲喂试验和饲料中喹乙醇含量的测定，一般饲喂剂量超过安全饲喂量的6～8倍，即可引起中毒死亡。

【防治】本病几乎无法治疗。在养禽生产禁用喹乙醇显然是防治本病的根本办法。

(1)发现中毒即停用含有喹乙醇的饲料，供给硫酸钠水溶液饮水，严重者可逐只灌服；然后再用5%葡萄糖水或0.5%的碳酸氢钠溶液按每千克加入维生素C 1 mg，维生素B_6 0.2 mg。

(2)在饲料中添加维生素K_3，每千克饲料加24 mg，连用1周，同时在饲料中添加氯化胆碱以保护肝、肾等脏器，减少死亡。

(3)严格控制饲料中的添加量，作为饲料添加剂，用于促生长，25～35 g/t料，应混匀。

(周东海)

复习思考题

1. 简述有机磷农药中毒的主要临床症状及治疗原则。
2. 怎样诊断有机氯农药中毒？
3. 二噁英中毒的症状有哪些？如何防治？
4. 安妥中毒有哪些临床症状？中毒机理是什么？
5. 磷化锌中毒有哪些临床症状？中毒机理是什么？
6. 简述畜禽氟乙酰胺中毒的诊断及治疗措施。
7. 怎样防治畜禽抗凝血杀鼠药中毒？
8. 怎么防治反刍兽尿素中毒？
9. 简述氨中毒常见病因及防治原则。
10. 怎样防治畜禽CO中毒？
11. 克伦特罗中毒有哪些症状？如何防治？
12. 三聚氰胺中毒的原因和症状是什么？
13. 磺胺药中毒的机理是什么？有哪些症状？如何防治？
14. 喹乙醇中毒的原因和症状是什么？

第十九章　矿物类物质中毒

【内容提要】矿物类物质广泛存在于自然界中，种类繁多、形式多样，其中多种矿物质是动物机体必需元素，动物可以从饲料、饮水等多种途径获取，但无论是必需矿物元素还是非必需矿物元素，摄入量过多均会导致动物机体中毒。本章主要介绍食盐中毒、汞中毒、钼中毒、镉中毒、铜中毒、铅中毒、无机/有机氟化物中毒、硒中毒以及砷中毒，要求学生掌握其发病原因、发病机理、诊断和防治措施等。

第一节　金属类矿物质中毒

食盐中毒(Salt Poisoning)

动物因摄入过量的食盐，同时饮水又受限制时所产生的以消化紊乱和神经症状为特征的中毒现象称为食盐中毒。除食盐外，其他钠盐如碳酸钠、丙酸钠、乳酸钠等亦可引起与食盐中毒一样的症状，因此倾向于统称为“钠盐中毒(Sodium Salt Poisoning)”。

食盐中毒可发生于各种动物，常见于猪和鸡，其次是牛、羊、马。

【原因】(1)不正确地利用腌制食品(如腌肉、咸鱼、泡菜)或乳酪加工后的废水、残渣及酱渣等，其含盐量高，喂量过多可引起中毒。

(2)对长期缺盐饲养或“盐饥饿”的家畜突然加喂食盐，特别是喂含盐饮水，未加限制时，极易发生异常大量采食的情况。

(3)饮水不足，可促使本病发生。有人发现，饮水充分时，猪饲料中含盐量达13%也未必引起中毒。

(4)机体水盐平衡的状态，可直接影响对食盐的耐受性。如高产乳牛在泌乳期对食盐的敏感性要比干乳期高得多；夏季炎热多汗，失去大量水分，往往耐受不了在冬季能够耐受的食盐量等。

(5)全价饲养，特别是日粮中钙、镁等矿物质充足时，对过量食盐的敏感性大大降低，反之则敏感性显著增高。

(6)维生素E和含硫氨基酸等营养成分的缺乏，可使猪对食盐的敏感性增高。

(7)用食盐等灌服作缓泻或健胃，剂量、浓度过大且给水不足；饲料添加食盐时计算或称量错误或混合不匀等；偶尔发生于静脉注射时氯化钠浓度配制错误。

(8)鸡中毒可因“V”形食槽底部沉积食盐结晶，饥饿时食入槽底盐粒而中毒。配合饲料中鱼粉添加过多，常引起鸡中毒。雏鸡易发生食盐中毒，死亡率亦较高，雏鸡饲料含盐量达1%，成年鸡饲料含盐量达3%，能引起大批中毒死亡。

【发病机理】钠盐中毒的确切机理还不十分清楚，长期以来有3种学说：①水盐代谢障碍说；②钠离子中毒说；③过敏学说。

水盐代谢障碍说认为：当过量的食盐从消化道吸收后，血中钠离子浓度升高，通过离子扩散方式，大量钠离子通过脑屏障进入脑脊髓液中。由于血液和脑脊液中钠离子浓度升高，垂体后叶分泌抗利尿激素，尿液减少，血液中水分以至某些代谢产物如尿素、非蛋白氮、尿酸等，也随之进入脑脊液和脑细胞，产生脑水肿，并出现神经症状。因此，中毒初期当血钠浓度升高时，给予大量饮水，促使钠离子经尿排出是有意义的。而在出现神经症状后，再给予大量饮水，只能使脑水肿加重。

钠离子中毒学说从多种钠盐都可引起中毒的角度出发。细胞外钠离子浓度升高，“钠泵”作用不能维持。钠离子有刺激ATP向ADP和AMP转化并释放能量，以维持“钠泵”的功能，但大量AMP积聚在细胞内，不易被清除。AMP因缺乏能量不能转化为ATP，过量的AMP还会抑制葡萄糖酵解过程。因而脑细胞能量进一步缺乏，“钠泵”作用难以为继，细胞内钠离子向细胞外液的运送几乎停止，脑水肿更趋严重。

以上两种学说不能解释食盐中毒时脑血管周围出现嗜酸性白细胞从集聚到游走，淋巴细胞相继进入等现象。过敏学说认为：在钠离子作用于脑细胞之后，一方面刺激脑细胞并引起神经症状，同时脑细胞释放组胺、五羟色胺等化学趋向物质，引起嗜酸性细胞的积聚作用，大多在血管周围出现这种现象，形成“袖套”，故称之为嗜酸性颗粒白细胞性脑膜脑炎。

【临床表现】病猪不安、兴奋、转圈、前冲、后退，肌肉痉挛、身体震颤，齿唇不断发生咀嚼运动，有的表现为吻突、上下颌和颈部肌肉不断抽搐，口角出现少量白色泡沫。口渴，常找水喝，直至意识扰乱而忘记饮水。同时眼和口黏膜充血，少尿。后来躺卧，四肢作游泳状动作，呼吸迫促，脉搏快速，皮肤黏膜发绀，最后倒地昏迷，常于发病后 1～2 d 内死亡，也有些拖至 5～7 d 或更长。病猪体温正常，仅在惊厥性发作时，体温偶有升高。

家禽精神委顿，运动失调，两脚无力或麻痹，食欲废绝，强烈口渴。嗉囊扩张，口和鼻流出黏液性分泌物。常发生下痢，呼吸困难。最后因呼吸衰竭而死亡。

牛中毒时呈现食欲减退、呕吐、腹痛和腹泻。同时，视觉障碍，最急性者可在 24 h 内发生麻痹，球节挛缩，很快死亡。病程较长者，可出现皮下水肿，顽固性消化障碍，并常见多尿、鼻漏、失明、惊厥发作，或呈部分麻痹等神经症状。

【诊断】主要根据：

(1)过饲食盐或限制饮水的病史。

(2)癫痫样发作等突出的神经症状。

(3)脑水肿、变性、嗜酸性白细胞血管袖套等病理形态学改变。

(4)必要时可测定血清及脑脊液中的钠离子浓度：当脑脊液中 Na^+ 浓度超过 160 mmol/L，脑组织中 Na^+ 超过 1 800 μg/g 时，就可认为是钠盐中毒。

【治疗】无特效解毒药。治疗要点是促进食盐排除，恢复阳离子平衡和对症治疗。

发现中毒后立即停喂食盐，对尚未出现神经症状的病畜给予少量多次的新鲜饮水，以使血液中的盐经尿排出；已出现神经症状的病畜，应严格限制饮水，以防加重脑水肿。

恢复血液中一价和二价阳离子平衡，可静脉注射 5%葡萄糖酸钙液 200～400 mL 或 10%氯化钙液 100～200 mL(马、牛)。猪按 0.2 g/kg 体重氯化钙计算。

缓解脑水肿，降低颅内压：可静脉注射 25%山梨醇液或高渗葡萄糖液。

促进毒物排除：可用利尿剂(如双氢克尿噻)和油类泻剂。

缓解兴奋和痉挛发作：可用硫酸镁、溴化物(钙或钾)等镇静解痉药。

汞中毒(Mercury Poisoning)

动物食入汞及其汞化合物或吸入汞蒸气引起的中毒，称为汞中毒。因汞剂侵入途径不同，可分别引起胃肠炎、支气管肺炎和皮肤炎；汞吸收后可导致肾脏和神经组织等实质器官的严重损害。急性中毒者多死于胃肠炎或肺水肿；慢性中毒病例多死于尿毒症，或以神经机能紊乱为后遗症。

【原因】误食经有机汞农药处理过的种子或农药污染的饲料和饮水。有机汞农药包括剧毒的西力生(氯化乙基汞)、赛力散(醋酸苯汞)和强毒的谷仁乐生(磷酸乙基汞)、富民隆(磺胺汞)等，残毒量大，残效期长。目前国内已不生产这类农药。

动物舔吮作为油膏剂外用的氯化汞、碘化汞等医疗用药，有时会引起中毒。

汞剂在常温下可升华产生汞蒸气，易污染下风的水源、牧草和禾苗，亦可直接被动物吸入，而造成中毒。

通过食物链传递而引起中毒：①某些水中微生物可把无机汞转变为有机汞(甲基汞)，使毒性剧增，危害人和畜；②某些水生植物和动物有富集汞的能力，如在一定汞浓度水中生活的鱼不一定中毒致死，但人和动物食入鱼、鱼粉或其他鱼制品后，可产生中毒，发生于日本的“水俣病”就是这一原因引起的(称之为“狂猫跳海”事件)。

【发病机理】汞剂具腐蚀性：能损害微血管壁，凝聚蛋白成分，对局部有强烈的刺激作用。当汞剂经皮肤、消化道或呼吸道侵入畜体时，会分别引起皮肤炎、胃肠炎或支气管肺炎，乃至肺水肿。当汞经肾脏(主要)、结肠和唾液腺排泄时，会造成重剧的肾病、结肠炎以及口黏膜溃烂(汞中毒性口炎)。

神经毒和组织毒：汞化合物易溶于类脂质，排泄速度很慢，常大量沉积于神经组织内，造成脑和末梢神经的变性；另外，汞能与体内含巯基酶类的巯基结合，使之失去活性，使几乎所有的组织细胞都受到不同程度的损害。如汞与金属硫蛋白结合形成的复合物达一定量时，可引起上皮细胞损伤，血管上皮损伤可产生出血，肾小管上皮损伤可产生肾功能衰竭，肠上皮损伤可出现下痢、出血、疝痛等症状。

有机汞可通过胎盘屏障影响胎儿，还可通过乳汁传递给幼畜，引起幼畜肢端震颤，甚至死亡。

【临床表现及临床病理学】无机汞急性中毒不多见，呈重剧的胃肠炎症状。病畜呕吐、呕吐物带血，剧烈腹泻，粪便内混有黏液、血液及伪膜，通常在数小时内因脱水和休克而死亡。

亚急性汞中毒，因误食而发生者主要表现流涎、腹泻、腹痛等胃肠炎症状；因吸入汞蒸气而发生的，则主要表现咳嗽、流泪、流鼻液、呼出气恶臭、呼吸迫促或困难（肺水肿时），肺部听诊有广泛的捻发音、干性和湿性啰音。几天后开始出现肾病症状和神经症状，病畜背腰弓起，排尿减少，尿中含大量蛋白，有的排血尿，尿沉渣检验有肾上皮细胞和颗粒管型；出现肌肉震颤、共济失调，有的后躯麻痹，最后多在全身抽搐状态下死亡，病程1周左右。

慢性汞中毒最常见，病畜沉郁，食欲减退，持续腹泻，呈渐进性消瘦，皮肤瘙痒，口唇黏膜红肿溃烂。神经症状最为突出，病畜头颈低垂，肌肉震颤，口角流涎，有的发生咽麻痹而不能吞咽。后期出现步态蹒跚，共济失调，甚而后躯轻瘫，不能站立，最后多陷于全身抽搐，病程常拖延数周。

食入中毒的病畜，胃肠黏膜充血、出血、水肿、溃疡甚至坏死；吸入中毒的病畜呼吸道黏膜充血、出血、支气管肺炎，甚至肺充血、出血，有的伴有胸膜炎；体表接触所致的，皮肤潮红、肿胀、出血、溃烂、坏死、皮下出血或胶样浸润。急性汞中毒的基本病变在各实质器官，特别是肾脏肿大、出血和浆液浸润；慢性汞中毒主要病变在神经系统、脑及脑膜有不同程度的出血和水肿。

【诊断】根据接触汞剂的病史，临床上胃肠、肾、脑损害的综合病征，不难作出诊断。必要时，可测定饲料、饮水、胃肠内容物以及尿液中的汞含量。尸检时测定肾汞有诊断意义，当肾汞达 10～15 mg/kg 即可认为是汞中毒。

【治疗】按一般中毒病常规处理后，及时使用解毒剂。可选用以下药物：

巯基络合剂：5%二巯基丙磺酸液，5～8 mg/kg 肌肉或静脉注射，首日 3～4 次，次日 2～3 次，第 3～7 天各 1～2 次，停药数日后再进行下一疗程；或用 5%～10%二巯基丁二酸钠液，20 mg/kg 缓慢静脉注射，3～4 次/d，连续 3～5 d 为一疗程，停药数日后再进行下一疗程。

硫代硫酸钠：马、牛 5～10 g；猪、羊 1～3 g 口服或静脉注射。

另配合保肝、输液、利尿等对症治疗。

钼中毒（Molybdenum Poisoning, Molybdenosis）

由于土壤、饮水和饲料中含钼量过高，或在饲料中过量添加某些钼化合物，引起动物钼中毒，临床上以持续性腹泻和被毛褪色为特征。钼过量常与铜缺乏同时发生，因而一般认为钼中毒是由于动物采食高钼饲料引起的继发性低铜症。自然条件下，该病仅发生于反刍兽，牛比羊易感，水牛的易感性高于黄牛，马和猪的易感性很低，一般不呈现临床症状。

【原因】天然高钼土壤：含钼丰富的土壤上生长的植物能大量吸收钼，动物食用这种植物可发生中毒。呈一定的地理分布，多为腐殖土和泥炭土，在英国、爱尔兰、加拿大、美国、新西兰、澳大利亚都曾报道过此病，称为“下泻病”或“泥炭泻”。

工业污染：铝矿、钨矿石、铝合金、铁钼合金等的生产冶炼过程可造成钼污染，形成高钼土壤，或直接造成牧草污染。曾报道江西大余用含钼 0.44 mg/L 的尾砂水灌溉农田，逐年沉积使土壤含钼量达 25～45 mg/kg，生长的稻草含钼达 182 mg/kg，牛采食后发生中毒。

不适当地施钼肥：为提高固氮作用，过多地给牧草施钼肥，植物含钼量增高。碱性土壤中可溶性钼较多，易被植物吸收。温暖多雨季节，植物生长旺盛，容易富集钼。

饲料铜、钼含量比值及硫化物的影响：一般饲料含铜 8～11 mg/kg，含钼 1～3 mg/kg。反刍动物饲料铜、钼含量比值最好保持在(6～10)∶1，若此值低于 2∶1，就可能发生钼中毒。有报道绵羊饲料中硫酸盐含量从 0.1%增加至 0.4%时增强钼的毒性，使铜的摄入低于正常。

【发病机理】钼中毒与铜缺乏表现的症状相似，因而认为慢性钼中毒主要是引起继发性铜缺乏而致病。饲料在瘤胃中消化产生 H_2S，与钼酸盐作用，形成一硫、二硫、三硫和四硫钼酸盐的混合物。在消化道中，铜与硫或硫钼酸盐及蛋白质作用，形成可溶性复合物，妨碍了铜的吸收。当钼酸盐被吸收入血液后，可激活血浆白蛋白上铜结合簇，使铜、钼、硫与血浆白蛋白间紧密结合，一方面可使血浆铜浓度上升，另一方面妨碍了肝组织对铜的利用。血液中的硫钼酸盐，一部分进入肝脏，可掺入到肝细胞核、线粒体及细胞质，与细胞质内蛋白质结合，特别是它可以影响和金属硫蛋白（MT）结合的铜，使它离开金属硫蛋白。从 MT 剥离的铜可进入血液，增加了血浆蛋白结合铜的浓度，或直接进入胆汁使铜从粪便中排泄的量增加，久之体内铜逐渐耗竭，产生慢性铜缺乏症。

急性钼中毒时，如用硫钼酸盐给山羊静脉注射，表现剧烈腹痛、腹泻，慢性钼中毒亦有明显的腹泻现象，这可能是钼的直接作用。在体外条件下，四硫钼酸盐可抑制大鼠小肠黏膜和肝细胞线粒体的呼吸，对呼吸链电子传递有明显抑制作用。给大鼠灌服四硫钼酸盐 24 h 后小肠黏膜上皮细胞线粒体细胞色素氧化酶活性明显降低，这可能与该酶是一种含铜酶，其中铜的生物学活性受四硫钼酸盐作用影响。

【临床表现】牛在高钼草地上放牧后 1～6 周内发病，水牛通常在第 8～10 天后。最早出现、也是最特征性症状为严重的持续性腹泻，粪便呈液状，充满气泡。体重减轻、消瘦，皮肤发红，被毛粗糙而竖立，黑毛褪色变为灰色，深黄色毛变为浅黄色毛（图 19-1-1）。眼周围特别明显，像戴眼镜一样。关节疼痛，腿和背部明显僵硬，运动异常。产乳量下降，性欲减退或丧失，繁殖力降低。慢性钼中毒时常见骨质疏松，易骨折、长骨两端肥大，异嗜等。

绵羊钼中毒症状较牛轻，轻度下泻，被毛褪色、卷曲度消失、质量下降。羔羊会出现严重运动失调、失明，典型背部凹陷特征。

图 19-1-1　1 岁小牛钼中毒，脱毛、消瘦

【诊断】根据地域流行性，持续性腹泻、消瘦、贫血，被毛褪色、皮肤发红等临诊表现，及对铜制剂治疗的反应可作出铜缺乏性钼中毒的诊断，饲料和组织中钼和铜含量测定也有决定性意义。正常牛血铜浓度为 0.75～1.3 mg/L，钼浓度约为 0.05 mg/L，肝铜 30～140 mg/kg（湿重），钼低于 3～4 mg/kg。钼中毒时，早期血铜浓度明显升高，后期血铜浓度低于 0.6 mg/L，钼浓度高于 0.1 mg/L，肝脏铜含量低于 10～30 mg/kg，钼含量高于 5 mg/kg。

【防治】重视工业钼污染对人畜的危害，治理污染源，避免土壤、牧草和水源的污染。

对土壤高钼地区，可进行土壤改良，降低地下水位以减少饲草对钼的吸收，也可施用铜肥减少植物钼的吸收，增加植物铜的含量。

在饲草含钼高的地区，可在日粮中补充硫酸铜。放牧地区可采取高钼与低钼草地定期轮牧的方式。

注射或内服铜制剂是治疗缺铜性钼中毒的有效方法，成年牛 2 g/d，犊牛和成年羊 1 g/d，溶于水中内服，连续 4 d 为 1 个疗程。或用甘氨酸铜注射液皮内注射，犊牛用 60 mg，成年牛 120 mg，有效期 3～4 个月。

镉中毒（Cadmium Poisoning）

镉中毒是因饲料、饮水中镉过量，动物长期摄入后引起的以生长发育缓慢、肝脏和肾脏损害、贫血以及骨骼变化为主要特征的一种中毒病，多呈慢性中毒，或为亚临床经过。主要因工业“三废”污染或含镉杀真菌剂污染所致。

【原因】镉是一种重金属，它与氧、氯、硫等元素形成无机化合物分布于自然界中。动物饲料中镉主要来源于工农业生产所造成的环境污染，电镀、塑料、油漆、电池、磷肥工业都可能产生镉废料，镉与锌伴生，冶炼锌时可造成镉对环境的污染。有些地区用下水道污泥垩田，种植的植物可吸收和蓄积多量的镉。环境中的镉不能生物降解，被美国毒物管理委员会（ATSDR）列为第 6 位危及人体健康的有毒物质。

【发病机理】镉可经胃肠道、呼吸道、甚至皮肤吸收。实验动物一次性内服镉，在 24 h 内，约 90% 由粪排出，0.4% 由尿排出，所以镉的吸收率很低。但动物体内缺乏排泄镉、限制镉沉着的机制，镉一旦在体内沉着就很难通过转换排出体外。镉在人体内的半减期为 10～30 年。镉主要沉积在肾、肝、睾丸、脾、肌肉等组织中并引起损害。

镉的毒性作用有：

（1）镉与蛋白质有高度的亲和力，可使多种酶的活性受到影响，从而引起组织与细胞变性、坏死；镉与 γ-球蛋白结合使动物的免疫力降低。

（2）镉能强烈地干扰锌、铁、铜、钙、硒等重金属的吸收或在组织中的分布，产生相应的缺乏症。

（3）肝脏是镉急性中毒损伤的主要靶器官。大鼠经尾静脉注射的镉很快聚集于肝脏，引起肝脏脂质过氧化及自由基大量产生，抑制抗氧化酶的活力，造成肝细胞严重损伤。镉在肝脏中可诱导金属硫蛋白（MT）合成并生成 Cd-MT 复合物，这对肝细胞的保护可能有重要作用。

（4）镉对肾的损伤。在肝脏形成的 Cd-MT 在肾小管细胞中降解、分离、释放出游离的镉并产生毒害作用，主要危及肾近曲小管，严重时损及肾小球。

（5）镉的致肿瘤作用。实验发现镉可以引起肺、前列腺和睾丸的肿瘤，认为镉的致癌作用与损伤DNA、影响DNA的修复以及促进细胞增生有关。

(6)镉可引起骨质疏松、软骨症和骨折。一般认为镉对骨骼的影响继发于肾损伤，肾脏对钙、磷的重吸收率下降，维生素D代谢异常。同时镉也可损伤成骨细胞和软骨细胞。

【临床表现】正常饲养时极少发生镉急性中毒，可能呈慢性中毒或亚临床型，动物表现血压升高；蛋白尿，为小分子量蛋白质；骨骼矿化作用不良，骨骼变轻，质脆；贫血，血液稀薄，血红蛋白浓度极度降低；雄性动物出现睾丸萎缩、坏死，影响繁殖机能。

有学者认为镉中毒实际上表现为锌缺乏症，当体内缺锌时可使多种酶活性受抑制，出现食欲下降，生长缓慢，繁殖机能减退，免疫机能受损。镉主要蓄积在肾脏，产生肾小管损伤，出现蛋白尿、尿圆柱等。此外，镉还可影响铁代谢，引起血红蛋白合成不足，造成贫血、骨代谢障碍甚至发生骨软症。

【诊断】镉的慢性中毒多为亚临床，仅表现为生长发育缓慢，贫血，出现蛋白尿等，故生前诊断较难。尸检时测定肝、肾内镉含量有诊断意义，健康肝、肾内镉含量常低于2～5 mg/kg，中毒时高达10～30 mg/kg及以上。

【防治】尚无确实治疗办法，可采用提高饲料中蛋白质比例，增加钙、锌、硒等的供给量来限制镉在体内蓄积。目前有试验表明，硒制剂能有效地促使体内镉的排泄。预防的关键是有效地控制环境污染，切实治理“三废”。

铜中毒(Copper Poisoning)

动物因一次摄入大剂量铜化合物，或长期食入含过量铜的饲料或饮水，引起腹痛、腹泻、肝功能异常和溶血危象，称为铜中毒。

【原因】急性铜中毒：多因一次性误食或注射大剂量可溶性铜盐等意外事故引起。如羔羊在用含铜药物喷洒过的草地上放牧；或饮用含铜浓度较高的饮水(如鱼塘内用硫酸铜灭杂鱼、螺丝和消毒)；缺铜地区给动物不确当地补充过量铜制剂等。

慢性铜中毒：①环境污染或土壤中铜含量太高，所生长的牧草中铜含量偏高，如矿山周围、铜冶炼厂、电镀厂附近，含铜灰尘、残渣、废水污染了饲料及周围环境。②长期用含铜较多的猪粪、鸡粪给牧草施肥，可引起放牧的绵羊铜中毒。将饲喂高铜饲料鸡的粪便烘干除臭后喂羊，可引起慢性铜中毒。③猪、鸡饲料中常添加较高量的铜(有的达250 mg/kg)，因未予碾细、拌匀。④某些植物，如地三叶草、天芥菜等可引起肝脏对铜的亲和力增加，铜在肝内蓄积，加之这些植物中肝毒性生物碱引起肝损伤，易诱发溶血危象，发生慢性铜中毒急性发作。⑤有些犬可能是遗传基因缺陷，产生类似人Wilson氏病样的遗传性铜中毒。

动物中以羔羊对过量铜最敏感，其次是绵羊、山羊、犊牛、牛等反刍动物。单胃动物对过量铜较能耐受，猪、犬、猫时有发生铜中毒的报告，兔、马、大鼠却很少发生铜中毒。家禽中以鹅对铜较敏感，鸡、鸭对铜耐受量较大。研究表明，当饲料中锌、铁、钼、硫含量适当时，动物对饲料中铜的耐受量(mg/kg)为：绵羊25，牛100，猪250，兔200，马800，大鼠1 000，鸡、鸭300，鹅100。

【发病机理】内服大量铜盐，对胃肠黏膜产生直接刺激作用，引起急性胃肠炎、腹痛、腹泻。高浓度铜在血浆中可直接与红细胞表面蛋白质作用，引起红细胞膜变性、溶血。肝脏是体内铜贮存的主要器官，大量铜可集聚在肝细胞的细胞核、线粒体及细胞质内，使亚细胞结构损伤。在溶血危象发生前几周出现肝功能异常，天门冬氨酸氨基移位酶(AST)、精氨酸酶(ARG)等活性升高，当肝内铜积累到一定程度(一般6个月左右)，在某些诱因作用下，肝细胞内铜迅速释放入血，血浆铜浓度大幅度升高，红细胞变性，红细胞内海蒽次氏(Heinz)小体生成，溶血，体况迅速恶化并死亡。肾脏是铜贮存和排泄的器官，溶血危象出现后，产生肾小管坏死和肾功能衰竭。

【临床表现】羊急性铜中毒时，有明显的腹痛、腹泻，惨叫，频频排出稀水样粪便，有时排出淡红色尿液，猪、犬可出现呕吐，粪及呕吐物中含绿色至蓝色黏液，呼吸增快，脉搏频数，后期体温下降、虚脱、休克，在3～48 h内死亡。

羊慢性铜中毒，临床上可分为3个阶段：早期是铜在体内积累阶段，除肝、肾铜含量大幅度升高、体增重减慢外，其他症状可能不明显。中期为溶血危象前阶段，肝功能明显异常，天冬氨酸氨基转移酶、精氨酸酶和山梨醇脱氨酶(SDH)活性迅速升高，血浆铜浓度也逐渐升高，但精神、食欲变化轻微，此期因动物个体差异，可维持5～6周。后期为溶血危象阶段，动物表现烦渴，呼吸困难；极度干渴，卧地不起，血液呈酱油色，血红蛋白浓度降低，可视黏膜黄染，红细胞形态异常，红细胞内出现Heinz小体，PCV极度下降。血浆铜浓度急剧升高达1～7倍，病羊可在1～3 d内死亡。

猪中毒时，食欲下降，消瘦，粪稀，有时呕吐。可视黏膜淡染，贫血，甚至死亡。

【临床病理学】急性铜中毒时，胃肠炎明显，尤其真胃、十二指肠充血、出血甚至溃疡，间或真胃破裂。胸、腹腔黄染并有红色积液。膀胱出血，内有红色以至褐红色尿液。慢性铜中毒时，羊肝呈黄色、质脆，有灶性坏死。肝窦扩张，肝小叶中央坏死，胞浆严重空泡化，肝、脾细胞内有大量含铁血黄素沉着，肝细胞溶解，电镜观察，肝细胞内线粒体肿胀，空泡形成。肾肿胀呈黑色，切面有金属光泽，肾小管上皮细胞变性，肿胀，肾小球萎缩。脾脏肿大，弥漫性瘀血和出血。

猪铜中毒，肝肿大1倍以上、黄染，胆囊扩大，肾、脾肿大、色深，肠系膜淋巴结弥漫性出血，胃底黏膜严重出血，食道和大肠黏膜溃疡，组织学变化与羊类似。

【诊断】急性铜中毒可根据病史，结合腹痛、腹泻、PCV下降而作出初步诊断。饲料、饮水中铜含量测定有重要意义。慢性铜中毒诊断可依据肝、肾、血浆铜浓度及酶活性测定结果。当肝铜＞500 mg/kg，肾铜＞80～100 mg/kg(干重)，血浆铜浓度(正常值为0.7～1.2 mg/L)大幅度升高时，为溶血危象先兆。反刍动物饲料中铜含量＞30 mg/kg，猪、鸡饲料中铜含量＞250 mg/kg，应考虑铜过多。血清AST、ARG、SDH活性升高，PCV下降，血清胆红素浓度增加，血红蛋白尿及红细胞内有较多Heinz氏体，则可确诊，但应与其他引起溶血、黄疸的疾病相鉴别。

【治疗】急性铜中毒的羊可用三硫(或四硫)钼酸钠溶液静脉注射。按0.5 mg/kg体重的三硫钼酸钠，稀释成100 mL溶液，缓慢静脉注射，3 h后，根据病情可再注射1次。对亚临床铜中毒及经硫钼酸盐抢救已经脱离溶血危象的急性中毒动物，按每日日粮中补充100 mg钼酸铵和1 g无水硫酸钠或0.2%的硫黄粉，拌匀饲喂，连续数周，直至粪便中铜降至接近正常时为止。

【预防】在高铜草地放牧的羊，可在精料中添加7.5 mg/kg的钼，50 mg/kg锌及0.2%的硫，不仅可预防铜中毒，而且有利于被毛生长。鸡粪重加工后不应喂羊。猪、鸡饲料中补充铜时应充分拌匀，同时应补充锌100 mg/kg，铁80 mg/kg，可减少铜中毒的概率。应特别注意不应将喂猪、鸡的饲料用于喂羊。

铅中毒(Lead Poisoning)

铅中毒是指动物摄入过量的铅化合物或金属铅所致的急、慢性中毒。临床上以兴奋狂躁，感觉过敏，肌肉震颤、痉挛和麻痹等神经症状(铅脑病)；流涎、腹泻和腹痛等胃肠炎症状以及铁失利用性贫血为特征。多发生于牛、羊、家禽和马，也见于猪。

铅急性中毒量(mg/kg)：山羊400，犊牛400～600，成年牛600～800。铅慢性中毒日摄入量(mg/kg)：绵羊＞4.5，牛6～7，猪33～66，连续14周；马100，连续4周。

【原因】铅矿、炼铅厂排放的废水和烟尘污染附近的田野、牧地、水源；机油、汽油(掺入防爆剂四乙基铅)燃烧产生的废气污染路旁的草地和沟水，是铅污染的常见原因。

铅颜料(包括铅丹、铅白、硫酸铅及铬酸铅等)普遍用于调制油漆，生产漆布、油毛毡、电池等，是主要的铅毒源，动物因舔食油漆或剥落的油漆片、漆布、油毛毡和咀嚼电池等含铅废弃物而中毒。

某些含铅药物，如用砷酸铅给绵羊驱虫，有时亦会发生铅中毒。

【发病机理】铅在消化道内形成不溶性铅复合物，仅1%～2%吸收，绝大部分随粪便排出。吸收的铅，一部分随胆汁、尿液和乳汁排泄，一部分沉积在骨骼、肝、肾等组织中。在一定条件下特别是酸血症时，组织中的铅可从沉积处释放。铅对各组织均有毒性作用，主要表现在4个方面：①铅可引起脑血管扩张，脑脊液压力升高，神经节变性和灶性坏死，因而常有神经症状和脑水肿。②铅可引起平滑肌痉挛，胃肠平滑肌痉挛而发生腹痛；小动脉平滑肌痉挛而出现缺血；肝、肾等脏器血流量减少，引起组织细胞变性。③铅能抑制血红素合成所需的两种酶，δ-氨基乙酰丙酸脱水酶(ALA-D)和铁螯合酶。前者受抑制，则卟胆原(PBG)生成障碍，卟啉代谢受阻；抑制后者，原卟啉Ⅲ不能与Fe^{2+}螯合，血红素生成障碍，而导致铁失利用性贫血。④铅可通过胎盘屏障，对胎儿产生毒害作用，有的引起流产。

【临床表现】铅中毒的基本临床表现是兴奋狂躁、感觉过敏、肌肉震颤等铅脑病症状；失明、运动障碍、轻瘫以至麻痹等外周神经变性症状；腹痛、腹泻等胃肠炎症以及小细胞低色素型铁失利用性贫血。各种动物的具体铅中毒症状，因病程类型而不同。

牛铅中毒可分为急性和亚急性两种类型。急性铅中毒多见于犊牛，主要表现铅脑病症状。病牛兴奋狂躁，攻击人畜；视觉障碍以至失明；对触摸和声音等感觉过敏；全身肌肉震颤，步态僵硬、蹒跚，直至死亡，病程 12～36 h。亚急性铅中毒多见于成年牛，除上述铅脑病表现外，胃肠炎症状更为突出。病牛沉郁、呆立，饮食欲废绝、前胃弛缓，便秘后腹泻，排恶臭稀粪，病程 3～5 d。

羊以亚急性铅中毒居多，表现与牛的亚急性铅中毒相似。唯消化系统症状更明显，食欲废绝，初便秘后拉稀，腹痛，流产，偶发兴奋或抽搐。

禽铅中毒表现为食欲减退和运动失调，继而兴奋和衰弱。产蛋量和孵化率降低。

猪铅中毒不常见，大剂量摄入铅可引起食欲废绝，流涎，腹泻带血，失明，肌肉震颤等。妊娠母猪可能流产。

【诊断】依据铅接触、摄入病史，铅脑病、胃肠炎、铁利用性贫血及外周神经麻痹等综合征，结合测定血 ALA-D 活性降低、尿 δ-氨基乙酰丙酸排泄增多，可帮助建立诊断。确诊须依据血、毛、组织中铅的测定：铅中毒时血铅含量＞0.35 mg/L 以至 1.2 mg/L（正常 0.05～0.25 mg/L）；毛铅含量可达 88 mg/kg（正常 0.1 mg/kg）；肾皮质铅含量可超过 25 mg/kg（湿重），肝铅含量超过 10～20 mg/kg（湿重），有的可达 40 mg/kg（正常肾、肝铅含量低于 0.1 mg/kg）。

【治疗】慢性铅中毒：特效解毒药为乙二胺四乙酸二钠钙，剂量为 110 mg/kg，配成 12.5%溶液或溶于 5%葡萄糖盐水 100～500 mL，静脉注射，2 次/d，连用 4 d 为 1 个疗程。同时灌服适量硫酸镁等盐类缓泻剂有较好效果。

急性铅中毒：常因来不及救治而死亡。若发现较早，可采取催吐、洗胃（用 1% 硫酸镁或硫酸钠液）、导泻等急救措施，并及时应用特效解毒药。

第二节　类金属和非金属类矿物质中毒

无机氟化物中毒
(Inorganic Fluoride Poisoning)

氟多以化合物的形式存在，分为无机氟化物和有机氟化物中毒两类。通常所称氟中毒一般指无机氟化物中毒，有机氟化物中毒则主要有氟乙酰胺、氟乙酸钠等中毒。

无机氟化物中毒是指动物摄入含氟化物过多的饲料或饮水或吸入含氟气体而引起的急、慢性中毒的总称。急性氟中毒以胃肠炎、呕吐、腹泻和肌肉震颤、瞳孔扩大、虚脱死亡为特点；慢性氟中毒又称氟病，最为常见，是因长期连续摄入超过安全限量的无机氟化物引起的一种以骨、牙齿病变为特征的中毒病，常呈地方性群发，主要见于犊牛、牛、羊、猪、马和禽，其中反刍动物特别严重。

【原因】地方性高氟：如火山喷发地区、萤石、冰晶石矿、磷矿地区、温泉附近及干旱、荒漠地区，土壤中含氟量高，牧草、饮水含氟量亦高，达到中毒水平。

工业氟污染：利用含氟矿石作为原料或催化剂的工厂（磷肥厂、钢铁厂、炼铝厂、玻璃厂、氟化物厂等），未采取除氟措施，随"三废"排出的氟化物（如 HF，SiF_4）常污染周围空气、土壤、牧草及地表水，其中含氟废气与粉尘污染较广，危害最大。

长期用未经脱氟处理的过磷酸钙作畜禽的矿物质补充剂，亦可引起氟病。偶有乳牛因饲喂大量过磷酸盐以及猪用氟化钠驱虫用量过大引起的急性无机氟中毒。

【发病机理】氟是动物机体必需的微量元素，氟参与机体的正常代谢，可以促进牙齿和骨骼的钙化，对于神经兴奋性的传导及参与代谢酶系统都有一定作用。但过量氟化物吸收进入体内产生明显的毒害作用，主要损害骨骼和牙齿，呈现低血钙、氟斑牙和氟骨症等一系列表现。氟及其化合物直接与呼吸道和皮肤接触，则会产生强烈的刺激作用和腐蚀作用。

胶原纤维损害是氟病最基本的病理过程。骨骼和牙齿内的胶原纤维分别由成骨细胞和成牙质细胞分泌，磷灰石晶体沿胶原纤维固位。氟化物可使成骨细胞和成牙质细胞代谢失调，合成蛋白质和能量的细胞器受损，合成的胶原纤维数量减少或质量缺陷。矿物晶体沉积在这样的胶原上，就会出现骨和牙的各种病理变化。再者，骨盐只能在磷酸化的胶原上沉积，而氟可抑制磷酸化酶，使胶原的磷酸化受阻，从而导致骨骼矿化过程障碍。

氟可使骨盐的羟基磷灰石结晶变成氟磷灰石结晶，其非常坚硬且不易溶解。大量氟磷灰石形成是骨硬化的基础。由于氟磷灰石的形成使骨盐稳定性增加，加之氟能激活某些酶使造骨活跃，导致血钙浓度下降，引起继发性甲状旁腺机能亢进，使破骨细胞活跃，骨吸收增加。因此，病畜表现骨硬化和骨疏松并存的病理变化。

氟对牙釉质、牙本质及牙骨质造成损害。氟作用于发育期(即齿冠形成钙化期)的成釉质细胞,使其分泌、沉积基质及其后的矿化过程障碍,导致釉质形成不良,釉柱排列紊乱、松散,中间出现空隙,釉柱及其基质中矿物晶体的形态、大小及排列异常,釉面失去正常光泽。严重中毒时,成釉质细胞坏死,造釉停止,导致釉质缺损,形成发育不全的斑釉(氟斑牙)。氟对牙本质的损害表现为钙化过程紊乱或钙化不全,牙齿变脆,易磨损。病牛牙齿磨片镜检发现,釉质发育不良,表面凹凸不平,凹陷处有色素沉着,钙化不全;牙本质小管靠近髓腔四周有局灶性断裂,断裂处出现空洞样坏死区。

【临床表现】急性氟中毒实质上是一系列腐蚀性中毒的表现。多在食入过量氟化物半小时后出现临床症状。一般表现为厌食、流涎、呕吐、腹痛、腹泻,呼吸困难,肌肉震颤、阵发性强直痉挛,虚脱而死。

慢性氟中毒常呈地方性群发,当地出生的放牧家畜发病率最高。病畜异嗜,生长发育不良,主要表现牙齿和骨骼损害有关的症状,且随年龄的增长而病情加重。

氟斑牙:牙面、牙冠有许多白垩状,黄、褐以至黑棕色、不透明的斑块沉着。表面粗糙不平,齿釉质碎裂,甚至形成凹坑,色素沉着在孔内,牙齿变脆并出现缺损,病变大多呈对称发生,尤其是门齿,具诊断意义。

氟骨症:下颌支肥厚,常有骨赘,有些病例面骨也肿大,肋骨上出现局部硬肿,管骨变粗,有骨赘增生。腕关节或附关节硬肿,患肢僵硬,蹄尖磨损,有的蹄匣变形,重症起立困难。有的病例可见盆骨和腰椎变形。临床表现背腰僵硬,跛行,关节活动受限制,骨强度下降,骨骼变硬、变脆,容易出现骨折。病羊很少出现跛行及四肢骨、关节硬肿症状。

【临床病理学】急性氟中毒主要呈出血性胃肠炎病变;慢性氟中毒除牙齿的特殊变化外,以头骨、肋骨、桡骨、腕骨和掌骨变化显著,表面粗糙呈白垩样,肋骨松脆,肋软骨连接部常膨大,极易折断,骨膜充血。骨质增生和骨赘生长处的骨膜增厚、多孔。有的病例下颌骨、骨盆和腰椎变形。

X线检查:牛骨氟含量高于4 000 mg/kg,X线可见明显变化,骨密度增大,骨外膜呈羽状增厚,骨密质增厚,骨髓腔变窄。乳牛尾骨变形,最后1～4尾椎密度减低或被吸收,个别牛可见尾椎陈旧性骨折。

【诊断】根据骨骼、牙齿病理变化及其相关症状、流行病学特点,可作出初步诊断。为了确诊、查清氟源与确定病区,应进行畜体及环境含氟量的测定。一般情况下,饮水含氟7 mg/L可出现斑釉齿,牧草中含氟超过40 mg/kg即为异常。病畜可测定尿氟:8 mg/L为正常;10 mg/L为可疑;高于15 mg/L即可能中毒;骨氟:正常低于500 mg/kg,超过1 000 mg/kg时即为异常,达3 000 mg/kg以上即出现中毒症状。

【治疗】本病治疗较困难,首先要停止摄入高氟牧草或饮水。移至安全牧区放牧是最经济的有效办法,并给予富含维生素的饲料及矿物质添加剂。修整牙齿。对跛行病畜,可静脉注射葡萄糖酸钙。

有机氟化物中毒
(Organic Fluoride Poisoning)

有机氟化物主要有氟乙酰胺(FAA)、氟乙酸钠(SFA)及N-甲基-N-萘基氟乙酸盐(MNFA)等,为一类药效高、残效期较长、使用方便的剧毒农药,主要用于杀虫(蚜螨)、灭鼠。其中氟乙酰胺使用及其引起的动物中毒较为常见,中毒后以突然发病,痉挛,鸣叫,疾速奔跑,迅速死亡为特征。这里仅介绍氟乙酰胺中毒。

动物对FAA的易感性顺序由高到低依次是:犬、猫、牛、绵羊、猪、山羊、马、禽。口服致死量(mg/kg):犬、猫0.05～0.2,牛0.15～0.62,绵羊0.25～0.5,猪0.3～0.4,山羊0.3～0.7,马0.5～1.75,禽10～30。

【原因】氟乙酰胺又称敌蚜胺,在动植物组织中活化为氟乙酸时产生毒性。动物多因误食(饮)被FAA处理或污染了的植物、种子、饲料、毒饵、饮水而中毒。犬、猫、猪等常因吃食被FAA毒死的鼠尸、鸟尸,家禽啄食被毒杀的昆虫后引起中毒,这是由于FAA在体内代谢、分解和排泄较慢,再被其他动物采食后引起所谓"二次中毒"。

【发病机理】FAA经消化道、呼吸道或皮肤吸收后,在体内脱胺形成氟乙酸,氟乙酸经乙酰辅酶A活化并在缩合酶的作用下,与草酰乙酸缩合,生成氟柠檬酸。氟柠檬酸的结构同柠檬酸相似,是柠檬酸的拮抗物,即与柠檬酸竞争顺乌头酸酶而使其活性受抑制,三羧酸循环减慢以至中断,柠檬酸不能转化为异柠檬酸,组织和血液内的柠檬酸蓄积(可达数倍)而ATP生成不足,破坏组织细胞的正常功能。这一毒性作用普遍发生于全身所有的组织细胞内,但在能量代谢需求旺盛的心、脑组织出现得最快、最严重,从而出现痉挛、抽搐等神经症状。此外,氟柠檬酸对中枢神经可能有一定的直接刺激作用。

FAA对不同种类动物毒害的靶器官有所侧重：草食动物，心脏毒害重；肉食动物，中枢神经系统毒害重；杂食动物，心脏和中枢神经毒害均重。

【临床表现】犬、猫病程较急，摄入氟乙酰胺后30 min左右出现症状，吞食鼠尸4～10 h后发作。主要表现兴奋、狂奔、嚎叫，心动过速、心律不齐、呼吸困难，可在数分钟至几小时内因循环和呼吸衰竭而死。

猪表现心动过速，突然狂奔乱跑，尖声吼叫，口吐白沫，共济失调，痉挛，倒地抽搐，数小时内死亡。

牛、羊分突发和潜发两种病型。突发型无明显的前驱症状，经9～18 h，突然跌倒，剧烈抽搐，惊厥或角弓反张，迅速死亡；潜发型一般在摄入毒物5～7 d后发病，仅表现食欲减退，不反刍，不合群，单独依墙而立或卧地，有的可逐渐康复，有的以后在轻度劳役或外因刺激下突然发作，呈惊恐、狂躁、尖叫，在抽搐中死于心力衰竭和呼吸抑制。

【临床病理学】一般情况下尸僵迅速，心脏扩张、心肌变性、心内、外膜有出血斑点；脑软膜充血、出血；肝、肾瘀血、肿大；卡他性和出血性胃肠炎。

【诊断】依据病史，有神经兴奋和心律失常为主的临床症状，可作出初步诊断。确诊尚需测定血液内的柠檬酸含量，并采取可疑饲料、饮水、呕吐物、胃内容物、肝脏或血液，做羟肟酸反应或薄层层析，以证实氟乙酰胺的存在。

【治疗】及时使用解氟灵(50%乙酰胺)，剂量为每日0.1～0.3 g/kg体重，以0.5%普鲁卡因液稀释，分2～4次注射，首次注射为日量的一半，连续用药3～7 d。若没有解氟灵，亦可用乙二醇乙酸酯(醋精)100 mL溶于500 mL水中饮服或灌服；或用5%酒精和5%醋酸各2 mL/kg体重，内服。

用硫酸铜催吐(犬、猫)或用高锰酸钾洗胃，然后灌服鸡蛋清。

进行强心补液、镇静、兴奋呼吸中枢等对症治疗。

硒中毒(Selenium Poisoning)

硒中毒多发生于土壤和草料含硒量高的特定地区。急性型主要表现神经症状和失明；慢性型表现为消瘦、跛行和脱毛。我国湖北省恩施和陕西省紫阳等部分地方为高硒土壤，生长的植物和粮食含硒量高，曾发生人和动物(主要是猪)慢性硒中毒。

【原因】高硒土壤(如沉积岩地区)生长的植物含硒量较高。例如，陕西紫阳县双安乡土壤含硒15～27 mg/kg，生产的玉米含硒37.53 mg/kg，蚕豆45.84 mg/kg，小麦9.16 mg/kg。

有些植物可富集硒，称之为硒转换性植物或硒指示性植物。如紫云英、黄芪属、棘豆属、木质紫菀等硒的含量较高。据记载有的植物中硒含量高达2 000～6 000 mg/kg，最高可达14 900 mg/kg以上，动物一般不采食这类植物，因有蒜臭味。但在过度饥饿或没有其他饲料可食时，有可能采食而发生中毒。

预防或治疗硒缺乏症时因配方、计算或称量错误，人为地在饲料中添加了过量的硒。曾有人配制0.1%亚硒酸钠溶液时误配为1%浓度，注射后引起猪中毒。

工业污染的废水、废气中含有硒。硒容易挥发为气溶胶，在空气中形成二氧化硒，人、畜呼吸后亦可引起硒慢性中毒。

硒一次口服中毒量(mg/kg)：马和绵羊2.2，牛9.0，猪15.0。饲料中的硒不应超过5 mg/kg(干物质)。在含硒25 mg/kg(干物质)的草地上放牧数周，即可引起慢性硒中毒。饲料含硒44 mg/kg，能引起马中毒。含硒11 mg/kg，能引起猪中毒。

【发病机理】摄入的可溶性硒和有机硒，绝大部分经小肠吸收。吸收入血后，硒主要与白蛋白结合，迅速遍布全身，并在肝、肾、毛等器官组织中沉积。硒可引起毛细血管扩张和通透性增加，引起肺及胃肠道黏膜充血、水肿。硒可减少羊肝内硫和蛋白质含量，食物中蛋白含量高，可缓解硒中毒。过量的硒对骨骼肌有明显的破坏作用。

硒可取代半胱氨酸中的硫，而影响谷胱甘肽的合成。谷胱甘肽是炎性细胞和其他体液细胞的化学趋向物质，因而硒中毒可影响机体抵抗力。硒与维生素A、维生素C和维生素K的代谢有关。维生素A缺乏可加速视力障碍。硒可通过胎盘屏障，使母畜繁殖能力下降，胎儿生长发育停滞和畸形，羔羊生后不久死亡。仔猪生后脚爪出血，或生后不久死亡。

【临床表现】急性硒中毒，常见于犊牛和羔羊采食大量高硒(数百至数千mg/kg)转换植物或误食误用中毒量硒剂后，表现精神沉郁、呼吸困难、黏膜发绀、脉搏细数，运动失调、步态异常，腹痛、臌气、水样腹泻，数小时至数日内死于呼吸、循环衰竭。

亚急性硒中毒，又称瞎撞病，见于饲喂含硒10～20 mg/kg饲料或进入高硒牧地数周(6～8周)的牛、绵羊和马。主要表现神经症状和失明。病畜步态蹒跚，头抵墙壁，无目的地徘徊，作圆圈运动，到处瞎撞，吞咽障碍、流涎、呕吐、腹泻，数日内死于麻痹和虚脱。

慢性硒中毒，又称碱质病，见于长期采食含少量硒（5 mg/kg以上）谷物或牧草的动物。主要表现食欲下降，渐进性消瘦，中度贫血，被毛粗乱，鬃和尾毛（马）、尾根长毛（牛）脱落，跛行，蹄冠下部发生环状坏死，蹄壳变形或脱落。猪脊背部脱毛，蹄壳生长不良。鸡可能不表现明显症状，但蛋中硒含量升高，孵化率降低，鸡胚畸形（无眼、无喙、缺翅或肢异常）。

【诊断】依据失明、神经症状、消瘦、贫血、脱毛、蹄匣脱落等临床综合征以及硒接触病史，可作出初步诊断。确诊应依据饲料以及血、毛和肝、肾等组织硒测定结果。饲料中的硒长期超过5 mg/kg，毛硒5～10 mg/kg，疑为硒中毒；毛硒＞10 mg/kg，肝、肾硒10～25 mg/kg，蹄壳中硒达8～10 mg/kg时可诊断为硒中毒。

【治疗】立即停喂高硒日粮。无特效解毒药。对氨基苯砷酸按40～60 mg/kg砷含量补饲，可减少硒的吸收，促进硒的排泄。

砷中毒（Arsenic Poisoning）

砷及其化合物多作农药（杀虫药）、灭鼠药、兽药和医药之用。元素砷毒性不大，但其化合物毒性非常剧烈，管理不慎或使用不当可引起人、畜砷中毒。

砷化物可分为无机砷和有机砷化物两大类。无机砷化物依其毒性可分为剧毒和强毒两类：剧毒类包括三氧化二砷（俗称砒霜）、砷酸钠、亚砷酸钠等；强毒类包括砷酸铅等。有机砷化物则有甲基砷酸锌（稻谷青）、甲基砷酸钙（稻宁）、甲基砷酸铁铵（田安）、新砷凡钠明（914）、乙酰亚砷酸铜（巴黎绿）等。

无机砷比有机砷毒性强，无机砷化物中以亚砷酸钠和三氧化二砷的毒性最强。三氧化二砷中毒量（mg/kg）：猪7.2～11.0，马、牛和绵羊33～55。亚砷酸钠中毒量（mg/kg）：猪2.0，马6.5，牛7.5，绵羊11.0。

【原因】误食含砷农药处理过的种子，喷洒过的农作物及饮用被砷化物污染的饮水。

误食含砷的灭鼠毒饵。

砷剂药浴驱除体外寄生虫时，药液过浓，浸泡过久，皮肤有破损或吞饮药液、舐吮体表等；内服或注射某些含砷药物治疗疾病时，用量过大或用法不当均可引起中毒。

饲料中添加对氨基苯砷酸及其钠盐促进猪、鸡生长（分别为50～100 mg/kg和250～400 mg/kg），用量过高或添加过久，引起中毒。

某些含金属矿物的矿床，特别是铁矿和铜矿，含有大量的砷。常因洗矿时的废水和冶炼时的烟尘污染周围的牧地或水源，引起慢性砷中毒。

【发病机理】砷制剂可由消化道、呼吸道及皮肤进入机体，先聚积于肝脏，然后由肝脏慢慢释放到其他组织，贮存于骨骼、皮肤及角质组织（被毛或蹄）中。砷可通过尿、粪便、汗及乳汁排泄。

砷制剂为原生质毒，可抑制酶蛋白的巯基（—SH），使其丧失活性，阻碍细胞的氧化和呼吸作用，导致组织、细胞死亡。砷尚能麻痹血管平滑肌，破坏血管壁的通透性，造成组织、器官瘀血或出血，并能损害神经细胞，引起广泛性的神经性损害。此外，砷制剂对皮肤和黏膜也具有局部刺激和腐蚀作用。

【临床表现】急性中毒多于采食后数小时发病，反刍动物可拖延至20～50 h发生，主要呈现重剧胃肠炎症状和腹膜炎体征。病畜呻吟、流涎、呕吐、腹痛不安、胃肠鼓胀、腹泻、粪便恶臭。口腔黏膜潮红、肿胀、齿龈呈黑褐色，有蒜臭样砷化氢气味。随病程进展，当毒物吸收后，则出现神经症状和重剧的全身症状。表现兴奋不安、反应敏感，随后转为沉郁，衰弱乏力、肌肉震颤、共济失调，呼吸迫促、脉搏细数，体温下降，瞳孔散大，经数小时乃至1～2 d，由于呼吸或循环衰竭而死亡。

慢性中毒主要表现为消化机能紊乱和神经功能障碍等症候。病畜消瘦，被毛粗乱逆立，容易脱落，黏膜和皮肤发炎，食欲减退或废绝，流涎，便秘与腹泻交替，粪便潜血阳性。四肢乏力，以致麻痹，皮肤感觉减退。

【临床病理学】急性病例胃肠道变化十分突出，胃、小肠、盲肠黏膜充血、出血、水肿和糜烂，腹腔内有蒜臭样气味。牛、羊真胃糜烂、溃疡甚至发生穿孔。肝、肾、心脏等呈脂肪变性，脾增大、充血。

慢性病例除胃肠炎症病变外，尚见有喉及支气管黏膜的炎症以及全身水肿等变化。

【诊断】依据消化紊乱为主、神经机能障碍为辅的综合征，结合接触砷毒的病史，进行综合诊断。必要时可测定饲料、饮水、乳汁、尿液、被毛以及肝、肾、胃肠及其内容物中的砷含量。正常砷含量：被毛＜0.5 mg/kg，牛乳＜0.25 mg/L。肝、肾的砷含量（湿重）超过10～15 mg/kg时，即可确定为砷中毒。

【治疗】急性中毒时，首先应用20 g/L氧化镁液或1 g/L高锰酸钾液，或50～100 g/L药用炭液，反复洗胃。

防止毒物进一步吸收，可将40 g/L硫酸亚铁液和60 g/L氧化镁液等量混合，振荡成粥状，每4 h灌服一次，马、牛500～1 000 mL，猪、羊30～60 mL，鸡5～10 mL。也可使用硫代硫酸钠，马、牛25～50 g，猪、羊 5～10 g 溶于水中灌服。

应用巯基络合剂(参考汞中毒的治疗)。

实施补液、强心、保肝、利尿、缓解腹痛等对症疗法。为保护胃肠黏膜,可用黏浆剂,但忌用碱性药,以免形成可溶性亚砷酸盐而促进吸收,加重病情。

(胡倩倩)

复习思考题

1. 食盐中毒的病因是什么?
2. 食盐中毒的症状和病变如何?
3. 如何治疗食盐中毒?
4. 汞中毒的病因是什么?
5. 汞中毒的症状和病变如何?
6. 汞中毒的中毒机理如何?
7. 如何治疗汞中毒?
8. 钼中毒的病因是什么?
9. 钼中毒的症状如何?
10. 钼中毒的中毒机理如何?
11. 如何防治钼中毒?
12. 镉中毒的中毒机理如何?
13. 镉中毒的症状如何?
14. 如何防治镉中毒?
15. 铜中毒的病因是什么?
16. 铜中毒的症状和病理变化如何?
17. 铜中毒的中毒机理如何?
18. 如何防治铜中毒?
19. 铅中毒的病因是什么?
20. 铅中毒的症状如何?
21. 铅中毒的中毒机理如何?
22. 如何防治铅中毒?
23. 引起动物无机氟化物中毒的物质有哪些?
24. 无机氟化物中毒的症状和病理变化如何?
25. 无机氟化物中毒的中毒机理如何?
26. 引起动物有机氟化物中毒的物质有哪些?
27. 有机氟化物中毒的症状和病理变化如何?
28. 有机氟化物中毒的中毒机理如何?
29. 硒中毒的病因有哪些?
30. 硒中毒的症状和病理变化如何?
31. 硒中毒的中毒机理如何?
32. 引起砷中毒的物质有哪些?
33. 砷中毒的症状和病理变化如何?
34. 砷中毒的中毒机理如何?
35. 如何治疗砷中毒?

第二十章　动物毒中毒

【内容提要】动物毒中毒，是指特定动物体内固有或向外分泌的有毒成分通过接触、叮咬、口服等途径致其他动物中毒的一类疾病。主要包括蛇毒中毒、蜂毒中毒、斑蝥毒素中毒、蚜虫中毒等。绝大多数动物毒属蛋白质或肽类物质，能在叮咬螫伤局部（如蜂毒）或胃肠道内（如斑蝥）因其刺激作用而引起炎性反应，吸收后则分别引起血液损害（溶血、凝血）、肾脏损害（肾病、肾炎）、神经损害（变性、坏死）或皮肤损害（光敏性皮炎），甚至发生休克而迅速致死。单发性动物毒中毒，我国主要是蛇毒中毒、蜂毒中毒报道较多。群发性动物毒中毒，常成为灾害，如蚜虫中毒和斑蝥毒素中毒。通过学习本章内容，要求掌握畜禽常见的动物毒中毒的防治方法和措施。

蛇毒中毒（Snake Venom Poisoning）

蛇毒中毒是由于动物被毒蛇咬伤，蛇毒通过伤口进入体内引起的一种急性中毒病。临床上以咬伤部位肿胀、变黑、发热和剧痛为特征，严重时可致中枢麻痹及休克而死亡。本病常发于夏秋季节，各种动物均可发生，常见于放牧动物和犬。

【原因】世界上的蛇类有 3 000 种左右，其中毒蛇约占 650 种。我国的蛇类有 150 余种，毒蛇占 47 种，其中为害较大且能使动物中毒致死的，主要有 10 种，即金环蛇、银环蛇、眼镜蛇、大眼镜蛇（眼镜王蛇）、五步蛇、蝮蛇、龟壳花蛇、竹叶青、蝰蛇和海蛇。这些毒蛇，除海蛇主要分布于近海地区外，大多数分布于长江以南各省区，而长江以北平原和丘陵地区只有蝮蛇、蝰蛇、龟壳花蛇等少数几种毒蛇。

毒蛇的毒腺位于头部两侧口角的上方，有导管通往毒牙的基部，当毒腺外面包绕的肌肉收缩时，就可以使毒液分泌，经导管通到毒牙，注入被咬动物的伤口内，引起机体中毒。毒液散布方式有两种。一种是毒液直接随着血流散布，这种情况极危险，极少量可使动物很快死亡。另一种是毒液随着淋巴循环散布，这是毒液散布的主要方式，无论毒牙咬的深浅，毒液总是随着淋巴液流向皮下组织和肌肉的淋巴间隙内，散布速度缓慢。因此当家畜被毒蛇咬伤后应及时处理，能将大部分的毒液吸出，就可以减轻蛇毒引起的中毒症状。

【发病机理】蛇毒是一种复杂的蛋白质化合物，含特异性毒蛋白、多肽类及某些酶类，如凝血素、抗凝血素、溶蛋白素、凝集素、胆碱酯酶、抗胆碱酯酶、蛋白分解酶等。与毒性关系较大的主要有卵磷脂酶、蛋白分解酶和磷酸酯酶 3 种：

卵磷脂酶分解成溶血卵磷脂酶后可使红细胞溶解，释出血红蛋白，侵害毛细血管壁细胞引起出血，释放组胺、5-羟色胺、缓动素等使毛细血管扩张，并增加毛细血管的渗透性，导致有效血容量不足而使血压下降。

蛋白分解酶可消化血红蛋白，破坏血管壁，引起出血和组织损伤，甚至导致大片深部组织坏死。

磷酸酯酶可使体内三磷酸腺苷水解增加，导致三磷酸腺苷缺乏，使乙酰胆碱合成障碍，因而神经冲动的传导不能很好地完成。此外尚可引起末梢血管扩张、血压下降、心率减慢、呼吸困难等。

蛇毒的作用是多方面的，根据毒性机理和症状分为 3 类，即神经毒、血液循环毒和混合毒。

神经毒主要来源于沟牙类毒蛇，如眼镜蛇科和海蛇科的毒蛇，此外，金环蛇、银环蛇亦属此毒类。蛇毒作用于神经系统既可作用于脊髓神经和神经肌肉接头而使骨骼肌麻痹乃至全身瘫痪，亦可直接作用于延髓的呼吸中枢或呼吸肌，使呼吸肌麻痹，最后窒息而死。

血液循环毒主要来源于管牙类毒蛇，例如竹叶青、龟壳花蛇、五步蛇、蝮蛇等。作用于血液循环系统，使心脏先兴奋后抑制，引起心力衰竭，同时引起溶血、出血、凝血、血管内皮细胞破坏，最后休克而死。

混合毒兼有神经毒和血循毒的毒性作用，但总是以其中某一种毒作用为主。

【临床表现】家畜通常是在放牧时被毒蛇咬伤，牛、羊等多在蹄关节或球关节附近部位被毒蛇咬伤，而猎犬多在四肢及鼻端。咬伤部位越接近中枢神经及血管丰富的部位,其症状越严重。猪由于皮肤厚及皮下脂肪丰富,毒素吸收缓慢,其中毒症状出现也较缓慢,仔猪则不然,一旦被咬伤往往很快中毒死亡。

由于蛇毒的类型不同,各种毒蛇咬伤的局部症状和全身症状也不尽相同。

蝰蛇、蝮蛇、竹叶青等蝰蛇科和蝮蛇科毒蛇的毒液多属血循毒。咬伤后局部症状突出,主要表现为咬伤部剧痛,流血不止,迅速肿胀,发紫发黑,并极度水肿,往往发生坏死,而且肿胀很快向上发展,一般经 6～8 h 可蔓延到整个头部以至颈部,或蔓延到全肢以至背腰部。毒素吸收后,则呈现一定的全身症状,包括血尿、血红蛋白尿、少尿、尿闭、肾功能衰竭及胸腹腔大量出血,最后导致心力衰竭或休克而死。

金环蛇、银环蛇等眼镜蛇科环蛇属毒蛇的毒液,多属神经毒。咬伤后,流血少,红肿热痛等局部症状轻微,但毒素很快由血行及淋巴道吸收,通常在咬伤后的数小时内即可出现急剧的全身症状。病畜痛苦呻吟,兴奋不安,全身肌颤,吞咽困难.口吐白沫,瞳孔散大,血压下降,呼吸困难,脉律失常,最后四肢麻痹,卧地不起。终因呼吸肌麻痹,窒息死亡。

眼镜蛇和眼镜王蛇的毒液,多属混合毒。咬伤后,红肿热痛和感染坏死等局部症状明显,毒素吸收后,全身症状重剧而且复杂,既具备神经毒所致的各种神经症状,又具备血循毒所致的各种临床表现。死亡的直接原因,通常是呼吸中枢和呼吸肌麻痹而引起的窒息,或血管运动中枢麻痹和心力衰竭而引起的休克。

【病程及预后】家畜的毒蛇咬伤不易早期发现。一经发现,则早已全身中毒,甚难救治。因此,病畜大多于 1～2 d 内死亡,预后不良。

【诊断】根据毒蛇咬伤史不难诊断,但发生在放牧过程中不易早期发现。对可疑蛇毒中毒病畜仔细检查患部是否有蛇咬伤牙痕以区别其他动物毒中毒,如蜈蚣、黄蜂、蝎子等。必要时可应用酶联免疫吸附试验检测伤口渗出液、血清和其他体液中蛇毒特异抗原,即可确定为何种蛇毒。

【治疗】毒蛇咬伤后就采取急救措施。要点是防止毒素的蔓延和吸收,结合并排除已吸收的毒素以及维护循环和呼吸机能。

为防止毒素的吸收和蔓延,应尽快(半小时内)于咬伤部的近心端进行绑扎,并每隔 15～20 min 松绑 1～2 min,以免缺血而发生坏死。有效绑扎伤口上方后,沿两个毒牙痕扩创排毒,此法不易用作被蝰蛇和蝮蛇咬伤者,以防出血不止。咬伤部必须立即清水、冷开水或肥皂水、3%双氧水、0.2%高锰酸钾溶液冲洗伤口。局部可用 0.2%呋喃西林溶液或 0.2%高锰酸钾溶液湿敷伤口,以达到排毒、消炎和退肿的目的。咬伤部周围,则可注射 1%～2%高锰酸钾液、双氧水或胃蛋白酶溶液,并用 0.25%～0.5%普鲁卡因液 100～200 mL 封闭。

为结合或破坏已吸收的毒素,可缓慢静脉注射 2%高锰酸钾液 50～100 mL。单价或多价抗蛇毒血清早期静脉注射常具有特效。抗炭疽血清或抗出败血清等非特异血清静脉或皮下注射,亦有较好的解毒效果。用量:猪、羊为 20～50 mL;马、牛为 80～100 mL。

为维护呼吸和循环机能,可应用山梗菜碱、安钠咖、乌洛托品、葡萄糖等解毒、强心、兴奋呼吸的药物。有窒息危险的,应施行气管切开术。

我国民间治疗蛇毒中毒具有丰富的经验,应用中草药,例如七叶一枝花、八角莲、山海螺、山梗菜、万年青、青木香、石蟾蜍、半边莲、田茎黄、白花蛇舌草等,可选用数种捣烂敷于伤口周围,同时配合支持疗法和对症治疗,效果良好。

【预防】在放牧草场调查毒蛇的活动规律及其特性,避免在蛇类喜欢盘踞的洞穴、树洞、岩洞放牧。做好畜舍卫生工作,经常灭鼠,避免因毒蛇捕鼠而进入舍内。放牧员应掌握急救方法,做到早发现、早治疗。

斑蝥毒素中毒(Cantharidin Poisoning)

斑蝥毒素(Cantharidin)是一种源于昆虫的半萜类毒素,产生于节肢动物昆虫纲鞘翅目芫菁科昆虫斑蝥体内。动物被斑蝥成虫咬伤皮肤而引起皮炎和泌尿系统炎症,或吞食寄生斑蝥成虫的植物茎叶发生中毒,临床上主要表现为消化道炎症。

【原因及发病机理】斑蝥寄生于豆科、茄科等植物,吃叶为生。成虫 4—5 月开始为害,7—9 月最为严重。斑蝥咬伤或斑蝥成虫随所寄生的植物(牧草)的茎叶被动物吞食而引起中毒。斑蝥的内服致死量:马、牛为 25～35 g,羊为 1 g。

斑蝥素为斑蝥的主要有毒成分,占虫体重的 1.2%～2%,系发亮的结晶,无色,无味,不溶于水,能溶于乙醇和脂肪油中。

斑蝥素具有强烈的局部刺激作用和吸收后的全身毒性作用。

斑蝥接触皮肤(咬伤),斑蝥素即很快进入组织(易溶于脂肪)而侵害深部,引起皮肤炎症,甚至发生水泡及化脓。斑蝥随饲草(牧草)吞食,可刺激黏膜血管扩张，血管壁通透性增加，而引起口、咽、食管、胃、肠等整个消化道的炎症。斑蝥素吸收后，可造成心肌、肝脏、脑髓等实质器官的出血、变性以至坏死。斑蝥素经肾随尿排泄，可引起肾脏、膀胱、尿道以至包皮等整个泌尿系统的炎症。

【临床表现】斑蝥中毒多发生于马、牛、羊等放牧饲喂的草食动物，通常取急性或亚急性病程，经过数日至数周，因吞食的斑蝥的数量而不同，重症大多致死。

动物被斑蝥咬伤部皮肤潮红、肿胀、温热和疼痛，甚至发生水疱和溃烂。吞食斑蝥中毒，迅速显现口腔黏膜潮红、肿胀、温热、疼痛、水疱、溃烂、流涎、吞咽困难、腹痛、出血性腹泻等口炎、咽炎、食管炎和胃肠炎的症状。

毒素吸收后，出现兴奋、狂躁、痉挛、昏睡、麻痹等神经症状，以及呼吸困难、脉搏疾速等心、肺病征。后期毒素排泄时，则表现肾区疼痛、排尿带痛、尿淋漓、尿频以及血尿、蛋白尿、管型尿等泌尿系统综合征。母畜可引起子宫收缩或阴道出血。孕畜常发生流产或早产。

【治疗】因中毒途径不同，采用局部处置或全身解毒疗法。

斑蝥咬伤所致的，咬伤部皮肤立即用温稀碱水冲洗，涂敷氧化锌橄榄油等，并按皮肤炎施行外科处置。

斑蝥吞食所致的，除投服淀粉、蛋清、豆浆、牛奶等黏浆剂，以保护胃肠黏膜，阻止毒素吸收，禁用油类药物。此外，针对实质器官损害和全泌尿系统炎症，实施强心、利尿、保肝等对症处置和全身解毒疗法。

蜂毒中毒(Bee Venom Poisoning)

蜂毒中毒是蜂类尾部毒囊分泌的毒液经蜂蜇动物皮肤时注入而引起的一种急性中毒病，也有因食入蜂体引起中毒的。各种家畜均可发病，马、鸭、鹅等敏感性最高，其次为山羊和绵羊。

蜂种类繁多，我国就约有200种，常见的有蜜蜂、黄蜂、大黄蜂、土蜂等。夏秋季是蜂蜇伤的高发季节。

蜂毒的毒性因蜂的种类而异，蜂毒的毒性较弱，但群蜂蜇伤亦可引起动物死亡。

【原因及发病机理】蜂蜇伤主要发生在动物触动蜂巢时群蜂被激怒，家禽有时捕食蜂引起中毒。蜂毒成分复杂，主要含有多肽类(蜂毒肽、蜂毒明肽及肽401)、酶类(磷脂酶A2、透明质酸酶)及乙酰胆碱、组胺和多巴胺等非肽类物质等，其中蜂毒肽是其主要致病因素。乙酰胆碱可使平滑肌收缩，运动麻痹，血压下降。5-羟色胺、组胺、磷脂酶A2、透明质酸酶可引起平滑肌收缩，血压下降，呼吸困难，局部疼痛、瘀血和水肿等。蜂毒肽可致急性肾损伤和多器官功能衰竭。

【临床表现】病初，蜇伤部会出现的局部炎症反应：红、肿、热、痛，针刺肿胀部流出黄红色的渗出液。大量毒液进入体内，由于过敏反应病畜出现瘙痒、荨麻疹、水肿、红斑等，严重者可发生过敏性休克、喉头水肿、肺水肿体征。部分动物会出现呕吐、黑便、黄疸等胃肠道症状。后期出现低血压、心律失常、低血压性休克、溶血性贫血、急性肺水肿、血尿、少尿、无尿、血红蛋白尿、神经症状等，往往因休克或呼吸麻痹而死亡。

【治疗】立即拔除残留毒刺，刺破肿胀皮肤，然后用肥皂水、3%氨水、5%碳酸氢钠液或0.1%高锰酸钾冲洗患部，涂擦5%碘酊或氧化锌软膏，并用普鲁卡因青霉素封闭肿胀部。0.5%氢化可的松配合葡萄糖盐水静脉注射，以脱敏抗休克，也可肌肉注射苯海拉明。为保肝解毒，可应用高渗葡萄糖、5%碳酸氢钠、40%乌洛托品、钙剂及维生素B_1或维生素C等。

蚜虫中毒(Aphis Poisoning)

蚜虫中毒，又称蚜虫病(Aphis Disease)，系因大量采食蚜虫密集寄生的植物所致发的一种动物毒中毒。临床特征是光敏性皮炎和结膜炎。多发生于白色皮毛的羊和猪。

【原因及发病机理】蚜虫属同翅目蚜科，我国各地均有分布，常寄生在豆科、十字花科、禾本科牧草和农作物上。动物采食大量蚜虫寄生的饲草后，蚜虫体内的光能效应物质经血液循环到达皮肤。光能效应物质可经过一定波长的光线作用，处于活化状态。在阳光作用下，皮肤无色素部分的光能剂获得能量，当分子恢复到低能状态时，所释放的能量与皮肤细胞成分发生光化学反应，形成游离的化学基团及过氧化物，损坏周围细胞的胞膜和溶酶体膜，从而损伤细胞结构，释出组胺，增加细胞通透性，从而局部细胞坏死，血管壁破坏，发生组织水肿，并以皮肤内毛细血管壁内皮细胞的损伤尤为严重，造成表皮和真皮中血浆、红细胞连同光能效应物质的渗出，经日光的进一步激活，周围组织的膜结构损伤更加深重，嗜碱性细胞也同时受到损害，释放出致炎介质，连同上述光化学反应损害，就造成皮肤感光过敏的一系列病理变化，显现光敏性皮炎。同时发生消化系统及中枢神经系统的障碍。

【临床表现】轻症病例，无色素部皮肤呈红斑性炎症。患部皮肤发红、肿胀、疼痛并瘙痒，经 2～3 d 消退，以后逐渐落屑，全身状态多无明显改变。

重症病例，患部肿胀和产热明显，痛觉和痒觉剧烈，并出现大小不等的水疱。水疱破溃后，流黄色或黄红色液体，或溃疡结痂，或坏死脱落。除皮肤炎外，常伴发口炎、结膜炎、角膜炎、化脓性全眼球炎、鼻炎、咽喉炎、阴道炎和膀胱炎。病畜体温升高，全身症状比较明显。

更严重的病例，还表现黄疸、腹痛、腹泻等消化道症状和肝病症状，或呼吸高度困难、泡沫样鼻液等肺水肿症状。有的则出现兴奋不安、无目的奔走、共济失调、痉挛、昏睡以至麻痹等神经症状。

【诊断】依据感光过敏的临床表现，结合发生特点和蚜虫接触史，很容易作出诊断。注意与卟啉病、吩噻嗪中毒、光能效应植物中毒、肝脏疾病等引起的感光过敏症进行鉴别。

【治疗】无特效解毒药。应立即停喂有蚜虫的饲草，避免日光直射，灌服蓖麻油等缓泻剂和人工盐等利胆药，以清理肝脏和胃肠道内的光能效应物质。皮肤患部可行冷敷，或用石灰水或 0.2%高锰酸钾洗涤，涂以 1∶10 鱼石脂软膏。止痒可涂布 1∶10 石炭酸软膏或撒布氧化锌薄荷脑粉(薄荷脑 0.2～0.4 g，氧化锌 20 g，淀粉 20 g)。肌肉注射苯海拉明 40～60 mg 或盐酸异丙嗪 50～100 mg、维生素 C 0.2～0.5 g，也可静脉注射 10%的钙制剂。控制继发感染可使用抗生素或磺胺类药物。

(贺鹏飞　张剑柄)

复习思考题

1. 蛇毒的中毒机理是什么？怎样防治畜禽蛇毒中毒？
2. 斑蝥毒素中毒有哪些临床症状？怎样防治畜禽斑蝥毒素中毒？
3. 简述畜禽蜂毒中毒防治原则。
4. 畜禽蚜虫中毒主要临床症状有哪些？

第六篇

免疫及遗传性疾病

第二十一章　免疫性疾病

【内容提要】临床免疫学是基础免疫学和临床医学相结合的一门免疫学分支学科。它运用免疫学的理论和技术，研究免疫性疾病的病因、病理发生、诊断、治疗和预防等有关问题。兽医临床免疫学，与医学临床免疫学相对应，是研究动物免疫性疾病的一门内容崭新、发展很快的新兴学科。它不仅丰富和充实了兽医内科学的内容，拓宽了动物普通病学领域，而且还为研究人类的免疫性疾病提供了大量实验性和/或自发性动物模型，从而推动了比较免疫学、比较医学和比较生物学的发展。

动物的免疫性疾病，是人类相关免疫性疾病的对应病。人和动物的免疫性疾病，均分为四大类，即超敏反应病、自身免疫病、免疫缺陷病和免疫增生病。

第一节　超敏反应病

超敏反应病(Hypersensitivity Disease)，是指以超敏感性为其主要病理发生的一类免疫病。包括过敏性休克、过敏性鼻炎、变应性皮炎、荨麻疹、新生畜同种免疫性溶血性贫血(IIHA)、同种免疫性白细胞减少症(IILP)、同种免疫性血小板减少性紫癜(IITP)、血斑病、变应性肺炎、肾小球肾炎、虹膜睫状体炎、血清病综合征、变应性接触性皮炎、变应性脑脊髓炎、蚤咬性皮炎、蠕形螨病、壁虱麻痹等。

过敏性休克(Anaphylactic Shock)

过敏性休克，包括大量异种血清注射所致的血清性休克，是致敏机体与特异变应原接触后短时间内发生的一种急性全身性过敏反应，属Ⅰ型超敏反应性免疫病。各种动物均可发生，犬和猫比较多见。新近报道，鳕鱼可引发接触性荨麻疹和过敏性休克。

【原因及病理发生】参见第二章“常见症状的病理和鉴别诊断”中第五节“过敏反应和过敏性休克”一节中的相关内容。

【临床表现】牛、马和猪等动物过敏性休克的临床表现同样可以参见本书“过敏反应和过敏性休克”。

犬表现兴奋不安，随即呕吐，频频排血性粪便，继而肌肉松弛，呼吸抑制，陷入昏迷惊厥状态，大多于数小时内死亡。

猫表现呼吸困难，流涎，呕吐，全身瘫软，以至昏迷，于数小时内死亡或康复。

【治疗】要点在于对症急救。作用于肾上腺素能β受体的各种拟肾上腺素药，能稳定肥大细胞，制止脱粒作用，还能兴奋心肌，收缩血管，升高血压，松弛支气管平滑肌，降低血管通透性，是控制急性过敏反应，抢救过敏性休克的最有效药物。如配合抗组胺类药物，则疗效尤佳。

常用的是肾上腺素。0.1%肾上腺素注射液，皮下或肌肉注射量：马、牛 2～5 mL；猪、羊 0.2～1.0 mL；犬 0.1～0.5 mL；猫 0.1～0.2 mL。静脉(腹腔)注射量：马、牛 1～3 mL；猪、羊 0.2～0.6 mL；犬 0.1～0.3 mL。

常配伍用的是苯海拉明和异丙嗪。盐酸苯海拉明(可他敏)注射液，肌肉注射量：马、牛 0.5～1.1 mg/kg；羊、猪 0.04～0.068 g。盐酸异丙嗪(非那根)注射液，肌肉注射量：马、牛 0.25～0.5 g；羊、猪 0.05～0.1 g；犬 0.025～0.1 g。

过敏性鼻炎(Allergic Rhinitis)

过敏性鼻炎，即变应性鼻炎，是Ⅰ型超敏反应性免疫病。人类的过敏性鼻炎(枯草热)，连同支气管哮喘，是最常见多发的免疫病。动物的过敏性鼻炎，包括因吸入花粉而引发的所谓“干草感冒”并不罕见，但多被误诊。

【原因】过敏性鼻炎的病因是所谓特应性的易感个体吸入来自植物或动物的化学结构复杂的变应原物质：如豚草、梯牧草、果园草、甜春草、红顶草和黑麦草等的草花粉；榆树、杨树、枫树、白杨树以及栎属、柏属和橘属等树木的树花粉；曲霉菌、青霉菌、毛霉菌、念珠菌和黑穗病霉菌等霉菌孢子；毛翅目昆虫的鳞屑上皮，膜翅科昆虫的发散物；以及其他各种有机尘埃。放牧牛、羊的“夏季鼻塞”，常大批发生于牧草开花的春天和秋天，病因变应原尚未确定。

【临床表现】群发于春、夏牧草开花季节的牛、羊“夏季鼻塞”，大多突然起病，最突出的症状是伴有窒息危象的呼吸困难，一种发出鼾声或鼻塞音的高度吸气性呼吸困难，甚至张口呼吸。两侧鼻孔流大量浓稠的、灰黄至橙黄色的黏液脓性或干酪样鼻液。患畜间断或连续地打喷嚏，频频摇头不安，在地面上蹭鼻或反复将口鼻部伸进围栏或树丛磨蹭，表明有剧烈的痒感存在。视诊鼻腔黏膜潮红、肿胀，鼻道狭窄，被覆大量炎性渗出物。鼻液涂片染色镜检，见有多量嗜酸性白细胞。慢性期，刺激症状消退，鼻液分泌减少，呼吸困难缓解。

犬特应性鼻炎，除喷嚏、流鼻涕等鼻炎症状外，还常伴有眼睑肿胀、畏光、流泪等结膜炎症状，特别是有瘙痒、丘疹等特应性皮炎的临床表现。

【治疗】急性期病畜，除按鼻炎实施一般疗法外，要立即应用抗组胺类药物和交感神经兴奋剂，以缓解窒息危象，然后尽快远离疾病发作的牧地或现场。

当前应用的抗组胺药物可分为：烷基胺类，如氯苯吡胺（扑尔敏）；乙二胺类，如特赖皮伦胺（去敏灵）；氨基乙醇类，如苯海拉明（可他敏）。给药途径最好是水剂滴鼻或粉剂吹鼻。抗组胺药与拟交感药如麻黄碱、去甲肾上腺素等联合应用，能增强效果。

血管神经性水肿（Angioneurotic Edema）

见二维码21-1。

二维码 21-1　血管神经性水肿

荨麻疹（Urticaria）

荨麻疹，俗称风团或风疹块，是皮肤乳头层和棘状层浆液性浸润所表现的一种扁平疹，属Ⅰ型超敏反应性免疫病。各种动物均可发生，常见于马和牛，猪和犬次之，其他动物少见。

【原因】致发荨麻疹的变应原相当复杂。依据其常见的病因，可作如下归类：

外源性荨麻疹，其变应原包括某些动植物毒，如蚊、蚋、虻、蝇、蚁等昆虫的刺螫，荨麻毒毛的刺激（因此得名）；某些药剂，如青霉素、磺胺类；生物制品，如血清注射和疫苗接种；石炭酸、松节油、芥子泥等刺激剂的涂擦；劳役后感受寒冷或凉风（故名风疹块），或经受抓搔及摩擦等物理刺激。

内源性荨麻疹，采食变质或霉败饲料，其中某些异常成分被吸收；胃肠消化紊乱，微生态异常（肠内菌群失调），某些消化不全产物或菌体成分被吸收；饲料质地虽完好，而畜体对其有特异敏感性，如马采食野燕麦、白三叶草和紫苜蓿，牛突然更换高蛋白饲料，猪饲喂鱼粉和紫苜蓿，犬吃入鱼肉、蛋、奶等。

感染性荨麻疹，在腺疫、流感、胸疫、猪丹毒、犬瘟热等传染病和侵袭病的经过中或痊愈后，由于病毒、细菌、原虫等病原体对畜体的持续作用而致敏，再次接触该病原体时即感作而发病。

致发荨麻疹的变应原，分子量常较小，多为半抗原，与体组织蛋白结合后才具有免疫原作用，皮肤和黏膜为其主要靶器官，肥大细胞释放的组胺等活性递质，可使毛细血管和淋巴管扩张，渗出血浆和淋巴液，发生皮肤扁平丘疹和/或黏膜水肿。

【临床表现】通常无前驱症状而在再次接触变应原的数分钟至数小时内突然起病，发生丘疹。多见于颈、肩、躯干、眼周、鼻镜、外阴和乳房。丘疹扁平状或呈半球状，豌豆至核桃大，数量迅速增多，有时遍布全身，甚至互相融合而形成大面积肿胀。外源性荨麻疹，剧烈发痒，病畜站立不安，常使劲摩擦，以致皮肤破溃，浆液外溢，被毛纠集，状似湿疹（湿性荨麻疹）。内源性和感染性荨麻疹，痒觉轻微或几乎无痒觉。

通常取急性经过，病程数小时至数日，预后良好。有的取慢性经过（慢性荨麻疹），迁延数周乃至数月，反复发作，常遗留湿疹，顽固难治。

【治疗】急性荨麻疹多于短期内自愈，无须治疗。慢性荨麻疹的治疗原则是消除致敏因素和缓解过敏反应。

消除致敏因素，应停止饲喂霉败饲料，驱除胃肠道寄生虫，灌服缓泻制酵剂，以清理胃肠，排除异常内容物等。

缓解致敏反应，常配伍用抗组胺类药和拟交感神经药。参见过敏性休克的治疗。

变应性皮炎（Allergic Dermatitis）

变应性皮炎，即昆虫螯咬性皮炎，是马骡的一种伴有剧烈瘙痒的皮肤炎症，属Ⅰ型超敏反应性免疫病。最新报道，本病还发生于猫和小鼠。病的发生有明显的季节性特点，通常在炎热潮湿的夏秋月份发病，寒冷季节症状即缓解乃至消失。

【原因】本病系双翅目吸血昆虫——糠蚊，即蠓叮咬所致。蠓的唾液中含变应原，为半抗原，与皮肤的蛋白结合后即变成完全抗原致敏动物，然后反复叮咬发作。靶器官是皮肤。

【临床表现】病变通常集中在尾根、臀部、背部、甲部、颈背和两耳等脊背侧。轻症病马，只见耳、尾等处皮屑增多和脱毛。重症病马，患病可扩延到胸腹侧、颈侧以至面部和四肢。病变部皮肤剧烈瘙痒，夜间尤甚，是本病的一大特点。病畜啃咬或摩擦皮肤，常数小时不已，甚而彻夜不眠，以致影响采食，形体消瘦，被毛纠集、脱落而形成斑秃，皮肤溃烂、渗出、结痂或继发感染。

病程缓长，夏、秋季发病，冬、春季缓解，次年夏、秋季再发，病因不除则反复不已。

【防治】局部使用和注射抗组胺类药物和皮质类固醇，只能缓解病情，且疗效短暂。根本性的防治措施是搞好厩舍卫生，降低吸血昆虫密度。马体喷洒驱蚊剂和地灶熏烟驱蠓可使发病率大幅度降低。

犬特应性皮炎（Canine Atopic Dermatitis）

犬特应性皮炎是指特应性体质的犬吸入变应原而发生的一种变应性皮炎，属于Ⅰ型超敏反应性免疫病。它是一种常见的与遗传和反应素（IgE）有关的自发过敏反应的慢性进行性皮肤病。所有犬的品种都可发生，但大麦町犬（斑点犬）、比格犬等品种及其杂种发病率高。任何年龄犬都可发生，以1～3岁犬多发。

【原因】犬的特应性皮炎经常是由于吸入变应原，如花粉、尘螨、霉菌、皮屑等而引起，因此该病又称为吸入过敏性皮炎。与人不一样（呼吸道黏膜是过敏原的靶器官），犬的皮肤则是其靶器官。此病虽有一定的季节性，但慢性吸入性抗原性过敏全年都可发病。病程较长，有的可以伴随犬的一生。

【临床表现】犬特应性皮炎最早最突出的临床症状就是剧烈瘙痒，大多为全身性的，但面部、脚和腋下尤甚。病犬常常舔嚼自己的脚和腋下。皮肤损害可因严重舔咬、抓搔和继发感染而加重。继而皮肤出现鳞片、表皮脱落和耳炎，慢性患犬眼周围、腋下和腹股沟区皮肤形成苔藓样红斑，有的色素沉着过多。

【诊断】根据病史和临床症状可作出初步诊断，皮内过敏原试验有助于本病的确诊。

【治疗】应用强的松或强的松龙口服治疗，剂量为2～4 mg/kg体重，当症状好转后，改用维持剂量，每天0.5～1 mg/kg体重。也可以应用泼尼松或地塞米松。如发生继发感染，应配合抗生素治疗。

新生畜同种免疫性白细胞减少症（Neonatal Isoimmune Leukopenia）

新生畜同种免疫性白细胞减少症，是由于仔畜和母畜间白细胞型不合，母畜血清和乳汁中存在凝集破坏仔畜白细胞的同种白细胞抗体所致的白细胞减少症，属Ⅱ型超敏反应性免疫病。其病因及病理发生与新生畜同种免疫性血小板减少性紫癜相仿，即父畜和母畜间白细胞型不合，仔畜继承了父畜的白细胞型，作为潜在性抗原，一旦通过胎盘屏障，即刺激母体产生特异性抗白细胞同种抗体，存在于血清并分泌于乳汁特别是初乳中。仔畜出生时健康活泼，吮母乳后经过一定时间发病。本病只报道见于马驹和小鼠，其他动物尚无记载。基本临床表现是呼吸道、消化道和皮肤反复发生感染。主要检验所见包括白细胞总数减少，中性粒细胞比例降低，单核细胞绝对数增多，骨髓象显示粒系细胞核左移并有成熟障碍。主要防治方法是停吮母乳，用抗生素对症治疗。

新生畜同种免疫性血小板减少性紫癜（Neonatal Isoimmune Thrombocytopenic Purpura）

新生畜同种免疫性血小板减少性紫癜，是母畜血清和乳汁中存在凝集仔畜血小板的抗血小板抗体所致的一种免疫性血小板减少症，以皮肤、黏膜、关节和内脏显现广泛的出血为其临床特征，属Ⅱ型超敏反应性免疫病。主要发生于骡驹、马驹、仔犬和仔猪。

【原因】基本病因是父畜和母畜的血小板型不合，且胎儿继承了父畜的血小板型，以致胎儿血小板作为抗原，刺激母体产生抗血小板抗体存在于血清中，妊娠后期效价升高，产后则随乳汁特别是初乳而排出。这种抗体具有种特异性，即不仅能凝集胎儿及其父畜的血小板，还能凝集同种动物的血小板。新生仔畜，包括亲生的以及非亲生而血小板为该抗原类型的，一旦吸吮此乳汁，循环血小板即发生凝集并在脾脏等网状内皮系统中遭到滞留和破坏。

【临床表现】仔畜出生时外观健康活泼，吃母乳后数小时（骡驹和马驹）或数日（仔猪）突然起病，眼、口腔、鼻腔等可视黏膜显示出血点或出血斑。骡驹和马驹，常发生皮肤渗血；仔猪和仔犬，常发生皮下出血而形成大小不等的血肿。有的因关节内出血或关节部皮下出血而表现腕、肘、跗等四肢关节肿胀，触之呈捏粉样，有痛感。有的因肺出血而表现呼吸困难。大多数病畜可于停吮母乳后 2～4 d 停止出血，病情好转，并逐渐康复。如再吮母乳，则随即复发。临床检验显示血小板减少、流血时间延长和血块收缩不良。

【治疗】治疗的原则是除去病因，减少血小板破坏和补充循环血小板。为此，要立即停吮母乳，找保姆畜代哺。使病畜保持安静，减少活动，以免自发性出血加剧，并尽快输给新鲜相合血或富含血小板的新鲜血浆。

超敏反应性虹膜睫状体炎（Allergic Iridocyclitis）

见二维码 21-2。

二维码 21-2 超敏反应性虹膜睫状体炎

血清病综合征（Serum Disease Syndrome）

见二维码 21-3。

二维码 21-3 血清病综合征

变应性接触性皮炎（Allergic Contact Dermatitis）

见二维码 21-4。

二维码 21-4 变应性接触性皮炎

蚤咬变应性皮炎（Flea Allergic Dermatitis）

见二维码 21-5。

二维码 21-5 蚤咬变应性皮炎

第二节 自身免疫病

自身免疫病（Autoimmune Disease），是指宿主免疫系统对自身成分的免疫反应性增高而造成自身组织损害的一类免疫病。包括系统性红斑狼疮（SLE）、类风湿性关节炎（RA）、重症肌无力（MG）、自免性溶血性贫血（AIHA）、自免性血小板减少性紫癜（AITP）、自免性甲状腺病、自免性脑炎、自免性神经炎、自免性睾丸炎、干燥综合征、多动脉炎、皮肌炎、结节性脂膜炎、晶体诱导性葡萄膜炎、视网膜变性、天疱疮、乳汁变态反应等。

乳汁变态反应（Milk Allergy）

乳汁变态反应，是乳房内潴留乳汁吸收所致的一种变态反应，属Ⅰ型超敏反应性自身免疫病。本病主要发生于牛，特别是娟珊和更赛两品种特应性牛，具遗传特性。偶见于马和犬。过敏原是自身乳汁中的 α-酪蛋白。病因是挤奶延迟或干乳期乳汁滞留，乳房内压升高，乳腺合成分泌的酪蛋白再吸收入血。常见症状是荨麻疹。重症病例还表现明显的全身反应，呼吸困难（呼吸数可达百次），肌肉震颤，吼叫不安，舔吮皮肤，或精神迟钝，共济失调，卧地不起。病程有自限性，预后佳良，通常不药而愈。确诊依据于直接皮肤过敏试验。自身乳汁千倍或万倍稀释后皮内注射，几分钟内皮肤水肿增厚的，为阳性反应。抗组胺类药治疗效果良好。预防在于避免干乳期起始阶段乳汁猛然潴留和淘汰特应性体质牛。

自身免疫性溶血性贫血（Autoimmune Hemolytic Anemia）

自身免疫性溶血性贫血，简称自免溶贫（AIHA），是体内产生自身红细胞抗体而造成的慢性网状内皮系统溶血和/或急性血管内溶血，属Ⅱ型超敏反应性自身免疫病。依据病因，分为原发性 AIHA 和继发性 AIHA。依据自身抗体致敏红细胞的最适温度，分为温凝集抗体型和冷凝集抗体型，即冷凝集素病。本病在犬比较常见，猪、牛、马也有发生。

【原因】原发性自免溶贫，病因尚不清楚，故称特发性自免溶贫。继发性自免溶贫，见于多种疾病，包括链球菌、产气荚膜杆菌、病毒等各种微生物感染；淋巴瘤、淋巴肉瘤、白血病等恶性肿瘤以及系统性红斑狼疮、自身免疫性血小板减少性紫癜等其他自身免疫病；某些药物和毒物，如青霉素和铅中毒等偶尔也可引起本病。

【临床表现】温抗体溶血病，由温凝集型抗体(主要为 IgG)所致，原发性或特发性居多，分急性和慢性两种过程。通常取慢性经过，即以慢性网状内皮系统溶血为主要病理过程。病畜在长期间内反复发热、倦怠、厌食、烦渴、可视黏膜苍白或黄染，呈渐进增重的进行性贫血和黄疸，腹部透视和腹壁或直肠触诊可认脾脏和肝脏明显肿大。

冷抗体溶血病，即冷凝集素病，由冷凝集型抗体(多数是 IgM，少数是 IgG)所致，继发性的居多，通常取急性经过，或在慢性迁延性经过中出现急性发作。主要表现为浅表血管内凝血和/或急性血管内溶血，突出的体征是躯体末梢部皮肤发绀和坏死。病畜在冬季或寒夜暴露于低温环境时，致敏红细胞可在浅表毛细血管内发生自凝，表现为耳尖、鼻端、唇边、眼睑、阴门、尾梢和趾垫等体躯末梢部位的皮肤发绀。局部皮肤因缺血而发生坏疽，发热、溶血、肝脾肿大等症状不如温抗体病明显。

【治疗】皮质类固醇疗法是自免溶贫的基本疗法。糖皮质激素，如强的松和强的松龙，每日 2 mg/kg，分次口服，或每日 1 mg/kg，混入葡萄糖盐水内缓慢静脉注射，对特发性自免溶贫有良好的效果，配合应用环磷酰胺等其他免疫抑制剂则效果更佳，但必须减量持续用药相当长(数周至数月)的时间，否则容易复发。

继发性自免溶贫，应着重查明并治疗原发病，可适当配合上述糖皮质激素疗法。

冷凝集素病，继发性的居多，主要在于根治原发病，并应注意避免持续受寒。

自身免疫性血小板减少性紫癜(Autoimmune Thrombocytopenic Purpura，AITP)

自身免疫性血小板减少性紫癜，是体内产生抗血小板自身抗体所致发的一种免疫性血小板减少症，以皮肤、黏膜、关节和内脏的广泛出血为临床特征，属Ⅱ型超敏反应性自身免疫病。

AITP 是发生较多、研究较深的一种动物自身免疫病。犬 AITP 在发现得最早和最多，但马和猫也有报道。

【原因】自身免疫性血小板减少性紫癜的病因还不完全清楚，但临床上通常并发于一些结缔组织疾病和淋巴增生性疾病，大多继发于某些微生物感染和磺胺、抗生素、二氨二苯砜、左旋咪唑等药物过敏。近来报道，在骨髓移植停用免疫抑制剂之后可发生 AITP。

【临床表现】本病急性突发型较少，绝大多数(80%以上)取慢性迁延型经过，在数月至 1～3 年间反复缓解和发作，常见于成年犬，尤以 4～6 岁母犬居多。

急性突发型 AITP，多数起因于微生物感染或药物过敏，通常在接触病原因子或药物数日至数周后突然起病，显现厌食、沉郁、发热和呕吐(犬和猫)等全身症状，最突出的临床表现是出血体征，在可视黏膜上显现出血点和出血斑块，遍布于齿龈、唇、舌及舌下口腔黏膜，结膜、巩膜、瞬膜，鼻腔黏膜。

慢性迁延性 AITP，多并发或继发于淋巴组织增生病、系统性红斑狼疮等其他自身免疫病以及金制剂等少数药物的长期接触。起病隐袭，通常在原发病临床表现的基础上逐渐显现前述皮肤、黏膜及内脏器官的某些出血体征。出血程度较轻且常能自行缓解，但经常反复发作，病程迁延数月以至数年，顽固难愈。

检验所见：除出血后贫血的各种检验指征外，主要包括流血时间延长，血块收缩不良，血小板数极度减少，以及血片血小板象和骨髓巨核细胞象的改变。

【治疗】只要查明并除去病因，停用可疑的药物，急性 AITP 大多即自行痊愈。糖皮质激素，如氢化可的松、强的松、强的松龙等是对症治疗的首选药物。开始时使用大剂量，每日 2.5～5.0 mg/kg，分次口服，连续 1～2 周为一疗程，以后减半，以控制病情。绝大多数病畜经 3～5 周即可痊愈和临床缓解。

系统性红斑狼疮
(Systemic Lupus Erythematosus, SLE)

系统性红斑狼疮,是由于体内形成抗核抗体等抗各种组织成分的自身抗体所致发的一种多系统非化脓炎症性自身免疫病。本病是医学上最早发现的全身性结缔组织疾病,即胶原-血管疾病,主要报道于犬、鼠、猫和马。

【原因】系统性红斑狼疮的病因学涉及多种因素,包括遗传、免疫等内在因素以及微生物感染、药物诱导等外在因素。某些动物有遗传性免疫缺陷,具有易感 SLE 的素质,即所谓狼疮素质,在特定微生物感染或药物诱导下,产生多种自身抗体,出现细胞溶解型和免疫复合物型超敏反应,导致血细胞和相应器官组织的免疫学损伤。

【临床表现】系统性红斑狼疮常见于犬和猫,尤以 4～6 岁的中青年雌犬发生较多。其起病隐袭,病程缓长,大多延续 1 年至数年,临床缓解和加剧反复交替。免疫损伤几乎遍及全身各系统器官,主要引起溶血性贫血、血小板减少性紫癜、皮炎、肾炎、多发性关节炎、胸膜炎、心内膜炎、坏死性肝炎以及脑-神经系统和视网膜的血管损害等,表现各式各样错综复杂的临床症状。病畜有间歇性发热,倦怠无力,食欲减退,体重减轻等一般症状。

【治疗】SLE 急性发作的病畜,用强的松、强的松龙等大剂量糖皮质激素,配合应用硫唑嘌呤、环磷酰胺等免疫抑制剂,常能奏效。

类风湿性关节炎(Rheumatoid Arthritis)

类风湿性关节炎,简称类风湿(RA),是由于体内形成抗丙种球蛋白自身抗体所致发的一种全身性结缔组织(胶原-血管)疾病。以慢性进行性糜烂性多关节炎为主要病变,通常对称地侵害肢体远端小关节,眼观病理特征为关节滑膜及其软骨的糜烂和关节及其周围组织的变形。本病主要发生于犬,也见于猪、猴、大鼠以及猫。

【原因】类风湿性关节炎的病因迄今不明。早先的许多学者曾致力于研究棒状杆菌、丹毒丝菌、猪鼻霉形体和牛乳腺炎霉形体等微生物的感染对犬、猪、牛、大鼠类风湿性关节炎的病因作用,但未取得确定性结果。

【临床表现】起病突然或隐袭,常表现发热、沉郁、食欲减退和体重减轻等全身症状,同时或稍后出现一肢或数肢的不同程度跛行。髋、膝、跗、肩、腕、跖、趾等肢体大小关节均可受累,但远端小关节最常发生。典型的关节症状是温热、肿胀、疼痛和运动障碍,伴有关节韧带和半月状板损伤的关节即变得松弛而失去稳固性。病程延续数周后,关节外形常发生明显改变,如腕关节和跗关节呈直角形或关节脱位,最终导致纤维性或骨性关节强直。

【治疗】应用最广的是水杨酸钠、乙酰水杨酸(阿司匹林)等水杨酸盐。每日 1～3 g,分次口服,持续数周至数月,配合消炎痛、保泰松等非类固醇抗炎药,常可治愈轻度和中等度类风湿病畜。

重症肌无力(Myasthenia Gravis, MG)

重症肌无力是一种以运动终板区神经肌肉传导障碍为发病环节,以骨骼肌无力和易疲劳为临床特征的疾病,有获得性和先天性两种类型。获得性重症肌无力已肯定是由于体内产生抗乙酰胆碱受体和抗横纹肌的自身抗体所致的自身免疫病;先天性重症肌无力是由于运动终板区乙酰胆碱受体先天缺陷所致而免疫机理尚未定论的遗传性疾病,犬和猫有发病的报道。

【临床表现】主要包括遍及全身的骨骼肌无力体征,发作与缓解反复交替的慢性病程,肌电图上紧靠基线的低小动作电位以及抗乙酰胆碱酯酶药试验性治疗的立即应答效果。

【治疗】因病型而异。先天性重症肌无力,只能应用抗胆碱酯酶药长期维持。抗胆碱酯酶类药物,可抑制胆碱酯酶活性,使乙酰胆碱的神经肌肉递质作用时间延长,是重症肌无力的速效对症措施。常用硫酸甲基新斯的明、溴化吡啶斯的明注射液(1 mL＝1.5 mg)1～2 mL 皮下或肌肉注射。获得性重症肌无力,除抗胆碱酯酶药而外,还有血浆泻除法、胸腺切除法、糖皮质激素和免疫疗法。

天疱疮(Pemphigus)

天疱疮是由于体内形成抗表皮细胞自身抗体所致发的一组慢性进行性大疱性自免皮肤病。至于抗表皮组织自身抗体形成的原因,亦即天疱疮的病因,迄今还未确定。动物的天疱疮病组依据皮肤病理组织学变化而分为 4 种病型,即寻常天疱疮、剥脱天疱疮、增殖天疱疮和红斑天疱疮,先后报道发生于犬、猫、马和山羊。

【临床表现】突然或逐渐起病,伴有发热、厌食、委顿等不同程度的全身症状。各种动物各型天疱疮的共同临床特点是黏膜、皮肤的表皮内有大疱形成。

犬、猫、羊、马的表皮都很薄，大疱期十分短暂，通常很快就出现皮肤糜烂和溃疡，以致结痂或继发感染。

【治疗】天疱疮特别是寻常天疱疮病情重剧，病毒在未应用糖皮质激素疗法之前几乎全部死亡。当前首选的疗法仍然是大剂量糖皮质激素，如强的松或强的松龙（2 mg/kg 体重）连续应用，为防止感染可配合抗生素疗法。较低剂量糖皮质激素与其他免疫抑制剂配伍用，可获得较好的疗效，如强的松或强的松龙（1 mg/kg）与硫唑嘌呤或环磷酰胺（2 mg/kg），每周配伍用 4 d，单用 3 d。天疱疮病猫应用醋酸甲地孕酮可获得良好效果。

第三节　免疫缺陷病

免疫缺陷病（Immunodeficiency Disease），是指以机体免疫系统发育缺陷或免疫应答障碍为基本病理过程的一类免疫病。包括联合性免疫缺陷病（CID），免疫缺陷性侏儒，遗传性胸腺发育不全，腔上囊成熟缺陷，原发性无丙球血症，暂时性低丙球血症，选择性 IgA 缺乏症，选择性 IgM 缺乏症，选择性 IgG 缺乏症，选择性 IgG_2 缺乏症，遗传性 C_2、C_3、C_4、C_5、C_6 缺乏症，周期性血细胞生成症，粒细胞病综合征以及获得性免疫缺乏综合征（艾滋病）等。

联合性免疫缺陷病（Combined Immunodeficiency Disease，CID）

联合性免疫缺陷病，又称遗传性联合性免疫缺陷病或原发性严重联合性免疫缺陷病，是由于骨髓干细胞先天缺陷、淋巴细胞生成障碍所致发的一种遗传性细胞免疫并体液免疫缺陷综合征。其免疫病理学特征包括胸腺极度发育不全；淋巴结、脾脏等次级淋巴器官的 T 细胞依赖区和 B 细胞依赖区匮乏；外周血 T/B 两类淋巴细胞稀少或缺如；兼有体液免疫和细胞免疫功能障碍，如 IgM 等各类免疫球蛋白含量低下以至缺乏，对抗原刺激不产生特异性抗体，淋巴细胞体外培养对各种致丝裂原刺激不发生母细胞转化，皮试不出现延迟型超敏反应，移植物抗宿主反应（GVHR）微弱，感染组织局部免疫病理反应轻微等。遗传特性已确定为单基因常染色体隐性类型。已报道发生于马，见于阿拉伯纯种及杂种马驹。临床特点是呈家族性发生，母源免疫球蛋白耗尽前后发病，主要表现呼吸道和消化道的一种或多种细菌、病毒、原虫性感染，各种抗生素治疗无效，一般于 5 月龄之内死亡。

免疫缺陷性侏儒（Immunodeficient Dwarf，IDD）

免疫缺陷性侏儒，又称消瘦综合征，是由于生长激素缺乏及胸腺发育不全所致发的一种原发性细胞免疫缺陷病。其病理学基础是生长激素缺乏，胸腺皮质先天性缺如，淋巴细胞对致丝裂物质的母细胞转化应答低下。临床特征是生长迟滞（侏儒）、消瘦、虚弱和易患感染。本病曾报道见于 Ames 和 Snell-Bagg 两品系的小鼠和一种单品系近亲繁殖的 Weimaraner 犬。

【原因】目前一致认为，免疫缺陷性侏儒的发病过程大体如下：侏儒病畜垂体功能低下，生长激素分泌不足，胸腺皮质部发育不全，初级淋巴组织 T 细胞生成及成熟障碍，以致淋巴结和脾脏的 T 淋巴细胞依赖区稀少或缺如，发生 T 细胞介导的一系列细胞免疫功能缺陷，有的还因辅助 T 细胞数量不足或功能障碍而伴有一定程度的体液免疫紊乱。

【临床表现】遗传类型尚未确定。病犬和病鼠出生时不认异常，4～13 周龄起病，发育迟滞，身体矮小，消瘦虚弱，黏膜苍白，反复或持续发生化脓性支气管肺炎、细小病毒性肠炎、埃利希氏病等各种各样的细菌性、霉形体性、病毒性、原虫性以至真菌性感染，通用的抗感染疗法一概无效，表现致死性的矮小或消瘦综合征。IDD 的治疗要点在于补给生长激素和/或胸腺激素。

第四节　免疫增生病

免疫增生病（Immunoproliferative Disease），是指以浆细胞或淋巴细胞等免疫细胞异常增生为特征的一类免疫病。包括多株系丙球病、淋巴细胞-浆细胞性胃肠炎、多发性骨髓瘤、巨球蛋白血症、淋巴增生性单株丙球病以及非骨髓瘤性单株丙球病等。

淋巴细胞-浆细胞性胃肠炎（Lymphocytic-Plasmacytic Gastroenteritis）

见二维码 21-6。

二维码 21-6　淋巴细胞-浆细胞性胃肠炎

多发性骨髓瘤(Multiple Myeloma)

见二维码 21-7。

二维码 21-7 多发性骨髓瘤

巨球蛋白血症(Macroglobulinemia)

见二维码 21-8。

二维码 21-8 巨球蛋白血症

(张乃生)

复习思考题

1. 动物免疫性疾病分为哪几大类?

2. 何为超敏反应病? 临床报道的动物超敏反应病都有哪些?

3. 试述动物荨麻疹的临床症状及治疗原则。

4. 何为自身免疫病? 临床报道的动物自身免疫病都有哪些?

5. 何为免疫缺陷病? 临床报道的动物免疫缺陷病都有哪些?

第二十二章　遗传性疾病

【内容提要】本章主要介绍了遗传性代谢病、遗传性血液病及其他遗传性疾病，要求学生掌握其概念、类型、临床特征、发病机理、预防治疗措施等。

第一节　遗传性代谢病

糖原累积病Ⅰ型(Glycogenosis Type Ⅰ)

糖原累积病Ⅰ型是由葡萄糖-6-磷酸酶先天性缺陷所致的一种遗传性糖原代谢病，又称肝肾糖原累积病（Hepatorenal Glycogenosis）或 von Gierke 氏病，简称 GSD Ⅰ（Glycose Storage Disease Type Ⅰ）。在小型犬幼犬中有发病的记载。GS Ⅰ呈常染色体隐性遗传。病理学特征为葡萄糖-6-磷酸酶活性低下，肝、肾等组织器官的细胞溶酶导致体内沉积大量糖原而形成泡沫细胞。病犬在哺乳期发病，以 6～12 周龄最常见。早期出现肌肉震颤，共济失调和眩晕，以后右季肋部突隆，可触及肿大的肝脏，其表面平滑，无触痛，X 线检查发现肾脏也显著肿大。后期，当血糖低于 2.24 mmol/L 时，常发生低血糖性昏迷。纯合子病犬活体肝组织穿刺物中葡萄糖-6-磷酸酶活性常低于健康犬的 5%，携带致病基因的杂合子犬的酶活性介于病犬与健康犬之间。整个病程不超过半年。目前对 GSD Ⅰ尚无根治疗法。当发生低血糖性昏迷时，静脉注射 50% 葡萄糖溶液 5～10 mL，有急救功效。强的松龙 2.5 mg 口服，每天 2 次，连用 7 d，有助于防止低血糖性昏迷的发作。检出并淘汰杂合子犬是消除本病的唯一有效措施。

糖原累积病Ⅱ型(Glycogenosis Type Ⅱ)

糖原累积病Ⅱ型是由酸性麦芽糖酶（α-1，4-葡萄糖苷酶）先天性缺乏所致的一种遗传性糖原代谢病，又称全身性糖原累积病（Generalized Glycogenosis）或 Pompe 氏病，简称 GSD Ⅱ，在猫、Lapland 犬、绵羊、短角牛和婆罗门牛中都有发病的记载。GSD Ⅱ呈常染色体隐性遗传。病理学特征为全身组织器官的细胞变性，形成泡沫乃至海绵状组织。犬、猫和绵羊通常在 2～3 月龄发病，主要表现为发育迟滞，肌无力，感觉过敏，步样强拘乃至轻瘫或麻痹，渐进性共济失调，一般在 8～9 月龄时死于心力衰竭或恶病质。病牛主要表现为生长迟滞，肌软弱无力，肌颤和共济失调，心律失常，心力衰竭。病畜外周血单核细胞抽提物及活体肝组织穿刺物中酸性麦芽糖酶活性仅为健康畜的 10%。病程缓慢，常拖延数年，目前尚无根治疗法。根据杂合子犬外周血单核细胞抽提物中酸性麦芽糖酶活性[(0.244±0.085) IU/L]仅为健康畜[(0.524±0.11) IU/L]的一半确认致病基因携带者，并予以淘汰是消除 GSD Ⅱ的唯一有效途径。

糖原累积病Ⅲ型(Glycogenosis Type Ⅲ)

糖原累积病Ⅲ型是由脱支链酶（淀粉-1，6-葡萄糖苷酶）先天性缺乏所致的一种遗传性糖原代谢病，又称局限性糊精累积病（limited Dextrinosis）、Forbe 氏病或 Cori 氏病，简称 GSD Ⅲ，在德国牧羊犬和日本一品系犬中有发病的记载。本病的遗传方式尚未完全确定，现有资料表明可能为常染色体隐性遗传或限性遗传。病理学特征是肝极度肿大，肝外观和心肌切面放红棕色光彩，除肾与脾以外的组织器官细胞内均有糖原异常沉积。病犬常在 2 月龄左右显现症状，主要表现眩晕、肌无力和发育迟滞，中后期右季肋部突隆，可触及肿大的肝脏，腹腔穿刺有大量浆性腹水流出。病犬肝脏和骨骼肌中脱支链酶活性仅为健康犬的 7%以下，甚至缺乏；杂合子外周血白细胞脱支链酶活性[0.18～0.19 μmol/(min·g)]约为健康犬的[0.32～0.41 μmol/(min·g)]一半；血清 GPT 和 GOT 活性增高，病程缓慢，目前尚无根治疗法。根据外周血白细胞中脱支链酶活性测定结果检出杂合子，并予以淘汰是消灭 GSD Ⅲ的有效方法。

α-甘露糖苷累积病(Alpha-mannosidosis)

α-甘露糖苷沉积病是一种遗传性溶酶体病,是由于α-甘露糖苷酶(α-mannosidase)遗传性缺陷所致,在临床上以进行性神经症状和运动失调为特征。本病属常染色体隐性遗传,主要发生在牛,如安格斯牛、墨黑灰牛和盖洛威牛等品种(Jolly,1978)。此病曾在新西兰很多见,大约每年有3 000头安格斯犊牛患病,而且通常在一岁内死亡,造成很大的经济损失。1974年新西兰政府采取了遗传控制措施后,此病得到一定控制。此外,此病在美国、澳大利亚和英国也有报道。

【发病机理】由于α-甘露糖苷酶的遗传性缺陷,影响α-甘露糖苷的正常异化过程,导致富含甘露糖(Mannose)和葡萄胺(Glucosamine)的代谢产物在神经元淋巴结的巨噬细胞、网状内皮细胞、胰腺外分泌细胞的溶酶体中积聚,这些细胞形成明显的空泡。这种沉积在胎儿期已发生,出生后继续沉积,对脑、淋巴结、胰腺等器官造成损害。

【临床表现】犊牛在出生后数周至数月龄出现症状,经3~4月龄继续恶化,在12月龄多死亡。病犊发育迟缓,体质下降,继而出现后躯摇摆,特别是运动和兴奋后明显,站立时四肢叉开,走路时出现急跳步态,腿抬高似涉水状,随着病情发展,共济失调愈严重,头部意向性震颤,缓慢地上下点头或侧头,有对人畜攻击的倾向。最后,常因麻痹、饥饿或意外事故引起死亡。有些病例在出生后即显症状,很快死亡。还有些病例累及胎儿,死胎呈中等程度脑水肿,肝和肾肿大,关节弯曲。

生化检查,病犊组织中α-甘露糖苷酶活性极低,在血浆和白细胞中几乎没有活性(正常为15~20 μL及以上),在胰、肝和脑中酶活性仅为正常的8%~15%,杂合体牛的血浆中α-甘露糖苷酶活性为正常的35%~38%。

【病理变化】病理组织学检查,肉眼观察可见脑内轻度积水,淋巴结肿大。镜检,神经元、淋巴结的网状内皮细胞、肝的枯否氏细胞、胰腺外分泌细胞、平滑肌细胞、纤维细胞等均有空泡形成。神经元空泡化最为突出,轴突球状肿胀。

【诊断】根据血浆和组织中α-甘露糖苷酶活性极度降低,临床上出现神经症状,神经及内脏组织广泛呈泡化可以确诊。血浆α-甘露糖苷酶活性低于正常50%可作为检出携带者的一项指标。在鉴别诊断方面,除应与其他溶酶体沉积病鉴别外,灰苦马豆(*Swainsona* spp.)、疯草(*Locoweeds*)、黄芪属(*Astragalus* spp.)等植物中毒的临床症状与本病相似,亦有组织细胞空泡形成,但这些中毒病例,病畜有接触有毒植物病史,可兹鉴别。

【防治】目前尚无有效疗法,仅为一般性对症治疗。据Jolly(1982)报道,在新西兰,根据可疑牛的血浆甘露糖苷酶水平检出杂合体,予以淘汰,尤其是清除种公牛中的病畜和杂合子携带者,可有效制止本病的扩散。

β-甘露糖苷累积病(Beta-mannosidosis)

β-甘露糖苷沉积病由于β-甘露糖苷酶的遗传性缺陷所致,临床症状与α-甘露糖苷沉积病相似,也属常染色体隐性遗传。本病发生在澳大利亚(Healey,1981)和美国(Jones 和 Lain,1981)的奴比山羊及其近交系安哥拉-奴比山羊、北美的墨黑灰牛等。

【发病机理】由于β-甘露糖苷酶的遗传性缺陷,影响β-甘露糖苷的正常异化过程,使异化不全的终产物(多种低聚糖)在神经细胞和内脏组织细胞的溶酶体中沉积形成空泡,对组织造成损害。

【临床表现】患病幼畜一出生即表现各种神经症状,四肢麻痹,难以站立,全身肌肉震颤,头部不停地颤动,眼球明显震颤,瞳孔对光反应减弱,耳聋,对称性霍纳综合征(Horner Syndrome),腕关节挛缩,球关节过度伸展,皮肤增厚及圆顶头颅等。神经症状可因受刺激而加剧,病畜精神不振,有时表现狂躁,企图前冲,但由于运动失调而不能成功。症状呈进行性恶化,一般在1月龄内死亡。

【病理变化】几乎所有神经组织细胞中均有大小不等的空泡;脑的各部分有明显的髓鞘缺乏。Bryan(1993)指出本病可引起髓磷脂减少,大脑回萎陷,这是其他溶酶体沉积病所没有的病理变化。

生化检查血浆和组织中β-甘露糖苷酶活性极度降低,甚至完全缺乏(Caranavgh 等,1982)。健康羊血浆β-甘露糖苷酶活性(pH 4.0)为(2.19±0.69) μL,而病羊小于0.1 μL。

从病畜组织中可提取出相当数量的多种含甘露糖苷和N-乙酰氨基的低聚糖,这是代谢异常的贮积物质,在正常组织细胞中是没有的。

【诊断】根据发病情况、临床症状和生化检查β-甘露糖苷酶活性极度降低可确诊。在鉴别诊断中,除与α-甘露糖苷沉积病鉴别外,还应注意与小脑发育不全,先天性脑水肿,先天性髓鞘形成不全(山羊地方性共济失调)等病鉴别。

【防治】无有效疗法,通过测定血浆中α-甘露糖苷酶活性检出表型正常的杂合子,加以淘汰,是根除本病的基本措施。

岩藻糖苷累积病(Fucosidosis)

见二维码 22-1。

二维码 22-1　岩藻糖苷累积病

GM_1 神经节苷脂累积病（GM_1 Gangliosidosis）

见二维码 22-2。

二维码 22-2　GM_1 神经节苷脂累积病

GM_2 神经节苷脂累积病（GM_2 Gangliosidosis）

见二维码 22-3。

二维码 22-3　GM_2 神经节苷脂累积病

葡萄糖脑苷脂累积病（Glucocerebroside Storage Disease）

见二维码 22-4。

二维码 22-4　葡萄糖脑苷脂累积病

神经鞘髓磷脂累积病（Sphingomyelin Storage Disease）

见二维码 22-5。

二维码 22-5　神经鞘髓磷脂累积病

白化病(Albinism)

见二维码 22-6。

二维码 22-6　白化病

枫糖尿病(Maple Syrup Urine Disease)

枫糖尿病是由异丁酰辅酶 A、异戊酰辅酶 A 和 α-甲基丁酰辅酶 A 3 种支链酮酸脱羧酶先天性缺乏所致的一种遗传性氨基酸代谢病，又称支链酮酸尿症(Branched Chain Ketoaciduria)。仅在牛中有发病的记载，尤其是海福特、安格斯和娟姗牛。本病呈常染色体隐性遗传，常呈家族性发生。病理特征为神经轴索水肿，髓鞘空泡变性及由此引起的海绵样髓鞘病和海绵样脑病。犊牛有产前型、初生型和迟发型 3 种病型。产前型较少，多表现为死产或产下虚弱的犊牛。初生型最为多见，犊牛在出生时皆正常，于吸吮初乳后 24～72 h 内出现症状，表现体温升高(39.5～42.0℃)，尿液散发出如食糖烧焦一样的枫糖尿味，以及肌肉震颤，点头或晃头，牙关紧闭，眼球震颤，感觉过敏，共济失调等多种多样的神经症状。上述症状中，枫糖尿味是固有的示病症状。迟发型仅为个别病例，病犊出生时正常，常在 10 d 至 3 月龄发病。3 种病型都呈急性经过，均在出现症状后 3 d 内死亡。病犊皮肤成纤维细胞体外培养物中支链酮酸脱羧酶活性低于正常犊牛的 1%，血浆内缬氨酸、异亮氨酸和亮氨酸含量超过正常的 5～20 倍。目前无根治疗法，也无检测携带者的合适方法和标准。

尿苷-磷酸合酶缺陷(Deficiency of Uridine-5-Monophosphate Synthase)

尿苷-磷酸合酶缺陷是由尿苷-磷酸合酶先天性缺乏而导致合成DNA和RNA的必需材料嘧啶核苷酸的形成受阻所致的遗传性嘧啶代谢病,又称乳清酸尿症(Orotic Aciduria)。主要发生于荷斯坦牛,美国某些牛群中携带者比例达到0.2%～2.5%。本病呈常染色体隐性遗传。携带者牛在外观上与健康牛没有任何区别,但红细胞、肝、脾、胃、肌肉和乳腺中尿苷-磷酸合酶活性只有健康牛的50%,而乳汁和尿中乳清酸含量显著高于健康牛。本病的纯合子为致死性的,胚胎多在40～60 d内死亡。携带者母牛的每次产犊配种次数增加,产犊间隔延长,造成整个牛群的繁殖率降低。识别并剔除携带者是预防致病基因传播的根本办法。血液、尿液和乳汁中乳清酸含量可作为检测携带者的可信指标。健康牛与携带者的区分阈值分别为100 mg/L、15 mg/L、200 mg/L。应注意的是,携带母牛在泌乳开始7周后,乳汁中乳清酸含量才会超过阈值,尿液中乳清酸含量在泌乳18周后才超过阈值,红细胞中尿苷-磷酸合酶活性也是区分健康牛和携带者的可靠指标。健康成年母牛与携带者的酶活性分别为(3.35±0.07) U和(1.66±0.03) U,6月龄以下犊牛分别为3.4～5.3 U和1.3～2.7 U。健康牛与携带者之间有明确的界限。

第二节　遗传性血液病

α-海洋性贫血(Alpha Thalassemia)

α-海洋性贫血是由控制珠蛋白α链的结构基因先天性缺失或发生突变,引起血红蛋白A缺乏或缺如的一种血红蛋白病,又称α-地中海贫血(Mediterranean Anemia)。本病呈常染色体共显性遗传,是人中常见的血红蛋白病,据报道,我国广州地区的发生率为2.67%,南宁地区的为14.95%,在动物中仅发生于经X线诱变的2Hb小鼠、352Hb小鼠以及经癌宁诱变的$Hb\alpha^{th-J}$小鼠。这3个品系小鼠的突变基因为α_1或α_0。突变基因纯合子小鼠多数为死胎,少数在生后短期内死亡。主要表现为溶血性贫血,全身水肿和肝脾肿大,脐带血电泳显现大量γ链四聚体(γ_4,即Hb Bart's)和少量β链四聚体(β_4,即Hb H)。杂合子病鼠的病程数月至1年,主要表现黏膜苍白,脾肿大,小细胞低色素性贫血,红细胞增多和网织红细胞增多,红细胞脆性降低。红细胞内含有Hb H和Hb Bart's。目前尚无根治方法。发病的3个品系小鼠可作为研究人α-海洋性贫血的动物模型。

β-海洋性贫血(Beta Thalassemia)

β-海洋性贫血是由控制珠蛋白β链的结构基因先天性缺失或发生突变,引起血红蛋白A缺乏或缺如的一种血红蛋白病,又称β-地中海贫血(Mediterranean Anemia)。本病呈常染色体共显性遗传,是人中常见的血红蛋白病,动物中仅发生于DBA/ZJ小鼠,突变基因为Hbb^{th-1}。业已证实,小鼠珠蛋白β-链基因位于第7号染色体上,包括β-major(重型β-海洋性贫血基因)和β-minor(轻型β-海洋性贫血)两个基因。β-海洋性贫血是由β-major完全缺失所致。纯合子病鼠在新生期发病,病程数周至数月,30%～40%在3周内死亡,大部分可存活至性成熟并能繁殖后代。主要临床症状是皮肤和可视黏膜苍白,脾肿大,小细胞低色素性贫血,网织红细胞和有核红细胞极度增多,大量红细胞内出现α链包涵体,电泳显示缺乏β-major链和β-single链,只有β-minor链。杂合子病鼠无贫血症状,仅有轻度的网织红细胞增多症。电泳显示珠蛋白β-链构成明显改变,即缺乏β-major链,75%为β-single链,25%为β-minor链。目前尚无有效的防治方法。DBA/ZJ小鼠可作为研究人类β-海洋性贫血的动物模型。

葡萄糖-6-磷酸脱氢酶缺乏症(Glucose-6-Phosphate Dehydrogenase Deficiency)

葡萄糖-6-磷酸脱氢酶(G-6-PD)缺乏症是由G-6-PD先天性缺陷所致的一种以溶血为特征的红细胞酶病。Weimeraner犬和大鼠中有发病的记载,猫的海因兹体溶血性贫血,可能也是由某种红细胞酶缺乏所致。本病呈X连锁不完全显性遗传。病理特征为慢性网状内皮系统溶血和/或急性血管内溶血。病犬的红细胞G-6-PD中度缺乏(44%),不表现慢性网状内皮系统溶血的有关症状,也无由外源性氧化剂激发的急性血管内溶血危象。猫的海恩兹体贫血存在与人类 G-6-PD 缺乏症类似的症状，虽无明显临床症状，但在红细胞内存在海恩兹体。在应用退热净或美蓝等药物之后会突发急性溶血危象，可视黏膜高度苍白和黄染，出现血红蛋白尿。50%～80%红细胞内可见海恩兹体。目前尚无根治办法，当发生溶血危象时可进行对症治疗。

先天性卟啉病(Congenital Porphyria)

先天性卟啉病是由控制卟啉代谢和血红素合成的有关酶先天性缺陷所致的一组遗传性卟啉代谢病，又称红齿病(Pink Tooth Disease)。常见于牛，猪、猫等动物中也有发生。牛的先天性卟啉病多数属红细胞生成性卟啉病型，呈常染色体隐性遗传，少数属红细胞生成性原卟啉病型，呈常染色体显性遗传；猪的先天性卟啉症属红细胞生成型卟啉病型，呈常染色体显性遗传或多基因遗传；猫的先天性卟啉病，兼有红细胞生成性和肝性卟啉病型的特点，呈常染色体显性遗传。病畜牙齿和骨骼因沉积大量卟啉而呈红褐色(红齿)，紫外线照射可发红色荧光。尿液因尿卟啉含量高而呈葡萄酒色。皮肤感光过敏，黏膜苍白，贫血。有的出现共济失调，惊厥等神经症状。病猪的症状轻微，仅见牙齿上有红色卟啉斑，常在屠宰时被发现。目前尚无有效的治疗方法。对于发生本病的猪群，淘汰有临床症状的病猪，经 1～2 个世代后即可将致病基因从猪群中消除。对于发生本病的牛群，除淘汰有临床症状的病牛外，必须用测交试验检出种公牛尤其是人工授精站采精用种公牛中的携带者，以杜绝致病基因在牛群中传播。

牛白细胞黏附缺陷(Bovine Leukocyte Adhesion Deficiency)

见二维码 22-7。

二维码 22-7　牛白细胞黏附缺陷

(任志华)

第三节　其他遗传病

染色体病(Chromosome Disease)

见二维码 22-8。

二维码 22-8　染色体病

遗传性甲状腺肿(Inherited Goiter)

见二维码 22-9。

二维码 22-9　遗传性甲状腺肿

(任志华)

复习思考题

1. 糖原累积病有哪些类型？各有什么样的临床表现？
2. 甘露糖苷沉积病有哪些类型？各有什么样的临床表现？
3. 神经节苷脂沉积病有哪些类型？各有什么样的临床表现？
4. 什么是葡萄糖脑苷脂沉积病和神经鞘髓磷脂累积病？
5. 海洋性贫血有哪些类型？各有什么样的临床表现？
6. 葡萄糖-6-磷酸脱氢酶缺乏症的临床症状是什么？
7. 简述先天性卟啉病的发病机理及症状。
8. 牛白细胞黏附缺陷是什么？
9. 什么是染色体病和遗传性甲状腺肿？

第七篇

其他疾病

第二十三章　家禽胚胎病

概　述

家禽胚胎病是研究蛋的孵化以及胚胎发育过程中，有关胚胎发育迟缓、胚胎疾病、胚胎死亡、胚胎突变、幼雏孱弱、生长迟缓的病因、病理、诊断和防治的一门科学。有资料表明，因胚胎发育期间，造成死胚、胚胎畸形、幼雏死亡或生长发育迟滞，给家禽养殖造成了很大损失。

禽类胚胎是在母体外形成的独立的生物体，在一个与外界相对隔绝的封闭系统——蛋壳内发育生长。禽胚的发育由遗传因素所决定，受各种微量生物信息因子的综合调控，也很大程度上受各种外界环境因素的影响。在漫长的进化过程中，为了适应外界的变化，禽类胚胎已逐渐形成了一系列完善的保护机制。在适宜条件下，禽类胚胎能够正常地生长发育。但在某些异常的理化和生物因素的作用下，其发育会出现障碍，以致发生病变、畸形和死亡，亦即禽类胚胎病。其结果不但使孵化率明显降低，而且孵出雏禽出现畸形雏和病弱雏的数量增多，雏禽生长发育不良，抵抗力差，极易患病和死亡，使生产水平明显下降。

禽类胚胎病的基础涉及禽类的生殖生理、禽蛋的孵化条件、禽类的胚胎生理和禽类胚胎的发生和发育等。在胚胎发育阶段，病原体的作用及病理过程对胚胎的发生有较大的影响，胚胎对很多细菌毒素的反应是非特异性的，任何病原刺激、病理变化都可使其发育停滞，并很难逆转。因而可出现多种缺陷，如器官发育不全、器官缺损、变位扭转、不对称等异常现象。禽类的胚胎病根据发病的原因可分为：①遗传性胚胎病，包括遗传因素的致畸作用、环境因素的致畸作用等。②营养性胚胎病，包括维生素缺乏或过量、常量元素和微量元素缺乏或过量、有机营养物质（蛋白质、能量、脂肪、脂肪酸）的缺乏或过量。③中毒性胚胎病，包括霉菌毒素、农药残留等。④传染性胚胎病，包括病毒性胚胎病、细菌性胚胎病等。⑤生殖细胞异常性胚胎病，包括精卵异常和异常受精、双胚和多胚、种蛋形态和结构异常等。⑥孵化条件不当引起的胚胎病，包括温度、湿度、气体成分、气压，以及种蛋的放置和翻动等。

第一节　营养性胚胎病 (Nutritional Embryonic Disease)

禽类胚胎的正常生长和发育主要依靠种蛋的营养物质。母禽的平衡日粮，正常的新陈代谢，营养物质在蛋内的有效沉积，是保证胚胎获得足够营养的3个基本环节。其中任何一个环节出现问题都有可能引起营养性胚胎病的发生，导致生理缺陷，或致死性应激(Lethal Stress)。

(一)维生素缺乏或过量引起的胚胎病

(1)维生素A。维生素A严重缺乏，影响胚胎的分化和发育。多数的胚胎死于孵化第一周，血管分化和骨骼发育不良，头和脊柱畸形，脑、脊索和神经变性，胚胎的错位发生率增加。孵化后期的胚胎发育缓慢，虚弱，常在出壳前或出壳后很快死亡。剖检可见眼干燥，呼吸道、消化道、泌尿道的上皮角化，皮下和肌肉水肿。卵黄囊、肾、尿囊中尿酸盐沉积（痛风样病变），特别是孵化末期更明显。孵化末期死亡的胚胎，其羽毛、脚的皮肤和喙缺乏色素沉着。日粮中添加维生素A、动物性饲料和青绿饲料，可预防维生素A缺乏症。

过量维生素A对胚胎有毒性作用。母鸡日粮维生素A过量（>10 000 IU/kg）可导致胚胎死亡和孵化率下降。

(2)维生素D。母鸡日粮维生素D缺乏，蛋壳较薄易破，蛋内维生素D含量较低，胚胎发育缓慢，尿囊发育受阻。在孵化的第10～14天和孵化末期的鸡胚死亡率高。火鸡在第4周时死亡率较高。剖检可见胚体水肿，皮下积聚大量浆液呈泡状水肿。结缔组织增生，肝脏脂肪变性。鸡胚的成骨受阻，肢体短小而弯曲。疾病发生呈一定季节性，雨季发生较多。

维生素D长期过量饲喂，会引起中毒和孵化率降低，孵化后期死亡的鸡胚或雏鸡的肾脏有多量钙的沉积，动脉钙化。

(3)核黄素。核黄素缺乏，也即维生素B_2缺乏，胚胎多在孵化第12～14天发生死亡。胚胎的大小和胚重明显低于同龄的正常胚胎。孵化后期，胚体仅相当于14～15 d胚龄的正常胚体。常见的症状为绒毛无法突破毛鞘，呈现卷曲状集结在一起。尿囊生长不良，闭合迟缓，颈弯曲，躯体短小，皮肤水肿，贫血。轻度短肢，关节明显变形，胫部弯曲。即使出壳，雏鸡亦表现瘫痪，或先天性麻痹症状。

(4)生物素。生物素缺乏，胚胎死亡率在孵化第1周最高，孵化最后3 d死亡率其次。死胚躯体短小，骨骼短粗，腿短而弯曲，关节增大，第三趾与第四趾之间出现较大的蹼状物。头圆如球，喙短且弯曲，酷似"鹦鹉嘴"。脊柱短缩，并弯曲。肾血管网和肾小球充血，输尿管上皮组织营养不良，原始肾退化加速。尿囊膜过早萎缩，以致较早啄壳和胚胎死亡。在蛋壳尖端蓄积大量没有被利用的蛋白。发生该病的原因与母鸡食用大量非全价蛋白性饲料如腐肉、油渣、杂鱼等有关，有些蛋白内含有抗生物素因子，它与食物中生物素紧密结合在一起，成为不能被机体吸收的物质，从而引发该病。

(5)维生素B_{12}。维生素B_{12}缺乏，胚胎的肌肉萎缩，于孵化第16～18天出现死亡高峰，高达40%～50%。特征病变是腿部肌肉萎缩，双脚外观细小如铁丝状。胚体发育不良，约有一半死胚胎位异常，头夹在两腿之间。皮肤水肿，眼周水肿，心脏扩大及形态异常。部分或完全缺少骨骼肌，破坏了四肢的匀称性，同时可见尿囊膜、内脏器官和卵黄出血等。

(6)维生素B_1。维生素B_1缺乏，主要表现为孵化的第4～5天胚胎发育明显减慢，逐渐衰竭和死亡增多。孵化期满时，胚雏无法啄破蛋壳而闷死。有些则延长孵化期，仍然无法出壳，最终死亡。即使出壳，可陆续表现维生素B_1缺乏症，如多发性神经炎等。母鸭放牧时，因采食大量鱼虾、白蚬、蟛蜞，同时谷类饲料供给不足时，新鲜鱼虾内含有硫胺素酶，破坏硫胺素，造成母鸭维生素B_1缺乏，导致鸭胚维生素B_1缺乏。本病鸭子多见，称为"白蚬瘟"。

此外，泛酸、烟酸、叶酸、维生素B_6、维生素K、维生素E等缺乏均可引起禽胚发育异常。

(二)微量元素缺乏或过量引起的胚胎病

(1)锰缺乏。胚胎呈现软骨发育不良，四肢短粗，胚体矮小，腿、翅缩短，鹦鹉喙、球形头、绒毛异常和水肿。孵化后期的胚胎角弓反张和强直性痉挛。孵出的小鸡表现为神经功能异常，如步态不稳，特别是惊吓、激动时，头上举或下钩或扭向背部，强直性痉挛和共济失调。

(2)硒和维生素E缺乏。孵化率降低，在胚胎形成第7天出现死亡高峰。死胚表现胚盘分裂破坏，边缘窦中瘀血，卵黄囊出血，缺眼或水晶体混浊，肢体弯曲，皮下结缔组织渗出液增多，腹腔积水等。出壳的幼雏，表现为先天性白肌病，胰腺坏死，不能站立，并很快死亡。

过量的硒可引起胚胎死亡，侏儒，短喙或喙缺乏，腿骨和翅骨变短等。

(3)锌缺乏。孵化率下降，胚胎死亡，或出壳不久死亡。鸡胚脊柱和髋骨弯曲，肢体短小，肋骨发育不全。早期，鸡胚的脊柱显得模糊，四肢骨变短。有的还出现并趾或缺脚趾，缺腿，缺眼，喙畸形，内脏外露等。能出壳小鸡十分虚弱，不能采食和饮水，呼吸急促和困难。幸存小鸡羽毛生长不良、易折，皮肤角化不全等。

(4)碘缺乏。胚体细小，21日龄的鸡胚重仅有正常的5/7～6/7。出壳时间延迟，22～25日龄才达到出壳高峰。雏鸡先天性甲状腺肿大，卵黄吸收迟滞，鸡胚死亡率增高。

过量的碘可使火鸡在孵化的第一周和啄壳期的死亡率增加。

此外，钙、磷、镁、硼等元素的缺乏也可引起禽胚发育异常。

第二节 中毒性胚胎病
(Toxic Embryonic Disease)

虽然许多动物可通过一定的屏障作用，限制有毒物质向卵内转移，减少有毒物质对后代毒害的本能。但是，有些毒素对生育的影响是显而易见的。长期慢性中毒时，免不了有毒物质对睾丸、精子、卵巢、卵细胞的毒害作用。有些毒素可直接与DNA作用产生DNA序列的紊乱或基因片断的缺失。有些毒素的代谢次生物质，可在胚胎发育过程中，对受精卵、胚体产生影响，造成基因突变、畸变、免疫抑制等，甚至造成胚胎死亡。

现有资料表明，引起中毒性胚胎病的原因有：霉菌毒素及其代谢物；有机农药，尤其是有机氯农药；棉酚和芥子毒；硒和某些重金属的慢性中毒；兽医用药不当，药物对胚胎也有不良的影响。

(1)霉菌毒素。有些真菌毒素可产生致畸作用。如黄曲霉毒素B_1、赭曲霉毒素A、橘霉素(Citrinin)和细胞松弛素(Cytochalasin)等。如用含0.05 μg/mL黄曲霉毒素B_1，注入鸡胚气室，可抑制鸡胚分裂，并导致死亡。0.01 μg棕色曲霉毒素A(Ochratoxin

A)从气室注入，即可造成一半鸡胚死亡，部分鸡胚畸变，四肢和颈部短缩，扭曲，颅骨覆盖不全，内脏外露，体形缩小。橘霉素可引起四肢发育不良，头颅发育不全，小腿骨变形、喙错位(Crossed beaks)，偶尔可见头、颈左侧扭转。此外，细胞松弛素、红青霉素(Rubratoxin)、T-2毒素对鸡胚的发育都有不良影响。

(2)农药残留。DDT及其代谢产物(如DDD)可引起鸡、鸭和某些野生禽类卵壳变薄，影响蛋的孵化率及雏禽的发育。这一现象已在鸡、山鸡、野鸡、企鹅、鹌鹑、鸭、食雀鹰等品种中证实。即使在它们日粮中供给足量的钙、磷，如果有机氯农药残留量过高，也会引起卵壳变薄。DDT、六六六等有机氯农药已禁止生产和使用。

某些除草剂，如2,4-D(二氯苯氧乙酸)和四氯二苯二氧化磷(TCDD)等，在鸡体内和蛋内的残留作用，也可造成鸡胚发育缺陷或畸形。

(3)其他有毒物质。饲料中含一定量棉酚时，鸡蛋中棉酚含量增加，贮存时蛋白变成淡红色。含有棉酚的种蛋的孵化率下降，卵黄颜色变淡。成年母鸡喂菜籽饼过多，其有毒物质可影响体内碘的吸收和利用，导致鸡的胚胎缺碘而死亡。汞、镉在母鸡体内半衰期长，可干扰实质器官、性器官的发育，造成精子和卵细胞发育异常和胚胎畸形。畸形的胚胎表现为无眼、脑水肿、腹壁闭合不全等。有些药物，如乙胺嘧啶、苯丙胺、利眠宁、苯巴比妥等，在种蛋中残留也可导致胚胎畸形。

第三节　孵化条件控制不当引起的胚胎病(Embryonic Disease Caused by Uncorrected Hatching Method)

见二维码23-1。

二维码 23-1　孵化条件控制不当引起的胚胎病

第四节　传染性胚胎病(Infectious Embryonic Disease)

见二维码23-2。

二维码 23-2　传染性胚胎病

第五节　胚胎疾病的预防方法(Controls of Embryonic Disease)

见二维码23-3。

二维码 23-3　胚胎疾病的预防方法

(蒋加进)

复习思考题

1. 营养性胚胎病的病因有哪些？有什么样的临床表现？
2. 预防中毒性胚胎病的病因有哪些？
3. 孵化条件是如何影响胚胎病的发生的？
4. 常见的传染性胚胎病有哪些？
5. 如何预防家禽胚胎病？

第二十四章　新生畜和幼畜疾病

【内容提要】新生仔畜由于体质较弱、脏器发育不完全、外界环境变化、分娩过程异常、发生感染和饲养管理不当等各种因素的影响，容易发生新生仔畜溶血病、新生仔畜腹泻综合征、新生仔畜胎粪秘结、幼畜肺炎、幼畜贫血和幼畜营养不良等疾病。在养殖生产中，我们要提高饲养管理水平，对各种常发新生仔畜疾病采取合理措施，加强预防，尽可能避免该类疾病的发生，对已发疾病进行合理治疗，以减少经济损失。

新生仔畜溶血病(Haemolytic Disease of the Newborn)

新生仔畜溶血病是新生仔畜红细胞与母畜血清和初乳中存在的抗体不相合引起的一种同种免疫溶血反应，又叫新生仔畜同种免疫溶血性贫血（Neonatal Iso-Immune Hemolytic Anaemia ）、新生仔畜溶血性黄疸（Haemolytic Icterus of the Newborn）、新生仔畜同种红细胞溶解病（Neonatal Isoerythrolysis），临床上以贫血、血红蛋白尿和黄疸为特征。多见于驹和仔猪，少见于犊牛，罕见于家兔、仔犬和仔猫。

【原因】发病的主要原因是仔体与母体的遗传性血型不相合。母畜对胎儿的抗原产生特异性抗体，母畜初乳中的抗体被仔畜吸收入血液中发生抗原抗体反应而引起发病。在欧洲和澳大利亚，临床还见有反复使用抗巴贝西虫苗和抗无定型体病疫苗引起发病的，这主要是由含有红细胞抗原的疫苗引起的。

【病理发生】本病的发生不仅要具备父母畜双方红细胞抗原型不相合的先决条件，还要具备胎儿继承父畜而不是母畜的红细胞抗原、抗原能够进入母体、母畜血清抗体能够传递给新生仔畜等条件。

在骡驹，业已证实骡胎儿的抗原来自它的红细胞本身，亦即红细胞所具有的驴种属性抗原。驴和马在红细胞表面抗原系列上有很大差别。公驴（马）与母马（驴）种间杂交，红细胞血型不合的频率最高，血型抗原活性和抗体应答最强，因而骡驹溶血病的发病率最高，病情最重。如果骡驹继承了父畜的红细胞抗原，则刺激母畜产生能凝集并溶解骡驹红细胞的特异性抗体即抗驴（马）抗体。母马（驴）血清中特异性血型抗体在妊娠后期，即第 3～10 个月达到峰值，分娩前后浓集于乳腺，分泌于初乳中，凝集价一般可达 1：(512～1 024)以上。怀骡胎数越多，血清和初乳抗体效价以及骡驹发病率越高，连续怀胎 3～6 胎的，所生骡驹的发病率高达 60%。

在马驹，是由于胎儿与母马的血型存在有个体差异所致。马红细胞表面抗原分 8 个系列，每个系列包括一种至数种不同的血型因子（抗原）。已知 Aa、Qa、R、S、Dc 和 Ua 等因子与马驹溶血病的发生直接相关，其中抗原性最强的是 Aa，其余各因子依次减弱，本病大多是由 Aa 和 Qa 因子引起的。

仔猪病理发生与马驹相似。猪红细胞表面抗原分 16 个系列，其中 A 型抗原活性最强。除了遗传原因外，还因母猪在妊娠前后多次接种含不同血型抗原的猪瘟结晶紫疫苗，血清中产生和初乳内浓集的同种血型抗体凝集价很高，能够克服新生仔猪胃液和血浆中游离抗原的减消作用而抵达靶细胞，与红细胞表面抗原结合而导致血管内溶血。母猪的这种抗体有时持续时间很久，可使连续几窝仔猪患病。

牛的细胞表面抗原分 12 个系列，其中活性最强的是 J 抗原，其病理发生与马驹的相似，但临床发病较少，这是因为新生犊牛血浆和其他组织液中含有很多游离的 J 抗原，经初乳吸收的 J 血型抗体大部分在抵达靶细胞之前即被结合而减消。

胎儿抗原在正常怀孕情况下不能通过胎盘屏障，本病中胎儿抗原能进入母体可能与胎盘受损有关，与此同时，母体的免疫性抗体也有可能通过胎盘上的损伤进入胎儿体内，只不过进入的抗体效价不高，不致引起发病而已。本病中母畜免疫抗体的传递，家畜（反刍兽、马及猪等）都是在出生后从初乳中获得免疫球蛋白，出生后 48 h 内可吸收大量的免疫球蛋白 G(IgG)。这种免疫球蛋白或未消化蛋白质的吸收，在仔畜出生后 24/48 h 即停止，称为肠壁闭锁，这是由于初乳中的胰蛋白酶抑制作用消失或肠管蛋白分解酶活性增高所致。

【临床表现】2 日龄内的新生仔畜发病较为多见，出生后发病越早，症状越严重，死亡率也越高。仔畜未吃初乳前一切正常，但吸吮初乳后不久即出现症状。主要表现为精神沉郁，反应迟钝，头低耳耷，喜卧，有的有腹痛现象。可视黏膜苍白、黄染，尿量少而黏稠，病轻者为黄色或淡黄色，严重者为血红色或浓茶色（血红蛋白尿），排尿表现痛苦。心跳增速，心音亢进，呼吸粗粝。严重者卧地不起，呻吟，呼吸困难，有的出现神经症状（核黄疸症状），最终多因高度贫血，极度衰竭（主要是心力衰竭）而死亡。核黄疸又称为胆红素中毒脑病，为新生仔畜黄疸的严重并发症。发生原因是大量游离的间接胆红素渗入脑组织内，使中枢神经细胞核团也发生黄染，并引起神经细胞坏死。其临床特征是嗜睡、惊厥、肢体强直等。

驹：最急性型在出生后 8～48 h 内发病死亡，表现为严重血红蛋白尿和黏膜苍白；急性型在生后 2～4 d 出现严重黄疸，中度血红蛋白尿；亚急性型在出生后 4～5 d 出现症状，黄疸明显，无血红蛋白尿，多可自愈。

仔猪：急性型出生后 12 h 内虚脱死亡，慢性型于 2～6 d 死亡。

犊牛：最急性型于吸吮初乳后不久突然发病，主要表现为急剧贫血和呼吸衰竭，常在短时间内死于窒息和休克；急性型病例，在出生后 24～48 h 内发病，临床症状基本与驹相似，重症多在 1 周内死亡，轻症在 2～3 周后痊愈。

【临床病理学】表现急性贫血；红细胞数呈不同程度的减少，严重者可降至 100 万/mm^3；红细胞形状不整，大小不等。红细胞压积和血红蛋白含量显著下降，血沉加快，血浆红染，黄疸指数升高，血清胆红素范登白试验呈间接反应强阳性。尿液检查呈现血红蛋白尿，尿沉渣中含有肾上皮、脓球和黏液等。

【诊断】根据出生时健康，吃初乳后发病的病史，急性血管内溶血的一系列症状及溶血性贫血和黄疸、血红蛋白尿的检验，易于诊断。必要时采集母畜的血清或初乳同仔畜的红细胞悬液做凝集试验。

【治疗】为中止特异性血型抗体进入仔畜体内，首先立即停喂母乳，改喂人工初乳、代乳品或由近期分娩的母畜代哺，直到初乳中抗体效价降至安全范围为止。

输血疗法是治疗本病的根本疗法。输入全血或生理盐水血细胞悬液，驹或犊每次 1 000～2 000 mL，当红细胞数达 400 万/mm^3 以上时可停止输血，否则，隔 12～24 h 再输血一次。为安全起见，应先做配血试验，最好选用相合血。若寻找血源确有困难时，可输注亲母马红细胞悬液，按 3.8% 柠檬酸钠 1 份，母马静脉血 9 份，无菌采血于输液瓶后，38℃ 保温 20～30 min，将血浆取出回输给母马，在红细胞沉淀物中加 5% 葡萄糖生理盐水使恢复原体积，混合后给病仔畜输注，驹每次输注量 1 000～1 500 mL，通常 1 次治愈。病情危重者应实施换血疗法。辅助疗法可应用氢化可的松、氢化强的松龙等糖皮质激素（按激素类用药原则使用），静脉注射葡萄糖、5% 碳酸氢钠，补充硫酸亚铁、维生素 A、维生素 B_{12} 等，为防止感染可用抗生素，心衰时应用强心剂。

【预防】预防的关键在于不让仔畜吸吮抗体效价高的初乳。因此应预先测定母畜血清或初乳的抗体效价。各种母畜血清抗体效价超过 1∶8，初乳超过 1∶32（母驴的超过 1∶128）时提示有发病危险。可采取如下措施加以预防：①产前 10 d 内催乳、挤掉初乳，使抗体效价降低。②产后挤乳，频繁彻底的挤乳，可使抗体效价迅速下降。待降至 1∶16 的安全范围内，再喂仔畜。③暂停吃初乳（改喂人工初乳或它畜代养），待 48 h 后仔畜胃肠功能健全后再喂母乳。④灌服食醋，给抗体效价在 2 048 倍以下母畜所生的仔畜，吃初乳前后灌服 1∶1 食醋水溶液 100～200 mL，每隔 2 h 1 次，共 3～7 次，效果良好，但对消化功能有一定影响。

新生仔畜腹泻综合征
（Neonatal Diarrhea Syndrome）

新生仔畜腹泻综合征是一种病因复杂的常见疾病。各种新生仔畜如犊牛、马驹、仔猪、羔羊都可发生。临床上以急性腹泻、渐进性脱水、死亡快为特征。本病最常见于 2～10 日龄新生仔畜，也可早至出生后 2～18 h 发病，偶尔可晚至 3 周龄发病。发病越早，死亡率越高。

【原因】本病病因复杂，包括生物性因素、初乳免疫水平、饲料性质、管理水平以及气候因素等。

(1)生物性因素。埃希氏大肠杆菌的不同血清型、某些沙门氏菌属、梭状芽胞菌 A、B、C、E 型、轮状病毒、球虫等可引起多种新生仔畜肠炎和腹泻；传染性鼻气管炎病毒、冠状病毒也可引起反刍幼畜腹泻，衣原体、隐孢子虫可致犊牛腹泻；传染性胃肠炎病毒等可引起仔猪腹泻。

(2)新生仔畜免疫水平。幼畜在生后的最初几天，其免疫能力极低，初生时体内无抗体，故新生仔畜必须依靠出生后数小时内摄取初乳来获得抗体及其他营养，以提高抗病力。新生仔畜吃初乳太晚、不足或吃不到初乳，均会使抗病力下降。

(3)管理与卫生。乳品变质或卫生不良、乳具不消毒；幼畜饥饱不均致饮食性腹泻；产房、新生仔畜圈舍不清洁、不定期消毒；圈舍阴、冷、湿、通风不良、过度拥挤；无防寒、防风、防暑、防雨设施，以上因素均可引发本病。

(4)气候因素。在多雨、寒冷多风、酷暑潮湿季节新生仔畜腹泻发病率明显升高。

【病理发生】病理发生主要是：①生物因素的侵袭使肠道上皮细胞破坏而引起炎症；②肠腔内渗透压升高，使肠腔内水分增多；③细菌毒素等多种原因引起的肠分泌增加；④肠蠕动增强使肠内容物在肠道内停留时间缩短，使大肠吸收水分的能力下降。在上述各因素作用下引起新生仔畜腹泻、脱水、酸中毒、循环衰竭、休克、死亡。

【临床表现】主要症状是腹泻、脱水(眼球凹陷，皮肤弹性下降，血液浓稠，静脉血流缓慢，血量减少)和衰弱，发病后1至数日内死亡。病因不同症状略有差异。

新生仔畜腹泻多由大肠杆菌引起，多在5日龄内发病，呈急性经过，健康活泼的幼畜在12～24 h后虚弱，病初腹胀，排水样、黄白色或绿色粪便。沙门氏菌病多侵袭2周龄以上的幼畜，粪便恶臭，常含血迹、多量黏液、纤维膜管。梭状牙胞菌属引起出血性肠毒血症，表现突然沉郁、衰弱、水样腹泻，很快在粪便中混有纤维素、坏死的组织碎片和血液，几小时内死亡，偶见神经症状。轮状病毒引起1～2周龄的犊牛腹泻，若不继发大肠杆菌病时，水样腹泻持续数小时，在18～24 h后痊愈。冠状病毒感染几日龄至几周龄的犊牛，症状与轮状病毒的相似。

【诊断】根据发病日龄和临床症状可初步诊断，确诊需作病原微生物的分离培养和寄生虫检查，应取未死亡病畜的新鲜粪样检验。但有一定难度，因为不同病原菌引起的腹泻差别不大，且常为混合感染，况且病原菌可从正常幼畜中分离到，故确诊必须谨慎。

【治疗】新生仔畜腹泻发生早，死亡快，因此治疗必须及时。治疗原则为除去病因、补液抗菌、纠正酸中毒。

消除病因，加强护理。补液应尽早进行，静脉补液常用5%葡萄糖生理盐水、生理盐水、或复方生理盐水，多用于马驹和犊牛。口服等渗盐补液可用于新生仔畜腹泻，但禁用高渗液，其配方为氯化钠14 g，氯化钾4 g，碳酸氢钠13 g，葡萄糖43 g，甘氨酸18 g，加水至4 L，此溶液接近等渗，不论是何种幼畜，按每次每千克体重60～130 mL剂量让其自饮，不能自饮的可以灌服或直肠注入，每日3次，小动物可代替饮水。仔猪羔羊可口服补液或灌肠，也可用上述静注药物加温至38℃腹腔注射。为防止酸中毒可静脉注射或口服5%碳酸氢钠溶液。抗菌消炎应与补液同时进行。抗菌可用链霉素、庆大霉素、卡那霉素、红霉素等。还可口服痢特灵、磺胺脒、氟哌酸等药物。

【预防】针对病因预防，搞好产房及环境卫生，定期消毒，注意新生仔畜饮食卫生。让新生仔畜尽早吃到并吃足初乳，饲喂定时定量，加强管理。注意防寒保暖，防止恶劣气候的危害。

新生仔畜胎粪秘结
(Meconium Retention of the Newborn)

胎粪是由胎儿胃肠道分泌的黏液、脱落的上皮细胞、胆汁及吞咽的羊水，经消化后所残余的废物积聚在肠道内形成的。胎儿出生时其肠道内就存在着胎粪，通常在出生后数小时内排出，如果在出生后1 d内排不出胎粪，肠道则出现阻塞而引起腹痛，称之为新生幼畜胎粪秘结。该病主要发生在体弱的新生驹，也见于犊牛、羔羊和其他仔畜。

【原因】初乳含有较高的乳脂和较多的镁盐、钠盐和钾盐，具有轻泻作用，但是当母畜营养不良、初乳分泌不足或品质不佳、或仔畜吃不到初乳时可引发本病。

【临床表现】出生后24 h内未排胎粪，吃奶次数减少，肠音减弱，表现不安，弓背、摇尾、努责；以后见精神不振，不吃奶；腹痛逐渐明显，出现回头顾腹、踢腹、仰卧、呻吟、前肢抱头打滚等腹痛症状；有的羔羊排粪时大声鸣叫；因胎粪堵塞肛门而继发肠臌气；呼吸和心跳加快，肠音消失，全身无力，卧地不起，发生自体中毒。直肠检查时触诊到硬结的粪块即可确诊。在羔羊为很稠的黏粪或硬粪块，有的公驹可在骨盆入口处有较大的硬粪块。

【治疗】可用温肥皂水深部灌肠，或用石蜡油100～250 mL(羔羊5～15 mL)或硫酸钠50 g，同时灌服酚酞0.1～0.2 g，效果良好，但不宜用泻剂。用上述方法无效的大粪块，可用细铁丝做成套圈或钝钩将结粪拉出。

仔猪先天性震颤
(Congenital Tremor of Piglets)

仔猪先天性震颤，也叫仔猪先天性肌阵挛，俗称

"小猪抖抖病",是由于脊髓以上的中枢神经系统髓鞘形成阻滞,致使肌肉发生阵发性痉挛的神经系统的先天性疾病,它不是单一的疾病,而是在出生后不久表现为全身性或局限性阵发性痉挛的综合征。

【原因】本病至少有 AⅠ、AⅡ、AⅢ、AⅣ、AⅤ和 B 型 6 种类型,其中 AⅢ型、AⅣ型属于遗传性疾病。AⅠ型由猪瘟病毒感染母猪怀孕早期(10～15 d)的胎儿所引起。

【临床表现】新生仔猪在出生后,或于生后数小时内发生肌痉挛而震颤,有的全窝发生,有的部分仔猪发生,症状轻重不一。多数小猪在站立时震颤加重,躺卧时震颤立即减轻或停止。震颤有多种变化,有的仔猪只在头部和颈部呈现强烈而快速的震颤,有的只出现在后躯,呈现弹肢急跳姿势。若四肢同时发生阵发性痉挛时即呈跳跃状,共济失调。重病小猪因不能到达乳头吮乳而死于饥饿。轻症小猪能耐过本病,虽全身震颤,但仍可运动,一般在 2～8 周后康复。

【治疗】因病因复杂,有条件的单位可进行基因诊断与治疗。对患病小猪加强护理,保证吃乳,防寒保暖,注意安静,避免不良刺激以促进康复。预防应视病情而定,对遗传性类型,病猪不能留作种用。由病毒引起的可采用免疫措施使母猪在怀孕前获得免疫力。

幼畜肺炎(Pneumonia of Young Animals)

幼畜肺炎是幼畜在致病因素作用下其细支气管和肺泡发生的急性或慢性渗出性炎症。以卡他性肺炎或卡他性纤维素性肺炎较为常见,化脓性和坏死性肺炎较为少见。临床上以咳嗽、流鼻涕、呼吸困难、叩诊肺部出现局灶性浊音、听诊有捻发音为特征。本病可发生于各种幼畜,在早春和晚秋气候多变季节多见,特别是在常年舍饲、营养水平低下、卫生条件较差、幼畜拥挤、通风差的养殖场常以厩舍的方式流行。在我国北方营养状况较差的放牧羊群,每年冬末春初季节,都有许多羔羊发病,病愈后羔羊生长发育受阻。

【原因】幼畜肺炎病因复杂,常见于下列因素:①幼畜抗病力差,呼吸系统的形态和机能尚未发育完善,因而对呼吸系统的致病因素比较敏感。②先天性营养不良,母畜在妊娠期间严重营养不良,如维生素 A 和胡萝卜素等缺乏或患有慢性消耗性疾病,所生的幼畜则异常虚弱,机体免疫力降低,容易罹患肺炎。③受寒感冒,感冒可使幼畜呼吸系统的屏障功能下降,病原微生物继发感染引起肺炎。④营养缺乏,新生仔畜未吃到初乳或吃初乳太晚;幼畜生长快,饲喂非全价饲料或在断乳后缺乏营养。⑤各种不良环境因素如尘埃、灰砂、烟雾、霉菌、湿热、氨气、寒流等都能降低整个机体特别是呼吸系统的抵抗力,为各种各样的病原微生物感染创造适宜的条件。⑥生物性因素(病原微生物和寄生虫)在本病的发生上起着重要作用。在马驹为肺疫链球菌、化脓棒状杆菌、副伤寒杆菌、坏死杆菌、疱疹病毒和安氏网尾线虫。在犊牛有化脓棒状杆菌、溶血型葡萄球菌、衣原体属、支原体属、3 型副流感病毒、腺病毒、鼻病毒,偶尔有绿脓杆菌。在仔猪常为大肠杆菌、放线杆菌和巴氏杆菌。羔羊肺炎亦以巴氏杆菌感染比较常见,且有时是一种非典型的巴氏杆菌(溶血性巴氏杆菌),其他感染的细菌有 β-链球菌,粪链球菌和双球菌。

幼畜肺炎的细菌感染,一方面是在前述内外条件的影响下而发生;另一方面感染的细菌往往是非特异性的和多种多样的。业已证实,健康幼畜上呼吸道黏膜上就有条件性致病菌存在,因此在其他病因引起幼畜机体抵抗力下降时,细菌乘机繁殖、毒力增强而呈现致病作用。

【病理发生】正在发育中的幼畜其机体的免疫机能本身比较脆弱,在上述各种病因的作用下,幼畜的抗病能力明显下降,呼吸道内的条件性病原微生物则乘虚而入,引起肺脏局部乃至全身的病理变化。肺脏局部的感染造成各类渗出性炎症,并使肺脏局部血液循环和机能发生紊乱,肺局部瘀血和机能受损。肺部多灶性炎症会引起血氧不足,加之炎症产物以及菌毒血症将引起全身病理反应,出现体温升高、精神沉郁、呼吸困难等症状,尤其是中枢神经系统和心血管系统受害时,又加剧肺炎的发生。

【临床表现】有急性型和慢性型两种。急性型多见于 3 月龄内的幼畜,多由支气管炎发展而来。病初咳嗽频繁而痛苦,逐渐由干咳转为湿咳,马驹、犊牛和羔羊于每次咳嗽后,常伴有吞咽动作及喷鼻声,同时出现鼻液,初为浆液性,后为黏液脓性。中度发热,心跳加快,心律不齐。呼吸浅表频数,呈腹式呼吸,表现头颈伸直,四肢叉开站立。可视黏膜发绀,精神不振,吮乳和采食减少乃至废绝。肺部叩诊呈现灶性浊音,听诊病灶部呼吸音减弱或消失,可能出现捻发音。

慢性型多见于 3～6 月龄的幼畜。较急性型症状轻微,最初表现间断性咳嗽,以后咳嗽逐渐频繁,出现无力的连咳或痉咳。在起立、卧下和身体运动时多发生咳嗽和呼吸困难,胸部叩诊易诱发咳嗽,部分病例中度发热，精神、食欲等基本正常。X线检查，一般在肺的心叶出现许多灶性阴影，偶见弥散状阴影。

幼畜肺炎常继发于感冒和上呼吸道疾病，如喉头炎、气管炎，也可引起胸膜炎或诱发消化不良、胃肠卡他等疾病。

【病理变化】病变多发生于肺尖部和肺中部，少见于膈叶。切面呈暗红色、黄褐色、灰白色；按压病灶可漏出血液或巧克力色样液体。有时可见多发性病灶散布于肺脏的表面或深部，病灶内容物变硬，缺乏空气，间或发生肝变，纵隔及支气管淋巴结肿大。部分病例可见肺和胸膜表面有绒毛样纤维素沉着，有时肺与胸膜粘连。

【诊断】根据病史如环境条件和各种因素所致的幼畜营养不良、咳嗽、流鼻液、呼吸困难、肺部的听叩诊变化、X射线检查心叶的灶性阴影等可确诊。

【治疗】本病的治疗原则为加强护理、抑菌消炎、祛痰止咳、对症治疗。

(1)加强护理。首先应将病幼畜置于干燥、温暖、清洁、空气清新的单独房间，天暖时可随母畜到附近牧地放牧或适当运动，为哺乳母畜和幼畜提供营养丰富的青绿饲料和蛋白质饲料。对病幼畜要注意维生素和矿物质的供给，特别是维生素A、维生素D、维生素C和矿物元素钙等的供应，如在乳中加入鱼肝油制剂或多种维生素制剂，口服或静脉注射葡萄糖酸钙等。

(2)抑菌消炎。可应用抗生素和磺胺类制剂。常用的抗生素为青霉素、链霉素及广谱抗生素。常用的磺胺制剂有磺胺二甲基嘧啶，同时可配合使用磺胺增效剂。在条件允许时，治疗前最好取鼻液做药敏试验以便科学用药。例如，肺炎双球菌和链球菌对青霉素较敏感，一般用青霉素和链霉素联合应用效果更好。对金黄色葡萄球菌，可用青霉素或红霉素。对肺炎杆菌，可用链霉素、卡那霉素、土霉素(马属动物不宜内服)，亦可应用磺胺类药物。对绿脓杆菌，可配伍用庆大霉素和多黏菌素B、F。

气管内注射亦具有良好效果，犊牛、马驹可用青霉素80万～160万U，链霉素100万U，1%的普鲁卡因5～10 mL，气管内注射，每日1次，2～4次痊愈。

气雾疗法：在驹可采用一个气雾发生器通过一个4.5～5.0 L的塑料桶面罩，使病驹每6～8 h与气雾接触一次，每次30 min。其气雾药物为生理盐水180 mL，20%乙酰半胱氨酰5～10 mL，异丙肾上腺素2 mL，硫酸庆大霉素150 mg，或硫酸卡那霉素400 mg混合而制成。犊牛可在密闭的1 000 m^3的房舍内，通过气雾发生器，给犊牛吸入含有抗生素和磺胺类药物的气溶胶，即用土霉素150 g，磺胺嘧啶钠120 g，硫酸卡那霉素30 g，加入20%的化学纯甘油为稳定剂。每天吸入1次，每次2 h。羔羊(50～70只)可在55 m^3密闭小房内，将事先经过药敏试验选定的抗生素制成气雾剂。使用前5～10 min用37℃蒸馏水配成药剂溶液，再加入总量10%甘油作稳定剂，经气雾发生器(放在小房中央，离地面1 m高)使羊吸入，每天1次，直到痊愈。仔猪在1 000 m^3的猪舍，用土霉素125 g，磺胺嘧啶钠250 g，10%维生素C适量，水1 175 mL，加入总量10%甘油作为稳定剂，通过气雾发生器，使仔猪吸入，每天早晚各1次，每次1 h，持续2～3 d。

(3)祛痰止咳。当病畜频发咳嗽、分泌物黏稠不易咳出时，应用溶解性祛痰剂，如氯化铵、碘化钾、远志酊等；当频发痛咳而分泌物不多时可用镇痛止咳剂，如复方樟脑酊、复方甘草合剂等。

(4)对症治疗。为缓解呼吸困难可输氧，心脏衰弱时可强心，为防止渗出早期可应用钙剂。

【预防】首先应当重视妊娠母畜的营养与健康，为其提供充足的蛋白质、维生素、矿物元素营养及卫生舒适的环境，给予适当的运动。其次应当重视幼畜的管理，出生后尽早吸吮初乳，密切注意乳汁和饲料营养供应，保证幼畜营养充足。根据各种幼畜生长需要提供清洁、干燥、温度适宜、空气清新无贼风的厩舍环境，气候变化时注意防暑防寒。

幼畜贫血(Anemia of Young Animals)

幼畜贫血是指幼畜机体的单位容积血液中的红细胞数和血红蛋白含量低于正常数值，并呈现皮肤、黏膜苍白以及机体缺氧为临床特征的一种疾病。

幼畜贫血与成年家畜贫血基本相似。按其发生原因及发生机理可分为出血性贫血、溶血性贫血、营养性贫血及再生障碍性贫血。

尽管各种幼畜均可能罹患上述诸型贫血，但在临床上，主要以溶血性贫血——新生幼畜同种免疫性贫血(新生仔畜溶血病)和营养性贫血(如仔猪缺铁性贫血)最为多发常见。

关于新生仔畜溶血病，本篇前文已有阐述。本文主要对幼畜营养性贫血作重点的论述。

幼畜营养性贫血是指母乳或饲料中，某些营养物质的缺乏或不足，致幼畜机体造血物质缺乏而引起的造血机能障碍。

患病幼畜主要表现为红细胞数、血红蛋白含量低下，可视黏膜苍白以及缺氧等临床症状。

【原因】引起幼畜营养性贫血的病因主要有以下方面。

母乳或饲料中，造血物质如铁、铜、钴，维生素 B_6、维生素 B_{12}、叶酸以及必需的氨基酸和有机化合物的长时间缺乏或不足所引起。

幼畜机体衰弱或罹患消化不良以及因此引起的代谢障碍。此际尽管母乳或饲料中造血物质充足，但不能为机体充分吸收和利用，经过一定时间，也会发生贫血。

此外，幼畜患有肠道寄生虫，尤其是蠕虫病时，由于慢性失血，久之也能引起营养性贫血。

营养性贫血以仔猪最为多发，羔羊、犊牛、幼驹比较少见。

缺铁性贫血：铁是合成血红蛋白必需的元素，铁缺乏则影响血红蛋白的合成，而发生贫血。多见于冬春季节分娩的2～4周龄的哺乳仔猪，故亦称仔猪贫血。本病多发生于以木板或水泥铺设地面的舍饲仔猪，因为土壤中的造血物质(铁)不能被摄取。

正常的新生仔猪是不贫血的，每100 mL血液中含血红蛋白达8～12 g，以后逐渐下降，到第8～10天时降至最低限，仅为4～5 g，这就是生理性贫血的表现。

哺乳期仔猪生长发育极其快速，伴随体重的增加，全血容量也相应地增长。机体为合成快速增加的血红蛋白，则对铁的需要不断增多，于最初4周期间，每天需消耗掉7 mg体内贮存的铁(仔猪出生时机体含铁量约为50 mg)。而仔猪在生后的3周内，从母乳中能获得23 mg铁，即每天从母乳摄入的铁仅有1 mg，而远不能满足机体需要，这样到第5～7天时，就引起体内铁的不足。此时若得不到外源铁的补充，由于铁缺乏，结果血红蛋白合成不足，血液中血红蛋白含量明显减少，即由生理性贫血转为病理性贫血。

至于其他造血物质缺乏引致的幼畜营养性贫血，如缺铜性贫血，多因饲料中钼含量过高，而干扰铜的吸收和利用所引起的贫血。

维生素 B_6 缺乏性贫血，其发生与原叶琳的合成障碍有关。维生素 B_6 缺乏时，原叶啉合成不足，影响血红蛋白合成，而发生贫血。

缺维生素 B_{12}、钴或叶酸性贫血，维生素 B_{12} 和叶酸是影响红细胞成熟过程的重要物质，缺乏时致幼红细胞内的脱氧核糖核酸合成障碍，发生巨幼红细胞性贫血。

【临床表现】患病幼畜精神沉郁，食欲不振或停止吮乳，不愿活动，呆立或躺卧。皮肤、可视黏膜苍白，轻微时色淡，严重时苍白如瓷，几乎看不到血管。被毛粗糙、蓬乱，生长发育缓慢，衰弱乏力。心悸亢进，轻微活动时心搏即增速，呼吸迫促，甚至呈剧烈喘息现象。

消化不良，便秘和腹泻交替，犊牛、羔羊有时见有膨胀。

营养下降，消瘦，皮肤干皱，缺乏弹力，亦有出现水肿、黄疸及血红蛋白尿症状的幼畜。

营养性贫血幼畜，往往死于贫血性心脏病，或是继发肺炎、胃肠炎、营养不良，衰竭而死亡。

【病理变化】血液学变化以血红蛋白量降低和红细胞数值减少为主要特征，血红蛋白量可降至50～70 g/L或更低，红细胞数减少至 3×10^{12}/L以下。

血液稀薄、色淡，黏稠度下降，凝固时间延长，血沉速度加快，血液中铜、铁、钴、维生素 B_6、维生素 B_{12}、叶酸含量降低。

缺铁、铜、维生素 B_6 性贫血，红细胞形态改变，直径偏小，中央淡染，呈小细胞低色素性贫血变化。维生素 B_{12}、叶酸、钴缺乏性贫血则相反，红细胞直径偏大，染色正常，呈大细胞正色素性贫血变化。

白细胞分类见有中性白细胞增多，淋巴细胞减少。有时出现未成熟的髓细胞和不典型的组织细胞。

【诊断】幼畜贫血，可根据饲养管理状况，幼畜年龄，临床症状，并结合血液学检验结果(主要是血红蛋白和红细胞数量明显低下)较易建立诊断。

对日龄稍大的幼畜，可进行骨髓穿刺涂片检查。如果骨髓机能受到抑制，一般缺乏骨髓细胞和巨核细胞，仅见有淋巴、网状及浆细胞。

缺铁性贫血仔猪，骨髓涂片铁染色时，见有细胞外铁消失，幼红细胞内几乎看不到铁颗粒，即呈铁粒幼细胞缺乏。

此外，亦可应用相应的药剂(铁、铜、钴、维生素 B_6、维生素 B_{12}、叶酸)进行治疗性诊断，作为辅助诊断方法。在鉴别诊断方面，应与其他类型的贫血加以区别，如仔猪应注意与新生仔猪溶血病及猪附红细胞体病的区别诊断。

【防治】幼畜贫血的一般治疗原则为消除病因、改善饲养、加强护理、补给造血物质、扩充血容量和提高造血机能。首先应尽快查明病因，并采取相应措施予以消除。对出血性贫血，立即采取止血。对溶血性贫血，采取消除感染和排除毒物的措施。对营养性贫血则补给所缺乏的造血物质，并改善胃肠消化机能，采取促进其吸收、利用的措施等。其次，应改善饲养，加强护理。对患病幼畜应给予全价料饲喂，并适当增加富蛋白和脂肪的优质易消化饲料。亦可补给维生素和微量元素制剂或是饲料添加剂，并为患病幼畜提供良好的生活环境和条件。

对缺铁性贫血病猪，可给予铁制剂内服或注射。临床多采用硫酸亚铁 75～100 mg 或枸橼酸铁铵 300 mg，内服，连用 7 d；焦硫酸铁 30 mg，连服 1～2 周；还原铁 0.5～1 g，每周内服 1 次。或用 0.5% 硫酸亚铁，0.1% 硫酸铜液等量混合，每天 5 mL，内服或涂于母猪乳头上使仔猪自行吮食。或将硫酸亚铁 2.5 g，氯化钴 2.5 g，硫酸铜 1 g，加常水至 1 000 mL，充分混合后，按 0.25 mL/kg 体重剂量服用或涂布于母猪乳头上，也可混于饲料或饮水中给予。亦可应用甘油磷酸铁 1～1.5 g，每天 1 次，连服 6～10 d，效果较好。注射用针剂，可应用含糖氧化铁注射液，1～2 mL，肌肉注射。或 20% 葡聚糖铁（右旋糖酐铁）注射液，1～2 mL，深部肌肉注射，间隔 2 d，重复 1 次用药。亦可肌肉注射血多素（Gleptosil）-铁葡聚糖酸（Gleptoferron）。此外，亦可于畜栏内置放盛装富含铁质的土盘（以红土和泥炭土为适宜），供仔猪任意拱食以补充铁质的不足。对哺乳母畜或其他营养性贫血幼畜，可给予维生素 B_6、维生素 B_{12}、叶酸制剂，以促进骨髓造血机能。

幼畜营养不良（Dystrophia of Young Animals）

见二维码 24-1。

二维码 24-1 幼畜营养不良

犊牛前胃周期性臌胀（Periodical Tympany of Forestomach in Calf）

见二维码 24-2。

二维码 24-2 犊牛前胃周期性臌胀

仔猪低糖血症（Hypoglycemia of Piglet）

仔猪低糖血症又称乳猪病或憔悴猪病，是新生仔猪由于血糖低于正常而引起的中枢神经系统机能障碍的营养代谢病。本病发生于 7 日龄内的仔猪，以生后 3 d 内发病最为多见，死亡率通常为 30%～70%，在有些猪场可见全窝死亡，死亡率达 70%～100%。

【原因】吃不到初乳是仔猪发生低血糖症的主要原因。①母猪无乳或拒绝喂乳。母猪泌乳量不足或无乳见于母猪患乳腺炎、传染性胃肠炎、子宫内膜炎、链球菌感染、母猪子宫炎-乳腺炎-无乳综合征；患神经系统疾病、食仔癖、母猪歇斯底里症等疾病的母猪会拒绝喂乳。②仔猪吃不到乳。母猪在妊娠期间营养不良，致使仔猪在母体内发育不良，出生后衰弱或畸形而吃不到乳；或由于新生仔猪消化吸收机能（先天的和后天的）障碍，不能充分利用和吸收乳汁中的营养成分；患有下列疾病的仔猪可能会发生吮乳困难，如大肠杆菌性败血症、传染性胃肠炎、链球菌病、脑积水、先天性肌震颤和新生仔猪溶血病。③新生仔猪受寒冷刺激后，为维持正常体温而增加体内糖原的消耗，使体内储存的糖原减少也可促使本病发生。小猪在出生后 7 d 内糖异生作用不健全，此期内糖原在吮乳受到限制后很快耗竭，于是血糖水平极不稳定，此时的血糖水平完全取决于饮食来源，因此出生后第一周为危险期，在此后剥夺食物只引起体重减轻而对血糖水平无影响。这种新生仔猪对低血糖症的特殊敏感性是猪的特征。也是造成小猪损失的重要原因之一。

【临床表现】本病主要危害 3 日龄内的仔猪，在一窝猪里，若有一头发病，其余常相继发病，可在 0.5 d之内全部死亡。最初小猪活泼有力，要吃奶逐渐变成精神委顿，吃奶欲望消失，直至卧地不起。有些小猪步伐蹒跚，叫声低弱，盲目游走。当共济失调加剧时，小猪常用鼻部抵地帮助四肢站立，呈现犬坐姿势，然后卧地不起。部分小猪出现阵发性痉挛，头向后仰，四肢游泳状划动，口流泡沫，眼球震颤。有的四肢瘫软，不能负重而卧在地上，四肢软绵可随人摆弄。体温降至 36℃以下，呼吸加快，心力衰弱，心率减慢至 80 次/min，皮肤冷粘、苍白，被毛干枯无光，最后出现昏迷，瞳孔散大，数小时内死亡。从出现症状到死亡一般不超过 36 h。

【诊断】根据发病前几乎没有吃到奶的病史，发病日龄、低血糖的症状、患病小猪对葡萄糖治疗的良好反应可作出初步诊断；如果不测定血糖含量，仅凭明显的神经症状会产生误诊，此外，原发性和继发性低血糖症都会对葡萄糖治疗有良好反应。结合检查病猪血糖含量，若降至 50 mL/dL 以下（正常小猪血糖含量为 90～130 mL/dL，禁食小猪使血糖降至 40 mL/dL 可诱发低血糖昏迷），血液非蛋白氮（NPN）、尿素氮（UN）明显升高；尸体剖检见脱水、胃内无或仅有少量凝乳块，颈、胸、腹下不同程度水肿可综合确诊。引起仔猪吮乳困难的疾病（如病因中所述）会继发本病。确诊必须排除其他原发病，病毒性脑炎和伪狂犬病的症状与本病几乎一致，但并不限发于 1 周龄内的小猪。细菌性脑膜脑炎包括链球菌病和李氏杆菌病也易与本病混淆，可通过细菌学检查、抗生素治疗有效等手段加以区别。

【治疗】腹腔内注射 5% 葡萄糖注射液 10～15 mL，4～6 h 重复 1 次，直至能够吃乳或代乳品为止。小猪的防寒保暖很重要，环境温度 27～32℃能够改善小猪的存活率。治疗中应尽快让小猪学会吃乳，还可把小猪寄养给其他泌乳母猪。

【预防】应重视消除病因，让小猪尽早吃到母乳，出生后细心观察疾病早期的所有症状并尽早治疗，维持稳定的 32℃环境温度对预防本病有益。

幼畜水中毒
（Water Poisoning in Young Animals）

幼畜水中毒是由于幼畜久渴失饮后暴饮大量水，导致机体组织短时间内大量蓄水，血浆渗透压迅速降低而出现的中毒疾病。其临床特征表现为腹痛、排淡红至暗红色尿液、拉水样便、肺部啰音和神经症状。本病多见于犊牛，也见于猪、马、鸡、火鸡等其他动物，以幼龄动物多见。

【原因】先缺水后暴饮是最常见的发病原因。如长途运输或因牧场较长时间停水后突然暴饮；或高温季节饮用大量缺盐水以及某些不法商贩在出售前大量灌水，均可引起发病。亦见于用未洗净的奶桶盛水或突然更换清洁优质水引起暴饮而发病。幼畜禽久渴后暴饮，水在短时间内大量进入血液，致使血浆渗透压迅速下降、血细胞胀裂。同时水分随血液循环很快影响到全身各组织器官，使过多的水分潴留在组织内，引起组织水肿，与溶血而稀薄的血液一起影响到心、肺、脑、肾等器官的机能而呈现一系列症状。

【临床表现】犊牛暴饮大量水（1 次可饮 30 L）后，表现瘤胃臌胀，约 1 h（快的 15 min）可排出淡红色、以后渐变深为酱油色的血红蛋白尿。排血红蛋白尿的持续时间为 8～9 h，多数犊牛尿量多、尿频。严重病例可突然卧地或起卧不安，呼吸困难，肺部有啰音，从口鼻流出淡红色泡沫状液体，心律不齐，两心音融合。常回头顾腹，频频排暗红色尿液，排水样便。肌肉震颤，若抢救不及时，个别犊牛则很快死亡。死后剖检，肾呈深红色，膀胱里充满深红色透明尿液，气管、支气管及肺断面有红色泡沫样液体。鸡在暴饮后突然死亡，病情轻者两肢瘫痪，昏睡，有些在昏睡中死去。

【治疗】为调节血浆渗透压，可静脉注射 10%氯化钠注射液，为减轻脑水肿和肺水肿可静脉注射 20%甘露醇和山梨醇。

【预防】幼龄畜禽久渴后应少量多次地饮水，防止暴饮，并在水中加少量盐，炎热季节为动物提供充足饮水。

羔羊肠痉挛（Intestinal Spasm in Lamb）

羔羊肠痉挛是因寒冷等不良因素刺激而使羔羊肠管发生痉挛性收缩所致的急性、间歇性腹痛病。多发生于哺乳期羔羊，尤其在刚学会吃草、饮水时发病率最高。

【原因】寒冷对肠道及畜体的突然刺激是常见的主要原因。如羔羊受到寒流突然袭击，饮用冰冷水或舔食冰雪和采食冰冻饲料；或采食酸败的乳汁及乳制品，或采食霉败变质的或难以消化的饲料；羔羊在霜冻的草地上放牧、露宿等，这些因素都会直接或间接地引起羔羊肠痉挛。

【临床表现】其症状多在饮冷水吃冰冻料后短时间内出现，表现突然发病，腹痛不安，回头顾腹，后肢踢腹，排粪次数增多，排软便甚至水样便，有的腹胀。严重病羔急起急卧，或前肢刨地，急速前进，有的突然跳起，落地后就地转圈或顺墙急行，咩叫不止，持续十多分钟又处于安静状态，有的此时出现食欲，腹痛呈间歇性，腹痛时胃肠音响亮。

【防治】应在寒流来时注意羔羊保暖，调整羊群出牧时间，防止羔羊采食冰冷、变质的饲料、代乳品，防止饮用冰冷水。及时治疗，收效迅速。30%安乃近注射液 2～6 mL，肌肉注射。或肌肉注射氯丙嗪 25～50 mg。也可内服姜酊、茴香酊、桂皮酊、酒精中的任一种 10 mL；或 5%葡萄糖生理盐水加入适量普鲁卡因加温至 40℃腹腔注射。轻症病羔，经饮温水、暖腹部可不药而愈。

（陈兴祥）

复习思考题

1. 什么是新生仔畜溶血病？如何防止发生新

生仔畜溶血病？

2. 幼畜营养性贫血的常见原因有哪些？

3. 如何防治新生仔畜胎粪秘结？

4. 仔猪先天性震颤的产生原因有哪些？

5. 幼畜肺炎的发病原因是什么？如何防治？

6. 幼畜贫血的发病原因是什么？如何防治？

7. 幼畜营养不良的产生原因是什么？如何防治？

8. 犊牛前胃周期性臌胀有哪些临床表现？如何防治？

9. 什么是仔猪低糖血症，该病的发病原因有哪些？

10. 幼畜水中毒是如何发生的？如何防治？

11. 羔羊肠痉挛有哪些临床表现？如何防治羔羊肠痉挛？

第二十五章　应激性疾病

第一节　概　述

应激(Stress)是指由于体内外环境条件发生改变而引起的一组以交感-肾上腺髓质系统和下丘脑-垂体-肾上腺皮质轴兴奋为主的神经内分泌反应。能够引起应激反应的各种刺激因素统称为应激原(Stressor)。

【应激的分类】根据应激对机体的影响程度,可将应激分为生理性应激和病理性应激两种。

生理性应激是指机体对内外环境条件轻度改变所做出的一种有限的内环境调整,应激原的强度相对较弱,或者作用的时间较短。这类应激既有利于调动机体潜能,又不至于对机体产生严重影响,具有防御和适应性意义。在应激原的作用消除后,机体的代谢和机能可迅速恢复正常。

但是,如果应激原的强度过大、作用的时间过长,或者机体对应激原的刺激过于敏感,则可造成全身或局部组织的代谢、机能和形态学损伤,形成病理性应激。

【应激原的种类】引起应激的因素多种多样,可以分为下列两类。

(1)外在环境因素。如断奶、拥挤、运输、驱赶、混群、去势、免疫注射、去角、抓捕、声音、灯光、噪声、创伤、饥饿、温度改变、病原微生物及化学毒物等。

(2)内在环境因素(自稳态的改变)。如血液成分的改变、心功能低下、心律失常、器官功能的紊乱等。

一种因素能否成为应激原,取决于其作用的强度和作用时间。同种动物不同个体对同一应激原的反应不同,而同一应激原在动物生长的不同阶段或不同生理状态下也可能引起不同的反应。

【应激性疾病】应激性疾病是指以应激为主要致病因素的疾病,这类疾病以应激性损害为主要表现(如应激性胃溃疡)。应激性疾病的发生率通常可作为反映动物福利状况好坏的一个指标。

许多疾病过程常伴有应激,因此,应激也是这些疾病发生、发展机制的一个组成部分,但这些疾病不能算是应激性疾病。某些疾病以应激作为发病条件或诱因,在应激状态下加重或加速发生、发展,这类疾病则称为应激相关性疾病,如原发性高血压、动脉粥样硬化、冠心病、自身免疫性疾病等。

【临床表现】应激性疾病的临床症状因应激原的本质不同和动物品种不同而有不同表现,现分别叙述如下。

猪参阅本章第二节。

禽:在家禽中,肉鸡对应激最为敏感,抓捕、声音、免疫、灯光等均可引起肉鸡发生严重应激反应。应激发生时,肉鸡可出现呼吸困难、循环衰竭、皮肤及可视黏膜发绀,甚至发生急性死亡。蛋鸡少有死亡,但可出现明显的产蛋下降或停止,免疫力低下,易继发各种感染性疾病。产蛋鸭因抓捕、运输或转场,可于第3天完全停止产蛋,并持续1个月以上。

牛、羊急性应激可出现拉稀、腹泻、瘤胃轻度臌气、采食减少、反刍减少或停止、抗病力降低,极易继发其他疾病,泌乳牛(羊)产奶量急剧下降。

犬最常见的症状为呕吐、腹泻、体温升高、厌食,幼龄犬病程一般为3~5 d,如不及时治疗死亡率一般可达30%以上。

鹿、斑马等其他动物为神经质类动物,轻微的刺激即可引起强烈的应激反应,表现为惊恐不安、冲撞、不停奔跑,很快倒地,呈休克状,如不及时抢救则迅速死亡。

【病理学检查】应激可导致出现胃溃疡、胰腺出血、肾上腺出血、气管出血等变化。猪、鸡、羊可见肌肉苍白、柔软、液体渗出,组织学检查可见肌肉蜡样坏死。

【防治】对于应激敏感动物,可采用下述方法预防:

(1)在饲料中适量添加微营养素(维生素A、维生素E、维生素C、硒、铁)。

(2)预防短期应激,可使用安定、盐酸苯海拉明、静松灵等药物进行镇静处理。

(3)对于已发生应激的动物,除应用上述镇静药物外,还应注意补碱,以纠正代谢性酸中毒;对于已发生休克的病例,应采用补液、强心等措施进行对症治疗。

(4)加强饲养管理,防止光污染、噪声污染和畜舍过热、过冷或拥挤。

第二节　猪应激综合征(Porcine Stress Syndrome)

猪应激综合征(PSS),又称恶性高热病(Malignant Hyperthermia)或运输性肌病(Transport Myopathy),是发生于猪的一种常染色体隐性遗传病,以急性死亡、肌肉颜色苍白或背最长肌坏死为特征。

PSS可发生于9周龄至成年阶段的猪,杜洛克、大白猪、皮特蓝、长白猪等瘦肉型品种尤其易感。

【原因】运输、驱赶、称重、环境高温等应激因素是引起PSS的常见原因。氟烷麻醉(Anaesthesia with Halothane)也可引起猪发生应激综合征,表现为恶性高热和背最长肌坏死。

【临床表现】早期的症状表现为肌肉和尾巴震颤,进一步发展则出现呼吸困难、皮肤苍白并有较大的红斑形成,体温迅速升高至41.5℃以上,随后出现虚脱、肌肉僵硬并死亡。从发病至死亡通常只需要10 min左右。

【解剖症状】病猪体况良好,死后尸体迅速僵硬;肺水肿、塌陷;60%～70%的猪在死后15 min内出现肌肉苍白、变软并有液体渗出,这种肌肉被称为PSE肉(Pale, Soft Exudative Muscle, PSE);死后45 min之内肌肉pH可降至6.0以下。

【发病机制】PSS的发生与肌纤维的Ca^{2+}释放紊乱有关。储存于肌浆网中的Ca^{2+}的释放受Ryanodine受体1(RYR1)和二氢吡啶受体(Dihydropyridine Receptor,DHPR)调控。与PSS非易感猪相比,PSS易感猪的RYR1编码基因的第1 843位碱基由C变成T,导致多肽链上第615位的精氨酸(Arg)变成半胱氨酸(Cys),从而引起RYR1受体的结构和功能改变。当各种因素导致肌肉兴奋性升高时,骨骼肌Ca^{2+}非正常释放,造成肌肉持续收缩,进而引起PSS。

【诊断】通过对病史、品种、年龄等的调查,结合临床症状和剖解特征可作出诊断。死后尸体迅速僵硬可作为重要诊断依据。

【治疗】发现个别猪出现PSS的早期症状时(肌肉和尾巴震颤、呼吸困难),应立即给予休息,并采取下列措施:

(1)喷雾凉水,控制体温升高;

(2)肌肉分点注射50～100 mL葡萄糖酸钙;

(3)适量注射镇静剂(如赐静宁、静松宁);

(4)避免移动或进一步刺激肌肉活动;

(5)肌肉注射维生素E(2 IU/kg体重)。

【预防】可通过基因筛查,找出PSS易感猪,在运输、驱赶或称重前预先给予镇静剂,以防止发生PSS。

(谭勋)

复习思考题

1. 应激原的种类有哪些?如何防治?

2. 什么是猪应激综合征?发病机理是什么?如何防治?

参 考 文 献

1. Alemu W, Melaku S, Tolera A. Supplementation of cottonseed, linseed, and noug seed cakes on feed intake, digestibility, body weight, and carcass parameters of Sidama goats[J]. Trop Anim Health Prod, 2010, 42(4):623-631.
2. Bradford P Smith. Large Animal Internal Medicine (The 5th Edition) [M]. Elsevier Health Sciences, 2015.
3. Câmara A C, do Vale A M, Mattoso C R, et al. Effects of gossypol from cottonseed cake on the blood profile in sheep [J]. Trop Anim Health Prod, 2016, 48(5):1037-1042.
4. Charlotte Davies, Linda Shell. Common small animal diagnoses[M]. W. B. Saunders company, 2002:2-5.
5. Cowell R L. 兽医临床病理学秘密[M]. 夏兆飞，宋璐莎，译. 北京：中国农业出版社，2016.
6. David Lloyd, David Grant, Carmel Taylor. Small Animal Therapy: Dermatology Programme, Course I, Part A, Guangzhou, China, March, 2010: 22-26.
7. Denny J, Meyer, John W. Harvey. Veterinary Laboratory Medicine: Interpretation & diagnosis (the 3rd edition) [M]. St. lowis, Missour., Saunders, 2004.
8. Divers T J, Peek S F. 奶牛疾病学[M]. 2 版. 赵德明，沈建忠，译. 北京：中国农业大学出版社，2009.
9. Gibbs B F, Zougman Masse R, Mulligan C. Production and characterization of bioactive peptides from soy hydrolysate and soy-fermented food [J]. Food Research Internation, 2004, 37: 123-131.
10. Kahn C M, Line S, Aiello S E. 默克兽医手册[M]. 10 版. 张仲秋，丁伯良，译. 北京：中国农业出版社，2015.
11. Linda Medleau, Keith A. Hnilica. 小动物皮肤病彩色图谱与治疗指南[M]. 齐长明，主译. 北京：中国农业大学出版社，2006:35-36.
12. Mann S, Yepes F A L, Behling-Kelly E, et al. The effect of different treatments for early-lactation hyperketonemia on blood β-hydroxybutyrate, plasma nonesterified fatty acids, glucose, insulin, and glucagon in dairy cattle[J]. J Dairy Sci, 2017, 100(8):6470-6482.
13. Marion L. Jackson. Veterinary Clinical Pathology [M]. Blackwell Publishing, Iowa 50014, 2007.
14. Mary Anna Thrall. Veterinary Hematology and Clinical Chemistry[M]. Lippincott Williams & Wilking, a wolters kluwer company, 2004.
15. Micael D Lorenz, Larry M Cornelius. 小动物内科诊断学[M]. 郑智嘉，编译. 合记图书出版社，2000:461-463.
16. Otto M Radostits, Clive C Gay, Kenneth W. Hinchcliff, et al. Veterinary Medicine A Textbook of the Diseases of Cattle, Sheep, Pigs, Goats and Horses[M]. The 10th Edition, W. B. SAUNDERS Company Ltd, 2007.
17. Radostits O M, Gay C C, Hinchcliff K W, et al. Veterinary Medicine: A textbook of the diseases of cattle, horses, sheep, pigs and goats (10th ed)[M]. New York, Elsevier Saunders, 2007.
18. Richard W Nelson, Guillermo C Couto. 小动物内科学[M]. 4 版. 北京：中国农业大学出版社，2012.
19. Smith, Bradford P. Large animal internal medicine[M]. Elsevier Health Sciences, 2014.
20. Stephen J Ettinger, Edward C Feldman, Edward C Feldman. Textbook of Veterinary Internal Medicine [M]. Elsevier Health Sciences, 2004.
21. Ye G, Liu J, Liu Y, et al. Feeding glycerol-enriched yeast culture improves lactation performance, energy status, and hepatic gluconeogenic enzyme expression of dairy cows during the transition period[J]. J Anim Sci, 2016, 94

(6):2441-2450.

22. Youssef M, El-Ashker M. Significance of insulin resistance and oxidative stress in dairy cattle with subclinical ketosis during the transition period[J]. Trop Anim Health Prod, 2017, 49(2):239-244.
23. 常洪宇,汪茹,王丽华,等. 畜禽一氧化碳的中毒及诊治[J]. 现代畜牧科,2016,4(16):133.
24. 陈东光,孙建华,姜学波. 北极狐亚硒酸钠维生素E中毒[J]. 畜牧兽医科技信息,2017,12:116.
25. 陈颢珠. 实用内科学[M]. 北京:人民卫生出版社,2003.
26. 邓尕九. 牛羊食青杠树叶中毒的防治[J]. 中兽医学杂志,2016,1:21-22.
27. 杜护华,王怀友. 宠物内科疾病[M]. 北京:中国农业科学技术出版社,2008.
28. 谷风柱,沈志强,王玉茂. 羊病临床诊治彩色图谱[M]. 北京: 机械工业出版社,2016.
29. 郭定宗. 兽医内科学[M]. 2 版. 北京:高等教育出版社,2010.
30. 郝宝成,杨贤鹏,王学红,等. 速康解毒口服液对实验性家兔茎直黄芪中毒的疗效研究[J]. 畜牧兽医杂志,2014,2:1-5.
31. 黄克和. 执业兽医考试应试指南(兽医内科学部分)[M]. 北京:中国农业出版社,2015.
32. 姜国均. 家畜内科病[M]. 北京:中国农业科学技术出版社,2008:63-66.
33. 李超. 肉鸡亚硒酸钠-维生素 E 中毒的诊疗[J]. 中国兽医杂志,1994,20(11):31.
34. 李宏哓. 阿托品治疗杜鹃花中毒 12 例[J]. 云南中医中药杂志,2009,11:79
35. 李锦春. 高等农业院校兽医专业实习指南[M]. 2016:69-70.
36. 李克. 仔猪亚硒酸钠-维生素 E 中毒[J]. 新疆畜牧业,2000,4:18.
37. 李毓义. 动物遗传. 免疫病学-医学自发模型[M]. 北京:科学出版社,2002.
38. 李毓义,张乃生. 动物群体病症状鉴别诊断学[M]. 北京:中国农业出版社,2003:120.
39. 刘光旭. 黄牛蜂毒中毒治疗[J]. 兽药与饲料添加,2007,12(4):38.
40. 刘磊. 牛青杠树叶中毒的诊断与治疗[J]. 现代畜牧科技,2016,1:81.
41. 刘宗平. 动物中毒病学[M]. 北京:中国农业出版社,2006.
42. 卢学艳. 牛尿素中毒的病因分析与临床诊治[J]. 现代农业科,2014,11:317-320.
43. 庞全海. 兽医内科学[M]. 北京:中国林业出版社,2015.
44. 邱万丰. 家畜蛇毒中毒的病因与防治[J]. 养殖技术顾问,2014,5:146.
45. 迈克尔·沙尔. 犬猫临床疾病图谱[M]. 林德贵,主译. 沈阳:辽宁科学技术出版社,2004:229-238.
46. 任志华,邓俊良. 全国执业兽医资格考试通关宝典(临床兽医学部分)[M]. 北京:化学工业出版社,2018.
47. 石冬梅,何海建. 动物内科疾病[M]. 北京:化学工业出版社,2010.
48. 苏婵娟,苏经力. 羊蚜虫中毒诊断防治[J]. 中国兽医杂志,2016,52(7):119.
49. 孙玉川,王永敢,梁作兵,等. 有机氯农药在岩溶区上覆土壤中的垂直迁移特征及对地下水的影响[J]. 环境科学,2015,36(5):1605-1614.
50. 陶秋芬,母美菊. 乌头碱中毒致心律失常患者的急救护理体会[J]. 世界最新医学信息文摘,2017,17:223.
51. 王宝维,单虎. 禽病学[M]. 北京:中国农业大学出版社,2002.
52. 王春璈. 奶牛临床疾病学[M]. 北京:中国农业科学技术出版社,2007.
53. 王建辰,曹光荣. 羊病学[M]. 北京:中国农业出版社,2002.
54. 王建华. 兽医内科学[M]. 4 版. 北京:中国农业出版社,2010.
55. 王鉴波. 奶牛菜籽饼中毒的原因、诊断和治疗[J]. 现代畜牧科技,2016,5(17):111.
56. 王力光,董君艳. 新编犬病临床指南[M]. 长春:吉林科学技术出版社,2000.
57. 王小龙. 兽医内科学[M]. 北京:中国农业出版社,2004.
58. 王造银. 羊苦楝皮中毒的救治[J]. 四川畜牧兽医,2015,5:43.
59. 王治仓. 动物普通病[M]. 北京:中国农业出版社,2010.
60. 夏兆飞. 犬猫疾病诊疗技术[M]. 北京:中国农业科学技术出版社,2006.
61. 夏兆飞,张海彬,袁占奎主译. 小动物内科学[M]. 3 版. 北京:中国农业大学出版社,2012.
62. 夏兆飞. 兽医临床病理学[M]. 北京:中国农业大

学出版社,2014.
63. 徐世文,唐兆新. 兽医内科学[M]. 北京:科学出版社,2010.
64. 张乃生. 动物普通病学[M]. 2 版. 北京:中国农业出版社,2011.
65. 张乃生,李毓义. 动物普通病学[M]. 2 版. 北京:中国农业出版社,2011.
66. 张仲秋,丁伯良,主译. 默克兽医手册[M]. 10 版. 北京:中国农业出版社,2015.
67. 赵德明. 兽医病理学[M]. 北京:中国农业大学出版社,2012.
68. 周桂兰,高得仪. 犬猫疾病实验室检验与诊断手册[M]. 北京:中国农业出版社,2015.
69. 周杰. 动物医学实验教程临床兽医学分册[M]. 2 版. 北京:中国农业大学出版社,2017.
70. 周庆国. 犬猫疾病诊治彩色图谱[M]. 北京:中国农业出版社,2005.
71. 周庆国,夏兆飞. 犬病诊疗原色图谱[M]. 北京:中国农业出版社,2008.
72. 左晨艳,杨波波,吴婷. 氰化物中毒及解毒的研究进展[J]. 毒理学杂志,2016,4:311-316.